世界煤炭工业发展研究

（2020）

应急管理部信息研究院
煤炭信息研究院 编著

应急管理出版社
· 北 京 ·

图书在版编目（CIP）数据

世界煤炭工业发展研究．2020/应急管理部信息研究院，煤炭信息研究院编著．--北京：应急管理出版社，2021

ISBN 978-7-5020-8663-3

Ⅰ．①世…　Ⅱ．①应…　②煤…　Ⅲ．①煤炭工业—工业发展—研究报告—世界—2020　Ⅳ．①F416.21

中国版本图书馆 CIP 数据核字（2020）第 265372 号

世界煤炭工业发展研究（2020）

编　　著　应急管理部信息研究院　煤炭信息研究院
责任编辑　史　杰　成联君
责任校对　李新荣　孔青青　邢蕾严
封面设计　于春颖

出版发行　应急管理出版社（北京市朝阳区芍药居 35 号　100029）
电　　话　010-84657898（总编室）　010-84657880（读者服务部）
网　　址　www.cciph.com.cn
印　　刷　北京盛通印刷股份有限公司
经　　销　全国新华书店

开　　本　889mm×1194mm $^{1}/_{16}$　**印张**　51　**字数**　1469 千字
版　　次　2021 年 5 月第 1 版　2021 年 5 月第 1 次印刷
社内编号　20201852　**定价**　560.00 元

《世界煤炭工业发展研究（2020）》
编　委　会

主　　任　贺佑国

副 主 任　刘文革

委　　员　李艳强　于　雷　刘志文　倪　坤　韩甲业

编写人员（按姓氏笔画排序）

马婧佳　王　子　王　晨　王茜颖　王家臣
史鸣剑　冯宇峰　毕　莹　朱　超　刘　闯
李　杨　李文清　李艳强　李慧智　杨骅骝
吴金焱　张　宏　张潇卓　周少统　赵迎春
贺思宇　倪　坤　徐　鑫　般文韬　郭俊生
桑逢云　黄　岚　黄文杰　强　辉　蓝晓梅
翟禹镓

序

煤炭是我国能源安全的基石。长期以来，煤炭工业在支撑我国经济和社会平稳较快发展进程中发挥了能源安全保障的压舱石和稳定器作用，在今后较长时期内特别是在推动我国能源转型发展中还将发挥着不可或缺的兜底保障作用。“十四五”时期是我国“两个一百年”目标的交汇期，也是全面建设社会主义现代化强国新征程的重要机遇期。开展世界煤炭工业发展研究，系统研究探索世界煤炭工业发展新特征、新变化、新趋势，为我国煤炭工业“十四五”和2035年中长期规划的编制提供参考，对于维护我国能源安全、推动煤炭工业高质量发展具有重要意义。

煤炭信息研究院是原煤炭工业部直属的信息情报研究机构，自1959年成立以来，长期跟踪研究世界煤炭工业的发展趋势和信息动态，取得了一系列重要研究成果。在此基础上，分别于2000年、2010年完成了《世界煤炭工业发展报告》和《当代世界煤炭工业》两部著作，得到了行业的普遍关注。时隔10年，2020年再次组织开展世界煤炭工业发展研究工作，对过去30年世界主要产煤国家的煤炭资源条件、生产开发和消费利用、安全生产与职业健康、科技创新等方面进行了深入研究，系统梳理总结主要煤炭生产和消费国家相关政策和技术体系，预测分析世界煤炭工业发展趋势，研究成果为我国《煤炭工业“十四五”规划》、《煤矿安全生产“十四五”规划》等规划编制提供了支撑；同时，为我国有关部门分析世界煤炭工业发展形势，把握我国煤炭工业发展机遇提供了借鉴和参考。

《世界煤炭工业发展研究（2020）》，重点研究了美国、俄罗斯、澳大利亚等18个主要煤炭生产与消费国家近30年煤炭工业的发展状况，总结分析了不同国家煤炭工业发展进程中相关问题，提出我国煤炭工业高质量发展的对策建议；阐明了煤炭工业在世界能源格局演变中的地位和作用，梳理了煤炭工业在不同国家经济发展进程中的支撑作用和产业政策的演化历程；分析了世界煤炭开采技术与装备发展状况，对比了近30年我国与国外煤炭开采技术的变化趋势，提出了我国井工煤矿技术已进入“领跑阶段”，露天煤矿已处于世界先进水平的新判断；总结世界煤矿安全发展规律，首次按井工和露天对中外煤矿安全生产水平进行了分类对比分析，剖析了我国煤矿安全生产水平取得大幅度提高的重要推动因素。

《世界煤炭工业发展研究（2020）》是行业内权威性较高的研究报告，内容丰富、信息全面、分析深入、观点客观、结论准确。特别是世界煤炭工业发展规律的总结、我国煤矿技术水平的判断、中外井工和露天煤矿安全水平类比分析等成果，对我国煤炭工业未来发展方向具有重要参考价值。希望各位同仁从中获得更多启示，抓住机遇，奋勇前进，为我国煤炭工业高质量发展而努力。

王显政

2021年5月19日

前　言

当今世界，百年未有之大变局正加速演进，正在经历一场大范围、深层次的科技革命和产业变革，能源发展呈现低碳化、电力化、智能化趋势。国际能源市场波动加大，全球能源治理体系深度调整。我国力争2030年前实现碳达峰、2060年前实现碳中和，是党中央经过经过深思熟虑作出的重大战略决策。在能源转型的关键时期，必须及时准确研判国内外能源发展形势，努力在危机中育先机、于变局中开新局，对我国建立清洁低碳、安全高效的能源体系提出更高要求。煤炭是我国能源安全保障的压舱石、稳定器，探索我国煤炭工业转型之路，亟须借鉴世界煤炭工业发展的经验和做法。开展世界煤炭工业发展研究，为我国煤炭工业“十四五”和2035年中长期规划的编制提供重要参考。

《世界煤炭工业发展研究（2020）》一书研究了世界煤炭工业发展历程、煤炭供应与需求、煤炭贸易与价格、煤炭产业政策、煤炭科技、煤矿安全生产与职业健康、煤炭与生态环境等内容，重点剖析了美国、俄罗斯、澳大利亚等18个主要煤炭生产与消费国家近30年煤炭工业的发展状况。通过对比分析，提出我国煤炭工业高质量发展的对策建议。

30年来，世界煤炭工业发展变化巨大。根据生产与需求的总体特点可以大体分为三个阶段：1990—1999年，煤炭产量比较稳定，在4500 Mt上下小幅波动；2000—2009年，煤炭产量随着中国经济的起飞而高速增长，2009年煤炭产量达到6968 Mt；2010—2019年，煤炭产量继续上升，之后处于一个平台期，产量从7459.9 Mt增加到8129.4 Mt。随着人类关注环境保护与气候变化，发达国家煤炭消费量及其在一次能源消费构成中的占比多数呈双下降趋势，煤炭工业加快进入绿色低碳发展阶段。30年来，国外主要产煤国家煤炭生产以露天开采为主，2019年国外产煤国家煤炭产量3975.8 Mt，其中露天煤矿产量占全部煤炭产量的80%以上，而井工煤矿产量不足露天煤矿产量的1/4。我国井工开采处于主导地位，2019年井工煤矿数量和产量分别约占总量的92.6%和81.8%。

30年来，中国一直是世界上最大的煤炭生产国和消费国。我国煤炭产量由1990年的1079.9 Mt增加到2019年的3850.0 Mt，增加了2770.1 Mt，占世界煤炭生产增量的81%，约为国外产煤国家煤炭生产增量的2.8倍；煤炭消费量由1990年的1055.4 Mt增加到2019年的3903.8 Mt，增加了2848.4 Mt，占世界煤炭消费增量的92.2%，约为国外产煤国家煤炭消费增量的26.6倍。

30年来，世界煤炭科技取得显著进步，生产开发、安全生产、环境保护、清洁利用等水平大幅提高。煤炭开采技术实现了机械化向自动化的重要转变，进入智能化发展阶段。煤炭生产及消费大国将煤炭的清洁利用与高效转化作为国家战略来发展，加大投资和研究力量，积极抢占技术先机。综合来看，美国、澳大利亚、德国等国的煤炭科学技术在世界上仍处于领先位置。目前美国井工煤矿长壁开采方法属于最先进的井工开采技术，自动化、信息化、智能化相关技术广泛应用，已经实现了自动化开采和采煤机远程控制，装备先进可靠。澳大利亚煤炭开采业安全与职业健康、生产和环境保护水平一直居于世界领先地位。德国煤炭开采技术长期处于世界领先水平，提出“工业4.0”战略，以机械化、自动化、信息化为基础，建立智能化的新型生产模式。

30年来，我国煤炭开采技术经历了“跟跑”“并跑”，正在跨入“领跑”阶段。我国煤炭工业坚持“科学技术是第一生产力”的指导思想，在煤矿的地质保障、矿区设计、矿井建设、煤炭开采、安全生产、煤矿区环境治理、煤炭清洁高效利用等方面都取得了重大理论科技成果。截至2019年底，全国煤矿采煤、掘进机械化程度分别达到78.5%、60.4%，建成煤矿智能化无人工作面约200个，煤机装备制造特别是“三机一架”装备制造能力进入世界前列。我国煤矿安全生产成效已达到世界较高水平，煤矿安全生产形势在波动中逐步趋于稳定下降。2019年我国发生煤矿事故170起，死亡316人，死亡人数与最高峰值7016人相比，下降95.5%。我国露天煤矿安全生产已达到世界先进水平、井工煤矿安全生产状况超过世界平均水平。

《世界煤炭工业发展研究（2020）》一书是在院长贺佑国和副院长刘文革亲自领导下完成的，主要负责组织协调、制定方案、提出思路、确定工作重点、凝练研究成果、审核把关等。全书分为5篇，内容及作者分别为：第一篇第一章世界煤炭发展历程，朱超执笔；第二章煤炭供应与需求，朱超执笔；第三章煤炭贸易与价格，朱超、贺思宇执笔；第四章煤炭产业政策，翟禹镓执笔；第五章煤炭科学技术，周少统、刘闯、郭俊生、王家臣、李杨、李慧智、马婧佳、王子执笔；第六章煤矿安全生产与职业健康，冯宇峰执笔；第七章煤炭与生态环境，刘闯、倪坤执笔；第八章大型跨国矿业集团公司经营发展战略，蓝晓梅、强辉、王茜颖执笔；第九章煤炭发展趋势展望，朱超、张宏执笔。第二篇第一章中国煤炭工业，李艳强执笔；第二章印度煤炭工业，殷文韬执笔；第三章澳大利亚煤炭工业，蓝晓梅、张潇卓执笔；第四章印度尼西亚煤炭工业，王晨执笔；第五章蒙古煤炭工业，刘闯执笔；第六章哈萨克斯坦煤炭工业，杨骅骝执笔；第七章越南煤炭工业，蓝晓梅、翟禹镓执笔；第八章日本煤炭利用，翟禹镓执笔；第九章韩国煤炭利用，冯宇峰执笔。第三篇第一章俄罗斯煤炭工业，徐鑫执笔；第二章德国煤炭工业，黄岚执笔；第三章波兰煤炭工业，赵迎春执笔；第四章土耳其煤炭工业，史鸣剑执笔；第五章英国煤炭工业，桑逢云执笔。第四篇第一章美国煤炭工业，黄文杰执笔；第二章加拿大煤炭工业，吴金焱执笔。第五篇第一章南非煤炭工业，毕莹执笔；第二章哥伦比亚煤炭工业，李文清执笔。

本书引用的文献资料和数据的基准年度截至2019年。编写组成员为保证数据的时效性，查阅了大量文献资料，但由于国际数据统计的滞后性，某些数据的基准年度可能相差一两年。

本书的撰写工作，得到国家相关部门、科研单位和企业及有关专家的大力支持与帮助。在此，特别向国家矿山安全监察局、中国煤炭工业协会、中国矿业大学、国家能源集团及国家能源技术经济研究院、中煤能源集团等有关单位的领导和专家深表感谢。

编委会

2021年5月10日

目　　次

第 1 篇　世界煤炭生产开发与消费利用

第5篇 其他地区煤炭生产开发与消费利用

第1篇　世界煤炭生产开发与消费利用

1 世界煤炭发展历程

能源是人类社会发展的基础，伴随着人类社会的发展，世界能源经历了从生物质能向化石能源、从高碳化石能源向低碳化石能源转变，目前正加快从化石能源向非化石能源转变。煤炭作为重要的化石能源在1860—1963年一直保持世界第一能源地位，1964—2020年，煤炭仍一直占据世界第二大能源地位。从煤炭在世界能源中的地位看，世界煤炭工业已经经历了主导阶段、下降阶段和稳定阶段3个阶段。在当前及今后较长一段时期内，煤炭仍是世界最丰富的化石能源、主要的一次能源和工业化国家的主要能源，在世界能源生产和消费领域仍将发挥重要作用。

1.1 煤炭在世界能源格局中的演变阶段

人类对煤炭的认识最早可追溯到公元前，古中国、古希腊、古罗马等地都有使用煤炭的记录。距今2000多年前，古希腊开始开采和利用煤炭；而中国早在6800~7200年以前，就发现煤炭和利用煤炭作为燃料，是世界上最早利用煤的国家。但是，由于生产力的限制，当时对煤炭的认识尚处于早期，柴草是当时最主要的能源。直到17世纪后，随着手工业的蓬勃发展，木柴作为燃料越来越满足不了人类日益增长的需求，煤炭真正得到了广泛利用，并取代木柴成为世界的主要能源。18世纪开始，煤炭成为西方国家的主要工业和运输能源。早期工业化国家发达的煤炭产业，为工业发展和人民生活水平的提高提供了大量能源，为优化资源配置，促进经济进一步发展打下了坚实的基础。蒸汽机的推广，冶金工业的兴起及交通运输的发展，都需要大量的煤炭。从19世纪中叶以来，按照煤炭在世界能源生产消费中的地位，世界煤炭工业发展可分为主导阶段、下降阶段和稳定阶段3个发展阶段，未来随着世界碳排放达峰和碳中和目标的实施，非化石能源将快速发展，煤炭将在世界碳达峰后进入下降期。1860—2019年世界一次能源消费结构变化如图1-1-1所示。

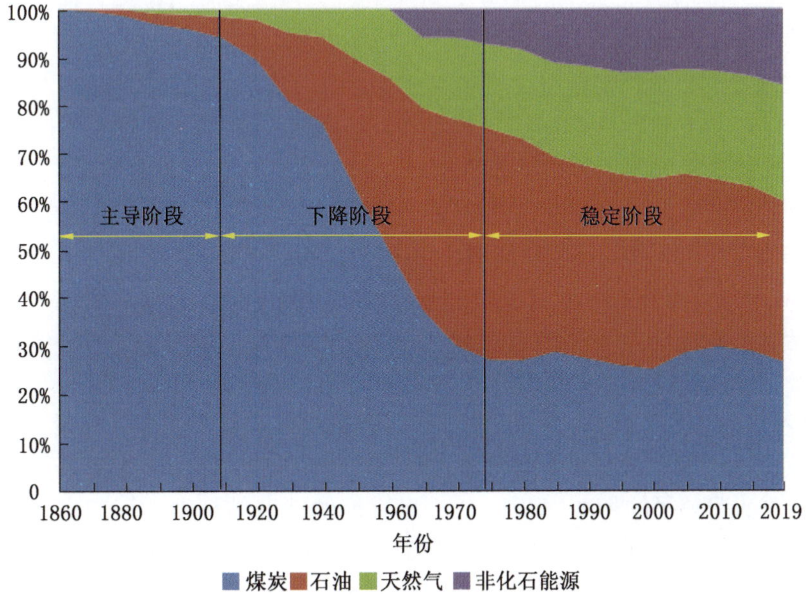

图1-1-1 1860—2019年世界一次能源消费结构变化

1.1.1　第一阶段（1860—1913 年）主导阶段

从 18 世纪 60 年代英国的产业革命开始，蒸汽机的发明更加巩固了煤炭在能源中的地位，煤炭替代薪柴，实现了世界能源的第一次转型。世界煤炭生产大发展最初主要集中在英国英格兰中部、德国鲁尔区、美国阿巴拉契亚区、沙俄和乌克兰等地，形成了以煤炭为基础的大工业基地。从 1860 年开始，世界煤炭产量快速增长，尤其是 1900 年后，世界煤炭产量呈爆发式增长。1913 年世界煤炭产量达到 1320 Mt，占世界一次能源总产量的 92.2%，煤炭产量比 1860 年增加 7 倍。在世界能源的煤炭主导阶段，煤炭占世界能源消费的比例均超过 90%。石油和天然气消费在 1910 年前几乎可以忽略不计，1910 年后才开始较快增长，但绝对量依然较少。1860—1965 年世界化石能源消费量变化如图 1-1-2 所示。

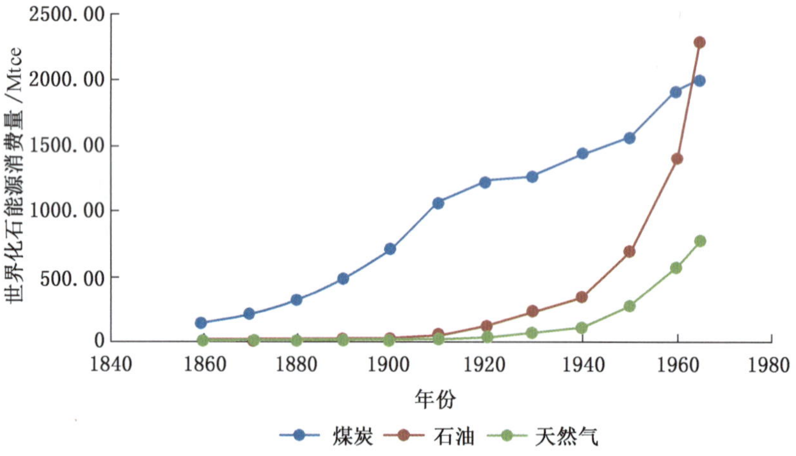

图 1-1-2　1860—1965 年世界化石能源消费量变化

1.1.2　第二阶段（1914—1973 年）下降阶段

进入 20 世纪后，随着两次世界大战的发生和汽车的大规模普及，世界石油消费量快速增长，对煤炭消费总量增长产生巨大冲击，世界煤炭工业进入缓慢增长期，煤炭消费占世界一次能源消费比例持续下降。1929 年爆发的世界经济危机，大批煤矿被关闭，同时石油的大量开发夺走了许多煤炭市场，迫使煤炭产量出现了下降和徘徊局面，20 世纪 30 年代，煤炭产业进入了最暗淡、最困难的时期。第二次世界大战的爆发加速了美国经济的复兴，美国煤炭产量的迅速回升支持了美国的战争和战后欧洲的复兴。第二次世界大战前夕及大战期间，煤化工也取得了全面而迅速的发展。1950 年，世界煤炭产量比 1913 年增长 39.8%，达 1818 Mt，占世界能源消费的 62.3%。

20 世纪 50 年代开始，煤炭在工业文明中的重要地位继续下降，石油逐渐成为世界能源的主导力量，天然气与核能也在总的能源利用中占据越来越重要的地位。1950—1973 年是石油的黄金时代，煤炭产业发展缓慢。1951—1974 年是煤炭生产的萧条时期，20 多年间煤炭产量只增加 12.2%。以石油和天然气为原料的石油化工飞速发展，致使以煤为基础的乙炔化学工业的地位大大降低，石油消费进入快速增长阶段。1963 年，世界煤炭消费量达到 2269 Mt，占世界一次能源消费总量的 44%；而石油则占世界一次能源消费总量的 41%。1964 年，世界能源消费结构发生第二次变革，石油首次成为世界第一的一次能源品种。1964 年，世界煤炭消费 3272 Mt，占世界一次能源消费总量的 42%；而石油消费量为 1649 Mt，占世界一次能源消费的 43%。1965—1973 年，受石油消费的快速增长影响，煤炭在世界能源消费中的地位进一步下降，煤炭占世界一次能源消费比例从 1965 年的 38% 下降到

27%，同期石油占世界一次能源消费比例从42%增加到历史最高值50%。

1965—2019年世界一次能源消费量变化（按品种）如图1-1-3所示。

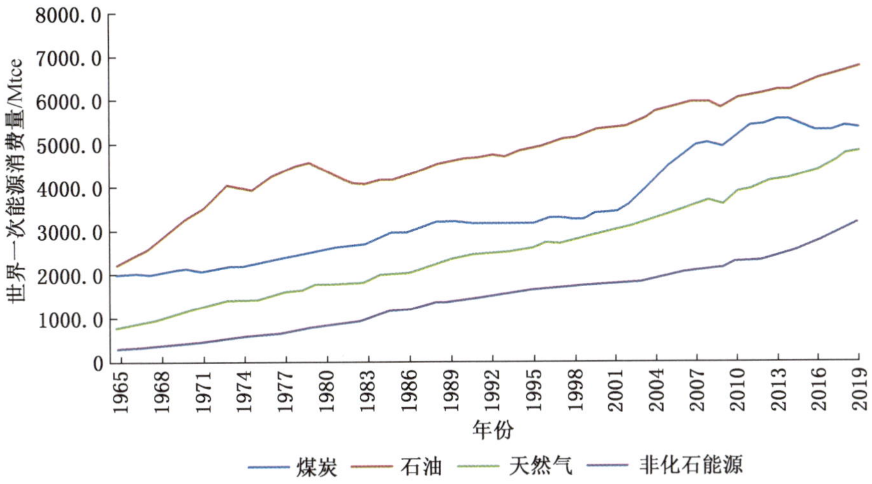

图1-1-3 1965—2019年世界一次能源消费量变化（按品种）

1.1.3 第三阶段（1974年至今）稳定阶段

1974年以来，尽管煤炭消费量呈上升趋势，但煤炭在世界能源消费中的占比基本保持稳定，波动范围为26%～30%。石油占世界能源消费中的比例从1974年的49%下降到2019年的33%，而天然气则从18%提高到24%。非化石能源与天然气同步快速增长，占世界能源消费的比例从7%增长到16%。

1973年和1978年两次世界石油危机以后，世界各国为摆脱对石油的过分依赖，纷纷重新重视煤炭，煤炭生产和利用都有很大的发展。以微电子技术为先导的世界新技术革命成果，迅速渗透到煤炭领域，使煤炭产业发生巨大变革，劳动生产率成倍提高，生产成本明显下降，安全状况大为改善，洁净煤技术的研究开发使煤炭成为干净、高效和廉价的能源。1974—1999年，世界煤炭产量增长了49%，到1999年，世界煤炭产量达到4670 Mt。在世界能源消费结构中，石油占世界能源消费的比例不断下降，从1974年的49%下降到1999年的40%；煤炭在世界一次能源消费中的地位保持相对稳定，在世界一次能源消费中占比保持在25%～27%之间；天然气和非化石能源在世界一次能源中的比例持续增加，从25%增加到35%。

进入21世纪以后，煤炭重新受到世界各国的重视，全球煤炭行业景气程度明显上升，煤炭的重要性再次凸显。21世纪初，全球经济持续增长，能源消耗大幅度增加，伴随着石油资源的枯竭，石油及天然气价格大幅上涨，世界主要能源消费大国针对能源可能出现的紧缺局面，纷纷制定了本国的能源发展战略，以有效地保障本国的能源安全。很多国家纷纷以进口煤替代当地煤炭，国际煤价逐步攀升，随着煤价的大幅上涨，世界煤炭产量也较快增长，行业景气程度持续上升。世界煤炭产量从2000年的4726 Mt增长到2013年的8270 Mt，创历史最高水平。煤炭在世界一次能源消费中的比例也明显上升，从2000年的25%增加到2013年的30%。2014年后，世界煤炭产量尽管略有下降，但呈小幅震荡态势；煤炭在世界能源消费中的占比也略有下降，但仍高于27%。1981年以来世界煤炭产量和消费量变化趋势如图1-1-4所示。

由于世界能源消费增长放缓、天然气与可再生能源快速崛起、碳排放总量控制的影响，世界煤炭

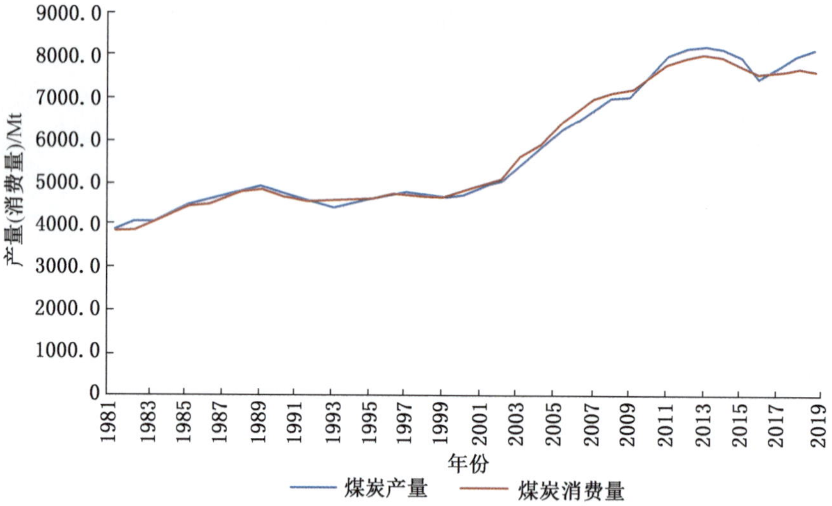

图 1-1-4　1981 年以来世界煤炭产量和消费量变化趋势

消费已进入峰值平台期，预计到 2025 年以后，世界煤炭消费总量将持续下降。

1.2　煤炭工业全生命周期规律

1.2.1　煤炭工业全生命周期模型

事物发展总是遵循从诞生萌芽到发展壮大再到衰落退出的自然规律，煤炭工业发展也遵循这一规律，并形成了自身特有的全生命周期规律。自第一次工业革命以来，在全球主要煤炭生产消费国中，英国、韩国、日本已经基本退出煤炭生产，是经历完整煤炭工业生命周期的典型代表。英国是工业革命的发源地，也是世界上最早完成工业革命的国家，其发展历程与大规模使用煤炭密不可分。英国煤炭工业发展大致可以分成 5 个时期，1830 年以前，英国煤炭产量在 20 Mt/a 以下缓慢增长；1831—1900 年，煤炭产量快速增长到 200 Mt/a 以上；1901—1960 年，煤炭产量在 200 ~ 300 Mt/a 高位波动；1961—2000 年，煤炭产量由 200 Mt/a 快速下降到 30 Mt/a 左右；2000 年以来，煤炭产量由 30 Mt/a 缓慢下降到 2 Mt/a，如图 1-1-5 所示。日本是世界主要煤炭消费国之一，受资源条件制约，其煤炭工

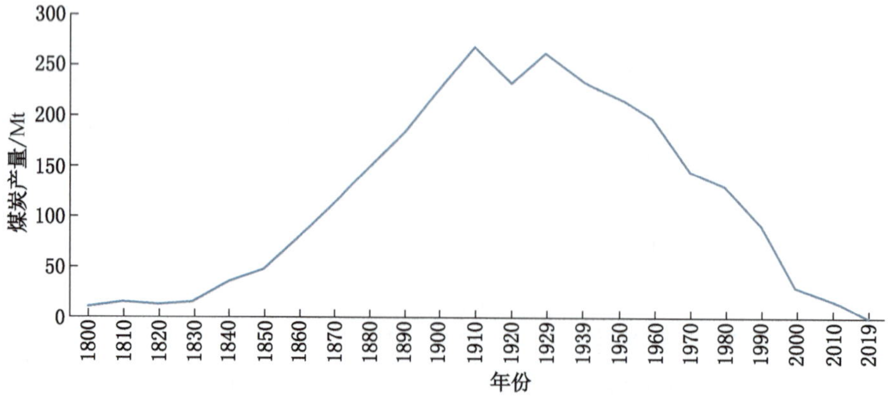

图 1-1-5　1800—2019 年英国煤炭产量统计

业发展周期较短。第二次世界大战结束以后，日本对煤炭需求快速上升，1946—1957 年，煤炭产量从 20 Mt/a 快速增长到 50 Mt/a 左右；此后 10 年，煤炭产量在 50 ~ 60 Mt/a 高位波动；到 1976 年，煤炭产量又快速下降到 20 Mt/a 以下；此后，煤炭产量开始缓慢下降，到 2019 年不足 0. 70 Mt/a，如图 1 - 1 - 6 所示。韩国也是世界主要煤炭消费国之一，其煤炭工业发展起步晚、规模小，同样受资源条件制约，经过短暂发展后快速衰退。1946—1958 年，韩国煤炭产量在 3 Mt/a 以下缓慢增长；1959—1982 年，煤炭产量快速增长到 20 Mt/a 左右；20 世纪 80 年代，韩国煤炭产量在 20 ~ 25 Mt/a 高位波动；1990—1996 年，煤炭产量快速下降到不足 5 Mt/a；此后，煤炭产量开始缓慢下降，到 2019 年仅为 1 Mt/a 左右，如图 1 - 1 - 7 所示。

图 1 - 1 - 6 1946 年以来日本历年煤炭产量统计

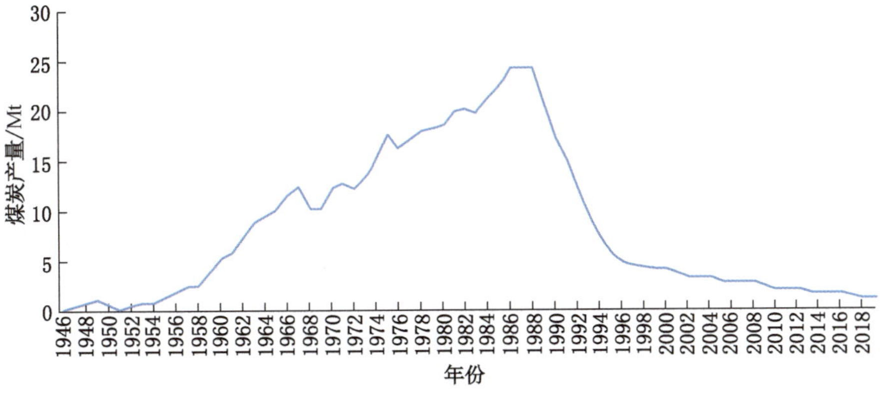

图 1 - 1 - 7 1946 年以来韩国历年煤炭产量统计

根据对以上 3 个国家煤炭工业发展历程的分析，煤炭工业全生命周期可以分为 5 个阶段：第一阶段是稳步发展期，其主要特征是煤炭产量缓慢增加；第二阶段是快速增长期，其主要特征是煤炭产量快速增加；第三阶段是峰值平台期，其主要特征是煤炭产量高位波动；第四阶段是快速下降期，其主要特征是煤炭产量快速减少；第五阶段是缓慢下降期，其主要特征是煤炭产量缓慢减少。对应的煤炭工业全生命周期发展模型如图 1－1－8 所示。

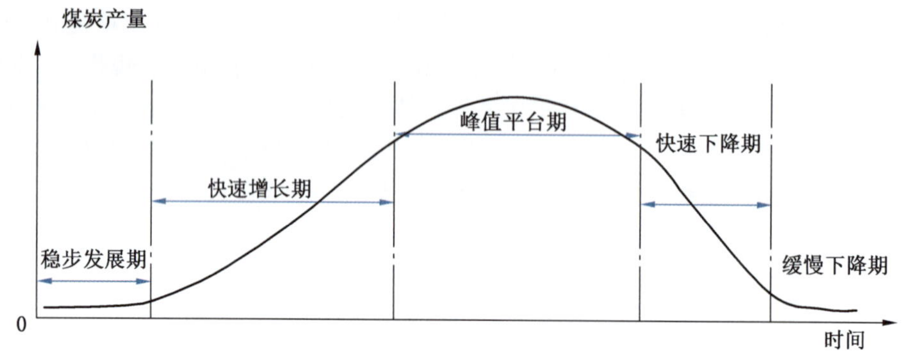

图 1－1－8　煤炭工业全生命周期发展模型

1.2.2　世界主要煤炭生产国煤炭工业发展阶段

基于对煤炭工业全生命周期规律的认识，研究分析 1981—2019 年世界主要产煤国家煤炭产量数据，对照煤炭工业全生命周期发展模型，研究确定了当前世界主要产煤国家煤炭工业发展阶段。总体来看，蒙古国和土耳其处于稳步发展期；印度和印尼处于快速增长期；加拿大、哈萨克斯坦、哥伦比亚、俄罗斯、南非、澳大利亚和中国等 7 个国家处于峰值平台期；美国正处于快速下降期；德国和波兰则处于缓慢下降期，如图 1－1－9 ~ 图 1－1－14 所示。

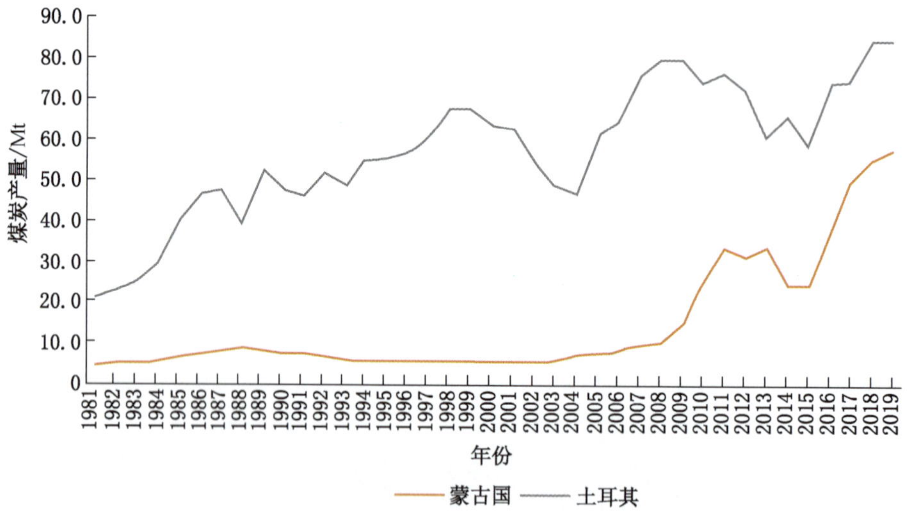

图 1－1－9　1981—2019 年蒙古国、土耳其煤炭产量

1.3　煤炭在世界经济发展中的地位和作用

能源是世界经济社会发展的基础。世界能源正发生重大变革，世界能源正加快向非化石能源转型，然而，自 20 世纪 60 年代世界第一能源由煤炭让位给石油以来，煤炭在世界能源消费结构中始终保持 25% 以上的比例，2019 年为 27% 。2019 年，全球一次能源消费总量为 20.064 Gtce，根据国际能

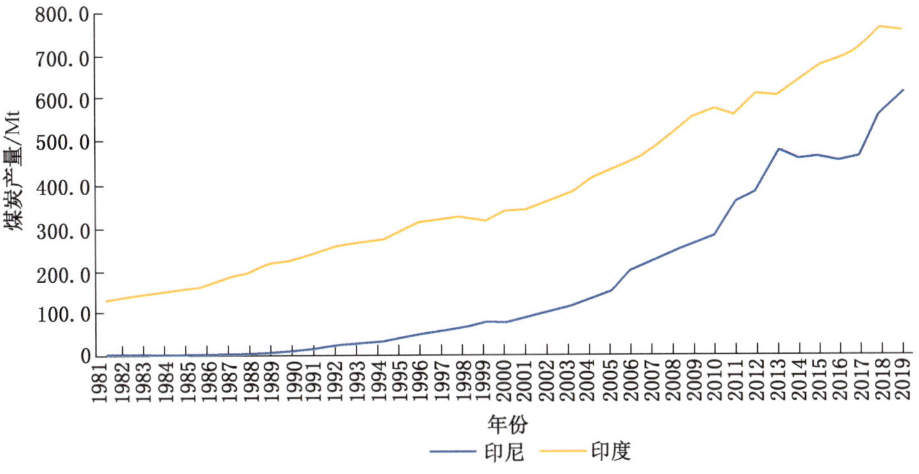

图 1-1-10　1981—2019 年印度、印尼煤炭产量

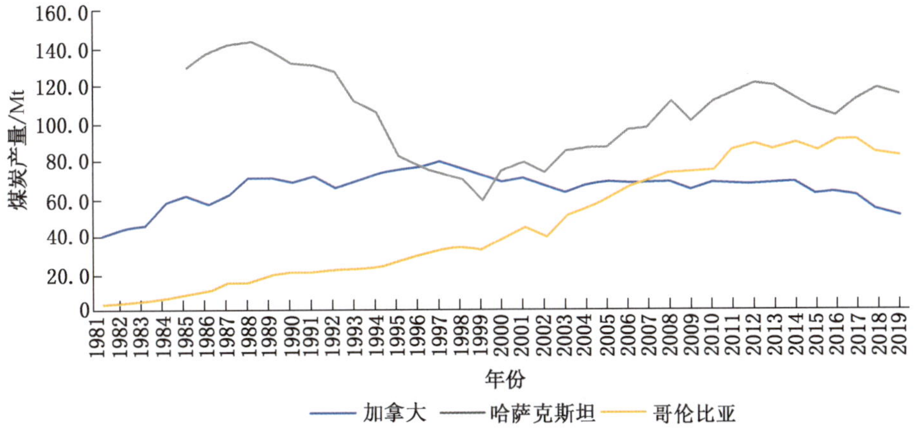

图 1-1-11　1981—2019 年加拿大、哈萨克斯坦、哥伦比亚煤炭产量

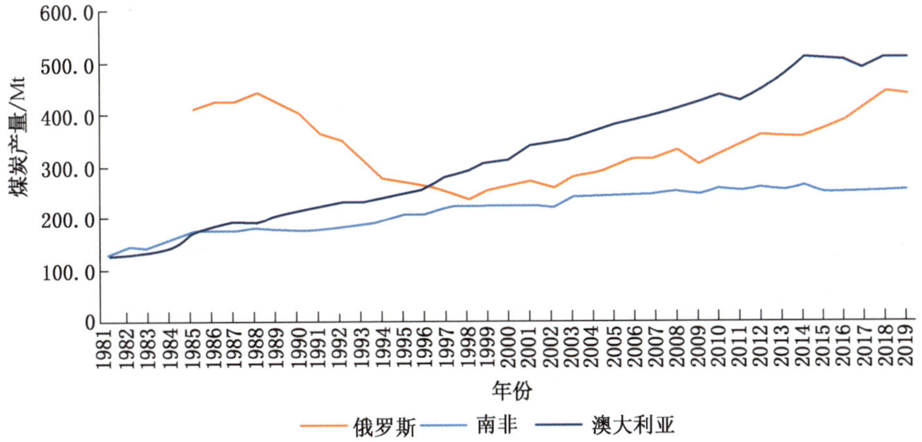

图 1-1-12　1981—2019 年俄罗斯、南非、澳大利亚煤炭产量

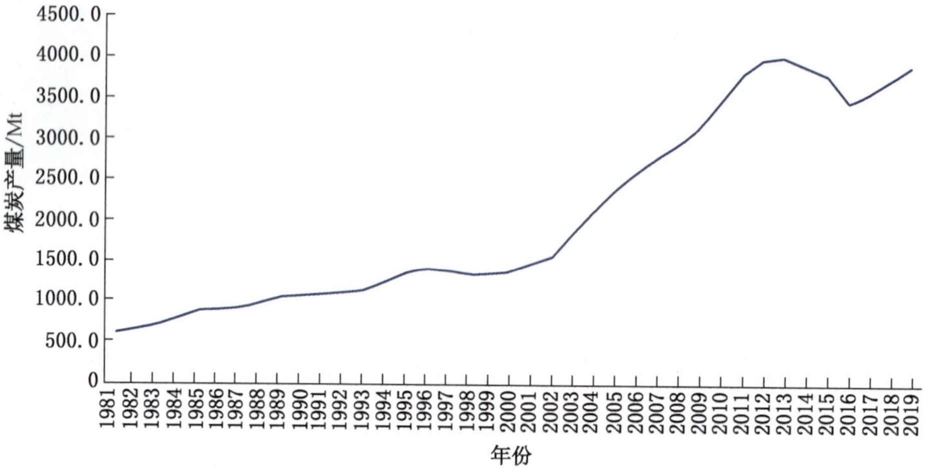

图 1-1-13　1981—2019 年中国煤炭产量

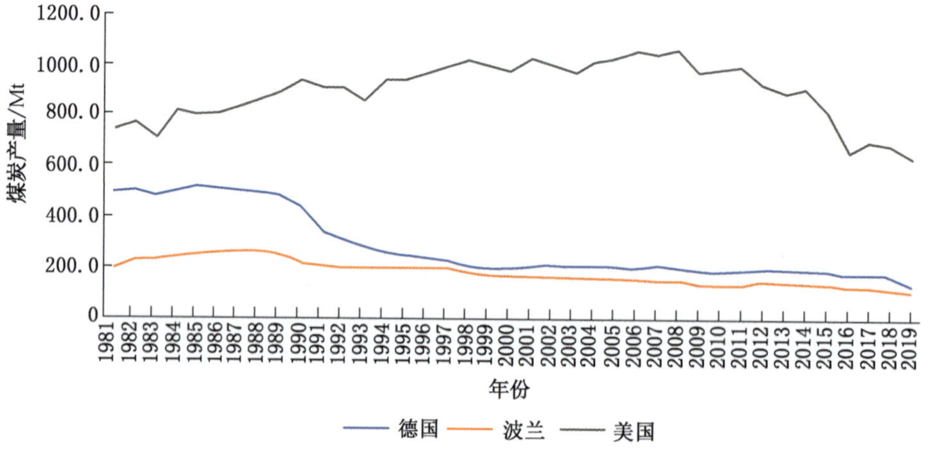

图 1-1-14　1981—2019 年德国、波兰、美国煤炭产量

源署预测，到 2035 年和 2050 年，全球能源需求总量预计分别达到 23.8 Gtce 和 26.0 Gtce，亚太地区将是世界能源消费增长的最主要地区。

1.3.1　煤炭是世界最丰富的化石能源

在可预见的将来，包括煤炭在内的化石燃料仍将维持能源的主体地位，同时非化石能源快速增长，促进能源低碳转型。非化石能源受自然条件、生产成本和环境保护等多种因素制约，全面替代化石能源将是一个长期渐进的过程，在未来 10～20 年内非化石能源很难成为主导能源。在未来世界能源转型过程中，首先是以天然气为主的低碳能源替代高碳能源石油和煤炭，然后由非化石能源（主要是风电和光伏，远期是核聚变能源）替代化石能源。

截至 2019 年底，世界煤炭探明储量为 1070 Gt，储量采比为 132，远高于天然气（49.8）和石油（49.9），见表 1-1-1。从化石能源储量结构来看，煤炭占世界化石能源探明储量的 55%。从能源安全供应的角度出发，由于煤炭储量大、价格低、分布广、储存方便，在未来较长时间内煤炭将仍然发挥重要作用。煤炭利用面临着最大的挑战是温室气体减排，煤炭是高碳能源，控制温室气体排放首要任务是控制煤炭消费总量。另外，在油气资源丰富的国家，煤炭消费总量将受到明显制约。

表 1-1-1 2019 年世界化石能源探明储量及储采比

化石能源	探明储量	产量	储采比
煤炭	1069.6 Gt	8.135 Gt	132
石油	244.6 Gt	4.484 Gt	49.9
天然气	196.9×10^{12} m^3	3.99×10^{12} m^3	49.8

世界煤炭资源主要分布在美国、俄罗斯、澳大利亚等国家，截至 2019 年底，煤炭储量最多的是美国，达到 249.5 Gt，其次分别为俄罗斯和澳大利亚，煤炭储量分别为 162.2 Gt 和 149.1 Gt，世界前十大煤炭储量国家拥有煤炭储量累计 971 Gt，占世界煤炭储量的 91%。世界前十大煤炭储量国家见表 1-1-2。从煤炭储采比看，美国的煤炭储采比最高，高达 390；其次分别为俄罗斯和澳大利亚，煤炭储采比分别为 369 和 294。

表 1-1-2 世界前十大煤炭储量国家

序号	国家	无烟煤和烟煤/Gt	次烟煤和褐煤/Gt	合计/Gt	储采比
1	美国	219.5	20	249.5	390
2	俄罗斯	71.7	90.4	162.1	369
3	澳大利亚	72.6	76.5	149.1	294
4	中国	133.5	8.1	141.6	37
5	印度	100.9	5.1	106	140
6	印度尼西亚	28.2	11.7	39.9	65
7	德国	—	35.9	35.9	268
8	乌克兰	32	2.3	34.3	—
9	波兰	21.1	5.9	27	240
10	哈萨克斯	25.6		25.6	222
小计		705.1	255.9	971	
世界合计		749.1	320.5	1069.6	132
前 10 个国家世界占比/%		94	80	91	

在能源安全方面，煤炭对易受供应干扰影响的其他燃料和能源资源构成重要补充。具体表现在：一是煤炭资源储量巨大，在未来 132 年以上可保持稳定供应；二是煤炭供应充足，来源多元化，煤炭生产分布世界各地；三是煤炭储存方便，可根据需要储存在煤炭产区、港口和消费区；四是燃煤发电输出稳定，在电力安全供应质量方面明显优于光伏、风电和水电，在电力安全供应系统中具有稳定器作用。

1.3.2 煤炭在不同国家经济发展进程中的支撑作用

1. 煤炭仍是世界主要的一次能源

美国、俄罗斯、澳大利亚等国外 17 个国家，2019 年煤炭产量 3975.8 Mt，占国外煤炭产量的 92.9%；消费量 3095.3 Mt，占国外煤炭消费量的 85.0%。2019 年我国煤炭产量和消费量分别占世界总量的 47.3% 和 51.7%，国外 17 国和我国代表了当今世界煤炭生产和消费的主要群体。

自 1964 年石油消费量超过煤炭以来，煤炭在世界一次能源消费结构中的比重一直保持第二的位置。世界煤炭消费量由 1990 年的 4455.9 Mt 增加到 2019 年的 7545.7 Mt，年均增长 1.83%；在一次能源消费中占比由 27.2% 降至 27.0%，降幅仅 0.2 个百分点；1990—2012 年，煤炭在世界一次能源消费结构中比重持续增长，从 1990 年的 27.4% 增加到 2013 年的 30%；2014 年以来，受可再生能源和天然气消费的较快增长，煤炭占世界一次能源消费比重逐步下降，2019 年，在世界一次能源消费结构中，煤炭占 27%、石油占 33%、天然气占 24%、非化石能源占 16%。2019 年，印度、南非、波兰、哈萨克斯坦、越南等 5 个国家煤炭在一次能源消费构成中的占比在 45% 以上；我国的占比为 57.7%。

2. 煤炭在三类国家经济进程中的作用

根据近 30 年国外主要煤炭消费国煤炭消费量及其在一次能源消费构成中占比的变化，将研究中涉及的 18 个主要国家分为 3 类，见表 1-1-3。由于气候变化的压力，世界正在经历从高碳到低碳能源的第三次能源转型，欧美发达高收入国家已经或正在进入可再生能源替代化石能源的阶段，进入中高收入的新兴经济体、天然气产量增加的国家及部分中低收入国家处于增加天然气、核能和可再生能源，降低煤炭消费占比的阶段，亚太地区能源资源缺乏的发达国家及部分发展中国家的经济发展对煤炭依赖性较强。

表 1-1-3 18 个主要国家煤炭消费的变化与分类

分类	内容名称	国家
1	煤炭消费量和一次能源消费占比双下降	美国、德国、波兰、俄罗斯、英国、加拿大
2	煤炭消费量和一次能源消费占比双上升	日本、韩国、越南、印尼、哈萨克斯坦、哥伦比亚、蒙古国
3	煤炭消费量上升、一次能源消费占比下降	中国、印度、澳大利亚、南非、土耳其

煤炭消费量和一次能源消费占比处于“双下降”的国家多为欧美等高收入发达国家。美国、英国、德国等欧美国家处于后工业化时期，不断调整能源结构、推动煤矿退出，完成了石油天然气替代煤炭的过程，已经完成或正在开展可再生能源替代煤炭的工作。美国和德国 1990—2019 年的一次能源消费构成如图 1-1-15 和图 1-1-16 所示，美国因价格低廉的天然气，推动了燃煤发电向天然气发电的转化，降低了煤炭消费，煤炭消费量由 918.7 Mt 减少到 634.8 Mt、煤炭消费占比由 22.7% 下降到 11.3%；德国计划在 2038 年前关闭现有燃煤发电厂等；英国决定在 2025 年前关闭所有煤电设施，其一次能源消费原以石油和煤炭为主，由于大幅增加天然气用量，以及风能、太阳能等可再生能源的开发，煤炭消费量及在能源消费构成中的比例迅速下降，2016 年可再生能源在一次能源消费构成中的比重首次超过了煤炭和核能的占比，煤炭消费量由 130.0 Mt 减少到 15.3 Mt，煤炭的消费占比由 30.19% 下降到 3.3%。

煤炭消费量和一次能源消费占比“双上升”国家包括高收入的能源资源缺乏国家、迈向新兴工业化国家和革新发展中国家，以及煤炭资源丰富的内陆国家。这类国家大多分布在亚太地区，日本、韩国是能源资源缺乏的高收入国家，在核能因地震等自然灾害遇到瓶颈时需要增加煤炭消费，日本 1990—2019 年的一次能源消费构成如图 1-1-17 所示，煤炭消费量由 156.2 Mt 增加到 234.5 Mt，煤

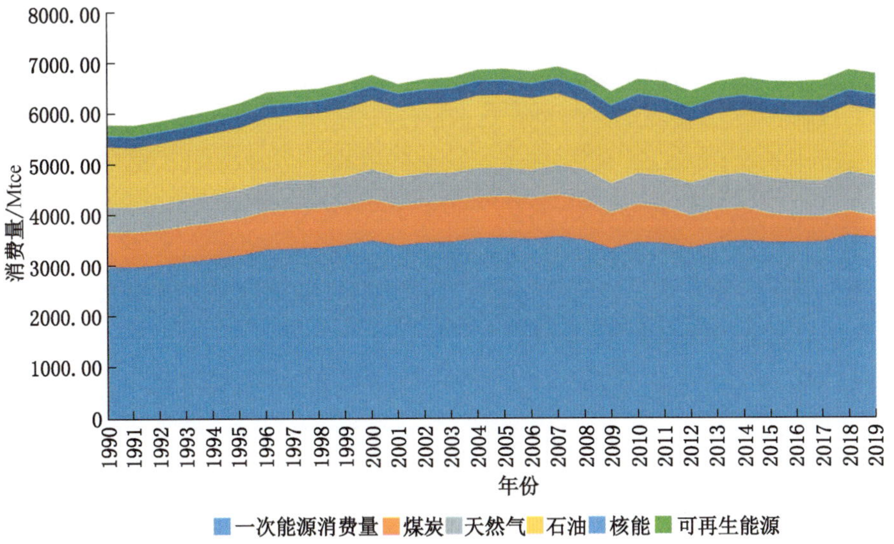

图 1-1-15 1990—2019 年美国一次能源消费总量及构成变化

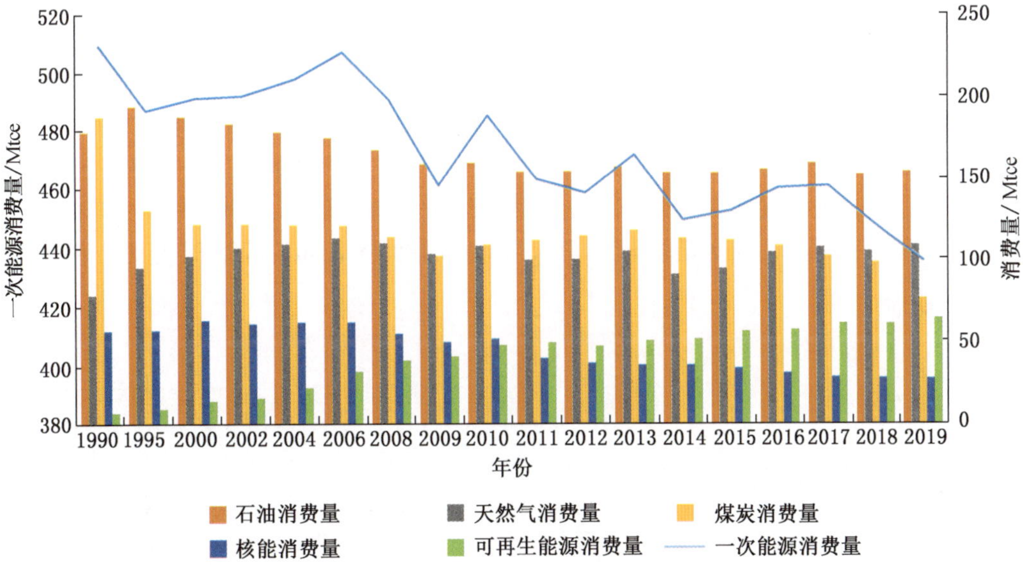

图 1-1-16 1990—2019 年德国一次能源消费总量及构成变化

炭的占比由 20.7% 提高到 28.1%。印度尼西亚是东南亚最大的经济体，处于由中低收入向中高收入过渡的国家，将以重点发展核能进行能源转型，近 20 年煤炭消费增长幅度在非 OECD 国家中最大，达到 616.3%，且在国内能源消费构成中的比例逐年提高。越南为计划经济向市场经济过渡的国家，近 30 年经济发展对煤炭的依赖性较强，煤炭消费量和在一次能源消费构成中的占比呈现双增长状态。哈萨克斯坦和蒙古国是煤炭资源丰富的内陆国家，前者是中亚的资源大国，依靠国内丰富的能源资源，在推动市场经济改革的同时实现了经济的较好发展，2000 年之后经济和能源消费保持了总体增长的趋势；蒙古国地广人稀、自然资源极其丰富，20 世纪 90 年代开始，蒙古国进行了大规模的市场经济体制改革，煤炭消费增长较快。

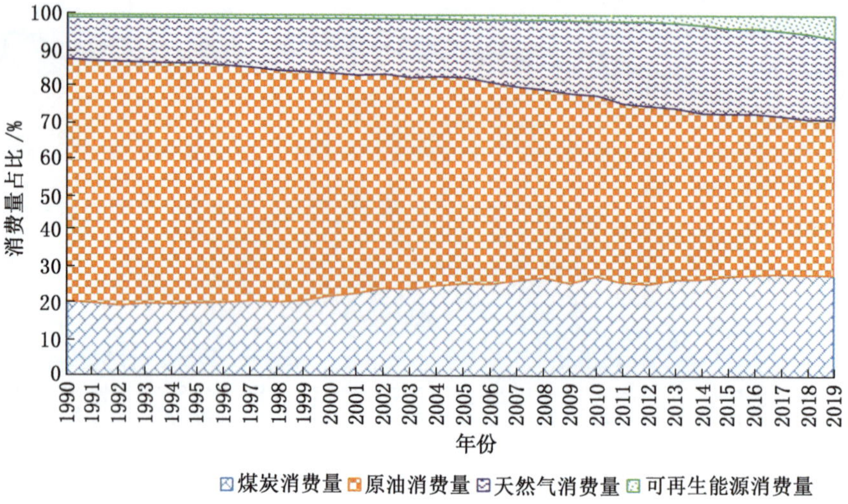

图 1-1-17　1990—2019 年日本一次能源消费构成变化

煤炭消费量上升、一次能源消费占比下降国家包括进入中高收入群体的新兴经济体、出口导向的高收入国家、经济发展水平较低的中低收入国家。这类国家包括中国、澳大利亚、印度等国，主要依靠天然气和可再生能源替代部分煤炭的消费。中国是已步入中高收入国家，煤炭消费在一次能源消费总量中的占比由 1990 年的 76.2% 降低到 2019 年的 57.7%，天然气和水电、核电及可再生能源的占比分别由 2.1% 和 5.1% 提高到 8.1% 和 15.3%，其中可再生能源的占比从 0.03% 提高到 4.68%。澳大利亚是高收入国家，处于天然气与可再生能源替代煤炭消费的阶段，1990—2019 年的一次能源消费构成如图 1-1-18 所示，煤炭消费量由 76.5 Mt 增加到 85.2 Mt，煤炭的占比由 41.0% 下降到

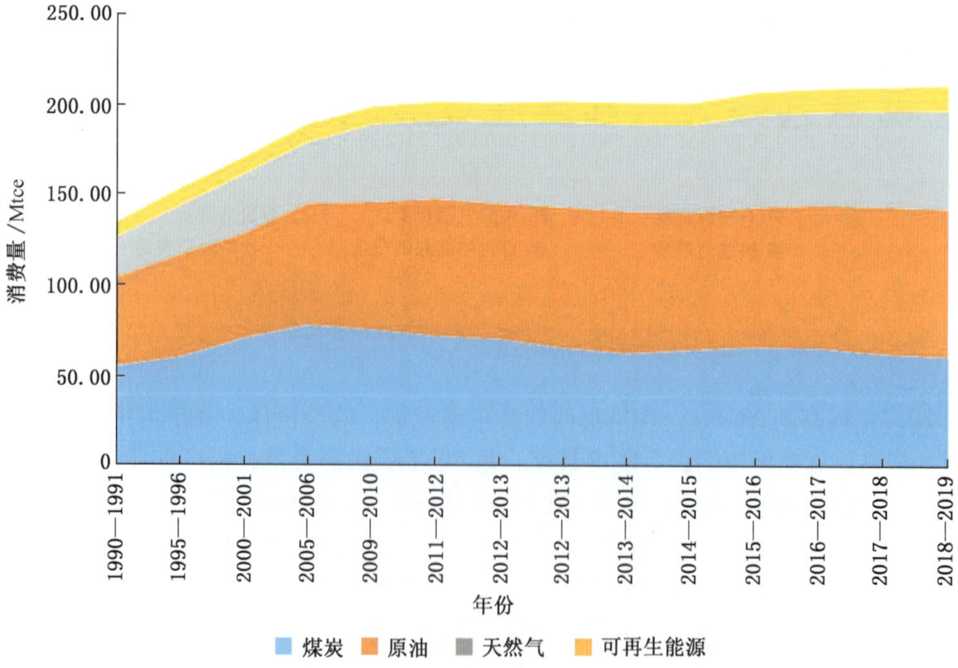

图 1-1-18　1990—2019 年澳大利亚一次能源消费构成变化

29.1%、天然气消费占比提高了9.1个百分点、可再生能源消费占比提高了0.4个百分点，2000年以后天然气勘探开发强度的加大保证了天然气的供应。印度和南非是经济发展相对滞后的中低收入国家，煤炭在一次能源消费中的占比分别下降了1个百分点和5.65个百分点。

1.3.3 煤炭是工业化国家发电的主要能源

煤炭消费主要用于发电、冶金、化工和建材等行业。2019年，燃煤发电约占世界发电总量的36%，是世界发电的第一大能源，其次为天然气和水电，分别占23%和16%，如图1-1-19所示。世界电力需求将持续增长，预计到2035年和2050年，世界电力需求分别为41.2×10^{12} kW·h和61.4×10^{12} kW·h。2019年世界电煤消费量约4264 Mt，预计到2030年达到4966 Mt峰值，2035年和2050年电煤消费量分别达到4822 Mt和4454 Mt。世界以燃煤发电为主的国家有南非（90%）、美国（91%）、欧盟（76.2%）和印度（60%）等。2019年，世界钢铁产量1869 Mt，煤炭消费量1175 Mt，无论是电力行业，还是钢铁行业，煤炭作为燃料或原料的基础性作用十分突出。按照动力煤价格60美元/t，炼焦煤100美元/t计算，2019年电力和钢铁行业煤炭价值分别达到2520亿美元和1175亿美元。

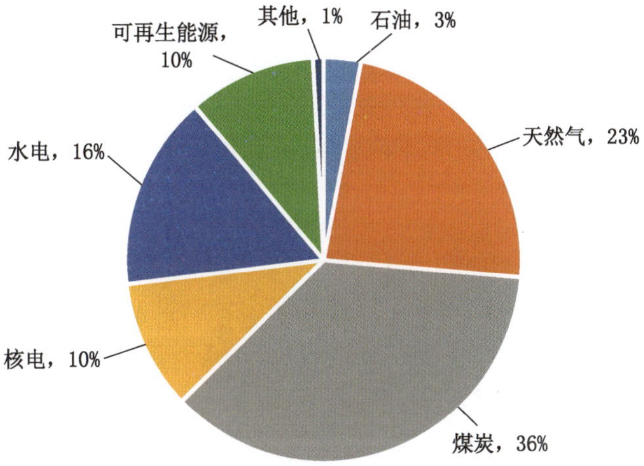

图1-1-19 2019年世界能源发电构成

至今，世界上有40多个国家生产煤炭，直接创造就业机会400万个以上，其中90%在发展中国家。我国煤炭工业创造了240多万个直接就业机会。另外，煤炭工业的每个工作岗位可为其他部门提供7~8个就业机会。2019年世界煤炭产量8135 Mt，按平均井口价50美元/t计算，世界煤炭产业可实现4068亿美元的产值。澳大利亚、俄罗斯和印尼等国家开采的煤炭大部分供出口创汇，每年为煤炭出口国带来800多亿美元的出口收入。煤炭产业除了为当地人提供就业机会外，还为当地提供许多经济和社会基础设施，如道路、运输、教育和通信等。另外，煤炭的衍生物可生产数万种消费品和工业品，尤其是烯烃、乙二醇和芳烃等现代煤化工产品，在世界经济发展中具有重要作用。

煤炭储存方便，可以根据需要在煤矿、港口和用户侧储存，或者在煤炭消费集中的地区建设煤炭储备基地。与石油和天然气项目相比，煤炭储备基地建设的成本较低。便于储存的特点可以使煤炭在能源安全供应中发挥压舱石作用。

煤炭利用的成本相对较低，根据2000—2018年的19年统计资料，以亚洲市场为例，世界煤炭（动力煤）、石油和天然气平均价格分别为78.4美元/t、62美元/桶（迪拜原油）、9.28美元/MMBtu，相当于156.8美元/吨油、393美元/吨油和454美元/吨油，在化石能源价格中，煤炭竞争优势比较明显。燃煤发电与可再生能源发电相比，至今光伏和风电发电成本基本接近燃煤发电成本，但按同样供应质量考虑，风电和光伏分别需要配置 3 倍和 5 倍的储能装机规模，加上储能成本后，光伏和风电在未来 5 ~ 10 年很难与煤电竞争。无论对于其他化石能源，还是可再生能源，在未来 10 年煤炭均具有一定的成本优势。

2 煤炭供应与需求

20 世纪 90 年代世界煤炭产量保持相对稳定后，煤炭产量从 21 世纪初呈快速增长趋势，2013 年后进入相对稳定阶段。能源资源禀赋、地理位置和生产成本综合影响各国煤炭生产规模，天然气和可再生能源生产规模快速发展和发达国家工业化阶段的完成制约着世界煤炭消费增长，世界煤炭需求已进入峰值平台期，煤炭生产和消费将向亚太地区进一步集中。

2.1 煤炭生产现状与趋势

1990 年以来，世界煤炭产量总体呈持续上升态势。1990—1999 年，煤炭产量基本保持稳定，1990 年为 4764. 3 Mt，1993 年为 4424. 9 Mt，1997 年为 4741. 3 Mt，1999 年为 4653. 7 Mt。从 2000 年开始，世界煤炭产量快速增长，从 2000 年的 4707. 8 Mt 快速增长到 2013 年的阶段性峰值 8255. 3 Mt，年均增长 5. 2% 。2013 年后，世界煤炭产量经历 3 年下降，2016 年下降到 7478. 2 Mt，比 2013 年峰值下降 777. 1 Mt。2017 年以来，受世界经济复苏的影响，世界煤炭产量温和增长，从 2017 年的 7700. 7 Mt 增长到 2019 年的 8129. 4 Mt。1990 年以来的世界煤炭产量变化如图 1 -2 -1 所示。

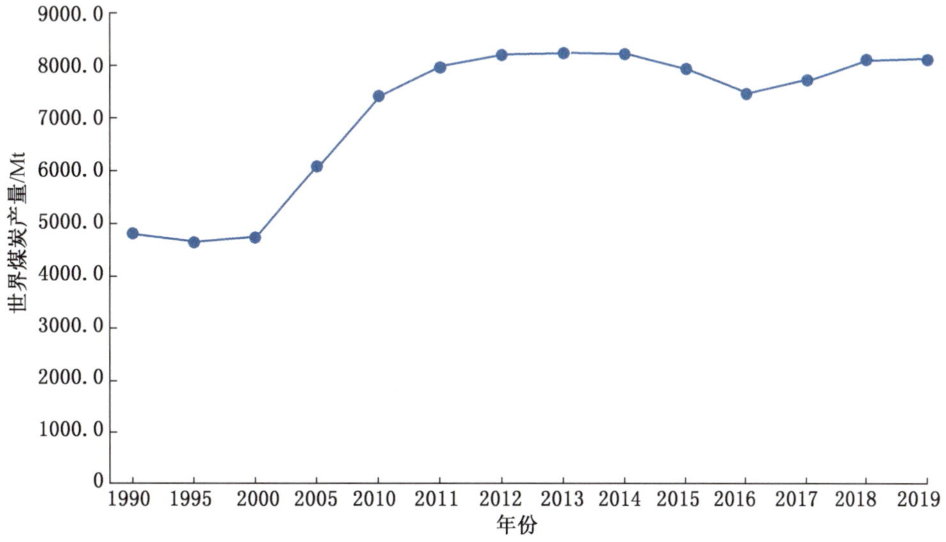

图 1 -2 -1 1990—2019 年世界煤炭产量变化

世界主要产煤国家的煤炭产量受资源禀赋、国内需求和国际贸易等多重因素影响，各国煤炭产量呈现不同的变化趋势。油气资源丰富的国家，例如美国和俄罗斯，尽管煤炭资源储量非常丰富，但由于油气资源非常丰富，而且开发成本较低，煤炭开发受到制约，国内需求疲软，煤炭资源储量优势没有发挥出来，煤炭储采比均超过 360。作为煤炭出口型国家，澳大利亚和印度尼西亚煤炭产量保持较高水平，国际煤炭贸易对煤炭产量变化有决定性的作用。对于煤炭消费量大的煤炭资源富集国家，例如我国和印度，煤炭开发强度较大，煤炭产量保持高位，且保持增长态势。1990 年以来世界主要煤炭生产国家的煤炭产量见表 1－2－1。

表 1－2－1　世界主要煤炭生产国家的煤炭产量　　Mt

序号	国　家	1990 年	1995 年	2000 年	2005 年	2010 年	2015 年	2018 年	2019 年
1	中国	1080	1360	1380	2120	3120	3750	3680	3850
2	美国	930	940	970	1030	980	810	600	560
3	印度	220	290	330	430	570	670	770	770
4	印度尼西亚	10	300	80	150	280	460	550	600
5	澳大利亚	210	250	310	380	430	500	490	490
6	俄罗斯	410	270	260	300	320	370	440	440
7	南非	170	200	220	250	250	250	250	250
8	德国	430	250	200	200	180	180	170	140
9	波兰	220	200	160	160	130	140	130	130
10	哈萨克斯坦	130	80	70	90	110	110	120	120

在主要产煤国家中，美国煤炭产量从 2010 年起持续下降，主要原因是美国页岩气革命促成天然气产量大幅度增长，开采成本不断下降，从而大幅度挤占美国国内煤炭消费市场。印度受少油少气资源禀赋制约，不得不大量利用廉价的煤炭，煤炭产量持续增长，2019 年达到 770 Mt，位列世界第二。澳大利亚、印度尼西亚和俄罗斯为煤炭出口型国家，煤炭产量保持稳定增长态势。德国煤炭产量萎缩较快，从 1990 年的 430 Mt 下降到 2019 年的 140 Mt，而且将继续呈下降趋势，煤炭生产成本高和欧洲高碳税是德国煤炭产量持续下降的主要原因。1990 年以来世界主要煤炭生产国家煤炭产量变化如图 1－2－2 所示。

煤炭开采方式取决于煤炭资源赋存条件，国外煤炭生产大国主要采用露天开采方式。2019 年国外产煤国家煤炭产量 3975.8 Mt，其中露天煤矿产量 3224 Mt，约占全部煤炭产量的 81.1%；而井工煤矿产量仅 749 Mt，不足露天煤矿产量的 1/4。世界主要露天采煤国家有美国、南非、俄罗斯、德国、印度、印尼、澳大利亚、蒙古国、加拿大、土耳其等，其中印度、印尼、德国、蒙古国、土耳其、加拿大等 6 个国家露天煤炭产量占比在 90% 以上；澳大利亚和俄罗斯露天煤炭产量占比为 70% ~90%；美国和南非露天煤炭产量占比为 50% ~70%。同期，我国煤炭产量 3680 Mt，其中井工煤矿产量 3010 Mt，是国外井工煤矿产量的 4 倍，约占全国煤炭产量的 81.8%；露天煤矿产量 670 Mt，仅为国外露天煤矿产量的 1/5。2019 年国外产煤国家煤炭产量、构成及露天开采占比如图 1－2－3 所示。

2019 年，世界煤炭探明储量为 1070 Gt，煤炭储采比高达 132，在 2050 年前，煤炭生产可以充分满足煤炭市场的需求，煤炭供应量将主要由煤炭需求决定，供应能力将围绕煤炭需求量小幅波动。根据煤炭资源储量分布和各国煤炭消费情况，澳大利亚、印尼、美国和俄罗斯将成为世界主要的煤炭输出国，输出煤炭主要流向亚太地区，其次为欧洲地区。根据国际能源署《世界能源展望 2020》，在新政策情景下，世界煤炭产量到 2025 年和 2040 年分别达到 5383 Mtce 和 5441 Mtce。

主要产煤国家的未来煤炭产量变化将取决于资源储量规模、国内需求和出口需求等多重因素。重点国家煤炭供应预测见表 1－2－2。从煤炭储量规模上看，美国、俄罗斯、澳大利亚和中国的煤炭储量位居前 4 位，在未来煤炭供应方面会继续发挥重要作用，但美国和中国生产的煤炭主要满足国内需求，俄罗斯和澳大利亚生产的煤炭主要用于出口。从国内煤炭需求看，中国、美国和印度的煤炭需求

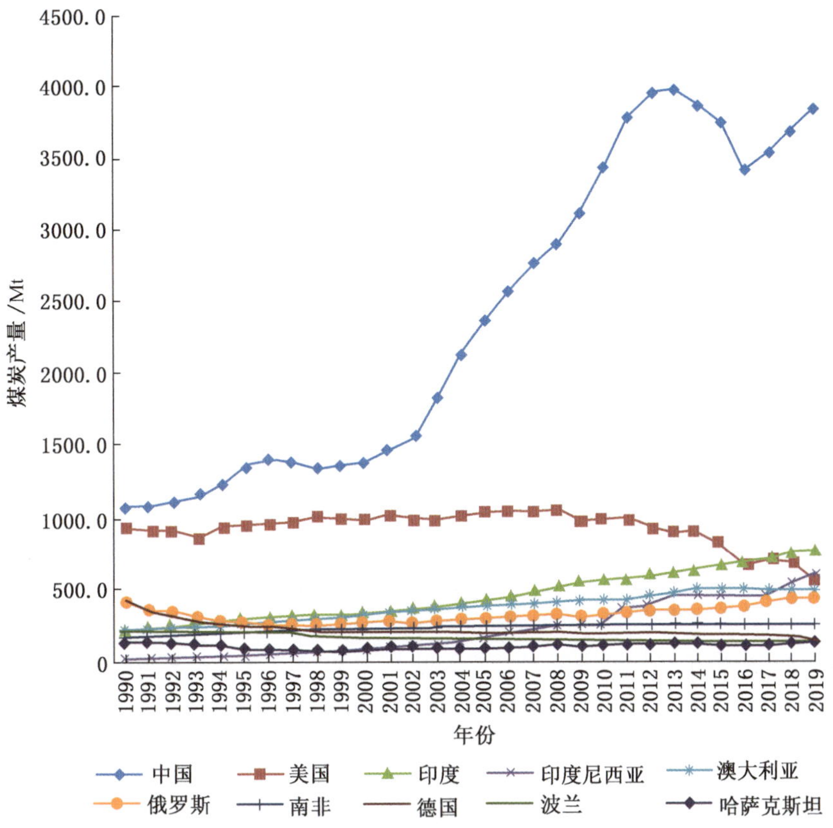

图 1-2-2 1990—2019 年世界主要煤炭生产国家煤炭产量变化

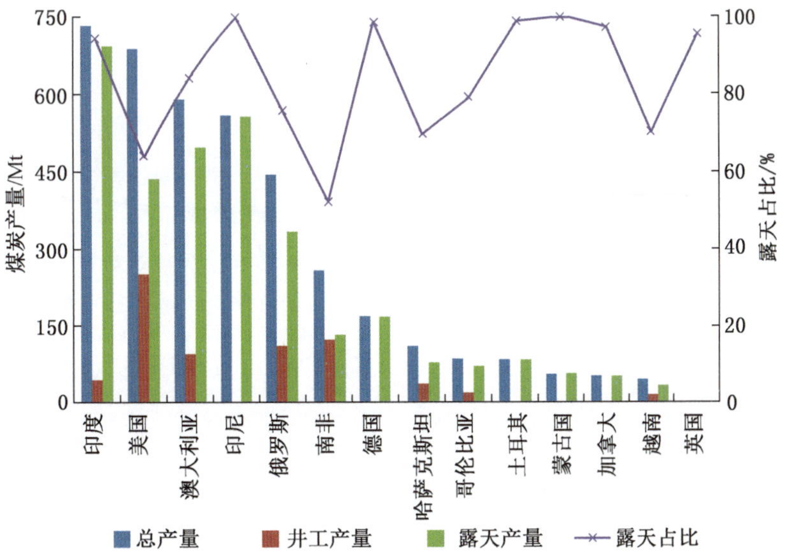

图 1-2-3 2019 年国外产煤国家煤炭产量、构成及露天开采占比

位居世界前 3 位，依托国内丰富的煤炭储量，未来煤炭产量将保持高位。从煤炭出口市场看，澳大利亚、印尼和俄罗斯主要面向亚太市场，煤炭国际贸易规模较大，出口需求拉动煤炭生产；而美国主要面向国内，出口市场规模较小，煤炭产量规模将主要由国内煤炭需求确定。其他煤炭生产国主要将生产的煤炭供本国消费。

表 1-2-2　重点国家煤炭供应预测

10^8 t

国　家	2018 年	2020 年	2030 年	2050 年
中国	38.50	39.00	37.00	26.00
印度	7.65	8.20	7.07	6.80
美国	6.85	5.40	7.18	7.07
印尼	5.49	5.58	7.18	7.20
澳大利亚	4.86	6.00	7.61	7.80
俄罗斯	4.41	4.01	4.02	4.57
南非	2.53	2.95	2.97	2.30
德国	1.69	1.10	0.62	0.40

2.2　煤炭需求现状及预测

1990 年以来，世界一次能源消费呈平稳增长趋势，支撑世界经济的发展，世界一次能源消费从 11.59 Gtce 增长到 2019 年的 20.064 Gtce，增长了 73%。1990—2000 年，世界一次能源消费呈缓慢增长态势，一次能源消费量从 11.59 Gtce 增长到 2000 年的 13.37 Gtce，年均增长率达到 1.3%，1997 年发生的亚洲金融危机导致世界经济增长放缓，同时遏制了能源消费需求的增长。2001 年后，随着世界经济复苏，世界一次能源消费增长速度加快，一直保持到 2012 年，能源消费总量从 2001 年的 13.51 Gtce 增长到 2012 年的 17.98 Gtce。2013 年以来，世界一次能源消费增长速度趋缓，2013—2019 年年均增长率仅为 1.5%，如图 1-2-4 所示。

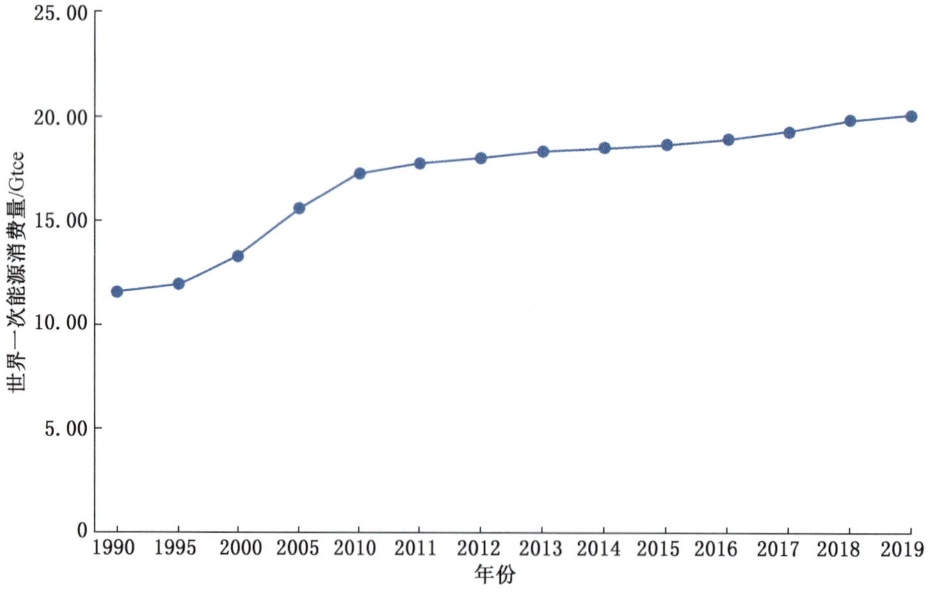

图 1-2-4　1990—2019 年世界一次能源消费量变化

1990 年以来，世界煤炭消费量持续增长，2013 年达到 5529.81 Mtce 峰值，较 1990 年增长 2390.96 Mtce，其中，中国煤炭消费量从 1990 年的 755.04 Mtce 增长到 2013 年的 2815.67 Mtce，占世界同期消费增量的 84%。2013—2016 年，随着中国经济结构转型调整和对环境关注度增强，煤炭消费量连续 3 年下降，2016 年降至 2701.27 Mtce 左右，带动世界煤炭消费量降至 5299.58 Mtce。2017—2018 年，国际经济形势利好，电力、钢铁等行业需求回升，煤炭行业受此影响消费量略有增长。2018 年世界煤炭消费量为 5393.96 Mtce，同比增长 1.4%，高于 2007—2017 年年均 0.7% 的增长率，增长主要集中在亚太市场。2019 年世界煤炭消费下降 0.6%，为 5362.5 Mtce，其中 OECD 国家煤炭消费量 1092.52 Mtce，同比下降 11.3%；非 OECD 国家煤炭消费量 4271.41 Mtce，同比增长 2.6%；欧盟国家煤炭消费量 261.69 Mtce，同比下降 17.8%，如图 1-2-5 所示。

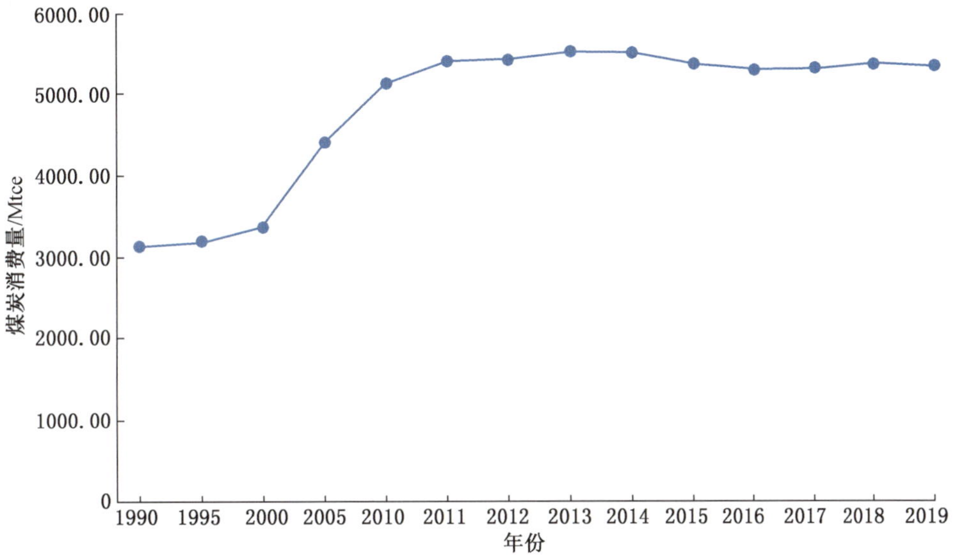

图 1-2-5　1990—2019 年世界煤炭消费量变化趋势

从煤炭消费分布看，2019 年，中国煤炭消费总量为 2866 Mtce，占世界煤炭消费量的 53%（IEA Coal Information 2020），其次是印度，煤炭消费量为 585 Mtce。美国和欧盟地区是煤炭消费的主要下降区，2019 年降到煤炭消费新低点，分别为 397 Mtce 和 253 Mtce。以上 4 个区域煤炭消费占世界煤炭消费的 3/4。世界煤炭消费分地区变化趋势如图 1-2-6 所示。

世界主要煤炭消耗部门包括发电、工业、民用、商业和其他。根据 1971—2013 年统计数据，发电用煤量持续增长，年平均增长率达到 2.1%，电煤消费量占煤炭消费总量的 55% 以上，如图 1-2-7 所示。工业用煤量也在持续上升，但增长速度较慢，年平均增长率为 1.8%，工业用煤约占煤炭消费总量的 20%。交通和民用用煤持续下降，煤炭消费占煤炭消费总量的比例从 1971 年的 11% 降到 2013 年的 2%。商业用煤量也呈下降趋势，煤炭消费比例从 1971 年的 5% 降到 2013 年的 1%。其他行业主要包括煤化工和农业等行业，煤炭消费总量呈上升趋势，主要由煤化工产业的发展驱动，煤炭消费量从 1971 年的 239 Mtce 增加到 2013 年的 1163 Mtce，能源消费比例从 1971 年的 11% 增加到 2013 年的 21%。从煤炭消费构成来看，发电和工业用煤占绝对主导地位，分别占煤炭消费总量的 55% 和 20% 以上。

在采用新政策控制煤炭消费，加快发展非化石能源情景下，预计到 2025 年、2035 年和 2050 年，

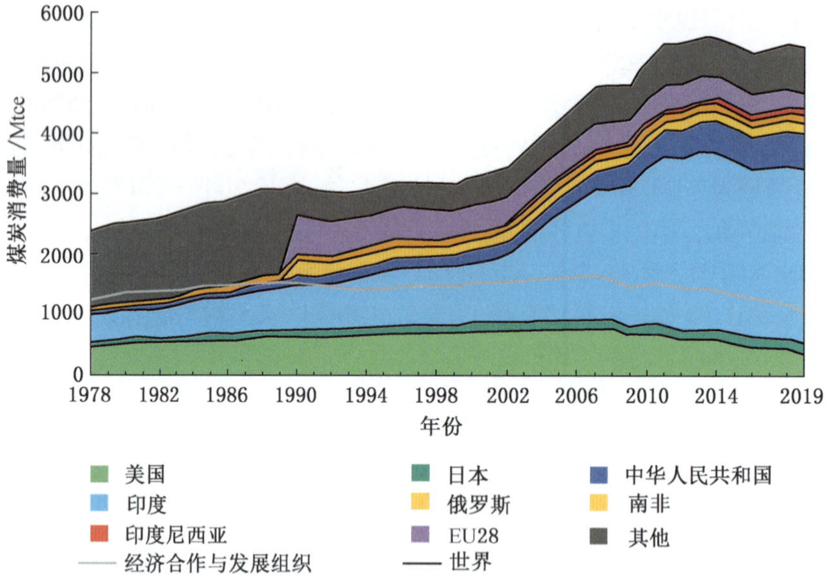

图1-2-6　世界煤炭消费分地区变化趋势（1978—2019年）

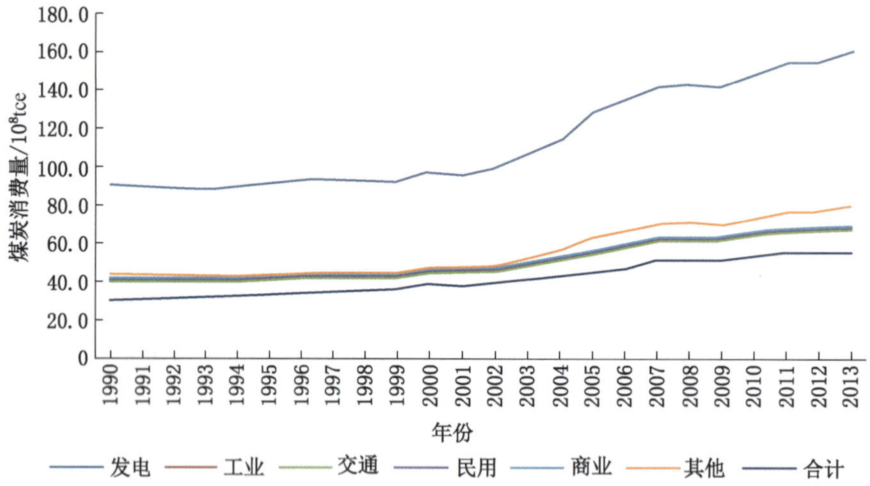

图1-2-7　世界主要耗煤行业的煤炭消费量历年变化情况（资料来源IEA）

世界煤炭需求分别达到5659 Mtce、5357 Mtce和4656 Mtce，预计到2025年左右全球煤炭消费达到峰值，如图1-2-8所示。

燃煤发电是煤炭消费的最主要领域，也煤炭清洁高效利用的重要途径。发电用煤规模将取决于煤电生产规模和电厂供电效率。煤电规模主要由全球电力需求增长和非煤电力（天然气、核电、可再生能源等）发展速度所确定。全球电力需求增长由世界经济增长驱动，根据几十年来的世界经济发展数据，世界经济年增长率平均保持在3%～4%的水平，按电力弹性系数0.8考虑，世界年电力需求增长将长期保持2%～3%的水平。在非煤电力中，天然气发电将加快发展，在2050年前，世界天然气供应充足，天然气发电具有能源效率高、环保性能好的特点，在主要天然气生产国将得到大力推

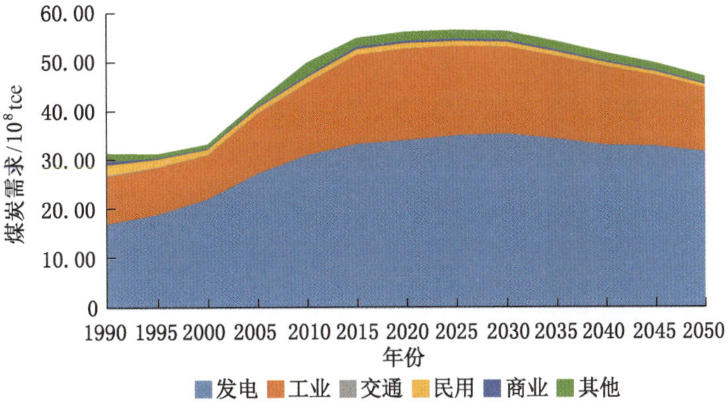

图 1-2-8　全球煤炭需求预测

广。在可再生能源中，水电已实现了规模化发展，但增长潜力不大。核电由于受到安全问题的困扰，核电建设将受到越来越大的民间反对的压力，建设速度将明显放缓。风电和光伏是发展最快的发电领域，但由于发电的不稳定性，很难成为支柱电源。在 2050 年前的世界发电领域，煤电和天然气发电仍将是最重要的电源，煤炭由于价格较低，燃煤发电将成为非天然气生产国的优先选择。因此，从能源安全、能源经济角度出发，在较长时间内，煤电仍将是世界主要电源。电煤需求预测根据煤电供电规模和电厂供电煤耗进行。供电煤耗将随着发电技术进步而降低，预计从 2014 年的平均值 321 gce/(kW·h) 逐步降到 2029 年 300 gce/(kW·h)，以后保持稳定。未来电力需求将呈缓慢增长趋势，预计到 2030 年世界电煤消费达到峰值 3550.7 Mtce 左右。

工业用煤量将随着工业化和城镇化进入后期或成熟期而逐步下降，世界发达国家均已完成工业化或进入工业化后期，煤炭消费总量呈下降趋势；发展中国家除印度外，其他国家工业用煤增长缓慢。工业用煤总规模近期呈缓慢增长趋势，而且增长率逐步下降，这里假定 2014—2020 年期间年增长 0.5%，2021—2030 年期间年下降 0.5%，2031—2040 年期间年下降 1%，2041—2050 年期间年下降 2%。

在交通用煤方面，随着蒸汽机车被柴油机车和电力机车所替代，交通用煤将逐步继续减少，假定到 2031 年以后交通用煤量为 0。

在民用煤方面，随着城镇化率的提高和人们收入水平的提高，清洁能源的普及率将持续提高，民用煤将主要在农村地区或部分城市居民家庭使用，民用煤消费总量将持续下降。假定 2014—2020 年年平均下降 0.5%，2021—2030 年年平均下降 1%，2031—2040 年年平均下降 2%，2041—2050 年年平均下降 2.5%。在商业用煤方面，煤炭消费总量变化趋势与民用煤类似。

其他用煤包括煤炭作为原料煤的消费量和其他行业的用煤。作为原料的用煤领域主要包括炼焦、煤制合成氨、煤制甲醇和现代煤化工（煤制油、煤制烯烃、煤制天然气等），总体上看炼焦和煤制合成氨用煤已达到峰值，煤炭消费量将呈下降趋势。现代煤化工具有一定的发展空间。总体上看，其他煤炭消费将呈缓慢上升趋势，预计到 2020 年左右达到峰值。这里假定 2014—2020 年，煤炭消费年平均增量为 0.5%，2021—2030 年年平均下降 0.5%；2031—2040 年平均下降 1%。

当今世界，亚太、欧洲、北美是煤炭的主要生产地区，同样也是煤炭的主要消费地区，如图 1-2-9 所示。这些地区遍布了世界上主要的发达经济体和新兴经济体，三者在煤炭消费特点上有明显差异。

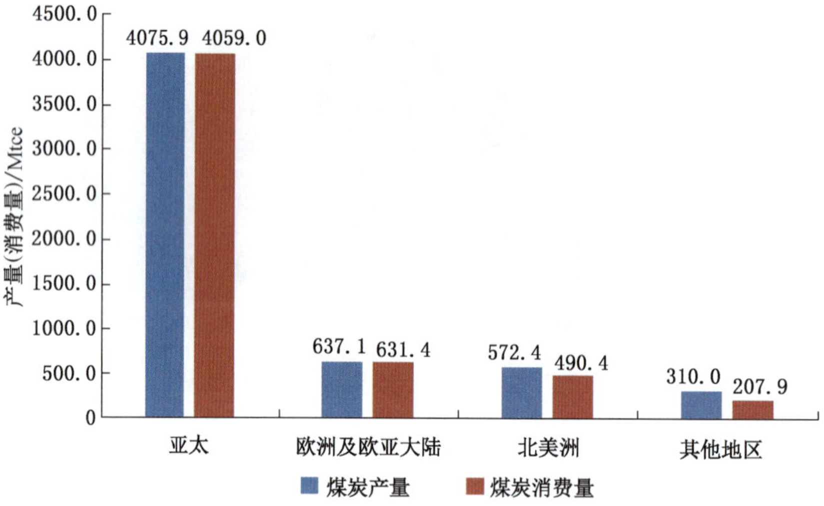

图1-2-9 2018年全球主要用煤地区煤炭生产和消费情况

欧盟正在加快退出煤炭生产和使用。欧盟是世界主要煤炭生产和消费地区之一，同时欧盟也是大西洋地区煤炭进口的最重要的经济体。欧盟煤炭进口以动力煤为主，动力煤进口在进口总量中所占的比例一直在七成以上。2005年以来，受经济增长缓慢、天然气价格低位和国际金融危机的影响，为创造更多就业机会，欧盟实施以淘汰石油、煤炭等传统化石能源为标志的能源低碳转型。据《BP世界能源统计年鉴》，2018年，欧盟生产煤炭180 Mtce，比2005年下降了36%，占全球煤炭产量的3.2%；使用煤炭317 Mtce，比2005年下降了30%，占全球消费量的5.9%。近年来，欧盟成员国加快了退出煤炭生产和消费的步伐。2014年10月，欧盟领导人同意，到2030年，将比照1990年水平削减40%的温室气体排放，这一行动将逐步取消煤炭使用和煤炭生产投资。2015年11月，英国能源大臣安布尔·拉德宣布，英国将在2025年前逐步淘汰煤炭使用；2016年5月，德国承诺将在2050年前停止燃煤发电厂运行；2017年7月，法国宣布在2022年终止燃煤发电。芬兰、葡萄牙、奥地利等过也做出了相似的承诺。到2021年，欧盟可能关闭1/3的燃煤发电厂。

北美煤炭生产和消费迎来新机遇。北美地区是世界上仅次于亚太地区和欧洲地区的煤炭生产和消费地区。自进入21世纪以来，受页岩气革命影响，美国、加拿大等国丰富的油气资源得以开发，北美地区煤炭产量和消费量呈波动下降态势，2018年北美地区煤炭产量约为517 Mtce，消费总量为486.2 Mtce，分别占全球总产量和总消费量的10.2%、8.1%，分别较1990年下降了15.6%和14%。然而，美国煤炭能源政策的改变，将使北美地区的煤炭生产和消费迎来了新一轮的增长。特朗普当选美国总统后，其能源政策是一方面通过增加基础设施建设以增加钢铁、电力需求，进而增加煤炭需求，另一方面通过废除“清洁电力计划”，打破对煤炭行业的环保限制，鼓励发展燃煤电厂，尤其是鼓励发展利用清洁煤，从而刺激美国煤炭需求增加。然而，2021年拜登政府上台后美国能源政策将再次发生变化，美国将更多关注天然气和可再生能源发展，煤炭的发展空间将受到更多的压缩。

亚太煤炭生产和消费平稳增长。近10年以来，随着中国、印度等国对煤炭需求的快速上升，世界煤炭生产、消费和贸易进一步向亚太地区集中，2018年亚太地区煤炭产量约为4032.6 Mtce，消费总量为4061.2 Mtce，分别占全球总产量和总消费量的72.8%、75.3%，与1990年相比分别提高了36.4%和37.5%以上，煤炭生产和消费向亚太地区集中十分显著。展望未来，由于中国经济转向更可持续的增长模式，以及政府政策促使煤炭转向更为清洁低碳的燃料，中国煤炭消费预计在未来20

年将趋于平稳，但 2035 年中国的煤炭消费量仍将占全球消费量近一半。印度将是全球煤炭消费最大增量市场，其在世界煤炭需求中的占比将从 2015 年的 10% 左右翻倍至 2035 年的 20% 。与此同时，印尼、越南、日本、韩国等亚太国家均制定了扩大煤炭生产和消费的计划，可以说，亚太地区是当今及未来世界最重要的煤炭生产、消费和贸易中心，且中国决定着全球煤炭行业走势。

3 煤炭贸易与价格

国际煤炭贸易主要为烟煤贸易，也有部分的褐煤和无烟煤。煤炭贸易占世界煤炭产量的比例从 1990 年的 11% 增长到 2019 年 18% 。到 2025 年以前，世界煤炭贸易规模将继续增长，受世界能源消费增长放缓和可再生能源产量快速增长的影响，到 2025 年预计达到 1562 Mt 峰值，以后逐步减少，预计到 2035 年和 2050 年，世界煤炭贸易量分别为 1490 Mt 和 1200 Mt。

3.1 国际煤炭贸易现状

1990 年以来，世界煤炭贸易规模持续增长，贸易规模从 1990 年的 498 Mt 增长到 2019 年 1424 Mt，年均增长 3.7% 。1990—1999 年，世界煤炭贸易缓慢增长，从 498 Mt 增长到 542 Mt。2000—2015 年，受世界煤炭需求快速增长拉动，世界煤炭贸易规模大幅度增长，从 608 Mt 增长到 1346 Mt。2016 年以来，世界煤炭贸易进入缓慢增长阶段，预计持续到 2025 年，以后世界煤炭贸易量逐步减少，如图 1 -3 -1 所示。

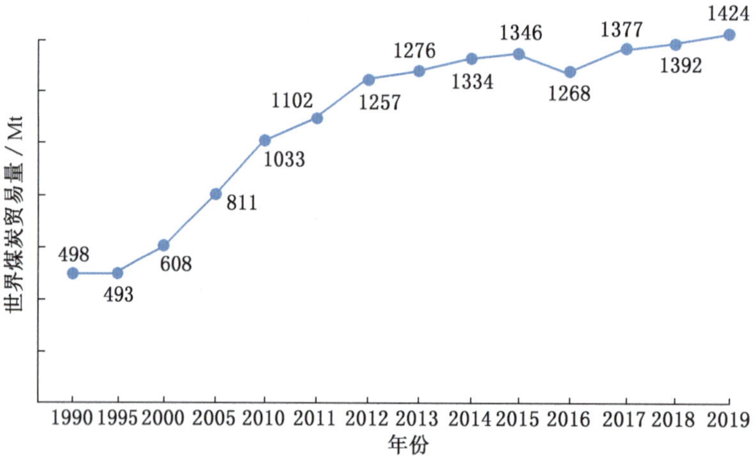

图 1 -3 -1 近 30 年世界煤炭贸易变化

根据国际能源署统计，2019 年世界煤炭贸易量为 1424 Mt，同比增长 13% 。2016—2019 年世界主要煤炭出口国家和出口量见表 1 -3 -1 和图 1 -3 -2。从贸易品种结构上看，动力煤贸易量为 1106 Mt，占贸易总量的 77.7% ；炼焦煤为 312 Mt，占贸易总量的 21.9% 。2019 年，世界煤炭出口量占世界煤炭总产量的 18% 。印度尼西亚是世界最大的煤炭出口国，2019 年出口煤炭 439 Mt，同比增长 4.8% 。2019 年，印度尼西亚煤炭出口量占世界煤炭贸易量的 31.7% ，澳大利亚占 27.4% ，俄罗斯占 15.1% 。1990 年以来，澳大利亚长期占据世界煤炭第一出口大国，一直到 2011 年印度尼西亚超越澳大利亚成为世界第一，以后两国相互交替，一直占据世界前两位。自 2000 年以来，俄罗斯一直保持煤炭出口世界第三位位置，美国、哥伦比亚和南非一直占据世界煤炭出口第四到第六的位置。

2019 年，世界煤炭进口前三大国家为中国、印度和日本，分别进口 298 Mt、247 Mt 和 185 Mt，占世界煤炭进口总量的 21.0%、17.3% 和 13.0%。2016—2019 年世界主要煤炭进口国家和地区见表 1 -3 -2

表 1-3-1 2016—2019 年世界主要煤炭出口国和出口量 Mt

煤炭出口国家	2016 年	2017 年	2018 年	2019 年
印度尼西亚	372.9	390.6	439	455
澳大利亚	389	378.9	381.9	393
俄罗斯	171	189.7	209.9	217
美国	54.7	88	104.9	84
哥伦比亚	83	102.7	81.9	72
南非	69.9	71	69.3	81
蒙古国	24.1	29	34	28
加拿大	30.2	31.1	29.9	36
哈萨克斯坦	26	29.2	25.8	25
莫桑比克	9.2	11.8	11.6	11.2
世界合计	1268	1366	1418	1436

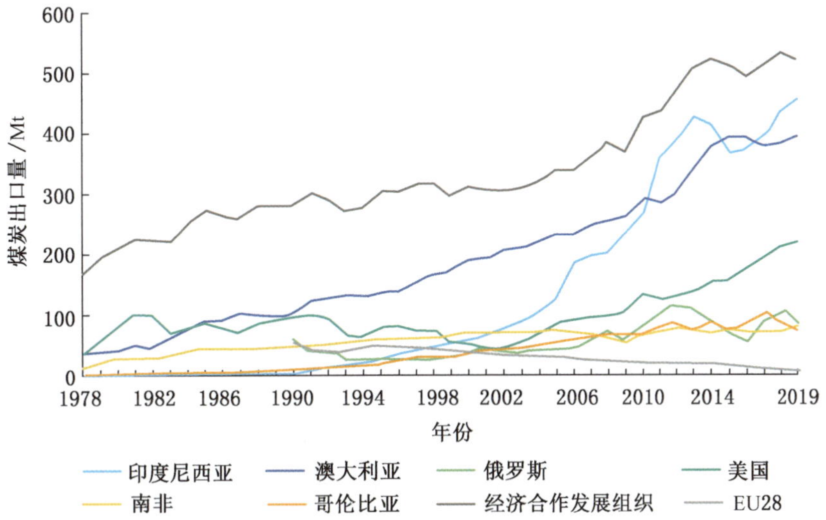

图 1-3-2 世界主要煤炭出口国和组织的煤炭出口量变化

表 1-3-2 2016—2019 年世界主要煤炭进口国/地区和进口量 Mt

煤炭进口国家和地区	2016 年	2017 年	2018 年	2019 年
中国	282	284.3	295.4	298
印度	192.1	209.4	240.2	247
日本	192	187.5	185.1	185
韩国	133.2	138.9	142	130
中国台湾	65	66.5	67.6	67
德国	57.8	50.5	44.4	41
越南	13	14	23	44
土耳其	36.2	38.3	38.3	38

表 1-3-2（续）　　Mt

煤炭进口国家和地区	2016 年	2017 年	2018 年	2019 年
马来西亚	27.2	30.4	33	35
俄罗斯	24	29	28.2	27
泰国	22.6	23.5	24.9	26.5
世界合计	1314	1377	13.29	14.24

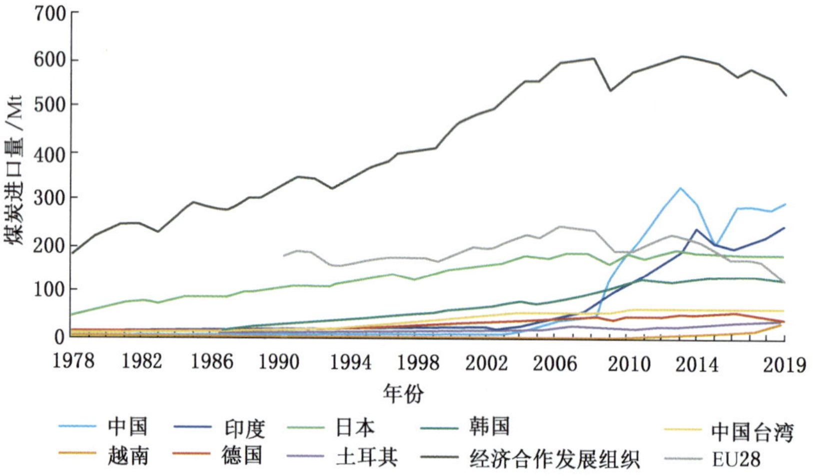

图 1-3-3　世界主要煤炭进口国家、地区和组织的煤炭进口量变化

和图 1-3-3。1990—2011 年，日本保持世界煤炭第一进口国，2012 年中国超过日本成为第一煤炭进口国，2013 年印度超过日本成为第二煤炭进口国。2013 年以来，中国、印度、日本和韩国保持着世界前四大煤炭进口国的位置，并在可预期未来保持不变。

国际煤炭运输以海运为主，近 5 年来世界海运煤炭贸易量约占世界煤炭贸易量的 87% ~91%，2018 年世界海运煤炭运输量为 1234 Mt，占世界煤炭贸易量的 87%。2018 年，世界动力煤贸易量约为 1067 Mt，炼焦煤为 337 Mt，见表 1-3-3。国际内陆煤炭贸易主要集中在 3 个点，一是在蒙古国和中国之间，二是在俄罗斯与中亚和欧洲国家之间，三是在美国、加拿大和墨西哥之间。

表 1-3-3　2010—2018 世界煤炭贸易量和海运煤炭贸易量　　Mt

年份	动力煤贸易量	动力煤海运贸易量	炼焦煤贸易量	炼焦煤海运贸易量	贸易量合计	海运贸易量合计
2010	777.7	712.8	280.7	246.6	1062.2	959.9
2011	861.7	790.8	275.8	238.3	1139.1	1029.4
2012	985	912	291	254	1276	1166
2013	1027.8	926.9	300.7	279.1	1333.8	1200.4
2014	1022.4	912.7	314.6	286.1	1345.9	1202
2015	953.2	865.3	305.2	288.6	1267.8	1162
2016	969.5	898.1	313.2	283	1292.7	1185.9
2017	1025.2	929.3	324.5	287	1363.4	1223.8
2018	1067.4	905.6	336.8	304	1420	1233.6

3.2 煤炭贸易市场格局

煤炭运输成本、煤炭资源禀赋和煤炭市场共同影响着煤炭贸易市场格局。在国际煤炭贸易中，由于运输成本占较大比例，国际煤炭贸易市场主要集中在亚太和欧洲地区，而北美洲、拉美、非洲等煤炭市场规模均较小。亚太地区是世界最大的煤炭贸易市场，2019 年亚太地区煤炭贸易总量达到 1086 Mt，占世界煤炭贸易总量的 76%；欧洲地区煤炭贸易总量 122 Mt，占世界煤炭贸易总量的 9%。

1. 动力煤市场

2018 年世界动力煤出口量为 1067 Mt，同比增长 4.1%。动力煤出口方面，动力煤出口第一梯队印尼、澳大利亚和俄罗斯，近年来动力煤出口量均超过亿吨，并呈稳步增长趋势；第二梯队为哥伦比亚、南非和美国，煤炭出口量保持相对稳定，其中哥伦比亚和南非煤炭出口略有下降，见表 1-3-4。印尼是世界最大的动力煤出口国，2018 年占世界动力煤出口总量的 41%，澳大利亚和俄罗斯分别占世界动力煤出口总量的 19% 和 16%。煤炭进口方面，中国、印度、日本和韩国是世界前四大煤炭进口国，中国和印度动力煤进口呈稳步上升趋势，日本和韩国稳中有降，见表 1-3-5。

表 1-3-4　2015—2018 年世界动力煤主要出口国和出口量　Mt

国　家	2015 年	2016 年	2017 年	2018 年
世界动力煤出口合计	995.3	1003.7	1025.2	1067.4
印度尼西亚	350	369	389.4	435.4
澳大利亚	200	201	205.6	202.7
俄罗斯	132	149	163	172.6
哥伦比亚	80	82	81	75.6
南非	35.6	68.9	70	68.2
美国	32	23	47	49.1

表 1-3-5　2015—2018 年世界动力煤主要进口国或地区和进口量　Mt

国家或地区	2015 年	2016 年	2017 年	2018 年
世界动力煤进口合计	1038.9	1034.4	1070.1	1118.9
中国	141.6	197.0	201.2	230.7
印度	168.0	152.0	161.3	171.85
日本	141.8	138.0	140.1	138.3
韩国	98.0	99.0	112.6	105.6
中国台湾	60.0	59.0	61.0	59
德国	44.0	45.5	35.1	32
土耳其	32.3	31.0	30.4	31.5

亚太地区是世界第一大动力煤贸易市场。2018 年，亚太地区动力煤进口量达到 872 Mt，同比增加 59 Mt。亚太地区动力煤进口占世界总量的 77.9%，同比增长 1.9%。2018 年，中国是世界上最大的动力煤进口国，动力煤进口量达到 231 Mt，其次是印度，动力煤进口量达到 171.85 Mt。2018 年，欧洲和欧亚地区的动力煤进口量下降到 191 Mt，占世界动力煤贸易的 17.1%，远远低于 2000 年的 38.4%。欧洲和欧亚地区动力煤最大进口国德国，2018 年进口量 32 Mt，比 2017 年减少 3.1 Mt；土耳

其动力煤进口量2013 年以来持续下降，2018 年降到31. 50 Mt；俄罗斯动力煤进口量为25. 3 Mt，同比下降1. 6% 。

2. 炼焦煤市场

2018 年，世界炼焦煤出口总量达到336. 8 Mt，比2017 年增加2 Mt。澳大利亚是世界最大的炼焦煤出口国，2018 年炼焦煤出口179 Mt，占世界炼焦煤出口总量的53% 。美国炼焦煤出口55. 8 Mt，比2017 年增加5. 7 Mt，位居世界第二。加拿大、俄罗斯和蒙古国的炼焦煤出口量比较稳定，见表1 -3 -6。2018 年，世界炼焦煤进口总量约为300 Mt，同比增加约5. 30 Mt。中国、印度、日本和韩国是世界前四大炼焦煤进口国。

表1 -3 -6　2015—2018 年世界炼焦煤主要出口国和出口量　Mt

国家和地区	2015 年	2016 年	2017 年	2018 年
澳大利亚	186	188	177. 2	179. 2
美国	41. 7	37. 1	50. 1	55. 8
加拿大	28	28	29	28. 9
俄罗斯	18. 5	21. 7	22. 8	26. 4
蒙古国	12. 5	20. 4	24. 5	25. 7
其他	16. 9	18. 1	22. 4	20. 8
世界炼焦煤出口	305. 3	313. 3	324. 5	336. 8

亚太地区是世界最大的炼焦煤贸易市场。2018 年亚太地区炼焦煤进口量200 Mt，占世界炼焦煤贸易量的67% 。中国是世界上最大的炼焦煤进口国，2018 年进口炼焦煤64. 70 Mt，占世界炼焦煤进口总量的22% 。印度、日本和韩国炼焦煤进口量分别占世界总量的17% 、16% 和12% 。向亚太地区出口炼焦煤的国家主要是澳大利亚，其次是美国、加拿大、俄罗斯和蒙古国。欧盟是世界第二大炼焦煤市场，2018 年进口炼焦煤50. 50 Mt，占世界总量的17% ，见表1 -3 -7。

表1 -3 -7　2015—2018 年世界炼焦煤主要进口国和进口量　Mt

国家和地区	2015 年	2016 年	2017 年	2018 年
中国	48	57. 49	69. 9	64. 7
印度	51	49	45. 93	52. 26
欧盟	42	42	43	50. 5
日本	50	44	46. 5	46. 7
韩国	37	36	35	36. 5
世界炼焦煤进口	261. 3	278. 7	294	299. 7

3.3　国际市场煤炭价格现状与展望

3.3.1　煤炭价格现状

1990 年以来，世界煤炭价格发生激烈波动，总体上可分成3 个变化阶段，稳定阶段、快速增长阶段和剧烈震荡阶段。1990—2002 年，世界煤炭价格相对稳定，西北欧地区煤炭价格较高，但总体呈下降趋势，亚洲市场煤炭价格较低，这与亚太地区煤炭供应充分、需求不足有关。2003—2008 年是煤炭价格快速增长阶段，随着中国和印度的煤炭需求快速上升，世界煤炭价格爆发性上涨，直到

2008 年达到峰值，2008 年，西北欧市场、亚洲市场的煤炭价格分别达到 147.67 美元/吨和 148.06 美元/t。2009 年至今为煤炭价格剧烈震荡阶段。2007 年的美国次贷危机引发了 2008 年的全球金融危机，导致世界经济增长明显放缓，煤炭需求增长放缓，煤炭价格发生断崖式下降，2009 年西北欧市场、亚洲市场的煤炭价格分别达到 70.7 美元/t 和 78.8 美元/t。2009—2012 年煤炭价格短暂反弹，2013 年开始世界煤炭价格持续下降，直到 2015 年降到历史新低。近几年来煤炭价格虽然有所回升，但是在新冠疫情的影响下，世界经济增长乏力，煤炭需求进一步受到打压，如图 1-3-4 所示。

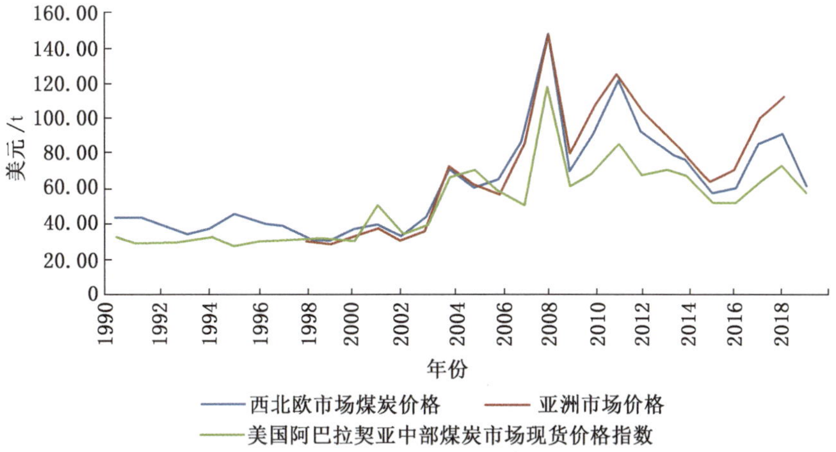

图 1-3-4　世界主要煤炭市场历年煤炭价格变化

世界动力煤与炼焦煤价格变化与世界主要市场煤炭价格变化保持基本一致。日本和中国的动力煤现货价格变化幅度基本接近，但同一市场的动力煤与炼焦煤之间的变化呈现不同步。1990—2004 年，日本进口动力煤价格比进口炼焦煤价格低 15% 左右。2005—2012 年，日本进口动力煤价格比进口炼焦煤价格低 30% 左右。2013 年以来，日本进口动力煤价格比进口炼焦煤价格低 15% ~33%，呈剧烈震荡态势。中国和日本历年煤炭价格变化如图 1-3-5 所示。

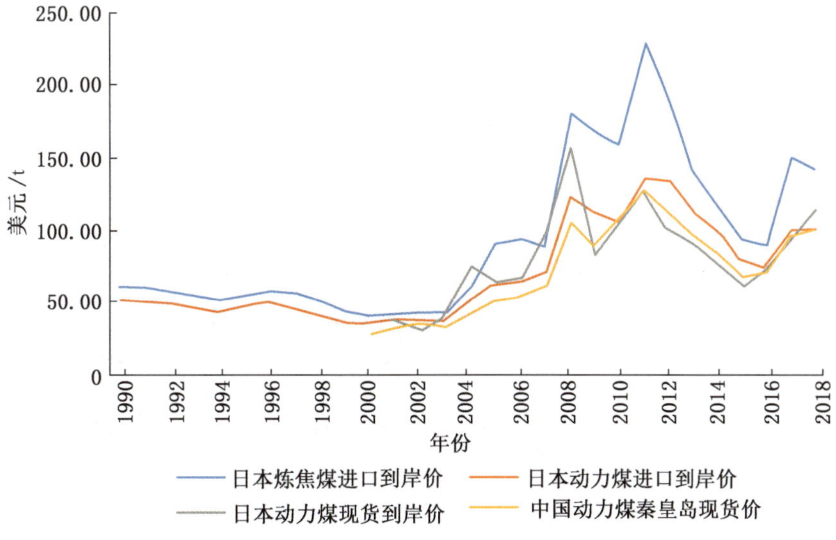

图 1-3-5　中国和日本历年煤炭价格变化

3.3.2　世界煤炭价格展望

市场供需是决定世界煤炭价格的关键，世界煤炭资源丰富，储采比高达 132，在未来几十年内煤炭供应保障能力较强。煤炭需求变化将是未来煤炭价格的决定因素。首先经济增长速度对煤炭需求变化影响最大，世界经济增长放缓或衰退会拉低煤炭需求，新冠疫情、逆全球化兴起和地缘冲突的加剧都会拉低世界经济增长。其次是新能源崛起，随着风电和光伏发电成本及储能成本的降低，可再生电力对煤电的替代步伐将加快。第三是碳排放的影响，煤炭是高碳能源，无论是碳排放达峰还是碳中和，煤炭受到的影响最大。碳税的征收将逐步加大煤炭利用成本。以上 3 个因素都将遏制煤炭需求的增长。因此，在未来 30 年，世界煤炭价格很难大幅度再增长，预计 2020—2025 年略有上升，亚洲地区煤炭价格有可能增长到 120 美元/吨左右。2026 年以后世界煤炭价格将开始下降，并随着平价可再生电力的规模化发展而明显下降，并呈加速下降态势。

3.4　世界煤炭贸易发展趋势

2018 年，国际煤炭贸易规模达到 1424 Mt，预计到 2025 年、2035 年和 2050 年，世界煤炭贸易规模分别达到 1562 Mt、1490 Mt 和 1200 Mt。炼焦煤国际贸易已达峰值，随着世界钢铁产量的降低和再生钢材的比例增加，炼焦煤需求量逐步减少，同时引发炼焦煤国际贸易的减少，并在世界城镇化水平稳定后炼焦煤需要和国际贸易量趋于稳定。动力煤国际贸易还有一定的增长空间，预计 2025 年左右达到峰值。2030 年后随着可再生能源发电的发展和储能成本具有与煤电竞争的能力，动力煤需求减少加快，动力煤国家贸易也将明显减少。综合考虑煤炭资源禀赋、煤炭需求和运输成本，世界主要煤炭出口国为澳大利亚、印尼、南非、俄罗斯、美国和哥伦比亚等，主要煤炭进口国为中国、印度、日本和韩国等。世界煤炭贸易量预测结果见表 1－3－8。

表 1－3－8　世界煤炭贸易量预测结果

Mt

地区与国家	2018 年	2025 年	2035 年
北美洲	139	220	150
美国	105	160	110
加拿大	34	60	40
亚太	－221	－460	－220
澳大利亚	386	420	450
印尼	429	380	320
蒙古国	33	50	80
中国	－281	－260	－240
日本	－191	－240	－220
韩国	－149	－180	－120
印度	－227	－350	－320
中国台湾	－70	－80	－50
欧洲与欧亚大陆	113	210	237
俄罗斯	191	280	300
哈萨克斯坦	27	30	25
德国	－45	－40	－35
波兰	－20	－25	－23

表 1-3-8（续）

Mt

地区与国家	2018 年	2025 年	2035 年
非洲	68	50	45
南非	78	62	65
中、南美洲	60	70	50
哥伦比亚	87	90	70
中东	-1	-1	-1
世界	1424	1562	1490

注：1. 表中正数为煤炭净输出量，负数为煤炭净输入量，世界煤炭贸易量为主要煤炭出口国和其他煤炭出口国煤炭出口量之和，其他煤炭出口国出口量约 30 Mt。

2. 各大区煤炭平衡量含其他国家的煤炭进口或出口量。

4　煤炭产业政策

近年来世界煤炭生产格局在“巴黎协定”和“能源转型”的双重背景下，西方发达经济体为实现低碳化，逐步增加天然气和可再生能源在发电结构中的占比；与此相反，煤炭以其可获得性高且廉价的优势依旧是亚洲新兴经济体的主要能源。世界煤炭生产和消费格局继续东移。世界主要产煤国逐渐提升产煤效益，缩减产煤成本，并把绿色发展作为重要指标；煤炭主要退出国继续延伸退出政策，开始陆续收尾工作。

世界煤炭产量依旧随着世界经济发展而浮动，2017 年世界煤炭产量随着经济短期反弹同比比增长 3.4%。2018 年世界煤炭产量为 7.81 Gt（同比增长 3.3%），维持了增长的态势。本章根据煤炭的动向把主要国家分为 3 类讨论。主要产煤国：中国、美国、印度、澳大利亚、南非、俄罗斯、印度尼西亚、波兰、哈萨克斯坦和加拿大；煤炭退出国：德国和英国；煤炭主要进口国：日本和韩国。

4.1　主要产煤国煤炭工业政策

中国、美国、印度、澳大利亚、南非、印度尼西亚和加拿大等国煤炭工业政策处于峰值平台期的后期，开始进入减少成本、提升效益阶段，除美国和加拿大受经济危机和气候制约产量有所下降外，其他主要产煤国煤炭生产规模和贸易稳步增长；俄罗斯、波兰和哈斯克斯坦处于经济转型阶段性尾声阶段，煤炭工业改革快，生产、贸易变动大。下面归纳这两类国家工业政策，分析其特点和趋势。

4.1.1　以煤炭为主的能源战略

在经济危机，气候问题，突发疫情等复杂的全球问题的冲击下，煤炭在一次能源消费中以稳定、快速、低成本供能占据优势，主要产煤国的能源发展共同点：采用以煤炭为主的能源战略，但有不同程度上的范围缩小（煤矿关闭）。

中国原煤产量 1990—2019 年总体保持增长。2013 年达到产量最高峰 3.97 Gt；2014—2016 年，煤炭经济下行，产量持续下滑到 2016 年的 3.41 Gt；2017—2019 年，煤炭产量因供给侧结构性改革成效显现而回升，连续保持增长，增速约为 3.3% ~4.5%。值得关注的是 2020 年疫情期间，在全国工业几乎停摆的第一季度，煤炭生产量比去年同期上升了 1.3 个百分点。

南非的一次能源消费比例占 77%，是发电和合成燃料的主要原料，由于作为能源的煤的合适替代品相对缺乏，煤炭的重要地位在未来 20 年内不太可能发生重大变化。

澳大利亚依旧是世界最重要的煤炭出口国。1990/91 年度—2017/18 年度一次能源消费中煤炭所占比例从 41.0% 下降到 29.9%，一次能源生产中煤炭生产所占比重从 67.4% 增加到 69.0%。近 30 年，煤炭工业规模增长速度大于效率增长，就业人员增长大于规模增长，效率增长幅度最低。

2012 年开始，美国的煤炭消费在一次能源消费构成中的比例低于 20%，至 2018 年，煤炭仅占一次能源消费的 13.09%。2020 年，美国煤炭消费总量预计为 0.39 Gt，同比下降 29%。美国能源部 2018 年 11 月公布了“CoalFIRST”计划，以开发适用于未来能源系统的先进燃煤电厂，实现灵活供电、提高效率、减少排放，彻底改变煤电技术的设计和制造方式。

煤炭在波兰一次能源中所占比例一直保持在 48% 以上，有力地支撑了国民经济的发展。燃煤发电所占比例一直在 74% 以上，特别是 1990—2008 年，燃煤发电占比达 90% 以上，煤炭在能源战略中占有相当重要的地位。总体上，1990—2018 年，波兰推行煤炭行业改革，亏损煤矿逐步关闭，煤炭产量呈下降趋势，从0.22 Gt降至0.12 Gt。

2018年，加拿大消费本土生产的煤炭约30.64 Mt，其中电煤消费量为25.97 Mt，占比84.76%；煤炭出口量约为3.5 Mt，全球煤炭出口量排第7位，97%为炼焦煤，是全球第三大炼焦煤出口国。2017年，加拿大和英国在联合国波恩气候变化会议上发起成立了“弃用煤炭发电联盟”（The Powering Past Coal Alliance），按照计划安排，加入联盟的国家和地区将在未来5~12年内彻底淘汰燃煤发电。

从一次能源消费比例来看，哈萨克斯坦煤炭消费占比一直在50%~60%总体平稳。2013年，哈萨克斯坦政府提出“绿色经济理念”（Green Economy Concept）的经济可持续发展战略，计划在未来30年逐步降低煤炭供电比例。2019年，哈萨克斯坦制定了关于发展煤炭行业的2019—2021年路线图，计划2020年生产0.12 Gt煤炭，其中约67%用于保障国内需求，38 Mt用于出口，即约31.7%的煤炭用于出口，高于往年的出口占比。

4.1.2 促进煤炭工业平台期稳定供能的政策法规

1. 中国

中国一直实行以《矿产资源法》《矿山安全法》和《煤炭法》为核心的煤炭法律法规体系，2005年国务院发布的《关于促进煤炭工业健康发展的若干意见》中专门设置了“强化规划和管理，完善煤炭资源开发监管体系”部分。

2017年中国供给侧改革实施以来，存在去产能加速、优质产能置换相对滞后等问题。2017年煤炭行业政策频出，国家各部委出台了一系列关于煤炭行业的产能政策调整。以国家能源局和发改委为代表的国家机构，以煤炭行业为核心，在化解过剩产能、保障煤炭需求，稳定价格、加强安全、环保检查、限制煤炭进口等各方面发力。

煤炭行业在积极淘汰落后煤炭产能的同时，着力推动煤炭企业兼并重组和产能减量置换，加快优质产能释放，优化煤炭生产结构，不断提高煤炭有效供给质量。2016年以来中国累计完成煤炭去产能0.54 Gt，2019年削减煤炭产能0.11 Gt，由“总量性去产能”转变为“结构性去产能、系统性优产能”。2017年，全国原煤产量自2014年以来首次出现恢复性增长，完成原煤产量3.52 Gt，同比增加0.11 Gt，增长3.3%。

2. 美国

1992年，由《国家能源保护法》引申而出的《国家能源政策法》是美国近40年来包含内容最广泛的能源法，对节约、高效、供应多样化、相关税收政策等方面的能源利用与开发进行了全面的梳理和整合。《国家能源政策法》提出，美国现有煤炭储量可供开采250年；放宽对煤炭火力发电的环境限制；增设发电厂；增加1.5亿美元的自动清洁煤设备；对于减少煤炭燃烧过程中氮氧化物排放的研究给予税收优惠。

在资源开发方面，《矿山法（矿业法）》规范了煤矿资源的开发利用方式和土地租金数额等。与此同时，《矿产租赁法》以抑制煤炭租约的投机行为为目的，确立了美国的公共土地政策，规定了土地管理局管理联邦土地管理指南，土地利用规划等内容。

美国前总统特朗普上台后，坚决退出《巴黎协定》，彻底推翻“清洁电力计划”等。具体来看，一是不断加强传统化石能源开采，二是直接出面推动能源出口。

特朗普像之前多位美国总统一样重申“能源独立”，他的能源政策旨在发展传统化石能源上。其驱动力有以下3点：一是美国以科技革命引领全球并占据产业链最高端的方式已停滞多年，实现制造业回流是继续保持领先地位和社会稳定的必要手段，页岩油气革命带来的低成本能源是吸引制造业回归的措施之一，也是特朗普政府提出“可承受的清洁能源”替代“清洁电力计划”的重要原因；二是主推化石能源既代表了资本集团利益，又能大量增加就业；三是以油气出口为核心，抢占未来最重要的亚太地区能源消费市场。

3. 澳大利亚

2016 年，澳大利亚批准了《巴黎协定》，承诺到 2030 年将温室气体的排放量在 2005 年的基础上降低 26% ~28% ，但落实情况并不理想。2019 年 2 月 25 日，澳大利亚出台了《气候解决方案》，旨在启动 20 亿美元的投资来降低整个经济体的温室气体排放。

从能源安全角度讲，澳大利亚能源政策目标主要有 3 个：一是稳定能源供给，提高能源自足率，维护国家能源安全；二是提升能源出口增加值和自身工业化水平，降低经济对资源出口的依赖；三是在增长经济和降低能源价格的同时采取行动应对气候变化。

在项目层面，澳大利亚计划要在维多利亚州富产褐煤的拉特罗布山谷试验煤炭气化制氢项目。目前，日本川崎重工已经与澳大利亚政府合作在澳维多利亚州打造全球首个价值 3. 88 亿美元、为期 4 年的褐煤制氢商业试点项目，旨在将污染最严重的褐煤转变成适用于氢燃料汽车及发电和工业领域的清洁能源。发展目标是在 21 世纪 30 年代后实现煤制氢领域的商业化生产，使生产氢气的成本降至 2. 14 ~2. 74 美元/千克，并使拉特罗布山谷成为全球主要的氢产地。

4. 南非

南非目前仍以煤电发电为主。多年以来，南非以价格低廉、资源丰富的煤炭建立了一套能源基础设施体系。虽然在南非一系列能源规划中均强调了降低煤电比重，但目前南非煤电比重仍超过 90% ，5 年内降低比例不到 4% 。

南非经济危机传导到能源领域，海外油气资源的巨大缺口使其更加重视煤炭液化技术。南非政府直接以强硬的行政手段对主要从事煤制油业务的国有企业沙索公司（Sasol）保驾护航，采用了要求南非石油公司大量购买沙索公司产品、对沙索公司运营和产品价格进行直接补贴等措施。

随着国际制裁的解除，南非政府不仅与国外石油公司进行合作，还加大了沿海油气资源的勘探和开发，但能源需求激增直接将能源领域基础设施建设、能源供应能力和水平不足等问题推上台面。为了解决这些问题，从曼德拉政府开始，南非的能源价格不断上涨，限电现象频发。在这一阶段，南非对煤炭的依赖程度越来越高。可再生能源方面，南非直到 2003 年才考虑可再生能源发展，但并未在战略和政策上强力规划和实施。

破除种族歧视以来，南非更加注重国际政治环境。在能源领域，南非政府顺应世界能源发展趋势，一直是《巴黎协定》的积极支持者，并进行了第二次能源转型，主要是对可再生能源开发利用和煤炭依赖型能源发展模式转变的态度明显转向强硬。在此期间，《综合电力资源规划 2010》《综合能源计划草案 2012》《综合能源计划草案 2015》等文件陆续出炉。2018 年，南非对核能、煤炭等多方面能源进行了强势的规划，包括停建核电、关停火电、控制民用煤炉、加大光能设施建设补贴和分红等方式，通过行政和补贴等手段力图加速第二次能源转型。

5. 印度尼西亚

2009 年 1 月 12 日印度尼西亚正式颁布新的《矿产和煤炭矿业法》，以取代施行 42 年之久的 1967 年的原矿业法。该法在矿业管理方面做了较大的调整，包括中央与地方政府间权力的重新分配、矿业权管理实行许可证制度、建立新的税费体系等。

与原有的矿业法相比，新矿业法最本质的改革在于其以新的许可制度取代在印尼国内长期施行的劳动合同制度（Contract of Work，简称 COW）和煤炭开采企业工作许可证制度（PKP2B）。新矿业法还增加了有关特许经营领域划定、勘探许可证颁发的优惠期设定及金属矿、非金属矿和特种非金属矿产量的限制；新增准许投资者在申请开采之前应当提交矿区开采完成后的相关维护计划的规定；明确规定了冶炼厂建立许可证持有者所应承担的具体义务；规定了印尼政府、国有企业或在印尼境内注册登记的私人企业在外国公司中所应当占有的份额、矿业公司税收、费用及利润分配；规范了开采后期的修复成本。

6. 加拿大

近些年来，加拿大动力煤的生产与消费受国内能源与气候政策的影响较大。2012 年，加拿大政府出台了《削减燃煤电厂二氧化碳排放条例》(Reduction of Carbon Dioxide Emissions from Coal - fired Generation of Electricity Regulations)，要求所有燃煤电厂把二氧化碳排放量控制在 420 t/GW 以内。根据该条例，加拿大的大部分燃煤机组将会在寿命达到之前被关闭，除非采用技术手段来实现排放达标，或者未与联邦政府签署相关等价协议。2016 年 12 月，加拿大发布了《泛加拿大清洁增长与气候变化框架》，该框架包含了横跨该国全境和各经济部门的 50 多项行动计划，旨在为地方能源气候政策制定提供指南和参考。目前加拿大各省都据此制定了符合自身需要的气候和能源战略，包括艾伯塔省（又称阿尔伯塔省）的气候领导计划、萨斯喀彻温省的气候变化战略、曼尼托巴省的气候与绿色计划、安大略省的减缓气候变化和低碳经济法、魁北克省的 2018—2023 年总体规划，以及西北地区 2030 能源战略等。2017 年下半年，加拿大与英国联合发起弃用煤炭发电联盟（Powering Past Coal Alliance)，旨在通过快速退出传统燃煤电力，加快清洁增长，加强气候变化防护。2018 年 10 月，加拿大正式宣布到 2030 年退出传统燃煤电力以及天然气发电的温室气体排放相关条例，支持清洁能源转型，争取到 2030 年实现清洁电力占 90% 的目标。

2018 年 11 月，加拿大发布加拿大煤炭转型倡议（Canada Coal Transition Initiative)，为煤炭退出地区工人和社区提供支持。该计划首批资助在产煤大省阿尔伯塔省战河地区建设了 7 个社区转型中心，帮助解决就业问题。此外，该计划还拟资助萨斯喀彻温省在埃斯特万附近受煤炭退出影响的社区建设首座地热能电力设施，该项目在建设期间将能提供 100 个就业岗位，建成后能为该省电网提供清洁可再生电力，并为当地提供新的商业机遇。

4.1.3 完成经济转型的国家煤炭工业改革

1. 波兰煤炭工业改革

1）1989—1998 年波兰煤炭工业

煤炭是波兰经济发展的重要支撑，占一次能源的比例超过 48%，燃煤发电量占总发电量的 74% 以上。1989 年，波兰政治体制变革后，开始转向市场经济，由于煤炭价格下降，加之煤炭工业原有的国有经营体制障碍等原因，硬煤销售量大幅度下降，煤炭企业陷入困境。

2）1998—2017 年波兰煤炭工业

1998 年，波兰政府出台两项煤炭行业重组规划，到 2004 年，从业人员降至 13 万人，到 2006 年，从业人员降至 12 万人。但整体上来说，随着波兰采取低碳化发展和推行可持续发展战略，波兰采取了一系列措施，加大了煤炭行业优化调整的力度，研发洁净煤技术，高效利用煤炭资源，淘汰落后亏损的煤矿，优化产业工人队伍，煤矿生产效率不断提高，单位 GDP 能源强度不断下降。

3）波兰煤炭战略部署

2020 年，波兰煤炭工业发展处于缓慢下降期。波兰能源部表示，波兰政府已批准一项褐煤战略，开发新的褐煤矿藏，以取代目前的露天矿，现有褐煤资源的开采和运行仅能维持到 2030 年左右。若无新发电技术的推进和新矿藏的开发，波兰的褐煤发电能力将在 2040—2045 年完全消失。

波兰政府批准的褐煤开采战略计划是由能源部编制，该计划内容包括按发展潜力总结了该国的褐煤矿床排名。

此外，该开发战略的一大目标是通过创新技术，包括利用煤炭生产液体和气体燃料，创造有利于褐煤发电的条件。2017 年，波兰褐煤发电能力为 51.983 TW · h，占波兰总发电量的 30.7%，同比增长 1.5%，仅次于硬煤，硬煤发电占比为 50%。

2. 俄罗斯煤炭工业改革

1991 年苏联的解体使俄罗斯经济陷入困境，煤炭工业亏损严重，1993 年俄罗斯煤炭工业开始全面改革，1994—1997 年期间对严重亏损和开采条件恶劣、安全生产条件差的矿井进行了集中关闭。1998—2004 年基本完成了盈利性生产的货币私有化过程。目前，煤炭行业重组一系列措施实施也已经接近尾声，煤炭行业成为俄罗斯能源系统中唯一完全由私人资本掌控的行业，有超过 180 个私有企业集团经营着俄罗斯的煤矿。

2000 年俄罗斯政府制定了 21 世纪前 20 年能源政策，核心是调整生产和消费结构。由于天然气在能源生产和消费中占 49% ，为了能源安全供应问题，俄罗斯政府决定逐渐增加煤炭产量，部分电站从烧天然气改为烧煤炭。俄罗斯能源战略每 5 年更新一次。2014 年出台的《俄罗斯 2035 年前能源战略》提出了包括降低经济发展对能源的依赖程度、调整能源结构、加大能源科技创新、拓展亚太市场等一系列措施。

4.2　煤炭退出国工业政策

国外煤炭产业退出，在补贴、援助、再就业、责任等方面基本都有套较为完善的政策。尽管国外煤矿关闭大都以资源赋存和开采条件为导向，但也对煤矿安全生产起到了很好的促进作用。

4.2.1　补贴政策

1. 德国

德国于 2018 年关闭所有硬煤矿，德国内阁于 2020 年 6 月 24 日对《退煤法案》进行了最后修改，2020 年 7 月，德国议会通过了 2 项新的立法，决定到 2038 年逐步淘汰煤炭。为实现该计划，德国可能还要花费至少 400 亿欧元资助煤矿区经济，另外补贴超过 40 亿欧元给煤电厂。为了避免煤矿工人大批失业造成社会不稳，政府为矿工筹备退休养老金，对失业矿工再就业给予经济援助。对于淘汰煤矿导致的矿区工人失业带来的经济困难问题，德国提出的《矿区结构调整法案》有一些规定。按计划，在德国 4 个主要煤炭开采州，勃兰登堡州、萨克森 - 安哈尔特州、萨克森州和北莱茵 - 威斯特法伦州的煤炭开采地区的褐煤厂和煤矿的工人将有资格获得所谓的“调整金”直到 2043 年。到 2038 年，4 个煤炭州将总共获得 140 亿欧元用于这些地区的直接投资，而联邦政府还将额外提供 260 亿欧元，以实施“进一步措施”来加强当地的经济。另外，这还不包括德国政府提出的向主要燃煤发电企业补偿 43.5 亿欧元的计划。规定新企业创造了一定数量新的就业岗位，且保持 5 年以上，政府就可以为企业提供补贴，对雇佣妇女就业的企业，投资补贴更高，鲁尔集团公司还对老员工实行提前退休制度。同时为弥补关闭煤矿而造成的能源供应的缺口，政府还不断致力于提高风能、太阳能、生物燃料、地热能和水电等可再生能源的比例，德国政府为 2020 年和 2021 年预留了 20 亿欧元的资金，用来资助一些实验室，如能源系统转换技术、商业规模绿氢生产及低碳氢燃料火车等项目的研究。

与上述两个法案通过的同期，联邦议院还同意了《建筑物能源法》，并修订了涉及风力发电机和居民区之间最小距离规定的《联邦建筑法》。新修订的《德国可再生能源法》取消了对光伏的一些限制等。此后，德国政府又出台了《投资加速法》(Investment Acceleration Act)，规定了各类基础设施项目至关重要的规划和程序变更的流程，在处理反对建设风电场等诉讼问题时，可以大大缩短时间。这几个法案，也都有利于德国可再生能源的发展和德国能源转型的实现。

2. 其他非主要煤炭退出国的关闭政策

日本政府近 30 年也在进行煤矿产业的合理化调整，大批煤矿被关闭。矿井关闭后主要抓矿区环境治理和经济振兴。主要是诱导社会有关方面到矿区办企业，在投资贷款利率和税收方面给予优惠待遇，对产煤及关闭煤矿地区的地方政府给以整顿产业基础及生活环境的财政援助，鼓励中小工商业者继续留在本地经营，政府给以经营和设备资金贷款，贷款的偿还期为 5 年或 7 年，贷款利息为

3.95%。

4.2.2 关闭政策

1. 英国

英国煤炭工业从20世纪60年代开始衰落，逐渐关闭大量矿井，随之带来的是大量与失业矿工有关的再就业等一系列社会问题。

英国矿业管理的相关法律法规较为完善，对矿业活动及后续的矿山关闭和恢复治理等活动进行规范，特别是监管和实施主体、相关程序、责任划分和资金保障等方面，确保了矿山开采完毕后恢复治理工作的顺利完成。英国要求煤矿企业在进行煤矿关闭时必须做好废弃矿井关闭工作，保证达到相应的标准后才能申请具体的煤矿关闭程序。完善的法律法规体系既减少了威胁矿区周围居民生命财产安全的危险因素，也为后续的废弃煤矿瓦斯开发利用创造了有利的条件。

为了解决煤矿退出带来的社会问题，政府在许多煤矿关闭矿区建立了企业开发区，并对在此开发区内成立新公司提供财政鼓励，这一做法对进一步缓解煤田地区的经济衰退起到了一定的作用。同时，政府于1997年还专门成立了“国家关闭煤矿特别工作指导小组”，由副首相负责，对煤矿关闭地区社会和经济状况进行调查评估，完成了十分详尽的调查报告，并据此制定了煤矿关闭地区长期经济振兴规划，为期10年，主要措施包括拨款、投资、创建地区经济振兴机构、增加基础设施和住房、改善矿区教育条件等。此外，英国的一些相关法律还要求关闭煤矿的矿主解决因矿井水回收和采空区瓦斯增压造成的环境危险等问题。

英国出台了一系列优惠政策，支持风能、太阳能和地热能等可再生能源开发，采用燃煤电厂与太阳能、生物质能结合，分布式太阳能发电等多种形式保证能源供应安全，可再生能源供应比例占总能源比例增加。我国部分省份特别是南方部分城市，由于煤炭资源赋存条件差，开采风险高，无法保证安全的条件下只能退出煤炭产业。为保证地区能源供应安全，建议出台地方优惠政策，因地制宜，建立多种能源供应体系，防止因煤炭运输通道或者价格上涨造成部分时段煤炭供应紧张而电力能源供应紧张，减少因能源供应造成的经济影响。

2. 可借鉴的其他非主要煤炭退出国的关闭政策

美国煤炭资源全部为私人开采，政府不直接干预煤炭的生产经营，而是通过政策法规等手段来约束调节煤炭资源的开发开采等活动，美国煤炭企业的关闭主要受市场影响及由煤炭政策法规决定。如1923年美国拥有9331座煤矿，1933年由于经济大萧条只剩下5555座；美国1969年颁布《煤矿安全与健康法》以后，有2000多个小矿因无法达到新法规定的安全标准受到处罚，最终无法维持经营而导致关闭。

澳大利亚矿业开发的管辖权归各州和领地。《联邦政府环境保护和生物多样性保护法》(1999)建立了全国统一的新建与变更项目环境评价框架。所有的州和领地都有各自的闭矿政策和管理部门，例如在西澳大利亚州，闭矿管理职责由州环保部和州矿产能源部分担。西澳大利亚州环保部主要负责审计和移交，而西澳大利亚州矿产能源部负责大部分日常管理工作。澳大利亚与新西兰矿产能源委员会、澳大利亚矿业协会于2000年联合出版的《闭矿的战略框架》定义了闭矿的目标是为了将长期的环境损害最小化，并创建一个自我维持的自然生态系统。

波兰煤矿于2016年施行煤炭关闭政策，该政策为关闭那些不具竞争力的煤矿提供79.5亿兹罗提资金，以减少其社会及环境影响。这笔资金主要用于为那些因煤矿关闭而失业或将要失业的人员提供遣散费、养老和社保支出，确保关闭前矿井基础设施安全、环境修复，以及关闭后土地复耕，还将用于弥补煤矿关闭前的生产损失。波兰的煤炭关闭政策符合欧盟的国家援助规则，不会造成竞争扭曲。

4.3　主要煤炭进口国的煤炭利用政策

4.3.1　海外投资政策

1. 韩国

韩国的海外投资分为 3 个阶段。阶段一：主政府主导进行海外矿产资源情报的收集分析、开发项目的筛选及实地的勘查工作。阶段二：勘探阶段，政府对于进入海外项目的国内企业给予国库补贴，并对项目进行具体指导、检查和监督。阶段三：采矿阶段，政府给予企业以贷款支持和各种优惠待遇，保障项目顺利结束后将开发的矿产引进韩国。

为了确保企业的海外资源投资计划能够顺利执行，韩国政府颁布《海外资源开发法》，知识经济部制订了“2009 年海外资源开发推进战略”，主要包括向韩国石油公社和韩国矿物资源公社等提供资金支持、加强与资源丰裕国的外交、开发新的投资方式、大幅提高民间企业在海外资源开发上的融资规模、积极培养资源方面的专门人才。

海外资源的供应关系着国家经济安全，且开发需要大规模的长期投资，韩国选择采取由国营企业主导的战略。韩国海外资源开发由韩国石油公社、韩国煤气公社和大韩矿业振兴公社这三大国营企业主导，其中大韩矿业振兴公社主要负责煤炭及其他矿产资源的海外开发。

从 1996 年开始，韩国开始发展煤炭海外市场，扩大海外煤炭资源的开发，政府每年制定年度海外开发推进战略，从金融、技术等方面鼓励和支持国内企业积极开拓国外市场。与此同时建设煤基热电厂和新钢铁厂，韩国对动力煤和炼焦煤的消费量不断增加，政府鼓励本国企业收购海外煤炭资产，向国外煤矿参股，同时采取各种措施，鼓励煤炭消费企业组建联盟或提供技术支持开发海外煤炭资源。

2. 日本

在世界性温室气体排放削减的大方向下，日本削减煤炭在一次能源消费量中的占比。对于煤炭资源，日本政府加大扶持力度，主要通过出资、债务担保、技术实证、技术转移、收集并提供信息、产煤国共同调查、民间联合调查等方式，促进煤炭资源供给源的多渠道化，保持稳定的煤炭供给。从经济产业省提出预算到底层企业获得生产权益，每一个实施流程都有 JOGMEC 的直接或间接的参与。

2018 年日本 JCOAL 信息战略部发文提出，本阶段日本已完成煤炭利用过程中产生的 SO_x、NO_x、煤尘等地区环境 CCT 课题，今后计划向以煤炭为能源的发展中国家提供环境设备及普及运行和维护管理技术，包括将 CCT 推广到需要增加煤炭使用推动经济发展的发展中国家。例如，在外国政府及相关机构的适当干预下，根据需要开展港湾等基础设施的建设，以及相应发电厂项目。

人才培养方面，日本将从保证资源开发的观点出发，通过煤炭、非铁、石灰石等行业横向联合举力培养专业人才。另外，由于日本国内生产现场缩小，与海外资源开发现场合作培养资源开发人才变得十分必要。日本政府与澳大利亚昆士兰州政府及昆士兰大学合作，利用煤矿及相关设施对企业年轻人进行培训。同时，日本政府也会培养理解和运用 CCT 的人才。

4.3.2　煤炭利用环境保护政策

1. 韩国

21 世纪以来，韩国的温室气体排放量年均增长率为 2.87%。在温室气体中，二氧化碳的排放量比重由 1990 年的 85.7% 提高到 2010 年的 89.1%。

1998 年起，韩国政府每 3 年修订一次《应对气候变化国家综合行动计划》，其中 1998—2007 年制定实施 3 个行动计划，共包括 211 个项目。此后的行动计划目标大体可概括为加强温室气体清单体系和数据基础，增加太阳能等可再生能源的利用，加强低碳技术研发，提高公众对碳减排的认知四个方面。

2008 年，韩国国家能源委员会审议通过“第一次国家能源基本计划（2008—2030）”，目标是减少传统能源在能源结构中的比例，提高新能源及可再生能源的利用。韩国此次提出“低碳经济增长战略”，通过建立新的经济增长动力来扩大绿色技术市场的规模和创造更多的就业岗位。同年，颁布《绿色能源产业发展战略》，确定了低碳绿色能源方面优先发展的九大重点领域，包括光伏、风力、高效照明、电力 IT、氢燃料电池、清洁燃料、高效煤炭 IGCC（整体煤气化联合循环发电系统）、CCS 和能源储藏等。

2012—2014 年，韩国实施了温室气体及能源目标管理制度，降低温室气体排放量和能源使用量。政府每年制定一定水平的减排目标，并为排放量大或能源消耗大的企业机构制定企业、机构分年度温室气体减排目标和能源节约目标，政府对其目标实现进行管理和处罚。

2015 年，韩国开始实施碳排放交易制度，即政府设定一定时期内的温室气体减排目标，对温室气体排放的受控对象分配其配额，允许其在配额范围内进行排放行为，减排后的剩余排放权或不足部分通过市场交易加以协调。

2019 年，韩国政府发布《第三次能源基本计划》提出力争到 2040 年将可再生能源占比提高到 30% ~35%，大幅降低煤炭发电比重。该计划将未来能源政策基本方向从供应中心结构转变为消费中心结构。该计划的另一个主要内容是摆脱以大型发电站为主的能源生产体系，通过光伏、风力等进行小规模发电。此外，计划还提出了扶持能源产业、实现传统能源产业高附加值化。

韩国着手研究和开发新能源与可再生资源，制定了一系列关于研发并普及新能源及可再生能源的具体计划和措施，并对新能源再生能源的研究、开发和普及方面都给予大力的经济支持。

2. 日本

日本受自然禀赋约束，资源匮乏，几乎所有能源都依赖进口，所以其高度重视能源安全保障及稳定供给。

2030 年第四次能源基本计划（2014 年 4 月），目标到 2030 年实现煤炭占 26%，核能占 20% ~22%，可再生能源占 22% ~24%，天然气占 27%、石油占 3% 的能源足额计划。

第五次能源基本计划（2018 年 7 月）是日本 2030 年新能源政策和 2050 年进一步发展的基础。该计划遵循“3E + S”原则，即首先保证能源稳定供应（Energy Security），在“安全”（Security）的前提下，通过提高效率（Economic Efficiency）实现低成本能源供应，最大限度地追求环境适宜性（Environment）。

在能源向外发展方面，日本计划增强国际合作，提供更稳定有效的能源供需结构。加强与石油、天然气、煤炭、矿产等资源丰富的国家一级高效火电、核电、可再生能源和节能技术、能源管理系统等潜在市场的双边关系，促进能源产业的国际扩张。特别是加强与对能源供需结构有重大影响的国家之间的关系。与俄罗斯加强在化石燃料、节能、可再生能源及核能领域的合作。日本加强与亚洲国家的能源合作，特别是中国、东南亚国家和印度等日本周边的新兴国家，输出日本能源相关先进技术。

在能源国内利用方面，日本将促进化石燃料的高效稳定利用。大力发展高效、新一代燃煤热电联产，鼓励低效燃煤发电厂（发电效率低于 USC）初步淘汰的机制，限制新建抵消燃煤热电厂等，为了进一步减少温室气体排放，发展和应用下一代高效燃煤火力发电技术，如煤气化联合循环（IGCC）和煤气化燃料电池联合循环（IGFC）技术。

日本将煤炭利用的环保政策纳入总体环保政策体系进行管理，对燃煤企业提出强制性排放限制，对采用不同燃料、不同机组、不同时段污染物允许排放值都有明确和详细规定，在制定污染物排放控制标准时，依据最佳可行技术实施动态控制。

20 世纪 90 年代开始，日本政府出台了一系列环保相关的税收政策，目前已经形成了涉及能源、汽车、废弃物和污染物等多个领域的环境税收体系，2012 年日本开始实施新一轮的环境税改革，旨在加强税收对温室气体减排、促进污染物防治和废弃物循环利用等的调节作用。改革的主要内容有：一是按照二氧化碳排放量，在现行的石油、煤炭税基础上附加征收“地球温暖化对策特别税”（即碳税）；二是为促进废弃物循环利用，实施下调企业污染物处理设备折旧率，并延长废弃物处理设备购置税免税适用年限等措施；三是对污染物排放实施差别化税率，从而引导企业区位选择，如对中心城区等重点控税区征收的二氧化硫排放税率要高于其他区域。

4.4　政策未来面临的趋势

2019 年基于情景的更新对能源系统的影响包括：

（1）电力在终端的比重将推广到更多的用途和用户，推动脱碳率；然而，难以减少的部门和非电气化使用的问题仍然存在。

（2）新的能源使用配比将带来新的基建革命，从长远来看，它有可能颠覆整个能源格局，基础设施的创新和投资，以及积极的政策是确保可负担得起的脱碳和社会公平的能源转型的必要条件。

（3）提高能效对于管理工业、住宅和商业部门的能源需求，避免减缓气候变化的势头至关重要。

（4）在日益以消费者为中心的能源系统中，提供能源 + 服务的新机会正在出现。

（5）新的净零碳技术途径（包括氢）和碳减排机制，包括碳捕获、使用和储存（CCUS）出现，并在 2040 年开始规模化。

（6）实现《巴黎协定》的目标仍然遥遥无期，2019 年版的情景中提出的气候变化目标无一达到《联合国气候变化框架公约》巴黎协定的 2 ℃目标。

面对这些影响，参考 IEA 发布的《全球能源转型：2050 年路线图》（2019 版），未来世界能源政策发展的趋势如下：

（1）能源转型不能孤立于更广泛的社会经济体系。为了成功转型到可再生能源和技术，政策必须基于对不断发展的能源行业和更广泛经济体之间相互作用的更为综合的评估。

（2）除了能源转型特征（能源平衡和投资）外，还有许多其他政策投入可对社会经济足迹产生重要影响，比如碳税和化石燃料补贴。

（3）能源部门就业和失业的地理和时间分布不太可能完全一致，而其他经济部门的就业机会可能会下降。这要求扩大概念框架，不仅要考虑转型因素，还明确要求解决整个经济中就业与失业之间的时间、空间和教育不匹配问题。因此，需要采取具体政策来解决这些不匹配问题，以确保转型成果在能源部门内部和外部同步实现。

（4）目前所呈现的主要社会经济结果（GDP 和就业）并未准确反映气候变化的影响，而气候变化正是经济方面能源转型的驱动力。宏观经济模型假设经济活动不受气候变化的影响，因此参考路线和可再生能源路线情形都沿着宏观经济路径进行分析。

（5）将社会经济结构调整为兼具公平和公正等转型要素可改善社会经济足迹，并防止产生可能最终阻碍转型的障碍。

5 煤炭科学与技术

30 年来，世界煤炭科技创新在生产开发、安全生产、职业健康、生态环境保护、清洁开发利用等众多领域取得了十分显著的成就。煤炭开采技术实现了机械化向自动化的重要转变，正在进入智能化发展阶段。煤炭清洁高效利用成为科技创新的重点，各国持续研究煤炭利用新技术，建设了大量先进的燃煤电厂，清洁高效利用技术得到广泛应用。

综合来看，美国、澳大利亚、德国等国的煤炭科学技术在世界上仍处于领先位置，智能化开采和清洁高效利用成为煤炭科学技术的发展方向。我国的煤炭开采技术在经历“跟跑”“并跑”两个阶段之后在部分领域进入“领跑”阶段；安全高效现代化矿井建设经历了从“高产高效”向“安全高效”的转变，推动我国煤矿安全生产水平实现了质的提升。

5.1 世界煤炭科技发展概况

人类采掘煤炭的历史悠久，7000 年前的先秦时期中国就有煤炭产品。近现代煤炭工业起源于 19 世纪的英国，发展至今形成了当代煤炭工业。在这一历史进程中，科学技术一直是煤炭工业持续进步的核心驱动力量。

5.1.1 世界煤炭科技发展主要历程

从煤炭开采历史来看，开采工艺最能代表煤炭产业的生产力水平，开采工艺进步是驱动煤炭产业持续稳步发展的核心力量，不同时期的开采工艺体现了煤炭科技的发展程度。人类自有煤炭开采活动以来，开采工艺大致经历了人工、炮采、普采和综采等 4 个发展时期。18 世纪煤炭开采主要是浅坑人工挖煤，随后在近现代发展过程中，逐步形成了井工和露天两种不同的开采方式。当前煤炭生产开发所采用的机械化开采技术可以追溯到 20 世纪初期，之后中外煤炭开采技术均取得了长足进步。

1. 井工开采

1）长壁开采

近代煤炭工业在 19 世纪中期起源于英国，1876 年英国开发出一种旋转截煤机，1900 年第一台电动截煤机问世，机械化采煤开始起步。至 1913 年通风、提升和井下运输逐步实现机械化。1947 年，液压支柱首次问世。1952 年，发明世界第一台滚筒采煤机。1954 年，英国建成世界上第一个综合机械化长壁采煤工作面。

20 世纪 50 年代，美国从西德引进刨煤机和节式支架，长壁综合机械化开采开始起步。1984 年，电动液压支架问世，之后采煤机启动支架推进技术研制成功，采煤机和液压支架之间建立联系，为长壁工作面自动化开采打下基础。21 世纪初期，采煤机实现记忆割煤，逐步实现半自动化开采。2012 年，美国新墨西哥州一处煤矿实现采煤机远程控制，采煤机司机在工作面端头控制点进行割煤，实现了自动化开采。近些年，美国的井工煤矿在自动化基础上转向发展大数据、高速通信与可视化技术。

20 世纪 50 年代，中国煤炭开采主要采用人工和炮采工艺。20 世纪 60 年代，国产普采机械化设备试验成功。20 世纪 70 年代初，液压支架和综采设备自主研发成功。1978 年，中国引进 100 套大型综采机械化设备和 100 套综掘机械化设备。20 世纪 80 年代，在消化国外先进技术的基础上，开始大面积推广应用综采技术。20 世纪 90 年代中期，缓倾斜厚煤层大采高综采设备工艺日趋成熟。2000 年之后，大采高一次采全高技术和装备取得突破，逐步形成年产 8 ~ 10 Mt 一次采全高工艺技术。2018

年，8.8 m 超大采高综采技术与装备成功应用，刷新世界超大采高综采工作面采高、产量与工效纪录。近些年，智能化开采成为中国煤炭开采技术发展的重要方向。

在此期间，1982 年中国综采放顶煤技术探索起步，1984 年开始工艺与装备的工业性试验。20 世纪 90 年代，综采放顶煤技术试验逐步取得成功。2011 年，特厚煤层大采高综放开采技术和装备完成工业性试验，年产量达到 10.85 Mt。

2）房柱式开采

美国是世界上房柱式开采历史悠久和产量较多的国家。20 世纪初期，美国逐渐在房柱式采煤过程中使用了截煤机，实现了落煤机械化。1916 年，Joy 蟹爪式装载机问世，解决了机械装煤。1936 年，发明第一台电动梭车，实现了机械化运煤。1948 年，Joy 发明连续采煤机，房柱式开采各个环节均实现了机械化。20 世纪 80 年代中期，连续运输系统诞生，房柱式开采形成了连续采煤、连续运输技术系统。20 世纪 90 年代初，履带行走式液压支架研制成功，房柱式开采实现了落煤、装煤、运煤、支护等全系统的机械化。

20 世纪中期，中国广泛应用房柱式开采。20 世纪 90 年代，部分矿区借鉴国外装备技术，房柱式开采技术也有所发展，但房柱式开采在总量中的占比不断减少，目前煤炭产量仅约占全国的 1%。

2. 露天开采

由于世界上各国露天煤矿煤炭资源开发条件和装备机械制造基础差异，露天开采工艺发展重点也不相同。德国及其他欧洲国家主要发展连续及半连续开采工艺，美国多用倒堆工艺和单斗—卡车工艺，俄罗斯多种不同开采工艺并存。

间断式开采工艺。单斗—卡车间断工艺在国外发展最早。美国的大部分露天煤矿，俄罗斯和澳大利亚的大部分露天煤矿都采用这种工艺。自 20 世纪初，美国第一台拉斗铲问世以来，无运输倒堆间断工艺在美国、澳大利亚、加拿大等国家得到普遍应用。

连续式开采工艺。德国、东欧、美国、俄罗斯和澳大利亚等国家广泛采用连续开采工艺。德国率先形成了典型的轮斗挖掘机连续开采工艺，1978 年又诞生了世界首台大型轮斗挖掘机。

半连续式开采工艺。1956 年，半连续工艺首次在德国实现。20 世纪 70 年代，美国、澳大利亚等国也开始在单斗—卡车间断工艺中加入破碎机。2002 年，澳大利亚煤矿引入大型自移式破碎机，丰富了半连续开采工艺技术。

综合开采工艺。目前，世界露天煤矿应用综合开采工艺已经成为新的趋势，综合开采工艺克服了单一开采工艺对地质、气候、煤岩条件的局限性，极大地提高了露天煤矿的生产效率。

中国露天开采工艺主要经历时期包括改革开放以前、改革开放后至 20 世纪末、21 世纪以来 3 个时期。改革开放以前，以单斗—铁道间断开采工艺为主，露天煤矿开采技术体系主要借鉴苏联。改革开放以后至 20 世纪末，以单斗—卡车间断式开采工艺为主；20 世纪 80 年代中期，建设五大露天煤矿，逐步形成适合我国露天煤矿生产开发建设的技术体系；20 世纪 90 年代，轮斗连续式开采工艺、单斗—卡车—半移动（半固定）破碎站半连续式开采工艺得到推广。21 世纪以来，综合开采工艺发展较快，形成了以间断工艺、半连续式工艺、轮斗连续工艺和拉斗铲无运输倒堆工艺中两种或两种以上工艺联合开采的综合工艺。

5.1.2　世界煤炭科技发展水平分类

世界上的主要采煤国家煤炭科技水平大致可以分为 3 类：美国、澳大利亚、德国等国家处于领先位置；南非、英国、俄罗斯、波兰、加拿大、印度、哈萨克斯坦等国家处于中等位置；印度尼西亚、土耳其、越南、哥伦比亚、蒙古国等国家落后于上述国家的发展水平。中国煤炭科技整体处于由中等向领先水平迈进的位置，部分煤炭科学技术已处于世界领先位置。

1. 美国、澳大利亚、德国等国煤炭科技发展处于领先位置美国煤炭科研工作主要由政府科研机构、企业研究与开发机构、大学及民间研究与咨询机构四部分组成。当前美国把煤炭的清洁开发利用作为煤炭科学技术创新与研发的重点，通过先进能源系统提高以煤为基础的电力系统的效率，利用“CoalFIRST”计划，开发先进的燃煤电厂。美国井工煤矿的长壁开采属于世界上较先进的井工开采技术，采用的装备先进可靠，广泛应用自动化、信息化、智能化技术，已经实现了自动化开采和采煤机远程控制，作业人员健康和安全有保障，用人精简高效；2018 年美国原煤生产效率为 8295 t/(人·a)。

澳大利亚的联邦及州政府、工业组织、研究机构、煤炭生产和出口商等多方组成“煤炭研究计划（ACARP)”，在此引领下，澳大利亚煤炭开采业安全与职业健康、生产和环境保护水平一直居于世界领先地位，近 30 年向世界采矿业贡献了 38 项创新型技术。澳大利亚露天煤矿开采理念先进，选用世界一流装备制造商产品，装备载重量大、可靠性高，无人驾驶矿车实现了 1000 km 以上的远程控制；井工煤矿长壁工作面自动化技术（LASC）实现精准开采，实时监测长壁工作面情况，大型设备定期维修，关键部件定期更换，生产率普遍提升，井工煤矿单矿规模大幅度提高；2018 年澳大利亚原煤生产效率为 10900 t/(人·a)，为所有国家中最高水平。

德国煤炭开采技术长期处于世界领先水平。虽然目前德国井工煤矿开采已经结束，但其智能化开采技术仍位于世界先进水平，开采装备在世界煤机市场上占有较大优势。德国采矿业提出的“采矿 4.0”，以机械化、自动化、信息化为基础，建立智能化的新型生产模式，最终目标是实现采煤自动化无人工作面，最大限度地减少井下辅助运输和岗点作业人数，降低劳动强度，减少事故发生概率，提升矿井自动化、智能化生产水平。

2. 英国、南非、俄罗斯等国煤炭科技处于中等水平

英国、俄罗斯、南非、波兰、加拿大、印度、哈萨克斯坦等国结合自身煤炭工业特点，煤炭科技创新及应用发展方向有所不同，各有侧重。南非采矿业科研门类齐全，拥有从地质勘探到采、选、冶、炼和加工的完备体系，采矿机械、选矿设备、矿井通信技术、矿产品冶炼和加工技术属于世界较高水平；矿山安全管理、安全设备技术开发、矿井救援、瓦斯抑爆等技术位于世界前列；煤合成柴油、汽油技术实现了商业化生产，能满足南非近一半燃油需求。

英国近现代煤炭工业开采历史悠久，煤炭科技创新应用水平长期位于世界前列，但由于近 30 年石油和天然气产业规模的不断扩张，煤炭产业规模不断萎缩，开采领域科技创新发展趋缓，煤炭科技创新主要聚焦于碳捕获和封存技术（CCS)。

俄罗斯煤炭井工开采以长壁式开采技术为主，煤炭开采、运输、加工利用等煤机装备依赖进口，主要进口波兰、美国和德国等国，中国煤机装备也占据一定份额。未来俄罗斯煤炭工业技术的发展重点在于煤炭开采、加工和运输环节的自动化和智能化技术，提高劳动生产率，减少对煤炭技术装备进口的依赖；发展煤层气开发利用技术与装备。

波兰煤炭科技注重解决生产中的实际问题，研究方向主要集中在提高煤炭产量、降低成本和提升采选效率方面。波兰煤矿机械在国际市场上有一定竞争力，其微震监测技术在中国和波兰应用广泛。

加拿大、印度、哈萨克斯坦等国主要依靠先进国家的煤炭科技，加拿大煤炭科技应用水平位于前列，平均单井规模 2.21 Mt/a，原煤生产效率 8992 t/(人·a)。印度煤炭开采以露天为主，平均单井规模 1.61 Mt/a，原煤生产效率 2126 t/(人·a)。哈萨克斯坦通过国际合作基本形成了本国的煤炭科研体系，其开采装备主要进口于俄罗斯；煤矿平均单井规模 2.27 Mt/a，原煤生产效率 3469 t/(人·a)。

3. 土耳其、印度尼西亚、越南等国煤炭科技处于落后位置

土耳其、印度尼西亚、越南、哥伦比亚、蒙古国等国的煤炭科技发展水平较低。土耳其煤炭科研体系有一定的基础，但采煤装备主要从国外引进，未来土耳其煤炭深部开采技术需求会更加明显。印度尼西亚、越南、哥伦比亚、蒙古国的煤炭科技装备体系对外依赖性更强，煤炭开采技术和装备均需

从其他国家进口,但上述 4 个国家均以露天开采为主,平均煤矿生产效率在世界上基本位于中等水平。

5.2　国外井工煤矿开采工艺技术与装备

井工开采工艺技术主要分为长壁式开采和房柱式开采，国外主要产煤国家中仅美国和澳大利亚有较大规模的井工开采。2018 年美国井工煤矿 236 处，产量 249.8 Mt，其中长壁开采占 55%，房柱开采占 45%。澳大利亚井工煤矿约 30 处，产量 101.111 Mt。

综合来看，美国代表了国外井工煤矿开采工艺技术与装备最先进的水平，近 30 多年来，其长壁开采技术经历了采煤机启动支架推进技术、半自动化长壁采煤系统和采煤机远程控制技术 3 个发展阶段，目前正在向大数据、高速通信与可视化技术为代表的更高阶段发展；房柱式开采技术也在朝着更高水平的自动化、信息化、智能化技术方向发展。

5.2.1　长壁式开采

美国长壁开采起源于 20 世纪 50 年代初，西弗吉尼亚南部几个煤矿薄煤层开采引进了西德刨煤机和节式支架。20 世纪 70 年代中期，西弗吉尼亚北部煤矿成功引进了德国掩护式支架，显著提高了工作面产量和安全性，自此长壁开采得到稳步发展，1982 年长壁工作面达到历史最多的 118 个。1990 年以后，长壁工作面持续减少，目前稳定在 40 个左右。

美国大部分长壁开采矿井都采用“一井一面”，单井纯煤产量（纯煤产量≈65% 原煤产量）多为 3～7 Mt/a，少数矿井同时布置 2 个长壁工作面，个别矿井偶尔同时布置 3 个长壁工作面。2017 年，美国长壁开采矿井全员效率为 12000 t/(人·年)，约为房柱式连续开采的 2 倍。

大型化、重型化、自动化（智能化）是美国长壁工作面的发展方向。近年来美国井工煤矿的长壁工作面尺寸连续增加，开采设备功率、尺寸、重量不断增大；并把持续提升设备可靠性、生产系统自动化程度、开采效率和研发自动化开采关键装备作为发展的重点。

1. 工作面布置及尺寸

近 40 年来，美国长壁工作面的尺寸越来越大。工作面长度为 152～482 m，大部分长度大于 366 m；走向往往要满足 2 年的回采期，长度为 976～6860 m，一半以上工作面走向推进长度为 2439～4268 m；并且工作面尺寸还有继续增大趋势。美国长壁开采盘区多采用 3 巷式布置，少数为 2 巷式或 4 巷式。图 1－5－1 是典型的 3 巷式盘区巷道布置。

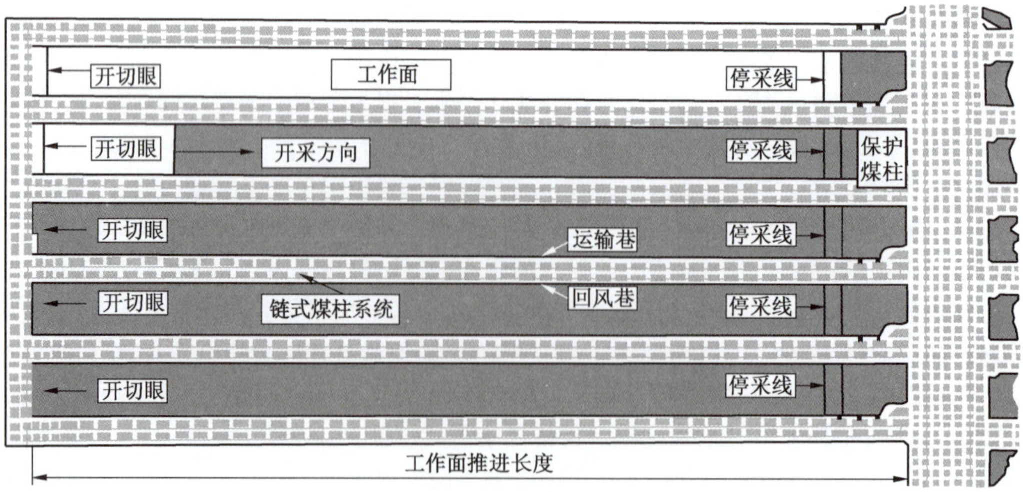

图 1－5－1　美国长壁开采典型盘区布置

2. 工作面开采设备

美国长壁工作面采煤机平均功率从1976年的261 kW增加到2019年的1413 kW。2019年大部分采煤机功率在1000 kW以上，最大为2093 kW；采煤机割煤速度达到45.7 m/min；一次割煤进刀0.76～1.07 m，其中70%以上进刀为1.07 m；工作面供电电压一般为4180 V，仅2个为2300 V。

工作面液压支架平均额定阻力从1976年的4900 kN增加到2019年的10500 kN，最大为13280 kN，2008年之后采用的支架都是两柱式支架；支架宽度多为1.75 m或者2 m，少数为1.52 m；所有支架都安装了电液控制系统和采煤机启动系统，支架移架循环时间为6～8 s。

工作面刮板输送机能力从1976年的400～600 t/h增加到2019年的7000 t/h；平均功率从155 kW增加到3188 kW，最大功率为4925 kW，最小功率为1045 kW；槽宽逐步增加至864～1346 mm，其中大部分采用1000 mm槽宽；链条直径从18～30 mm增加到34～52 mm；链速从1.07～1.58 m/s增加到1.17～2.29 m/s，其中一半以上的链速都大于1.94 m/s。刮板输送机在工作面端部与进风巷的转载机采用T字链接；转载机槽宽在1000～1600 mm之间，平均1280 mm；转载机链速在310～550 ft/min之间，平均460 ft/min。近年来破碎机功率也有所增加。

3. 美国长壁开采特点

长壁开采煤矿所处煤田比较集中、开采地质条件简单。美国超过2/3的长壁工作面位于阿巴拉契亚煤田肯塔基、俄亥俄东部、宾夕法尼亚、弗吉尼亚和西弗吉尼亚西南部，其余长壁工作面位于阿拉巴马、伊利诺伊和犹他州。煤层埋藏浅、倾角平缓、厚度均匀，开采深度为61～915 m，多数埋深不超过640 m，实际开采深度大部分为101～400 m，近些年采深变化不大。顶板易于垮落。

长壁面开采工艺简单，以中厚煤层为主。所有的长壁面均为水平或近水平煤层，采用单一分层或一次采全高采煤工艺；薄煤层采用刨煤机开采，并于2018年关闭了最后一个刨煤机工作面。长壁工作面煤层开采厚度一般为1219～3961 mm，多数工作面采高为1524～2438 mm，2019年最小采高为1674 mm。

工作面长度、推进度持续增大。在没有地质构造或其他条件限制时，尽可能布置大尺寸工作面。工作面长度从1976年的平均140 m增加到2019年的360 m，2013—2015年工作面平均长度曾达到503 m，2019年工作面最大长度为482 m。工作面走向推进长度从1976年的平均1128 m增加到2019年的3659 m；推进长度一般很少小于915 m，2019年最大推进长度6860 m。

工作面装备重型化、先进可靠。长壁面配备的各种设备都是重型和高可靠性的，个别子系统可靠性大于90%，甚至接近100%，整个系统的可靠性可以达到85%以上。安装技术先进，整个工作面搬家一般需要2周时间，采煤机、刮板机和转载机已经预先安装到位的情况下只需5到7 d（工作面长度366 m）。

工作面装备一采一备，设备投资大。一般矿井除支架以外会投资两套设备，一采一备。根据工作面开采高度和长度不同，一套综采系统投资从6000万到1亿美元不等。在美国，只有井田面积8 km×16 km、可划分为15～20个工作面的大型煤矿才采用长壁开采。一个长壁开采矿井，包括选煤厂，一般需要职工350～600人。

目前典型的长壁综采系统平均投资额为1亿美元（工作面长351 m），其设备配套系统主要包括：185～210个两柱液压支架、2部刮板运输机（每部长351 m）、2台转载机（每台长30 m）、2台采煤机、2台破碎机、2台带式输送机、2套单轨吊系统、2套液压支架泵站系统、2套电启动开关系统。

4. 长壁自动化开采技术

美国的长壁自动化开采始于1984年的电动液压支架技术，第一代半自动长壁开采系统问世于1995年。自动化技术分为工作面单个设备自动化和整个长壁生产系统自动化。美国的长壁生产系统的自动化研发分为3个阶段：采煤机启动支架推进技术（SISA）、半自动化长壁采煤系统和采煤机远程控制技术。图1－5－2描述了美国长壁自动化技术发展历程。

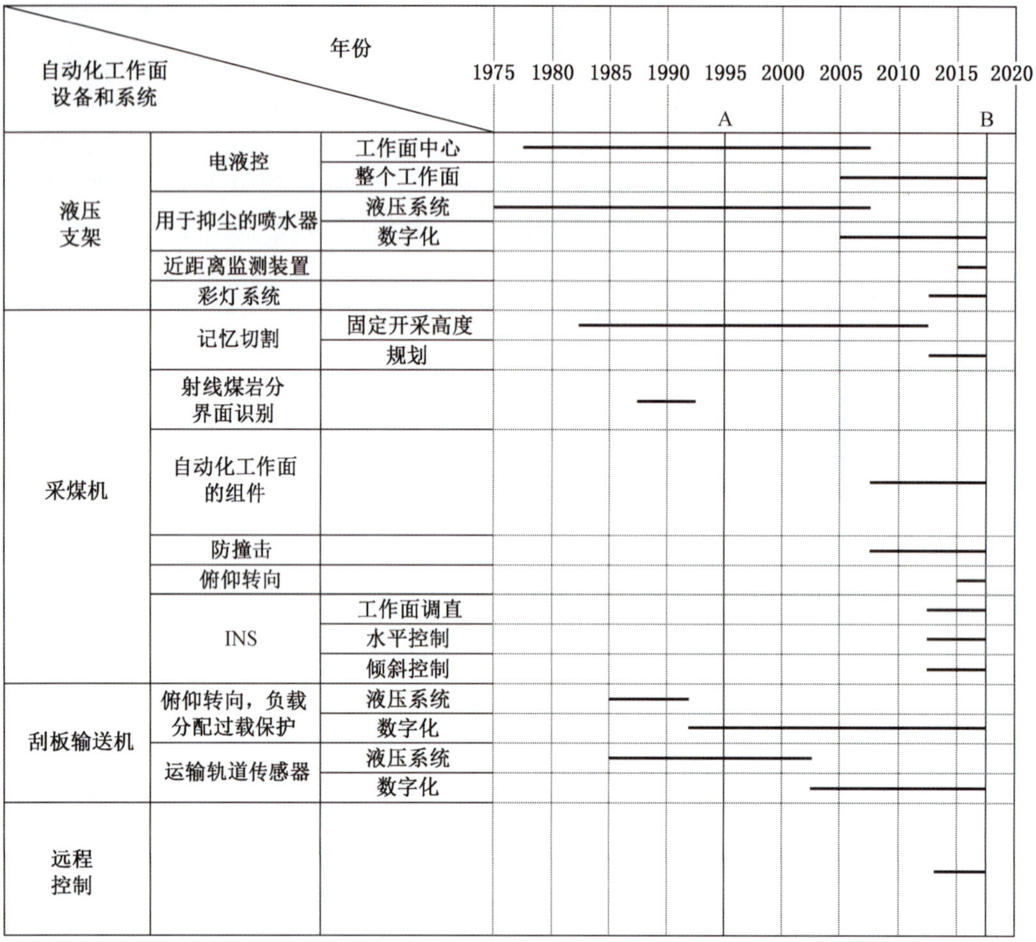

图 1-5-2　长壁工作面设备和系统自动化发展历程图

（1）采煤机启动支架推进技术（SISA）（20 世纪 80 年代中期至今）。

该技术在采煤机和液压支架之间建立关联，位置相互确认，从而建立自动化长壁开采系统。采煤机经过后，液压支架自动移架，然后刮板输送机自动跟机前移。主要装备：自动化系统计算机、装有红外发射器且能实现记忆割煤的采煤机、带有电液控制系统的支架。工作面的操作人员可减至 4 人以下。

第一代红外传感器照射覆盖 3 个液压支架宽度，可精确到 4.5 m。20 世纪 90 年代初，开发使用的串行接口电路对采煤机位置识别功能更为精确，现在所有采煤机都配备了两种系统（红外和串行），以相互补充。2000 年，开发了转速监视器，采煤机位置精度可达几毫米。21 世纪初，自动模式下的端头操作问题得到解决，自此 SISA 系统得以全面使用。

（2）半自动化长壁工作面（2000 年至今）。

半自动化长壁工作面是美国煤矿最常见的一种长壁开采模式。它由以下设备组成：SISA 系统、先进的自动化采煤机系统（包括 ASA 倾角传感器、测摇臂倾角仪、转速监视器、DCM 高张力链条、INS 惯性导航系统等）。采煤机以记忆切割模式进行工作：第一次割煤由采煤司机操作，记录的数据（每个割煤位置的滚筒高度，倾角和侧倾量）存储在计算机中，然后这些数据被调出以完成第二次及以后的割煤工作；采煤机司机可以对割煤位置进行随时调整。

根据煤层赋存和开采条件，该系统需要 4～8 名作业人员，包括 1～2 名采煤机司机，1～3 名支架人员，1 名机械工程师，1 名轮转工和 1 名班长。

（3）采煤机远程控制（2012 年至今）。

采煤机远程控制始于 2012 年新墨西哥州一处煤矿，采煤机司机在工作面端头控制点远程控制采煤机割煤。2016 年 8 月，西弗吉尼亚州煤矿采用了远程控制采煤系统，采煤机上安装 6～8 台摄像机，分别面向重要位置不同方向，采煤机远程操控司机可以实时看到整个工作面情况。1～4 台摄像机安装在刮板输送机（AFC）头尾驱动器位置。

长壁工作面远程操控系统具有全部传感器的实时参数，当开采出现偏差时，作业人员发现后会立即通知维修人员进行检查；远程控制对人员健康、生产安全和产量等有很大帮助和提升。井上也安装了具有类似功能的地面控制中心。

美国在过去的 20 年中，在自动化采煤方面取得了很大进展，但尚不能称为完全自动化开采。

5. 大数据、高速通信与可视化技术

现代自动化长壁开采系统在数据采集设备的每个功能组件上实时配备了 7000 多种不同类型的传感器，其中大多数传感器实际上都是数字测量的，并连接到一个或多个 PLCs 上。因此，任意时刻积累的数据都是非常巨大的。目前，许多软件程序已经被开发来分析每个传感器所得数据，并分析各个传感器以及每个传感器之间数据的相关性。现代数据传输技术的应用使工作面三机之间可以实现高速通信并且流畅地连接。长壁开采数据传输系统如图 1－5－3 所示。

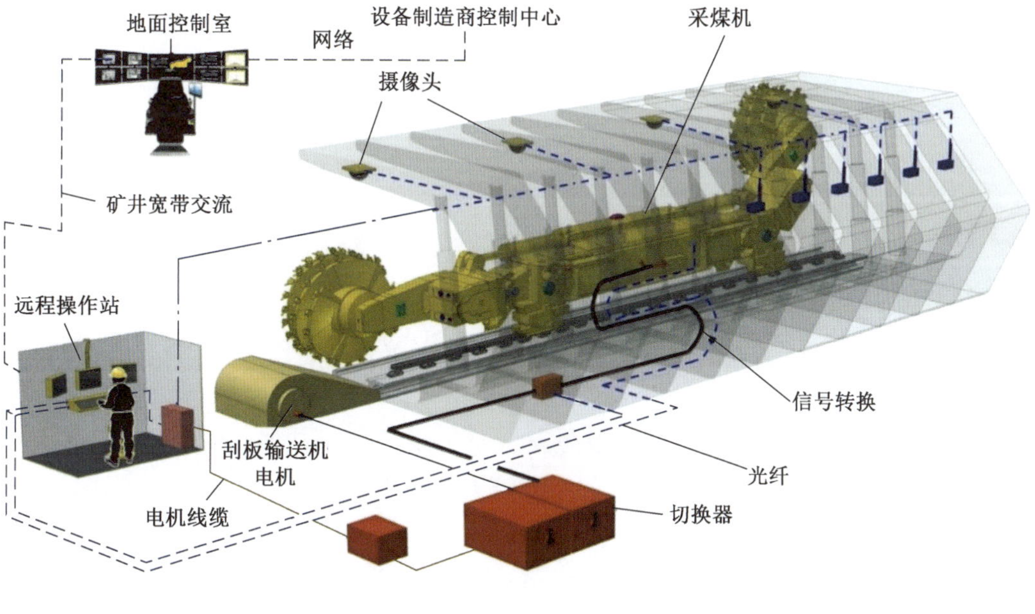

图 1－5－3　长壁开采数据传输系统

因此，大数据和高速通信技术及专用的软件程序可以实时显示每台机器，三机中的任意一台以及整个长壁开采系统的性能。

6. 美国长壁自动化开采现状与问题

美国自动化开采除了减少人员之外，还提高了煤炭的回收率和煤质；更好地进行顶板控制；提高了健康环境质量，采煤机和液压支架操作人员始终可以处于进风口清洁空气的一侧，避免暴露在粉尘中，远离噪音源头；减少了液压支架损坏，延长设备寿命；增加了操作人员安全性。

但自 20 世纪 90 年代中期以来，美国自动化长壁开采技术没有重大改进，其原因包括：最先进的自动化生产系统运行良好，已能达到理想效果，无须重大改进；美国煤炭市场低迷，制造商缺乏创新动力，电液控液压支架价格大幅上涨，矿山经营者新建工作面时购买二手液压支架或保留已有液压支架使其服务更长时间；矿山工会害怕工人失业而抵制；自动化并不能保证产量提高，在某些情况下甚至还减少产量；任何新技术应用都必须把矿工的健康和安全作为重中之重；井下随时可能遇到许多突发情况，并对自动化设备造成破坏，需要作业人员实时进行操作，否则可能导致事故发生。

美国自动化长壁开采技术升级一直致力于保证工作人员健康和安全，提高工作面设备可靠性，目前的主要攻关方向是：开发各种传感器，实时测量不断变化的地质和开采条件，对工作面设备进行更高等级的控制。能够快速移动的自动化重型设备，特别是众多液压支架需要配置更多警告系统，以确保人员安全，具体包括临近传感器或安全闭锁装置，以及能够表征开始移动、故障和其他行为的彩灯照明系统。液压支架智能喷水系统，在支架前进时抑制煤尘。完善端头转向和楔形切割系统，使其能够实现完全自动化。完善采煤机、液压支架和 AFC 组件的实时工作状况和诊断监控系统，使其可以及时进行预防性维护。液压支架与采煤机之间的防撞技术。采煤机部件的自动化单台设备可靠性达到 98.5% 以上，整个矿井系统可靠性达到 80% ~85% 以上。

5.2.2　房柱式开采

房柱式开采是指在煤层内开掘一系列巷道（煤房），巷道（煤房）间用联络巷相连，形成近似于长条形的煤柱（图 1－5－4）。房柱式采煤工作面主要设备有连续采煤机、连续运输系统/梭车（运煤车）、给料破碎机、锚杆机、带式输送机等。一些特殊地质条件下，难以大规模布置长壁工作面时采用房柱式开采。房柱式开采具有能有效控制地表变形、主要设备投资只有长壁开采的 1/5、设备搬迁和运输方便等优势。

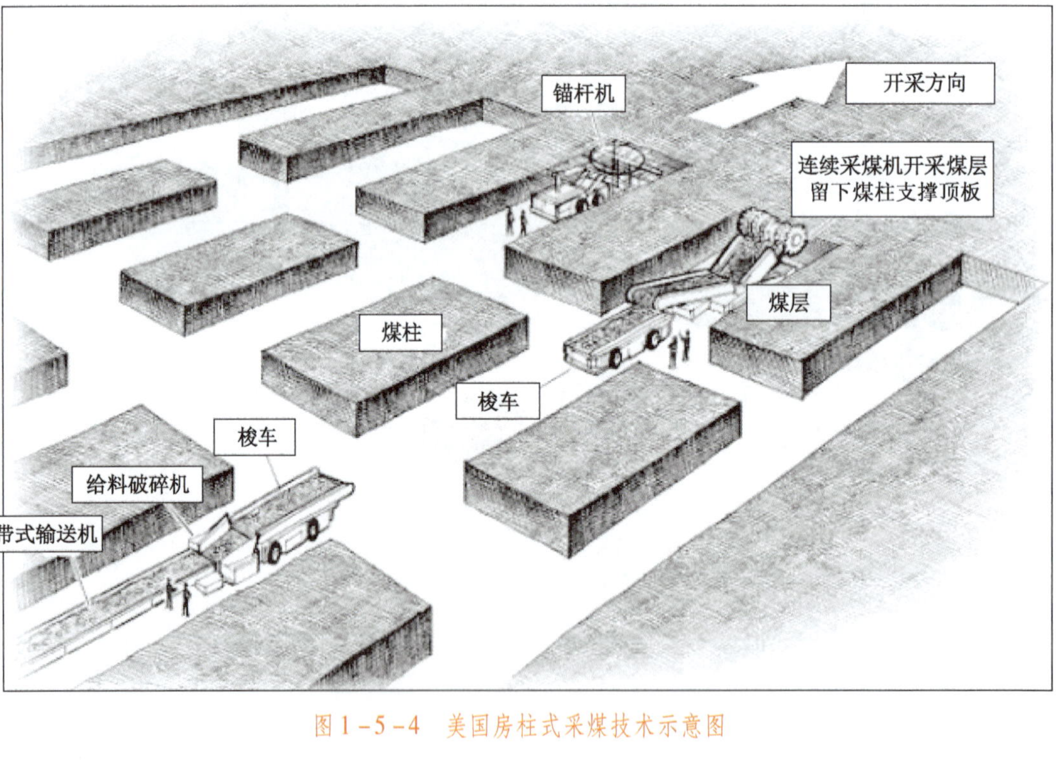

图 1－5－4　美国房柱式采煤技术示意图

房柱式采煤技术应用主要集中在美国、澳大利亚、俄罗斯、加拿大等国。美国是世界上采用房柱式采煤方法历史最悠久和产量最多的国家，目前仍有超过 56 个矿井以房柱式开采为主。但由于房柱式采煤法煤炭资源回收率低，通风管理困难等问题，近 20 年来产量逐年下跌。

1. 房柱式开采技术发展历程

20 世纪 20 年代，美国逐渐在房柱式地下采煤过程中使用了截煤机和装载机，一般称其为传统普通房柱式开采技术系统。其工艺系统是截煤机落煤—装载机—梭车—带式输送机工艺系统。

20 世纪 40 年代中期至 80 年代，Joy 发明连续采煤机，形成了连续采煤机技术系统。其工艺系统是连续采煤机—梭车（或运煤车）—给料破碎机—带式输送机工艺系统，也是目前房柱式采煤的主要技术系统。

20 世纪 80 年代中期，连续运输系统的诞生替代了连续采煤机后配套的梭车、运煤车和给料破碎机等设备，形成了连续采煤、连续运输技术系统。其工艺系统为连续采煤机—连续运煤系统—带式输送机工艺系统。

20 世纪 90 年代初，履带行走式液压支架研制成功，连续采煤机房柱式工艺中的支护工序实现了机械化，首次实现了连续采煤机房柱式落煤、装煤、运煤、支护工序的机械化生产。这种以连续采煤机为中心的房柱式设备体系一直沿用至今。图 1－5－5 是美国房柱式开采技术的发展历程。

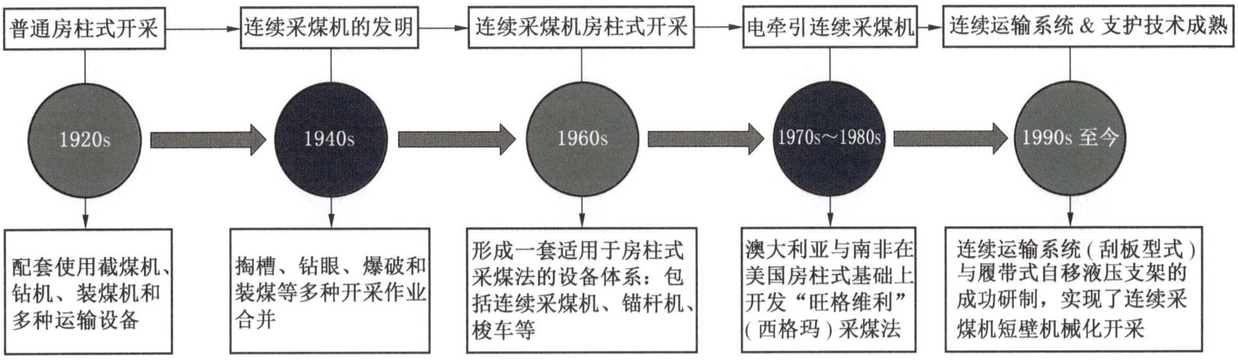

图 1－5－5 美国房柱式开采技术的发展历程

2. 美国房柱式开采技术现状及进展

近 30 年房柱式开采工艺变化不大，但对房柱式开采相关的科技创新并未停止，尤其近 10 年，对于开采装备多样化，开采系统自动化、信息化、智能化相关的技术开发成果显著。

目前，美国房柱式开采技术经过不断改进和完善，已经形成了以连续采煤机为中心的设备体系基础（图 1－5－6），连续采煤机实现了多样化，相关的信息化与智能控制技术、防尘与噪声控制技术和虚拟仿真实训技术等有了长足进步。

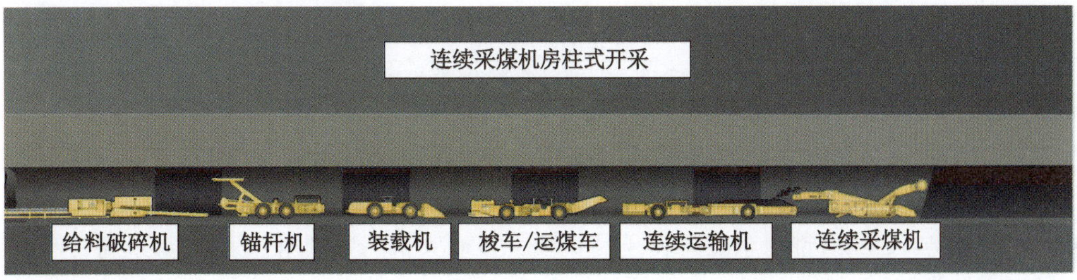

图 1－5－6 以连续采煤机为中心的房柱式开采设备体系示意图

5.3 中国井工煤矿开采工艺技术与装备

我国煤炭资源的赋存条件和开采条件使得井工煤矿产量在全部产量中的占比在 80% 以上，且与国外相比，我国井工煤矿资源开发条件更加复杂且面临多种灾害。因此，开采过程中需要解决的技术与装备问题更多更复杂，从而也推动了我国井工煤矿开采工艺技术与装备的飞速进步。

目前，我国井工煤矿开采已逐步形成 20 m 以内不同采厚的一系列成熟的开采工艺，主要包括薄及中厚煤层综采、厚煤层分层开采、大采高一次采全高、综采放顶煤等。厚煤层实现了分层开采、一次采全高、综采放顶煤等多种工艺的技术飞跃，薄煤层也实现了炮采、普采、综采的提升，其中厚煤层开采技术代表并引领了我国井工开采技术发展方向。

30 年来，与国外井工煤矿开采技术相比，我国井工煤矿开采技术整体上经历了“跟跑”“并跑”两个阶段，目前部分领域进入“领跑”阶段。1990—1999 年，我国井工煤矿开采技术整体上处于“跟跑”阶段，期间重点研发了中厚煤层普通综采装备，煤矿安全高效开采技术和重大装备制造能力取得重大进步，10 年间大型煤矿原煤生产效率提高 85.53%。

2000—2009 年，井工煤矿开采技术整体上处于“并跑”阶段，期间我国进行了高端综采装备技术攻关，攻克了厚煤层综采技术瓶颈，研制成功了大采高综采成套技术与装备；建成将近 40 处千万吨级煤矿，矿井生产效率指标与美国和澳大利亚先进矿井处于同一水平。

2010 年以来，井工煤矿开采技术部分领域进入“领跑”阶段，8.8 m 超大采高综采技术与装备成功应用，单个工作面年产突破 16 Mt，刷新世界超大采高综采工作面采高、产量与工效记录；建成 494 个智能化采掘工作面，相关技术标准不断建立完善，开创井工煤矿智能化开采新局面；5G 技术在煤矿得到推广应用，建成首个 5G 煤矿井下专网。

5.3.1　厚煤层开采

我国厚煤层开采技术起步于 20 世纪 70 年代，以攻关会战形式反复进行试验，开展了大量基础科技攻关，不断解决试验中出现的问题，使我国的综采技术逐步走向成熟。20 世纪 80 年代，在消化吸收国外先进综采技术和国内攻关取得丰硕成果基础上，我国开始大面积推广应用综采技术。20 世纪 90 年代，以建设高产高效综采工作面和高产高效矿井为重点，我国综采技术和装备不断创新、持续提高。根据不同煤层开采工艺发展历程，不同时期矿井建设、综采装备发展重点，对我国厚煤层分层开采、一次采全高、综采放顶煤和安全高效现代化矿井建设发展叙述如下。

1. 分层开采工艺

二十世纪七八十年代，我国厚煤层大多采用分层开采，即先开采上分层（或者第一分层），然后铺设金属网，待形成人工假顶后再开采下一个分层，分层厚度 2.5 ~ 3 m，年产量 1.0 ~ 2.0 Mt。如晋城矿务局古书院矿缓倾斜 6 m 煤层 2 个分层开采，工作面年产 1.8 Mt；开滦矿务局唐山矿 9 ~ 11 m 煤层 3 ~ 4 个分层开采，工作面年产 1.0 Mt 以上。

由于分层开采技术存在巷道掘进率高，材料和动力消耗大，巷道布置和生产系统复杂，自然发火难以控制等不足，制约了厚煤层开采技术发展，后来逐步被放顶煤和一次采全高工艺替代。

2. 一次采全高工艺

厚煤层一次采全高工艺是在中厚煤层综采基础上逐步发展起来的。1978 年开滦范各庄煤矿试验工作面采高 3.6 ~ 4.0 m，月产 86 kt；1985 年西山矿务局官地煤矿进行 4.0 m 国产大采高综采技术与装备井下试验，平均月产 146 kt；邢东东庞煤矿开展 4.5 ~ 4.8 m 大采高大倾角开采试验，最高月产 142.2 kt。

20 世纪 80 年代至 90 年代中期，我国缓倾斜 3.5 ~ 4.5 m 厚煤层大采高综采设备和工艺日趋成熟，在地质条件与煤层开采条件简单情况下，产量一般可达分层开采的 1.5 ~ 2.5 倍。一次采全高技术在铜川、开滦、西山、兖州、徐州、邢台、双鸭山等矿区成功推广应用，但受制于综采技术与装备的发展，一次采全高综采最大采高未能突破 5.0 m。期间全国累计有 359 个年产超百万吨的综采队，其中 3.5 ~ 4.5 m 采高综采队有 19 个。

20 世纪 90 年代，我国综采设备发展更突出整体配套性。“八五”国家攻关项目“日产 7000 t 综采成套设备的研制”就是整体配套设备的典型。采煤机以大功率、电牵引、多电机、横向布置、大截深，快速牵引，实现微机工况监测和故障诊断为主要机型，交流变频电牵引采煤机研制成功；工作面刮板输送机注重提高运输能力，实现交叉侧卸，采用封底溜槽和可控驱动装置，输送能力 1500 t/h 的 SGZ880 型输送机投入使用；液压支架以加大工作阻力、提高移架速度为重点，手动快速移架系统和大流量供液系统开发成功，采用邻架智能和程序控制的电液系统完成全工作面试验，并在完善系统配套和提高可靠性方面取得了较大进展。

2000 年之后，我国大采高一次采全高技术和装备有了进一步突破。神华集团采用国际先进的“一井一面”生产模式，引进的先进技术装备，与神东矿区煤炭资源优势相结合，逐步形成 4 ~ 6 m 厚煤层年产 8 ~ 10 Mt 一次采全高工艺技术。2003 年，神东补连塔煤矿 4.8 m 大采高综采工作面年产原煤 9.24 Mt；晋城寺河矿 5.2 m 大采高工作面，装备国产 ZY8640/25.5/55 大采高液压支架，日产最高 30 kt。2004 年，神东上湾煤矿 5.4 m 大采高工作面年产原煤 10.75 Mt。2006 年，晋城寺河矿工作面采高达 6.2 m，装备国际先进的 ZY9400/28/62 液压支架。2007 年，神东上湾煤矿首个 6.3 m 大采高重型综采工作面形成，回采率及工效大幅提高，大采高一次采全高工艺有了突飞猛进的发展，成为能够和放顶煤开采相媲美的开采工艺。

2010 年以来，年产千万吨及以上大采高综采成套技术与装备技术攻关取得了一批重大成果。国家“十一五”科技支撑计划重点项目“年产千万吨级矿井大采高综采成套装备研制”顺利开展，首套年产千万吨大采高综采成套装备在西山煤电斜沟煤矿进行井下工业性试验，工作面装备 ZY12000/28/64 型电液控制液压支架，移架速度 6 ~ 8 s，寿命达到 50000 次工作循环以上，大修周期为产煤 20.0 Mt 以上；MG2500 - WD 型大采高电牵引采煤机，装机功率 2500 kW，最大采高 6.3 m，牵引速度 25 m/min，牵引力 1000 kN，生产能力 3500 t/h，采用了记忆截割和变频调速；SGZ1200/3 × 1000 重型刮板输送机及转载设备，设计长度 300 m，运输能力 3750 t/h，实现重载软启动及多机驱动功率平衡。

此后，煤炭行业研发了 7.2 m 超大采高综采成套装备，在世界上首次实现了 7 m 以上超大采高一次采全高技术。该技术改变了引进的成套综采装备只能完成 6 m 以下煤层开采，留有 1 m 多厚煤无法采出资源浪费情况，使我国晋陕蒙等西部重点煤炭基地 7 m 左右主采煤层资源优势更充分发挥，显著提高了该区域先进煤矿生产力水平。该技术在陕煤集团神木红柳林矿业有限公司和陕西德源府谷能源有限公司进行了成功应用，平均月产量 1.099 Mt，年产量 12.0 Mt。项目的成功实施还带动了煤机制造水平整体提升，为煤机企业打破国外对高端煤机装备市场垄断、参与国际竞争提供了强有力的技术支撑。

2015 年，金鸡滩煤矿成功应用了 8.2 m 超大采高综采成套技术与装备，单一工作面年产突破 15.0 Mt。2018 年，上湾煤矿 8.8 m 超大采高综采技术与装备成功应用，再次刷新世界超大采高综采工作面采高、产量与工效记录；2020 年，“8.8 m 超大采高智能综采工作面成套装备研发与示范项目”摘得中国工业大奖，项目具有井工采矿技术全球最先进、采矿装备全部实现国产化、工作面智能化程度最高、综合技术指标国际领先等显著特点，标志着我国特厚煤层开采实现了从技术引进到自主创造的全面突破。

3. 综采放顶煤工艺

20 世纪 80 年代，我国综采放顶煤技术基本处于摸索试验阶段。我国综采放顶煤开采技术研究起始于 1982 年，1984 年开始工艺与装备的工业性试验，主要是进行缓倾斜与急倾斜两种条件下综采放顶煤开采工艺和高、中、低位综放支架的工业性试验。20 世纪 90 年代，我国综采发展史上最具影响的创新成果综采放顶煤技术试验逐步取得成功，1990 年前后综采放顶煤开始在一批缓倾斜厚煤层正规采区推广应用，以取代厚煤层分层开采。阳泉、潞安、兖矿的综放队年产突破百万吨，最高年产达 5.0 Mt。通过扩大试验，综放单产高、效率高、成本低、效益好、安全可靠等优越性充分显现，成为煤矿扭亏的主要技术措施之一。

兖矿集团采用综采放顶煤国产技术装备在特厚煤层中实现了单面年产 2.0 ~ 3.0 Mt 到 6.0 ~

7.0 Mt 的跨越，见证了我国综放技术发展的历史。二十世纪七八十年代年产1.0~2.0 Mt；采用“八五”攻关设备年产2.0~3.0 Mt；采用“九五”攻关设备年产4.0~5.0 Mt；采用“十五”攻关及6.0 Mt 自动化信息化设备，年产6.0~7.0 Mt。其中，东滩矿和济宁三号矿形成了以国产化设备为主、年产达到8.0~10.0 Mt 的“一矿一井两面”高产高效集约化矿井生产管理模式，原煤生产效率达到20~40 t/工，实现了国内领先水平的现代化矿井建设目标。

近10年，我国大采高综采放顶煤成套技术与装备等进一步取得成功。“十一五”国家科技支撑计划将“特厚煤层大采高综放成套技术与装备”列为重大项目，针对我国14~20 m 特厚煤层条件，开展了大采高综采放顶煤开采工艺、工作面装备、巷道支护、辅助设备、安全保障及技术标准化等成套技术与装备研发。研制了世界首台工作阻力15000 kN、最大高度5.2 m 的大采高放顶煤液压支架，研制出 MG750/1915-GWD 型采煤机，DSJ140/350/3×500 大运量长距离巷道带式输送机，SGZ1200/2×1000 型后部刮板输送机，55 t 架搬运车等辅助设备及大采高综放工作面供电关键装备。2011年，大同塔山矿综放工作面完成工业性试验，年产量达到10.85 Mt，推动我国特厚煤层大采高综放开采技术和装备再上了一个新台阶。

4. 安全高效现代化矿井建设

我国安全高效现代化矿井建设经历了从“高产高效”向“安全高效”的转变。1992年，我国在总结借鉴国外主要产煤国家煤炭工业生产技术基础上，提出了“高产高效矿井”的概念。1994年，出台《建设高产高效矿井暂行管理办法》。1995年，原煤炭工业部出台《关于加快高产高效矿井建设的决定》，决定采用新技术、新装备、新工艺、新材料，实现高度合理集中生产；加快高产高效矿井建设。2001年，全国100处高产高效矿井完成原煤产量238.0 Mt，占当年原国有重点煤矿产量的38%，我国高产高效矿井建设取得初步成果。

2000年之后，我国转变煤炭行业发展理念，突出安全第一、安全生产，对安全高效矿井提出了更高的要求，将原“煤炭工业高产高效矿井”建设更名为“煤炭工业安全高效矿井”建设，使煤矿达到保证安全、绿色开采、集约高效的更高标准。神东大柳塔煤矿在全国率先引进世界先进装备，生产模式逐渐调整为“一矿两井两面”，加大工作面推进长度至5 km，2001年全矿用人480人，年产14.0 Mt 商品煤，成为安全高效矿井典范。随后，神华榆家梁矿、兖矿兴隆庄煤矿、中煤安太堡露天矿等矿井的主要技术经济指标陆续创造新的世界纪录，安全高效发展水平逐步达到国际领先位置。2010年，全国建成安全高效矿井359处，产量约1.0 Gt。2019年，全国建成安全高效矿井973处，产量约为2.0Gt。安全高效矿井成为我国煤炭生产的中坚力量，引领了煤炭工业的健康发展。

5.3.2　薄及中厚煤层开采

相比厚煤层开采技术发展，我国薄及中厚煤层开采技术也取得了长足进步。从20世纪80年代使用薄煤层采煤机开始，薄煤层开采经历了薄煤层普采、刨煤机开采、综合机械化开采、智能化开采的发展历程。

20世纪90年代，我国引进苏联10台电磁调速外牵引采煤机，其中5台薄煤层综采设备在徐州、开滦、鸡西、双鸭山、七台河等矿务局使用，成为我国薄及中厚煤层综采技术发展的起点。

2001年，铁法煤业集团引进德国成套刨煤机组，配套国产液压支架，在小青矿、晓南矿实现了薄煤层自动化开采，平均日产3385 t，最高日产5300 t。2007年，小青煤矿刨煤机综采队在煤厚1.91 m 条件下，全年生产原煤1.37 Mt，平均月产0.219 Mt。

2007—2013年，冀中能源峰峰煤矿在复杂坚硬薄煤层条件下，采用0.6~1.3 m 薄煤层的综采自动化成套技术与装备，实现了薄煤层自动化安全高效开采。2014年，黄陵一号煤矿在1.4~2.2 m 中厚煤层采用自动化成套装备，开创了工作面智能化开采模式，成功将液压支架自动跟机移架、采煤机记忆截割、刮板输送机智能变频调速等自动控制技术在中厚煤层综采工作面推广应用。2017年，兖矿集团转龙湾煤矿采用 3 ~4 m 煤层千万吨智能化综采成套技术与装备，首次在中厚煤层条件下国内矿井年产达到千万吨级，实现了中厚煤层安全、高效、智能化开采。

5.3.3 建井技术装备和掘进技术装备

1. 建井技术装备

1990 年以来，我国矿井建设形成了以综合机械化开采为核心，以集中生产、合理开拓为关键，以先进技术装备为保障的现代化矿井设计理念，建立了以冻结、钻井、注浆为主的建井理论与技术体系。建成世界上单井规模最大的井工煤矿——国家能源集团补连塔矿，生产能力 28.0 Mt/a。建立完善了斜井沿轴线冻结理论、深井控制冻结理论、地层注浆改性理论。研发了“一扩成井”钻井技术，反井钻井技术，深井冻结、斜井冻结、“钻注平行作业”凿井技术，超大直径深立井建井技术。冻结、钻井、注浆等特殊凿井技术达到国际领先水平。注浆与冻结、凿井平行作业“三同时”快速建井新技术极大缩短了建井周期，建设工期提前 1 年以上。冻结法凿井技术穿过冲积层厚度 726.42 m，西部软岩立井冻结如核桃峪副井冻结深度达 955 m，净直径 9 m。钻井法最大钻凿成井深度达 660 m，最大钻井直径为 10.3 m。我国成功研制出超大直径深立井凿井大型成套装备，国内施工井筒最大直径 15.5 m，最大井深 1341.6 m。

世界首套煤矿斜井盾构施工成套装备，集斜井施工开挖、衬砌、出渣、运输、通风、排水等功能于一体，在神东矿区补连塔矿成功投用，斜井最大埋深 280 m，坡度 5.5°连续下坡，斜长 2745 m，连续 4 个月平均月进尺 546.4 m，创最高月进尺 639 m 的掘进纪录，实现了安全、高效建井目标。

2. 掘进技术装备

30 年来，经过科技攻关我国煤巷掘进技术水平有了大幅提高。掘进机的截割功率和整机性能有了大幅提高，巷道掘进速度与功效等指标也有了较大提升。研发出适应我国复杂地质条件和生产工艺的综掘装备，如 EBJ—120TP 型掘进机在 2002 年通过了中国煤炭工业协会组织的技术鉴定，2003 年获中国煤炭工业科技进步特等奖，2004 年获国家科技进步二等奖。

2014 年，掘支运三位一体的快速掘进系统在神东大柳塔矿试验成功，首次实现煤矿井下掘进工作面真正意义的综合掘进机械化，具备智能远程操控功能，适于顶板中等稳定的近水平、缓倾斜煤层；掘进巷道 2.8 万 m，单班最高进尺 85 m，日最高进尺 158 m，平均月进尺 2400 m，月最高进尺 3088 m，创造了大断面（25.2 m^2）单巷掘进的世界纪录。2017 年 9 月 8 日，首台直径 2.8 m 的矿用全断面硬岩快速掘进机（矿用 TBM）正式下线，并在重庆能源集团松藻煤矿投入试用。

2020 年，全国首台半煤岩 TBM 全断面掘进机“新煤一号”在山东能源新汶矿业集团翟镇煤矿启用；世界首台矿用小转弯全断面硬岩掘进机在中铁工程装备集团有限公司郑州基地下线；国内矿用最大直径敞开式全断面掘进机（敞开式 TBM）在山东能源淄矿集团正通煤业公司成功运行。这些技术的成功应用，大大提高了煤矿掘进速度，有效解决了煤矿掘进效率低的问题。首套智能掘进机器人系统在陕煤小保当煤矿进行了工业性试验，系统集掘、支、锚、通风、除尘等功能于一体，创下了单日 45 m、单月 816 m 的进尺纪录。

5.3.4 提升运输技术与装备

1990 年以来，我国塔式提升机最大直径由 4 m 提高至 6 m,巴拉素、大海则煤矿副井装备的 JKM - 6 ×6 多绳摩擦式提升机，直径即 6 m；落地摩擦式规格最大直径达到 6.2 m，华能核桃峪和新庄矿副井装备的 JKMD - 6.2 ×4 多绳摩擦式提升机，直径即 6.2 m；与大功率、大直径、大容量的提升设备相适应，大功率的交 - 直 - 交变频系统成为矿井提升机传动系统的主要发展方向，并向着精确调速控制、位置闭环控制、机电液协调控制、无人值守全自动化智能集控、远程故障诊断及健康管理方向发展。近些年，高效节能、系统简单的永磁电机内装提开机也得到了大力发展和应用。

30 年来，我国煤矿提升设备不断取得突破，立井箕斗容量从最初的几吨、十几吨发展至几十吨，为国内千万吨矿井建设创造了必要的前提条件。20世纪90年代济宁三号煤矿生产能力5.0 Mt/a，采用2对22 t箕斗；2000年前后龙固煤矿生产能力6.0 Mt/a，采用2对32 t箕斗；2010年内蒙古红庆河煤矿、葫芦素煤矿生产能力15.0 Mt/a等，均采用2对50 t箕斗，见证了大容量箕斗及提升设备技术的发展历程。

30年来，斜井长距离、高带速、大功率、大运量带式输送机提升逐渐成为发展方向。目前，神华布尔台煤矿生产能力20.0 Mt/a，主斜井装备的输送机带宽2200 mm，运输能力7000 t/h，带速4.7 m/s，采用3×1600 kW电机驱动。山西西山普兴斜沟煤矿主斜井倾角15°～17°，运输距离1364 m，带宽1800 mm，运输能力4500 t/h，带速5 m/s，采用4×2240 kW电机驱动。井下大型带式输送机带速多在4.5 m/s左右，个别带速为5 m/s。山西同煤同忻煤矿带式输送机运输距离4600 m，带宽1800 mm，运输能力4800 t/h，带速5 m/s，采用3×1800 kW＋3×1800 kW电机多点驱动。

辅助运输方面无轨胶轮车、单轨吊等连续运输设备在多处矿井得到成功应用。无轨胶轮车首先在神华大柳塔煤矿成功应用，之后在济宁三号煤矿、龙固煤矿等深部立井煤矿也相继成功应用，拓展了连续运输设备的使用空间，为立井现代化矿井建设创造了条件。目前在煤层开采条件适宜的特大型、大型矿井，斜井直接采用无轨胶轮车直达井下采掘工作面；立井采用大直径、超宽罐笼将无轨运输设备整体升降，井底稍作转换，基本实现从地面到工作面的一站式运输，打破了制约煤矿辅助运输连续化的瓶颈。

5.4 国外露天煤矿开采工艺技术与装备

国外产煤国家优先发展露天煤矿，各主要露天采煤国家在开采工艺技术和装备等方面各有特色。其中美国有世界最大的露天煤矿，单矿年产量近亿吨，有十多个千万吨级的特大型露天煤矿，使用了世界总量近一半的拉斗铲；澳大利亚在煤矿首次投用自移式破碎机半连续系统，且大部分煤矿商品煤通过长距离带式输送机运输至港口出口；德国连续开采工艺世界领先，有世界上最大的轮斗挖掘机。长期以来，美国、澳大利亚的黑雷、罗切利、古涅拉等典型露天矿以先进的发展理念，引领了国际露天煤炭事业的发展，使世界露天煤矿开采工艺技术不断前进。

5.4.1 国外露天煤矿开采工艺

当前世界主流露天煤矿开采工艺仍以间断式、半连续式及连续式为主，并逐步向综合工艺的趋势发展。露天煤矿开采工艺的选择主要根据煤田的地质条件和机械工业发展水平等因素决定。由于各国地质条件和机械制造基础不同，德国及欧洲一些国家，主要发展连续及半连续开采工艺；美国多用倒堆工艺和单斗—卡车工艺；俄罗斯为适应不同的资源赋存条件，采用多种不同的开采工艺。国外露天采煤工艺及主要应用国家见表1－5－1。

表1－5－1 国外露天采煤工艺及主要应用国家

序号	工艺分类	典型工艺示例	主要应用国家和地区
1	间断式	单斗—铁道工艺、单斗—卡车工艺、拉斗铲无运输倒堆工艺	俄罗斯、美国、澳大利亚、哈萨克斯坦等
2	半连续式	单斗—卡车—半固定破碎站—带式输送机半连续工艺	德国、美国、俄罗斯、澳大利亚、英国、印度等
3	连续式	轮斗挖掘机—带式输送机—排土机连续工艺、轮斗挖掘机—运输排土桥开采连续工艺	德国、东欧、美国、俄罗斯、澳大利亚等
4	综合工艺	剥离与采煤分别采用间断、连续或半连续工艺中的1种或多种	美国、澳大利亚、德国、俄罗斯等

1. 间断工艺

间断工艺在国外发展最早。美国的大部分露天煤矿，俄罗斯的各硬煤矿区及澳大利亚的大部分露天煤矿都采用间断工艺。美国露天煤矿间断工艺应用见表 1－5－2。

美国基于其特殊的煤田地质赋存条件和简化工艺的原则，发展了无运输拉斗铲倒堆工艺，甚至一个大型露天煤矿就一台巨型拉斗铲进行倒堆剥离，形成了具有特色的工艺方式。俄罗斯在开发西伯利亚地区露天煤田时，也充分遵循了这一原则，无论是近水平煤层，还是倾斜煤层拉沟露煤都巧妙地利用拉斗铲剥离倒堆。

表 1－5－2 美国露天煤矿间断工艺应用

序号	露天矿名	国家	工艺		设备		产能/（Mt·a⁻¹）
			剥离	采煤	剥离	采煤	
1	德克尔（Decker）	美国	拉斗铲倒堆	单斗—卡车	1570－W 拉斗铲	295B 单斗挖掘机，136 吨级自卸卡车	12.7
2	黑雷（Black Thunder）	美国	早期单斗—卡车，后改拉斗铲倒堆	单斗—卡车（早期）	2800 型单斗挖掘机（早期），1300－W、1570－W、2570－W 拉斗铲	2800 型单斗挖掘机，170 吨级与 218 吨级自卸卡车	91
3	北安特洛浦/罗切斯特	美国	拉斗铲倒堆	单斗—卡车	3 台拉斗铲	5 个电铲—卡车队	95

在世界范围内，无运输倒堆工艺在美国、澳大利亚、加拿大等国家采用得非常普遍，自 20 世纪初第一台拉斗铲问世以来，世界上共生产出七百余台各种型号的拉斗铲，用户遍及数十个国家。

2. 连续工艺

连续开采工艺主要用于褐煤露天矿。德国、东欧、美国、俄罗斯、澳大利亚等国家和地区的大部分褐煤露天矿使用连续开采工艺，这种开采工艺使用的设备主要是轮斗挖掘机、带式输送机和排土机。德国凭借其先进的工业基础率先形成了典型轮斗挖掘机连续开采工艺，一大批特大型露天煤矿在该国得以建成。20 世纪 60 年代印度褐煤露天矿也进行了高切割力轮斗挖掘机采掘砂岩和硬褐煤试验，结合本国煤田地质赋存条件开展了技术攻关，相继完成了高切割力轮斗挖掘机、耐磨斗齿研制和松动爆破、爆破块度控制等技术难题的攻关工作。目前，高切割力轮斗挖掘机开采工艺在印度褐煤露天矿得到广泛应用。德国露天煤矿连续工艺应用见表 1－5－3。

表 1－5－3 德国露天煤矿连续工艺应用

矿名	国家	工艺	产能/（Mt·a⁻¹）	设备		
				轮斗挖掘机	带式输送机	排土机
弗尔图纳矿	德国	轮斗挖掘机—带式输送机—排土机连续工艺	50	7 台，日挖掘总能力 820000 m^3/d	72 台，总长 50 km	5 台，日排土总能力 800000 m^3/d
哈姆巴赫露天煤矿	德国	轮斗挖掘机—带式输送机—排土机连续工艺	50	8 台（套）轮斗挖掘机、带式输送机、排土机连续开采工艺系统，单台机组最高日产能力 3710000 m^3/d，年产能力 6.0×10^7 m^3/a；输送机长 120 km，带宽 2.8 m，带速 7.5 m/s		

3. 半连续工艺

世界上第一个采用半连续工艺的矿山是 1956 年原西德汉诺威市诺德水泥公司的石灰石矿，采场破碎系统采用了克虏伯公司研制的能力为 250 t/h 移动式破碎站，半连续工艺系统自此以后开始发展并逐步在露天煤矿中得到广泛应用。就世界范围来看，从 20 世纪 70 年代起，因石油及相关产品价格的上涨，燃料、润滑油及轮胎的价格也随之上浮。这几项费用之和占卡车运输总生产费用的 50% 以上。20 世纪 70 年代，美国、澳大利亚等国开始在单斗—卡车间断开采工艺中加入了破碎机，用带式输送机替代汽车运输矿岩在水平区段可以降低运输费用66%，在上行区段可以降低运输费用86%。苏联自1980年开始应用，1985年占比3.8%，到1990年，苏联用卡车—带式输送机半连续工艺采出的煤炭总量能够达到24～25 Mt，用铁道—带式输送机半连续工艺采出的煤炭能达到95 Mt，总计能达到130～140 Mt，占露天采煤总量的30%～40%。世界各国露天采矿工程受此影响扩大了用带式输送机在开采硬岩中的使用范围，半连续工艺逐步在各国露天煤矿的工艺选择与应用中占据了重要位置。2002年，澳大利亚古涅拉煤矿在煤矿引入大型自移式破碎机，丰富了半连续工艺开采技术。半连续工艺开采技术成为10多年来发展最为迅速的工艺技术，也逐渐成为露天煤矿绿色开采的新选择。

目前世界上采用半连续工艺的露天煤矿数量迅速增加，到目前为止已有数百个，其中最大的半固定式破碎站生产能力已达到20000 t/h，移动式破碎机能力已达到12000 t/h，使用的带式输送机的带宽为1.5～3 m，带速达4～7 m/s，带式输送机的生产能力达到30000 m^3/h。从发展远景看，带式输送机的生产能力将达到40000 m^3/h，带宽将达到3.6 m，带速为8～10 m/s。

4. 综合工艺

目前，综合开采工艺在世界露天煤矿的应用已成为新的趋势之一。综合工艺主要是为适应不同的地质条件，改变以往单一工艺形式，对剥离、采煤等环节采用间断、连续及半连续中的多种工艺进行联合开采作业，可以克服单一开采工艺对地质、气候、煤岩条件的局限性，极大提高露天煤矿的生产效率。位于澳大利亚昆士兰州鲍恩盆地的古涅拉露天煤矿就是应用综合工艺的典型，该矿剥离采用单斗—卡车间断工艺、单斗—自移式破碎机半连续及拉斗铲无运输倒堆工艺。

5.4.2　国外露天煤矿开采装备

近些年随着露天煤矿开采强度越来越大，以钻机、单斗挖掘机、卡车、轮斗挖掘机、拉斗铲为主的露天采矿设备和固定、半固定、自移式煤岩破碎设备的制造技术得到了快速发展。其中美国露天煤矿设备企业注重发展单斗—卡车工艺设备，如卡特、P&H；德国企业则一直引领世界连续工艺设备制造技术的发展，如德国的FAM公司在轮斗挖掘机、破碎机、排土机、带式输送机方面处于世界领先。国外主要露天煤矿设备型号及基本参数见表1－5－4～表1－5－10。

表1－5－4　国外主要钻机型号及基本参数

序号	国家	厂　家	主 要 型 号	钻孔直径/mm	最大轴压/kN	动 力 源
1	美国	比塞洛斯、P&H矿山设备公司、英格索兰、REICHdrill、里德钻机、山特维克	250XP、100XP、120A、35R、35HR、39R、39HR、49Ⅲ、59R、DM45E、DM50E、DM－M2、DM－M3、DM－H、PitViper351、C－550－DII、T650、T750、C850、C950	127～450	136～639.75	柴油机或电动机
2	俄罗斯	OMZ联合公司	SBSH系列	270		柴油机或电动机
3	德国	BTD Bohr－technik GmbH公司	HBM系列	160～300		柴油机或电动机

表1－5－5　国外主要电铲型号及斗容范围

序号	国家	主 要 厂 家	主　要　型　号	斗容/m^3
1	美国	CAT、PH、BE（收购MARION产品）	BIG DIGGER、THE GEM OF EGYPT、The Captain、395、495HD、495HF、P&H1900、P&H2300、P&H2800、P&H2800XPA、P&H2800XPB、P&H2800XPC、P&H4100、6060、6090、595、5700、RIVER KING	18.4～138
2	德国	利勃海尔	R9150、R995、R996、R9100、R9250、R9350	8～34
3	日本	日立、小松	EX1200、1900、2600、3600、5600、8000、PC2000/3000/4000/5500/8000	12～40
4	俄罗斯	OMZ	EKG－5V、EKG－12V、EKG－9Us、EKG－20A、EKG－32R	5～32
5	印度	BEML	182－M、BE700、BE1000E、BE1600E	4.5～18

表 1-5-6 国外主要卡车型号及载重范围

序号	国家	厂 家	主 要 型 号	载重/t
1	美国	卡特、TEREX	777D、777F、785C、785D、789C、789D、793D、793F、795F AC、797F、MT3700、MT4400、MT5500、MT6300AC	65～363
2	德国	利勃海尔	T282、T284、T1274、T264	218～363
3	日本	小松、日立	HD1500、HD785、960E、930E、860E、830E－AC、730E、630E、EH5000、EH4000、EH3500、EH1700	91～327
4	白俄罗斯	BELAZ	7560、7531、7530、7521、7517、7513、7514	30～360
5	印度	BEML	BH100	91.5
6	意大利	Perlini	Perlini DP905	95
7	美国	卡特合资	KRESS 200C	220

表 1-5-7 国外主要拉斗铲型号及基本参数

国家	厂 家	型 号	悬臂长度/m	工作重量/t	铲斗容量/m^3	额定悬吊负载/t
美国	CAT—Bucyrus	8750～65	109.7		90	267.7
	CAT—Bucyrus	8000	75～101		23～34	71～102
	CAT—Bucyrus	8200	99～117		45～84	136～249
	CAT—Bucyrus	3270W	101	7938	135	
	CAT—Bucyrus	BIG MUSKIE		12258	168	
	CAT—Bucyrus	URSA MAJOR	110	6700	122	
	CAT—Bucyrus	MARION 8900	76	6356	119	
	P&H	9010	80～105			
	P&H	9020	90～125		55～90	
	P&H	9030	100～130		85～122	
印度	BEML	W2000	74.6～100.85		24～34	71～102
俄罗斯	重型机械厂	ESH20/90	90	1690	20	63
		ESH20/100	100	1900	20	63
		ESH25/120	120	3400	25	90
		ESH30/110	110	3420	30	95
		ESH40/130	130	5460	40	125
		ESH65/100	100	5460	65	205

表 1-5-8 国外主要破碎机及基本参数

国家	厂家	型 号	破碎机类型	处理能力/($t\cdot h^{-1}$)	物料	破碎形式	入料最大粒度/mm	出料粒度/mm
英国	MMD	MMD12000	自移式	12000	岩	双齿辊	3000	450
		MMD1400	自移式	9000	岩	双齿辊	1800	200
		MMD1250/1000	半固定	4500	岩	双齿辊	1800	200
		MMD1300	半固定	4000	煤	双齿辊	1800	200
		MMD1000	半固定	2500	煤	双齿辊	1800	200

表1-5-8（续）

国家	厂家	型　号	破碎机类型	处理能力/（t·h^{-1}）	物料	破碎形式	入料最大粒度/mm	出料粒度/mm
德国	克虏伯			9000	岩	双齿辊	1800	200
		FMCS5998	自移式	6000	岩	双齿辊	1500	300
				4500	岩	双齿辊		300
			半固定	4000	煤	双齿辊		200
			半固定	2500	煤	双齿辊		200
			半固定	4000	煤	给料式		
		SB1521R	半固定	2000	煤	给料式	1500	300+
	FAM	FZWB2025	自移式	5250	岩	双齿辊	1100	300
		FPB1314	自移式	1700	岩	反击破	1000	150
		SMCP3500	半固定	3500	岩	双齿辊	1000	200
		SMCP2300	半固定	2300	岩	双齿辊	1000	200
美国	STAMLER		半固定	9000	岩			
		BF-38K-63D-42S	半固定	4500	岩	单滚筒破碎	1800	
			半固定	4000	煤	单滚筒破碎	1800	
		BF-41D-62D-46S	半固定	2500	煤	单滚筒破碎	1800	
	MACLANAHA		半固定	9000	岩			
		DDC 48X96	半固定	4500	岩	双齿辊	1800	400
		DDFB 60-120	半固定	4000	煤	给料式	1500	300
		DDFB 60-80	半固定	2500	煤	给料式	1500	300

表1-5-9　国外主要轮斗挖掘机及排土桥型号及基本参数

国家	厂家	型　号	工作重量/t	装机功率/kW	斗容驱动功率/kW	斗轮直径/m	铲斗/数量×斗容（m^3）	挖掘高度/m	挖掘深度/m	能力/（$m^3·h^{-1}$）
德国	克虏伯	SchRs $\frac{6000}{9\ (17)}$ ×51	13500	16560	3360		18×8.6			19100
	塔克拉夫	SRs 281	133		45	5.3	7×0.29	12	0.5	450
		SRs 2000	2850		800	11.2	14×1.7	28	3	4900
		SRs 4000	5100		2×1000	16.0	16×3.2	36	2.5	11000
		SRs 6300	6852				18×3.3	50	15	14000
		SRs 8000	14200	21870	5040	21.6	18×6.6	51	17	10000
	FAM	SR 300 R3	230	550	250	7.0	12×0.37	11	1	1530
		SR 300 R5	350	750	500	6.8	18×0.21	11	1	1560
		SRs 1301	1750	2200	500	8.4	14×0.65	26	5	3500
		SRs 1602+VR	2300	3200	900	9.0	23×0.52	26	5	5000

表1-5-10 国外主要排土机型号及基本参数

国家	厂家	型号	能力/(t·h^{-1})	受料臂长度/m	卸料臂长度/m	最大卸料高度/m	行走速度/(m·min^{-1})	带宽/m
瑞典	山特维克	VASP 1800/30+45	10000	30	40	17.6	8	1.8
		VASP 1800/70+100	10700	70	100	27	6	1.8
德国	克虏伯	$\text{ARs}\frac{3200}{83+100}\times 35$	22500	83	100	35	9.3	2.4
		$\text{ARs}\frac{3200}{83+100}\times 41.5$	21300	83	100	41.5		2.4
		$\text{ARs}\frac{3200}{52+84}\times 38$	11860	52	84	38		2
	塔克拉夫	ARs-B 12500.90	20000	45	90	40		2.4
		A2Rs-B 7500.50	7500 m^3/h	45	70±2	21		2.2
		A2Rs-B 5500.60.1	8800	50±1.5	80	17.5		1.8
	FAM	ST 18000.70 RLC	18000	44	70	15	6	2.4
		ST 12100.60 RH	12100	50	60	22	6	2.0
		ST 7000.45 RH	7000	45	45	15	6	1.6
		ST 4200.50 RH	4200	60	50	6	6	
		ST 1700.140 P	1700	45	140	33	6	1.2

5.5 中国露天煤矿开采工艺技术与装备

20世纪90年代以来，我国露天煤炭事业蓬勃发展，露天煤炭产量由1990年的32.31 Mt增长到2019年的0.7 Gt左右，增长了20倍以上。与国外相比，我国露天煤矿开采工艺技术和装备经历“跟跑”和“并跑”两个阶段。2000年之前，我国露天开采工艺和装备处于“跟跑”阶段，先后建成五大露天煤矿，大型露天开采主要设备研制列入国家重点攻关项目，露天开采工艺取得长足进步。2000年之后，我国露天开采工艺和装备逐步迈入“并跑”阶段，部分露天煤矿逐步接近世界先进现代化露天煤矿水平。

5.5.1 中国露天煤矿开采工艺

我国露天煤矿开采已经走过两个工艺时代，目前发展到了第三代工艺。

第一代工艺（改革开放以前）以单斗—铁道间断式开采工艺为主，由于历史原因，当时我国露天煤矿开采技术体系全部为苏联技术，开采工艺几乎为单斗—铁道间断式开采工艺。

第二代工艺（改革开放以后至20世纪末）以单斗—卡车间断式开采工艺为主。1978年12月党的十一届三中全会在北京召开，全党全国工作重心转移到社会主义现代化建设上来，改革开放的总设计师邓小平同志以战略眼光在祖国内地晋北确定了引进外资中美合作建设一个特大型煤炭项目“安太堡露天煤矿”，成为中国改革开放的窗口，引起了国内外新闻媒体的高度关注。20世纪80年代中期之后，我国的露天煤矿建设事业进入了加速发展期，迎来了以五大露天建设为标志的大型现代化露天煤矿建设高潮，开始了露天煤矿开采工艺的变革。随着大型露天开采设备的引进、美国西方石油公司入平朔安太堡露天煤矿的建设和运营、五大露天煤矿建设过程中广泛的技术交流与合作设计，使得我们原有技术储备与西方技术、建设理念得到了有机融合，并从此开启了我国露天煤矿建设和设计的现代技术之门。这一时期在广泛吸收各国先进技术的同时，形成了适合我国露天矿山建设条件特点的，较为完善的现代露天煤矿设计和建设技术体系。这一时期的核心开采工艺为单斗—卡车工艺。“安太堡露天煤矿”由美方按照国际上 20 世纪 80 年代最新工艺设计，采用了同行业最新技术和设备。进入 90 年代，轮斗连续式开采工艺、单斗—卡车—半移动（半固定）破碎站半连续式开采工艺得到推广。

第三代工艺（21 世纪以来）是综合开采工艺。随着国民经济发展对能源需求的激增，我国露天煤矿的建设进入了快速发展期。随之而来的是露天生产矿山的扩能改造和新露天煤矿开工建设，这一时期的技术思想比较活跃。为适应较为复杂的地质条件，克服单斗—卡车工艺的局限性，提高露天煤矿的生产效率，我国主要露天煤矿根据自身特点，采用了一系列国际上先进的技术与装备，形成了单斗—卡车间断式工艺、单斗—卡车—半移动（半固定）破碎站—带式输送机—排土机半连续式开采工艺、单斗—自移式破碎机—带式输送机—排土机半连续式开采工艺、轮斗连续式开采工艺和拉斗铲无运输倒堆开采工艺中的两种及以上工艺进行联合开采作业的综合工艺。

1. 间断式开采工艺

1）单斗—铁道开采工艺

单斗—铁道开采工艺在我国已有超过 100 年的应用历史。受当时国内设备制造能力及开采技术的限制，20 世纪 70 年代前，单斗—铁道开采工艺一直是 20 世纪我国露天煤矿的主导工艺。该工艺具有运营费用低，经济效益好，设备制造完全国产化，可靠性好等优点。但单斗—铁道开采工艺灵活性较差，受煤炭赋存条件、自然气候条件影响较大，同时设备向大规格方面发展较慢，限制了采用此种工艺的露天矿向更大规模方向发展。因此，在 20 世纪 80 年代国家规划开发建设五大露天矿区时，单斗—铁道开采工艺被更为机动灵活的单斗—卡车开采工艺所取代。时至今日，单斗—铁道开采工艺只在部分露天煤矿还留有痕迹。

2）单斗—卡车开采工艺

单斗—卡车间断式开采工艺是世界上应用较广泛的开采工艺。1973 年建成投产的宁夏大峰露天煤矿（设计能力 0.90 Mt/a）在国内最早采用单斗—卡车工艺。20 世纪 80 年代初，为适应国民经济翻两番的战略目标，原煤炭部规划开发平朔、准格尔、元宝山、霍林河、伊敏河等五大露天矿区，单斗—卡车开采工艺开始得到广泛应用。特别是安太堡露天煤矿从美国引进单斗—卡车工艺的先进设备和管理，掌握矿坑运输道路建设维护和设备维修保养技术，提高了卡车出动率和使用效率后，单斗—卡车工艺充分展现了建设规模大、基建速度快、生产效率高、机动灵活的优点，成为我国 20 世纪 80 年代到 21 世纪初使用最多、技术成熟、管理先进的工艺，见表 1－5－11。与此同时，随着露天煤矿开采规模不断扩大，开采深度逐渐加大，导致卡车运距越来越远，单斗—卡车工艺生产成本逐渐高企。引进适合长距离运输、大高差提升的半连续、连续开采工艺成为我国露天煤矿的现实选择。

表 1－5－11　改革开放后我国使用单斗—卡车工艺的主要露天煤矿统计表

序号	露天煤矿名称	建设（投产时间）	工艺使用范围
1	平朔安太堡露天煤矿	1982 年开工，1987 年 9 月投产	剥离、部分采煤
2	伊敏一号露天煤矿	1984 年投产	部分剥离、部分采煤
3	霍林河南露天煤矿	1984 年 9 月移交投产	部分剥离、部分采煤
4	平朔安家岭露天煤矿	2001 年 6 月试生产，2003 年达产	剥离、部分采煤
5	扎哈淖尔露天煤矿	2003 年 7 月投产	中下部剥离、采煤
6	黑岱沟露天煤矿	1990 年 4 月开工，1996 年投产	下部剥离、部分采煤

表 1-5-11（续）

序号	露天煤矿名称	建设（投产时间）	工艺使用范围
7	胜利一号露天煤矿	2005 年始建	剥离、采煤
8	胜利东二号露天煤矿	2006 年始建	初期剥离、采煤
9	白音华一号露天煤矿	2005 年 7 月开工	剥离、部分采煤
10	白音华二号露天煤矿	2005 年开工	部分剥离、部分采煤
11	白音华三号露天煤矿	2005 年 7 月 3 日开工	部分剥离、部分采煤
12	白音华四号露天煤矿	2006 年 8 月 3 日开工	剥离、采煤
13	新疆准东露天煤矿	2006 年 8 月 28 日开工	剥离、采煤
14	哈尔乌素露天煤矿	2007 年 5 月始建	剥离、部分采煤

3）无运输倒堆开采工艺

无运输倒堆开采工艺是一种先进的、高效的露天开采工艺，它集采掘、运输和排土三个主要工艺环节于一体，将剥离物直接排弃于采空区的内排土场中，工艺流程简单，生产成本低。该工艺对煤层赋存要求比较严格，要求煤层赋存近水平，煤层单一，煤层厚度不宜超过 40 m。该工艺生产能力大、作业效率高，经济性好，技术成熟可靠。2007 年，准能黑岱沟露天煤矿投入我国第一台也是唯一一台拉斗铲，与先进的抛掷爆破技术配合，年剥离能力达 2×10^7 m^3，代表了国内露天煤矿开采工艺发展的先进水平。

2. 半连续式开采工艺

半连续式开采工艺是目前国内外露天煤矿常用的开采工艺，也是被世界采矿工作者公认的最有发展前途的工艺。半连续式开采工艺通常有 2 种典型类型，即单斗—卡车—半移动（固定）破碎站—带式输送机—排土机半连续式开采工艺（简称半移动破碎站半连续工艺）和单斗—自移式破碎机—带式输送机—排土机半连续式开采工艺（简称自移式破碎机半连续工艺）。半移动（固定）破碎站半连续工艺是以单斗挖掘机采掘、矿用卡车在工作面运输，物料经过破碎站进行破碎后，由带式输送机运输。该工艺技术较成熟，发展迅速，在技术上综合了单斗—卡车工艺中的卡车运输适应性强、机动灵活的优点和带式输送机爬坡能力大、运输效率高、运输成本低的优点，是近年来发展较快的开采工艺。自移式破碎机半连续工艺的物料直接由单斗挖掘机采装至工作面自移式破碎机上，破碎后的物料经带式输送机运至排土场（或储煤场）由排土机排弃（或卸料机堆放）。该工艺与半移动破碎站半连续工艺相比，无卡车运输环节，虽然生产作业的灵活性和适应性有所降低，但运输成本低、“以电代油”的环保优势更加明显。

我国采用半连续工艺最早的露天矿是鞍钢大孤山铁矿，用于露天矿深部矿岩采剥。1984 年，抚顺西露天煤矿投入第一套单斗—卡车—半固定式破碎站—带式输送机半连续工艺系统，标志着我国露天煤矿逐步进入半连续工艺发展阶段。其后，随着带式输送机滚筒和胶带冻黏等问题逐步解决，新建和改扩建的露天煤矿大部分应用了这一工艺。目前，半移动破碎站已经形成成套设备系列，理论生产能力从 1000～12000 t/h 的各种规格的半移动破碎站均有应用，相应的单斗挖掘机、自卸卡车、带式输送机、排土机也均有技术成熟的配套设备，见表 1-5-12。如平朔安家岭露天煤矿采煤系统采用了 2 套理论生产能力 2500 t/h 的半移动破碎站半连续开采工艺；准格尔哈尔乌素露天煤矿采用了 2 套理论生产能力 3500 t/h 的半移动破碎站半连续开采工艺；霍林河一号露天煤矿剥离使用了 2 套理论生产能力 7600 t/h 的半移动破碎站半连续开采工艺。

表1-5-12　1990年以来我国主要露天煤矿半固定（半移动+可移式）半连续情况统计表

序号	露天煤矿名称	建设（工艺投入）时间	剥离/采煤工艺
1	霍林河南露天煤矿	采煤半连续于1992年投产，两套剥离半连续分别与2009年和2012年投产	剥离和采煤：单斗—卡车—半固定破碎站半连续工艺
2	安太堡露天煤矿	2002年采煤半连续投产，2009年断帮可移式破碎机端帮井巷半连续	采煤：单斗—卡车—可移式破碎站（半固定破碎站）半连续工艺
3	安家岭露天煤矿	2001年6月试生产，2003年达产，投用采煤半连续	采煤：单斗—卡车—它移式破碎站半连续工艺
4	黑岱沟露天煤矿	1990年4月开工，1996年半连续工艺投产	采煤：单斗—卡车—半固定破碎站半连续工艺
5	元宝山露天煤矿	1990年10月开工，1997年半连续投用，2005年4月煤矿移交，2006年达产	采煤和剥离：单斗—卡车—半固定破碎站半连续工艺
6	扎哈淖尔露天煤矿	2003年7月投产，半连续2009年投用	采煤剥离：单斗—卡车—半固定破碎站半连续工艺
7	胜利一号露天煤矿	2005年始建，2011达产，半连续工艺投用	采煤：单斗—卡车—半固定破碎站半连续工艺
8	白音华一号露天煤矿	2005年7月开工，2011投用半连续	采煤：单斗—卡车—半固定破碎站半连续工艺
9	白音华二号露天煤矿	2005年开工，2007半固定破碎站投用	采煤和剥离：单斗—卡车—半固定破碎站半连续工艺
10	白音华三号露天煤矿	2005年7月3日开工，2008半固定破碎站投用采煤：单斗—卡车—半固定破碎站半连续工艺	
11	白音华四号露天煤矿	2006年开工，2009年半连续投产	采煤：单斗—卡车—半固定破碎站半连续工艺
12	平朔东露天煤矿	2009年开工，2013年半连续投用	采煤：单斗—卡车—它移式破碎站半连续工艺
13	哈尔乌素露天煤矿	2006年开工，2011年半连续投产	采煤：单斗—卡车—半固定破碎站半连续工艺

自移式破碎机半连续开采工艺技术正在逐渐成熟，应用逐渐增多，见表1-5-13。2007年在我国的华能伊敏露天煤矿采煤系统中投入使用了一套理论生产能力3000 t/h的自移式破碎机半连续开采工艺系统，应用效果良好，这是该工艺在我国首次成功应用。随后，在国家电投白音华二号露天煤矿、白音华三号露天煤矿、平朔东露天煤矿剥离和采煤系统设计中，均采用了理论生产能力6000～9000 t/h的自移式破碎机半连续开采工艺系统。其中，平朔东露天煤矿使用的9000 t/h自移式破碎机半连续工艺系统为国内最大的岩石剥离破碎系统，使该工艺系统技术达到国际先进水平。

表1-5-13　采用自移式半连续工艺的露天煤矿统计

序号	露天煤矿名称	工艺投入时间
1	伊敏河露天煤矿	2007年自移式半连续工艺投产（采煤）
2	白音华二号露天煤矿	2013年（采煤和剥离各一套）
3	白音华三号露天煤矿	2013年（剥离一套）
4	平朔东露天煤矿	2013年投入使用（剥离一套）

另外，露天采矿机—卡车—带式输送机也是半连续工艺的一种形式。该工艺核心为露天采矿机，露天采矿机的切削、破碎、装运一次性完成。被切碎的矿岩由滚筒上的双螺旋线形挡板送到一个滑板

上（滑板构成斜面）进而送到带式输送机上（自带），再由输送机转载到自卸卡车或其他运输设备中。露天采矿机—卡车—带式输送机半连续开采工艺在薄煤层、复合煤层中开采效率较高。新疆宜化矿业有限公司五彩湾矿区一号露天煤矿于 2015 年投入一台维特根 SM2.2 型露天采矿机用于原煤开采，实际生产能力约为 2.40 Mt/a。

3. 连续式开采工艺

连续式开采工艺是露天煤矿基本开采工艺之一，是由轮斗挖掘机采掘、带式输送机运输，通过排土机排弃剥离物的连续性生产工艺，在软岩露天煤矿应用广泛。轮斗连续开采工艺具有高效率、低成本的优点。但受大风、寒冷、物料硬度等影响较大，其初期投资较大，对剥离物的赋存稳定性要求相对较高。1986 年 7 月，设计能力为 0.60 Mt/a 的云南小龙潭露天煤矿剥离首先采用小型轮斗挖掘机连续生产工艺，扩建后采用中型轮斗挖掘机连续开采工艺。随后，元宝山、黑岱沟露天煤矿轮斗连续工艺系统相继投产，标志着我国连续开采工艺逐步发展。2013 年，扎哈淖尔露天煤矿投产了亚洲最大的轮斗挖掘机连续工艺系统，能力为 6600 m^3/h。2019 年，伊敏河露天煤矿投产了当前世界上能力最大的紧凑型斗轮挖掘机连续工艺系统，同时也是全球作业在高寒地带的第一套斗轮挖掘机系统，能力为 6600 m^3/h。我国采用轮斗连续式开采工艺的露天煤矿见表 1-5-14。

表 1-5-14 采用轮斗连续式开采工艺的露天煤矿统计表

序号	露天煤矿名称	建设（工艺投入）时间
1	小龙潭露天煤矿	1986 年连续工艺投产
2	黑岱沟露天煤矿	1990 年 4 月开工，1996 年连续工艺投产
3	元宝山露天煤矿	1998 年连续工艺投产，2005 年 4 月移交，2006 年达产
4	扎哈淖尔露天煤矿	2013 年连续工艺投产
5	伊敏河露天煤矿	2019 年连续工艺投产

4. 综合开采工艺

我国露天煤矿经过几十年的生产实践证明，露天煤矿采用单一开采工艺模式限制了生产规模及经济效益的提高。根据露天煤矿煤层赋存条件，对于矿床开采条件复杂的露天煤矿，其技术经济指标趋于恶化，要求采用综合开采工艺，以获得高生产效率的最佳经济效益。特别是进入 21 世纪以来，我国的特大型露天煤矿因地制宜，综合考虑各工艺特征，采用多种工艺组成的综合开采工艺取得了很好的经济效益。我国采用综合开采工艺的露天煤矿统计见表 1-5-15。

表 1-5-15 采用综合开采工艺的露天煤矿统计表

序号	工艺组合方式	使用露天煤矿
1	上部松散层：轮斗连续工艺 中部岩石：单斗—卡车间断工艺 下部岩石：拉斗铲倒堆工艺 煤层开采：单斗—卡车—半固定破碎站半连续工艺	黑岱沟
2	上部松散层：轮斗连续工艺 中下部岩石：单斗—卡车—半固定破碎站半连续工艺和单斗—卡车间断工艺 煤层开采：单斗—卡车—半固定破碎站半连续工艺	元宝山

表 1-5-15（续）

序号	工艺组合方式	使用露天煤矿
3	岩土剥离：单斗—卡车间断工艺 煤层开采：单斗—卡车—半固定破碎站半连续工艺和单斗—卡车间断工艺	安太堡、安家岭、哈尔乌素、宝日希勒、胜利西一、扎泥河、白音华一号、白音华四号
4	岩土剥离：单斗—卡车间断工艺 煤层开采：单斗—自移式破碎机半连续工艺和单斗—卡车—半固定破碎站半连续工艺	伊敏河
5	上部岩土：单斗—卡车间断工艺 中部岩石：单斗—自移式破碎机半连续工艺 煤层开采：单斗—卡车—半固定破碎站半连续工艺和单斗—卡车间断工艺	平朔东露天
6	上部岩土：单斗—卡车间断工艺 中部岩石：单斗—自移式破碎机半连续工艺 煤层开采：单斗—卡车—半固定破碎站半连续工艺和单斗—自移式破碎机半连续工艺	白音华二号、白音华三号
7	上部岩土：单斗—卡车间断工艺 中部岩石：单斗—卡车—半固定破碎站半连续工艺 煤层开采：单斗—卡车—半固定破碎站半连续工艺	霍林河
8	上部松散层：轮斗连续开采工艺 中部岩石：单斗—卡车—半固定破碎站半连续工艺 煤层开采：单斗—卡车—半固定破碎站半连续工艺	扎哈淖尔

5.5.2　中国露天煤矿开采装备

改革开放以前，我国露天煤矿开采工艺以单斗—铁道间断式开采工艺为主，除蒸汽机车和一部分电铲外，露天开采设备大多为引进苏联和东欧一些国家的设备。改革开放以后，我国露天煤矿进入加速发展期。2000 年以前，我国露天煤矿开采工艺变革为以单斗—卡车间断式开采工艺为主，露天装备多为引进的大型化开采设备，国产设备仅仅起到补充作用。以安太堡露天煤矿为例，该矿由美方按照国际上 20 世纪 80 年代最新工艺设计，采用了当时同行业最新技术和设备，主要穿、采、运、排设备全部采用美国卡特彼勒、日本小松、美国 P&H 厂家的进口设备。生产采用电铲—卡车间断生产工艺，设备是斗容 25 m^3 的电铲，斗容 14 m^3 的液压铲，载重 170 t 的重型后卸式卡车，450 马力履带式、轮式推土机及其他成套大型辅助机械。1983 年 5 月，国务院讨论通过了《关于抓紧研制重大技术装备的决定》，把加快推进国家重大技术装备研制过程提到重要议事日程，确定了一大批国家重点建设项目，年产千万吨级的大型露天煤矿成套设备就是其中一项，其研制工作依托于即将开发的“五大露天煤矿”。“五大露天煤矿”在大量使用欧美引进设备的同时，开始大量实验国产的设备。2000 年以后，我国露天煤炭事业全面壮大，露天煤矿设备呈现国外制造设备和国内自主研发设备激烈竞争的局面，75 m^3 级矿用电铲、363 t 级别自卸式矿车、大型自移式破碎机、全液压轮斗挖掘机、大功率推土机等相继投入使用或试运行。

总体来看，我国露天煤矿主要开采装备经历了引进、消化、吸收、再创新的发展过程，虽然当前国产装备制造企业的创新能力与国外先进企业相比还存在一定差距，但装备制造能力已经可以满足 30 Mt 级世界先进露天煤矿的生产需要。近几年随着智能矿山与绿色矿山的大力发展，无人驾驶卡车已经在全国多处露天煤矿进行调试运行。设备从大型化、成套化逐步向智能化、无人化、节能化方向发展，并取得显著成绩。

1. 采装设备

露天煤矿采装设备是指可以完成剥离物或矿物的挖掘并能卸载在特定设备中或地点的机械。目前，我国露天煤矿以使用机械式电铲为主，部分露天煤矿也使用液压铲、轮斗铲和拉斗铲。

1）电铲

我国从建国初期即开始研制挖掘机，到目前为止已经可以生产最大斗容达 75 m^3 的电铲。改革开放前，我国新建的十几处露天煤矿都使用了太原重型机械厂和抚顺挖掘机厂生产的挖掘机，主要为 W－4、WK－4、WD400 等机型。随着我国挖掘机技术成熟，国内露天煤矿开始使用自主研发的挖掘机。1969 年，抚顺西露天引入 WD－4(非定型产品)型挖掘机，1985 年购入 3 台 WK－10A，大幅提高了露天煤矿生产效率和开采规模。阜新海州露天煤矿也相继引入 W－4、WK－4、WP－6、WK－10 挖掘机。“五大露天煤矿” 及之后相继建设的露天煤矿在设备选择方面更加多样化，同时开始大量采购欧美等国家生产的设备。表 1－5－16 为目前我国主要露天煤矿使用的电铲情况。1986 年 3 月 20 日，太原重型机械厂（简称“太重”）生产的首台 2300XP 型电铲发运出厂。1986 年第一重型机器厂首批出厂的 2 台 2800XP 型电铲成功通过验收。1998 年，太重与美方合作生产了 2800XPB 型 35 m^3 电铲。太重还与美国比赛洛斯公司合作，生产了臂长 100 m、斗容 20 m^3 的大型拉铲。2005 年底，太原重工 WK－20 型 20 m^3 电铲成功问世。随后又研制出 WK－27 型 27 m^3 电铲。该机斗容范围 23－46 m^3，工作重量 915 t。9 个月后，太原重工 WK－35 型 35 m^3 电铲问世。2008 年 1 月 26 日，首台 WK－55 型矿用电铲发运出厂。2012 年国内最大的 WK－75 下线。目前，太原重型机械厂已成为世界三大矿用挖掘机制造商之一。

表 1－5－16　我国主要露天煤矿使用的电铲型号及数量

序号	使用露天煤矿	型　号	斗容/m^3	生产(国家)厂家	使用数量/台	投入年份	备　注
1	安家岭露天煤矿	P&H2800	35	P&H	7	2001	
2		P&H2800XP	35		2	2008	安太堡调入
3		WK－55	55	太重	2	2008	
4		P&H 4100	58.1	P&H	2	2008	
5	安太堡露天煤矿	P&H2800XP	35		11	1986	
6		P&H 4100	58.1		5	2008	
7	白音华二号露天煤矿	WK－35	35	太重	1	2009	
8		495HD	49	比塞洛斯	1	2011	
9		WK－20	23	太重	4	2009	
10	宝清露天煤矿	WK－35	35		1	2012	
11	宝日希勒露天煤矿	WK－4	4		2	2006	
12		WK－10B	12		4		
13		WK－35	35		5	2010	
14	布沼坝露天煤矿	WD－400	4	抚顺挖掘机厂	1		
15		WK－10(A)B	12	太重	1	2009	
16	哈尔乌素露天煤矿	395B	32	比塞洛斯	2	2008	黑岱沟调入
17		WK－35	35	太重	2	2010	
18		WK－55	55		4	2008—2010	
19		495HR	52.25/58/60.4	比塞洛斯	6	2008	

表1-5-16（续）

序号	使用露天煤矿	型　号	斗容/m^3	生产(国家)厂家	使用数量/台	投入年份	备　注
20	黑岱沟露天煤矿	WK-10B	14	太重	4	2000年前	已退役
21		WK-20	20		1	2006	
22		P&H 2800	25	P&H	1	1998	
23		396BI	32	比塞洛斯	6	1998	
24		WK-35	35	太重	3	2007	
25		WK-55	55		3	2008	
26	霍林河北露天煤矿	WK-27	27		1	2007	
27		WK-10(A)B	12		3	2007	
28	霍林河南露天煤矿	WE-8YC	8		1	1996	原2台
29		WK27	27		3	2007	
30		WK-10	12		18	1989—2008	
31	胜利东二露天煤矿	WK-20	23		4	2008—2009	
32		WK-35	35		3	2011—2012	
33		WK-75	75		1	2012	
34	胜利西二露天煤矿	WK-12C	12		2	2009—2012	
35	胜利西一露天煤矿	WK-10(A)B	12		2	2003—2007	
36		WK-35			7	2009	
37		495HD	49	比塞洛斯	1	2007	
38		WD-400	4	抚顺挖掘机厂	1		已报废
39		WK-4C	4	太重	1		已报废
40	魏家峁露天煤矿	WK-35	35		2	2009	
41	伊敏河露天煤矿	WD-400	4	抚顺挖掘机厂	6	1982/1986/1990	
42		WK-10B	12	太重	6	1997	
43		WK-35	35		2	2007	
44		WK 20	20		6	2009	
45	元宝山露天煤矿	WK-10(A)B	12		2	1997	
46		ЭКГ-12.5	12.5	俄罗斯	3	1996	
47		ЭКГ-15	15		1	1997	
48	扎哈淖尔露天煤矿	EKG-10	12.96		2		
49		EKG-15	16		2		
50		WK-20	23	太重	4		
51		WK-12C	14		2	2011	
52	准东露天煤矿	WK-35	35		3	2010	
53	抚顺西露天煤矿	WK-10	10		3	1985	
54		WD-1200	12	抚顺挖掘机厂	1	1980	
55		200B	11.5	日本	1	1980	
56		1900AL	8.4		1	1984	
57		FWK-4A	4	抚矿集团机械厂	3	2005—2009	

表 1-5-16（续）

序号	使用露天煤矿	型　号	斗容/m^3	生产（国家）厂家	使用数量/台	投入年份	备　注
58	平朔东露天煤矿	395BⅠ	32	比塞洛斯	3	1997	安太堡调入
59		WK-35	35	太重	2	2011	
60		P&H4100	60. 3	P&H	4	2011—2013	
61	白音华一号露天煤矿	WK-10	10	太重	2	2012	
62	大峰露天煤矿	WK-35	30		2	2012	
63		WK-4B	4		1	1971—1990	
64		WK-4C	4		6		
65		WD-400A	4	抚顺挖掘机厂	2		
66		WD-400	4		1		
67	白音华四号露天煤矿	WK-10（B）	10~12	太重	2	2006—2007	
68		WP-6	6		1	1988	海州矿调入
67	扎尼河露天煤矿	WK-12C	14		2	2013	
68	抚顺东露天煤矿	WK-4	4		2		
69		WK-10	10	抚顺挖掘机厂			
70		W-4	4		16	1965—1980	
71		CЭ—3У	3	苏联	4	1954—1966	
72		FWK-12	12	抚矿集团机械厂	7	2009—2013	

2）液压铲

液压铲具有灵活机动、效率高、投资相对小、重量轻、挖掘力大、适合采煤、选采性能好的特点，为露天煤矿不可或缺的辅助设备。目前，我国液压铲生产能力远远不能满足国内需求，大型液压铲基本上被进口产品占据。

我国最早引入液压铲作为主要采掘设备的是霍林河露天煤矿。霍林河在建矿初期，由于缺乏电源，1979 年从德国 O&K 公司引入斗容为 8. 1 m^3 的 RH75 型液压铲 10 台，与美国 WABCO 公司的 75B 后卸卡车配套采煤和剥离。平均工作循环时间为 30 s，2. 5 min 即可装满车，可利用率为 55%～75%，使霍林河露天煤矿建矿速度大大提高。1985 年，安太堡露天煤矿开工建设，初期购入 3 台 Demag 公司生产的 H241 液压铲，斗容为 14. 4 m^3。随后，我国新建和扩建的露天煤矿也相继购入小型液压反铲用于露天煤矿辅助工程。1989 年和 1996 年，伊敏河相继购入 1 台 WY252-CW 和 WY203HD 液压挖掘机用于道路维护、挡墙构筑工作等。2010 年后，伊敏河又相继购入斗容为 5. 8 m^3 和 43 m^3 的液压铲，用于采煤。随着液压铲技术的发展及其价格优势，液压铲在我国各大露天煤矿都投入使用。小龙潭露天煤矿已完全使用液压铲代替电铲完成采装作业。表 1-5-17 是我国主要露天煤矿使用的斗容在 4 m^3 及以上液压铲的情况。

表 1-5-17　我国主要露天煤矿使用的液压铲的情况

序号	应用露天煤矿	型号	标准斗容/m^3	生产厂家	用途	使用数量/台	投入年份	备注
1	胜利西一露天煤矿	EX1900	12	日立	采煤/剥离	2	2006—2010	
2		EX2500	15	日立	采煤	2	2010	
3	哈尔乌素露天煤矿	EX1900	12	日立	采煤及辅助作业	1	2009	

表1-5-17（续）

序号	应用露天煤矿	型号	标准斗容/m^3	生产厂家	用途	使用数量/台	投入年份	备注
4	黑岱沟露天煤矿	EX1900-2	12	日立	辅助作业	1	2009	
5		EX3600-6	26	日立	岩石剥离	1	2010	
6	伊敏河露天煤矿	EX8000	43	日立	岩石剥离	1	2013	
7	布沼坝露天煤矿	CED1250	12.5	四川邦立	岩石剥离	1	2006	

3）轮斗挖掘机和拉斗铲

受我国露天煤矿剥离物赋存及设备技术的影响，轮斗挖掘机和拉斗铲在我国的应用非常有限，相应的用于露天煤矿的轮斗挖掘机及拉斗铲设备制造厂商非常有限。

我国的轮斗挖掘机设计和制造业起步比较晚。在1976年，杭州重型机械厂研制了WUD400/700型轮斗挖掘机，在云南省小龙潭露天煤矿成功应用，为我国其他矿山使用连续开采工艺系统提供了宝贵的经验。我国于1986年又自行研制了WD520/（0.9）15中型轮斗挖掘机；同期小龙潭矿务局布沼坝露天煤矿引用由奥地利与中国联合制造的VABE550紧凑型斗轮挖掘机。20世纪90年代元宝山露天煤矿也成功地采用了由中国重型机械总公司和德国塔克拉夫加工制造的轮斗挖掘机，生产能力为3600 m^3/h。SRchrs710/1×15型轮斗挖掘机是黑岱沟露天煤矿从德国克虏伯公司引进的。我国大连重工已经生产出小时能力300~3600 m^3 的DWY系列全液压轮斗挖掘机，系列产品具有体积小、重量轻、能耗小、挖掘力大、使用灵活、配套设备少、应用领域广、便于安装拆卸及运输等优点。其中DWY2000在白音华一号露天煤矿试验效果良好。该轮斗可以直接采掘煤层，免去了爆破环节，同时破碎粒度也方便后续带式输送机运输，为煤层开采连续化创造了条件。表1-5-18为国内使用的轮斗挖掘机情况。

表1-5-18 国内使用的轮斗挖掘机

序号	理论生产能力/($m^3 \cdot h^{-1}$)	型号	生产厂家	应用露天煤矿	使用数量/台	备注
1	3100	C3100ZG	克虏伯	黑岱沟露天煤矿	4	实用3套
2	3600	SRs1602	塔克拉夫与中国重机合制	元宝山露天煤矿	2	
3	400/700	WUD 400/700	杭州重型机械厂	小龙潭露天煤矿	1	
4	1500/2000	DW520/0.9.15	杭州重型机械厂	布沼坝露天煤矿	1	
5	1785/2200	VABE 5500	中奥合作制造	布沼坝露天煤矿	1	
6	6600	0SRs(K)2000.30/3.0	塔克拉夫	扎哈淖尔露天煤矿	1	亚洲最大
7	2000	DWY2000	大连重工	白音华一号露天煤矿	1	试运

我国生产的第一台拉斗铲为WB-4/40，于1965年由太原重型机械厂试制完成。1985年变形设计为WB4/40A型拉铲。1988年，在WB-4/40步行式挖掘机基础上变型设计的WB-2.2/55加长臂拉铲试制成功，其斗容为2.2 m^3，臂长55 m。但都没在露天煤矿应用。2007年，黑岱沟露天煤矿成为我国首个使用吊（拉）斗铲的露天煤矿，拉斗铲由美国Bucyrus公司生产，型号为8750-65，其排放高度为45 m，作业半径为100 m，斗容为90 m^3。

2. 运输设备

露天煤矿运输设备主要有自卸式卡车、带式输送机等。它们可以单独或联合使用，组合成各种运输方式。

1）卡车

自卸卡车伴随着单斗—卡车间断工艺的应用在我国被大规模使用。20 世纪 70 年代前，卡车运输工艺只在非煤矿山使用，车型基本为 40 t 以下刚性机械传动。1973 年，大峰露天煤矿开工建设，设计开采工艺为单斗—卡车间断式开采工艺，随后设计建设的五大露天煤矿及新建、改扩建露天煤矿几乎都使用了单斗卡车工艺，自卸式卡车在我国露天煤矿的应用进入大发展时期。表 1 – 5 – 19 为国内使用的主要型号自卸式卡车。

表 1 – 5 – 19　国内使用的主要型号自卸式卡车

序号	应用露天煤矿	型号	标准载重/t	生产厂家	使用数量/台	购买年份	备注
1	安家岭露天煤矿	730E	185	小松	31	2001	
2		930E	290		32	2008	
3		789C	177	卡特	18	2001	
4	安太堡露天煤矿	685E	180	小松	11	1996	
5		730E	185		16	2001	
6		930E	290		40	2008	
7		789A（B）	177	卡特	34	1996	
8		170D	154	WABCO	29	1986	
9		R190	173	日立	15	1993	
10	白音华二号露天煤矿	BELAZ – 75131	130	别拉斯	24	2009	
11	白音华一号露天煤矿	SF31904	108	湘电		2009—2012	
12	宝日希勒露天煤矿	MT4400AC	236	北方重汽	12	2010	
13	宝日希勒露天煤矿	TR100（C）	91		33	2006—2007	
14		SF31904c	108	湘电	4	2006—2008	
15		SF33900	220		6	2012	
16	抚顺西露天煤矿	BELAZ – 7523	42	别拉斯		1996	
17		SF31904	108	湘电		1990	
18		HD – 680	69	小松		1981	
19		R85	70			1984	
20	哈尔乌素露天煤矿	MT4400AC	236	北方重汽	18	2009	
21		MT5500B	326		37	2009	
22		SF33900	220	湘电	12	2010	
23		MCC600B	363	中冶京诚	1	2012	
24		930E	290	湘电	30	2010	
25		SF35100	300		2	2012	
26	黑岱沟露天煤矿	630E	154	小松	59	1992	
27		730E	185		5	1997	
28		830E	220		10	2009	
29		930E	290		14	2011	
30		SF33900	220	湘电	13	2011	
31		SF32601	108		24	1997	大部分报废

表1-5-19（续）

序号	应用露天煤矿	型号	标准载重/t	生产厂家	使用数量/台	购买年份	备注
32	霍林河南露天煤矿	TR100	91	北方重汽	25	2005—2012	
33		HD-680	68	小松	29	1985	已报废
34		BELAZ-75473	45	别拉斯	20	2007、2008	
35		BELAZ-75306	220		15	2007、2008	
36		SF3103C	108	湘电	13	1987—1991	已报废
37		SF3102	100		17	1988	已报废
38		SF31904	108		67	2002—2009	
39		75B	68	WABCO	57	1978	已报废
40		LN3103	108	本溪重汽	7	1988	已报废
41		LN392	67.95		7	1980	已报废
42	平朔东露天煤矿	730E	185	小松	7	2008—2012	安家岭调入
43		930E	290		27	2008—2012	
44		789	177	卡特	12	2008—2012	安太堡调入部分
45		1700	154	WABCO	27	2008—2012	安太堡调入
46	胜利东二露天煤矿	TR100	91	北方重汽	27	2008—2009	
47		BELAZ75310	220	别拉斯	13	2012	
48		SF31904c	108	湘电	22	2008—2009	
49		SF33900	220		9	2011	
50		WTW220E	220	航天重工	1	2013	
51	胜利西一露天煤矿	MT4400	220	北方重汽	22	2009—2013	
52		830E	220	小松	28	2009—2013	
53		SF31904c	108	湘电	5	2010—2013	
54		TR100-C	100	北方重汽	30	2006—2010	煤斗
55	伊敏河露天煤矿	MT3700	172		15	2008—2012	
56		TR100	91		5	2009—2012	
57		3311E	85		16	1996—2003	岩斗
58		SF33900	220	湘电	22		
59		SF3103C	108		22	1995—2007	
60		SF31904	108		15	2003—2007	
61		325M	77	本溪重汽	2	1993—1994	
62		140M	31.8		4	1998	
63		SGA3722	42	首钢重汽	1	2007	排灰
64	元宝山露天煤矿	TR100（C）	91	北方重汽	34	2003—2008、2011、2013	
65		LN392	68	本溪重汽	8	1997	
66	扎哈淖尔露天煤矿	SF31904	109	湘电	33	2008—2012	
67		TR100C	90	北重	17	2008	
68		BELAZ-75473	45	别拉斯	12	2008—2012	
69		BELAZ-75131	130		20	2009	

表1-5-19（续）

序号	应用露天煤矿	型号	标准载重/t	生产厂家	使用数量/台	购买年份	备注
70	大峰露天煤矿	SF33901a	220	湘电	12	2012	
71		TR50	45	北重	22	1995—2004	
72		SGA3722	45	首钢重汽	13	2003	
73		SF31904c	108	湘电	18	1995—2003	
74	白音华四号露天煤矿	SF31904c	108		10	2007—2008	
75	朝阳宝清露天煤矿	BELAZ-75306	220	别拉斯	4	2010—2012	
76	扎尼河露天煤矿	TR100C	91	北方重汽	10	2011、2013	
77		SF31904C	108	湘电	4	2013	胜利西一调拨

我国矿用重型自卸卡车的发展，从卡车的载重量、卡车电动轮驱动方式等方面看，主要经历3个阶段：

第一阶段：20世纪70年代初到80年代中期，电动轮卡车实现从无到有的突破。此阶段我国主要研制100 t级左右的交—直系统卡车，典型产品为SF3100和LN3100，载重都为108 t。产品主要零部件都为国内生产，整车性能达到了同类产品国际先进水平。

第二阶段：20世纪80年代中期到21世纪初期，此阶段国内卡车制造企业通过引进国外先进技术，一方面对原有技术进行改造，另一方面自主开发出一大批卡车传动、控制等方面的关键技术。

第三阶段：进入21世纪之后，受煤炭行业繁荣和国内大型露天煤矿开发速度加快的影响，国内一大批企业进入矿用自卸卡车生产研发领域，我国大型矿用卡车技术得到快速发展，销售区域也从国内走向世界。此阶段我国自卸卡车传动技术由直流发展为交流传动，载重量也从200 t以下跃升到360 t以上。

目前，我国主要的重型自卸卡车制造企业有湘潭电机股份有限公司、内蒙古北方重型汽车股份有限公司、徐州工程机械集团有限公司、中航重工和中国中车大同电力机车有限责任公司等。

2）带式输送机

带式输送机在我国煤矿系统使用较早，主要用于洗煤厂和矿井输送煤炭。1980年以后，随着露天煤矿半连续工艺的发展，新建（改扩建）的大型露天煤矿开始大量使用带式输送机运输，表1-5-20所示为国内主要使用带式输送机的露天煤矿及带式输送机参数。20世纪50年代我国国内就可以自制线芯带式输送机。1968年，我国第一台钢丝绳牵引带式输送机在阳泉四矿试制成功，1970年，夹钢丝绳芯带式输送机在平顶山煤矿首先投入使用。1976年，一机部、冶金部和燃化系统联合做出了钢丝绳芯带式输送机系列化设计，即DX系列，此系列对煤炭、化工和冶金矿山都适用。钢丝绳芯带式输送机的发展进入规范化、标准化和通用化发展阶段，在以后的发展过程中，基本上是在大型化、智能化、安全化、功能多样化、监测自动化等方面进行优化和改良。目前，国内带式输送机系统设计制造能力已完全可以满足国内特大型露天煤矿运输需求。

表1-5-20 2013年底我国主要露天煤矿使用的带式输送机技术参数

序号	露天煤矿名称	运输物料	带式输送机		投入年份
			带宽/mm	带速/$(m \cdot s^{-1})$	
1	胜利西一露天煤矿	煤炭	1600	4	2006
2	胜利东二露天煤矿	煤炭	1600	5	2011

表 1－5－20（续）

序号	露天煤矿名称	运输物料	带式输送机		投入年份
			带宽/mm	带速/(m·s^{-1})	
3	扎哈淖尔露天煤矿	上部表土	2000	5	2013
		中下岩石	1600	5	2009
		煤炭	1400	4	2008—2013
4	白音华一号露天煤矿	煤炭	1400	4.5	2011
5	白音华二号露天煤矿	岩石	1600	5	2013
		煤炭	1600	4	2013
6	安太堡露天煤矿	煤炭	1600 和 1400	4	2002、2009
7	安家岭露天煤矿	煤炭	1600 和 1400	4	2003
8	平朔东露天煤矿	上部岩石	1800	5	2013
		煤炭	1600 和 1400	4	2010—2013
9	黑岱沟露天煤矿	上部表土	1400	5	1997
		煤炭	1400	4.5	1997
10	哈尔乌素露天煤矿	煤炭	1600	5	2011
11	伊敏河露天煤矿	煤炭	1400	4.5	2007
12	宝清露天煤矿	煤炭	1600	4	2009—2012
13	元宝山露天煤矿	土砂	1400	5.85	1997、2011
		煤炭	1400	4.5	1997
		岩石	1600	5.85	1997
		煤炭	1200	3.15	1996
14	霍林河南露天煤矿	岩石	1600	5	2009、2012
		煤炭	1400	4	1992
			2000	4	2009—2012
15	布沼坝露天煤矿	岩石	2000	4	2007—2013
		煤炭	1200/1400	3.15/4.5	1985、1993
16	白音华三号露天煤矿	岩石	1600	5	2013
17	白音华四号露天煤矿	煤炭	1400	4	2007

3. 破碎设备

目前，半固定或半移动破碎站工艺系统的使用已基本覆盖国内大型露天煤矿，自移式破碎机半连续运岩系统在伊敏河露天煤矿、平朔东露天煤矿等 4 个露天煤矿的运行也很稳定。大型破碎机的发展是伴随着半连续工艺在露天煤矿的应用而逐步发展起来的。如洛阳矿山机械厂在 20 世纪 80 年代根据国家重点计划开始研制大型破碎设备，取得一系列关键技术的突破，研发成功了大能力、高稳定性的双齿辊破碎机（破碎站）。1989 年，该厂按照沈阳煤炭设计院为霍林河露天煤矿设计的煤炭半连续运输系统，设计了 2000 t/h 的齿辊式破碎站，1992 年 4 月完成制造，经过负荷试车，达到预期效果。该破碎站为当时国内露天煤矿使用的最大的破碎站，为其他露天煤矿运煤系统改造提供了丰富的设计、使用、建设经验。截至目前，洛矿已可以生产处理能力达 9000 t/h 的破碎站，可用于破碎露天煤矿的各种矿岩，基本能满足国内特大型露天煤矿矿岩破碎的需求。

目前，半固定或半移动破碎站工艺系统已基本覆盖国内大型露天煤矿，自移式破碎机半连续运岩系统在伊敏河露天煤矿、平朔东露天煤矿等 4 个露天煤矿的运行也很稳定。国内主要露天煤矿使用的破碎机（站）见表 1－5－21。

表 1－5－21 国内露天煤矿使用的一次破碎机（站）主要技术参数表

参数型式		能力/($t\cdot h^{-1}$)	入料口最大粒度/mm	出料粒度/mm	使用露天煤矿	生产厂家	投入年份	备注
自移式碎破机		3000	1500	＜300	伊敏河露天煤矿	克虏伯	2007	采煤
		9000	1500	＜400	平朔东露天煤矿	MMD	2013	剥离
		6000	1500	＜400	白音华二号及三号露天煤矿	克虏伯	2013	剥离
		3000	1500	＜300	白音华二号露天煤矿		2013	采煤
破碎站	半移动式	1800	1500	＜300	伊敏河	引进英国	200	采煤
	半移动式	3000	1500	＜300	平朔东露天	MMD	2011—2013	采煤
	半固定式	2500	1200	＜300	黑岱沟	引进英国	1996	采煤
	半固定式	1400	1800	＜200	元宝山	国产	1996	
	半固定式	4500	3000	＜400	霍林河南	MMD	2009/2013	剥离
		2000	1500	＜300	霍林河南	MMD	1993	采煤
	固定式		300	＜50	霍林河南	MMD	1993—2013	二破
	半移动式	2500、1800	1200	＜300	安家岭	MMD	2003	采煤
	半移动式	3500	1500	＜300	哈尔乌素	MMD	2011	采煤
	半移动式	1800	2050	＜300	布沼坝	DBT	2005	剥离
	半固定式	2000	1800	＜300	宝日希勒一号	国产	2004—2012	采煤
	半移动式	1500	1200	＜300	魏家峁	MMD	2009—2012	采煤
	半移动式	1000	1200	＜300	铧尖露天煤矿	MMD	2009—2013	采煤
	半固定式	3500	1500	＜300	胜利西一	MMD	2006	采煤
	半固定式	4500	3000	＜400	扎哈淖尔	MMD	2011	剥离

4. 排土设备

排土设备是指按照设计的技术参数，在排土场完成物料排弃、排土场平整等的设备。我国露天煤矿使用的排土设备有推土机、排土机、前装机、推土犁、挖掘机（单斗）等。其中推土机和排土机为国内使用最广泛的设备。

1）排土机

排土机是露天煤矿连续或半连续开采成套设备的一部分，它与钢绳牵引带式输送机配套，适于露天煤矿排土场和料场疏松物料的排弃和堆集使用。排土机按行走装置分为履带式、步行式、轨道式、步行轨道式。其中，履带式排土机在露天煤矿应用最广泛，源于其移动性能较好，相对于其他排土方法，由于其作业是连续的，故生产能力大，一次排弃宽度大，辅助作业时间少，自动化程度高。

排土机是随着连续、半连续工艺在国内露天煤矿的应用逐步发展起来的。从 20 世纪 70 年代开始，大重集团公司（原大连重型机械厂，简称“大重”）先后生产了 1000～2200 m^3/h 的排土机，用于云南省小龙潭露天煤矿等企业。随着国内露天矿山开采规模的不断扩大，上述几个规格的排土机已不能满足用户的需求。到 20 世纪 90 年代，大重集团公司采取与德国塔克拉夫公司合作制造的方式生产了 A2Rs－B 5000·60 型排土机投入元宝山露天煤矿，排土机设计能力为5000 m^3/h。太重与德国克虏伯公司合作生产准格尔项目斗轮挖掘机系统成套设备，用于黑岱沟露天煤矿，排土机设计能力为6200 m^3/h。通过与德国公司的合作制造，太重基本掌握了排土机的设计、制造、监测、安装等关键技术，为太重后续制造连续开采工艺设备打下坚实的基础。国内露天煤矿使用的排土机及主要技术参数见表1－5－22。

表1－5－22　国内露天煤矿使用排土机主要技术参数表

序号	项　　目	型　　号	理论能力/($m^3 \cdot h^{-1}$)	上排高度/m	下排高度/m	受料臂长度/m	卸料臂长度/m	行走速度/($m \cdot min^{-1}$)	带宽/m	带速/($m \cdot s^{-1}$)	制造商
1	布沼坝露天煤矿	PL－2400	2400	10	10						大连重工
2		PS2000	2000	10	15	18	35	5.5	1.2	4	
3	平朔东露天露天煤矿	PA200 1800/50＋50	6000			50	50		1.8		山特维克
4	元宝山露天煤矿	PLK2800·50＋50	2800	15	30	50±2.5	50		1.6	5	大连重工
5		A_2RS－B5000.60	5000	15	30	60	60	6	1.8	5.86	
6	扎哈淖尔露天煤矿	Ars－B7900.55	7900	20	30	70	55	1.6～1.8	2	5	塔克拉夫
7		SP1600/50＋50&TR1600	4800	20	30	50	50		1.6	5	山特维克
8	白音华二号露天煤矿 白音华三号露天煤矿 霍林河南露天煤矿	SP 1600/50＋50	4800	20	30	50	50		1.6	5	山特维克
9	黑岱沟露天煤矿	Ars1800/(50＋50)×22	6200	20	25	50	50		1.8	5.5	克虏伯

2）推土机

推土机为国内大型露天煤矿使用最广泛的排土设备。进入20世纪80年代，国内露天煤矿开发速度加快。安太堡露天煤矿在挖沟剥离工程中采用了高架链轮式推土机，抚顺露天煤矿也购置了D10N型推土机。在此后相当长的时间内，受国内推土机生产制造技术水平的限制，国内露天煤矿使用的大型推土机大部分来自于小松和卡特公司。目前，国内900马力的SD32推土机已研制成功，已完全可以满足国内特大型露天煤矿排土和辅助工程需求，在元宝山、霍林河南露天煤矿运行良好。国内主要露天煤矿使用的用于排土的推土机及技术参数见表1－5－23。

表1－5－23　国内露天煤矿使用的推土机主要技术参数表

序号	使用露天煤矿	技术指标单位	总重/t	推土板宽度/m	推土板高度/m	功率/kW	制造厂家
1	元宝山安家岭宝日希勒	TY220	24.6	3.7	1.3	175	黄工、移山
2	元宝山伊敏河、大峰	T－220		4.4	1.1	162	山推
3	胜利东二、霍林河、元宝山	SD－32	37.2	4.13	1.6	235	山推
4	胜利东二、黑岱沟、哈尔乌素、霍林河、安太堡、安家岭、伊敏河、白音华二号	D375A	66.7	4.7	2.3	391	小松

表 1-5-23（续）

序号	使用露天煤矿	技术指标单位	总重/t	推土板宽度/m	推土板高度/m	功率/kW	制造厂家
5	黑岱沟、哈尔乌素、平朔东露天、安太堡、安家岭、朝阳宝清	D475A	103.7	5.3	2.6	641	小松
6	霍林河伊敏河	D9R	49	4.6	2.0	302	卡特
7	黑岱沟、伊敏河、安太堡	D10N	65.7	4.8	1.8		卡特
8	胜利西一、宝日希勒、伊敏河	D10T（R）	66.4			426	卡特
9	黑岱沟、哈尔乌素、霍林河南、大峰	D11T（R）		5.6	2.7	634	卡特

5.6 煤炭清洁高效利用技术

30 年来，为更好应对能源消费对气候变化带来的影响，煤炭的清洁高效利用成为煤炭科技创新的重点，美国、德国、英国、加拿大等各国投入大量资金持续研究煤炭利用新技术，建设先进的燃煤电厂，发展二氧化碳捕集与封存技术，使煤炭逐步实现清洁利用。

5.6.1 美国煤炭清洁高效利用技术

1. “洁净煤技术项目”

美国煤炭工业研究重点是寻找更有效、更经济、更环保的煤炭利用方法，与能源部共同开展了“洁净煤技术项目”（CCTP），开发出了先进的污染控制技术，例如低氮氧化物（NOx）燃烧器，目前在美国 75% 以上的燃煤电厂使用，2015 年氮氧化物排放量比 2000 年减少了 70% 。碳捕集和封存技术与效率更高的发电厂相结合，提供了一种实现二氧化碳减排的方法。新的煤炭燃烧系统使用了超临界和超超临界技术，在更高的温度和压力下运行，除了显著减少二氧化碳外，还能比传统系统实现更高的效率。

2. 二氧化碳捕集与封存技术

目前美国二氧化碳捕集、利用与封存技术（CCUS）的研究项目包括麻省理工学院碳捕捉和储存（CCS）技术研究项目，旨在研究各种 CCUS 技术，并绘制出全球正在研究和/或实施 CCUS 的地点；美国洁净煤电力联盟（ACCCE）建立的美国 CCS 研究和运行的数据库，并用图形和视频描述了捕捉、运输和储存二氧化碳到地下的过程；美国能源部国家能源技术实验室建立的一份清单，列出了全球范围内正在实施和计划中的 CCS 项目。美国建立了一个示范项目——NRG 能源的佩特拉诺瓦（Petra Nova）项目。该项目使用胺类化学物质从 WA Parish 火电站尾气中捕集二氧化碳，随后通过 132 km 长的管道被送至西农场油田（West Ranch oilfield）。2017 年 1 月 10 日，项目成功投入商业运营；截至 2019 年 8 月，佩特拉诺瓦已捕获超过 327 万短吨的二氧化碳并储藏。佩特拉诺瓦项目使枯竭的 West Ranch 油田通过 EOR 生产了超过 330 万桶的石油。

3. 煤层气开发利用技术

美国针对不同地质条件下煤层渗透性、力学性质和井壁稳定性，形成了一套煤层气开发技术，主要包括压裂开采技术，旨在对生产层进行改造，以提高煤层气的产量；裸眼完井开采技术，主要采用煤层段裸眼下筛管完井或洞穴完井方式，以增加煤层裸露面积，提高单井产量；羽状分支水平井开采技术，通过增加煤层裸露面积，沟通天然割理、裂隙，提高单井产量和采收率，解决低渗区单井产量低、经济效益差的问题；注 N_2、CO_2 增产技术，通过向煤层中注入 N_2、CO_2，从而提高煤层气产量，目前美、加两国已有 16 家公司采用这一技术提高煤层气抽采产量。

5.6.2　德国 CCU 技术创新应用

德国煤炭主要用来发电，按照新的能源政策及气候变化法案，德国非常重视燃煤电厂技术的提高，特别注重减少二氧化碳的排放量和提高烟气除硫效率。德国政府支持近零排放火力发电技术的开发，认为必须发展效率更高、采用 CCS 的发电站。德国多个联邦部委的联合报告认为，CCS 是全球和国家清洁化石燃料战略的一个潜在的重要组成部分。《2050 年德国气候行动计划》中德国政府提出将启动工业领域二氧化碳碳捕获和利用（CCU）的研发计划。

2009 年 9 月 9 日，世界首个无二氧化碳排放的火力发电装置在德国正式投入试运行。该示范性试验项目被业界称作“全球首个采用富氧燃烧技术的火电厂试验项目”，建于德国北部的 Schwarze Pumpe 发电厂旁边，每年将捕获 0.1 Mt 二氧化碳，随后将之压缩，埋藏在距离发电厂大约 200 km 已枯竭的 Altmark 天然气田表面以下 3000 m 的地方。

5.6.3　英国 CCS 技术发展战略

英国为解决燃煤发电造成的碳排放造成的环境污染问题，通过《碳减排技术战略》《能源白皮书》等文件明确了 CCS 中长期发展及在火电行业的商业化部署。自 20 世纪 90 年代初以来，英国一直在积极推进 CCS 的发展，不断加强对 CCS 发展的战略部署，逐步建立相关管理体制和工作机制，完善配套的政策体系，并以电力行业为 CCS 技术的主要未来应用市场，推进培育涵盖捕集、运输、封存和利用等各环节的完整产业链；通过商业竞标等活动，推动不同企业探索跨行业合作模式。

英国于 2002 年开始推动较小规模的清洁化石燃料计划；2003 年开展了英国实施 CCS 的可行性评估；2005 年正式将 CCS 纳入其《碳减排技术战略》；2007 年 5 月发布《能源白皮书》对 CCS 提出了新的发展战略方向，即要在英国电厂实施全流程 CCS 示范；2012 年 4 月，发布了到 2020 年的碳捕集与封存技术路线图（CCS Roadmap）。

在 CCS 技术路线选择上，英国政府倾向于燃烧后捕集技术路线。如 2007 年 11 月第一轮 CCS 企业竞标计划中，只支持燃烧后捕集技术；2012 年 4 月的商业化竞标活动中，最终入选的白玫瑰（White Rose）项目和彼得黑德（Peterhead）项目分别为燃气电厂和燃煤电厂燃烧后捕集技术路线；在 2012—2015 年度与碳捕集技术相关的5000 多万英镑资金中，超过 70% 的资金被用于支持燃烧后捕集技术相关的研发项目；针对捕集技术的 40 多个相关研发项目中，有近 70% 的项目研究是针对燃烧后捕集技术。

2011—2015 年，英国政府计划累计提供了 1.25 亿英镑为包括基础研究、应用研究和中试在内的 112 个 CCS 相关项目提供了资助，涵盖了捕集、运输、封存、利用、监测及转化和发电等 CCS 全链的各个环节，涉及工艺、技术、数字模拟软件、新材料和燃气轮机等重大设备开发等。

5.6.4　加拿大 CCS 技术创新应用

加拿大的煤炭主要用于发电，其煤炭清洁利用技术主要围绕如何实现提高燃烧效率及污染物排放控制两个方面开展。加拿大煤炭洁净煤技术研发路线主要聚焦在气化技术和燃烧（富氧或二次燃烧）技术，近些年研发重心逐渐转移到 CCS 上，围绕二氧化碳捕集和压缩工艺、技术的研发开展了大量工作。

加拿大政府 2012 年出台的《削减燃煤电厂二氧化碳排放条例》是 CCS 技术在加拿大得到发展的主要原因，相关技术研发工作主要由 CANMET 渥太华研究中心开展。2014 年 10 月，加拿大在萨斯喀彻温省萨斯喀电力公司的边界坝电厂 3 号机组建成了全球首套商业化燃烧后二氧化碳捕集装置。该装置的捕集能力达到 1.0 Mt/a，相当于 3 号机组年排放量的 90% 。项目中捕集的二氧化碳，大部分销售给油田，剩余的部分用于咸水层封存试验，形成了捕集—输送—EOR 和咸水层封存的完整产业链。

5.7 对我国煤炭科技发展的启示及展望

未来我国煤炭科技应以安全绿色智能开采和清洁高效利用为主要发展方向，健全完善形成自主的煤炭科技创新与应用体系，推动国内煤炭工业实现高质量发展。加快走出去步伐，向国外产煤国家提供先进的煤炭开采技术和装备。

（1）研发高可靠性智能化开采技术与装备。由于未来我国井工煤矿煤层条件日趋复杂，提高工作面自动控制水平成为必然；在装备可靠性方面，需要进一步加大煤机装备关键元部件研发，推进煤机装备故障诊断与远程运行、维护技术进步，切实提高煤机装备的可靠性与开机率也是安全高效开采的必要保证；开展复杂条件综采综放工作面智能开采技术与装备研发，提升煤机装备智能制造水平，实现井下少人甚至无人开采；探索深部煤炭资源无人化开采方法和技术装备，研发高可靠采煤机器人、全断面智能掘进机器人替代井下作业人员。

（2）构建更加完善的煤炭绿色开采技术体系。针对煤炭开发地表塌陷、植被和地下水体破坏、废弃物排放和共伴生资源浪费等问题，探索煤矿开采的生态环境近零生态开采工艺与设备；探索精准局部充填开采技术、地下水资源高效储存、利用技术，应用保水采煤技术、煤与瓦斯共采技术、煤水共采技术、煤与地热共采技术、采选充一体化技术等，开展新型开采方法、技术和装备研究。

（3）积极探索与我国露天煤矿相适应的先进开采技术与装备。进一步推动露天煤矿发展是改善我国煤矿安全生产状况、提高生产效率、增强行业竞争力的重要途径。未来要坚持因地制宜，鼓励企业大胆采用行之有效的、世界先进的开采工艺技术，特别鼓励采用单斗—自移式破碎机—带式输送机等“少用油、多用电”的工艺技术。对于范围广阔、能力巨大的大型特大型矿山，针对不同开采深度、不同地段、不同开采对象的特点，采用不同开采工艺，并组成综合工艺，以实现优化开采效果。露天装备制造技术要加强国际交流和学习，缩短差距，扬长避短，坚持“高起点、高标准、高效率”的三高原则，加强宏观调控力度，统一协调露天煤矿技术设备引进、消化和集成创新。

（4）推动煤炭科技以引进为主向有进有出的转变。以“一带一路”沿线国家为重点，聚焦俄罗斯、印度、印度尼西亚、土耳其、越南、蒙古国等国，多方位提供煤炭开采技术创新服务。提高煤机装备可靠性，完善国内煤机装备制造、使用循环体系；加快煤机装备走出去步伐，逐步建立国外煤机装备应用循环体系。

（5）加快碳捕集、封存和利用技术的创新应用。低碳是今后我国能源领域高质量发展的根本要求，同时也是实现碳中和的重要途径。未来我国应尽快制定相关技术发展战略规划，完善顶层设计，健全产学研用体系，加速碳捕集和封存技术研发应用，为煤炭行业高质量创造更好的发展空间，更加充分地发挥煤炭在我国能源供应安全中压舱石稳定器的作用。

6　煤矿安全生产与职业健康

近几十年来，世界煤矿安全生产总体形势持续向好，职业健康工作取得明显成效。特别是我国煤矿安全生产工作在体量庞大、条件复杂、企业总体管理水平差、技术装备并不先进的情况下，仍然创造了举世瞩目的成效，实现由事故多发频发向安全生产形势总体稳定的历史性跨越，其根本原因是中国共产党的坚强领导和中国政府的强力推动。同时，我国煤矿以井工开采为主、先天条件不足，露天煤矿安全生产已达到世界先进水平，作为占世界煤炭产量近一半的产煤大国，煤矿重特大事故发生频率已接近国外平均水平。

煤矿安全生产基本都要经历事故增长、高峰运行、稳定下降、低位平台和基本实现“零死亡”5 个时期。现阶段，各主要产煤国家多数已达到或跨过高峰运行时期。其中，基本实现“零死亡”的国家有澳大利亚、加拿大、英国、德国，处于低位平台期的有美国、南非，处于稳定下降期的有中国、俄罗斯、波兰、印度，处于高峰运行期的有乌克兰、土耳其、哈萨克斯坦、哥伦比亚等国家。

国外煤矿安全法律法规标准、煤矿安全和职业健康管理体制、煤矿安全生产有关保障机制具有丰富的经验优势，相比之下，我国煤矿安全生产在煤炭开采条件、依法治理、社会参与和市场引导、从业人员素质等方面还存在一定差距，需要在提高产业集中度、发展露天开采、实施科技兴安、推进监管监察机构职责法定化、创新社会治理、严格责任考核追究、提升企业自主保安能力、提高薪酬待遇推动人员素质提升、加强职业健康防范等方面发力，不断推进煤矿安全治理体系和治理能力现代化。

6.1　世界主要产煤国家煤矿安全发展特点

近几十年来，世界各主要产煤国家的煤矿安全生产总体形势持续向好。目前，美国、澳大利亚、南非、加拿大、英国等国家已经基本消灭了重大死亡事故，特别是加拿大、英国等国已连续多年实现“零死亡”，而澳大利亚、德国等近几年也曾间断实现“零死亡”。2018 年世界主要产煤国家煤矿安全生产相关指标见表 1-6-1。

表 1-6-1　2018 年世界主要产煤国家煤矿安全生产相关指标

国　家	矿工数量/万人	死亡人数/人	死亡事故起数/起	煤炭产量/亿 t	百万吨死亡率	千人死亡率
中国	249	333	224	36.8	0.093	0.13
美国	8.27	12	—	6.86	0.016	0.15
加拿大	0.69	0	0	0.62	0	0
英国	0.06	0	0	0.026	0	0
德国	2.50	1	1	1.69	0.006	0.04
波兰	8.57	15	—	1.22	0.123	0.17
俄罗斯	14.6	17	5	4.39	0.039	0.12
南非	9	9	—	2.59	0.035	0.1

表 1-6-1（续）

国 家	矿工数量/万人	死亡人数/人	死亡事故起数/起	煤炭产量/亿 t	百万吨死亡率	千人死亡率
澳大利亚	5.41	1	—	5.75	0.002	0.02
印度	30.5	58	52	6.75	0.08	0.19
韩国	0.25	1	1	0.01	0.8	0.4

6.1.1 世界主要产煤国家煤矿安全生产时期划分

20 世纪 70 年代以来，世界主要产煤国家煤矿安全状况都有了很大改善，特别是煤矿事故死亡人数和百万吨死亡率均呈现大幅下降的趋势。总体来看，世界主要产煤国家煤矿安全生产基本都要经历事故增长、高峰运行、稳定下降、低位平台和基本实现“零死亡”5 个时期。

现阶段，各主要产煤国家多数已达到或跨过高峰运行时期。其中，基本实现“零死亡”的国家有澳大利亚、加拿大、英国、德国，其煤矿安全生产状况属于世界领先水平，百万吨死亡率在 0.01 以下，千人死亡率低于 0.05，部分年份已实现“零死亡”，煤矿安全生产工作已转向职业健康保障；处于低位平台期的有美国、南非，其煤矿安全生产状况属于世界先进水平，事故死亡人数已达到或接近个位数，百万吨死亡率在 0.03 左右，千人死亡率在 0.1～0.15 之间，正在向着“零死亡”目标迈进；处于稳定下降期的有中国、俄罗斯、波兰、印度，其煤矿安全生产状况在世界范围内属于较高水平，煤矿生产安全事故数量在波动中逐步趋于稳定下降，事故死亡人数仍维持在两位数，较大及以上事故仍时有发生，煤矿百万吨死亡率在 0.03～0.1，千人死亡率在 0.15 左右；处于高峰运行期的有乌克兰、土耳其、哈萨克斯坦、哥伦比亚等国家，其煤矿百万吨死亡率在 0.1 以上，重特大事故时有发生。见表 1-6-2、图 1-6-1。

表 1-6-2 1990—2019 年世界主要产煤国家煤矿事故死亡人数

年份	中国	美国	澳大利亚	俄罗斯	南非	印度	波兰	加拿大
1990	6515	66	10	279	51	158	75	—
1991	6412	61	8	252	43	143	68	—
1992	5992	55	5	318	46	183	52	26
1993	6244	47	4	328	90	176	68	—
1994	7239	45	13	282	54	241	33	—
1995	6907	47	2	281	31	219	34	—
1996	6646	39	12	183	45	146	45	—
1997	7083	30	2	288	40	165	—	—
1998	6302	29	3	183	42	146	33	—
1999	6469	35	5	141	28	138	20	—
2000	5798	38	3	170	31	144	28	—
2001	5670	42	2	132	19	141	26	—
2002	6995	28	0	85	20	97	34	—
2003	6434	30	3	116	23	113	29	—
2004	6027	28	0	153	20	96	11	—
2005	5637	23	2	125	16	117	15	—
2006	4746	47	2	85	20	137	45	—

表 1-6-2（续）

年份	中国	美国	澳大利亚	俄罗斯	南非	印度	波兰	加拿大
2007	3786	34	0	243	15	78	16	—
2008	3215	30	4	64	20	93	25	—
2009	2631	18	0	58	18	93	36	—
2010	2433	48	3	144	12	118	15	—
2011	1973	20	0	58	12	67	21	—
2012	1384	20	0	54	11	83	22	—
2013	1086	20	5	74	7	82	15	—
2014	946	16	3	35	9	62	20	—
2015	598	12	0	28	5	55	13	—
2016	526	8	1	60	4	94	10	—
2017	383	15	1	18	10	61	10	—
2018	333	12	—	17	9	58	15	2
2019	316	10	—	—	7	—	16	—

注：—为数据缺失或暂未公布。

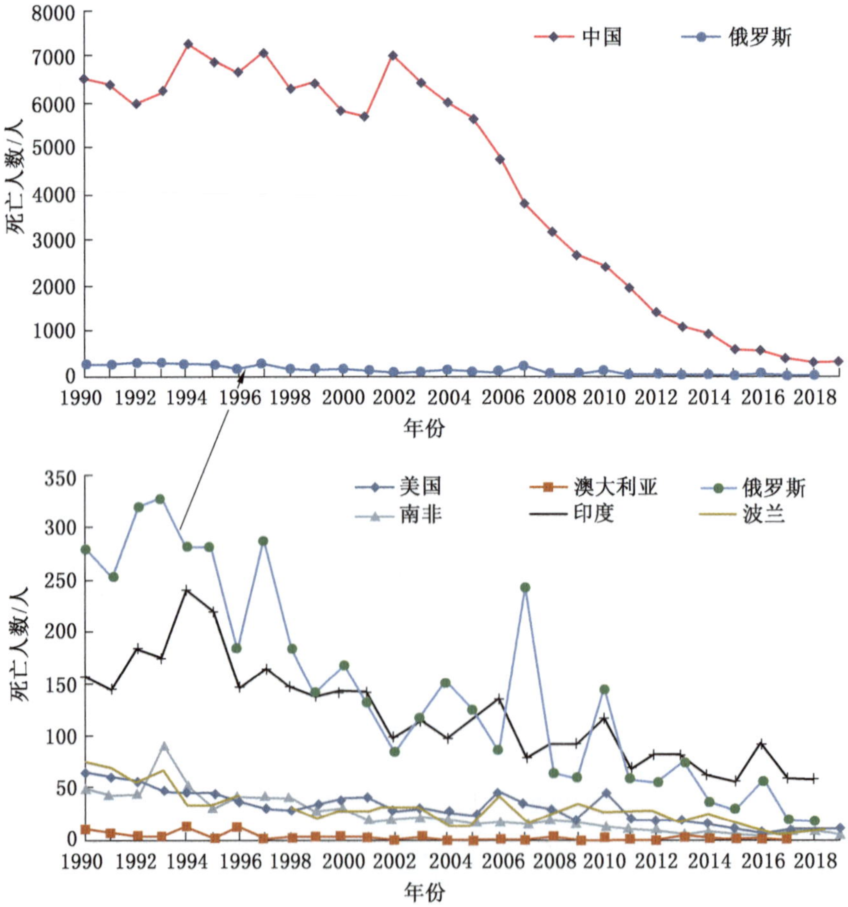

图 1-6-1　1990—2019 年世界主要产煤国家煤矿事故死亡人数变化趋势

6.1.2 各主要产煤国家煤矿安全生产形势变化情况

加拿大、英国、德国等国煤矿安全生产状况均属于世界领先水平，已达到或接近“零死亡”。加拿大煤矿安全生产早已形成良性循环，多年来没有出现煤矿死亡事故，煤炭行业已成为重工业中最为安全的行业。英国煤矿近年来死亡事故起数每年均保持在个位数，其中1999年以来有9个年头未发生死亡事故，有3个年头仅发生1起死亡事故。德国的煤矿产业已经进入关闭退出的最后阶段，2000年以来有4个年头实现“零死亡”，5个年头仅死亡1人。

澳大利亚煤矿安全生产状况一直保持世界领先水平，目前在向“零死亡”迈进。近40年澳大利亚煤矿安全生产形势可分为两个阶段。1980—2000年是事故稳定下降期，全国煤矿死亡人数控制在20人以内，井工煤矿死亡人数明显高于露天煤矿，1997—1998年度（含本年度）之后煤矿死亡人数降至个位数。2000年以后是事故“零死亡”迈进期，历年全国煤矿死亡人数都保持在5人以下，有7个年度实现“零死亡”，2018年煤矿百万吨死亡率达到0.002，比1990年的0.08下降97.5%，在世界煤炭产量过亿吨的国家中处于领先位置。

美国煤矿安全生产状况一直处于世界先进水平，目前处于低位运行时期。1990年以来，美国煤矿安全生产形势有3个阶段性明显特征。1990—1998年是煤矿事故快速下降期，煤矿事故死亡人数由1990年的66人下降到1998年的29人，降幅达56%，20万工时死亡率下降至0.03，百万吨死亡率下降到0.026。1999—2010年是煤矿事故波动期，期间先后发生3起5人以上事故，都是瓦斯粉尘爆炸事故，特别是2010年4月5日，美国西弗吉尼亚州罗利县的上科大煤矿发生煤矿瓦斯粉尘爆炸事故，造成29人死亡，是美国近40年来发生的最严重的矿山安全生产事故。2011年至今是美国煤矿安全稳定期，全国煤矿死亡人数下降到20人以下，2018年煤矿20万工时死亡率降至0.02，百万吨死亡率下降到2019年的0.017。

南非煤矿安全生产状况一直属于世界先进水平，近30年来，南非煤矿生产安全事故死亡人数和煤矿百万吨死亡率都呈稳定下降的态势，到20世纪末，基本遏制了重特大事故的发生。1989—2019年，南非煤炭行业的死亡人数下降了87%，受伤人数下降了53.7%。2019年每百万工时死亡率为0.04，比1989年的0.52降低了92.3%，2018年每百万工时受伤率为1.10，比1989年的3.50降低了68.6%。1994年以后，南非每年煤矿事故死亡人数基本控制在30~50人。2001年以后，南非每年煤矿事故死亡人数更是减少到20人左右。2013年至今，南非煤矿每年事故死亡人数降至10人以下，目前处于低位运行时期。

波兰煤矿安全生产状况属于世界先进水平。近30年来，波兰煤矿生产安全事故死亡人数和煤矿百万吨死亡率呈现总体下降的态势，2018年，波兰煤矿事故死亡人数为15人，百万吨死亡率为0.1，比1990年的75人下降84%，千人死亡率基本稳定在0.05~0.29。但波兰在2006—2009年事故有所反弹，发生多起10人以上的重大瓦斯爆炸事故。近年来波兰国家矿山局致力于开展煤矿灾害治理，煤矿瓦斯、火、岩爆、水、煤尘等灾害治理和矿山救援多项技术装备达到国际领先水平，对我国煤矿安全生产具有很好的借鉴意义。

俄罗斯煤矿安全生产状况在世界范围内不算先进水平，目前煤矿事故数量处于稳定下降时期。历史上煤炭行业事故多发，煤矿伤亡事故和职业病发病率均位居国内各行业之首。近30年来，俄罗斯煤矿安全生产形势总体上呈现明显好转态势，但煤矿安全生产事故死亡人数仍较为波动，特别是重特大瓦斯爆炸事故时有发生。1993年俄罗斯煤矿事故死亡人数达到历史最高的328人，百万吨死亡率为1.07；2010年5月8日拉斯帕德斯卡亚煤矿发生特大瓦斯爆炸事故，造成91人死亡，99人受伤；2018年煤矿事故死亡人数为17人，百万吨死亡率为0.039，达到历史最好水平。

印度煤矿安全生产状况在世界范围内也不算先进水平，与俄罗斯相似，但印度重特大事故相对较少。近30年来，印度煤矿安全生产形势可分为两个阶段，1994年之前为持续上升阶段，事故死亡人数由 1990 年的 158 人增加至 1994 年的 241 人，百万吨死亡率由 0.79 增加至 0.98。1994 年之后，为波动下降阶段，2002—2010 年全国煤矿生产安全事故死亡人数在 78～137 人之间波动。2018 年印度煤矿事故死亡 58 人，比 1994 年的死亡 241 人下降 75.9%；煤矿百万吨死亡率 0.08，比 1994 年的 0.98 下降 91.8%。目前印度煤矿百万吨死亡率与中国相当。

新中国成立 70 年来，我国煤矿安全生产发展历程总体上经历了低位运行、异常高峰、持续恶化、高位波动和稳定下降 5 个时期，目前处于稳定下降时期。其中，1978—2002 年是我国煤矿安全生产的高位波动期，1989 年、1994 年、1997 年、2002 年分别出现 4 个事故高峰，1994 年事故死亡人数达到 7016 人，1990—1999 年平均每年发生重特大事故 69 起，平均每 5 天发生 1 起，“九五”期间共发生 30 人以上特大事故 50 起，死亡 2435 人，是历史上特大事故发生最频繁的时期。2003 年至今国家建立垂直管理的煤矿安全监察体制，煤矿安全生产法律法规和政策措施体系不断完善，这期间在全国煤炭产量增长 123.6% 的情况下，煤矿事故连年保持下降态势，事故死亡人数由 6434 人减少到 316 人，下降 95.1%；煤矿百万吨死亡率由 3.736 下降到 0.083，下降 97.8%。1990—2019 年世界主要产煤国家煤矿百万吨死亡率见表 1－6－3、图 1－6－2。

表 1－6－3　1990—2019 年世界主要产煤国家煤矿百万吨死亡率

年份	中国	美国	澳大利亚	俄罗斯	南非	印度	波兰	加拿大
1990	6.036	0.064	0.080	—	0.292	0.79	—	—
1991	5.914	0.061	0.039	—	0.241	0.68	—	—
1992	5.376	0.055	0.022	—	0.264	0.8	—	0.40
1993	5.423	0.05	0.018	1.07	0.478	0.74	—	—
1994	5.888	0.044	0.057	1.06	0.276	0.98	—	—
1995	5.073	0.045	0.008	1	0.150	0.86	—	—
1996	4.757	0.037	0.048	0.7	0.218	0.54	—	—
1997	5.159	0.028	0.007	0.99	0.182	0.58	—	—
1998	4.717	0.026	0.011	0.6	0.188	0.49	—	—
1999	5.294	0.032	0.017	0.41	0.125	0.47	—	—
2000	4.463	0.035	0.010	0.45	0.138	0.48	—	—
2001	4.106	0.037	0.006	0.4	0.085	0.46	—	—
2002	4.808	0.026	0.000	0.35	0.088	0.3	0.212	—
2003	3.736	0.028	0.008	0.37	0.096	0.34	0.180	—
2004	3.026	0.025	0.000	0.52	0.082	0.27	0.069	—
2005	2.811	0.02	0.005	0.36	0.071	0.31	0.095	—
2006	2.041	0.04	0.005	0.23	0.082	0.34	0.290	—
2007	1.485	0.03	0.000	0.73	0.061	0.17	0.110	—
2008	1.182	0.026	0.009	0.16	0.079	0.19	0.174	—
2009	0.892	0.017	0.000	0.15	0.072	0.18	0.269	—
2010	0.749	0.044	0.006	0.41	0.047	0.22	0.113	—
2011	0.564	0.019	0.000	0.13	0.047	0.13	0.152	—
2012	0.374	0.02	0.000	0.1	0.042	0.15	0.153	—
2013	0.288	0.02	0.009	0.17	0.027	0.15	0.105	—
2014	0.255	0.016	0.005	0.07	0.035	0.11	0.147	—
2015	0.162	0.013	0.000	0.05	0.020	0.09	0.096	—
2016	0.156	0.011	0.002	0.14	0.016	0.15	0.077	—

表1-6-3（续）

年份	中国	美国	澳大利亚	俄罗斯	南非	印度	波兰	加拿大
2017	0.106	0.019	0.002	0.044	0.039	0.09	0.079	—
2018	0.093	0.016	—	0.039	0.035	0.08	0.123	0.038
2019	0.083	0.017	—	—	0.028	—	0.143	—

注：—为数据缺失或暂未公布。

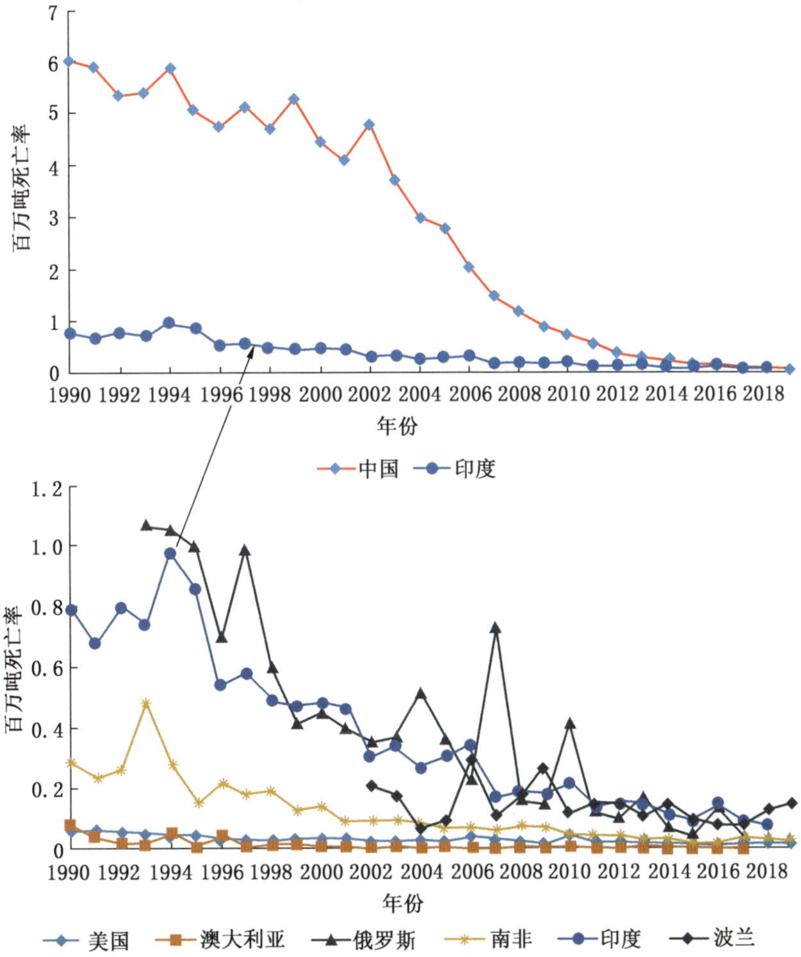

图1-6-2　1990—2019年世界主要产煤国家煤矿百万吨死亡率变化趋势

6.2　我国煤矿安全生产主要成效与优势分析

新中国成立70年来，特别是2000年建立国家煤矿安全监察体制后，我国煤矿安全生产工作创造了举世瞩目的成效，为保障国家能源安全供应、国民经济发展和社会稳定做出了突出贡献。一是煤矿安全生产总体工作成效显著，实现由事故多发频发向安全生产形势总体稳定的历史性跨越。2019年我国发生煤矿事故170起，死亡316人，死亡人数与最高峰值7016人相比，下降95.5%，重特大事故由最多时的108起、死亡2148人，减少到3起、死亡52人，分别下降97.2%、97.6%。二是煤矿安全生产管理体制日趋完善，实现由行业管理为主向“国家监察、地方监管、企业负责”工作格局的历史性跨越。“党政同责、一岗双责、齐抓共管、失职追责”的安全生产责任体系日趋完善，煤矿安全治理逐步进入制度化、规范化轨道。三是煤矿安全生产法律体系逐步健全，实现由行政管理向依法治理的历史性跨越。目前已初步形成了由15部法律法规、50多部部门规章、1500多项国家和行业标准组成的煤矿安全生产法律法规标准体系，为煤矿安全生产提供了有力的法制保障。四是煤炭产业结构持续优化，实现由多、小、散、乱向大基地、大集团、大煤矿的历史性跨越。截至2019年底，全国煤矿数量由最多时的80000多处减少到5300处左右，平均产能由1.67万t/a提高到98万t/a，蒙晋陕三省煤炭产量占全国的71%，建成大型煤炭基地14个、产量占全国95%以上，亿吨级以上煤炭企业7家，5000万吨级煤炭企业10家；年产120万吨级以上大型现代化煤矿达1200多处，产量占全国的80%左右。五是煤矿重大灾害治理不断深化，实现由局部治理向标本兼治、综合治理的历史性跨越。2019年全国煤矿较大及以上瓦斯事故14起、死亡99人，较2000年分别下降96%、96%；较大及以上水害事故2起、死亡9人，较2000年分别下降95%、96%；各类顶板与冲击地压事故51起、死亡90人，较2000年分别下降96%、94%。六是煤矿科技保障能力明显提升，实现由手工作业向机械化、自动化、信息化和智能化开采的历史性跨越。目前我国大型煤炭企业采煤机械化程度已由1978年的32.5%提高到97.9%，原煤入选率已由1978年的16.7%提高到71.8%，建成200余个智能化采煤工作面，正在研发应用5类38种煤矿机器人，煤炭行业人均工效达到1000 t/a。七是煤矿安全基础管理水平不断提高，实现由粗放式向标准化、精细化的历史性跨越。截至2020年6月，全国共建成标准化煤矿3298处，其中一级497处、二级1737处、三级1064处；全国47处单班下井超千人矿井已全部降至千人以下，煤矿从业人员数量由2012年的426万人降至249万人。

煤矿安全生产是一个庞大的系统工程，其水平状况不能单单以事故死亡人数来衡量，需要考虑到煤炭行业体量、产能、矿井数量、从业人员素质、煤层赋存条件、机械化程度、管理体制机制等多种因素。因此，总体来看尽管我国煤矿安全事故死亡人数与国外主要产煤国家相比仍然较多，但我国煤炭产量大、煤矿数量多分布广、从业人员数量多、地下开采占比高且灾害严重，2018年我国煤矿生产安全事故百万吨死亡率为0.093、千人死亡率为0.13，2019年百万吨死亡率更是降至0.083，取得这样的成效已实属不易，我国煤矿安全生产已经处于世界较高水平。1990—2019年我国煤矿安全生产主要指标变化情况如图1-6-3所示。

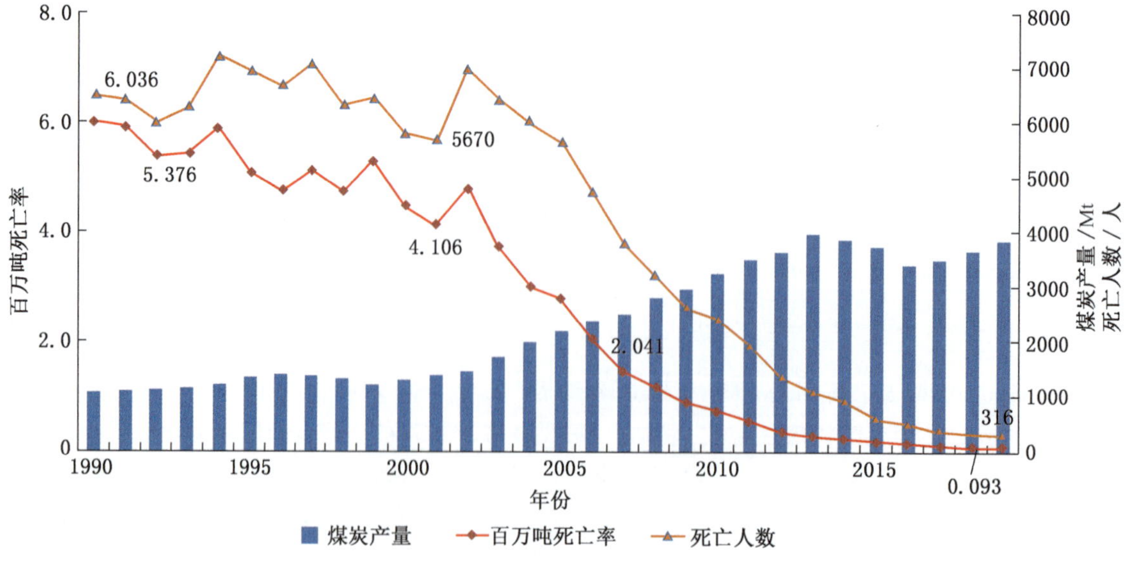

图1-6-3　1990—2019年中国煤矿安全生产主要指标变化情况

6.2.1 我国煤矿以井工开采为主，先天条件不足，露天煤矿安全生产已达到世界先进水平

我国煤炭资源埋藏较深，赋存条件复杂，瓦斯、顶板和冲击地压、水、火、煤尘、高温等灾害俱全。我国煤矿以井工开采为主，截至2020年9月，我国井工煤矿4918处、占比92.5%，产能4457 Mt、占总产能的82.5%；露天煤矿391处、占比7.5%，产能945 Mt、占总产能的17.5%。国外煤矿主要以露天开采为主，露天开采煤炭产量占到80%以上，其中：美国2018年露天煤矿数量占比达63.3%、产量占比达63.5%，澳大利亚露天煤矿产量始终保持在82%~85%，印度露天煤矿的煤炭产量一直占80%以上，且比例随着井工煤炭产量的不断减少仍在持续提升，印度煤炭公司的露天煤炭产量甚至已经占到了其总产量的95%左右。可以说，我国是世界上煤炭开采难度最大、灾害最为严重的国家。

如表1-6-4、表1-6-5和图1-6-4、图1-6-5所示，2018年我国露天煤矿发生死亡事故8起、死亡10人，百万吨死亡率为0.015，与美国相当，但还未实现零死亡，距澳大利亚、加拿大等国还有一定差距。2018年我国井工煤矿发生死亡事故218起、死亡323人，百万吨死亡率为0.108，低于波兰的0.26，与俄罗斯相当，但与澳大利亚、加拿大和美国还有一定差距。因此总体来看，我国露天煤矿安全生产已达到世界先进水平，煤矿安全生产整体水平主要受限于井工开采。

表1-6-4 2018年世界主要产煤国家井工与露天煤矿安全生产指标

国家	露天煤矿				井工煤矿			
	产量/Mt	产量占比/%	死亡人数/人	百万吨死亡率	产量/Mt	产量占比/%	死亡人数/人	百万吨死亡率
中国	670	18.2	10	0.015	2988	81.8	323	0.108
美国	436.18	63.6	5	0.011	249.8	36.4	6	0.024
加拿大	51.8	97.4	2	0.039	1.4	2.6	0	0
俄罗斯	333	75.3	4	0.012	109	24.7	13	0.119
波兰	50.377	45.0	0	0	61.623	55.0	16	0.260
德国	166.26	98.5	—	—	2.58	1.5	—	—
英国	2.07	95.4	0	0	0.1	4.6	0	0
土耳其	82.9	98.7	—	—	1.1	1.3	—	—
澳大利亚	495	84.0	1	0.002	94	16.0	0	0
印度	687.844	94.2	—	—	42.506	5.8	—	—
印尼	557.8	100.0	—	—	0	0	—	—
蒙古国	54.6	100.0	—	—	0	0	—	—
韩国	0	0	0	0	1.2	100.0	1	0.833
日本	0	0	—	—	0.57	100.0	—	—
哈萨克斯坦	76.88	69.3	—	—	34.12	30.7	—	—
南非	132.27	52.2	—	—	121.03	47.8	—	—
哥伦比亚	66.6	79.0	—	—	17.7	21.0	—	—

注：中国露天煤矿产量按18.2%估算，—为数据缺失或暂未公布；哈萨克斯坦为2019年数据，土耳其为2014年数据。

表 1-6-5　2018—2019 年我国露天煤矿事故情况

序号	发生时间	发生地点	矿　井　名　称	死亡人数/人	事故类型
1	2018-03-16	内蒙古乌海	内蒙古德晟实业集团有限公司三矿	1	运输
2	2018-04-09	内蒙古通辽	内蒙古霍林河露天煤业股份有限公司南露天煤矿	1	运输
3	2018-06-24	山西大同	山西浑源百川煤业有限公司露天矿井	2	边坡滑移垮塌
4	2018-09-21	内蒙古呼伦贝尔	神华集团宝日希勒能源有限公司露天煤矿	4	运输
5	2018-10-23	内蒙古锡林郭勒	内蒙古白音华蒙东露天煤业有限公司白音华煤田三号露天矿	1	运输
6	2018-12-06	新疆哈密	哈密市和翔工贸有限责任公司巴里坤吉郎德露天煤矿	1	运输
7	2019-01-01	甘肃武威	甘肃易阳煤炭有限责任公司	1	运输
8	2019-02-07	黑龙江大兴安岭	大兴安岭古莲河露天煤矿	1	机电
9	2019-03-22	宁夏石嘴山	石嘴山国马科技股份有限公司正义关煤矿（露天矿）	1	运输

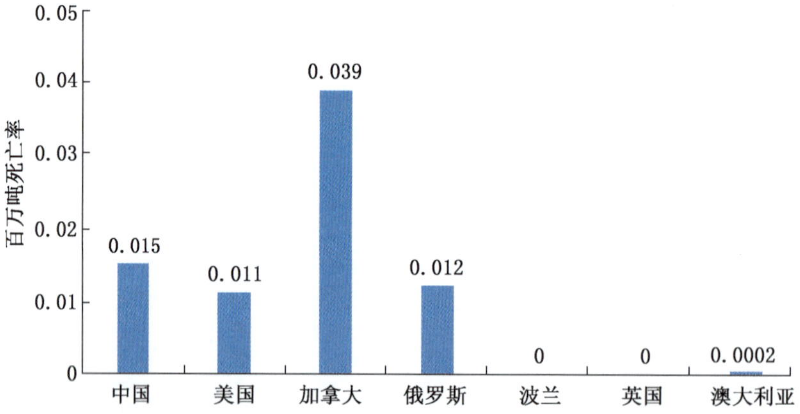

图 1-6-4　部分主要产煤国家 2018 年露天煤矿百万吨死亡率

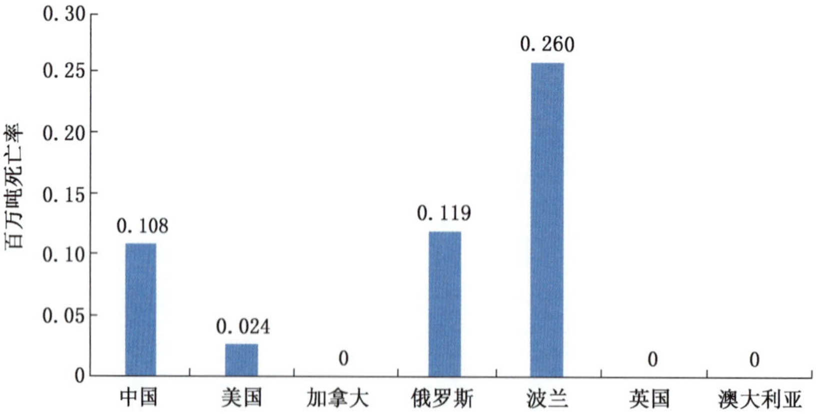

图 1-6-5　部分主要产煤国家 2018 年井工煤矿百万吨死亡率

6.2.2 我国作为占世界煤炭产量近一半的产煤大国，煤矿重特大事故发生频率已达到国外平均水平

20世纪90年代以来，发达国家在煤炭开采过程中，已很少发生一次死亡30人以上的特别重大事故。但在一些发展中国家，尚未杜绝重特大事故的发生。表1－6－6列举了1999年至今国外煤矿发生的一次死亡30人以上的特别重大事故。

表1－6－6 1999年至今国外煤矿特别重大事故统计

日期	国家	煤矿	死亡人数/人	事故类型
1999－05－24	乌克兰	扎夏德科矿	50	瓦斯爆炸
2000－03－11	乌克兰	巴拉克瓦矿	80	
2001－08－19	乌克兰	扎夏德科矿	55	
2002－07－07	乌克兰	“乌克兰”煤矿	35	火灾
2004－04－10	俄罗斯	泰日纳煤矿	47	瓦斯爆炸
2004－07－19	乌克兰	克拉斯诺里曼斯克煤炭公司	36	
2006－09－07	印度	巴迪矿	50	
2006－09－20	哈萨克斯坦	“列宁”矿	41	
2007－02－13	哥伦比亚	北桑坦德省一煤矿	32	
2007－03－19	俄罗斯	乌里扬诺夫斯克矿	110	
2007－05－24	俄罗斯	纪念日煤矿	39	
2007－11－18	乌克兰	扎夏德科矿	101	
2008－01－11	哈萨克斯坦	阿塞洛－米塔尔集团下属煤矿	30	
2009－06－16	印度尼西亚	沙哇伦多煤矿	33	
2010－05－08	俄罗斯	拉斯帕德斯卡亚煤矿	90	
2010－05－17	土耳其	卡拉丹煤矿	30	
2010－06－18	哥伦比亚	圣费尔南多煤矿	73	
2015－03－04	乌克兰	扎夏德科煤矿	33	
2016－02－26	俄罗斯	北方煤矿	36	

1999年以来，国外发生一次死亡30人以上的特大煤矿事故19起，共造成1001人死亡。这些特大事故全部发生在发展中国家，其中乌克兰7起、俄罗斯5起、哈萨克斯坦和哥伦比亚各2起、印度、印度尼西亚和土耳其各1起。19起特大事故中，除1起事故是火灾事故外，其余18起全部是瓦斯爆炸事故，由此可见瓦斯事故是造成煤矿重大人员伤亡的主要原因，煤矿瓦斯防治问题仍是世界产煤国家面临的共同挑战。

此外，近30年来，一些发达国家也曾发生过煤矿重大事故，如1992年5月9日，加拿大皮克图县韦斯特雷煤矿发生瓦斯爆炸事故，造成26人死亡。2010年4月5日，美国西弗吉尼亚州罗利县的上科大煤矿发生煤矿瓦斯粉尘爆炸事故，造成29人死亡，是美国近40年来发生的最严重的矿山安全生产事故。但近年来，世界产煤发达国家已杜绝了煤矿重特大事故。

我国自1999年底建立垂直管理的国家煤矿安全监察体制以来，煤矿重特大事故得到有效遏制。2019年发生重特大事故3起、死亡52人，比2000年的81起、1518人分别下降96.3%和

96.6%。2015—2019 年，煤矿发生一次性死亡人数 30 人以上的特别重大事故共 2 起，近 3 年未发生特别重大事故；发生一次性死亡人数 10～29 人的重大煤矿事故共 25 起，平均每年发生 5 起。而国外自 2015 年以来发生特别重大事故也是 2 起，重大事故在俄罗斯、乌克兰、土耳其等国家也时有发生。

此外，2015—2018 年世界煤炭产量分别为 7952 Mt、7491 Mt、7704 Mt、8013 Mt，而我国煤炭产量分别为 3747 Mt、3411 Mt、3524 Mt、3683 Mt，分别占 47.1%、45.5%、45.7%、45.9%。产量上亿吨的国家有 10 个，分别为中国、印度、美国、澳大利亚、印度尼西亚、俄罗斯、南非、德国、波兰和哈萨克斯坦，产量上十亿吨的国家只有中国。若按产量来考量，我国发生煤矿重特大事故的频率应是上述国家的十倍，即按照现在我国平均每年发生 2～3 起重大事故，上述国家应平均每 10 年发生 2～3 起、平均每 3～5 年只能发生 1 起，而事实上只有美国、澳大利亚、南非、德国能达到这一水平，而印度尼西亚、俄罗斯、波兰、哈萨克斯坦等国家煤矿重大事故几乎每年都有发生。因此，可以说，我国作为占世界煤炭产量近一半的产煤大国，在防范遏制煤矿重特大事故方面已经达到国外平均水平，见表 1-6-7、图 1-6-6。

表 1-6-7　2018—2019 年我国煤矿重特大事故情况

年　份	10～29 人重大事故		30 人以上特别重大事故	
	事故起数/起	死亡人数/人	事故起数/起	死亡人数/人
2000	73	1089	8	429
2001	41	642	8	373
2002	47	750	9	417
2003	44	701	7	360
2004	35	521	7	487
2005	47	778	11	961
2006	33	511	6	233
2007	25	402	3	171
2008	33	533	5	174
2009	16	217	4	292
2010	18	294	6	238
2011	20	307	1	43
2012	15	225	1	48
2013	13	209	1	36
2014	14	229	0	0
2015	5	85	0	0
2016	9	129	2	65
2017	6	69	0	0
2018	2	34	0	0
2019	3	52	0	0

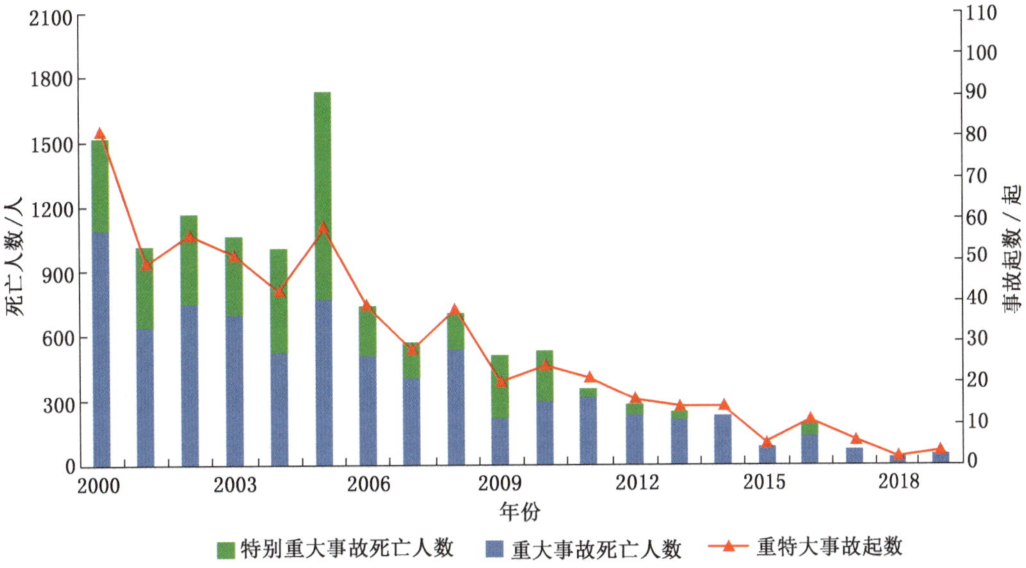

图 1-6-6 2000—2019 年我国煤矿重特大事故变化情况

6.2.3 我国煤矿安全生产最根本的优势是中国共产党领导下的中国特色煤矿安全制度

长期实践证明，我国煤矿安全生产在体量庞大、条件复杂、企业总体管理水平差、技术装备并不先进的情况下仍然取得举世瞩目的成绩，其根本原因是中国共产党的坚强领导和中国政府的强力推动，在此基础上形成了具有鲜明的中国煤炭行业特点、深得广大煤矿从业者拥护的煤矿安全制度，这是一套具有生命力和优越性的制度体系，是能够持续推动拥有 5 Gt 煤炭产能的世界产煤大国进步和发展、确保拥有世界最复杂开采条件的中国煤炭实现煤矿安全生产形势根本好转的制度体系。我国煤矿安全制度体系展示出多方面显著优势，主要表现在：坚持党对煤矿安全生产工作的全方位领导，认真贯彻落实安全生产重要方针政策，确保煤矿安全科学治理的显著优势；坚持依法治安，不断完善煤矿安全法治体系，切实保障煤矿安全治理严格规范公平正义的显著优势；坚持齐抓共管，持续优化治理体制机制，以责任落实调动各方面积极性推进共同治理的显著优势；坚持预防为主，从源头上着力防范化解重大安全风险，牢牢把握治理战略战术主动权的显著优势；坚持以人为本，把保护矿工生命安全作为首要目标，持续健全应急管理和事故调查处理机制的显著优势；坚持精准治理，依靠科技提高煤矿安全治理的科学化、专业化、智能化、精细化水平的显著优势；坚持安全发展，不断夯实煤矿安全基础建设，提高安全保障能力的显著优势。其中，最根本的显著优势是坚持党的坚强领导、坚持中国特色社会主义制度。这些显著优势，是我国煤矿安全生产取得历史性成效的根本原因。

6.3 国外煤矿安全法律法规标准

美国、澳大利亚、南非、波兰、加拿大、俄罗斯、德国、日本、印度等世界主要产煤国家都非常重视煤矿（矿山）安全立法，特别是一些发达国家，基本都有一套比较完备的法律法规体系，并严格通过法律对煤矿安全生产进行约束。

6.3.1 权威性强，立法层次高

国外产煤发达国家对煤矿立法非常重视，美国、俄罗斯、南非、韩国等国煤矿（矿山）安全立法都由国会审议通过，经总统颁布，立法层次高，有的把技术规程与标准上升到法律层次强制执行，

并赋予安全监察执行机构很大的权利，使法律更具有权威性。如美国各立法机构和政府部门都有权参与立法活动，但必须经过议会批准，并由总统颁布后生效；各州政府可根据本州的实际情况，制定本州的矿山安全健康法规，但不能与联邦《矿山安全与健康法》有任何冲突，安全标准必须比联邦法律更加严格。加拿大《煤炭开采职业健康与安全条例》是由联邦政府颁布实施的，各州政府还根据自己本地区的实际情况制定相应的安全条例。南非矿山安全立法都由国会审议通过，1996 年《矿山健康与安全法》（南非共和国成文法——采矿和矿产类），由总统颁布，并依据此法建立了矿山健康与安全监察局。

6.3.2 法律体系严密，完整性好

国外产煤发达国家除了有较为完善的煤矿（矿山）安全生产法律，还有与之相配套的、比较完整的安全规程或实施细则。美国矿山安全与健康局负责制定和修改的矿山安全与健康强制性标准——《联邦法规》第 30 卷“矿产资源和开采卷”，是十分严格、详尽、可操作性强的煤矿和非煤矿山安全技术标准，其中有关煤矿安全的部分共分 9 章 38 节 1500 多条，多达 700 余页、50 多万字。同时，该标准每年都进行一次修订，且内容十分详细，从设计到施工、从开工到报废、从地面到地下、地质测量、采煤、掘进、通风、瓦斯、煤尘、防火、治水、环保、复田、提升、运输、机电设备、仪表器具、检验程序、取样方法、授权单位、收费标准、收费标准、人员资格、培训考试、事故登记、调查处理、起诉、奖惩赔偿等无所不包，规定翔实具体；此外，各州政府还有自己的法规，作为增补要求在州内执行。波兰 2011 年颁布的新版《地质与采矿法》共 13 部分 227 条，主要内容包括规范矿业勘探开采等活动，保障矿工职业安全，要求企业建立采矿计划和救援队伍，加强矿工安全培训和评估，强化采矿业安全监管，加大处罚力度。

6.3.3 法律条款明确，针对性和可操作性强

国外主要产煤国家煤矿（矿山）法律对健康与卫生的标准十分严格具体，相关法律基本都明确了法定标准、安全标准、相关部门配合内容、时限、责任、经济制约等各种要素，充分显示了对矿工安全与健康状况的重视。有了具体的安全与职业健康法律法规，可以明确规范企业的行为，依法经营，可操作性强。澳大利亚、加拿大、德国等国的煤矿（矿山）安全立法是由各州制定的，日本甚至是由煤矿自己制定安全规则，具有极强的针对性。美国《联邦矿山安全与健康法》（1977 年）规定，所制定颁布的任何健康或安全标准必须规定使用标记或其他合适的警告形式，以确保矿工知道他们所在工作环境中的所有危害、正确的急救方法、合适的条件和接触有害物质时应采取的防护措施；在适当时应付这些危害的合适的保护装备和控制办法，或应采取的技术步骤；还规定必须在这些地点检测或测定矿工所处环境的危险程度和时间周期，以最大限度地保证矿工的安全。南非《矿山健康与安全法》规定，雇主必须进行职业卫生测定，必须建立医疗监测系统，必须要有危险工作的记录、医疗监测的记录和年度医疗报告；雇主必须建立和维护一种对暴露于健康危险中的雇员进行医疗监测的系统，预防、发现和治疗职业病，进行最初医疗检查和在适当间隔时间内定期进行其他医疗检查，建立和维持医疗监测系统的雇主必须聘用兼职或专职的职业医师；如果雇员因患有职业病，声明不能胜任工作时，雇主必须依据矿山健康与安全法的有关条款的规定进行调查；如果雇员因患有职业病暂时不能胜任工作时，但有希望康复并重返工作岗位，职业医师必须将事实记录下来，并将情况通知雇主和雇员；矿山关闭时，将这些记录移交给医疗监察员。

6.3.4 依照法律明确安全监察机构及人员权利职责

美国、波兰、南非、澳大利亚等国把煤矿（矿山）安全监察机构的设立人员、职权、责任写入法律，突出了安全监察工作的重要性，并将煤矿安全监察机构设置、职能和安全监察人员的任免和权力通过立法加以规范化，上升到法律的层次，以保证安全监察机关依法行政和依法监察。美国《联邦矿山与健康法》（1977 年）中明确规定，在劳工部内设立矿山安全与健康局，任命一位劳工部副部

长担任矿山安全与健康局局长，同时还明确和详细地规定了美国矿山监察与健康监察局的监察内容，包括对井工煤矿进行一年4次的安全大检查和对露天煤矿进行一年2次的安全大检查，调查死亡事故和严重非死亡事故，对违法行为进行调查取证和做出处理决定等。波兰将最高矿山监察局的机构设立，局长和副局长的任免、职权、职能写入法律，并明确规定最高矿山监察局直属部长会议领导，最高矿山监察局局长由部长会议主席任免，同时在《地质与采矿法》中对矿山监察机构职责作了明确的规定，包括矿山安全大检查、事故调查、矿山救护监察、强制煤矿及其矿工执行安全法规、监察救灾活动、考核工程技术人员和颁发证书、审批回采保安煤柱等特殊工程项目、颁发采矿许可证及采矿设备和爆破器材使用许可证等。南非依据《矿山健康与安全法》建立矿山健康与安全监察局，并明确规定了局长的职能和权力、监察员的权力、监察员建议罚款的权力等，该法还规定矿山健康与安全监察局的具体职能，包括监察采矿企业勘测标准和实行情况，进行开采经济评估和矿产资源情况的评价，对各地区采矿设备进行监察，监察职业医疗卫生方面的工作，培训采矿业监察员等。

6.3.5 将技术规程、标准上升到法律层次

美国、加拿大、俄罗斯、澳大利亚、印度等国将煤矿（矿山）的技术规程、标准上升到法律层次，以法律的形式颁布技术规程、标准，充分发挥法律的强制作用，更加有利于煤矿贯彻实施。美国《联邦法典》第30卷——矿产资源卷对煤矿和非煤矿安全与健康技术标准作了详细、严格的规定，并要求强制实施，主要内容：采矿用品的测试、评价与审批，档案与其他管理要求，教育与培训，矿山事故、工伤、职业病、雇工和生产，金属矿与非金属矿的安全与健康，煤矿的安全与健康，对违反1977年联邦矿山与健康法的民事惩罚等。澳大利亚昆士兰州《煤矿安全与健康法》(1999）是该州煤矿安全与健康的最高法律，不受其他法律的管辖和支配，主要框架包括19个部分，分别是前言、风险管理与控制的基本概念、安全与健康义务、有关煤矿生产的规定、行业咨询、现场安全与健康代表、安全与健康行业代表、监察员和其他官员及指令、审查委员会、事故和事件、事故调查委员会、矿山救援、起诉、起诉程序、违法、一般性规定、行政管理、规程、临时性条款和撤销。印度多次对《矿山法》进行修改、完善和充实，细化煤矿安全方面的有关法令和目标，并根据《矿山法》制定了《煤矿规程》，由中央政府颁布，主要内容：报表、通告和记录；各类人员的资格、考核及发证；监察员和矿山管理人员；作业人员及管理人员职责；平面图和剖面图；矿井出入口；人员与材料运输；运输巷道；采矿作业面；预防火灾、粉尘、瓦斯、水灾危害的措施；通风；照明和火焰安全灯；爆破器材、爆破机械装备和设备等。

6.3.6 法律法规标准修订及时

针对煤炭工业发展所出现的新问题，国外产煤发达国家非常重视及时修订相应的安全法律法规，以适应新情况，应对新形势，化解新风险，消除新的危险因素。美国大多数矿山法律是在矿山事故发生后就针对保护矿工进行及时的制修订，1951年西法兰克福发生的一起爆炸事故造成119名矿工死亡，引起极大关注，1952年联邦政府就制定煤矿安全法，包括37条安全与健康标准；1968年康苏尔煤矿发生瓦斯大爆炸，死亡78人，这次事故触发煤矿工人大罢工，迫使美国联邦政府制定新的煤炭法，于1969年颁布实施《联邦煤矿健康和安全法》，被通称为煤炭法，这部法比以前任何一部约束采矿工业的联邦法规更全面、更严格，内容既包括露天煤矿也包括井工煤矿，扩大了联邦政府对煤矿的执法能力；此外，美国政府每年都要修订一次各种现行的行政法规，并由政府的有关部门整理出版，以提高法律法规标准的科学性和适用性。南非根据《矿山健康与安全法》，成立了矿山健康与安全委员会，由政府部门、雇主、雇员代表各5人组成（简称“三方委员会”)，具体负责矿山健康与安全法律法规的咨询研究，至少每月召开一次会议，研究国内外矿山安全生产的经验和问题，及时对相关法律法规提出修订建议，《矿山健康与安全法》自1996年颁布实施以来，已经修订了4次，《矿山健康与安全规程》修订了10多次；此外，南非政府还规定矿山企业必须依据矿山安全法律法规，

结合本矿实际条件制订本企业的安全操作规程，并报监察机构批准，由此南非矿山安全法律条文逐层细化、明确，针对性越来越强，非常便于企业贯彻执行和监察人员执法。

6.4　国外煤矿安全和职业健康管理体制

世界主要产煤国家，如美国、澳大利亚、南非、印度、波兰等都对煤矿安全生产高度重视，都设立了专门的管理机构，特别是在发达国家，煤炭工业发展较早，在丰富的实践经验上逐渐建立了较为完善、相对独立的煤矿安全和职业健康管理体制。一些国家诸如南非、加拿大、印度等还建立了煤矿三方委员会制度，充分保障了矿工安全知情、决策与参与的权利。

6.4.1　相对独立的煤矿安全管理机构

世界产煤发达国家基本都有一整套责任明确的煤矿安全监管体系，这些国家的煤矿安全监管监察部门大多都独立于企业和其他煤炭管理部门，是执行煤矿安全监管的独立机构，不受企业和当地政府的约束，而且监管职责明确，制度措施落实到位，极大地保证了煤矿安全监管的有效性。国外煤矿安全监管机构大致可以分为垂直管理、联邦制管理和综合管理三类。

实行垂直监管监察的主要有美国、俄罗斯、波兰、印度、日本等国家。美国的煤矿安全监管专门机构是联邦矿山安全与健康监察局，隶属于劳工部，负责对全国煤矿进行检查及对煤矿事故和违法行为的调查处理、管理煤矿安全与健康科研计划、培训安全教员和颁发合格证，此外还在全国 38 个州设立地区安全监察处，并配备一定数量的矿山安全监察员，以强化矿山安全生产监督和检查。俄罗斯的煤矿安全生产监管机构是环境、工业与核安全监督局，属于俄罗斯联邦政府的直属机构，实行联邦政府、联邦区、联邦主体三级垂直管理，负责工业、能源、建筑领域及核工业四个领域的安全监督管理，矿山方面的主要职能包括：法规、标准、政策的制定，采矿安全监督监察，颁发矿山生产和安全许可证，负责事故调查处理等工作。波兰煤矿安全监管主要由国家矿山局负责，主要机构包括 11 个地区监察局以及 16 个内设机构，主要职能包括煤矿安全和职业健康，保障矿产资源的最优化开发等。印度煤矿安全生产监督管理主要由矿山安全管理总局负责，是印度政府劳动和就业部下属的管理机构，也是印度矿山安全监察的最高权力机关，主要职能包括制订起草与矿山安全相关的立法、规则、条例、标准和准则，实施矿山安全监察，发布矿山安全信息，颁发安全生产许可证，事故重大事故调查，开展安全培训教育，认证和审批矿山安全设备、材料、器具，组织开展安全活动等；全国共分为 6 个矿区，每个矿区设 3 ~4 个分区安全监察办事处和 1 个当地安全监察办公室，各区安全监察员由总局委派，职责明确，垂直领导，独立性与权威性很强。日本煤矿安全监察实行中央垂直管理体制，矿山劳动安全健康监督归经济产业省管辖，在重点产煤的省、都、道、府设置由经济产业省派出的矿山安全监督部，在重点矿区则由当地的矿山安全监督部派往安全监督署，负责煤矿安全监督监察。

实行联邦制管理的主要有澳大利亚、加拿大等国家。澳大利亚联邦政府不负责管理采矿业的安全生产与职业健康，联邦职业安全局只负责掌握采矿业的安全生产与职业健康状况，对采矿业的十万人死亡率等数据进行统计和比较，采矿业的安全生产与职业健康由各州（领地）政府负责，各州具有独立的立法和司法权，煤矿安全监管监察体制也不同。加拿大矿山职业健康与安全管理责任主要在省政府，但各省机构设置和职责也不完全相同，其中产煤大省阿尔伯塔省劳动和移民部下设职业健康与安全管理局，主要负责职业健康与安全相关的教育培训、许可与资格证书、推进相关预防计划、事故统计，以及依据省级立法开展工作场所重大事故（包括死亡事故）调查等。

实行综合管理的主要包括南非、英国、德国等国家。南非负责矿山职业健康与安全管理的部门主要有 2 个，即矿产能源部和卫生部。矿产能源部下设矿山健康与安全监察局，负责采矿业的职业健康与安全监察；卫生部下设职业病医疗署和国家职业卫生中心，负责为雇员提供职业健康医疗和相关的服务。此外，南非还建立了由政府部门、雇主、雇员代表组成的“三方机构”，即矿山健康与安全委员会、采矿资格管理局，以及职业安全协会、矿业协会等中介机构，形成了以政府安全监察机构为主体，以“三方机构”、社会中介机构为支撑的安全监察体系。英国煤矿安全生产监督管理主要由健康与安全局和健康与安全委员会两个综合部门负责，其中健康与安全局是一个相对独立的行政执法机构，对包括煤矿在内的危险行业的职业健康与安全工作实行国家监察、垂直管理；健康与安全委员会独立于政府部门，是一个致力于职业健康与生产安全的专业性公共机构，通过各有关政府部门直接对议会负责。德国对煤矿实行严格的4个层次执法监督机构，即州政府设立企业经济能源与交通部，下设专职矿山与能源管理处，各区设安全监察部，另设煤矿行业协会，这些机构从不同角度对煤矿安全生产实施监督和监察，共同协调处理煤矿安全生产中的问题。同时，在遵守欧盟安全生产框架性准则的同时，德国实行国家安全生产监管机构和同业工伤事故保险联合会监管的双轨制。

6.4.2 完善的安全生产责任制

国外产煤发达国家都建立了非常完善的安全生产责任制，规定作业场所的每个人，包括雇主和雇员都要为自己和同事的安全负责。具体内容可概括为：建立责任分工体系、倡导安全生产文化、培训自救和互救、保证所有人遵守安全标准等。雇主任何情况下都要采取一切可能的措施预防伤亡或事故，一旦发生事故，要按照责任制确定雇主是否尽到了应尽的责任，雇员是否遵守安全生产要求和程序等。如美国建立了以矿主为中心的追责体系，煤矿出了事故一般不追究政府的责任，因为地方政府不负责直接生产，主要是追究矿主的责任，在美国煤矿安全生产责任体系中，政府只是监察监督的作用，而真正应该为安全事故“买单”的是煤炭企业；在事故救援方面，每个煤矿要与两个以上的救护队签订救护协议，煤矿发生事故由矿主组织抢救，必要时也可向当地警察求救；此外，美国煤矿安全部门对唯利是图、违反规定生产的矿主有非常严厉的惩罚，针对不会导致重大人员伤亡的一般性违反规定行为，政府督察员每次每项罚款可达5.5万美元，对曾经违反规定并承诺改正、但不守信用的矿主则将加重处罚，可能引起伤亡事故和危害矿工健康的严重违规行为将被追究刑事责任。

一些国家建立和完善安全生产责任制需要通过联合健康委员会这个平台来实现。加拿大规定员工人数20人以上（有些省要求10人以上）的企业都要成立安全与健康委员会，成员一半来自雇主，一半来自雇员。委员会的职能包括：进行安全检查、参与事故调查和受理安全状况投诉。若发现工作场所有潜在危险，委员会可立即要求停止工作，展开调查并要求彻底整改，待问题解决后方可复工。南非《矿山健康与安全法》规定人员在100人或100人以上的矿山，必须成立企业健康安全委员会，在健康安全委员会中必须有雇员代表直接参与。雇员代表有权进行安全检查，参与安全监察和事故调查。

6.4.3 科学的职业健康管理体系

煤矿职业健康工作直接关系到煤矿职工的身体健康和生命安全。发达国家将煤矿职业健康防护提高到非常重要的位置，把安全生产与职业健康放在一个体系进行管理，澳大利亚、加拿大等国家已经将工作重心由安全生产转向职业健康。主要特点有：

（1）先进的职业健康理念。澳大利亚矿物理事会（MCA）在澳大利亚矿物行业提出“安全与健康宣言”，目的是矿物行业能够认识、相信并努力实现矿物行业无死亡、无工伤、无职业病这样的目标。安全与健康管理部门要致力于使澳大利亚矿物行业摆脱死亡、工伤和职业病的威胁，全员树立起安全与健康信念：死亡、工伤和职业病是可以预防的；没有任何工作比安全更重要；所有的危害是可以识别的，其风险是可以评估和管理的；每个员工都对自己及他人的安全与健康负有责任；安全与健康状况是可以持续改善的。波兰制定了职业健康安全管理的主要战略目标，包括可持续减少职业事故和职业病、消除或减少最普遍的职业风险、减少危险工作条件下雇员人数等，并据此提出具体实施手段，包括加强劳动保护建设、完善职业登记事故、加强职业安全健康教育和培训、确定新的风险等等。

（2）科学的职业健康管理体系及标准。澳大利亚和新西兰标准协会发布了《职业安全与健康管理体系—原则、体系和支持技术的通用指南》（AS/NZS4804：2001），包括范围、相关文件、术语和定义、职业安全与健康管理体系原则和要素等内容，其中职业安全与健康管理体系原则和要素又包括责任和方针、策划、实施、检查与评价和评审与改进等。南非国家职业安全协会（NOSA）创建了一种科学、规范的职业安全卫生管理体系——NOSA 五星管理系统，该系统以风险管理为基础，强调人性化管理和持续改进的理念，目标是实现安全、健康、环保的综合风险管理。加拿大联邦政府的卫生部及人力资源中的劳工局负责制定职业安全与健康方面的法律法规，各省及地区劳工局负责本省与职业安全和健康有关的事宜以及工伤赔偿、救护和医疗服务，雇员在雇佣过程中由于某一特定的程序、交易或职业特性和工作性质而感染的疾病都可以得到赔偿。

（3）注重职业病数据统计与分析。专门的机构（协会）或部门负责煤矿职业病的统计与分析，统计的范围和类别非常细致。澳大利亚职业病统计的范围包括工伤和中毒、神经系统和感官疾病、骨骼系统疾病、皮肤及皮下组织疾病、消化系统疾病、感染与寄生虫疾病、呼吸系统疾病、循环系统疾病、肿瘤、心理障碍、其他疾病等。南非的职业病统计包括噪声、硅肺病、肺结核病、尘肺病、石棉沉着病、石英结核病等。美国的煤矿职业病统计报告包括听力受损、关节肌肉炎症、中暑、煤肺病、皮肤病、其他职业疾病等。并对职业病的统计数据进行详细分析，提出有关职业病防护的具体建议。波兰职业安全管理按照职业风险类型划分不同安全风险类，采用的统计指标为：工作场所事故伤害总人数；工作场所伤亡总人数；诊断后职业病总人数；在危险工作条件下雇员总人数等。

6.5　煤矿安全生产有关保障机制

6.5.1　安全奖励制度

建立安全奖励制度，对安全状况与环境好的企业和个人实施奖励，不仅可以提升企业形象，给企业带来了效益和信任，也为从业者创造了良好的工作环境。这方面开展得最好的就是加拿大，加拿大在作业场所设安全奖，分别设立了国家奖、省级或行业部门奖，通过安全奖项激励煤炭企业推进安全生产。其中，“John T Ryan Award”奖为全国煤炭行业安全奖，由加拿大煤炭协会颁布，以最低伤害率为评选标准，每年评选一次。阿尔伯塔省的 Paintearth 矿和杰纳西（Genesee）矿曾多次获得该项安全奖。加拿大不列颠哥伦比亚省能每年对矿山企业进行一次“安全生产”评比，该评比已连续进行了 50 多年。它要求煤矿企业在当年累计工作超过 15000 h 的条件下，其伤害率最低者获胜。

6.5.2　安全投入机制

世界工业发达国家用于职业安全与健康方面的投入比较充足，资金主要来自政府拨款。美国政府通过国家财政预算方式解决职业安全与健康经费，建立的分配预算体制较为完善，运行费用保障性也较好，《联邦矿山安全健康法》第五部分做出具体规定，联邦政府每年拨款 6000 万美元，专门用于采矿安全技术研究开发和推广。俄罗斯劳动保护基本法规定，各联邦、行业和地方政府应建立改善劳动条件和劳动保护的专项资金，所需资金由联邦预算、俄联邦主体预算和地方预算，以及俄罗斯联邦法、俄罗斯联邦主体法和地方自治代表机构的其他法规规定的预算外资金加以解决，此外俄政府还不断采取措施刺激煤矿企业将瓦斯分离出来并加以回收利用，不断吸引外资投入到俄瓦斯开发中来。英国对安全科研经费的支持采取国家给予补助的方式，且政府预算每年都有比较充足的经费。日本安全科研活动经费主要来自会员会费、开展事业性活动的收益及政府委托项目拨款和政府特别会计预算，政府对一些涉及安全的项目，如安全专用设备、瓦斯抽放、密闭、注浆、防治水、防火等提供安全辅助金，保证安全资金投入，企业负责实施，提高了煤矿综合防灾抗灾能力，在日本煤矿，随处可见标有“辅”字的各类安全设备及设施。

此外，各国企业内部的安全科研投入，则是企业为满足保障安全生产和经营活动顺利进行的需要，由企业自主决定。

6.5.3 安全培训机制

美国、澳大利亚、英国、日本等国家都特别强调安全生产教育培训，并且有一定的共性：

一是从法律的角度保障安全生产教育培训。美国的《职业安全与健康法》(1970 年)《矿山法》《联邦法典》《矿山改善和新应急反应法》有关条款都对培训的资金、程序、内容等作了明确规定。澳大利亚职业健康与安全法要求，对于从事高风险职业的人员必须经过确认的培训。英国《职业安全与健康管理法》明确规定雇主的主要职责是确保该企业内的所有雇员能够得到足够的安全与健康方面的培训。南非政府硬性规定，煤矿企业必须按矿工薪水总额的 1.5% 统一出资，把矿工送到技术院校和培训中心进行培训，并强制各矿每月进行一次模拟救生训练。日本在《劳动安全健康法》中规定，企业在雇用新的工人或工人的工作场所变更时，按照厚生劳动省令，必须对劳动者进行与其工作相关的安全健康教育。印度国会颁布《矿山职工培训法》，对工人、技术人员、管理人员、安监人员定期进行专业和安全培训。

二是各国从上到下都有一套较为严密的教育培训体系，各级培训机构齐全。美国国家矿山安全健康学院是世界上最大的专门负责采矿业安全和健康的教育机构，学院是美国联邦矿山监察员和其他政府机构矿山安全专业人员、采矿业和劳动者的中央培训机构。澳大利亚职业安全与健康教育培训主要由联邦政府、州或地区政府的职业健康与安全机构，教育协会、大学，雇主机构和工业协会（如国家安全协会），工会及其下属机构（如各州和地区工会的劳工委员会），培训咨询公司及其他私营机构等负责。英国安全生产主要培训机构包括国家职业安全与健康考试局、国家雇佣的培训机构、执业培训大学、国家培训中心、工业培训局、工业和职业培训组织、工会委员会教育中心、小公司内部培训机构等 8 种类型。南非拥有金字塔模式三级的安全培训机构，由上至下有职业健康与安全局和矿山健康与安全局组织的培训、职业健康和安全领域的中介机构和民间组织提供的培训以及煤矿矿主组织的培训。日本的安全健康教育的实施首先是由国家制订安全健康教育基本方针、长期规划、年度计划及教学计划，相关的院校、组织及职业安全健康教育中心进行培训教育。

三是有充分的资金保证。美国《矿山法》授权矿山安全与健康局向各州提供拨款，以支持其健康与安全培训工作和其他针对矿工和矿山经营者的服务项目。在矿山安全与健康局系列手册的“培训规程”中“州拨款计划（State Grant Program）”里规定将款项分配给 43 个州和内瓦约部落领地，用于实施这些地区矿工健康和安全工作的计划，其中绝大部分资金用于支持健康与安全培训课程、预防厂矿事故、工伤和实施职业病计划。按照《1977 年矿山安全与健康法》的规定，1970 年财政年度批准的此项经费为 300 万美元，以后每个财政年度为 1000 万美元，该经费必须专款专用，直至花完。此外，煤矿企业还与工会联合成立了煤矿工人培训教育基金，由矿方按照全矿职工实际工作每工时 0.08 美元的标准提取资金；该基金每年筹资约 2000 万美元，用于资助矿工接受继续教育和培训进修。俄罗斯从工伤保险基金中提取部分费用用于工伤预防和培训，其中 2005 年共用 2000 亿卢布对 33.05 万人进行了安全知识培训。

四是着重科学的培训方式和内容，提高雇主和雇员的安全意识。美国 1977 年《矿山法》明确规定培训是预防事故，避免不安全和不健康工作条件的重要工具；矿山经营者可以自己举办培训，可以参加矿山安全与健康监察局主办的培训，还可以参加由经矿山安全与健康监察局批准，由州或其他联邦机构、矿山经营者协会、矿工代表协会等其他机构举办的培训；在培训内容方面，矿山安全与健康管理局要求美国矿山经营者必须制定矿工培训计划，对新矿工、从事新工种矿工、重新雇佣有经验矿工、矿工的定期再培训等，《联邦法典》《矿山安全与健康法》等法律在培训时间、内容、条件等都进行了详细的规定，法律还规定国家矿山安全监察员也要接受定期的培训。澳大利亚开发了世界上最先进的煤矿虚拟现实安全培训系统 iCAST，被安装在澳大利亚各大救援站，用于矿工培训及救灾救护培训（图 1-6-7）。此外，英国的远程在线教育、印度的专业技术实操培训也都比较有特色。

图 1-6-7　澳大利亚虚拟现实培训环幕投影系统

6.5.4　矿山应急救援机制

世界产煤发达国家矿山应急救援起步早，目前基本都已形成较为完整的矿山救援体系，人员素质过硬、装备精良、经费充足，在事故救援当中发挥了重要作用。英国的矿山救护事业走在世界的前列，所有煤矿都必须是国家批准的矿山救护总会的会员，并且每个煤矿在地面都要拥有 2 支装备精良的能在 30 min 内到达事故现场的救护队（每队 6 人）。美国煤矿事故应急救援有一支高素质的队伍和一套规范的运作程序，政府以法律的形式对事故救援的程序和职责范围等做出了明确规定，每个煤矿要与两个以上的救援队签订救护协议，煤矿发生事故由矿主组织抢救，必要时也可向当地警察求救，一支救护队下井救护，另一支待命，任何矿山救护队不得建在距矿井 2 h 路程以外的地方，保证了矿山救援拉得出、救得快、保障有力。俄罗斯矿山救护采用军事化矿山救护模式，救援高效、专业，国家矿山监察机构根据事故的危险性确定煤矿企业救护队的组建标准、机构设置和配备情况，各煤矿企业均需按规定与煤矿救护队共同制定各种事故应急预案，并签署救援服务合同。南非在国家、社会、企业三个层面组建了矿山救护队伍，在国家层面设立矿山救护中心，指导全国矿山救护工作，在社会层面，以会员制的办法成立南非矿山救护公司，救护资金政府不予提供，会员单位根据井下作业人数和生产量缴纳会费，救护资金年终有结余，矿山救护公司返还给会员单位；在企业层面，井下作业人数为 100~700 人的矿山企业必须配备 1 支救护队，700 人以上的必须配备 2 支救护队，强制各矿井每月进行 1 次模拟救生训练。德国事故救援实行属地管理，以州为主的应急管理体制，依据联邦法律形成了以消防队为核心，由联邦军队、警察、公共安全部门、联邦技术救援中心、红十字会等机构组成的事故救援队伍体系。

6.5.5　工伤保险制度

工伤保险是职业安全与健康保障体系的重要组成部分，实行工伤保险的主要作用是事故预防、治疗康复和待遇赔付，三者的关系是先预防后康复，先康复后赔付。发达国家工伤保险机制十分完善，安全监察、安全改善措施和工伤保险共同构成安全生产保障体系。德国最早实施工伤保险，1884 年颁布工伤保险法，彻底改变劳动关系中过去完全由工人一方负担工业伤害的后果，从而开始改变以往对工人极为不利的局面，此后英国、法国、美国、俄罗斯等国相继进行工伤保险及其他社会保险立法，并随工人运动及社会发展，工人获得的社会保险权利逐步提高。国外工伤保险主要体现出以下特性：

一是强制性。工伤保险所针对的是危害严重的劳动风险，国外主要产煤国家矿工工伤保险都具备高度的强制性，都是国家以立法形式强制雇主必须对雇员的工伤事故负责。如美国工伤保险具有高度的强制性，法律强制雇主必须对雇工的工伤事故负责，有 99% 的工人受到联邦或州劳工赔偿法的保护。澳大利亚工人赔偿保险在新南威尔士州和维多利亚州为强制性，部分州如昆士兰州则无相关保险，其他州为非强制性。俄罗斯 2000 年通过的《工伤和职业病强制保险法》，规范了被保险人、雇主、基金会的三方关系，规定了如何参加工伤保险和防止职业病的发生。

二是更强调雇主的责任，支付工伤待遇的费用由雇主一方负担。基本上所有国家《工伤保险法》都规定，赔付工伤待遇所需费用全部由雇主一方负担，工人和国家不负担费用。劳动者在生产过程中发生伤、残、死亡事故，无论事故责任在雇主或劳动者，雇主和企业都应依法无条件给予受伤害者经济赔偿，而不因责任问题而影响工人本人及其家属的正常经济生活。这一点是有别于其他社会保险项目的关键所在，其他社会保险强调雇主、雇员双方分担劳动风险，费用由双方缴纳。如美国工伤保险法律制度规定，对工伤保险进行赔偿时，并不追究过失责任，即便在工人有过失的情景下，依然必须向工人支付全额赔付金；而且还规定对职工提供工资补贴，以此实现对因工伤残者的较高补偿，从而促使因工作事故遭受伤害的伤残者及时返回到工作岗位。美国在这方面的改革非常成功，较好地拓展了工伤保险的覆盖领域，也有效降低了工伤事故率，目前美国已经建成工伤保险覆盖面广、保障作用得到充分发挥的法律制度体系，是世界上许多国家效仿的典范。

三是雇主不以企业主个人承担民事责任的形式来体现，而是由社会基金的方式来承担。南非矿山基本工伤保险制度是由国家保险公司通过与风险紧密相连的可变保险对企业进行经济调节来处理工伤事故的预防、保险。加拿大工人赔偿的收入来源于《工人赔偿法》强制保险所覆盖的行业或通过申请延伸覆盖的行业的雇主每年征收的保险，保险费率按月、季、年或者三者相结合的方式支付，主要有独立责任险、集体或互助责任险两种工人赔偿保险覆盖评估方案。澳大利亚工伤保险制度实行类似于日本的差别费率制和浮动费率制，在不同行业间根据其风险程度的大小，征缴高低不等的工伤保险费，即差别费率制，保险费率通常表现为雇主工资额百分比。

6.6 我国煤矿安全生产存在的不足

6.6.1 我国是世界上煤炭开采难度最大、灾害最为严重的国家

我国煤炭资源埋藏较深、赋存条件复杂，瓦斯、顶板和冲击地压、水、火、煤尘、高温等灾害俱全。随着采深和开采强度不断增加，我国井工矿井逐步向深部、高温、高瓦斯、高水压、大地压、大倾角、特厚、特薄等条件转移，开采条件越来越差，灾害越来越严重且相互叠加，生产系统越来越复杂，安全风险越来越高。研究表明，我国中东部矿区深部开采临界深度 850 ~ 900 m，西部矿区临界深度 500 ~ 600 m；深度每增加 100 m，地应力一般增加 2.5 MPa，地温一般增加 2 ~ 3 ℃。目前，我国东部矿井采深已达到 800 ~ 1000 m，西部逐渐进入 400 ~ 700 m，每年以 8 ~ 12 m 的速度增加，逐步进入深部开采，就连普遍认为的开采条件简单的鄂尔多斯地区目前已有 9 处冲击地压矿井。截至 2018 年，全国大中型矿井平均开采深度达 500 m，采深大于 600 m 的占 30%，冲击地压、煤与瓦斯突出、高瓦斯、水害严重和采深超千米的矿井 2050 处，产能约 1.87 Gt，分别占全国煤矿总数的 32.5% 和总产能的 36.1%。2019 年发生的 22 起较大事故中，有 20 起是瓦斯、顶板（含冲击地压）和水害事故，较大灾害事故占较大事故总量的 90.9%；发生的 3 起重大事故全部为瓦斯事故。可以说，我国是世界上煤炭开采难度最大、灾害最为严重的国家。历年我国煤矿冲击地压矿井数量如图 1－6－8 所示，鄂尔多斯地区冲击地压矿井基本情况及灾害状况（截至 2019 年 7 月）见表 1－6－8。

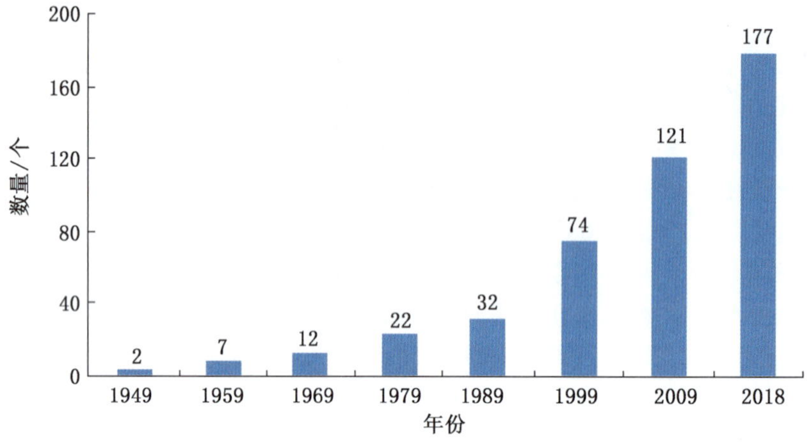

图1-6-8　历年我国煤矿冲击地压矿井数量

表1-6-8　鄂尔多斯地区冲击地压矿井基本情况及灾害状况（截至2019年7月）

所在煤田	含煤地层	所在地区	矿　井	开采煤层编号	煤层埋深/m	煤层厚度/m	煤层冲击倾向性鉴定结果	顶板冲击倾向性鉴定结果	区段煤柱宽度/m
东胜煤田	侏罗系中下统延安组	伊金霍洛旗	红庆河煤矿	3-1	583.55~861.90	6.25	强	弱	40
			石拉乌素煤矿	2-2上	593.00~736.00	5.09	弱	弱	6
			营盘壕煤矿	2-2	660.38~783.68	6.29	弱	弱	—
		乌审旗	纳林河二号煤矿	3-1	580.00	4.65	强	强	25
			巴彦高勒煤矿	3-1	610.00~650.00	5.51	弱	弱	6
			母杜柴登煤矿	3-1	614.80~870.59	5.06	强	弱	18~25
			门克庆煤矿	2-2中、3-1	613.00~755.00、650.00~800.00	2.24、4.49	弱、强	弱	35
			葫芦素煤矿	2-1	630.00~640.00	2.79	弱	弱	30
			红庆梁煤矿	3-1	—	3.91	弱	弱	20

6.6.2　运用法治思维和法治方式解决煤矿安全生产问题的能力还有差距

世界主要产煤国家普遍重视用法治手段解决煤矿安全生产问题。美、英等国颁布的与煤矿安全有关的法律法规已有百年历史，且立法层次很高，各类法规标准健全、详细，并把技术规程与标准上升到法律层次强制执行，具有极强的操作性。此外，发达国家普遍实行职业安全与健康统一立法，体现了从事故高发期重视安全到后期健康与安全并重的理念转变。

美国在健全的法律体系的基础上，美国矿山安全与健康管理局通过严格甚至苛刻的执法，强制执行矿山安全与健康标准，来实现消除矿山死亡事故、降低非死亡事故发生率、并将对矿工的健康危害降到最小，最终实现有效改善全国矿山安全与健康作业条件和环境的目标。美国矿山安全健康管理局及其分支机构和地区办公室与矿山经营者没有任何利益联系，并独立于地方政府，双方没有隶属关系。美国的矿山监察员不得与矿山发生任何利益关系，其“独立性”标准要求很苛刻。各地的联邦安全监察员交流任职每两年轮换对调一次，任何矿山发生3人以上死亡事故，当地的安全监察员不得进行事故调查，必须由外地调派安全监察员参与该事故的调查。澳大利亚于新南威尔士州颁布的《煤矿管理法》《煤矿监督员资格管理条例》《煤矿监督监察员、地区监督监察员和电气监督监察员选举管理条例》以及《煤矿规程法》等法律法规，将采矿安全的每一个细微环节都纳入法律的制约范畴。例如，法律规定每一个采掘区都必须开辟救生坑道，配备氧气瓶、面罩等救生设备，在采掘区的入口处设立号牌存放栏，存放栏内有多少个挂钉，就表明救生坑道内有多少套救生设备，等等。

相比之下，我国煤矿法制建设起步较晚，法学理论基础相对薄弱，立法技术较为落后，煤矿安全法律规定较为宏观、原则，与煤矿现场结合还不是特别紧密。比如，目前最全面、最具体、煤矿用得最多的就是原国家安监总局颁布的《煤矿安全规程》，但仅作为部门规章，立法层次较低，有专家建议提高《煤矿安全规程》在我国煤矿安全法律法规体系中的地位，突出其在煤矿安全法规中的权威性和指导性。再如，2014 年，新修订的《安全生产法》确立了“生产经营单位负责、职工参与、政府监管、行业自律、社会监督”的安全生产工作机制，但由于我国安全生产管理体制历经多次变革，目前的煤矿安全监管监察体制建立时间不长，在实际运行中存在监管监察职责定位不明确，边界不清晰，存在交叉或漏洞等问题。

同时，我国负责法律起草的部门较多而又缺乏全局观念，导致安全生产法规体系内法律法规之间的不衔接、不协调甚至相互矛盾。以《煤矿安全监察条例》和《国务院关于预防煤矿生产安全事故的特别规定》为例，两部法规由于制定时间较早，现有的监察内容及监察环境较成立之初情形更为复杂，加之安全生产法律体系的不断完善，因此出现两部法规与现有的《安全生产法》《生产安全事故调查处理条例》等法律法规冲突等问题，如《国务院关于预防煤矿生产安全事故的特别规定》对重大安全隐患与违法行为的规定与《煤矿重大生产安全事故隐患判定标准》存在较大差异，罚则部分的内容与上位法冲突尤为严重等。

此外，我国煤矿安全监管监察执法还有待提高。一是监管监察职责没有厘清。根据“三定”方案，首先，监管与监察职责亟须明确，国家煤矿安全监察部门负责国家煤矿监察工作并指导煤矿安全监管工作，实际操作中对地方政府的监督检查及指导等具体工作尚未明确。其次，煤矿安全监管监察存在交叉，煤矿安全监察机构与有关地方煤矿安全监管部门均负有对煤矿实施“三项监察”，检查煤矿企业执行法律法规等情况，并对违法违规行为实施行政处罚的职责，造成多头检查、重复执法。此外，对部分领域安全监管存在盲区，2017 年全国安全生产大检查期间，辽宁阜新万达矿业有限公司非法超层越界盗采国家资源，发生透水事故，造成 85 人涉险，其中 2 人死亡，该事故暴露出来的突出问题之一就是两级煤炭管理部门与国土资源部门监管存在盲区。二是一查了之，一罚了之问题突出。一些地区和执法人员满足于完成交办任务，重检查频次轻执法质量，不敢动真碰硬，遇到问题绕着走。如贵州某市每个生产矿井 2019 年平均被检查 33 次，其中对某矿 28 次检查中重复发现同一问题达 25 次，月月检查，月月不改；山西二亩沟煤矿“11・18”事故发生前的一个月内，县监管部门多次到该矿下井检查，却对违法违规行为视而不见。三是执法针对性不强。受执法水平能力的限制，一些基层执法人员能力上存在短板，日常检查流于表面，制定现场检查方案缺少针对性，大多针对无持证上岗、员工是否按期培训等常规性问题进行检查，对深层次的问题想不到、看不见、查不出，如山东龙郓煤业公司“10・20”重大冲击地压事故暴露出，煤矿为冲击地压矿井，有关部门没有将冲击地压列入执法检查内容，现场检查流于表面。在宁夏石嘴山林利煤炭公司“9・27”重大瓦斯爆炸事故发生前，有关部门虽然也进行了检查，但是并未认真核对煤矿进尺和产量、销量，以至于煤矿长期违法违规超层越界开采，最终酿成事故。四是执法程序不规范。一些地方和部门将“执法不严、违法必究”的要求简单理解为实施行政处罚，将加大执法力度等同于大额处罚，没有综合运用停产整顿、通报约谈、问责曝光、联合惩戒、“黑名单”管理等行之有效的措施。此外，目前矿山安全执法调查证据材料较为单一，全过程记录存在较大差距，甚至存在违法违规取证问题。选择性执法和随意执法在一些地方不同程度存在，如重庆永川金山沟煤矿“10·31”特别重大瓦斯爆炸事故暴露出，涉事煤矿长期超层越界开采，在其采矿许可证年检时，执法部门在未审查情况下即出具同意上报的审查意见。五是执法任务还存在不均衡问题。其一，国家监察“苦乐不均”。国家局本级和一些重点地区执法力量薄弱、干部缺员缺编，与辖区执法任务不相适应，煤监系统成立 20 多年来，全国煤矿生产布局发生极大变化，但全系统人员力量布局却一直没有调整。如，辽宁全省现有煤矿 20 余处、监察员 155 名，而山西吕梁现有煤矿 127 处、分局监察员仅 13 名，2020 年全年执法任务 238 矿次。一些地区基层忙于“跑计划”，重频次轻质量、重检查轻执法、检查不深不透等问题突出，大大降低了执法质量。其二，地方监管整体弱化。2018 年党和国家机构改革以来，地方煤矿安全监管部门监管力量弱化、监管力度下降明显，相对独立的承担煤矿安全监管职责的省级政府部门由以往的 12 个减少到 2 个，一些地区安全监管层层下放、责任悬空、工作弱化，不同程度地存在“脱节”“断线”现象。六是执法监督缺乏有效渠道。一些地方执法监督工作仍是由业务处室兼职，存在既当裁判员又当运动员的情况，难以发挥执法监督工作的实效。在实际工作中，执法监督主要侧重于事后纠错，事前防范不够。

6.6.3　社会参与和市场引导作用还不明显

国外在煤矿安全治理方面非常注重社会力量的参与，充分发挥市场的引导作用。美国政府为煤矿建立多渠道服务体系，制定各种计划和方案将有限的精力和资金用于调动各方面的力量，如中介机构、企业公司、科研院校、民间团体、雇主联盟、投资机构以及各种社会力量，共同努力提高职业安全与健康。具有代表性的是自愿保护计划、职业安全健康局战略合作计划、职业安全与健康联盟等，都是由职业安全健康局组织发起，吸引了大量的企业及组织机构参与，政府既是发起者，也是计划的参与者之一和组织者。南非建立了“三方机制”，通过调动工人和工会的监管力量，减轻政府监管的负担。印度非常重视并充分发挥煤矿工人代表在安全监察中的作用，成立了煤矿、煤矿区、煤炭子公司三方安全委员会，极大地提高了煤矿企业的安全管理意识和能力，提高了煤矿工人的安全参与程度，从而推动国家矿山安全监管总局的职能与角色逐步由最初的重检查转向重合作与服务，近几年印度矿山安全监管总局已经尝试将“企业自律”和“矿工参与”作为其工作重点。

相比之下，我国煤矿安全生产工作在发挥社会群防群治作用和市场机制作用方面还不到位，煤矿企业从业人员安全主体作用还未充分发挥，社会、舆论、企业工会、社会团体等组织在煤矿安全治理中发挥的监督作用还不突出，社会化服务机制还不健全、渠道还不畅通，安全生产责任保险等第三方安全治理、企业社会信用评价、基层群众举报与核实等方面还有欠缺，煤矿安全共建共治共享的多元治理体系尚未形成。

6.6.4　煤矿从业人员素质问题突出

受经济社会的影响和素质教育的普及，发达国家国民素质整体较高，在煤炭行业也不例外。世界发达国家煤矿从业人员一般都具有较高的安全意识、学历、守法诚信、专业实操技能、应急能力等，在煤矿准入和培训等方面也比较严格。美国在培训方面有比较完备的要求和规定，如必须使矿工有明确的技术操作素质和安全急救意识等才能进入煤矿工作，注重对班组长的培训考核及取证管理工作等。澳大利亚昆士兰州《煤矿安全与健康规程》规定，在确定工人培训需求时，鉴别并且预先了解工人当前的能力素质状况，任命合格人员对煤矿工人进行培训以及对煤矿工人的能力素质进行评估等。日本非常注重让职工在各自的责任范围内自己进行安全管理，变“要我怎样做”为“我要怎样做”，形成自我安全管理体系，同时日本煤矿先后开展了多种多样的安全教育活动，推动职工的整体素质提高。南非矿业部门通过加强与高校和培训机构的合作，不断提高年青一代矿业从业人员的工作技能，并通过认证机构，对矿业职业健康与安全生产管理人员和从业人员的培训进行考核认证。

相比之下，我国煤矿从业人员素质越来越成为制约煤矿安全发展的瓶颈。一是煤矿从业人员整体素质不高。据统计，目前煤矿从业人员具有大专及以上文化程度的仅15%，比快递行业还低20个百分点，初中及以下文化程度占50.9%，煤矿高技能人才仅占6%、发达国家普遍高于35%，从业人员安全素质和法律意识不高，工匠大师不多，创新人才匮乏，复合人才更为紧缺，难以满足高质量发展的要求。煤矿死亡事故中农民工占比高达75%以上，农民工远未成为真正意义上的产业工人，往往既是事故受害者，又是事故肇事者，低技能员工队伍与高风险工作岗位要求不匹配。二是从业人员年龄老化、“招工难”问题突出。当前我国煤矿从业人员年龄结构老化极其严重，队伍不稳定，招工难、招生难、留人难的问题日益凸显，根本原因是我国煤矿从业人员特别是井下工人与国外收入相差极大。一些国有大矿专业技术人员和技术工人流入不足、流失严重，大中专毕业生不愿从事煤矿工作，年轻人宁肯送快递也不愿下井；一些小煤矿一放假队伍全散，一复工全是新人，招工“零门槛”，上岗“零培训”，技能“零基础”，放下锄头就进迎头。据统计，目前全国煤矿从业人员当中，40岁以上的占56%。一些煤层赋存条件复杂、小煤矿多、煤矿企业效益差的地区，这类问题更为突出。三是劳动用工管理混乱。一些煤矿企业为了降低用工成本，井下采掘一线岗位非法使用劳务派遣工，素质良莠不齐，几支队伍同时作业，管理难度加大，给安全生产埋下隐患。有的煤矿企业违规采用派遣工、承包单项工程，违规转包分包、以包代管，安全责任在层层转包中落空。一些煤矿现场管理混乱，“三违”现象频发，隐患排查流于形式，复产复工不严格，风险隐患大量存在。2018年、2019年共发生394起事故，90%以上是零星事故，都存在人员素质不高、培训不到位、违规操作等问题。此外，一些煤矿对从业人员不按计件工资进行管理，未严格执行按劳分配原则；一些煤矿虽然实行了计件工资管理，但并未严格考核，有的以各种理由克扣一线劳动者报酬，一些濒临退出或效益差的煤矿甚至难以保证从业人员的社会保障和工伤保险，导致员工安全生产积极性不高。四是安全培训不到位。部分企业对安全培训工作不重视，培训责任落实不到位。安全培训图形式、走过场，该培不培、以会代培，甚至乱培训、假培训、将安全培训经费挪作他用；培训机构鱼龙混杂，开办条件、标准降低；有的培训方法单一，教材陈旧、设施老化、实操设备不足、信息化建设滞后，培训质量差，一些危险岗位作业人员专业素质跟不上工艺技术装备的发展。2018年、2019年44起较大及以上事故中，有25起存在不培训就上岗等问题，占比高达56.8%。

6.7 加强我国煤矿安全生产工作的启示

6.7.1 提高产业集中度，优先发展露天开采

世界主要产煤国家无不优先发展露天开采，矿山规模大型化，开采高度集中化。我国煤炭资源赋存条件复杂，井工开采比例高，安全性差，因此需统筹谋划全国煤炭产业总体发展战略，一方面加大南方地区小煤矿和灾害严重矿井淘汰退出力度，持续推动我国煤炭生产向晋陕蒙新等地集中，再建一批千万吨级、亿吨级煤炭生产基地，加强煤炭运输战略规划，进一步提高产业集中度；另一方面优先发展露天煤矿，特别是内蒙古、新疆等地新建矿井优先考虑露天开采，从源头上实现安全生产。

6.7.2 实施科技兴安，建设透明矿山和智慧矿山

全面推进煤矿智能化建设，推动人工智能、工业物联网、云计算、大数据等与煤矿安全生产深度融合，分级分类引导企业建设智能化矿井。实施透明矿山工程，利用GIS、虚拟现实等技术，实现精准三维可视化动态矿山。研发应用掘进、采煤、运输、安控和救援煤矿机器人，推进露天煤矿设备连续化、大型化、智能化，积极研发应用钻孔爆破机器人、卡车无人驾驶系统等。实施智慧矿山工程，对采掘生产、职业健康与安全、资源环境管理、洗选加工、技术支持与后勤保障等进行主动感知、自动分析、快速处理。突出灾害超前治理科技攻关，研究深部开采各类灾害耦合诱发机理，解决低透气性煤层增透、瓦斯抽采提效和地应力、瓦斯灾害耦合防治等技术难题，采用无人机、北斗系统及超算等手段，实现对瓦斯压力场、地应力和采动应力场、水和CO等隐蔽致灾因素的精准监测分析和多系

统融合综合智能监测预警。

6.7.3　推进监管监察机构职责法定化

国外矿山（含煤矿）安全监管的一个鲜明特点是，政府安全监管机构的设立和职能配置，甚至包括社团组织如协会或三方委员会（如美国的工会组织、澳大利亚的矿山安全委员会、印度的矿区三方委员会等）的设立，相关法律都有明文规定。因此，应强化我国煤矿安全监管监察的法律职能及与行业管理、职业健康管理等部门的协调统一工作，通过修改《矿山安全法》《煤矿安全条例》等相关法律法规，赋予煤矿安全监管监察机构及其监管监察人员法定职权，使煤矿安全监管监察真正做到有法可依。

6.7.4　创新社会治理，构建共治共享体系

推动监管监察、行业管理、公安、电力、金融、保险等有关部门，行业协会、安全生产协会、第三方机构、工会、共青团等社会团体和基层组织共同参与煤矿安全治理，统筹社会各种资源支持煤矿安全治理，激发市场活力，形成政府、企业、社会共建共治共享的新型治理模式。发挥工会在安全生产立法、现场监督、安全生产宣传教育、事故调查处理、安全生产劳动争议中的作用。建立全国性的矿工组织，保障矿工及代表的参与健康与安全监督的权利，依法赋予矿工安全生产知情权、抵制违章指挥权和举报权，具有向政府监察和管理机构提出建设性建议的义务。健全煤矿安全生产举报奖励制度，畅通群众和基层举报渠道，完善落实举报奖励制度。加强舆论监督，充分发挥媒体作用，及时公开曝光，强化警示震慑效果。健全第三方服务体系，推动并完善政府购买安全生产服务制度，完善煤矿安全政府购买服务清单，把适合由社会组织提供的公共服务和解决的事项交由社会组织承担。推动安全生产责任保险覆盖所有的煤矿企业，强化保险机构事故预防服务作用。加强煤矿安全生产诚信体系建设，完善煤矿企业安全生产信用评价制度，依据评价结果实施分级分类监管监察。

6.7.5　实行最严格的责任考核和追究制度

赋予国家矿山安全监察机构在进行煤矿安全类犯罪查处时，享有（联合）侦查权与建议起诉权，从而增强矿山监察执法工作的威慑力；建议积极争取政法、纪检等部门的支持，研究制定煤矿安全生产尽职免责、失职追责办法，构建煤矿监察人员权、责匹配的执法体系。同时，健全落实党政考核问责机制，实行过程考核与结果考核相结合，明确细化通报、诫勉、停职检查、调整职务、责令辞职、降职、免职或者处分等方式问责办法，涉嫌职务违法犯罪的由监察机关依法调查处置，严格落实煤矿安全生产“一票否决”制度。制定各有关部门煤矿安全生产责任清单，尽职照单免责、失职照单问责。完善企业安全生产责任考核管理办法，明确各岗位的考核标准和奖惩办法，定期组织考核，依规奖优惩劣。建立事故隐患责任制倒查常态化机制，将重大隐患当作事故处理，追究问责企业主要负责人和造成重大隐患的责任人员，探索建立较大以上亡人事故企业关闭或转让退出制度。

6.7.6　提升煤矿企业自主保安能力

建立健全煤矿安全理念文化引领机制，坚持依法治安和以德治安相结合，推动煤矿企业牢固树立以人为本、生命至上的安全发展理念，强化企业“零死亡”目标理念，建立健全自我约束、持续改进的内生机制。推动煤矿安全宣传教育常态化、制度化，加强普法教育，加强正面宣传、反面警示和舆论引导，强化全体从业人员安全意识和法治意识，筑牢“不想违”的思想根基。完善并落实现场自主保安机制，完善落实领导带班下井制度，加强重点部位、关键环节的检查巡视；建立班组长选聘、使用、培养、考核和激励的制度和机制，提升班组长安全意识、业务能力、管理能力和应急处置能力；创新现场安全自主管理模式，健全岗位作业人员自保、互保、联保制度。

6.7.7　以提高薪酬待遇为根本手段，推动从业人员素质提升

完善从业人员劳动保障制度，坚持按劳分配为主体、多种分配方式并存，坚持多劳多得，大幅提高煤矿一线工作者工资收入和福利待遇，减少作业时长，减少夜班作业，不断提升职业荣誉感、安全

感、获得感、幸福感。实施煤矿从业人员学历提升工程，不断提高人员学历准入标准，把好从业人员入口关，进一步规范劳动用工，逐步取消井下劳务派遣工。实施培训方式创新工程，利用虚拟现实、互联网、云技术等，建设煤矿 VR 安全体验馆，加强政府和企业安全培训学习平台建设，实现在线教育和培训资源共享共通。弘扬工匠精神，厚植工匠文化，培育工匠人才，大力营造尊重劳动、崇尚技能、鼓励创新的舆论导向和浓厚氛围。

6.7.8 推动煤矿安全治理理念由防范伤亡事故逐步向职业健康转变

发达国家普遍实行职业安全与健康统一立法，体现了从事故高发期重视安全到后期健康与安全并重的理念转变。我国实行的是安全生产与职业健康分别治理、各自立法的模式，特别是 2018 年机构改革将安全生产与职业健康管理体制分开。从长远考虑，到我国煤矿安全治理基本实现现代化时，应由防范伤亡事故逐步向职业健康转变，合理整合煤矿安全监管监察与劳动保护机构职责，做好煤矿安全生产与职业病防治相关法律法规衔接，加强伤亡事故与职业病统筹统计分析，推动矿山安全生产与矿山职业病防范工作一体化。

7　煤炭与生态环境

一直以来，煤炭的开发利用在为世界各国提供大量的能源和原材料，为全球经济的快速发展提供了巨大能源保障。与此同时，煤炭开发利用带来的生态环境破坏和污染问题，已经引起世界各国政府的高度重视，使得各国采取了一系列行之有效的政策措施。长期来看，如何正确处理煤炭开发利用与生态环境保护的关系，将对新时代世界煤炭工业发展产生深远影响。

7.1　主要煤炭生产国矿区环境治理

煤炭矿区环境是指煤炭资源开采范围内的生态环境、经济环境和社会环境。矿区环境综合治理，既包括对大气、水、土壤、生物等环境的治理，也包括对生态环境破坏后所带来的经济、社会等问题治理。在这一方面，美国、澳大利亚、加拿大、德国、英国等世界先进产煤国家具有较为丰富的实践经验。他们建立了严格仔细的生态环境保护法规制度，以“生态恢复”为主要原则进行矿区土地复垦，且特别重视关闭退出煤矿资源综合利用和环境整治，这些经验和做法值得其他煤炭生产国借鉴。

7.1.1　先进产煤国家生态环境保护法律法规与政策标准完善且严格仔细

针对煤矿环境方面存在的问题，美国、澳大利亚、加拿大、智利等国家先后于 20 世纪 60 年代末和 70 年代初出台了一系列适合本国国情的法规规定。国外涉及矿山环境的法律法规很多，但是从其法律体系上看，主要可以归为四大类，即基本环境护法、单项介质环境保护法、矿业法和专项矿山环境保护法。在一些矿业大国和发达国家，如美国、加拿大、澳大利亚，基本上形成了一套从联邦到州（省）的完整体系，立法较为详尽、明确、可操作性强。

对于这些发达国家，与煤矿有关的环保法规差异颇大，但又有一些共性，主要涉及土地保护、环境影响评价、许可证制度和土地复垦等方面。美国、加拿大和澳大利亚等发达国家具有的共同特点比较典型。发展中国家在煤矿环境立法方面的步伐在加快。最近 30 多年内，亚洲国家的矿业法才涉及环境问题，其中至少包含有某些特定的环境要求，但其法律要求总体上较分散、笼统、可操作性差。例如复垦规定散见于有关采矿与环境保护的法律法规中，如矿产法、环保法、水法和土地法等，缺乏像美国《复垦法案》一样的专门立法。比如，南非法律只要求采矿企业“拆除所有建筑物”及“清理所有垃圾”。这种泛泛的规定不仅不利于操作，而且会给权力部门留下较大的自由支配权与协商权。此外，发展中国家大多注重矿山关闭后的环境治理，忽视开采过程中的同步整治。

无论是发达国家，还是发展中国家，有关煤矿环境保护与管理的工作大体可以分为 4 个环节：立法和制定标准；发放许可证；贯彻执行有关政策、法律法规和标准；监督和强制性执行。在矿山环境管理的法律制度上，可以总结为以下几项。

1. 环境影响评价制度

环境影响评价（EIA）是对在经济活动影响下环境保护的局部预测。这一预测研究、报告书的制定和批准是一项非常复杂的工作。一般由项目申请者（公司）提交环境影响报告书或由公司出资请无利害关系单位的专家进行评价。环境影响评价作为环境管理的一项基本措施，越来越普遍应用于矿业项目之中。无论是发达国家，还是发展中国家，都有比较具体的内容要求。如在亚洲国家，都要求环境影响评价报告应呈交给政府并由政府审查通过。其中，多数国家要求在采矿权经审查和授予之前先行对环境影响评价进行审查通过。这些要求一般由矿业法本身提出。

2. 保证金和财务担保制度

发达国家及大多数发展中国家为矿山环境的保护和治理设立了各种各样的保证金和财务担保制度，以确保矿山环境治理和矿地复垦等工作落到实处。亚洲一些国家要求现行采矿权的合法拥有者设立某种类型的环境保护财务担保，一般为信用基金或债券。这种担保金要么用于矿山开采作业期间防治潜在的现行环境损害，要么用于复垦。对于信用基金，有些被指定直接由某一政府机构保管（例如蒙古国、菲律宾），另一些信用基金则通过私营金融机构设置（例如越南、柬埔寨）。大多数国家规定，在履行了所有义务之后剩余的全部基金都应归还给出资者。还有一些国家，对不同规模的矿山设立不同的基金和基金管理方式，例如，马来西亚为大型矿山和小型矿山分别设立了矿山恢复基金和通用恢复基金。

3. 矿地生态恢复和土地复垦制度

在大多数国家的矿业项目申请之前，一般都必须提交矿地恢复或土地复垦计划，报请有关主管部门审查批准后执行。如巴西的“退化土地恢复计划”，西班牙的“采矿破坏区恢复计划”，加拿大安大略省的“闭坑计划”。对这些计划的编制，在有关法律法规中都有明确的说明，有的还制定有专门的法律，比较典型的是美国的《露天采矿管理与恢复（复垦）法》。值得指出的是，矿地生态恢复和土地复垦制度的设立往往与经济手段是结合在一起的，也即与保证金和财政担保制度统一考虑。

4. 环境许可证制度

在许多国家，环境许可证被视为运营许可证，主要目的是把生产活动可能会对生态环境产生的影响降低到最低限度。这一制度包括了对矿山环境的管理。在矿山项目建设和开发之前，矿业公司必须首先获取环境许可证书（ECC），这必须通过进行环境影响评价和提交环境影响报告书的形式来获取。在这方面，美国的制度比较完善，要求所有矿业项目不仅需具有环境许可证及批准书，而且还需具有政府机构要求申办的许可证、批准书或通知书。对许可证的发放，各个国家和地方政府都有一定的程序。

5. 环境监督和检查制度

矿山环境保护和恢复治理的好坏，需要有严格的监测、监督检查等制度的支持，需要有一定的程序和手段作为保障。一些国家在其修改的矿业法中，明显加强了有关条款的制定。例如，菲律宾提出的环境保护和改善计划（EPEP）及多部门组成的环境监测和核查小组，是保障矿山环境监督检查的重要条件。在英国，环境部门负责发放许可证，设在该部内的皇家污染监察局（HMIP）的总监也有权核查许可证条款的执行情况，并有权强行执行。

7.1.2 美、澳等国矿山复垦遵循“生态恢复原貌”的原则

土地复垦作为保护土地的必然选择，世界各国纷纷制定土地复垦法律法规和政策，在破坏地区平整土地，力求恢复土地生态原貌。20 世纪 70 年代后期，美国、澳大利亚、加拿大等国相继制定了专门的土地复垦法规。美国《露天采矿管理与恢复（复垦）法》、加拿大《露天矿和采石场控制与复垦法》等都对土地复垦规划内容、验收标准、复垦资金来源、政府各级部门的职责及复垦技术作了详细规定。严格的土地复垦政策法规和完善的管理体制，保证了这些国家达到较高的土地复垦率。美国联邦政府颁布的《复垦法》，其目标主要是从法律的角度，要求矿业主对开采造成的土地破坏必须恢复到原来状态，同时改善矿区破坏的生态环境。澳大利亚的土地复垦是要将干扰过的土地恢复到稳定和有生产能力，且适合社区或社区能够接受的状态。英国矿业与环境委员会将土地复垦定义为将废弃的场地改做某种用途。

以美国为例，《复垦法》对土地复垦提出了苛刻的标准和要求，要求土地复垦成为采矿过程的一部分。对矿产开采过程中废弃物的处理和堆放、土地复垦恢复到原用途要求的环境及土地复垦技术与目标都有具体规定，并直接受当地主管部门的监管。为贯彻执行《复垦法》，美国联邦政府于 1979

年组建露天采矿与复垦执法办公室，专管全国矿山的土地复垦工作。土地复垦每 5 年为一个检验期，验收中只要有一项未达到开矿前的指标就不予通过，需要再恢复 5 年进行第二次验收，未通过验收的仍需继续支付有关费用。1977 年后破坏的土地按《复垦法》规定边开采边复垦，复垦率要求达到 100%。除了新近采矿破坏土地的恢复外，联邦和州政府对《复垦法》实施前破坏的土地复垦也十分重视，成千上万的废弃矿山得以恢复。

我国的《土地复垦条例》第二条明确提出：“本条例所称土地复垦，是指对生产建设活动和自然灾害损毁的土地，采取整治措施，使其达到可供利用状态的活动”。将其延伸至煤矿区范围内，矿区土地复垦即是对煤矿生产建设过程中，因挖损、塌陷、压占等造成破坏的土地采取整治措施，使其恢复到可供利用状态的活动。比较我国与国外在土地复垦上的做法，主要存在两个区别：一是土地复垦的目标，国外以恢复生态环境为主，我国则以珍惜和合理利用每寸土地为目标，这一点明确反映了我国与国外在立法目的方面的差异上；二是复垦工程措施，国外似乎不惜重金，要求严格，近乎呆板，而我国尤为注重因地制宜，灵活多样。

7.1.3　重视关闭退出煤矿资源综合利用及环境整治

德国、英国、美国、加拿大、澳大利亚等国家已经经历了煤矿大规模开发和关闭的过程，这些国家非常重视关闭煤矿的管理，制定了相关的法律法规，明确了政府监管、利益相关方参与的闭矿管理制度，积累了大量废弃矿山环境管理的经验。

德国政府十分重视关闭矿井残存煤层气开发利用工作，鼓励企业从关闭矿井中抽采瓦斯并进行发电利用。德国于 2000 年 4 月通过了《可再生能源法》，要求电网保证可再生能源发电站并网，并且调度优先级在核电站和传统化石能源发电站之前，同时保证可再生能源享受 20 年固定上网电价。关闭矿井残存煤层气被列为可再生资源之一，得益于《可再生能源法》，德国关闭矿井残存煤层气项目在 21 世纪前 10 年实现了快速发展。《德国联邦采矿法》规定，关闭煤矿企业必须采取相应措施规避可能存在的地表塌陷、有害气体逸散等风险，经政府有关部门批准后方可关闭。由于德国对关闭矿井残存煤层气排放的评估、对煤矿关闭进行提前规划及对井筒封闭采取的一些措施，关闭矿井残存煤层气排放得到严格控制，为关闭矿井残存煤层气的后续利用奠定良好的基础。经过多年的技术研究和工程实践，目前德国企业已探索形成较为清晰的关闭矿井残存煤层气抽采利用技术路径，并实现了商业化运营。

随着英国大量煤矿关闭，英国矿区环境保护的重点由生产过程中的环境保护向关闭后矿井灾害治理和生态修复转变。根据《英国煤炭管理局对废弃矿井的管理方案》的规定，煤矿的关闭工作由煤矿企业承担主要责任，并对 15 年内关闭后的煤矿历史遗留问题（地表塌陷、封闭的井口、矿井水、可能逸散的气体及煤层自燃）进行治理，矿井关闭后 15 年后的灾害监测与灾害治理由煤炭管理局进行管理。对于一些生产历史周期长、盈利差的老矿区，煤炭政府管理部门会申请利用英国政府预算资金对其进行关闭，并落实好隐患治理措施。英国煤炭管理局负责统计和整理关闭煤矿的相关数据，形成废弃煤矿目录数据库，并对数据库进行日常维护，为后续的废弃煤矿资源开发提供有效支撑。为解决英国煤矿关闭后的瓦斯泄漏问题，早在 1954 年就开始废弃煤矿瓦斯开发利用研究，其开发利用技术处于世界领先地位，在关闭的 300 座井工煤矿中 30 座煤矿进行了废弃煤矿瓦斯利用项目开发，2016 年全国废弃煤矿瓦斯装机容量约为 60 MW，依靠市场化手段，实现了商业开发。为治理矿井水污染，英国范围内共设有 800 个矿井水监测点对矿井水的情况进行监测，建立数据模型，预测矿井水的走向，以便及时采取有效的控制措施。

美国是世界上废弃煤矿瓦斯抽采利用商业化较成功的国家，也是世界上首个将废弃煤矿瓦斯排放量计算在温室气体排放总量内的国家。根据《2013 美国温室气体排放清单》数据，2011 年美国共建设 38 个废弃煤矿开展瓦斯抽采利用项目，利用的煤矿瓦斯总量约 $1.6\times10^{8}\ m^{3}$，其中近 60% 的项目分布在伊利诺斯州的煤炭盆地中。

我国煤矿在1997年曾多达8.2万处，随着能源结构调整和煤炭产业转型升级，截至2019年底，全国煤矿数量减少至5300处左右。虽然煤矿数量不断减少，废弃煤矿数量大量增加，但与上述国家相比，我国有关废弃煤矿资源综合利用和环境整治缺乏顶层设计。

7.2 主要煤炭消费国煤炭利用环境保护

随着全球能源需求的日益增长，煤炭大规模使用带来的污染物和二氧化碳排放使得全球能源系统的可持续性面临威胁。为实现和保证能源稳定、清洁、高效发展，中国、美国、日本、韩国、德国、南非、澳大利亚、俄罗斯、印度尼西亚等主要煤炭消费国严格控制燃煤发电污染物排放，高度重视碳捕集、利用与封存技术发展，纷纷出台有关碳税和碳排放政策，以加强煤炭利用过程中的环境保护。

7.2.1 主要煤炭消费国严格控制燃煤发电污染物排放

长期以来，煤炭发电一直是全球电力生产的领导者。综合国际能源署（IEA）和BP的统计数据，2000—2019年，燃煤发电在全球电力生产中的占比徘徊在38%~41%。从发电量来看，全球燃煤发电在地理分布上高度集中。根据BP的统计数据，中国、美国、印度、日本、韩国、德国、南非、澳大利亚、俄罗斯、印度尼西亚、波兰、中国台湾、土耳其共计13个国家或地区的燃煤发电量占到全球燃煤发电量的90%以上。近年来，随着温室气体排放带来的气候变化问题成为全球议题，新兴经济体的工业化进程开启和加速，全球的资源供给和环境承载压力日益突出，在能源需求总体增长的同时，世界开始向低碳未来转型，能源结构正在发生变化，高效清洁的低碳燃料的增速将超过碳密集型燃料。特别是随着《巴黎协定》已经对煤炭发出警告，世界主要煤炭消费国纷纷出台相关政策标准，严格控制燃煤发电污染物的排放。

美国政府十分重视重点污染行业排放标准的制定，分别制定了有害空气污染物、水污染物、固体废物等污染物排放标准。美国有害空气污染物排放标准针对固定污染源制定两种排放标准：新污染源排放标准和危险气体污染物国家排放标准。新污染源排放标准保证新建和改建电厂的排放量达到严格的限制标准，比已在运营的电厂更为严格。还制定了最大可能控制技术所控制的最低污染物排放标准，促进排放源采用相关控制技术或更换燃料。

日本将煤炭利用的环保政策纳入总体环保政策体系进行管理，对燃煤企业提出强制性排放限值，对采用不同燃料、不同机组、不同时段污染物允许排放值都有明确和详细规定，在制定污染物排放控制标准时，依据最佳可行技术实施动态控制。大力发展高效、新一代燃煤热电联产，鼓励低效燃煤发电厂（发电效率低于USC）初步淘汰的机制，限制新建抵消燃煤热电厂等，为了进一步减少温室气体排放，发展和应用下一代高效燃煤火力发电技术，如煤气化联合循环（IGCC）和煤气化燃料电池联合循环（IGFC）技术。

德国政府重视燃煤电厂技术的提高，特别注重减少二氧化碳的排放量和提高烟气除硫效率。支持近零排放火力发电技术的开发，特别是新的、高效的发电厂，其中包括高效、现代化的煤炭发电厂。

由于当前日益增大的环保压力，中国加快了环境治理步伐。2011年，中国颁布了史上最严的《火电厂大气污染物排放标准》，该标准的超低排放限值明显严于美国、欧盟现行排放标准限值。但更值得关注的是，中国超低排放限值符合率的评判标准为小时浓度，而美国排放标准限值的评判标准为30天滚动平均值，欧盟排放标准限值的评判标准为日历月均值。因此，从符合率评判方法来说，中国短期内要求符合的超低排放限值比美国和欧盟长时间段内平均浓度要求符合的标准限值严格得多。2014年6月国务院办公厅印发《能源发展战略行动计划（2014—2020年）》，拉开了中国燃煤电厂“超低排放”的序幕。经过超低排放和节能改造，中国煤电行业二氧化硫、氮氧化物、烟尘年排放量大幅下降，供电标煤耗也呈现明显下降趋势。截至2018年三季度末，中国煤电机组累计完成超

低排放改造 7×10^8 kW 以上，提前超额完成 5.8×10^8 kW 的总量改造目标，加上新建的超低排放煤电机组，中国达到超低排放限值煤电机组已达 7.5×10^8 kW 以上，中国已建成全球最大清洁煤电供应体系。

7.2.2　碳捕集、利用与封存技术受到各国高度重视

联合国政府间气候变化专家委员会（IPCC）历次评估报告，以及《中国气候变化国家评估报告》通过对全球和区域的平均温度、降水、冰川、海平面等的观测和分析表明，气候变化后果严峻，必须妥善应对。无论是国际能源署（IEA）、英国石油公司（BP）的全球能源展望，还是国内相关能源预测研究，都显示煤、石油等化石燃料到2050 年仍将是全球能源供给的重要来源，全球在未来较长时间内还需依赖化石燃料作为主要的能源供给。在全球共同应对气候变化的背景下，碳捕集、利用与封存被看作一种重要的温室气体减排方案。CCS 技术在未来的必将有大规模应用。

美国、欧盟、澳大利亚、加拿大、日本等发达国家都投入大量资金开展 CCS 的研发和示范活动，并制定相应法规、政策积极推动 CCS 的发展，并试图尽早掌握该技术，以实现在控制本国排放和全球 CCS 产业竞争中占得先机。国际金融危机爆发以来，美、欧等发达国家不仅没有削减，反而加强了对 CCS 研发和示范的支持，围绕 CCS 的部署呈现出以下几个特点：一是通过颁布 CCS 技术发展路线图或相关战略规划，明确近、中、远期技术方向和研发重点，设立跨部门的协调工作机制等措施加强国家层面技术政策的指导和宏观协调；二是进一步加大政府投入，引导私有投资加速开展全流程 CCS 项目示范，将推动 CCS 技术商业化作为应对金融危机、促进国内经济复苏的手段；三是通过建立跨行业、跨领域的 CCS 合作平台，加速技术成果的转化，加强知识与经验共事，推进 CCS 技术商业化应用；四是开展 CCS“硬技术”研发和示范的同时，重视技术标准、管理制度和规范、法律法规、公众接受度等技术应用“软环境”的建设。

尽管起步较晚，中国 CCS 技术发展在近些年取得了长足进步，成功地开展了工业级的 CO_2 捕集示范，并在 CO_2 利用等技术环节形成了有自主知识产权的技术，形成自身的技术特点。但相比欧美等发达国家 CCUS 技术发展部署，中国尚缺乏可以指导国内近、中、远期 CCUS 技术发展的、系统性的科技政策；现有研发和示范项目多聚焦单一技术环节，尚无明确的全流程 CCUS 示范项目计划和部署；研发和示范活动多为单个企业主导，尚缺乏跨行业的合作平台；现有工作多侧重 CCUS“硬技术”的研发，对技术应用与推广的“软环境”建设关注不够。

7.2.3　碳税和碳排放政策对煤炭行业影响深远

碳税是指针对二氧化碳排放所征收的税。它以环境保护为目的，希望通过削减二氧化碳排放来减缓全球变暖。碳税通过对燃煤和石油下游的汽油、航空燃油、天然气等化石燃料产品，按其碳含量的比例所征的税，以实现减少化石燃料消耗和二氧化碳排放目的。西方碳税政策的领先者是以丹麦、荷兰为代表的北欧国家，他们具有完备成熟的碳税制度；澳大利亚、美国虽然起步较晚，但也产生了深远的影响并进入领跑者行列；欧盟大部分国家都已开征碳税。各国在经济和政治发展上都有自己的特点，碳税发展也有较大差异。北欧各国的征收范围和纳税人其实大同小异，主要包含了“一次能源”（直接取自自然界未经过加工转换的各种能量资源），如天然气、煤；“二次能源”（由一次能源经加工转换后得到的能源产品），如电力。大部分国家的碳税都以混合方式征收。其他发达国家征税范围大多含有油化矿物燃料。2020 年世界各国碳税价格如图 1－7－1 所示。

碳交易市场是人类应对气候变化的产物。近年来多个国家性、区域性的碳排放交易体系已经建立或将要实施，如新西兰碳排放交易体系（2008 年）、美国的区域温室气体倡议（RGGI）（2009 年）、澳大利亚实施的碳价格机制（CPM）（2012 年）、美国和加拿大的西部气候倡议（WCI）（2013 年）、韩国的碳排放交易体系（2015 年）等。2020 年部分国家/地区碳交易市场价格如图 1－7－2 所示。

各国碳税、碳排放交易政策将对煤炭行业发展产生巨大的影响。首先，将调动企业对清洁电力的积极性，推动清洁能源发电占比不断提升。其次，由于煤电行业是排放大户，碳税、碳交易政策的实

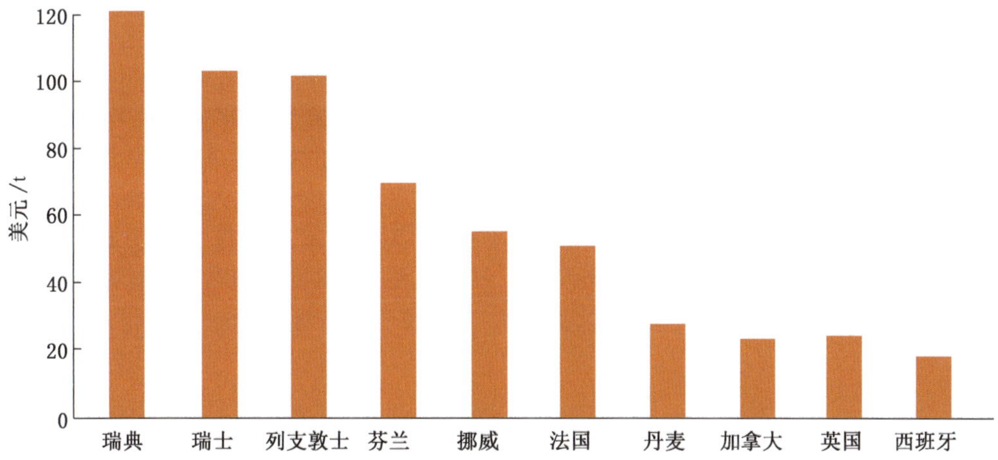

图1-7-1 2020年世界各国碳税价格

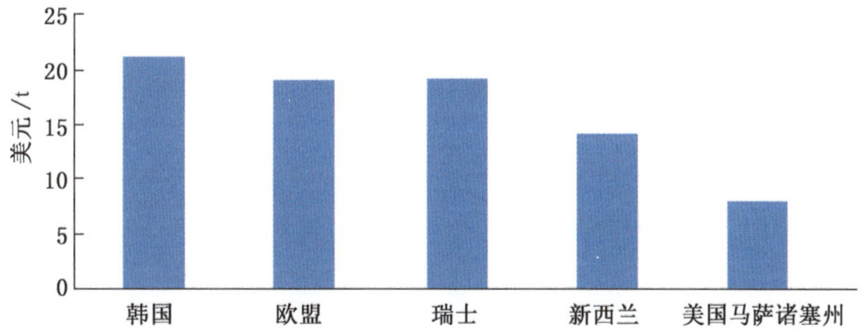

图1-7-2 2020年部分国家/地区碳交易市场价格

施，必然会不断压缩煤炭消费空间，加快煤电产能退出进程。最后，碳交易市场将促进煤电企业转型。在碳交易市场的推动下，煤电企业为了保持盈利水平，避免花费过多的资金在购买碳排放配额上，必然会全力提升清洁能源发电占比，向清洁能源电力企业转型。

作为对全球事务负责任且有担当的大国，中国与美国于2014年11月联合发布《中美气候变化联合声明》，承诺碳排放在2030年左右达峰并争取尽早达峰，并且在2015年12月的巴黎气候大会上中方重申了这一承诺。2020年9月22日，中国国家主席习近平在第七十五届联合国大会一般性辩论上发表讲话指出，“中国将提高国家自主贡献力度，采取更加有力的政策和措施，二氧化碳排放力争于2030年前达到峰值，努力争取2060年前实现碳中和。”2020年12月16日至18日举行的中央经济工作会议进一步提出，要“制定2030年前碳排放达峰行动方案”，要“加快调整优化产业结构、能源结构，推动煤炭消费尽早达峰，大力发展新能源，加快建设全国用能权、碳排放权交易市场，完善能源消费双控制度”。中国政府的一系列政策举措，不仅从推动国内经济社会高质量发展角度做出了现实选择，而且回应了国际社会对中国及全球气候变化的关切，彰显了中国政府对碳减排的高度重视和坚定决心，受到国际社会的高度评价。

8　大型跨国矿业集团公司经营发展战略

研究分析近30年世界主要产煤国家煤炭企业的规模扩张和产业集中度的变化情况，中外大型矿业企业兼并重组的典型案例、跨国矿业集团的生产经营战略等，目的是提高中国煤炭企业的竞争实力，帮助中国从煤炭进口大国转变为煤炭经营强国，提高中国煤炭全产业链获益能力。

8.1　主要产煤国家矿业集团的发展历程

美国和中国煤炭产业集中度近30年增长较快，澳大利亚、俄罗斯和印度在20世纪90年代已经达到40%以上；美国、印度和中国煤炭生产企业主要以煤炭产品为主，比较单一，而澳大利亚、俄罗斯的企业产品包括多种多样的能源、矿产品等，同时兼顾贸易，抗风险能力相对较强。

8.1.1　主要产煤国家煤炭生产企业变化

1. 2009年和2019年按煤炭产量排序的世界十大煤炭生产商

近10年来，煤炭市场迅速向亚洲特别是向中国转移，印度煤炭公司仍然是世界最大的煤炭生产商。2009年只有2家中国国有煤炭企业（神华集团和中国中煤能源集团公司）位列世界前十大煤炭生产商；2019年世界前十大煤炭生产商中有6家来自中国。神华集团与国电集团合并重组而成的中国国家能源投资集团公司2019年位居第二（若以生产价值或能源含量而不是以产量作为衡量标准，它将是最大的生产商），中煤集团升至第四。此外，四家中国省属企业也跻身前十名生产商之列，分别是山东能源集团、山东兖矿集团、陕西煤化工集团、山西大同煤矿集团。在此期间，中国在全球煤炭生产中的份额保持稳定：2009年为46%，2017年为47%。前十名的变化反映了中国侧重煤炭行业重组，而非扩大产量份额。名单上唯一的新上榜非中国公司是俄罗斯私人公司西伯利亚煤炭能源公司，它也是世界第四大煤炭出口商。2009年和2019年按煤炭产量排序的世界十大煤炭生产商见表1-8-1。

表1-8-1　2009年和2019年世界十大煤炭生产商

国　家	2009年	
	公　司	产量/Mt
印度	印度煤炭公司	431
中国	神华集团	328
美国	皮博迪能源公司	221
美国/澳大利亚	力拓集团	140
中国	中煤能源集团公司	125
美国	阿齐煤炭公司	114
哥伦比亚/南非/澳大利亚	必和必拓公司	105
德国	莱茵集团	100
哥伦比亚/南非/澳大利亚	英美资源集团	96
哥伦比亚/南非/澳大利亚	斯特拉特公司	95

表 1-8-1（续）

国　　家	2019 年	
	公　　司	产量/Mt
印度	印度煤炭公司	606.89
中国	国家能源投资集团	510
美国/澳大利亚	皮博迪能源公司	165.5
中国	中煤能源集团公司	164
中国	山东能源集团公司	141
中国	陕西煤化工集团	140
中国	兖矿集团	135
中国	大同煤矿集团公司	127
哥伦比亚/南非/澳大利亚	嘉能可集团	121
俄罗斯	西伯利亚煤炭能源公司	108

2. 2009—2019 年按市值排序的世界大型煤炭生产商

表 1-8-2 所示是 2019 年按市值排名的前 40 家矿业公司中生产煤炭的企业，与按煤炭产量规模排名的生产煤炭的企业与较大不同，市值较高的企业多呈现多元化的经营特点。

表 1-8-2　2019 年按市值排名的前 40 位矿业公司中生产煤炭的企业

公 司 名 称	公司所在国家	商品焦点
必和必拓集团	澳大利亚/英国	多元化
嘉能可公司	瑞士	多元化
中国神华能源有限公司	中国	煤炭
英美资源集团	英国/南非	多元化
印度煤炭公司	印度	煤炭
泰克资源有限公司	加拿大	多元化
South32 Limited	澳大利亚	多元化
陕西煤业化工集团	中国	煤炭
中煤能源股份有限公司	中国	煤炭
兖州煤业有限公司	中国	煤炭
巴彦资源有限公司	印尼	煤炭

在大型多元化经营的全球矿业公司中，力拓集团（Rio Tinto）的煤炭资产处置始于约 10 年前在美国的煤炭资产，结束于澳大利亚；在完成撤资程序后力拓于 2018 年确定退出煤炭行业。作为世界第二和第三大煤炭出口商，必和必拓（BHP）将其部分煤炭资产剥离给了 South32、英美资源集团（Anglo American）后，依旧是世界第二和第三大煤炭出口商。嘉能可公司（Glencore）是 2013 年与斯特拉塔（Xstrata）合并的，位居前十名，是该排行榜中唯一一家多元化经营的大型全球矿业公司。同时美国煤炭企业面对国内市场需求下降，更多地专注于财务约束而非国际扩张。皮博迪（Peabody）仍是最大的私人生产商，也是 2017 年榜单中唯一的美国公司。皮博迪宣布与阿齐煤炭公司（Arch Coal）合资成立一家股份公司，共享 2018 年生产 185 Mt 的资产，以实现价值最大化并在艰难的环境

中保持竞争力。

大型多元化经营开采企业和单一煤炭出口企业面临融资约束差异较大。中国的大部分煤炭产自国有企业；印度也是如此，印度煤炭公司占国内煤炭产量的 80%，其他上市公司则占 10%。近期对上市公司所有权趋势的分析表明，大型机构投资者在大型矿业公司中保持了自己的头寸，除了收购了英美资源集团 20% 股份的 AAC 公司（Anil Agaruwal Conclave）之外，没有新的大型投资者出现。所有权转变方面主要发生在美国煤炭公司中，此前几乎所有大型美国公司都遵循了破产和恢复程序。在一些对冲基金和资产管理公司介入的情况下，大型机构投资者决定减少头寸。对于单一煤炭出口企业，情况则大不相同：这些公司比大型多元化经营开采企业参与规模小得多，国际机构投资者的数量相当有限。也有一些个人或家族所有的煤炭公司，它们越来越多地参股中国国有企业。

3. 煤炭生产商融资成本增加

越来越多的金融机构和投资者开始撤离煤炭行业，煤炭生产商越来越难以获得资本支持，这导致了更高的融资成本。

从历史上看，与上游其他能源开采行业相比（石油和天然气等），煤炭开采的特点是收益波动性高和资本成本高。通过对大型多元化经营开采企业和部分单一煤炭出口企业的加权平均资本成本（WACC）和投资资本回报率（ROIC）分析，投资资本回报率是根据多元化经营企业的商品价格周期和单一煤炭出口企业的煤炭价格变动而变动；此外，历史规律表明单一煤炭企业的融资成本要高于多元化企业。这个规律仍然适用于现在的情况，单一煤炭企业的资本成本加剧上涨，反映出投资者对于煤炭供给行业风险加大的预期。尽管在 2017 年煤炭被证明是一种可获利的商品，但是在过去 10 年中，单一煤炭企业在为股东创造价值方面存在相当大的困难，在当前对煤炭压力不断上升的环境下，可能成为对该行业进行投资的另一个障碍。

4. 主要产煤国家煤炭产业集中度发展特征

近 30 年，中国和其他主要产煤国家煤炭产业的集中度都有不同程度的提高。如表 1－8－3 所示，煤炭产量位居世界前五位的主要产煤国家中，中国和美国煤炭产业集中度提高的幅度最大，均在 20 个百分点以上；印度是集中度最高的国家，中国虽然增幅较大，但集中度仍然是最低的；中国、印度、美国前 4 家企业以煤炭开发为主要业务，澳大利亚和俄罗斯的前 4 家企业除了开发能源产品之外，还包括金属矿产品的开发和各种产品的销售、贸易等。

表 1－8－3　1990 年和 2019 年中国、美国、澳大利亚、俄罗斯煤炭产业集中度

国　家	4 家企业产量占比/%		主 要 业 务
	1990 年	2019 年	
中国	8.0（2000）	28.1	煤炭
印度	90.7（2013/14）	91.9（2018/19）	煤炭
美国	23.7	46.6	煤炭
澳大利亚	43.9（1993）	45.5	能源与矿产品、贸易
俄罗斯		49.0	能源与矿产品

8.1.2 中国大型煤炭企业集团建设

近 30 年，中国大型煤炭企业集团的发展经历了探索发展和蓬勃发展等主要阶段，行业集中度即全国煤炭产量前 4 家企业的煤炭产量占全国煤炭总产量的比例由 2000 年的 8.0% 提高到 2019 年的 28.1%，增长了 20 个百分点，见表 1－8－4。

表 1-8-4　2000—2019 年中国煤炭产业集中度

年份	全国煤炭产量/Mt	全国煤炭产量前 4 家企业产量/Mt					集中度/%
2000	1250.00	同煤	兖矿	神华	开滦	小计	8.0
		32.00	28.01	21.05	19.18	10024.00	
2002	1415.34	神华	兖矿	山西焦煤	同煤	小计	13.0
		63.06	40.72	40.20	40.08	184.06	
2004	1992.32	神华	焦煤	同煤	兖矿	小计	12.6
		102.10	54.96	53.58	41.11	251.75	
2006	2372.75	神华	焦煤	同煤	中煤	小计	15.1
		166.73	69.96	61.75	59.96	358.40	
2008	2788.00	神华	中煤	山西焦煤	同煤	小计	19.5
		281.61	114.11	80.29	68.91	544.92	
2009	2973.00	神华	中煤	山西焦煤	同煤	小计	20.4
		327.60	125.05	80.79	74.50	607.94	
2010	3240.00	神华	中煤	山西焦煤	陕煤化	小计	22.0
		356.96	153.70	102.13	100.39	713.18	
2012	3650.00	神华	中煤	同煤	山东能源	小计	24.4
		456.65	175.52	132.67	122.92	887.76	
2013	3974.00	神华	中煤	同煤	山东能源	小计	24.3
		495.50	190.84	146.45	131.66	964.45	
2014	3874.00	神华	中煤	同煤	山东能源	小计	24.6
		473.51	183.04	167.54	127.42	951.51	
2015	3750.00	神华	中煤	同煤	山东能源	小计	24.2
		433.26	166.68	173.52	133.68	907.14	
2016	3410.00	神华	中煤	山东能源	陕煤集团	小计	24.1
		431.59	133.23	130.50	125.93	821.25	
2017	3520.00	神华	中煤	山东能源	陕煤集团	小计	25.2
		440.72	163.68	141.39	140.10	885.60	
2018	3680.00	国家能源集团	中煤集团	兖矿集团	陕煤集团	小计	27.7
		508.00	192.00	161.00	160.00	1021.00	
2019	3850.00	国家能源集团	中煤集团	同煤	陕煤集团	小计	28.1
		514.77	209.75	179.28	178.23	1082.03	

1998—2002 年，国家煤炭管理体制进行了重大改革。在国有重点煤矿企业下放地方管理的同时，组建了以神东、准格尔、金峰等煤炭公司为基础的神华集团公司和以中煤进出口、平朔、大屯等公司为基础的中煤集团公司；2001 年，组建了以西山、汾西、霍州等为基础的山西焦煤集团；2002 年底，宁夏将石嘴山、石炭井等组建为宁夏煤业集团；2003 年，山西省按照现代企业制度的要求，将山西省北部大同市属的煤炭生产和运销企业重组在一起，成立了新的大同煤矿集团。

2003—2012 年，2003 年初国务院第 149 次总理办公会议作出“利用国债资金重点支持大型煤炭基地建设，促进煤电联营，形成若干个亿吨级煤炭骨干企业”的决策；2005 年 9 月国务院发布的

《关于促进煤炭工业健康发展的若干意见》提出，要以培育大型煤炭企业和企业集团为主线，用3~5年时间，形成若干个亿吨级生产能力的大型煤炭企业和企业集团；2007年，国家发展改革委等五部门发布《关于促进煤炭企业组织结构调整的指导意见》，再次对大型煤炭企业集团建设目标进行了明确。2004年2月，铜川、韩城等10家煤炭企业组建为陕西煤业集团公司；2004年底，鸡西、鹤岗等4个国有重点煤炭企业联合重组为龙煤集团。超过亿吨的企业由2010年的5家增加到2012年的7家。

2015—2019年产业集中度持续提高。前4家煤炭企业产量由868 Mt增加到1082 Mt，占全国的比例由24.2%增加到28.1%；超亿吨的企业保持在6~9家，基本上是由国家能源集团、同煤、山东能源、陕煤化、中煤、兖矿、山西焦煤、冀中能源、河南能源企业组成，煤炭产量保持在近1500 Mt，占全国煤炭总产量的比例保持在38%。2019年中国煤炭企业中前12家企业上榜世界500强，较上年增加1家，中国中煤能源集团有限公司首次登榜；12家企业的营业收入、净利润、煤炭产量分别为29800亿元、1013.43亿元、1858 Mt，占2020中国煤炭企业50强的71.81%、67.97%、67.66%。2019年中国煤炭企业50强共拥有煤矿1229处，平均产能提高至2.65 Mt/a，完成煤炭产量2746 Mt，占2019年全国煤炭产量的71.33%。煤炭产量千万吨以上企业共38家，其中，亿吨级煤炭企业达到7家，50 Mt以上企业达到17家。

8.1.3　美国主要煤炭生产商占比逐渐升高

美国从1977年到1993年间，产业集中度一直保持在25%左右，1993年后，美国出现了第3次大规模的并购重组浪潮，产业集中度迅速提高，2011年开始，前四大煤炭集团的市场占有率已经持续维持在50%以上。产业集中度高表明煤炭市场形成寡头竞争型的市场格局，这样以经营规模大、经济实力强和科技含量高的大型企业为主，市场资源将得到合理配置和利用，现代化机械设备和先进技术得以大规模使用，煤炭资源得以安全、高效的开发。

1993—2018年，美国前四大煤炭企业煤炭产量占煤炭总产量比例由1993年的23.7%上升到2018年的46.6%，在1999—2018年之间，所占比例基本保持在40%~50%（图1-8-1）。

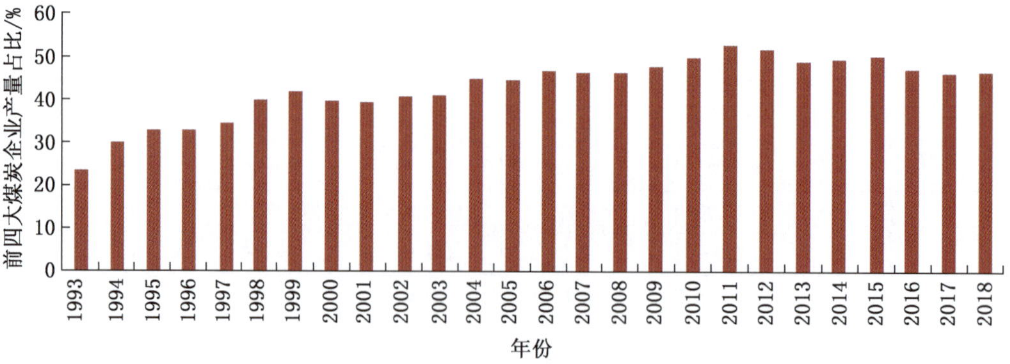

图1-8-1　1993—2018年美国前四大煤炭企业煤炭产量占比情况

2018年，以皮博迪能源集团（Peabody Energy Corporation）、阿奇煤炭公司（Arch Coal Inc）、云峰能源（Cloud Peak Energy）和默里能源公司（Murray Energy Corp）为代表的前4家企业生产的商品煤总量占美国煤炭总产量的46.6%，前10家企业占71.6%。

8.1.4　澳大利亚前4家煤炭企业更迭

近30年，随着投资商的变化，澳大利亚煤炭行业前4家生产煤炭的企业不断更迭，煤炭产量的占比在40% ~70% 之间波动，煤炭出口量占比为50% ~70% 。

1993 年，前4 家企业是BHP 澳大利亚公司（BHP Australia）、CRA 有限公司（CRA Limited）、壳牌澳大利亚煤炭公司（Shell Coal Aust.）、动力煤有限公司（Powercoal Pty. Ltd），煤炭产量占比43.9% ，煤炭出口量占比为52.5% 。

1998 年，前4 家企业是BHP 澳大利亚公司（BHP Australia）、力拓有限公司（Rio Tinto Ltd.）、壳牌澳大利亚煤炭公司（Shell Coal Aust.）、MIM 控股（MIM Holdings），煤炭产量占比35.8% ，煤炭出口量占比为40.2% 。1999 年嘉能可集团（Glencore Coal Aust. PL.）进入澳大利亚煤炭开采业，煤炭产量占比为3.6% ，2000 年嘉能可集团进入澳大利亚前4 位煤炭生产商，煤炭产量占比为8.0% ；2000 年以后，壳牌和埃克森（之前位于澳大利亚煤炭生产商的第八位或第九位）完全退出了澳大利亚的煤炭业务。

2002 年，前4 家企业是必和必拓集团（BHP Billiton Ltd.）、力拓有限公司（Rio Tinto Ltd.）、斯特拉塔有限公司（Xstrata PLC）、英美矿业集团澳大利亚煤炭公司（Anglo Coal Australia），煤炭产量占比64.3% ，煤炭出口量占比为67.0% 。

2019 年，前4 家企业是嘉能可集团（139.5 Mt）（Glencore Coal Aust. PL.）、必和必拓集团（69.888 Mt）（BHP Billiton Ltd.）、兖矿集团（35.6 Mt）（YANCOAL AUSTRALIA LTD）、英美矿业集团（22.9 Mt）（Anglo Coal Australia）；力拓集团退出了澳大利亚煤炭开采业；前4 家煤炭生产企业的产量占比为45.5% ，煤炭出口量占比69.8% 。

8.1.5 俄罗斯煤炭大集团的发展

俄罗斯的煤炭行业主要由十几家大型煤炭和冶金控股公司主导。煤炭产量排名前4 位的企业是西伯利亚煤炭能源股份公司（SUEK）、西伯利亚实业集团 - 煤炭公司、乌拉尔采矿冶金公司、欧洲钢铁工业集团和米切尔股份公司，这4 家企业煤炭产量占全国煤炭总产量的49% 。

西伯利亚能源股份公司是俄罗斯最大的煤炭生产商，在世界煤炭生产商中排名第十位。该公司煤炭储量约有10 Gt，占煤炭总储量的23% ，位居第一位；2018 年，该公司煤炭总产量为110 Mt，占总产量的1/4，同比增长3.7% 。其中，国内煤炭市场的销售量为53.30 Mt，占总产量的48.5% ；煤炭出口总量为55.40 Mt，占总产量的51.5% 。

乌拉尔采矿冶金公司的煤炭产量仅次于西伯利亚能源股份公司，位居第二位。煤炭储量约有1.8 Gt，占煤炭总储量的4% ，位居第五位。2018 年煤炭产量为48.40 Mt，约占俄罗斯煤炭总产量的12% ，同比增长3% 。几乎所有生产的原煤都在本公司所属的选煤厂进行洗选和加工。每年有70% 以上的煤炭产量用于出口。

西伯利亚实业集团 - 煤炭公司是俄罗斯第三大煤炭生产公司，大部分煤炭用于出口。该公司煤炭储量约2.7 Gt，占全国煤炭总储量的6% ，位居第四位。2018 年的煤炭产量为26.80 Mt，煤炭出口量为21.20 Mt，约占全部煤炭产量的79.1% 。

欧洲钢铁工业集团是俄罗斯最大的炼焦煤生产商之一，其煤炭资产集中在西西伯利亚和远东地区。该集团煤炭储量约4.2 Gt，占煤炭总储量的9% ，位居第三位。2018 年原煤产量达到24.20 Mt，同比增加了4% ；煤炭出口供应量为7.70 Mt，同比增长17% 。

8.2 跨国矿业集团兼并重组的典型案例

8.2.1 中外大型矿企兼并重组的特点

与其他国家企业的兼并重组相比，中国企业的兼并重组起步较晚，多以行政和市场结合的方式来推动，而其他国家大型矿业集团的兼并重组以资本运作为主。神华集团与中国国电集团合并重组为中国国家能源投资集团，目的是形成上下游一体化的竞争优势；兖矿集团兼并国外煤矿是为了以境外资源开发反哺支撑省内本部的建设发展，保障国家能源战略安全。嘉能可与斯特拉塔的合并，是为了形成自上而下、“产业链”形式的行业垄断，掌控国际市场大宗商品的生产和销售；BHP 公司和 Billiton 公司的合并，目的是实现资源结构的全球化，谋求更大的世界市场份额，获取更多的利润。

8.2.2　中国国家能源投资集团的重组整合

2017 年 11 月 20 日，神华集团和中国国电集团正式合并重组为国家能源投资集团有限责任公司（以下简称“国家能源集团”）。整合后，国家能源集团出现了数个“第一”：煤炭产量 510 Mt，火电装机 1.67×10^8 kW，风电装机 3.3×10^7 kW；还有铁路、航运及全球最大的煤制油、煤化工项目，全面形成了综合能源企业。神华集团源于 1985 年启动的神华工程，神华工程是党的十四大提出的跨世纪特大工程之一，20 多年来实现了跨越式发展，创造了一体化的神华模式；国电集团是在 2002 年电力体制改革时，按照“厂网分开”组建的全国性发电集团，10 多年装机容量增长了 6 倍多，成为世界第二大发电集团。两个企业的整合顺应了中国经济发展进入新时代的要求，突出了规模效应和协同效应。两个企业重组整合的特点主要有以下 3 点。

一是行政和市场相结合的推动方式。两个企业是产业链上下游重组整合，在推动方式上，实现了政府行政主导和企业间按照市场关系自由选择并购对象的充分结合。政府作为央企的出资人，发挥战略指引和行政引领作用，促成“强强联合”；发挥协调作用，促使双方利益和意见的统一。神华集团与国电集团是根据能够形成上下游一体化优势的原则自主选择的重组对象，两企业在发电业务上有吻合的区域市场，能够有效避免重复性建设和同质化竞争，有力推动全社会能源成本的降低。

二是管控方式的深度变革。重组后的国家能源集团国有资本投资公司改革与重组整合改革同步进行。重组后，国家能源集团按照国有资本投资公司试点改革的要求进行管理重塑，推动企业实现资产保值增值，提升煤电企业的资本收益水平。

三是探索减量发展。中国经济进入高质量发展的新阶段，能源工业的发展必须要有本质的变化。重组后的集团公司将使煤炭和电力的生产向重点区域集中，以稳中求进的原则，避免重复性投资，探索煤电减量发展的有效途径。

8.2.3　兖矿集团兼并国外煤矿

1. 兖矿集团 2019 年业绩

2019 年兖矿集团完成煤炭产量 166 Mt，外购煤销量 18 Mt，化工产品产量 8.86 Mt，同比增长 9.2%。集团营业收入突破 2800 亿元，同比增长 8.9%。在消化资产清查损失等因素影响效益近 20 亿元的情况下，集团实现利润总额 125 亿元，同比增长 23.76%，年末资产总额 3270 亿元，同比增长 6.4%。以 2019 年度营业收入 413.23 亿美元，位列 2020 财富世界 500 强榜单第 295 位，比 2018 年的 318 位同比提升 23 位，连续 3 年跻身榜单。兖矿集团 2015 年是山东省首批改建国有资本投资公司实体企业，截至 2019 年是唯一境内外四地拥有上市平台的煤炭企业。

兖矿集团能够取得这样的成绩，与其“以省外境外资源开发反哺支撑省内本部建设发展”战略的实施密切相关。该集团坚持全球化视野、国际化格局，着眼于整合全球资源、保障国家能源战略安全，聚焦主业发展、延长产业链条，发挥国际国内“两种资源”“两个市场”的协同优势，推动国内煤炭产能、国内煤炭市场向海外“两个转移”。兖矿集团 1997 年组建上市公司——兖州煤业，构建海外运作平台，1998 年兖州煤业实现了在上海、香港和纽约三地上市，为海外投资打造了可靠的运作平台，并且成为在澳大利亚兼并重组的重要基础。

兖矿集团响应国家“一带一路”倡议，以省外境外资源开发反哺支撑省内本部建设发展，优化布局煤炭、钾盐、有色金属产业，相继进入澳大利亚开发煤炭资源、进入委内瑞拉修建铁路、进入加拿大收购钾盐、进入厄瓜多尔勘探有色金属，成为国内首家“走出去”的国有能源型企业。2019 年底，兖矿境外资产总额达到 791 亿元。

2. 兖矿集团煤炭海外投资

兖州煤业澳大利亚有限公司是原兖矿集团于2004年成立的，该公司在澳大利亚累计投资78.79亿美元，进行了7次重大并购。2017年运用股权融资、资本运作方式，在全球融资29.5亿美元，收购力拓矿业集团的优质煤炭资源，将国际巨头嘉能可由竞争对手变成合作伙伴；这次并购成为全球煤炭业5年来最大的兼并重组案例。截至2018年，该公司在澳大利亚拥有和管理11座煤矿，煤炭资源量10.18 Gt，年生产能力80 Mt，是澳大利亚最大的专营煤炭生产商。

兖矿集团2004年以核心技术为先导收购澳思达，成为第一家走出去开发海外煤炭资源的企业，成为中国第一家投资海外煤炭资源的企业；2009年创新资本运营方式收购菲利克斯，成为当年中国企业在澳大利亚最大一宗收购案；2011年收购新泰克、普力马、格罗斯特拓展澳大利亚基地，2012年实现借壳上市。2017年兖矿集团抓住煤炭行业不景气的有利时机，进一步收购扩张，以总价款26.9亿美元收购了力拓矿业集团持有的联合煤炭工业有限公司。

3. 收购力拓集团联合煤炭公司的成功经验

2017年7月兖州煤业对联合煤矿的收购通过与嘉能可的合作实现双赢。2017年7月27日，兖州煤业发布公告，兖煤澳洲和嘉能可煤炭有限公司将成立猎人谷煤矿合营公司（HVO），持股比例为51%：49%。兖州煤业完成本次收购后，兖煤澳洲将拥有澳大利亚前十大煤矿中的三个。与嘉能可的合作，一方面弥补了兖煤澳洲25亿美元的融资需求，减轻了兖煤澳洲的资金压力；另一方面节省了股权转让所需要缴纳的3900万美元的双重印花税，减少了交易费用。通过合作，双方可以共享基础设施，实施配煤、降低采购成本等运营管理，创造更多的经济协同效益。此外，嘉能可在国际贸易中具有定价权，兖煤澳洲也可受益。

（1）满足力拓战略调整的核心诉求。

兖州煤业两次险中取胜的法宝是抓住了力拓的核心诉求，即剥离出售煤炭非核心资产，获取现金发展铜和铁矿核心业务，满足了力拓战略调整核心诉求。

兖州煤业针对嘉能可25.5亿美元的竞争报价作出第一次反击：收购交易价格24.5亿美元保持不变，将支付方式改为交割日一次性支付，且以兖矿集团名义签署了财务保证函。针对嘉能可的二次加价，兖州煤业及时迅速应对，以不动报价而加权利金的方式间接提价，把“未来10年内当煤价高于75美元/t时，每吨提取2美元矿权使用权费分成给力拓，总额不超过6.5亿美元为止”的附加条款稍加优化，承诺前五年内先保证支付2.4亿美元，让嘉能可措手不及。

两次反击，兖州煤业在不提高报价的前提下，调整了支付方式，间接提高了支付金额，让力拓可以得到更多的现金流来发展自己的核心业务，满足了力拓战略调整的需求，最终得到了力拓的认可。

（2）属地化管理见招拆招。

2004年兖矿澳大利亚公司成立，按照属地化管理的原则，兖煤澳洲积极吸纳当地人才构建优秀团队，目前已经是一个拥有2000余名员工的跨国上市公司，除了兖州煤业外派的9名人员，其余员工来自世界十多个国家，加上律师、会计师、投行等汇集，灵活机智地应对嘉能可的各种出击。

兖煤澳洲投资澳大利亚13年，属地化管理使得公司很好地融入到了当地文化和法律中，双方的交流合作没有语言障碍，在合作中能及时领悟对方诚意，助推了牵手成功。与之相比，国内一些公司在参与国际项目收购时，需要依靠翻译沟通，一定程度上降低了工作效率，也存在信息传递和理解失误的风险。

（3）大股东的迅速反应和全力支持。

作为大股东的兖矿集团，应对半路出现的竞争者，两次及时出具无条件且不可撤销的财务保证函，确保兖矿澳洲能够获得完成买卖协议所需要的全部资金。在面对嘉能可的高价竞争时，作为大股东的兖矿集团，破除了国有企业审批链条长、时间久的障碍，表现出高效的组织应对能力和迅速决断能力。与力拓进行有效沟通、提供财务支持，表现出大股东坚强后盾的姿态，给予嘉能可一定的威慑，给力拓吃“定心丸”，最终完成收购计划。

此外，兖矿集团作为山东省改建国企投资运营公司的试点单位之一，董事会得到了对下属三级公司的投融资管理授权，能够快速决断两次击败嘉能可。

8.2.4　嘉能可并购和投资矿产积累财富

嘉能可是世界最大的多元化自然资源公司之一，于 20 世纪 70 年代成立时只是一家贸易公司，现在已经成长为具有自上而下产业链的世界主要大宗商品生产商和销售商，包括金属和矿物产品（铜、钴、锌、镍和铁合金等）生产、能源产品（煤炭和石油等）生产和实物商品销售 3 个领域，拥有 150 个采矿现场和分布在世界各地的 16 万员工。2019 年煤炭产量 139.5 Mt，煤炭出口量 118.575 Mt，是世界最大的煤炭生产商、销售商和海运贸易商之一。

2012 年嘉能可集团与斯特拉塔合并成为世界第四大矿业集团。合并之前，嘉能可集团只是全球最大的大宗商品贸易商，在铜、镍、铝、锌、动力煤等多种大宗商品的全球交易量中占据了 40% ~ 60% 的份额；同时，通过罗斯柴尔德家族获得了国际银行资金上的支持。斯特拉塔集团在国际上的知名度虽然不高，但在煤炭领域却占据着举足轻重的地位，该集团是世界最大的动力煤生产和出口企业，资源主要分布在澳大利亚、南非和哥伦比亚，2011 年集团煤炭产量达到 85.30 Mt；而且该集团每年都会与日本电力企业进行年度的动力煤合同谈判，掌控动力煤合同定价权，左右国际动力煤价格走势。两家企业的合并，将各自的优势发挥到了极致，其在国际市场的垄断形式与必和必拓集团和力拓集团的“产业联盟”形式有所不同，是一种自上而下、“产业链”形式的行业垄断。在大宗商品行业中，销售渠道的建立比一般行业都更稀缺、更重要，对国际动力煤价格的影响、特别是亚太煤炭市场产生深远的影响。

8.2.5　必和必拓强强联合

1. 强强联合、多元化经营

必和必拓集团公司（BHPBilliton Group）是 BHP 公司和 Billiton 公司经过谈判协商，于 2001 年 6 月 29 日合并成立的，这是能源开采企业以双重列名方式存在的、成功的典型案例，其目的是实现资源结构的全球化、谋求更大的世界市场份额、获取更多的利润。BHP 公司和 Billiton 公司分别成立于 1885 年和 1860 年，BHP 公司主要从事铁矿石、煤炭、石油和天然气、钻石、银、铅、锌及其他矿产品的勘探、生产和销售，Billiton 公司主要生产铝和氧化铝、铬锰矿石及合金、动力煤、镍钛矿石等。必和必拓集团公司成立后，在 25 个国家、100 个城市设立了办事处。资源品种更加丰富，包括石油、铝、不锈钢材料、碱金属、铀、钻石和专业产品、铁矿石、锰、煤炭十类。其中：石油资源分布在阿尔及利亚、澳大利亚、巴基斯坦、特立尼达和多巴哥、英国和美国 6 个国家；铁矿石分布在澳大利亚、巴西和南非 3 个国家；煤炭资源分布在澳大利亚、哥伦比亚、南非和美国 4 个国家；其余七类资源也分布在不同的地方，总共有 13 种能源产品和矿产品资源分布在 9 个以上的国家。

2. 双重产权和法人治理结构

必和必拓是由 BHP 和 Billiton 两家巨型矿业公司合并而成的。BHP 公司于 1885 年成立，是一家全球性自然资源公司，主要有矿物、石油和钢铁产品 3 个业务领域，股票在澳大利亚、英国、德国、新西兰、瑞士和美国证券交易所上市。Billiton 公司于 1860 年成立，是一家全球性金属和采矿公司，2001 年 6 月，BHP 和 Billiton 在墨尔本宣布合并，标志着两家矿业寡头公司各自百余年的“单干”时代彻底结束；BHP 持股 58%，Billiton 持股 42%，并分别在澳大利亚、伦敦和纽约的证券交易所上市。必和必拓的股东遍及各发达国家，主要有美国、英国、澳大利亚、法国。投资以机构投资者为主，主要有澳洲汇丰银行、JP 摩根、澳大利亚投资基金、花旗银行、巴黎银行等。

BHP 和 Billiton 于 2001 年 6 月合并成立后，必和必拓成为双重列名上市公司，两个公司继续作为两家单独的公司存在，拥有同一个董事会，并由统一的管理团队经营。董事会下设有5个委员会，分别是薪酬委员会、风险和审计委员会、提名与治理委员会、可持续发展委员会和财务委员会。必和必拓的CEO选举必须经董事会所有成员一致同意才能通过；CEO也能成立一些委员会，如投资委员会，由首席财务官负责投资项目的审批。

3. 长短结合的公司战略

必和必拓的战略框架包括：20年长期发展战略、5年发展计划和2年发展预算。必和必拓的长期发展战略是打造并经营大型、长产业链、低成本的业务领域，不断拓展上游资产和产品多样化、市场多元化的跨国矿业公司。其企业宗旨是通过发掘、收购、开发、经营自然资源为股东创造长期价值。

必和必拓传承一贯的理念——技术创新、提高生产力和发展多样资产组合，最大限度地提高业务的社会效益和经济效益，在促进经济发展、获得较高利润率的同时，尽量减少对环境的影响，并对股东做出承诺：持续保持公司的稳定发展，并将其作为公司投资和日常运营的首要目标，从而为股东带来卓越的长期价值。

将风险管理融入企业文化。必和必拓自2002年开始推行全面风险管理，制定公司层面的指导方针，明确指出风险管理在整个公司管理中的核心作用，明确风险管理的范围包括所有公司业务和职能。董事会的目标是将风险管理融入企业文化，形成“The BHP Billiton Way”（“BHPB”之道）。

必和必拓形成了3个管理层次的风险管理组织机构和管理框架。第一层是董事会下设的风险与审计委员会，负责公司整体的风险管理，确保公司风险管理系统及内控的有效性，负责外部审计的资格审查、业绩考核等，定期向董事会汇报工作；第二层是CEO办公室和风险管理主管副总裁，定期评估各个业务单元的战略风险及机会，听取业务单元和关键职能部门风险委员会的报告，掌握更多的企业风险管理和内控信息；第三层是各个业务单元及关键职能区域的风险委员会，定期将风险管理情况向分管副总裁汇报，并将因环境变化而产生的风险和机会定期向CEO办公室汇报。这种分层管理基础上的整合管理，强化了在职能部门和业务单元对风险进行集中管理和战略支持的作用，可以节约成本，提高风险管理效率。

8.3 跨国矿业集团煤炭生产经营战略

积极履行社会责任、运用全球化战略不断提高核心竞争力是大型跨国矿业集团能够可持续发展的主要经营战略。

8.3.1 履行社会责任是前提

社会责任的履行是企业发展战略的重要组成部分，也是企业可持续发展的基础和关键。近年来，商业杂志《财富》和《福布斯》在企业排名评比时亦加上了“社会责任”标准。2000年前后，国外大型矿业公司开始建立企业内部“安全、健康、环境和社区管理系统（HSECMS）”，在年度报告中加入了履行社会责任的内容或相继独立编写一份这方面的年度报告；2006年中国国家电网公司发布了中国中央企业第一份社会责任报告，2008年神华集团发布了首份社会责任报告。

1. 努力保证员工的安全与健康

安全生产是当今世界采矿企业经营战略中的头等大事，零事故率和零伤亡率是采矿企业实现安全生产的最终目标。跨国矿业集团公司制定了各种行动方案，如必和必拓集团公司的“死亡风险控制建议”、英美矿业集团煤炭生产企业的“零伤害行动计划”等，所有的采矿企业都在向这个目标努力。

嘉能可集团2017—2019年工时损失事故率（LTIFR）分别为1.02/百万工时、1.09/百万工时、0.99/百万工时，逐年降低；总的可记录工伤事故率由2018年的3.18/百万工时降低到2019年的2.86/百万工时。

必和必拓将雇员和合同工的健康和安全放在首位，努力营造无事故、无工伤、无职业病的工作环境。2017—2019 年总的可记录工伤事故率（TRIF）分别是 4.2/百万工时、4.4/百万工时、4.7/百万工时，升高的原因是澳大利亚和美洲的采矿公司受伤人数有所增加；2017—2019 年高潜在工伤事故率（HPI）分别是 61 个、54 个、50 个，由于 WAIO、Olympic Dam 和 Potash 矿产地高潜在事故的减少，2019 年高潜在工伤事故率较 2018 财年下降了 7%，控制高潜在事故的伤害是集团消除死亡事故的最重要安全措施。2018—2019 年度发生了 1 起死亡 1 人事故，2019—2020 年度制定了承包商聘用和管理的新要求，要求承包商制定保证计划，集团对其进行监督检查；同时，加强安全文化教育，教育所有现场员工说出并报告所有能够发现的隐患和潜在的危险，在集团形成良好的报告风险的文化；引进了一个新的活动管理系统，用于记录健康、安全、环境和社区事件，该系统旨在实时捕捉、分析和跟踪事件，并于 2020 财年实施。

必和必拓集团职业健康统计，截至 2019 年 6 月 30 日，昆士兰自然资源、矿业和能源部报告了集团 10 例煤矿粉尘肺病（CMDLD（4）），10 人中有 7 人能够继续工作，集团将为 10 名同事提供咨询、医疗支持和调动选择。为了进一步保护全体员工的身体健康，集团作出两项承诺：①2020 年 7 月 1 日之前，将煤矿粉尘 OEL 从 2 mg/m^3 降至 1.5 mg/m^3（与监管的 OEL 为 2.5 mg/m^3 相比），同时所有运营部门都制定了减少接触的计划；②2021 年 7 月 1 日之前，煤矿工人接触二氧化硅的可能性降低超过当前监管水平的 50%。

2019 年英美资源集团炼焦煤产量是 22.9 Mt，工时损失发生率同比降低 41% 至 4.32%（2018 年是 7.33%），可记录病例频率同比下降 31% 至 6.20%（2018 年是 9.04%）；煤炭开采的百万吨死亡率为 0.044。今后安全改进计划的目标是实现“零死亡”，以企业安全文化、员工行为方式及运营规划的改变，在煤矿生产方面加强风险管理和临界控制管理。

英美资源集团自主研发连续采煤机粉尘抑制系统，为井工煤矿工人创造较好的工作环境。尘肺病是一种潜在的威胁井工煤矿工人生命的疾病，该集团研发团队研究开发了连续采煤机高压喷雾系统，能够消除 2.5～20 μm 的可吸入粉尘，大大降低了井工煤矿工作面健康风险，该系统还可以用在皮带转运点的破碎给料机等其他设备上。该团队荣获 2018 年昆士兰矿业健康与安全大会的创新奖。

2. 负责任地保护环境

大型矿业集团的经营和增长战略取决于获得和维持获取环境资源的权利，其环境绩效和对矿产地所在社区的环境影响的管理对于创造社会价值至关重要。

必和必拓集团将可持续性发展作为集团宪章中规定的核心价值之一。把健康和安全放在首位，对环境负责，支持社区发展，造福全体人民。集团拥有全面的治理、风险管理、政策和流程，为如何管理风险和实现环境目标奠定了基础。集团的环境管理方法在《环境和气候变化要求》《风险管理标准要求》中有所规定。这些标准的设计考虑了 ISO 管理体系的要求，如 ISO 14001 环境管理。2019 财年，集团开始更新对环境和气候变化标准的要求，以反映最近的情况。集团最优先考虑的是运营安全，包括员工、承包商及矿产地所在的社区。

必和必拓集团负责任地管理土地和支持生物多样性。集团制定了反映当地生物多样性风险和监管要求的计划和流程，包括五年目标，与其他国家合作，制定一个评估和核实行动效果的框架，以改善海洋和陆地生物多样性成果。集团能够以协调的方式更好地监测、避免、减少和抵消开采活动对生物多样性的影响。

必和必拓集团致力于复垦和煤矿关闭。在运营的整个生命周期内，实施一种有计划的关闭和恢复方法，通过遵循集团的关闭管理流程来实现。该流程在关闭标准要求中进行了详述，考虑到集团的价值观、义务、对安全的承诺、成本风险/收益和外部利益相关者的期望，制定了一个能够带来持久的环境和社会效益的关闭管理计划。重点是与当地社区和其他利益相关者协商，以实现最佳的关闭结果。除了环境恢复，关闭效果还包括当地经济的发展机会、娱乐和/或其他社区用途。2018 年 11 月，

Gregory Crinum 矿（现出售给 Sojitz）完成了 1176 ha 沉陷土地的恢复后，采矿后土地可以进行混合种植和放牧；2019 年 2 月，在昆士兰州诺维奇公园矿，有 294 ha 采后土地被治理成牧场；2019 财年，澳大利亚矿产地完成复垦土地将近 20000 ha。

英美资源集团在澳大利亚进行资源开发，积极支持澳大利亚煤炭工业研究计划（ACARP）和澳大利亚煤炭协会低排放技术有限公司的研究基金项目，以试验安全减排技术。

3. 积极应对突发公共卫生事件

必和必拓集团采取各项措施应对新冠疫情。采矿业不仅是一个能为人们提供就业和产品的行业，同时也是一个能促进全球经济持续发展的行业。必和必拓集团把帮助降低新冠疫情的传播风险和保护社区员工安全当成企业的首要任务，积极履行社会责任，主动遵循卫生部门和专家的最新建议，制定了“健康和出行指南”，保证了全球各地 72000 名员工及其家人的安全，以及生产经营活动的正常进行。表 1-8-5 所示是必和必拓集团具体的防控措施。

表 1-8-5　必和必拓集团新冠疫情防控措施

地　点	具　体　措　施
矿区	（1）减少外出工人的数量，部分人员实行居家办公； （2）在某些地区，改变轮班制度，以减少人员的流动频次； （3）某些地区非住宿的员工已经搬到了新安排的住宿地点，例如到西澳大利亚州，他们将暂时留在该州不能离开，以满足西澳政府实施的严格的边境管制措施； （4）对工人进行定期的健康检查和体温监测，例如在机场进出站时、登上巴士之前进行测量体温； （5）在工作中，保持一定工作的距离； （6）要求个人和团队在疫情期间，做正确的事； （7）对高风险地区的工人实施额外的保护措施，例如在智利，那些具有安全隐患的人员不可以到现场办公；在澳大利亚，向 50 岁以上或居住在偏远社区的当地雇员提供在家工作的机会，同时也可以酌情进行休假； （8）在智利，集体宿舍升级为单人宿舍，同时食堂营业时间延长，以保证人与人之间的用餐距离； （9）在矿区，增加安全检查点，减少工人与当地居民的接触
办公室	（1）包括伦敦、新加坡、休斯敦和墨尔本在内的一些城市，工作人员正在按照当地政府的规定进行远程办公； （2）在需要进行关键业务的办公室（例如远程操作中心）中，将根据业务情况和政府准则进行防控：例如，远程操作中心团队分为两组，分别在办公室的不同区域工作，使用不同的进出路线进行轮换工作
减少与社区人员的接触	（1）必和必拓增加了包机和公共汽车，使员工尽量少接触其他社会人员； （2）在澳大利亚，不再允许非住宿工人进行外出访问，建议非住宿员工在到达工作地点之前进行相应的物资准备（例如携带所有药物）；必和必拓在某些地区推出了个人购物服务，矿区的居民可以使用该服务来采购当地物资； （3）进行工人的分离，本地工人与非本地工人使用不同的浴室等设施，以减少工人之间的接触； （4）在西澳铁矿区，重新制定了轮班制，每个分组使用不同的装备设施
社区捐助	（1）在智利提供了一项 800 万美元的援助计划，其中包括与加泰罗尼亚大学医学院的一项协议，以提高圣地亚哥，安托法加斯塔和塔拉帕卡北部这些脆弱地区的医疗水平； （2）为智利矿区附近的城镇和社区提供卫生援助； （3）在西澳大利亚州，向有关部门捐赠 200 万澳元，以支持未来的防疫工作； （4）向行业和政府机构提供支持，以帮助区域卫生服务部门购买防疫的设备，预防新冠的传播； （5）为保护澳大利亚社区中的弱势群体，为当地居民提供额外支持和保护

4. 为东道国社区创造持久价值

嘉能可集团 2017—2019 年向所在矿产地社区的捐款为 9000、9500、9000 万美元。

英美资源集团为资源开发地的社区创造持久价值。在智利拥有洛斯布隆塞斯（Los Bronces）矿

50.1%的权益、科亚瓦西（Collahuasi）矿44%的股份，管理和运营埃尔索尔达多（El Soldado）矿和查格雷斯（Chagres）冶炼厂（两者各占50.1%的权益）；在秘鲁的Quellaveco项目拥有60%的权益。集团把为东道社区创造持久价值当成首要任务，制定了“企业发展计划”，该计划为智利的中小型企业提供了50000多个就业机会，使得企业在发展的同时也为社区的稳定和谐作出了贡献，从而赢得了久负盛名的“智利更多”奖。

8.3.2　运用全球化战略提高竞争能力

矿业集团的生产结构是以资源结构为基础的。资源结构的全球化决定了嘉能可集团、必和必拓集团、力拓矿业集团生产企业的全球化分布，同时开发产品的多样化增强了抗风险能力。

1. 多元化矿产地和多元化市场

嘉能可集团（Glencore）在澳大利亚、南非、西班牙、德国、阿根廷、英国等35个国家、150个矿产地拥有资源矿权，雇员超过16万人。该集团的企业精神是安全、诚信、责任、开放、淳朴和创业，凭借贸易基础和丰富的资产组合积累，成为全球最大的多元化自然资源公司之一。

必和必拓集团公司2001年成立后，业务范围遍布世界各地，是全球领先的能源公司，是世界上主要的大宗商品生产商之一，主要经营油气和矿产资源。必和必拓拥有多元化的领域、多元化的矿产地和多元化的市场，该集团在全球主要矿产地均有资源矿权，油气主要在美国墨西哥及西澳大利亚、北非等地；煤炭、铀集中在澳大利亚、南非、南美等地；铁矿石主要在西澳大利亚地区；铜主要集中在澳大利亚、智利和秘鲁。截至2016年6月30日，必和必拓总收入达30.9亿美元，总市值为71.2亿美元，净现金流为10.6亿美元，亏损6.4亿美元，拥有雇员和合同工65000名。

2. 产品多样化和客户全球化

嘉能可集团、必和必拓集团、英美资源集团等大型企业以产品多样化和用户全球化战略保持了企业的可持续发展。

嘉能可集团向人们的生活提供多种多样的日常用品，持续关注股东回报的增长，同时保持强劲的投资等级，努力成为一个负责任的采矿业经营者。一是世界上最大的铜生产商和销售商之一，2019年，铜产量137 Mt，销售量4.10 Mt；在非洲、澳大利亚和南美洲开采铜矿和加工铜产品；在北美和亚洲寻找和回收废铜；在世界各地的冶炼厂和精炼厂冶炼和精炼铜。二是全球领先的钴生产商之一，2019年的钴产量是46300 t；在刚果是将钴作为铜矿开采的副产品开采、在澳大利亚和加拿大将钴作为镍矿开采的副产品开采。三是一家领先的镍生产商和销售商，2019年镍产量121000 t，在澳大利亚、加拿大和欧洲拥有资产。四是拥有世界一流的锌和铅业务，在澳大利亚、南美、哈萨克斯坦和加拿大的主要矿区开采和加工锌和铅矿；在澳大利亚、加拿大、西班牙、意大利、德国、英国和哈萨克斯坦的加工厂冶炼和精炼锌和铅；2019年锌产量1078000 t、铅产量280000 t。五是世界上铬矿、铬铁和钒的最大、成本最低的生产商之一，还销售锰矿石和锰合金；2019年铬铁合金1438000 t。六是世界上最大的海运动力煤贸易商，最大的炼焦煤生产商及出口商之一，在澳大利亚和南非拥有煤炭资源矿权，2019年煤炭产量226.2 Mt；在澳大利亚、哥伦比亚和南非拥有21个采矿企业的26个煤矿，销售办公室遍布19个国家；是澳大利亚最大的煤炭生产商之一，在新南威尔士州和昆士兰州拥有17个煤矿，2019年生产120 Mt可销售的动力煤和炼焦煤，大部分煤炭销往海外市场，特别是亚洲市场。七是全球领先的原油和石油产品销售商之一，每天向世界各地的客户供应数百万桶石油；通过伦敦、纽约和新加坡的营销办事处，从一系列供应商处采购原油和石油产品；拥有大量的航运投资组合，并拥有一系列物流、仓储和投资能力；每天石油产量是500万桶。

必和必拓集团公司（BHPBilliton Group）是2001年由BHP公司和Billiton公司合并成立的，BHP公司和Billiton公司均为世界著名的大型矿业公司，为了谋求更大的世界市场份额，获取更多的利润，两家公司选择了联合形式，成为世界上主要的大宗商品生产商之一，主要经营油气和矿产资源，拥有多元化的领域、多元化的矿产地和多元化的市场。必和必拓集团在美国、澳大利亚、南非、加拿大、哥伦比亚和巴西等9个以上的国家拥有生产企业，主要有石油、天然气、炼焦煤、动力煤、铁矿石、碱金属、不锈钢材料、钻石、钛矿物、铝、氧化铝、锰矿、锰合金13种产品。其中能源产品等的产地是澳大利亚、美国、南非、哥伦比亚和加拿大等国，金属矿产品的产地是澳大利亚、巴西、莫桑比克、南非和哥伦比亚，碱金属矿产品（包括铜精矿、电解铜、铅、锌、金、银、氧化铀和钼8个品种）的产地是智利、秘鲁、美国和澳大利亚。

英美资源集团经营的产品有钻石、金属矿产（铜、钼和银、镍和锰）、铂族金属、炼焦煤和动力煤、铁矿石等。该集团拥有全球领先的钻石公司戴比尔斯集团85%的股份，在南非拥有世界上最大的铂族金属露天矿，在津巴布韦有金属矿，在智利和秘鲁拥有铜矿业务，管理和运营智利2个主要的铜矿，在澳大利亚有炼焦煤资源，在南非和哥伦比亚有动力煤资源，在南非和巴西拥有铁矿石资源，为客户提供高品位铁矿石产品（帮助钢铁客户满足日益严格的排放标准），在巴西、南非和澳大利亚还拥有镍和锰资源。

8.4 国外大型矿业集团经营战略对中国煤炭企业的启示

国外大型跨国矿业集团大都具有上百年的历史，其优势在于不断获取优质资源，特别是多种能源和矿物资源，将安全生产与职业健康、环境保护、社区发展作为企业必须履行的社会责任，善用资本市场，发展项目储备充足，以客户为中心开展营销，以及在多个国家、多种大宗商品门类及多个市场上从事多元化的生产经营活动。这些百年企业将资本、业务、资源、产品四大优势叠加，坚持以资源获取和开发延长企业的生产经营寿命，实行全球化经营和本土化发展相结合，善用资本市场，通过收购并购做强做大等经营理念，带给中国企业诸多启示。

8.4.1 不断获取资源，延长开发寿命

矿业企业的发展必须连续获取自然资源，国外大型矿业集团在世界主要矿产地拥有优质的矿产资源。嘉能可通过与斯特拉塔并购、与兖煤澳洲的合作等方式，由一家全球贸易公司发展成为资源勘探开发和销售一体化的矿业企业；必和必拓及其组合之前的BHP和Billiton能在矿业领域生存百余年，关键在于他们选择了同一种战略——对资源不断地获取和开发，且在战略模式上坚持走一体化、专业化和多元化道路。

8.4.2 履行社会责任，全球化经营和本土化发展相结合

上游矿区的数量决定企业规模。必和必拓在全球20多个国家拥有百余个矿山项目，产品销售呈现全球多元化格局。同时，重视本土化发展，强调环境保护和矿区生态恢复，澳大利亚诸多经必和必拓开发过的矿区，在进行矿区环境恢复治理后已成为旅游景点。

8.4.3 善用资本市场，收购并购做强做大

世界大型矿业企业不仅是上市公司，而且在世界各地多个国家证券交易所公开上市，使公司具备了很强的国际资本市场融资能力，分散了企业资金运作的风险；通过各地资本市场募集的资金，进一步开展收购并购潜力巨大的矿产资源或在产项目，获得快速发展。

必和必拓集团合理利用国际金融规则，分别在澳大利亚、伦敦和纽约等地上市，积极通过资本市场募集资金，获得项目融资，在国际资本市场具有很强的融资能力；集团拥有超过千亿美元的资产，不仅为集团的大项目竞标争取了资本优势，也为其多元经营、分包上市打下了基础。纵观BHP和Billiton的百年发展历史，两家公司在发展过程中的收购、并购活动不断，而兼并的企业都与其矿山业务的下游成长息息相关，这不仅为企业的多元发展奠定了基础，也使得集团资本运转更加灵活。

8.4.4 剥离非核心业务与资产，优化资产组合

剥离非核心业务与资产。2007年，力拓集团以38亿美元收购加拿大铝业公司，溢价相当严重，

同时力拓集团采用举债的方式来筹集收购资金，使公司债务由 240 亿美元增长到 463 亿美元。2008 年金融危机来袭，铝价大跌，公司陷入财务危机。力拓集团开启了“瘦身计划”，剥离非核心业务与资产，减少运营成本，控制资本支出。经过几年的优化调整之后，力拓集团所拥有的西澳大利亚州皮尔巴拉铁矿和阿盖尔钻石矿、昆士兰州铝土矿及智利埃斯康迪达铜矿等，都堪称是全球最为优质、最具竞争力的矿山资产。

在利用资本市场进行融资的同时，必和必拓也积极优化集团的资产结构。2015 年对集团旗下包括铝、镍、锰和银等板块的 70 多亿美元资产进行了剥离，形成了符合公司战略的资产构成，主要包括铁矿石、煤炭、石油和天然气及铜矿等支柱业务，组成了必和必拓的一级资产，即符合集团大规模、低成本、长生命周期、多元化战略且前景明朗的优质资产。

9 煤炭发展趋势展望

在未来较长时间内，煤炭仍将是世界主要的一次能源。煤炭产业发展模式将发生重点变革，集约化、生态化、智能化发展将成为世界煤炭工业的主要特征，煤矿安全发展将从事故控制向事故控制与职业健康并重转变。展望未来，碳减排、低成本非化石能源和生态环境保护将对煤炭行业发展产生深远影响，煤炭在世界能源中的地位和方式模式将发生根本性变化。

9.1 新时代世界煤炭工业发展趋势

世界煤炭资源丰富，近年来煤炭储采比均高于132，煤炭将在未来较长时期内成为世界能源转型的能源安全压舱石和稳定器，在可预计的未来煤炭供给均能满足世界煤炭需求。随着世界能源转型的推进和碳减排压力加大，世界煤炭生产的集约化程度不断加大，煤炭清洁高效利用进一步得到重视，科技创新能力持续增强，煤炭消费进一步向亚太地区转移，煤炭开采智能化步伐加快，煤矿职业安全与健康水平不断提升，煤炭开发利用的环境保护更加严格。

9.1.1 煤炭生产的集约化程度进一步提高

煤炭行业已经进入峰值阶段，随着世界碳达峰的到来，世界煤炭消费总量将出现拐点，预计2025—2030年世界煤炭消费达峰，以后煤炭消费总量将逐年下降，世界能源生产消费从化石能源向非化石能源的转型步伐加快。随着世界煤炭价格和需求下降，世界煤炭生产将进一步集中到资源丰富和煤炭开采成本低的国家，例如俄罗斯、美国、澳大利亚等，而煤炭资源差和开采成本高的国家将纷纷退出煤炭生产，例如欧洲和南美地区的煤炭资源条件差的国家将退出煤炭生产。国际上传统煤炭生产企业主动出让煤炭资产，积极实施转型发展战略，煤炭资产将进一步集中，煤炭生产的集约化程度进一步提升。2009—2019年，世界前十大煤炭生产企业煤炭产量世界占比从24.8%增加到27.2%，预计到2035年和2050年分别增长到32%和38%。我国已经开始煤炭资产的大规模整合，山东和山西拉开了煤炭资源大整合的序幕，“十四五”期间，煤炭资源整合速度将进一步加快，预计到2035年和2050年，我国前六大煤炭企业的煤炭生产集中度分别达到40%和60%。煤炭生产经营方式也将发生重大变化，随着大数据、区块链和物联网等技术的推广应用，煤炭生产企业与煤炭用户的互动更加紧密，以用户为导向的定制化煤炭生产经营模式将得到快速推广。煤炭上下游一体化发展全面展开，煤电联营、煤化联营、煤焦联营、煤运联营等融合发展模式被广泛采纳，以煤为基础多元发展的全产业链发展模式将得到普及，产业集群发展效应更加突出。

9.1.2 煤炭清洁高效利用得到进一步重视

煤炭利用将进一步突出清洁、高效、低碳，燃煤发电和现代煤化工将成为未来世界煤炭利用的两大途径。燃煤发电是煤炭清洁高效利用的最重要途径之一，电煤在煤炭消费中的比例将进一步提升，2019年，世界电煤占煤炭消费比例达到68%，预计到2035年和2050年电煤在燃料煤中占比分别增加到70%和80%。高参数、大容量装机比例将进一步提高，碳回收技术将逐步在燃煤电厂得到推广，二次再热、煤气化联合循环、超超临界、煤气化联合循环发电等技术将进一步提升煤炭清洁高效发电水平。随着能源转型的进行，煤电将逐渐从电力系统的主导电源转化为支撑可再生能源快速发展的灵活调节电源。传统煤化工主要集中在甲醇、化肥、电石和焦炭领域，用煤规模已经达峰，未来将保持相对稳定。现代煤化工将成为未来煤化工发展的主流，也是将煤炭从燃料转向原料的主要动力。煤制清洁燃料、煤制烯烃和芳烃、碳基新材料生产规模扩大将进一步拓展现代煤化工的发展空间，从“一块煤”到“一块布”的煤基产业链发展模式将进一步得到推广。煤炭作为燃料将受到多因素遏制，但作为化工原料，煤炭依然有较大的发展空间，煤炭原料化发展是煤炭利用的重要战略途径。以“阳光能源”和氢能为代表的新型煤化工开始出现，利用燃煤排放的二氧化碳和太阳能电解水产出的氢气合成甲醇燃料，然后进一步利用甲醇生产化工产品，“阳光能源”的出现将给煤炭利用开辟了新空间。氢能开始成为具有巨大市场前景的新型交通能源，煤制氢具有来源可靠、成本低的特点，对氢能汽车的发展能发挥较大的促进作用。

9.1.3 煤炭行业的科技创新驱动能力进一步增强

科技进步将进一步提升煤炭开发利用水平，加快煤炭工业现代化进程。世界煤炭开采正从机械化、数字化、自动化向智能化方向发展，少人、无人煤炭开采工作面比例快速增长。智能制造、现代信息与通信技术进步将为智能矿山建设创造了条件，煤矿智能化将能显著提高煤炭生产效率，降低煤炭生产成本。同时，煤矿智能化最多可将90%左右的井下矿工从艰苦的环境中解放出来，用井下机器人和智能装备替代矿工，从根本上解决煤矿安全生产问题。煤炭物流系统将从信息化向数字化和智能化方向发展，大数据、物联网和区块链技术等将能使煤炭产运销用各方面有机地联系在一起，煤炭供应的订单式服务将逐步主导煤炭销售，以满足煤炭用户差异化需求的配煤业务将会快速壮大。铁路和港口的智能化将进一步提升煤炭运输效率，降低煤炭运输成本。

煤炭无害化开采已经成为煤炭生产科技创新的方向，其实质就是努力实现煤炭的安全绿色智能开采，其重点是加快隐蔽致灾因素智能探测、重大灾害监控预警、深部矿井灾害防治、重大事故应急救援等关键技术装备研发及应用，实现煤炭安全开采。加强煤炭开发生态环境保护，重点研发井下采选充一体化、绿色高效充填开采、无煤柱连续开采、保水开采、采动损伤监测与控制、矿区地表修复与重构等关键技术装备，基本建成绿色矿山。提升煤炭开发效率和智能化水平，研发高效建井和快速掘进、智能化工作面、特殊煤层高回收率开采、煤系共伴生资源综合开发利用等技术，重点煤矿区基本实现工作面无人化。总体上看，我国煤炭科技发展趋势主要体现在安全绿色智能等方面。

露天开采进一步趋于集中化、规模化。从世界范围内来看，露天煤炭集约化开发将继续成为主要趋势。未来各主要露天采煤国家都将趋于坚持对优势煤炭资源实行集中化开采，发挥大规模生产的优势，提高煤炭开采的经济效益，实现高度集约化经营。露天开采工艺技术与矿山生产协调有序发展，将会越来越多地吸纳其他科研成果和技术手段，促使相关学科交叉融合，催生新兴科技成果，并最终催生露天开采工艺技术革新。露天矿开采模式将按两个方向发展：一是借鉴美国北羚羊露天煤矿、罗切斯特煤矿开采模式，研究一矿多坑或一矿多点开发开采模式，减少易采煤炭资源因人为划界留设煤柱导致资源损失和影响开采效率，实现煤炭资源无界、高效、协调、节约开发；二是研究浅部露采、深部井采协同开采新模式，提出先露后井、露井同采开采顺序界定标准，充分利用露采空间资源，设计井工开采方式，减少煤矿投资，提高资源回采率，延长煤矿服务年限。

矿山数字化与智能化深入发展，最终实现智慧化。当前已有多种新技术可供于露天开采，其中不仅有先进的数字计算技术设备，而且还有精密可靠的全球卫星定位系统、高速高频双向无线数据通信技术等。同时，这些新技术已成为目前正在开发的各种矿山控制系统的基础。数字矿山建设是资源可持续发展的重要基石，是化解高危行业风险的根本途径。数字矿山是建立在数字化、信息化、虚拟化、智能化、集成化基础上的，由计算机网络管理的管控一体化系统，它综合考虑生产、经营、管理、环境、资源、安全和效益等各种因素，使企业实现整体协调优化，在保障企业可持续发展的前提下，达到提高其整体效益、市场竞争力和适应能力的目的。数字矿山的最终目标是以数据收集系统、数字矿山模型、实时监控等基本模块为基础，借鉴物联网技术的发展，将实现智慧化矿山，矿山管理者随时可以得到整个矿山全方位的实时数据和信息。同时，生产任务和进度计划均由计算机编制，整个开采生产过程将自动进行，完全不用或者只需很少的设备操作员，露天煤炭开采将达到空前未有的智能、高效、绿色、安全水平。

9.1.4 煤矿安全发展要求将更加严格

煤炭需求增长放缓和下降将进一步压低煤炭价格，而安全条件差的煤矿由于生产成本高而首先被淘汰出局，世界煤矿总体安全生产条件不断改善。智能煤矿建设将大幅度减少井下矿工数量，能从根本上减少煤矿伤亡事故的发生。煤矿安全科技进步将使煤矿安全问题透明化，通过煤矿安全感知和预警系统，及时发现和处置煤矿事故隐患，将煤矿事故扼杀在萌芽之中。未来煤矿事故风险防控将从技术、管理并重向技术、管理、应急和安全文化建设并重转变，煤矿企业安全文化建设将全面推广，“我要安全”的安全氛围将不断强化。煤矿安全生产的关注点将从事故防控向事故防控和职业健康并重转变，更多的资源将投向煤矿职业健康领域。

煤矿灾害治理将进一步加强，围绕瓦斯、水害、冲击地压等煤矿灾害的治理力度不断加强，改善煤矿安全生产条件。提升灾害事故监测预警水平，应用瓦斯、水、火、冲击地压和顶板等灾害危险源辨识技术，应用大数据技术，实现煤矿重大灾害多因素全过程监控预警。以“煤矿隐蔽致灾因素—探测体系—动态探测技术—智能探测”为研究主线，研究构建主要灾害源的探测体系，研究煤矿水害、火灾、瓦斯、顶板、冲击地压灾害其主要隐蔽致灾因素动态探测技术与装备，实现对主要隐蔽致灾源的动态智能探测，全面提升矿井灾害监测预警的水平。实施信息化智能化改造，推广地面远程操控、无人值守，进一步减少井下用人。部分作业环境危险、劳动强度大、人工效率低的场所可应用智能化煤矿机器人进行作业。应用有利于职业危害防治和保护煤矿职工健康的新技术、新工艺、新材料、新产品，组织研发典型职业病危害作业预防控制关键技术与装备。以采掘工作面为防治重点，大力推进清洁生产技术，降低工作环境粉尘浓度。

9.1.5 煤炭消费进一步向亚太地区集中

亚太地区经济崛起将进一步提升亚太地区煤炭消费中心地位，而欧洲、美洲油气资源相对丰富且价格较低，煤炭消费继续减少，世界将形成亚太地区煤炭消费一枝独秀的局面。1990—2019 年，亚太地区煤炭消费量占世界煤炭消费量比例从 38% 迅速增长到 77%，预计到 2035 年和 2050 年，亚太地区煤炭消费占世界煤炭消费总量分别达到 80% 和 85%。

在亚太地区，中国作为世界最大的煤炭生产和消费国，将在 2025 年左右煤炭需求达峰后煤炭产量也将逐步下降，到 2035 年和 2050 年分别下降到 3600 Mt 和 2900 Mt。印度是未来煤炭消费增长较快的国家，预计到 2040 年，其煤炭消费占世界煤炭消费比例从 2019 年的 12% 增长到 24%，亚洲其他发展中国家如越南、印尼等煤炭消费也将在未来 20 ~ 30 年内保持增长。西方发达国家煤炭消费将继续减少，尤其是油气资源比较丰富的发达国家，煤炭消费下降速度加快。亚太地区巨大的煤炭需求将给煤炭资源丰富的澳大利亚、俄罗斯带来巨大的煤炭供应商机，印尼和印度煤炭需要持续上升促使两国加大煤炭生产规模。

9.1.6 煤炭开发利用的环境保护将更加严格

矿区生态修复突出以自然恢复为主，人工干预为辅，尊重自然规律，促进煤炭生产与生态环境协调发展。煤矿绿色开采全面推广，以充填开采技术、保水采煤技术为代表的与环境协调的煤炭开采技术、采动损伤监测与控制、采动塌陷区治理与利用、水源风源地源热泵技术、复杂成分矿井水资源化利用技术、地下分布式水库蓄水技术、生态化沉陷区和排土场复垦技术、煤矸石高附加值利用技术等一批科技含量高的新成果开始得到推广应用。基于自动在线监测和 3S 技术的生态环保信息化技术为生态环境治理与保护管理增添科学手段。以环境影响评价制度、环保保证金制度、矿区生态修复和土地复垦制度、环境许可制度、环境监督检查制度为重点的煤炭开发环保制度体系将进一步完善，保证煤炭开发与生态环境保护协调发展。随着部分矿区煤炭资源枯竭，煤矿关闭的数量越来越多，报废煤矿的资源综合利用和环境整治将成为世界煤炭工业环境保护的新任务。

随着大气中二氧化碳浓度不断提高，全球温室效应加剧，碳减排压力加大，作为高碳能源的煤炭必须走绿色低碳发展道路，碳捕获、利用与封存（CCUS）技术将在主要用煤行业示范应用，尤其是到 21 世纪下半叶要实现全球碳中和目标，煤炭燃料的利用必须要由 CCUS 技术来支撑。为了平衡碳减排和能源安全，CCUS 将成为实现碳中和的重要途径，各国将通过实施 CCUS 技术发展路线图，加大政府投入，建立跨行业、跨领域的 CCUS 合作平台和实施 CCUS 示范项目，减少化石能源利用带来的碳排放。

煤炭集约化利用程度进一步提高。电煤占世界煤炭消费比重不断提高，高效一体化污染治理技术的应用将逐步使燃煤发电实现近零排放。工业园区煤炭集中和梯级利用在提高能源利用效率的同时大幅度减少污染物排放。工业和民用散煤燃烧将逐步退出历史舞台，当前发达国家已经实现无散煤燃烧，预计到 2035 年左右全球基本消除散煤燃烧，煤炭燃烧导致的大气环境污染将被彻底解决。

9.2 世界煤炭工业发展面临的挑战

展望未来，世界煤炭工业将面临全球温室气体减排、低碳能源替代、化石能源竞争和生态环境保护等多种挑战，这些挑战将直接影响煤炭在世界能源生产利用中的地位和煤炭工业发展方式。

9.2.1 碳减排对煤炭消费产生深刻影响

《巴黎协定》明确提出到 21 世纪末，将全球平均温升保持在相对于工业化前水平 2 ℃以内，并为全球平均温升控制在 1.5 ℃以内付出努力，以降低气候变化的风险与影响。如果要将温升限制在 1.5 ℃，那么到 2030 年，全球人为的二氧化碳排放要比 2010 年下降 45%，并且要在 2050 年左右达到碳中和。但假如温升的上限是 2 ℃，则必须到 2075 年前实现碳中和目标。根据《巴黎协议》全球必须在 2030 年前将碳排放量迅速降至 25 Gt 二氧化碳当量，目前离 2030 年不到 10 年的时间，未来每年全球的碳排放量下降需大于 3% 才能在 2030 年完成目标。煤炭是高碳能源，其单位热值的二氧化碳排放分别为石油和天然气的 1.3 倍和 1.7 倍。控制二氧化碳排放将首先控制化石能源消费，而作为高碳能源的煤炭必将受到最严格控制。为了控制二氧化碳的排放，世界部分国家不仅建立了碳交易市场，以市场化方式降低二氧化碳减排成本，有的国家还制定了碳税政策，用提高煤炭利用成本的方式减少煤炭消费量。煤炭消费将随着碳达峰到来而稳定，也必将随着碳中和目标的临近而加速减少。

无论是作为燃料，还是作为原料，煤炭利用均会排放二氧化碳。作为化工原料，煤炭需求仍将增长，主要竞争对手是石油和天然气，由于煤炭储量和开发成本均比油气有竞争优势，煤炭作为化工原料具有较强市场竞争力。煤炭作为燃料的市场竞争对手除了天然气外，还有非化石能源。在天然气气源丰富的地区，例如美国和俄罗斯等，在本地市场上煤炭没有竞争力。在非化石能源方面，核电和水电生产成本均高于燃煤发电，光伏和风电已实现平价上网但缺乏可靠和连续性。碳税大小将成为煤炭与非化石能源竞争的关键。目前，美国和欧盟大多数国家开始征收碳税，碳税的征收将促进非化石能源的发展，煤电将是碳税征收的重点领域。未来煤电将面临从市场购买碳指标或实施碳捕捉和封存项目的选择，碳税和碳交易价格的大小将决定选择倾向。2020 年 12 月，我国和欧洲的二氧化碳当量交易价格分别 25 元/吨和 34 欧元/吨，碳交易价格将受碳配额分配的影响，欧盟计划从 2026 年开始逐步取消免费配额，这将显著拉升碳交易价格。我国已作出碳达峰和碳中和承诺，未来我国碳交易价格将持续上涨。“十四五”时期我国碳排放交易量有望在“十三五”时期的基础上增加 3 ~ 4 倍，到碳达峰的 2030 年累计交易额或将超过 1000 亿元。随着碳交易价格的上升，煤炭利用将面临越来越大的成本压力，煤炭消费总量将逐年减少。

9.2.2 世界能源转型将进一步消弱煤炭在世界能源中的地位

化石能源是不可再生能源，以目前速度开发将在未来 100 ~ 200 年内枯竭，人类必须利用可再生能源以满足经济社会可持续发展的需求，从高碳到低碳、从低碳到无碳的能源转型是大势所趋。核电由于资源和安全问题无法得到大规模发展，水电开发空间有限，生物质受资源和成本限制无法大规模发展，风电和光伏是最具潜力的可再生能源，可在未来能源转型过程重发挥主导作用。随着能源科技的不断进步，未来核聚变和地热能也可以发挥重要作用。能源转型将使煤炭在世界能源中地位从主要能源向辅助能源转变，煤炭在能源转型过程中将发挥能源安全压舱石作用。能源转型是一个长期渐进的过程，1990—2019 年，非化石能源消费占世界一次能源消费比重从 12% 增长到 16%，每 10 年增加 1.3 个百分点。《巴黎协定》的实施将加快世界非化石能源发展步伐，预计到 2030 年和 2050 年，世界非化石能源的占比分别达到 24% 和 35%。煤炭作为世界能源安全的压舱石在近 30 年在世界一次能源消费占比基本保持稳定，波动范围为 25% ~30%，2019 年为 27%。随着碳减排压力的加大，煤炭占世界一次能源消费比例将逐步下降，到 2030 年和 2050 那年，煤炭消费占世界一次能源消费重比例预计分别下降到 25% 和 18%。

随着可再生能源科技进步，风电和光伏的发电成本显著下降，目前光伏和风电已实现平价上网目标。然而，当前居高不下的储能成本和电网安全是制约可再生能源规模化发展的主要因素，可再生能源间歇性发电特征导致其无法单独进行远距离安全经济外输，必须配套煤电等其他电源和储能装置进行灵活调节，而储能加可再生能源发电的综合成本明显高于燃煤发电。未来，科技进步将大幅度降低储能和发电成本，储能加发电的综合成本一旦低于燃煤发电加碳捕集成本，燃煤发电将会被大规模替代。

9.2.3 化石能源竞争也对世界煤炭工业带来巨大挑战

在燃料和化工领域，煤炭面临着天然气挑战。北美页岩气革命改变了世界油气供应格局，也为世界带来新的清洁能源，受页岩气革命影响，美国煤炭消费大幅度减少，从 2007 年的 1.023 Gt 下降到 2019 年的 0.582 Gt。天然气作为清洁低碳能源正得到各国重视，气代煤将是高碳能源向低碳能源转型的重点，尤其是工业和民用散煤燃烧的替代。随着人们收入和生活水平的提高，清洁优质能源需求快速增长，天然气供暖成为替代煤炭供暖的主要领域。天然气也是优质化工原料，在北美和中东地区，廉价的天然气生产的甲醇、烯烃等化工产品对煤制化工品具有较强的市场竞争力，显著挤压了煤制化工品的市场空间。目前，天然气储采比大于 50，随着页岩气、煤层气的非常规天然气的规模化生产，天然气供应能力充分，在天然气资源富集区对煤炭消费具有显著的抑制作用。

石油对煤炭的替代潜力较小，主要集中在化工领域。石油化工和煤化工产品在主导产品方面类似，近年来，由于石油价格低迷，煤化工产品受到石油化工产品的严重挤压，尤其是煤值清洁油品很难盈利。受石油价格低迷的影响，我国“十三五”期间煤制油产业发展缓慢。石油化工主要产品是汽柴油。石油炼制伴生优质的化工原料，可以生产烯烃等大宗产品。目前，世界石油储采比也在 50 左右，在未来 50 年内供应有保障，煤化工将长期面临石油化工的强有力竞争。

9.2.4 煤炭资源枯竭地区的转型发展任务艰巨

煤矿关闭不仅导致大量工人失业，而且还会带来一系列的经济和社会问题。部分煤炭资源地区因煤而兴、因煤而衰，地区经济建立在煤炭资源经济基础上，一旦资源枯竭，需要政府提供帮助解决矿区生态修复和经济转型发展问题。政府需要提供合理的财政补贴，支持替代产业发展，避免大批失业造成社会不稳，同时要对失业矿工再就业给予经济援助。提供优惠贷款和政策，鼓励地方政府实施矿区环境治理和经济振兴。实施针对性的煤矿关闭政策，规范矿业活动及后续的矿山关闭和生态修复等活动；鼓励在煤矿关闭区建立企业开发区，缓解资源枯竭区的经济衰退；鼓励资源枯竭区的资源综合利用，在矿区废弃土地发展可再生能源，开发利用报废矿区的煤矿瓦斯资源。煤炭资源型地区的转型是一个长期渐进的过程，欧洲一些国家的矿区转型发展往往需要几十年时间，并且政府均给予大力扶持。因此，煤炭资源型地区需要提前谋划，大力发展替代产业，有效消除煤炭产业衰退对经济社会产生的负面影响。

世界煤炭工业发展研究（2020）

第2篇　亚太地区煤炭生产开发与消费利用

1 中国煤炭工业

煤炭是我国的主体能源和重要的工业原料。煤炭工业作为重要的基础产业，有力支撑了国民经济和社会平稳较快发展。1990年至今30年来，在党中央、国务院的正确领导下，在一系列促进煤炭工业健康发展政策的引导下，煤炭行业全面深化改革，发展先进生产力，激发创新活力，行业整体面貌发生了巨大变化，取得了举世瞩目的成就。生产力水平不断提升，保障能力大幅提高，煤炭开发布局深度调整优化，煤矿安全生产形势稳定向好，煤炭科技创新能力大幅提高，绿色发展成果丰硕，煤炭清洁高效消费利用水平迈上新台阶，市场化建设取得新进展。作为能源支柱和基础产业，煤炭工业有力地保障了我国国民经济的高速发展。为国民经济平稳较快发展提供了有力的能源保障。

1.1 煤炭在能源系统中的地位和作用

1990—2019年，中国能源生产总量从1.04 Gtce增长为2019年的3.97 Gtce，于2008年位居世界第一。煤炭产量由1079.9 Mt增加到3850.0 Mt，煤炭消费量由1055.4 Mt增加到3903.8 Mt。虽然煤炭在一次能源消费构成中的比重由76.9%下降到57.7%，但富煤、贫油、少气的资源禀赋的国情，决定了在未来相当长时期内，煤炭作为主体能源的地位不会改变，煤炭工业是关系国家经济命脉和能源安全的重要基础产业，在能源体系中起到稳定器和压舱石的作用。

1.1.1 经济社会发展

1. 经济社会发展成就

1978年，党的十一届三中全会做出了把党和国家工作中心转移到经济建设上来的历史性抉择，开启了中国改革开放的新纪元。1990年至今，中国经济社会取得了历史性成就，特别是党的十八大以来，以习近平同志为核心的党中央团结带领全国各族人民，承前启后，继往开来，奋力推进改革开放伟大事业，中国特色社会主义发展进入新时代，中华民族迎来了从站起来、富起来到强起来的历史性飞跃，开创了中国特色社会主义事业新局面。

30年以来，我国国民经济大踏步前进、经济总量连上新台阶，成功从低收入国家迈入中等偏上收入国家行列，国民经济总量跃居世界第二，综合国力和国际影响力实现历史性跨越。

经济持续快速增长，经济增速在全球范围内名列前茅。30年来，坚持以经济建设为中心，锐意推进改革，全力扩大开放，我国经济发展步入快车道。2019年，我国国内生产总值990865亿元，按不变价计算比1990年增长53倍，年均增长13.92%，远高于同期世界经济年均增速，在全球主要经济体中名列前茅。

经济总量连上新台阶，增量规模显著扩大。1991年国内生产总值上升到2万亿元，2000年突破10万亿元大关，2006年超过20万亿元，2019年达到990865亿元，逼近100万亿元，按年平均汇率折算达到14.4万亿美元，稳居世界第二位；人均国内生产总值70892元，按年平均汇率折算达到10276美元，首次突破1万美元大关，与1990年相比，增长近30倍，与高收入国家差距进一步缩小。2019年，我国国内生产总值比上年增长6.1%，明显高于全球经济增速，在经济总量1万亿美元以上的经济体中位居第一；对世界经济增长贡献率达30%左右，持续成为推动世界经济增长的主要动力源。

2. 30年以来能源发展

改革开放以来，中国成为世界第一大能源生产国，能源结构更加多元、高效；煤炭的供给能力不断增强、市场化体系逐步形成、行业经济运行质量不断提升，产业结构与集中度优化升级，煤炭科技创新体系日益完善，资源开发、重大灾害防治、清洁利用与高效转化等基础理论研究与关键技术攻关取得重大进展。未来一个时期，中国以煤炭的主体的能源格局不会改变，煤炭的应用领域随着科技进步将进一步拓展，新型经营模式将逐渐提升煤炭企业的核心竞争力。

1）中国成为世界能源生产第一大国、能源生产结构更加多元

中国能源生产总量从 1990 年的 1.04 Gtce 增长为 2019 年的 3.97 Gtce，比 1990 年增长了近 3 倍，年均增长 10.47%，于 2008 年位居世界第一。

30 年来，中国能源生产在结构上由原煤为主加速向多元化、清洁化转变，发展动力由传统能源加速向新能源转变。2019 年，原煤产量 3.85 Gt，比 1990 年增长 4.7 倍；原油产量 0.19 Gt，增长 0.8 倍；天然气产量 1.76×10^{11} m^3，增长 9.4 倍；发电量 7.50×10^{12} kW·h，增长 30.5 倍。

中国曾经“多煤少油缺气”的局面也在渐渐改变。天然气、一次电力及其他能源等清洁能源占比持续提高，天然气占比由 1978 年的 2.9% 提高到 2019 年最高的 8%，一次电力及其他能源占比由 1978 年最低的 3.1% 提高到 2019 年最高的 17.4%，分别提高 2.5 和 14.3 个百分点。

在国际合作方面，“一带一路”能源合作务实推进，油气进口能力稳步提高，品种继续优化。

2）能源与经济社会发展关系

能源是人类社会生存发展的重要物质基础，攸关国计民生和国家战略竞争力。1990 年以来，中国能源事业取得巨大成就，能源管理体制从计划经济体制逐步向市场经济体制转变，能源投融资体制改革取得显著进展。安全稳定的能源供应和快速增长的能源消费总量，有力地支撑了国民经济高速增长；能源成为历次经济社会改革先行领域，能源领域每次改革都推动着社会的快速进步；中国不断借鉴国外先进技术和推动国内能源技术创新，促进能源技术变革走了一条从跟跑到并跑，再到部分领域领跑的创新驱动发展之路。

能源快速发展有力支撑全国经济高速增长。1990 年中国能源消费总量 0.987 Gtce、能源生产总量 1.04 Gtce，到 2019 年，中国能源消费总量达到 4.86 Gtce、能源生产总量达到 3.97 Gtce。1990—2019 年间，中国能源消费总量、能源生产总量年均分别增长 10.5% 和 10.4%。同期，国内生产总值（GDP）由 1990 年的 1.89 万亿快速增长到 2019 年的 99 万亿，按不变价格计算，增长了 52 倍，年均增长 11.5%。中国能源及电力消费总量的快速增长，有力地支撑了经济社会的高速发展，能源与国内生产总值具有高度相关性，特别是 1990—2008 年，能源消费总量与 GDP 高度相关，进入 2010 年以来，随着节能降耗水平的不断提高，单位 GDP 能耗不断降低，但能源消费与 GDP 增长仍保持着高度相关。国内生产总值与能源消费总量关系如图 2－1－1 所示。

1.1.2　煤炭在能源生产与消费构成中的地位和作用

1. 煤炭在一次能源生产中的地位和作用

原煤生产在一次能源生产总量中的占比由 2000 年的 72.9% 降低到 2019 年的 68.6%。1990 以来中国能源生产总量保持快速增长，2019 年比 2000 年增长 1.86 倍，原煤产量增长 1.69 倍，原油产量增长幅度为 17.67%，天然气产量增长幅度为 5.28 倍，水电、核电、风电增长 6 倍。增长幅度最大的是水电、核电和风电，增长幅度最小的是原煤产量，详见表 2－1－1。

2. 煤炭在一次能源消费中的地位和作用

煤炭消费在一次能源消费总量中的占比由 1990 年的 76.2% 降低到 2019 年的 57.7%。1990—2019 年，中国能源消费总体呈增长趋势，详见表 2－1－2。2019 年能源消费总量相比 1990 年增长近 4 倍，其中，原煤消费增长幅度为 2.68 倍，原油消费增长幅度为 4.7 倍，天然气消费增长幅度为 18.5 倍，水电、核电、风电的增长幅度为 14 倍。增长幅度最大的是天然气消费量，增长幅度最小的是原煤消费量。

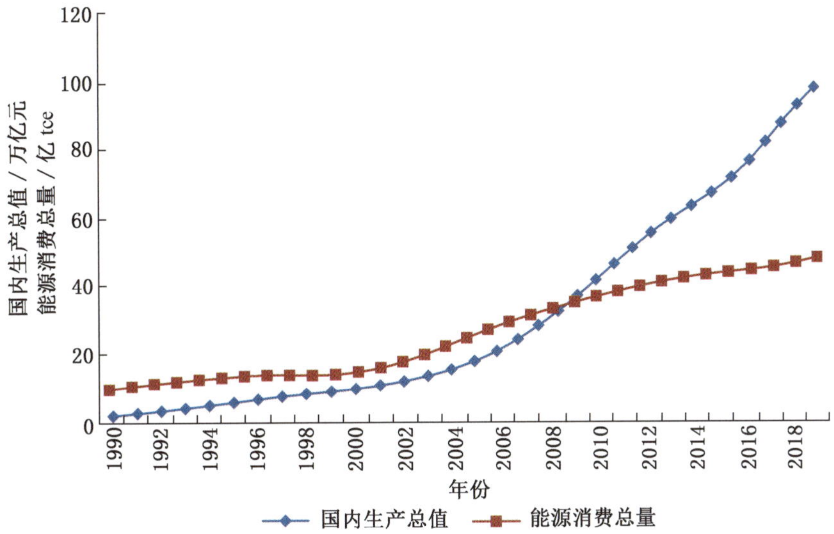

图 2-1-1　国内生产总值与能源消费总量关系图

表 2-1-1　2000—2019 年我国能源生产量统计

Mtce

年　份	能源生产总量	原煤生产总量	原油生产总量	天然气生产总量	水电、核电、风电生产总量
2019	3970. 00	2723. 42	273. 93	226. 29	746. 36
2018	3770. 00	2612. 90	270. 47	207. 31	679. 33
2017	3585. 00	2495. 16	272. 46	193. 59	623. 79
2016	3460. 37	2415. 34	283. 75	179. 94	581. 34
2015	3614. 76	2609. 86	307. 25	173. 51	524. 14
2014	3618. 66	2663. 33	303. 97	170. 08	481. 28
2013	3587. 84	2705. 23	301. 38	157. 86	423. 36
2012	3510. 41	2674. 93	298. 38	143. 93	393. 17
2011	3401. 78	2646. 58	289. 15	139. 47	326. 57
2010	3121. 25	2378. 39	290. 28	127. 97	324. 61
2009	2860. 92	2197. 19	268. 93	114. 44	280. 37
2008	2774. 19	2130. 58	271. 87	108. 19	263. 55
2007	2641. 73	2055. 26	266. 81	92. 46	227. 19
2006	2447. 63	1896. 91	264. 34	78. 32	208. 05
2005	2290. 37	1772. 74	258. 81	66. 42	192. 39
2004	2061. 08	1580. 85	251. 45	55. 65	173. 13
2003	1782. 99	1349. 72	242. 49	46. 36	144. 42
2002	1562. 77	1142. 38	239. 10	43. 76	137. 52
2001	1474. 25	1070. 31	234. 41	39. 80	129. 73
2000	1385. 70	1010. 17	232. 80	36. 03	106. 70

表 2-1-2　1990—2019 年中国能源消费总量统计　　Mtce

年　份	能源消费总量	煤炭消费总量	石油消费总量	天然气消费总量	水电、核电、风电消费总量
2019	4860.00	2804.22	918.54	393.66	743.58
2018	4640.00	2737.60	876.96	361.92	663.52
2017	4485.29	2709.12	843.23	313.97	618.97
2013	4358.19	2702.08	806.27	270.21	579.64
2015	4299.05	2738.49	786.73	253.64	520.19
2014	4258.06	2793.29	740.90	242.71	481.16
2013	4169.13	2809.99	712.92	220.96	425.25
2012	4021.38	2754.65	683.63	193.03	390.07
2011	3870.43	2717.04	650.23	178.04	325.12
2010	3606.48	2495.68	627.53	144.26	339.01
2009	3361.26	2406.66	551.25	117.64	285.71
2008	3206.11	2292.37	535.42	109.01	269.31
2007	3114.42	2257.95	529.45	93.43	233.58
2006	2864.67	2074.02	501.32	77.35	211.99
2005	2613.69	1892.31	465.24	62.73	193.41
2004	2302.81	1616.57	458.26	52.96	175.01
2003	1970.83	1383.52	396.14	45.33	145.84
2002	1695.77	1161.60	356.11	39.00	139.05
2001	1555.47	1057.72	329.76	37.33	130.66
2000	1469.64	1006.70	323.32	32.33	107.28
1999	1338.31	924.77	302.46	28.10	82.98
1998	1322.14	920.21	284.26	29.09	88.58
1997	1377.98	988.01	281.11	23.43	85.43
1996	1389.48	1037.94	250.11	25.01	76.42
1995	1311.76	978.57	229.56	23.61	80.02
1994	1227.37	920.53	213.56	23.32	69.96
1993	1159.93	866.47	211.11	22.04	60.32
1992	1091.70	826.42	191.05	20.74	53.49
1991	1037.83	789.79	177.47	20.76	49.82
1990	987.03	752.12	163.85	20.73	50.34

1990—2019 年，中国能源消费构成中化石能源所占比重下降了 10.2 个百分点。煤炭消费下降了 18.4 个百分点，石油消费提高了 2.3 个百分点，天然气所占比重提高了 6 个百分点；水电、核电和风电合计所占比重提高了 10.2 个百分点。

1.1.3　煤炭开采业对经济的贡献

煤炭是中国重要的基础能源和工业原料，在国民经济中具有重要的战略地位。在一次能源生产消费结构中，煤炭将长期是中国的主体能源，在未来相当长时间内，中国以煤为主的能源生产和消费格局不会改变。随着现代煤化工技术的发展和商业化，煤炭作为能源化工产业的原料的地位不断提高，从长期来看，煤炭作为燃料将不断被非化石能源所替代，但作为化工原料，其市场需求将持续增长。煤炭还是中国国民经济的重要组成部分，煤炭行业创造了大量的产值和就业机会。因此，从战略定位上看，煤炭是支撑中国国民经济发展的主体能源、能源安全的重要保障和重要的工业原料。

1. 支撑国民经济发展的主体能源

煤炭作为主体能源，有力地支撑了国民经济和社会长期平稳较快发展。在一次能源生产和消费结构中，煤炭一直占据主导地位，2019 年煤炭在中国一次能源生产和消费结构中比重占到了 72.2% 和 64% 。预计到 2020 年、2030 年和 2050 年，煤炭将占一次能源消费比重的 58% 、50% 和 40% 。在未来较长的时间内，煤炭仍将维持主体能源地位。

中国在世界煤炭生产和消费中占据重要地位。据《BP 世界能源统计年鉴 2020》，2019 年中国煤炭产量占全球总产量的 47.3% ，比上年提高 1.6 个百分点。2019 年，中国煤炭消费量占全球总消费量的 51.7% ，比上年提高 1.4 个百分点。中国贫油少气富煤的资源状况及煤炭的特点，决定了煤炭占能源消费的主体地位不会变。

（1）煤炭是中国最丰富的化石能源。根据中华人民共和国国土资源部《2014 年全国矿产资源储量通报》，2014 年中国煤炭、石油和天然气剩余技术可采量分别为 81.13 Gt、3.43 Gt 和 4.9×10^{12} m^3，分别占化石能源剩余技术可采储量的 83.5% 、7.1% 和 9.4% 。在化石能源资源储量构成中，煤炭占 94% 以上。能源发展战略行动计划（2014—2020 年）提出能源发展立足国内战略，坚持立足国内，将国内供应作为保障能源安全的主渠道，牢牢掌握能源安全主动权。丰富的煤炭资源是中国实施立足国内战略的基础。

（2）煤炭是中国最经济的能源。中国煤炭单位热值的价格明显偏低，煤炭是中国最经济的化石能源，增加煤炭利用规模可有效提高中国耗能行业产品的市场竞争能力。在电力生产领域，煤电是最经济的电源，明显低于气电和非化石电。

（3）煤炭是可以清洁利用的能源。中国燃煤发电已能实现超低排放，燃煤电厂经超低排放技术改造后可以达到天然气发电排放标准。华东地区燃煤超低排放电厂发电成本为 0.45 元/(kW・h)，天然气发电成本为 0.9 元/(kW・h)，燃煤电厂超低排放技术改造后发电成本增加 1.8～2.6 分/(kW・h)，具有较强的市场竞争力。现代煤化工技术进步促进了煤炭清洁高效利用，可将煤炭转化为天然气、成品油和烯烃等产品，为市场提供清洁的二次能源和高附加值的化工产品，煤制汽、柴油环保性能明显优于石油生产的汽、柴油，煤制油产品不含有铅、硫等有害元素。高效煤粉锅炉烟尘排放与传统链条炉相比具有明显优势，高效煤粉锅炉热效率已达到 90% ，能实现烟尘排放 4 mg/m^3、SO_2 排放 5 mg/m^3 和 NO_x 排放 23 mg/m^3。水煤浆、型煤和褐煤提质等洁净煤技术也取得了重大进展，拓宽了煤炭清洁利用的范围。用兰炭代替原煤作为民用燃料可显著减少大气污染排放。尤其是近年来碳捕集和碳封存技术与燃煤发电和现代煤化工项目的紧密结合可促进高碳能源低碳利用，目前燃煤发电的燃后 CO_2 捕集成本可降到 0.14～0.20 元/(kW・h)，煤化工项目的二氧化碳捕集成本可降到 100 元/t 以下。

2. 能源安全的重要保障

2019 年，中国能源消费总量为 4.86 Gtce，原油进口量为 505.72 Mt，同比增长 9.5% ，石油对外依存度达 70.8% ；天然气进口量 96.6 Mt，同比增长 6.9% ，对外依存度达 43% 。未来中国能源安全，特别是石油和天然气的稳定、经济供应问题将日益突出。煤炭不仅可以直接用作燃料，而且还能生产电力、成品油和天然气等二次能源，以及烯烃、芳烃等石油化工产品，符合中国多元化石油替代战略，煤制油和煤制气产业的发展可以将中国油气对外依存度控制在合理水平，因此煤炭的开发利用将对中国能源安全提供重要保障。

3. 重要的工业原料

随着非化石能源的快速发展，煤炭从燃料向燃料和原料并重的转型加快，煤炭作为终端能源使用的规模和比重不断降低。现代煤化工技术的出现和应用拓宽了煤炭作为工业原料的应用范围。

煤炭是中国二次能源的重要原料。长期以来，煤电一直占据中国电力生产的主体地位。1990 年以来，在电力生产构成中，火电占电力生产中比重 73% 以上，而煤电占火电总发电量的 90% 以上。

2019 年，火电占电力生产总量的 69.6%。近年来，电煤年消费规模维持在 1.9 Gt 左右。煤电因其发电成本低而具有很强的市场竞争力，预计到 2025 年左右，风电和光伏发电可达到平价上网目标，同时煤电生产达到峰值。煤炭作为工业原料还能生产成品油、烯烃和天然气等产品，有利于降低中国油气对外依存度，保障能源供应安全。当原油价格突破 50 美元/桶和 57 美元/桶时，煤制烯烃和煤制油在石油替代方面具有一定的竞争力。而煤制天然气可以替代进口天然气，尤其在进口气价较高时，煤制天然气在降低天然气供应成本方面可发挥重大作用。

煤炭是传统化工产业的重要原料，传统化工包括合成氨、电石、甲醇和焦炭等产业。合成氨、电石和甲醇等市场需求基本饱和，作为原料的煤炭需求维持在 0.22 Gt 左右，未来这部分煤炭需求将保持稳定。焦炭是冶金行业的重要工业原料，中国炼焦用煤年消耗 0.62 Gt 左右。

煤炭作为新型煤化工原料具有较大的市场前景。随着石油价格的上升，煤制油替代石油的规模将不断扩大。煤制油技术还能生产高能成品油，可满足军事和航天用油的特殊需求。煤制烯烃技术日益成熟，与石油化工项目具有较强的竞争力。

1.2 煤炭工业发展现状与前景

煤炭工业经过 30 年的发展，特别是深化供给侧结构性改革以来，煤炭供给保障能力进一步增强、安全生产持续稳定向好、煤矿科技创新能力显著增强、绿色发展取得积极进展、煤矿企业效益明显改善。面向“十四五”时期，在推进“四个革命、一个合作”能源安全新战略和建设现代能源体系指引下，煤炭工业将进一步向“低碳、清洁、高效、绿色、安全”的高质量发展转变。

1.2.1 发展现状

1990 年以来，特别是中共十八大以来，在党中央、国务院的坚强领导下，煤炭工业以推进供给侧结构性改革为主线，全力落实去产能、去库存、去杠杆、降成本、补短板五大任务，发展质量不断提高，产业结构得到显著优化，煤炭行业生产力水平实现了跨越式发展和大幅提升。

1. 煤矿安全生产形势持续稳定向好

按照党政同责、一岗双责、齐抓共管、失职追责的要求，不断完善煤矿安全生产责任制，严格落实企业主体责任，保障安全生产投入，改善安全生产条件。加强对水、火、瓦斯、煤尘、顶板等灾害防治，全面推进灾害预防和综合治理，防范和遏制重特大事故。煤矿安全工作成效显著，实现了事故总量、死亡人数、重特大事故、百万吨死亡率“四个大幅下降”。煤矿事故起数、死亡人数已由 2012 年的 779 起、1384 人减至 2019 年的 170 起、316 人，下降 78.18%、77.17%；重大事故已由 2012 年的 15 起、225 人减至 2019 年的 3 起、52 人，下降 80%、76.89；百万吨死亡率已由 2012 年的 0.374 减至 2019 年的 0.083，下降 77.8%。在特别重大事故方面，已连续 3 年未发生。

2. 煤炭供给侧结构性改革成效显著

通过持续不断推进淘汰落后、整顿关闭，加快安全高效矿井建设，产业结构调整取得重要进展。2012 年以来，全国累计关闭退出煤矿 8313 处、退出产能 1.022 Gt，2019 年底全国煤矿数量减至 5300 处左右，全国平均单井规模由 0.3 Mt/a 提高到 0.98 Mt/a 以上。神东、黄陇、宁东、新疆等 14 个国家级大型煤炭基地建设初见成效，原煤产量占全国的 94.3%。全国建成 1.2 Mt/a 及以上大型煤矿 1200 处，产量占全国的 80% 左右。近年来煤炭去产能工作情况见表 2 - 1 - 3。

3. 煤矿科技创新能力显著增强

围绕煤炭安全高效绿色智能化开采基础理论研究与关键技术攻关，取得了一大批新成果、新技术和新工艺，推动中国煤田地质精细勘探、大型矿井建设、煤矿瓦斯与地下水害防治、井巷快速掘进与智能化开采、现代化选煤技术迈上了一个新台阶。在煤矿科技研究中，特厚煤层大采高综放开采世界性技术难题被攻克，工作面年产超千万吨；成功研发煤矿综采成套装备智能系统，创建了“有人巡

表2-1-3 2012—2019年煤炭去产能工作统计

年份	矿数/个	产能/Mt	年份	矿数/个	产能/Mt
2012	628	44.23	2017	1072	183.00
2013	711	35.49	2018	832	150.00
2014	1509	106.40	2019	650	101.00
2015	801	53.59	合计	8313	1021.51
2016	2110	347.80			

视、无人操作”的远程采煤工作面；成功研制首套煤矿大型护盾式快速掘锚装备，提高了煤矿井下掘进支护速度；成功研制煤矿井下千米定向钻机，最大钻孔深度达到2311 m，刷新了世界纪录；成功研制井下松软突出煤层钻机，在坚固性系数f值小于0.5条件下实现钻孔深度271 m，创造了突出松软煤层钻孔的最新深度；研发高压空气爆破致裂、井下分段水力压裂、三维旋转水射流扩孔等增透技术，显著提高碎软低透气煤层瓦斯抽采效果；攻克采动区地面井瓦斯抽采技术，地面井完好率93%以上，日抽采量达10000 m^3以上，抽采浓度高达86%。在煤矿科技应用中，首座TBM施工长距离煤矿斜井在神东补连塔煤矿建成启用，首台全断面矩形快速掘进机投入使用，首台矿用全断面硬岩掘进机、首套煤矿大型护盾式快速掘锚装备研制成功，8 m大采高采煤机、8.8 m超大采高综采工作面、3～4 m煤层千万吨级智能化综采成套装备实现国产化。截至2019年底，全国煤矿采煤、掘进机械化程度分别达到78.5%、60.4%，建成煤矿智能化无人工作面200个左右。

4. 绿色发展取得积极进展

煤炭工业践行绿色发展理念，推进煤炭开发全过程节能减排和矿区资源综合循环利用，加强采煤沉陷区综合治理，建成了一批循环经济产业园区、国家矿山公园和生态旅游示范区，促进了资源开发与生态环境协调发展。如神华神东致力于构筑“三期三圈”生态系统，矿区生态治理面积达到256 km^2，植被覆盖率由开发初期的10%提高到目前的60%以上。徐州贾汪区潘安湖采煤塌陷地通过综合整治，形成了集中连片高标准基本农田、湿地公园和产业园区，促进了矿区资源开发与生态环境协调发展。

2019年，全国煤矿原煤入选率73.2%，比1990年提高55.5个百分点，以煤矿保水开采、充填开采、煤与瓦斯共采为主的绿色开采技术得到普遍推广，矿井水、煤矸石资源化利用与达标排放率逐年提升。矿井水利用率、煤矸石综合利用率、土地复垦率分别达到75.8%、71%和52%；煤层气（煤矿瓦斯）利用量达到9.29 Gm^3。

5. 煤炭企业效益明显改善

随着化解过剩产能工作积极有序推进，煤炭行业供求关系显著改善，供给质量和效率大幅提升，煤炭价格探底回升，煤炭企业资产状况好转，不良资产率逐步降低，融资环境明显改善，行业良性发展信心大幅提振。2019年，全国规模以上煤炭企业主营业务收入2.54万亿元，同比增长25.9%，实现利润约2959亿元，同比增长290%，为近五年最高水平，大部分煤炭企业实现了盈利。

1.2.2 管理体制与政策法规

1. 煤炭行业管理体制改革历程

（1）1949年，国家在燃料工业部下设煤炭总局，管理全国煤炭行业。

（2）1955年7月30日，第一届全国人民代表大会第二次会议通过，决定撤销中华人民共和国燃料工业部，设立中华人民共和国煤炭工业部。

（3）1970年6月，煤炭工业部、石油工业部和化学工业部合并，成立燃料化学工业部。

（4）1975年1月，撤销燃料化学工业部，成立煤炭工业部。

（5）1988 年 4 月，根据国务院机构改革方案，提出政企分开的原则，成立了由煤炭、石油、核工业部的全部和水利电力部的部分政府职能组成的能源部，再次撤销了煤炭工业部。下设中国统配煤矿总公司，管理全国煤炭行业。

（6）1993 年 8 月 6 日国办发〔1993〕47 号文，撤销能源部和中国统配煤矿总公司，组建煤炭工业部。

（7）1998 年 6 月 25 日国办发〔1998〕82 号文，煤炭工业部改组为国家煤炭工业局，隶属经贸委。

（8）1999 年 12 月 30 日国办发〔1999〕104 号文，国务院办公厅印发《煤矿安全监察管理体制改革实施方案》。国务院批准实行垂直管理的煤矿安全监察体制；设立国家煤矿安全监察局，负责全国煤矿安全监察工作，与国家经济贸易委员会管理的国家煤炭工业局一个机构、两块牌子；国家煤炭工业局的有关内设机构，加挂国家煤矿安全监察局内设机构的牌子。

（9）2000 年 12 月 23 日国办发〔2000〕81 号文，撤销国家煤炭工业局，有关行政职能并入国家经贸委，2003 年国家经贸委撤销，在国家发展和改革委员会下设能源局。在煤炭工业部被撤销（改为煤炭工业协会）后，原煤炭工业部对煤炭行业的管理权，除安全管理和资源管理外，其他方面的管理权都由国家发展和改革委员会行使。组建国家安全生产监督管理局，与国家煤矿安全监察局一个机构，两块牌子；2003 年 3 月 21 日国发〔2003〕8 号文，国家安全生产监督管理局（国家煤矿安全监察局）从国家经贸委独立出来，成为国务院直属国家局（副部级）机构，负责全国安全生产综合监督管理和煤矿安全监察工作；2005 年 2 月 23 日，温家宝主持召开国务院常务会议，国务院决定，把国家安全生产监督管理局升格为国家安全生产监督管理总局，为国务院直属机构（正部级），而国家煤矿安全监察局成为由国家安全生产监督管理总局实行部门管理的国家局（副部级）。

2. 煤炭行业管理体制改革发展

自 2004 年以来，中央和地方各级政府都认识到理顺煤炭行业管理体制的必要性，并开始着手加强煤炭行业管理体制建设。

在 2005 年 6 月 7 日国务院发布的《关于促进煤炭工业健康发展的若干意见》中专门设置了“强化规划和管理，完善煤炭资源开发监管体系”部分，进一步明确提出各级发展改革（煤炭行业）主管部门要综合运用煤炭发展规划、产业政策、法律法规等手段，加强对煤矿开发建设和煤炭生产的监督管理。同时，产煤地区地方各级人民政府要落实煤炭行业管理职能部门，并充实和加强煤炭管理力量，健全和完善管理制度，强化煤炭资源和生产开发管理。

总之，中央和各地方在煤炭行业管理部门和组织建设上从事的实践和所作的努力表明，中国正在认真总结煤炭管理部门建设方面的经验教训，试图从根本上理顺煤炭工业管理体制。总的来看，在经济体制转型时期，加强煤炭行业管理部门建设，对煤炭行业实现全过程管理，按照管理高效、分工协作的原则，将相关部门制定的政策、规定，主要由煤炭行业管理部门通过相应的管理工作来具体落实，这样做有利于理顺煤炭管理体制，促进煤炭工业的健康发展。

3. 煤炭工业法规政策

新中国成立后，中国很长时期内都是通过政策来对煤炭行业发展的重大问题进行调整，虽然也制定过若干行政法规和规章，但数量并不很多。所以，煤炭法制建设的基础一直比较薄弱。在改革开放以后，随着民主法制建设的不断发展，在运用政策手段对煤炭行业的问题进行调整的同时，也日益重视通过立法对煤炭行业的问题进行调整。截至 2019 年，已经颁布了百余部与煤炭相关的法律、法规、规章以及其他规范性文件。1986 年 3 月 19 日，第六届全国人民代表大会常务委员会第十五次会议制定颁布了《中华人民共和国矿产资源法》（该法根据 1996 年 8 月 29 日第八届全国人民代表大会常务委员会第二十一次会议《关于修改〈中华人民共和国矿产资源法〉的决定》进行了修正）；1992 年 11 月 7 日，第七届全国人民代表大会常务委员会第二十八次会议制定颁布了《中华人民共和国矿山安全法》，在此基础上，根据 20 世纪 90 年代中国经济和社会发展的需要，由煤炭部主持起草并于

1996年8月29日经第八届全国人大常委会第二十一次会议通过了《中华人民共和国煤炭法》，该法的颁布实施，是中国煤炭行业发展走上规范化、法制化轨道的一个重要里程碑，对完善我国煤炭法律法规体系，合理开发利用和保护煤炭资源，规范煤炭生产、经营活动，促进和保障煤炭行业的发展发挥了重要和积极的作用。伴随着改革开放后社会主义市场经济和民主法制建设的蓬勃发展，中国煤炭行业也逐步形成了以《矿产资源法》和《煤炭法》为核心的煤炭法律法规体系。随着大量煤炭法规、规章和其他规范性文件的出台，煤炭行业有法可依的局面已经初步形成。同时，与政府机构改革相协调，煤炭行业管理体制也在发生日益深刻的转变，由计划经济体制下的政策治理模式向市场经济要求下的法治模式进行过渡，法律和制度在经济和社会发展中的地位显得越来越重要。

2000年以来，随着国家工业化进程的加快，煤炭工业进入了前所未有的快速发展阶段，为国民经济持续快速健康地发展提供了重要的基础能源支持。但发展过程中还存在许多突出问题。具体表现：①煤炭开发秩序不规范，资源回收率低；②安全基础薄弱，重大事故时有发生；③生产力整体水平不高，产业集中度低；④循环经济发展慢，矿区环境治理任务艰巨。

针对这些问题，不仅需要进一步完善现有的以《煤炭法》《矿产资源法》《矿山安全法》等为代表的煤炭法律法规体系，而且迫切需要与之相应的、系统的煤炭工业政策体系的不断完善，从煤炭产业发展与国家能源发展战略相匹配的角度，以及煤炭产业布局、准入、技术、安全、节约利用、环境保护等方面，提出煤炭产业的发展方向，促进煤炭工业全面贯彻落实科学发展观，走资源利用率高、安全有保障、经济效益好、环境污染少的可持续发展道路。

1.2.3 发展前景

“十四五”时期是中国“两个一百年”奋斗目标的历史交汇期，是全面建成小康社会向基本实现社会主义现代化迈进的关键时期。建设现代能源体系，是推进“四个革命、一个合作”能源安全新战略、促进能源高质量发展、推进能源治理体系和治理能力现代化的迫切需要。

现代能源体系要在“十三五”“清洁低碳、安全高效”的基础上，进一步发展和完善，应当包含“清洁、低碳、智慧、安全、高效、经济”六个方面。以煤为主的能源资源禀赋，决定了“十四五”时期煤炭作为国家主体能源的地位仍不会改变，煤炭仍将是保障我国能源安全、稳定、经济供应的压舱石和稳定器。建设现代能源体系，必须推动煤炭工业高质量发展，推进煤炭生产和消费革命，建设现代化的煤炭工业体系：

（1）资源保障体系。要以煤炭安全、高效开采和绿色、清洁利用为重点，建立高质量发展资源保障体系。利用现代化的探测、成像技术实现对煤炭资源的精查和详查，精确地确定煤炭资源的赋存定位、资源储量、有无伴生资源、地质构造、地质灾害，提高煤炭资源保障水平，为精准、智能化开采创造条件。加强煤炭资源保护和节约，合理开发共伴生矿物，显著提升资源节约水平。

（2）生产供应体系。统筹资源禀赋、开发强度、市场区位、配套转化、环境容量、输送通道等因素，依托大型煤炭基地建设，积极发展优质产能，引导煤炭生产开发加快向资源条件好、竞争能力强、安全保障程度高的地区集中，逐步降低生态环境脆弱、水资源短缺、开采条件复杂地区开发强度，形成以山西、陕西、蒙西为重心，新疆、蒙东、云贵为区域支撑的煤炭供应体系，保障东北、“两湖一江”、西南等重点地区煤炭供应。深化供给侧结构性改革，坚决退出不符合强制性标准和产业政策的落后产能，重点建设大型现代化煤矿，推进煤炭企业兼并重组，加强煤炭远距离输送通道和输电线路建设，打造高质量的煤炭生产供应体系。

（3）科技创新体系。以煤炭安全绿色智能开采和清洁高效集约利用为重点，加强基础理论研究和关键共性技术突破。推广应用新装备，推进装备的大型化、重型化、智能化改造，研发试点工业机器人、智能装备在危险工序和环节的应用。加大节能、节水、污染控制等煤炭利用新技术、新工艺、新装备研究力度，提高煤炭转化效率，减少污染物排放。推动“知识型+技能型”人才队伍建设，构建煤炭行业人才保障体系。

（4）绿色发展体系。建立和完善煤炭资源开发利用的绿色发展体系，完善矿区资源、生态、经济协调发展机制。因地制宜推广保水开采、充填开采、矸石不升井等绿色开采技术，最大程度降低煤炭开采对生态环境影响。大力开展煤矸石发电、井下回填、塌陷区治理和土地复垦，加强矿区生态环境治理，发展矿区循环经济，建设绿色煤矿和生态文明矿区。

（5）安全保障体系。完善煤矿安全生产长效投入机制。建立和完善煤矿安全生产法律法规体系，结合现代化、信息化技术发展实际和新产业、新业态发展趋势，修订完善煤矿安全法律法规，强化煤矿安全生产主体责任落实，推动煤矿治理体系和治理能力现代化。建立和完善煤矿职业病预防机制，加大力度推动煤矿职业健康防治工作，提高煤矿职业健康水平。

（6）加工利用体系。促进煤炭由燃料向燃料与原料并重转变，加强煤炭清洁转化利用技术研发和推广应用，调整煤炭消费结构，提高电煤消费占比。推动传统煤化工绿色发展，大力发展现代煤化工，建设煤化工循环经济产业园。推进选煤厂大型化、集约化、高效化、智能化发展，大幅减少散煤消费。

（7）现代市场体系。强化煤炭市场供应保障机制，建立全国煤炭生产、流通、消费等煤炭全生命周期大数据系统，提升全国煤炭稳定供应能力。以煤炭运输和储配为重点，大力发展现代煤炭物流。完善市场交易运行机制，形成以全国煤炭交易中心为主导、区域性煤炭交易中心为补充的煤炭市场交易体系。继续推动煤炭中长期合同制度，健全完善"基础价 + 浮动价"的市场化定价机制，稳定市场预期，维护市场供需动态平衡。建立完善社会诚信机制，树立契约精神，营造公平竞争的发展环境。

（8）国际合作体系。抓住"一带一路"建设的重大机遇，加强国际交流合作，形成先进的理念和技术标准体系、建设沿线国家煤炭清洁高效开发利用的技术输出平台，引领高水平对外开放。加强国际产能合作，充分利用国际国内两种资源、两个市场，保障高质量煤炭需求。借鉴国外先进产煤国家煤矿管理理念和经验，促进我国煤炭高质量发展。

1.3　煤炭资源

我国煤炭资源与地区的经济发达程度呈逆向分布，我国煤炭资源在地理分布上的总格局是西多东少、北富南贫。而且主要集中分布在目前经济还不发达的山西、内蒙古、陕西、新疆、贵州、宁夏等 6 省（自治区），且煤类齐全，煤质普遍较好。我国煤炭埋藏较深，适于露天开采的储量很少，适于露天开采的中、高变质煤更少。

1.3.1　煤炭资源概况

1978—2017 年，全国煤炭保有查明资源储量由 595.96 Gt 增加到 2019 年的 1750 Gt；全国煤炭产量由 0.62 Gt 增加到 3.85 Gt。1985 年，我国成为世界第一煤炭生产大国。据《BP 世界能源统计年鉴 2020》，2019 年中国煤炭产量占全球总产量的 47.3%，比上年提高 1.6 个百分点，2019 年世界十大煤炭生产国见表 2 - 1 - 4。2019 年，中国煤炭消费量占全球总消费量的 51.7%，比上年提高 1.4 个百分点。

表 2 - 1 - 4　2019 年世界十大煤炭生产国排名

Mtce

序号	国　家	2019 年	序号	国　家	2019 年
1	世界总产量	8129	7	俄罗斯	440
2	中国	3846	8	南非	254
3	印度	756	9	德国	133
4	美国	639	10	哈萨克斯坦	115
5	印度尼西亚	610	11	波兰	112
6	澳大利亚	506			

根据《中国矿产资源报告2019年》，2018年主要矿产中有37种查明资源储量增长，11种减少。其中，煤炭查明资源储量增长2.5%。2018年石油勘查新增探明地质储量0.96 Gt，天然气8.31×10^{11} m^3，页岩气1.25×10^{11} m^3，煤炭新增查明资源储量55.61 Gt，详见表2-1-5。

表2-1-5 主要矿产查明资源储量

序号	矿 产	单 位	2017年	2018年	增减变化/%
1	石油	Gt	3.542	3.573	0.9
2	天然气	$\times10^8$ m^3	55220.96	57936.08	4.9
3	煤层气	$\times10^8$ m^3	3025.36	3046.30	0.7
4	页岩气	$\times10^8$ m^3	1982.88	2160.20	8.9
5	煤炭	Gt	1666.673	1708.573	2.5

注：石油、天然气、煤层气、页岩气为剩余技术可采储量，分类标准参见GB/T 19492—2004；非油气矿产为查明资源储量（全部原地资源储量），分类标准参见GB/T 13908—2002。

1.3.2 煤炭资源总体分布特征

1. 煤炭资源与地区的经济发达程度呈逆向分布

我国煤炭资源在地理分布上的总格局是西多东少、北富南贫。而且主要集中分布在目前经济还不发达的山西、内蒙古、陕西、新疆、贵州、宁夏等6省（自治区），且煤类齐全，煤质普遍较好。而我国经济最发达，工业产值最高，对外贸易最活跃，需要能源最多的东南沿海省（市、区）煤炭资源十分贫乏。

我国煤炭资源赋存丰度与地区经济发达程度呈逆向分布的特点，使煤炭基地远离了煤炭消费市场，煤炭资源中心远离了煤炭消费中心，从而加剧了远距离输送煤炭的压力，带来了一系列问题和困难。为此，国家必须高度重视煤炭运输问题。

2. 煤炭资源与水资源呈逆向分布

以昆仑山—秦岭—大别山一线为界，以南水资源较丰富，以北水资源短缺。蕴藏丰富煤炭资源的北方省份，水资源十分贫乏，《“十二五”规划纲要》提出重点建设的14个大型煤炭基地，其中有8个分布于此，由此可见，北部区域是我国现今和今后煤炭生产建设的重点地区，也是我国现今与未来煤炭供应的主要基地。

由于北部地区煤炭资源过度集中，并与水资源呈逆向分布，不仅给当地的煤炭生产发展带来了重要影响，而且解决不好，还将制约整个煤炭工业的长远发展，影响煤炭的长期供应问题。因此，开发北部地区的煤炭资源，除了运输困难以外，还突出地存在煤炭生产和煤炭洗选过程中的工业用水和民用水源问题。同时，由于大规模的采矿活动，必然要使本来就很脆弱的生态环境进一步恶化。因此，国家在制订开发规划时，一定要综合考虑矿区水源、外运能力、环境保护和人口容量等诸多因素，将其控制在一个协调、适度的发展规模上。这样，才有利于全面推进，健康发展。

3. 优质动力煤丰富，优质无烟煤和优质炼焦用煤不多

我国煤类齐全，从褐煤到无烟煤各个煤化阶段的煤都有赋存，能为各工业部门提供冶金、化工、气化、动力等各种用途煤源。但各煤类的数量不均衡，地区间差别也很大。

我国非炼焦用煤储量很丰富。特别是其中的低变质烟煤（长焰煤、不黏煤、弱黏煤及其未分类煤）所占比重较大，煤质好，是煤炭资源中的一大优势。从总体上看，不黏煤和弱黏煤的煤质均好于全国其他各煤类。

无烟煤除作动力用煤外，在工业上有着广泛的用途。主要分布在山西和贵州两省，其次是河南和

四川。我国虽然赋存一些少有的优质无烟煤，但这些矿区规模不大，储量有限。因此，我国优质无烟煤不多。

我国炼焦用气煤、肥煤、焦煤和瘦煤在全国煤炭保有储量中的比重不大，而且品种也不均衡。其中气煤占炼焦用煤的 40.6%，而肥煤、焦煤和瘦煤三个炼焦基础煤，分别仅占 18.0%，23.5% 和 15.8%。此外，还有相当一部分虽属炼焦用煤，但因灰分或硫分过高，可选性很差，精煤回收率极低，从经济效益考虑不宜入选，只能当作一般燃料使用，因此我国优质炼焦用煤也不多。

综上所述，我国虽然煤类齐全，但真正具有潜力的是低变质烟煤，而优质无烟煤和优质炼焦用煤都不多，属于稀缺煤种，应当引起各方面的高度重视，采取有效措施，切实加强保护和合理开发利用。

4. 煤层埋藏较深，适于露天开采的储量很少，适于露天开采的中、高变质煤更少

与世界主要产煤国家比较而言，我国煤层埋藏较深。同时，由于沉积环境和成煤条件等多种地质因素的影响，我国多以薄—中厚煤层为主，巨厚煤层很少。因此可以作为露天开采的储量甚微。

据《中国煤炭开发战略研究》课题组统计结果，我国适宜露天开采的矿区（或煤田）主要有 13 个，已划归露天开采和可以划归露天开采储量共计为 41.24 Gt，仅占全国煤炭保有储量的 4.1%。

5. 共伴生矿产种类多，资源丰富

我国含煤地层和煤层中的共生、伴生矿产种类很多。含煤地层中有高岭岩（土）、耐火黏土、铝土矿、膨润土、硅藻土、油页岩、石墨、硫铁矿、石膏、硬石膏、石英砂岩和煤层气等；煤层中除有煤层气（瓦斯）外，还有镓、锗、铀、钍、钒等微量元素和稀土金属元素；含煤地层的基底和盖层中有石灰岩、大理岩、岩盐、矿泉水和泥炭等，共 30 多种，分布广泛，储量丰富，有些矿种还是我国的优势资源。

我国含煤地层中的共生、伴生矿产资源非常丰富，很有前景。所有的煤炭开发企业都必须研究分析本矿区的资源特点，有条件的应加快开发利用步伐，走以煤为本，综合开发，多矿种经营的路子，这是提高煤矿经济效益的必由之路。

1.3.3　管理框架与政策法规

近 30 年煤炭资源管理机构变迁。1990—1998 年中国煤炭资源由中国地质矿产部负责管理；1998 年 3 月，根据国务院的机构改革方案，地质矿产部等四个部门共同组建国土资源部，1998—2018 年煤炭资源管理由国土资源部负责；2018 年 4 月至今，由新组建的自然资源部负责煤炭资源管理。

煤炭资源管理主要政策法规。有关煤炭资源管理的法律包括：1986 年 10 月 1 日起施行的《中华人民共和国矿产资源法》，1996 年 12 月 1 日起施行的《中华人民共和国煤炭法》，2015 年 1 月 1 日起施行的《中华人民共和国环境保护法》（2014 年修订）。煤炭资源管理的行政法规和部门规章包括：1994 年 3 月 26 日起施行《中华人民共和国矿产资源法实施细则》，2019 年自然资源部发布的修改后的《矿山地质环境保护规定》《土地复垦条例实施办法》等。煤炭资源管理的地方性法规和地方政府规章包括：1998 年通过的《山西省矿产资源管理条例》，2001 年通过的《山西省煤炭管理条例》，1997 年通过的《山西省环境保护条例》等。

1.4　煤炭生产

煤炭生产自“八五”时期开始，开发重点持续向西部、北部转移。开展了 14 个大型煤炭基地建设，到“十三五”时期，提出“压缩东部、限制中部和东北、优化西部”的全国煤炭开发总体布局。经过近 30 年煤炭生产开发建设，我国煤炭工业总体生产能力得到显著提升，向晋陕蒙进一步集中。煤矿生产进一步向集约高效发展，2019 年底全国煤矿数量减至 5300 处左右，全国平均单井规模由 0.30 Mt/a 提高到 0.98 Mt/a 以上。神东、黄陇、宁东、新疆等 14 个国家级大型煤炭基地建设初见成效，原煤产量占全国的 94.3%。全国建成 1.20 Mt/a 及以上大型煤矿 1200 处，产量占全国的 80% 左

右。大型煤炭企业（原国有重点煤矿）采煤机械化程度达到97.8%，掘进机械化程度达到54.1%。全国前8家大型企业原煤产量1.47 Gt，占全国的38.2%。

1.4.1 生产开发布局回顾及变化特征

1. 改革开放前生产开发布局（1949—1980年）

从新中国成立至改革开放前的31年，大致包含了“三年恢复”和五个国民经济建设“五年规划”，在此期间，煤炭工业经历了奠定基础、布局改善和战略转移几个时期。

新中国成立初期和“一五”时期，我国煤矿建设重点主要在东北地区，逐步向黄淮地区和华东地区推进。“三年恢复”时期（1950—1952年），煤矿生产全面恢复，重点开工建设了东北17处煤矿，初步奠定了中国煤炭开发的基础。“一五”期间，按照老矿和新矿建设并重的思路，重点扩建了开滦、大同、阜新等15个矿区，开始了平顶山、包头、潞安等10个新矿区的建设，煤炭工业布局有所改善。

“二五”期间，1958—1960年生产矿井采掘失调严重，煤炭产量由1959年的368 Mt下降到1962年的219 Mt。但晋陕蒙、华东、中南、西南区的生产仍大幅增长，提高了其在全国煤炭生产的占比，各规划区煤矿分布较为均衡，开发布局持续改善。

“三五”“四五”期间煤炭工业建设重点经历两次转移。“三五”时期在全国“备战、备荒、为人民”方针指导下，进行了西南、西北十多个矿区的“大三线”建设，开发建设的重点由华北、东北和沿海转向内地。之后在“扭转北煤南运”和“实现大区、省区自给”思想指导下，建设重点由西南、西北转向江南九省。

“五五”时期，北部省区煤炭产量下降需求上升，煤炭供应日趋紧张，结合煤炭供需和资源分布实际情况，煤炭开发战略重点由南方又转向北方，重点建设邯邢、兖州、枣滕、两淮、铁法、红阳、古交等煤炭基地和霍林河、伊敏河等露天煤矿，华北、华东、东北地区建设规模、产量比重显著增加。

2. 改革开放初期生产开发布局（1981—2000年）

改革开放初期包含了四个国民经济建设“五年规划”，煤炭工业布局由东部向西、向北转移，中部地区煤炭产量增长加快，晋陕蒙逐渐成为开发重点。期间煤炭工业由计划经济转向市场经济，国家在煤炭工业基本建设中的投资比重由67%降到约13%。乡镇煤矿快速发展，成为煤炭产量增长的主体。

“六五”时期，煤炭生产开发布局思路是“稳住东部，战略西进”，即东部煤炭生产在长期稳定的基础上，力求有一定幅度的增长；中西部以“三西”即晋陕蒙（西）为重点，通过扩大开发山西，并以山西为基地向西推进。煤炭工业在调整和整顿基础上，以华北和华东为主，重点建设了开滦、兖州、两淮等14个矿区，为煤炭工业向中部和西部转移准备了条件。期间提出的“大、中、小型煤矿并举，国家、集体、个人一起上”方针，推动了之后多年小煤矿的快速发展。

“七五”时期，根据我国煤炭资源分布，综合考虑地理位置、经济发展水平，总结历史经验，提出了将煤炭工业划分为“三个区带和七个规划区”的战略布局，即东部煤炭调入、中部煤炭供给、西部自给及后备3个区带，京津冀、东北、华东、中南、晋陕蒙、西南、新甘青宁7个规划区。其中，东部调入区带包括东北、京津冀、华东、中南4个规划区，中部供给区带为晋陕蒙（西）规划区，西部自给及后备区带为西南、新甘宁青2个规划区。三个区带的划分对我国中长期的煤炭工业布局起了重要且深远的指导作用。

“八五”时期，开发重点继续向西部、北部转移，乡镇煤矿快速发展，产量将近占全部产量的一半，对煤炭的合理开发布局带来重大影响。

“九五”时期，实行合理布局、综合开发。优先开发煤炭主要消费地区特别是老矿区中资源条件好、经济效益好的矿井；晋陕蒙和贵州煤炭调出基地与外运通道相协调的项目，缓解煤炭运输压力；

搞好平朔安家岭、准格尔哈尔乌素两大露天矿和两淮、济北等国有重点煤矿。但数量众多的小煤矿盲目快速发展，加上行业外部因素，煤炭总量供过于求，产业发展陷入困境，开发布局西移步伐减缓。

3. 2000年以来生产开发布局（2001年至今）

2000年以来的四个国民经济建设“五年规划”期间，煤炭开发重点由中部进一步向西部地区转移，延续了改革开放初期提出的煤炭工业开发布局西移战略，优化调整了三带、七区划分，逐步开展了14个大型煤炭基地建设。改革开放以来全国煤矿新增生产能力情况如图2－1－2所示。

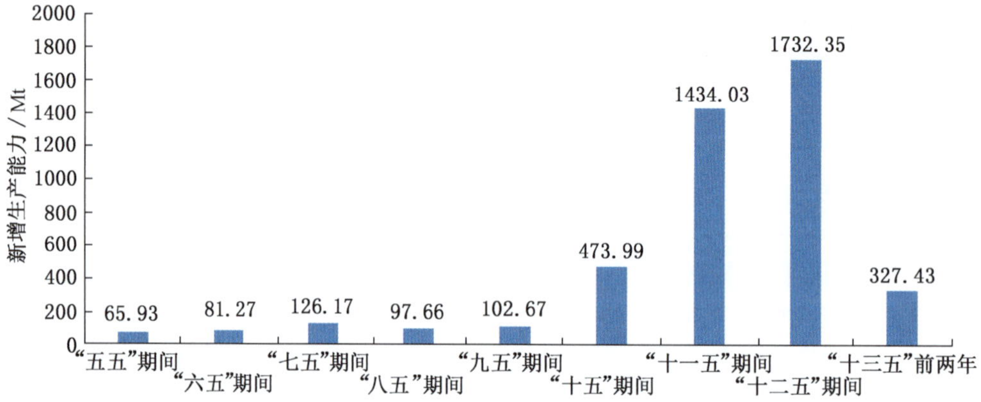

图2－1－2 改革开放以来全国煤矿新增生产能力情况

“十五”时期提出了“优先开发东部缺煤地区，暂缓晋陕蒙地区开发速度，开发西南地区”的开发布局思路。2002年国家调整规划，重新延续了此前开发战略重点西移的思路，按照“西部地区煤电同步建设，‘三西’地区调节全国供需平衡，东部地区稳定生产规模”的开发布局原则，将煤矿开发扩展到山西、陕西和内蒙古全境，煤矿生产和建设高速增长。2003年，国家决定规划建设神东、陕北、黄陇等13个大型煤炭基地，2005年大型煤炭基地煤炭产量占全国的83%。

“十一五”时期，随着煤炭开发战略西移，宁夏煤炭调出量逐步增大，宁夏纳入调出区，提出了“稳定东北、黄淮海区、华东、中南等调入区生产规模，增加山西、内蒙古、陕西、宁夏等调出区开发规模，适度开发西南、新甘青等自给区资源”的布局原则，煤矿建设步伐不断加快。13个大型煤炭基地作为我国优质动力煤的主要调出基地，担负向华东、中南、黄淮海区、西北等地区供应煤炭，也是西电东送北部通道电煤基地。

“十二五”时期，从构建煤炭资源开发战略梯度、保障国家能源安全的高度，把我国煤炭生产开发总体布局调整为“控制东部、稳定中部、发展西部”。东部（含东北）开采历史长，可供建设新井的资源少，随着开发深度不断增加，煤矿瓦斯、地压、地温、水等灾害日趋严重，开采难度大、成本高、安全生产压力大，应控制开发强度，维持现有供应能力。中部资源相对丰富，开发强度偏大，生态环境问题比较突出，现有煤炭通过兼并重组和资源整合，产量仍有增长空间，应放缓开发增速、保障稳定供应。西部资源丰富，开发潜力大，主要煤运通道和电力外输通道建设加快，应提高供应能力，增加调出量。首次提出了控制东部的布局思路。

“十三五”时期，提出“压缩东部、限制中部和东北、优化西部”的全国煤炭开发总体布局。以大型煤炭基地为重点，统筹资源禀赋、开发强度、市场区位、环境容量、输送通道等因素，优化煤炭生产布局。东部地区煤炭资源枯竭，开采条件复杂，生产成本高，逐步压缩生产规模，降低鲁西、冀中、河南、两淮大型煤炭基地生产规模；中部和东北地区现有开发强度大，接续资源多在深部，投资效益降低，从严控制接续煤矿建设，控制蒙东（东北）、晋北、晋中、晋东、云贵、宁东大型煤炭基地生产规模；西部地区资源丰富，开采条件好，生态环境脆弱，加大资源开发与生态环境保护统筹协调力度，有序推进陕北、神东、黄陇、新疆大型煤炭基地建设，结合煤电和煤炭深加工项目用煤需要，配套建设一体化煤矿。

1.4.2 煤炭生产情况

1. 生产能力现状

根据国家能源局生产能力公告，截至2018年12月底，全国共有各类生产煤矿3382处（不包含取消公告的煤矿），产能3.535 Gt/a。已核准（审批）、开工建设煤矿1010处（含生产煤矿同步改建、改造项目64处）、产能1.03 Gt/a，其中已建成、进入联合试运转的煤矿203处，产能0.37 Gt/a。

从分布区域看，西北、黄淮海区地区，尤其是以鄂尔多斯—榆林—忻朔地区为代表的“三西”地区，5 Mt级以上大矿居多，单井平均产能高，规模化程度较高，是全国煤炭主要供给区域。中南、西南、东北、华东等四大区0.3 Mt小型煤矿居多，产能分布小而散，规模化程度低，资源禀赋与开采平均成本较高，属于供给侧改革的主要去产能区域，根据国家《30万吨/年以下煤矿分类处置工作方案》的要求，到2021年底，西南、“两湖一江”及黑龙江地区资源条件差、竞争力弱、生态环境影响大的0.3 Mt/a以下的煤矿，将成为产能退出的重点。

从生产结构看，1.2 Mt以上的大型煤矿844处，规模2.6 Gt，占全国的73.6%。其中，千万吨级以上的特大型煤矿41处，规模0.67 Gt，占全国的18.9%。0.3 Mt以上的中型煤矿1010处，规模0.69 Gt，占全国的19.5%。0.3 Mt以下的小型煤矿1528处，规模0.24 Gt，占全国的6.9%。河北、山西、内蒙古、辽宁、江苏、安徽、山东、河南、陕西、甘肃、宁夏、新疆12个省（自治区）以大型及以上煤矿为主，产能比重超过60%。福建、江西、湖北、湖南、四川5个省小煤矿产能比重超过60%，黑龙江、吉林、贵州、云南4个省小煤矿数量占比超过60%。

从主要产煤省区看，2019年，内蒙古、山西、陕西、新疆、贵州、山东、安徽、河南8个亿吨级产煤大省煤炭生产规模3.01 Gt，占全国的85.2%。其中，内蒙古、山西、陕西三省合计规模为2.27 Gt，占全国产量的64.2%。河北、黑龙江、四川、宁夏4个省规模超过50 Mt，总计0.29 Gt，占全国的8.1%。

从生产效率看，全国煤炭生产力水平大幅提高。1978—2019年，大型煤炭企业（原国有重点煤矿）采煤机械化程度由32.34%提高到97.8%，掘进机械化程度由14.5%提高到54.1%；全国煤矿人均生产效率由137 t/a提高到1000 t/a。建成了千万吨级煤矿44处，产能6.96 Mt/a。全国煤矿数量由20世纪80年代的80000多处减少到2019年的5300处左右。全国前8家大型企业原煤产量1.47 Gt，占全国的38.2%。

2. 煤炭生产供应情况

煤炭行业长期以来一直是国民经济发展的支柱产业，煤炭在中国一次能源生产中具有不可替代的地位。国家积极的产业政策保障了煤炭行业的可持续发展；宏观经济的高速发展为煤炭供应的持续增长提供了坚实的支撑。

我国原煤产量1990—2019年总体保持增长。煤炭生产在1996—2000年由于亚洲金融危机，我国经济增速下滑，煤炭产销受到严重影响，煤炭产量下降，煤炭工业步入困难时期。2000年以后，我国经济社会进入快速发展阶段，对煤炭等能源需求快速增加，煤炭产量也对应增加较快。在保持“黄金十年”快速增长后，2012年以来受我国经济增速放缓，及积极推动能源生产和消费革命，煤炭行业自身无序发展和扩张，产能过剩等影响，全国煤炭市场持续波动下行，需求不足，产能过剩，亏损面不断扩大，煤炭产量不断下降。2016煤炭行业列入供给侧结构性改革试点行业以来，在国家有关部门、主要产煤省区政府和煤炭企业的共同努力下，煤炭供给侧结构性改革成效显著——全国煤炭市场在经历漫长“寒冬”后、煤炭价格由低谷时的全行业亏损演变为全面复苏、进而扭亏为盈实现市场供需的基本平衡。

1990—2013 年我国煤炭产量整体呈稳定上升趋势，2013 年达到产量最高峰 3.97 Gt；2014—2016 年，煤炭经济下行，产量持续下滑到 2016 年的 3.41 Gt；2017—2019 年，供给侧结构性改革成效显现，煤炭产量回升，连续保持增长，增速分别为 3.3%、4.5%、3.3%。1990—2019 年煤炭生产与消费量统计，如图 2－1－3 所示。煤炭生产进一步向晋陕蒙新等地区集中。随着大型煤炭基地优质产能加快释放，煤炭产量占比稳步增长，2019 年为 76.9%，同比提高 1.7 个百分点，大型煤炭基地在全国煤炭供应中继续发挥主导作用，1990—2019 年晋陕蒙新煤炭产量占比如图 2－1－4 所示。

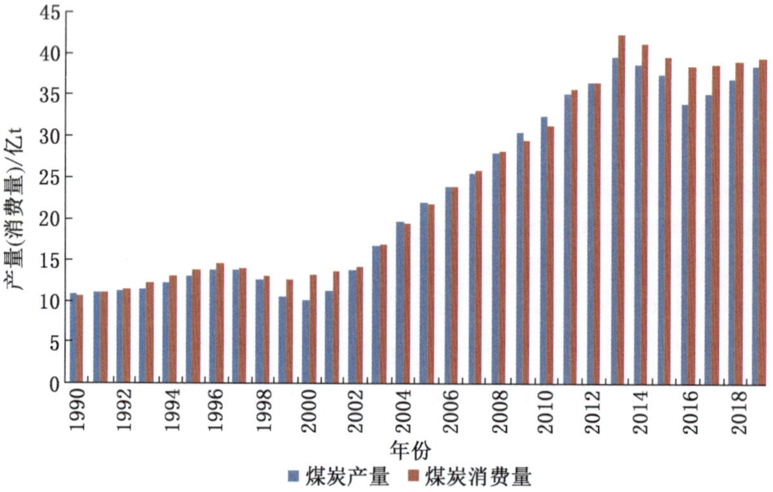

图 2－1－3　1990—2019 年煤炭生产与消费量统计

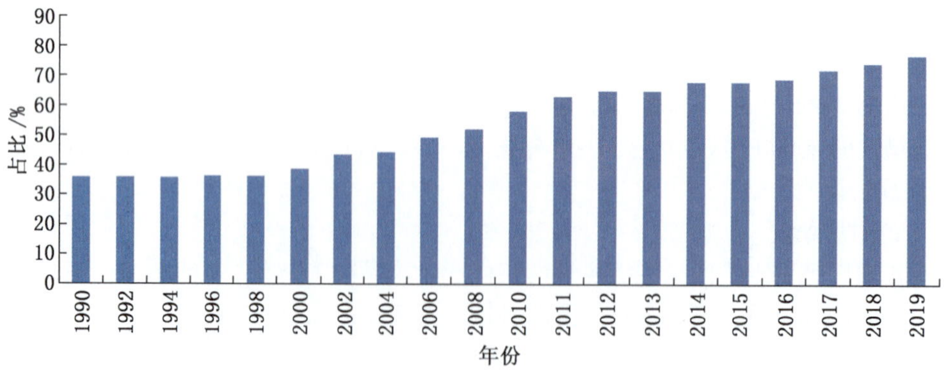

图 2－1－4　晋陕蒙新煤炭产量占比变化图

1.4.3　露天煤矿

中国露天煤矿开采起源于 1914 年辽宁抚顺古城子露天嵋（史称中国第一露天煤矿），至今已有一百年的开采历史，露天开采技术从无到有、从人工开采到机械开采、从蒸汽动力到电力驱动；教育、规划、设计及科研从依赖式、惯性接受式、模仿式向主动创新、智力外输快速转变；年生产能力从几万吨、几十万吨、几百万吨发展到几千万吨；开采设备从几立方米斗容、十几吨装载量的小型设备到几十立方米斗容、几百吨装载量，以及连续采掘配合高速宽皮带的采运设备；开采工艺从人力开采、绞车提升到单斗—卡车间断式工艺、半连续式工艺、连续式工艺及拉斗铲倒堆工艺协调配合的综合工艺；安全管理从被动管理到预先设防式的主动管理，管理模式从粗放型管理发展到以信息化、数字化为手段的精细化管理；资源开发模式也由单一产业开发逐渐向资源综合利用、绿色环保方向发展。中国的露天煤炭开采事业不断进步，取得了可喜成绩。

1. 露天开采的特点

露天开采工作条件好，相比井工矿来说职工的安全感和幸福感要好。

资源回收率高，境界内除顶底板采剥界面少许损失，其余全部回收，露天矿密集区通过合理规划做成大矿减少矿数可以回收矿间煤柱，可以回收薄煤层，有些薄煤层是焦煤等优质煤。随着整装煤田的减少，露天矿可以开采回收井田内小窑破坏区，可以剔除煤层内的夹矸。

安全性好，美国露天矿百万吨死亡率是井工矿的1/5，我国没有单独统计露天矿的百万吨死亡率，但是露天煤矿条件简陋、灾害相对较轻，安全状况远好于井工矿。

单矿产量大，我国露天煤矿占矿井总数的6%，产量却占到16%。生产效率高，国内露天矿大部分到达了国际先进水平。露天矿可更灵活地适应地质条件，如断层、陷落柱、无煤区等，便于实现智慧矿山和无人开采。

2. 露天煤矿发展历程

1914—1949年，中国露天煤矿开采的35年间，露天开采技术相对落后，劳动强度大，生产能力低下，露天开采总产量不到100 Mt。

1949年后，伴随着新中国的成立和发展，中国露天煤炭事业经历了三个时期：起步恢复时期(1949—1976)、加速发展时期（1977—2002）和全面壮大时期（2003年至今）。从阜新露天煤矿、抚顺露天煤矿等老露天煤矿的恢复生产到已建成大、中、小型露天煤矿400余座；露天煤炭产量对全国煤炭产量的占比从5%增加到16%；开采工艺、技术及装备也由国外引进，到消化吸收，再到自主创新；同时，与露天煤炭事业相辅相成的科研、设计、教育等领域也在不断进步，有力地支持了中国煤炭事业的发展。露天煤炭事业的发展经历了几代“露天人”的艰辛创业，取得了举世瞩目的成绩，为国家的经济发展和社会和谐做出了巨大贡献。

3. 露天煤炭资源分布

据统计，全国有15个省（自治区）有适合露天开采的煤炭资源分布，分别为内蒙古、新疆、陕西、山西、云南、宁夏、辽宁、黑龙江、青海、河南、甘肃、吉林、河北、贵州、广西。新疆、内蒙古适合露天开发的煤炭资源最为丰富，根据现有勘探成果，两自治区适合露天开发的资源几乎占全国露天煤炭资源的90%以上。山西省、云南省、陕西省、黑龙江省、辽宁省、宁夏回族自治区适合露天开发的资源基本上已被生产和在建煤矿利用，也难以有新的勘查资源适合露天开发；其他省份适合露天开发的资源都非常有限，仅可以开发中小型的露天煤矿，且开采条件相对较差。

4. 露天煤矿生产开发情况

1990年以来，特别是2003年以来的十年，是露天煤炭行业的“黄金十年”，发展最快，在生产总量、开采工艺、科技水平、生产效率、煤矿规模等方面取得突破性成绩。

这个时期，单矿最大产能大幅增加。设计（核定）能力从最大15.33 Mt/a提高到35 Mt/a，远景计划产能达到60 Mt/a。如胜利东二号露天煤矿二期设计能力为30 Mt/a。

根据国家能源局生产能力公告，截至2017年底全国露天矿439座产能922 Mt。煤炭产量从1990年的30 Mt增加到2019年的600 Mt，露天煤矿煤炭产量增长570 Mt，年均增长率110%，而同期全国煤炭产量年均增长率 10% 左右；露天采煤量占国内煤炭产量的比重已从 1990 年的 3% 增长到 2019 年的 16%，新中国成立以来露天煤矿产量及占比如图 2－1－5 所示。

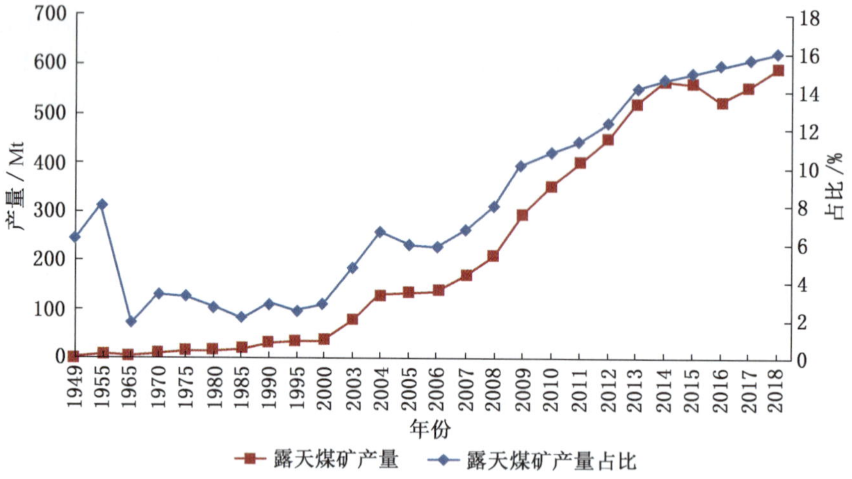

图 2－1－5　露天煤矿产量和占比

1.5　煤炭市场

30 年来，我国煤炭行业顺应时代潮流，市场化改革取得实质性进展："中长期合同" 制度和 "基价＋浮动价" 的定价机制为煤炭市场的平稳运行保驾护航；煤炭交易体系、价格指数体系、市场资源配置的作用显著增强，行业经济运行质量不断提升，逐步形成了统一开放、竞争有序的市场体系。

1.5.1　煤炭市场体系的建立与完善

煤炭市场化改革以来，煤炭市场发生深刻变化，煤炭市场和煤炭价格经历了波谷与波峰的快速转换，企业经营形势总体好转。我国煤炭市场化改革自 1993 年起步，2004 年后加快，2013 年至今取得实质进展。

20 世纪 90 年代以前，国有煤矿实行统购统销，企业没有定价权。煤炭价格的市场化进程从 1992 年开始起步。当年 6 月，国务院正式宣布从 7 月 1 日起，全面放开指导性计划煤及定向煤价格，取消计划外煤炭最高限价和超产、增产加价，同时放开徐州、枣庄两个矿务局的全部煤炭价格。到 1994 年，国家基本放开了全国各类煤炭产品的价格。

1998—2003 年，我国煤炭订货和市场化改革步入转型探索阶段，这一阶段是我国煤炭市场由萎缩低迷走向繁荣发展的重要转折时期。2004—2012 年，我国煤炭市场化体制机制不断发展完善，市场化改革取得重大阶段性成果。2004 年，国家进一步明确加速推进煤炭市场化进程，取消电煤政府指导价，电煤价格逐步放开，建立煤电价格联动机制，形成电煤价格 "双轨制"。2005 年，将由政府主导的年度煤炭订货制度，改为政府指导煤炭产运需衔接。2009 年后，着力促进电煤合同价格向市场价格回归。2012 年，国务院印发《关于深化电煤市场化改革的指导意见》(国办发〔2012〕57 号)，取消重点电煤合同，实现电煤价格并轨。

2013 年以来，我国煤炭市场化改革和煤炭市场体系建设不断向深入发展。在各方积极推动下，煤炭产需双方按照市场化、法制化原则，建立了产运需多方共同参与的全国煤炭交易会制度，每年举办全国煤炭交易会。《全国煤炭交易市场交易规则》和《煤炭购销合同示范文本》相继发布，动力煤、炼焦煤期货合约相继上市；中国煤炭价格指数、CCTD 秦皇岛煤炭价格指数以及一些区域煤炭价格指数陆续发布；秦皇岛、中国太原、大连东北亚、鄂尔多斯、陕西、华东等多个区域性煤炭交易中心建成，建立了“6+1”全国煤炭交易市场合作机制。2016 年底，国家确定了煤炭中长期合同制度与“基础价+浮动价”的定价机制，并明确提出浮动价要结合 CCTD 秦皇岛煤炭价格指数等综合确定。2017 年，建立了煤炭“中长期合同制度”和“基础价+浮动价”的定价机制，发挥煤炭市场平稳运行“压舱石和稳定器”的作用，达到了煤炭供需双方互利共赢、两放心的效果。

国际合作不断深入推进。从 20 世纪 70 年代我国开始有计划引进综采设备，到中美合资建设安太堡露天煤矿；从开展煤炭国际贸易到煤炭企业“走出去”开发境外资源，再到兖矿集团成为澳洲煤炭生产供应商；从开展学术交流到加强与世界能源机构、政府和企业的深度合作，我国煤炭工业的世界影响力不断提升。

总体上看，我国煤炭市场化改革取得了显著成效。供需双方自主订货、自主协商价格，市场配置资源的决定性作用得到充分发挥。焦煤动力煤期货合约相继上市，中长期合约与现货交易相互补充，实现了煤炭交易形式多样化。覆盖煤炭主产区、主要消费地和重要中转地的全国煤炭价格指数体系不断完善，市场发现价格作用显著增强。全国煤炭储备体系逐步建立，煤炭应急储备体系建设初具规模。区域交易中心联合与协调发展开始起步，全国煤炭交易市场合作机制不断完善。商品煤质量评价指南、煤炭市场交易规则和煤炭交易标准化合同在规范市场秩序中发挥了积极作用。“中国煤炭大数据平台”建设步伐加快。煤炭交易新理念、新技术、新业态、新模式互动融合。以电子商务为核心，以现代物流为基础，以服务创新为动力，以供应链管理和信息化为支撑，集交易、物流、金融、信息等为一体的煤炭供应链管理服务体系初见雏形。为适应我国经济高质量发展需求，仍需不断推动我国现代煤炭交易市场体系的建设和完善。

1.5.2 煤炭消费

1. 1990—2019 年我国煤炭消费与经济发展情况

1990—2019 年，我国经济持续发展，主要经历了五个主要阶段（图 2-1-6、图 2-1-7）：

（1）1991—1995 年。即“八五”期间，我国在经历一系列变故后，经济发展开始步入正轨，每年 GDP 增速在 9% 以上，最高在 1992 年 GDP 同比增长 14.2%。在此期间，煤炭消费也保持较快增长，年均增长 5.48%。“八五”期间煤炭消费弹性系数为 0.46。

（2）1996—2001 年。即“九五”期间到“十五”初，我国经济受到亚洲金融危机的影响，经济经历了一段波折期，年均 GDP 增幅为 8.57%，最低时为 1999 年的 7.7%。在此期间，我国煤炭消费也受到经济影响，出现了一定程度的下滑。在此期间我国煤炭消费量平均增幅为 -1.37%，煤炭消费弹性系数为 -0.26。

（3）2002—2012 年。即“十五”“十一五”两个五年期间和“十二五”初年，我国经济持续高速增长，年均 GDP 增幅达到 10.43%。经济的增长带来了工业和制造业的飞速发展，特别是钢铁、建筑业规模持续扩大，虽然经历 2009 年世界金融危机，但国家“四万亿”经济刺激方案带来巨大的基础设施投资，因此拉动煤炭消费快速增长。此期间也被誉为煤炭行业的“黄金十年”。在此期间，煤炭消费量年均增长 9.9%，煤炭消费弹性系数高达 0.95，其中“十五”期间煤炭消费弹性系数更是达到了 1.18，显示煤炭消费的巨大增长态势。

（4）2013—2017 年。即“十二五”末期到“十三五”初期，这五年是煤炭行业深度调整的五年。我国经济从高速增长进入中高速增长，年均 GDP 增幅回落到 7.2%，工业需求也大幅回落，许多工业和制造业出现了产能过剩现象。作为基础的工业原料，煤炭消费也随之大幅萎缩。除 2013 年煤

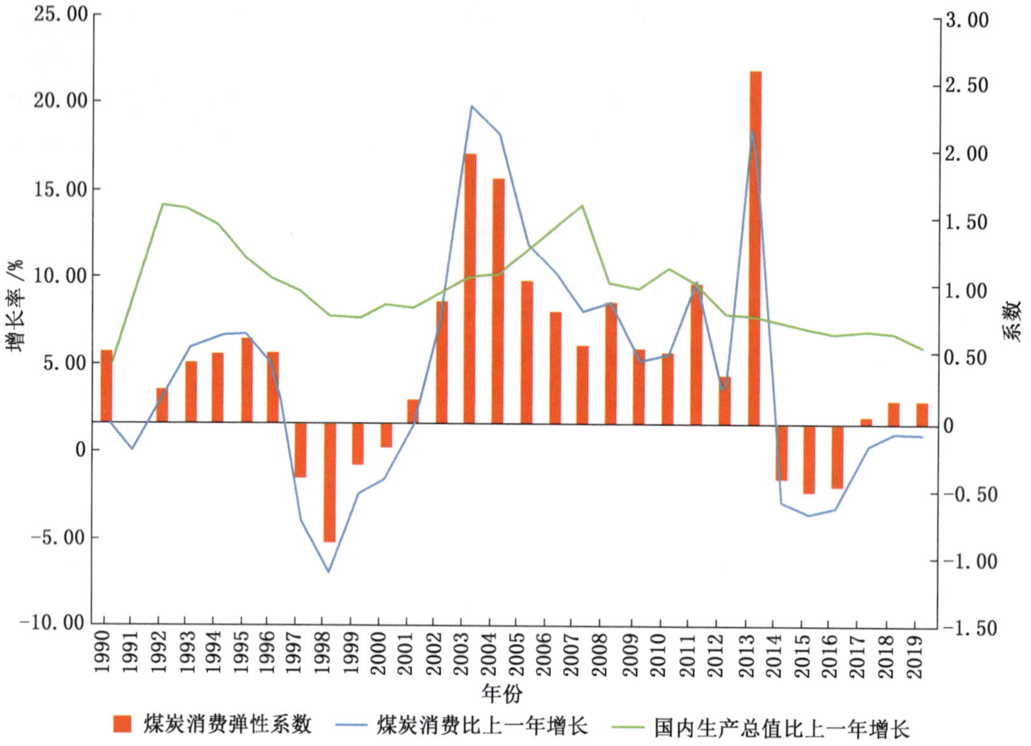

图 2-1-6　1990—2019 年煤炭消费弹性系数（按年）

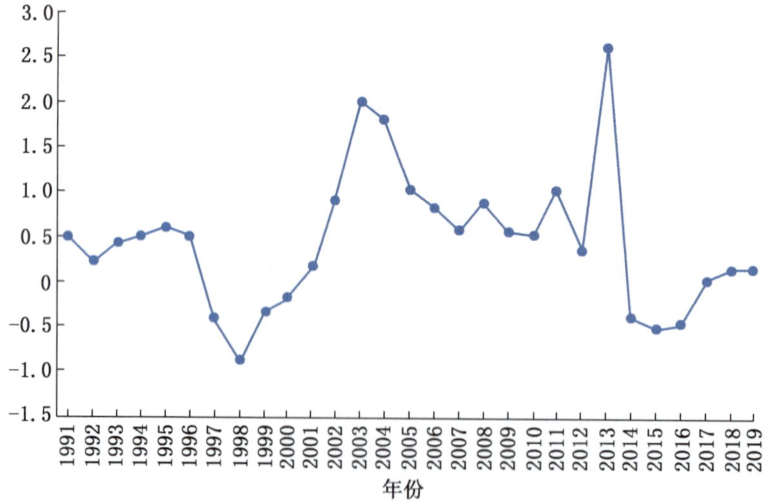

图 2-1-7　“八五”以来煤炭消费弹性系数

炭消费在翘尾因素的影响下出现大幅增长外，2014—2016 年均出现消费量的萎缩，至 2017 年止跌。因此，2013 年煤炭消费强度在煤炭消费量上涨、GDP 增幅下降的情况下出现了 2.61 的情况，在 2014—2017 年煤炭消费强度平均为 -0.33。

（5）2018 年至今。即“十三五”末期，随着我国我国经济由高速增长阶段转向高质量发展阶段，加上煤炭等行业的去产能政策效果逐步显现，我国经济逐步企稳，煤炭消费量也稳步提高。2018年、2019 年两年，我国煤炭消费量年均增长 1.06%，GDP 年均增长 6.4%，煤炭消费强度回升到0.16。

2. 2020 年我国煤炭消费强度分析

2020 年全世界遭遇新型冠状病毒引发的肺炎疫情，经济活动受到重大挫折。根据 IMF（国际货币基金组织）预测，2020 年全世界经济将下降 3%，中国经济增速 1.2%，成为全球主要经济体里少数经济成长预计为正增长的国家之一。随着我国疫情的逐渐好转，复工复产进程逐渐加快，经济活动也开始恢复正常，预计 2020 年我国 GDP 增长可预期在 3% 以上。疫情对经济带来的冲击同样表现在工业和制造业上，根据国家统计局的初步核算，一季度我国第二产业增加值下降 9.6%。工业和制造业的影响，必然带来煤炭消费量的缩减。预计 2020 年我国煤炭消费量将回落到 3800 Mt 左右。全年煤炭消费弹性系数预计为 -0.75。

3.“十四五”期间煤炭弹性系数预测

根据 IMF 的预测，若在 2020 年全世界完成对新冠疫情的控制后，2021 年我国经济将出现大幅增长，预计增幅在 9.2%。经济的大幅增长将带来煤炭消费的反弹，在 IMF 预测的经济增幅的基础上，预计 2021 年我国煤炭消费量将接近 4100 Mt，煤炭消费弹性系数为 0.59。

但我国经济发展总体情况会保持长时间稳定，预计“十四五”期间，我国经济将维持 6.5% 的增幅（除 2021 年），煤炭消费总量维持在 3900～4000 Mt 区间。因此，预计“十四五”煤炭消费弹性系数将在 -0.15 附近（图 2-1-8）。

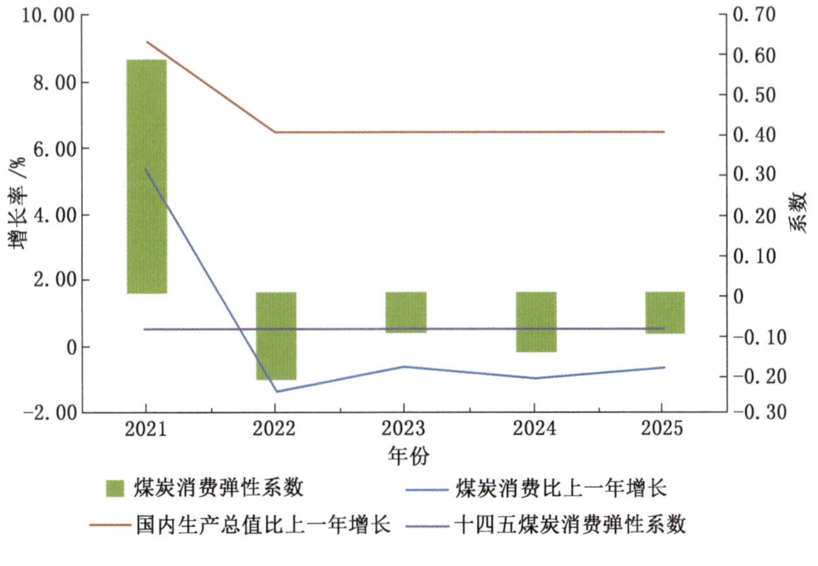

图 2-1-8 “十四五”煤炭消费弹性系数（预测）

1.5.3 煤炭（进）出口

新中国成立以来，煤炭进出口随着国内经济社会发展变化，经历了几个发展阶段。如图 2-1-9 所示，1949—1976 年，处于计划经济时期一切都靠国家统筹计划执行。1978—2001 年，中国煤炭出口呈上升趋势，净出口量持续增加；1998 年，为鼓励煤炭企业出口，中国开始实行煤炭出口退税政策，并于 1998 年、1999 年先后两次大幅上调煤炭出口退税率。2001—2003 年，煤炭出口量

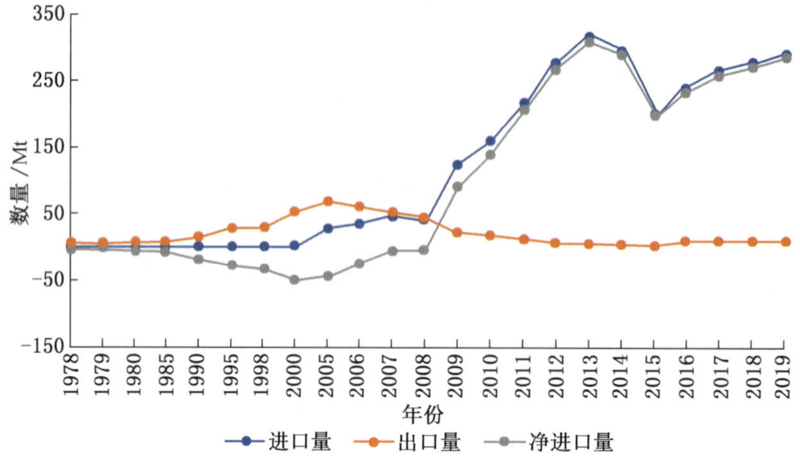

图 2-1-9　1978—2019 年中国煤炭进口、出口及净进口情况

达到历史高位,其中 2003 年出口量达到历史峰值 93 Mt,同时进口量也逐年增加,很快就突破了 100 Mt。2004—2008 年，随着国内经济的快速发展，煤炭需求日益旺盛，煤炭价格持续上涨，由此拉动煤炭进口持续快速增长，而出口则受内需充足、国家限制高能耗产品出口、煤炭出口退税政策取消等因素影响转而下降。2009 年中国首次成为煤炭净进口国，当年净进口量就超过 100 Mt；2011 年净进口量超过 208 Mt，超过日本成为全球最大的煤炭进口国，2013 年净进口量超过 320 Mt。之后随着国内煤炭市场低迷，2014—2015 年，煤炭净进口量下降，近三年随着国内煤炭行业供给侧结构性改革以及国内煤炭需求有所恢复，煤炭进口又出现增长，出口则维持在相对较低水平。自 2016 年煤炭供给侧结构性改革开始后，为了缓解国内煤炭供应不足的困局，增加煤炭进口量，同时，国家对进口煤政策进行调整。2017 年，国家开始出台限制煤炭进口政策；但在国内供应量不足，而下游需求复苏的情况下，进口煤数量继续增加。2018 年，进口煤市场可谓是跌宕起伏，根据国内煤炭市场供需关系，和煤价的涨跌变化，国家频繁出台政策，直接影响着煤炭进口数量，全年进口 281 Mt。2019 年，尽管严格执行煤炭进口调控各项政策措施，但月度动力煤进口量屡创新高，特别是下半年以来，由于沿海电厂对进口煤依赖性较强，进口煤数量同比增加明显。2020 年，国家取消了煤电联动机制，将标杆上网电价机制改为“基准价 + 上下浮动”的市场化机制，定价机制的转变将对火电厂利润形成挤压，对此一些专家认为，在不考虑进口煤政策收紧的情形下，预计沿海煤炭发电企业或将加大对进口煤的依赖程度。

2019 年，受国内煤炭市场需求转好，我国沿海煤炭进口需求依然较为旺盛，从进口量上看，全年进口 299. 7 Mt，比上年增长 6. 30%，仍是世界第一大煤炭进口国，进口量占国内煤炭总产量的比重为 7. 99%；出口量全年累计 6. 03 Mt，比上年同比增长 22. 10%。从进口动力煤政策变化来看，我国继续执行严格控制劣质煤进口措施，总体以平控为主。

1. 2019 年煤炭出口

2019 年，中国煤炭出口增长，炼焦煤、无烟煤、其他烟煤出口量表现不一。其中，炼焦煤增长较为明显。据国家海关总署统计数据显示，2019 年 1—12 月，全国共出口煤炭 6. 03 Mt，同比增长 22. 1%；累计出口金额 9. 34 亿美元，同比增长 18. 6%。分煤种看，烟煤出口最多，占全部出口量的 40. 42%，比上年增长 4. 77%；无烟煤占比 33. 67%，比上年增长 9. 36%；炼焦煤占比 23. 90%，比上年增长 22. 03%；褐煤和其他煤炭出口量很少。

2. 2019 年煤炭进口

2019 年煤炭进口总量增长。近年来国内进口煤量保持增长，2017 年，我国煤炭总进口 271 Mt，同比增长 6. 1% 。2018 年，我国煤炭进口量延续增长势头，达到 281 Mt，同比增长 3. 6% 。2019 年，我国进口煤炭 300 Mt，同比增长 6. 3% ，其中，海运煤炭到港量总计 266 Mt，比 2018 年增加 28. 1 Mt，其中，华南地区 149 Mt，占全国总量的 56% ；其次为华东及长江地区，为 69 Mt，占全国总量的 26% 。我国煤炭进口主要集中在华东、华南等沿海省市。东南沿海地区与主产地运距远、运输成本高，进口煤经济性、实用性较高，进口煤已成为东南沿海地区电厂的重要补充。从 2019 年国内主要直靠电厂进口情况来看，华能海门、浙能中煤舟山和大唐潮州三大电厂的煤炭进口量占全部直靠电厂进口到港量的比重达到 46% ，其中，华能海门电厂占比 17% ，浙能中煤舟山电厂占比 15% ，大唐潮州电厂占比 14% 。华能上海外高桥第二电厂位居第四，占比达到 12% 。其余排名前十的电厂占比均在 6% ~10% 之间。

分煤种看，2019 年 1—12 月，中国各煤种进口量：进口动力煤（包含烟煤和次烟煤，但不包括褐煤）115 Mt、进口褐煤 103 Mt、进口炼焦煤 75 Mt、进口无烟煤 7 Mt，与 2018 年相比，无烟煤进口量同比回落，焦煤小幅增长，动力煤、褐煤相对增减较小。分国别看，中国煤炭进口排在前五位的进口国为印度尼西亚、澳大利亚、蒙古国、俄罗斯及菲律宾。上述五国共出口中国煤炭合计 293 Mt，占中国全部进口煤炭的 97. 8% 。2019 年中国进口煤分煤种进口来源情况统计见表 2 -1 -6。

表 2 -1 -6　2019 年中国进口煤分煤种进口来源情况统计

煤　种	动力煤		褐　煤		炼焦煤		无烟煤		合　计	
	进口	占比	进口	占比	进口	占比	进口	占比	进口	占比
单位	Mt	%	Mt	%	Mt	%	Mt	%	Mt	%
印尼	47. 35	41. 0	89. 75	87. 5			0. 16	2. 3	137. 6	45. 9
澳大利亚	45. 76	39. 6			30. 94	42. 3	0. 25	3. 6	76. 95	25. 7
俄罗斯	14. 01	12. 1	3. 06	3	5. 43	7. 5	6. 46	91. 5	32. 24	10. 8
蒙古国	17. 94	1. 6	0. 13	0. 1	33. 78	44. 2	0. 08	1. 3	36. 21	12. 1
菲律宾			9. 33	9. 1					934. 0	3. 1
加拿大	0. 79	0. 7			3. 01	4. 1			3. 80	1. 3
哥伦比亚	1. 69	1. 5							1. 69	0. 6
美国					1. 1183	1. 5			1. 12	0. 4
总计	115. 42	38. 5	102. 59	34. 2	74. 5	24. 9	7. 19	2. 4	299. 70	100

1. 5. 4　煤炭运输

交通运输是基础性、先导性、战略性产业，是经济社会发展的重要支撑和强力保障。1990—2019 年，我国交通运输基础设施建设取得了优异的成绩，有力地保障了煤炭供应能力的显著提升。2019 年，煤炭铁路运量远高于货运量的平均增幅，煤炭水路运输也得到快速发展。

1. 煤炭运输总体情况

我国交通运输事业实现了跨越式发展，高速铁路、高速公路以及港口万吨级泊位数量等均位居世界第一。全国铁路营业里程从 1978 年的 4.86×10^4 km 提高到 2019 年的 13.9×10^4 km，铁路货运量从 1075 Mt 猛增至 4250 Mt，其中煤炭运量 2460 Mt；全国港口拥有生产性码头泊位 2.76 万个，其中万吨级及以上泊位 2366 个，分别是 1978 年的 38 倍和 18 倍。我国交通运输基础设施的建设成就有力地保障了煤炭运输持续快速发展，全国煤炭供应保障能力显著提升。

煤炭铁路运输方面，建成了大秦、朔黄、蒙冀、瓦日、集通等主要煤炭铁路运输线，形成了“三西”、东北、华东、中南、西北、西南六大铁路煤炭外运通道。煤炭运输对铁路的依存度较高，煤炭铁路运输在保障国家能源安全和稳定供应方面，发挥了至关重要的作用。

煤炭水路运输方面，建成了秦皇岛、京唐港、曹妃甸、黄骅等一批沿海、沿江煤炭接卸港口码头，其中北通道 4 港（秦皇岛港、唐山港、黄骅港、天津港）的集中趋势不断加强，同时，全国主要港口煤炭吞吐量由 1979 年的 52.12 Mt 增长到 2019 年的 2200 Mt。煤炭水路运输的基本格局由“国内煤炭北煤南运 + 外贸出口”转变为“国内煤炭北煤南运 + 外贸煤炭进口”。海运煤炭的服务范围由传统的南方七省市扩大到环渤海地区、长江中游四省，海进江运输发展迅速。

煤炭公路运输作为铁路和水路的重要补充，具有灵活机动、手续简便等特点，在煤炭短途运输、煤炭集散中转、铁路运力紧缺和水运区域受限的情况下承担了很大的运输量，发挥了重要作用。但随着铁路运能的连续释放、煤炭运输结构的调整，“公转铁”政策的实施，未来三年全国煤炭 75% 的产量将由铁路承运，公路煤炭运输会受到很大限制，运量将呈现不断下降趋势。

2. 铁路运输

1）铁路运输能力的不断提高

铁路是煤炭运输的主要力量，自 1990 年以来，随着煤炭运输线路建设的加快，铁路运输能力不断提升，特别是 2018 年 6 月 27 日，国务院总理李克强主持召开国务院常务会议，部署调整运输结构提高运输效率，降低实体经济物流成本，决定更好发挥铁路在大宗物资运输、长距离运输中的骨干作用。根据中铁总制定的《2018—2020 年货运增量行动方案》，到 2020 年，全国铁路煤炭运量将达到 2810 Mt，较 2017 年增运 650 Mt，占全国煤炭产量的 75% 。铁路作为煤炭运输“主力军”作用将更加凸显。我国煤炭铁路运输由煤炭运量从 1978 年的 402 Mt 增至 2019 年的 2460 Mt，增长 512% 。其中，国家铁路运输量由从 1978 年的 390 Mt 增至 2018 年的 1664 Mt，增长 327% ，如图 2 - 1 - 10 所示。

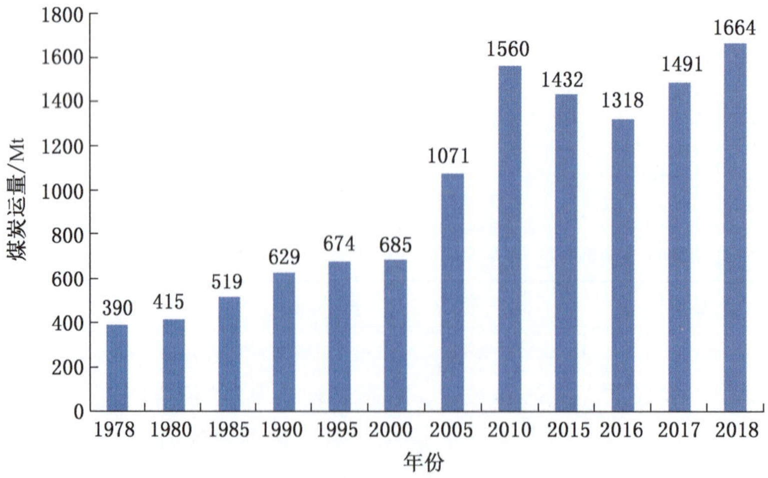

图 2 - 1 - 10　国家铁路煤炭运量变化

2）《2018—2020 年铁路货运增量行动方案》

为深入贯彻落实中央“调整运输结构、减少公路运输量、增加铁路运输量”的指示要求，坚决打好污染防治攻坚战，打赢蓝天保卫战，实现铁路货运市场份额逐年稳步提升，自 2018 年起，国家各级主管部门先后制定并出台一系列关于煤炭运输的相关政策。中国铁路总公司制定了《2018—2020 年铁路货运增量行动方案》，国家发展改革委、国家能源局和铁路总公司三部门联合下发了《关于印发铁路“北煤南运”体系建设实施方案（2018—2020 年）的通知》，国务院办公厅颁布了《关于印发推进运输结构调整三年行动计划（2018—2020 年）的通知》，均对煤炭运输作出了明确和具体的指示。

在上述政策的有力推动下，2018 年铁路煤炭运量实现了高位增长。但在进入 2019 年后，受国内外能源生产、供应形势变化等多种因素影响，铁路煤炭运量增幅逐步减缓。全年共计完成 2430 Mt，同比仅增加 47 Mt、增长 1.96%，远低于 2018 年 10.6% 的增长幅度。煤炭占货运量的比重也从 2018 年接近历史峰值的 59.3% 降至 57.2%，下降近 2 个百分点。

3）全国铁路煤炭运输的主要特征

全国铁路煤炭运输的主要特征为：一是全国煤炭净调出省份除新疆少量外，越来越向“晋陕蒙”生产核心区集中。2019 年“晋陕蒙”三省区煤炭调出量约占跨大区间调出总量的 80%；二是“三西”外运通道北通路动力煤铁海（江）联运为主要方式；三是大秦、朔黄、蒙冀煤运通道承担 90% 以上的煤炭下水量；四是铁路运输总体保障能力充分，但同时存在时段性、区域性和结构性运力紧张，程度持续缓解。

从时段性上看，重点集中在迎峰度夏和备冬储运时段间；从区域性上看，煤炭供应生产端相对集中在陕北地区，煤炭消费端则主要集中在华中内陆省份，重点在“两湖一江”地区，西南地区。从结构性上看，全国主要煤炭运输通道中，东西向通道能力充分，南北通道则较为紧张。

在煤炭运输通道能力得到不断加强的基础上，铁路网运输能力保障充分，出现运力紧张重点体现在移动设备配置数量上。分析表明，国家铁路敞车保有量由 2012 年的 477000 辆下降到 2017 年的 439000 辆，年均减少超过 10000 辆，2018 年虽大量新增回升至 472000 辆，但仍未达到 2012 年最高水平。与此同时，敞车占比由 2012 年的 68% 下降到 2018 年的 59.5%，成为限制铁路煤运能力发挥的重要因素。

4）2019 年运煤铁路建设

2019 年铁路煤运通道建设继续全力有序推进，“西煤东输、北煤南运”体系得到进一步完善，为顺利实现《推进运输结构调整三年行动计划（2018—2020 年）》提供更加充足的运力保障。

2019 年初正式投产运营的朔（州）准（格尔）铁路作为大秦铁路新的集运线路，承担了蒙西准格尔矿区、陕北神府等矿区大量“公转铁”煤炭运输，全年完成煤炭运量近 8 Mt；按照中央和国务院有关指示精神，2012 年 1 月，蒙西至华中地区铁路煤运通道项目获批；2015 年 6 月，线路开工建设。

2019 年 8 月，线路命名为浩吉铁路；2019 年 9 月 28 日，浩吉铁路全线通车投入运营。浩吉铁路北起内蒙古鄂尔多斯市境内浩勒报吉南站，终到江西省吉安市境内吉安站，线路全长 1813.544 km，共设 77 个车站，设计速度 120 km/h（浩勒报吉南站至江陵站、坪田站至吉安站）、200 km/h（江陵站至坪田站），设计年输送能力为 200 Mt。浩吉铁路 3 个月完成煤炭运量 4 Mt，较大程度缓解了目前“北煤南运”运力紧张局面；张（家口）集（宁）铁路万吨扩能改造基本完成，集（宁）通（辽）铁路双线电气化改造快速推进，全面强化了煤炭生产核心区外运通道能力。

除上述铁路外，2018 年动工兴建的冯红铁路预计将于 2020 年内建成投运，开辟陕北榆林地区煤炭经瓦日铁路连通河南、华东以及山东沿海港口，与神朔黄铁路共同构筑陕北煤炭东出通道，从而进一步优化陕北和晋西北地区煤运格局。

3. 水路运输

2010 年后，随着煤炭供求格局的变化，我国煤炭水路运输的基本格局由“国内煤炭北煤南运 + 外贸出口”转变为“国内煤炭北煤南运 + 外贸煤炭进口”；海运煤炭的服务范围由传统的南方七省市扩大到环渤海地区、长江中游四省，海进江运输快速发展。

近年来，煤炭行业持续去低端产能，南方沿海沿江地区供应缺口扩大，加上治理公路煤炭运输等因素，对海运来煤影响进一步增强。2019 年全国沿海港口完成煤炭吞吐量（大沿海口径，包括长江南京以下港口）约 2.2 Gt，同比增长 2.8%，受经济增速放缓、水电增长影响，增速较上年下降 0.8 个百分点。历年吞吐量及增速情况如图 2 - 1 - 11 所示。

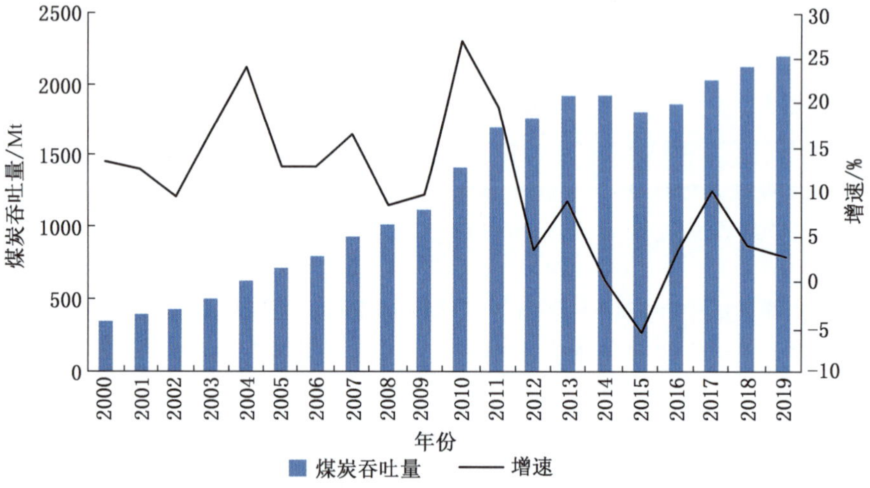

图 2 - 1 - 11 2000—2019 年沿海港口煤炭吞吐量及增速情况图

从各区域吞吐量完成情况看，环渤海、长三角和珠三角依然是煤炭运输的重点区域，2019 年三大区域完成煤炭吞吐量分别为 947 Mt、809 Mt 和 247 Mt，分别占总量的 42.9%、36.6% 和 11.2%。从增长速度看，2019 年东南沿海、西南沿海受煤炭供应缺口扩大影响，海运需求快速增长，吞吐量增速分别为 18.5% 和 7.0%；环渤海、长三角、珠三角吞吐量小幅增长，增速分别为 1.6%、3.5% 和 0.2%。分区域港口煤炭吞吐量比重及增速如图 2 - 1 - 12 所示。

北煤南运与外贸进口并重：2013 年全国沿海港口完成煤炭外贸进口量历史高点的 300 Mt，2019 年完成约 273 Mt，2005—2019 年间年均增长 22%。外贸进口在海运煤炭调入总量（一程接卸）中的比重由 2005 年的 6% 上升到 2018 年的 25.6%，煤炭水运中北煤南运与外贸进口并重的格局继续保持。典型年份煤炭水运发展情况如图 2 - 1 - 13 所示。

从 2019 年全年情况看，呈现“前紧后松、年末收紧”，受国家进口政策影响全年波动较大。一季度，国家通过向海关和主要进口商发放配额等方式对进口煤施行较为严格的政策控制，加之去年同期基数较高，进口量同比下降 5.1%，二季度起，政策限制有所放宽，加之国际煤价持续下跌，价差不断加大，第二季度、第三季度分别增长 23.1% 和 28.7%，年末国家再次收紧配额，第四度增速回落至 14.7%，如图 2 - 1 - 14 所示。

煤炭一次下水量发展情况：2019 年，全国沿海港口完成煤炭一次下水量 807 Mt，因煤炭需求增

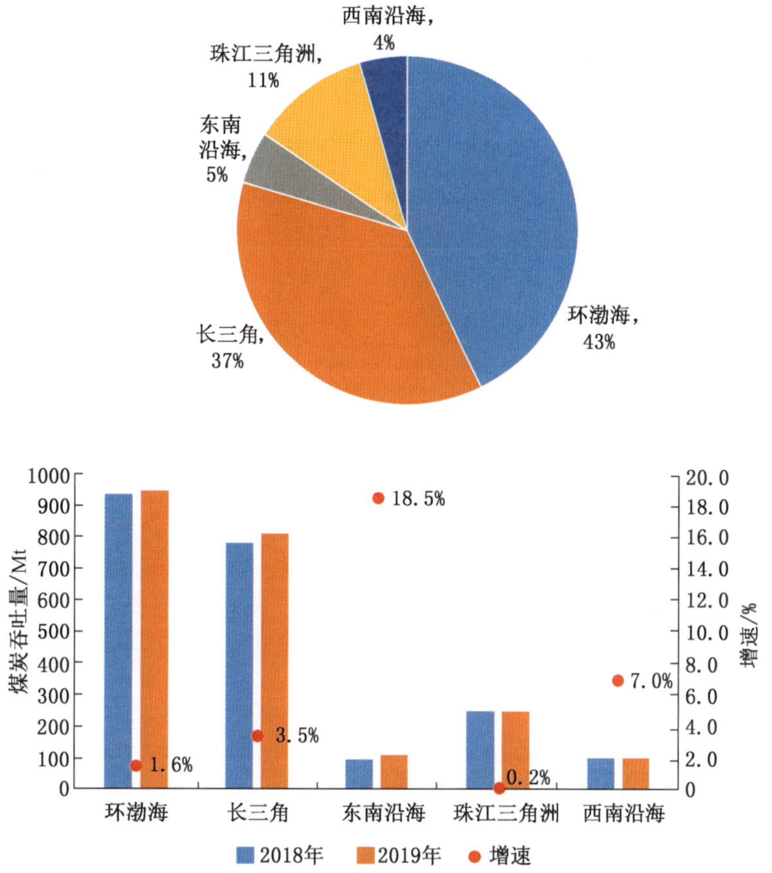

图 2-1-12　分区域港口煤炭吞吐量比重及增速图

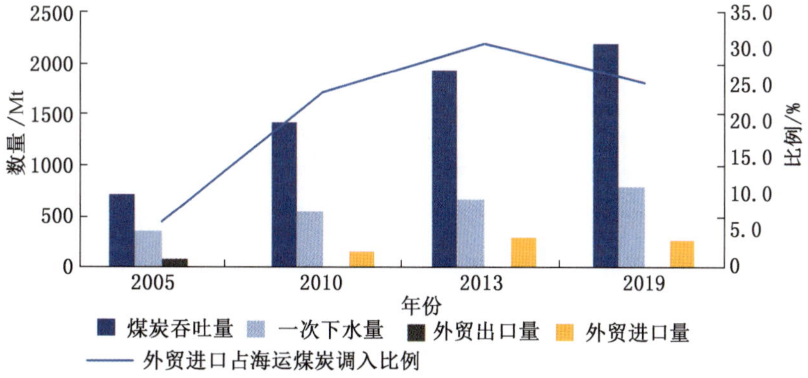

图 2-1-13　典型年份煤炭水运发展情况图

长乏力、外贸进口煤炭替代、去年基数较高等原因，同比下降 1.2%，增速下滑了 10.3 个百分点，如图 2-1-15 所示。

从 2019 年全年情况看，煤炭需求季节波动和外贸进口波动相互影响和作用，煤炭一次下水量全年下水量总体平稳、各季度间波动较小，下半年受总体增长乏力、外贸进口替代因素影响，呈现负增

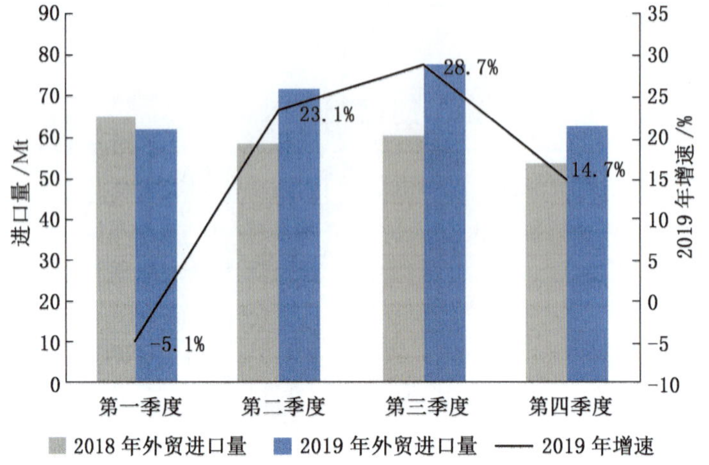

图 2-1-14　2018 年和 2019 年沿海港口煤炭外贸进口量图

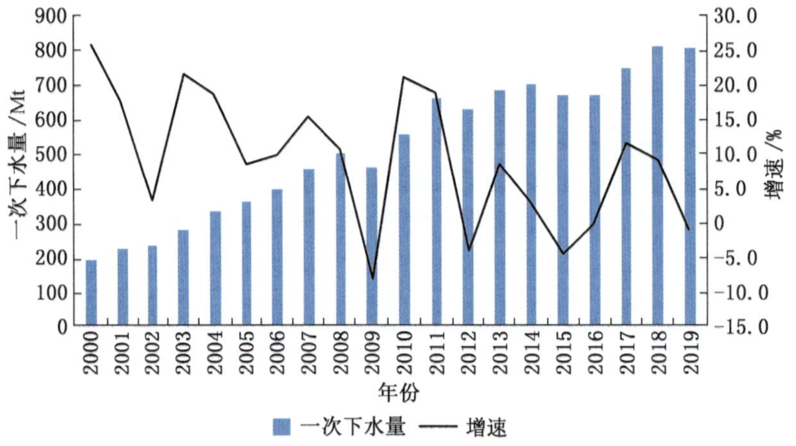

图 2-1-15　2000—2019 年沿海港口煤炭一次下水量、增速图

长，第三季度、第四季度同比分别下降 6.1% 和 2.5%，如图 2-1-16 所示。

煤炭一次下水量继续集中在北方四港。2019 年，秦皇岛港、唐山港、天津港、黄骅港四大装船港共完成煤炭一次下水量 736 Mt，较上年下降 1.0%，占沿海煤炭一次下水总量的 91.2%。

4. 煤炭运输发展趋势分析

中国经济已由“高速”转向“高质量”发展阶段，要求保护环境，深化交通运输供给侧结构性改革，降低社会物流成本。近年来，国家出台系列政策，为铁路货运向现代物流转型发展注入强大动力。调整运输结构，增加铁路运量，推动大宗物流由公路运输转向铁路运输，打赢蓝天保卫战目标取得突破性新进展。国家运输政策变化，“公转铁”运输结构调整对煤炭铁路运输将产生积极影响。

(1) 煤炭产业结构调整优化，大幅提升铁路煤炭运输比例。“十三五”后期，煤炭“去产能”政策推进，产业结构继续优化，将大幅提升铁路货运特别是煤炭、铁矿石等大宗散货运输比例。到

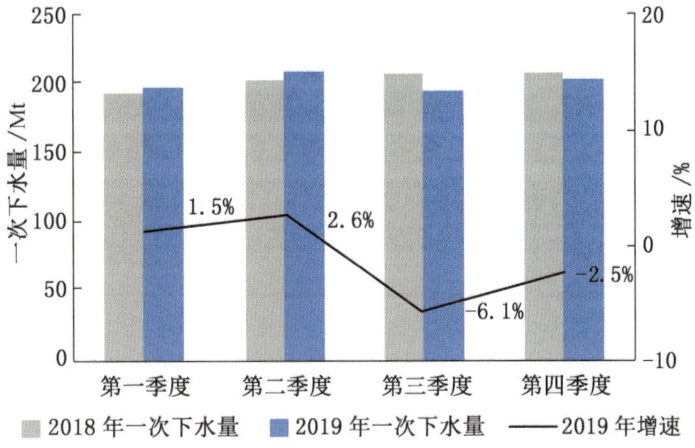

图 2-1-16　2018 年和 2019 年煤炭一次下水量图

2020 年，全国铁路货运量比 2017 年增长 30%，其中京津冀及周边地区增长 40%、长三角地区增长 10%、汾渭平原地区增长 25%。晋陕蒙疆地区煤炭调出量仍将稳步提高。

（2）北煤南运体系进一步强化，运力瓶颈制约逐步消除。根据煤炭生产开发布局调整，北煤南运大通道建设进程进一步加快，主要运通道新增需求和能力变化，完善铁路网规划，消除煤炭运输瓶颈。浩吉铁路建成运营后，长期以来，湖北、湖南、江西等地煤炭调入难的突出问题将得到有效缓解；国家能源集团神朔铁路 300 Mt 扩能、新建冯红铁路，可充分解决陕北地区煤炭调出问题；唐呼、瓦日、兰渝、包西铁路配套专用线、联络线、装卸站、堆场等集疏运系统建设完成后，将全面发挥两大运煤主干道的大能力优势。

（3）铁路专用线建设全面推进，确保煤炭运输实现“公转铁”目标。随着大型工矿企业和物流园区铁路专用线建设加快，煤炭、钢铁、电解铝、电力、焦化、汽车制造等大型工矿企业以及大型物流园区新建或改扩建铁路专用线项目顺利推进。公铁联运、海铁联运深入发展，提升港口集疏运能力，将为煤炭、矿石等大宗货物运输方式调整创造有利环境。

以京津冀及周边地区、长三角地区、汾渭平原为主战场，以推进煤炭等大宗货物运输“公转铁、公转水”为主攻方向。到 2020 年，全国货物运输结构明显优化，铁路、水路承担的大宗货物运输量显著提高，港口铁路集疏运量和集装箱多式联运量大幅增长，重点区域运输结构调整取得突破性进展。

（4）铁路煤炭增量行动效果显著，增量分布仍相对集中于大能力主干道。按照相关政策要求及阶段性目标，2020 年煤运增量仍将集中在主要的东西、南北主要运输干道。包括国铁唐呼、瓦日、侯月、邯长—邯济、陇海等传统煤运线路，以及国家能源集团朔黄铁路等东西向大通道，京九、包西—西康、兰新—兰渝等南北向大通道。

值得注意的是，浩吉铁路建成运营后，经该线向华中内陆地区直达运煤，与经由包西—宁西—焦柳等煤运通道相比，运距短 200～300 km，具有一定的竞争优势，但由于实行了较高的运价，限制了煤炭运量的快速增加，煤炭供需两端也存在较为突出的问题。

从生产端看，考虑浩吉内蒙古段沿线煤炭开发规模、煤质特点、线路能力和运距等因素，未来浩吉铁路煤炭重点将以陕煤为主，且集中在榆横矿区（南北区），经靖神铁路向浩吉线集运。亦即浩吉通道沿线煤矿主要为国家新规划矿区，亟须加快矿井建设和开发强度，同时协调好区域内煤化工、煤电项目就地转化与经浩吉铁路外运的关系，适应浩吉铁路开通初期即实现高运量、增速快的要求。

从需求端看，浩吉通道吸引范围有一定局限，沿线新规划电厂，煤炭储运、中转基地建设规模需尽快形成配套能力，发挥通道在产需运协调发展上的功能。

总体判断，在“两湖一江”地区煤炭供应方面，铁路直达和铁水联运将长期维持共同保障并相互竞争的格局。

从发展趋势看，在煤炭需求平稳、供应能力持续宽松、进口煤增长潜力巨大、长协价覆盖面进一步扩大，以及运煤主干道能力快速释放等因素共同作用下，2020 年铁路运输对全国煤炭市场产供需各个环节及煤炭价格的影响力将大幅度削弱。

1.6 煤矿安全生产

30 年来，特别是 2000 年建立国家煤矿安全监察体制后，煤矿安全生产各项工作取得积极进展，安全生产工作成效显著，安全生产法律体系逐步健全，安全监察体制日趋完善，产业结构不断优化，防灾治灾减灾能力明显增强，安全科技水平持续提升，安全基础更加坚实，全国煤矿安全生产形势持续稳定向好。死亡人数从 1990 年的 6515 人上升至 1994 年 7016 人的最高峰，2003 年以后开始大幅下降，2019 年已降至 316 人，如图 2－1－17 所示；百万吨死亡率由 1990 年的 6.16 降至 2019 年的 0.083，达到了中等先进产煤国家安全生产水平，如图 2－1－18 所示。

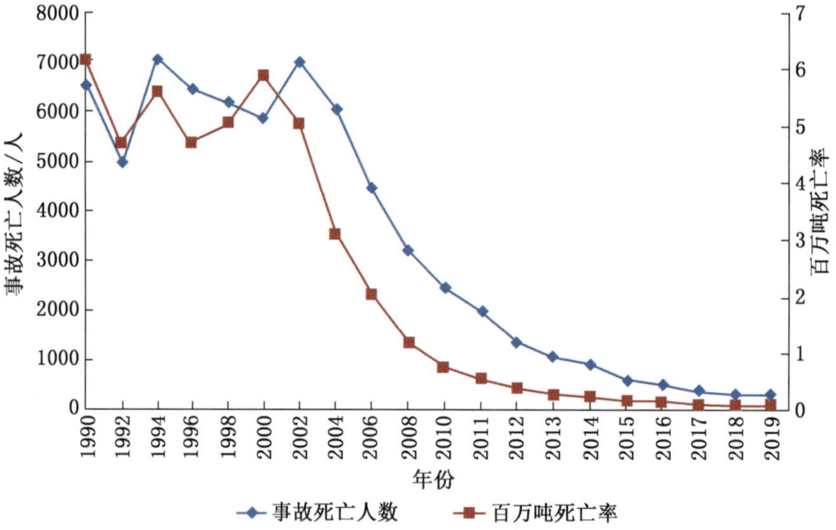

图 2－1－17 1990—2019 年我国煤矿事故统计

1.6.1 安全生产总体情况

1. 我国煤矿安全发展回顾

1990—2019 年，我国煤矿事故共死亡 122282 人，平均每百万吨煤炭死亡 4.32 人，平均每年死亡 4076 人。煤矿事故死亡人数随煤炭产量增长速度和增长方式起伏波动，主要处于高位波动和稳定下降时期。

1）高位波动期（1990—2005）

这期间煤矿安全生产处于高位波动期，死亡人数在 5000～7000 人之间波动，是历史上死亡人数最高的时期。主要特点是煤炭生产高速增长，煤矿事故在高位波动，百万吨死亡率稳定下降，由 1990 年的 6.16 降至 2005 年的 2.836，年均下降 8.34%。期间，各个时段事故和死亡人数变化特点分析如下：

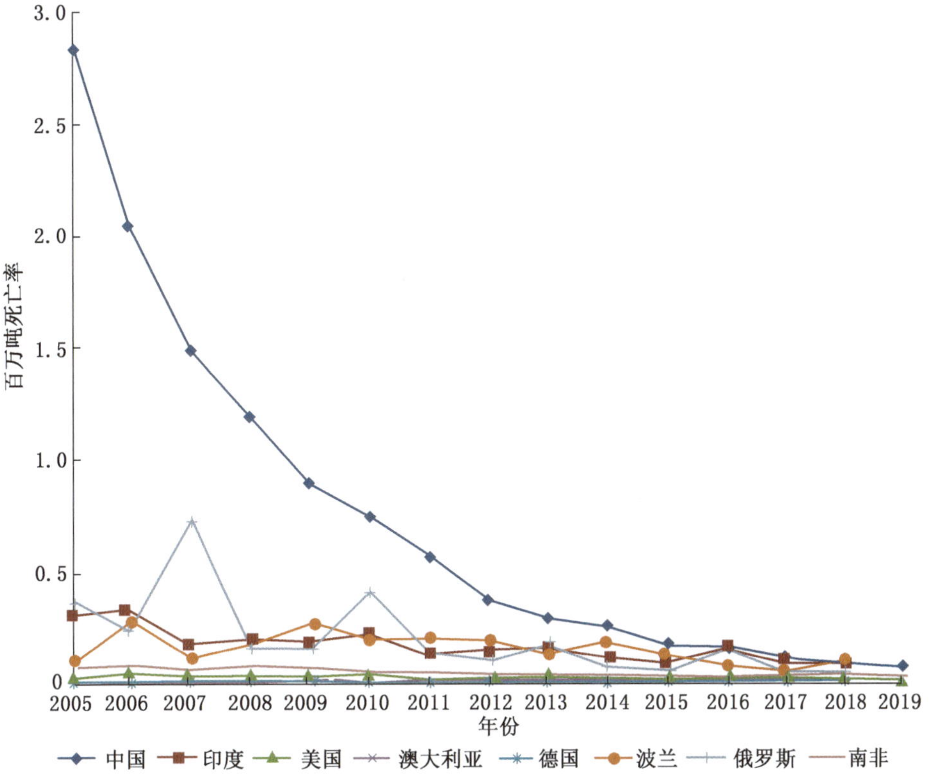

图 2-1-18 主要产煤国家煤矿百万吨死亡率统计图

1990—1991 年，煤炭生产进行整顿，乡镇煤矿无序发展的势头在一定程度上得到遏制，产量缓慢增长，安全生产形势开始好转。死亡人数由 1989 年的 6877 人降至 1991 年的 5446 人；百万吨死亡率由 1989 年的 6. 524 降至 1991 年的 5. 023。但 1991 年，山西洪洞县三交河煤矿发生了一起百人以上瓦斯事故。

1992—1996 年，煤炭生产进入新一轮增长期，受煤价放开的影响，乡镇煤矿生产大幅增长，而国有煤矿生产放缓，从 1993 年开始事故频发，1994 年出现矿难第四次高峰，死亡 7016 人，为新中国成立以来死亡人数最多的一年。这期间，30 人以上特大事故明显增加。据统计 1991—1995 年共发生特大事故 37 起，死亡 1776 人，分别比“七五”时期增长 105. 6% 和 107% ，其中 75. 7% 的事故发生在乡镇煤矿和国有地方煤矿。

1997—2001 年，受亚洲金融危机和经济波动影响，煤炭需求下降，产能严重过剩，国家实施关井压产，关闭了大量小煤矿，事故起数和死亡人数随煤炭产量下降和小煤矿个数减少而显著下降。死亡人数也由 1997 年的 6753 人降至 2001 年的 5670 人；百万吨死亡率由 1997 年的 4. 918 降至 2001 年的 4. 106。据“九五”（1996—2000 年）统计数据，共发生 30 人以上特大事故 50 起，死亡 2435 人，是新中国成立以来特大事故发生最频繁的时期，对社会造成恶劣影响。其中，1996 年山西省大同市新荣区郭家窑乡东村煤矿和 2000 年贵州水城矿务局木冲沟煤矿分别发生一起百人以上瓦斯事故。

2002—2005 年，在煤炭需求强劲拉动下，煤炭生产迅猛增长，小煤矿死灰复燃，大中型煤矿超能力、超强度、超定员组织生产，加之各类煤矿安全欠账严重，出现了第五次事故高峰。从 2004 年第 3 季度到 2005 年底，相继发生了 6 起一次死亡百人以上特别重大事故，损失惨重，造成了严重社会影响。

2）稳定下降期（2006—2019）

2006—2012 年，煤矿安全生产法律法规体系基本完善，以《安全生产法》和《煤矿安全监察条例》为主体的煤矿安全生产法律法规体系基本形成；煤矿安全监察体制机制不断完善，逐步形成了“国家监察、地方监管、企业负责”的煤矿安全监察工作格局；煤矿安全监察执法效能明显提高；瓦斯治理、整顿关闭、安全基础管理不断取得阶段性进展；特别是自 2005 年起，国家连续 3 年安排 30 亿元国债资金支持煤矿安全改造，以及煤矿企业安全投入长效机制不断完善；煤矿安全科技取得长足进步。事故起数和死亡人数分别由 2005 年的 3306 起、5938 人降至 2019 年的 779 起、316 人，分别下降了 76.4% 和 51.1%；煤炭百万吨死亡率由 2005 年的 2.69 降至 2019 年 0.083，下降 76.7%；重大以上事故起数由 2005 年的 58 起降至 2019 年的 3 起，下降了 72.4%。煤矿安全生产形势持续稳定好转，是新中国成立以来煤矿安全生产状况最好的时期。

2. 我国煤矿安全生产领域改革发展

党中央、国务院历来高度重视煤矿安全生产工作，改革开放以来相继出台一系列方针政策和重大举措，全国煤矿安全生产工作取得了历史性成就，推动煤炭行业实现了翻天覆地的巨变，为保障国家能源安全供应和国民经济发展做出了突出贡献。

1）煤矿安全生产工作成效显著

1990 年来，特别是 2000 年建立国家煤矿安全监察体制后，煤矿安全生产各项工作取得积极进展，全国煤矿安全生产形势持续稳定向好。

2019 年以来，在市场供需两旺的情况下，全国煤矿事故死亡人数、较大事故、重特大事故和百万吨死亡率同比实现“四个下降”。2019 年，煤矿安全生产工作创历史最好水平。安全形势持续稳定向好，煤矿事故死亡人数在主要行业排名由第二位下降到第六位，极大改观了煤炭行业社会形象，为决胜全面建成小康社会创造了安全稳定的环境。

2）煤矿安全生产法律体系逐步健全

30 年来，党中央、国务院高度重视煤炭行业和煤矿安全生产法制建设，相继颁布实施了《矿产资源法》《矿山安全法》《劳动法》《行政处罚法》《煤炭法》《职业病防治法》《安全生产法》《刑法修正案（六）》等法律。特别是国家煤矿安全监察局成立后，推动出台了《煤矿安全监察条例》《国务院关于特大安全事故行政责任追究的规定》《安全生产许可证条例》《国务院关于预防煤矿生产安全事故的特别规定》《生产安全事故报告和调查处理条例》等行政法规，《煤矿安全监察行政处罚办法》《煤矿企业安全生产许可证实施办法》《煤矿安全规程》《安全生产违法行为行政处罚办法》《煤矿安全培训规定》《煤矿重大生产安全事故隐患判定标准》等部门规章。目前，初步形成了由 15 部法律法规、50 多部部门规章、1500 多项国家和行业标准组成的煤矿安全法律法规标准体系，为煤矿安全生产工作提供了强大的法治保障。

3）煤矿安全监察体制日趋完善

党的十一届三中全会后，经过拨乱反正，煤矿安全生产工作走上了新的发展道路。1980 年恢复了煤矿安全监察制度，1983 年开始实行安全生产监管监察“双轨制”，1993 年明确由劳动部门负责综合管理全国安全生产工作，1995 年煤炭工业部开始主管煤矿安全监察与管理工作。1999 年 12 月，国务院批准成立国家垂直管理的煤矿安全监察体制，实行国家、省级、区域（分局）三级煤矿安全监察机构。2004 年，国办印发《关于完善煤矿安全监察体制的意见》，明确了“国家监察、地方监管、企业负责”的煤矿安全生产工作格局。2003 年，国办印发《关于进一步加强煤矿安全生产工作的意见》，2016 年中共中央、国务院印发《关于推进安全生产领域改革发展的意见》，2018 年中办、国办印发《地方党政领导干部安全生产责任制规定》，进一步强化属地监管和监管监察责任，推进企业主体责任落实。同时，各级产煤地区党委政府落实属地监管责任，健全煤矿安全监管部门，不断加强煤矿安全生产工作。在国家机构改革中，国家煤矿安全监察局不但得以保留，党中央还批准成立了党组，充分体现了党中央、国务院对煤矿安全生产工作的高度重视，体现了对煤矿安全监察体制的充分肯定，体现了对煤矿安全监管监察队伍的高度认可。

4）煤炭产业结构不断优化

改革开放后，在“有水快流”煤炭发展政策推动下，20 世纪 80 年代最多时有煤矿 80000 多处，平均单井规模 15200 t/a，其中乡镇煤矿 63000 处。1994 年，全国乡镇煤矿高达 75000 处，重特大事故多发，国务院决定召开全国乡镇煤矿工作会议，对乡镇煤矿进行清理整顿。1998 年，国务院发布《关于关闭非法和布局不合理煤矿有关问题的通知》，实施“关井压产”。从 2005 年开始，国务院决定开展整顿关闭小煤矿三年攻坚战，小煤矿数量由 24800 处降至 10000 处以内。2016 年初，国务院印发《关于煤炭行业化解过剩产能实现脱困发展的意见》，加快落后产能淘汰退出。2012—2017 年，通过淘汰退出和推动去产能，淘汰退出煤矿 8000 多处、产能 10 亿多吨，淘汰了一大批落后产能，全国小煤矿由 2000 年的 33000 处减少到 2859 处，数量比重由 98. 2% 下降到 50. 4% ，产能比重由 54. 2% 下降到 8. 9% 。供给侧结构性改革效果显著，煤炭产业结构不断优化。

5）煤矿防灾治灾减灾能力明显增强

我国煤矿开采条件复杂，煤炭资源埋藏深，自然灾害严重，井工矿井产量占比高，露天煤矿产量仅占 16% 左右（美国、澳大利亚、印度露天煤矿产量占比分别为 67% 、80% 、90% ），冲击地压、煤与瓦斯突出、高瓦斯、水害严重和采深超千米的矿井数量及产能均超过全国的三分之一，煤矿灾害防治任务极为艰巨，形势严峻复杂。中华人民共和国成立以来发生的 25 起百人以上煤矿事故中，瓦斯、水害事故共 20 起，占 80% ，损失极为惨重，教训极其深刻。

瓦斯是煤矿安全的“第一杀手”。为有效防范和遏制煤矿瓦斯事故多发频发的势头，国家煤矿安全监察局成立后，在总结经验教训的基础上，提出“先抽后采、监测监控、以风定产”的瓦斯治理方针，推进“通风可靠、抽采达标、监控有效、管理到位”瓦斯治理工作体系建设。2005 年，国务院决定成立煤矿瓦斯防治部际协调领导小组，开展煤矿瓦斯治理“三年攻坚战”。近年来，国家大力支持煤矿瓦斯抽采利用，国办先后印发《关于加快煤层气（煤矿瓦斯）抽采利用的若干意见》《关于进一步加快煤层气（煤矿瓦斯）抽采利用的意见》，相关部门制定了瓦斯抽采利用税收优惠、瓦斯发电上网和民用补贴等扶持政策，煤层气（煤矿瓦斯）开采利用中央财政补贴标准从 0. 2 元/m^3 提高到 0. 3 元/m^3，煤矿瓦斯治理工作取得显著成效。

6）煤矿安全科技水平持续提升

以改革开放初期从国外引进 100 套综采设备为起点，通过引进、消化、吸收、创新，我国煤矿综合机械化水平快速提升。特别是党的十八大以来，大力推进煤矿机械化、自动化、信息化、智能化建设，推广先进适用技术装备，淘汰落后工艺设备，煤矿安全科技取得积极进展。

7）煤矿安全基础更加坚实

“抓基础、强管理”是煤炭行业长期秉承的优良传统，是煤矿安全生产工作的永恒主题。20 世纪 90 年代，提出了“管理、装备、培训”并重原则，大力推进“质量标准化、安全创水平”，组织开展“六五四”活动（创建“六好区队”“五好班组”和争当“四有职工”）。2006 年、2007 年先后出台加强国有重点煤矿和小煤矿安全基础管理工作“两个指导意见”，狠抓安全质量标准化、安全培训、班组安全建设等工作。2010 年，召开全国煤矿班组安全建设推进会，2012 年召开全国煤矿安全生产经验交流现场会，国务院领导同志参加会议，对煤矿安全基础建设提出明确要求。2016 年 5 月，在安徽皖北煤电集团召开全国煤矿推进安全基础建设现场会，着力推进系统优化、管理创新、素质提升、科技进步，实现“人、机、环、管”的协调发展。2018 年 7 月，在山西潞安集团召开全国煤矿安全基础建设推进大会，提出了坚持“管理、装备、素质、系统”四并重的新理念，着力打造新阶段煤矿安全基础建设“升级版”，推动煤炭行业由粗放型管理转向精细化管理，由劳动密集型转向技术创新型，由规模扩张转向结构优化升级，由高危行业转向安全行业，由高速度转向高质量发展。

1.6.2　法律法规与监管体系

作为产煤大国，党中央、国务院高度重视煤矿安全立法工作，始终把法制建设作为推进煤矿安全生产、保障煤矿职工权益的基础和重要保障工作来抓。尤其是近年来，我国中央和地方各有关部门加快了煤矿安全立法步伐，陆续颁布实施了一系列煤矿安全或者与煤矿安全密切相关的法律、法规、部门规章、地方性法规、地方政府规章和一般规范性文件。经过多年的努力，我国煤矿安全生产工作基本上形成了有法可依、依法管理、依法监察的良好局面，我国煤矿安全工作迈入了法制化的轨道。

1. 我国煤矿安全立法沿革

我国煤矿安全立法的发展大致可分为以下三个阶段。

（1）煤矿安全立法初建阶段（1949—1977 年）。这一阶段，由于我国法制基础薄弱，加之特殊时期的影响，整个煤矿安全立法呈曲折发展之势。

新中国成立以来，我国政府一直对煤矿安全生产比较重视。1949 年，《中国人民政治协商会议共同纲领》第二十六条、第四十二条中分别提到了国家要改善劳动条件、加强劳动者的业余培训及在职干部培训等，这是我国煤矿安全立法的雏形。全国第一次煤矿会议提出“安全第一”的生产方针。国务院、各级劳动部门、产业主管部门先后颁布《工厂安全卫生规程》《工人职员伤亡及事故报告规程》《关于进一步加强安全技术教育的决定》《煤矿技术保安试行规程》《小煤矿安全规程》及《伤亡事故和非常伤亡事故报告规程》等一系列法规，对全国煤矿安全生产起到了很大作用。1958—1960 年，各类矿山的安全工作受到了严重冲击，法制建设也止步不前，各类伤亡事故也大幅度上升。随着国民经济的调整与安全法制建设的恢复，从 1962 年起，国家相继颁行了一批重要的安全法规，如《防止矽尘危害工作管理办法》《关于加强企业生产中安全工作的几项规定》(即：“五项规定”)《煤矿企业安全工作条例》与《煤矿安全监察工作条例》等规定。这些法规中，以“五项规定”最为重要，其内容包括了安全生产责任制、安全技术措施计划及安全生产教育等五方面内容，其颁行后，煤炭工业主管部门也相应地出台了如《安全生产责任制》《安全生产教育》《安全生产大检查》等五部部门配套规章，在相当长的一段时期内（2008 年 1 月 15 日国务院令第 516 号《国务院关于废止部分行政法规的决定》宣布《关于加强企业生产中安全工作的几项规定》作废）一直是煤矿安全生产中普遍遵守的法定性制度。

（2）煤矿安全立法摸索前进阶段（1978—1999 年）。党的十一届三中全会后，实行改革开放政策，法制建设重新受到了党和国家的重视，市场经济体制的转变和煤炭管理机构的变革使我国煤矿安全立法开始驶入法治化的快车道。《中华人民共和国矿产资源法》《刑法》等法律在劳动保护和安全生产方面做出了相关规定。1980 年，国家出台《煤矿安全规程》，颁布实施后，中国煤炭工业取得了很大发展，综合能力有很大增强，煤矿安全生产也出现了逐步好转的势头；1982 年，国务院颁布了《矿山安全条例》和《矿山安全监察条例》，规定了矿山企业及其主管部门和工人的职责和权限，也规定了有关矿山安全的技术要求，并且决定在我国实行矿山安全监察制度；1986 年实施的《矿产资源法》规定，开采矿产资源必须具备保障安全生产的必要条件；1989 年颁布《特别重大事故调查程序暂行规定》，1991 年实施《企业职工伤亡事故报告和处理规定》；1992 年 11 月 7 日，全国人大常委会通过《矿山安全法》,《矿山安全法》是我国煤矿安全生产的基本法律，在煤矿安全管理上发挥了举足轻重的作用；1994 年国务院颁布的《煤矿生产许可证管理办法》和《乡镇煤矿管理条例》是对煤矿安全立法的重要补充；1995 年颁行的《劳动法》，从劳动者的切身利益出发，对劳动的安全与卫生作出了具体规定；1996 年 8 月 29 日，第八届全国人民代表大会常务委员会第二十一次会议通过

《中华人民共和国煤炭法》标志着新中国成立以来首部以煤炭为主的法律的诞生，也为煤炭工业的可持续发展提供了可靠的法律保障。

（3）煤矿安全立法体系完善阶段（2000年以后）。2000年1月10日国家煤矿安全监察局挂牌，正式形成了目前沿用的垂直管理、分级监察的煤矿安全监察体系。这一阶段，国家相继出台了对煤矿安全监察有着深远影响的一系列法律法规。2000年国务院颁布了《煤矿安全监察条例》（以下简称《监察条例》），标志着我国煤矿安全监察工作迈入法制化轨道；2001年国务院出台了《国务院关于特大安全事故行政责任追究的规定》；2002年6月29日，《安全生产法》问世，这是我国安全生产方面的一部基本法律。此后，作为法律的细化和补充的行政法规、部门规章和地方立法也不断颁布和更新，如《煤矿安全监察行政处罚办法》（2003年）、《煤矿安全监察行政复议规定》（2003年）、《安全生产许可证条例》（2004年）、《安全生产培训管理办法》（2004年）、《国务院关于预防煤矿生产安全事故的特别规定》（2005年）、《煤矿安全培训监督检查办法》（2005年）、《国有煤矿瓦斯治理安全监察规定》（2005年）、《煤炭安全生产许可证管理办法实施细则》（2005年）、《国家七部委关于加强国有重点煤矿安全基础管理的指导意见》（2006年）、《生产安全事故报告和调查处理条例》（2007年）、《煤矿领导带班下井及安全监督监察规定》（2010年）、《煤矿安全培训规定》（2012年）等。可以说，我国以《宪法》为根本，以《安全生产法》《煤炭法》《矿山安全法》为龙头，以相关法律、行政法规、部门规章、地方性法规和地方政府规章、安全生产国家标准以及行业标准为主体的煤矿安全生产法律体系已基本形成。

2. 我国煤矿安全法律体系框架

我国现行煤矿安全法律体系主要包括宪法、法律、行政法规、部门规章、地方性法规和地方政府规章以及其他规范性文件等（图2－1－19）。从不同的角度又可以作不同的分类：其一，从制定的主体来看，分为权力机关立法（人大及其常委会立法，包括宪法、法律、地方性法规）和行政机关立法（行政机关立法，包括行政法规、部门规章、地方政府规章）；其二，从立法层级看，又可以分为国家层面的立法（法律、行政法规、部门规章）和地方层面立法（地方性法规、地方政府规章）。

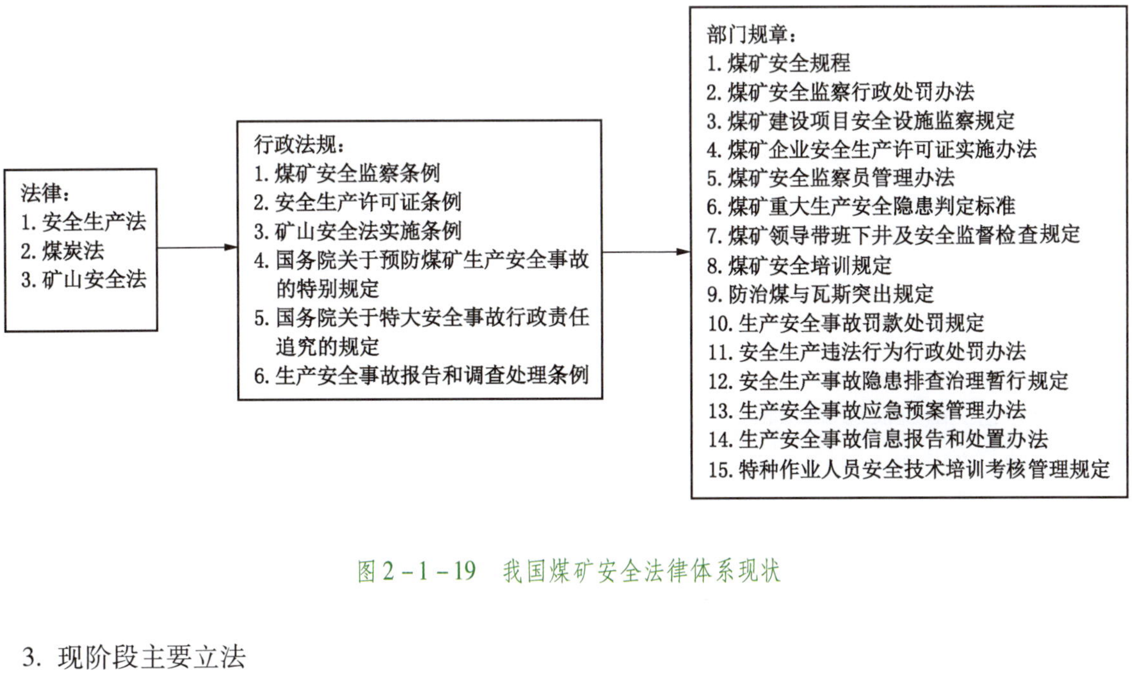

图2－1－19　我国煤矿安全法律体系现状

3. 现阶段主要立法

目前，随着煤矿领域法治化进程的不断推进，现行有效的涉及煤矿安全的法律、行政法规、部门规章、地方性法规和地方政府规章以及有关规范性文件。总体来看，部门规章数量最多，其次是行政法规，法律数量最少。

1.6.3　煤矿安全生产面临机遇和挑战

尽管近年来煤矿安全生产形势持续稳定好转，但仍存在重特大事故时有发生，小煤矿数量多，煤矿灾害不断加重，企业主体责任不落实，安全欠账严重、抽掘采失调，煤矿安全风险管控和隐患排查治理不到位，安全基础仍不牢固，违法违规生产建设行为屡禁不止，监管监察执法还存在宽松等问题。加之，煤炭市场供需平衡趋紧，个别区域、个别时段供给偏紧，易导致一些采掘失调的煤矿继续超强度超能力组织生产，系统性安全风险不容忽视。

同时，煤矿安全生产工作也面临新的历史机遇。习近平新时代中国特色社会主义思想为做好煤矿安全生产工作指明了方向，党的十九大对安全生产重大部署为煤矿安全生产工作提供了根本遵循，煤炭行业供给侧结构性改革为煤矿安全发展提供了治本之机，经济发展已由高速增长阶段转向高质量发展阶段为煤矿安全生产工作创造了有利环境，党和国家机构改革为推进煤矿安全生产形势持续稳定向好注入了强大动力。

下一步，全国煤矿安全生产工作要以习近平新时代中国特色社会主义思想为指导，深入贯彻落实习近平总书记关于应急管理和安全生产的重要论述，按照应急管理部和原国家煤矿安全监察局工作部署，强化红线意识，坚持安全发展，以防范遏制煤矿重特大事故为重点，以推动企业主体责任落实为关键，坚持查大系统、控大风险、治大灾害、除大隐患、防大事故，坚持“管理、装备、素质、系统”并重，着力强化煤矿安全依法治理能力，着力推进科技进步，着力提升重大灾害治理水平，着力夯实煤矿安全基础，着力推动实现煤矿高质量发展，不断完善煤矿安全生产治理体系和提升治理能力，实现煤矿安全生产状况与全面建成小康社会目标相适应、达到中等发达国家安全水平，营造良好的煤矿安全生产环境。

1.7　煤炭与环境

煤炭开发和利用引发了一系列生态环境问题，煤炭开采造成土地塌陷、水资源和植被破坏，以及大规模的煤矸石、矿井水和瓦斯排放，对矿区生态环境造成了巨大压力。大规模的煤炭加工转化和消费过程，带来的废渣、废气和废水等污染物排放，也成为相关地区环境污染物的重要来源。为降低煤炭开发对矿区生态环境扰动和消费过程的环境污染，从国家、地方到行业、企业多年来一直致力于通过多种途径和方式，积极推动煤炭资源的绿色开发和清洁高效利用，推进矿区生态文明建设，降低煤炭资源开发利用对环境的影响。

1.7.1　矿区环境治理

1. 矿区生态环境持续改善

随着生态文明建设和结构性改革的推进，各级煤炭行业管理部门和煤炭企业加大了在煤炭资源绿色开发方面的资金和技术投入，大量先进的煤炭绿色开发技术应用于煤炭生产、矿区环境保护、资源综合利用和绿色矿山建设过程，极大地提高了煤炭行业绿色发展水平。

（1）煤矿保水开采、充填开采、“三下”开采等示范工程取得突破。冀中能源、山东新汶充填开采，陕北矿区、神东矿区保水开采、井下分布式水库技术示范稳步推进；“三下”开采技术日趋成熟。矿区生态环境持续改善，生态修复与土地复垦工作取得积极成果。“十一五”以来，国家、地方和各级企业对矿区环境保护重视程度日益加深，用于矿区环境保护的资金投入大幅增加，老矿区环境治理取得积极进展，矿区环境恶化趋势得到了有效遏制。新建煤矿项目在立项、建设和运营过程中的环评、环境监管进一步加强，新建成煤矿矿区的总体环境状况显著提高。

（2）煤矿土地复垦工作进一步提升。2005 年全国煤矿土地复垦率仅为 15%，2010 年增长至

36%，截至2019年，煤矿土地复垦率达52%，土地复垦率大幅增长，如图2-1-20所示。同时涌现出神华神东矿区、准格尔矿区、开滦集团唐山南湖湿地、徐矿集团贾汪湿地公园等一大批在生态修复和土地复垦方面业绩突出的矿区。

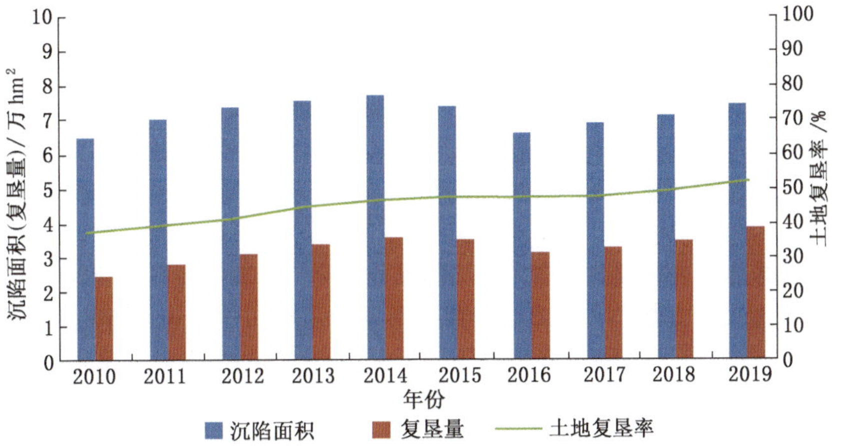

图2-1-20 2010—2019年土地复垦情况

随着环境保护政策法规体系的日益完善，从各级政府主管部门到各煤炭企业，对矿区环境保护的重视程度得到大大加强，相关资金投入也大幅增加，新建矿区各项环保措施得到积极落实，老矿区环境治理也取得了良好的进展，总体来看，我国煤炭矿区环境恶化的趋势已得到扭转。煤炭矿区环境保护和土地复垦已开展多年，积累了较为丰富的实践经验，有关矿区环境治理和土地复垦的政策规章也日趋完善，2019年修订后的《土地复垦条例实施办法》和《矿山地质环境保护规定》发布，进一步促进了矿区环境保护和土地复垦工作的开展，包括露天矿在内的煤矿生态修复和土地复垦工作进一步铺开。截至2019年底，全国煤炭矿区土地复垦率达到52%，较去年提升3个百分点。以国家能源集团神东矿区、准格尔矿区、开滦集团唐山南湖湿地、徐矿集团贾汪湿地公园、淮南矿业集团顾桥矿等为代表的典型矿区在矿区沉陷区治理和土地复垦方面的成功实践，为开展矿区环境保护与土地复垦工作提供了借鉴。

2. 煤炭洗选加工能力稳步提高

煤炭洗选是煤炭清洁高效利用的重要环节，具有明显的经济效益和环境效益。煤炭洗选可以提高煤炭质量，减少煤矸石的无效运输，降低煤炭中有害元素。一般而言，每入选100 Mt原煤，可减少20 Mt煤矸石运输和减排二氧化硫0.49 Mt。在煤炭洗选加工方面，我国通过成功研制具有自主知识产权的大型无压给料三产品重介质旋流器、浮选机和新一代空气重介干法选煤成套技术装备，原煤入选率大幅提高。2000年原煤入选量386 Mt，原煤入选率38.68%。2016年全国原煤入选量达到2600 Mt，原煤入选率68.9%。2018年，全国原煤入选率71.8%，同比提高1.6个百分点；2019年，全国原煤入选率73.2%，同比提高1.4个百分点。

3. 资源综合利用能力显著增强

资源综合利用是矿区生态文明建设重要内容，是矿区生态环境保护的重要手段，多年来，煤炭行业高度重视矿区资源综合利用工作，积极推进煤矸石综合利用、矿井水综合利用、煤层气（煤矿瓦斯）综合利用等方面的工作，近年来粉煤灰综合利用水平也取得了积极进展。2019年，煤炭行业煤矸石综合利用处置率为71%，同比增长1个百分点；矿井水综合利用率为75.8%，同比增长3个百分点；井下瓦斯抽采利用率为 42.4%，同比增长 1.6 个百分点；煤层气抽采利用率为 91.53%，同比增长 0.8 个百分点。井下充填开采、保水开采、低浓度综合利用、乏风瓦斯氧化销毁等一批绿色技术在煤炭行业得到进一步应用和推广，瓦斯发电规模进一步扩大。共伴生高岭土、油母页岩、高铝粉煤灰、硫铁矿、石灰石等综合利用产业化步伐加快。

1）煤矸石综合利用

煤矸石主要来源于煤炭开采和原煤洗选过程，分为掘进矸石和洗选矸石两部分。煤矸石的产生量主要受煤炭资源赋存条件、煤种、开采工艺、原煤入选量等因素的影响。近年来，我国煤炭矿区煤矸石产生量总体呈上升趋势，已由 2006 年的 378 Mt，增长到 2019 年的 700 Mt。2013 年煤炭产量阶段峰值后，煤矸石产生量随原煤产量及原煤入选总量变化而波动，根据测算 2019 年煤矸石产生量 740 Mt 左右。

为解决煤矸石大量排放带来的一系列问题，国家通过支持发展煤矸石资源综合利用，鼓励煤炭企业及相关单位积极扩大煤矸石综合利用规模，目前主要的煤矸石综合利用方式有煤矸石综合利用发电、煤矸石利废建材、煤矸石采空区充填、井下充填开采、路基材料及填坑造地等。由于煤矸石产生量过大，目前大宗的煤矸石综合利用主要集中在煤矸石发电、填坑造地和煤矸石建材等方面。煤矸石综合利用的途径和体量规模与煤矿所在区域密切关联。从区域分布上看，华东、华中、华北地区煤矸石综合利用发展最好，下游综合利用产品毗邻消费中心。西南、西北等煤炭主产区煤矸石产生规模巨大，当地煤矸石综合利用下游消费能力不足，因此煤矸石综合利用率偏低。根据不完全统计，2019 年全国煤矸石综合利用率达到 71%，年综合利用煤矸石量 520 Mt，如图 2－1－21 所示。

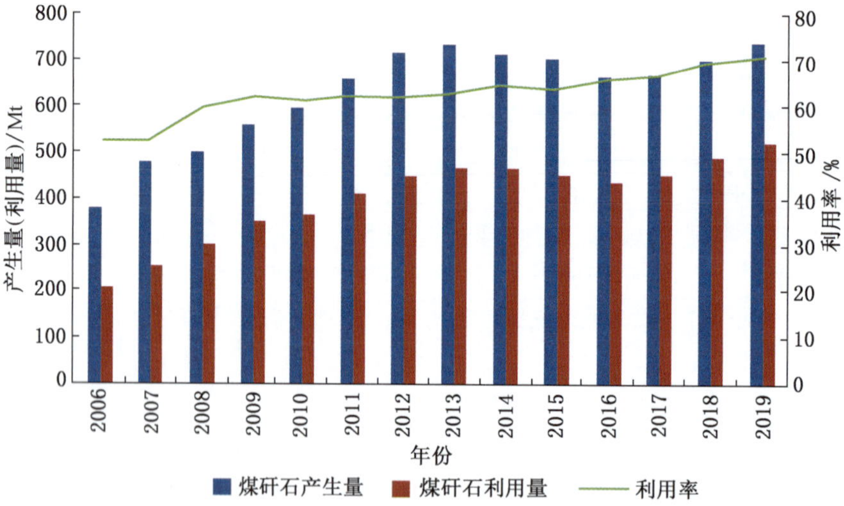

图 2－1－21　煤矸石综合利用情况

经过多年的发展，我国煤矸石综合利用相关技术也取得了积极成果。用于煤矸石、煤泥综合利用发电的循环流化床机组处于世界领先水平。自 2013 年四川白马 600 MW 超临界循环流化床机组正式投运以来，截至 2019 年底，全国投产的超临界循环流化床机组超过 40 台套。煤炭行业煤矸石综合利用发电和低热值煤发电装机规模达到 41 GW。2019 年，中国矿业大学（北京）等单位完成的《煤矸石山自燃污染控制与生态修复关键技术及应用》获得 2019 年度国家科学技术进步奖二等奖，该项技术创造性地提出了因煤矸石山自燃的污染控制与生态修复技术，已经在山西省、河南省 20 多个矿区推广应用，治理矸石山 30 余座。2019 年 10 月，山西省能源局发布《山西省煤矿充填开采产能增量置换办法》，推动充填开采技术在山西的推广和应用。该办法提出了充填开采的认定条件、产量认定规范和产能置换指标认定流程。2019 年 12 月，自然资源部发布了《矿产资源节约和综合利用先进适用技术目录（2019 版）》，对矿产资源节约和综合利用先进适用技术目录进行了更新。其中涉及煤矸石综合利用的技术包括煤矸石井下充填置换煤成套技术（东部地区村庄、建筑物和河流湖泊较密集的矿区）、建筑物下综合机械化充填采煤技术（顶板比较稳定的薄及中厚煤层）、煤泥复合循环流化床洁净焚烧利用技术等，技术主要集中在煤矸石井下充填开采和循环流化床综合利用发电领域。

2）矿井水综合利用

矿井水是煤矿建井和煤炭开采过程中产生并从井下抽排到地面的水，主要来源于井下涌水、井下生产过程中产生的废水等。矿井涌水量与矿井所处的地理位置、气候条件、地质构造、开采深度和开采方法等有关。根据调研情况显示，东南、中南、西南、东北和华中矿区矿井水单位涌水量较大，西北和华北地区大部分煤矿单位涌水量较低。“十三五”以来，随着我国煤炭主产能逐步向“三西三北”地区转移，全国煤矿矿井水的单位涌水量呈下降趋势。近年来，国家加大了对地下水资源的保护，出台了多项政策支持和鼓励加大矿井水等非常规水资源的综合利用。一方面，矿井水综合利用率逐年提升，利用途径多样化；另一方面，矿井水处理工艺和装备水平提升显著。2019 年，全国煤矿矿井水涌水量 5.54×10^9 m^3，综合利用量 4.20×10^9 m^3，综合利用率达到 75.8%，如图 2－1－22 所示。

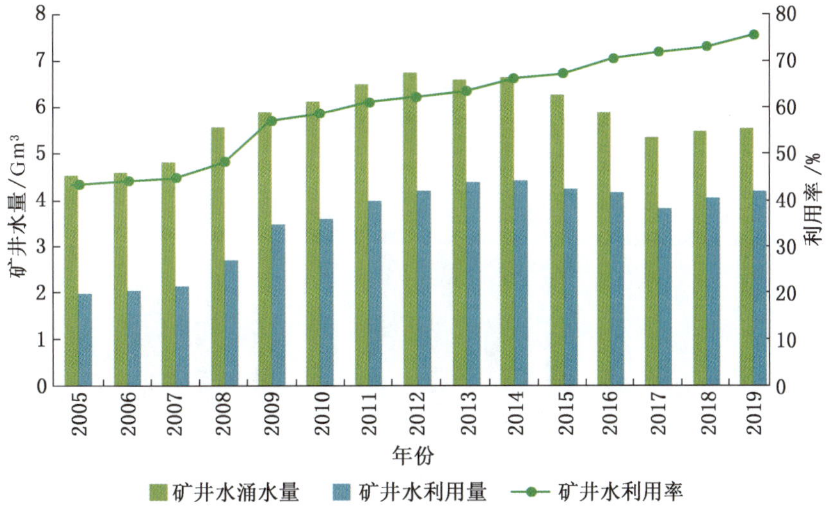

图 2－1－22 矿井水综合利用情况

3）煤层气开发利用

煤层气（煤矿瓦斯）是具有强温室效应的气体，近年来，为提高煤炭产业绿色发展水平，解决煤矿瓦斯安全问题，提高资源利用效率，国家出台了一系列优惠扶持政策，推动煤层气（煤矿瓦斯）综合利用。从发展趋势上看，近年来我国煤层气综合利用规模逐年扩大，全国煤矿瓦斯抽采量 2010 年底为 8.8×10^9 m^3，2019 年提高至 1.92×10^{10} m^3，其中地面瓦斯抽采量 5.91×10^9 m^3，利用量 5.41×10^9 m^3，综合利用率 91.5%，如图 2－1－23 所示；井下瓦斯抽采量 1.33×10^{10} m^3，利用量 5.63×10^9 m^3，综合利用率 42.4%，如图 2－1－24 所示。煤层气综合利用技术和装备水平也得到大幅提升，煤矿瓦斯综合利用发电装机规模逐年扩大，抽采瓦斯提纯制 LNG/CNG、中低浓度瓦斯发电及提纯制备 LNG、乏风瓦斯氧化销毁等技术已应用在部分瓦斯矿井。煤矿区煤层气地面钻井抽采技术、煤矿矿井乏风能量利用技术、特厚煤层采空区瓦斯地面直井抽采技术、低透气性煤层增透抽采瓦斯技术和煤矿“以孔代巷”瓦斯综合治理技术等被列入《矿产资源节约和综合利用先进适用技术目录（2019 版）》中。

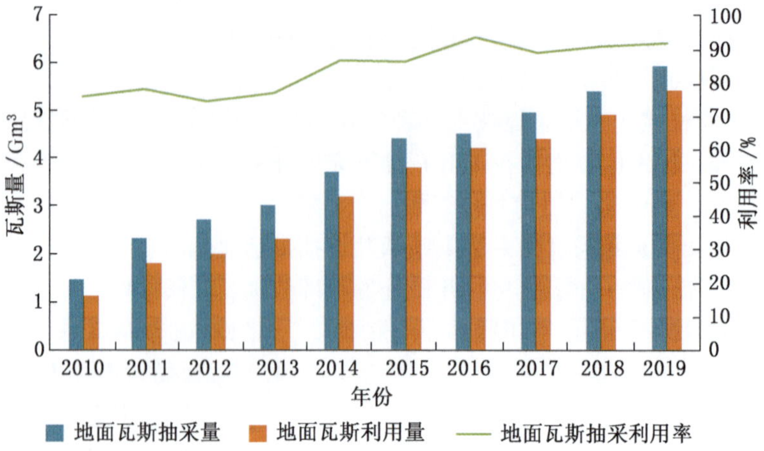

图 2-1-23　地面煤层气抽采利用情况

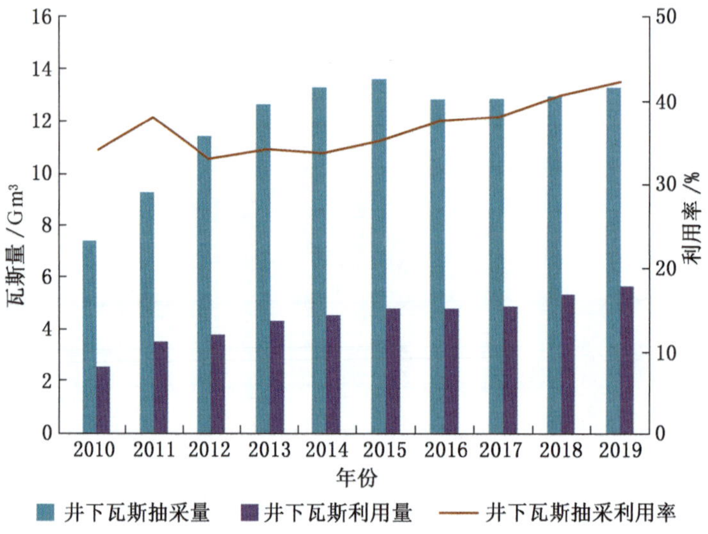

图 2-1-24　井下瓦斯抽采综合利用情况

4）粉煤灰综合利用

粉煤灰是燃煤发电的主要固体副产物之一，由于我国是煤电大国，每年燃煤发电消耗的原煤量在 2000 Mt 上下，因此产生了大量的粉煤灰。粉煤灰包括烟气中分离的飞灰和锅炉底部排除的底渣。据测算，2019 年全国粉煤灰产生量在 560 Mt 左右，综合利用量 400 Mt，综合利用率 71%，如图 2-1-25 所示。从粉煤灰的区域分布上看，煤电大省山东和内蒙古粉煤灰产量超过 50 Mt，江苏省超过 40 Mt，广东、河南、山西、新疆粉煤灰产生量超过 30 Mt，安徽、浙江、河北、陕西粉煤灰产量超过 20 Mt。从粉煤灰综合利用的主要途径上看，粉煤灰可用于生产建筑材料（如，水泥、加气混凝土、陶粒、砂浆等）、生产筑路材料（如，作路面基层材料、水泥混凝土路面等）、作为回填材料、农业以及提取高价值产品（如，提取漂珠）等。受限于运输距离的限制，粉煤灰综合利用的主要产品粉煤灰建材主要就近销售。因此东中部省份的粉煤灰综合利用率较高，如湖南、广东、北京、广西、海南、重庆、天津、湖北和上海等省市。

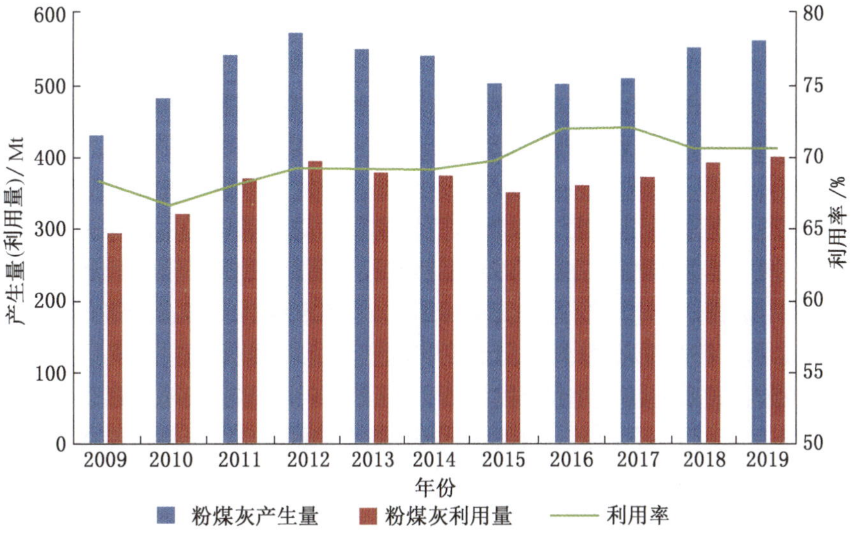

图 2-1-25 粉煤灰综合利用情况

4. 循环经济产业园区快速发展

大同塔山循环经济园区，实现了“资源—产品—废弃物—再生资源”的闭路循环。陕煤化集团积极推进矿区循环经济建设，在黄陵建成了“煤化电路”一体化循环经济产业园区，在北元形成了“煤、焦、电、电石、聚氯乙烯、水泥”一体化循环生产模式，在彬长矿区建设了瓦斯零排放示范矿区；神华宁东能源化工基地通过建设特大型煤气化、煤液化生产装置，发展清洁能源和基础化工原料以及深加工产业，实现集聚生产、集约发展，构建资源、环境和区域经济协调发展的产业格局。安徽淮南矿业集团、山西西山煤电集团和辽宁铁法煤业集团等煤炭企业成为国家循环经济示范企业，在煤炭产业纵向延伸和横向耦合，构建循环经济产业体系方面取得重大成绩。

循环经济园区建设稳步推进，绿色矿山建设成效显著。2005 年以来，同煤集团塔山工业园区、宁夏宁东能源化工基地等 13 家煤炭企业被列为全国循环经济试点单位，有 30 余家煤炭企业或循环经济园区列入各省、市地方循环经济试点单位。

5. 绿色矿山建设取得积极进展。

在绿色矿山建设方面，2010 年国土资源部出台了《关于贯彻落实全国矿产资源规划发展绿色矿业建设绿色矿山工作的指导意见》，明确了我国建设绿色矿山的总体思路和国家级绿色矿山建立所需条件以及主要目标。随后，各级煤炭企业积极推进绿色矿山建设，截至 2017 年底，共有四个批次共 227 家煤炭企业（煤矿）成为国家级绿色矿山示范单位，涌现出了蒙东煤炭基地、神华准能集团露天矿、中煤平朔安太堡露天矿等绿色矿山建设模式。

2018 年 6 月自然资源部发布《煤炭行业绿色矿山建设规范》(DZ/T 0315—2018)，规定了绿色矿山矿区环境、资源开发方式、回采率、生态环境保护、资源综合利用、节能减排、科技创新和数字化矿山、企业管理和企业形象方面的基本要求，对矿山环境保护提出了具体的指标要求。2019 年 12 月，自然资源部对外公示了通过专家评审的 556 家绿色矿山名单，其中涉及煤炭企业和煤矿 101 家。

1.7.2 煤炭清洁高效利用

我国煤炭清洁高效利用步伐不断加快，成效显著。原煤入选率接近世界先进水平，煤制油等一大批具有自主知识产权的现代煤化工关键技术和装备取得突破，更多煤炭用于高效发电、先进技术已经能够做到燃煤电厂的烟尘排放浓度、SO_2 浓度、NO_x 浓度均低于天然气电厂的排放标准。“十一五”以来，随着国家对生态环境重视程度的日益加深，对煤炭清洁高效利用工作高度重视，已将此项工作提升至新的战略高度，并陆续出台了多项推动煤炭清洁高效利用的相关政策，涉及煤炭生产、运输和终端消费等煤炭加工转化利用的全过程，煤炭清洁高效利用政策体系正在逐步完善。

1. 煤炭清洁高效利用政策

2014 年，中央财经领导小组第六次会议指出，“推动能源生产和消费革命是长期战略，必须从当前做起，加快实施重点任务和重大举措，大力推进煤炭清洁高效利用”。2014 年 6 月发布的《能源发展战略行动计划（2014—2020 年）》，提出“制定和实施煤炭清洁高效利用规划，积极推进煤炭分级分质梯级利用，加大煤炭洗选比重，鼓励煤矸石等低热值煤和劣质煤就地清洁转化利用。”2015 年 2 月发布的《工业领域煤炭清洁高效利用行动计划》提出“通过技术改造、煤化工结构优化升级、区域产业衔接融合等措施推进工业煤炭清洁高效利用”。2015 年 4 月发布的《煤炭清洁高效利用行动计划（2015—2020 年）》更是从指导思想、主要任务和目标、重点工作、保障措施等方面，对近一段时期的煤炭清洁高效利用工作进行了系统部署。此外，《十三五规划纲要》《关于促进煤炭工业科学发展的指导意见》《关于促进煤炭安全绿色开发和清洁高效利用的意见》等政策也从不同的角度提出推动煤炭清洁高效利用发展。

2016 年 3 月，国家发展改革委、国家能源局印发《能源技术革命创新行动计划（2016—2030）》，明确了煤炭清洁高效利用的重点任务：加强煤炭开发生态环境保护、加快煤炭清洁高效利用技术创新。2016 年 12 月，国家发展改革委、国家能源局印发《能源生产和消费革命战略（2016—2030）》，明确提出：推动煤炭清洁高效开发利用，实现煤炭集中使用，大力推进煤炭清洁利用，促进煤炭绿色生产。2016 年 12 月，国家能源局印发《能源技术创新“十三五”规划》，2017 年 3 月，国家发展改革委和工信部印发《现代煤化工产业创新发展布局方案》，对煤炭清洁高效利用技术创新发展提出了更加明确的目标。

在煤炭终端消费环节，2017 年 2 月，原环境保护部等多部委联合各地方政府发布《2017 年京津冀及周边地区大气污染防治行动工作方案》；2017 年 9 月，住房和城乡建设部、国家发展改革委、财政部和国家能源局联合印发《关于推进北方采暖地区城镇清洁供暖的指导意见》；2017 年 12 月，国家发展改革委、国家能源局等 10 部门印发《北方地区冬季清洁取暖规划（2017—2021 年）》；2018 年 6 月，国务院印发《打赢蓝天保卫战三年行动计划》。一系列政策文件的发布，对降低燃煤终端消费污染，提高终端煤炭消费清洁利用水平进行了更加详细明确的要求。

在推动煤电清洁高效利用方面，国家也陆续出台了一系列文件。国家发展改革委、原环境保护部、国家能源局印发《煤电节能减排升级与改造行动计划（2014—2020 年）》，推动燃煤发电节能减排改造。2015 年 12 月 2 日，国务院常务会议决定，在 2020 年前，对燃煤机组全面实施超低排放和节能改造，大幅降低发电煤耗和污染排放，2016 年起，国家发展改革委、国家能源局下发了系列文件，严控煤电总量规模，加快淘汰煤电行业落后产能。2017 年，在总结 2016 年促进煤电有序发展工作的基础上，相关主管部门将防范化解煤电产能过剩风险作为 2017 年工作的重点，进一步出台相关文件措施，推进供给侧结构性改革，防范化解煤电产能过剩风险。

2017 年 7 月，国家发展改革委、工业和信息化部、财政部、人力资源和社会保障部、国土资源部、原环境保护部、住房和城乡建设部、交通运输部、水利部、人民银行、国资委、质检总局、原国家安全生产监管总局、统计局、银监会、能源局等 16 部委印发《关于推进供给侧结构性改革　防范化解煤电产能过剩风险的意见》（以下简称《意见》），《意见》的目标是：“十三五”期间，全国停建和缓建煤电产能 150 GW，淘汰落后产能 20 GW 以上，实施煤电超低排放改造 420 GW、节能改造 340 GW、灵活性改造 220 GW。到 2020 年，全国煤电装机规模控制在 1100 GW 以内，具备条件的煤电机组完成超低排放改造，煤电平均供电煤耗降至310g/(kW·h)，2009—2017年我国供电煤耗持续降低（图2-1-26）。随着国家有关煤炭消费侧清洁高效利用政策的逐步推进，煤炭加工、转化和终端消费利用环节的清洁化水平不断提升。

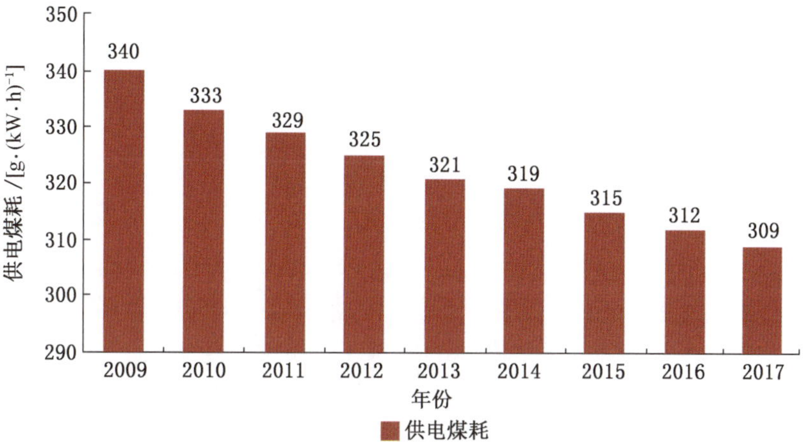

图2-1-26　2009—2017年我国供电煤耗持续降低

2. 煤炭洗选加工规模不断扩大

煤炭洗选加工快速发展，原煤入选量和入选率大幅提高。如图2-1-27所示，到2019年，原煤产量达3850 Mt，原煤入选量2818 Mt，入选率达到73.2%。煤炭洗选加工的发展带动了相关产业的发展和进步，千万吨级大型选煤厂数量不断增加，我国在选煤工艺、设计、建设、运行管理领域已达到世界先进水平。重介选煤工艺应用大范围推广，占全部洗选工艺的比重达到70%。在干法选煤工艺技术和装备制造领域也取得重大进步，复合干法分选设备大型化、系列化、自动化、智能化水平进一步完善提高。选煤厂单厂规模不断扩大，截至目前，全国运营的选煤厂超过2100座，已建成一批具有世界先进水平的大型、超大型选煤厂。其中设计年入洗原煤能力超过10 Mt的选煤厂75座，其设计入洗原煤能力超过1100 Mt，占全国选煤能力的42%。75座千万吨以上选煤厂中，炼焦煤选煤厂11座，入选能力1450 Mt，动力煤选煤厂64座，入选能力9550 Mt。

3. 煤炭深加工转化快速发展

型煤、水煤浆等煤炭加工产业稳步发展，洁净型煤、优化配煤、分级研磨高浓度水煤浆等已大量推广应用。传统煤化工（主要包括煤制化肥、合成氨和焦炭等）产业技术成熟，产量居世界前列。传统煤化工领域绿色升级转型发展趋势加快，以干熄焦、焦化副产物精深加工及高质高效利用和大型粉煤气化制合成氨为代表的绿色升级转型得到了较大发展。

在低阶煤分级提质利用方面，主要利用方式是低温干馏制兰炭和中低温干馏制气、制油等煤炭分级分质转化。我国低阶煤分级分质利用生产主要集中在陕西、内蒙古、宁夏、山西等地区，粗略统计，产能接近100 Mt/a。

在煤炭深加工方面，我国煤炭清洁高效转化技术创新和产业化均走在了世界前列。2008年以来，神华煤炭直接液化现代煤化工技术的创新发展取得了一系列重大突破，攻克了一大批技术难题，现代煤化工产品可以替代石油产品，降低了石油对外依存度，在较高油价下具有明显经济性。在煤制油方面，截至2017年底，我国已建成1个煤直接液化、6个煤间接液化项目，煤制油总产能达8.43 Mt。在煤制烯烃方面，自2010年5月原神华集团建成我国第一套煤经甲醇制乙烯工程项目以来，到2017

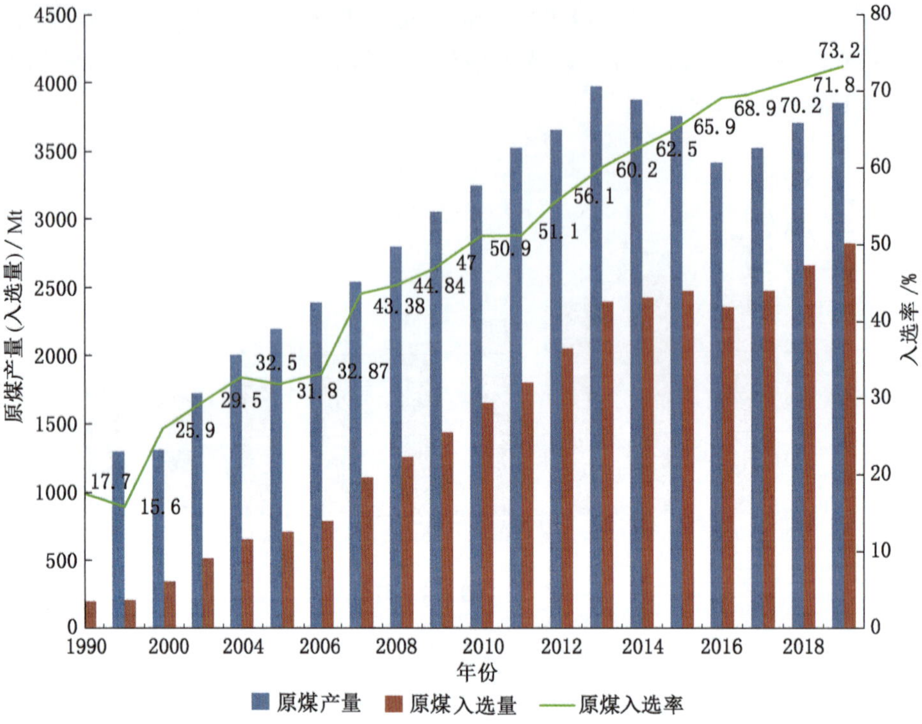

图 2-1-27　1990—2019 年我国原煤入选量入选率持续增加

年 12 月底，已有 13 个煤制烯烃项目建成投产，总产能达 8.86 Mt，示范项目均实现了长周期稳定运行。在煤制天然气方面，截至 2018 年 9 月，我国煤制天然气项目已投产 4 项，产能合计 $5.11\times10^9\ m^3/a$；在建 4 个项目，产能 $12.47\times10^9\ m^3/a$；拟建 5 个项目，产能 $18.2\times10^9\ m^3/a$；到 2020 年，全国煤制天然气产能预计可达到 $8\times10^9\ m^3/a$。

4. 清洁燃煤发电技术广泛应用

燃煤发电是我国煤炭消费的最主要方式，发电用煤占全国煤炭消费总量的比重长期保持在 50% 左右。如图 2-1-28 所示，截至 2017 年底，全国煤电装机规模为 981 GW，煤电装机占电力装机规模的比重为 55.2%，而发电用煤量约为 2.01 Gt，占当年煤炭消费量的比重为 52% 左右。

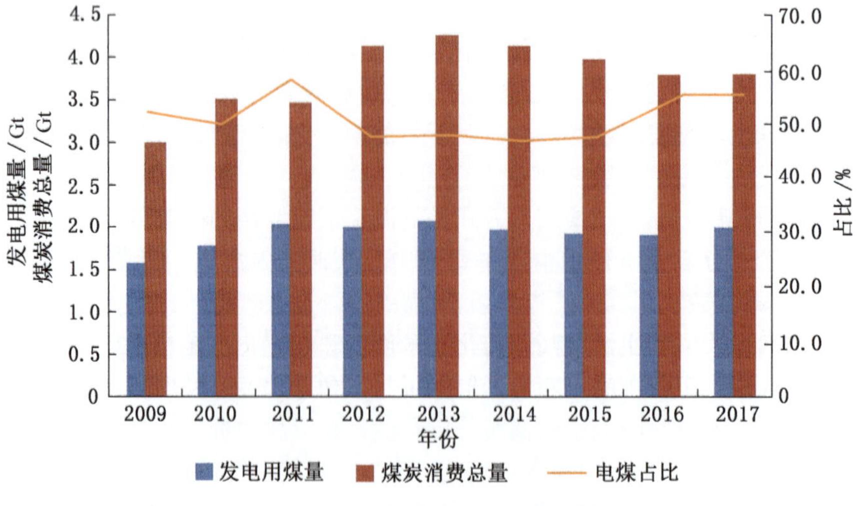

图 2-1-28　2009—2017 年我国发电用煤量变化情况

在国家一系列产业、环保等方面政策的引导和推动下，我国燃煤发电行业的升级和改造步伐大大加快，煤电机组逐步走向大型化、高参数、大容量阶段，煤电技术已达到世界先进水平，以超超临界机组发电技术、大型高参数循环流化床发电技术（CFB）等为代表的清洁高效煤电技术走在世界前列。截至 2017 年底，1 GW 级火电机组达到 103 台，0.6 GW 及以上火电机组容量所占比重达到 44.7%，0.3 GW 级以上煤电机组占煤电总装机的比重近 90%，煤电机组能耗控制水平逐年提升。截至2017 年底，全国累计完成燃煤电厂超低排放改造0.7 GW，占煤电机组总装机容量的71%，已建成世界最大的煤炭清洁发电体系。

钢铁、水泥和建材等耗煤行业清洁化利用进程加快。2017 年，原环境保护部对涉及煤炭终端消费的钢铁、砖瓦、陶瓷等几个行业的大气污染物排放标准进行了修订，增加了特别排放限值。各地针对工业锅炉、工业窑炉、钢铁烧结、水泥等耗煤行业的大气污染问题，陆续出台了相关地方标准，提高大气污染物排放控制标准。专门针对工业锅炉、工业窑炉、钢铁烧结、球团，以及水泥、建材行业的超低排放技术陆续投入应用，下游耗煤行业的清洁化利用进程大大加快。

1.8 煤炭科技创新与研发应用

通过自身的不断努力和从先进国家引进、消化、吸收、创新，我国煤矿科技水平快速提升。特别是党的十八大以来，大力推进煤矿机械化、自动化、信息化、智能化建设，推广先进适用技术装备，淘汰落后工艺设备，煤矿安全科技取得积极进展。

1.8.1 煤炭科技发展概况

1978 年 3 月，党中央召开了具有深远历史意义的全国科学大会，确立了科技工作的正确指导思想，邓小平同志在这次大会上作出“科学技术是生产力”的重要论断，中国迎来“科学的春天”。1978 年以来，煤炭行业取得了举世瞩目的历史性成就，行业面貌发生了巨大变化。作为煤炭工业快速发展的核心动力，煤炭科技基础不断夯实、关键技术难题获得突破，科技供给能力持续增强，煤炭科技进步有力推动了煤炭工业从劳动密集型向技术密集型转变，实现了跨越式发展。

1990 年以来，围绕煤炭安全高效绿色智能化开采基础理论研究与关键技术攻关，取得了一大批新成果、新技术和新工艺，推动我国煤田地质精细勘探、大型矿井建设、煤矿瓦斯与地下水害防治、井巷快速掘进与智能化开采、现代化选煤技术迈上了一个新台阶。在煤矿科技研究中，特厚煤层大采高综放开采世界性技术难题被攻克，工作面年产超千万吨；成功研发煤矿综采成套装备智能系统，创建了“有人巡视、无人操作”的远程采煤工作面；成功研制首套煤矿大型护盾式快速掘锚装备，提高了煤矿井下掘进支护速度；成功研制煤矿井下千米定向钻机，最大钻孔深度达到 2311 m，刷新了世界纪录；成功研制井下松软突出煤层钻机，在坚固性系数 f 值小于 0.5 条件下实现钻孔深度 271 m，创造了突出松软煤层钻孔的最新深度；研发高压空气爆破致裂、井下分段水力压裂、三维旋转水射流扩孔等增透技术，显著提高碎软低透气煤层瓦斯抽采效果；攻克采动区地面井瓦斯抽采技术，地面井完好率达到 93% 以上，日抽采量达 10000 m^3 以上，抽采浓度高达 86%。在煤矿科技应用中，首座全断面硬岩快速掘进机（TBM）施工长距离煤矿斜井在神东补连塔煤矿建成启用，首台全断面矩形快速掘进机投入使用，首台矿用全断面硬岩掘进机、首套煤矿大型护盾式快速掘锚装备研制成功，8 m 大采高采煤机、8.8 m 超大采高综采工作面、3 ~ 4 m 煤层千万吨级智能化综采成套装备实现国产化。截至 2019 年，全国煤矿采煤、掘进机械化程度分别达到 78.5%、60.4%。

1. 煤炭地质勘查

煤田地质学发展为煤炭地质学，建立了具有中国特色的煤炭地质综合勘查理论与技术体系。全国煤炭查明资源储量从 1978 年的 596 Gt 增加到 2017 年的 1670 Gt。

经广泛调研及深入细致的研究，提出中国煤炭分区“井”字形架构与“九宫格”资源分布，中国煤炭地质基本特征与资源分布明显受控于由天山—阴山—燕山、昆仑—秦岭—大别山两条纬向造山带和兴蒙—太行—雪峰山、贺兰—六盘—龙门山两条经向造山带组成的“井”字形构造格局控制。

发展出适合中国煤炭资源分布特点的煤炭资源综合勘查技术体系，将“煤田地质勘探”发展为涵盖煤炭勘查、矿井建设、安全生产、环境保护等内容的“煤炭资源综合勘查”；将煤炭资源勘查逐步发展为以煤为主的多能源矿产协同勘查，包含了煤层气、页岩气、致密砂岩气以及高岭土、铝土矿、“三稀（稀有、稀土、稀散金属）”矿产等煤系其他矿产的勘查与评价。

2. 矿井建设

矿井建设形成了以综合机械化开采为核心，集中生产、合理开拓为关键，先进技术装备为保障的现代化矿井设计理念，建立了以冻结、钻井、注浆为主的建井理论与技术体系。改革开放初期最大的井工矿韩城桑树坪煤矿井型 3 Mt/a，目前世界上单井生产能力最大的井工煤矿补连塔矿，井型 28 Mt/a，是前者的 9 倍。

发展了斜井沿轴线冻结理论、深井控制冻结理论、地层注浆改性理论。研发了“一扩成井”钻井技术，反井钻井技术，深井冻结、斜井冻结、“钻注平行作业”凿井技术，超大直径深立井建井技术。冻结、钻井、注浆等特殊凿井技术达到国际领先水平。注浆与冻结、凿井平行作业“三同时”快速建井新技术极大缩短了建井周期，建设工期提前一年以上。冻结法凿井技术穿过冲积层厚度 726. 42 m，西部软岩立井冻结如核桃峪副井冻结深度达 955 m，净直径 9 m。钻井法最大钻凿成井深度达 660 m，最大钻井直径为 10. 3 m。成功研制出超大直径深立井凿井大型成套装备，国内施工井筒最大孔径 15. 5 m，最大井深 1341. 6 m。

世界首套煤矿斜井盾构施工成套装备，集斜井施工开挖、衬砌、出渣、运输、通风、排水等功能于一体，在神东矿区补连塔矿成功投用，斜井最大埋深 280 m，坡度 5. 5°连续下坡，斜长 2745 m，连续 4 个月平均月进尺 546. 4 m，创最高月进尺 639 m 的掘进纪录，实现了安全、高效建井目标。2017 年 9 月 8 日，中国首台直径为 2. 8 m 的矿用全断面硬岩快速掘进机（矿用 TBM），在辽宁铁法能源通用重机公司正式下线。目前，这台矿用 TBM 正在重庆能源集团松藻煤矿试用。“掘支运”三位一体快速掘进系统，具备智能远程操控功能，适于顶板中等稳定的近水平、缓倾斜煤层，2014 年 8 月在神东大柳塔矿投入使用，掘进巷道 28000 m，平均月进尺 2400 m，最高月进尺 3088 m。

3. 煤炭开采

煤矿开采形成了较为完善的采场岩层控制理论，建立了以液压支架与围岩“三耦合”原理为基础的综采理论与技术体系。以引进 100 套综采设备为起点，通过引进、消化、吸收、再创新，实现了煤机装备国产化，建成了智能化采煤工作面，煤机装备制造水平位于世界先列，引领了国际煤炭智能化开采发展方向，煤炭生产方式正在由粗放向集约高效现代化方向转变。大型煤炭企业（原国有重点煤矿）的采煤机械化程度由 1978 年的 32. 5% 提高到 2018 年的 97. 9% 。

中国综采技术与装备自主研制始于 20 世纪 80 年代初，研制 4. 5 m 一次采全高综采成套装备，发展到神东大柳塔煤矿 7 m 大采高工作面，再到兖矿金鸡滩煤矿 8. 2 m 超大采高工作面。2018 年 3 月，8. 8 m 超大采高综采装备在神东煤炭集团上湾煤矿正式投运。薄煤层、倾斜急倾斜煤层、破碎顶板等复杂地质条件煤层综采取得明显成效。

完善了顶煤放出的散体介质流理论，发展出先进的放顶煤技术。2001 年研发出世界首套两柱掩护式放顶煤液压支架及电液控制自动化综放成套技术，在兴隆庄矿成功应用，2004 年向澳大利亚实现技术输出。14 ~ 20 m 特厚煤层大采高综放开采成套技术与装备在大同、平朔、新疆等矿区成功应用，工作面年产量 10 Mt 以上。

建立了包含保水开采、充填开采、煤与瓦斯共采、无煤柱开采的绿色开采技术体系。建立了切顶短臂梁理论，形成切顶卸压无煤柱自成巷开采技术。以超高水、膏体、固体为充填物的井下充填开采技术成功应用。

4. 煤炭加工

形成了包含煤炭加工、利用、转化与污染物控制的洁净煤技术体系。全国原煤入选率由1978年的16.7%提高到2019年的73.2%。炼焦用煤100%洗选，动力用煤的50%以上进行了洗选提质。

成功研制出具有自主知识产权的无压给料三产品重介质旋流器、机械搅拌式和喷射式浮选机、带有特殊结构中矿箱的“3+2”浮选机、自动快开隔膜压滤机、高效磁选机、选择性破碎机等大型设备，新一代空气重介干法选煤和大型全粒度级复合式干法分选成套技术与装备相继研发成功，大型旋流化解聚煤泥干燥技术解决了长期困扰选煤厂的煤泥同步干燥提质问题。开发了世界上首套模块式高效干法选煤工艺系统，解决了煤炭高效干法分选的世界性难题，为干旱缺水地区及易泥化煤炭的分选提质提供了新途径。

具有中国自主知识产权的大容量高效煤粉工业锅炉在全国应用推广，燃料燃烬率达98%，比普通燃煤锅炉提高28个百分点，排放烟尘≤30 mg/m^3，NO_x≤310 mg/m^3，相当于天然气排放标准。

5. 煤炭转化

形成了包括煤制气、煤制油和煤制化工品的现代煤化工技术体系。中国现代煤化工从“九五”起步，目前无论产业关键技术还是核心装备自主化研制都取得了重大突破，以煤制油、煤制烯烃、煤制乙二醇、煤制气为主的现代煤化工技术均打通了工艺流程，并形成规模。

开发了“多喷嘴对置式水煤浆气化”“航天粉煤加压气化”等先进技术。成功研发出“航天炉”“神宁炉”“晋华炉”，“神宁炉”破解了全球单套规模最大的4 Mt煤制油项目核心技术难题，并通过专利许可向国外技术转让；“晋华炉”有效解决了“三高煤”的气化难题。

国家能源集团首创了现代高效煤直接液化工艺、催化剂及工程化技术，突破超大超厚装备设计及制造技术，成功实现了系统集成和工业化运行。中温浆态床F-T合成煤间接液化技术，实现了世界单体规模最大的4 Mt煤间接液化项目运行。兖矿集团自主研发了低温浆态床F-T合成煤炭间接液化技术。具有中国自主知识产权的甲醇制烯烃技术成功研发并实现了产业化。

6. 煤矿信息化

1984年煤炭工业部成立计算中心，拉开了煤炭信息化发展的大幕，经历了“八五”巩固、“九五”调整，以及“十五”以来的快速发展，目前已进入两化深度融合发展阶段。1989年全国煤炭第一条光通信线路在北京矿务局开通。20世纪90年代实现了带式输送机输送、排水泵房、通风机监控等单系统自动化。2005年，兴隆庄矿建立了采用千兆工业以太环网实现三网合一的综合自动化系统。2014年，神东锦界煤矿建成了国内首个数字化矿井。

国家能源集团神东煤炭集团公司建成了国内首个数字矿山示范矿井和世界首个智能煤矿地面区域控制指挥中心，实现了亿吨级智能大型矿井群资源的智能配置，百万吨死亡率控制在0.003以下。

创建了“有人巡视、无人操作”的智能采煤工作面，成功应用在薄煤层、中厚煤层和厚煤层开采。目前国内已建成200个左右智能化采煤工作面。其中，黄陵二号煤矿智能化综采工作面，平均采高5.6 m，实现了地面一键启动、井下记忆割煤、自动跟架推溜等功能，累计运行12个月，工效可达247.97 t/工，累计生产煤炭5.6 Mt，最高月产0.505 Mt，开启了国产成套大采高装备智能化开采示范。

7. 煤矿安全

创建了“煤层瓦斯流动理论”“煤与瓦斯共采理论”，形成了瓦斯综合治理技术体系。高瓦斯突出煤层强化卸压增透技术广泛应用，实现了中国井下瓦斯高效抽采技术的重大突破。瓦斯抽采钻孔装备由小能力的分体式爬履结构发展到大功率的履带式结构，钻进能力已由几十米发展到2000 m以上，国产千米定向钻机在神东保德矿成功施工主孔深度达2311 m的超长钻孔。

建立了矿井复杂地质构造与灾害源探测技术体系。“地震主导、多手段联合、采前采中配合”的矿井地质保障技术成熟应用，目前可查明1000 m深度以内落差3～5 m以上的断层和直径20 m以上的陷落柱，解释落差3～5 m的断点以及波幅10 m以上的褶皱。矿井灾害源超深探测地质雷达装备及技术，实现了80 m范围内的地质构造和灾害源的精细超前预报，以及透射法300 m跨度工作面地质构造和灾害源的精细探测，为解决煤矿开采过程中的涌水掩井、瓦斯突出及爆炸、顶板冒顶和侧帮垮塌等灾难性事故提供了有效支持。

建立了深部开采突水动力灾害防治技术体系。矿井重大水害隐患精细探测、煤层底板灰岩含水层高效超前区域治理、地面快速抢险封堵过水通道等关键技术，为矿区水害治理提供了有效手段。

8. 煤层气开发

形成了晋城、两淮、松藻3种典型地质条件下煤与煤层气协调开发模式，建立了“三区联动井上下立体抽采煤与煤层气协调开发技术体系”“保护层卸压强化立体抽采煤与煤层气协调开发技术体系”和“三区配套三超前增透抽采煤与煤层气协调开发技术体系”。

在晋城矿区创立了煤矿区煤层气工厂化开发模式，实现钻井、压裂、排采和集输等多工艺流程一体化开发。研制出煤层气水平井钻进与压裂技术，单井平均产气量稳定在8000 m^3/d以上。攻克了煤矿采动区地面井抽采难题，地面井完好率达93%以上。成功研制煤层气地面车载钻机及配套装备，可用于煤层气竖直井/水平对接井、多分支水平井施工及大口径救援孔、电缆孔、通风井等施工。

成功研制出低浓度煤层气变压吸附除氧浓缩成套技术装备，可实现一次压缩多次浓缩，将体积分数10%以上的煤层气浓缩提高至90%以上，同时将氧气体积分数降低至0.5%以下，甲烷总体回收率达到85%以上。研制出含氧煤层气深冷液化的本质安全工艺技术，采用级联式与自复叠式循环相结合的制冷工艺，甲烷回收率不小于98%。研制出浓度低于1%的乏风氧化技术，在潞安集团高河煤矿建立了全球最大乏风氧化发电机组——30 MW乏风氧化发电示范项目。

9. 矿山生态

建立了煤矿区生态修复与水资源保护技术体系。2019年，煤矸石综合利用率达到71%，比1979年提高44.3个百分点；矿井水利用率、土地复垦率分别达到75.8%、52%，矿区生态环境质量明显改善。

针对鄂尔多斯盆地生态脆弱矿区煤层埋藏浅、厚度大、含水层位于煤层之上的特点，发现煤炭开采引起的地下水位下降是导致生态环境破坏的主要因素，提出采煤区地质环境保护的核心就是保护地下水位的新理念，提出不同分区可保护水位的开采方法，编制了中国第一幅基于生态水位保护的采煤方法规划图。

基于综合利用“3S”技术开拓出煤矿区土地生态环境损害的宏观监测技术，将开采沉陷观测方法与农业土壤监测方法相结合，实现煤矿区土地生态环境损害的微观监测，实施以构造适宜土壤介质和迅速恢复植被与生产力为核心的综合复垦技术体系，革新若干复垦技术，解决困难条件下的采煤塌陷地复垦和煤矸石山绿化问题。徐州采煤塌陷区经过生态修复，蝶变成湖阔景美的国家湿地公园，拓展了城市生态空间，成为矿区生态治理的样板。

针对中国西部干旱半干旱煤矿区土地与生态破坏严重情况，从矿山开采产生的损伤类型、地质环境变异、土壤性状特点、生物反应周期、生态演替规律等方面进行研究，长期定位监测采区生态环境的演变规律，揭示其水土协调利用机制，从而获得生物修复长期生态效应，建立起一套西部煤矿区采煤塌陷地和矸石山微生物修复技术与方法，极大改善了西部矿区的生态环境。面对西部矿区煤炭开发与水资源保护相协调的难题，建成了以“导储用”为特征的地下水库，开发了涵盖煤矿地下水库设计、建设、运行和安全监控等方面的关键技术，在神东矿区已建成35座地下水库（储水量 $27\times10^6\ m^3$），年供水量近 $70\times10^6\ m^3$，使矿区由耗水大户转变为供水基地，实现了煤炭开采水资源的有效保护和高效利用。

1.8.2 煤炭科研体系

30年来，我国煤炭科技创新能力持续提升。截至2019年底，全行业已建成国家级重点实验室19个，省部共建国家重点实验室1个，国家工程实验室7个，国家工程研究中心8个，国家地方联合工程研究中心12个，国家工程技术研究中心4个，国家企业技术中心29个，应急管理部安全科技支撑平台7个，煤炭行业工程研究中心50个，涵盖了煤炭相关的重点领域，形成了层次分明、结构合理的创新研发平台体系，成为推动行业科技进步、引领行业科技发展的重要支撑。改革开放以来，煤炭行业有12项成果荣获国家科技进步一等奖；全行业共培养院士31名，入选国家级人才计划数百人，形成一支富有创新精神的科技人才队伍，成为煤炭工业科技创新的源动力。自中国专利奖设奖以来，煤炭行业共获得中国专利奖90项。其中，“一种煤炭直接液化的方法”等6项成果荣获中国专利金奖。

同时，煤炭科研院所的建设、煤炭企业创新主体的建设以及产学研深入融合使得煤炭科研院所主动融入煤炭科技创新基层生产的第一线，推进了科技成果的快速转化，提升了煤炭行业发展的科学化水平。因此，新中国成立70年以来，煤炭科技实现了从跟踪、模仿到部分领域并跑、领跑的转变。大型矿井建设、特厚煤层综放开采、燃煤超低排放发电、高效煤粉型工业锅炉、新型煤化工技术达到国际领先水平，煤机装备实现了国产化，装备制造水平位于世界先列。

1. 高等教育与基础科研

原煤炭工业部下属的“十大矿院”为煤炭行业培养了大批优秀的科技人才，为新中国煤炭行业的建设和发展做出了重要贡献。中国矿业大学、中国矿业大学（北京）、辽宁工程技术大学、山东科技大学、西安科技大学、河南理工大学、安徽理工大学、太原理工大学、黑龙江科技大学、河北工程大学、湖南科技大学等煤炭类院校的学科建设和学术水平提升对推动煤炭行业科技进步起到了重要作用。

同时煤炭相关高等院校和科研机构的国家重点实验室在研发基础理论、攻克煤炭行业关键技术、提升煤炭行业技术水平等方面，为我国煤炭行业的科技进步提供了强有力的支撑。高等院校与科研机构的国家重点实验室主要有：中国科学院山西煤化所的煤转化国家重点实验室，中国矿业大学和中国矿业大学（北京）的煤炭资源与安全开采国家重点实验室、深部岩石力学与地下工程国家重点实验室，煤炭科学研究总院的煤炭资源高效开采与洁净利用国家重点实验室，中国煤炭科工集团重庆研究院的瓦斯灾害应急信息技术国家重点实验室，沈阳研究院的煤矿安全技术国家重点实验室，重庆大学的煤矿灾害动力学与控制国家重点实验室，安徽理工大学的深部煤矿采动响应与灾害防控国家重点实验室，华中科技大学的煤燃烧国家重点实验室，国家能源集团的煤炭开采水资源保护与利用国家重点实验室。

2. 企业技术中心和产学研协同创新

煤炭企业是技术创新的主体，设立企业技术中心，不仅可以提升煤炭企业科技创新水平，还有助于实现煤炭高效开采、煤矿安全生产和企业经济效益的统一。新中国成立初期，煤炭企业生产技术落后、安全条件差，随着时代的进步，煤炭企业科技创新的主体作用得以充分发挥，并与科研院所和高等学校逐渐建立了良好的产学研联合创新机制。在2019年国家发展改革委发布的国家级企业技术中心评价结果中，陕西煤业化工集团技术中心、山西焦煤集团技术中心被评为优秀企业技术中心。经过70年的发展，煤炭产学研联合科技创新取得显著成效。目前，煤炭企业与高校、科研院所等协同创新的局面已经形成，产生了“1 +1 +1 >3”的创新倍增效应。

1.8.3　技术与装备

新中国成立初期，煤炭科技由土法上马小打小闹到改革开放初期部分引进、全面引进，再到消化吸收再创新，逐步实现从“跟跑”向“并跑”和一些领域“领跑”。随着行业创新发展机制逐步形成，煤炭生产方式发生了深刻变革，实现了由小生产向现代化大生产的转变。新中国成立初期，煤矿设备简陋、技术落后，煤炭开采多为人拉肩扛，手工作业。20 世纪 60 年代，煤矿开始推广半机械化生产，以后逐步转变为机械化大生产，并逐步转向自动化、信息化、智能化发展。

（1）煤炭技术装备自主研发能力显著提高，年产千万吨级的综采设备、采煤机、液压支架、运输机、大型液压挖掘机和千万吨级选煤厂、30 Mt 级群矿选煤技术装备全部实现了国产化，并处于世界领先水平。

（2）煤机装备制造实力显著增强。“三机一架”装备制造能力进入世界前列。8.8 m 一次采全高综采成套装备全部实现国产化（8.8 m 综采支架世界第一）。采煤机总装机功率达到 2800 kW、滚筒直径达到 4.3 m；矿用顺槽带式输送机运载长度达到 6000 m；刮板输送机最大小时运输能力可达 6500 t。煤矿智能化开采关键部件——电液控制阀结束了长期依赖进口的局面。深厚冲积层千米深井快速建井技术与成套装备、煤矿井下掘进设备制造水平大幅提升。大型三产品重介旋流器，最大处理能力 800 t/h，重介质系统实现了自动监测监控。

（3）煤矿建设能力跃升世界前列。在小平同志的关心支持下，我国首个最大的中外合作项目——平朔安太堡露天煤矿建设项目，创造了“高效率、高科技、高效益、快节奏”“三高一快”的平朔模式，推动了我国煤炭露天开采水平一步跨越 30 年，为我国探索实践煤矿建设现代化之路提供了宝贵经验。目前，冻结法立井施工深度近 1000 m，世界第一；斜井施工长度达到 800 m；钻井法凿井深度达到 660 m。建成了陕北、大同、平朔、蒙东等一批亿吨级矿区，补连塔煤矿，井型规模 28 Mt/a，是目前世界上最大的井工煤矿，是改革开放初期最大的井工矿（韩城桑树坪煤矿，井型 3 Mt/a）的 9 倍；建成的哈尔乌素露天矿和宝日希勒露天矿，产能达到 35 Mt/a；建成的安家岭露天煤矿选煤厂，洗选能力达到 15 Mt/a。

（4）煤矿安全科技水平持续提升。以改革开放初期从国外引进 100 套综采设备为起点，通过引进、消化、吸收、创新，我国煤矿综合机械化水平快速提升。特别是党的十八大以来，大力推进煤矿机械化、自动化、信息化、智能化建设，推广先进适用技术装备，淘汰落后工艺设备，煤矿安全科技取得积极进展。

机械化方面，综采放顶煤技术日益成熟，电液控制阀关键技术结束了长期依赖进口的状态，厚煤层大采高综采成套装备实现了国产化，深厚冲积层千米深井快速建井技术与成套装备、煤矿井下掘进设备制造水平大幅提升，年产 10 Mt 的综采设备、采煤机、液压支架和运输机全部达到世界先进水平。如，国家能源集团神东上湾煤矿成功应用 8.8 m 一次采全高成套综采装备，正式投产后单井单面年产量将超 16 Mt；国家能源集团神东大柳塔煤矿全断面快速掘进系统创单班进尺 82 m、日单进 158 m、月单进 3088 m 的纪录。截至 2019 年，全国煤矿采掘机械化程度已分别达到 78.5%、60.4%。

自动化方面，大力推行无人值守和远程监控，全国很多矿井主要生产系统实现了地面远程集中控制。

信息化方面，积极推进煤矿安全监控系统升级改造，大型矿井、煤与瓦斯突出矿井今年完成安全监控系统升级改造任务，其他矿井 2020 年底前完成升级改造任务。监管监察部门通过安全监控、预报预警等信息化手段，实施远程执法，提高执法效能。

智能化方面，综采智能化无人开采技术已广泛适用于大采高、中厚煤层、薄煤层以及放顶煤工作面，全国已经建成 200 个左右智能化采煤工作面；井下机器人研发应用加快推进，国家能源集团、中煤集团、兖矿集团等大型煤炭企业正在研发采煤、掘进、运输、救援等38个岗位的机器人。

1.8.4 煤炭未来科技发展与启示

煤炭高质量发展的目标是建立现代化煤炭经济体系，推动煤炭由传统能源向清洁能源战略转型。煤炭科技创新是推动煤炭向清洁能源转变的核心动力。进入新时代，我国经济已由高速增长阶段转向高质量发展阶段，社会主要矛盾已转化为人民日益增长的美好生活需要和不平衡不充分的发展之间的矛盾。煤炭行业要实现高质量发展，必须顺应能源革命的方向，坚持创新驱动，推动行业绿色、安全、智能发展，促进煤炭清洁高效利用。

新时代，煤炭行业将插上互联网和信息化的翅膀，不断深化智能开采技术，推动煤矿智能化建设，实现煤矿少人化和无人化；将进一步推动绿色发展，对废弃矿井实现资源化利用；将以市场为导向，不断推动煤炭清洁利用和高效转化，促进和新能源的耦合发展，建设更多的清洁能源供给基地和清洁化工原料供给基地。科技创新将继续担当新时代煤炭工业高质量发展的引擎，相信科技创新将为煤炭高质量发展提供不竭的动力，助力煤炭工业创造新的更大辉煌。煤炭科技发展应把握当今世界新一轮科技革命和我国科技发展的阶段性特征，持续提升科技创新能力，坚持问题导向，聚焦“卡脖子”技术，突破产业升级关键核心技术，推动煤炭工业高质量发展。

2 印度煤炭工业

印度煤炭资源丰富，其煤炭资源主要形成于晚石炭世侏罗纪和第三纪。煤炭目前是印度能源保障和经济可持续发展的最重要支柱产业，近年来其煤炭产量和煤炭消费量均位居世界第二位。印度的煤炭管理是计划经济管理，由印度煤炭部统管全国的煤炭资源。国内煤炭价格全面放开，且允许私人企业投资开采煤炭资源，但印度的煤炭价格实际上仍受其最大煤炭生产商——印度煤炭公司主导和控制。当前，印度煤炭工业具有国家垄断、露天开采比例高和私有化改革开启等特点。印度煤炭开采科技装备主要以进口为主，自主研发煤炭科技水平较弱，其煤炭科技发展水平一般。据BP能源统计数据，截至2019年底，印度煤炭探明储量为105.931 Gt，约占世界总量的9.9%，位居全球第五位。未来，印度将会持续加大煤炭生产开发，进一步提升其国内煤炭产量。

2.1 煤炭在能源系统中的地位和作用

印度工业体系较为完善，经济发展态势良好，近年来已跃居成为继美国和中国之后的世界第三大能源消费国，但其能源消费结构以煤炭为主体。由于发展起步较晚，印度政府近年来开始逐步调整和完善其气候应对政策，并设立了"国家清洁能源基金"，制定了《汽车燃油目标与政策2025》，目前这些政策大部分还正处在执行和落实过程中。

2.1.1 经济社会发展

印度是世界上发展最快的国家之一，2019年印度国内生产总值（GDP）为2.85万亿美元，同比增长5.16%，是世界第五大经济体，拥有世界第二大人口。人均GDP为2036美元，世界排名142位（IMF，2019年）。印度于1991年7月开始实行全面经济改革，放松对工业、外贸和金融部门的管制。1992—1996年经济年均增长6.5%，1997—2002年经济年均增长5.5%。自1999年开始，印度深化第二阶段经济改革，加速国有企业私有化，改善投资环境，精简政府机构，削减财政赤字。2002—2007年、2007—2012年GDP年均增长平均达到7.6%。自2015年开始，印度根据新的GDP统计方法，2015—2018财年经济平均增速达到7.5%，显示印度宏观经济发展态势良好。根据国际著名的会计师事务所普华永道（Pricewaterhouse Coopers）预测，未来一段时间，印度宏观经济将仍然保持良好发展态势，这必将有力地促进印度国内市场对能源的进一步需求和能源经济的进一步发展。

印度经济以耕种、现代农业、手工业、现代工业以及其支撑产业为主。拥有世界10%的可耕地，耕地面积约$1.8\times10^6\ km^2$，是世界最大的粮食生产国之一，也是粮食和农业产品的净出口国。印度工业体系较为完善，包括纺织、食品、化工、制药、钢铁、水泥、采矿、石油和机械等。近年来，汽车、电子产品制造、航空航天等产业迅速发展。医药业规模在全球排第二位，特别是生物医药已经成为印度制药业的领头羊。近年来，信息技术领域的成功更为世界熟知，特别是软件出口和服务外包业发展迅速。目前，印度已经形成了班加罗尔、金奈、海德拉巴、孟买、普纳和德里等一批著名的软件服务业基底城市。

2.1.2 能源与应对气候变化

2019年，印度一次能源消费量为1164.0 Mtce，约占世界一次能源消费总量的5.8%，已经成为仅次于美国和中国的世界第三大能源消费国。国际能源署（IEA）预测，到2040年时，印度在全球能源消费中的占比将会上升到11%。石油输出国组织（OPEC）预测，2040年印度将会成为全球最大能源消费国。但是，这一变化主要是其他国家的能源需求预期被下调的结果，而非印度的能源需求前景更加积极。

长期以来，印度经济的迅速增长得益于以煤炭为主的能源消费结构。印度石油、天然气资源较为短缺，可再生能源在相当长时间内难有大的发展，而其煤炭资源相对丰富，并且煤炭相对于其他能源来说成本更低，因而煤炭成了印度的主要能源来源。根据2009—2019年印度能源消费情况可知，随着经济的不断发展，一次能源消费总量呈不断上升趋势，平均增速为4.7%。煤炭、石油、核能和可再生能源的消费量均保持持续上升的趋势，平均增速分别为5.0%、4.2%、9.4%和15%。其中，煤炭、核能和可再生能源消费量的增速均超过一次能源消费总量的平均增速。可再生能源消费增速为15%，成为增长最快的能源类型。天然气、水电、核能的消费量虽然存在一定的波动，但总体上还是增长的。

发电厂和钢铁业依然是煤炭消费最多的两大部门。在总煤炭消费中，2019年65.9%的煤炭用于发电、7.2%的煤炭用于钢铁生产。在电力消费中耗电量最大的行业是工业，占比40%，其次是国民生活消费，占比24%。第三大电力消费部门是农业部门，占比18%。商业耗电量占比为9%。最近十年，印度工业和住宅的用电量较其他行业增长快得多，年复合增长率分别为8.46%和7.93%。

2009—2019年印度一次能源消费量构成见表2-2-1。由表2-2-1可知，在印度能源消费量构成中，煤炭所占比例最大，在2009年至2019年平均占比为55.6%，其次是石油，占比为29.6%，天然气占7.1%，水电占4.4%，核能占1.1%，可再生能源占2.2%。煤炭所占比重比石油、天然气及其他能源总占比还要大，这意味着印度保持多年以来以煤炭为主的能源消费结构短期内不会发生改变。根据各能源消费量可知，2009—2011年煤炭占比有所下降，但在2011—2014年煤炭在能源消费中的比例不断增加，这主要是由于金融危机的影响不断增大，为解决金融危机对经济带来的冲击，印度大量使用成本更低的煤炭作为发电能源，以降低成本，同时还要促进经济增长。由于石油消费占比快速增长，2015—2016年印度煤炭消费占比有所下降，但在2017年又有所反弹，这是因为该年电力部门对煤炭的需求增加。由于石油、天然气和水电的年增速低于总能源消费增速，因而2019年与2009年相比其占比有所下降。据BP预测，随着中国经济增长逐渐向更可持续的模式转变，预计到21世纪20年代中期，印度将超越中国成为世界上最大的能源增量市场，至2040年能源增量将占超过全球能源增量的1/4，虽然煤炭在其一次能源消费占比中将会呈现小幅下降趋势，且全球煤炭需求都将会放缓，但由于印度经济体增长和电力需求的极度需要，使得其对于煤炭消费的绝对量将会依然持续增长，如图2-2-1所示。

表2-2-1　2009—2019年印度一次能源消费量构成　Mtce

年份	一次能源消费量	消费结构与消费量					
		煤炭	石油	天然气	水电	核能	可再生能源
2009	735.5	401.5	224.5	60.3	34.5	5.4	9.0
2010	771.1	415.3	229.7	72.5	35.2	7.4	11.0
2011	817.1	435.6	240.7	74.1	42.6	10.4	13.6
2012	859.4	471.9	255.0	68.5	37.5	10.7	16.0
2013	893.0	504.5	256.7	60.2	42.8	10.7	18.2
2014	954.5	554.1	264.1	59.6	45.0	11.2	20.4
2015	986.4	565.3	285.7	58.8	43.2	12.4	21.0
2016	1028.6	572.6	313.9	62.5	41.5	12.3	25.9
2017	1072.6	594.7	324.8	66.1	43.9	12.2	31.0
2018	1144.7	634.3	341.9	71.4	45.2	12.6	39.3
2019	1164.0	636.4	349.9	73.5	49.2	13.7	41.3

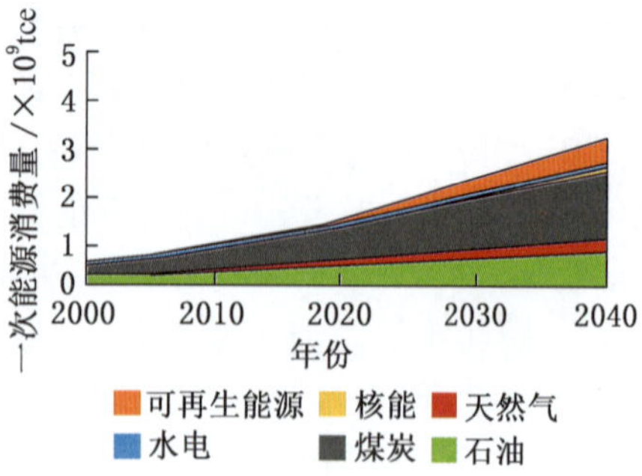

图 2-2-1　BP 预测至 2040 年印度一次能源消费情况

应对气候变化方面，2008 年印度政府首次发布“气候变化国家行动计划”（National Action Plan on Climate Change，以下简称“行动计划”），试图使印度经济逐步以化石能源为基础向可再生能源转型。“行动计划”设定了 8 项国家行动，关注可再生能源开发，强调减缓和适应气候变化，而回避具体减排目标，其气候政策更看重促进经济发展。印度在实施“行动计划”的同时，也根据国内需求和联合国气候谈判的进展，制定和更新了应对气候变化的目标、政策与行动，逐步形成了应对气候变化的政策体系。在“行动计划”公布后，印度政府逐步调整和完善其气候政策，设立了“国家清洁能源基金”，制定了“汽车燃油目标与政策 2025”。但推行这些政策后，事实上目前印度提出的 8 项国家行动计划大部分还未得到良好落实。

印度作为“77 国集团”成员国和“基础四国”之一，在迄今为止的全球气候谈判中，以全球人均低排放国家和全球温室气体第四大排放国家的身份与角色参与世界合作与博弈。印度人均二氧化碳排放量只达到世界平均水平的 27%，仅为美国、加拿大的 1/20，俄罗斯、日本、德国和英国的 1/10，也远低于同属于发展中大国的中国。但同时印度也是世界上受气候变化影响非常显著的国家之一，印度处于热带和亚热带地区，该地区谷类作物的潜在产量预计将因温度升高而减少；水资源短缺地区的缺水问题将进一步恶化；低洼沿海和小岛屿地区的人口将处于特定的风险中；一些濒危物种的繁殖能力与生物多样性面临的风险增加。据估计，持续升高的温室气体浓度将提升热浪和强降水等极端天气的发生频率、持续时间和强度变化。

在过去的 20 年中，印度一直坚持共同但有区别的责任原则，支持发达国家对温室气体排放负历史责任以及提供必需的资金和技术援助的要求，对于《联合国气候变化框架公约》的建立和维护都发挥了重要作用。印度大部分人口处于洪水、风暴、干旱以及海平面上升的威胁中，同时对气候变化敏感的农业、渔业和林业也是其赖以生存的重要行业，气候变化对水分平衡空间和时间上的影响将对印度农业和能源供给产生重大影响。

在这样的大背景下，印度气候政策在国际和国内主要表现为：第一，在环境保护、能源安全和气候变化方面重视协同效应，不再单纯认为承担减排任务就是限制经济发展；第二，在国内出台“行动计划”等战略规划的同时，在国际谈判中认识到气候变化作为全球共识是全球治理的重要内容，需要国际合作；第三，气候政策里，温室气体排放量的减少不是其关心的首要问题，这体现在对煤炭利用的持续增加上。同时印度更加积极发展可再生能源，以及进一步扩大核能利用。国内政策上强调以清洁燃料、能效管理以及节能技术等降低空气中主要污染物的排放和浓度，推动低碳经济的发展。印度在 2016 年 12 月公布的《国家电力规划》中明确了煤电降温并发展可再生能源的战略：到 2022 年，印度煤电占比将从当前的 60% 降至 47% 左右；到 2027 年，可再生能源（包括小水电）、核电、大水电等非化石燃料将占印度发电装机容量的 56.5% 左右。

2.2　煤炭工业发展现状与前景

煤炭在印度一次能源消费构成中占有最大比重，随着印度一次能源消费总量的不断增加，其煤炭消费总量也在增加，而且经济和人口增长的双重压力将推动印度未来较大的煤炭需求。因此，印度的煤炭工业发展有很多机遇，但也面临着一些问题。

2.2.1　煤炭工业发展历史

印度具有悠久的商业采煤历史，从1774年在比哈尔邦和西孟加拉邦的煤田开采历史至今已有240多年。1900年印度产煤6.12 Mt，1920年煤炭产量增至18 Mt，1942年和1946年煤炭产量分别达到29 Mt和30 Mt。

国家独立后，为增强经济，印度政府自1951年开始实施国民经济发展五年计划，并在1956年成立了印度国家煤炭发展协会（NCDA），由于印度政府采取的政策措施基本符合国情，因此煤炭产量有较大增加。“一五”计划（1955—1956年度）最后一年，印度产煤39.0 Mt。“二五”计划国家下达的煤炭生产指标是60.0 Mt。在此期间，印度于1956年成立了以铁路部门所属煤矿为核心的国家煤炭开发有限公司（NCDC），国营煤炭企业开始参与煤炭资源的系统开采，以铁路部门拥有的煤矿为核心，这是印度煤炭工业朝着计划发展迈出的第一步。在印度南部，还成立了由安得拉邦政府与印度中央政府合办的国营煤炭企业——辛格雷尼煤矿有限公司（SCCL）。有了两家国营煤炭企业作保证，“二五”计划（1960—1961年度）最后一年印度煤炭产量增至55.7 Mt，比“一五”计划最后一年净增加16.7 Mt。后除70年代中后期有四年时间稳定在100 Mt左右，基本上呈逐年增长的趋势。

20世纪70年代初，印度日益增长的煤炭需求与煤炭产能之间的矛盾开始突显。但煤矿建设投资巨大，效益回收相对缓慢，私营资本很难适用煤矿扩大生产的需求。此外，私营煤矿煤炭开采不科学，回收率低，一些私营煤矿的劳动条件恶劣，且普遍忽视矿工的职业安全健康，而引发许多社会矛盾。在这些背景下，印度政府决定在煤炭行业实行全面国有化。首先通过1971年10月颁布的《焦煤矿山（紧急规定）法案》和1972年颁布的《焦煤矿山（国有化）法案》把除塔塔钢铁有限公司和印度钢铁有限公司所属矿山以外的生产炼焦煤的煤矿收归国有，并集中财力物力对炼焦煤煤矿进行了技术改造。1973年印度又颁布《煤矿（接管管理）法案》和《煤矿（国有化）法案》把动力煤煤矿即非焦煤矿山收归国有，从而实现了对所有煤矿的国有化改造。《煤矿（国有化）法案》现已成为决定印度煤矿开采资格的中央立法。煤矿国有化完成后，印度于1975年成立了印度煤炭公司（Coal India Limited，CIL）。煤矿国有化有效地促进了印度煤炭工业的发展，在不到30年的时间里，印度于2009年一跃成为世界第三产煤国，2018—2019年印度83.1%的煤炭产自于印度政府所属的印度煤炭公司。(印度煤炭部官网)

印度煤炭生产长期处于成本高、生产率低的状况。为了提高劳动生产率，印度着力开发大型露天煤矿，目前印度超过80%的煤炭来自露天开采。印度的井工煤矿开采工艺在进入20世纪80年代后逐步向房柱式机械化开采方向发展，开始采用侧卸式装运机和带式输送机等装备；20世纪90年代，房柱式机械化开采和长壁综采取得了一些发展，并把长壁综采作为井工开采的发展方向。根据煤层赋存条件，部分矿井还试用了一些加厚煤层分层开采、急倾斜柔性掩护支架下行开采和水采等方法，但所占比例较小。

2.2.2 煤炭工业的现状

20世纪90年代以来，印度经济改革不断拓展和深化，总体经济快速发展，人口大量增长，随之而来的是能源消耗迅速增加，现已成为仅次于美国和中国的世界第3大能源消费国。煤炭是印度最重要的能源之一，占一次能源消费总量的55.9%。

煤炭是印度第一能源，在印度国民经济中占有重要地位，并发挥重要作用。从能源发展阶段的角度来看，印度当前仍处于煤炭时代。煤炭之所以能成为印度的首选燃料主要是因为印度煤炭资源丰富、适用范围广以及成本相对较低。从历史上来看，在1973年世界石油价格暴涨后，作为印度工业重要支撑的煤炭重要性增加，因此印度政府特别重视开发和利用煤炭资源，煤炭生产有了较大的发展。另外，其他工业，如钢铁、水泥、化工等工业企业的发展都非常依赖煤炭资源，甚至整个国家近六成的商业能源都是由煤炭提供的。由于印度经济发展对能源尤其是煤炭的大力需求，煤炭产量近年来一直在逐步提高。

印度目前是世界上仅次于中国的第二大煤炭消费国，占世界总煤炭消费量的 12% 。但由于印度本土烟煤储量较高，钢铁工业需要的煤炭热值高的炼焦煤占总储量的比例低于 5% ，因此长期以来印度炼焦煤供应不足，极大影响着印度工业的发展。因此，印度每年需进口大量炼焦煤。2018 年，印度煤炭进口量为 281 Mt，其中约 70% 为动力煤，炼焦煤约占 20% 。

印度煤炭工业的发展一直受困于计划经济所导致的低生产率、低质量、煤炭配售等问题，同时受开采征地难、获取环境许可期限冗长、生产高度垄断等制约，加上国内资金有限，又难以满足提高煤炭产量、降低煤炭生产成本的投资需求。印度政府正在逐步推动煤炭工业改革，希望通过引进先进的开采设备和技术以提高劳动生产率。据印度煤炭部的数据，2018—2019 年印度全国原煤产量约为 730 Mt，同比增加了 54. 95 Mt，增长 8. 1% ，煤炭产量方面仅次于中国。印度在发电、炼钢等方面都极度依赖煤炭资源，所以对煤炭的需求量也很高，而且随着印度对电力需求的不断扩大，预计印度的煤炭产量未来很快就会超过年产 1 Gt。

印度的煤炭生产实际上处于垄断地位，由印度煤炭公司主导。1993 年，允许私营企业采煤，但这并未能够提供预期的产量增长。近年来，政府批准了两项重大政策变化，这是印度煤炭行业自 20 世纪 70 年代国有化以来最大的改革。这些政策变化旨在通过促进更大的竞争和私人投资，提高煤炭行业的产量，提高生产率和煤炭质量。印度政府批准的两项政策：一是 2018 年 2 月批准的允许私营企业开发新矿，并在自由市场上销售煤炭，不受价格或最终用途限制；二是 2019 年 2 月批准的允许私营生产商在公开市场上销售 25% 的产量。

印度政府之所以向私营企业开放煤炭开采与商业销售，主要是因为印度两大国有煤炭企业已难以承担印度国内“飙升”的能源需求。印度国内煤炭供不应求，电力部门在夏季用电高峰期不能满负荷生产，非电力领域也存在类似的问题，加大电力供应已迫在眉睫。打破国企垄断的举动，将促进印度煤炭产业的多元化发展，对其国家能源安全有所助益。而从消费层面来说，私营企业的加入被业内人士视作“确保长期、稳定煤炭供应”的可行方案。但是由于商业开采并无法解决印度煤炭行业面临的根本问题或者说挑战（即协调和规划、土地收购及获批）。因此，考虑到各个程序审批过程需要很长时间，未来 5 年印度煤炭商业生产是否能够得以完全被市场认可和接受，仍然存在高度不确定性。

2. 2. 3　煤炭工业发展特点

目前，印度煤炭工业存在煤炭生产国家垄断、煤矿露天开采比高、市场潜力巨大和私有化改革开启等特点。

1. 煤炭生产国家垄断

印度的煤炭管理是计划经济管理，由煤炭部统管全国的煤炭资源。煤炭部履行采矿计划的批准、采矿权利金和税收办法的制定等职能。

20 世纪 70 年代印度政府为了改变煤炭工业的落后状态及改善工作条件，全面实现了印度煤炭工业的国有化。印度煤炭工业最主要的国有公司有：印度煤炭公司（CIL）、印度辛格雷尼煤矿有限公司（SCCL）、内韦利褐煤公司（NLC）。CIL 一度是世界上最大的煤炭公司，控制着印度国内 90% 以上的煤矿，煤炭产量占印度年产量的 80% 以上，如 2018—2019 财年 CIL 的煤炭产量占总产量的 83. 1% ，SCCL 煤炭产量占 8. 8% ，两个公司煤炭产量占全国总产量的近 91. 9% ，生产较集中。印度 86 个燃煤电厂中有 82 个由 CIL 提供煤炭，占比 76% 。SCCL 目前经营着 16 个露采矿和 31 个井工矿，分布在安得拉邦的阿迪拉巴德、格里姆讷格尔、坎曼和瓦朗加尔等地区。NLC 有 4 个露天矿，内韦利地区的 3 个露天矿年产褐煤 28. 5 Mt，巴斯撒露天矿年产褐煤 2. 1 Mt。

2. 煤矿露天开采比高

印度大部分煤炭资源的地质构造比较简单，煤层较厚，赋存较浅，印度大部分的煤炭储量都位于

300 m 以上处，并且印度大部分煤炭资源的煤层倾角较小，适于露天开采，成本低、经济效益好，因此印度煤炭开采主要以露天矿开采为主，2019 年印度露天煤炭产量比重超过了 94.16%。

3. 煤炭市场潜力巨大

虽然近年来印度的煤炭工业得到了很快的发展，但由于国内煤炭消费的需求同样在不断扩大，煤炭的供需矛盾并未解决。因此，印度这个煤炭资源大国仍需要进口煤炭以满足国内需求。印度煤的煤质一般灰分高而热能值低，因此需要从澳大利亚进口焦煤以满足钢铁厂的需要，从南非和印度尼西亚进口动力煤以保证电力和水泥生产的需要。2019 年印度煤炭进口量从上一年度的 208 Mt 增长至 235 Mt，煤炭进口增速快于早前预期。有分析认为，如果煤炭价格继续维持在低位水平，印度煤炭进口量将会很快突破 250 Mt。

4. 私有化改革开启

印度政府曾对外资进入本国煤炭行业有着严格的限制，禁止外资企业在印全资子公司从事煤炭开采和自由销售精煤等活动。但为加快国内煤炭资源开发，印度需要引进资金以扩大生产规模，需要引进先进的开采设备和技术以提高劳动生产率，同时也需要引进竞争机制以推动煤炭工业的高速发展，因此印度政府有意向私有企业放开煤炭开采权和商业销售权，以促进印度煤炭产业的多元化发展，并于 2012 年颁布外资政策，允许外国资本直接投资印度煤炭产业，2015 年印度建立了扎实透明的煤矿拍卖体系，同时政府出售了印度国有煤炭公司 10% 的股份，被视为开放国内煤炭市场的一个标志。2018 年印度内阁经济事务委员会宣布批准煤炭区块拍卖的方法，私有企业将能够自由售卖煤炭。

2.2.4 煤炭工业发展前景

1. 煤炭工业展望

（1）经济和人口增长的双重压力将推动印度未来的能源需求，包括煤炭。IEA 预测印度国内煤炭产量至 2025 年期间的平均年增长率为 5.0%，长期来看，至 2040 年印度的煤炭产量预计将以年均 3.9% 的速度增长。

（2）电力需求将导致印度成为世界煤炭消费增长最大的市场。BP 预测，到 2040 年，印度煤炭消费占全球比例将达到约四分之一。

（3）印度是全球第二大动力煤生产国，印度煤炭公司将在 2025 年将国内煤炭产量提高到 1 Gt。印度的煤炭产量将持续增长，但增速将低于政府预期。

（4）由于印度煤炭业呈供需失衡局势，并且在能源需求强劲增长、可再生能源发电与电网融合方面面临挑战，以及增加国内煤炭生产面临障碍的大背景下，从长期来看，印度的煤炭进口将持续增加，特别是冶金用煤的需求和进口量预计将增加明显。

（5）印度煤炭基础设施建设日益受到重视，优先发展铁路基础设施项目，有望进一步提升印度煤炭生产运输能力。

2. 面临的问题

印度煤炭工业现阶段存在的主要问题如下：

（1）煤炭供应不足，导致进口压力大。过去 5 年里，印度煤炭需求量以每年 8% 的速度增长，但煤炭产量的增长速度仅为 4.61%，产量远不及需求增长的速度。

（2）人均年产煤效率低。澳大利亚等先进产煤国人均年产煤量达到了 10000 t 以上，而印度人均年产煤仅为 2000 t 左右，差距较大。

（3）采矿征地难度较大，成本高。审批和土地收购仍是影响生产增长的主要因素，而生产率、竞争、投资、交通和国内定价机制等其他问题，进一步加剧了这些挑战。近年来，印度土地价格一路走高，目前土地在采矿项目中的总成本约为 15%，有些地方甚至高达 50%，大大增加了采矿企业的成本。

（4）煤炭行业缺少一个主管投资和经营的独立管理机构。该管理机构的核心工作应包括煤炭资源矿块的分配、煤矿建设项目的审批和煤炭价格的竞争等。

3. 改革措施

为解决国内煤炭产需不平衡的问题，印度政府加快了煤炭工业改革步伐，采取了以下改革措施：

（1）政府放开了对各等级煤炭价格的决定权。

（2）为吸引外商投资，在发电、钢铁和水泥生产的私营公司中允许外商直接投资达到 100%，允许私营电厂和钢铁企业等私人企业投资建矿。

（3）允许邦政府国营企业从事煤炭资源开采。

（4）允许与终端用户（电力、水泥、钢铁行业）有长期供煤合同的煤炭公司根据国家有关规定为用户提供煤炭开采矿块。

（5）同意印度煤炭公司制定并实施应急煤炭生产计划。

（6）为保证能源安全，同意印度煤炭公司成立一家新的全资分公司，负责收购国外煤炭资产和寻求与国外开展煤炭合作项目。

（7）取消炼焦煤进口关税。

（8）为解决煤炭运输问题，免除港口建设项目 100% 的收入税。允许私营企业投资建设小型中转港口。允许私营企业在铁路运输和公路运输设备上投资并拥有所有权。

2.3　煤炭资源

印度煤炭资源主要分布在西孟加拉邦、恰尔肯德邦、比哈尔邦等地区，冈瓦纳盆地、泰米尔纳德邦富煤区、第三纪盆地、达莫德尔—噪鹊谷富煤区等是印度主要的煤田所在地。

2.3.1　区域地质背景

印度克拉通曾是盘古泛大陆的一部分，其南西海岸与马达加斯加及非洲相连，东面是澳大利亚。印度的早古生代岩石是从结晶克拉通上剥蚀而来的物质，这些物质由北向南沉积在印度地台之上。晚古生代时，石炭—二叠纪冰川作用在印度中部的坳陷或断陷盆地内留下了广泛分布的冰—水沉积，即冈瓦纳岩系。这个时期是印度乃至冈瓦纳大陆最重要的成煤时代，冈瓦纳岩系随后被二叠纪海侵形成的岩石所覆盖。侏罗纪时期盘古大陆开始分裂，在印度中部形成大量地堑，被上侏罗统和下白垩统砂岩和砾岩所充填。早白垩世，印度克拉通从冈瓦纳超大陆分离，以极快的速度向北，朝着欧亚板块漂移。中生代结束时，出现了地球史上最大的火山喷发，德干熔岩流覆盖了面积超过 500000 km^2，标志着印度板块最终从冈瓦纳分离。新生代，印度板块和欧亚大陆板块汇合，形成了另一条全球规模的阿尔卑斯—喜马拉雅造山带。

印度位于南亚次大陆中部、印度板块中心部位，其地质构造框架清晰，北部为喜马拉雅褶皱带，中、南部为印度半岛克拉通，之间为山前坳陷。根据广泛出露的前寒武纪变质岩系的差异，印度半岛克拉通可划分为 7 个次级克拉通。印度大多数煤炭资源发育和分布在印度半岛克拉通的辛格布姆和布海因达拉克次级克拉通。

2.3.2　煤炭资源总量与煤田分布

1. 资源总量

印度煤炭资源丰富，主要形成于晚石炭世侏罗纪和第三纪。根据最新的《BP 世界能源统计年鉴》（BP，2020），截至 2019 年底，印度煤炭资源位居世界第五位，已探明的资源量为：无烟煤和褐煤 100858 Mt、次烟煤和褐煤 5073 Mt，总计 105931 Mt，约占世界总资源量的 9.9%，按照目前的生产能力，可以开采（即储产比、储采比）140 年。

印度的煤炭包括黑煤和褐煤两类，习惯上称“黑煤”为“煤”。烟煤和无烟煤占比高达 95%，次烟煤和褐煤仅占5%。黑煤与中国的烟煤大体相当，其煤化程度高于褐煤但低于无烟煤，包括长焰煤、气煤、肥煤、焦煤、瘦煤、贫煤等。黑煤呈灰黑至黑色，具沥青光泽至金刚光泽，通常有条带状结构，不含原生腐殖酸，挥发分为10%~40%，一般随煤化程度增高而降低，碳含量为76%~92%，发热量较高，热值为27100~37200 kJ/kg，因燃烧时冒浓烟，故称为烟煤。褐煤是煤化程度最低的矿产煤，是一种介于泥炭与沥青煤之间的棕黑色、无光泽的低级煤，其化学反应性强，在空气中容易风化，不易储存和运输，燃烧时对空气的污染较严重。由于印度褐煤资源量小而且煤质差，因此并未得到政府的充分重视，故以下对于煤炭资源量的统计主要以黑煤为主。

根据印度煤炭部官方资料，印度近年来探明的煤炭资源量逐年上升，截至2019年4月1日，印度公布的最新煤炭查明资源储量为326500 Mt，其中探明储量为155610 Mt，占煤炭资源总量的47.6%；控制储量140500 Mt，占煤炭资源总量的43.1%；推断储量30390 Mt，占煤炭资源总量的9.3%，见表2-2-2。

表2-2-2 印度煤炭资源量 Mt

年　份	探明储量	控制储量	推断储量	查明资源储量
2015	131614	143241	31740	306596
2016	138087	139151	31564	308802
2017	143058	139311	32780	315149
2018	148787	139164	31069	319020
2019	155610	140500	30390	326500

2. 煤炭资源的地区分布

印度煤炭主要赋存于晚古生代二叠纪（一般称为冈瓦纳煤系）和第三纪，这与欧洲和北美大部分重要煤矿床赋存于石炭纪地层中有所不同。印度煤炭资源分布具有以下特点：一是晚石炭世—二叠纪的冈瓦纳煤资源量占统治地位，它们主要分布在印度半岛东部和中南部的时代较老的冈瓦纳地层组内；二是印度东北部的第三纪煤的产区；三是印度南部的泰米尔纳德邦等地；四是印度中北部的达莫德尔—噪鹊谷（Damodar－Koel）。

冈瓦纳盆地：印度半岛石炭—二叠纪和三叠纪的沉积岩统称为冈瓦纳岩系，即冈瓦纳超群。冈瓦纳超群分为石炭—二叠纪下冈瓦纳群和中生代上冈瓦纳群。印度的冈瓦纳煤主要产在下冈瓦纳群（自下而上）的卡哈巴瑞组（Karharbari）、巴荣卡组（Barakar）以及拉尼根组（Raniganj）。产于上冈瓦纳岩系的煤很少，只有一些次烟煤产在卡奇地区、苏伦德拉讷格尔地区和梅萨纳地区的上冈瓦纳沉积（白垩系）中。冈瓦纳岩系发育在印度半岛的许多独立的盆地内，形成了超过70个含煤盆地，被称作冈瓦纳盆地。冈瓦纳盆地均是早期沉积形成的主盆地在沉积作用过程中或沉积作用之后被破坏的残余。冈瓦纳盆地多为裂谷盆地，沉积作用以沿着前寒武地层界线发育的断裂为界，岩层走向E—W至NW—SE，几乎平行于盆地的走向。尽管印度半岛冈瓦纳盆地很多，但盆地的面积一般较小，主要的、有一定规模的盆地并不多。这些盆地的共同特征是：多以断裂为边界；形态受到区域构造的改造；盆地内部断裂发育，如桑—默哈讷迪谷（Son－Mahanadi）赫斯多—阿兰德盆地（Hasdo－Arand）等，更明显地表现出了这一特点。

第三纪盆地：第三纪煤产在第三纪早期沉积地层之中，沉积环境为近滨的环克拉通盆地和陆架。印度第三纪煤田集中在印度东北地区的阿萨姆邦、梅加拉亚邦和那加兰邦。在该地区共20余个煤田中，阿萨姆邦的马库姆煤田（Makum）的资源量最丰富。

泰米尔纳德邦富煤区：这一地区 89% 的煤炭储量在泰米尔纳德邦（内韦利煤田，Neyveli），其余分散在拉贾斯坦邦、古吉拉纳邦、查谟与克什米尔地区、喀拉拉邦、西孟加拉邦和中央直辖区等地。

达莫德尔—噪鹊谷富煤区：印度中北部的达莫德尔—噪鹊谷（DamodarKoel）是印度炼焦煤炭资源聚集带。在该范围之内，进一步划定切里亚富集区（Jharia）、波卡罗富集区（Bokaro）、格伦布尔富集区（Karanpura）以及拉尼根富集区（Raniganj）。切里亚富集区、波卡罗富集区、格伦布尔富集区均拥有可观的炼焦煤资源。拉尼根富集区（Raniganj）内已确认的炼焦煤资源量仅占总资源量的 5% 左右，但该地区巴荣卡组（Barakar）中的煤普遍品质较好，灰分含量相对较低（<20%），经过洗选能够达到优质炼焦煤的指标。

按赋存矿床划分的印度煤炭资源量见表 2－2－3，其中冈瓦纳煤占煤炭总量的 99.5%，第三纪煤仅占总量的 0.5%。

表 2－2－3　按赋存矿床划分的印度煤炭资源量　Mt

赋存矿床	探明储量	控制储量	推断储量	查明资源储量
冈瓦纳煤	148194	139065	30174	317433
第三纪煤	594	99	895	1588
合计	148787	139164	31069	319020

煤炭资源主要分布在西孟加拉邦（West Bengal）、恰尔肯德邦（Jharkhand）、比哈尔邦（Bihar）、奥里萨邦（Odisha）、恰蒂斯加尔邦（Chhattisgarh）、中央邦（Madhya Pradesh）、安得拉邦（Andhra Pradesh）、泰伦加纳邦（Telangana）、马哈拉施特拉邦（Maharashtra）和东北部地区的几个邦，各邦的煤炭资源量详见表 2－2－4。

表 2－2－4　印度各邦煤炭资源量　Mt

邦	探明储量	控制储量	推断储量	查明资源储量
Jharkhand	45563	31439	6150	83152
Odisha	37391	34165	7739	79295
Chhattisgarh	20428	34576	2202	57206
West Bengal	14156	12869	4643	31667
Madhya Pradesh	11958	12154	3875	27987
Telangana	10475	8576	2651	21702
Maharashtra	7178	3074	2048	12299
Andhra Pradesh	0	1149	432	1581
Bihar	161	813	392	1367
Uttar Pradesh	884	178	0	1062
Meghalaya	89	17	471	576
Assam	465	57	3	525
Nagaland	9	0	402	410
Sikkim	0	58	43	101
Arunachal Pradesh	31	40	19	90
总计	148787	139164	31069	319020

3. 煤炭的种类

在印度煤种分类标准中，其煤炭资源划分为炼焦煤和非焦煤两种，非焦煤以有用的总热值（GCV）为基础，炼焦煤的分级以灰分为依据，半焦煤依据灰分加含水率进行分级，炼焦煤又分为主焦煤（Prime Coking）、中焦煤（Medium Coking）、半焦煤（Semi – Coking）3 类。

炼焦煤资源量为 34522 Mt（其中主焦煤 5313 Mt，中焦煤 27502 Mt，半焦煤 1708 Mt），占煤炭查明资源储量的 10.82%。非炼焦煤 282910 Mt，占 88.68%，已探明的焦煤储量中以中焦煤为主，占探明总储量的 8.6%。整体上，印度的优质煤炭特别是焦煤资源不足，而且非焦煤中还有一些硫含量高的煤，详见表 2 – 2 – 5。

表 2 – 2 – 5　印度按煤种划分的煤炭资源量　Mt

煤　种	探明储量	控制储量	推断储量	查明资源储量
（A）炼焦煤：				
主焦煤	4649	664	0	5313
中焦煤	13914	11709	1879	27502
半焦煤	519	995	193	1708
小计	19082	13368	2072	34522
（B）非炼焦煤	129112	125697	28102	282910
（C）第三纪煤	594	99	895	1588
合计	148788	139164	31069	319020

2.3.3 资源管理与政策法规

印度煤炭部属印度政府部门，总部位于新德里，该部全面负责确定印度煤炭和褐煤储量勘探、开发及利用的政策和战略，批准重要的高价值项目并决定与其相关所有问题。在该部的行政控制下，这些关键职能是通过公共部门来行使的。同时通过国有企业印度煤炭公司及其附属公司，以及内伊韦利褐煤公司来生产、供应、销售煤炭。

1. 印度煤炭部的主要职能

（1）印度全国炼焦煤、非炼焦煤和褐煤资源的勘探与开发。

（2）负责与煤炭生产、煤炭供应与分配、煤炭定价有关的所有事项。

（3）除钢铁部门负责的选煤厂以外的其他选煤厂的开发和经营。

（4）负责煤的低温碳化和煤制合成油的有关事项。

（5）煤炭气化的所有事项。

（6）贯彻《1974 年煤矿（养护和发展）法》（1974 年第 28 号）。

（7）监管煤矿准备基金组织。

（8）监管煤矿福利组织及实施《1948 年煤矿准备基金和杂项准备法》（1948 年第 46 号）。

（9）实施《1952 年矿业法》（1952 年第 32 号）关于对煤矿生产和运输、征收生产税和管理救助基金的规定。

（10）贯彻《1957 年含煤地区管理法》（1957 年第 20 号）。

（11）贯彻《1957 年矿山和矿物（发展和管理）法》（1957 年第 67 号）和其他邦法律。到目前为止，该法案和法律涉及煤炭、褐煤，以及与此类管理相关的与其他邦相关的商业问题。

（12）贯彻《1973 年煤矿管理法》（1973 年第 26 号）。

（13）贯彻《2015 年煤矿管理（特别规定）法》。

2. 印度煤炭部管理的机构

印度煤炭部管理的机构主要有煤炭管理组织、煤矿准备基金组织和支付专员办事处。

（1）煤炭管理组织。煤炭管理组织是印度煤炭部一个下属机构，总部设在加尔各答，在丹巴德、兰其、比拉斯布尔和那格布尔均设有办事处。煤炭管理组织的主要职能是实施《1974 年煤矿（养护和发展）法》《1975 年煤矿（养护和发展）条例》《1953 年统计资料收集法》和《1959 年统计资料收集（中央）条例》《1957 年含煤地区收购和开发法》，同时还负责处理由煤炭管制员负责管理的各项法例所引起的法律事宜及法庭案件。

（2）煤矿准备基金组织。煤矿准备基金组织是根据《1948 年煤矿准备基金和杂项规定法》组建的，主要负责管理煤矿准备基金计划。该组织董事会在印度煤炭部的全面行政控制下行使职能。

（3）支付专员办事处。支付专员办事处是依据《1972 年焦煤煤矿国有化法》《1973 煤矿国有化法》组建的，主要负责向 1972—1973 年被国有化的煤矿矿主或煤矿公司支付补偿资金，支付专员办公室设在加尔各答。

3. 政策法规

印度煤炭工业的立法起步较晚，但法律法规较健全。在煤炭开采、矿山安全及健康与福利方面，印度实施的法律法规主要有《1923 年工人补偿法》《煤矿准备金和杂项准备法》《1948 年煤矿发展基金法》《1952 年矿山法》《1955 年矿山条例》《1957 年煤矿规程》《1966 年矿山职业培训条例》《1971 年焦煤煤矿紧急处理法》《1972 年焦煤煤矿国有化法》《1973 年煤矿国有化法》《1973 年煤矿（接管）法》《1974 年煤矿（保护与开发）法》《1985 年矿山救护条例》《1959 年煤矿井口浴池条例》《2000 年印度煤炭（转让和验证管理）法》《2014 年煤矿（特殊规定）规则》《2015 年煤矿（特别规定）法》等。

《1952 年矿山法》的主要内容包括关于安全与健康的规定、工作时间和限制、带薪休假、法规条例及细则、处罚与处罚的程序，共计 10 章。由议会通过，适用于全印度。印度依据此法组成了执行委员会，委员会接受中央政府的委托，对事故或其他事项进行调查并提出有关报告；委托或按规定对于依据该法发出的通知或指令，或依据该法规定的法规、条例或细则的任何上诉或异议可以依据该法进行听证和裁决。

《1957 年煤矿规程》由中央政府制定，该法主要内容有：报表、通告和记录，各类人员的资格、考核及发证，监察员和矿山管理人员职责，作业人员、有法定资格的人员及管理人员职责，矿井出入口，人员与材料运输，回采工作面，预防火灾、粉尘、瓦斯、水灾危害的措施，通风，照明和火焰安全灯，爆破和爆破器材，机械、装置和设备等。

2.4　煤炭生产

印度是世界第二大煤炭生产国，其煤炭产量占世界煤炭总产量的 9% 以上。2018—2019 年，印度有生产煤矿 454 个，共生产煤炭 730.35 Mt，其中露天煤炭产量占 94.17%。国有煤炭公司煤炭产量占全国煤炭产量的 90% 以上，以印度煤炭公司和辛格雷尼煤矿有限公司两家为主。印度煤炭劳动生产率近年来逐步提高，露天矿明显高于井工矿，露天矿生产效率是井工矿的 10 倍以上。

2.4.1　总体情况

1. 煤炭生产总量

进入 21 世纪，因印度国民经济增长快速，导致煤炭需求大幅增加，印度煤炭工业得以迅速发展，但印度生产的硬煤大多数为次烟煤（非结焦性煤炭），炼焦煤仅占少部分。2018—2019 年，印度共生产煤炭 730.35 Mt，是世界第二大煤炭生产国，占世界煤炭总产量的比例超过 9%，其超过 90% 的煤炭产量来自露天矿。1990—2019 年印度煤炭产量情况及变化趋势见表 2-2-6 和图 2-2-2，煤炭产量增长了 2.6 倍，年平均增长幅度均匀，连续性较好，煤炭产量年平均增长速度为 4.4%。

表 2-2-6　1990—2019 年印度煤炭产量情况　　Mt

年份	1990	1995	2000	2005	2010	2011	2012
产量	200.89	253.73	299.97	377.27	530.1	532.69	539.95
年份	2013	2014	2015	2016	2017	2018	2019
产量	556.4	565.7	609.18	639.23	657.87	675.4	730.35

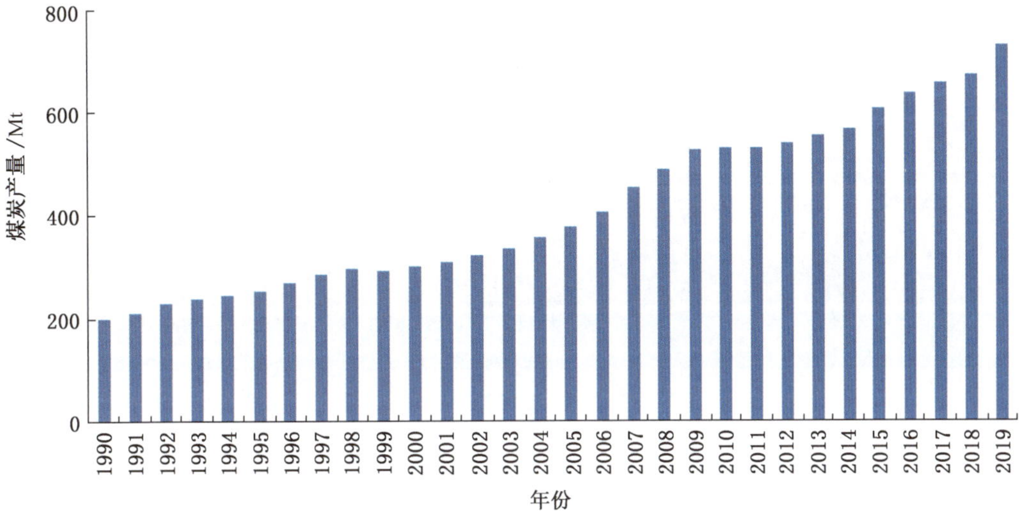

图 2-2-2　1990—2019 年印度煤炭产量情况及变化趋势

根据前文对印度煤炭工业前景的分析，由于印度经济快速发展的大量电力需求将导致其未来会成为煤炭消费增长最大的市场。BP 预测，到 2040 年，印度煤炭消费占全球比例将达到约四分之一，因此印度也将大幅提高煤炭的产量，未来印度的煤炭产量将持续增长，印度煤炭公司也将在 2025 年将国内煤炭产量提高到 1 Gt/a。根据 IEA《世界能源展望 2019》，2000—2025 年期间，印度国内煤炭产量年均增长 5.0%，而从长期来看，印度的煤炭产量预计将以年均 3.9% 的速度增长，到 2030 年、2035 年和 2040 年将分别能年均生产 681 Mtce、773 Mtce 和 844 Mtce，2040 年的印度煤炭产量预计将会达到世界煤炭总产量的 16% 左右。

1997—2019 年印度井工煤炭和露天煤炭产量的分布情况如图 2-2-3 所示，1997—2019 年印度煤矿数量变化情况如图 2-2-4 所示。由图 2-2-3 可知，1997—2019 年印度露天煤矿的煤炭产量稳步提升，而井工煤矿的煤炭产量呈逐年递减趋势。由于开采装备的限制，印度井工煤矿开采的成本很高，而由于印度大部分的煤炭储量都位于 300 m 以上处，故而印度煤炭公司为提高盈利能力而尽量采用露天煤矿进行生产。印度井工煤矿的规模普遍较小，若能加大井工煤矿开采力度、应用更先进的开采技术和装备，是可以进一步增加印度的煤炭产量的。

由图 2-2-4 可知，印度煤矿企业数量总体上是减少的，目前生产的井工煤矿和露天煤矿共有 454 个。结合图 2-2-3（井工煤矿产量不断减少，根据印度煤炭部统计数据，印度近年来加大了井工煤矿的关闭退出力度）可知印度国内露天煤矿数量已经超过了井工煤矿数量。

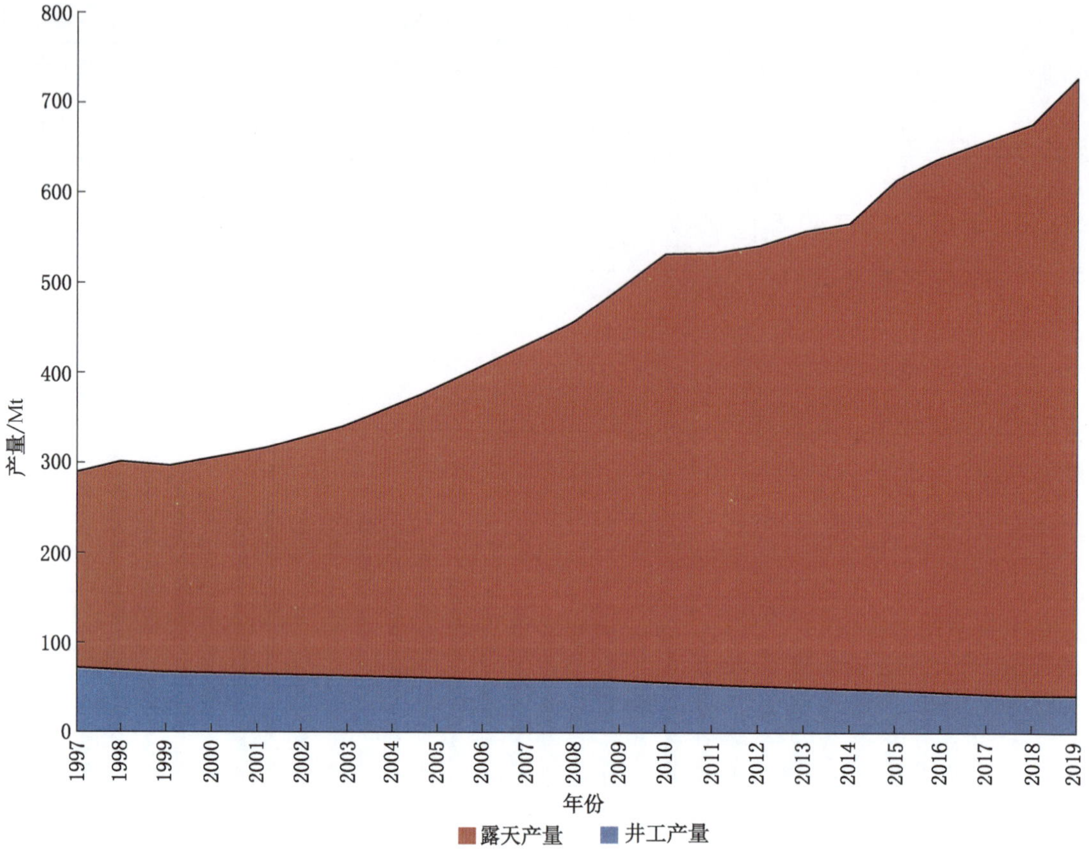

图 2-2-3　1997—2019 年印度井工煤炭和露天煤炭产量的分布情况

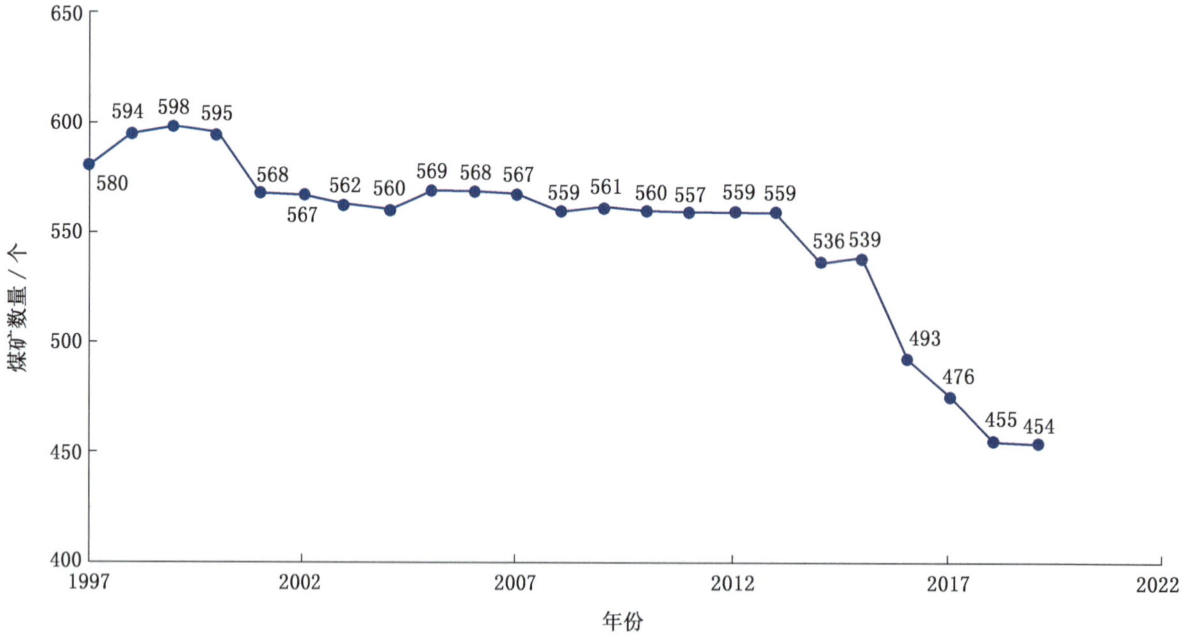

图 2-2-4　1997—2019 年印度煤矿数量变化情况

2. 煤炭产量构成情况

在印度煤炭工业生产中，国有煤炭公司仍占据绝对优势。2018—2019 年，国有煤炭公司的煤炭产量占印度当年总产量的 91.9%，其中印度煤炭公司（CIL）的煤炭产量为 606.89 Mt，占 83.1%；辛格雷尼煤矿有限公司（SCCL）生产煤炭 64.4 Mt，占总产量的 8.8%；其他国有煤炭公司的产量为 9.08 Mt，占总产量的 1.24%；而国内的私人煤炭公司共生产煤炭 49.88 Mt，仅为当年印度煤炭总产量的 6.83%。印度各煤炭企业产量情况见表 2-2-7。由表 2-2-7 可知，印度煤炭供给高度集中，主要来自于印度煤炭公司（CIL）和辛格雷尼煤矿有限公司（SCCL）。两家煤炭公司的煤炭产量在连续六个财年中平均占印度煤炭总产量的 90% 以上（其中 CIL 占 80% 以上），如图 2-2-5 所示，在国内煤炭供给中具有垄断地位。

表 2-2-7　印度各煤炭企业产量情况　　Mt

公司名称		2013/14	2014/15	2015/16	2016/17	2017/18	2018/19
印度煤炭公司合计		462.41	494.23	538.75	554.14	567.36	606.89
印度煤炭公司各子公司产量	ECL	36.05	40.00	40.21	40.52	43.57	50.16
	BCCL	32.61	34.51	35.86	37.04	32.60	31.04
	CCL	50.02	55.65	61.32	67.05	63.40	68.72
	NCL	68.64	72.48	80.22	84.10	93.02	101.50
	WCL	39.73	41.15	44.82	45.63	46.22	53.18
	SECL	124.26	128.28	137.93	140.00	144.71	157.35
	MCL	110.44	121.38	137.90	139.21	143.06	144.15
	NEC	0.66	0.78	0.49	0.60	0.78	0.78
辛格雷尼煤矿有限公司(SCCL)		50.47	52.54	60.38	61.34	62.01	64.41
私营煤矿		—	52.72	28.82	32.54	37.07	49.93
其他		52.89	9.69	11.28	9.85	8.96	9.12
合计		565.77	609.18	639.23	657.87	675.40	730.35

注：ECL—东部煤田有限公司；BCCL—珀勒德炼焦煤有限公司；CCL—中部煤田有限公司；NCL—北部煤田有限公司；WCL—西部煤田有限公司；SECL—东南部煤田有限公司；MCL—默哈讷迪煤田有限公司；NEC—东北部煤田有限公司；SCCL—辛格雷尼煤矿有限公司。

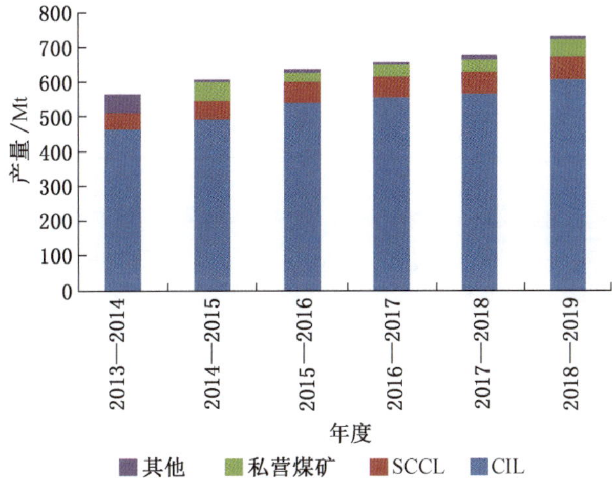

图 2-2-5　印度国内煤炭产量分布情况

未来，印度将会持续加大煤炭生产开发，进一步提升其国内煤炭产量。印度煤炭公司拟通过以下措施手段来保证持续提高煤炭产量：

（1）在具有条件的矿区，规划大型和特大型煤矿，同时配以先进的机械化装备，提升机械化水平。

（2）根据不同地质开采条件对煤矿实施不同程度的现代化改造，以提高井工和露天矿山的生产率。

（3）提高产能利用率。

（4）加快实施正在进行的项目，以达到预定的生产进度。

（5）基于《2006年环保工作条例》下的特许规定，增产增效。

（6）与相关部门和国家政府共同对项目相关问题进行有效的监督和解决。

（7）为保证未来生产和运输的增长计划顺利实施，印度煤炭公司在有产能增长潜力的SECL、MCL和CCL煤田规划了若干个铁路基础设施项目和合资项目并由印度铁路公司施工。

（8）印度煤炭部持续有效的政策支持。

（9）将更多的煤田以及煤炭资源划分给印度煤炭公司及其所属子公司，以求提高产量。

3. 煤炭生产人工工效

2000—2019年，印度煤炭生产方面的从业人数逐年不断减少，2019年的从业人数几乎只是2000年的一半左右。随着从业人员减少、产量的不断增加，印度煤炭人均产量和人工工效也在持续增加，即印度煤矿企业的劳动生产率一直在稳步提高，结合《Coal in India 2019》和印度煤炭公司的人均产量和劳动生产率，得到2019年的人工工效几乎是2000年的近5倍，并据此得到了2000—2019年当前印度煤炭行业从业人数和人工工效变化情况，具体见表2-2-8。为了提高生产率并保持对进口的竞争力，印度煤炭公司增加了机械化设备的使用，利用自然减员来削减劳动力，并加快了开采的速度。然而，与其他先进产煤国家相比，印度煤炭行业的劳动生产率仍然较低，生产与世界平均水平相当的煤炭所需要的员工数量约为后者的两倍。其生产率不高的原因主要是由于使用了较为陈旧的生产工艺、开采技术和生产管理方法。

表2-2-8　印度煤炭生产人工工效情况

年　份	从业人数	人均产量/（t·a⁻¹）	人工工效/（t·工⁻¹）	年　份	从业人数	人均产量/（t·a⁻¹）	人工工效/（t·工⁻¹）
2000	661310	453.6	1.81	2014	424063	1334	5.34
2005	578014	652.7	2.61	2015	410499	1484	5.94
2010	488153	1085.93	4.34	2016	382543	1671	6.68
2011	473460	1125.1	4.50	2017	368142	1787	7.15
2012	460315	1173	4.69	2018	355661	1899	7.60
2013	440538	1263	5.05	2019	343532	2126	8.50

印度煤炭工业全员效率总体来看在逐年提高，但与其他发达国家相比较，仍然处于较低水平。印度煤炭公司的全员效率从2005—2006年度的3.26 t/工提高到2018—2019年度的8.51 t/工；同期，辛格雷尼煤矿有限公司的全员效率从2.16 t/工提高到6.23 t/工。全员效率的提高是露天开采比重增加的结果。2010—2011年度印度煤炭公司全员效率为4.73 t/工，露天矿全员效率为10.06 t/工，井工效率为0.77 t/工；辛格雷尼煤矿有限公司全员效率为3.59 t/工，露天矿全员效率为8.40 t/工，井工矿全员效率为1.14 t/工。随着机械化设备的采用和机械化设备利用率的提高，到2018—2019年度，印度煤炭公司和辛格雷尼煤矿有限公司的煤矿全员效率分别达到了8.51 t/工和6.23 t/工，比2010—2011年度将近增长了一倍，具体见表2-2-9。

表 2-2-9 印度煤炭公司和辛格雷尼煤矿有限公司劳动生产率 t/工

年 度	印度煤炭公司			辛格雷尼煤矿有限公司		
	井工煤矿	露天煤矿	全员效率	井工煤矿	露天煤矿	全员效率
1999/2000	0.61	5.44	2.10	—	—	—
2000/01	0.63	5.90	2.29	—	—	—
2005/06	0.71	7.51	3.26	0.89	9.60	2.16
2010/11	0.77	10.06	4.73	1.14	8.40	3.59
2011/12	0.75	10.40	4.89	—	—	3.94
2012/13	0.77	11.48	5.32	—	—	3.94
2013/14	0.76	12.18	5.62	—	—	3.86
2014/15	0.79	13.13	6.20	—	—	4.20
2015/16	0.80	14.35	6.95	—	—	4.74
2016/17	0.8	15.26	7.53	—	—	4.75
2017/18	0.86	14.1	7.71	—	—	4.88
2018/19	0.95	14.68	8.51	—	—	6.23

印度煤矿开采装备以进口为主，印度本国企业主要是进行技术转换以及生产一些简易的器械装备，如带式运输机、风机、供配电设备、开关、灯具等。印度国内主要的煤矿机械供应商为 Wrigten（维特根），Atlas Copco（阿特拉斯），Liebherr（利勃海尔），Joy Mining Machinery（久益采矿机械），Hitachi（日立），Komatsu（小松），Terex（特雷克斯），Bucyrus Erie（比塞洛斯）和 DBT（德同采矿技术有限公司）。目前，Case（凯斯装载机公司），Caterpillar（卡特彼勒），Hitachi（日立），Ingersoll-Rand（英格索兰），JCB（杰西博），John Deere（约翰迪尔），Joy Mining Machinery（久益采矿机械），Komatsu（小松），Lieberr（利勃海尔），Poclain（波克兰），Terex（特雷克斯），Volvo（沃尔沃）等国际知名公司均在印度设立了合资或全资子公司。

2.4.2 露天煤矿

1. 露天开采条件

印度大部分煤炭资源的地质构造比较简单，煤层较厚，赋存较浅，印度大部分的煤炭储量都位于 300 m 以上处，并且印度煤层倾角普遍较小，适于露天开采，成本低、经济效益好，因此印度煤炭开采主要以露天矿开采为主。

2. 印度露天煤矿产量及占比情况

2000—2019 年印度露天煤矿产量见表 2-2-10。由于印度煤炭资源赋存条件简单，埋藏较浅，因此印度近年来加大了露天开采力度，露天煤矿不仅产量逐年提升而且其占比也呈逐年稳步提升的趋势，并占据了绝对主导地位，从 2000 年的 78.02% 上升到 2019 年的 94.17%。

3. 印度露天开采工艺

印度露天开采的机械设备大多是引进国外专利技术在国内制造，包括大型机铲和自卸汽车。应用“钻爆法施工 + 挖掘机 + 卡车运输”的方式生产，部分大型露天矿井采用电铲等大型设备生产。采用的机械设备多配备斗容 25 m^3 的机铲、170 t 自卸汽车、斗容 24 m^3 的索斗铲，以及给料破碎运输系统等。褐煤露天煤矿采用大型轮斗挖掘机。根据煤层厚度选择机铲和自卸汽车规格，煤层厚度为 4 m 时，选用 3.5 ~ 5 m^3 的机铲或液压铲和 35 ~ 50 t 自卸汽车；煤层厚度 10 ~ 15 m 时，选用 10 m^3 的机铲和 8 m^3 液压铲和 85 ~ 120 t 自卸汽车；大型露天矿选用 25 m^3 的机铲和 170 t 自卸汽车。

表2-2-10　2000—2019年印度露天煤矿产量情况

年　份	露天产量/Mt	占比情况%	年　份	露天产量/Mt	占比情况%
2000	237.276	78.02	2014	516.116	91.22
2005	320.266	83.70	2015	563.970	92.09
2010	473.519	89.00	2016	592.822	92.74
2011	477.839	89.70	2017	613.518	93.26
2012	487.993	90.38	2018	633.569	93.81
2013	504.195	90.62	2019	686.212	94.17

4. 印度露天矿煤炭开采的基本特点

（1）露天开采剥采比小，工艺简单，投资少，效益高，成本低。

（2）采用拉铲无运输倒堆开采工艺。在多煤层或剥离层较厚的情况下采用倒堆工艺，二次倒堆量为30%～40%。

（3）部分露天矿采用配有坑内破碎－运输系统的连续开采工艺。

（4）采用信息技术合理调配汽车运输。

（5）采用快速组合列车将煤炭从露天矿运至电厂。

（6）褐煤露天煤矿采用大型轮斗挖掘机连续开采工艺。

（7）大型露天矿机械化开采的煤炭采出率达到80%～90%。

5. 印度煤炭公司露天煤矿数量及生产情况

2019年，印度煤炭公司露天矿的产量达到576.4 Mt，占公司原煤总产量的94.98%。印度煤炭公司露天煤矿的开采深度一般为100～150 m，剥采比一般在1.15～4.4 m^3/t之间，大部分露天煤矿的年产量在3～5 Mt，部分大型露天煤矿的年产量超过10 Mt。

印度露天煤矿建设趋向大型化，已建成的露天煤矿最大年设计能力达到14.0 Mt。截至2019年4月，印度煤炭公司有露天煤矿180座，井工露天混合煤矿18座，表2-2-11为印度煤炭公司露天煤矿生产情况统计，其中统计露天矿和井工矿数量时“井工露天混合煤矿”取半数计算。图2-2-6为印度煤炭公司露天和井工产量所占比例变化趋势。由表2-2-11和图2-2-6可见，印度煤炭公司露天煤炭产量比重在不断增加，2019年甚至接近到了95%。

表2-2-11　2000—2019年印度煤炭公司露天煤矿生产情况

年　份	露天产量/Mt	总产量/Mt	生产效率/(t·工$^{-1}$)	露天矿数量/个	露天产量占比/%
2000	208.26	260.58	5.44	—	79.92
2005	276.54	323.58	7.18	—	85.46
2010	388.01	431.26	9.51	181	89.97
2011	391.3	431.32	10.06	181	90.72
2012	397.45	435.84	10.40	179	91.19
2013	414.44	452.21	11.48	181	91.65
2014	426.31	462.42	12.18	179	92.19
2015	459.2	494.24	13.13	189	92.91
2016	504.97	538.75	14.35	191	93.73
2017	522.66	554.14	15.26	189	94.32

表 2-2-11（续）

年　份	露天产量/Mt	总产量/Mt	生产效率/(t·工$^{-1}$)	露天矿数量/个	露天产量占比/%
2018	536.82	567.36	14.1	186	94.62
2019	576.4	606.89	14.68	189	94.98

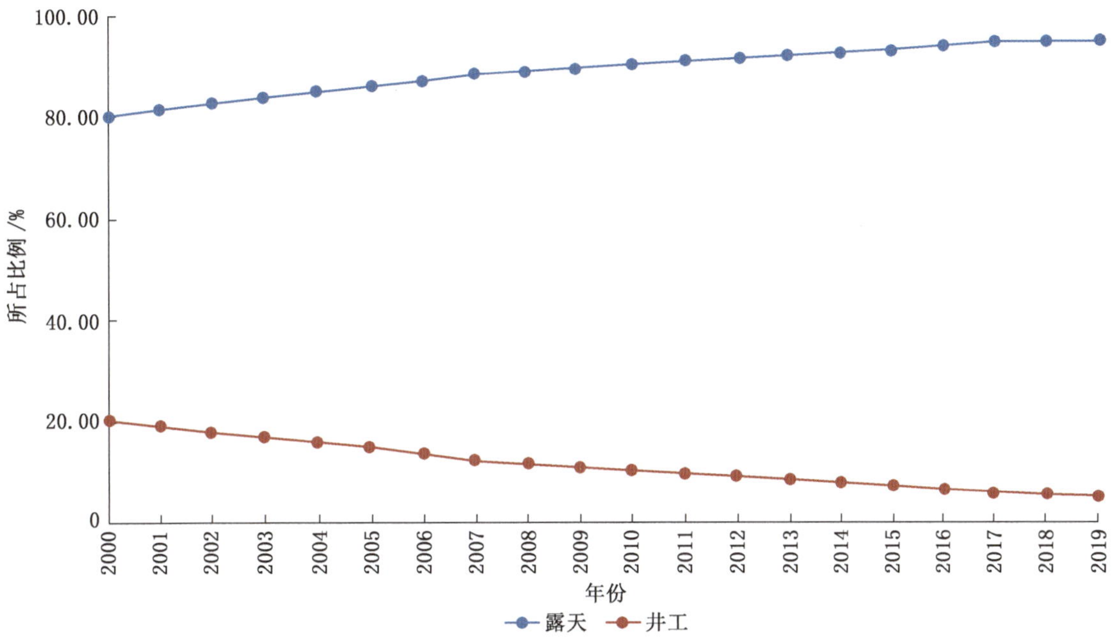

图 2-2-6　印度煤炭公司露天和井工产量所占比例变化趋势

2.4.3　井工煤矿

1. 印度井工煤矿产量

由于印度煤炭赋存条件普遍适合露天开采，导致其井工煤矿的产量较少。2000—2019 年印度井工煤矿的产量情况，见表 2-2-12。由表 2-2-12 可知，在 20 世纪末期印度井工煤矿的产量占总产量的 20% 以上，但随着露天产量的不断提高，以及井工煤矿的数量不断减少，印度井工煤矿产量逐年减少，产量占比也逐渐减少，到 2019 年印度井工煤矿的产量已仅占总产量的 5.83%。

表 2-2-12　2000—2019 年印度井工煤矿产量情况

年　份	井工产量/Mt	占比情况/%	年　份	井工产量/Mt	占比情况/%
2000	66.827	21.98	2014	49.649	8.78
2005	62.349	16.30	2015	48.465	7.91
2010	58.523	11.00	2016	46.408	7.26
2011	54.855	10.30	2017	44.350	6.74
2012	51.957	9.62	2018	41.831	6.19
2013	52.207	9.38	2019	42.506	5.83

2. 印度井工开采工艺

印度的井工矿机械化水平较低，主要依靠房柱开采法，采用爆破+人工出煤的方式进行生产，近几年部分井工煤矿引入铲运机（LHD）后改为爆破+LHD出煤的方式生产，因而产量难以提高，单井年产量约0.2 Mt。

近几年印度开始大力引进机械化生产技术和设备，并开始尝试实施长壁开采方法，长壁开采技术和工艺目前在印度煤炭公司下属的BCCL和ECL公司的部分井工煤矿有所应用，并且ECL的部分井工煤矿于2019年应用了无轨胶轮车。由于相比露天煤矿开采，其井工煤矿开采成本太高，因此印度并没有大规模的进行井工生产。

煤机设备目前只实现了房柱开采所需的铲运机和侧卸装岩机的国内生产。应用较多的井工煤矿设备多来自于国际大型煤机设备制造商小松（久益）、山特维克及卡特彼勒，同时也有诸如威利朗沃等厂家，其中小松在用连续采煤机成套设备应用较为广泛。

3. 印度煤炭公司井工煤矿数量及生产情况

2000年井工矿产量占比为21.98%，数据显示井工矿产量呈逐年递减的趋势。截至2019年4月，印度煤炭公司有井工煤矿166座，井工露天混合煤矿18座，2000—2019年印度煤炭公司井工煤矿生产情况见表2-2-13，其中统计井工矿数量时“井工露天混合煤矿”取半数计算。由表2-2-13和图2-2-6可知，印度煤炭公司井工煤炭产量比重在不断减少，从2000年的20%减少到2019年的5%左右，这其实也是整个印度煤炭工业井工产量变化发展的趋势。

表2-2-13 2000—2019年印度煤炭公司井工煤矿生产情况

年份	井工矿产量/Mt	总产量/Mt	生产效率/(t·工$^{-1}$)	井工矿数量/个	井工矿产量占比/%
2000	52.32	260.58	0.61	—	20.08
2001	50.56	268.14	0.63	—	18.86
2002	49.22	279.65	0.64	—	17.60
2003	48.42	290.69	0.69	—	16.66
2004	47.44	306.36	0.68	—	15.49
2005	47.04	323.58	0.69	—	14.54
2006	45.82	343.39	0.71	—	13.34
2007	43.32	360.91	0.71	—	12.00
2008	43.54	379.46	0.73	—	11.47
2009	43.96	403.73	0.76	—	10.89
2010	43.25	431.26	0.78	290	10.03
2011	40.02	431.32	0.77	290	9.28
2012	38.39	435.84	0.75	288	8.81
2013	37.38	452.21	0.77	281	8.27
2014	36.11	462.42	0.76	250	7.81
2015	35.04	494.24	0.79	241	7.09
2016	33.79	538.75	0.80	222	6.27
2017	31.48	554.14	0.8	205	5.68
2018	30.54	567.36	0.86	183	5.38
2019	30.48	606.89	0.95	175	5.02

2.5 煤炭市场

印度近年来煤炭消费量逐步增大，现已成为世界上仅次于中国的第二大煤炭消费国，印度和中国煤炭都主要用于发电，2019 年印度用于电力的煤炭消费量比中国高 8.4 个百分点。印度煤炭市场以进口为主，出口煤炭极少，从煤炭进口的各供应地区看，目前印度尼西亚、南非、澳大利亚是印度主要煤炭进口国。铁路是国内煤炭运输的主要方式，进口煤炭也主要通过铁路运往全国各地。

2.5.1 煤炭消费

1. 煤炭消费总量

根据 BP 能源统计年鉴 2020 年的统计数据，1990—2019 年印度各年度的煤炭消费量变化情况如图 2-2-7 所示，1990—2019 年期间印度消费煤炭的数量呈增长趋势，且以 2000 年为分水岭，2000 年后其煤炭消费量增长的势头与过去的 10 年相比，年增长幅度较大，增长较快。

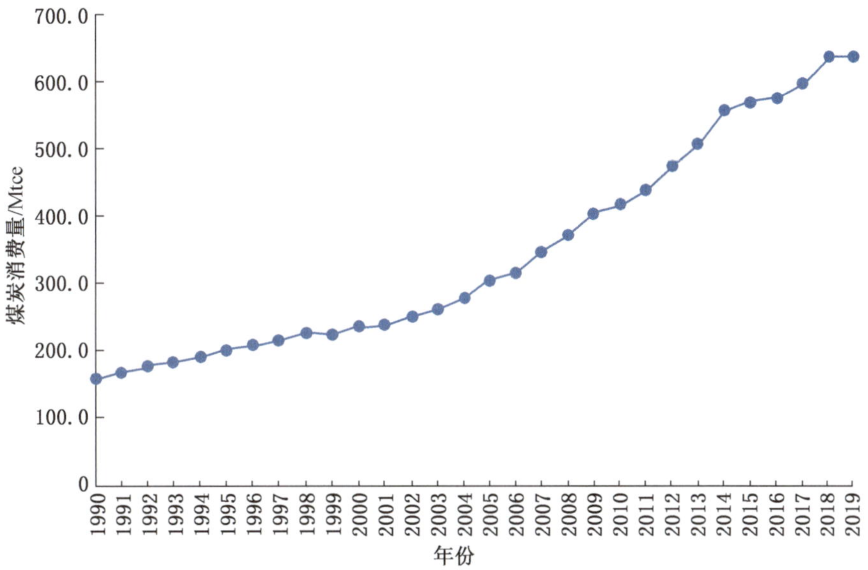

图 2-2-7 1990—2019 年印度各年度的煤炭消费量变化情况

根据 IEA《世界能源展望 2019》预测，如按照目前的煤炭政策方针，印度在 2025 年、2030 年、2035 年、2040 年对于煤炭的需求分别是 771 Mtce、938 Mtce、1063 Mtce 和 1157 Mtce。

2. 近年煤炭消费及分行业煤炭消费情况

2015 年，印度首次超过美国成为世界第二大煤炭消费国并持续至今，当年印度消费煤炭超过 820 Mt。2019 年，印度国内主要煤炭消费行业的相关产品继续保持增长态势，拉动了国内煤炭消费总量的增加，全年度煤炭总消费量达到 968.03 Mt。2012—2019 年间印度煤炭消费量变化趋势如图 2-2-8 所示。

印度煤炭的消费主要用于电力部门。2019 年，印度发电用煤 637.95 Mt，钢铁用煤 69.5 Mt，化工用煤 56.13 Mt。2015—2019 年印度国内煤炭消费情况见表 2-2-14。根据表 2-2-14 可知，近五年来，煤炭消费量递增，2019 年比 2015 年煤炭消费增加近 150 Mt，增幅较大。电力、钢铁、建材和化工生产行业是印度主要煤炭消费行业，年消费量占印度煤炭消费总量的 80% 以上。图 2-2-9 为 2019 年印度煤炭消费情况分布示意图。2015 年印度电力总共用煤量为 497.7 Mt，占全年煤炭消费总量的 60.5%；2019 年为 637.95 Mt，消费量占全年总煤炭消费量的 65.9%。2019 年比 2015 年年电力

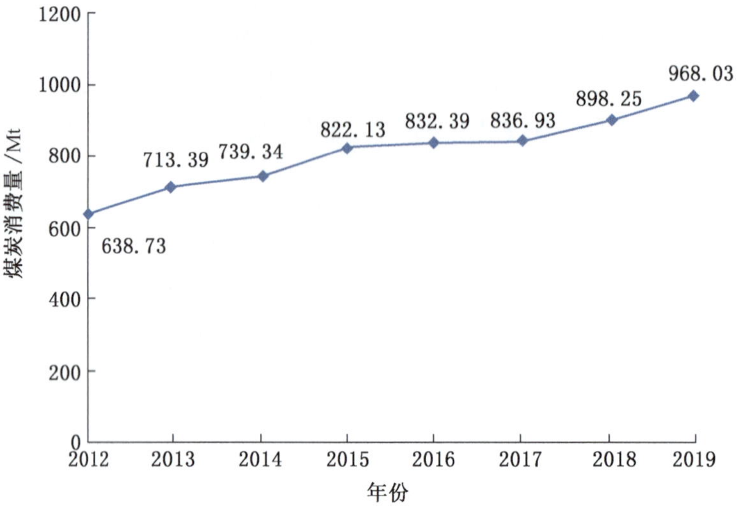

图 2-2-8　2012—2019 年印度煤炭消费量变化趋势

用煤量增长了近三分之一，消费煤炭的比重 2019 年比 2015 年提升了 5.4 个百分点。另外，据印度官方数据显示，2017—2018 年间，印度 91.6% 的燃煤发电所用煤炭均来自印度煤炭公司和辛格雷尼煤矿有限公司这两家国有煤炭企业。

表 2-2-14　2015—2019 年印度煤炭消费情况　Mt

项　目		2015 年	2016 年	2017 年	2018 年	2019 年
煤炭消费量		822.13	832.39	836.93	898.25	968.03
行业	电力	497.7	517.77	535.05	585.49	637.95
	钢铁	55.74	56.83	51.98	58.45	69.5
	建材	11.36	8.99	6.35	7.71	8.82
	化工	239.57	245.37	88.68	76.83	56.13
	海绵铁	17.77	7.76	5.56	8.53	12.23
	其他(进口非炼焦煤)	—	—	149.31	161.24	183.4

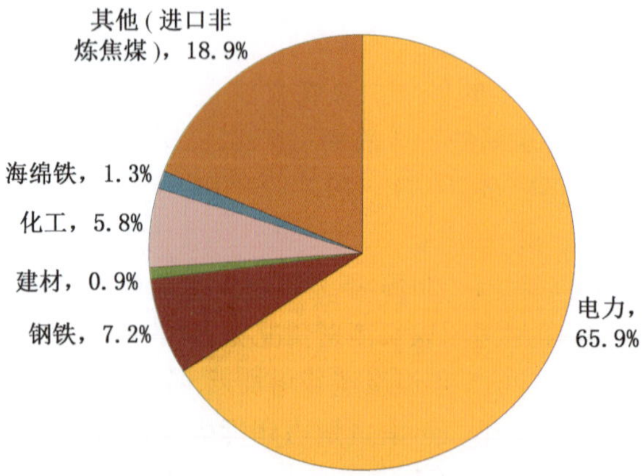

图 2-2-9　2019 年印度煤炭消费情况分布图

2.5.2 煤炭进出口

印度煤炭出口量很少，主要是销往尼泊尔、孟加拉和不丹等邻国，且每年煤炭出口销量仅为几十万吨。印度属于典型的煤炭进口国，因此煤炭贸易方面主要关注的是其煤炭进口情况。

印度由于国内炼焦煤质量差，灰分高，每年需要进口一定数量的炼焦煤，以满足钢铁工业的需要。2012 年印度进口煤炭 105.21 Mt，2019 年进口量达到 235.24 Mt，其中非炼焦煤进口 183.4 Mt，炼焦煤进口 51.84 Mt。印度钢铁有限公司和其他钢铁公司主要进口炼焦煤，以补充其炼焦煤缺口和改善煤炭质量。位于沿海的发电厂、水泥厂、海绵铁厂，以及其他工业用户和煤炭贸易公司主要进口非炼焦煤。2012—2019 年印度煤炭总进口量、炼焦煤及非炼焦煤的进口量统计情况见表 2-2-15 所示。近年来炼焦煤和非炼焦煤进口量均有不同程度的提升，但近年来非炼焦煤增幅更大，用以满足印度大量的电力供应需求。

表 2-2-15　2012—2019 年度印度煤炭进口量

Mt

年　份	2012 年	2013 年	2014 年	2015 年	2016 年	2017 年	2018 年	2019 年
炼焦煤	34.16	35.56	36.87	43.72	43.51	41.64	47	51.84
非炼焦煤	71.05	105	131.63	168.38	156.37	149.31	161.24	183.4
合计	105.21	140.56	168.5	212.1	199.88	190.95	208.24	235.24

之所以印度煤炭进口量会呈现出波浪式前进的特点，主要是由于 2003 年以前印度的动力煤基本能够自给自足，自 2003 年后印度经济快速发展对于煤炭需求急剧增加。经济的快速发展需要印度煤炭需求量保持较快的增长速度，2013 年印度超过日本成为世界第二大动力煤进口国，并成为国际动力煤市场发展的驱动力。但自 2015 年后印度开始收缩进口，通过加大国内煤炭生产和放缓工业发展速度两个方面进行协调，即表 2-2-15 中在 2016 年和 2017 年煤炭进口出现不同程度的下降。但随后几年印度随着电力用煤缺口变大其煤炭进口又出现反弹，大量进口煤炭以满足其发电的需要，目前印度五分之一的电煤消费依赖进口。根据 BP 公布的 2018 年统计数据显示，印度是仅次于中国、欧洲的第三大煤炭进口地区，进口煤量几乎与中国和欧洲相当。从煤炭进口的各供应地区看，目前印度尼西亚、南非、澳大利亚和美国是印度主要煤炭货源地，印度也从中国进口少量煤炭。

现在要预估印度进口量的发展趋势，变得越来越困难。这主要是由于印度政府的政策是希望实现煤炭零进口，只使用国产煤炭。但这几乎是一个不太可能达成的目标，特别是考虑到印度面临炼焦煤不足的问题，而对于印度希望扶植扩张的钢铁业来说，炼焦煤十分重要。自 2011 年后，印度历年的煤炭生产都没有完成既定计划。不过，既然印度政府有“零进口”目标的存在，印度煤炭进口就不大可能成为成长型市场。从长期来看，根据消费量的趋势分析，由于当前印度煤炭供少于需，并且在能源需求强劲增长的前提下，印度的煤炭进口将持续增加，特别是冶金用煤的需求。但从短期来看，印度煤炭工业在国家政府政策及相关措施干预的大背景下，将会随其国内煤炭产量供应的变化情况而出现相应波动。《印度国家电力计划》指出，依赖进口煤炭的发电厂在 2026—2027 年期间将需要继续进口大约 50 Mt 煤炭。

印度煤炭进口现状及发展趋势可概括为：

（1）2012—2019 年，2019 年比 2012 年煤炭进口量增长了 124%，其中，炼焦煤进口量增长 52%，非炼焦煤进口量增长 158%。

（2）由于近年来印度国内加大了煤炭生产开发力度，将持续大幅提高国内产量，以及可再生能源产量的大幅增长，印度煤炭部 2019 年制定相关措施，计划未来 5 年内将煤炭进口量削减到目前的三分之一，即到 2024 年印度的煤炭进口量可能将降至 150 Mt 以下。

（3）如果亚洲动力煤价格继续下滑，印度进口煤量可能回升，但这可能只是短期状况。长期来看，国有企业印度煤炭公司将继续提高国内产量。

（4）印度受困于自身煤炭产能影响，如果印度要保持目前经济发展速度，从长期看其煤炭进口将仍会持续增加，特别是在国际煤价处于偏低的水平上时，其冶金用煤的需求和进口量预计也将会明显增加。

（5）根据 IEA《世界能源展望 2019》预测，如按照目前的煤炭政策方针，印度在 2030 年需净进口煤炭 256 Mtce，2040 年需净进口 313 Mtce，均占其年度煤炭需求的 27% 左右。

印度煤炭价格在放开以前一直由政府控制。印度政府从 20 世纪 90 年代起逐年削减对煤炭工业的补贴，同时采取部分放宽煤价控制措施。此后，印度修订了《煤矿控制法令》（1945 年），逐步放开了煤炭价格，并于 2000 年开始全面放开了煤炭价格。尽管如此，印度煤炭价格实际上仍受其最大煤炭生产商——印度煤炭公司主导和控制。

印度国内生产的煤炭中，约 80% ~90% 的煤炭是通过长期协议（即燃料供应协议，简称 FSAs）以公告价格分配给终端各行业和用户的。这部分煤炭价格是与政府协商确定了的，而其余部分的煤炭则通过电子拍卖出售，这导致供应商和终端煤炭用户经常在一些价格机制的问题上产生分歧。

事实上，印度在过去 20 年里，煤炭价格机制经历了几次改革。印度煤炭公司在 2018 年 4 月推出并采用了一种新的价格体系，以解决目前存在的一些问题，但效果如何仍需进一步观察。世界银行（World Bank）指出，尽管印度进行了各种各样的定价制度改革，但其发电用煤的价格一直保持在较低水平，并以此达到补贴国内电力生产的目的，因此印度煤炭价格实际上是偏低的。世界银行分析认为，如果印度能将煤炭价格提高到市场出清价，则每年可使国内煤炭产量增加约 191 Mt。

2.5.3 煤炭运输

印度煤炭运输方式主要采用铁路、公路、带式输送机和索道运输系统等方式。其中以铁路运输占绝对比例，历年来运输煤炭量均在 70% 左右。

印度煤炭铁路运输的主要流向是由东到西，这是因为印度主要煤产地在东北部和东部，而煤炭的消费区（燃煤发电厂）主要集中在南部和西部地区。因此，印度国内生产的大部分煤炭需要长途运输。每年有大量煤炭从边远的东部运往西部的德里、坎普尔和孟买等人口和工业集中的大、中城市，部分煤炭经海路从加尔各答运往印度南部沿海地区。

2019 年，印度超过 60% 的煤炭都是通过铁路方式进行运输的，运输费用占印度普通非坑口发电厂总燃料成本的三分之一以上。铁路基础设施不足和运输成本高昂一直是阻碍其国内煤炭供应增长的主要障碍，在 750 km 的运输距离内，铁路运输成本占了动力煤价格的一半。存在的主要问题包括铁路线路铺设不足、火车短缺及铁路线拥堵，煤炭货运专用通道尚未完全开发，铁路客运优先于货运服务，降低了煤炭运输量。

由于铁路客运和货运用户之间的交叉补贴政策，导致煤炭运价非常高昂。这项补贴政策造成目前印度的货运关税是世界上最高的，而客运关税则是最低的局面，并且短期内交叉补贴政策也不可能有任何改变。因此，这项政策可能会造成燃煤电厂考虑其选址问题，要么建在煤矿附近地区，要么建在沿海地区以便于使用进口煤炭进行发电。

为了提高运输效率，印度政府已于 2014 年 1 月 16 日发出通知，投标建设基于 GPS 的车辆跟踪系统和 RFID 系统的煤炭运输体系，包括吊杆障碍、相机快照等，同时针对煤炭运输金融不规范、缺乏诚信等现状提出了预警措施。2015 年以来，印度政府又采取了多项措施缓解煤炭运输问题。优先发展铁路，在 2018—2019 年度完成了两个主要的铁路基础设施项目，另有三个项目正在进行中。此外，政府还在分配煤炭资源方面进行了一系列调整，以节省运输成本。

虽然印度国内铁路基础设施不足导致了对进口煤炭的依赖增加，但在煤炭进口方面也同样面临运输方面的挑战，特别是在印度东海岸，由于铁路基础设施不足，无法将煤炭从港口运输到终端用户，致使煤炭进口也受到影响。就进口的预期增长而言，印度目前每年至少有 250 Mt 的港口处理能力。因此，目前处理进口的港口基础设施已经足够，但国内铁路网络（印度国内煤炭运输）跟不上港口运力的增长，也需要进一步扩大铁路运力。

为保证未来生产和运输的增长计划顺利实施，目前，印度煤炭公司在有产能增长潜力的东南部煤田有限公司（SECL）、默哈讷迪煤田有限公司（MCL）和中部煤田有限公司（CCL）等煤田规划了若干个重大铁路基础设施项目和合资项目并委托印度铁路公司施工建设，其中有两个主要的铁路基础设施项目以保证金方式实施，四个铁路基础设施项目以合资公司方式进行建设。

2.6 煤矿安全生产

印度在煤矿安全生产方面的体制、机制、法律法规均较为健全，由于煤炭开采以露天为主，因此整体煤矿安全生产情况相对较好，印度煤矿百万吨死亡率一直位于世界产煤中等发达国家水平。

2.6.1 煤矿安全生产情况

1. 煤矿安全生产现状

进入 20 世纪 90 年代，除 1994 年煤矿事故死亡 241 人出现了反弹外，印度煤矿事故死亡人数总体呈起伏式逐年下降趋势，并在 2010 年后已完全控制并降至 100 人以内。2018 年印度煤矿事故 52 起、死亡 58 人，比 2017 年分别减少 4 起、3 人，分别下降 7.2% 和 4.9%。2018 年百万吨死亡率为 0.08，比 2017 年下降 0.01。而从 1990—2018 年的区间来看，2018 年比 1990 年在煤矿事故起数和死亡人数上分别减少 122 起、125 人，分别下降了 80.1% 和 79.1%，煤矿百万吨死亡率下降了 0.74，具体见表 2-2-16 和图 2-2-10。同时表中还统计了重伤事故起数和人数。

表 2-2-16 1990—2018 年印度煤矿事故安全情况统计

年份	死亡事故		产量/Mt	百万吨死亡率	重伤事故	
	起数/起	人数/人			起数/起	人数/人
1990	151	158	200.89	0.79	893	983
1991	138	143	211.73	0.68	803	854
1992	165	183	229.28	0.80	810	894
1993	156	176	238.26	0.74	854	903
1994	156	241	246.04	0.98	717	775
1995	137	219	253.73	0.86	757	813
1996	131	146	270.13	0.54	677	723
1997	143	165	285.63	0.58	677	725
1998	128	146	295.8	0.49	523	560
1999	127	138	292.27	0.47	595	650
2000	117	144	299.97	0.48	661	707
2001	105	141	309.68	0.46	667	706
2002	81	97	322.64	0.30	629	650

表 2-2-16（续）

年　份	死亡事故		产量/Mt	百万吨死亡率	重伤事故	
	起数/起	人数/人			起数/起	人数/人
2003	83	113	336.87	0.34	563	578
2004	87	96	355.72	0.27	962	977
2005	96	117	377.27	0.31	1106	1119
2006	78	137	407	0.34	861	876
2007	76	78	454.358	0.17	923	940
2008	80	93	488.55	0.19	686	693
2009	83	93	526.15	0.18	636	646
2010	97	118	530.1	0.22	480	488
2011	65	67	532.69	0.13	533	546
2012	79	83	539.95	0.15	536	542
2013	77	82	556.4	0.15	456	457
2014	59	62	565.7	0.11	379	391
2015	54	55	609.18	0.09	302	307
2016	67	94	639.23	0.15	268	271
2017	56	61	657.87	0.09	183	188
2018	52	58	675.4	0.08	178	181

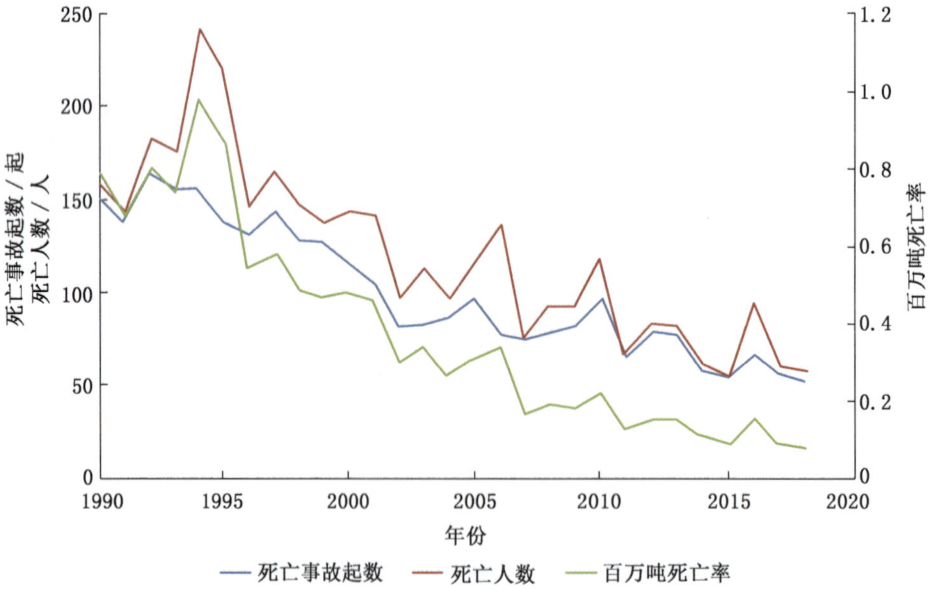

图 2-2-10　1990—2018 年印度煤矿安全统计情况

印度煤矿事故十年统计概况及千人死亡率发展趋势（十年均数）见表2-2-17。由表2-2-17可明显看出，1990年后，印度煤矿安全生产形势逐年向好，从事故造成死亡人数来看有较大幅度改善，平均下降达到40%以上。

表2-2-17 1951年至今印度煤矿事故各时期统计情况

时期（阶段）	平均事故起数/起	平均死亡人数/人	千人死亡率	时期（阶段）	平均事故起数/起	平均死亡人数/人	千人死亡率
1951—1960年	222	295	0.82	1991—2000年	140	170	0.33
1961—1970年	202	260	0.62	2001—2010年	87	108	0.27
1971—1980年	187	264	0.55	2011—2018年	61	67	0.19
1981—1990年	162	185	0.34				

印度煤矿顶板冒落、运输、物体打击以及机械设备事故是造成死亡事故的主要原因，约占总死亡事故起数的60%以上；人员坠落、物体下落、非运输机械事故是造成印度煤矿重伤事故的主要原因，约占总重伤事故起数的70%以上。印度煤层瓦斯含量低且多为露天煤矿生产，仅有少数煤田内的个别矿区有高瓦斯煤矿，瓦斯事故发生极少，近年来甚至几年已没有瓦斯事故发生。最近一起瓦斯事故是2006年9月6日发生在恰尔肯德邦一座煤矿的瓦斯爆炸事故，共造成54人死亡，占当年印度煤矿事故死亡总人数的40%。

2. 煤矿安全生产特点

近年来，印度煤矿安全生产状况呈现出总体良好且继续向好的趋势。目前印度煤矿安全生产主要有以下几个方面特点：

（1）露天开采比重高，2019年印度露天开采比重达到90%以上，露天开采的煤田地质条件较为简单，煤层埋藏较浅，瓦斯（爆炸和煤与瓦斯突出）事故、透水事故以及窒息事故等的安全风险较小。

（2）印度煤炭开采以国营煤矿为主，个体私人经营的煤矿极少，便于国家统一管理和安全生产整治。

（3）注重煤矿安全整改措施制定和落实，每年都会根据上一年度的安全生产情况动态调整安全生产技术措施。

（4）每年召开两次专门的煤矿安全会议，总结全国煤矿安全状况，讨论煤矿安全生产形势，研究提出安全生产标准。

（5）煤矿安全方面建立了由政府、企业与工人相互支持、相互约束的三方委员会，重视并充分发挥煤矿工人代表在安全监察中的作用，促进了矿山安全管理总局和煤矿安全管理机构以及煤矿工人的合作，提高了监察的效率，达到降低事故发生率的目的。

3. 煤矿安全技术和事故预防措施

1）煤矿安全技术

煤矿安全技术主要包括以下几种：

（1）印度煤矿引入了采用膨胀泡沫剂进行封堵和密闭的技术，可用于对井工煤矿巷道或采空区的某些区域进行封堵，发泡后的充填物强度比普通水泥发泡强度高，能有效防止漏风和隔绝氧气，对井工煤矿火灾的预防以及发生火灾时的控制具有较好应用价值。

（2）使用顶板管理的数据记录器。印度对工作面顶板管理十分重视，印度中央煤矿规划设计研究院研制出一种活动部件最少，并具有抗热、防水和防尘特点的数据记录器系统微处理机，该系统配有接线盒、信号调节器、数据记录器和 RAM 卡。数据是用一台笔记本电脑通过 A/D 卡在短时间间隔内收集的，用于数据分析和检索。

（3）应用便携式液压支柱。为避免矿工在新裸露顶板下作业，印度煤矿应用了一种初撑力大、负载力高、易搬运、安装和拆除较为快捷的液压支柱，并且在经济上也具有推广价值。

（4）对于通风系统的改造改良。充足的新鲜风流通过煤矿井下各工作地点是保证矿井安全、提高效率和增加经济收益的最主要的先决条件。印度采用在采区附近用大直径钻孔机布置多区段通风系统，不仅能够提供良好的通风风流，而且在解救被困矿工时能够为救护队员进入事故地点提供方便的通路。

（5）避难硐室的建造和应用。井工煤矿的避难硐室主要用于火灾、爆炸和透水事故时供矿工临时避险。井下避难硐室的建造不仅防爆、防水，而且能够承受高压；室内通风保持良好，并内设一些必备的设备和设施，如与地面保持联系用的电话、自救器、厕所、浴室和急救箱等。

2）煤矿事故预防措施

为预防减少煤矿事故的发生，印度每年都会根据上一年度的煤矿安全生产状况对各煤炭公司针对性提出下一年度煤矿安全整改措施。以 2019 年为例，印度煤炭公司采取了以下安全措施：

（1）编制内部技术通告、管理与安全问题相关的指导方针、咨询意见，并监控其执行情况。

（2）组织澳大利亚昆士兰州矿山安全与测试研究中心（SIMTARS）的专业安全培训师来对单位一级和地区一级的管理人员、煤矿领导和安全委员会成员进行专门培训。

（3）定期组织召开印度煤炭公司安全理事会会议，并监督会议期间提出的建议及整改落实情况。

（4）发行公司内部刊物《安全通报》，给员工分享灌输安全知识，以提高职工安全意识和传播良好的安全文化。

（5）确保公司监控安全信息系统数据库安全及数据及时更新。

（6）综合深入分析统计煤矿事故及其原因并提出整治对策。

（7）开展安全审计，通过所属子公司的各安全审计小组开展对印度煤炭公司的安全审计，以评估公司的安全状况，并及时纠正安全审计中指出的缺陷和不足。

（8）开展针对不同安全事项的特别安全行动。

（9）安装矿井多气体探测器，配备足量的瓦斯检测器、一氧化碳检测器等。

（10）安装环境远程监测系统，对煤矿生产环境进行连续监测，使用连续的环境空气质量监测系统测定环境粉尘浓度。

（11）配备个人粉尘采样器，用于检测生产环境的粉尘浓度。

印度煤炭公司在以此安全生产机制的作用下，2010—2019 年的煤矿事故起数、伤亡人数都呈现下降趋势，伤亡事故的下降趋势更加明显，并且随着产量的不断提升，死亡事故起数和人数也逐步下降，只是降幅有所减缓，显示出印度煤炭公司及所属煤矿日常安全管理综合能力的不断提升，见表 2－2－18 和图 2－2－11，且在 2019 年其死亡事故起数比 2018 年减少 3 起，下降 10%，死亡人数减少 9 人，下降了 21%，印度煤炭公司各子公司 2019 年度安全生产情况见表 2－2－19。

表 2-2-18 印度煤炭公司 2010—2019 年安全生产情况

年份	死亡事故/起	死亡人数/人	重伤事故/起	重伤人数/人	年份	死亡事故/起	死亡人数/人	重伤事故/起	重伤人数/人
2010	75	94	292	308	2015	38	38	132	141
2011	50	52	242	256	2016	38	61	113	123
2012	57	60	212	219	2017	34	37	108	108
2013	54	59	175	200	2018	33	43	87	96
2014	44	45	183	186	2019	30	34	86	90

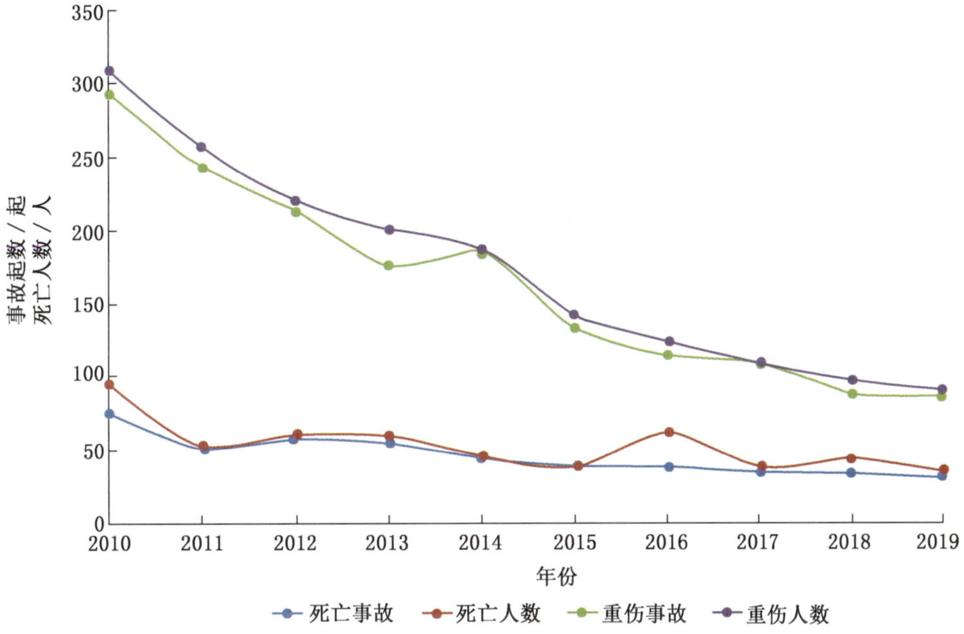

图 2-2-11 2010—2019 年印度煤炭公司煤矿事故统计情况

表 2-2-19 2019 年印度煤炭公司及各子公司煤矿事故统计

公司名称	死亡事故/起	死亡人数/人	重伤事故/起	重伤人数/人	百万吨死亡率	百万吨重伤率
ECL	7	7	18	18	0.14	0.35
BCCL	6	6	10	12	0.21	0.43
CCL	2	2	4	4	0.03	0.06
NCL	2	2	12	12	0.02	0.11
WCL	2	2	16	17	0.04	0.31
SECL	6	7	22	23	0.05	0.16
MCL	5	8	4	4	0.06	0.03
CIL	30	34	86	90	0.06	0.15

注：ECL—东部煤田有限公司；BCCL—珀勒德炼焦煤有限公司；CCL—中部煤田有限公司；NCL—北部煤田有限公司；WCL—西部煤田有限公司；SECL—东南部煤田有限公司；MCL—默哈讷迪煤田有限公司；CIL—印度煤炭公司。

由于印度煤炭公司每年都采取动态式调整措施进行针对性改善煤矿安全生产状况，因此印度煤炭公司的安全生产状况是呈现逐年好转趋势的。1981—2019 年印度煤炭公司煤矿事故统计情况见表 2-2-20 和图 2-2-12，以 10 年为区间划分为了四个时期进行归纳汇总，对其事故起数、死亡人数和百万吨死亡率进行了统计。

表 2-2-20　1981—2019 年印度煤炭公司煤矿事故统计情况

时期（阶段）	年平均事故起数/起	年平均死亡人数/人	年平均百万吨死亡率	时期（阶段）	年平均事故起数/起	年平均死亡人数/人	年平均百万吨死亡率
1981—1990 年	127	148	1.13	2001—2010 年	64	81	0.25
1991—2000 年	109	135	0.6	2011—2019 年	45	53	0.11

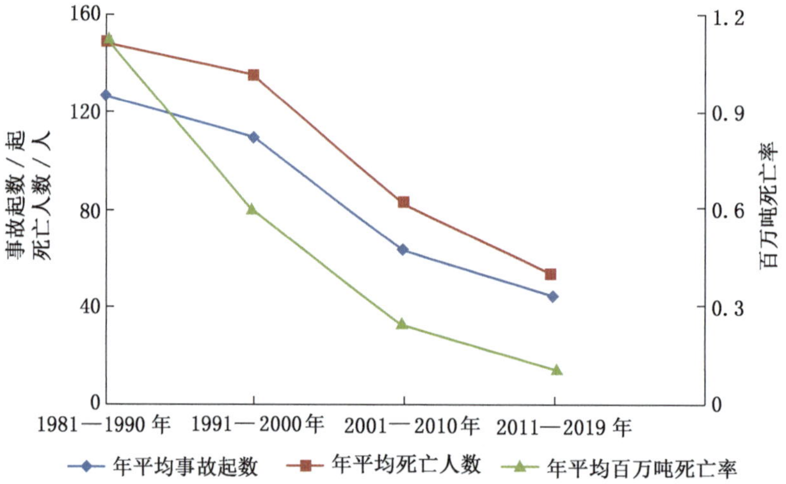

图 2-2-12　1981—2019 年各时期印度煤炭公司煤矿事故统计情况

2.6.2　监管体系与法律法规

1. 煤矿安全监管体系

1）监管机构

矿山安全管理总局（Directorate General of Mines Safety，DGMS），是印度政府劳工部下属的管理机构，也是印度矿山生产安全监察的最高权力机关。根据印度宪法规定，专门负责管理与矿山（煤矿、金属矿山和油矿）从业人员职业安全、健康和福利有关的事务，是煤矿的法定监管机构。矿山安全管理总局的前身是印度矿山监察局，1967 年以后改为矿山安全管理总局。矿山安全管理总局总部设在丹巴德（恰尔肯德邦），最高负责人是矿山安全监察总监，配有专职的采矿、机电工程、职业健康、法规、矿山调查、统计、管理和财务方面的人员协助总监工作。

矿山安全管理总局根据全国矿山分布情况划分分管区域，各区安全监察员由总局委派，职责明确，垂直领导，独立性与权威性很强；同时各矿山安全管理机构执行监管任务时有明确的法律依据，且能做到有法必依，执法必严，任何矿山企业如有违反法律规定或发生事故后将接受调查审理；国家矿山事故调查法庭主要负责重大矿山事故的审理以及做出民事或刑事处罚。

印度 DGMS 按区域进行管理，全国一共分为 8 个区域，每个区域设 3～4 个分区安全监察办事处和 1 个当地安全监察办公室。按职能设置划分为矿山安全监察处、技术支持处和安全管理处 3 大块。

共设 4 级安全监管体制，从上到下依次是矿山安全总监、地方矿山安全检查员、地方下设矿山安全检查组、安全检查组包含的矿山安全监察员。

2）主要职能

根据印度宪法，矿山工人的安全、福利和健康是中央政府关注的问题。这一职责的确保遵守是受到 1952 年《矿山法》和《矿山安全条例》及其他规则和条例的约束，均由劳工部下属的矿山安全管理总局（DGMS）管理。其主要职能如下：

（1）制订起草与矿山安全相关的立法、规则、条例、标准和准则。

（2）实施矿山安全监察，减少矿山事故和职业病危害。

（3）组织开展矿山安全生产周等安全活动。

（4）发布矿山安全信息。

（5）颁发安全生产许可证。

（6）调查重大伤亡事故和重大严重事故以及关于危险事件的投诉。

（7）开展安全培训和教育。

（8）矿山安全设备、材料、器具的认证和审批。

3）监管模式

印度政府对煤矿的安全检查制定了“三方检查”机制，即由矿山安全监察代表、煤矿管理层和工人代表共同监督和管理生产安全，除此之外还有强有力的工会通过罢工等形式来维护工人利益。除垂直监察体制外，印度煤炭部的煤矿安全常务委员会负责对制定煤矿安全政策、检查所属各煤炭公司的安全状况。目前，印度的煤矿安全监管特点是“企业管理为主、政府监管为辅”。在煤炭行业实现国有化以前，印度煤矿安全监管主要以检查执法为主；在煤炭行业国有化实现以后，印度的煤矿安全监管模式发生了许多变化，并逐渐过渡到以企业自主安全管理为主。

印度的国有煤矿不仅规模大而且安全管理水平相对较高，根据法律要求，煤矿企业普遍建立了较完整的企业内部安全管理体系。与以往监管过程中监管主体与私营主体经常出现的对立情绪不同，国有化以后，煤矿安全监管主体与被监管的国有煤矿企业在本质上是利益共同体，其职能与角色开始慢慢地由最初的重检查转向重合作与服务，而且被监管者的安全管理能力明显较中小型私营企业更强，在这样的基础对比关系中，印度逐步探索出了“企业管理为主、政府监管为辅”的煤矿安全监管模式。

因此，近年来印度矿山安全管理总局在监管形式上也做了调整，在保持必要的检查的前提下，已经尝试将“企业自律”和“矿工参与”作为其工作重点，持续提高煤矿安全生产水平。

对于煤矿企业来说，其安全管理一般做法是：

（1）聘用工人监察员。煤矿的安全状况由采矿、机电方面的工人代表监察。监察报告内容及建议呈交给矿山安全监察总局办事处。

（2）煤矿安全委员会。煤矿安全委员会也监察煤矿的安全状况，通过召开会议评价煤矿安全状况，该机构由工人和管理人员组成。

（3）矿区三方安全委员会。矿区一级安全委员会由工人代表、矿山安全监察总局代表和管理人员组成，定期检查各矿区的安全状况。

（4）煤炭子公司的三方安全委员会。该委员会由工人代表、矿山安全监察总局代表和管理人员组成，任务是检查安全措施。

（5）安全董事会确定煤矿安全发展方略。以印度煤炭公司为例，安全董事会由印度煤炭公司董事长牵头，成员由工人代表、印度煤炭公司技术副总裁、煤炭子公司总裁、矿山安全监察总局代表和印度煤炭部代表组成。秘书长由印度煤炭公司负责安全和救护的副总裁担任。董事会讨论安全状况、制定政策并指导改进印度煤炭公司的安全标准。

（6）全国煤矿安全委员会。全国煤矿安全委员会负责制定煤矿安全政策，并检查各煤炭公司的安全状况。

（7）全国矿山安全大会。劳工部每年召开一次全国矿山安全大会，对整个矿山安全情况进行全面回顾。大会还要对矿山安全标准提出改进建议，采纳的建议编制在有关法规中。

2. 煤矿安全与职业健康相关法律法规

印度宪法中明确规定，“安全和健康的工作环境是劳动者的一项基本权利”。在安全生产方面，印度以宪法所规定的权利框架为基础，同时根据印度国家劳工标准，制定了相关法律法规以确保工人的职业安全、福利等相关权益得到保护。

印度制定了一系列旨在解决与安全相关的法律法规，确保职业健康与安全措施得到最全面和最广泛的落实，并且要求煤矿企业同样必须要遵守这些强制性安全法规。印度与煤矿安全有关的一些重要法规如下：《1952 年矿山法》《1955 年矿山条例》《1957 年煤矿条例》《1974 年煤矿（保护和开发）法》《2003 年电力法》《2010 年中央电力管理局（安全供应管理办法）条例》《1966 年矿山职业培训条例》《1966 年矿山托管条例》《1984 年工厂法》《2008 年爆炸物品条例》《2010 年工人补偿法》。

实际上，印度根据《1952 年矿山法》《1955 年矿山条例》《1957 年煤矿条例》以及相关规则和条例大体构成了管理印度煤矿安全生产的基本法律框架。

《1952 年矿山法》试图通过规定提供必要的措施（包括安全措施）来规范矿山的工作条件，以保障矿山工人的安全。同时，为了确保《1952 年矿山法》的实施与执行规范，联邦立法机关又制定了《1955 年矿山条例》。《1955 年矿山条例》规定了矿主作为业主、承租人或代理人管理矿山和采矿作业、矿山健康和安全的职责，还规定了矿山的工作时间、最低工资和其他有关事项。同时在其他程序方面也对违反本法规定的义务和行为，规定了刑事处罚和罚金的事宜，以规范煤矿的安全生产与运营。

2.7　煤炭与环境

煤炭是印度的主体能源，长期以来，煤炭占印度一次能源生产和消费的比重均保持在 60% 以上。近年来，随着天然气、水电、核电、可再生能源规模的逐步扩大，印度能源结构不断优化，煤炭消费占比逐步降低，但煤炭消费规模仍然持续攀升，体量依然巨大。大规模的煤炭生产开发、运输和消费，带来资源、环境等一系列的问题。

2.7.1　矿区环境治理

由于长期开采煤炭且缺乏环境保护意识所带来的环境问题已引起印度国内公众的极大关注，特别是大型露天煤矿及坑口电站造成的水源、大气污染和森林资源与土地破坏等环境问题日趋严重。印度煤炭产量的快速增长主要是由于露天煤矿的开采。露天开采直接导致耕地或林地面积大量减少，同时破坏植物群落，造成野生动物死亡、空气质量下降，不仅改变了地下水－地表水相互作用的性质，而且造成区域环境的空气污染，甚至使气候发生变化等。采矿和有关活动对水资源的影响也是很大的，一方面采矿需要大量的水，因此减少了用于其他用途的水量；另一方面地下和露天开采都会干扰含水层和地下水位。目前，印度大部分煤矿区已被环保部门列为严重污染地区。印度煤炭开采地区造成空气污染的污染源包括：钻孔和爆破，装卸煤炭和表土，重型车辆运输、拉铲挖土机操作引起的粉尘，重型推土机尾气，以及洗煤厂。

环境和森林部在管制采矿对环境的影响和为森林土地上的采矿提供许可证方面发挥关键作用。一些环境保护措施包括：从源头上防止污染；确保污染者付费原则；保护受严重污染的地区和河段；鼓励开发和应用现有的最佳技术解决方案；社会参与共同治理，等。同时将可能导致进一步的森林砍伐和水污染的煤矿项目予以关停。然而，这些措施并未取得预期的结果，因为政府和社会依然把采矿生产作为优先考虑事项，因此法律和条例的执行仍然相当不到位。目前印度与煤炭开采活动有关的环境法规主要有：《1952年矿山法》《1955年土地洪水控制与侵蚀预防法》《1957年矿山与矿产（开发与监管）法》《1957年国家矿产政策、矿山和矿产（发展和管理）法》《1974年预防和控制水污染法》《1974年煤矿（保护和开发）法》《1976年城市土地管理法》《1977年污水排放（污染预防和控制）法》《1980年森林（保护）法》《1981年大气污染预防和控制法》《1982年大气卫生实施条例》《1986年环境保护法》《1988年矿产资源保护与开发规则》《2017年矿物保护和发展条例》等。

进入20世纪90年代后，印度煤炭公司实施了环境与社会缓解项目（ESMP）用以对矿区环境进行综合治理，包括实施环境行动计划（EPA）、实施复垦行动计划（RAP）以及当地居民发展计划（IPDP）。

（1）环境行动计划：包括建设民用污水处理厂、工厂污水处理厂、矿山水排放沉淀设施、粉尘抑制工程项目、树木种植、露天矿排土场复田、环境监控等。

（2）复垦行动计划：包括有效实施对受采矿影响村民的转移和重新安置。

（3）当地居民发展计划：包括社区基础设施的建设，如铺设公路、新建学校教学楼、新建居民住房、新建社区服务设施，以及新建各种职业培训设施等。

为保证采后复田，印度对任一煤炭开采项目（包括老矿和新建矿井）都要求其在设计或开采活动中需实施《环境管理计划》（Environmental Management Plan，EMP）。在新项目立项前，必须提交环境影响报告书（EIS），由政府有关部门审查，审查通过后报呈国家环境委员会审批。在提交环境影响报告书之前，要求认真对计划开采区域的地形、地质、气象、生态环境及社会经济等影响因素进行调研，最后在提交的环境影响报告书中详细阐明煤炭开采对环境影响的预测和评估，以及拟采用方案的选择。此外，在2010财年，印度引入了清洁环境税——一种针对煤炭消费的环境税。该税的征收标准为每吨煤50卢比，随后在2014财年增至每吨煤100卢比，2015年增至每吨煤200卢比，2016年增至每吨煤400卢比。随着2017年商品及服务税（GST）的引入，煤炭消费税被取消，取而代之的是每吨煤400卢比的煤炭生产税。

因此，印度煤矿企业被要求从矿山规划阶段开始就高度重视环境保护，实行和遵循可持续的采矿方法。在采矿作业的同时，采取各种污染控制措施（主要包含矿区粉尘控制、矿井水处理、矿区土地复垦以及地面震动噪声控制等）以维持环境的主要物理和化学属性。

（1）矿区粉尘控制。为了控制和减少钻井、爆破、装车和煤炭运输过程中产生的粉尘，印度煤炭公司根据《环境管理计划》采取了各种措施。《环境管理计划》根据煤矿开采项目对现有环境和森林可能造成的影响，指导煤矿进行建设及开采等相关准备工作，通过对每个项目进行环境影响评价（EIA）研究制定相关防控措施。如沿传送带路线安装喷雾系统、流动洒水装置、自动洒水装置以减轻空气污染。

（2）矿井水处理。矿山建立矿井废物排放处理厂，用以处理从矿井中抽出的废弃水并进行进一步处理。经过处理的矿井水在矿井内部可用于抑尘、灭火、种植、洗涤等，同时还可以根据矿区生活的需要，将部分剩余的处理过的矿井水供应给附近的村庄，用于饮用和灌溉。为了评估采矿活动对地下水的影响，印度煤矿企业已经开始对矿井租赁区内和周围地区地下水水位进行季度监测。在矿房和附近村庄的地下水补给方面，已经采取了诸如雨水收集、池塘挖掘、泻湖开发、现有池塘（蓄水池）淤泥清除等措施。煤矿企业需按照规定对矿山、车间和生活污水进行定期监测，定期形成报告并提交给政府部门。

（3）矿区土地复垦。为了有效地对被破坏的土地进行生物复垦，印度进行了科学研究，并为每个煤田选择合适的植物种类（草、灌木、树等）。森林研究所与印度煤炭公司在填海地区生态恢复领域方面进行了合作，同时印度煤炭公司还在森林研究所的技术指导下开发了生态修复点，在部分矿区的填海区建造了生态公园，如 ECL 的 Gunjan、SECL 的 AnanyaVatika、NCL 的 Nigahi、WCL 的 Saoner、CCL 的 kayakalpka、Rajarappa 生态公园等。

为了使环境污染缓解措施更加透明，印度煤炭公司各二级子公司正在尝试实施最先进的卫星监测技术，以监测所有露天煤矿开采项目的土地复垦和恢复情况。根据卫星监测数据，印度目前对矿山按 5×10^6 m^3/a 为分界线分成两类进行土地复垦监测，超过 5×10^6 m^3/a 类别的煤矿每年进行 1 次监测，低于 5×10^6 m^3/a 类别的煤矿每 3 年进行 1 次分期监测。如在 2019 年印度煤炭公司的 52 个主要监测点中，已复垦面积为 62.95%，采矿区仅占 37.05%，效果较好。截至 2019 年 12 月，印度煤炭公司及其下属企业已栽苗 1976618 株。印度煤炭公司自成立以来，通过完善的环境管理计划和可持续发展活动，到 2019 年已在矿山租赁区内种植了共计 9960 万株树木，面积约 39842 hm^2。

同时矿井关闭退出计划也构成了环境影响评估的一部分，并已提交给了环境保护部门进行地区的环境清理。

（4）地面震动噪声控制。主要采取相关措施进行地面震动以及噪声方面的控制，以减小对矿区职工、居民和环境的影响：在居民区和煤矿区周围建设绿色隔离带；注重对个人进行防护，在有噪声的地方使用耳罩/耳塞；避免夜间施工；适当保养设备减小噪声和震动。

2.7.2 煤炭清洁高效利用

印度政府于 2016 年和 2017 年相继推出了“国家能源政策草案”（Draft National Energy Policy，以下简称“NEP 草案”）和“国家电力计划草案”（Draft National Electricity Plan，以下简称“NELP 草案”）。NEP 草案以 2040 年为远景年限，为印度规划了未来的能源政策方向。根据 NEP 草案，印度将在未来几年内缩小煤炭和石油在能源结构中的比重，大力发展可再生能源，并有可能以核能为基础电源取代煤电的位置。但同时 NEP 草案也承认，印度仍处于贫困国家行列，人口预计在 2040 年将达到 16 亿，届时能源需求将大大增加，电力需求则更大，不仅无法离开以煤炭为主力的火力发电，长期来看，煤电发电量也将呈增长态势。NELP 草案方向性与 NEP 草案基本一致，这两份草案都表明，印度未来将更加重视煤炭清洁利用以减少环境污染，提高能源效率。

在 1978—2003 年期间，由印度政府成立的一些专门委员会建议国家规定向电厂供应洗选后的煤。根据建议，印度政府决定从 2002 年 6 月 1 日起强制性实施向距离煤矿 1000 km 以外的电厂、城市电厂和严格限制煤炭利用的地区（如污染严重的城市地区）供应和使用灰分低于 34% 的煤炭。2016 年，政府又出台了一项政策进一步提高了要求，即要求各煤炭供应商供应给距离煤矿 500 km 以上、装机容量超过 100 MW 的电厂不超过 34% 灰分的煤炭，从而把实现目标的责任压给了煤炭供应商。

由于煤炭的不可替代性，因此印度主要通过以下方法提高煤的质量：一是将国产煤与进口优质煤混合，二是洗选国产煤，减少灰分和其他杂质。

洗选国产煤方面，由于灰分含量高，洗选煤工艺特别适合印度煤炭，于 20 世纪 50 年代开始采用。传统的印度选煤厂主要使用欧洲技术，但是由于对选煤的需求能力正在大幅增加，需要改进技术和扩大选矿范围。但印度国产煤也具有低硫（0.2% ~0.7%）、低铁、低氯、低毒性（稀土元素含量）以及灰熔点高、富硅、富铝灰耐火等特点。

2010 年前，印度的电厂用煤绝大多数都是不进行前处理或分选杂质而直接燃烧，造成能源能效的巨大浪费。近几年，印度开始重视煤炭洗选环节，大力引进洗选煤技术并进行了多项选煤厂的招标项目。印度政府已计划在“十三五”（2017—2022 年）期间陆续扩大印度的选煤能力。政府计划在国营企业建造 20 个洗选煤厂，总装机容量为 111.10 t。至 2019 年底，CIL 公司在“建造、操作和维护”（BOM）计划中已经承担了 15 个洗煤厂的安装工作。其中，6 家是巴拉特焦煤有限公司旗下的炼焦洗煤厂，总设计能力为 18.6 Mt/a，其余 9 家洗选厂为非焦煤洗选厂，总设计能力为 74.5 Mt/a，均隶属于印度煤炭公司。巴拉特焦煤有限公司的6个焦煤选煤厂将配备先进的自动化和控制电路。其中3家正在建造中，其余的均处于建造后期即将完工。采用了典型的旋风分离器、跳汰机旋风分离器组合，而其中除盐旋风分离器和摇床分离器都是在印度首次投入使用。同时，印度电力企业以及其他煤炭消费企业和私营投资者也将在政府的政策指导下建设一些选煤厂。

印度目前主要应用的洗选煤技术主要有：

（1）焦煤方面：重介质气旋技术；除砂跳汰机、重介质洗选和泡沫浮选工艺；除砂跳汰机、重介质旋流器和浮选工艺；重介质分离和浮选；跳汰机（粗煤）、跳汰机（小煤）和泡沫浮选；夹具和重介质；等。

（2）动力煤方面：旋转破碎机和快洗；重介质分离、空气跳汰机和浮选；原矿跳汰机；重介质洗选、重介质旋流器；水力旋流器；等。

此外，精煤洗涤和低挥发性中煤的洗涤也要陆续引进，用以提高国内冶金煤的供应，干式选矿也处于示范应用阶段。

尽管印度政府出台了扶持政策，但煤炭生产商和最终用户并未大规模采用洗（选）煤。印度煤炭公司在2018—2019年的动力选煤能力仅为16 Mt。因为印度煤炭公司推迟建立洗选厂，其煤炭洗选能力未能按原计划增长。并且由于涉及的额外成本过高，以及将洗选过程又纳入了现在的煤炭供应和分配体系，致使煤炭洗选工作仍面临挑战。印度煤炭公司在其最新的年度报告中表示，准备到2020年底再建成9座洗选厂，使其煤炭总洗选能力达到63 Mt，这将为印度国内优质煤炭的供应提供有效支持，但其总体产能利用率依旧偏低。

清洁利用方面，印度对煤炭的洁净利用主要体现在煤层气的开发和煤炭的气化。印度拥有大量可用的煤层气，此外，印度与美国政府合作，为中央矿山规划设计研究院有限公司建立矿井瓦斯和煤层气数据库，用以促进洁净煤技术的发展。为了在应对气候变化的过程中减小煤炭生产对于环境的影响，煤炭部正在通过煤制天然气路线（SCG）(即将煤转化为合成气，然后转化为化学品)，推动清洁和替代利用煤炭的新举措。这项举措将使印度煤炭成为一种生产化学品的原材料，而不仅仅是一种能源产品。2019年，塔奇尔（Talcher）肥料有限公司已受委托将以原工厂为基础，建立一个煤气化工艺技术的综合尿素工厂。该项目位于印度奥里萨邦安古尔地区，以当地煤及石油焦为原料生产化肥，以供应周边地区的农业生产，是全球单系列产能最大的煤制化肥项目，也是印度第一座现代大型煤制化肥项目。项目规模为0.73 Mt/a合成氨、1.27 Mt/a尿素。同时，在另一项倡议中，印度煤炭公司正在积极探索和尝试在丹库尼煤炭基地（近加尔各答）建立煤制甲醇工厂，即将煤先进行气化生产合成气，然后将合成气转化为甲醇，以借此进入煤化工领域。该项目已经开展了各种项目前期调研和讨论工作。

与有限的石油、天然气资源储量相比，印度煤炭资源丰富。煤炭是印度火力发电厂可持续发展的首选燃料。由于印度电力发展规划的重点是燃煤发电，因此，煤质是影响印度电厂正常运行的重要参数。根据印度电力工业可持续发展研究报告讨论的结果，印度的洁净煤技术发展路线如下：

（1）发展成本效益好的洁净煤技术，最大限度提高洁净煤利用和选煤厂矸石的环境友好型处理或利用。

（2）减少SO_x、NO_x和CO_2的排放量，满足国际期望值和标准。

（3）通过以下途径将煤的能量最大限度地利用：① 改造老式的PC燃煤锅炉；② 采用可减少SO_x、NO_x排放量的循环流化床燃烧技术；③ 通过煤炭气化直接燃烧和采用燃气透平发电；④ 先将次临界蒸汽参数提升到超临界参数，最后提升到超超临界参数。

（4）目前世界公认的洁净煤技术是：① 超临界锅炉；② IGCC；③ 含氧燃料燃烧；④ 煤层气和煤矿瓦斯；⑤ 地下煤炭气化；⑥ 排放控制技术；⑦ 煤制油和气制油；⑧ CO_2封存；⑨ 氢能。

采用上述技术可最终实现零排放发电。

印度是世界第二大煤炭消费国。预计在未来的 40 ~ 50 年中，印度仍将是世界煤炭消费大国。未来的能源供需形势决定了印度一次能源消费仍以煤炭为主。因此，印度主要从以下 3 个方面考虑发展洁净煤技术：

（1）经济：与国产煤相比，选用石油、天然气和其他燃料发电在经济上很昂贵。与油气资源相比，印度煤炭资源丰富。煤炭是保证印度电厂发电可持续供应和最廉价的国内燃料。

（2）能源安全：减少对进口能源的依赖。加大国内煤炭资源开发和利用。

（3）环境：国内煤炭消费量增加，特别是电厂发电用煤量的增加将增加 CO_2 排放量。而较低的 CO_2 排放量和 CO_2 封存技术已成为一种可行的选择。

2017 年开始，印度所有新建燃煤电厂都已使用清洁煤炭技术。印度政府已表示，到 2022 年将清洁煤炭的比例提升到 24% 。

2.8　主要煤炭公司简介

2.8.1　印度煤炭公司

印度煤炭公司（Coal India Limited，CIL）是印度煤炭部下属的国营公司，成立于 1975 年 11 月，总部设在西孟加拉邦的加尔各答。印度煤炭公司目前是全球最大的煤炭生产企业之一，在印度 8 个省的 83 个矿区开展业务，总产量占印度煤炭产量的 80% 以上。

印度煤炭公司拥有 7 家全资煤矿生产子公司和 1 家煤矿规划和咨询公司，分布在印度的 8 个省，分别是东部煤田有限公司（ECL）、珀勒德炼焦煤有限公司（BCCL）、中部煤田有限公司（CCL）、西部煤田有限公司（WCL）、东南部煤田有限公司（SECL）、北部煤田有限公司（NCL）、默哈讷迪煤田有限公司（MCL）和中央煤矿规划设计院（CMPDI），此外，印度煤炭公司在非洲的莫桑比克还有一个外国子公司，即印度煤炭非洲公司（CIAL），如图 2 – 2 – 13 所示。

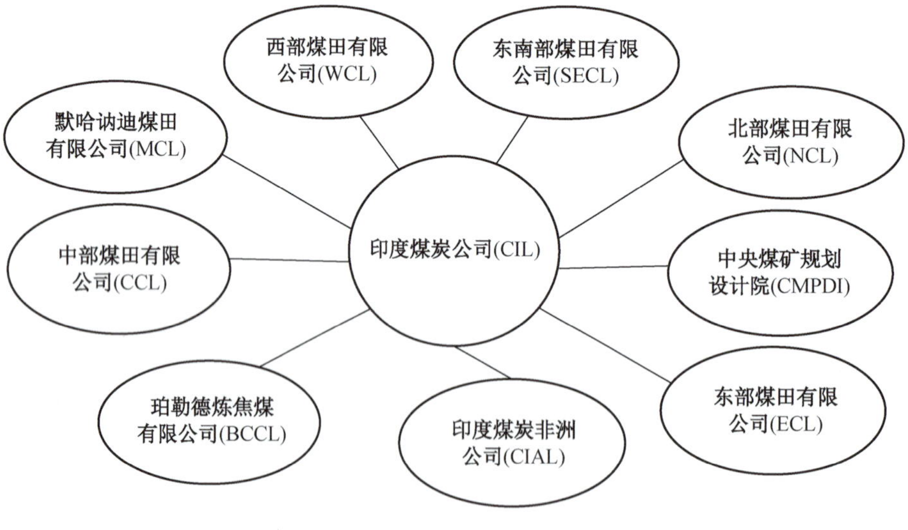

图 2 – 2 – 13　印度煤炭公司及其子公司

截至 2019 年，印度煤炭公司共计拥有 364 个煤矿，其中 166 个井工煤矿，180 个露天煤矿，18 个露天 – 井工混合煤矿。此外，印度煤炭公司还经营着 16 家洗煤厂（12 家炼焦煤厂和 4 家非炼焦煤厂），并管理着车间、医院等其他设施。

印度煤炭公司2018—2019财年原煤产量为606.89 Mt，占印度煤炭总产量的83%，2017—2018年原煤产量为567.37 Mt，同比增长6.97%。2018—2019财年的税后利润为17462.18亿卢比，上一年度为7038.44亿卢比，增长了148%；2018—2019财年的税前利润为27125.46亿卢比，上一年度为10770.31亿卢比，增长了152%。2018—2019财年的总销售额为140603亿卢比，净销售额为92896.08亿卢比。

截至2019年4月1日，印度煤炭公司包括子公司的总职工人数为285479人。

2.8.2 辛格雷尼煤矿有限公司

辛格雷尼煤矿有限公司（The Singareni Collieries Company Limited，SCCL）是泰伦加纳邦政府和印度政府的合资企业，参股比例分别为51∶49。辛格雷尼煤矿有限公司已探明的地质储量达到879.1 Mt。产量约占印度总产量的9%。目前经营18个露天煤矿和27个井工煤矿。

辛格雷尼煤矿有限公司在2018—2019财年原煤产量为64.41 Mt，占印度煤炭总产量的9.5%，2017—2018年原煤产量为62.01 Mt，同比增长3.87%。

辛格雷尼煤矿有限公司位于印度南部，在泰伦加纳邦北部的四个地区（即Khammam、Karimnagar、Warangal、Adilabad）都开展有业务。辛格雷尼煤矿有限公司主要向泰伦加纳邦的大部分客户供应煤炭，同时也向印度南部和马哈拉施特拉邦的部分地区少量供应煤炭。2017—2018财年，辛格雷尼煤矿有限公司生产目标为66.06 Mt，实际生产煤炭62.01 Mt，向各类消费者发运煤炭64.62 Mt，其煤炭主要用于满足电力（66%）、水泥（13.5%）、自保电力（6.6%）、海绵铁（3.1%）及其他客户（10.8%）的需求。辛格雷尼煤矿有限公司主要向印度NTPC Ramagundam、T－GENCO、Karnataka、Parli四大电力公司供应煤炭。除上述主要电力公司外，也向水泥装置、私人发电厂及海绵铁装置供应煤炭。为确保煤炭调派工作顺利进行，公司设立8间煤炭装卸厂，主要以铁路方式派送煤炭。

辛格雷尼煤矿有限公司拥有通过ISO 9001：2015认证的项目规划相关部门，拥有一批露天开采、井工开采、勘测、机电工程、财务评价（计量经济学、金融）、工业工程、地质与土木工程等方面的专业人才，能够独立承担煤矿规划工作。

3 澳大利亚煤炭工业

澳大利亚的地理位置和资源条件决定了其出口导向性经济的发展模式，煤炭工业是澳大利亚经济发展的支柱产业，近 30 年澳大利亚能源的净出口国地位不断增强；一次能源生产总量年平均增长速度是一次能源消费总量的 2.12 倍，煤炭是一次能源消费的重要构成、一次能源生产增量的主要来源。2018 年底，澳大利亚拥有世界硬煤经济资源量的 10%，排在美国、中国、印度之后的第四位；97% 的硬煤资源分布在昆士兰州和新南威尔士州。煤炭出口拉动煤炭生产规模的持续扩大；昆士兰州和新南威尔士州主要从事硬煤开采，煤炭生产以露天开采为主，占其煤炭总产量的比重比世界露天开采的平均占比高出 40 多个百分点；煤炭生产效率上升、下降和缓慢回升的过程反映出煤炭科技创新的不同发展阶段，法律法规的及时制修订、监管体系的完善，以及在政府、企业、研究机构等方面共同制定的“煤炭研究计划”引领和推动下，重视科技创新和先进开采技术与装备的结合，澳大利亚煤炭行业的安全生产与职业健康、原煤生产效率和环境保护水平一直居于世界领先地位。根据澳大利亚和国际权威机构预测，今后 5 年澳大利亚炼焦煤出口将保持数量和收益的稳步增长，2018—2040 年澳大利亚将继续保持煤炭最大净出口国的位置。

3.1 煤炭在能源系统中的地位和作用

澳大利亚是高度依赖资源与能源出口和吸引外国投资而发展经济的国家，近 30 年，经济一直保持较好的发展；经济总量名列世界前 15 位，采矿业产值贡献增长最快，2018/19 年度采矿业产值占 GDP 的 9.5%，煤炭出口收益占 GDP 的 3.8%；近 30 年澳大利亚一次能源消费和生产总量持续增长，后者的增速远高于前者，煤炭在一次能源消费和生产构成中占有非常重要的地位和作用；一次能源消费仍以化石能源为主，2019 年出台《气候解决方案》，进一步落实温室气体减排计划；采矿业对 GDP 贡献较大，煤炭出口收益和就业人数在采矿业占有非常重要的地位和较大的比重。

3.1.1 近 30 年经济发展与能源

澳大利亚经济多年保持连续增长，2018/19 年度经济总量名列世界第 14 位；近 30 年，采矿业产值增长速度最快，服务业产值占比达 60%；能源净出口量迅速增长，资源和能源出口与国内生产总值密切相关。

1. 国家基本情况

地理位置。澳大利亚全称澳大利亚联邦，位于南太平洋和印度洋之间，由澳大利亚大陆和塔斯马尼亚岛等岛屿和海外领土组成。东濒太平洋的珊瑚海和塔斯曼海，西、北、南三面临印度洋及其边缘海，海岸线长约 3.64×10^4 km。面积为 7692024 km^2，占大洋洲的绝大部分，虽四面环水，沙漠和半沙漠却占全国面积的 35%。全国分为东部山地、中部平原和西部高原 3 个地区。全国最高峰科修斯科山海拔 2230 m，最长河流墨尔本河长 1745 km。中部的埃尔湖是澳大利亚的最低点，湖面低于海平面 12 m。在东部沿海有全世界最大的珊瑚礁——大堡礁。北部属热带，大部分属温带。年平均气温北部 27 ℃，南部 14 ℃，内陆地区干旱少雨，年降水量不足 200 mm，东部山区年降水量 500 ~ 1200 mm。

行政区划。澳大利亚全国划分为 6 个州和 2 个领地：昆士兰州（Queensland）、新南威尔士州（New South Wales）、维多利亚州（Victoria）、南澳大利亚州（South Australia）、西澳大利亚州（Western Auatralia）、塔斯马尼亚州（Tasmania），堪培拉所在的首都特区（Capital Territory）和北领地

(Northern Territory)。州和领地的立法权有很大分别，州在某些领域可以自行立法，而联邦不能干预；领地也可以自行立法，但领地的立法权来源于联邦政府的授权，领地所订立的法律，联邦政府如有不满就可以废止。除北领地之外，其他州均有煤炭资源。

人口总量。截至 2019 年 10 月 15 日，澳大利亚人口估计为 25536400 人。澳大利亚是世界第 52 人口大国，也是大洋洲人口最多的国家。

2. 近 30 年经济发展

根据澳大利亚工业科学能源和资源部（DISER）《2020 年经济调查报告》，2018/19 年度澳大利亚国内生产总值同比增长 1.98%，达到 1.89×10^{12} 美元，世界排名第 14 位；人口增长 1.6%，达到 25536400 万人。

近 30 年采矿业产值增长速度最快，服务业产值占比最大。1990/91—2018/19 年度 GDP 总量的增幅是 355.15%，平均年增长速度是 5.91%。其中，农业、林业和渔业产值的增幅是 207.8%，平均年增长速度是 4.0%，占比从 3.2% 降低到 2.1%；采矿业产值的增幅是 838.1%，平均年增长速度是 8.0%，占比从 4.8% 增长到 9.5%；制造业产值的增幅是 110.6%，平均年增长速度是 2.6%，占比从 12.6% 降低到 5.6%；建筑业产值的增幅是 426.5%，平均年增长速度是 5.9%，占比从 6.7% 增加到 7.5%；服务业产值的增幅是 399.8%，平均年增长速度是 5.8%，占比从 57.0% 增加到 60.6%。1990/91—2018/19 年度 GDP 总量及构成变化如图 2-3-1 所示。

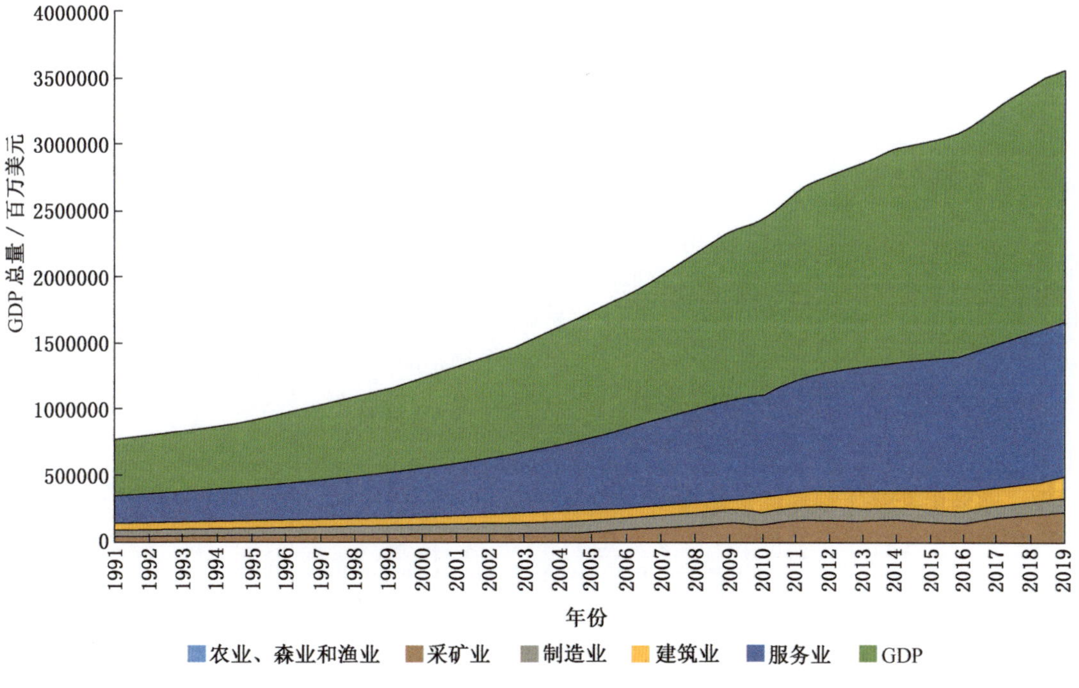

注：图中数据为澳大利亚各财年统计数据，如 1991 为 1990/91 年度（即 1990 年 6 月—1991 年 6 月）

图 2-3-1　1990/91—2018/19 年度 GDP 总量及构成变化

3. 近 40 年能源净出口量迅速增长

40 年来能源净出口量增长了约 17 倍。澳大利亚是世界第九大能源生产国、OECD 成员国 3 个能源净出口国之一，如图 2-3-2 所示，1978/79—2018/19 年度能源生产总量增长了 4.3 倍、能源消费总量增长了 1 倍，而能源净出口量增长了约 17 倍；1978/79—2009/10 年度是快速增长阶段，增幅达 1175.78%，而 2010/11—2018/19 年度的增幅是 71.90%。

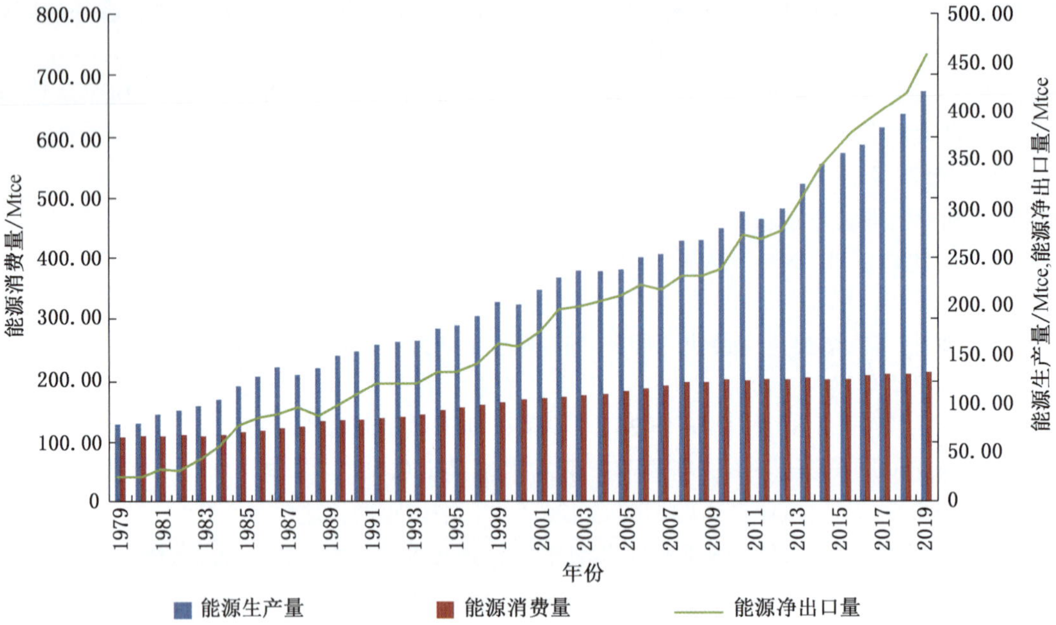

资料来源：澳大利亚工业科学能源和资源部

图2-3-2　1978/79—2018/19年度能源净出口量增长情况

资源和能源出口是澳大利亚经济的重要支撑。2019年12月，澳大利亚实际国内生产总值（GDP）增长0.5%，全年增长2.2%；2019年12月，采矿业增加值占澳大利亚国内生产总值增长的28%。受煤炭、贱金属和贵金属矿业增长的推动，2019年12月采矿业增加值增长1.8%，比上年同期增加7.3%。全球金融危机以来，澳大利亚资源和能源出口收入的波动与名义国内生产总值的波动密切相关，如图2-3-3所示。由于澳大利亚贸易条件的有利增长和资源商品投资繁荣的成果推动，资源和能源商品出口收入在澳大利亚名义GDP中所占份额不断上升，如图2-3-3所示。

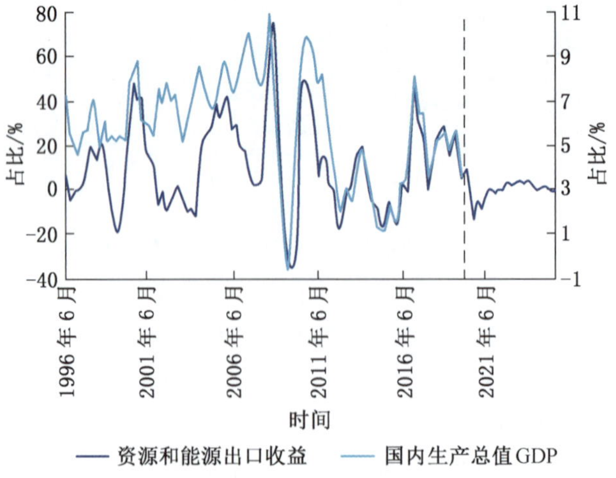

图2-3-3　1996年6月—2021年6月名义GDP与资源和能源出口收入的关系

3.1.2 煤炭在能源消费与生产构成中的地位和作用

近30年来，澳大利亚能源消费和生产总量不断增长，生产总量的增速明显高于消费总量，前者的年平均增长速度是后者的2.12倍；一次能源消费总量的变化分为增速较快和峰值平台期两个阶段，消费结构以化石能源为主，煤炭占比虽有下降仍占近30%；一次能源生产总量在出口的拉动下以快速增长为主，增长结构以化石能源增长为主，煤炭的增量远大于天然气；出台《气候解决方案》，增加可再生能源发电，推动温室气体减排。

1. 近30年煤炭在一次能源消费构成中的地位和作用

近30年一次能源消费总量呈增长态势，分为迅速增长和峰值平台期两个阶段。根据澳大利亚工业科学能源和资源部（DISER）《澳大利亚能源（2020）》报告，如图2-3-4和表2-3-1所示，1990/91—2018/19年度一次能源消费总量年增长幅度为56.6%、年平均增长速度是1.6%，2018/19年度一次能源消费总量同比增加0.83 Mtce、增长0.4%、达到211.76 Mtce，是近30年的最高水平；1990/91—2009/10年度一次能源消费总量增长较快、增幅达47.41%，2010/11—2018/19年度进入峰值平台期，增幅仅为4.8%。

近30年化石能源消费占比保持在93%，煤炭消费占比波动性下降11.1个百分点。1990/91—2018/19年度一次能源消费构成如图2-3-4所示，具体数据见表2-3-1。煤炭所占比重从41.0%下降到29.1%，2003/04年度曾经达到42.0%，之后是缓慢下降；原油所占比重从36.4%上升到38.8%，处于波动性上涨状态，期间曾经有1个年度下降到占比为34.2%；天然气从16.6%上升到25.7%，基本处于上涨态势；可再生能源从6.0%上升到6.4%，缓慢地波动性上涨，期间曾经有2个年度下降到占比为4.8%。

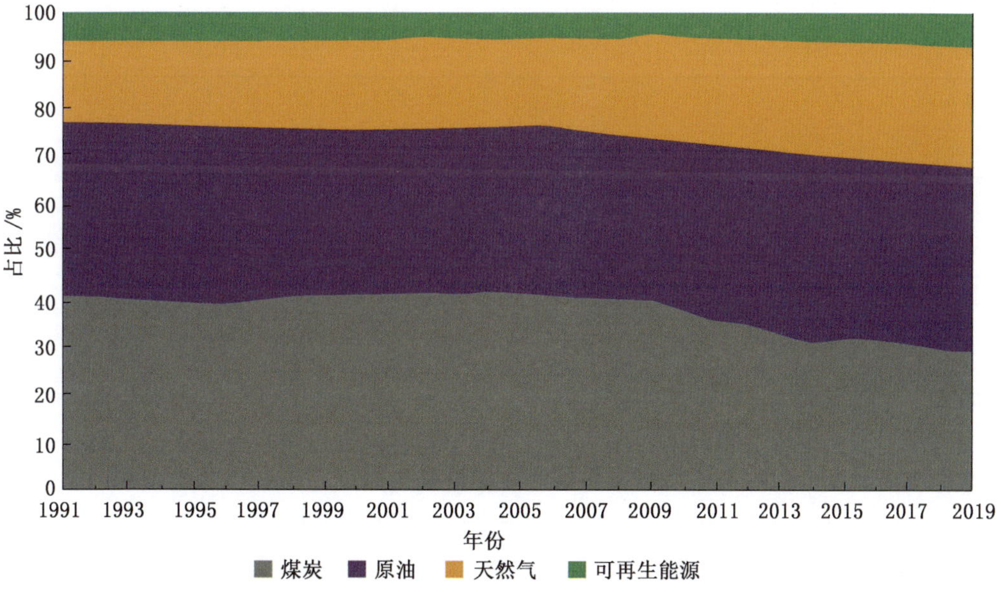

图2-3-4 1990—2019年煤炭在一次能源消费构成的变化

2. 近30年煤炭在一次能源生产构成中的地位和作用

近30年天然气和煤炭生产带动一次能源生产总量以年平均3.6%的速度较快增长。根据澳大利亚工业科学能源和资源部（DISER）《澳大利亚能源（2020）》报告，1990/91—2018/19年度一次能源生产总量增长幅度达175.7%，年平均增长速度是3.5%，2018/19年度澳大利亚一次能源生产总量同比增加37.85 Mtce、增长幅度为5.9%、达到673.65 Mtce（表2-3-2），是近30年的最高水平；天然气和煤炭生产总量的增长幅度分别达554.2%和167.2%，是一次能源生产增长的主要推动力。

表2-3-1　1990/91—2018/19年度煤炭在一次能源消费构成中数量变化　Mtce

年　度	一次能源消费总量	煤炭	原油	天然气	可再生能源
1990/91	135.20	55.48	49.25	22.40	8.08
1995/96	153.93	60.69	56.87	27.24	9.13
2000/01	171.29	71.14	58.15	32.81	9.19
2005/06	189.61	78.35	67.32	34.21	9.72
2009/10	199.30	76.04	70.40	43.22	9.65
2010/11	202.08	72.58	75.72	43.73	10.04
2011/12	201.61	70.92	74.82	45.86	10.01
2012/13	202.80	66.11	78.06	47.25	11.38
2013/14	201.94	63.23	78.69	48.29	11.73
2014/15	201.93	65.20	76.23	48.65	11.84
2015/16	207.85	66.85	77.50	51.20	12.29
2016/17	210.05	66.20	79.13	51.78	12.94
2017/18	210.93	63.13	81.61	53.13	13.06
2018/19	211.76	61.57	82.10	54.43	13.66

表2-3-2　1990/91—2018/19年度煤炭在一次能源生产构成中数量变化　Mtce

年　度	一次能源生产总量	煤炭	原油和液化石油气	天然气	可再生能源
1990/91	247.29	166.79	43.62	28.72	8.16
1995/96	288.40	196.39	41.56	41.15	9.29
2000/01	366.70	257.99	52.62	46.99	9.11
2005/06	404.17	303.70	33.63	57.12	9.72
2010/11	464.55	341.13	35.79	77.59	10.04
2011/12	480.72	363.30	33.75	73.65	10.02
2012/13	520.22	394.62	29.97	84.22	11.42
2013/14	552.19	424.89	28.90	86.62	11.78
2014/15	573.08	443.15	27.17	90.89	11.88
2015/16	591.56	437.19	26.35	115.73	12.29
2016/17	613.72	435.37	23.41	142.00	12.94
2017/18	635.80	438.95	22.10	161.70	13.06
2018/19	673.65	445.60	26.48	187.91	13.66

近30年煤炭生产占比略有下降，仍占主导地位。1990/91—2018/19年度一次能源生产构成如图2-3-5和表2-3-2所示，煤炭生产所占比重从67.4%降低到66.1%，2014/15年度曾经达到最大值的77.3%，之后所占比重略有下降；原油生产所占比重从17.6%减少到3.9%，整体处于下降状态、略有波动，2017/18年度的占比是最低点；天然气生产从11.6%上升到27.9%，基本处于上升状态；可再生能源从3.3%下降到2.0%，缓慢地波动性下降。

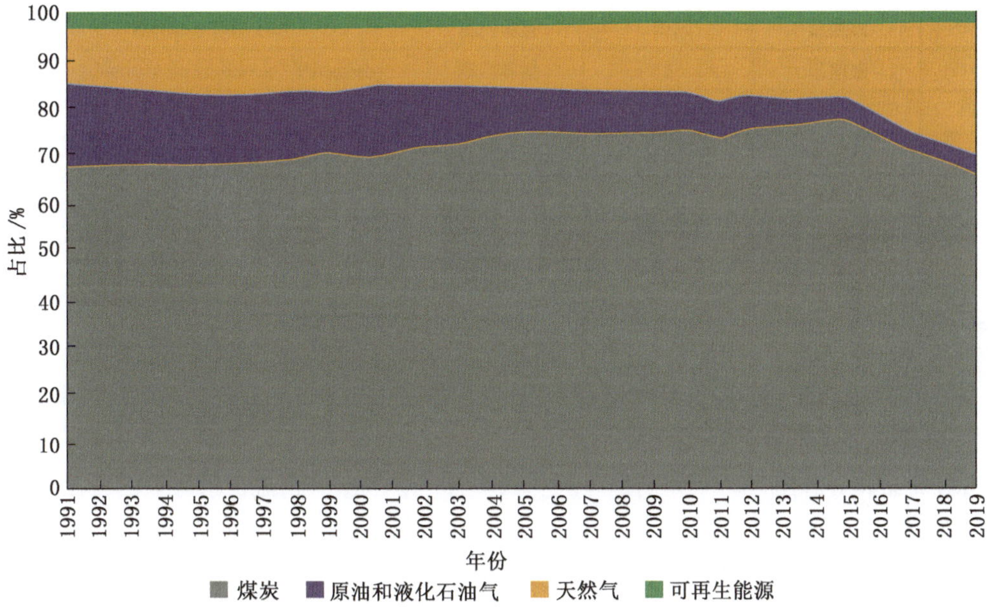

图2-3-5　1991—2019年度煤炭在一次能源生产构成中的变化

3. 近30年应对气候变化的措施

1）新能源产业应对气候变化成效

出台《气候解决方案》、继续推动温室气体减排。澳大利亚煤炭储量占世界总储量的8.9%，是全球第四大硬煤和褐煤资源国，在一次能源生产结构中占到65%以上。同时澳大利亚有着丰富的太阳能、风能、地热能、海洋能等可再生能源，尤其在太阳能方面，澳大利亚是世界上大陆国家中每平方米国土获得太阳辐射能最多的国家。2016年，澳大利亚批准了《巴黎协定》，承诺到2030年将温室气体的排放量在2005年的基础上降低26%~28%，但落实情况并不理想。为进一步推动澳大利亚在应对全球气候变化的工作落实，2019年2月25日，澳大利亚出台了《气候解决方案》，旨在启动20亿美元的投资来降低整个经济体的温室气体排放。

2）近30年可再生能源发电量

可再生能源发电量有所增长。2018/19年度澳大利亚可再生能源发电量达到52 TW·h、是1978/79年度以来的最高点，占发电总量的比重同比增长了2.61个百分点，从17.08%增长到19.69%；其中，水电占7%、风力发电占6%、太阳能发电占5%。图2-3-6所示为1978/79—2018/19年度澳大利亚发电总量与可再生能源发电变化情况，可再生能源发电在2010/11年度之前发展缓慢，之后发展速度有所增长。

3.1.3　煤炭开采业对经济的贡献

澳大利亚采矿业对GDP贡献占有较大比例，2018/19年度采矿业总收益占GDP的8.5%；收益最

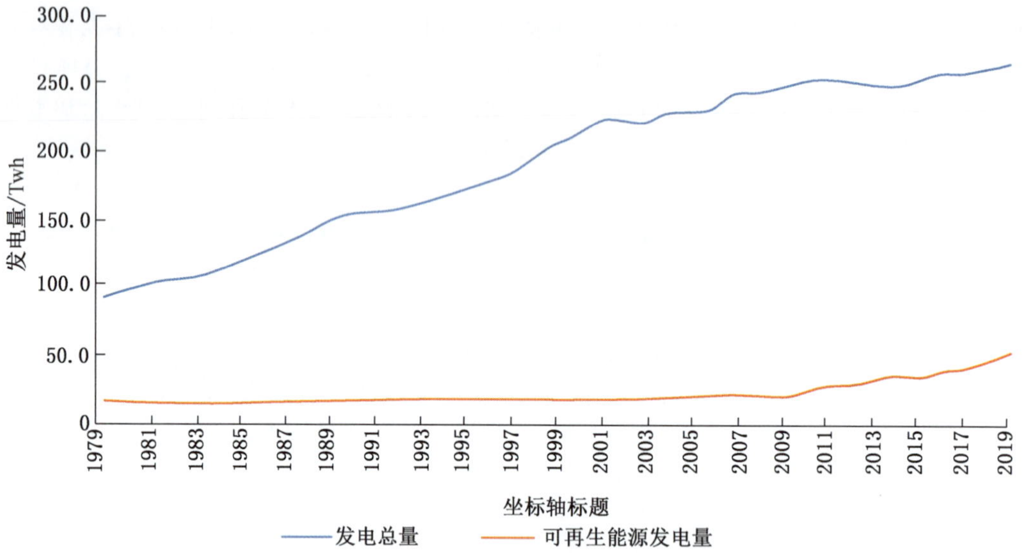

图 2-3-6　1978/79—2018/19 年度澳大利亚发电总量与可再生能源发电

高的能源出口商品和资源出口商品分别是煤炭和铁矿石；煤炭出口收益在采矿业的占比逐渐增加，煤炭开采就业人数在采矿业中位居第二位，占采矿业就业人数比重的 1/5 强。

1. 近 30 年煤炭与铁矿石出口收益比较

煤炭和铁矿石一直是澳大利亚收益最高的能源出口商品和资源出口商品。在资源和能源出口商品收益中，2009/10 年度之前煤炭是收益最高的商品，2009/10 年度开始铁矿石出口收益高于煤炭。如图 2-3-7 所示。

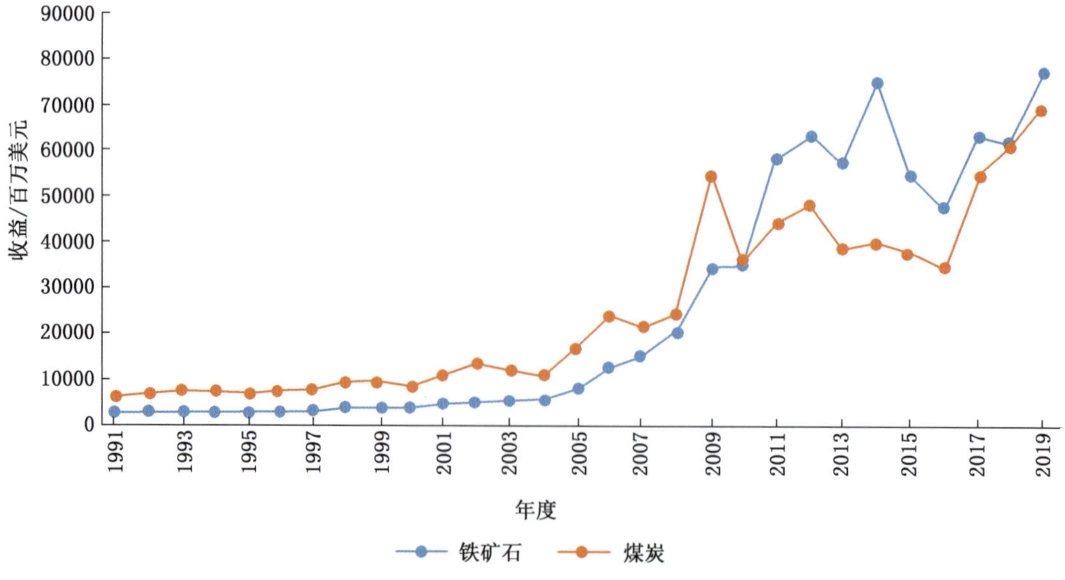

图 2-3-7　1990/91—2018/19 年度煤炭与铁矿石出口收益比较

2. 近30年对出口收益及GDP的贡献

采矿业对GDP贡献占有较大比例。2018/19年度采矿业总收益占GDP的8.5%，煤炭出口价格涨幅较大、煤炭出口收益比铁矿石的出口收益高出60亿美元，占GDP将近4%（3.8%）、占资源和能源产品出口总收益的20%。2018/19年度采矿业就业人数达24.7万人，占总人口的1%。

煤炭出口收益在采矿业的占比逐渐增加。如图2-3-8和图2-3-9所示，1990/91—2018/19年度，澳大利亚炼焦煤与动力煤出口收益占资源和能源产品出口总收益的比重保持在19.0%～33.5%之间，平均值为23.4%；1990/91—2018/19年度，澳大利亚炼焦煤与动力煤出口收益占能源产品出口总收益的比重保持在42.1%～70.0%之间，平均值为57.8%。

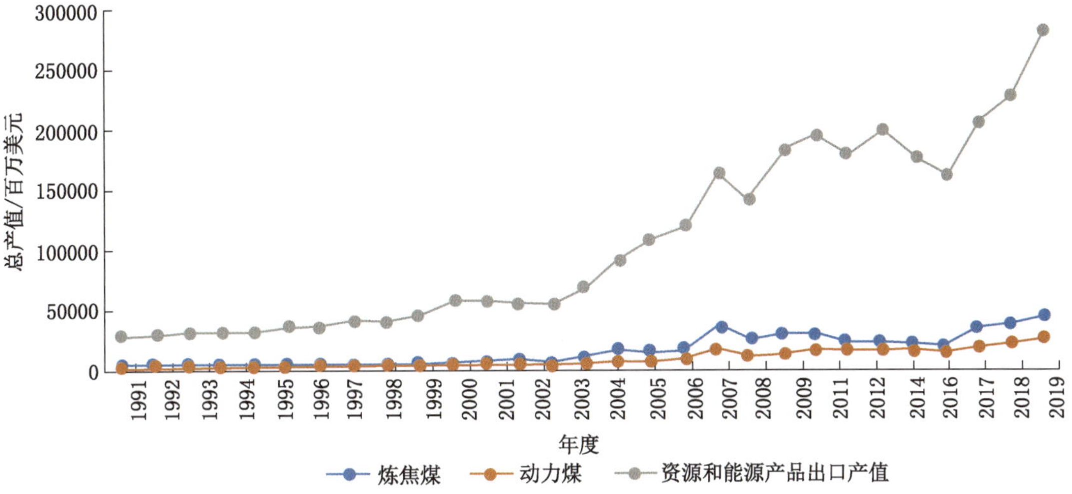

图2-3-8 1990/91—2018/19年度炼焦煤、动力煤出口产值与资源和能源产品出口总产值

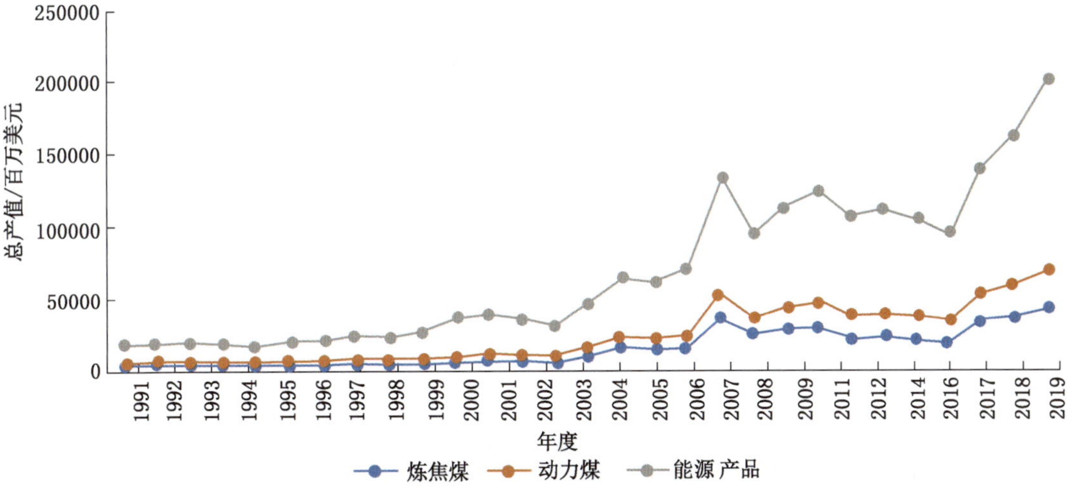

图2-3-9 1990/91—2018/19年度炼焦煤、动力煤出口产值与能源产品出口总产值

3. 近30年对就业率的贡献

煤炭开采就业人数在采矿业中位居第二位，占采矿业就业人数比重1/5强。如图2-3-10所示，金属矿石开采是澳大利亚采矿业就业人数最多的产业，煤炭开采就业人数仅次于金属矿石开采；

1990/91—2018/19 年度煤炭开采业就业人数从 28 千人增加到 54 千人，增长幅度为 92.9%；但占采矿业就业人数的比重却从 29.7% 降低为 21.9%，主要是油气开采、勘探和其他采矿支持服务就业人数的占比增长较快，说明油气开采业产品出口增幅较大。

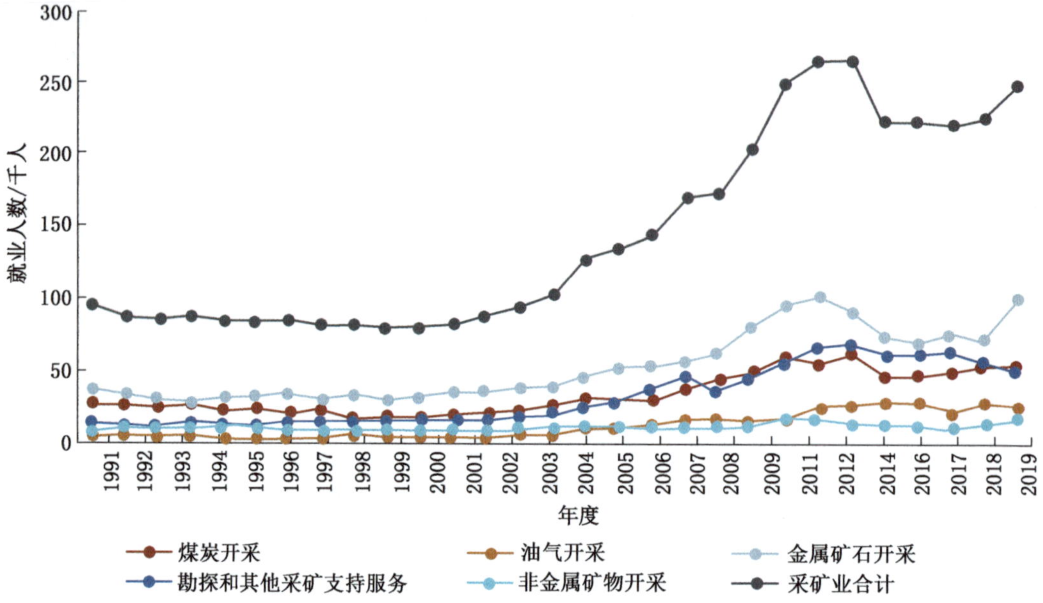

图 2-3-10　1990/91—2018/19 年度煤炭开采及采矿业就业人数变化

3.2　煤炭工业发展现状与前景

近 50 年，澳大利亚多年保持世界第一大煤炭出口国的地位，硬煤生产带动煤炭总产量数十倍增长；联邦政府管理机构负责提出发展方向，资源开发、安全生产与职业健康、环境保护等具体管理工作是由各州（领地）政府负责管理；国际权威机构和澳大利亚权威机构预测，2040 年澳大利亚将保持煤炭最大净出口国的位置，需要在国家《澳大利亚 2030——创新促进繁荣》计划的框架下，加大科技创新投入、提高研究成果转化和商业化能力，进一步提升生产效率，保证煤炭资源的开发成为促进澳大利亚繁荣的重要推动力。

3.2.1　发展现状

近 50 年，澳大利亚多年保持世界第一大煤炭出口国的地位；近 60 年煤炭生产规模基本呈现匀速增长，硬煤生产带动煤炭总产量数十倍增长；近 30 年硬煤商品煤量占硬煤产量比重有所降低，硬煤出口持续成为硬煤商品煤总量增长的动力，国内硬煤消费比重持续减少。

1. 近 50 年在国际煤炭市场的位置

澳大利亚多年保持世界第一大煤炭出口国的位置。如图 2-3-11 所示，1971 年世界主要煤炭出口国是美国和澳大利亚，煤炭出口占比分别约为 70% 和 28%；2018 年世界主要煤炭出口国是印度尼西亚、澳大利亚、俄罗斯和美国，煤炭出口占比分别为 31%、27%、15%、7%。澳大利亚一直是世界主要煤炭出口国，1984 年煤炭出口超过美国，成为第一大煤炭出口国，当年两国所占比重非常接近、在 38%～39% 之间；1984—2010 年澳大利亚一直保持第一大煤炭出口国，2010 年煤炭出口占比约为 27%；2015—2016 年超过印度尼西亚跃居世界第一大煤炭出口国，煤炭出口占比均为 30%；

2019 年煤炭出口量世界排名第二，煤炭出口量占比为 27.5%，同比增长 2.4%；2020 年 1—5 月，煤炭出口量同比增长 1.7%。

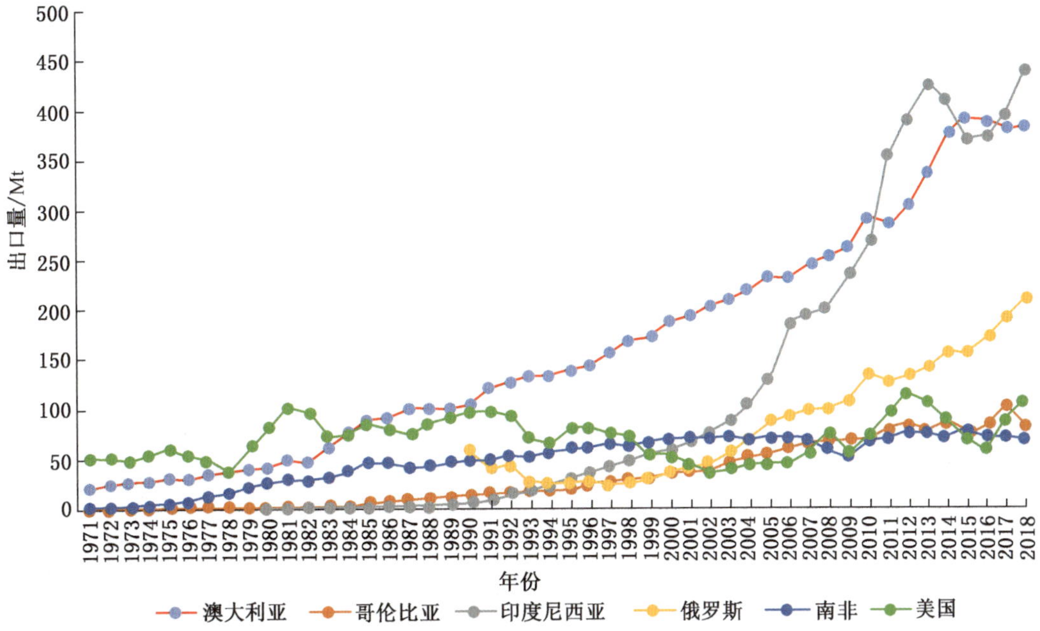

图 2-3-11　1971—2018 年世界主要煤炭出口国及其煤炭出口量变化/Mt

2. 近 30 年硬煤产量与硬煤商品煤量

近 30 年硬煤产量和硬煤商品煤量持续增长，但两者的差距有所增加。如图 2-3-12 所示，硬煤商品煤量占硬煤产量的比重从 1990/91 年度的 81.5% 下降到 2018/19 年度的 78.1%，降低了 3.4 个

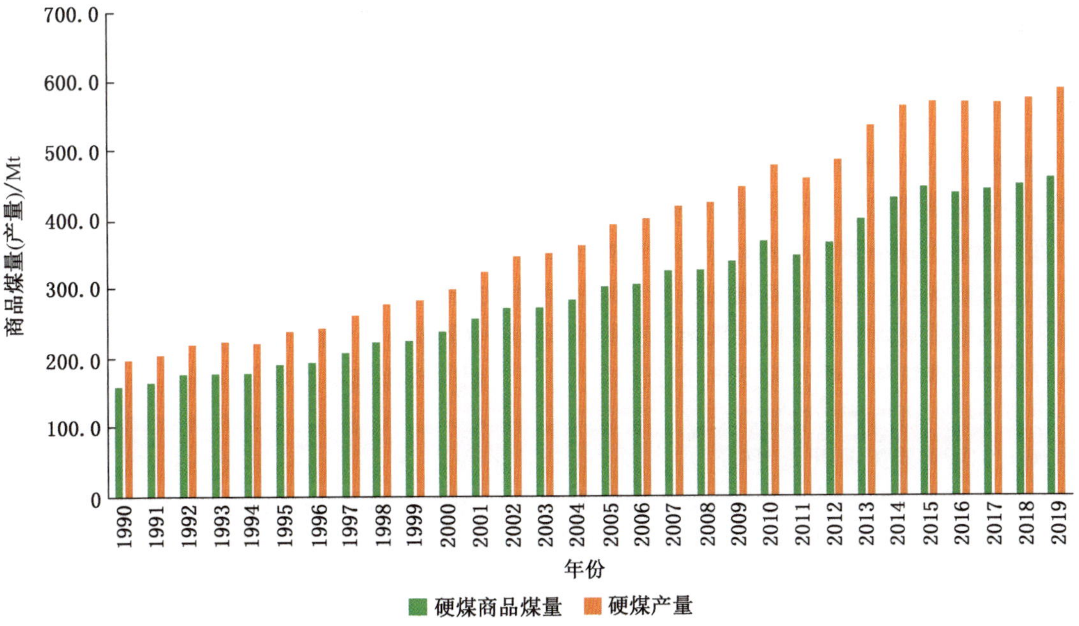

图 2-3-12　1990/91—2018/19 年度硬煤产量与硬煤商品煤量变化

百分点。随着澳大利亚 6000 大卡溢价创历史新高，煤炭生产商加强了对 5500 大卡高灰分煤洗选，以降低灰分、提高发热量。洗选能力、精煤产率、运输和环境成本等因素决定了高灰煤的入选和出售比例。

3. 近 30 年硬煤商品煤量、出口与消费

硬煤出口总量和占商品煤量的比重持续增长，成为硬煤商品煤总量增长的最大驱动力。如图 2 - 3 - 13 所示，1990/91—2018/19 年度硬煤出口与硬煤商品煤量的增长趋势相同，硬煤出口占硬煤商品煤量的比重从 65.4% 增长到 85.5%；国内煤炭消费总量虽然有所增加，但占煤炭产量的比重从 34.6% 减少到 14.5%。

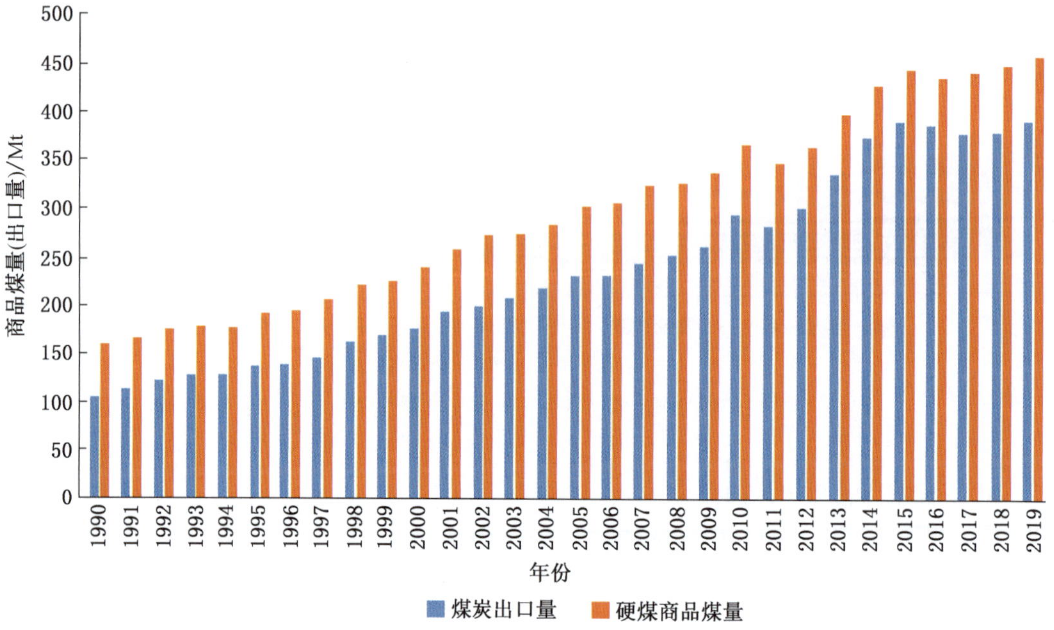

图 2 - 3 - 13　1990/91—2018/19 年度硬煤商品煤量与硬煤出口

3.2.2　管理体制与政策法规

澳大利亚是英联邦成员国，是一个联邦制国家，政府管理体系分为三级：联邦政府、州（领地）政府和市（镇）政府。政府机构调整频繁，截至 2020 年 2 月联邦政府能源资源机构是“工业科学能源和资源部（DISER）”；昆士兰州的煤炭工业管理机构是自然资源、矿山和能源部（DNRME），新南威尔士州的能源资源管理机构是规划、工业和环境部（DPIE）；在联邦政府机构的宏观指导下，制定并执行矿物资源法和矿物开发安全与健康法等，使各州的能源资源开发与环境保护协调发展，为当地居民的生活提供可持续的收益。

1. 澳大利亚煤炭工业管理架构

澳大利亚各级政府在煤炭工业管理上发挥着不同的职能和作用。联邦政府主要负责制定原则性法律法规和政策，进行规划和宏观管理，相关机构提供科研和成果商业化运用、促进投资增长及企业经营能力提升等支持活动；各州（领地）政府负责具体的执法与监管等实际工作，涉及煤炭工业资源管理与开发、安全生产与职业健康、煤炭与环境等方面，执法与监管机构的设置比联邦政府更加具体。

2. 近 30 年联邦政府能源资源相关机构调整

1989—2020 年 1 月，联邦政府能源资源相关机构调整。1989—2007 年 11 月底，澳大利亚联邦政府能源资源相关机构是“澳大利亚农业资源经济科学局”，缩写为 ABARE；2007 年 12 月 3 日—2011 年底，澳大利亚联邦政府能源资源相关机构是“资源、能源和旅游部”，缩写为 RET。2012—2014 年，联邦政府能源资源相关机构是“资源能源经济局”，缩写为 BREE；2015—2016 年，联邦政府能源资源相关机构是“工业创新科学部”，缩写为 DIIS；2017—2020 年 1 月，联邦政府能源资源相关机构是“环境和能源部”，缩写为 DEE。

2020 年 2 月总理内阁部(DPMC)改组。继两名高级部长辞职之后,澳大利亚总理宣布内阁改组。小企业和能源、资源归工业科学创新部,重新命名为“工业科学能源和资源部”,缩写为 DISER。

3. 联邦政府工业科学能源和资源部（DISER）

澳大利亚工业科学能源和资源部（DISER）的愿景或工作的目的是，通过促进经济转型，提高企业竞争力，推动经济增长，创造就业机会和提高全要素生产率（劳动生产率和资本生产率），让澳大利亚更加繁荣。

1）实现愿景的三大战略途径

澳大利亚工业科学能源和资源部（DISER）实现经济增长、增加就业和提高效率的三大战略途径见表 2－3－3，主要是增强创新和投资，提高发展能力。

表 2－3－3　工业科学能源和资源部实现愿景的三大战略途径

途　径	措　施
1. 支持科研和科研成果商业化	1. 增加创新投资、培养科研意识、提高国际参与度 2. 支持开展科研活动、科研成果商业化
2. 增强创新和投资，提高发展能力	1. 创造更具竞争力的市场 2. 支持业务和市场开发 3. 通过鼓励创新和投资，支持产业转型 4. 支持资源行业的可持续发展 5. 促进澳大利亚北部经济发展
3. 简化业务流程	1. 减轻低效监管对产业发展的影响 2. 为企业发展提供更好的服务和信息支持

2）实现愿景的各方利益相关者

澳大利亚工业科学能源和资源部（DISER）的工作是和各方利益相关者共同合作，实现愿景。这些合作伙伴包括：澳大利亚政府机构、各州（领地）地方政府、监管机构、商业企业、行业机构、研究人员、大学、科研机构、更广泛的澳大利亚社区。如图 2－3－14 所示。

澳大利亚工业科学能源和资源部与州和地区政府的同行合作，特别是通过澳大利亚政府委员会（COAG）能源委员会，帮助澳大利亚资源行业提升全球竞争力。重要工作之一是，与政府部门协作，以澳大利亚北部强大的第一产业、旅游业和进入亚洲的机会为基础，挖掘其发展潜力，投资关键基础设施、吸引私人投资，为一系列行业和社区发展提供机会。重要工作之二是，帮助企业提高生产力和能力，促进企业参与全球价值链，支持关键管理、创业和数字技能。重要工作之三是，为企业发展提供便利的发展环境，与澳大利亚税务局合作，开展税收和监管改革，降低经营成本，增加投资，增强发展能力。

3）工业科学能源和资源部组织结构

工业科学能源和资源部下设 5 个部门，其名称及主要工作详见表 2－3－4。

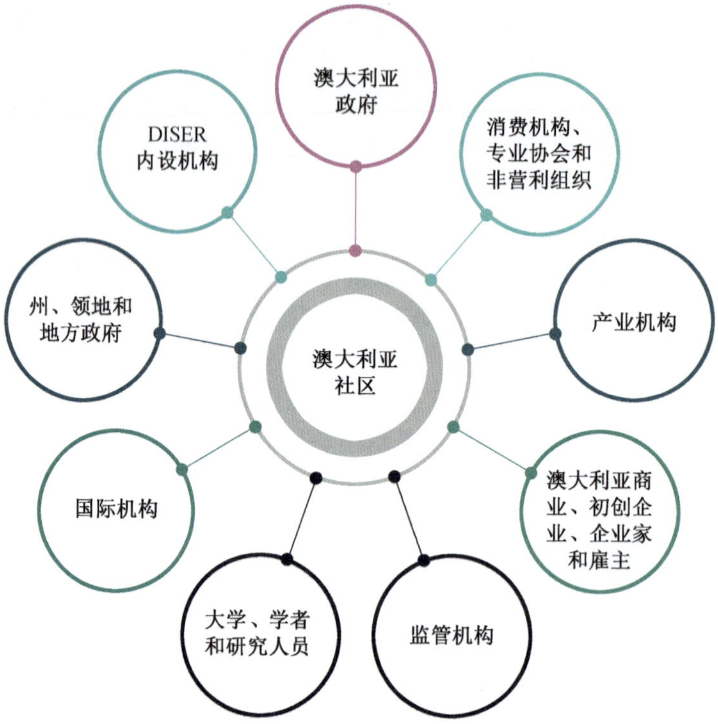

图2-3-14　工业科学能源和资源部实现愿景的各方利益相关者

表2-3-4　工业科学能源和资源部组织结构及主要工作

创　新	科　学	工　业	能　源	气候变化和能源创新
工业发展能力研究（投资与税收激励计划等）； 企业发展支持（DIIS赠款管理、创业者规划等）； 数字经济和技术（技术增长与国际化、新兴技术）； 小企业和家族企业的发展（小企业和家族企业作用研究）	科学与商业化政策（国际科学与创新、商业化政策、科学政策、SKA与天文学等）； 分析与建议（经济咨询服务、数据管理与分析等）； 国家科技馆（运营、科研与学习等）	战略政策（商业环境、贸易和国际化、海外顾问网、国家安全等）； 澳大利亚北部主要项目（澳大利亚北部办公室、放射性废物管理工作组等）； 反倾销委员会（经济和战略服务等）； 工业增长（部门和地方政策、工业转型、先进技术等）	能源（电力、天然气及管理、能源转型等）； 能源安全和效率（能源国际化和基础设施、能源效率、能源安全、能源信息服务、工业能效等）； 资源（资源战略、离岸资源、陆上矿产与能源、北部发展工作组、关键矿物促进办公室等）	企业和数字化（金融管理、投资组合预算、会计和财务政策、战略和服务设计、运营和服务、财产和安全保护、法律审计和保险等）； 国际气候变化和能源创新（能源创新、国家清单制度和国际报告）； 气候变化（气候变化政策、技术路线图、工业排放政策）

4. 昆士兰州管理机构与法规

昆士兰州煤炭工业管理由自然资源、矿山和能源部（DNRME）负责，该部是昆士兰州政府根据《公共服务法（2008）》于2017年12月将之前的自然资源和矿山部（DNRM）进行改组之后设立的，主要目的是使该州的能源资源开发与环境保护协调发展，为当地居民的生活提供可持续的收益。其负责执行的主要法律法规是《矿物资源法（1989）》《煤炭开采安全与健康法（1999）》等。

1）昆士兰州政府对社区承诺的三大目标

昆士兰州政府对本州社区承诺的三大目标见表2-3-5。

表2-3-5 昆士兰州政府对社区承诺的三大目标

目标名称	目标内容
目标1：发展经济、创造就业机会	通过负责任和公平地使用本州的土地、水、矿产和能源资产，为昆士兰创造就业和增加私营部门投资做出贡献
目标2：保护大堡礁	致力于改善水质、加强土地和植被管理，以及利用可再生能源；继续制定减轻气候变化影响的战略
目标3：成为一个负责任的政府	根据社区需要提供定制服务，并与社区一起开发，使其更加透明、易于使用，并保持有效和有用；将继续加强与社区和其他利益相关方的直接接触，增加合作和伙伴关系的机会

2）自然资源、矿山和能源部四大战略目标

自然资源、矿山和能源部致力于实现昆士兰政府承诺的目标社区，该部在2018/19年度针对“2018—2022年战略计划”概述的相关战略目标完成的主要工作见表2-3-6。

表2-3-6 2018—2019年度自然资源、矿山和能源部战略目标及主要成就

战略目标	2018—2019年度主要工作内容
战略目标1：管理土地、水、矿物和能源资源，保证可持续的、利益最大化的开发结果	数字经济发展：布里斯班三维现实模型、Cadastre转型计划，提升政府、工业行业和社区效率； 环境保护：植被管理改革、大堡礁保护计划、国家水基础设施开发基金、金融保险和采矿复垦改革等； 煤炭开发：批准3个煤炭项目、修订《2017年煤矿安全与健康条例》、井工煤矿瓦斯管理等
战略目标2：提供安全、可靠、负担得起和可持续的能源和水资源	节能：制定家用电器节能回扣计划； 清洁能源：2019年6月制定《电力（清洁公司）修订条例（2019）》，政府促使清洁能源公司和能源公司建立服务协议，确保持续安全可靠的清洁能源供应； 控制电价：将电价控制在通货膨胀之下； 能源供应计划：DNRME制定了《负担得起的能源供应计划》； 可再生能源：2018—2019年，可再生能源普及率从2017年的8%上升到2018年的10%； 水资源计划：根据《水法（2000）》制定“集水区水计划”等
战略目标3：结合传统业主、社区、行业和政府的专业知识，优化自然资源的管理和利用	原住民权益：根据《原住民土地法（1991）》，在过去12个月，将约4200公顷的土地被转让给昆士兰州的土著居民； 约克角水资源规划（北部）：2019年6月7日发布《约克角水资源计划（2019）》，使该地区有了一个在环境保护（特别是珊瑚礁）和发展压力之间取得平衡的水管理框架； 勘探计划：与社区和其他主要利益相关者合作，通过“昆士兰勘探计划（QEP）”支持本州石油、天然气和煤炭资源勘探等
战略目标4：建立具备高度专业知识、创新、协作和领导能力的员工队伍，提高服务质量及对客户和社区的响应能力	白丝带工作场所认证：支持并创造一个安全、尊重、包容和公平的工作场所文化；开展对经理、主管、旁观者及全体员工的在线培训； 多样性和包容性《2018—2022多样性和包容性战略》：DNRME致力于创造和融入包容性和多样性工作场所，支持政府对残疾人、原住民等非英语背景居民的承诺等

3）自然资源、矿山和能源部监管方向与法律法规

自然资源、矿山和能源部监管领域。自然资源、矿山和能源部从土地、政策、地理资源、资源安

全与健康、能源、自然资源、商业和公司伙伴关系七个方面对昆士兰州的资源、能源和矿山进行监督和管理，以实现对社区承诺的三大目标。

自然资源、矿山和能源部执行的主要法律法规。环保领域自然资源、矿山和能源部负责执行的法律法规有 70 多部，其中与煤炭开发直接相关的主要法律法规包括：土地及财产类，《土地征用法（1967）》《原住民和托雷斯海峡岛居民土地财产法（2013）》；环境保护类（土壤、水资源保护等），《土壤调查法（1929）》《土壤保护法（1986）》《能源和水资源监察专员法（2006）》《水法（2000）》[除与环境和大堡礁部长、科学部长和艺术部长联合管理的情况外，以及与运输和主要道路部长共同管理的与“水资源计划（伯德金盆地）（2007）”相关情况除外]，《水效率标签和标准（昆士兰）法（2005）》《水供应（安全与可靠）法（2008）》；安全生产与职业健康类，《采矿与采石安全与健康法（1999）》《煤炭开采安全与健康法（1999）》《爆炸物法（1999）》；矿产能源类，《矿产资源法（1989）》（由副总理、财政部长、原住民与托雷斯海峡岛民伙伴关系部长管理的除外），《矿产和能源资源（共同条款）法（2014）》《近海矿产法（1998）》（由副总理、财政部长、原住民与托雷斯海峡岛民伙伴关系部长管理的除外）等。

5. 新南威尔士州管理机构与法规

新南威尔士州资源管理机构是规划、工业和环境部，主要职责是该州采矿业和能源行业的合规与执法职能，使该州的经营者能够最大限度地遵守资源和安全法规；主要包括长期规划、基础设施优先领域、自然资源、环境、能源和工业发展；公共空间、工业和贸易、水和住房、农业以及新南威尔士西部、能源与环境等。与煤炭开采活动相关的主要法规是《职业健康与安全法（2011）》（WHS Act）、《矿业法（1992）》等。

3.2.3　发展前景

根据国际权威机构 IEA、澳大利亚权威机构联邦工业科学能源和资源部（DISER）和昆士兰州交通运输公路部（DTMR）对世界能源及煤炭需求的近期和长期预测，2024/25 年度澳大利亚炼焦煤出口将保持数量和收益的稳步增长、动力煤出口呈数量增长和收益下降的态势；2018—2040 年澳大利亚保持煤炭最大净出口国的位置。澳大利亚创新和科学理事会（ISA）发布的《澳大利亚 2030—创新促进繁荣》计划以及澳大利亚政府做出的回应表明，澳大利亚将在“教育”“产业”“政府”“研发”“文化与雄心”5 个关键领域加大投入，加强学校在科学、技术、工程和数学（STEM）的教育，刺激高增长企业和提高效率，确保澳大利亚的持续繁荣，提高政府服务能力，提高研究成果转化和商业化能力，建立国家使命、帮助澳大利亚成为地球上最健康的国家。

1. 国际权威机构的预测

1）2020 年 4 月 IEA 预测新冠疫情对世界能源及煤炭需求的影响

2020 年 1 季度世界能源需求下降 3.8%。2020 年 4 月 30 日，国际能源署（IEA）发布《全球能源评论报告 2020》（Global Energy Review 2020）报告表明，2020 年 1 季度全球能源需求比上年同期已经下滑 3.8%。如果新型冠状病毒疫情蔓延扩大，导致封锁措施长期持续，预计 2020 年全球能源需求将下跌 6%。疫情造成的冲击，大约为次贷危机后期跌幅的 7 倍。

2020 年燃煤发电量减少导致煤炭需求下降。如图 2-3-15 所示，对新冠疫情暴发的应对措施削减了大多数国家的工业生产和用电量，压低了全球煤炭消费。与 2019 年 1 季度相比，2020 年 1 度全球煤炭需求将下降 8%，主要是燃煤发电量下降了 10% 以上；在这段时间内，工业用煤量也有所下降。主要煤炭消费国的经济规模和恢复速度决定了 2020 年全球煤炭的使用量，预计 2020 年全球煤炭需求将下降 8% 左右，中国煤炭需求预计下降 5%，印度煤炭需求降幅可能更大一些，美国和欧盟煤炭需求预计分别下降 25% 和 20%，韩国和日本将分别下降 5% 和 10%。

2）2019 年 IEA 预测 2040 年世界煤炭供需、贸易

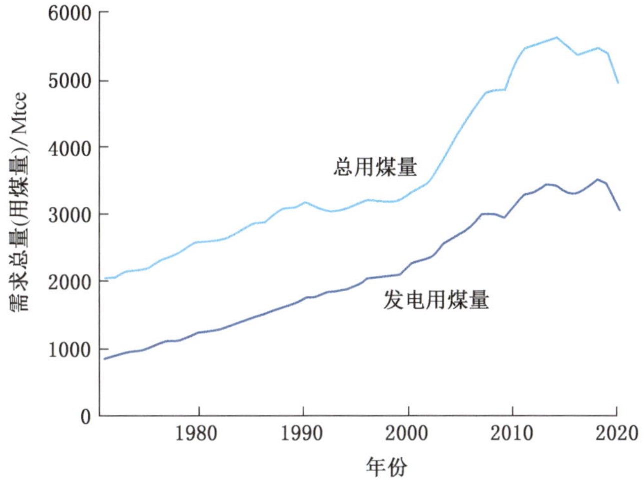

来源：IEA. All Rights Reserved

图 2-3-15　1971—2020 年世界煤炭需求总量和发电用煤量变化

IEA 预测，2040 年世界煤炭供需总量基本保持平稳趋势、澳大利亚继续保持世界最大煤炭净出口国的位置；澳大利亚 DISER 预测 2024/25 年度澳洲炼焦煤出口数量和收益双增长，动力煤呈出口数量增长收益下降趋势；昆士兰州 DTMR 预测 2024/25 年度本州煤炭出口增长。

在承诺的政策情景下世界煤炭需求保持平稳。根据 IEA《世界能源展望（2019）》报告，如图 2-3-16 和表 2-3-7 所示，2018 年煤炭需求连续第二年增长，主要驱动力是亚洲发展中国家电力需求的强劲增长。在当前政策情景下，2040 年世界煤炭需求明显增长。在承诺的政策情景下，2040 年世界煤炭需求表现平缓，2040 年煤炭需求将达 5398 Mtce；其中，中国、美国和欧盟国家分别下降 9%、40% 和 73%，但是这些国家减少的煤炭需求将被印度 97%、东南亚其他国家 90% 的增长所抵消。在可持续发展情景下，世界煤炭需求明显下降，2040 年世界煤炭需求总量将比承诺的政策情景下的煤炭需求减少 60%，煤炭在世界一次能源结构中的比重将下降 10%。

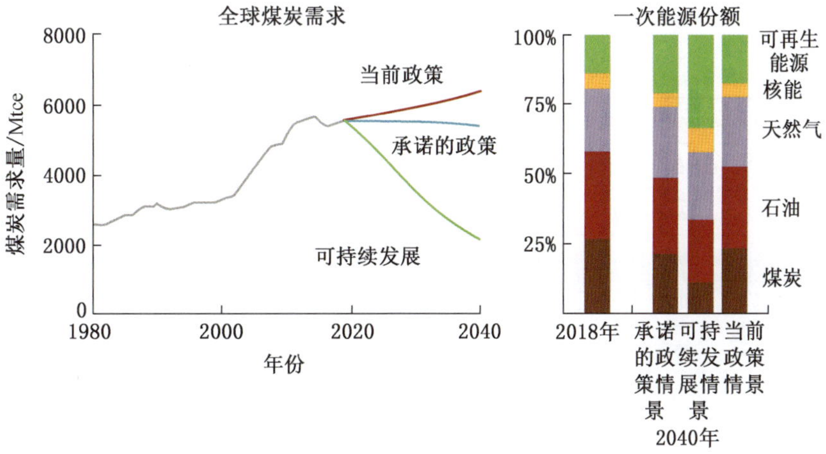

图 2-3-16　1980—2040 年三种情景的世界煤炭需求

表 2-3-7 2000—2040 年世界按地区和国家划分的两种情景下的煤炭需求

			承诺的政策情景			可持续发展情景	
	2000	2018	2025	2030	2040	2030	2040
北美	**818**	**492**	**369**	**328**	**285**	**81**	**50**
美国	763	451	350	314	272	71	41
中南美	**29**	**46**	**48**	**47**	**49**	**30**	**23**
巴西	19	24	23	23	23	13	12
欧洲	**578**	**447**	**314**	**263**	**203**	**129**	**84**
欧盟	459	319	204	157	87	84	59
非洲	**129**	**159**	**165**	**160**	**161**	**113**	**92**
南非	117	142	133	117	97	92	56
中东	**2**	**6**	**9**	**10**	**14**	**7**	**6**
欧亚	**202**	**229**	**225**	**212**	**199**	**136**	**74**
俄罗斯	171	166	160	144	129	88	50
亚太	**1551**	**4079**	**4385**	**4476**	**4487**	**2976**	**1771**
中国	955	2834	2934	2845	2568	2065	1154
印度	208	586	771	938	1157	546	395
印度尼西亚	17	72	97	114	148	67	39
日本	139	165	141	124	107	70	43
其他东南亚国家	28	132	172	194	241	91	38
世界合计	**3309**	**5458**	**5515**	**5498**	**5398**	**3471**	**2101**

注：表内数据单位 Mtce。

2018—2040 年印度煤炭供应增幅最大、澳大利亚次之（表 2-3-8），在承诺政策情景下，2018—2040 年，世界煤炭供应量整体呈逐年下降的态势，中国仍然是世界最大的煤炭生产国、煤炭供应以年平均 0.3% 的速度递减，澳大利亚煤炭供应量以年平均 0.5% 的速度逐年递增，印度煤炭供应量以年平均 3.3% 的速度逐年递增。

表 2-3-8 2000—2040 年世界按地区和国家划分的承诺政策情景下煤炭供应

						2018—2040	
	2000	2018	2025	2030	2040	变化量	CAAGR
北美	**824**	**576**	**432**	**385**	**329**	**-247**	**-2.5%**
美国	767	526	399	358	302	-223	-2.5%
中南美	**48**	**82**	**75**	**75**	**62**	**-20**	**-1.3%**
哥伦比亚	36	77	70	70	58	-19	-1.3%
欧洲	**397**	**230**	**174**	**131**	**80**	**-150**	**-4.7%**
欧盟	307	163	117	79	30	-134	-7.5%
非洲	**187**	**225**	**217**	**199**	**221**	**-4**	**-0.1%**
南非	181	209	198	174	173	-37	-0.9%

表2-3-8（续）

						2018—2040	
	2000	2018	2025	2030	2040	变化量	CAAGR
中东	**1**	**1**	**2**	**2**	**2**	**0**	**0.7%**
欧亚	234	414	408	409	424	10	0.1%
俄罗斯	184	338	330	330	350	11	0.2%
亚太	**1564**	**4039**	**4208**	**4297**	**4282**	**243**	**0.3%**
澳大利亚	235	411	386	402	453	42	0.5%
中国	1019	2668	2751	2710	2481	-188	-0.3%
印度	187	415	558	681	844	429	3.3%
印度尼西亚	65	416	380	367	359	-57	-0.7%
世界合计	**3255**	**5566**	**5515**	**5498**	**5398**	**-168**	**-0.1%**
可持续发展			**4473**	**3471**	**2101**	**-3466**	**-4.3%**

注：表内数据单位 Mtce；CAAGR 为平均年增长速度。

2018—2040年世界煤炭贸易总量基本保持稳定，澳大利亚保持最大的煤炭净出口国位置（表2-3-9），2018—2040年世界煤炭贸易量在声明政策情景下将保持稳定，2040年达到1087 Mtce，相当于全球煤炭供应量的20%。中国、欧洲和亚洲发达经济体对煤炭的需求放缓、煤炭进口减少，但是印度和其他亚洲发展中国家煤炭进口呈增加态势，部分抵消了中国、欧洲和亚洲发达国家煤炭进口减少的量。澳大利亚煤炭净出口量以年平均8.08%的速度从2018年的353 Mtce增加到2040年的418 Mtce，煤炭净出口量在本国煤炭需求中所占比重从86%增长到92%、增加了6个百分点，继续保持世界最大煤炭净出口国的位置。

表2-3-9　2000—2040年世界按地区和国家划分的声明政策情景下煤炭贸易

2040 净进口国	净进口量/Mtce				在煤炭需求中所占比重/%			
	2000	2018	2030	2040	2000	2018	2030	2040
印度	20	187	256	313	10	32	27	27
其他亚太国家	52	122	181	257	56	53	60	66
日本和韩国	192	280	219	178	97	99	100	100
中国	-58	228	135	87	—	5	8	3
欧盟	139	158	78	58	30	50	66	66
世界其他国家	24	81	92	111	12	33	39	40
2040 净出口国	净出口量/Mtce				在煤炭需求中所占比重/%			
	2000	2018	2030	2040	2000	2018	2030	2040
澳大利亚	173	353	359	418	74	86	89	92
俄罗斯	14	166	186	221	7	49	56	63
印度尼西亚	48	341	253	211	74	82	69	59
南非	66	66	57	76	36	32	33	44

表 2-3-9（续）

2040 净出口国	净出口量/Mtce				在煤炭需求中所占比重/%			
	2000	2018	2030	2040	2000	2018	2030	2040
哥伦比亚	33	76	62	48	93	99	88	82
美国	40	95	44	30	5	18	12	10
世　界	贸易量/Mtce				在煤炭需求中所占比重/%			
	2000	2018	2030	2040	2000	2018	2030	2040
动力煤	310	859	733	726	12	20	17	17
炼焦煤	175	319	314	371	39	33	37	47
声明政策情景	471	1169	1039	1087	14	21	19	20
可持续发展情景			633	413			18	20

2. 澳大利亚权威机构的预测

1）2020 年 3 季度 DISER 对 2024/25 年度澳洲煤炭出口预测

2020/21—2024/25 年炼焦煤出口保持稳步增长。根据澳大利亚联邦工业科学能源和资源部《资源能源季度报告（2020 年 3 季度）》的统计数据，2018/19 年度，澳大利亚炼焦煤出口额连续两年创下历史新高，出口收入增加到 436.38 亿美元。如图 2-3-17 和图 2-3-18 所示，考虑新冠疫情的影响，需求增长疲软和新增产能的综合作用，澳大利亚优质炼焦煤现货价格将从 2019 年的 183 美元/t 降至 2022 年的 155 美元/t，然后有所缓和，到 2025 年将回升至 167 美元/t。2021/22—2024/25 年度炼焦煤出口数量稳步增长，从 184 Mt 增长到 205 Mt；出口量的增加主要来自煤矿产量的增加，其中最大的煤矿是昆士兰州鲍恩盆地、年产量 10 Mt 的 Byerwen 煤矿。预计 2021/22 年度炼焦煤出口收入将从 2018/19 年度的 436.38 亿美元减少到 350 亿美元，在 2024/25 年度之前将恢复到 380 亿美元。

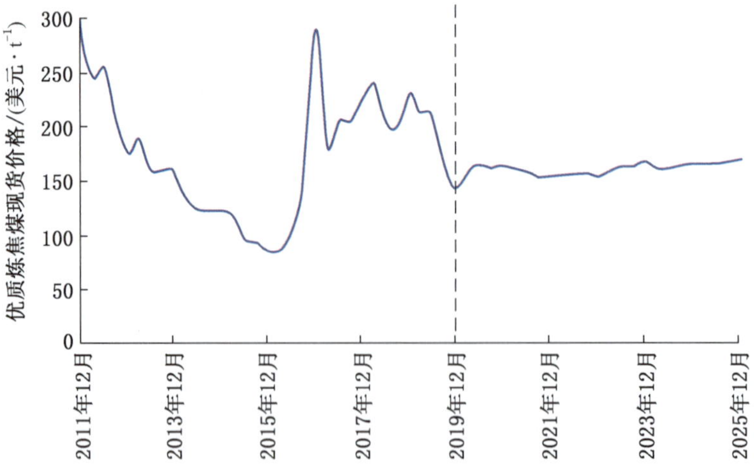

图 2-3-17　2011 年底—2025 年底澳大利亚优质炼焦煤现货价格

2020/21—2024/25 年度动力煤出口量增长、收益下降。根据澳大利亚联邦工业科学能源和资源部统计数据，2018/19 年度，澳大利亚动力煤出口额连续两年创下历史新高，出口收入增加到 259.62

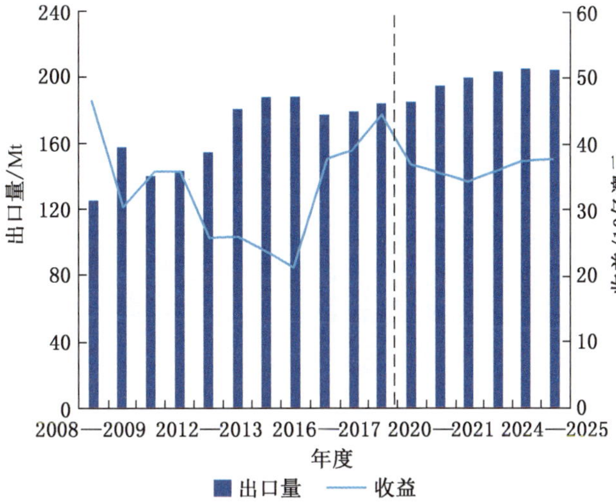

图 2-3-18 2008/09—2024/25 年度澳大利亚炼焦煤出口量和收益

亿美元。如图 2-3-19 和图 2-3-20 所示，考虑新冠疫情的影响，以及主要进出国的需求与供应情况，今后 5 年，纽卡斯尔动力煤现货基准价将从 2019 年的 76 美元/t 降至 2025 年的 60～75 美元/t。2018/19—2024/25 年度动力煤出口数量稳步增长，从 210 Mt 增长到 224 Mt；世界煤炭贸易重心持续转向亚太地区，与美国和哥伦比亚比起来，澳大利亚煤炭出口商具有较多的竞争优势。2019/20—2024/25 年度，动力煤出口收益呈持续减少的趋势，2019/20 年度动力煤出口收益将从 2018/19 年度的 260 亿美元减少到 210 亿美元，之后由于价格持续降低，2024/25 年度动力煤出口收益将在 170～200 亿美元之间波动并趋于平稳。

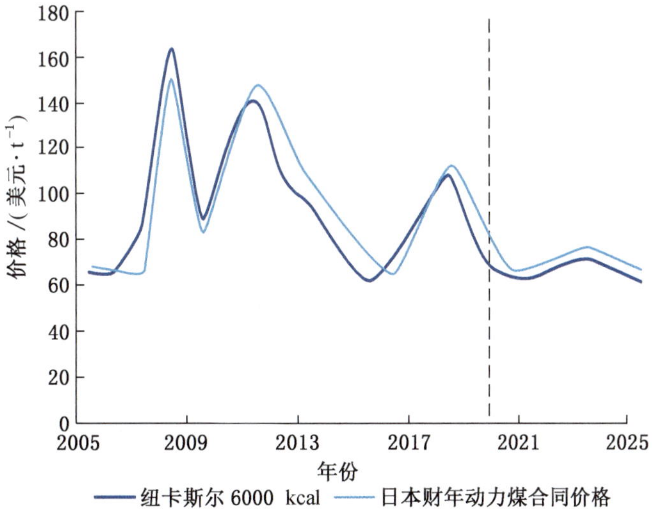

图 2-3-19 2005—2025 年澳大利亚纽卡斯尔港 6000 kcal 和日本财年动力煤价格

2）昆士兰州 DTMR 对 2024/25 年度本州煤炭出口预测

2024/25 年度昆士兰州煤炭出口将达 300.0 Mt。根据昆士兰州交通运输公路部（DTMR）的统计

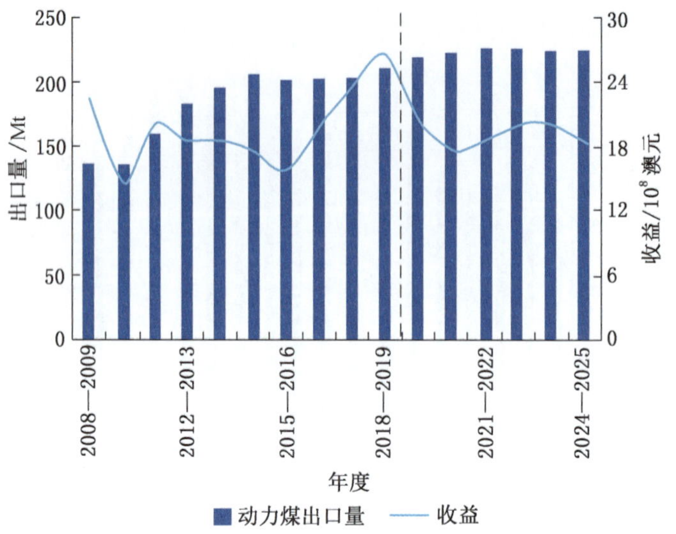

图 2-3-20　2008/09—2024/25 年度澳大利亚动力煤出口量和收益

数据，2014/15 年度昆士兰州煤炭出口是 219.3 Mt。DTMR 预测，今后十年，昆士兰州煤炭出口将以年平均 3.7% 的速度增长，到 2024/25 年度煤炭出口量将达到 300.0 Mt，铁路、港口等基础设施的投资预计需要 77 亿美元。

3. 澳大利亚国家创新计划

澳大利亚政府将创新作为促进国家繁荣的重要手段，作为 2030 年创新型国家顶尖行列建设目标的重要支撑。为进一步发挥创新优势，解决当前及未来面临的挑战，2018 年初，澳大利亚创新和科学理事会（ISA）发布《澳大利亚 2030—创新促进繁荣》计划，该项计划的目标是：利用各级政府的战略活动和投资，带动研发资金大幅增加，预计到 2030 年，政府对研发的投资占 GDP 的比重将从 0.62% 小幅上升至约 0.69%，而商业对研发的投资占 GDP 的比重将从 1% 上升至约 1.7%。该项计划就“教育”“产业”“政府”“研发”“文化与雄心”5 个关键领域向政府提出了 30 项具体建议，以保证为澳大利亚人创造和获得更多的利益；2018 年 5 月澳大利亚政府对该项计划做出了回应。主要内容见表 2-3-10。

表 2-3-10　《澳大利亚 2030—创新促进繁荣》计划及澳大利亚政府的回应

	《澳大利亚 2030—创新促进繁荣》计划 5 个关键领域	澳大利亚政府的回应
1	教育： 为所有澳大利亚人提供与 2030 年相关的技能，以应对不断变化的工作性质。 提出了 5 项建议： （1）加强教师的岗前和岗中培训 （2）更好地为学生准备毕业后的科学、技术、工程和数学（STEM）职业 （3）培养学生的志向，提高读写和计算能力 （4）加强职业教育和培训机构审查 （5）强化职业教育和培训体系的改革	关于“教育”的 5 项建议，澳大利亚联邦和州（领地）政府做出如下主要回应： （1）联邦和州（领地）政府的教育部长同意了《2016—2026 国家 STEM 学校教育战略》，目的是加强学校在 STEM 方面的教育；同时政府出资从 8 个方面开展对学校领导和教师改进 STEM 教学的培训等 （2）通过 STEM 合作论坛促进产业部门与学校的交流与合作，开展由 CSIRO 管理、科学和工业捐赠基金（SIEF）资助的“研究、工程、科学和技术创新（CREST）”非竞争性奖励项目，奖励开放式科学调查和技术项目的学生及教师专业化学习等 （3）开展“国家评估计划-读写和计算”的实施等 （4）和（5）下一步的改革将结合《国家职业教育培训监管法（2011）》的审核向前推进等

表 2-3-10（续）

	《澳大利亚 2030—创新促进繁荣》计划 5 个关键领域	澳大利亚政府的回应
2	产业： 通过刺激高增长企业和提高生产率，确保澳大利亚的持续繁荣。 提出了 5 项建议： （1）通过提高政府的支持力度，逆转目前研发投入的下行趋势 （2）帮助新企业和中小企业开辟国际市场 （3）优先投资人工智能和机器学习领域 （4）保证知识密集型产业的有序竞争 （5）加强人才引进和技术移民	关于“产业”的 5 项建议，澳大利亚联邦和州（领地）政府做出如下主要回应： （1）2018/19 年度各级政府预算加大科研投入，在以往的基础上进一步投资 24 亿美元，1.4 亿美元资金用于珀斯超级计算中心和堪培拉国家计算基础设施的补充；颁布了《研发税收激励修正案》，2018 年 7 月 1 日施行 （2）出口市场发展赠款（EMDG）等政府行为发挥重要作用，2018/19 年度预算中有 2000 万美元支持在亚洲市场的创新，增强在“国家创新和科学议程”下的“全球创新战略”；另有 2000 万美元支持“中小企业出口计划”，将其产品推向世界 （3）承诺 2018/19 年度开始，4 年拿出 2990 万美元用于解决澳大利亚人工智能和机器学习能力差距 （4）政府将 4 年投资 4500 万美元建立和维护“消费者数据权”，推动有序竞争 （5）2018 年开始，政府试行两个新签证计划，以吸引全球高科技人才和技术工人
3	政府： 成为创新的催化剂，并被公认为提供创新服务的全球领导者。 提出了 8 项建议： （1）为创新提供更加灵活的监管环境 （2）鼓励澳大利亚各地的社会创新投资 （3）完善政府数据开放使用及相关规定 （4）2022 年政府将采购合同的 33% 给予中小型企业 （5）促进创新采购战略的应用 （6）使政府项目的溢出收益最大化 （7）通过数字化服务节省政府部门支出 （8）对政府公共服务部门进行审核，提高服务能力	关于“政府”的 8 项建议，澳大利亚联邦和州（领地）政府做出如下主要回应： （1）顺畅灵活的监管是“国家业务精简计划”（NBSI）的重点，是联邦政府、州（领地）政府和地区政府之间的协议，目的是减轻监管负担，创造更多共同工作的机会等 （2）承诺 2018/19 年度开始，在 4 年内投入 670 万美元，更好地衡量社会企业的成果，并拨款 160 万元支持一项服务交付试验的设计和初步实施 （3）承诺 2018—2019 年度预算拿出 2.618 亿美元用于改进 GPS 技术，为开采、农业、交通运输和建筑业提供准确的定位，支持航空、无人机、航运和新兴市场的导航 （4）鉴于政府旨在协助中小企业满足政府采购需求的一系列举措，包括通过提供创新的产品和服务，需要做更多的工作来确定更广泛的采购目标 （5）继续探讨推动更多创新的采购做法，促进高增长企业、初创企业和年轻企业的采购 （6）探索衡量广泛经济效益的方法，以确定和最大限度地发挥国家重大项目和方案的效益 （7）“数字转型议程”提出一整套政府愿景，旨在转变用户与政府合作的互动方式，2018 年中交付 （8）2018 年 5 月 4 日，澳大利亚总理宣布对澳大利亚公共服务部门进行独立审查，审查制定长期改革措施，以确保公共服务部门保持最好的状态，为澳大利亚政府和澳大利亚人民提供最好的服务
4	研发： 通过提高研究成果转化和商业化能力，提高研究和开发效率。 提出 8 项建议： （1）引入税收抵免的合作溢价以激励产学研合作，激励额度最高可达应缴税收的 20% （2）通过研究就业安置计划评估产业引进高学历人才比例 （3）2022 年评估激励合作政策效果，对未来行动提出建议 （4）建立新的基金支持成果转化，提高研究机构商业化能力 （5）制定并发布澳大利亚创新园区声明，支持各地的新兴创新生态系统建设	关于研发的 8 项建议，澳大利亚联邦和州（领地）政府做出如下主要回应： （1）2018—2019 年度公布一揽子预算案，改革“研发税收激励机制”，直接支持是承诺将超过预期的 7 亿美元用于工业研究合作等 （2）引入了国家级的、以行业为基础的“国家研究实习计划”，计划在 2017—2020 年为行业提供 1400 个新的研究实习机会等 （3）继续推行促进研究人员和企业共同合作的政策和计划并进行效果评估，进一步推动科研成果转化为经济和社会效益 （4）在 2018—2019 年度预算宣布了 13 亿美元的“国家卫生和医疗行业增长计划”，将为澳大利亚经济注入约 180 亿美元，巩固澳大利亚在世界卫生、医学研究和技术开发领域的领先地位，此计划将提供 28000 个新的技术工作岗位，促进生物技术、医疗器械和药品出口增长了 50% 等 （5）在全国资助建立了一系列创新生态系统，有“合作研究中心计划”“工业增长中心倡议”等，为澳大利亚工业与研究人员和工程师提供优越的国家级研究环境等

表2-3-10（续）

	《澳大利亚2030—创新促进繁荣》计划5个关键领域	澳大利亚政府的回应
4	（6）为国家研究基础设施提供安全、长期的资金支持 （7）保持长期的政策承诺，提高政府项目的性别多样性意识 （8）ISA监控高增长企业风险资本的可用性	（6）通过既定的“国家研究基础设施合作战略（NCRIS）”提供资金，加上2017年7月1日起生效的NISA每年1.5亿美元的承诺，为国家研究基础设施提供长期资金保障 （7）与政府增加女性参与科学、技术、工程与数学（STEM）的现行政策相一致，在2018/19年度预算中，承诺今后4年内追加450万美元支持女性从事科学研究；将制定一项“女性参与科学战略”，努力提高妇女参与科学研究与教育的程度 （8）ISA是2015年成立的“国家创新和科学理事会”，正在对ISA进行启动后评估，为其未来作用和具体任务制定一份修订声明提供信息
5	文化与雄心： 通过国家开展雄心勃勃的创新工作，加强国家创新文化。 提出了4项建议： （1）建立国家使命，帮助澳大利亚成为地球上最健康的国家 （2）制定一个框架，继续确定和执行更多的国家任务 （3）投资开发一个更有效的框架评估澳大利亚创新项目绩效 （4）制定一套创新指标和方法，并将其与经济、社会和环境效益联系在一起	关于文化与雄心的4项建议，澳大利亚联邦和州（领地）政府做出如下主要回应： （1）2018—2019年度预算承诺“国家卫生和医疗行业增长计划”在今后10年提供5亿美元，资助“基因组学健康未来任务”，逐步改善澳大利亚人的生活 （2）将制定一个框架来界定国家使命政策平台的意图，包括定义、实施和评估等 （3）政府致力于为创新政策和计划确定适当的评估资助模式，推动整个政府的评估活动 （4）政府支持不断改进创新指标和方法，作为2018—2019年度预算的一部分，通过“澳大利亚技术和科学增长计划”，承诺审查目前创新数据收集的准确性和方法，加以改进并开发衡量创新绩效的新方法

3.3 煤炭资源

澳大利亚1989年颁布的JORC规范是矿产资源量和矿产（矿石）储量国际标准定义的基础。按照澳大利亚地球科学委员会根据JORC规范发布的《澳大利亚矿产资源（2019）》报告，2018年底澳大利亚拥有世界硬煤经济资源量的10%，排在美国、中国、印度之后的第四位。主要硬煤资源分布在昆士兰州和新南威尔士州。澳大利亚能源与矿产资源的实际管理由各州（领地）政府负责，昆士兰州资源管理机构是自然资源、矿山和能源部，执行《矿物资源法（1989）》；新南威尔士州资源管理机构是规划、工业和环境部，执行《矿业法（1992）》。

3.3.1 煤炭资源总量与煤田分布

澳大利亚1989年颁布的JORC规范融入主要产煤国家矿产报告标准。澳大利亚地球科学委员会每年根据JORC规范发布矿产资源报告，按照《澳大利亚矿产资源（2019）》报告的统计数据，2018年底澳大利亚拥有世界硬煤经济资源量的10%，排在美国、中国、印度之后的第四位。主要硬煤资源分布在昆士兰州和新南威尔士州。

1. JORC规范的制定与更新

1989年颁布的JORC规范融入主要产煤国家矿产报告标准。JORC规范［Joint Ore Reserves Committee（JORC）Code］全称是“澳大利亚矿石储量联合委员会规范”，具体是指澳大利西亚矿产资源和矿石储量报告规范，对在澳大利西亚公布的勘查结果、矿产资源和矿石储量规定了最低的标准。该规范是由澳大利西亚采矿与冶金学会、澳大利亚地球科学委员会（Geoscience Australia）和澳大利亚矿产理事会组成的矿石储量联合委员会起草，于1989年首次颁布；并于1992、1996、1999、2004、2012年5次进行重新修订并颁布，2012年版为最新版。该规范已被纳入澳大利亚、新西兰等国证券交易所的上市规范。目前，JORC规范的基本概念已融入澳大利亚、加拿大、南非、美国、英国、爱尔兰等国的矿产报告标准中。澳大利亚地球科学委员会（Geoscience Australia）每年根据JORC规范发布《澳大利亚证实矿产资源》(Australia's Identified Mineral Resources) 报告，公布各种矿产资源的证实储量。

2. 煤炭储量在世界的位置及分布

澳大利亚硬煤经济资源量位列世界第四位。根据澳大利亚地球科学委员会《澳大利亚矿产资源(2019)》报告，澳大利亚拥有世界硬煤经济资源量的 10%，位于第四位，排在美国（30%）、中国(18%)、印度（13%）之后。2018 年底，澳大利亚硬煤的各类资源量和储量以及其开采年限见表 2-3-11，硬煤储量同比增长 6.4%，达到 19715 Mt；硬煤经济可采储量为 73719 Mt，同比增长 1%；按照 2018 年煤炭生产规模、硬煤煤炭储量的可采年限是 22 年，探明和控制的煤炭资源量可采年限是 45 年，推断的煤炭资源量可采年限 68 年。如图 2-3-21 所示，其中 64% 分布在昆士兰州、为 47180.16 Mt，33% 分布在新南威尔士州、为 24327.27 Mt，其余 3% 分布在南澳大利亚州、西澳大利亚州和塔斯马尼亚州。

表 2-3-11 2018 年底在产煤矿及硬煤各类储量指标

	硬煤煤矿及硬煤储量、资源量等
煤矿数量/处	95
硬煤报告储量/Mt	19715[1]
在产煤矿硬煤储量/Mt	12592[2]
硬煤经济可采储量（EDR）/Mt	73719
探明和控制的硬煤资源量/Mt	26030
推断的硬煤资源量/Mt	13141
硬煤产量/Mt	578
储量可采年限/a	22[3]
探明和控制的硬煤资源量可采年限/a	45
推断的硬煤资源量可采年限/a	68

注：[1]表示报告的硬煤储量，[2]表示归属 95 处在产煤矿的硬煤储量，[3]表示 95 处煤矿现有硬煤储量的可采年限。

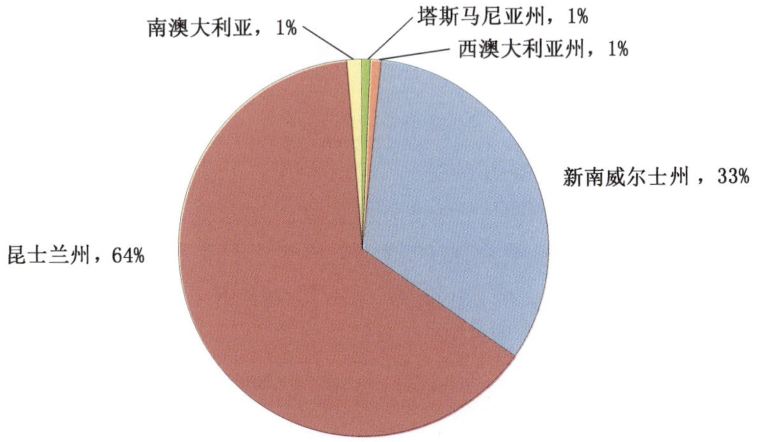

图 2-3-21 2018 年底澳大利亚硬煤储量在各州的分布比例

3.3.2 主要含煤盆地资源条件

澳大利亚昆士兰州的鲍恩盆地和新南威尔士州的悉尼－冈尼达盆地是煤炭资源最丰富、开采条件最好的含煤盆地，也是主要开采煤矿集中的区域。

1. 昆士兰州鲍恩盆地资源条件

鲍恩盆地是澳大利亚煤炭资源最多、煤质最优、开采条件最好的含煤盆地。鲍恩盆地是澳大利亚最重要的二叠纪煤炭产地，拥有世界最大的烟煤矿床和澳大利亚 70% 的炼焦煤资源；鲍恩盆地面积为 75000 km^2，2018 年底硬煤经济可采储量为 47. 18 Gt；鲍恩盆地开采条件好，适合露天开采的煤炭资源丰富，2018 年底在产煤矿露天产量占比 80% 以上，其余为井工开采、开采深度在 650 m 以浅。

2. 新南威尔士州悉尼 – 冈尼达盆地资源条件

悉尼 – 冈尼达盆地是澳大利亚二叠纪煤炭的第二产地。新南威尔士州主要煤炭资源位于悉尼 – 冈尼达盆地，是澳大利亚煤炭资源量仅次于鲍恩盆地的含煤盆地，也是澳大利亚二叠纪煤炭的主要产地。悉尼盆地是悉尼 – 冈尼达盆地的主要组成部分，该盆地包括亨特、纽卡斯尔、南部、西部 4 个主要煤田；冈尼达盆地位于悉尼盆地西北，被新南威尔士州划分为冈尼达煤田。2018 年底悉尼 – 冈尼达盆地的硬煤经济可采储量为 24. 33 Gt，炼焦煤约占 1/4，亨特、纽卡斯尔、南部、西部 4 个煤田和冈尼达煤田的硬煤经济可采储量占比分别约为 44% 、3% 、4% 、21% 和 28% 。悉尼盆地构造简单、煤层产状大多接近水平，倾角变化范围为 5° ~ 10°；冈尼达煤田的部分地方有许多玄武岩系侵入；悉尼 – 冈尼达盆地煤层开采深度在 120 ~ 300 m 之间；适合露天开采的煤炭资源丰富，2018 年底在产煤矿露天产量占比 75% 以上。

3. 3. 3　管理框架与政策法规

澳大利亚能源与矿产资源的实际管理由各州（领地）政府负责，昆士兰州资源管理机构是自然资源、矿山和能源部，执行《矿物资源法（1989）》；新南威尔士州资源管理机构是规划、工业和环境部，执行《矿业法（1992）》。

1. 联邦与州（领地）两级管理的责任划分

澳大利亚能源与矿产资源管理实施联邦政府宏观指导与州（领地）政府微观管理相结合的两级管理体制，州（领地）政府承担能源与矿产资源开发管理的主要责任，联邦政府仅承担有限责任或次要责任。能源与矿产资源开发管理的具体工作由各州政府的能源与矿产部门负责，主要包括：制定本州的矿业法规；具体抓基础地质工作；矿业权的授予和许可证的颁发；矿产开发的监督管理等。

2. 昆士兰州煤炭资源管理

昆士兰州资源管理机构是自然资源、矿山和能源部（DNRME），负责该州采矿业的合规和执法，保证责任人最大限度地遵守资源和安全法规。与煤炭资源管理相关的主要法规是《矿物资源法（1989）》。

《矿物资源法（1989）》立法目的是：鼓励和促进矿物普查、勘探和开采；增强对州矿床资源的认识；减少普查、勘探和开采与土地使用的冲突；加强普查、勘探和开采时的环境保护责任；确保本州政府从采矿活动中得到一定的资金回报；为加快和规范矿物普查、勘探和开采提供管理框架；加强在普查、勘探和开采中的土地管理等。勘探权的授予需要考虑是否符合这些目标。该法规定了矿业活动的 5 种矿权形式，即：普查许可证、采矿请求权（有效期最长可达 10 年、可转让）、勘探许可证（5 年、可续期）、矿产开发许可证（类似于保留许可证性质、一般期限是 5 年）和采矿租约（期限由部长决定）。

3. 新南威尔士州煤炭资源管理

新南威尔士州资源管理机构是规划、工业和环境部（DPIE），负责该州采矿业的合规和执法，保证责任人最大限度地遵守资源和安全法规。与煤炭资源管理相关的主要法规是《矿业法（1992）》。该法规定了 5 种形式的矿权，即：勘探许可证（5 年、可续期）、评估租约（相当于保留租约、一般期限是 5 年）、采矿租约（最长期限 21 年、可续期）、矿产请求权和蛋白石普查许可证。

为了促进新南威尔士州的可持续发展，考虑到社区、经济和环境的发展平衡，新南威尔士州制定了《煤炭和石油资源勘探释放战略框架》，见表 2 – 3 – 12。

表 2-3-12 煤炭和石油资源勘探释放战略框架

权力机构	作用
咨询机构（释放战略咨询机构）	独立主持的部门间（部门内部）机构，负责煤炭或石油勘探区的报告审核和评估建议，向部长提出释放区域的建议和向中标人提出建议
规划、工业和环境部－规划服务处	进行区域问题初步评估（PRIA），并通知咨询机构关于环境、经济和社会问题的考虑
规划、工业和环境部－资源和地球科学处	进行资源评估，为煤炭或石油潜在的发布区域提供信息；对释放区域潜在投标人进行能力适应性评估；监管煤炭和石油勘探授权、探矿权的持续管理、战略发布框架
财政部	监督拍卖过程
资源部长	在咨询机构建议的基础上，为释放区域的中标者提出建议
州政府	支持部长做出的关于释放区域、煤炭和石油勘探许可授权的建议

煤炭和石油勘探权释放战略流程。煤炭和石油勘探权释放战略发布是一个透明、强化筛选的过程，充分考虑了地质条件、经济社会发展、环境保护，以及经营者的适应性和能力等因素。其流程如图 2-3-22 所示。

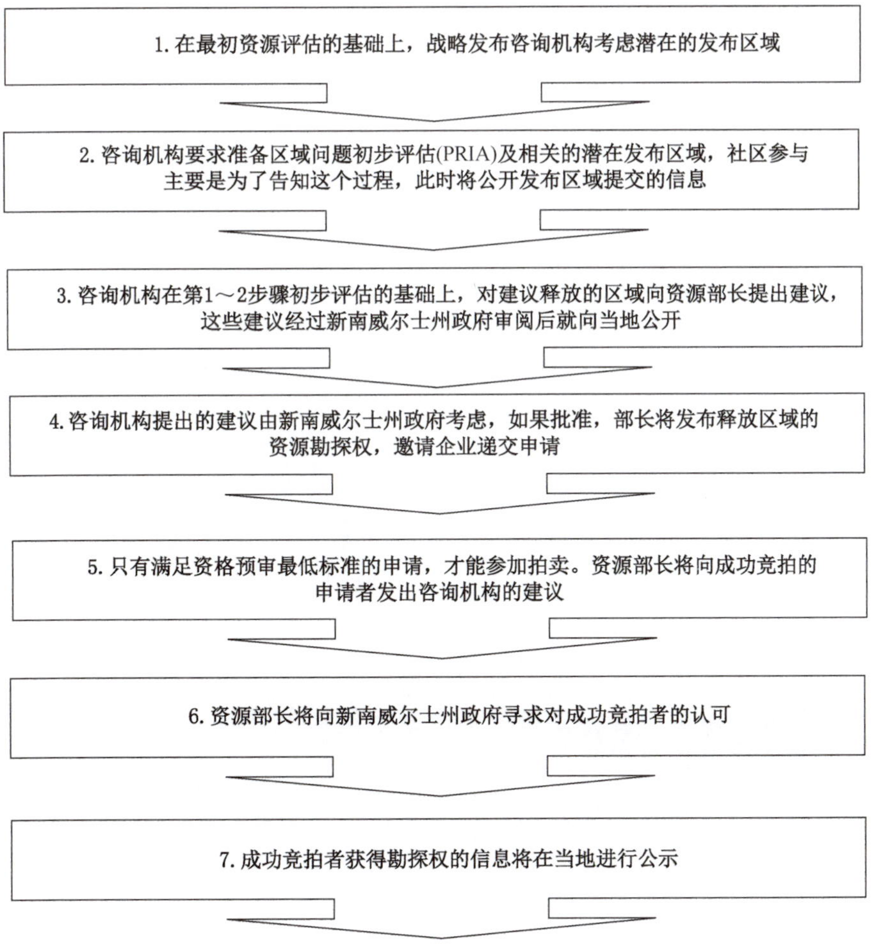

图 2-3-22 煤炭和石油资源勘探释放战略流程

3.4　煤炭生产

澳大利亚煤炭资源条件决定了其煤炭生产以露天开采为主，露天开采占比保持在 82% ~85%，比世界平均占比高出 40 多个百分点；硬煤生产的 96% 集中在昆士兰州和新南威尔士州；昆士兰州和新南威尔士州两个主要产煤州有硬煤生产煤矿 90 处左右，煤炭产量的增长主要依赖于露天开采单矿规模的扩大和煤矿数量的增加；井工煤矿产量规模有所增加，但占比不断减少，主要是煤矿数量减少的原因；井工矿数量减少，产量增加主要依靠单矿规模的提升；采用先进的开采技术与装备的有机结合是单矿产量提升的关键。

3.4.1　煤炭生产总体情况

近 30 年，澳大利亚硬煤生产总体呈持续增长状态，褐煤生产是波动性下降；其中，主要硬煤生产地区昆士兰州和新南威尔士州保持产量增长，褐煤生产地区维多利亚州的褐煤产量变化不大；昆士兰州和新南威尔士州有硬煤生产煤矿 90 处左右；露天煤矿处于数量和效率“双增长”的状态，井工煤矿处于数量减少、效率提升的状态。

1. 近 60 年煤炭生产总量的变化

近 60 年硬煤生产总量增长 28 倍，前 30 年硬煤生产集中在新南威尔士州，后 30 年硬煤生产重心转向昆士兰州。如图 2 - 3 - 23 所示，2018/19 年度硬煤总产量为 588.89 Mt，同比增长 14.23 Mt；1960/61—2018/19 年度，硬煤生产总量持续增长，增长幅度为 2678.30%。前 30 年，新南威尔士州煤炭产量占煤炭总产量的比重从 77.35% 降低到 47.00%，而昆士兰州煤炭产量占煤炭总产量的比重从 12.45% 提高到 49.00%。后 30 年，昆士兰州占据第一大产煤州的位置，其硬煤产量与硬煤生产总量变化趋势相近，占硬煤生产总量的比重从 1989/90 年度的 49.00% 提高到 2018/19 年度的 55.14%；新南威尔士州硬煤生产保持第二的位置，占硬煤生产总量的比重从 1989/90 年度的 47.00% 降低到 2018/19 年度的 43.47%。在后 30 年间硬煤生产总量的增长分为 3 个阶段，1990/91—1999/00 年度增长较快，增幅达 52.00%；2000/01—2010/11 年度中速增长，增幅为 40.40%；2011/12—2018/19 年度增长较慢，增幅为 16.90%。

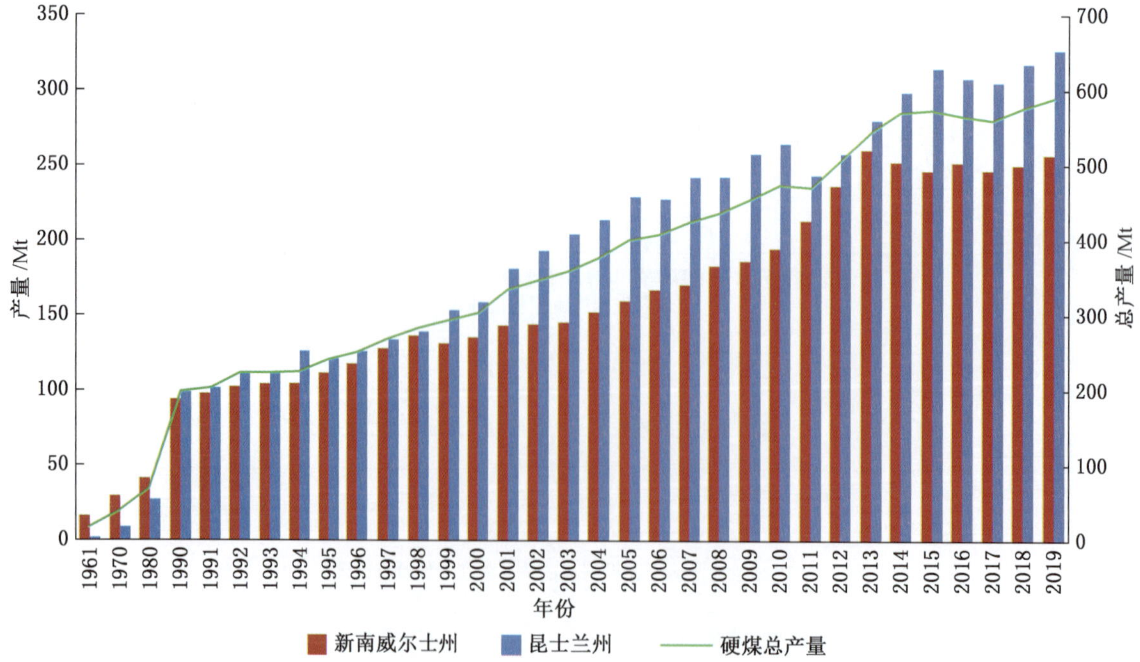

图 2 - 3 - 23　1960/1961—2018/2019 年度澳大利亚硬煤生产总量与主要硬煤生产州及其硬煤产量

近50年硬煤生产从以井工开采为主发展到以露天开采为主，2018/19年度露天开采煤炭产量与井工开采煤炭产量的比例是5.2∶1。如图2-3-24所示，20世纪60年代，澳大利亚加大煤炭投资、引进先进技术，不仅使原有井工煤矿实现机械装载、提高生产效率，而且开始大力发展露天开采；1975年露天煤矿煤炭产量超过了井工煤矿煤炭产量，随着露天开采技术装备水平的提升，露天开采煤炭产量迅速提高，推动硬煤生产规模的进一步扩大。

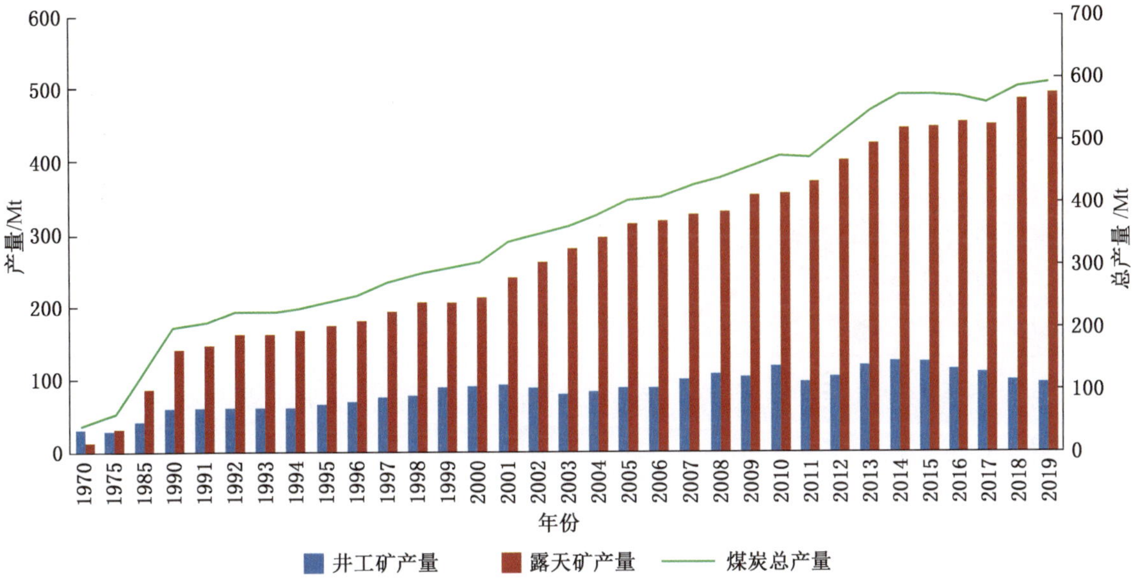

图2-3-24 1969/70—2018/19年度澳大利亚煤炭总产量、露天矿产量、井工矿产量

2. 近5年昆士兰州在产煤矿

近5年昆士兰州煤矿数量减少，煤炭产量和单矿规模增加。由表2-3-13可知，2014/15—2018/19年度昆士兰州在产煤矿个数从54处减少为51处，煤炭产量从307.82 Mt增加为317.36 Mt，增长幅度为3.09%；其中，露天煤矿产量占比从83.27%增加到85%，井工煤矿产量占比从16.73%降低到15%。从单矿规模看，其中，井工煤矿个数减少了3处，产量减少3.24 Mt，单矿规模从4.29 Mt增加为5.36 Mt，增长幅度为24.94%；露天煤矿个数保持不变，产量增加12.78 Mt，单矿规模从6.10 Mt增加为6.41 Mt，增长幅度为5.08%。

表2-3-13 2014/15—2018/19年度昆士兰州在产煤矿开采工艺及产量

名称	煤矿类型	2014/15	2015/16	2016/17	2017/18	2018/19
中部	井工矿	30.89（8）	32.12（8）	30.81（7）	30.18（6）	32.18（5）
	露天矿	91.09（16）	93.83（15）	92.20（14）	95.42（17）	99.55（17）
北部	井工矿	20.59（4）	18.10（4）	18.74（4）	20.53（4）	16.06（4）
	露天矿	111.32（17）	108.31（17）	103.61（17）	112.10（16）	109.19（17）
南部	露天矿	53.93（9）	56.46（9）	59.83（9）	61.00（9）	60.38（8）
合计	井工矿	51.48（12）	50.22（12）	49.55（11）	50.71（10）	48.24（9）
	露天矿	256.34（42）	258.60（44）	255.64（40）	268.52（42）	269.12（42）

注：（）外是煤炭产量，单位是“Mt”；（）内是煤矿数量，单位是“处”。

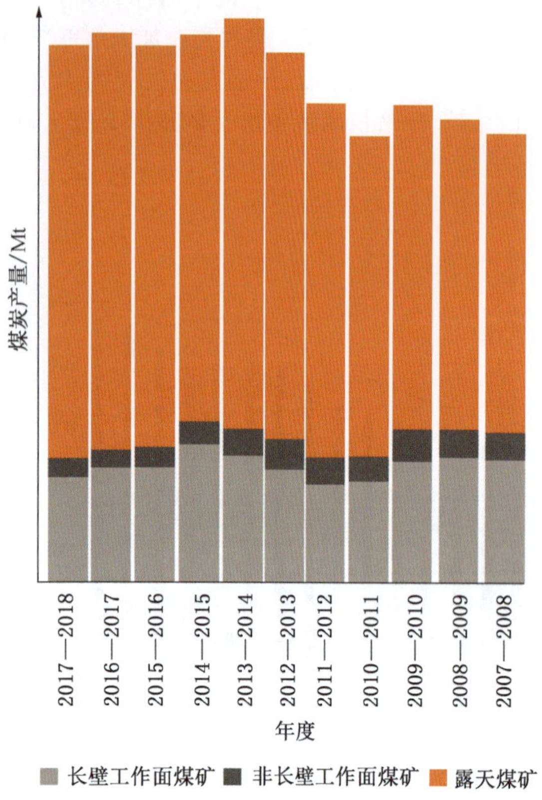

图 2-3-25　2007/08—2017/18 年度新南威尔士州原煤开采方法所占比重

3. 2019 年底新南威尔士州在产煤矿

近 11 个年度露天开采占比逐渐升高，井工煤矿中长壁工作面开采煤矿的产量占比为 82.6%。2019 年底新南威尔士州在产煤矿 39 处，原煤产量达到 258.1 Mt，露天煤矿 21 处，产量为 197.3 Mt、占比为 76.44%；井工煤矿 18 处，产量为 60.8 Mt、占比为 23.56%，其中长壁开采煤矿产量为 50.2 Mt，占井工煤矿产量的 82.6%，占原煤产量的 19.4%；所有煤矿直接生产人员有 21469 人。如图 2-3-25 所示，近 11 个年度，新南威尔士州露天开采煤炭产量所占比重是逐年增长的。

3.4.2　露天煤矿

近 30 年，露天煤矿的煤炭开采是澳大利亚煤炭产量增长的主要来源，占有绝对优势；露天开采煤炭产量的增长既有效率提升的作用，也有煤矿数量增加的作用；露天煤矿采用世界先进的开采工艺和技术装备，如利勃海尔的挖掘机和卡车及卡特彼勒的 797f 卡车等。

1. 近 30 年露天煤矿煤炭产量

露天煤矿的煤炭开采带动煤炭开采业的发展。如图 2-3-26 所示，1990/91—2018/19 年度露天煤炭开采发展态势与硬煤开采总量的趋势基本相同，年平均增长速度分别为 4.44% 和 3.79%。

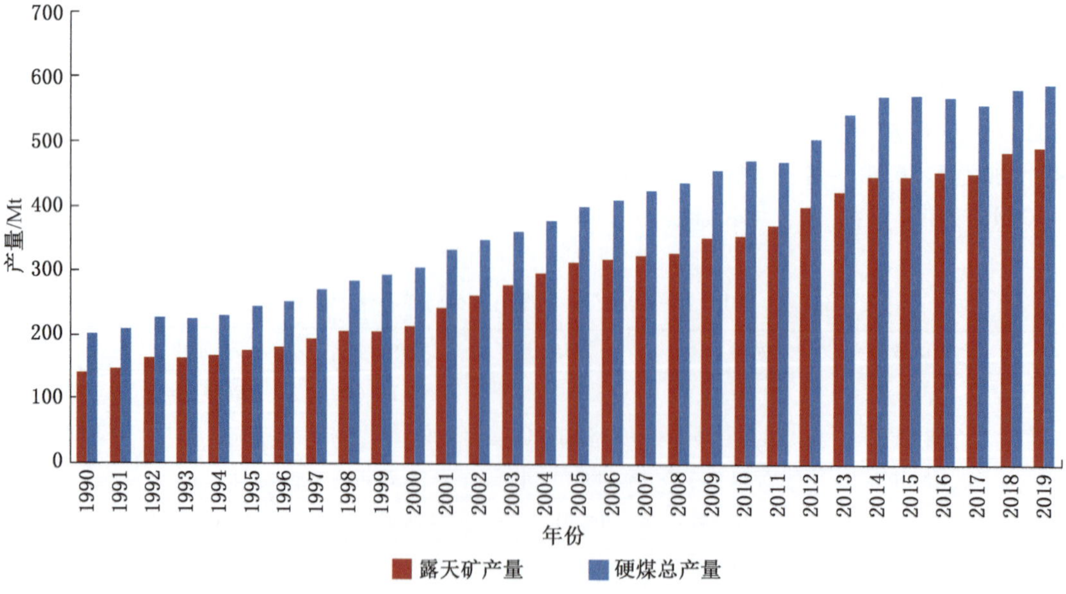

图 2-3-26　1989/90—2018/19 年度露天煤矿煤炭产量与硬煤总产量变化

2. 近30年露天煤矿单矿产量

露天煤矿单矿产量与露天煤矿产量增长趋势趋于一致。如图2-3-27所示，1990—2019年，露天煤矿个数由61处增加到64处，期间2013年曾经增加到81处；露天煤矿产量由140 Mt持续增加到493 Mt，增幅为252.1%，占煤炭总产量的比重由69.93%提高到83.70%；年平均增长速度为4.44%；露天矿单矿产量由2.295 Mt增加到7.703 Mt，增幅为235.6%，年平均增长速度为4.26%。

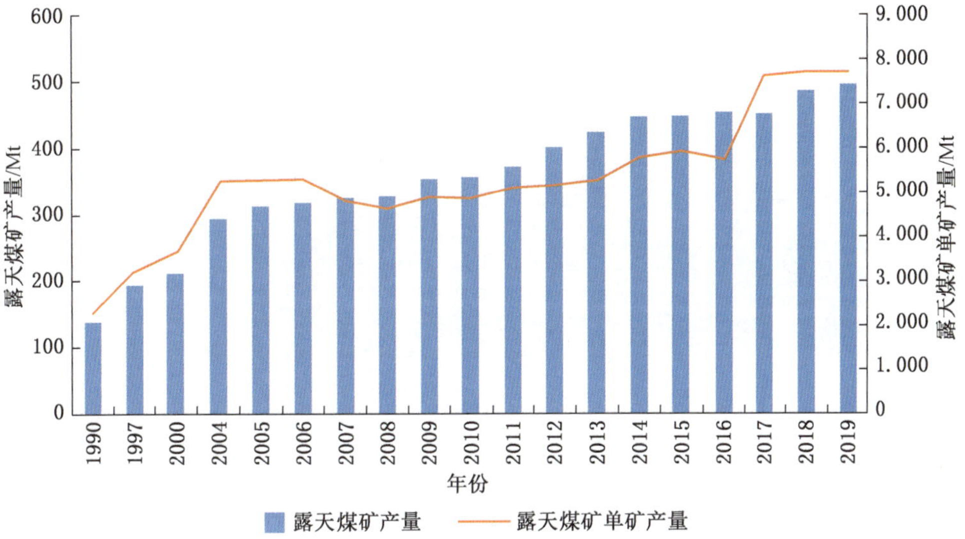

图2-3-27 1990—2019年度露天煤矿产量与露天煤矿单矿产量

3. 典型露天煤矿及技术装备

露天煤矿的共同特点是配备重型设备，采用最先进的开采工艺和技术，多数装备选用来自煤机制造业内前三家公司的产品，包括卡特彼勒、利勃海尔、小松等公司。风景露天矿使用世界一流的利勃海尔（Liebherr）挖掘机和超等级卡车，以及卡特彼勒自卸卡车，太亚瑟露天矿聘用世界一流的采矿技术服务商，采用利勃海尔的挖掘机等。

1）昆士兰州风景煤矿及其技术装备

（1）地理位置、资源和煤种及所属企业。风景（Peak Downs）露天煤矿是澳大利亚储量最多的煤矿，位于昆士兰州中部鲍恩盆地北部，距离莫兰巴以南约30 km。截至2019年6月，该矿煤炭可采储量约为718 Mt。该矿从1972年开始生产优质硬焦煤，2001年开始该矿归属澳大利亚最大的煤炭生产商和出口商必和必拓三菱联盟（BMA）拥有和运营，是该联盟在鲍恩盆地的7个煤矿之一。

（2）开采工艺与装备。如图2-3-28所示，该矿采用露天综合开采工艺开采煤炭，主要开采装备是拉铲、卡车和电铲，以及利勃海尔996B、利勃海尔9800和日立EX5600挖掘机，运输装备是卡特彼勒793、797和797f自卸卡车和利勃海尔T282C超等级运货卡车，如图2-3-29所示。

（3）煤炭生产、加工及出口。2018/19年度，该矿煤炭产量为20.02 Mt，同比减少1.73 Mt；其中炼焦煤产量约为11.80 Mt，同比减少8 Mt。该矿产出的原煤运往附近的选煤厂进行加工，洗选加工后的商品煤通过铁路运至BMA在麦凯附近的Hay Point煤炭码头，以及Hay Point港口的Dalrymple湾煤炭码头、Gladstone港口的RG Tanna煤炭码头和Bowen附近的Abbot Point煤炭码头，然后出口。

2）新南威尔士州太亚瑟煤矿及其技术装备

（1）地理位置、煤种及所属企业。太亚瑟（Mt Arthur）煤矿是新南威尔士州亨特谷地区最大的

图2-3-28 澳大利亚储量最大的风景露天煤矿

图2-3-29 2018年9月五辆利勃海尔T282C超等级运货卡车加入风景矿车队

露天煤矿，位于穆斯韦尔布鲁克镇附近。主产动力煤，年生产能力为20 Mt，在国内和出口市场均有销售。该矿于1968年开始生产，现在归属必和必拓集团。

（2）承包商、开采工艺与装备。选择世界一流的采矿和服务承包商希斯公司（Thiess），提供装载、运输等专业化的服务。如图2-3-30所示，该矿是露天煤矿，主要开采装备是拉铲、卡车和电铲，以及利勃海尔挖掘机（2018年11月和2019年2月必和必拓在该矿先后增加了两台利勃海尔

R9800 挖掘机)，如图 2－3－31 所示。此外，该矿的运输车队主要包括利勃海尔的 2 台 R996B、1 台 R994B 和 44 台 T282C 非公路卡车等。

图 2－3－30　新南威尔士州猎人谷最大的露天煤矿

图 2－3－31　利勃海尔 R9800 挖掘机

(3) 煤炭生产、加工及出口。2018/19 年度，该矿煤炭产量为 18.26 Mt；该矿生产的煤炭经过洗选加工之后，约 6% 供应当地电厂发电，其余部分经铁路运往纽卡斯尔港出口，主要出口到日本和中国。

3.4.3　井工煤矿

近 30 年，澳大利亚改进推广了井工煤矿长壁开采技术，但由于井工煤矿数量的减少，与总产量增长趋势不同，井工煤矿产量增长平缓，井工煤矿产量的增长依赖于单矿规模的提升，先进开采技术与装备的结合是井工煤矿单矿规模提高的重要保障。

1. 近 30 年井工煤矿煤炭产量

井工煤炭开采规模发展缓慢。如图 2－3－32 所示，1990/91—2018/19 年度井工矿煤炭开采的规模与硬煤开采总量发展态势相差较大，占比从 48.4% 降低到 17.8%，降低了 30.6 个百分点；井工开采煤炭产量从 1990 年的 60.355 Mt 增长到 2019 年的 94.933 Mt，增长幅度达 57.29%。

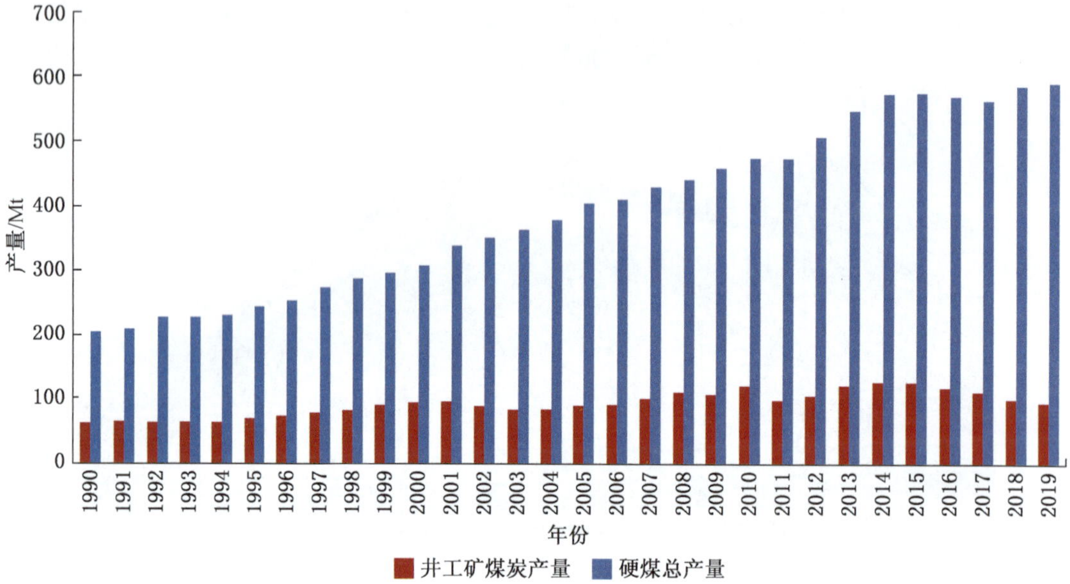

图 2-3-32　1989/90—2018/19 年度井工矿煤炭产量与硬煤总产量

2. 近 30 年井工煤矿单矿产量

井工煤矿个数减少、产量依靠单井产量的提高而增加。如图 2-3-33 所示，1990—2019 年，井工煤矿个数由 68 处减少到 27 处，减少了 41 处；井工煤矿煤炭产量从 60.36 Mt 增加到 94.00 Mt，增长幅度是 55.75%，占煤炭总产量的比重由 30.07% 降低到 16.30%，降低了 13.77 个百分点；年平均增长速度是 1.54%。井工煤矿单井产量由 0.888 Mt 增加到 3.481 Mt，增长幅度为 292.00%；年平均增长速度是 4.82%。

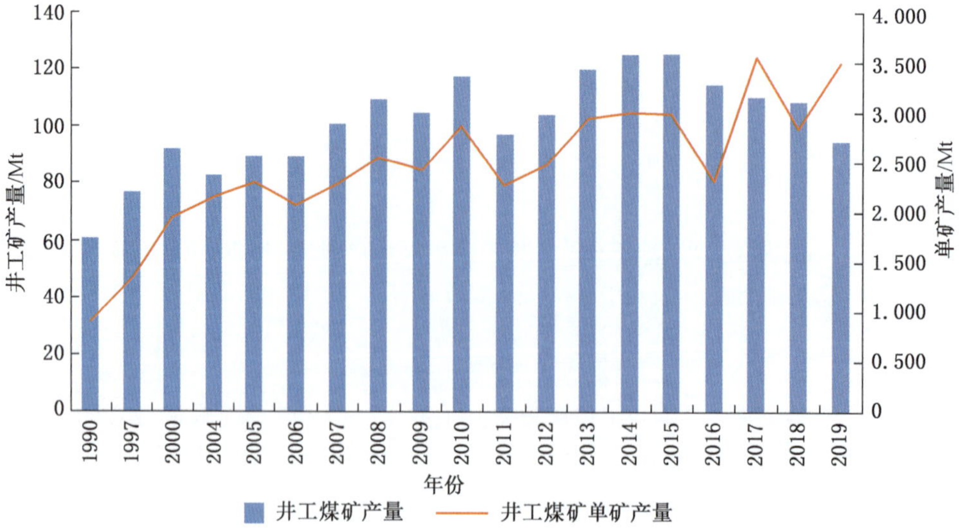

图 2-3-33　1990—2019 年度井工煤矿产量与井工煤矿单矿产量

3. 典型井工煤矿及技术装备

井工煤矿开采工艺技术先进，设备可靠性高、故障率和事故率低，可以10年不上井、不大修。

1）昆士兰州红隼煤矿及其技术装备

（1）地理位置、煤种及所属企业。红隼（Kestrel）煤矿是昆士兰州生产能力最高的井工煤矿，主产优质硬焦煤；该矿位于昆士兰州中部鲍恩盆地，地处翡翠东北51 km处的科林姆。原来是力拓集团的井工煤矿，2018年3月由EMR和PT Adaro Energy联手收购了力拓在红隼煤矿80%的股份，EMR是一家私募股权投资公司，总部设在澳大利亚的墨尔本和中国香港；PT Adaro Energy是一家位于印度尼西亚雅加达的煤矿开发和生产公司，在雅加达证券交易所上市。

（2）煤炭生产、加工及出口。1992年以来，该矿煤炭开采是长壁开采和连续开采相结合的采煤工艺，长壁工作面长度为415 m。2018/19年度，该矿煤炭产量为7.76 Mt，主要为国际市场供应低灰、低磷、高流动性的优质硬焦煤产品。

2）新南威尔士州奥斯达煤矿及其技术装备

（1）地理位置及所属企业。奥斯达（Austar）煤矿位于新南威尔士州下亨特谷地区，距离塞斯诺克10 km，该矿煤炭资源量为221 Mt、探明储量为12.70 Mt，主产优质半硬焦煤；其前身是南部煤矿，2004年底由中国兖矿集团兖煤澳洲有限公司收购后重新命名为奥斯达。

（2）开采工艺与装备。将世界先进装备与长壁工作面放顶煤技术相结合，使该矿工作面的装备至今12年未上井。奥斯达煤矿使用的两柱式放顶煤液压支架是兖矿集团将“两柱式放顶煤液压支架”的技术专利转让给德国DBT公司，授权DBT公司制造的，该支架相继在澳大利亚奥斯达煤矿、贡亚拉煤矿（隶属皮博迪能源集团）、宽地煤矿（隶属必和必拓集团）使用，成为国际国内综放工作面通用架型。

兖煤澳洲有限公司将长壁工作面放顶煤（LTCC）开采技术引入该矿，该项技术非常适合开采奥斯达煤矿4.8~6.5 m的厚煤层，在奥斯达的Greta煤层中获得80%的较高煤炭采出率。

（3）煤炭生产、加工及出口。奥斯达目前批准的矿床年生产能力是3.60 Mt，生产的煤是澳大利亚灰分最低、流动性最高的焦煤，是国际市场受欢迎的优质半硬焦煤，具有低碱和低磷含量特点。所产煤炭经过洗选加工后，由亨特谷太平洋国家铁路公司的铁路系统（Pacific National）运往纽卡斯尔港的瓦拉塔港煤炭服务（PWCS）码头，供应世界各地的钢铁制造商等。

3.5 煤炭市场

澳大利亚煤炭销售以出口为主，硬煤出口占比接近硬煤商品煤量的90%；近50年，煤炭消费主要去向是发电，发电用煤占比增长了约30个百分点；随着天然气和可再生能源发电量和占比的增加，燃煤发电占比虽有所降低，但仍占一半以上。炼焦煤出口数量的增长低于动力煤，但收益增长大于动力煤；煤炭出口的最大市场是印度和日本。煤炭运输方式以铁路为主，出口煤炭通过昆士兰州和新南威尔士州的铁路系统运到六大煤炭出口港；两个州在运输体系的改革方面采取了一系列措施，更好地适应国际市场需求的变化；同时在港口建设方面加大投入，保证出口煤的装运能力。

3.5.1 煤炭消费

近30年，澳大利亚国内煤炭消费总量总体上是增加的，但具体分为前升后降两个阶段，且与一次能源消费总量一直增加的态势不同；国内发电用煤量持续增长，占煤炭消费总量的比重由约60%增长到约90%；随着天然气和可再生能源发电量和占比的增加，燃煤发电占比仍保持在60%左右。

1. 近30年煤炭消费总量

煤炭消费量先升后降与一次能源消费量的增加趋势不同。如图2-3-34所示，1990—2019年煤炭消费总量虽然总体上是增加的，但经过了1990—2008年的增加和2009—2019年的减少两个阶段，而一次能源消费量呈现一直增加的态势，从 1990 年的 129.7 Mtce 增加到 2019 年的 196.6 Mtce，增长幅度为 51.59%。2009 年开始，煤炭消费量进入下降状态。主要原因有 3 个方面：①2003 年 1 月 1 日，澳大利亚开始在煤炭消费量最大的新南威尔士州实施温室气体减排计划（NSW GGAS）；②2007 年澳大利亚正式签署《京都议定书》，2008 年 12 月 15 日，澳大利亚联邦政府提出“碳污染减排机制（CPRS）”，第一次正式提出进入国际碳排放交易市场（ETS）计划；③随着天然气勘探开发强度加大、产量迅速增加，2000 年以后，液化天然气产量每年以 1% 的速度稳定增长。

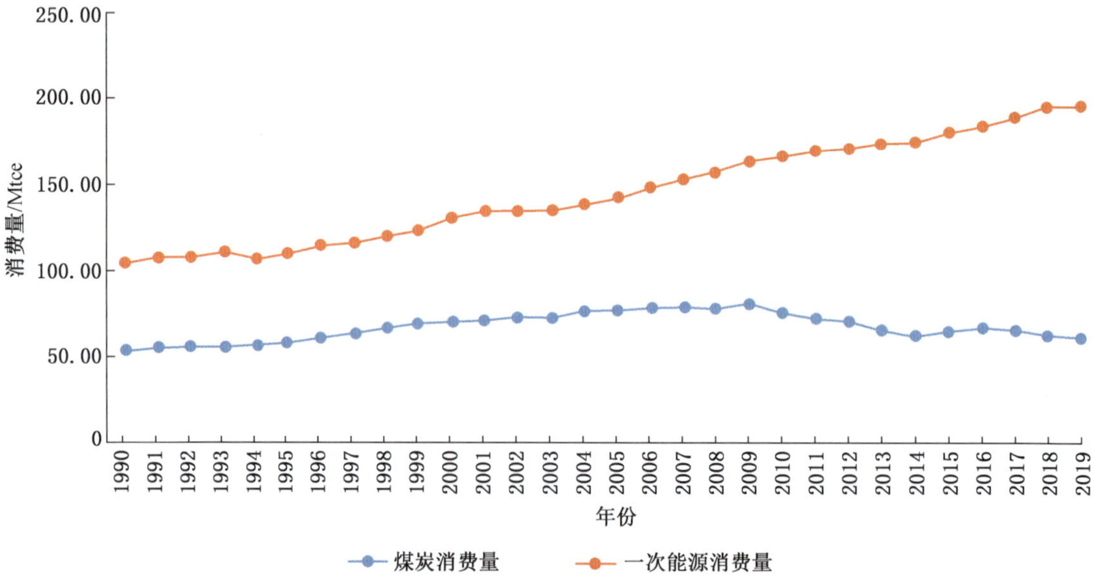

图 2-3-34　1990—2019 年澳大利亚煤炭消费量和一次能源消费量变化

2. 近 50 年煤炭消费构成

煤炭主要消费部门是发电行业，发电用煤量占煤炭消费量的比重不断增加。如图 2-3-35 所示，近 50 年，煤炭用于发电的消费量在不断增加，煤炭消费量的 60%～90% 用于发电，期间的峰值曾经高达 90%，2018 年的占比接近 90%；工业用煤等占比很低。

3. 近 30 年发电燃料构成

近 30 年煤炭一直是最重要的发电燃料。1991—2019 年澳大利亚发电燃料构成变化如图 2-3-36 所示。1991—2019 年，燃煤发电占比虽然减少了 24.5 个百分点，但仍然占到 56.4%；2019 年发电总量是 265117.1 GW·h、同比增长 0.77%，化石燃料发电量为 209636.1 GW·h、所占比重为 79.07%，比 2018 年下降 2.02 个百分点。1991—2019 年燃煤发电量所占比重的变化可分为 3 个阶段：1991—1999 年，燃煤发电量所占比重在 80% 以上；2001—2010 年燃煤发电量所占比重在 70% 以上；2011—2019 年燃煤发电量所占比重由 68.5% 降低到 56.4%。同时，随着天然气勘探开发强度加大、产量增加，天然气发电量所占比重由 1991—1999 年的 6%～7%，提高到 2001—2010 年的 13%～18%，然后又再次提升到 2011—2019 年的 19%～22%；可再生能源发电量所占比重也由 1991 年的 10.3% 提高到 2019 年的 20.9%。

3.5.2　煤炭出口

煤炭是澳大利亚出口数量最多、收益最高的能源出口产品，炼焦煤出口数量的增长低于动力煤、但收益增长大于动力煤，煤炭出口的最大市场是印度和日本。

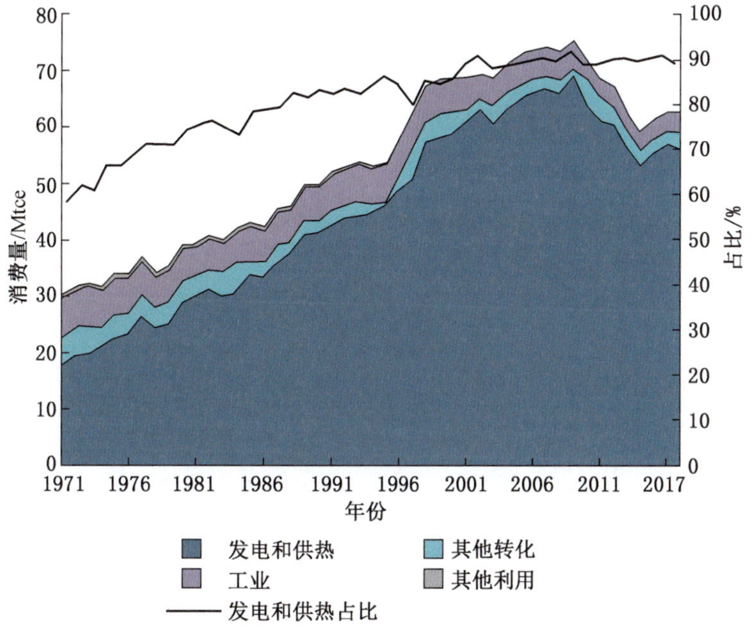

注：图片来源 IEA；Coal Information 2019

图 2-3-35　1971—2017 年煤炭消费构成

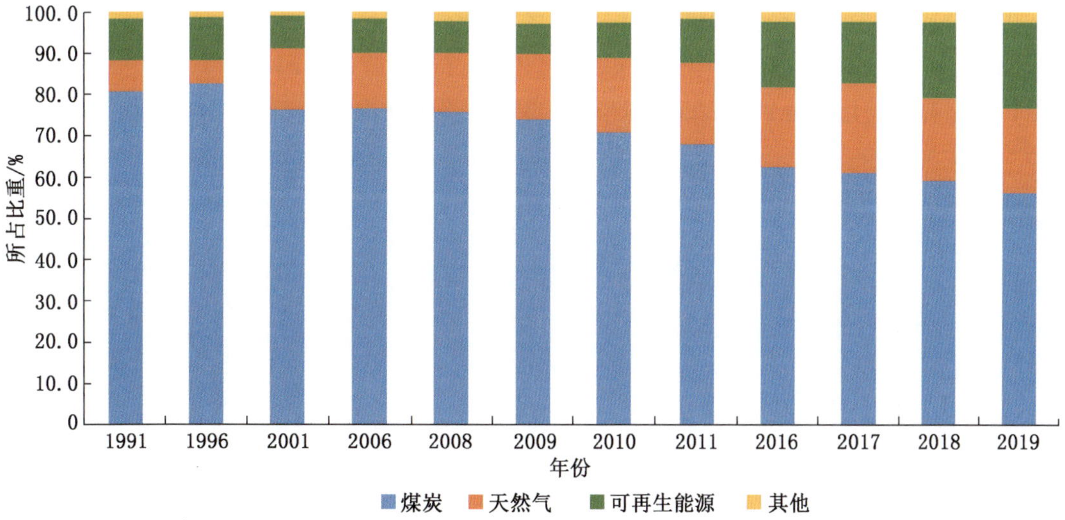

图 2-3-36　1991—2019 年发电燃料构成

1. 近 30 年在能源产品出口中的地位

煤炭在能源产品出口中占有绝对优势的地位。如图 2-3-37 所示，2017/18 年度硬煤出口同比增长 1%，出口总量达到 367.8 Mtce、合硬煤 381.944 Mt；近 10 年，硬煤出口的平均增速为 4%；近 30 年，1989/90—2017/18 年度，煤炭出口总量从 101.9 Mtce 增长为 367.8 Mtce、增长幅度为 260.94%；所占比重虽然从 85.0% 降低到 73.1%，降低了 11.9 个百分点，但仍然在 70% 以上。

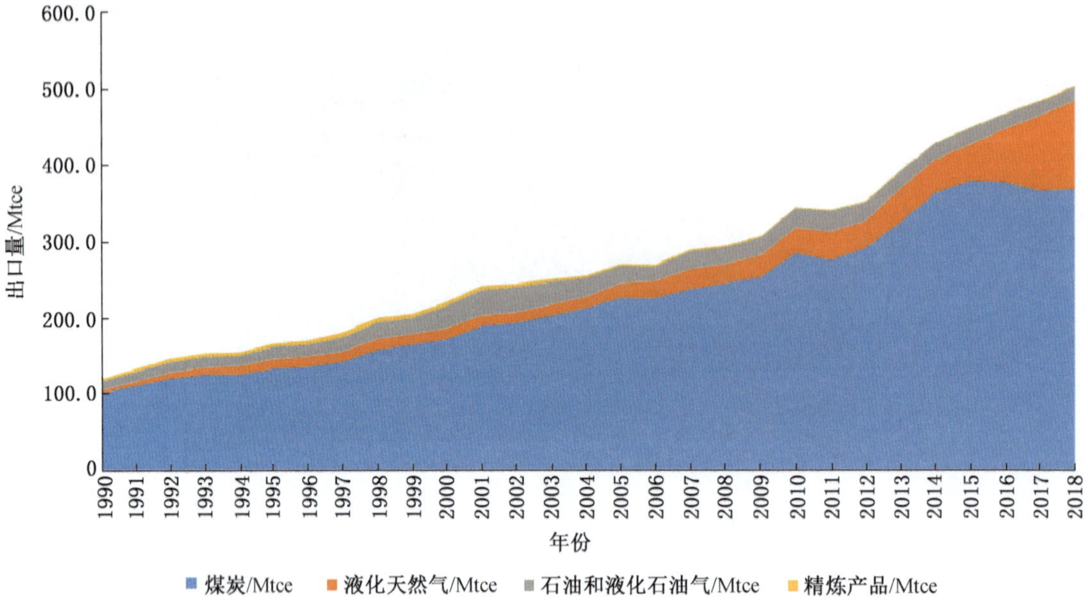

图 2-3-37 1990—2018 年度煤炭在能源产品出口中的位置

2. 近 30 年煤炭出口增长情况

炼焦煤以较低的数量增长获得较高的收益增长。1990/91—2018/19 年度炼焦煤、动力煤出口数量与收益如图 2-3-38 和图 2-3-39 所示，炼焦煤出口量和收益增幅分别为 196.5% 和 1040.2%，动力煤出口数量和收益增幅分别为 305.5% 和 921.3%；炼焦煤出口收益增长快于动力煤、动力煤出口规模增长快于炼焦煤。

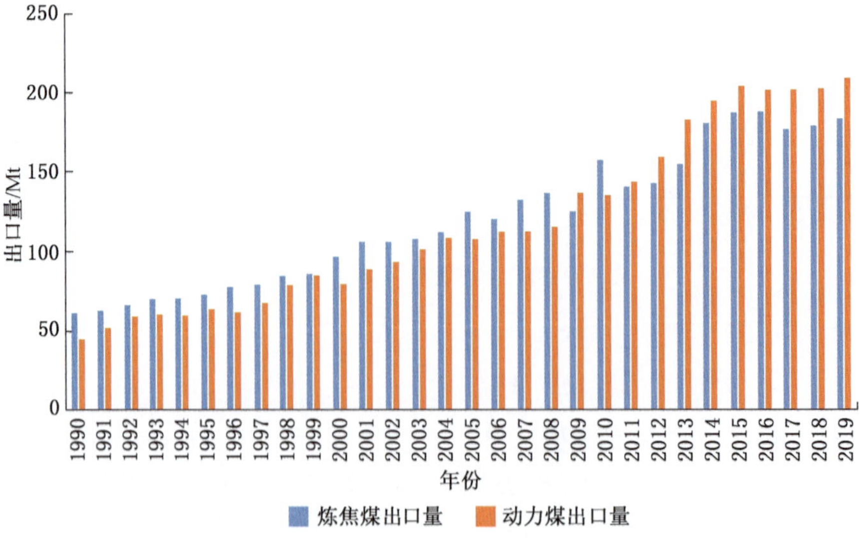

图 2-3-38 1990/91—2018/19 年度炼焦煤、动力煤出口量

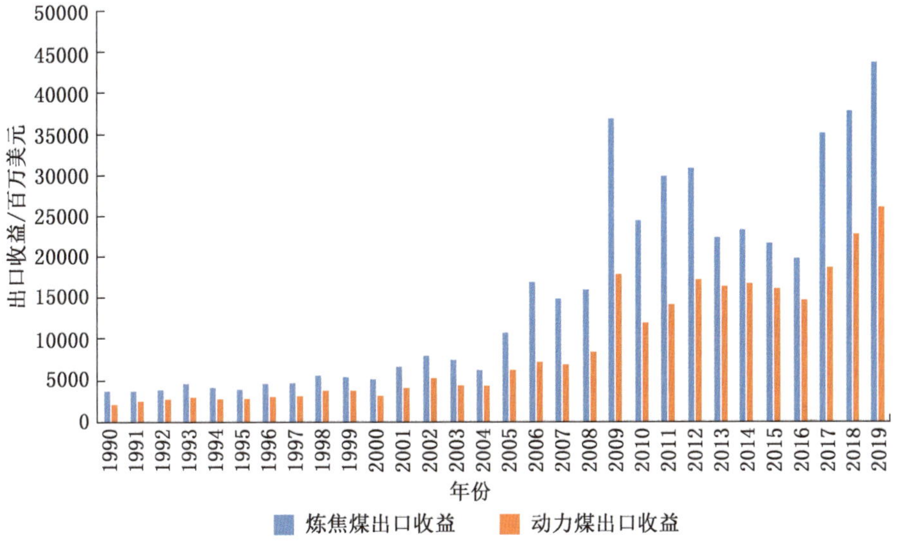

图 2-3-39　1990/91—2018/19 年度炼焦煤、动力煤出口收益

近 30 年炼焦煤与动力煤价格波动性上涨、2008 年 12 月上涨到最高点。如图 2-3-40 所示，总体呈现增长态势；2008 年全球钢铁行业具备炼焦煤价格上涨的承受能力，优质炼焦煤在 2008 年 12 月上涨到最高点的 424 A＄/t，比 1990 年 3 月的 63 A＄/t 上涨了 5.7 倍；优质炼焦煤和其他炼焦煤价格均高于动力煤，2008 年 12 月两种炼焦煤与动力煤的价格差距分别是 261 A＄/t 和 168 A＄/t；2009 年 3 月—2020 年 3 月，动力煤价格的最低点是 68 A＄/t，优质炼焦煤价格的最低点是 105 A＄/t，动力煤价格比 2008 年 3 月之前的最低点高出 32 A＄/t、优质炼焦煤价格比 2008 年 3 月之前的最低点高出 49 A＄/t。

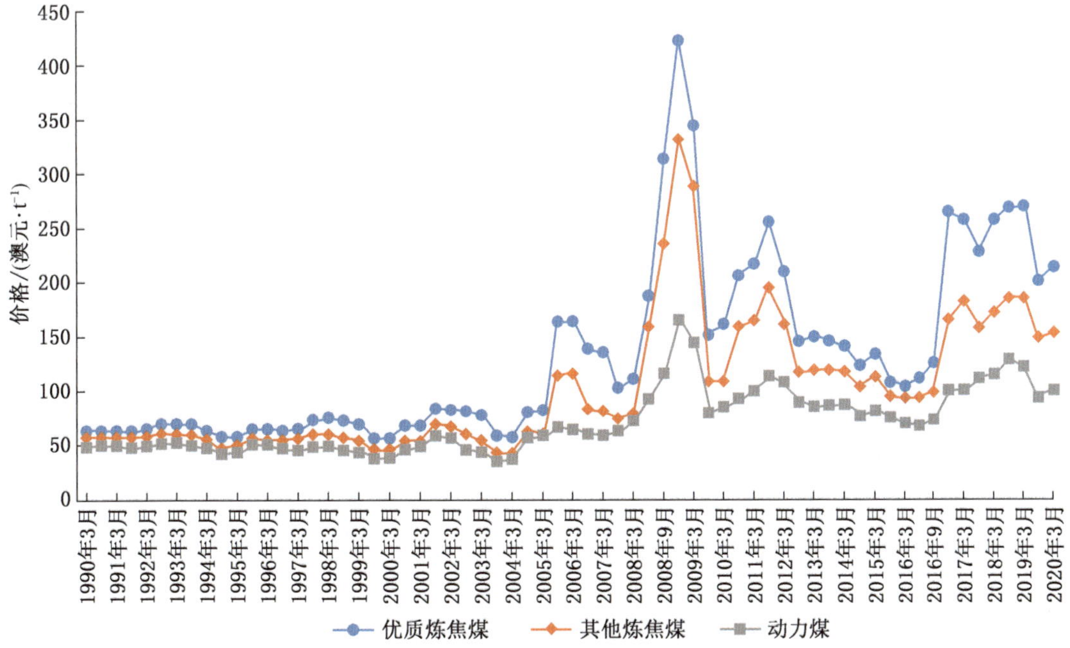

图 2-3-40　1990 年 3 月—2020 年 3 月优质炼焦煤、其他炼焦煤、动力煤价格

3. 近 30 年煤炭出口市场

煤炭出口的最大市场是印度和日本。如图 2－3－41 和图 2－3－42 所示，1990/91—2018/19 年度澳大利亚炼焦煤出口总量增长了近 3 倍。炼焦煤出口数量和收益增长最快的目的国是印度，分别增长了约 1175 倍和约 3748 倍。如图 2－3－43 和图 2－3－44 所示，动力煤出口数量和收益增长最快的目的国是日本，分别增长了约 3 倍和约 9 倍。

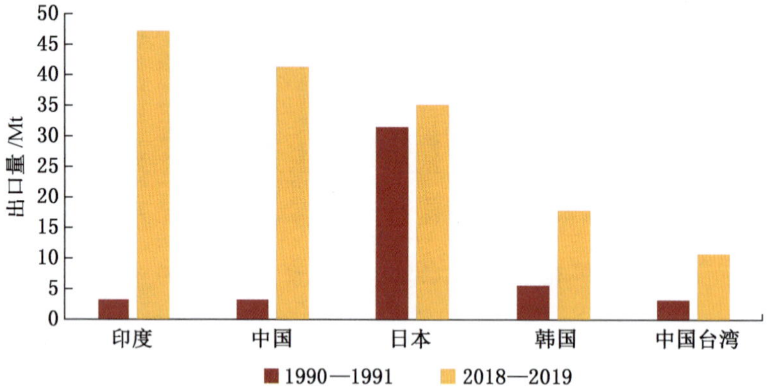

图 2－3－41　1990/91 年度和 2018/19 年度炼焦煤出口目的国或地区及其数量

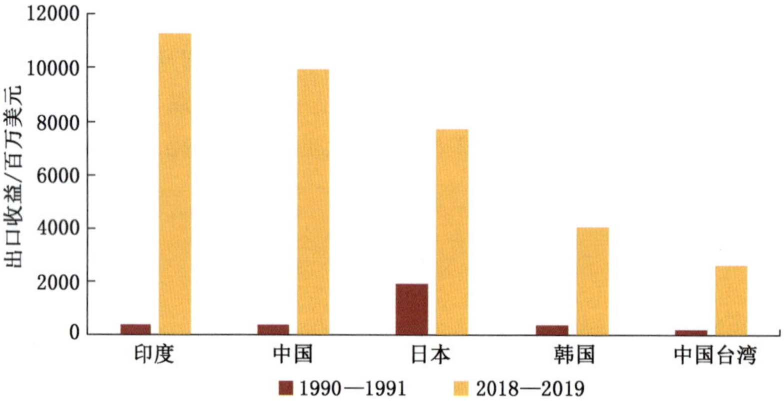

图 2－3－42　1990/91 年度和 2018/19 年度炼焦煤出口目的国或地区及其收益

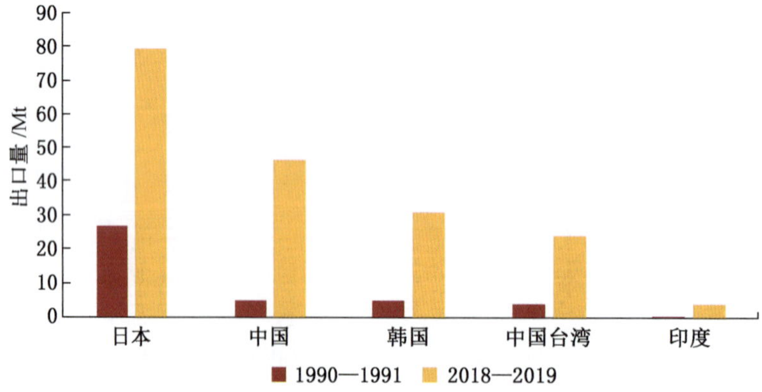

图 2－3－43　1990/91 年度和 2018/19 年度动力煤出口目的国或地区及其数量

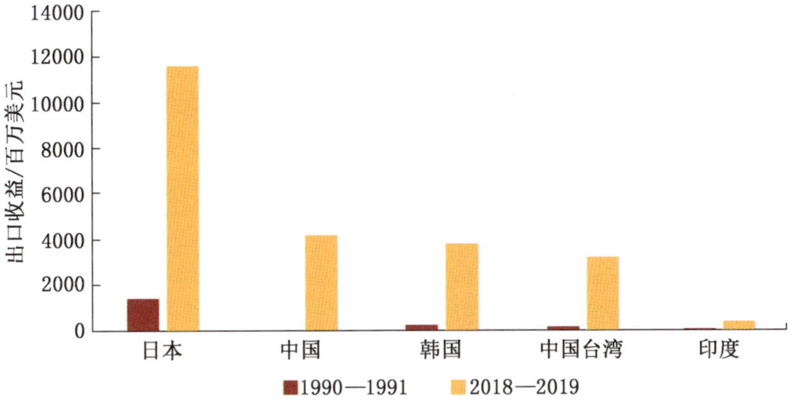

图 2-3-44 1990/91 年度和 2018/19 年度动力煤出口目的国或地区及其收益

4. 2019 年新南威尔士州煤炭出口市场

新南威尔士州煤炭出口最大市场是日本。如图 2-3-45 所示，截至 2019 年底，新南威尔士州煤炭出口的最大市场是日本，占 40.0%；其次是中国，占 21.0%，第三是中国台湾，占 13.0%。

5. 2019 年昆士兰州煤炭出口市场

亚洲是昆士兰州第一大煤炭出口市场。2018/19 年度，昆士兰州出口煤炭 224.355 Mt，其中亚洲占 86.89%，如图 2-3-46 所示，在亚洲进口昆士兰州煤炭最多的国家是日本。

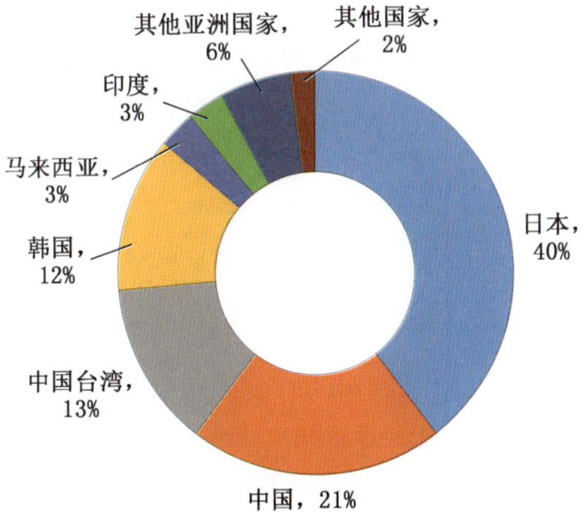

图 2-3-45 2019 年底新南威尔士州煤炭出口市场及份额

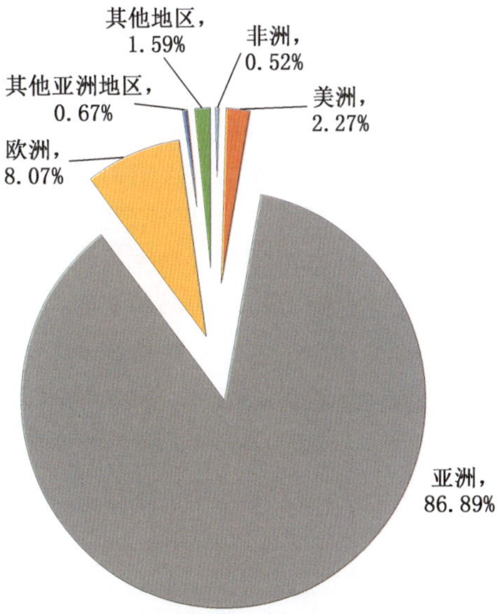

图 2-3-46 2018/19 年度昆士兰州煤炭出口市场及份额

3.5.3 煤炭运输

煤炭运输方式以铁路为主，出口煤炭主要通过昆士兰州和新南威尔士州的铁路系统运到六大煤炭出口港；两个州在运输体系的改革方面采取了一系列措施，以更好地适应国际市场需求的变化；同时在港口建设方面加大投入，保证出口煤的装运能力。

1. 煤炭运输总体情况

澳大利亚煤炭运输是通过铁路、公路和港口的多式联运网络实现的。铁路是煤炭运输的主要方式，大部分出口煤炭经昆士兰州和新南威尔士州的铁路系统运到各煤炭出口港。公路运输用于煤矿到铁路、铁路到港口的短距离煤炭输送。公路运输对于某些煤矿，特别是新南威尔士州南部矿区的煤矿尤为重要。昆士兰州从西莫尔顿矿区到布里斯班港用驳船运输，新南威尔士州沿海地区由马阔里湖沿岸到纽卡斯尔港用轮船运输。国内燃煤发电量占总发电量的 60.0%，多数电厂建造地面输送机系统从煤矿向其运输煤炭，港口地面输送机用来装船。

昆士兰州煤炭运输。昆士兰州交通运输和公路部在促进该州自然资源产业的发展方面发挥了重要作用，该部与政府所属铁路及港口公司、其他政府部门、煤矿企业、工业团体、铁路公司、煤炭码头、港口业主及运输供应商合作，对运输系统发展、国有铁路和港口公司的治理提供战略咨询和投入，并对煤炭运输系统绩效和基础设施发展向昆士兰政府提交报告，确保煤炭运输网络以及未来的运输规划和政策协调发展，满足煤炭出口日益增长的需求。

目前，昆士兰州有 49 个正在运营的出口煤矿，其中两个正在建设中的新煤矿和另外 21 个正在开发的先进煤炭出口项目。煤炭运输基础设施主要由私营部门在完全商业化的基础上提供，并通过煤矿企业、铁路管理者以及铁路和港口运输服务提供商之间的收付合同获得运力。2018/19 年度，昆士兰州煤炭出口总量为 224. 355 Mt。

2. 铁路运输

澳大利亚铁路的基础设施和运营的所有权和管理通常分为轨道管理和列车车辆运营两部分，由政府和私营部门经营者共同负责。1996 年 11 月，澳大利亚政府宣布铁路改革方案，主要包括：澳大利亚国家铁路委员会（AN）的出售，国家铁路公司（NRC）出售，以及澳大利亚铁路公司（ARTC）的成立，以管理州际铁路网络的接入。改革的目标是通过增加私营部门的参与来应对铁路市场份额的下降，以降低运输成本、更好地满足客户的需求，并在铁路部门提供长期就业机会。

1）昆士兰州煤炭铁路运输

昆士兰州是世界最大的煤炭出口地之一，煤炭出口每年为该州提供 110 亿美元的直接收益。该州煤炭铁路运输在重型机车运输、窄轨铁路运输技术方面居世界领先，对澳大利亚经济有着重要的支撑作用，从煤矿到铁路再到港口是该州煤炭出口重要的供应链。为保证该州的经济收益，州政府协调各方力量共同保证煤炭供应链的畅通。经过 1996 年澳大利亚铁路系统的改革，昆士兰州原来由昆士兰国家铁路公司（QR National）负责的重载货运和该州中部煤炭网络现在由一家私营公司 Aurizon 有限公司承租运营；区域货运系统、客运铁路服务和城市铁路网（包括昆士兰东南部）由昆士兰政府拥有并运营。

昆士兰州的出口煤炭从煤矿途经纽兰（Newlands）、贡奈拉（Goonyella）、黑水（Blackwater）、穆拉（Moura）和西莫顿（West Moreton）铁路运输线，运至该州的艾博特角（Abbot Point）、海波因特（Hay Point）、格拉斯通（Gladstone）和布里斯班（Brisbane）4 个煤炭出口港；澳洲国内煤炭消费通过铁路运输到斯坦威尔和格拉德斯通的发电站，以及各种工业用户。昆士兰中部煤炭铁路网由纽兰、贡内拉、黑水和穆拉铁路运输线组成，由 Aurizon 有限公司所有和运营。昆士兰东南部的西莫顿铁路系统由昆士兰铁路所有和管理。

2）新南威尔士州煤炭铁路运输

太平洋国家公司（Pacific National）是澳大利亚第二大煤炭铁路运输公司，新南威尔士 90% 左右的出口煤炭是此公司运输的，铁路线连接亨特谷煤田至纽卡斯尔和肯布兰两大港口。该公司也负责部分国内燃煤电站和钢铁生产企业的用煤运输，在南澳大利亚州也有部分煤炭运输业务。公司拥有

2000 多节运煤车厢和 100 组车头，年运输能力 93 Mt。

3. 港口建设

澳大利亚近九成煤炭产品供应国际市场，煤炭出口主要经过 6 个港口完成装运，处理能力合计为 350 Mt，2009—2010 年度实际装运煤炭 350 Mt。4 个港口是昆士兰州艾博特角港、海波因特港、格拉德斯通港、布里斯班港，2 个港口是新南威尔士州纽卡斯尔港和肯布拉港。

1）昆士兰州煤炭出口港

昆士兰州 4 个煤炭出口港的地理位置、所有者和 8 个煤码头的出口能力及 2014/15 年度煤炭出口量见表 2-3-14，承担了鲍恩盆地、伽利略盆地和苏拉特盆地的煤炭出口。

表 2-3-14 昆士兰州煤炭出口港

出口港名称	地理位置及所有者	码头及煤炭出口量
Abbot Point 港	鲍恩以北约 25 km 处，由昆士兰北部散货港口公司管理。T1 煤码头由蒙德拉港口有限公司（是印度阿达尼矿业有限公司的子公司。2011 年 4 月，印度最大的煤炭进口商 Adani Enterprises 公司以 18.3 亿澳元租赁该煤码头 99 年）承租，该公司计划建设另一个煤码头	T1 煤码头出口能力为 50 Mt/a，2014/15 年度出口煤炭 28.70 Mt；计划扩建的另一煤码头出口能力为 70 mt/a
Hay Point 港	位于麦凯以南约 30 km 处，DBCT 煤码头由 Dalrymple Bay 有限公司（DBCT）承包运营；HPSCT 煤码头由必和必拓三菱联盟拥有和管理	现有 2 个煤码头，DBCT 煤码头出口能力为 85 Mt/a；HPSCT 煤码头出口能力为 55 Mt/a。2014—2015 年，2 个煤码头从鲍恩盆地出口煤炭的数量分别是 71.60 Mt 和 43.40 Mt
Gladstone 港	RG Tanna 和 Barney Point 煤码头属于 Gladstone 港集团，Wiggins 煤码头属于 WICET 有限公司	3 个煤码头，出口能力合计为 107 Mt/a；2014—2015 年，前 2 个煤码头从鲍恩盆地出口煤炭的数量分别是 67.80 Mt 和 6.70 Mt
Brisbane 港	昆士兰州最大的港口，位于麦凯以南 38 km 处，与 Hay Point 煤炭码头临近。由昆士兰散装运煤有限公司（QBHPL）拥有和运营	1 个煤码头 QBHCT，出口能力为 10 Mt/a；出口煤炭来自西莫顿和苏拉特盆地的动力煤，2014—2015 年，煤炭出口量为 7.30 Mt

2）新南威尔士州煤炭出口港

新南威尔士州的港口建设因为 2004 年 3 月发生的运煤船排队引起广泛注意，世界最大的、煤炭处理能力最高的瓦拉塔港煤炭公司［Port Waratah Coal Services（PWCS）］提出“出口能力分配方案（CAS）”，即向煤炭生产商分配通过码头的配额。新州政府提出扩大该州铁路网运力的计划，这项计划的实施大约需要 3.75 亿澳元。

主要的煤炭港口是纽卡斯尔港（Newcastle）和肯布兰港口（Port Kembla）。纽卡斯尔港是新南威尔士的历史最为悠久的港口，其开林顿（Carrington）煤炭码头和库拉岗（Kooragang）煤炭码头均由瓦拉塔（Port Waratah）煤炭服务公司（PWCS）经营，年装船能力分别为 25.0 Mt 和 88.0 Mt。作为世界级的煤炭港口，每年接纳船只超过 3000 艘。港口从铁路每小时卸煤量可达 20 kt，拥有大型堆放场 3 个，堆放能力 3.50 Mt，煤炭装船能力达每小时 30 kt。肯布拉港煤炭码头（Port Kembla）位于澳大利亚悉尼南部，现由必和必拓公司代表一个煤炭公司财团负责管理。该财团是由 Illawarra 煤炭公司、Centennial 煤炭公司、Xstrata 煤炭公司、Tahmoor 煤炭公司、Peabody 公司和 Gujarat NRE 公司组成。年煤炭吞吐量超过 18 Mt，为 12 个煤矿提供服务。煤炭通过公路和铁路运输至码头并存放在堆煤场，然后经过堆取料机，再通过输送机输送至等候的船只。港区有内外港之分，内港在海岸线内，船舶由东南入港；外港在内港入口之南，船舶由东北入港。内港东岸为煤炭出口码头，有两个煤炭泊位，水深 16~23 m，可接纳 150~250 kt 级船只，码头上有 2 台小时效率各为 2500 t 的装煤机。

3.6　煤矿安全生产与职业健康

近 40 年来，澳大利亚煤矿安全生产状况处于逐渐好转、实现“零死亡”的过程中。按照煤矿事故死亡人数的统计将煤矿安全生产分为 2 个阶段，21 世纪以来有 7 个年度实现“零死亡”；按照工作重点的转变将煤矿安全生产分为 3 个阶段，工作重点已经从关注重大死亡事故转移到关注严重工伤事故和职业健康方面；主要产煤州监管机构不断进行立法改革、更新和修订相关的法律法规，建立了较为完善的监管体系，使安全生产与职业健康保持了较高的水平。

3.6.1　安全生产与职业健康总体情况

总结澳大利亚煤矿安全与职业健康的事故统计与监管的总体情况，对两个主要产煤州上百年的煤矿事故进行了简要分析，特别是对井工煤矿和露天煤矿事故发生情况进行了分类研究；将近 40 年的煤矿安全生产过程划分为 3 个阶段，澳大利亚安全生产工作重点已经从控制死亡事故过渡到控制和减少严重工伤事故以及井下工人尘肺病新增病例阶段；总结提炼了 5 条煤矿安全生产与职业健康保持先进水平的有益做法。

1. 安全生产

1）近 40 年澳大利亚煤矿事故统计

1980/81—2018/19 年度澳大利亚煤矿安全根本好转，2000/01—2018/19 年度 7 个年度实现了“零死亡”。如图 2－3－47 和表 2－3－15 所示，1980/81—2018/19 年度澳大利亚原煤产量由 85.83 Mt 增加到 588.89 Mt，百万吨死亡率由 0.0233 降低到 0.0051；煤矿事故死亡人数由 1980/81—1999/00 年度两位数减少到 2000/01 年度以后 12 个年度的个位数，以及 7 个年度的“零死亡”。1980/81—1999/00 年度，4 个年度各发生了 1 起重大事故（10 人及以上事故），8 个年度各发生了 1 起较大事故，4 起重大事故的死亡人数合计是 48 人，8 起较大事故的死亡人数合计是 31 人。2000/01—2018/19 年度，2 个年度发生了较大事故，死亡 9 人；10 个年度发生了一般事故，死亡 23 人；7 个年度实现了“零死亡”，分别是 2002/03、2004/05、2007/08、2009/10、2011/12、2012/13、2015/16 年度。

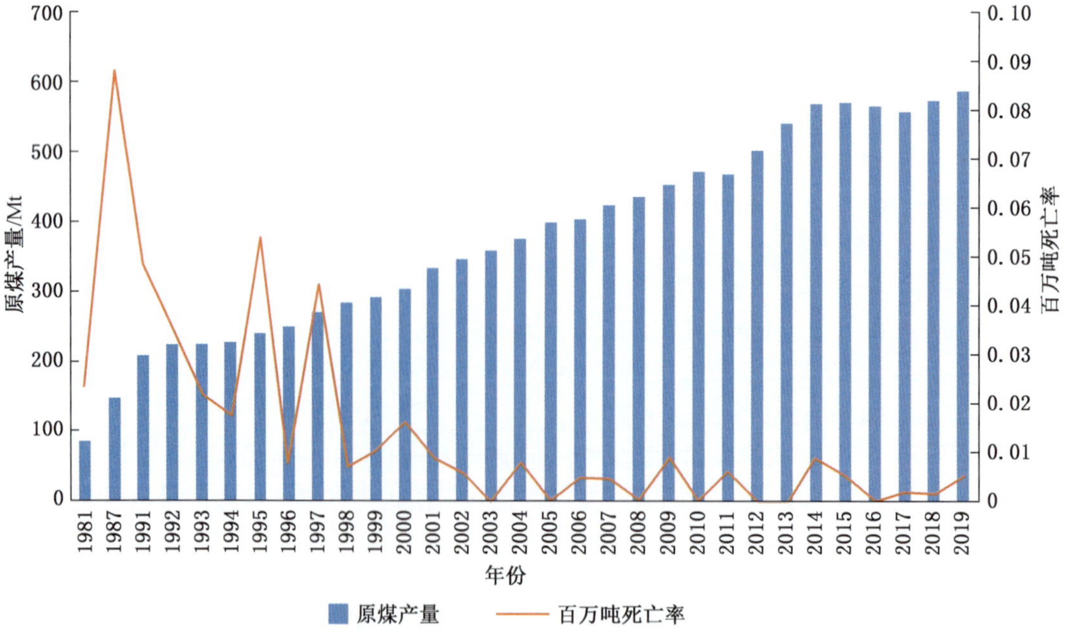

图 2－3－47　1980/81—2018/19 年度澳大利亚原煤产量与百万吨死亡率

表 2-3-15 1980/81—2018/19 年度澳大利亚煤矿事故死亡人数统计

年　度	合　计	井工煤矿	露天煤矿	年　度	合　计	井工煤矿	露天煤矿
1980/81	2	2	0	2004/05	0	0	0
1986/87	13	12	1	2005/06	2	0	2
1990/91	10	7	3	2006/07	2	1	1
1991/92	8	7	1	2007/08	0	0	0
1992/93	5	1	4	2008/09	4	0	4
1993/94	4	2	2	2009/10	0	0	0
1994/95	13	13	0	2010/11	3	0	3
1995/96	2	0	2	2011/12	0	0	0
1996/97	12	10	2	2012/13	0	0	0
1997/98	2	1	1	2013/14	5	3	2
1998/99	3	2	1	2014/15	3	1	2
1999/00	5	4	1	2015/16	0	0	0
2000/01	3	3	0	2016/17	1	0	1
2001/02	2	1	1	2017/18	1	0	1
2002/03	0	0	0	2018/19	3	1	2
2003/04	3	2	1				

1980/81—2018/19 年度井工煤矿事故死亡人数是露天煤矿的近 2 倍。如图 2-3-48 所示，1980/81—2018/19 年度井工煤矿和露天煤矿事故死亡人数分别为 73 人和 38 人，占比分别是 65.8% 和 34.2%，井工煤矿死亡人数是露天煤矿死亡人数的 1.92 倍。

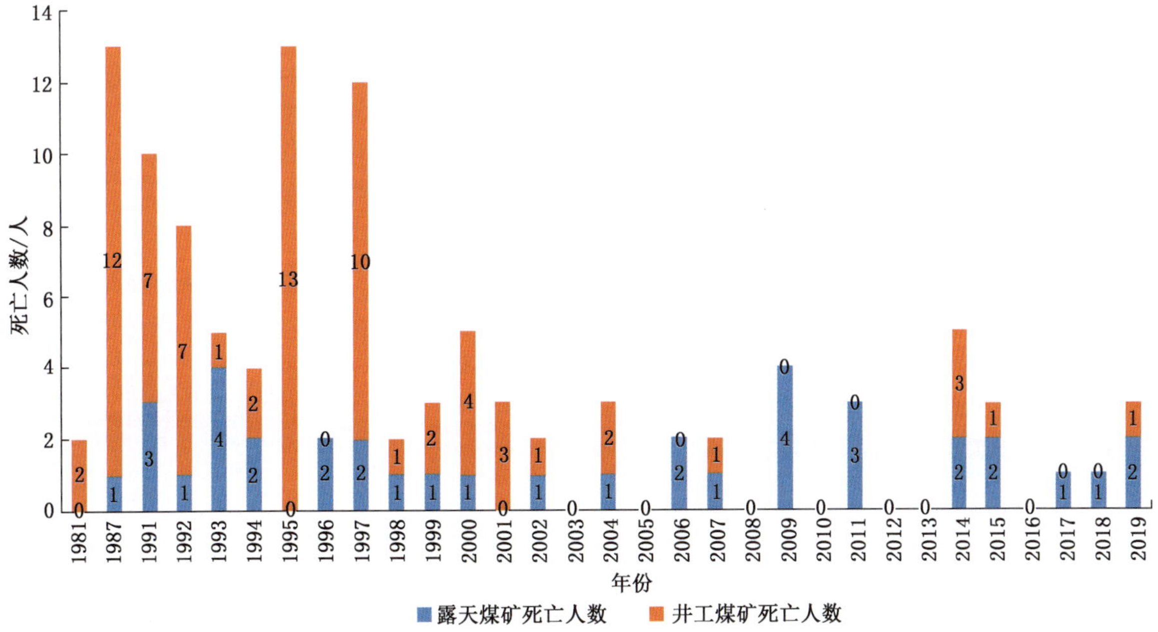

图 2-3-48 1980/81—2018/19 年度澳大利亚露天和井工煤矿事故死亡人数统计

2）近百年主要产煤州煤矿事故统计

昆士兰州煤矿死亡事故集中在1995年之前，井工煤矿死亡人数是露天煤矿的4倍；1995—2019年有11年实现“零死亡”。如图2-3-49所示，1900—2019年井工煤矿和露天煤矿事故死亡人数的占比分别是81%和19%；5次10人以上死亡事故均发生在井工煤矿，其中1次30人以上的重特大事故是井工煤矿粉尘爆炸事故，发生在1921年9月19日，其余4次是20人以内的事故；1995年以后，昆士兰州煤矿事故死亡人数控制在个位数；1995—2019年，有11年煤矿生产实现“零死亡”。

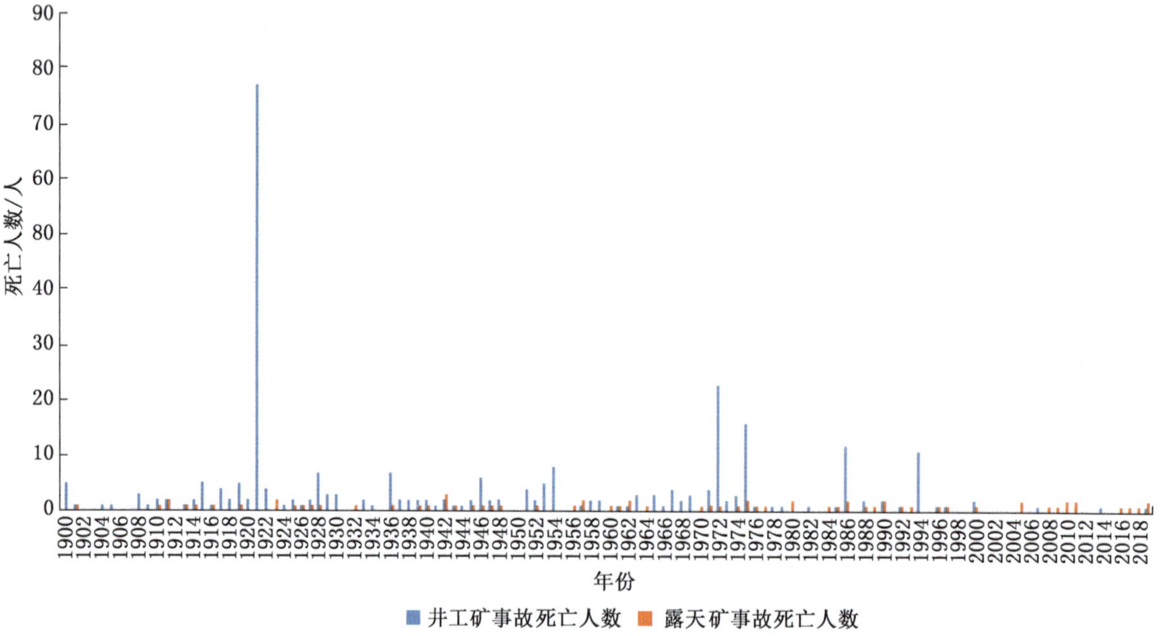

图2-3-49　1900—2019年昆士兰州井工煤矿和露天煤矿事故死亡人数变化情况

新南威尔士州煤矿死亡事故集中在1990年之前，1995/96—2017/18年度有11个年度实现“零死亡”。如图2-3-50所示，新南威尔士州煤炭开采业经过100多年的发展过程，将事故死亡人数由20世纪初的数十人减少到了20世纪80年代末的个位数；接着用了十多年的时间实现了一些年度的“零死亡”目标，1995/96—2017/18年度煤炭开采有11个年度实现了“零死亡”。

3）煤矿安全生产3个主要阶段

（1）1990/91—1999/00年度死亡事故率和失时工伤事故率较高。1990/91—1999/00年度澳大利亚井工煤矿死亡事故率较高。由表2-3-16可知，1990/91—1999/00年度露天煤矿死亡事故率平均值低于采矿业死亡事故率平均值，而井工煤矿死亡事故率平均值明显高于采矿业死亡事故率平均值；从各年度看，露天煤矿死亡事故率基本低于采矿业死亡事故率，只有1个年度例外，而井工煤矿死亡事故率基本高于采矿业死亡事故率，只有1个年度例外。

表2-3-16　1990/91—1999/00年度采矿业和煤矿死亡事故率

名称	1990/91	1991/92	1992/93	1993/94	1994/95	1995/96	1996/97	1997/98	1998/99	1999/00	平均
露天煤矿	0.07	0.07	0.07	0.07	0.03	0.06	0.03	0.03	0.04	0.04	0.05
井工煤矿	0.37	0.25	0.13	0.10	0.58	0.05	0.41	0.05	0.11	0.22	0.23
采矿业	0.20	0.13	0.12	0.09	0.15	0.03	0.15	0.09	0.04	0.09	0.11

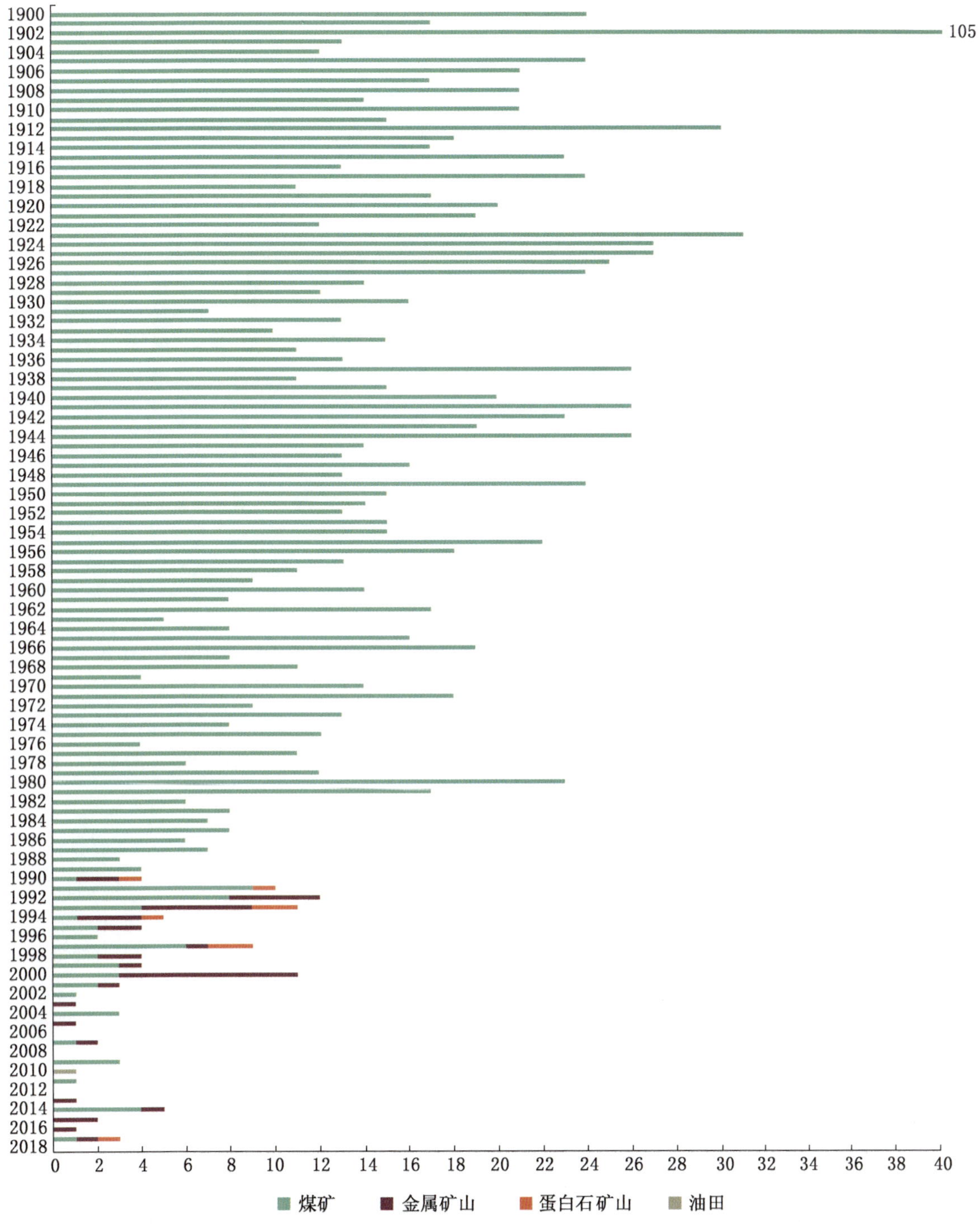

图 2-3-50　1900—2017/18 年度新南威尔士州采矿业事故死亡人数变化情况

1990/91—1999/00 年度失时工伤事故率高于美国。如图 2-3-51 所示，1990/91—1999/00 年度美国煤矿的非死亡事故率（NFDL/FR）与澳大利亚的失时工伤事故率（LTIFR）相当，美国从 1991 年的 39 下降到 1998 年的 25。同期，澳大利亚煤矿的失时工伤事故率从 1990/91 年度的 106 下降到 1997/98 年的 32，下降 76%。两国的共同特点是井工煤矿的失时工伤事故率高于露天煤矿，在 1991/91 年度澳大利亚煤矿与美国煤矿事故率差距很大，到 1999/00 年度差距逐渐缩小。

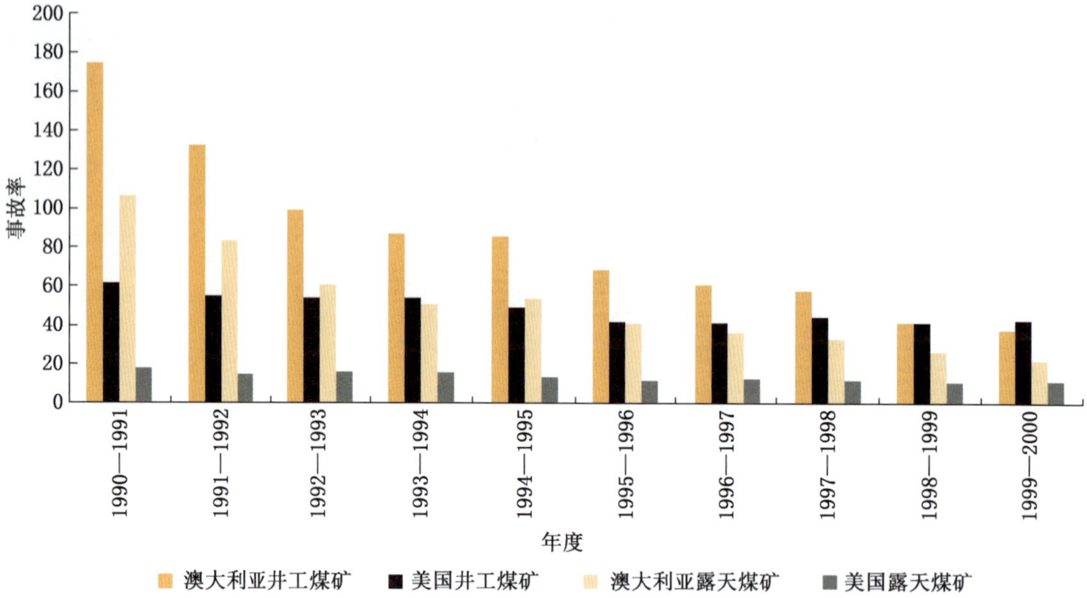

图 2-3-51　1990/91—1999/00 年度澳大利亚和美国失时工伤事故率对比

（2）2000/01—2018/19 年度严重事故工伤人数较高和增加。2000/01—2018/19 年度昆士兰州煤矿严重事故率有所增长。进入 21 世纪，两个主要产煤州煤矿致命事故死亡人数完全控制在个位数，而且有一些年度实现了“零死亡”；而工时损失（LTI）和致残工伤（DIs）事故的员工人数较高。如图 2-3-52 所示，2001/02—2010/11 年度，从业人员数量稳步上升，煤矿的这两种员工人数在

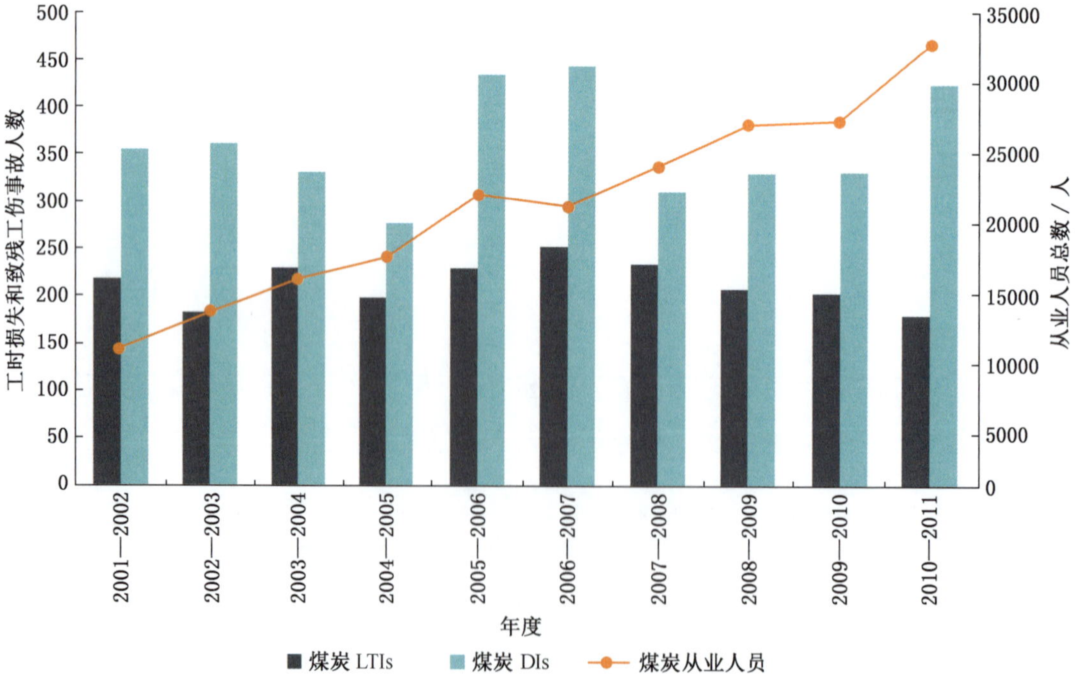

图 2-3-52　2001/02—2010/11 年度昆士兰州煤矿失时、致残工伤事故人数与从业人员

2005/06、2006/07 和 2010/11 年度达到高峰，这 3 个年度处于新增无经验从业人员增幅较大的年度；其他年度基本稳定。如图 2-3-53 所示，2014/15—2018/19 年度的 5 年中，严重事故的发生率不断增长，从 2014—2015 年 0.59/百万工时增长到 2018/19 年度 1.02/百万工时；2018/19 年度，共发生 110 起严重事故，90 起发生在煤矿、20 起发生在其他矿山和采石场。

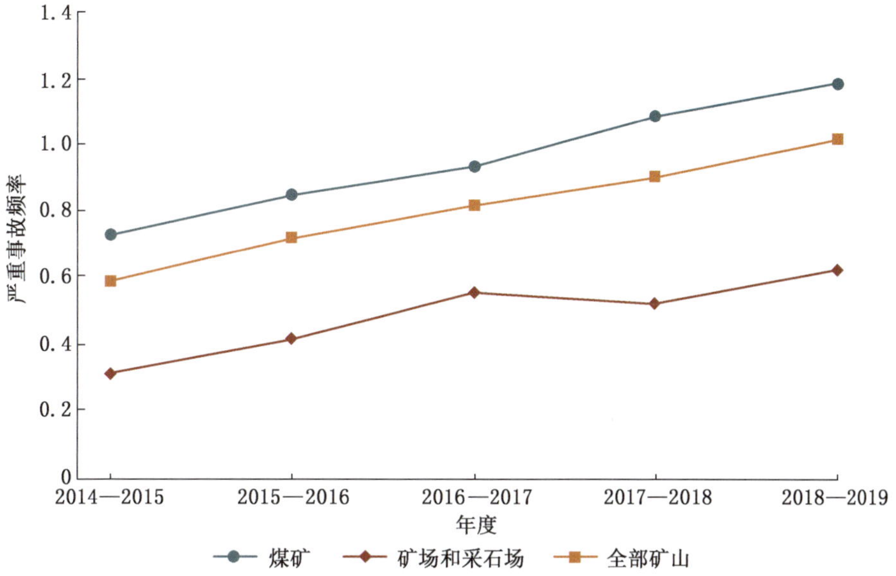

图 2-3-53 2014/15—2018/19 年度昆士兰州煤矿严重事故频率

2000/01—2017/18 年度新南威尔士州采矿业和煤矿严重工伤人数呈增加态势，且井工煤矿明显高于露天煤矿。如图 2-3-54 所示，2000/01—2017/18 年度新南威尔士州采矿业和煤矿严重工伤人数均为波动上涨态势，增长幅度分别为 49.1% 和 37.5%。同期，煤矿严重工伤人数占采矿业严重工伤人数的比重为 52%~84%，井工煤矿严重工伤人数占采矿业严重工伤人数的比重为 66%~89%。

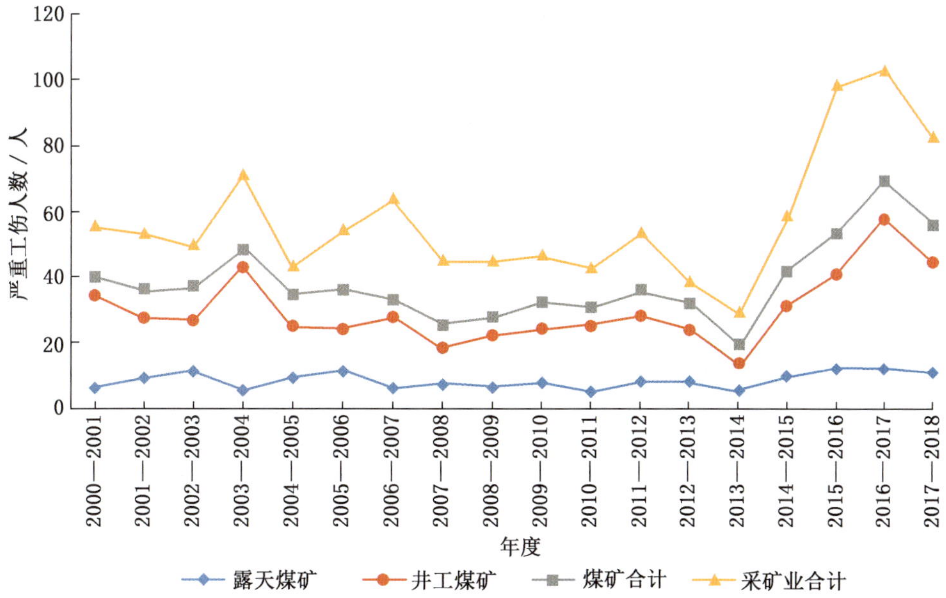

图 2-3-54 2000/01—2017/18 年度新南威尔士州煤矿和采矿业严重工伤人数

（3）2019/20 年度之后注重严重工伤控制。由于近 20 年来，昆士兰州煤矿失时、致残工伤事故人数和严重事故频率以及新南威尔士州煤矿严重工伤人数均呈现上升趋势，两个州的监管机构要求煤矿企业将控制严重工伤纳入企业 2019/20 年度及以后“安全与健康管理系统”的重要内容之一，同时要采取长期有效的措施降低造成严重工伤事故发生的概率。

2. 职业健康

1）昆士兰州煤矿工人尘肺病情况

昆士兰州煤矿工人尘肺病有所增加。图 2－3－55 所示为 1984—2014 年以及 2014—2020 年 4 月 30 日自然资源、矿山和能源部（DNRME）收到的尘肺病病例数，1984 年以来尘肺病病例数累计已达 109 例，呈明显增加态势。

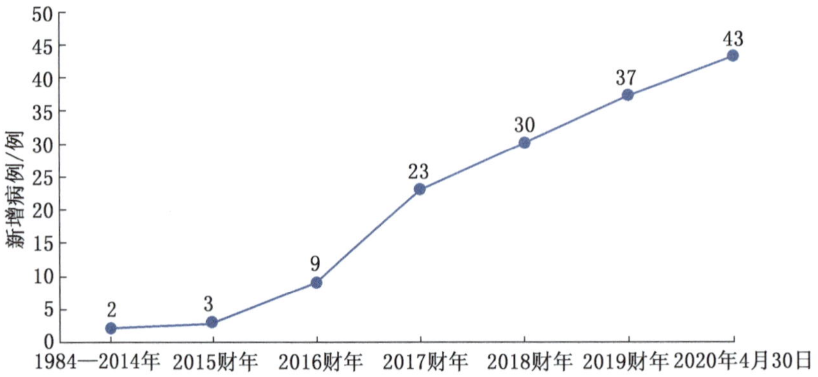

图 2－3－55　1984—2020 年 4 月底昆士兰州煤矿尘肺病新增病例情况

2）昆士兰州煤矿工人健康计划

昆士兰州政府应对煤矿工人尘肺病的措施。2017 年昆士兰州政府修订《煤矿安全与健康条例（2017）》，制定“昆士兰州煤矿工人健康计划”（前身是“煤炭医疗方案”），通过强制性的健康计划保证该州煤矿工人的身体健康，计划要求新入职矿工必须进行入职健康评估（包括胸部 X 射线检查）并记录存档；露天矿矿工必须每 10 年进行 1 次健康评估（包括胸部 X 射线检查），井工矿矿工必须每 5 年进行 1 次健康评估；煤矿企业每 3 个月向矿山安全健康监察部门提交 1 次粉尘监测数据；政府及相关机构将对粉尘监测数据进行审核并公布；煤矿企业发现尘肺病新增病例需及时向政府监察部门提交报告；退休工人自愿参加这个计划。雇主必须保证对所有雇员进行健康评估，“医学评估指南”涵盖了评估计划的内容要求。

3）昆士兰州煤矿需加强现场粉尘监测监控

昆士兰州《煤矿安全与健康条例（2017）》要求煤矿企业加强现场粉尘监测。矿山或采石场工人患上尘肺病的可能性取决于他们所在工作场所的粉尘数量和浓度以及工作时间。研究表明，如果没有有效的控制措施，将增加矿山和采石场工人患上尘肺病的可能性。《煤矿安全与健康条例（2017）》要求煤矿企业加强现场粉尘监测，所有煤矿必须建立“煤矿呼吸性粉尘监测”公认标准要求的粉尘监控系统。昆士兰州井工煤矿粉尘风险水平最高的区域是长壁工作面，长壁开采煤矿每季度至少对工作现场进行一次监测；同时，必须实施粉尘控制措施，降低现场粉尘水平。

3. 煤矿安全生产与职业健康保持先进水平的有益做法

1）“零伤害”理念的建立

建立“零伤害”理念、推动煤矿安全根本好转。1998 年澳大利亚矿业理事会（MCA）在采矿业提出“安全与健康宣言”，目的是使采矿行业能够认识、相信并努力实现无死亡、无工伤、无职业病的目标。宣言包括：①个人承诺，表现个人安全与健康的主导意识；②安全与健康部门承诺，使澳大利亚采矿业摆脱死亡、工伤和职业病的威胁；③安全意识，安全比任何工作都重要，树立“零伤害”安全意识；④安全与健康理念，死亡、工伤和职业病都是可以预防的，安全与健康状况是可以持续改善的；⑤所有的危害是可以识别的，其风险是可以评估和管控的；⑥每个员工都对自己及他人的安全与健康负有责任。

2）依法确定企业在安全生产与职业健康方面的主体责任

各州（领地）政府依法确定企业的安全生产主体责任。澳大利亚各州（领地）政府立法的指导思想是工作场所的危害与危险是雇主要求雇员进行生产时产生的，法规明确规定雇主对改善工作条件、提供安全与健康的工作环境负有主要责任，从规定的责任可以看出，雇主和雇员应负责任的比例为 9：1。

昆士兰州政府颁布的《煤炭开采安全与健康法（1999）》要求所有煤矿企业落实安全生产与职业健康主体责任，必须建立“安全与健康管理制度”；《煤炭开采安全与健康规程（2001）》对“安全与健康管理制度”的内容做出了详细规定，其中包括预防多人死亡的“重大风险管理计划”，该计划的基本内容要求是：应急预案、瓦斯管理与瓦斯抽放、矿井通风、防灭火管理、岩层控制、防突管理。《煤炭开采安全与健康规程（2017）》增加了工作现场粉尘监测及防控的具体要求等。

3）及时进行安全生产与职业健康立法改革

1994 年莫拉 2 号井工煤矿矿难成为昆士兰州彻底改变矿山安全状况的分水岭。1994 年 8 月 7 日，澳大利亚昆士兰州莫拉 2 号井工煤矿发生瓦斯爆炸事故，死亡 11 人。昆士兰州政府在修订的矿山安全与健康法律法规中纳入了此次矿难调查后提出的建议，对矿山安全监察体制进行了相应的改进，使该州井工煤矿再未发生过瓦斯爆炸事故。

及时进行立法改革，进一步调动煤矿企业加强安全管理的主动性。此次事故之后，昆士兰州政府相继颁布了《煤炭开采安全与健康法（1999）》和《矿石开采安全与健康法（1999）》,《煤炭开采安全与健康规程（2017）》和《矿石开采安全与健康规程（2001）》。在煤矿安全与职业健康的法规修订中主要体现由指令性法规转向基于风险评估的“自我监管”（统摄于目标，要求界定从矿工到管理层各级人员的责任和义务）立法改革，贯彻“关注的责任”这个理念，要求对所有参与工作场所活动的人员关注自己和周围人员的安全与健康，个人的操作行为不能危及他人的安全与健康；安全生产是煤矿的首要工作，工作场所的所有参与人员对煤矿安全生产负有主要责任，主要责任人员包括：雇主（矿权持有者）、矿长（煤矿经营者）、现场高级主管、合同工、煤矿所有设备的设计制造销售商、设备安装工、煤矿使用的所有物资的制造销售商、向煤矿提供服务的人员。

4）昆士兰州监察机构始终将井工煤矿瓦斯管理作为监察重点

煤矿瓦斯治理是昆士兰州政府监管工作的重点。昆士兰州是澳大利亚最重要的产煤州，其煤矿安全监察机构根据法律规定，要求所有井工煤矿建立气体监测系统，并安装甲烷探测器，以防止发生爆炸。目前正在修订规定最低甲烷含量监测标准。2018 年，安全监察机构对昆士兰井工煤矿瓦斯超标情况进行了调查、完成了一系列瓦斯管理合规审计，之后要求 8 个井工煤矿提供 2016—2018 年实时瓦斯监测数据，这些矿井存在甲烷浓度超过 2.5% 时的漏报，在某些情况下长壁工作面隅角的大气中可能存在甲烷浓度超标的情况。

5）新南威尔士州监管机构细分和增加煤矿执行改善通知、注重事故预防

煤矿事故预防是新南威尔士州的工作重点。新南威尔士州根据事故预防战略，对采矿和石油行业的工作健康和安全法规进行了重大改革。主要变化包括：改进信息收集、分析和使用方式；实

施有针对性的评估计划，根据现场运行的风险状况，评估与主要危害相关的关键风险；实施集中报告程序，为接收事故和高风险活动通知、信息请求、投诉和一般查询提供单一联系点。2015/16 年度开始，监管机构与行业的互动有所增加，监察员的评估增加了 32%，督察发出的执行通知 1403 份，“劝告或改进通知”占 87%。2016/17 年度，将执行通知里的“劝告或改进通知”细分为“改进通知”和“劝告通知”，“改进通知”的数量比上年增加了近 40%，从 2015/16 年的 177 份增加到 2016/17 年的 246 份，说明了监管机构对事故预防的重点关注。2017/18 年度，“改进通知”在原来的“劝告或改进通知”的比例继续增加，这反映了监管机构继续关注事故预防；同样值得注意的是，在 2017/18 年度，“禁止通知”的占比为 20%，比 2016/17 年度的 10% 增加了 10 个百分点（图 2-3-56）。

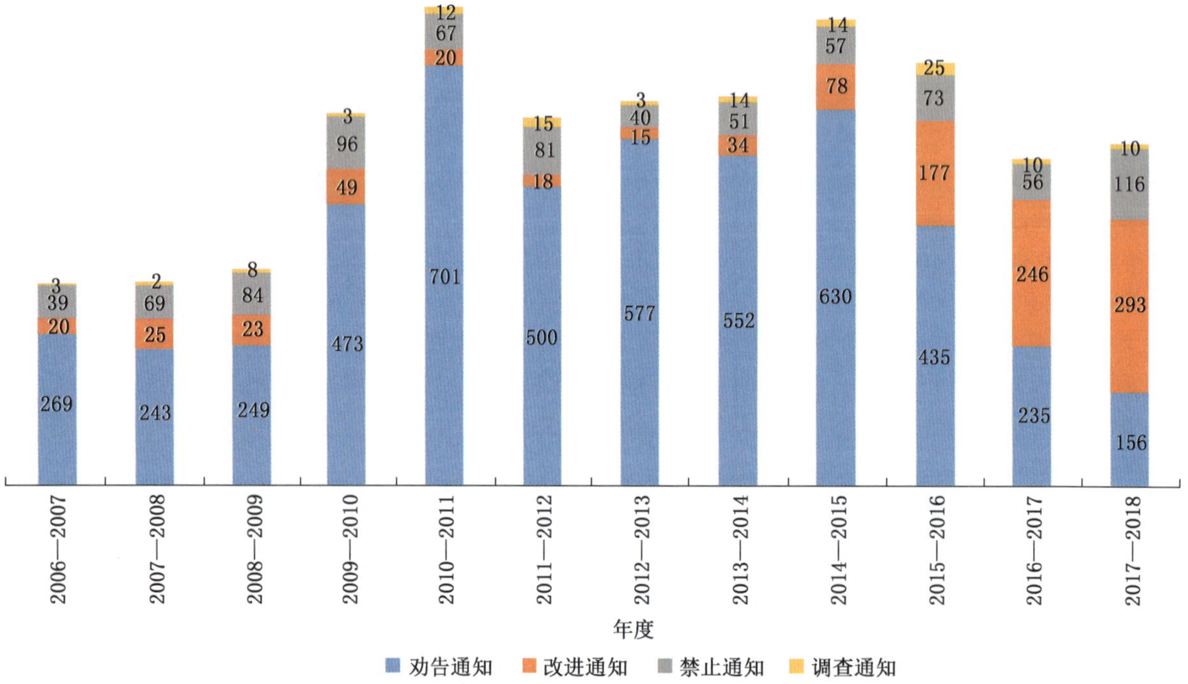

图 2-3-56　2006/07—2017/18 年度新南威尔士州煤矿执行通知类型变化

3.6.2　法律法规与监管体系

澳大利亚采矿业安全生产与职业健康的法律法规和监管体系由各州（领地）政府负责制定和建立，总结了各州（领地）政府关于采矿业安全生产与职业健康的主要法律法规，简要描述了昆士兰州从 1925 年至今的煤矿安全与职业健康法律法规的制修订，概述了昆士兰州煤矿安全与职业健康监管机构的组成和职能。

1. 法律法规框架

澳大利亚各州（领地）政府在职业安全与健康方面有独立的立法权，各州（领地）政府负责制定本州（领地）采矿业安全与健康法律法规，主要煤炭产地新南威尔士州、昆士兰州制定了专门的煤矿安全与健康法，并对企业进行执法监督。澳大利亚联邦职业安全局（SWA）总结的各州采矿业安全生产与职业健康的主要法律法规见表 2-3-17。

表 2-3-17 采矿业安全生产与职业健康主要法律法规

州（领地）名称	采矿业立法框架
新南威尔士州	《职业健康与安全（矿山和油田）法（2013）》《健康与安全（矿山和油田）规程（2014）》
昆士兰州	《采矿和采石安全与健康法（1999）》《采矿和采石安全与健康规程（2001）》《煤炭开采安全与健康法（1999）》《煤炭开采安全与健康规程（2017）》
维多利亚州	《职业健康与安全规程（2007）》
西澳大利亚州	《矿山安全与监察法（1994）》《矿山安全与监察规程（1995）》
南澳大利亚州	《职业健康与安全规程（2012）》
塔斯马尼亚州	《矿山健康与安全（补充要求）法（2012）》《矿山健康与安全（补充要求）规程（2012）》
首都领地	《职业健康与安全法（2011）》《职业健康与安全规程（2011）》
北领地	《职业健康与安全（国家统一立法）法》《矿山健康与安全（国家统一立法）规程》

2. 法律法规的制修订

昆士兰州煤矿安全法律法规制修订。重大伤亡事故促进昆士兰州煤矿安全法律法规制修订工作的开展，从而改善煤炭生产安全状况。1921 年死亡 75 人的井工煤矿粉尘爆炸事故促使该州政府于 1925 颁布了《煤炭开采法（1925）》，并于 1928 年颁布了《煤炭开采法修正法（1929）》，随后一段时间煤炭开采保持了较低的生产事故；1994 年 8 月 7 日昆士兰州的莫拉（Moura）2 号井工煤矿发生死亡 11 人的爆炸事故，促使该州政府于 1999 年颁布了《煤炭开采安全与健康法（1999）》，代替《煤炭开采法（1925）》和《煤炭开采法修正法（1929）》，并于 2001 年颁布了《煤炭开采安全与健康规程（2001）》，2017 年又颁布了《煤炭开采安全与健康规程（2017）》，代替《煤炭开采安全与健康规程（2001）》，这两部法律和规程的及时制修订为 2000 年之后昆士兰州煤矿安全实现 8 个年度的“零死亡”提供了法治保障。

3. 监管体系

1）联邦职业安全局（SWA）

根据澳大利亚联邦职业安全局（Safe Work Australia）陈述，联邦政府不负责管理采矿业的安全生产与职业健康，采矿业的安全生产与职业健康由各州（领地）政府负责。职业安全局负责掌握采矿业的安全生产与职业健康状况，根据各州（领地）政府的统计数据，对采矿业的十万人死亡率进行阶段性比较以及与其他行业的比较。根据职业安全局网站发布的信息，近十年来采矿业安全状况取得了明显进展，死亡和严重工伤事故率大幅下降，但仍然是工业行业里死亡人数最高的行业之一。2003—2015 年采矿业十万人死亡率从 12.4 下降到 4.4，每年平均死亡 9 人，位列第三位；2018 年 4 月 9 日—2019 年 4 月 9 日，采矿业死亡人数是 2 人，位列仓储运输、农林渔业、建筑业之后。

2）昆士兰州煤矿安全生产与职业健康监察机构

昆士兰州煤矿的安全生产与职业健康监察工作由昆士兰州自然资源、矿山和能源部的资源安全与健康司负责。资源安全与健康司对该州的自然资源和能源矿山企业的安全与健康进行监督检查，该司工作由副部长级的首席监察官负责。其总部办公地点设在昆士兰州的布里斯班，在南部地区、北部地区和西北部地区一共设有 5 个办事处。资源安全与健康司总部及下设办事处的组成和人员安排见表 2-3-18。截至 2018 年底，资源安全与健康司共有工作人员 56 名，分为首席监察官、地区监察员、电气和机械等专业监察员、首席调查官、工人代表等五类，负责南部、北部和西北部 3 个区域矿山、采石场和煤矿的安全生产与职业健康的监督检查工作。

表 2-3-18　昆士兰州自然资源、矿山和能源部资源安全与健康司机构与人员

<table>
<tr><th>名　称</th><th>组织机构及分布</th><th colspan="2">机 构 与 人 员 配 备</th></tr>
<tr><td rowspan="6">资源安全与健康司</td><td>总部</td><td colspan="2">煤矿首席监察官 1 名；
煤矿副首席监察官 1 名；
矿山机械高级监察员 1 名；
矿山职业健康监察员 1 名；
Secretary，Board of Examiners1 名</td></tr>
<tr><td rowspan="2">南部地区</td><td>南部地区矿山和采石场办事处</td><td>地区矿山监察员/矿山电气监察员 1 名；
职业健康高级监察员 1 名；
矿山电气监察员 1 名；
矿山监察员 4 名；
地区工人代表 1 名</td></tr>
<tr><td>南部地区煤矿办事处</td><td>煤矿地区监察员 1 名；
煤矿高级监察员 1 名；
矿山监察员 6 名；
矿山电气监察员 2 名；
矿山机械监察员 1 名；
首席调查官 1 名</td></tr>
<tr><td rowspan="2">北部地区</td><td>北部地区矿山和采石场办事处</td><td>矿山和采石场首席监察官 1 名；
矿山和采石场副首席监察官（汤斯维尔和阿瑟顿）1 名；
地区矿山代理监察员 1 名；
矿山监察员（采矿）（驻麦凯办事处）1 名；
矿山机械监察员 1 名；
矿山电气监察员 1 名；
授权官员（驻阿瑟顿办事处）1 名；
首席调查官（驻布里斯班）1 名；
首席调查官 1 名；
地区工人代表 1 名</td></tr>
<tr><td>北部地区煤矿办事处</td><td>煤矿地区监察员 1 名；
矿山开采监察员 3 名
矿山监察员 2 名；
职业健康高级监察员 1 名；
职业健康监察员 1 名；
采矿工程监察员 1 名；
矿山电气监察员 2 名；
矿山机械监察员 2 名；
首席调查官 1 名</td></tr>
<tr><td>西北部地区</td><td>西北部地区矿山和采石场办事处</td><td>矿山地区监察员 1 名；
矿山高级监察员 1 名；
矿山电气监察员 1 名；
矿山机械监察员 1 名；
矿山化学和职业健康监察员 1 名；
矿山采矿监察员 1 名；
地区工人代表 1 名</td></tr>
</table>

3.7　煤炭与环境

澳大利亚主要产煤州政府通过立法要求煤炭开采业在采煤的同时做好环境保护，对煤矿区环境治理的主要要求包括采前计划制定、污染控制程序、采后矿区复垦监控等，保证将煤炭开采造成的环境

影响降到最低。

3.7.1 煤矿区环境治理

澳大利亚政府要求煤炭开采业以对环境负责任的方式进行生产，通过细致的采前计划、污染控制程序、采后矿区复垦监控等措施将煤炭开采造成的环境影响降低到最小；煤炭企业从开发到复垦的每个阶段都要严格遵守联邦政府、各州和地区政府的环境保护法律法规要求；满足各州（领地）政府环保法规的要求是煤炭开发项目规划顺利实施的重要工作。

1. 法律法规框架

澳大利亚煤炭开采业环境保护主要包括空气质量、噪声和水质治理，以及采后土地复垦等。前者要求每个煤矿定期监测采煤现场和社区的空气质量、噪声等级和水质，使其符合环保标准要求，保证员工和社区居民的身体健康；采后土地复垦要求生产企业尽量减小开矿破坏土地的程度，尽可能恢复到采前的利用水平。昆士兰州和新南威尔士州煤矿区环境治理主要法律法规如下。

1）昆士兰州《能源和矿产资源新法案》的相关要求

2018 年 11 月 15 日，昆士兰州议会通过了《能源和矿产资源（金融保障）法案》，强制要求采矿公司加入渐进式复垦计划。要求采矿公司对采矿后土地制定和实施渐进式复垦计划，并建立相应制度保障。

昆士兰州议会通过该项法案的目的是更好地协调矿业行业、环境部门和社区之间的利益，对昆士兰州采矿业的矿山复垦提供解决办法和就业支持。该法案既为矿业公司的担保人提供了更多选择，如引入保险债券等，又为废弃矿山治理以及相关技术研发提供了更加宽裕的资金。

2）新南威尔士州《采矿法（1992）》的相关要求

新南威尔士州政府 1992 年颁布的《采矿法（1992）》对各类矿山的环境保护和土地恢复工作提出了具体的要求。主要包括：防止空气、水和噪声污染；保护动植物和动物栖息地，特别是濒危物种；鉴别并预防对原住民保护地、考古地点、历史遗址和地质现场的影响；防止对自然景观和其他风景区的影响；保证公共场所、仓库和动物群的安全；逐渐恢复开采现场，制定关矿计划和污染管理计划，达到开采前的利用程度等。

为保证该州的大量采后土地能够恢复到采前的土地利用能力或恢复成与周围土壤构造相同的状态，《采矿法（1992）》设立了“复垦保证金”，目的是向该州的居民承诺，该州因矿产品和石油的勘探和开发所造成的环境破坏的恢复费用，由要求在该州从事勘探开发活动的投资商承担，不会给当地居民增加额外的税收负担。

根据《采矿法（1992）》与勘探许可证、评估租赁和采矿租赁有关的第 3、4、5 部分的条款，“复垦保证金”是投资商获得探矿权和采矿权的必要条件。新的煤炭和其他矿产品投资商获得勘探和开采租赁的要求是必须提供“采矿作业计划（MOP）”和“年度环境管理报告（AEMR）”。采矿作业计划必须注明的领域是：①根据该计划规定的因采矿将被破坏的地域；②将要采用的采矿方法和采后复垦方法；③现有的和计划购进的露天基础设施；④改进的复垦进度表；⑤环境特别敏感区域；⑥土地和水管理系统等。年度环境管理报告要求：①提出与水、空气、噪声和爆炸有关的环境保护管理意见；②根据环境和气象监测数据研究发展趋势；③提出废弃物管理建议等。

2. 监管体系

昆士兰州环境保护监管机构。昆士兰州自然资源、矿山和能源部是该州最重要的环境保护与监管机构，其四大战略目标之一是管理该州的土地、水、矿物和能源资源，保证该州的矿物开采与环境保护协调发展，实现可持续的、利益最大的开发结果。主要工作包括：①国家水基础设施开发基金，昆士兰州是“国家水基础设施开发基金（NWIDF）”项目协议签署方，到 2019 年 4 月联邦政府拨款 1530 万美元，昆士兰州政府匹配资金 1.76 亿美元；②植被管理改革，2018 年 5 月 3 日通过了《植被管理和其他立法修正法案》；③大堡礁保护计划，负责管理 710 万美元“自然资源管理计划”的州政府资金，用于长期监测进入大堡礁潟湖的水质等；这些计划包括在“大堡礁 2050 可持续保护计划”内；④金融保险和采矿复垦改革，2018 年 11 月，昆士兰州议会通过了《能源和矿产资源（金融保障）法案》，该州纳税人将不再为治理历史上遗留的废弃矿山提供资金等。

新南威尔士州环境保护监管机构。新南威尔士州环保局（EPA）是该州的环境保护机构，新南威尔士州采矿区域土地复垦由规划和环境部（the Department of Planning and Environment，DPE）的资源管理机构的资源和地球科学处（DRG）负责。采矿许可要求工业界在批准和 EA/EIS 阶段，按照 DRG 批准的目标提供年度修复计划。规划和环境部要求矿业公司提供复垦保证金是矿主应付的矿山修复全部费用，以备矿主出于任何原因不履行其修复承诺和义务时使用。矿山复垦保证金的价值与开采的干扰程度相当，并需定期进行审查。

3. 监管程序

主要产煤州昆士兰州和新南威尔士州的主要环境执法机构，通过以土地复垦为重点的过程管理和监控，督促矿业公司落实土地复垦责任。

环境管理方案。包括水资源管理、土地复垦管理和污染防治，开采矿产资源对水系的破坏重点在于监测。矿业公司根据政府设定的环境保护总体目标，在环境保护方案中明确矿产开发的具体复垦目标、考核指标及其技术参数标准等。具体复垦目标包括：生态目标，需要考虑自然生态系统的影响，地形的稳定性和水的质量；经济目标，需要考虑土地的适宜性、低成本性和将来的土地收益；社会目标，需要考虑土地使用的安全性和可靠性等。

采前准备。矿业公司在取得采矿许可证之前，一般至少用一年时间，耗资上千万澳元，对矿区周围居民、土地利用、文化遗迹以及气候、地形、土壤、动植物、病虫害等多方面进行调查研究，论证环保管理方案的可行性和科学性，确定土地复垦目标和标准。

进入开采阶段，矿业公司根据开采方案和环境管理方案制定年度开采计划和土地复垦计划。土地复垦计划必须得到州环境保护局的认可。环境保护局根据现存资料，在与周边案例进行类比分析的基础上，评估土地复垦计划是否可行。

土地复垦保证金制度。主要目的是：一是确保因勘探或开采活动被破坏的土地恢复成为与其周围土壤结构相同并适合以后能够利用的状态；二是制约土地复垦义务人，保障土地复垦费用的落实（矿业公司根据制定的土地复垦计划，对开矿造成破坏的土地面积、类型、修复难度等进行成本测算，报州环保局审核。州环保局根据上年度矿业公司土地复垦任务完成情况，对周边类似案例进行类比分析，审核矿业公司列支的土地复垦费用，确定保证金缴纳额度。此外，政府要求矿业公司每年对已复垦土地的设施进行维修，也是土地复垦资金预算的一个重要组成部分）；三是鼓励矿业公司尽快实施土地复垦的措施，复垦工作完成好的，保证金缴纳比率调低，否则调高比例。

缴纳面积为每年扩大开采的面积，作为奖励，开采过程中已复垦的面积可以按比例额抵消破坏的土地面积。

公开确定复垦土地的用途。州政府将矿业公司与土地所有者的谈判环节公开，并作为颁发采矿权证的一个必要条件，以保障公众参与和决策。矿业公司必须提出土地复垦的用途和实施计划。土地权益的相关方和矿业公司共同决策复垦后土地的利用方向、复垦土地质量的检测指标和评价标准等。如果政府或土地权利人没有对开采后土地的用途做出具体规定，复垦后的用途才可由矿业公司确定。在采矿和复垦过程中，政府根据公众意见和评价调整矿业公司缴纳保证金的比例；政府收回环境使用权，也要考虑公众意愿。

4. 科学的复垦措施

复垦工艺分步进行、保证植被迅速恢复。澳大利亚矿业公司复垦工艺包括：种子采集、表土剥离、分层堆放、分层回填、地貌重塑、土地平整、恢复植被等一系列复垦措施。矿业公司在剥离表土时，采取把适合植物生长的腐殖土单独堆放、尽量保存地表植物等方法，以便复垦时使用能够尽快恢复地力，有利于土地复垦后动物栖息。对于露天开采，一般按照土壤发生层次进行分层剥离、分层堆放、分层回填。表土剥离和存放对土地复垦尤为重要，表土保存时间越短，所包含种子和植物的存活率越高，不仅能够缩短地力培肥的时间，而且能使植被恢复到最好最快。地形重塑工程量较大，但能保证复垦后景观与周边地形的一致性和地层的稳定性，确保复垦后土地利用的风险降到最低，以及土地使用的长期安全性和可靠性。

复垦动态监测。在矿产开发过程中，澳大利亚矿业公司非常重视土地复垦监测工作，是矿业公司对土地复垦效果实施动态监测的重要手段。根据监测结果不断修正土地复垦方案中提出的复垦的具体目标、标准、指数及相关技术参数等。矿业公司在向州环保局提交的年度土地复垦进展报告和闭矿土地复垦报告中，必须提供准确的监测数据和结果，说明土地复垦是否达到了确定的指标和技术参数标准，土地复垦是在朝好的方向发展还是朝不良方向发展。政府根据监测结果确定是否授权矿业公司开展下一步土地复垦工作；企业根据监测结果调整复垦措施。监测工作一般由矿业公司聘请研究或技术咨询机构承担。

3.7.2 煤炭清洁高效利用

澳大利亚的电力生产主要依靠煤炭和天然气等化石能源，全国电力装机中，煤电、气电和油电等化石能源发电装机容量占 80% 以上，煤电约占 60% 以上；水电和其他清洁能源发电占 14% 左右。虽然澳大利亚铀矿资源丰富，产量居世界第二，但按照联邦法律规定不能用于国内发展核电，只能出口，因此澳大利亚没有核电。

1. 澳大利亚北部基础设施促进基金

2016 年 5 月 3 日，澳大利亚联邦议会通过了《澳大利亚北部基础设施促进法》，在 2015/16 年度预算中拨款设立总额 50 亿澳元的“澳大利亚北部基础设施基金（NAIF）”，于 2016 年 7 月 1 日开始运作，是《澳大利亚北部开发白皮书》的一项重要支持项目。NAIF 将以低息长期贷款等形式支持对北部地区经济发展有益的经济基础设施建设，以促进更多私人投资进入澳大利亚北部地区，带动当地经济发展。主要用于支持不具备商业贷款条件或商业贷款不在的项目，方便这些项目落地。

2. 清洁煤电计划

澳大利亚政府十分重视清洁煤电的发展。2009 年以来，澳大利亚政府陆续已经投入了 5.9 亿美元用于发展清洁煤技术。澳大利亚于 2016 年成立了北澳大利亚基础设施基金会（NAIF），计划提供至少 5000 万美元贷款担保，用于帮助澳大利亚北部欠发达地区开发能够活跃经济的项目，该地区覆盖了澳大利亚大陆约 40% 的区域和 5% 的人口，这部分资金将用于在北部地区发展“清洁煤”相关项目。

工业科学能源和资源部提出的“清洁煤”项目，主要包括一系列减少对环境影响的燃煤发电项目，其中也包含碳捕捉及封存（CCS）技术的应用。在昆士兰州北部（Rockhampton 以北），目前还没有大型电站，使得该地区的工业用电价格几乎是南部的两倍，发展清洁煤电项目将改变这一现状。

3.8 煤炭科技创新与研发应用

澳大利亚煤炭科技创新居于世界采矿业的领先水平，近 30 年原煤生产效率的变化反映了科技创新发展的主要阶段，向世界采矿业贡献了 38 项创新型技术为今后数字技术对传统采矿业的变革奠定了良好的基础；在联邦和州政府、工业组织、研究机构和煤炭生产和出口商等方面共同制定的“煤炭研究计划（ACARP）”开展了近 30 年，极大地推动了煤炭开采业生产效率的提高、安全生产与职业健康状况的改进、环境保护与温室气体的减排等；2017 年确定了“工业 4.0”计划在采矿领域对接的优先增长领域，为煤炭开采业科技创新的未来指出了方向。

3.8.1 煤炭科技发展概况

科技创新是煤炭开采业效率提升的主要推动力。本节以近 30 年澳大利亚原煤生产效率的变化反映煤炭科技创新经历的主要发展阶段，同时，澳大利亚科技研发机构向世界采矿业贡献了 38 项创新型技术，为今后数字化技术在采矿业的应用打下了较好的基础。

1. 近 30 年煤炭科技创新主要发展阶段

如图 2-3-57 所示，澳大利亚原煤生产效率总体上呈现增长趋势，从 7.3 kt/(人·年) 增长到 10.9 kt/(人·年)，增长幅度为 49.32%，年平均增长速度为 1.44%。从发展过程看，经历了稳步提升、波动下降和缓慢回升 3 个阶段，分别对应了科技创新已经完成的注重提升效率和安全生产好转、兼顾生产和环保协调发展 2 个阶段，以及目前正在进行的数字化变革阶段。

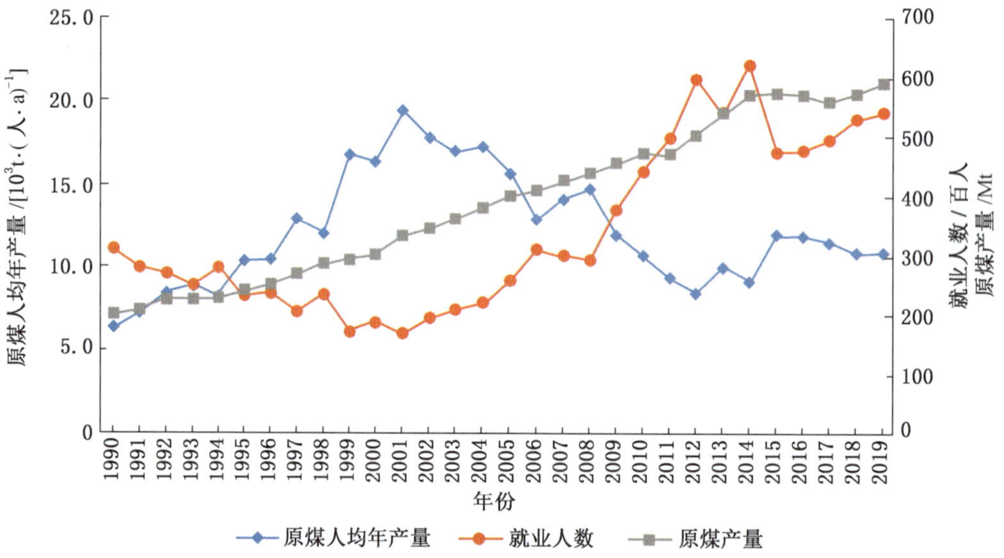

图 2-3-57　1989/90—2018/19 年度澳大利亚原煤生产效率

(1) 20 世纪最后一个 10 年科技创新注重生产和安全水平的提高，原煤生产效率稳步提高。

20 世纪 90 年代是澳大利亚采矿业处于技术进步推动生产效率不断上升、煤炭开采由机械化向自动化发展时期，同时也是美国、英国、中国和南非在长壁工作面进行重大改革的时期，主要特点是集中精力进一步提高运营效率和安全性并朝着“全球化”方向发展。在此期间，澳大利亚煤炭开发生产效率得到了大幅提升，人均原煤年产量从 7.3 kt/(人·年) 提高到 19.5 kt/(人·年)，增长幅度为 167.12%，年平均增长速度为 10.32%。这主要源于澳大利亚政府对煤炭科技创新投入的重视和对科技研发基金分配的严格管理，1978 年澳大利亚联邦政府开始向煤炭生产商征收研究税，并成立国家能源研究开发和示范委员会（NERDDC），负责研发基金的管理与分配；为了更加符合煤炭开采业的实际需求，1992 年末将其变更为“煤炭研究计划（ACARP）”，征税标准不变，资金管理与资助项目筛选由澳大利亚煤炭研究有限公司（ACRL）负责。

(2) 21 世纪第一个 10 年科研重心从开采技术与装备扩大到环境保护等领域，原煤生产效率波动性下降。

21 世纪第一个 10 年，澳大利亚采矿业与世界采矿业一样，面临着两个主要挑战。一是各国环境意识不断高涨，采矿业需要付出更多的努力来减少对环境的影响。ACARP 的研究力量均衡分配，研究重点转向关注人、生产和环境的协调发展。21 世纪初，澳大利亚煤炭协会提出了“21 世纪煤行动计划”，支持国家减少煤炭温室气体排放的战略举措；ACARP 参与了 3 个相关合作研究中心和机构的工作，煤炭可持续发展中心（CCSD）、碳捕集和封存研究组织（CO2CRC）和煤炭低排放技术基金（CLET），以保证煤炭开发的可持续性。二是国际市场需求增加，资本支出主要用于扩大规模和增加就业人员。该阶段正处于亚洲金融危机之后各国经济复苏、能源消费恢复增长阶段，国际市场资源、能源产品需求量增加，价格上涨，澳大利亚主要出口产品煤炭、铁矿石等价格上升；不断上涨的价格使资本配置重点放在人员和规模的扩张方面，煤炭开采业就业人员从1.71万人增加到5.97万人，增幅达249.38%，生产规模和出口规模分别增长50.47%和54.36%，越来越多的资本用于应对市场需求的增长。2001/02—2011/12年度原煤生产效率波动下降，人均原煤年产量从17.8 kt/(人·年)降低到8.4 kt/(人·年)，降低幅度为52.81%，年平均降低速度为7.23%。

（3）21世纪第二个10年开始探索数字技术应用、原煤生产效率缓慢回升,采矿业进入变革时代。

受2008年全球金融危机的影响，21世纪第二个10年以来，世界采矿业进入周期性调整期，国际市场矿产品价格大幅下跌，澳大利亚煤炭开采业进入数字化技术应用探索和降本增效阶段，人均原煤年产量从2011/12年度的最低点8.4 kt/(人·年)缓慢回升到2018/19年度10.9 kt/(人·年)，提升幅度为29.76%。由于庞大的运营规模、高度的复杂性，以及因市场变化而产生的高额成本，使得传统采矿业在新技术应用，特别是数字化方面显得速度缓慢。

2017年澳大利亚政府对接"工业4.0"，传统的采矿业进入数字化变革时代。澳大利亚2017年4月25日，与德国签订了合作协议，澳大利亚是与德国签订合作协议的5个国家之一。澳大利亚采用"工业4.0"计划优先增长的领域是制造业、网络安全、食品和农业、医疗技术与药物、开采装备和技术与服务（缩写：METS）、石油天然气等能源资源6个行业，开采装备和技术与服务是六大优先增长领域之一。采矿业的数字化变革，是从实体采矿延伸到"数据采矿"的变革，也将成为工业4.0的重要组成部分。2019年2月澳大利亚矿业理事会（MCA）一份报告显示，在现有技术条件下，将数字化技术广泛应用于矿业行业，将为该行业带来至少9%～23%的生产力提升；而通过减少用工需求、节能降耗，数字化技术还将为矿业显著地降低生产成本。最新研究表明，新型数字化技术能够帮助传统采矿企业在生产供应链、设备管理、工业生产系统、新员工培训等环节实现提升，以优化管理、提升效率、节省成本等方式，推动整个行业的持续发展；到2025年，数字化将为采矿业及其客户，以及社会与环境带来4250亿美元的价值。

2. 对世界采矿业贡献的38项创新型技术

在澳大利亚联邦科学研究院（CSIRO）带动下，向世界采矿业贡献了38项创新性技术，其中，勘探技术11项，采矿技术14项，选矿技术8项，金属生产技术5项。上述这些技术，有的在我国已经运用到实际的采矿活动中，详见表2-3-19。采矿技术领域14项技术中有12项技术与煤炭开发利用直接相关。

表2-3-19 澳大利亚对世界采矿业贡献的38项创新型技术

序号	分类名称	技术名称
1	勘探	ASTER矿产图
2		瞬态电磁辐射监测技术（TEMPEST）
3		厚覆盖层地区植被取样勘探新技术
4		钙质结砾岩地球化学分析法
5		红土地球化学分析法
6		空间信息服务栈（SISS）
7		Hylogging自动编录系统

表 2-3-19（续）

序号	分类名称	技术名称
8	勘探	Maia x 射线荧光成像技术
9		LANDTEM 技术
10		地下水探矿技术
11		块金形成理论
1	采矿	长壁工作面自动化技术（LASC） LASC 可以远程控制以定位和引导煤炭切割设备，在世界任何地方都可以实时监测长壁工作面的进展，主要包括自动工作面对齐、自动水平控制传感器和软件、在线三维监测和长壁组件之间开放的通信系统； LASC 提高了澳大利亚各煤矿的生产率，创造了安全的工作环境。澳大利亚新煤矿井大多数已经采用 LASC 技术，许多其他煤矿已准备改造使用这种技术，以通过自动化过程提高生产力，并且使矿工远离嘈杂、尘土飞扬和危险的采煤工作面
2		露天矿山设计标准： 重新定义的大型露天矿山设计标准除了包括边坡稳定性和露天采矿地质力学领域外，还重点填补了岩体强度和可变形性与大型露天矿山可能崩溃机理之间的知识，并且已扩大到评估孔隙水压力对紧密节理岩体稳定性影响的水文地质研究
3		自组织填图工具（SiroSOM） SiroSOM 是一种数据分析工具，可用于分析简单、复杂和不同的原位数据集。通过将典型地学数据划分到表现出共同特征的域或类中，帮助公司确定各组分之间的关系，指导勘探、采矿和选矿决策
4		远程机器人系统 包括可以远程实时操控的碎岩机和装船设施。可以远程实施操控一个或多个用于破碎过大体积岩石的碎岩机。远程操作创建了一个虚拟的现实，提高了操作者的工作效率，增强了操作者的可用性和可持续性； 通过设备的远程遥控操作，矿业界可以使其雇员远离采矿现场，在更安全、更清洁的环境下工作
5		三维移动定位技术（Zebedee） 三维移动定位技术（Zebedee）的核心是一个激光扫描仪，通过在弹簧上来回摆动，对周围环境进行数百万次详细的特征测量，在不使用 GPS 或无人监督的情况下实时创建地下和室内三维图； Zebedee 是一种低成本、易使用的系统，可提供全球一致的图件。除了提高矿业生产率和降低成本外，还可以通过机器人车辆自主操作在地下深处等极其恶劣的矿业环境中使用。另外，Zebedee 目前还用于填绘和保存世界上最古老和最重要的考古文化遗产
6		井下定位跟踪技术（WASP） WASP 是一种可与传感器结合监测环境变量的无线节点网络技术。该技术将跟踪井下工人的位置，监测其心率和体温，与其他传感器结合还可监测周围环境中的气体或辐射水平，并将在工人所在处的数据信息提供给基站或控制室。在矿井坍塌时，传感器可以向被派到潜在危险情况下工作的应急人员发出警报，在紧急情况下挽救生命； WASP 可以提供更准确的定位，帮助找到地下车辆和人员。WASP 支持更好的矿山管理和生产率的提高，同时也改善了员工的日常安全。一系列其他行业也使用了该技术，如监控运动员和赛马的位置、运动和健康情况以及跟踪汽车等
7		MINESTAR 地下指挥系统 MINESTAR 地下指挥系统是一种铲运机（LHD）自主导航系统，可以在远程位置控制，在搬运过程中自主控制，防止撞墙、避免损坏并提高设备整体寿命。MINESTAR 系统在保证地下矿山安全和提高生产率方面是一项重大的跨越式技术进步，已经为采矿业节省数千万美元的成本

表 2-3-19（续）

序 号	分类名称	技 术 名 称
8	采矿	XRDF 分析仪
9		超声波粒度分析仪（UltraPS） 对矿浆颗粒尺寸进行连续、准确的在线测量，且可实时生成颗粒粒度分布曲线。该分析仪主要用于细颗粒的粒度分布研究和识别，以降低原材料和能源的用量，促进下游选矿业质量的改进
10		NITA Ⅱ在线批量元素分析仪 NITA 可确定矿石中不同元素的浓度，为铁矿石、锰和煤炭生产提供了快而精确的质量控制方法；可提供重要的煤质参数，是未来煤炭质量管理的关键部分； NITA Ⅱ在线批量元素分析仪 2010 年实现商业化，大大缩减了矿产工业的经营成本和能源使用量，大幅度提高矿石加工效率和生产率
11		在线声发射分析仪（AE） AE 利用被动式声波穿过重型机械产生的背景噪声，诊断分析重型机械的性能。可使运营商优化流程，减少停机时间，最大限度地提高效率和节省资金
12		在线煤质分析系统（Coalscan） 可在传送带上进行煤质分析，获取煤炭组成的准确信息，及时改进采矿控制系统，优化工艺流程； 是世界煤炭工业质量控制的革命性变化，为煤炭行业带来巨大的经济收益。目前，在澳大利亚已安装应用了 400 多台 Coalscan 系统，每年可对 1/3 的硬煤产量进行扫描，产生至少 5 亿美元的效益
13		低频率微波（LFM）湿度分析仪 可在大流体床深度下在线测量湿度，主要用于粉尘控制和煤炭湿度控制，有助于避免铁矿石、煤炭传输过程中的溜槽堵塞等工艺流程中断
14		磁共振传感器 可向批量矿石发射无线电短波脉冲，快速评估矿石品位，分选出高品位富矿石，每小时处理量可达数千吨； 该技术可用于开采以前无法盈利的低品位矿，使企业能够根据品位优化矿石加工流程，大幅度节省生产成本，还可提高矿山效率至少 20%，每年至少减排二氧化碳 33 kt，降低水消耗量 15%
1	选矿	红土镍矿选矿新工艺
2		涡流技术（SFT）
3		溶剂萃取新工艺
4		黄金回收新工艺
5		快速矿物分析技术（QEMSCAN）
6		浆体侵蚀防治技术
7		计算流体动力学（CFD）模型
8		增稠剂改进技术
1	金属生产	Sirosmelt 金属冶炼技术
2		综合低排放炼钢工艺
3		光学图像分析系统（Mineral4/Recognition4）
4		MagSoxiic 镁生产工艺
5		TiRO 钛粉生产工艺

3.8.2 煤炭科研体系

澳大利亚煤炭科研体系主要包括与煤炭相关的科研组织，即联邦政府和州政府机构、工业组织、研究机构、煤炭生产和出口商 5 个方面。澳大利亚政府积极推动科学研究对各行业发展的促进作用，对于煤炭开采业科研工作，从联邦政府到煤炭生产商以及相关组织和机构共同制定了《煤炭研究计划（ACARP）》，使煤炭开采业效率和环境保护在世界一直居于领先地位；同时确定了“工业 4.0”计划在澳大利亚的优先增长领域，为煤炭开采业科技创新指出了方向。

1. 近 30 年科研体系发展

1）联邦政府科研组织

澳大利亚创新和科学理事会（ISA）。为了进一步促进创新对经济增长的贡献，澳大利亚政府在 2016 年设立了创新和科学澳大利亚理事会（ISA），专门为澳大利亚政府提供有关创新、科学和研究的战略性建议。2017 年 3 月，澳大利亚联邦政府提出了到 2030 年跻身世界创新型国家顶尖行列的发展目标。2018 年初，澳大利亚创新和科学理事会制定并发布了《澳大利亚 2030——创新促进繁荣》（以下简称《澳大利亚创新 2030》）创新战略。该报告面向 2030 年澳大利亚创新型国家顶尖行列建设目标，为澳大利亚政府决策提供重要支撑。

澳大利亚联邦科学研究院（CSIRO）。成立于 1926 年，是目前世界上最大型的矿业研究机构，其研究领域涉及整个采矿业产业链。CSIRO 对采矿业领域的基础研究和应用研究是澳大利亚采矿业可持续发展的重要保证。

澳大利亚地球科学委员会（GA）。成立于 1946 年，是澳大利亚杰出的公共服务部门，负责地球科学研究的组织；是澳大利亚政府值得信赖的地质和地理顾问；主要目的是运用科学技术来描述和了解地球，保证澳大利亚的利益和可持续发展。

澳大利亚矿山组织（Austmine）。已成立 30 年，是引领澳大利亚采矿设备、技术和服务（METS）行业的组织。宗旨是 METS 的发展，为所有会员提供发展机会，使他们能够取得更大的成功。该组织现有 600 多个会员，反映了 METS 各种科技公司的多样性，从主要的原始设备制造商（OEMs）、承包商和 EPCM 到中小企业软件公司、设备制造商，以及咨询、技术和服务支持类公司等。30 年来，METS 每年为澳大利亚贡献 900 多亿美元收入，该组织每年向世界各地提供的产品和技术服务价值超过 150 亿美元。

2）州（领地）政府科研组织

与煤炭相关的州政府机构的科研组织包括：新南威尔士州采矿、装备、技术和服务组织（METS）是一个公共服务组织，通过该州政府协调促进科技创新的各项措施，并在该州采矿业推广相关业务和专业研究知识；其主要合作伙伴包括纽卡斯尔能源和资源研究所、新南威尔士州工业部（资源和能源司）、亨特谷商业商会、亨特网、澳大利亚贸易委员会、澳大利亚矿山（Austmine）以及行业内各种参与者。昆士兰州自然资源、矿山和能源部（DNRME），南澳大利亚州政府基础产业资源部（PIRSA），西澳大利亚州政府工业和资源—矿物和石油部（DIR - MP），塔斯马尼亚州基础能源和资源部（DIER）。

与煤炭相关的工业科研组织包括：澳大利亚开采冶金研究院、澳大利亚煤炭洗选研究院、澳大利亚能源研究院、澳大利亚矿山冶金协会、澳大利亚能源供应协会、澳大利亚煤炭服务公司、澳大利亚矿物理事会等。

与煤炭相关的研究组织包括：澳大利亚开采环境研究中心、澳大利亚地质力学中心、澳大利亚煤炭研究计划、低排放技术中心、昆士兰大学采后土地复垦中心、煤炭可持续发展合作研究中心等。

3）煤炭研究计划（ACARP）

为了使澳大利亚煤炭工业在世界采矿业保持领先地位，1978 年，联邦政府向澳大利亚硬煤生产商的每吨可销售煤炭征收5分的研究税，并依据《煤炭征税法》成立了国家能源研究、开发和示范委员会（NERDDC），负责将资金分配给研究项目。1992年12月之后，根据《煤炭研究修正法案》制定了《煤炭研究计划（ACARP）》。ACARP计划实施的资金来自澳大利亚全部硬煤生产商，仍然按照其商品煤销售量5分/t征收，目前ACARP的资金管理及每年的项目筛选由澳大利亚煤炭研究有限公司（ACRL）负责。ACARP为澳大利亚煤炭科研提供了一种方法和路径，煤炭科学研究投入巨大，不是一家企业能够完成的。ACARP不仅整合了来自每个生产商的资源和专业知识，而且使风险降到了最低、同时使全行业共享科研成果的收益。ACARP模式有效地证明了利用研发支出的巨大杠杆效应集中研究资金，解决行业发展存在的普遍性问题的智慧。其研究目的见表2-3-20。

表2-3-20 ACARP的研究目的

序号	研究目的
1	为行业科技研发提供战略领导，并作为催化剂，刺激煤炭和相关行业的研发兴趣
2	改进澳大利亚煤炭科研成果的管理和应用
3	确保更有效地利用澳大利亚的硬煤资源
4	增加工业和更广泛社区的经济、环境、安全和社会效益
5	促进澳大利亚煤炭的竞争力、可持续利用和管理资源

2. 科研现状

1）2017年联邦政府提出建设世界创新性国家目标

2018年1月30日，澳大利亚创新和科学理事会发布《澳大利亚2030——创新促进繁荣》（简称《2030年计划》）报告，提出了5项行动，敦促澳大利亚政府和民众扩大对创新的应用，力争到2030年使澳大利亚成功跻身世界创新型国家顶尖行列。

2）“工业4.0”优先增长领域与战略重点

澳大利亚为了进一步提升经济竞争力，对接德国“工业4.0”，2017年4月25日，与德国签订了合作协议，澳大利亚是与德国签订合作协议的5个国家之一。澳大利亚采用“工业4.0”计划优先增长的领域是制造业、网络安全、食品和农业、医疗技术与药物、开采装备和技术与服务（缩写：METS）、石油天然气等能源资源6个行业，其中开采装备与技术服务（METS）是与采矿业直接相关的内容。这6个优先增长领域的工作由澳大利亚工业、科学、能源与资源部下设的工业、创新与科学局负责落实，分为6个增长中心，METS是其中之一。METS增长中心与采矿业供货商、矿工、研究机构、投资人共同工作，努力提高澳大利亚METS的全球竞争力和生产效率。增长战略包括5个方面，具体见表2-3-21。

表2-3-21 澳大利亚METS增长的主要方向

名称	主要内容
1 共同的愿景	积极参与并讨论未来的发展愿景
2 加强采矿业创新体系的合作	与全球供应链更加积极的合作，创造更多的商业机会
3 在METS-采矿业生态系统中弥补差距	为METS充分利用全球发展机会制定发展领域，以及如何克服发展壁垒的措施
4 提高行业形象	努力提升澳大利亚METS整体形象，使澳大利亚成为全球采矿业的创新中心
5 推广世界级集群	确定和促进澳大利亚的关键集群与合作网络，创造综合战略机会

3）科技创新促进传统产业升级

澳大利亚注重科技创新在传统产业领域的应用，以科技创新促进传统产业升级。澳大利亚的采矿业、畜牧业等均是经过高技术改造的产业部门，已不是通常意义上的传统产业。澳大利亚采矿业中广泛应用无人驾驶车辆，无人矿场实现了1000 km以上的远程控制作业。如2016年力拓集团在澳大利亚的3座矿场共拥有69辆无人驾驶车辆，都是由远在1200 km以外的工人通过遥控进行控制的。

4）煤炭研究计划（ACARP）构成与运行模式

ACARP的构成及运行模式见表2－3－22，该计划的实施主要由四类人员完成，一是每一个项目的研究人员，二是对每一个提案进行评估与指导及对资金使用提出建议的各个委员会和工作组的成员，三是为项目提供技术指导的行业监督代表，四是进行项目管理的董事会成员。

表2－3－22　ACARP构成及运行模式

董事会	• 制定战略计划 • 资金分配 • 公司和项目管理
研究委员会	• 项目概述 • 确定战略项目 • 解决可持续发展的问题
井工委员会 露天委员会 选煤委员会 技术市场支持委员会 矿区温室气体减排委员会	• 确定优先领域 • 选择项目 • 技术监督 • 任务分组 • 任命行业监督代表
行业监督代表	• 提供技术指导
澳大利亚煤炭研究有限公司董事会（ACRL）	澳大利亚研究管理局（ARA）
• 项目管理 • 项目征集 • 董事会秘书处	• 项目管理 • 成果分配 • 委员会秘书处

3. 主要研究方向和研究重点

ACARP实施的首要目的是通过资助研究开发新的技术和实践活动，保持澳大利亚煤炭工业的可持续发展，保证工作场所的健康与安全、社区建设与煤炭开发的协调、煤炭开发效率提高等，处理好煤炭开发过程中的水资源管理、噪声和粉尘对当地社区的影响问题等。主要研究方向和研究重点见表2－3－23。

表2－3－23　ACARP主要研究方向和研究重点

研究方向	研究重点
职业健康与安全	工作场所的健康与安全，实现工作场所的“零伤害”
社区建设与环境保护	煤炭开采对澳大利亚社区和环境的影响越来越大，新建煤矿的开发和现有煤矿的扩能必须综合考虑经济、社会和环境的影响，ACARP将持续支持这个重点领域的研究
生产效率	提高煤炭资源的回收率、降低生产成本，在提高煤炭洗选加工设备方面持续投资，井工煤矿提高巷道开拓率、提高长壁工作面效率，露天煤矿集中于提高设备性能和可靠性

3.8.3 技术与装备

ACARP是澳大利亚煤炭开采业一项长期的科研计划，该计划在井工矿、露天矿、洗选、温室气体减排等方面的研究引领着煤炭行业的发展；煤巷快速掘进采矿系统支持长壁工作面安全高效开采；数字技术的应用实践提升了利益相关者的信心。

1. ACARP主要做法

ACARP是一个协作项目，为了应对煤炭行业面临的诸多挑战，通过利用行业的技术能力、更广泛的科学研究和技术开发及解决方案，帮助煤炭生产商结合其专业知识和资源，进行技术和工艺创新，共同分享风险和成果应用回报，实现可持续发展的财务、环境和社会目标。具体做法包括：①每年投入研究项目的资金约为1800美元；②向澳大利亚硬煤生产商吨煤征收5分钱资助研究项目的承诺，已经进行到2020年6月；③这种运作模式的依据是澳大利亚联邦政府和澳大利亚矿物理事会之间签订的谅解备忘录；④技术强度和产业重点由200多位高级技术专家确定，这些人员组成了5个技术委员会，负责项目选择和技术监督；⑤多数煤炭开采企业主动支持ACARP；⑥1992年以来，ACARP已经向1725个项目提供了3.45亿美元的直接资助；⑦2018年，ACARP持续资助的研究项目242个，资金总额为6965万美元；12月份批准的新项目84个，资助金额是1680万美元；加上研究人员和研究建议中确定的东道主矿山提供的实物支持，资金总额达到3044万美元，此时的杠杆率是1.82倍，即每1.00美元的ACARP研究资金资助，将有0.82美元的实物支持（杠杆率因项目不同而异）。

2. ACARP在研项目整体情况

井工矿和露天矿在研项目占有近70%资助金额。ACARP正在进行的研究项目见表2-3-24。井工矿项目资助金额占比是39.17%，主要用于巷道开拓、煤层突出等项目，直接和间接用于安全生产的项目占资助金额的25.65%；露天矿项目资助金额占比是29.22%，主要用于环境、重点工程等项目，直接和间接用于安全生产的项目占资助金额的15.48%；选煤项目资助金额占比是13.82%，主要用于粉煤等项目；技术市场支持资助金额占比是11.14%，主要用于炼焦煤的市场支持；矿区温室气体减排项目资助金额占比是3.42%、奖学金资助金额占比是3.43%。

表2-3-24 ACARP在研项目

研究领域		项目个数	ACARP资助金额占比/%
井工矿	煤层突出	14	5.53
	地面塌陷和矿井水	5	2.82
	爆炸	6	1.65
	健康与安全	9	3.01
	维修	11	4.64
	开采技术和生产	10	4.32
	巷道开拓	5	9.20
	地层控制和Windblasts	13	4.77
	通风、瓦斯抽放和监测	11	3.23
露天矿	钻进和爆破	3	1.89
	环境	19	6.43
	Exploration	8	2.45
	Geotech	7	2.29

表2-3-24（续）

研究领域		项目个数	ACARP资助金额占比/%
露天矿	健康与安全	8	3.03
	装备及维护	6	2.20
	重点工程	1	6.07
	开采和社区	1	0.34
	表土剥离	4	4.52
选煤	脱水（dewatering）	9	3.03
	环境改善	2	0.47
	粉煤	18	3.67
	General	13	2.62
	重力分离	4	1.04
	重点工程	2	2.20
	过程控制	3	0.79
技术市场支持	General	6	1.36
	重点工程	2	2.98
	炼焦煤	24	5.99
	动力煤	4	0.81
矿区温室气体减排		6	3.42
奖学金		7	3.23

3. 近30年ACARP井工矿重点研究项目

ACARP开展井工矿研究项目的目的主要包括3个方面：一是实现“零死亡”，主要是加强通风、瓦斯治理技术、先进的应急响应技术创新，降低火灾、爆炸和煤层突出风险；加强工作场所职业健康风险管理，尽量减少接触煤尘和柴油微粒。二是降低成本，促使井工矿经营者接受新技术，降低生产成本；改进勘探方法，更好地管理与地层控制相关的风险，提高巷道掘进率等。三是尽可能减少煤炭开采对环境的影响，必须管理煤炭开采的环境影响，直到社区满意为止，优先领域包括流量管理和沉降预测可靠性的提高，为保证煤炭开采业得到采矿现场所在社区的广泛支持，必须做好环境保护工作。近30年ACARP井工矿重点研究项目见表2-3-25。

表2-3-25　近30年ACARP井工矿重点研究项目

项目类别	项目主要内容
煤层突出	由多个项目组成，包括：利用微震技术和离散元模拟预测主要地质构造附近的应力状态和岩土条件，由CSIRO负责；研究澳大利亚与国际煤层突出经验和控制技术，由新南威尔士大学负责；深井煤柱爆破研究，由阿德莱德大学负责；易发冲击地压矿井的地面支护要求，由新南威尔士大学负责；利用分布式光纤传感技术监测巷道稳定性和长壁工作面煤层突出的风险管理，由CSIRO负责；利用先进的裂隙扩张和煤系岩石破裂试验在动态条件下再现并研究冲击地压，由莫纳什大学负责等
开采技术和生产［长壁工作面自动化技术（LASC）］	于2001年7月发起，是由CSIRO推出的基于陀螺仪导向定位的自动化采煤方法，核心技术包括：采煤机的三维空间定位、自动工作面拉直、保持工作面平直、自动调高控制、3D可视化为远程监控提供虚拟现实等，实现了开采设备的远程控制以及开采作业进展的在线实时监测，大大提高了开采效率。从研发到应用持续了10年时间，使井工煤矿的单矿规模有了较大幅度的提高

表 2-3-25（续）

项目类别	项目主要内容
开采技术和生产（其他）	由新南威尔士大学负责的“井工矿更加安全的炸药研制”，由 CSIRO 负责的“360 度全景视图视频和激光隔爆外壳研制”“无线电透明（绝缘）隔爆外壳新型制造技术”“长壁工作面底板煤层传感器”“连续采煤机-梭车-数据流”“低成本激光和视频三维成像设备”“长壁工作面地层条件变化实时测量”“长壁工作面放顶煤开采技术在澳大利亚煤矿应用”“螺旋钻采煤技术”“井下输送机故障探测声定向监控仪”等
地层控制	由 SCT Operations 负责的“煤矿顶板破坏机理的界定”，由 PDR Engineers 负责的“基于顶板支护设计的一致性”，由伍伦贡大学负责的“不同预紧荷载下澳大利亚主要电缆类型的采煤试验”，由 SCT Operations 负责的“巷道常规钻孔采煤监测装置”，由 CSIRO 负责的“巷道稳定性监测系统”“长壁开采导致的连续破裂评估”等
通风、瓦斯抽放和监测	由 CSIRO 负责的“不同煤层瓦斯涌出规律研究”“井工煤矿通风和瓦斯管理”“长壁工作面瓦斯管理和风险缓解战略”“长壁开采底板煤层气排放特征和优化抽放战略”“井下煤炭开采温室气体排放评估测量程序研究”，由伍伦贡大学负责的“在低渗透煤层 UIS 定向钻孔注氮现场试验促进瓦斯抽放”“突出的控制与管理”等
健康与安全	由 CSIRO 负责的“采矿工人使用的噪声控制头盔”“长壁工作面空气流动与粉尘分布研究”“柴油机车元素碳分析仪”“澳大利亚煤炭工业职业健康与安全研究、事故鉴定与评估系统研发”“长壁工作面粉尘控制技术研发”“矿山救护车研究与开发”“澳大利亚煤炭工业职业健康与安全优先领域研究”“个人安全定位与监控系统”等
火灾和爆炸事故的检测和预防	共有 26 个研发项目，主要包括：隔爆外壳内设备的影响、内部安全信息数据库的建立、煤的自燃、井工矿粉尘爆炸预防、泥浆除尘在预防井下爆炸方面的有效性、利用计算机软件进行井下火灾模拟试验等
环境-塌陷和矿井水	共有 13 个研发项目，主要包括：长壁开采的水文地质反应、基于 GIS 的开采塌陷影响评估决策支持方法、塌陷及其对地下水系的影响和测定技术、覆岩离层注浆控制沉降技术等
勘探	共有 17 个研发项目，主要包括：智能钻进系统、P 射线和 PS 射线地震影像在煤层地质特征方面的应用研究等
地层控制	共有 27 个项目，主要包括：长壁工作面顶板控制条件研究、沿空留巷锚杆性能评估、降低井工矿气流吹袭危害等
运输	有 3 个项目，主要包括：井下机车设计标准研究、输送机胶带和采煤机延迟及滚筒打滑问题研究等

4. 近 30 年 ACARP 露天矿重点研究项目

安全、高效和营业执照是直接指导露天开采研究的 3 个重要原则，作为更广泛的社区，每一个方面都显得越来越重要，而且矿山所有者的期望值提高。矿山企业只有实现“零死亡”、工时损失工伤的持续减少，才能进行合法的开采活动；科学复垦及对临近社区影响最小化的研究是最重要的领域，也是资金资助的最重要的预算；水资源管理和排土场的稳定性研究也是预算的重要部分。近 30 年 ACARP 露天矿重点研究项目见表 2-3-26。

表 2-3-26　近 30 年 ACARP 露天矿重点研究项目

项目类别	项目主要内容
钻进和爆破	昆士兰大学负责的“基于是氮氧化物排放减至最低的炸药配方替代试验”“氮氧化物的析出-氢-PH 和硝酸盐炸药”“Top of Coal Detection”“减少爆破对煤层影响的新技术”“上覆岩层剥离控制煤层移动研究”“爆破震动的结构反应研究”“钻孔观测值快速连续收集工具研究”“钻孔测量仪密度和质量评估可靠性的改善”等

表2-3-26（续）

项目类别	项目主要内容
环境	新南威尔士州基础产业部负责的“在上亨特谷矿山复垦土地建立牧场的可持续性与盈利能力研究”，昆士兰大学负责的“为全部利益相关者进行复垦后环境风险有效管理”“验证DGT技术的生态毒理学方法测量生物可利用金属浓度以及为ANZECC指南推导水质触发值”，埃迪斯科文大学负责的“河流通过关闭的煤坑湖的风险与机遇”，托多罗斯基大气科学院负责的“用于煤矿噪声、粉尘、爆炸波管理的实时矿坑上方空气数据研究”，太平洋环境组织负责的“煤矿颗粒物排放因子验证”，CSER研究院负责的“利用植物水泵进行尾矿植被再生”等“上覆岩层剥离后的应用研究”“煤矸石酸性岩排放技术研究”“土壤恢复利用研究”
土工	CSIRO负责的“用于露天选择性开采的煤炭亚表层测绘研究”，新南威尔士大学负责的“基于无人机移动激光扫描改进边坡结构制图”“岩土灾害预防意识视频”，昆士兰大学负责的“在排土场用于评估地下水的自主传感器”等
健康和安全	纽卡斯尔大学负责的“降低澳大利亚煤矿工人的风险研究”“健康-e矿山：改善心理健康的虚拟健康系统”，昆士兰大学负责的“全身振动和与操作土方设备相关的震动及震击的连续监测”，CSIRO负责的“矿用汽车轮胎完整性监测”“矿山卡车防撞装置研究”“人-岗匹配功能评估系统研究”等
重点工程	昆士兰大学负责的“RISKGATE”，是由矿业安全与健康中心（MISHC）开发的“交互式在线风险管理系统”，科研人员正在利用行业专业知识了解选定的重大事故。“RISKGATE”包括18个模块，包括2014年完成的部分工作。在这个延续性工作中，任务组的科研人员将对所有模块进行综合评估，回复使用者的反馈要求，改进模块，将碰撞模块转换为车辆交互模块
开采和社区	由环境资源管理处负责的“低频噪声预测与验证研究”，CSIRO负责的“端帮危害评估系统研究”“优化端帮开采的设计与控制”，昆士兰大学负责的“开展采矿后租赁的土地包为最大化收益的合作”，原住民传统业主组织（Myuma）负责的“煤炭开采业就业为土著个人、家庭和社区的广泛贡献”等
表土剥离	昆士兰大学负责的“降低表土剥离成本的自动散装推土机”“拉铲开挖顺序：阶段1-3”“SATS（半自动牵引车）自动化任务规划”等

5. 煤巷快速掘进采矿系统

澳大利亚煤巷快速掘进采矿系统支持长壁工作面安全高效开采。澳大利亚煤巷快速掘进的愿景目标：一个集成的、远程监控的大容量巷道掘进采矿系统，可以通过一个采矿单元建立和支持15 Mt/a长壁开采；该系统还将使采矿能够在不利或极端条件下安全地进行，或以前认为不可开采的储量。

煤巷快速掘进的关键措施：基于每米安装6个顶锚杆和2个帮锚杆的基本支护，以及顶板和帮部保护措施（网片），每小时10 m的持续性能，每天工作20 h；通过减少操作工人暴露在迎头区域的危害，改善健康和安全。

煤巷快速掘进规划架构：如图2-3-58和图2-3-59所示，其中关键赋能技术包括以下5个方面：①“自动导向”技术和系统，使掘进设备能够在可变煤层内保持方位、层位和坡度控制，以及截割和装载循环（包括采矿中断）的全自动化；②自动安装传统树脂锚杆和自钻螺栓，将锚杆和锚网送入安装硬件，无须操作工直接参与；③替代表面加固和封闭技术系统，消除顶网和帮网的安装，并提供增强的顶板和表面加强介质；④适应和改进连续运输技术，并将其集成到一个集成的、远程监控的大容量采矿系统中；⑤技术和系统使工作面服务扩展到能够在3 min内切割、装载、支护循环，而无须操作工直接参与。

6. 数字技术在采矿业的应用实践

数字技术在采矿业应用实践的典型案例见表2-3-27，这些案例对数字创新可为整个采矿价值链提供的机会，以及潜在的生产力提高和对劳动力的影响进行了探索，其共同特点是可视化、自动化、无人化、利益相关方的公开化和可追溯，共同的目的是减少人员暴露于危险环境的可能，提高开采和运输效率，增强利益相关者的信心。

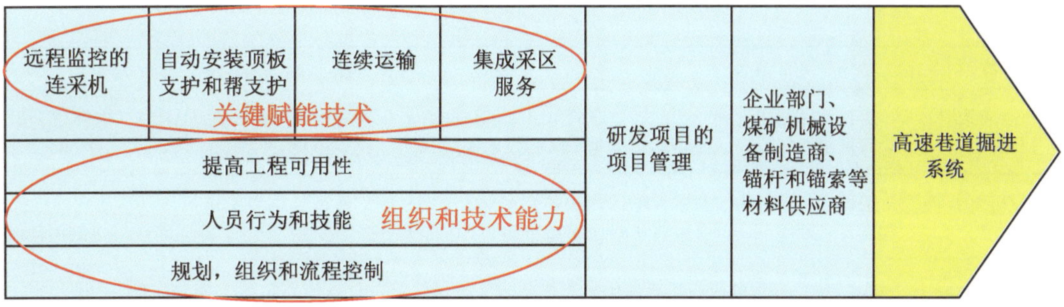

图 2-3-58　煤巷快速掘进系统规划架构

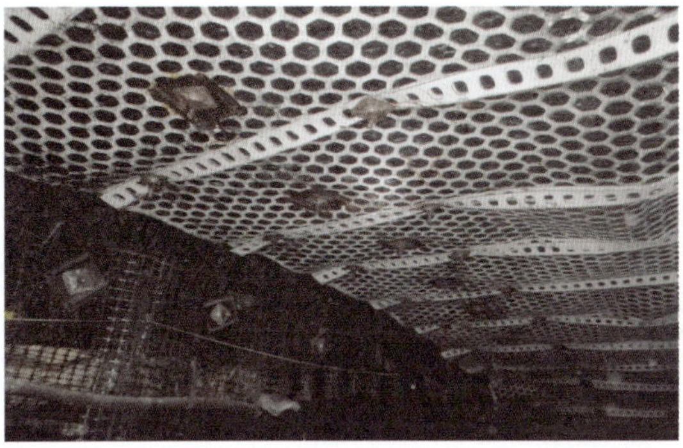

柔性聚氨酯网

巷道三维激光扫描

自钻锚杆

中空锚杆

图 2-3-59　煤巷快速掘进系统采用的其他新技术

表 2-3-27　数字技术在采矿业的应用实践

名　称	主　要　内　容
力拓 3D 制图技术	力拓开发的 3D 可视化技术，用于其在澳大利亚的矿山，连接到矿山自动化系统，能够通过评估数据形成对地下资源状态的更准确把握，更快形成开采方案，节约成本、提高效率
力拓自主钻探	2014 年，力拓集团在其位于澳大利亚皮尔巴拉的矿山部署了自主钻探系统（ADS），使工作环境更加安全，比人工操作提高产能 15%
必和必拓井下化验快速分析法	必和必拓在皮尔巴拉的作业中使用了井下化验快速分析法，即“快速分级”。该方法通过井下分析和勘探分析，实现实时数据采集能力。这项技术最大限度地减少了在废物中的钻探，预计可为必和必拓在西澳大利亚的钻探和化验成本节省 1000 多万美元

表2-3-27（续）

名称	主要内容
力拓自动运输系统（AHS）	力拓在其西澳大利亚州的铁矿石矿山引入了全自动无人驾驶卡车运输系统（AHS），能够减少员工在危险环境中暴露时间，使自动化运输车队的效率提高14%、成本降低13%
美国采矿公司无卡车运输系统	美国采矿公司为大型露天矿运营建立了无卡车运输系统，通过长距离输送机和可移动破碎机代替卡车和固定式破碎机，可直接将矿石运输到加工厂。该系统能够提高生产效率、降低柴油和水的消耗量
力拓自动驾驶列车	2017年，力拓自动驾驶列车在澳大利亚的皮尔巴拉矿区投入运营，减少循环时间、降低了瓶颈约束、提高了运输效率
澳大利亚——全球采矿公司船运平台	研究开发一个平台，通过整合公司内部数据库和系统以及外部资源来跟踪客户/供应商模式、市场变化和天气状况，实时跟踪船舶，以确定最佳装货日期和/或港口
戴比尔斯区块链全球可追溯	DeBeers开发了一个名为Tracr的区块链平台。这个平台创建了一个由计算机网络维护的端到端文档和交易的数字证书，从而形成了一个不可变的、安全的钻石数字序列。这项技术的好处包括核查钻石的真伪、提供资产可追溯性保证和提高加工效率
全球区块链智能合约	Maersk和IBM已经开始了一项风险投资，建立一个基于全球区块链的系统，用于贸易工作流数字化和端到端发货跟踪。该系统允许供应链中的每个利益相关者通过供应链查看货物的进度，了解货物在运输途中的位置

3.8.4 数字技术在采矿业的应用前景

数字技术能够彻底地改变采矿业的传统形象，并赋予其新的生命。通过数字技术（人工智能，3D可视化软件、3D制图技术与地理空间数据采集工具、3D仿真与建模、运营中心集中化、自动化决策支持系统等）实现的智能监控、自动化和远程办公能够将员工从危险的现场操作中解脱出来，减少一线的劳动力需求，使开采作业更加安全，员工工作更加舒适，生产更加高效；数字矿业通过精准的采选来减少矿石的剥离量和水资源消耗，并通过智能运输减少能源的消耗，使采选作业更加环保；推动采矿业以更智能、更节约、更清洁的方式进行生产。更重要的是数字技术能够促使采矿业的全产业链数字化融合，使得从矿山到码头的产业链一体化管理成为可能，以“三提高、三降低”[提高（设备和资产整体）效率、提高安全生产与职业健康水平、提高绿色开发水平，降低用工人数、降低成本、降低污染物排放]最大限度地挖掘采矿业全产业链的价值增长空间（表2-3-28）。

表2-3-28 数字技术对未来采矿业价值链各环节的增长空间

项目	数字技术的变革重点	潜在价值	行业影响
勘探	利用历史数据提高勘探精度，利用实时勘探结果对勘探设计方案进行动态评估和优化	总体效率提高6%~10%；钻探成本节省10%~15%；资产效率提高5%~10%；提升资源发现的成功率；降低员工暴露于危险环境的频繁程度	增强资源辨识度，减少钻孔数量；减少钻探操作人员；数据分析和设计需求增加；减少现场测量师和地质专家
开采作业	露天矿： 钻爆集成（钻爆一体化）：利用3D仿真与建模等数字技术实施钻爆集成，流畅的信息流，形成精确的动态地质模型指导钻爆一体化设计	总体效率提高5%~10%；钻探成本降低10%~15%；爆破成本节省10%~20%；污染物降低10%~15%；资产效率提高5%~10%； 自动化和远程控制降低员工暴露于危险环境的频繁程度	减少钻探操作人员和炸药消耗；数据分析和设计需求增加；减少矿山传统的地质专家

表 2-3-28（续）

项目	数字技术的变革重点	潜在价值	行业影响
开采作业	自动连续开采方案（改善资产和设备综合效率）： 利用自主决策系统、自动无人驾驶卡车等数字技术实现自主连续开采	总体效率提高 8% ~25%；车队规模缩小 10% ~20%；资产设备效率提高 15% ~20%；运营时间效率提高 7% ~15%	减少现场员工和卡车司机人数；操作方式的根本性改变（无卡车系统），缩小车队规模；提高设备可靠性，避免意外停机；降低单位产品设备使用小时数，提高效率
	未来的井工矿（优化地下资源开采方式）： 利用大数据、3D 仿真与建模等数字技术，定制采矿解决方案，实现自动化、连续化开采作业，创造更加安全的工作环境	总体效率提高 4% ~15%；通风和制冷成本降低 50%；井下员工减少 10% ~20%；CO_2 与柴油机颗粒物等污染物降低 10% ~15%；提高资源采出率延长矿山可采年限	减少井下用工人数；降低单位矿产品采出成本；对岩土工程师和建模师的需求增加；增强远程操作；降低地下开采对环境的影响
洗选加工	实现从矿山到加工厂集成化（提高每小时吞吐量和回升率） 充分利用采矿和矿产品特性的信息数据优化加工工艺；使上游采矿与下游加工一体化运营；前瞻性的资产设备管理	总体效率提高 8% ~20%；吞吐量提高 4% ~15%；意外停机时间降低 20% ~35%；设备利用效率提高 7% ~15%；加工成本降低 10% ~15%；降低 CO_2 排放	增加吞吐量；增加数据及分析工作；提升产品质量；减少 CO_2 排放和柴油支出费用；降低了设备单位运营时间的维护成本
运输	集成和优化运输体系（单位产品设备小时数最小化） 运输自动化（铁路、输送机等）；优化共享铁路和物流系统；整合船运计划、上游生产调度和潮汐周期	总体效率提高 3% ~15%；设备运营时间增加 20%；意外停机时间降低 20% ~35%；铁路运输员工减少 20%	减少现场工作人员；降低库存水平（减少营运资本）
贸易	客户整合（准确地预测和响应产品需求） 数字合同与物流服务进入现货市场，区块链技术使端到端物流过程可视化；满足客户需求产品的能力；直接生产客户所需产品，实现定制采矿服务	总体效率提高 5% ~10%；高级自动化、无错误流程，节省成本 5% ~10%；提高安全保障和防止欺诈；再处理成本降低 7% ~15%；商品交易保证金增加 2% ~5%	营销管理转向以客户为中心；市场预测与建模需求增加；具有全局视野的市场营销专业人员和了解产品开发的人员需求增加
端到端服务	端到端效率（卓越制造实践在采矿全产业链的应用） 整合全产业链所有要素；全产业链可视化；复合型决策支持系统；集成优化生产、质量和资产管理	总体效率提高 4% ~8%；资产效率提高 2% ~7%；吞吐量提高 10% ~15%；利润增加 2% ~5%	Requires operating model alignment to remove silos；整合全产业链所有要素的作用和责任；需要重新调整性能指标和目标设置
	综合质量管理（有效管理资产和物流，优化质量管理） 开采之前详细了解资源的化学和材料特性、路径、运输目的地、客户需求；主动描述原材料特征，优化爆破性能和加工工艺，从源头上和吞吐过程降低质量差异	总体效率提高 2% ~8%；资产效率提高 2% ~4%；再处理费用降低 3% ~5%；利润增加 2% ~5%	决策和问责的一体化和集中化；运营规则集中于计划执行而不是计划制定；需要改变管理模式，将工作重心从特定的流程转移到端到端的思维模式
	资产管理（优化的资产效率和全价值链可靠性） 集成生命周期管理，优化资产生命周期；提高资产可靠性（计划现成资产）；有效利用资产，提高资产效率	总体效率提高 5% ~8%；单位运营时间维护成本降低 3% ~5%；单位产品经营成本降低 5% ~8%；设备整体效率提高 5% ~10%	资产集中化战略、运营中心集成化或卓越设施中心；降低生命周期资产管理成本；提高系统不同设备整体效率

3.9 主要矿业公司简介

近年来，受世界各国环保去产能影响，煤炭产能过剩问题尤为突出，煤炭价格持续低迷，但澳大利亚煤炭低灰、低硫、高热量的优点相对于他国产品仍然具有不可小觑的竞争力。澳大利亚硬煤经济可采储量占世界硬煤经济资源量的10%，主要分布在昆士兰州和新南威尔士州。主要煤炭开采公司是嘉能可集团、必和必拓集团、兖矿集团、英美矿业集团、力拓集团和博地能源集团6家企业。

2018年六大煤炭企业占澳大利亚总产量的比例由2017年的43.6%提高至47.9%，澳大利亚煤炭产业集中度不断提高。炼焦煤利润明显好于动力煤，因此大多数大型煤炭开采企业剥离煤炭业务以动力煤为主。但从六大煤炭集团的成本来看，炼焦煤成本在60~90美元/t波动，动力煤成本在30~50美元/t波动，整体处于较好的盈利水平，预计六大煤矿集团产量将维持高位。

3.9.1 嘉能可

嘉能可是澳大利亚最大的煤炭生产商。嘉能可是来自瑞士的国际大宗商品交易商，煤炭并非嘉能可的主要产品，煤炭业务收入仅占其营业额的5.61%。但对比其他澳大利亚主要采煤集团，嘉能可的体量十分可观，是六大澳洲煤矿龙头企业中产量最高的。截至2018年底，其煤炭总储量为3674 Mt，其中焦煤储量为158 Mt，动力煤储量为3516 Mt，相比之下炼焦煤储量显著低于动力煤。该公司在全球的21个采矿综合体中共有26座煤矿，主要分布在澳大利亚、哥伦比亚和南非，其中所有的炼焦煤和大部分的动力煤产量来自于澳大利亚。

从嘉能可近10年的产量走势来看，2009—2012年整体产量保持平稳，2013年与Xstrata合并后，嘉能可煤炭产量同比大增52%。2014年之后由于全球煤炭价格低迷，嘉能可煤炭产量增幅放缓，2015—2017年产量逐年回落，直到2018年才有所上升。2018年煤炭总产量为129 Mt，同比增长7%，预计2019年产量可达145 Mt。分量来看，2018年动力煤产量为68.80 Mt，同比增长21.55%；炼焦煤产量为7.50 Mt，同比增长22.95%。从嘉能可煤炭盈利能力来看，即使在2013—2015年煤价低迷时期，嘉能可煤炭税前利润率仍然保持在26%~31%，随着煤价回暖，2018年煤炭税前利润率高达46%，可见其产品市场竞争力强。

受益于较好的盈利能力，不同于其他大型煤矿集团，嘉能可暂且没有太多剥离煤炭资产的意愿，近期澳大利亚与南非地区的煤矿都有扩张的行为。2019年3月，嘉能可申请开发ValeriaSouth矿区，预计在法定程序与设备就位后，动力煤年产量达2.50 Mt，可维持开采7年。

3.9.2 必和必拓集团

必和必拓集团是澳大利亚第二大煤炭生产商。必和必拓集团在澳大利亚拥有8座炼焦煤矿与1座动力煤矿，炼焦煤矿和动力煤储量分别为3242 Mt、933 Mt，是目前全球拥有澳大利亚炼焦煤储量最多的集团，也是众多大型煤矿开采集团中唯一炼焦煤储量大于动力煤储量的集团。

近几年必和必拓炼焦煤产量一直是六大煤炭集团前列，其炼焦煤产量自2014年全球产能过剩后，一直保持平稳，无太大增幅。2019年，必和必拓共生产约42.40 Mt炼焦煤，预计2020年将产出41~45 Mt炼焦煤。2019年其关闭了Goonyella、Peak Downs和Caval Ridge 3个矿区的洗涤站，预计2020年第一季度结束后恢复生产，因此后3个季度的产量将高于一季度。成本方面，2019年盛产炼焦煤的昆士兰吨煤成本为69.44美元/t，预计2020年成本在67~74美元/t波动，中期成本进一步降低到54~61美元/t。炼焦煤2019年平均售价204.7美元/t，利润率高达66%。

相对于抢手的炼焦煤，动力煤市场依旧低迷，必和必拓近十年来都一直在逐步减少动力煤产量，缓慢加大炼焦煤产量。2019年必和必拓动力煤产量为27.49 Mt，同比降低5.73%，其中，澳大利亚产的动力煤产量为18.26 Mt，占总产量的66.42%。自2008年起，必和必拓一直降低澳大利亚以外地区动力煤的产量，澳大利亚动力煤占比从2008年的14.56%上升至2019年的66.42%。2020年必和必拓为提高品质和产品单价，将继续减少产量，预计产出动力煤 24 ~26 Mt。盛产动力煤的新南威尔士地区，2019 年吨煤成本为 50.03 美元/t，预计 2020 财年吨煤成本上升至 55 ~61 美元/t，中期成本预计下降至 45 ~50 美元/t。

3.9.3 兖矿集团兖煤澳洲有限公司

兖矿集团是澳大利亚第三大煤炭生产商、最大的专营煤炭生产商。兖矿集团是我国山东省首家国有资产授权经营企业和山东省属国有重点煤炭企业，煤炭业务是兖矿集团的核心产业，2018 年煤炭销售收入 624 亿元，占总销售收入的 92.56%。截至 2018 年年底，兖矿集团煤矿总储量为 2539 Mt，其中澳大利亚煤炭储量高达 1763 Mt，是中国煤矿企业中拥有最多澳大利亚煤矿资产的企业。2018 年兖煤澳洲的净利润为 42.73 亿元，同比增长 422.4%。

兖矿集团主要产品包括半硬焦煤、半软焦煤、喷吹煤和动力煤。自 2008 年起，兖矿集团通过不断地收购煤炭资产，煤炭产量在 2012 年达到峰值。伴随着全球煤炭产能过剩，煤炭价格大幅下跌，2013—2016 年，兖矿集团煤炭产量亦出现回落。随着 2016 年煤价的回暖，2017 年兖矿集团煤炭产量重回升势，同年 9 月兖煤澳洲完成对联合煤炭的收购，煤炭产销能力大幅提升，商品煤销量同比增加 14.35 Mt。2018 年兖矿集团商品煤总产量为 95.10 Mt，同比增长 18.9%，其中兖煤澳洲产量 33.60 Mt，产量同比增长 74.4%。

焦煤方面，兖煤澳洲 2018 年焦煤产量为 2.83 Mt，同比增长 192.16%，其中半硬焦煤产量同比下 48.52%，半软焦煤同比增长 243%，喷吹煤产量同比下降 8.73%。虽然炼焦煤并非兖矿澳洲的主要产品，但自 2014 年稀有煤种产量持续减少了 3 年之后，2018 年由于合并了联合煤炭，焦煤产量大幅度提升。预计 2019 年兖矿澳洲焦煤产量会持续升高。动力煤是兖煤澳洲的主产煤种，2018 年动力煤产量为 28.35 Mt，同比增长 81.16%。2018 年 12 月 30 日，兖煤澳洲收购莫拉本煤矿合资公司 85% 的权益，预计动力煤产量将稳步上升。

成本方面，兖煤澳洲吨煤成本与国内项目相比优势明显。2018 年兖煤澳洲吨煤成本 274.3 元/t，而国内的昊盛煤业、菏泽能化、鄂尔多斯能化吨煤成本分别为 391.97 元/t、466.38 元/t、192.24 元/t。从兖煤澳洲近 10 年的成本曲线来看，2009—2013 年，吨煤成本逐年小幅增长，2014—2016 年成本明显缩小，2017 年由于项目投资，成本再次抬升。总体来看，2018 年相较 10 年前的吨煤成本下降了 30%。

3.9.4 英美矿业集团

英美矿业集团是世界领先的矿业和自然资源公司，煤炭板块在集团占据主导地位，单炼焦煤出口量排名世界第三，2018 年煤炭板块净利润高达 17.55 亿美元，占总净利润的 49.45%。英美资源集团在澳大利亚的煤炭以炼焦煤为主，炼焦煤产量占比高达 94%，动力煤产量逐年下降，占比下降至 6%。

英美资源集团目前已探明炼焦煤总储量为 337 Mt，均分布在澳大利亚。昆士兰作为英美资源集团炼焦煤的主要产地，其 Moranbah 和 Grosvenor 两矿区盛产的高质量硬焦煤，深受中国客户青睐。英美资源集团的炼焦煤产量整体呈缓慢上升态势，产量从 2008 年的 13.14 Mt 上升至 2018 年的 21.83 Mt，10 年累计增幅为 66%。2012—2014 年，炼焦煤产能严重过剩导致其利润率直线下滑，为适应市场变化，2016—2017 年产量增速由正转负，2018 年产量再次出现正增长。预计 2019 年全年炼焦煤产量继续增加到 22 ~24 Mt。成本方面，近年来炼焦煤成本逐年上涨，澳大利亚炼焦煤成本从 2015 年的 55 美元/t 上升至 2018 年的 64 美元/t。虽然成本上升，但即使在煤炭行业不景气的时候，炼焦煤也一直保持着较高的利润率，2018 年其息税前利润率高达 52%。

动力煤方面，截至 2018 年，英美资源动力煤总储量为 673 Mt，其中澳大利亚动力煤储量仅有 63.40 Mt。其动力煤主产地为南非与哥伦比亚，2018 年澳大利亚动力煤产量仅为 1.38 Mt，占集团动力煤总产量的 3.3%。英美资源澳大利亚动力煤产量连续 4 年下降，2017 年产量大幅度减少 83.03%，2018 年产量进一步减少 14.4%。伴随着世界各国去产能的大浪潮，动力煤价格自 2012 年起逐年下降，其利润率远低于炼焦煤，大多数的大型开采煤矿企业都在减少动力煤产量。2018 年 3 月 1 日，英美资源集团继续剥离动力煤业务，将南非的 New Veal、New Dnmark、Kriel 煤矿，以及 4 个已经关闭的煤矿给 Seriti 能源公司，涉及产量 2.80 Mt。

3.9.5 力拓集团

来自英国的力拓集团在 2000 年成功收购了澳大利亚北方矿业公司，成为在勘探、开采和加工矿产资源方面的全球佼佼者。该公司在澳大利亚原本有 4 座可混产动力煤与炼焦煤的矿区、1 座纯动力煤矿和 1 座纯炼焦煤矿。自 2013 年起，其不断打包出售其在澳大利亚昆士兰的煤炭资产及业务，2018 年年底已剥离所有的煤炭业务。

3.9.6 皮博迪能源集团

美国皮博迪能源公司（Peabody Energy Corporation）是世界第一大私营煤炭企业，但 2015 年大幅亏损跌出了世界 500 强行列。目前该公司在美国拥有 11 个主产动力煤矿与 1 个主产炼焦煤矿，在澳大利亚拥有 2 个主产动力煤矿与 6 个主产炼焦煤矿。煤炭储量以动力煤为主，截至 2018 年底，其动力煤储量高达 4617 Mt，炼焦煤储量为 274 Mt。

澳大利亚是该公司的炼焦煤主产地，在未收购美国的 Shoal Creek 矿区以前，其炼焦煤均来自澳大利亚地区。由于公司炼焦煤储量不多，自 2016 年以来，炼焦煤的产量一直在减少，2018 年受 North Goonyella 矿区火灾影响，产量降至 10 Mt，同比降低 18.7%。但随着 Shoal Creek 矿区的收购完成以及 North Goonyella 矿区复产，2019—2020 年其炼焦煤产量将大幅增加。2018 年 12 月 3 日，博地集团收购了 Drummmond 公司位于美国的 Shoal Creek 矿区，2019 年 Shoal Creek 矿区预计产出 2.5 Mt 硬焦煤，主要供应亚洲地区以及大西洋钢铁工业公司。为修复 2018 年 9 月 North Goonyella 矿区火灾带来的损害，2019 年末，其加速建造多相通风系统，以尽快恢复 North Goonyella 矿区正常生产，预计该矿区 2020 年将产出炼焦煤 2 Mt。成本利润方面，2018 年炼焦煤开采成本为 100.97 美元/t，同比增长 15.3%，炼焦煤息税前利润为 40.9 美元/t，同比下降 10.5%，整体来看保持较好的盈利水平。

动力煤是该公司的主要业务，但澳大利亚的动力煤产量占集团总产量比例较小，2018 年澳大利亚地区动力煤产量为 19.30 Mt，仅占集团总产量的 11.22%。澳大利亚地区继续贯彻落实 Wambo 和 Wilpinjong 两个矿区扩张项目，预计动力煤的产出将保持稳定增长。成本利润方面，2018 年动力煤开采成本为 33.9 美元/t，同比增长 6%，动力煤息税前利润为 23.68 美元/t，同比增长 19.2%，整体来动力煤盈利水平低于炼焦煤。

3.10 对我国煤炭工业高质量发展的启示

综合澳大利亚煤炭工业近 30 年的发展历程、发展特点，以及今后的发展趋势，结合我国煤炭工业高质量发展的需要，提出以下 3 点启示。

1. 煤矿安全与职业健康处于世界领先水平的做法值得我国借鉴和学习

澳大利亚煤矿安全生产与职业健康水平居于世界主要产煤国家先进行列，其上百年的煤炭开发历程积累了丰富的实践经验，历次煤炭开采与职业健康法律法规的及时制定与修订，调动并提高了煤矿企业落实安全生产主体责任的主动性和积极性，“煤炭研究计划（ACARP）”每年约 40% 的项目资金与煤矿安全生产与职业健康直接或间接相关，为煤矿工人创造安全与健康的工作场所，增强监察机构与煤矿企业的互动，加强“事故预防战略”的落实，不断调整每个阶段的监督检查与安全管理的重点内容等，所有这些做法保证了安全生产与职业健康的工作效果越来越接近“零伤害”的目标。

70 年来，我国煤矿安全生产工作取得了显著成就，经历了恢复调整、异常波动、持续恶化、高位波动和稳定下降5个阶段，煤矿安全生产形势实现总体稳定，但是与澳大利亚煤矿已经多个年度实现“零死亡”、监督检查与安全管理的重点工作转向严重工伤与职业健康的水平还有较大差距。为了缩小并消除这个差距，我国煤矿安全生产工作需要在煤矿企业主体责任落实、完善工伤事故统计、以科技创新改善工作环境等方面做出更大的努力。我国煤矿企业在落实安全生产主体责任方面存在着认识上不够重视、摆不正效益和安全的关系、安全责任边界不清晰、安全责任悬空等问题，可借鉴澳大利亚做法，对安全生产的法律作用进行科学定位，激发并提升所有生产经营活动参与方（即市场主体）自我监管的意识和能力，实现由要我安全、我要安全，向我愿意安全转变，自觉落实好安全生产主体责任。我国煤矿事故统计方面存在不够完善和细化等问题，需要加强工伤事故严重程度的分类统计和分析，为制定科学的管控目标提供依据。我国煤矿安全生产科技存在整体水平不高、自主创新能力弱、煤矿安全科技投入缺乏可靠的资金渠道等问题，建议国家应在重大科技专项、重点科技项目、重点工程等方面重视煤炭科学技术研究，特别是煤矿安全科学技术研究，使之成为固定的专项研究项目，并给予经费支持，持续发挥煤矿科技创新改变煤矿安全生产面貌的作用。

2. 近30年“煤炭研究计划（ACARP）”做法值得我国借鉴和学习

采矿业要持续改善矿工的工作环境、实现“零伤害”，必须进行采矿工艺和技术创新，采矿业的重资产特点使其科研投入不仅需要巨额资金，而且需要较长的时间，不是一家企业能够完成的。澳大利亚煤炭开采业一直保持着世界采矿业较高的开采效率、安全与职业健康及采矿区环境保护水平，已经坚持近30年的“澳大利亚煤炭研究计划（缩写为ACARP）”做出了巨大的贡献。ACARP计划的实施资金来自澳大利亚全部硬煤生产商，按照其商品煤销售量5分/t提取；这种利用杠杆效应集中资金、解决行业发展存在的普遍性问题的模式，不仅整合了业内每个煤炭生产商的资源和专业知识，而且使风险降到了最低、同时能够使全行业及时共享科研成果的收益；ACARP资助的研究多年来引领着行业实践，一个项目领域连续工作的特点是不断扩展知识体系，其方向和应用更加符合行业发展的需要，有助于煤炭生产商实现其财务、环境和社区可持续发展目标。1992年以来，ACARP已经向1725个项目提供了3.45亿美元的直接资助；特别是持续了10年的“长壁工作面自动化技术（LASC）”使井工煤矿的单矿规模有了较大幅度的提升，在井工煤矿数量减少的情况下增加了煤炭产量。

新中国成立70年来，煤炭科技实现了从跟踪、模仿到部分领域并跑、领跑的转变。大型矿井建设、特厚煤层综放开采、燃煤超低排放发电、高效煤粉型锅炉、新型煤化工技术达到国际领先水平，煤机装备实现了国产化，装备制造水平位于世界前列。中国煤炭企业充分发挥科技创新的主体作用，与科研院所和高等院校建立了良好的产学研联合创新机制，并取得了显著成效。进入新时代，我国经济已由高速增长阶段转向高质量发展阶段，煤炭行业要获得高质量发展，必须坚持创新驱动，建议参考澳大利亚“煤炭研究计划（ACARP）”建立“中国煤炭行业科技创新研发基金”，集中全行业的研究力量，有计划、有步骤地解决行业内存在的普遍性问题，推动全行业安全、绿色、智能发展，促进煤炭清洁高效开发利用。

3. 积极探索“数字采矿”促进传统采矿业的变革值得我国借鉴和学习

采矿业的数字化变革，是从实体采矿延伸到“数据采矿”的变革，也将成为工业4.0的重要组成部分。新型数字化技术能够帮助传统采矿企业在生产供应链、设备管理、工业生产系统、新员工培训等环节实现提升，以优化管理、提升效率、节省成本，从而推动整个行业的持续发展。澳大利亚为了进一步提升经济竞争力，对接德国“工业4.0”，确定了采用“工业4.0”计划优先增长的领域是制造业、网络安全、食品和农业、医疗技术与药物、开采装备和技术与服务（缩写：METS）、石油天然气等能源资源六个行业，其中开采装备与技术服务（METS）是与采矿业直接相关的内容。这六个优先增长领域的工作由澳大利亚工业、科学、能源与资源部下设的工业、创新与科学局负责落实。

METS 增长中心与采矿业供货商、矿工、研究机构、投资人共同工作，努力提高澳大利亚 METS 的全球竞争力和生产效率。

煤炭智能开采是新一代采矿业技术竞争的核心。《中国制造 2025》提出了实现制造强国的战略目标，2020 年基本实现工业化，2025 年制造业整体素质大幅提升，2035 年，制造业整体达到世界制造强国阵营中等水平；新中国成立一百年时，综合实力进入世界制造强国前列。2019 年国家煤矿安全监察局发布《煤矿机器人重点研发目录》，提出将大力推动煤矿现场作业的少人化和无人化。2020 年国家发展改革委等八部门印发《关于加快煤矿智能化发展的指导意见》，提出到 2025 年，大型煤矿和灾害严重煤矿基本实现智能化；到 2030 年，各类煤矿基本实现智能化。中国煤炭智能化开采处于初级阶段，但相关技术研发进展迅速，在国家相关技术研究发展技术的支持下，先后研发了采掘装备远程遥控、自动化放煤、直线度控制、采煤机自动调高等技术，在实现单机装备智能化的基础上，实现了工作面“三机”（采煤机、刮板输送机、液压支架）的协调联动控制、可视化远程干预控制，建设了 200 余个智能化开采工作面。今后可借鉴澳大利亚探索“数字采矿”的经验和做法，改变传统的管理理念，建立规范的管理体系，使已取得进展的研究成果得到有效的持续利用；加大在智能化开采技术装备研发方面的投入，全面推进智能化开采和技术升级，实现煤矿减人提效的目标；全方位支持中国制造业的变革，为提升综合国力奠定基础。

4 印度尼西亚煤炭工业

印度尼西亚共和国（以下简称印尼）是传统的能源大国，也是重要的煤炭生产国和消费国。煤炭、石油、天然气都有相当可观的储量。随着20世纪70年代石油危机的爆发，为了减少国际油价对本国经济的冲击，印尼重新重视对煤炭资源的开发，鼓励发展煤炭工业，要求电厂和工业用热尽可能使用煤炭。1981年颁布第49号总统令，鼓励外国采矿公司开采和出口煤炭，“煤炭承包制”登上历史舞台。截至2019年底，印尼煤炭产量为613.8 Mt，消费量为138 Mt，出口量为488 Mt。印尼煤炭生产99%为露天生产，主要煤种为褐煤和次烟煤，主要分布在加里曼丹岛和苏门答腊岛两个地区。印尼也是世界上主要的煤炭出口国之一，2017—2019年连续三年煤炭出口量位居世界第一。

印尼煤炭工业特点鲜明，在开采方面几乎全部为露天开采，仅有极个别煤矿采用了井工法，且产量很少，可以忽略不计，使得印尼煤炭安全生产形势较好，安全生产基本不是印尼煤炭工业关注的重心。在开采技术方面，由于“煤炭承包制”的原因，使得绝大多数煤矿承包给非印尼国有企业。特别是外国煤炭企业在印尼煤炭企业中占据着非常重要的角色，而本国煤炭企业较少，使得印尼本国煤炭开采技术基本依赖这些外国煤炭企业及其所属的国家。在煤炭消费方面，由于印尼能源资源丰富，煤炭在印尼能源消费占比中仅排名第二，远小于石油消费，因此印尼生产的煤炭近80%被出口。在煤炭供给方面，由于印尼本国对煤炭的需求量并不高，因此印尼的煤炭生产主要以出口换汇为主。

4.1 煤炭在能源系统中的地位和作用

印尼作为新兴的经济体，在世界经济舞台上的作用也越来越明显。1999年印尼成为G20成员国之一，在全球应对经济危机方面发挥了独特的作用。同时，印尼也是全球重要的能源生产国，煤炭、石油、天然气等传统能源富集，地热能、潮汐能、风能等新能源也快速发展，使得印尼的能源产业成为推动印尼经济前进的重要动力。

印尼是东南亚国家联盟中最大的经济体，是代表全球新兴潜力市场的“灵猫六国”之一。近年来印尼的宏观形势稳定，金融系统不断完善，法律法规不断健全，消费、投资和出口逐渐成为经济增长的重要引擎，贫困人口和失业率有所下降，2008—2018年GDP增长率（以本币计）基本稳定保持在5%以上，经济基本呈现出“高增长、低通胀、低失业”的良好态势，抵抗外部金融和经济环境变化的能力不断增强。截至2019年，印尼GDP总额为1583.39万亿印尼卢比（按照全年与美元的平均汇率折算约为1.12万亿美元），较2018年实际增长5.02%，人均GDP接近4200美元。

4.1.1 能源与应对气候变化

印尼能源资源非常丰富，根据印尼能源与矿产资源部2019年统计，印尼的石油储量约1.31 Gt，天然气储量约$(4.8 \sim 5.1) \times 10^{12}\ m^3$，煤炭已探明储量为21.1 Gt。同时，印尼的可再生能源也非常丰富，受益于低纬度和火山地震带的地理环境，以及群岛国家的特点，印尼的太阳能、地热能、水能、潮汐能、生物质能非常丰富。

印尼早在1962年就加入了石油输出国组织（OPEC），成为OPEC中唯一的亚洲成员国，但由于国内需求上升，生产量下降，印尼于2009年退出OPEC，并进口大量石油以满足需求。随着印尼经济的快速发展，印尼的能源产量和消费量也在快速提高，根据2020年《BP世界能源统计年鉴》统计，印尼一次能源消费量和主要能源生产量如图 2－4－1 和图 2－4－2 所示（其中 2019 年水电和可再生能源合并统计）。

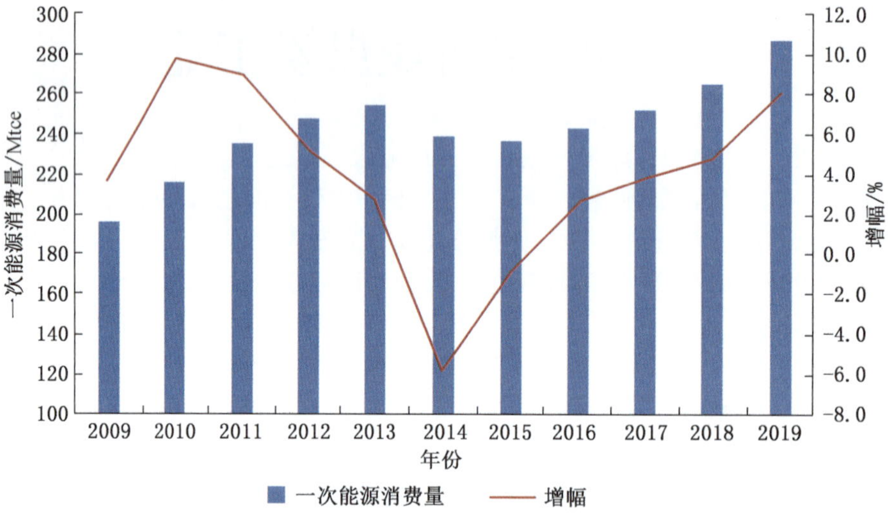

图 2－4－1 2008—2019 年印尼一次能源消费量

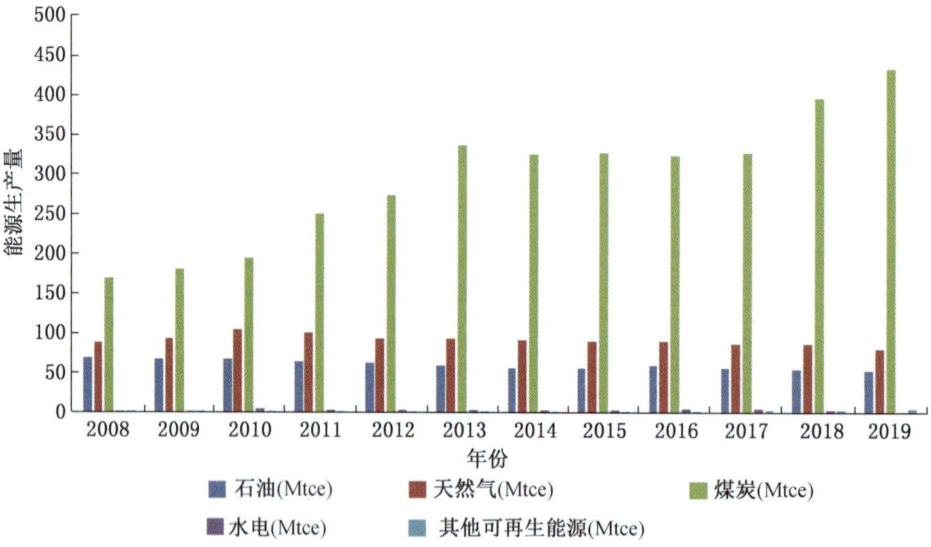

图 2－4－2 2008—2019 年印尼主要能源生产量

从图 2－4－1 和图 2－4－2 可以看到，印尼能源消费与生产总量整体呈上升态势。2013—2015 年受制于经济增速放缓，能源整体消费量和生产量均有不同程度的下降，2015 年以来迅速恢复到增长轨道。

印尼 2016—2019 年能源消费结构如图 2－4－3 所示（其中 2019 年水电和可再生能源合并统计）。

根据图 2－4－3 可以看到，印尼传统化石能源在能源结构中的比例仍然占据绝对多数。其中，石油长期以来占据首要位置，2019 年石油消费达到 38.2 Mt，占能源总消费量的 37.98%。煤炭在 2019 年的消费量赶超石油，消费量为 610 Mt，占能源总消费量的 38.2%。20 年以来，印尼煤炭消费增长幅度在非 OECD 国家中最大，达到 616.3%，且在国内能源消费结构中的比例逐年提高。而天然气消

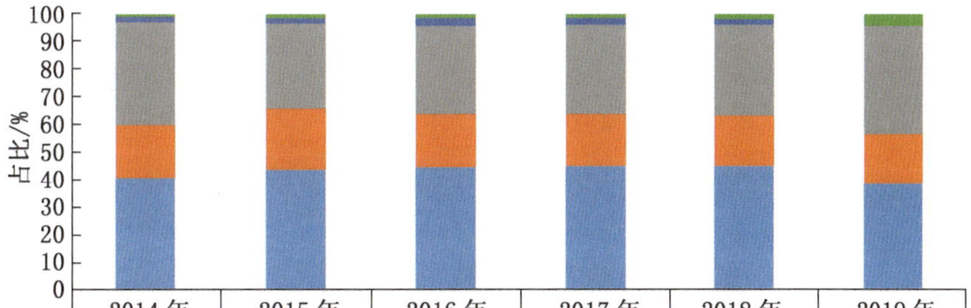

	2014 年	2015 年	2016 年	2017 年	2018 年	2019 年
可再生能源	1.2%	1.5%	1.6%	1.7%	1.8%	4.4%
水电	1.8%	1.9%	2.6%	2.4%	2.0%	0.0%
核能	0.0%	0.0%	0.0%	0.0%	0.0%	0.0%
煤炭	37.1%	31.1%	31.9%	32.3%	33.2%	38.2%
天数气	19.5%	22.1%	19.7%	18.7%	18.1%	17.7%
石油	40.4%	43.6%	44.3%	44.8%	45.0%	38.0%

图 2-4-3　2014—2019 年印尼能源消费结构（能量计算法）

费量位居第三，2019 年天然气消费量为 $67.5\times10^{9}\ m^{3}$，占能源总消费量的 17.7%，占比保持基本稳定。

印尼在可再生能源和绿色能源方面储量也非常可观，除核能以外，太阳能、风能、地热能、潮汐能、水能等均可以规模开发。根据我国国家能源局“一带一路”能源合作网的资料显示，2019 年印尼可再生能源在发电结构中的占比仅为 11.4%。因此，印尼政府对大气污染治理和可再生能源的开发高度重视，其中，太阳能因开发成本原因，印尼政府暂缓对其进行支持投入，重点对水能、地热能和生物质能进行扶持，提高这些新能源在能源结构中的占比。目标在 2025 年将可再生能源在发电结构中的占比提高到 23% 以上。

4.1.2　煤炭开采业对经济的贡献

煤炭开采业是印尼工业的重要部门。由于煤炭储量丰富，开采条件较好，煤炭资源成为印尼出口创汇的重要商品。根据印尼中央统计局提供的数据，2014—2019 年印尼煤炭开采业产值如图 2-4-4 所示。

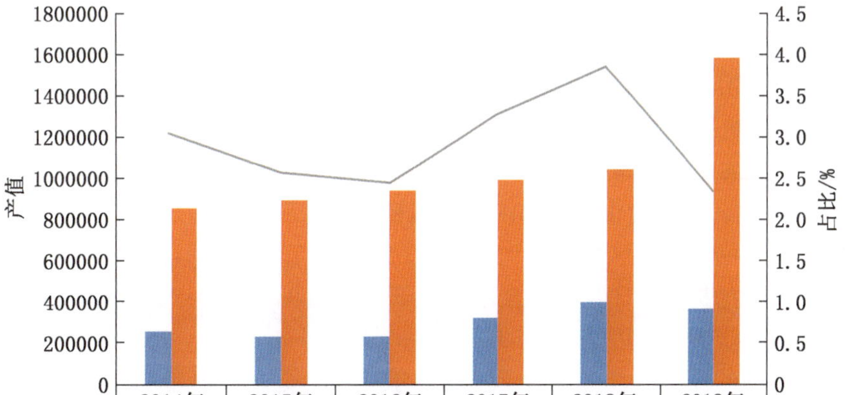

	2014年	2015年	2016年	2017年	2018年	2019年
煤炭开采业产值(十亿卢比)	259766.6	229973.9	231697.8	323364.5	401276.9	368890.5
全国GDP(百亿卢比)	856486.7	898251.7	943463.2	991270.4	1042531.6	1583390
煤炭开采业产值占比	3.03%	2.56%	2.46%	3.26%	3.85%	2.33%

图 2-4-4　2014—2019 年印尼煤炭开采业产值

印尼煤炭开采业的年产值约占印尼国家每年 GDP 的 3% ~4%，仅次于石油、天然气和地热开采，位居印尼采矿和挖掘业第二位。同时，印尼开采业（含煤矿）提供了大量的工作机会，根据印尼中央统计局的相关数据，印尼采矿和挖掘业的就业人口如图 2 -4 -5 所示。

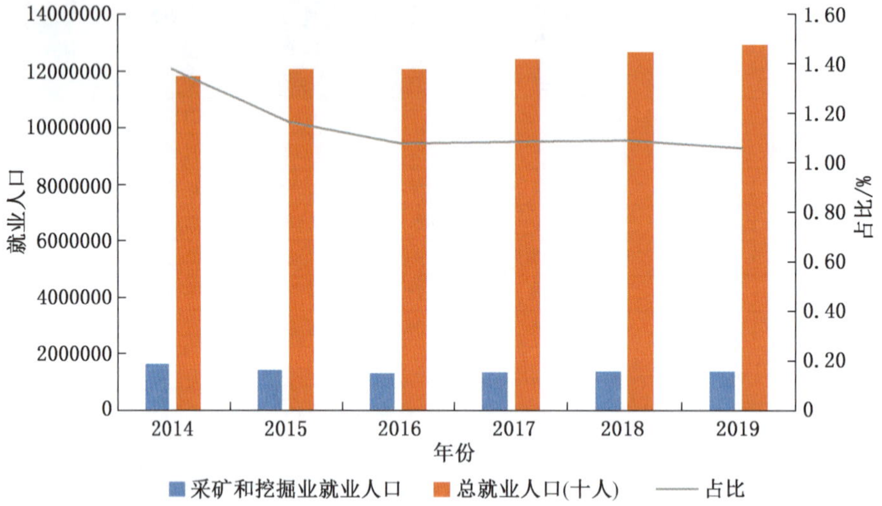

图 2 -4 -5　2014—2019 年印尼采矿和挖掘业就业人口

印尼采矿和挖掘业提供了全国 1% 左右的就业机会，大约雇用了 130 万 ~160 万的 15 岁以上劳动力。根据世界银行的相关研究，印尼采矿和挖掘业是农村和经济欠发达地区发展的重要推动力，并且在许多经济欠发达地区的经济中占有很大份额，如巴布亚省、苏拉威西、邦卡 - 贝力通、西努沙登加拉和东加里曼丹等。

4.2　煤炭工业发展现状与前景

煤炭工业是印尼最重要的工业之一，不仅为印尼发展提供重要的生产原料，也为印尼提供了大量的工作岗位。因此，煤炭工业的健康稳定发展，一直是历届印尼政府关心和重视的课题。

4.2.1　发展现状

印尼的煤炭生产始于 20 世纪 80 年代，并在近几年显著增加。据印尼煤炭开采协会（APBI - ICMA）统计，2019 年印尼生产了约 610 Mt 煤炭，这一数字约是 1996 年的 10 倍。而 2019 年的印尼煤炭出口量为 488 Mt，占产量的 80% 。出口总量超过澳大利亚，成为世界第一大煤炭出口国。根据国际能源署（IEA）的预测，预计 2030 年印尼煤炭出口量占生产总量的比例会达到 69% ，2040 年将降至 59% 。目前印尼煤炭主要进口国为中国和印度。

印尼主要的煤炭产区集中于加里曼丹岛和苏门答腊岛，且随着规模化开采的扩大，印尼的煤炭生产量保持稳定的提高。印尼的煤炭主要有低硫、低灰分的特点，在中国市场作为主要的配煤。印尼目前最大的 3 个煤炭生产商为 Bumi Resources、PT Adaro Energy Tbk 和 PT Indika Energi Tbk。

印尼国内的煤炭消费主要用于发电、建材和冶金。根据印尼煤炭开采协会统计，2019 年印尼煤炭消费约为 138 Mt。其中发电耗煤 97.73 Mt，肥料、水泥、纺织、造纸等行业耗煤 34.86 Mt，冶金耗煤 5.4 Mt。

4.2.2　管理体制与政策法规

为保证印尼煤炭工业的科学、合理、可持续发展，历届印尼政府出台了一系列法律法规，以及行政、经营、税收等政策，以规范印尼煤炭工业发展的方向，并起到了良好的作用。

1. 煤炭工业管理部门和主要法律法规

依照《矿山法》(1967 年第 11 号)(2009 年重新修订) 的规定，印尼能源与矿产资源部负责执行能源政策，协调能源部门的活动，监督 4 个省的能源企业。能源与矿产资源部矿产与煤炭管理局下设四个相关的煤炭处，管理煤炭行业。能源与矿产资源部还负责管理与国外和国内承包商签订合同事宜。印尼煤炭管理组织机构如图 2 –4 –6 所示。

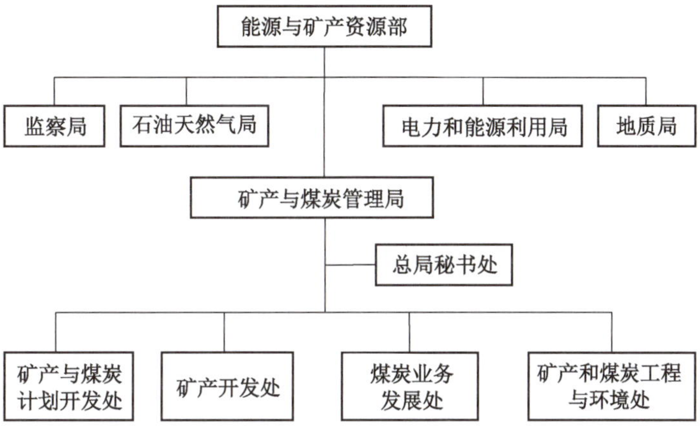

图 2 –4 –6　印尼煤炭管理组织机构图

国家能源协调局（BAKOREN）制定和协调印尼能源政策，是内阁级的决策机构。该局对开发和利用国家能源资源进行指导。能源资源委员会（ERTC）是国家能源协调局的支持组织，由与能源有关的机构的成员以及预测能源需求的常设机构组成。

印尼矿业相关的行业协会主要有两家，一家为 1997 年 8 月成立的印度尼西亚矿业服务协会(ASPINDO – IMSA)，并依据《矿山法》第 4/2009 号法律的要求提供采矿业务活动相关的辅助活动，现有会员单位 108 家；另一家为 1989 年 9 月成立的印度尼西亚煤炭开采协会（APBI – ICMA)，目前拥有会员单位 161 家，其中煤炭生产公司 90 家，矿业服务公司 71 家，涵盖印尼煤炭行业的上游（勘探和开发）和下游（营销分销，利用和采矿服务）。

矿产与煤炭管理局的任务是制定和执行矿产和煤炭领域的政策、技术和标准。

印尼新的《矿业法》(第 4 号法律，2009) 把对矿产资源控制管理的责任划分给各个地方政府和中央政府，而旧的《矿业法》(第 11 号法律，1967) 只承认中央政府的角色和其所起的作用。《矿业法》(第 4 号法律，2009) 减少了中央政府在矿业法中所起的作用，现在中央政府只负责政策、管理监督和直接管理 12 海里以外的海底资源。因此，地方政府所起的作用增强了，也界定得更清晰了。如果矿区位于该县或该市，县长或市长将发行许可证；如果矿区位置跨越于几个县或市之间，许可证将要获得省长的审批和颁发；如果矿区面积超过一个省，能源与矿产资源部将对此进行审批并颁发许可证。

《矿业法》(第 4 号法律，2009) 将矿产资源划分为“放射性”“金属”“非金属” 和 “煤矿、泥炭和油页岩” 4 类。在过去，《矿业法》(第 11 号法律，1967) 把矿产资源分为 3 类：A 类，战略性；B 类，重要性；C 类，非战略性和非重要性。因此，新矿业法增加了两个新的领域和规范条例：“地热” 和 “地下水”，而这两个方面在以前并没有列为矿产资源。

目前印尼煤炭工业重要的法律法规还有 1999 年通过的 22 号法、2012 年生效的《土地法》、2003 年通过的《劳工法》 和 2018 年通过的第 26 号部长条例。其中，《矿业法》 规定了印尼矿产资源的分类、审批和管理权限、开发计划等内容，是印尼矿产资源管理的基本法规。2012 年生效的第 22 号法是对《矿业法》的补充和修改，扩大了地方在矿业管理活动中的权力；《土地法》则是规定了矿业企业在印尼生产经营时，取得土地所有权和使用权的相关要求；《劳工法》则是规定了矿业企业在劳动用工方面的相关权利义务；2018 年第 26 号部长条例则规定了多项矿山企业应当保障的安全生产责任义务。

2. 国家能源政策与煤炭政策

目前印尼石油消费量占能源总消费量的比例超过 40%，并且还在稳步提升。印尼虽然石油资源比较丰富，是东南亚石油大国，也曾经是该地区重要的原油出口国。但近几年来印尼原油产量一直呈下降趋势。减产的主要原因是一些老油田的自然减产和油气领域勘探和开采新增投资缺乏。目前印尼国内的原油产量不能满足国内的需要。从 2004 年上半年起印尼已成为原油净进口国，国际油价的上升反而造成印尼更多的预算赤字。

为应对这一变化，2006 年初印尼政府发布三项能源政策：2006 年 1 号文件、2 号文件和 5 号法规，以此作为将来国家能源法律和法规的基础，其中重要政策之一是减少国家能源消费对石油的依赖性，降低石油的消费比例，此外还要增加生物能源、地热、可再生能源、液化煤的使用比例。

煤炭将取代印尼对于石油和天然气的依赖，特别是发电和工业部门。然而，为了确保煤炭使用率提高和替代其他部分能源战略的平稳发展，印尼采取了一些关键的政策，如图 2－4－7 所示。

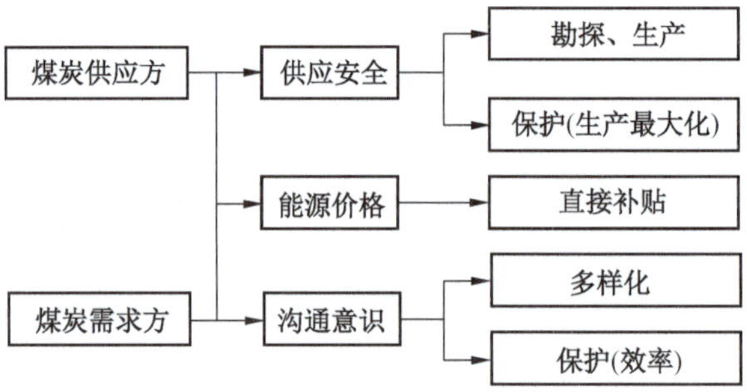

图 2－4－7　国家煤炭政策

（1）确保国家控制国内煤炭供应、煤炭国家股、综合规划、煤炭生产。

（2）增加勘探活动，以改善煤炭矿床状况和加强煤炭基础设施的发展。

（3）为煤炭开采活动的新投资（直接外国和国内）创造有利气氛，通过引进综合、明确的采矿法律法规和政策，促进煤炭的清洁和合理开发。

（4）使用当地现有燃料促进区域发展，如电厂燃料使用低阶煤。

（5）煤的应用提质技术，更多地使用低阶煤并提高其经济价值。

（6）促进清洁煤技术以及井工矿技术的研发。

（7）促进煤炭生产全过程中的良好的煤炭开采和处理方法，包括开采后矿区的复垦工作。

3. 对煤炭出口征收关税

自 2005 年 12 月 25 日开始，印尼对煤炭出口加收 5% 的煤炭出口税，目的在于抑制印尼煤炭出口增长，确保国内市场供应量，增加税收收入及增加国内煤炭消费量以降低因原油价格上涨而带来的财政赤字增加。印尼政府每月对煤炭出口价格（FOB）核算 1 次，并以此征收 5% 的关税。

该项政策实施后受到煤炭出口商的强烈反对，印尼煤炭出口商称出口税的实施引发了经营成本的进一步增加，而此前经营成本已经因原油价格上涨而有所增加。印尼煤炭矿业联合会也指出，此举增加了煤炭出口价格，削弱了印尼对澳大利亚、中国、南非和越南等国际对手的竞争力。

该项税收政策原本打算抑制印尼煤炭出口增长，但事实上印尼煤炭出口量却大幅攀升。在出口税实施后印尼煤炭出口量仍在持续增加，2006 年上半年，印尼出口煤炭 83.548 Mt，同比增长 38.4%，增加 22.902 Mt。出口增长源于煤炭出口价格高涨，出口商足以承受税收负担。由于动力煤出口价格下跌，导致 2006 年上半年印尼动力煤出口量受到关税措施的影响显著。政策实施的效果不明显，加上煤炭出口商的强烈反对，迫使印尼政府对该政策进行了调整，2006 年 9 月 13 日，取消了该项关税，该关税实施只维持不到 1 年的时间。

进入 2007 年后，印尼政府又计划重新对出口煤炭征收关税，这次的目的主要在于增加财政税收，弥补税收赤字。该国出口商对此表示强烈反对，他们认为重征出口关税将削弱价格竞争力。另外，重新启用被废除的政策也可能招来海外用户的反感。

2012 年，印尼政府为遏制矿产资源的过度开采，计划两年内将煤炭和基本金属的出口关税提高 50%，分别在 2012 年提高 25%，2013 年再提高 25%。由于各大煤炭生产企业的坚决反对，印尼政府于同年 8 月取消了煤炭出口关税的加征计划，但印尼能源与矿产资源部的相关负责人表示，未来仍将出台措施限制煤炭过度开采。

2015 年，印尼将采矿业务许可证（IUP）的资源税率上调，IUP 持有者需缴纳的税率均出现上调。热值低于 5100 kcal 的低质煤炭，税率从 3% 提到 7%；热值为 5100 ~ 6100 kcal 煤炭税率从 5% 升至 9%；热值高于 6100 kcal 的煤炭税率则从 7% 提高到 13.5%。此举是印尼政府为了促进行业规范化发展，同时增加财政收入而采取的措施。这一举措的主要影响是提高了印尼煤炭的价格，也就增加了其出口成本。

4. 矿业税收政策

2015 年东盟实行经济一体化，但与其他东盟国家相比，印尼综合竞争力仍处于劣势，印尼工业部的调查结果显示，包括物流能力较差、税赋偏高、融资成本过高、科技水平落后、劳工生产效率低等五大因素影响着印尼的综合竞争力。据普华永道和世界银行最新发布的 2020 年全球 189 个主要经济体总体税赋情况排名，印尼税收负担排名第 81 位，轻松纳税分数为 75.8。与其他东盟国家相比，印尼税赋居中，企业所得税高于新加坡、泰国和马来西亚。

印尼已经与全世界 60 多个国家和地区签订了避免双重征税税收协定。根据印尼与中国签订的双边税收协定，目前印尼与中国大陆的股息预提所得税率为 10%，利息预提所得税率为 10%，购买印尼政府债券则可以免税，特许权使用费预提所得税率为 10%。印尼与中国香港的投资组合的股息预提所得税率为 10%，持有股票的预提所得税率为 5%，利息预提所得税率为 10%，特许权使用费预提所得税率为 5%。

印尼主要税种的税率见表 2-4-1。

表 2-4-1 印尼主要税种的税率表

税 种	税 率
公司所得税	22%
个人所得税	累进税率，最高 35%
增值税	10%
关税	AB 类商品为 5% ~10%
印花税	3000 ~ 10000 印尼卢比
预提所得税	
股息	10% /15% /20%
利息	15% /20%
特许权使用费	15% /20%
分支机构汇出所得税	20%
财产转让税	5%

注：上述税率更新至 2019 年 12 月 31 日。

印尼煤炭开采的特许权使用费为从量与从价复合计征，税率会因为矿山规模、产量及煤炭售价不同而有所不同。从价计征方面，露天矿的基础税率为 3% ~7%（煤炭热值在 5100 kcal 以下的为 3%，煤炭热值在 5100 ~ 6100 kcal 的为 5%，煤炭热值在 6100 kcal 以上的为 7%），井工矿的基础税率为 2% ~6%，计税基础为煤炭销售收入；从量计征方面，税费为 2500 印尼卢比/t。按照印尼税法规定，特许权使用费可在企业所得税前扣除。

根据印尼《矿产和煤炭矿业法》（以下简称《矿业法》）规定：开采许可证和特殊开采许可证等矿业许可证持有者有义务缴纳属于国家和地方收入的各种税费，包括税收和非税收费。税收包括：根据税法规定的进口关税及消费税。非税收费包括：固定租金费、勘探费、权利金、生产费用及信息补偿费。

此外，矿业企业投入生产之后，生产金属和煤炭的矿业权人在缴纳正常的所得税和权利金外，新矿法还增加了一项附加税，税额为生产企业净利润的 10%，即开采许可证和特殊开采许可证等矿业许可证持有者需要将其 4% 的净利润交付印尼中央政府，6% 的净利润交付地方政府。法律要求采矿许可证持有人有责任推动社区发展，必须缴纳矿区土地复垦保证金。更具体的细则由中央政府另做规定。

5. 煤炭开发承包制（CCOW）

印尼政府从 1981 年开始将煤炭资源的开发权向国外投资商和私人开放。为争取外资开发本国矿产资源推行开发承包制，其主要内容是：政府规划出一定数量的矿产资源，由国家矿产公司代表与外国投资公司签订承包开发合同。矿区建设所需投资，完全由外方公司承担，投产后，外方每年向政府交纳矿区使用费和所得税。从投产后 5 年开始，政府每年收回一定比例的股权，直到国有股占 51% 为止，收回期一般 5 年。

印尼国有煤炭公司（PTBA，武吉阿桑公司）作为国家代表，与外商签订开发承包合同，并提供有关煤炭资源地质条件的资料。

在 1981—1986 年的 6 年中，PTBA 共与 11 家外国公司签订了煤炭开发承包合同，成为印尼煤炭资源开采特许权的第一代持有人，这一期间被称为第一轮承包。

1987 年以后，由于国家政策的变化，煤炭资源的开发承包制也发生了变化。对于外商在煤炭工业的投资，采取了“暂时禁止”的措施。因此，在 1987 年开始的第二轮承包中，拒绝外商参加。这一轮承包所涉及的 500 Mt 煤炭资源的特许权，全部授予印尼的公司。

1993 年 3 月，印尼政府为加快煤炭工业的发展，决定重新向国外投资者开放煤炭资源。但由于原来“暂禁”政策的影响，到 1994 年初结束的第三轮承包所涉及的 2. 5 Gt 煤炭资源的特许权，仍然全部授予了印尼国内的投资商和开发商。从 1994 年初到现在，又专门针对外资进行了第四、第五和第六轮承包，加之第二、第三轮承包中，国内的特许权持有人纷纷寻求国外的投资伙伴，为外国公司提供了广阔的投资机会。

在第五轮承包以前，印尼政府对承包制企业没有减免税的优惠规定，不允许承包人在支付所得税（从 1995 年 1 月 1 日起由 35% 降为 30%）和矿区使用费（13. 5%）以前收回投资，也不允许在分配利润以前支付设备的投资资本，在最近的几轮承包中，预扣税款的豁免办法也不再使用。但从第五轮承包开始，将超过 2 亿美元以上的投资的资本化比例扩大为 8∶1，结转损失额期限延长到 8 年（最多可为 10 年）。

为了使煤炭开发承包制更具吸引力，印尼煤炭开采协会已经向政府提出了对承包制企业采取优惠税收政策的建议。其中包括取消对亏损之前的限制，允许摊提投产前的生产性开支，废除股息预扣制度以及采用快速折旧等具体措施。

印尼推行煤炭开发承包制的成功经验，引起世界各国的关注，特别是一些发展中国家反应强烈。例如老挝目前也正在采矿部门推行承包协议制度，该制度与印尼的第二轮承包非常类似。菲律宾政府也于 1995 年 3 月开始实行一项类似的矿产资源开发一揽子计划，加快了吸引外资的步伐。

4. 2. 3　发展前景

印尼政府一直对煤炭工业采取稳健的政策，保障印尼煤炭工业整体发展方向的稳定。由于印尼煤炭工业受到国内与国际需求的双重影响，因而未来印尼的煤炭工业发展前景就要从国内和国际两个方面进行分析。

1. 国内发展前景

虽然煤炭目前是印尼的主要能源之一，但印尼未来的主要能源结构是朝向多种能源并重方向发展。在 2019 年中—印尼能源论坛上，印尼国家电力公司和印尼能源与矿产资源部着重介绍了印尼的能源开发规划。2019 年印尼可再生能源占发电结构的 11.4%，而印尼政府设定的 2025 年印尼可再生能源占比为 23%，显示印尼在未来五年对可再生能源开发的强烈意愿。由于太阳能开发成本较高，印尼政府将可再生能源的开发方向定在水能、地热能和生物质能方面。未来印尼发电结构规划如图 2－4－8 所示。

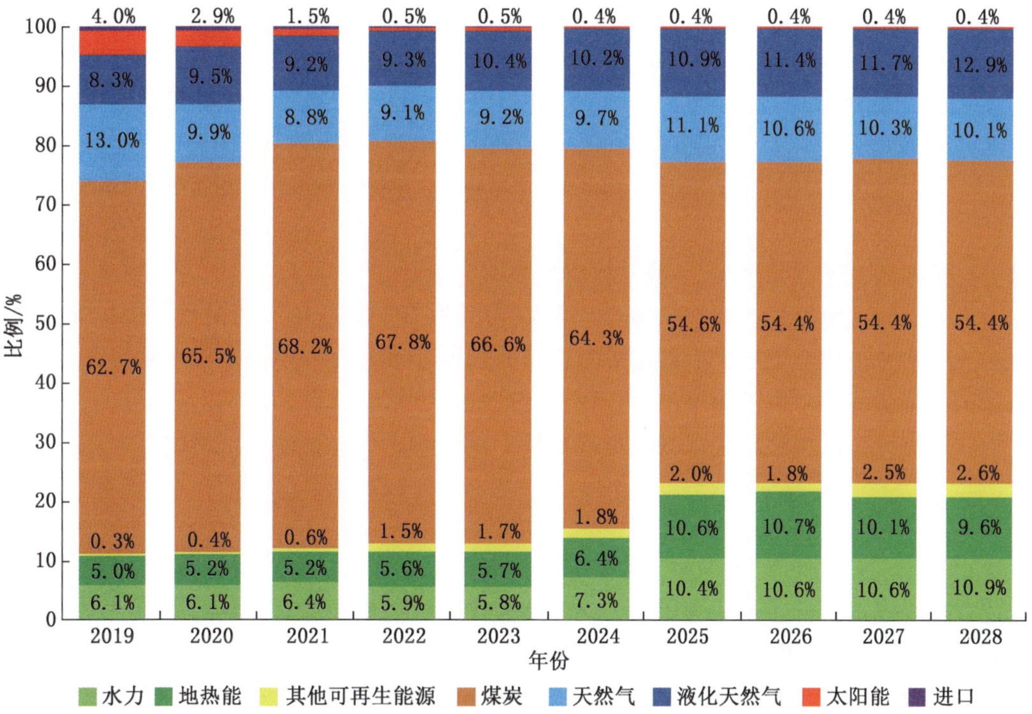

图片来源：国家能源局“一带一路能源合作网”

图 2－4－8　2019—2028 年印尼发电结构规划

从图 2－4－8 可以看出，印尼煤炭需求在中长期内仍占有较大份额，以保证新能源发展过程中整体能源供应的稳定。虽然印尼规划在 2025 年前，将燃煤发电的比例降低 10 个百分点，但其比例仍在 50% 以上，预示着印尼仍将煤炭视为其国内能源稳定的“压舱石”。

2. 国外出口前景

印尼煤炭作为本国重要的出口换汇产品，一直以来在印尼外贸体系中占有重要地位。根据 IEA 的预测，到 2040 年，世界煤炭交易量占世界能源产量的 20% 左右，约 1.1 Gtce。各主要煤炭出口国到 2040 年煤炭出口量预测如图 2－4－9 所示。

从图 2－4－9 可以看出，未来澳大利亚和俄罗斯煤炭出口量将持续增加，世界煤炭出口市场将会由目前的澳大利亚与印尼“双强”变为澳大利亚、俄罗斯和印尼“三足鼎立”。影响印尼煤炭出口的主要原因，可能是由于本国经济的快速发展，使得印尼的煤炭生产将从出口换汇为主转变为满足本国需求和出口换汇并重。从 IEA 的预测可以看出，2019 年印尼煤炭出口占生产的比例高达 80%，但这

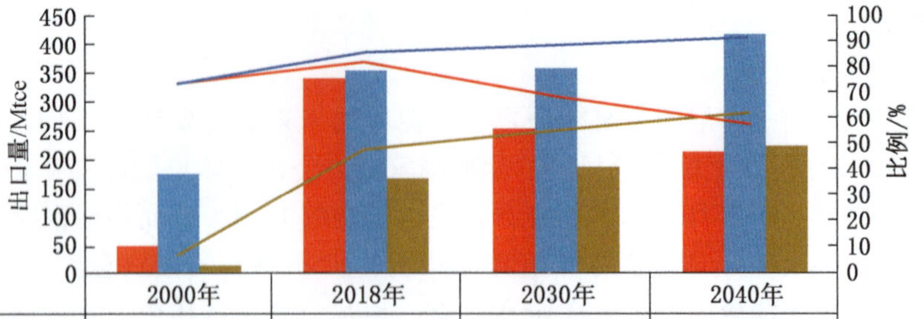

	2000年	2018年	2030年	2040年
印尼出口量/Mtce	48	341	253	211
澳大利亚出口量/Mtce	173	353	359	418
俄罗斯出口量/Mtce	14	166	186	221
印尼占比	74%	82%	69%	59%
澳大利亚占比	74%	86%	89%	92%
俄罗斯占比	7%	49%	56%	63%

数据来源：IEA，World Energy Outlook 2019

图2-4-9　印尼煤炭出口量预测

一比例将会持续降低，到2040年这一数字将降到59%。

总体上来看，印尼的煤炭工业在未来20年内会出现“三降一升”的局面，即印尼煤炭生产总量、出口占比和消费占比会下降，而消费总量会上升。这一现象充分说明印尼未来经济发展会持续向好，能源结构会持续优化。虽然煤炭出口占煤炭生产的比例持续降低，但在世界煤炭出口市场上仍会保持第一集团的地位，以维持印尼煤炭在世界市场上的影响力，保证印尼贸易的稳定。

4.3　煤炭资源

印尼煤炭资源富集，拥有加里曼丹和苏门答腊两大煤炭富集区，且资源埋藏较浅，地质条件优良，非常适合大规模露天开采。这为印尼大力发展煤炭工业提供了非常便利的条件。

4.3.1　煤炭资源总量与煤田分布

印尼大部分的煤来自于古近系和新近系，大部分煤层埋藏比较浅。在印尼的煤炭储量中，褐煤和次烟煤总共占85.26%，其中烟煤占14.38%，大部分煤层埋藏比较浅（次烟煤，是一种变质程度介于烟煤与褐煤之间的煤炭，主要用作电煤。次烟煤的发热量为4614～6393 kcal/kg，内部含水量一般为15%～30%，没有结焦性）。印尼煤炭几乎都是露天开采，91%产自东加里曼丹和南加里曼丹，9%则来自南苏门答腊岛南部。

1. 煤炭储量

根据印尼煤炭开采协会2017年的统计资料，印尼煤炭资源量为105.2 Gt，储量为21.1 Gt。全部为次烟煤和褐煤，印尼的煤炭储量占全世界的3.1%，具体见表2-4-2。

表2-4-2　印尼的煤炭资源量及储量　Mt

岛屿	省份	资源量					储量		
		预测	推断	控制	探明	总计	概略	证实	总计
苏门答腊	亚齐特别自治区	0.00	346.35	13.4	90.4	450.15	0.00	0.00	0.00
	北苏门答腊省	0.00	7.00	0.00	19.97	26.97	0.00	0.00	0.00
	廖内省	12.79	467.89	6.04	1280.82	1767.54	1354.76	585.61	1940.37
	西苏门答腊省	24.95	475.94	42.72	188.55	732.16	0.68	36.07	36.75

表 2-4-2（续）

Mt

岛屿	省份	资源量					储量		
		预测	推断	控制	探明	总计	概略	证实	总计
苏门答腊	占碑省	190.84	1508.66	243.00	173.20	2115.70	0.00	9.00	9.00
	朋古鲁省	15.15	113.09	8.11	62.30	198.65	0.00	21.12	21.12
	南苏门答腊省	19909.99	10970.04	10321.10	5883.94	47085.07	9289.01	253.00	9542.01
	楠榜省	0.00	106.95	0.00	0.00	106.95	0.00	0.00	0.00
	合计	20153.72	13995.92	10634.37	7699.18	52483.19	10644.45	904.80	11549.25
爪哇	万丹省	5.47	5.75	0.00	2.09	13.31	0.00	0.00	0.00
	中爪哇	0.00	0.82	0.00	0.00	0.82	0.00	0.00	0.00
	东爪哇	0.00	0.08	0.00	0.00	0.08	0.00	0.00	0.00
	合计	5.47	6.65	0.00	2.09	14.21	0.00	0.00	0.00
加里曼丹	西加里曼丹	42.12	468.95	3.39	2.58	517.04	0.00	0.00	0.00
	中加里曼丹	197.58	951.86	17.33	471.89	1638.66	10.14	64.14	74.28
	南加里曼丹	0.00	5525.16	362.59	6377.81	12265.56	1806.56	1797.80	3604.36
	东加里曼丹	14396.27	11068.56	4755.42	7684.72	37904.97	3141.20	2762.63	5903.83
	合计	14635.97	18014.53	5138.73	14537.00	52326.23	4957.90	4624.57	9582.47
苏拉威西	南苏拉威西	0.00	144.94	33.09	53.09	231.12	0.06	0.06	0.12
	中苏拉威西	0.00	1.98	0.00	0.00	1.98	0.00	0.00	0.00
	合计	0.00	146.92	33.09	53.09	233.10	0.06	0.06	0.12
马鲁古	马鲁古	2.13	0.00	0.00	0.00	2.13	0.00	0.00	0.00
新几内亚	西巴布亚	93.59	32.82	0.00	0.00	126.41	0.00	0.00	0.00
	巴布亚	0.00	2.16	0.00	0.00	2.16	0.00	0.00	0.00
	合计	93.59	34.98	0.00	0.00	128.57	0.00	0.00	0.00
	全国合计	34890.88	32199.00	15806.19	22291.36	105187.43	15602.41	5529.43	21131.84

2. 地质概况

印尼主要为新生代第三纪的煤系地层，这也决定了其独有的地质特征。印尼处于三大地壳板块会聚的复杂地质环境，基本的地壳构造格局自晚中生代以来已奠定了轮廓。自第三纪以来，由于沟弧体系的发展，在苏门答腊南部以及中、东加里曼丹等地广泛形成滨海地质环境，为冲积平原及滨海平原大规模填积的沉积盆地，有利的气候及植物繁茂条件，形成了较广泛的油、气、煤共生盆地。这种以三角洲及近岸沉积环境为主的条件带来了印尼第三纪煤盆地特有的优越条件。煤层形成的范围广泛，煤层相对聚集数量优势大，分布稳定。

1）地质构造

印尼的含煤地层属始新世到上新世。始新世（Eocene）一般为陆相砾岩（continental conglomerate）与砂岩。中间地层包括第三纪（Tertiary Period）中新世（Miocene）上段至上新世（Pliocene）下段形成的地层，总厚 1200 m，由泥质岩（pelyte）、海绿石砂岩（glauconitic sandstone）、凝灰质砂岩（tuff sandstone）组成，含褐煤和油层。上层（覆盖层）由凝灰岩（tuff）与凝灰砂岩组成，夹有薄煤层（low coal seam）和斑脱岩（即膨润土）。含煤地层变位轻微，倾角[①]很少超过 20°。在各岛上有工业意义的含煤层位置各有不同。始新世中段的煤为黑色致密烟煤，至上新世中段变为次烟煤。在更年轻的岩浆侵入活动（Magma Intrusion）影响下，除烟煤外，还有变质程度更高的无烟煤和天然焦（cokeite）。大部分煤在第三纪形成，烟煤和次烟煤为始新世和中新世，而褐煤通常为中新世，煤层厚度从 0.3 m 以下到 70 m，通常为 5 ~ 15 m，特厚层为劣质煤，埋藏较浅，倾角较缓，煤质较硬，围岩较软，涌水量[②]（water yield）不大，瓦斯（挥发分）含量较少。

2）煤层

煤系地层主要为新生界第三系中新统、渐新统、世新统。二叠系煤层仅苏门答腊岛有少量分布，还是薄煤层；侏罗—三叠系在西伊里安鸟头半岛有少量分布。煤层结构总体较为简单，夹矸不多，也有个别矿夹矸达 15% 。

煤层从薄到厚均有，厚的有南苏门答腊，为近距离厚煤层，有 M_1 ~ M_4 组煤，M_2 组有 5 层煤，每层煤厚 7 ~ 15 m，A_1 ~ A_4 煤层间距为 3 ~ 5 m，A_4 ~ A_5 间距为 30 ~ 40 m，该煤组分布广。煤层厚度比较稳定，变化不大。

3）开采技术条件

由于第三系煤层顶底板泥岩、沙质泥岩隔水层的作用，矿井涌水量不大，由于煤层埋藏浅，矿井瓦斯相对涌出量较低（有些矿井无瓦斯），而煤层较硬，顶底板相对较软，这将给井下开采提出新课题。目前，印尼绝大多数煤矿实行露天开采。

3. 煤质

印尼煤炭在年代分布上主要集中在中新世，煤种齐全，从褐煤（Lignite）到无烟煤（anthracite），而当地的火成活动（Igneous Activity）更提高了褐煤的品质。此外，印尼煤具有埋藏浅、煤层厚的特点，南苏门答腊煤炭分布最为广泛，但东加里曼丹的煤品质更高。

表 2 - 4 - 3　印尼次烟煤和烟煤级别

级别	热值/(kcal · kg^{-1})	水分/%
A	5800（空干基）以上	<20
B	5000 ~ 5800（空干基）	30 ~ 40
C	4200 ~ 5000（空干基）	30 ~ 40

印尼煤炭推定储量（按 2006 年数据）里，褐煤占 57% 约 34.925 Gt，次烟煤（sub - bituminous coal 挥发分较低的烟煤）占 27% ，烟煤（bituminous coal）占 15% 。印尼的焦煤矿床储量超过 1.5 Gt，但地处崎岖山区，如要商业开发，必须先进行大量的基础建设投资。目前印尼煤炭企业只集中开发开采次烟煤和烟煤，其中可划分为表 2 - 4 - 3 中的几个等级。

由于印尼煤盆地大多为滨海沉积与油气共生盆地，煤质较为优良。一般来说，印尼煤炭具有高水分、低灰分、低硫分、高挥发分等特性。次烟煤热值高（23.83 ~ 30.17 MJ/kg），挥发分高(37.3% ~ 41.5%)，低硫（0.1% ~0.9% ）。褐煤热值为 18.16 ~ 24.37 MJ/kg，挥发分为 24.1% ~48.8% ，硫分为 0.1% ~0.75% 。

（1）灰分。印尼煤田大部分矿点的灰分小于 10% ，一般为 4% ~5% 。如加里曼丹拉翁矿区波拉湾井田灰分仅为 1% ~5% ，极少数矿区如雷莫矿区的 Ⅱ 区 DE - 04 层灰分高达 37% ，为最高者。

（2）水分。煤质分析中固有水分高于 10% 的有一半，这是影响发热量指标的一个重要因素。因为水分不能燃烧，煤的含水量越高，可燃物质部分就要相对减少，发热量就要降低。当煤在燃烧时，水分蒸发还要吸收一部分热量，从而使煤的有效热能也要降低，要使煤中的 0.5 kg 水分蒸发，就需

① 注：地质构造面上的倾斜线和水平面的夹角。是地质体在空间状况的一个重要参数。如岩层的倾角，当为 0°时表示为水平岩层；90°时表示为直立岩层；其他则为倾斜岩层，角度大小表示地质体的倾斜程度。

② 注：涌水量指从地底抽水、水位降深换算为 1 m 时的出水量。

要 300 kcal/kg（1. 26 MJ/kg）的当量。

苏门答腊的格鲁王矿区与邓央英姆矿区属同一煤层，灰分均不高（均小于 4% 左右），由于格鲁王矿区总水分为 28%，固有水分为 26%，发热量仅为 5400 kcal/kg（22. 6 MJ/kg），而邓央英姆矿区由于固有水分不高，发热量达 7000 kcal/kg（29. 31 MJ/kg）。

（3）挥发分。印尼煤的挥发分普遍很高，大部分在 37% 以上，最高达 49. 94%，仅少数几个矿点挥发分为 6% ~20%。

根据挥发分等指标，大部分煤质属长焰煤和老龄褐煤。

（4）含硫。大部分矿是小于 1% 的低硫煤，在东加里曼丹的巴里巴板对面公路距离 41 ~42 km 的巴布里附近，也见到了煤层自燃冒烟，煤中可见黄色硫线和硫的黄斑，闻有硫黄味。

（5）发热量。尽管煤的灰分不高，但由于固有水分普遍较高，所以发热量大部分为 6000 ~6400 kcal/kg（25. 12 ~26. 79 MJ/kg），在六十余个矿点资料中，发热量超过 7000 kcal/kg（29. 31 MJ/kg）的有 7 个，低于 6000 kcal/kg 的有 12 个，波拉湾矿井灰分为 4%，固有水分为 2. 77%，挥发分为 16. 98%，发热量高达 8265 ~8700 kcal/kg（34. 60 ~36. 43 MJ/kg）；永吉公司泥煤矿，视密度为 0. 325 t/m^3，水分为 30% ~40%，发热量为 3000 kcal/kg（12. 56 MJ/kg）。

（6）视密度。大部分为 1. 2 ~1. 3 t/m^3。

（7）硬度。很多矿点煤层很硬，普氏硬度系数 f 接近于 4。

4. 主要煤田

就煤炭沉积而言，印尼最主要的沉积盆地是老第三纪的山区内陆沉积盆地和大陆边缘沉积盆地（或者说后退弧）、新第三纪后渊（后退弧）沉积盆地和三角洲及大陆边缘沉积盆地。从煤层序列看，沉积环境从河流沉积向三角洲沉积变化，煤层受海洋影响总体有限。煤炭储量主要集中在苏门答腊和加里曼丹。

从煤层底板揭露、植物根痕以及低灰分情况看，大部分煤炭属原地生成。煤层底板多为页岩和泥岩，与煤层接触粒度分明。

目前正在开采的煤炭可能是由雨水产生的泥炭被抬高至附近河床形成的，渗入这些泥炭的水来自于降雨。有些煤炭可能由地表泥沼形成，类似于目前沿苏门答腊和加里曼丹海岸可以看到的红树林和 Nypa 沼泽，但这些泥沼的黄铁矿和有机硫含量较高，矿物含量也较丰富。

加里曼丹始新世煤层比其后形成的煤层矿物含量要高，这似乎是河道沉积环境不同于后期沉积环境的结果。

如在翁比林发现的渐新世煤层含有数层夹矸，但夹矸之间的煤层灰分含量相对较低。这个时期形成的煤层广泛分布在爪哇海床以下，因埋藏太深而没有开发前景，但这些煤层最终会形成重要的煤层气资源。在一些较深的次生盆地，煤层镜质体反射率值高达或超过 1. 5%。

中新世煤层一般含夹矸较少，这一时期在苏门答腊形成的煤层要比加里曼丹同期成煤灰分高，这可能是苏门答腊火山活动更为活跃的原因。在加里曼丹，很多中新世煤层灰分含量低于 5%，由阿达罗公司开采的煤炭灰分甚至达到 1% 左右。印尼煤炭与澳大利亚或美国生产的烟煤类型显著不同，但与德国和吉普斯兰（Gippsland）盆地生产的第三纪煤层类似。印尼煤炭几乎不含惰性组分，镜质体含量为 80% ~96%。

Liptinite（壳质煤素质）可能导致异常低的抗磨值。在地质年代上印尼含煤盆地成煤较晚，目前接近地表的高品位煤层往往是因为地层抬升或者火成岩侵入造成的。虽然火成岩侵入对煤层只会造成局部影响，但对煤质控制所带来的问题不容小视。有些区域抬升形式，一般表现为结构倒转，往往能够产生可以预期的优质煤。这种地层抬升发生的区域不多，在西苏门答腊主山脉中的翁比林地区，发现了这种地层抬升，这也许是翁比林煤质好的原因。在加里曼丹东南，可能因晚第三纪 Meratus 山脉隆起，暴露出一圈品位优良的始新世煤层，成为如阿特鲁明等公司的生产基地。褶皱和断层带走向北—北—东，从最北端的 Meratus，穿过三马林达，直到被称为槟榔穹地（Pinang Dome）的构造结束。三马林达褶皱带所赋存的始新世煤层，其品位从次烟煤到烟煤。始新世煤炭是印尼煤炭出口工业的重要基础。

离开三马林达褶皱带，同一时期形成的煤炭品位要低许多，然而在褶皱带以西，存在小范围的高品质煤炭开采，这些开采虽然范围不大，但很重要，因其开采的是炼焦煤。

4.3.2　资源管理与政策法规

2009 年颁布的新《矿业法》(第 4 号法律）取代了 1967 年的旧的矿业法（第 11 号法律）。第 4 号法律致力于管制在印尼开采矿产和煤炭的有关活动，代表一个根本性的转变。其中各种不同的重大变化包括以下几点。

1. 矿产资源管理

第 4 号法律把对矿产资源控制管理的负责划分给各个地方政府和中央政府，而旧的矿业法只承认中央政府的角色和其所起的作用。第 4 号法律减少了中央政府在矿业法中所起的作用，现在中央政府只负责政策、管理监督和直接管理 12 海里以外的海底资源。因此，地方政府所起的作用增强了，也界定得更清晰了。如果矿区位于该县或该市，县长或市长将发行许可证；如果矿区位置跨越于几个县或市之间，许可证将要获得省长的审批和颁发；如果矿区面积超过一个省，矿业和能源部将对此进行审批并颁发许可证。

旧的矿业法把矿产资源分为了 3 类：A 类，战略性；B 类，重要性；C 类，非战略性和非重要性。第 4 号法律则将矿产资源划分为“放射性”“金属”“非金属”和“煤矿、泥炭和油页岩”4 类。因此，新矿业法增加了两个新的领域和规范条例：“地热”和“地下水”，而这两个方面在以前并没有列为矿产资源。

2. 许可证

在现行制度下的采矿权如 COW、CCOW 和 KP 已被废除，取而代之的是一种新的采矿许可证方案，包括：商业采矿权证（IUPs）和特别商业采矿权证（IUPKs)。现在，第 4 号法律需要一个发行权证的系统，由政府负责发行权证。根据第 4 号法律，地方当局将给予企业具有 5 年有效期的勘探许可证，可之后转变为完全的采矿发展协议。第 4 号法律赋予中央政府对战略性地区颁发长期采矿权证的权利。

许可证将有规模和期限的限制，一般将提供勘探和生产两个阶段。煤矿勘探许可证的有效期最长为 7 年，煤矿生产许可证的有效期长达 20 年，可以再延长 20 年。煤炭开采许可证将以招标方式批出。第四号法律中有投标/拍卖的条款适用于一些采矿许可证的获取。

另外，第 4 号法律消除了外国投资者和国内投资者的区分，简化了采矿管理程序。根据第 4 号法律，国内投资者和外国投资者都将在 IUP 的权证下经营、运作采矿活动。在第 4 号法律通过后，持有现有采矿合同的持有者可给与长达 5 年的过渡期。

煤炭开采企业在生产开始后应拨出 4% 的净利润给中央政府，6% 的净利润给地方政府，其他税务责任还需同时履行。

3. 采矿服务公司

IUP 持有者或 IUPK 持有者必须聘用当地和/或国家的矿业服务公司。如果没有可使用的采矿服务公司，采矿许可证持有者或特别采矿许可证的持有者可以聘用其他在印尼合法的矿业服务公司。IUP 持有者或 IUPK 持有者禁止在自己的采矿范围内，聘用其附属机构和/或子公司进行有关矿业服务的工作活动，除非获得矿产和能源部部长的批准。

4. 处罚

对于不遵守第4号法律关键条款者将得到各种不同的处罚。第4号法律第162条规定，任何属于采矿许可证持有者或特别采矿许可证持有者的人，阻止或破坏采矿业务活动的将被判处最多一年监禁，或最多罚款1亿卢比。这些条款可能会造成抵触，因为IUP和IUPK持有者可以拒绝给予赔偿。

非法采矿罪最高刑期为10年，最高可被罚款100亿卢比。政府官员如在审批颁发许可证过程中违反了采矿法或滥用职权，会面临最高2年的监禁和最高罚款2亿卢比。如地方政府违法，中央政府可暂时停止其业务或撤销采矿许可证。

4.4 煤炭生产

印尼煤炭产量的增长在很大程度上归因于规模化的开采，这一趋势将继续保持。未来煤炭产量的增长中，将有越来越多的份额来自于中小规模煤矿。加里曼丹岛和苏门答腊岛是印尼的两个主要的煤炭产区，主要产煤省有8个，分别为东加里曼丹、南加里曼丹、中加里曼丹、廖内、西苏门答腊、明古鲁、占碑、南苏门答腊。

印尼的煤炭生产始于20世纪80年代，并在近几年显著增加。根据BP发布的《世界能源展望》报告中显示，2019年印尼煤炭生产量为610 Mt，占世界总产量的7.5%，位居世界第三。根据印尼国家统计局统计数据，印尼煤炭1996—2017年煤炭生产量见表2-4-4，如图2-4-10所示。

表2-4-4 1996—2019年印尼煤炭生产量

Mt

年度	产量	年度	产量	年度	产量	年度	产量
1996	50.4	2002	103.3	2008	240.2	2014	458.1
1997	54.8	2003	114.3	2009	256.2	2015	461.6
1998	62.2	2004	132.4	2010	275.2	2016	456.2
1999	73.7	2005	152.7	2011	353.3	2017	461.2
2000	77.0	2006	193.8	2012	385.9	2018	557.8
2001	92.5	2007	216.9	2013	474.6	2019	610.0

数据来源：BP世界能源统计年鉴（2020）。

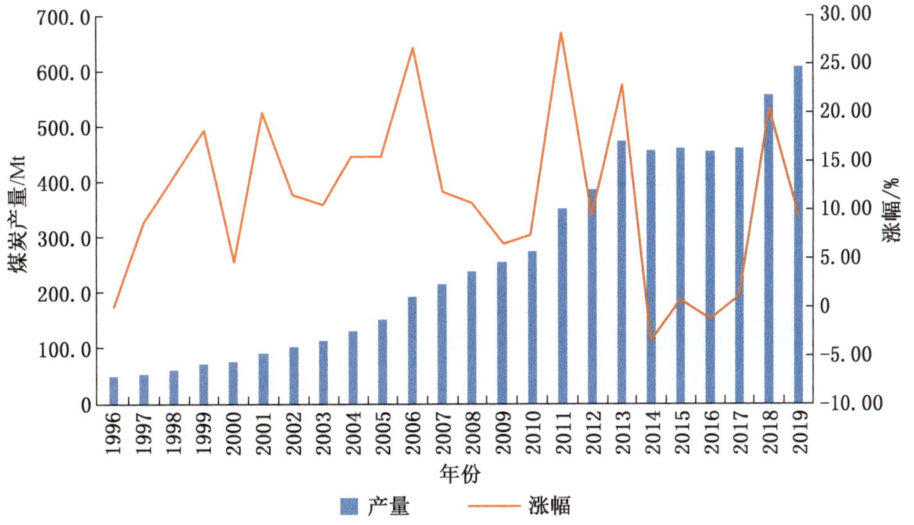

图2-4-10 1996—2017年印尼煤炭生产量

从图表中可以看出，印尼煤炭产量总体呈现波动中上升，1996—2019 年印尼煤炭产量年均增长 11.45%，增长迅猛。但不可否认的是在 2008 年、2013—2015 年的四年间，煤炭产量出现了明显的下降，这符合当年国际经济形势出现的变化规律，因此可以看出，印尼煤炭生产与国际市场紧密相连。

具体分煤种来看，印尼的煤炭生产以动力煤为主，炼焦煤较少。根据 IEA 的相关统计来看，印尼炼焦煤产量仅有动力煤产量的 1% 左右，见表 2-4-5，如图 2-4-11 所示。

表 2-4-5 印尼分煤种煤炭生产量

kt

项目	1973 年	1980 年	1985 年	1990 年	1995 年	2000 年	2005 年	2010 年	2016 年	2017 年	2018 年
炼焦煤	—	—	10	29	241	616	1222	1947	3350	4300	5578
动力煤	149	304	1898	10201	41587	78761	169319	323053	460137	490409	543004

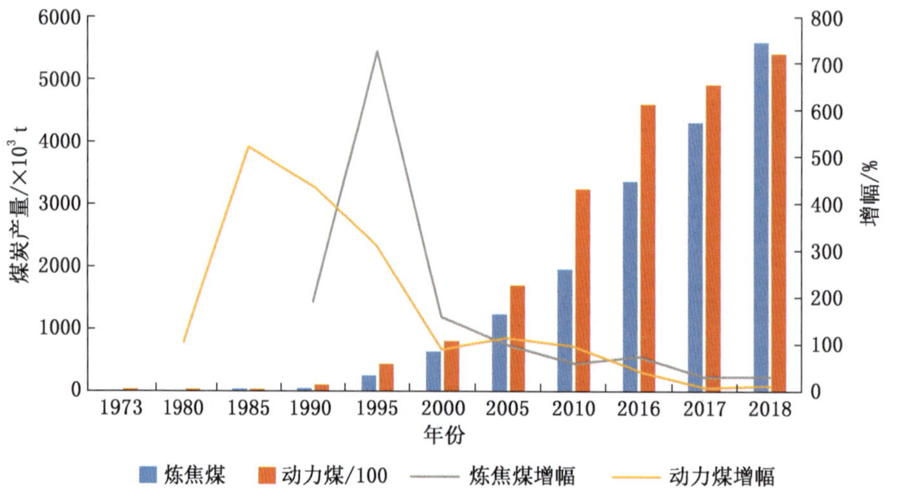

图 2-4-11 印尼分煤种煤炭产量

从图 2-4-11 可以看出，印尼动力煤和炼焦煤产量总体保持快速增长，2017 和 2018 年增速有所放缓，但动力煤仍保持 6% 以上、炼焦煤保持 28% 以上的增幅。

根据中国驻印尼大使馆经济商务处引述印尼能源与矿产资源部的资料，印尼矿区主要分布在苏门答腊与加里曼丹两岛，其中苏门答腊占 67%，加里曼丹占 31%，且几乎为露天矿，开采条件比较好。但随着开采规模的扩大和优质条件煤矿规模的逐渐萎缩，印尼煤矿的开采深度和开采难度在逐渐增大，已经出现了部分井工开采的煤矿，如江西煤炭集团中鼎国际公司的印尼朋古鲁煤矿、萍矿集团与印尼 IBP 矿业公司合资开发的 IBP 煤矿（90×10^4 t/a）、印尼国家煤炭公司 PTBA 旗下的 Ombilin 煤矿。未来随着部分露天煤矿的浅部资源开发完毕，也会转向井工法继续开采，如印尼 WBM 露天煤矿，采深已经超过 160 m，目前已计划转为井工开采，并开始前期地质调查等相关准备。

根据世界能源署（IEA）2019 年度世界能源展望（World Energy Outlook）的研究结论，在可持续发展的情境下，全球煤炭需求处于下降空间，燃煤发电占总发电的比例会下降 6%，其他可再生能源和绿色能源对煤炭的替代效果较大。受此影响，印尼煤炭生产量到2040年将处于下降通道中，如图2－4－12所示。

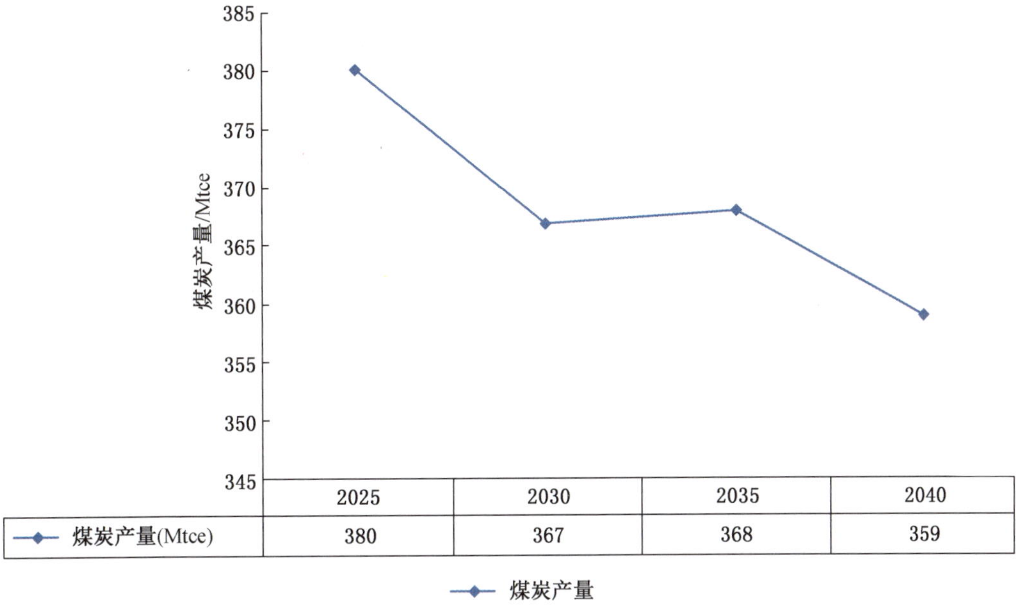

数据来源：IEA

图2－4－12　印尼煤炭产量预测

根据IEA的预测，印尼到2040年煤炭产量将会出现下降，比2018年下降57 Mtce，年均降幅0.7%，下降趋势较为平稳。同时，印尼煤炭产量用于本国消费的比例将大幅上升，从2018年不到20%上升到2040年的40%。预计未来印尼将会在亚洲市场扮演摇摆生产商的角色，印尼的煤炭可以根据市场的变化迅速调整其产量，以应对出口的需求。

4.5 煤矿安全生产与职业健康

印尼煤炭工业受惠于地质条件得天独厚，因此安全生产的隐患较小，安全事故发生情况不多，使得印尼煤炭工业对安全生产的重视程度要远低于以井工方式开采为主的国家。随着近些年来印尼经济的不断发展和本国民众对职业健康重视程度的不断提高，印尼政府也开始针对煤炭工业制定了多项政策和法规，提高安全生产和职业健康水平。

4.5.1 安全生产与职业健康总体情况

由于印尼煤炭生产大部分采用露天开采的模式，因此印尼煤炭安全生产情况普遍良好，生产安全事故发生较少。根据印尼煤炭开采协会的资料，印尼将矿山事故分为三类：一般事故、严重事故和造成死亡的事故。2019年印尼矿山生产安全事故为90起，其中煤矿事故67起；矿山生产安全事故死亡15人，其中煤矿事故死亡9人；矿山严重生产安全事故55起，其中煤矿事故50起；矿山一般事故20起，其中煤矿事故8起。总体而言，印尼煤矿安全生产情况总体较好，虽然严重事故较多，但造成的死亡人数较少。

根据德国学者H. Perman和Carsten Drebenstedt的调查研究，印尼煤矿生产过程中的隐患，集中于工人违反操作规范，不按照交通标识要求行车、不按照要求佩戴个人防护设备；煤矿生产配套设施缺乏必要的维护和修缮，很多因下雨致使滑坡导致道路损坏缺乏及时维修；矿山内道路状况堪忧，运输道路过长、部分道路过窄、运输道路拥挤、重型车辆和轻型车辆混跑等情况，这些问题是导致生产安全事故发生的主要原因。同时，印尼煤炭生产企业也非常重视工人的职业健康问题，根据调查，煤炭生产企业在成立工人组织和工人健康体检方面做得最好，其次是员工安全培训和改进生产技术，最低为工伤保险。

世界银行在《印度尼西亚采矿业分析报告》中也提到，印尼在矿山管理方面存在问题，行政效率较差，与法律规定有较大的差距。而且，印尼的中央与地方政府，对非法采矿等管理上存在较大问题，建议印尼政府应明确各级政府对采矿业的管理责任，加强数据共享，履行对职业健康和安全生产方面的管理义务。同时，世界银行也指出，印尼虽然有具有法律约束力的职业健康与安全（OHS）的标准与处理程序，但对于违反 OHS 的情况，印尼缺乏申诉的机制。而对于重大安全事故造成的死亡人数，政府确实履行了跟踪监视的责任。

4.5.2 法律法规与监管体系

印尼政府在《矿业法》和《劳工法》的基础上，能源与矿产资源部在 2018 年公布第 26 号部长条例（《矿物与煤炭开采的规范及监督实施条例》），其中规定众多矿山安全生产方面的相关内容，相当于印尼矿山安全生产法。

1.《矿物与煤炭开采的规范及监督实施条例》简介

本条例是经由时任印尼能源与矿产资源部部长伊格纳西乌斯·杰里签署，并在印尼 2018 年第 596 号国家公报上予以公布的条例。条例全文约定了印尼在矿产（含煤矿、非煤矿山、矿物加工等）生产领域的安全生产与职业健康的相关内容，是目前印尼在矿山安全生产领域的直接法律文件。其中涉及煤矿安全生产的条款有如下内容：

第三条第 3 款规定，优秀的采矿工程技术应涵盖包括作业健康与安全在内的 6 项内容；第五条第 3 款规定，优秀的矿山服务工程应包括环境管理、采矿安全、减少矿产损耗和与技术相匹配的商业服务等 2 项内容。第三章为有关采矿业安全生产的法规条目，第一篇规定了矿产开采的职业安全与健康、操作安全要求：第十四条第 1 款规定持证开采的企业必须遵循第三条第 3 款的规定，提供职工安全服务；第 2 款规定矿山企业必须提供安全相关的所有设备，并建立矿工安全生产的组织；第 4 款规定安全生产包括有风险管理、预防事故的计划、安全教育培训、职业安全管理、应急管理、安全检查、预防与调查等 7 项，同时，矿山企业需提供职工健康计划和营养计划，评估矿山工作的环境与条件；第 5 款规定矿山作业安全应包括的维护制度、实施设施、基础设施、设备要求等内容，并对这些内容进行了细化规定；第十五条规定了安全生产应保障的财务预算制度。第三章第二篇则规定了包括煤炭在内的矿物加工业的安全生产规定，其具体内容与第一篇煤炭开采的内容相似。第三章第三篇规定了矿山安全生产的管理制度问题：第十八条第 1 款要求持证开采、矿物加工的企业，需建立安全生产管理制度；第 2 款规定安全生产制度系统须包括政策、计划、组织人员、实施、监测评价与跟踪、文档、管理评审与绩效改进 7 个部分；第 3 款规定持证开采、矿物加工的企业，需每年至少进行一次安全生产管理制度的内部评估；第 4 款规定，如发生安全生产事件或职业病等职工安全问题，矿山总督察（KaIT）可以对持证开采、矿物加工的企业进行安全生产管理制度的审查，并在第 5 款中规定对相关企业的外部审查机构是经认可的独立调查机构，并由总干事签署确认。第 46 条规定安全生产的检查、调查活动，授权可以行使进入矿山现场，有权停止任何有危害职工安全、公共安全、环境污染等行为的矿物与煤炭开采活动，并可以向矿山总督察（KaIT）建议永久停止涉事企业进行矿山开采、矿物加工的许可。

2. 安全生产监管部门

根据印尼《劳工法》及《矿物与煤炭开采的规范及监督实施条例》的相关约定，印尼煤矿安全生产监管部门及其主要职责见表 2-4-6。

表 2-4-6 印尼煤矿安全生产监管部门及主要职责

序号	部　门	针对安全生产方面的职责
1	人力部	维护劳资关系、保障工人社会福利、执行劳动监察、保障工人职业安全卫生
2	法律与人权部	制定、审查、公布相关的法律，指导、监督、执行相关法律法规
3	能源与矿产资源部	制定安全生产相关政策法规，依法履行行政监督职能，组织相关安全生产检查活动，并依据法律审核、发放矿山企业的许可证照

上述三个部门依据印尼《劳工法》及《矿物与煤炭开采的规范及监督实施条例》的规定，对印尼矿山安全生产和工人职业健康负直接监管和政策制定的责任。同时，其他国家部门，如国家发展计划部/国家发展计划局、工业部、公共工程和住房部、社会事务部等部门，不同程度地在矿山安全生产领域起到间接作用，如经济政策、工业发展政策、矿山基础工程、劳工社会保障措施等。

4.6 煤炭与环境

煤炭作为传统能源，从开采到最终利用环节的环保问题，近些年来被世界各国高度重视。印尼作为《巴黎气候变化协定》的缔约方，近些年来对气候变化与环境保护的问题日益重视。因此，印尼政府采取了一系列措施，对煤炭工业的生产、运输、利用等各环节的污染物排放和碳排放，进行了必要的管理和治理。

4.6.1 煤矿区环境治理

印尼作为发展中国家，近几年经济发展迅速，政治经济环境较为稳定，处于历史最好时期。印尼自然资源丰富，矿业、林业、农业、渔业均有巨大的开发潜力，优势明显。尤其在煤炭资源方面，印尼煤炭资源位居世界前列，为煤炭出口和国内电厂发展提供了坚实的基础。然而，由于其发展中国家的现状，国家工作重点放在经济发展，因此对环境保护工作的重视程度对比发达国家而言较差，环境保护工作起步较晚。在印尼的矿业项目开发所需环境影响评价总体来说相对较为简便，涉及的法律法规和监管部门较少，但由于需要二次审查，所以总体时间较长。在环境影响评价报告的撰写上要求也相对简单，例如：对替代方案、项目可行性分析、环境保证金、闭坑后环境修复等方面的内容无相关正式的书面规定。

印尼的矿业活动根据环境部部长法令主要包括两大类，需要进行详细的环境影响评价报告和不需要详细的环境影响评价报告。不需要进行环境影响评价报告的需要准备环境管理文件；需要进行环评的主要委托给具有相关资质的环评委员会开展环境影响评价工作。环境影响评价审核和监督管理工作主要是由环境部、环境影响管理局和能源与矿产资源部负责。根据项目的类型、规模和位置，分为由中央一级环境部、省级环境管理机构或摄政水平的环境机构分别管理。环境影响评价主要涉及的法律有环境法（1997）、环境管理法（2009）、环境影响分析法（1999）、环境部环境条例（2006）、大气污染控制（1999）、有毒有害物质（2001）、水质管理与水污染控制（2001）、矿业法等法规。环境影响评价报告主要包括：项目简介、环境基准状态分析、环境影响预测、环境管理计划和环境监测方案、风险评价和灾害管理等相关内容。

印尼的法律法规还在逐步完善，对环评报告书的编制要求相对发达国家也较为简单，但环保报告需要二次审查，环评审批总体时限在半年左右。对闭坑后的环境修复工作所要达到的标准以及矿产开发所需环境保证金方面并未做明确规定。

印尼近几年处于政治民主、社会开明与经济改革的新阶段，政治经济体系稳定，经济发展迅速，有望成为下一个金砖国家。印尼国内的环境保护工作较其他发达国家起步较晚，在国家大力发展经济的同时，不可避免地对环境与自然资源带来过度开发和利用，造成在该国开展矿业项目的公司对环境保护工作重视程度不够，法律体系尚有规范完善的空间。印尼现行约束矿业开发项目所需环境影响评价的主要法律包括1997年颁布的《环境管理法》、1999年颁布的《环境影响分析法》，以及分别在2006年和2009年颁布的《环境部环境规例》《环境保护和管理法》。由于法律的颁布时间跨度较长，且先后修改过数次，因此印尼的环境法律体系存在一定的不确定因素，包括：法律环境不透明，在不同法律之间也存在法规条文不一致，不同法律间存在矛盾和冲突等实际情况，尚在进一步改进和完善中。另外，在执行手续上也存在烦琐复杂的实际问题。

综上所述，对印尼环境法律体系完善程度评定为“低”。

4.6.2 煤炭清洁高效利用

印尼也是煤炭消费大国，国际能源机构最新报告显示，2015年印尼约7000人由于空气污染早亡，其中燃煤电站为主要污染源。2014年印尼也因燃煤电站排放致使硫、碳超标，为履行巴黎气候协议带来严峻挑战。2017—2026年印尼政府还将新增31.90×10^6 kW电站，届时燃煤电站在印尼能源结构中所占比重增至50.44%，印尼需要在煤炭清洁高效利用上有更有效的作为。

印尼针对污染排放制定了一系列的法律法规，如KEP－13/MNLH/3/1995约定了二氧化硫等排放标准，2012年第27号法令颁布了环境许可证制度等。这些环境法规促使印尼开展煤炭清洁高效利用的研究，尤其是燃煤电厂为达到排放标准，基本采用了洁净煤技术。即在燃烧前通过采用先进的选煤厂、转换（焦化、液化、气化）、燃料水煤浆、煤炭石油燃料、液体煤等技术以提高煤炭质量和运输效率。燃烧时通过采用流化床燃烧、整体煤气化联合循环、石灰缸内直喷技术以提高燃烧效率并减少污染气体排放量。燃烧后通过采用静电除尘器、烟气脱硫、氨选择性催化还原系统、电子束脱硫氧化合物和氮氧化合物等技术以减少污染气体的排放量和灰分。

同时，印尼有超过58%的煤炭被列为较高水分含量和低热值的低阶煤（褐煤）。低阶煤因其高水分和高自燃倾向性而不适合运输。防止自燃需要使用惰性气体覆盖以及适当的压缩技术，而更高的含水量增加了煤炭的运输成本，如果减少煤炭中的水分，将导致更高的氧含量而降低热值。因此，低等级煤炭的主要用途是矿口发电。印尼也通过采用褐煤提质技术（UBC）使煤泥为基础的低阶煤（水分高于80%）成为类似高阶煤（>6000 kcal/kg）的产品，其中PTBA的低阶煤已经被成功转化为外销煤炭。印尼的几种褐煤已经过褐煤改质技术测试，通过该工艺，热值大幅度增加约1000 kcal/kg，水分含量减少约80%～95%。褐煤提质的成本大约是6～7美元/t。因此，该技术需要煤炭开采成本非常低（一般为剥采比低于3）。

4.7 煤炭贸易

印尼地理优势显著，因而其煤炭出口非常便利。根据BP和印尼煤炭开采协会的统计，2019年印尼出口煤炭共计341 Mtce，出口量占全国产量的82%。2016年以来，印尼的煤炭出口量持续稳定提高，2016—2019年，印尼煤炭出口总量增加115 Mtce，累计增长30.8%。其中，中国、日本、韩国、印度仍然是印尼煤炭的主要出口国。

4.7.1 煤炭消费

2008年以来，印尼煤炭消费增长较为迅速。根据印尼煤炭开采协会和BP的折算统计，印尼2019年煤炭消费量为138 Mt（约116 Mtce），比2000年增长6.2倍（图2－4－13）。

印尼是能源大国，煤炭、石油、天然气、水力、地热资源储量均极为丰富，因此，印尼在能源消费结构方面较为均衡，其中石油和煤炭消费量占能源消费总量的比例长期稳定在77%～79%，天然气占比稳定在20%左右，可再生能源占比不足5%。煤炭是印尼长期依赖的重要能源。

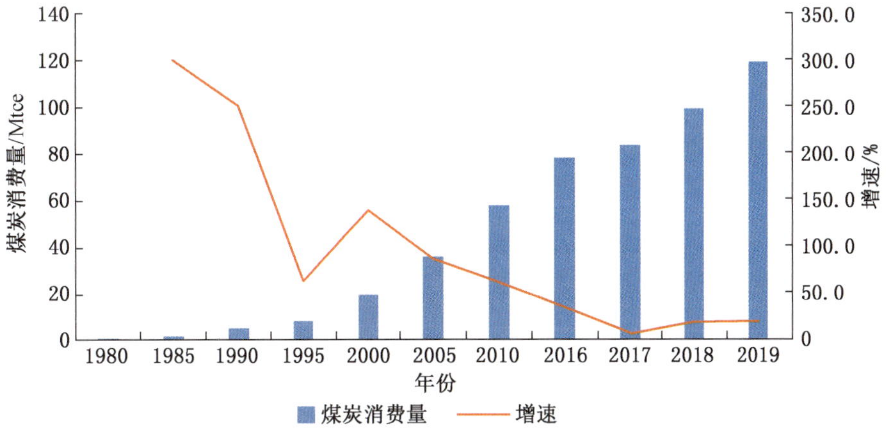

图 2-4-13　2008—2019 年印尼煤炭消费情况

IEA 认为，印尼未来煤炭消费量的增长潜力还是巨大的，这主要是因为印尼经济的发展，带动印尼用电量的持续攀升，未来印尼 40% 以上的发电量仍是由燃煤发电提供。以低阶煤提质等煤化工技术将继续拓宽，这也会促进煤炭需求量的增长。预计到 2040 年，印尼煤炭需求量变化趋势如图 2-4-14 所示。

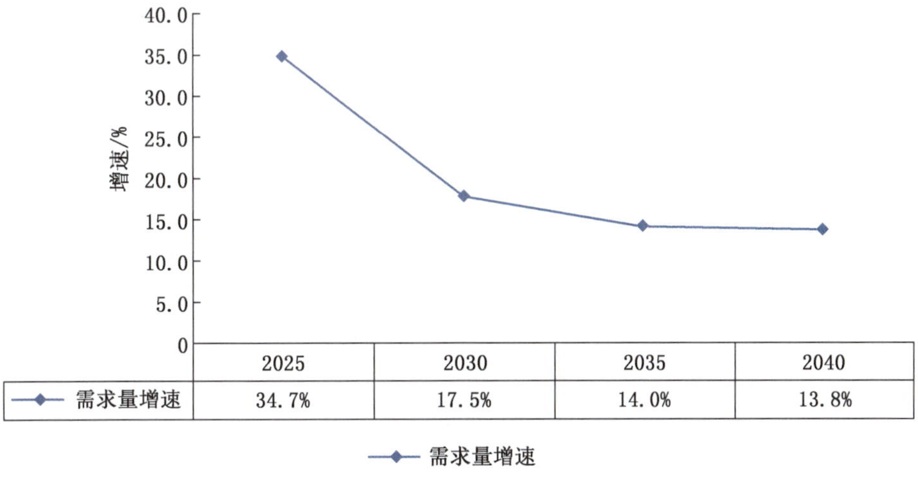

注：以 2018 年为基准年

图 2-4-14　2025—2040 年印尼煤炭需求量变化趋势

4.7.2　煤炭出口

煤炭是印尼的主要出口商品，为印尼获得了大量的经济利益。所以，历届印尼政府高度重视煤炭出口问题，采取了包括行政命令、法律法规、税收政策、财政补贴等各项政策，保障印尼在煤炭出口方面取得最大的利益。期间也出现了因部分政策法律的出台导致损害生产商、运输商、贸易商和进口商利益的情况发生，致使各方强烈反对进而逼迫政府修正相关政策法律。因此可以看出，印尼煤炭的出口在印尼对外贸易中的地位非常重要。

1. 煤炭出口量

印尼是世界上最大的煤炭出口国之一。2011 年印尼煤炭出口量曾经超越澳大利亚，成为世界第一大煤炭出口国，但随即于 2015 年被澳大利亚赶上，屈居第二；2017 年印尼煤炭出口量再次超过澳大利亚，夺回世界第一大煤炭出口国的位置。截至2019年，印尼煤炭出口量为488 Mt，连续三年位居世界第一。1989—2019年印尼煤炭出口量统计见表2-4-7，如图2-4-15所示。

表2-4-7 1989—2018年印尼煤炭出口量统计

年 份	总出口量/Mt	年 份	总出口量/Mt	年 份	总出口量/Mt	年 份	总出口量/Mt
1989	2	1997	42	2005	129	2013	426
1990	5	1998	48	2006	183	2014	411
1991	7	1999	56	2007	195	2015	368
1992	15	2000	57	2008	200	2016	373
1993	17	2001	66	2009	233	2017	394
1994	20	2002	73	2010	265	2018	439
1995	31	2003	88	2011	353	2019	488
1996	36	2004	105	2012	388		

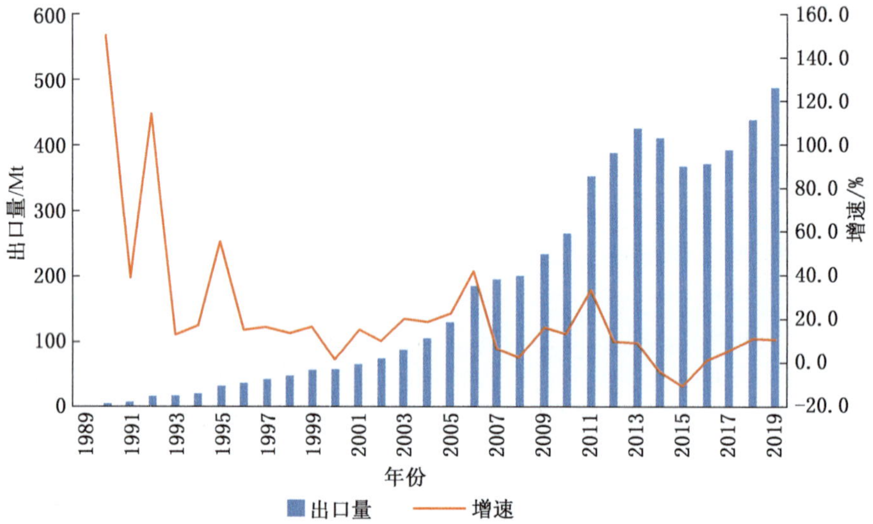

图2-4-15 1989—2019年印尼煤炭出口量

印尼煤炭出口量迅速增长，有以下几个原因：

(1) 印尼的煤炭生产成本低，距离主要的煤炭消费市场较近，运费较低，具有较为开放的劳工政策。

(2) 印尼煤炭质量较好，具有低灰、低硫、高发热量等特点，有“环保煤”的美誉，也使得印尼成为世界最大的低灰、低硫次烟煤出口国。

(3) 印尼所在的东南亚地区已经成为世界经济增长的热点地区。根据IMF在2019年的统计，东南亚的主要新兴经济体，如缅甸、菲律宾、越南、老挝、柬埔寨等，GDP增幅均在6%以上。受东盟“10+3”机制的深化以及RCEP的签订，东盟地区的经济仍将保持高速增长。这也保证了印尼煤炭出口市场的稳定。

印尼主要煤炭出口地及出口量见表2-4-8，如图2-4-16所示。

表 2-4-8 印尼主要煤炭出口地和出口量

kt

地　区	1990 年	2000 年	2005 年	2010 年	2015 年	2016 年	2017 年	2018 年
日本	663	13101	19511	35746	16159	32085	27420	15419
韩国	33	4825	12885	43102	17733	35119	41802	28701
中国	105	142	1008	57430	36347	99490	111424	—
中国香港	606	2816	9826	8725	5028	9552	9006	23605
印度	110	3373	11657	44990	66616	101117	104043	—
中国台湾	546	11786	19132	21280	12091	24274	17538	—
其他亚洲国家	2192	8032	16004	37194	28346	59498	70757	—

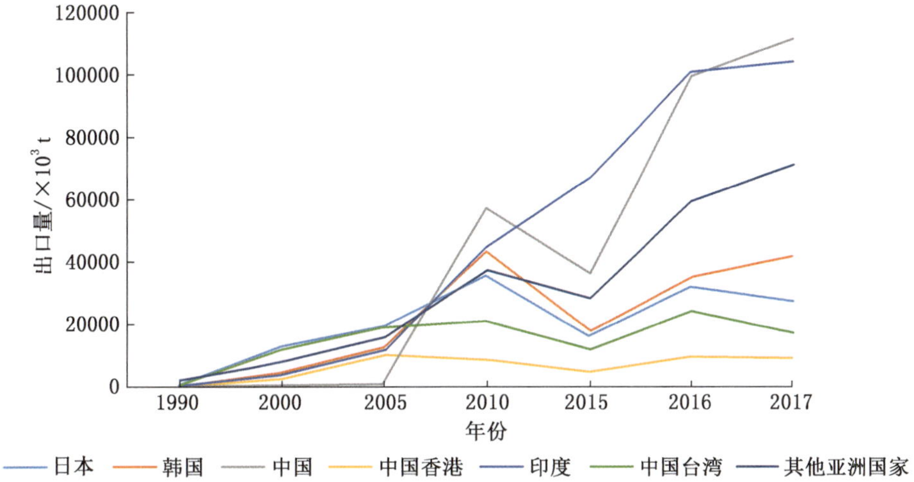

图 2-4-16 印尼主要煤炭出口地和出口量

2. 煤炭价格

印尼煤炭价格由 PT Coalindo Energy 公司和英国 Argus 公司合作，组建定价委员会，共同运行。定价委员会共有 25 位专家，来自煤炭生产商 10 位，煤炭消费方 10 位，煤炭支持商 5 位，根据专家每周提交的数据进行分析，Argus 和 Coalindo ICI 的定价机制流程如图 2-4-17 所示，ICI 提供的煤炭

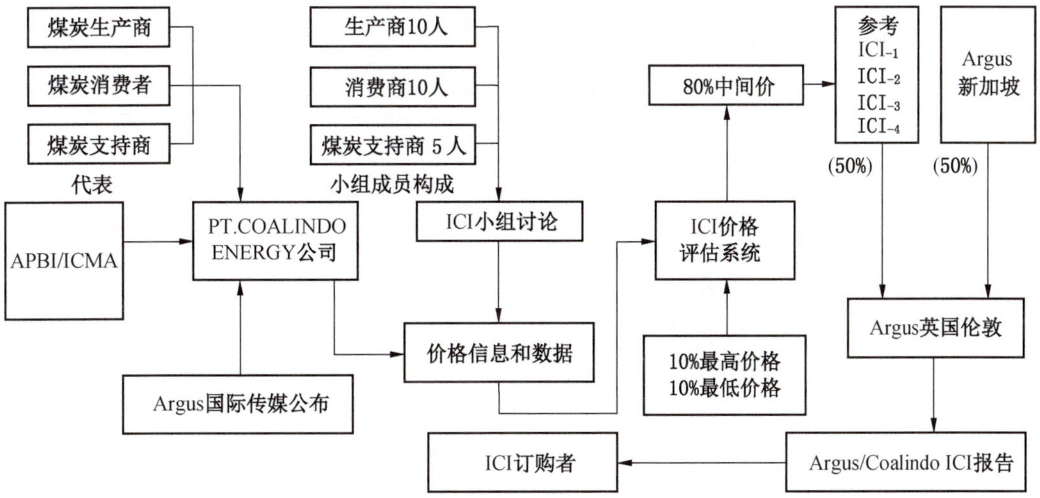

图 2-4-17 Argus 和 Coalindo ICI 的定价机制流程

规范说明见表 2-4-9。

表 2-4-9　ICI 提供的煤炭规范说明

煤炭等级	热量/(kcal·kg^{-1})	总共湿度/%	灰含量/%	硫含量/%
ICI-$_1$	6500	12max	12max	1.00max
ICI-$_2$	5800	18max	10max	0.80max
ICI-$_3$	5000	30max	8max	0.60max
ICI-$_4$	4200	40max	6max	0.40max

在东亚市场，煤炭价格主要参考指数有三个，分别是日本动力煤进口现货到岸价（JICI）、秦皇岛现货价格和印尼煤炭价格指数（ICI）（图 2-4-18）。

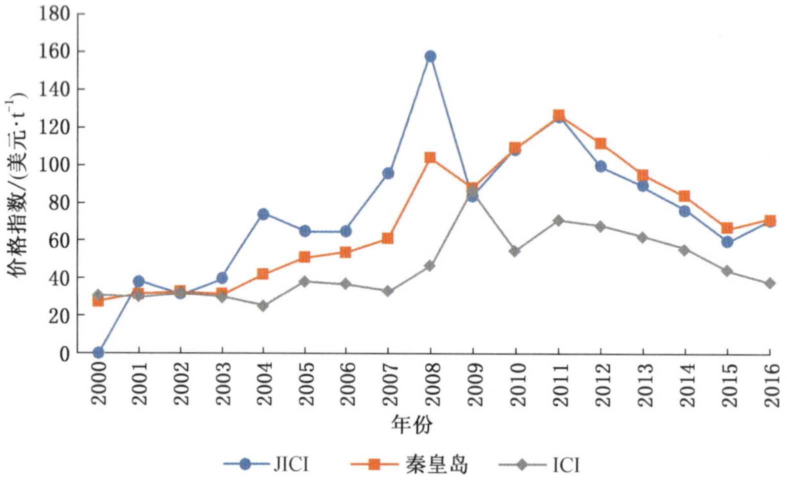

图 2-4-18　主要煤炭价格指数

从图 2-4-18 中可以看出，印尼煤炭价格指数（ICI）比周边主要亚洲国家煤炭价格指数偏低，这使得印尼煤炭在东亚、东南亚主要市场上具有很强的价格优势和竞争力。

4.7.3　煤炭运输

印尼的煤炭运输方式比较灵活，驳船运输是最重要的煤炭运输方式。因而不会像澳大利亚和南非那样受到运输瓶颈的制约。印尼煤炭产量最大的加里曼丹岛甚至没有铁路。

大部分已开发的印尼煤矿，位于沿海地区或内陆水系地区，煤炭可以直接从煤矿通过卡车运到码头或者装船通过河流水运到码头或装货设施（堆场、内河码头）。很多产煤商或者直接把货物用驳船运给客户，或者直接从转运码头的驳船上用渡船转载。印尼主要煤炭企业，如武吉阿桑公司（PT Bukit Asam）、卡尔蒂姆·普里马（PT Kaltim Prima）、PT Indominco 和基泰扩加瓦阿贡公司（PT Kideco）都拥有专用的货运浮吊转体操作。卡尔蒂姆·普里马和阿鲁特明公司（PT Arutmin）在外岛的港口都能容纳海峡级（Cape Size）散装货轮。东卡巴厘巴板（Balikpapan）的 Dermaga Prakasa Pratama 煤码头和阿达罗公司专用的印尼散装煤码头（Indonesia Bulk Terminal）都是巴拿马运河级（Panamax）货轮码头。

此外，印尼大部分的煤码头是圆柱形钢桩上加钢筋水泥混凝土梁板结构的突堤型码头。南加里曼丹省的北岛煤码头（North Pulau Laut Coal Terminal，简称 NPLCT）在潘曼新安（Pemancingan）就是典型的例子，码头至岸上堆场有栈桥连接，栈桥上装设带式输送机，可单向行驶 3 t 轻型铲车。码头上装有可移动轨道式带式输送联合装船机，装船机可自动平舱。装船速率每小时达 2000 ~ 2500 t。很多产煤商直接将煤炭用驳船运送给客户，但只限于邻近国家如菲律宾、泰国等，因平底驳船远途行驶不安全，更多是从驳船在内海锚地转装上轻便级（Handymax）的远洋货轮。

1. 铁路

铁路运输与其他运输方式相比，在国家运输网络中所占比例较小。铁路的所有权归国家，由印尼公共公司管理，承担大规模的运输任务。

印尼轨距主要是 1067 mm（窄轨）。印尼新政府已把铁路建设作为今后 5 年基础设施发展的重点。截至目前，印尼全国铁路里程仅有 5434 km，争取在 2019 年达到 8692 km，5 年内将新建铁路里程 3258 km（驻印度尼西亚经商参处，2014）。目前，爪哇有 3 条主要的铁路线路，苏门答腊有 3 条完全独立的二级铁路网络。

印尼的大部分铁路线位于爪哇岛。爪哇岛分布着两大铁路干线以及其他的一些铁路支线。这些铁路线承担着客运及货运服务，比如在雅加达大都市区（被称为 KRL Jabotabek）和泗水承担着铁路通勤服务。2008 年，Kereta Api 公司和安卡萨帕拉政府计划将兴建从苏加诺 - 哈达机场到首都雅加达的铁路，但该计划已经停滞。在雅加达，单轨铁路集中运输系统曾经蓬勃开展，但在 1998 年的亚洲金融危机后陷于停滞，而且目前没有迹象表明其会在短期内重新启动。在雅加达的道路中间，竖立着一些破旧的钢筋混凝柱，成为难产的铁路发展计划的见证。

另外一个有铁路分布的地方是苏门答腊岛，铁路分布在该岛棉兰北部、西苏门答腊的帕里亚曼到巴东地区，以及南苏门答腊的 Lubuk Linggau 到楠榜的 Bandar Lampung。除了 2013 年 7 月启用的、从棉兰到新 Kuala Nam 国际机场的新建铁路，苏门答腊没有其他的新建铁路。这条铁路非常重要，通过该铁路可以 45 min 抵达机场，弥补了没有快速收费公路的缺陷。

未来，印尼政府将在苏门答腊岛通过改善现有的基础设施体系和建立新的基础设施网络，扩大该地区的铁路网络，使其能够为各地区提供服务。政府将更多参与到铁路基础设施发展中（特别在南苏门答腊的产煤地区规划煤炭运输专线），同时进一步刺激地方政府及私有部门的投资。PTKAI 经营着南苏门答腊省铁路网，主要向西爪哇的 Suralaya 发电厂供应煤炭。煤炭以 Tanjung Enim 为起点运输到楠榜省 Tarahan 的装载码头，距离为 410 km，并由轮船运往 Suralaya 发电厂附近的卸货场。第二条路线是从 Tanjung Enim 的煤矿起点向北运输到巨港附近的 Kertapati，然后船运出口。2011 年，大约有 9. 34 Mt 煤炭被运到 Tarahan，2. 11 Mt 煤炭运到 Kertapati。

2011 年，PTKAI 利用现有的 Tanjung Enirn - Kertapati 铁路线为 PT Bara Alam Utama 运输煤炭。该铁路运营商已和其新客户签订了煤炭运输协议，这些用户包括 PT Bara Multi Sugih Sentosa，PT Bumi Merapi Energi，PT Golden Great Borneo 及 PT PLN Batubara。

根据印尼国家发展计划部制定的 2015—2019 年中期发展计划，从西部亚齐特区连通东南部楠榜省的环苏门答腊铁路全长 2168 km，预计于 2025 年完工，总投资 51. 7 亿美元，铁路沿线将连接苏门答腊岛内主要城市、海港和机场，建成后将极大地缓解岛内的交通压力，减少物流成本。环苏拉威西岛铁路计划于 2015 年 1 月启动望加锡市到巴里巴里市段建设，全长 150 km，另外万鸦老市到比通的长 340 km 路段计划于 2018 年开工，但因为选址等问题工程一直拖延。

目前，印尼政府已在加里曼丹的东部有铁路规划，主要用于内陆的煤炭外运。加里曼丹铁路计划投资 50 亿美元，由中国铁路有限公司负责施工，项目全长 480 km，穿越东加里曼丹省（约 160 km）和中加里曼丹省（约 320 km），于 2020 年开工建设，建设期预计约为 3. 5 年。

2. 水运

印尼的海岸线漫长，距离亚洲煤炭进口国（日本、韩国、中国等）较近，区位优势明显。煤炭的运输可以充分发挥海运低成本的优势。

印尼全国水运航道21579 km，共有各类港口670个，主要港口25个。河运、海运船只6600艘左右。2008年全国港口共完成国际货运量190 Mt，国内货运量410 Mt。

水路交通（如内河、岛际及远洋运输等）在印尼的交通地位相当重要。内陆水运中，交通的主要方式包括水上大巴、拖船、长拖船、货船、快艇、摩托艇、木筏、驳船和水上卡车等。目前，印尼现有的渡口共计66个，其中53个渡口位于印尼东部地区。印尼国有企业PT ASDP负责渡口的运营。在过去的10年里，政府对于运营渡口的补贴一直在持续增长。

海运的主要港口包括丹戎不碌（雅加达）、丹戎佩拉（泗水）、三宝垅、马辰、巨港、望加锡、潘姜（楠榜）等。雅加达丹戎不碌港是全国最大的国际港，年吞吐量约250万个标准箱；泗水的丹戎佩拉港为第二大港，年吞吐量为50万个标准箱。

根据Global Energy Monitor的统计，印尼全国共有37个煤码头，总运力大约300 Mt（表2-4-10）。主要的煤码头分布在加里曼丹东岸，其次为苏门答腊和爪哇。

表2-4-10 印尼的煤码头统计表

序号	港口	所在省	年吞吐量/Mt	状态	类型
1	Samarinda anchorage	东加里曼丹	6	已建成	出口港
2	Muara Pantai Coal Terminal	东加里曼丹	6.5	已建成	出口港
3	Banjarmasin anchorage	东加里曼丹	6	已建成	出口港
4	Bontang Coal Terminal	东加里曼丹	18.5	已建成	出口港
5	Balikpapan Coal Terminal	东加里曼丹	15	已建成	出口港
6	Tarakan Coal Terminal	东加里曼丹	3.65	已建成	出口港
7	Tanjung Batu - Tarakan	东加里曼丹	3.65	已建成	出口港
8	Bengkulu Port	东加里曼丹	3	已建成	出口港
9	Adang Bay Port	东加里曼丹	3	已建成	出口港
10	Apar Bay anchorage	东加里曼丹	3	已建成	出口港
11	Muara Berau/Muara Jawa Coal Terminal	东加里曼丹	—	已建成	出口港
12	Tanah Merah Coal terminal	东加里曼丹	32	已建成	出口港
13	Taboneo anchorage	东加里曼丹	6	已建成	出口港
14	Separi barge loading facility	东加里曼丹	20	已建成	出口港
15	Tanjung Bara Coal Terminal	东加里曼丹	24	已建成	出口港
16	Sebuku anchorage	南加里曼丹	6	已建成	出口港
17	North Pulau Laut Coal Terminal	南加里曼丹	13.2	已建成	出口港
18	Tanjung Pemancingan anchorage	南加里曼丹	3	已建成	出口港
19	Jorong Port	南加里曼丹	6	已建成	出口港
20	Satui anchorage	南加里曼丹	3	已建成	出口港
21	Indonesian Bulk Terminal - South Pulau Laut	南加里曼丹	12	已建成	出口港
22	Muara Satui Barge Port	南加里曼丹	—	已建成	出口港
23	Pulau Laut Coal Terminal	南加里曼丹	12	已建成	出口港

表 2-4-10（续）

序号	港口	所在省	年吞吐量/Mt	状态	类型
24	Tanjung Petang anchorage	南加里曼丹	—	已建成	出口港
25	Tarahan Coal Port	苏门答腊	25	已建成	出口港
26	Port of Teluk Bayur	苏门答腊	2	已建成	出口港
27	Tembilahan，Sungai Bankong	苏门答腊	3	已建成	出口港
28	Kertapati Coal Port	苏门答腊	2.5	已建成	出口港
29	Muara Banyu Asin anchorage，Palembang	苏门答腊	3	已建成	出口港
30	Jambi，Muara Sabak coal terminal	苏门答腊	3	已建成	出口港
31	Pulau Baai Coal Terminal	苏门答腊	3	已建成	出口港
32	Padang，Teluk Bayur	苏门答腊	2	已建成	出口港
33	Suralaya coal terminal	西爪哇	3.75	已建成	出口港
34	Cigading anchorage	西爪哇	7.5	已建成	出口港
35	Tanjung Jati Coal Terminal	中爪哇	14	已建成	出口港
36	Tuban coal terminal	中爪哇	2	已建成	出口港
37	Paiton coal terminal	东爪哇	4	已建成	出口港

由于自然地理条件的限制，印尼的煤炭生产商无法找到合适的地点建立深水港口，因此面临着煤炭出口受限的挑战。由此促进了倒驳设施的发展，其可以有效处理煤炭行业中海上舰对舰的操作。目前，倒驳设施上也安装了混煤设施，客户可以按照所需比例将煤均匀混合，而不需要额外地与岸上设施有关的驳船运输和处理费用。

根据印尼贸易部2020年第40号条例的规定，自2020年5月1日起，煤炭出口商必须利用本国船运公司提供的载重15 kt以上的船舶进行出口贸易，除此之外，保险服务也须从国内保险公司处购买。这主要是由于印尼用于煤炭出口的7685艘船只中，国内船运公司在出口市场份额中所占比例相当有限，印尼政府新条例旨在提高国内船运公司在煤炭出口运输中的份额。但印尼煤炭开采协会表示，新条例的通过可能会对印尼煤炭出口造成不利的影响。

3. 公路

公路运输是印尼国内货物运输及城市间人员陆上往来的主要方式，在连接国内社区及市场方面发挥了至关重要的作用。印尼的公路网络在1989—1993年已经形成，陆路交通运输较为发达的地区为爪哇、苏门答腊、苏拉威西、巴厘岛等。印尼的公路普遍路况较差，高速公路建设则停滞不前。印尼国家公路网络划分为初级公路网络和次级公路网络体系。按功能划分为国家主干公路、省级公路及地方公路。按行政管理划分为，国家级公路、省级公路、地区级公路、市级公路及收费公路。2014年，印尼国内公路总长度约497000 km（印尼国家发展计划部，2016），绝大部分的公路等级为省级公路和地区级公路，且面临着不同程度的损坏。国家级公路占总里程不足10%，但整体路况较好。

根据中国-东盟矿业合作论坛的资料显示，印尼在“加速与扩大全国经济建设蓝图”的中长期规划中，把高速公路建设列为重点之一，制定的目标是：以爪哇岛和苏门答腊岛为主，在全国建成总里程5405 km的高速路网。其中，投资总额约360亿美元、全长2969 km的印尼历史上最宏大的道路基建工程——苏门答腊岛高速公路已于2014年进入全面施工。该高速公路建成后将贯穿苏门答腊岛，将亚齐、棉兰、北干巴鲁、占碑、巨港、巴东、楠榜、朋古鲁等11个经济中心城市串联起来。

4.8 主要煤炭企业集团简介

印尼目前全国有164家煤矿企业，其中34家拥有煤矿开采授权，129家拥有煤矿代理人委托书，还有一家为印尼的国有煤矿企业——武吉阿桑（PTBA）公司。拥有煤矿开采授权的10家企业煤炭产量占印尼煤炭产量的80%。印尼主要公司类型及产量比重如图2－4－19所示。

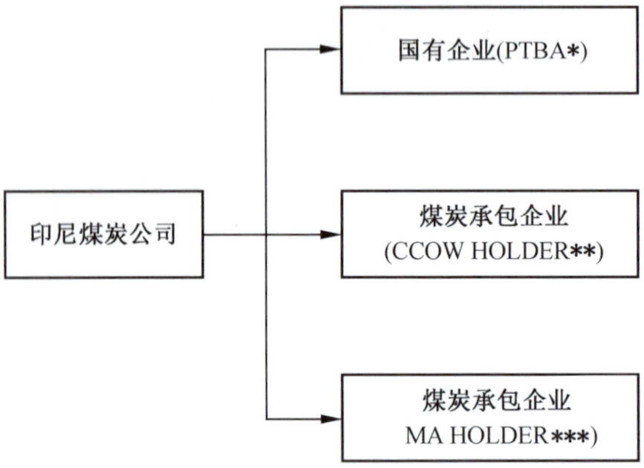

注：*—1家公司在生产；**—36家公司在生产；***—129家公司在生产

图2－4－19 主要公司类型及产量比重

印尼现有大型煤炭企业集团有：Bumi Resources、PT Adaro Energy Tbk、PT Indika Energi Tbk、PT Indo Tambangraya Megah、PT Berau Coal、PT Bayan Resources Tbk 和 PT Bukit Asam（PTBA）。

1. Bumi Resources

Bumi Resources（以下简称布米资源）是印尼最大的煤炭生产商，拥有煤炭储量2.9 Gt，煤炭资源10 Gt，2018年煤炭产量在90 Mt以上。旗下有煤矿开采、上游油气开采、能源产品推广等业务部门。布米资源旗下拥有卡尔蒂姆·普力马煤炭公司和阿鲁特明公司的大部分股权，为布米资源生产发热量为4200～7100 kcal的动力煤。布米资源由印尼巴克利家族控制，该家族成员之一的阿布里扎尔·巴克利为印尼专业集团党党主席，于2014年参加过印尼总统选举。

2010年10月，瑞士信贷集团和奥地利中央合作银行购入布米资源13.7亿股无优先认购权的股票，价值3.6亿美元。2010年12月，英国金融家罗斯柴尔德宣布通过矿业投资公司Vallar Plc（VAA）收购巴克利集团旗下布米资源公司25%的股份，支付方式为现金加股票。合并后巴克利集团成为Vallar最大的股东，并将Vallar更名为Bumi Plc.。该交易把印尼最大的煤炭生产商和第五大煤炭生产商合并到一起。不久，罗斯柴尔德指控布米资源财务违规，导致双方产生分歧，经过三年的争议，2014年双方正式解除合作关系。

布米资源已经完成铁矿、金矿等资产并购，于2011年四季度启动并购毛里塔尼亚的铁矿生产，年产量600 kt。布米的非煤业务已于2010年底上市。目前布米资源拥有Kaltim Prima Coal、Arutmin Indonesia 和 Pendopo Energi Barubara 三家煤炭生产企业，Gallo oil 油田和 Bumi Resource Minerals 非煤生产公司。

2. PT Adaro Energy Tbk

PT Adaro Energy Tbk（以下简称Adaro）是印尼市值最大的煤炭企业，第二大动力煤生产商，2019年预计煤炭产量为54～56 Mt，与2018年持平。Adaro拥有889 Mt储量，3.5 Gt资源量。

2010 年，Adaro 与 BHP Billiton 成立合资企业 Maruwai，开发印尼炼焦煤和动力煤，并拥有 Maruwai 项目 25% 的股份。Adaro 拥有自己的煤炭码头，其接驳船、浮吊船和采矿设备的扩充计划在 2014 年升级完成。

2019 年，因中美贸易战和中国限制煤炭进口因素的影响，Adaro 面临不小的挑战，目前中国市场占 Adaro 销量的 13%，为避免市场可能继续动荡，Adaro 已经开始着手进一步促使出口市场的多元化。

3. PT Indika Energi Tbk

PT Indika Energi Tbk（以下简称 Indika）是印尼第三大煤炭生产商（以产量计），成立于 1982 年，拥有 579 Mt 储量和 1.14 Gt 资源量。目前，Indika 公司是印尼八大煤炭生产商之中实际现金成本最低的生产商。

目前，Indika 拥有印尼第三大煤矿 PT Kideco Jaya Agung，此外还全资持有或控股炼焦沥青公司、煤炭贸易公司、工程建设公司、油气服务 EPC 公司、港口服务公司和海上综合供应基地。

根据 2019 年公司年度报告显示，由于国际煤价的下降，Indika 实现收入 278.27 亿美元，比 2018 年减少 6.196 亿美元。公司毛利润为 4.267 亿美元，比 2018 年下降了 2.2 亿美元，利润率为 14.8%。

2019 年底，河南省郑州航空港区兴瑞实业有限公司与 Indika 签订了 2020 年 4.5 Mt 共 20 亿元人民币的动力煤进口长协。

4. PT Indo Tambangraya Megah

PT Indo Tambangraya Megah（以下简称 ITM）成立于 1987 年，于 2007 年上市，为泰国 Banpu Public Company Limited 在印尼的子公司。公司拥有 294 Mt 储量和 1.65 Gt 资源量。

ITM 业务范围包括煤矿开采、加工和物流。ITM 拥有 14 家子公司的大部分股份，并在加里曼丹岛经营 7 个采矿权，覆盖东、中和南加里曼丹。ITM 还拥有并经营 Batubara Bontang 码头（Bontang 煤炭码头/BoCT）、三个装货港和 Bontang 发电厂。

根据公司 2019 年年度报告显示，公司 2019 年完成煤炭生产 23.4 Mt，煤炭销量 25.3 Mt，分别比 2018 年增长 1.3 Mt 和 1.80 Mt。其中越南和孟加拉国市场的增长是 ITM 销售增长的主要驱动力，同时国内市场的销售水平也有较大水平的提高。同时 ITM 旗下 PT Bharinto Ekatama 煤矿实现 2012 年 1 月 1 日至 2018 年 12 月 31 日连续 2.4 Mh 零事故。

2019 年由于全球经济低迷，国际煤炭价格下跌，致使公司财务压力加大，公司通过一系列成本管控手段，削减成本支出 5950 万美元。2019 年公司主营业务收入为 138.89 亿美元，净利润 32.67 亿美元。

5. PT Berau Coal

PT Berau Coal（以下简称 BC）是一家印尼的私人煤炭公司，主要业务是在东加里曼丹的特许区域进行露天煤矿开采。根据 BC 公司与印尼政府签订的 30 年期协议，公司在 2025 年 4 月 26 日前拥有该区域的煤炭采矿权。目前公司拥有 346 Mt 储量，1.413 Gt 资源量，2010 年以前是印尼第五大煤炭生产商。

2010 年 12 月，英国金融家罗斯柴尔德与布米资源达成合作协议，宣布 BC 公司与布米资源合并，组建新的 Bumi Plc. 公司。由于随后罗斯柴尔德指控布米资源财务违规，导致 2014 年双方合作破裂。

6. PT Bayan Resources Tbk

PT Bayan Resources Tbk（以下简称 Bayan）是一家综合性煤炭生产商，拥有加里曼丹东部和南部的四个主要露天煤矿的开采权。其中 Tabang 煤矿特许权是 Bayan 最主要煤矿，约占 Bayan 煤炭产量的 80%，是印尼成本最低的煤矿之一。Bayan 出产的煤炭主要有高热值烟煤、低硫亚烟煤和低灰分煤。

根据 Bayan 公司 2019 年报告中显示，公司 2018 年煤炭产量为 28.9 Mt，比 2017 年增长 38.3% 。其中，PT Bara Tabang 和 PT Bara Tabang 两个煤矿增长最多。

2018 年公司完成主营业务收入 16.77 亿美元，利润总额 8.47 亿美元，实现净利润 7.01 亿美元，分别比 2017 年增加 1.1 亿美元、2.9 亿美元和 2.5 亿美元，公司总资产为 11.5 亿美元。

7. PT Bukit Asam（PTBA）

PT Bukit Asam（PTBA，武吉阿桑公司）是一家印尼国有冶金矿业公司。拥有 1.99 Gt 煤炭储量和 7.3 Gt 煤炭资源量。其煤矿位于南苏门答腊（66000 hm^2）、西苏门答腊（2.95 hm^2）和东加里曼丹（18000 hm^2）。2010 年 PTBA 与中国中铁集团签订南苏门答腊 307 km 铁路建造及维护合同，年运能为 27 Mt。

根据 PTBA 2019 年报告显示，2019 年 PTBA 煤炭总产量为 29.07 Mt，发送煤炭 24.24 Mt，销售 27.79 Mt（出口 111.2 kt）。同年，PTBA 实现收入 217.8 万亿印尼卢比，其中煤炭产业收入 213.9 万亿印尼卢比，非煤产业收入 3.96 万亿印尼卢比，全年利润为 40.40 万亿印尼卢比。

4.9 对我国煤炭工业高质量发展的启示

印尼是新兴的煤炭生产大国，也是世界上最大的煤炭出口国之一，同时是我国主要的进口煤炭来源国。印尼煤炭的发展，一直以来对我国的煤炭产业和煤炭市场都有着较大的影响力。

近年来，中国与印尼在煤炭工业的交流也比较频繁。行业与相关从业人员的交流从以往单纯的煤炭进出口，逐渐向煤炭工业投资、技术交流等多方位合作发展。2019 年 5 月，中 - 印尼煤炭协会合作备忘录签约仪式在雅加达召开。中国煤炭工业协会副会长解宏绪先生与印尼煤炭开采协会会长 Pandu 先生分别在备忘录上签字。双方在贸易、投资、技术合作问题上交换了意见，确定了定期交流的机制。

印尼煤炭在近 30 年的发展历程中，既经历过辉煌，也面临过困难，所积累的经验教训，不仅为印尼煤炭工业发展提供重要参考，也为我国煤炭工业高质量发展提供了一定的启示。

1. 坚持煤炭工业多维度发展，避免将煤炭工业只作为初级原料生产

由于印尼工业并不发达，长期以来也依赖国外能源企业以承包的方式开发本国煤炭资源，造成了印尼煤炭工业仍停留在初级原料的采掘生产阶段，并未形成以煤炭为中心的多维度产业共同发展的格局。例如包括公路、铁路在内的交通基础设施并未随着煤炭工业的快速发展而有所提高，水运也因受制于无法大规模建设深水港的原因只能发展倒驳运输来解决。这不仅限制了印尼煤炭工业的发展水平，也无法带动周边地方的发展。同时，在煤炭利用方面，印尼也未形成煤炭综合利用产业，煤化工项目普遍偏少，煤炭清洁利用技术也未普及。造成印尼煤炭利用水平仍然偏低，印尼各地空气质量不容乐观。这都充分显示印尼煤炭工业长期以来只作为初级原料进行生产，未对煤炭综合利用、煤炭周边配套基础设施建设进行重点关注，导致印尼煤炭工业无法实现高质量发展。

2. 露天开采的工效、吨煤成本、安全事故状况均有较大优势

由于印尼绝大多数煤矿均为露天开采，部分煤炭企业工人工效达到 13219 t/人（PTBA，2019），吨煤成本达到 26 美元/t（Indika，2010），连续生产 2.4 Mh 零事故（ITM，2012—2018）均在世界煤炭行业处于较高水平，显示出露天煤矿的优势。虽然我国受资源赋存条件影响，井工矿的地位暂时无法用露天矿替代，但未来的去产能和产能置换政策，可以依实际情况有序扩大已有露天煤矿的产能，替代部分开采条件较差的井工煤矿。

3. 确立以煤炭为根基、油气满足核心需求、大力发展可再生能源的能源结构发展思路

印尼的能源供需结构与我国类似，在富煤的特点上比较一致，区别在印尼的油气资源比我国要更为丰富。但印尼也意识到了传统能源的发展对环境保护产生的巨大威胁，因此印尼能源与矿产资源

部、环境部等部门也订立了印尼能源结构发展的路线。即在短期内保持煤炭、石油、天然气等传统能源的消费比例，给可再生能源创造发展的时间，等可再生能源发展到一定程度后，有序替代传统能源，以保证整体能源供需结构的稳定。

4. 对未来煤炭工业的发展进行必要的技术储备

印尼目前绝大部分煤矿仍然是露天煤矿，但随着开采的不断加深，部分露天矿的深度已经超过了150 m，继续进行露天开采的难度也越来越大。因此，部分煤矿已经开始考虑并论证露天矿改为井工开采的可行性，因此，印尼需要在维持现有露天煤矿开采的同时，储备井工开采技术，已备未来有需要的露天矿向井工开采进行转变。因此，我国煤炭工业在发展过程中，也要汲取印尼煤炭工业发展目前面临的问题，对未来我国煤炭工业发展的方向进行必要的技术储备，例如针对未来矿井开采越来越深、地质条件越来越复杂，储备冲击地压、高温高湿、复杂地质等条件下的开采技术，以应对未来我国煤炭开采的需求。

5　蒙古国煤炭工业

采矿业是蒙古国的重要基础工业，在蒙古国经济发展中具有举足轻重的地位。煤炭是蒙古国最主要的出口资源，煤炭开采业极大促进了蒙古国经济、社会的快速发展。蒙古国煤炭资源尤其焦煤储量丰富，煤质好，开采条件好，是世界上最适合露天开采的资源地。同时，蒙古国与中国陆路接壤，几乎所有的炼焦煤都出口中国或通过中国出口，而中国优质炼焦煤缺口是长期性的，为蒙古国煤炭销售提供了稳定的市场。未来，在蒙古国政府的全力支持下，蒙古国煤炭工业具有光明的发展前景。

5.1　社会经济发展概况

蒙古国北与俄罗斯，东、南、西与中国接壤，中蒙两国边界线长达 4710 km，国土面积 1.5665 Mkm^2，是世界上国土面积第 19 大的国家，也是仅次于哈萨克斯坦的世界第二大内陆国家。截至 2019 年底，蒙古国人口 330 万人，虽然比 1990 年增加了 53.5%，但仍然是世界上人口密度最低的国家之一，仅为 2.0 人/km^2。蒙古国矿产资源丰富，大规模勘探开发未全面开展。目前，已探明的有 80 多种矿产和 6000 多个矿点，主要有铁、铜、钼、煤、锌、金、铅、钨、锡、锰、铬、铋、萤石、石棉、稀土、铀、磷、石油、油页岩矿等。其中，煤炭蕴藏量 162400 Mt，铜 240 Mt，铁 2000 Mt，磷 200 Mt，黄金 3100 t，石油 80 亿桶。

蒙古国经济经济结构较为单一，以畜牧业和采矿业为主，畜牧业产品主要有羊毛、毛毯、皮革、加工兽皮、乳制品、牛羊肉等，其中采矿类企业、燃料动力类企业和加工类企业是蒙古国主要的工业企业，曾长期实行计划经济。1991 年开始向市场经济过渡，实行国有资产私有化。1997 年初蒙古国加入世界贸易组织，当年 7 月，政府通过“1997—2000 年国有资产私有化方案”，目标是使私营经济成分在国家经济中占主导地位。进入 21 世纪以来，受中国煤炭市场需求的驱动，蒙古国经济稳步发展，逐步摆脱转轨经济影响，迎来高速发展阶段，2010 年美元名义 GDP 增长高达 56.8%。但是好景不长，2014—2017 年蒙古国经济增长再次进入下滑通道，巨额债务和资本外逃给这个原本经济脆弱的国家带来了巨大压力，国民经济处于崩溃的边缘。2017 年，经蒙古国多方协调，国际货币基金组织、亚洲开发银行、世界银行以及中国、日本、韩国等方共同发起了一个总额为 55 亿美元的长期低息贷款，蒙古国则需要做出削减财政赤字、调整经济结构的承诺。从 2018 年开始，蒙古国经济开始复苏。2019 年蒙古国国内生产总值为 136.4 亿美元，同比增长 6.3%，比 1990 年增长了 8 倍，人均国内生产总值为 4133 美元，位于世界排名第 115 位左右，比 1990 年增长了约 6 倍。1990—2019 年蒙古国经济社会数据见表 2-5-1。

表 2-5-1　1990—2019 年蒙古国经济社会数据

主要指标	年份						
	1990	1995	2000	2005	2010	2015	2019
美元名义 GDP/亿美元	15.1	14.7	11.4	25.2	71.9	117.5	136.4
GDP 增长率/%	1.3	8.5	4.5	26.7	56.8	-3.9	6.3
人口/万人	215	224	240	255	276	306	330
人均名义 GDP/(美元·人$^{-1}$)	690	641	474	999	2286	3843	4133

5.2 煤炭资源分布

蒙古国是全球煤炭资源最集中、最丰富的国家之一，煤炭总储量约为162 Gt（350 m以浅）。蒙古国煤炭资源赋存浅，目前99%的在产煤矿是露天开采。蒙古国有4个成煤期，煤炭资源赋存在石炭系、二叠系、侏罗系和白垩系的煤系地层中。根据BP统计，截至2018年底，蒙古国探明煤炭储量为2.52 Gt，其中次烟煤和褐煤1.35 Gt、无烟煤和烟煤1.17 Gt。蒙古国的煤炭资源在全国各地均有分布，而焦煤主要集中在蒙古国的南部和西部，靠近中国新疆维吾尔自治区和内蒙古自治区中部边境。褐煤集中在蒙古国中部，次烟煤集中在蒙古国东部，靠近内蒙古自治区东部边境地区。煤炭主要产于蒙古国南部戈壁阿尔泰含煤区的那林苏海特煤田和塔温陶勒盖煤田，距离中国边境仅50～180 km，具有较高的经济价值。

根据来源、年代、煤质、构造和层位，蒙古国可以划分出15个含煤盆地/含煤区，见表2-5-2。目前共发现200个煤田，其中70个煤田已经做过一些勘探工作。

表2-5-2 蒙古国主要含煤盆地/含煤区

地域	中文/英文	类 型	含煤省份聚集区
西部	阿尔幸（阿尔泰阐达赫）(Trans - Altai)	含煤区	西部含煤省份聚集区
	阿尔泰岑德（Buyan - Ulgii）	含煤区	
	哈尔黑拉（Kharkhiraa）	含煤盆地	
	蒙古国阿尔幸泰（Mongol - Altai）	含煤盆地	
南部	南戈壁（South Gobi）	含煤盆地	
中部	伊赫包格德（IkhBogd）	含煤盆地	
	昂根高勒（Ong River）	含煤盆地	
	前杭爱（South Khangai）	含煤盆地	
北部	鄂尔辉-色楞格（Orkhon - selenge）	含煤区	
东部	中戈壁（Central Gobi Basin）	含煤盆地	东部含煤省份聚集区
	乔巴山（Choibalsan）	含煤盆地	
	乔依尔一奈勒嘎（Choir - Nyal ga）	含煤盆地	
	东戈壁（East Gobi）	含煤盆地	
	苏赫巴托（Sukhbaatar）	含煤盆地	
	塔木察格（Tamsag）	含煤盆地	

1. 南部含煤区和含煤盆地

蒙古国南部最重要的含煤盆地是南戈壁煤盆地，面积约40000 km^2，东西向延伸600 km。该盆地的含煤地层为晚二叠世Tavantolgol组和侏罗系地层，以二叠纪地层为主。含煤地层可分为地上煤组和下部杂色组，厚度分别为215～120 m和260～1200 m。晚二叠世Tavantolgol地上煤组煤层数目较多，各煤矿数目有差异。下部杂色组颜色为红褐相杂。煤质方面，水分为0.5%～2.3%，挥发分为23.1%～34.3%，灰分为12.5%～279%，发热量为32.4～337 MJ/kg。按照美国ASTM煤类分类标准，煤种为中等高挥发分烟煤。推测全盆地资源量为13 Gt。

南戈壁煤盆地包含有6个煤田，其中那林苏海特煤田和塔温陶勒盖煤田勘探开发程度最高，煤质最好，累计年产冶金煤约20 Mt。那林苏海特煤田位于南戈壁煤盆地西南部，东西长约180 km，南北宽约23 km，资源量约1 Ct。目前该煤田主要由2家煤炭矿业公司进行开发，分别为南戈壁公司

(Southgobi Resources) 的 Ovoot Tolgoi 露天矿和庆华 - 马克合资公司的东西露天矿。这 2 个矿山主要出产 1/3 焦煤。除此之外，在该煤田内部还发现有少部分褐煤资源。塔温陶勒盖煤田位于南戈壁煤盆地东北部，东西长约 120 km，南北宽约 50 km。该煤田勘探开发程度最高，目前主要由 3 家煤炭矿业公司进行开发，MMC、ET 和 LTT，主要集中在该煤田南部。粗略统计，该煤田 32% 为主焦煤，24% 为配焦煤，44% 为动力煤。资源储量巨大，JORC 资源量约为 8 Gt。

2. 西部含煤省份聚集区

西部含煤省份聚集区走向为 NNE - SSE，覆盖面积可达 280×10^6 km^2。该聚集区包含蒙古国阿尔泰盆地和哈尔黑拉盆地，以及阿尔泰岑德含煤区和阿尔泰含煤区。该区主要含煤地层为石炭纪宾夕法尼亚亚纪 Atai 火山沉积地层，还有一些煤层位于早中侏罗世 Jargalant 地层。在聚集区内，自 1920 年以来发现有 40 个煤田，探明资源量 232 Mt，推断资源量 18400 Mt。该区有一些露天小煤矿正在开采。

1）蒙古国阿尔泰煤盆地

蒙古国阿尔泰煤盆地位于西部 Mongol - Altai 山脉东部侧翼、东部 Great Lakes 山谷西部。盆地为 NW - SE 走向，面积可达 6000 km^2。该盆地含煤组为宾夕法尼亚亚纪 Altai 地层，厚度为 420 ~ 886 m，中心较厚。该煤盆地发育有 10 个煤层，其中 6 个为主要煤层，广泛发育。每个煤层的平均厚度为 4 ~ 18 m。在盆地中央最大厚度的煤层可达 25 ~ 35 m，在北部和东部边缘煤层厚度减至 1.9 ~ 5.5 m。煤质方面，水分为 1.1% ~4.7%，平均水分为 2.32%；挥发分为 14.8% ~34.4%，平均挥发分为 25.1%；发热量为 29.7 ~ 35.2 MJ/kg，平均发热量为 31.64 MJ/kg；灰分为 1.6% ~332%，平均灰分为 20%；硫分比较低，平均硫分为 0.6%，最大不超过 1%。煤种为低高挥发分的烟煤，预计资源量可达 10 Gt，已探明储量 49 Mt。

2）哈尔黑拉煤盆地

哈尔黑拉煤盆地位于含煤省聚集区北部，面积可达 45000 km^2。该盆地包含 Kharkhiraa 山地和 Uvs Lake 的疏干盆地。该地区主要煤层赋存于中上石炭纪 Altai 群中，但还有少量小型矿床和矿点位于侏罗纪沉积内。

Altai 地层厚度超过 1800 m，可分为中上 2 个组。中部组包含多层岩浆岩层，上部组厚度为 910 m，向西南方向变薄，包含 9 层煤，累计净厚度可达 9 m。该煤盆地跟蒙古国阿尔泰煤盆地情况类似，煤层厚度由中心向四周变薄（93 m 变为 8.8 m）。煤层水分为 1.3% ~4%；挥发分为 29.9% ~32.1%；灰分为 16.49% ~23.7%；平均硫分为 0.5%；发热量为 29.5 ~ 338 MJ/kg，平均发热量为 31.4 MJ/kg。煤种为高挥发分烟煤，预计资源量和探明储量分别为 4800 Mt 和 172.5 Mt。

3）阿尔泰岑德和阿尔泰含煤区（阿尔泰闸达赫含煤区）

阿尔泰岑德含煤区和阿尔泰含煤区勘探年代较长，开始于 1920 年，但地处偏僻，勘探程度较低。阿尔泰岑德含煤区面积为 35000 km^2，包含 Mongol Altai 主山脉。阿尔泰含煤区位于含煤省聚集区南部，面积为 7.2 km^2。2 个含煤区的含煤层位均为 Altai 地层底部，所含的 3 个煤层厚度为 0.7 ~ 45.8 m。阿尔泰含煤区 Lobula 煤田煤层累计净厚度可达 42 m。阿尔泰岑德含煤区煤层厚度小于 3 m。根据已探明的 2 个煤田资料，挥发分为 14.4% ~16.6%，灰分为 7.5% ~46%，发热量为 27.6 ~ 29.8 MJ/kg，硫分为 0.6%。煤种为低挥发分的烟煤，可能为半无烟煤。2 个含煤区预计资源量和探明储量为 3800 Mt 和 2.10 Mt。

3. 中部含煤区和盆地

前杭爱盆地、伊赫包格德盆地和昂根高勒盆地位于东西向狭长的 Lakes 山谷，北部以 Khangai 山脉为界，南部/西南以 Gobi - Altai 为界。该山谷与 Great Lakes 山谷相连接。含煤地层为晚二叠世、早中侏罗世和早白垩世地层。该区域面积为 4800 ~ 3500 km^2。该区域煤层厚度为 5 ~ 49.7 m，煤种为褐煤、次烟煤；水分为 2.2% ~19.3%；挥发分为 33.8% ~51.9%；灰分为 13.1% ~22.6%；发热量为

21.1～33.2 MJ/kg；硫分为0.6%～1.6%，平均硫分为1.1%。前杭爱盆地预计资源量和探明储量为1200 Mt和4.20 Mt。伊赫包格德盆地预计资源量和探明储量为2000 Mt和5.20 Mt，昂根高勒盆地预计资源量和探明储量为1500 Mt和42.60 Mt。

4. 北部含煤区和盆地

鄂尔浑－色楞格含煤区覆盖区域较广，横跨扎布汗（Javkhan）、库苏古尔（Khovsgol）、布尔干（Bulgan）、色楞格、后杭爱（Arkhangai）、前杭爱（Ovorkhangai）、中央省（Tov）、达尔汗乌拉（Darkhan Uul）等多个省区，面积为240000 km^2，包含Khangai山脉和Khuvsgul山脉。虽然该含煤区面积较大，但出露的含煤地层呈现不连续状，累计面积不到整个含煤区的1/10。该地区侏罗纪含煤地层分布在北部和东北部，早白垩世含煤地层位于东部的Nalaikh煤田。侏罗纪的煤层数目可达12个，单个煤层厚度为7.8～49.6 m，在Ulan－Ovoo煤田可达63 m。早白垩世的煤层数目可达10个。鄂尔浑－色楞格地区煤种为褐煤～肥煤，水分为5.6%～10.1%，挥发分为11.2%～20.5%，灰分为11.2%～20.5%，发热量为29.8～31.1 MJ/kg，硫分较低为0.2%～0.9%。该地区资源量和探明储量为7700 Mt和408.8 Mt。

5. 蒙古国东部煤资源省份聚集区

该聚集区面积为450000 km^2，西北部以Khei山脉为界，东南部以Nuhetdavas隆起为界。该聚集区为NE向，包含6个煤、油页岩盆地：乔依尔奈勒嘎、乔巴山、苏赫巴托、塔木察格、东戈壁和中戈壁。含煤地层为早白垩世Zuunbayan火山沉积地层。早－中侏罗世和二叠纪地层中也夹有少量煤层。该聚集区90%以内的煤田已经被发现,煤种为次烟煤和褐煤,资源量和探明储量为108.3 Gt和6.5 Gt。

1）中戈壁煤盆地和东戈壁煤盆地

中戈壁煤盆地位于蒙古国中部，面积约25000 km^2，中戈壁煤盆地又可再分为多个小盆地。东戈壁煤盆地位于蒙古国南部，面积约60000 km^2。2个盆地均为NE/SW走向，主要含煤地层都是早白垩世地层，侏罗纪地层也发育了少量煤层。已确定的煤田约30个，但勘探程度较低。在煤质方面，这2个煤盆地的挥发分、灰分、发热量、水分和硫分分别为40.5%～47.3%、15.6%～24.6%、23～28.6 MJ/kg、8.8%和1.1%～1.5%。这2个盆地的煤种主要为褐煤。中戈壁煤盆地和东戈壁煤盆地的预测资源量为13.2 Gt和23.5 t，中戈壁煤盆地探明储量为104.1 Mt。

2）乔巴山煤盆地

乔巴山煤盆地位于该聚集区东北方向，面积为45000 km^2，包含2个沉积盆地North Choibalsan和South Kherlen，以及20个小煤田，这些盆地构造之间被上升的基岩隔开，并分别由若干凹陷褶皱构成。预测该煤盆地资源量为14.9 Gt，探明储量为213.2 Mt。在煤质方面，挥发分、水分、灰分、发热量分别为47.8%、9.8%、14.7%、27.2 MJ/kg硫分较低，平均为0.9%。化验结果显示多数煤炭资源属于低热值褐煤，少数煤炭资源为长焰煤。

3）乔依尔－奈勒嘎煤盆地

乔依尔－奈勒嘎煤盆地位于该聚集区西北部，基础设施较发达，优于其他盆地。根据断层的发育状况，该盆地又可以分为几个小盆地，面积约5000 km^2。含煤地层Zuunbayan组的厚度可达1500 m，Khukhteeg含煤组厚度为450 m，其中发育着厚层褐煤。在煤质方面，水分为7%～13.3%，平均为9.5%；挥发分为41.1%～50.6%，平均为44.8%；发热量为25.9～29.6 MJ/kg，平均为27.2 MJ/kg；灰分为10.2%～20.9%，平均为15.3%；硫分为0.3%～2.8%。预测该煤盆地资源量和探明储量分别为20.3 Gt和5900 Mt。

4）塔木察格煤盆地和苏赫巴托煤盆地

塔木察格煤盆地和苏赫巴托煤盆地走向为NE－SW，位于蒙古国最东边，面积分别为32000 km^{2}和40000 km^2。苏赫巴托煤盆地内部发育了很多地堑和半地堑，塔木察格煤盆地只发育了一个地槽。

在煤质方面，灰分、水分、挥发分、硫分、发热量分别为 14% ~28.5% （平均为 19.4%）、8.4% ~13.7% （平均为 10.5%）、40.5% 48.6% （平均为 46.7%）、0.6% ~1.5% （平均 0.9%）、21 ~26 MJ/kg。这 2 个煤盆地的煤种为褐煤。预测苏赫巴托煤盆地资源量和探明储量分别为 4.3 Gt 和 68 Mt，预测塔木察格煤盆地资源量和探明储量分别为 3.2 Gt 和 190 Mt。

塔木察格煤盆地向北可以延伸至中国内蒙古自治区境内，统称为海拉尔塔木察格盆地。该盆地的中国部分位于内蒙古自治区呼伦贝尔市西南部，西起呼伦湖西岸及巴彦呼舒一线，东至伊敏河；北自陈巴尔虎旗，南至贝尔湖并向南延伸至蒙古国境内。海拉尔塔木察格盆地中国部分的煤类以褐煤为主，局部（北部）可见长焰煤。推测海拉尔塔木察格盆地蒙古国部分的煤炭资源以褐煤为主，局部地区可见长焰煤或者更高级别的煤类，但范围有限。

5.3 煤炭工业发展现状与前景

蒙古国煤炭资源埋藏浅，开采条件好，煤质优良，几乎全部产量都由露天煤矿生产，且绝大部分煤炭产生产集中在南部区和北部区。2004 年以来，蒙古国煤炭产量迅速增长，其中本国煤炭消费贡献有限，出口贡献了大部分增量。蒙古国煤炭工业管理部门主要有矿业部、矿产资源管理局和投资署，有关煤炭工业的法律有《矿产法》《投资法》《自然环境影响评估法》《矿产资源保护法》等。蒙古国出口的炼焦煤与澳大利亚煤炭相比具有一定的价格优势。此外，蒙古国也拥有广泛的煤炭产品种类，能够有效实现煤炭混合优势。未来蒙古国解决交通运输问题后，其煤炭竞争力将进一步增强，煤炭工业发展前景可期。

1. 发展现状

1）煤炭开发布局

根据煤炭资源聚集以及开采情况，蒙古国在产矿山范围大致可分为东部区、西部区、北部区、中部区和南部区。其中南部区和北部区的产量最大，累计超过全国产量的 99% 。其中南戈壁省煤炭产量约占全国的 80% 左右。蒙古国部分在产煤矿见表 2 -5 -3。

表2-5-3 蒙古国部分在产煤矿

矿　山	省	公　司	矿　种	2012 年产量/Mt
Baruun Naran	南戈壁省（Umnigovi）	MMC	炼焦煤/动力煤	0.717
East Tsankhi		Erdenes MGI	炼焦煤/动力煤	2.550
Tavan Tolgoi		Tavan Tolgoi	炼焦煤/动力煤	5.880
T'sant Uul		Hunnu	动力煤	0.500
Ukhaa Khuda		MMC	炼焦煤	7.600
MAK Nariin Sukhait		MAK	炼焦煤/动力煤	5.000
Mak - qinghua Nariin Sukhait		MAK	炼焦煤	1.500
Ovoot Tolgoi		Southgobi	炼焦煤	4.500
Aduun Chulluun	东方省（Dornod）	Aduun Chuluun	动力煤	0.294
Eldev	东戈壁省（Dornogovi）	MAK	动力煤	0.490
Baganuur	中央省（Tuv）	Baganuur	动力煤	3.000
Khushuut	科布多省（Khovd）	MEC	炼焦煤	0.500
Shiver Ovoo	戈壁苏木贝尔省(Govi - Sumber)	Erdenes MGL	动力煤	1.960
Sharyn Gol	色楞格省（Selenge）	Sharyn Gol	动力煤	0.500
Ulaan Ovoo		Prophecy Resource	动力煤	0.250

蒙古国公司未来的生产决策主要依据中国经济的指向。分析认为中国焦煤消费量在不久的将来明显上升的可能性不大。然而，中国需求对于维持现在的生产水平是足够的。而且蒙古国煤炭的价格比海运煤的价格便宜得多，趋势上也有利于蒙古国生产者。除此之外，在蒙古国还存在其他内在因素限制了煤炭生产。目前，蒙古国现有的铁路、公路很难满足出口需求。因此，尽管中国对焦煤的需求量不断上升，但蒙古国自身的基础设施是一个限制因素。

动力煤生产取决于蒙古国国内电能需求，由于价格相对低廉，该产品不适合出口。工业生产量增长促进电能消费的增长，按照政府计划，会建更多的发电厂。现有电能分布中，主要的发电厂为乌兰巴托的 4 号电厂。随着城市占地的增大和城市化的发展，对电量的需求更大。

2）煤炭生产与出口

蒙古国煤炭普遍埋藏较浅，具有良好的开采条件，是世界上最适合露天开采的资源地之一。蒙古国露天煤矿产量占全国总产量的比例达到 99%，大部分集中于东部、中部和南部地区。

自 1990 年以来，蒙古国的煤炭产量总体上呈上升趋势。20 世纪 90 年代，几乎所有的公司包括煤矿，都受到了不稳定过度经济的影响，全国煤炭产量总体保持在 5 ~6 Mt。从 2004 年以后，全国煤炭产量迅速增长，煤炭出口需求成为影响煤炭产量变化的重要甚至主要因素，如图 2 -5 -1 所示。据 BP 资料，2011 年煤炭总产量达到 1990 年以来的峰值 32 Mt，其中超过 66% 的煤炭出口。受全球经济放缓及中国钢铁生产处于低谷影响，自 2012 年起，蒙古国煤炭产量连续 4 年波动下降，2015 年煤炭产量降至 24. 2 Mt，较 2011 年大幅下降近 1/4。此后，随着全球经济复苏和中国煤炭需求强势回归，蒙古国煤炭产量连续四年快速增长，到 2018 年达到一个新的峰值 54. 6 Mt，比 2015 年增长了 1. 25 倍，其中出口贡献了 70% 以上的增量。2019 年蒙古国煤炭产量 50. 8 Mt，总体保持平稳。

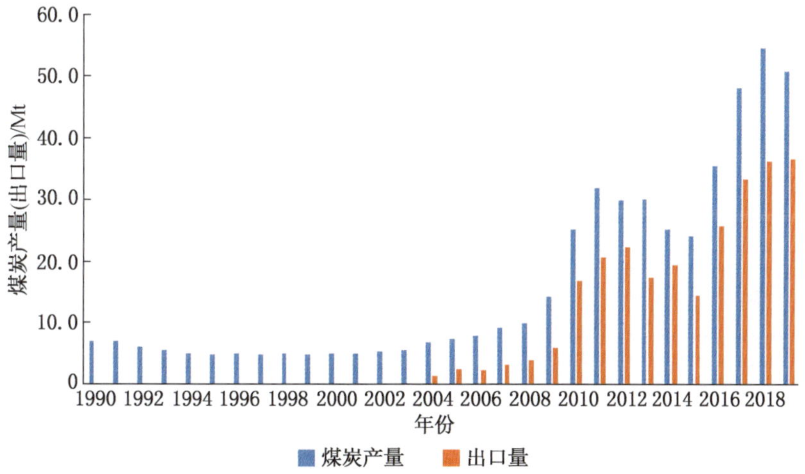

图 2 -5 -1　1990—2019 年蒙古国煤炭产量与出口量

3）煤炭消费

蒙古国一次能源消费中煤炭占比超过 90%。1991—2008 年，蒙古国内煤炭消费量基本介于 5 ~ 6 Mt/a。进入新世纪以来，蒙古国经济进入高速发展阶段，2011 年，10. 7 Mt 的消费量达到自 1990 年以来的最高纪录。此后，国内总消费量继续波动上涨，2013 年煤炭消费量达到 11. 7 Mt。2014—2016 年蒙古国经济增长再次进入下滑通道，煤炭消费量随之波动下降，2014 年煤炭消费量仅 5. 7 Mt。最近几年煤炭消费量呈波动上升趋势，2018 年蒙古全国煤炭消费量高达 18. 4 Mt，是 2014 年的 3. 2 倍，创历史最高水平。2019 年煤炭消费量有所下滑，与 2017 年基本相当，如图 2 -5 -2 所示。

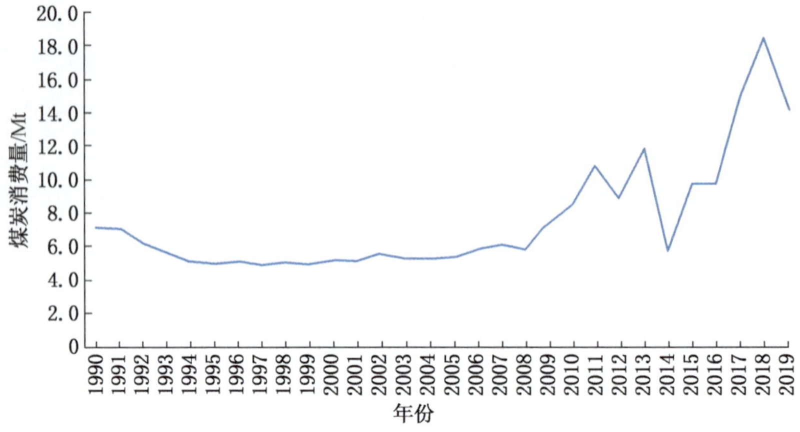

图2-5-2　1990—2019年蒙古国煤炭消费量

4）煤炭开采对经济社会的贡献

煤炭一直是蒙古国最主要的出口资源，出口额则占该国出口收入总额的1/3以上，煤炭出口极大地促进了蒙古国经济、社会的快速发展。其中，炼焦煤出口占据了蒙古国出口贸易额的主要部分。2019年，蒙古国煤炭产量为50.83 Mt，其中36.6 Mt用于出口，占比高达72%，出口金额30.78亿美元，占全国GDP的22.5%，占出口总额的40.5%。

由于蒙古国煤炭生产以露天开采为主，且生产的煤炭主要用于出口，煤炭产业链条较短，虽然贡献了全国近1/4的GDP和40%的出口，但蒙古国的煤炭产业并不是劳动密集型行业，其就业人口仅占全国劳动力的4%左右。根据2010—2014年数据（表2-5-4），蒙古国煤矿生产效率并不低，2011年全员工效高达5440.75 t/a，其中煤矿直接从业人员仅占全国劳动力的不到1%。

表2-5-4　2010—2014年蒙古国煤矿就业与工效情况

年　份	2010	2011	2012	2013	2014
煤炭产量/Mt	25.2	32.0	29.9	30.1	25.3
煤矿直接从业人员数量/人	5216	5887	8138	8436	8095
全员工效/$(t\cdot a^{-1})$	4823.98	5440.75	3677.33	3570.80	3123.88
全国劳动力人口数量/万人	117.14	121.01	121.57	124.30	126.90
煤矿直接从业人员全国劳动力人口比重/%	0.45	0.49	0.67	0.68	0.64

2. 管理体制与政策法规

1）蒙古国煤炭工业管理部门主要有矿业部、矿产资源管理局和投资署

矿业部的主要职责是：制定并执行与采矿部门有关的立法、政策和战略，并在所有相关事务中向部长和政府提供信息、建议和支持。此外，该部还对部门政策、计划、协调和政策执行情况进行监督和分析。它还进行结果评估，并确保有效利用预算和投资以及在部门内部进行协调。矿业部组织结构如图2-5-3所示。

蒙古国矿产资源管理局（MRAM）是蒙古国政府的执行机构。其职责是制定矿产资源管理政策，

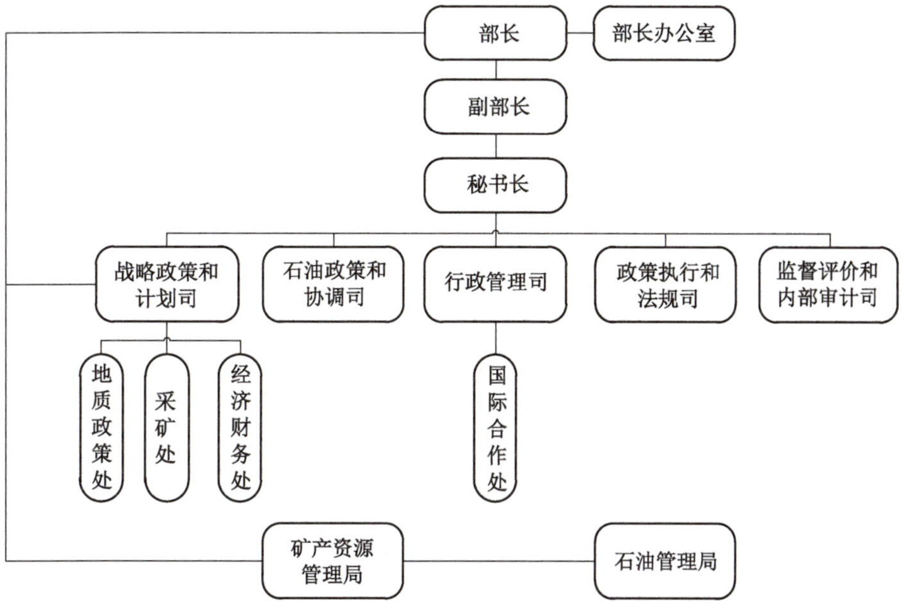

图 2-5-3　矿业部组织结构

提供矿产资源管理信息，并为增加采矿业投资创造有利环境。MRAM 还提供与勘探和采矿许可证有关的服务，以实施适用的《矿产法》。MRAM 与其他政府机构在与采矿有关的环境问题上合作。矿产资源管理局组织结构如图 2-5-4 所示。

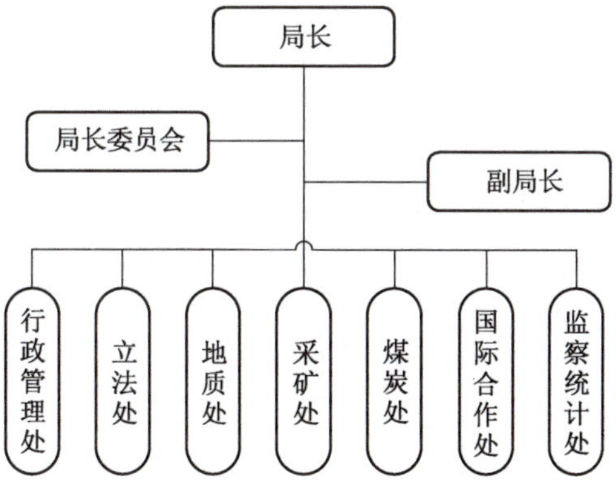

图 2-5-4　矿产资源管理局组织结构

投资局（IMA）成立于 2013 年，IMA 旨在推广和促进蒙古国的商业投资，为投资者创造一个商业友好的环境，并协助国内外投资者规划投资并在整个过程中提供指导。蒙古国投资局组织结构如图 2-5-5 所示。

2）政策法规

（1）《矿产法》。该法的宗旨在于协调蒙古国领土上与矿产资源勘查、勘探、开采有关的关系。早在 20 世纪 90 年代后期，蒙古国为吸引外资颁布了《蒙古国矿产资源法》。在这部法律出台以后，

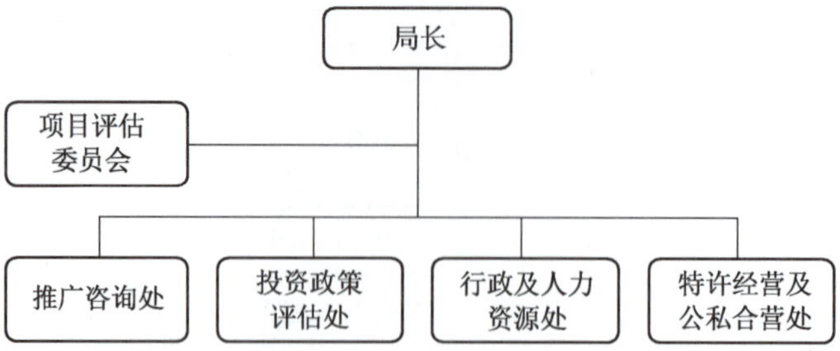

图 2-5-5　投资局组织结构

蒙古国政府结合实际不断地修订和完善。2006 年 7 月 8 日，蒙古国《矿产法》获得通过，并于 2006 年 8 月 26 日正式开始实施，至今为止已经经历了 22 次内容增补和修订，因此《矿产法》越来越趋于完善。同时《矿产法》自 2013 年之后进行的内容增补和修改是建立在开放、透明、负责任的政府协调机制之上，并基于给投资者带来平等公平条件，不区别对待的原则，以支持投资者在该领域做到利益最大化，从而增强国际竞争能力，可以说，这部《矿产法》奠定了矿业领域投资的吸引力。虽然政府、矿产部、矿产局等一些政府部门的权利有所增加，但是同时也提升了经营合同的稳定性，并且新增加了相关的税收优惠内容，大大增强了投资者权益的保护性。同时，透过这部法律可以看到，政府参与力度大大加强，之前不明确的有争议的条款逐步清晰，可以说，在营造稳定的法律环境方面确实迈出了一大步。

（2）《投资法》。该法宗旨是蒙古国境内保护投资者的合法权益，确立投资权益的基本法律保障，支持投资，稳定投资环境，明确投资方面国家机关的权限和投资人的权利义务及协调投资有关其他关系。20 世纪 90 年代后期，蒙古国为吸引外资先后颁布了涉及矿业的两大法律，即《蒙古国外国投资法》和《蒙古国矿产资源法》。

自“矿业兴国”发展战略提出以来，蒙古国吸引着来自世界各地的投资企业，尤其是中国投资企业。而 2012 年 6 月 4 日蒙古国通过《战略领域外国投资协调法》，该法将矿产资源，金融、煤体通信三个重要领域列为关系国家安全的战略性领域，因此对外国投资者设置了十分严格的投资限制，尤其是对含国有成分的外国投资者。该项法律大大降低了外国投资者的信心，带来严重的后果，外国直接投资开始下滑，蒙古国政府财政预算赤字增加。

迫于经济增长压力，蒙古国议会和政府，为了使外资重拾对矿业投资的信心，开始逐渐实施比较温和的法律政策调整。蒙古国废止了《战略领域外国投资协调法》，并于 2013 年通过了新《投资法》。新《投资法》规定，蒙古国政府将一视同仁对待国内外投资商，且海外投资商投资前无须经过政府和议会审批，可直接投资。

该法案取消了外商在蒙古国投资比重不得超过 50% 的规定，还取消了由外商控股比重超过 50% 的国有企业矿业投资的比重不得超过 33% 的规定。此外，新《投资法》还提出一种根据不同投资额和投资地区给予不同年限的稳定税收政策。

（3）《自然环境影响评估法》。该法宗旨是执行蒙古国宪法第 16 条第 2 款，保护自然环境，预防人类活动导致生态失衡，本着对自然环境不良影响最小地利用自然资源，评价区域、行业范围内执行的政策和发展纲领、计划以及各类项目对自然环境的影响并对此做出是否实施的结论和决定，调整参加各方的关系。根据《环境影响评估法》的规定，矿山开发及与其相关的建设项目（如公路、铁路等）均需进行环境评估。因此，需聘请蒙古国具有环境评估资质的公司，对开发矿山及其相关建设项目将对环境造成的影响进行评估，并将环境评估报告提交蒙古国自然环境部审批。

蒙古国其他与探矿、勘探和开采矿物的相关法律包括：《矿产资源保护法》《国土地法》《一般税法》《水法》《企业所得税法》《海关关税和关税法》。

3. 发展前景

据蒙古国煤炭协会统计，蒙古国一次能源消费中煤炭占比超过 90% ，而煤炭出口额则占该国出口收入总额的 1/3 以上。由于煤炭行业对蒙古国经济有深远的影响，该国政府将全力支持煤炭行业发展。蒙古国出口的炼焦煤与澳大利亚煤炭相比具有一定的价格优势。此外，蒙古国也拥有广泛的煤炭产品种类，能够有效实现煤炭混合优势。

蒙古国基础设施十分落后，虽然有“千年公路”和“新铁路计划”等战略规划，但进展缓慢。全国公路总长 11063 km，其中沥青硬面、公路仅占公路总长的 11. 9% ；铁路交通运输也非常落后，境内仅有蒙古国纵贯铁路和东北部的鄂伦察布 - 乔巴山 - 塔木察格 - 布拉克铁路，而且运力十分紧张。蒙古国作为内陆国，海路出口必须借道俄罗斯或中国海港，高昂的运输成本推高了蒙古国焦煤价格；陆路出口方面，俄罗斯和哈萨克斯坦基本不进口蒙古国焦煤，中国作为世界最大的焦煤进口国是蒙古国焦煤单边依赖的出口市场。目前蒙古国大部分已开发的焦煤资源分布在南部、靠近中国内蒙古地区。在蒙古国和中国内蒙古铁路煤炭运输能力严重不足的情况下，绝大多数焦煤不得不通过长距离公路运输，物流成本在焦煤售价中所占比例达到甚至超 50% 。另外，自内蒙古口岸进口的蒙古国焦煤，经由中国铁路运输的路线正是我国西煤东运大通道，铁路运力分配上存在较大压力，现输入华北地区的蒙古国焦煤主要以公路运输为主，费用高。蒙古国交通运输方面的壁垒限制了该国煤炭出口的进一步扩大，未来将致力于解决交通运输问题，扩大煤炭出口产量，提高本国煤炭的竞争力。目前蒙古国正积极建设铁路运输线路，以帮助提高煤炭出口量。

5.4 主要煤矿简介

数据显示，蒙古国煤炭资源矿产地 375 个，其中烟煤产地 138 个、褐煤产地 237 个。在 375 个矿产地中有煤炭矿床 75 个，其中正在开采的矿床（区）34 个；在 75 个矿床中有烟煤矿床 33 个、褐煤矿床 42 个；在已开采的 34 个矿床中，焦煤开采矿区有 20 个，褐煤开采矿区有 14 个。

1. 巴嘎诺尔煤矿

该煤矿位于乌兰巴托东 125 km，现使用俄罗斯、日本的重型机械设备进行生产，设计年产量为 6 Mt，煤的发热量为 3900 kcal/kg。该矿所产原煤绝大部分通过铁路专用线运往乌兰巴托最大的发电厂。该矿现为股份企业，国家股占 90% 。政府将该矿列入全部私有化企业名单，按照政府的方案，该矿将有 40% 的股份通过招标形式转为私有。

2. 沙林格尔煤矿

该煤矿位于乌兰巴托北 240 km，设计生产能力为年产硬煤 2 Mt，煤的发热量为 3900 kcal/kg。所产原煤矿的绝大部分用于发电，供应额尔登特矿。沙林格尔煤矿也被列入全面私有化名单，目前该矿的国家股占 80% ，其中的 55% 正被考虑转为私有。

3. 新乌斯煤矿

蒙古国第三大煤矿是新乌斯煤矿，位于乌兰巴托南 240 km。该矿自 1992 年以来每年产煤 0. 5 Mt，设计生产能力为年产原煤 2 Mt。煤的发热量为 2800 ~ 3200 kcal/kg。已探明储量为 2000 Mt，采区面积为 391 km^2。该矿附近还有一些储量较小的煤矿，并且具有一定的基础设施。

4. 塔班陶勒盖煤矿

南戈壁省的塔班陶勒盖煤矿是世界上最大的尚未完全开发的露天焦煤矿，其探明储量预计超过 6000 Mt，适于露天开采的储量为 1800 Mt，其中主焦煤 1500 ~ 1800 Mt，是优质的冶金焦煤，总价值超过3000亿美元。该煤矿煤质的水分为0.6%、灰分为22%、硫分为0.5%~0.8%、发热量为5000~5500 kcal/kg，品质十分优良。东矿区300 m以上的煤层资源储量、地质构造特征已基本查明，勘查可靠。主矿区划分成8个开采区，其中一采区属省采矿区，其他采区属蒙古国能源公司管理。该矿初期年产规模为15 Mt，远期达到30 Mt/a。

5. 纳林苏海特露天煤矿

该矿位于蒙古国南戈壁省古尔本特斯县东南34 km处，露天可采煤层为5号煤层，煤层厚53.3 m，倾角为45°~55°，煤种主要为肥气煤。有关资料显示，该煤矿查明资源总量为1670 Mt。

6 哈萨克斯坦煤炭工业

哈萨克斯坦煤炭工业是国民经济发展的支柱产业，主要用于发电。哈萨克斯坦煤炭工业随着国民经济的兴衰，经历了独立初期的衰落、中期的恢复、到近10年稳定发展的三大阶段。大幅度私有化改革后，哈萨克斯坦政府转变了原来直接管控本国煤炭工业发展的做法，主要依靠制定和调整国家的法律法规来引导煤炭工业的有序发展。哈萨克斯坦煤炭生产与消费以内需为主、出口不多，并且都是以电力煤为主。在国家绿色和可持续发展战略规划下，哈萨克斯坦未来会逐渐减少煤电的使用占比，加强对煤炭深加工领域的发展，这样一种国家煤炭工业转型战略将保障未来哈萨克斯坦煤炭生产与需求的稳定。

6.1 煤炭在能源系统中的地位和作用

6.1.1 社会经济发展

哈萨克斯坦地理位置非常重要：地处中亚，位于亚欧大陆之间，东南与我国西部的新疆地区接壤，北临俄罗斯，南部与乌兹别克斯坦、土库曼斯坦和吉尔吉斯斯坦三国为邻，西临里海。国土面积为 $2.7249\times10^6\ km^2$，是中亚5国中最大的国家，也是世界上最大的内陆国家。

哈萨克斯坦共和国在苏联解体后于1991年12月16日建立。从经济发展速度上看，根据世界银行世界发展指数（WDI）数据计算，哈萨克斯坦在1992—2018年近30年期间的国民生产总值年增长率的平均值约为3.04%。其中，1991—2000年间的GDP平均年增长率为-3.35%，为经济负增长阶段。2000年后至今经济总体保持了稳定的发展，特别是2000—2007年期间年增长率最高，平均年增长率为10.16%。从经济总体规模上看，1990年哈萨克斯坦GDP为962.94亿美元（2010年固定美元），2019年GDP总量上升到2132.50亿美元（2010年固定美元），排名世界第54名。2018年，哈萨克斯坦人均GDP为9812美元（现价），和中国一样被世界银行划分为中等偏上收入国家。

6.1.2 能源与经济

以石油为代表的丰富的能源矿产资源，是哈萨克斯坦经济增长的比较优势和主要动力。根据国民经济部的统计数据，哈萨克斯坦煤炭近10年的产量保持在每年100 Mt以上，2019年的煤炭产量约为115 Mt。石油是哈萨克斯坦最重要的出口资源，其产量从1989年的25.4 Mt下降到1996年的20.6 Mt，之后总体上保持增长趋势。2018年石油产量达到历史峰值，为91.2 Mt，是历史最低点的2.4倍。根据BP世界能源统计数据，哈天然气产量从1989年的7.007 Mtce（百万吨标准煤）下滑到1996年的4.433 Mtce，之后产量总体保持增长趋势。产量在2018年达到历史峰值，为30.03 Mtce，是历史最低点的7倍。从国民经济比重上看，哈萨克斯坦的采掘业贡献了GDP的30%，2/3的出口，3/4的FDI存量和一半的政府收入。根据世界银行数据计算，2018年油气行业总增加值（gross value added）占哈萨克斯坦GDP的21.1%，矿业总增加值占GDP的14.9%。根据哈萨克斯坦国民经济部的统计数据计算，2017年哈萨克斯坦原油的生产总值占其工业生产总值的39.5%，2013年占比则更是高达50.2%。根据世界银行数据，能源燃料占其商品出口比重自2003年开始一直保持在60%以上，2013年达到历史峰值76.7%。这主要是由于2003年里海到黑海的石油管道开通，以及2005年开始的国际油价的上涨，提高了能源出口产值，促进了经济增长，之后由于国际油价的下降，2019年此比重降到67.1%。

哈萨克斯坦能源消费与经济发展总体保持了一致的趋势。从哈萨克斯坦独立到 2000 年，经济增长一直处于停滞状态，而这一时期的能源消费则是大幅下降。2000 年后，哈萨克斯坦的经济与能源消费都保持了总体增长的趋势，并且经济增长高于能源消费增长。哈萨克斯坦经济高度依赖能源矿产行业，能源消费与经济增长易受国际市场的影响，特别是石油的价格。2008 年的世界金融危机，打击了哈萨克斯坦的经济和能源消费增长。2014 年，由于美国和欧洲联手制裁俄罗斯，再加上美国“页岩油”的快速发展拉低了全球能源价格，导致哈萨克斯坦经济增长的下降与能源消费增长的停滞，之后能源消费与经济恢复增长。

6.1.3　能源与应对气候变化

哈萨克斯坦经济是世界上能源密集程度最高的国家之一，虽然制定了绿色经济的发展战略规划，并且签署了《巴黎协定》，但到目前为止依然是高度依赖化石能源消费，温室气体排放量较大。近 20 年，哈萨克斯坦一次能源消费总体保持增长态势，并且以煤炭消费为主。根据 BP 统计，2007—2017 年间该国一次能源消费的平均增长率为 2.3%，2019 年增长率为 3.1%，一次能源消费恢复到了建国初期的水平。从一次能源消费比例来看，哈萨克斯坦煤炭消费占比总体保持了一个比较平稳的趋势，近 30 年占比一直处在略高于 50% 到 60% 多区间。近几年，煤炭消费占全国能源消费的比例有所下降，保持在接近 55% 的水平。哈萨克斯坦可再生能源消费量一直不高，近几年每年消费量约为 0.143 Mtce。

哈萨克斯坦的新能源产量小，主要是风能和太阳能。2019 年新能源产能总共为 0.8 TW · h（tera-watt - hours），其中风能为 0.5 TW · h，太阳能为 0.3 TW · h。哈萨克斯坦目前没有核电。位于 Aktau 市的 Mangistau 核能电厂，曾经是该国唯一的核能发电厂，但是该电厂的核能反应堆 BN - 350 于 1999 年正式退役。该电厂目前采用火力发电，2019 年归国家所有，由能源部管理。根据 BP 统计，在该核电站关闭前，哈萨克斯坦核能消费每年约为 0.143 Mtce。哈萨克斯坦境内有丰富的铀矿，未来有发展核电的潜能。

哈萨克斯坦电力生产主要依靠化石能源，特别是煤炭（图 2 - 6 - 1）。2019 年煤炭占电力生产能源来源的 72.0%，煤炭发电占比的峰值是 2011 年的 81.1%，之后呈现逐年下降趋势。2019 年天然气占到发电能源的 19.18%，近 30 年总体上呈现缓慢上升趋势。哈萨克斯坦的水电发电量一直没有大的变化，1990 年发电量为 7363 GW · h，到 2019 年逐渐上升到 9987 GW · h。水电在发电比例上总体比较稳定，2019 年水电占发电能源的 9.2%。其他可再生能源发电还在起步阶段，2019 年仅占总发电量的 0.7%。

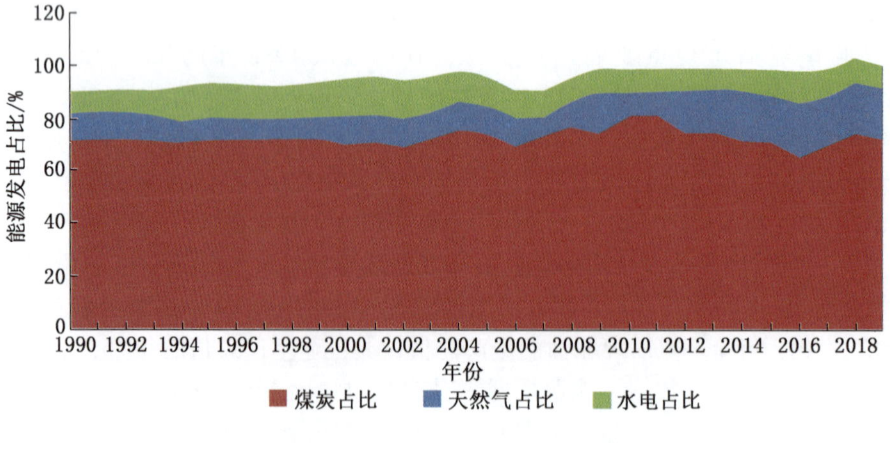

数据来源：BP 世界能源统计年鉴 2019，2020

图 2 - 6 - 1　哈萨克斯坦电力生产能源结构（1990—2019）

哈萨克斯坦的二氧化碳排放主要来自于化石能源的使用，特别是火电厂。因此，二氧化碳排放量同化石能源消费量有相同的发展变化趋势：排放量随着国家独立后能源消费量的大幅下滑，从 1990 左右的超过 200 Mt 降低到 2000 年的 100 Mt（世界银行 WDI 数据），之后从 2001 年开始至今保持一个逐渐上涨趋势，2018 年二氧化碳排放量为 248 Mt，回到了 1990 年左右的水平；二氧化碳排放的年增长率和煤炭与石油的消费量的增长率也呈明显的正相关关系（图 2－6－2）。

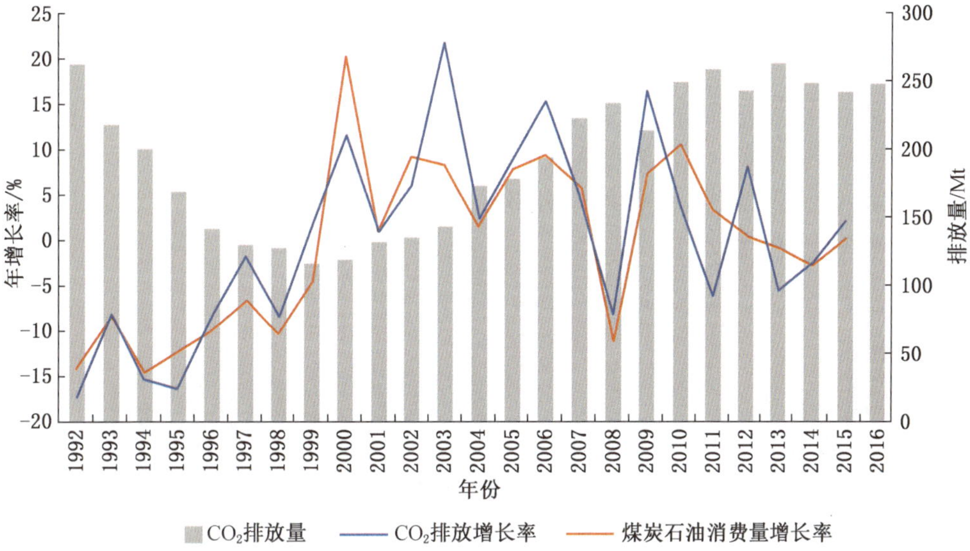

数据来源：BP 世界能源统计年鉴，世界银行 WDI 数据库

图 2－6－2　哈萨克斯坦二氧化碳排放与煤炭石油消费关系（1992—2016）

面对气候变化与环境污染的压力，哈萨克斯坦制定了发展新能源和绿色经济的战略。2013 年 1 月政府通过了《2013—2020 年替代能源和可再生能源行动计划》，根据计划，2020 年前，可再生能源发电功率将达到 1.04×10^6 kW。其中 13 座风电站为 0.79×10^6 kW，14 座水电站 0.17×10^6 kW，4 座太阳能发电站 0.08×10^6 kW。2014 年可再生能源发电量将占总需求的 1%（10×10^8 kW·h/a），2020 年将占 3%，2030 年前将占 5% 左右。最终目标，2050 年前替代能源和可再生能源消费达能源消费总量 50%。2013 年 5 月，国家提出了“绿色经济理念”（Green Economy Concept）的经济可持续发展战略。

6.1.4　煤炭开采业对经济的贡献

煤炭是哈萨克斯坦国民经济发展的支柱。首先，煤炭行业直接贡献国民经济的稳定发展。根据国民经济部统计，煤炭产值占工业总产值之比 2013 年为 1.16%，2017 上升到 1.28%。近些年，全国矿业和露天矿雇佣人数基本保持在约 30 万人，为国民提供了稳定的就业。国际层面的统计指标，世界银行统计的煤炭租金（coal rents），在近 30 年中最高占到哈萨克斯坦 GDP 的 4.68%。2017 年，该占比降低到 0.89%，位居蒙古（9.6%）、莫桑比克（4.6%）、南非（2.1%）、印度（1.0%）之后的第 5 位。

其次，煤炭是哈萨克斯坦工业经济发展的主要动力和居民生活的基本保障。煤炭是电力的主要来源，为其生产生活提供了基本支持。虽然煤炭作为发电能源的占比在逐年降低，但是 2019 年依然高达 72.0%。煤炭是工业生产的主要能源，也具有还原剂等作用应用于金属冶炼。此外，市政供暖和居民生活也离不开煤炭。

最后，煤炭行业也是地方社会经济发展的重要支柱。巴普洛达尔（Pavlodar）地区和卡拉干达

（Karaganda）地区是哈萨克斯坦最主要的两个产煤地区，煤炭企业为当地提供了税收、主要就业，带动了相关产业的发展，是当地社会经济发展的支柱。Bogatyr Komir 煤炭公司是巴普洛达尔地区最大的企业之一，拥有员工7000多人。ArcelorMittal Termirtau 公司坐落于卡拉干达地区的 Termirtau 镇，有33000员工，是当地最大的企业，也是当地社会经济发展的中心。Shubarkol 煤炭股份有限公司（Shubarkol Komir JSC）主要在卡拉干达地区开采煤矿，2018年拥有员工3669人。

6.2　煤炭工业发展现状与前景

6.2.1　发展现状

哈萨克斯坦共和国成立近30年，其煤炭工业大体经历了衰落停滞、改革脱困、健康可持续发展三个发展阶段。苏联解体与国内经济转型造成了煤炭生产与消费的大幅下滑。但是通过坚持私有化改革、引进外资和以经济建设为中心的国家发展战略，2000年后煤炭生产与消费逐渐上涨，在最近10年基本保持稳定（图2－6－3）。

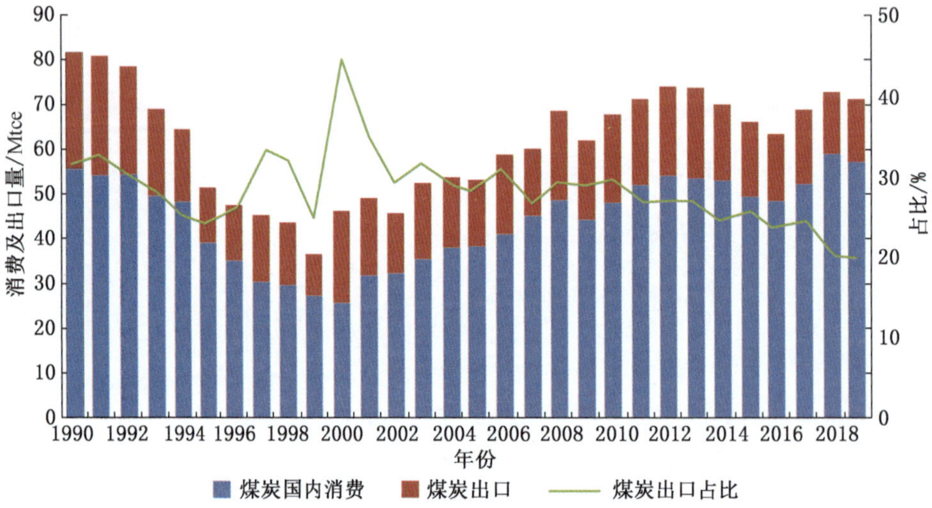

数据来源：BP世界能源统计年鉴2020年

注：煤炭出口量为估算＝煤炭产量－煤炭国内消费

图2－6－3　哈萨克斯坦煤炭需求结构（1990—2019）

哈萨克斯坦生产的煤炭主要用于国内消费，出口的比例不高，对世界煤炭市场影响力很小（图2－6－3）。图2－6－3中的右坐标轴为煤炭出口占比，可以看出哈萨克斯坦煤炭出口一般占总产量的20%多，并且在近10年占比呈缓慢下降趋势，2019年的出口占比达到历史最低的19.7%。哈萨克斯坦煤炭出口占比的历史最高点为2000年，达到45%，这也是哈萨克斯坦煤炭产业开始走上振兴道路的起始年。哈萨克斯坦煤炭主要出口7个国家，其中俄罗斯一直是哈萨克斯坦煤炭的最大外需，2015年自哈萨克斯坦进口煤炭21.5 Mt，价值2.477亿美元，约占哈萨克斯坦煤炭出口总量的77%。另外，哈萨克斯坦对其余独联体国家（乌克兰、吉尔吉斯斯坦等）和欧洲国家（芬兰、英国等）也出口煤炭。

哈萨克斯坦煤炭工业技术距世界先进水平有一定的差距。哈萨克斯坦煤矿开采设备先进，但主要依赖进口。哈萨克斯坦煤矿瓦斯利用处在起步阶段：2000年，煤矿瓦斯有$7.16\times10^8\ m^3$，被收集利用的仅有$0.12\times10^8\ m^3$；2010年为$15.06\times10^8\ m^3$，被收集利用的仅有$0.25\times10^8\ m^3$。哈萨克斯坦主要是在卡拉干达井工煤矿发展煤矿瓦斯利用技术。煤炭深加工利用是哈萨克斯坦煤炭工业计划发展的方向，包括铁合金、建筑材料、炭黑、炭吸附剂等。将煤炭进行液化的研究与实验也在进行中。

6.2.2 管理体制与政策法规

随着煤炭工业的私有化发展，哈萨克斯坦煤炭工业形成了职责相对分散的管理体制，受到来自多个政府部门的监管与政策法规的影响，但是没有一个高层级的政府部门负责统一领导管理。

哈萨克斯坦矿产资源所有权和管理权在中央政府。共和国成立以来，政府角色与管理体制结构一直在转型调整，即从原有的计划经济体制下的高度集权向适当分权转型，从命令和直接参与经济活动向服务与监管转型。尽管如此，哈萨克斯坦政府总体上仍然是一套自上而下的严格的官僚体系，中央政府指挥与授权地方政府的运作。在中央政府权力分配方面，虽然近些年议会权力得到加强，但是主要的决策权仍属于总统和各行政部门。

1995 年通过的全面公投确定了哈萨克斯坦为总统集权制国家，总统居于三权之上。总统负责任命政府总理和全国 14 个省（oblast）和两个直辖市的长官。哈萨克斯坦总统府是国家机构，主要负责社会经济和国内政策的制定、对外政策、人事政策等。因此，哈萨克斯坦的煤炭工业管理体制与政策法规主要是由总统和组成中央政府行政主体的各部委来制定和监管（图 2－6－4）。在国家经济发展方面，总统府下设的哈萨克斯坦共和国经济现代化国家委员会，成立于 2007 年，任务是制定并做出决定，以提高哈萨克斯坦经济的竞争力和效率，工作机构是哈萨克斯坦共和国国民经济部。

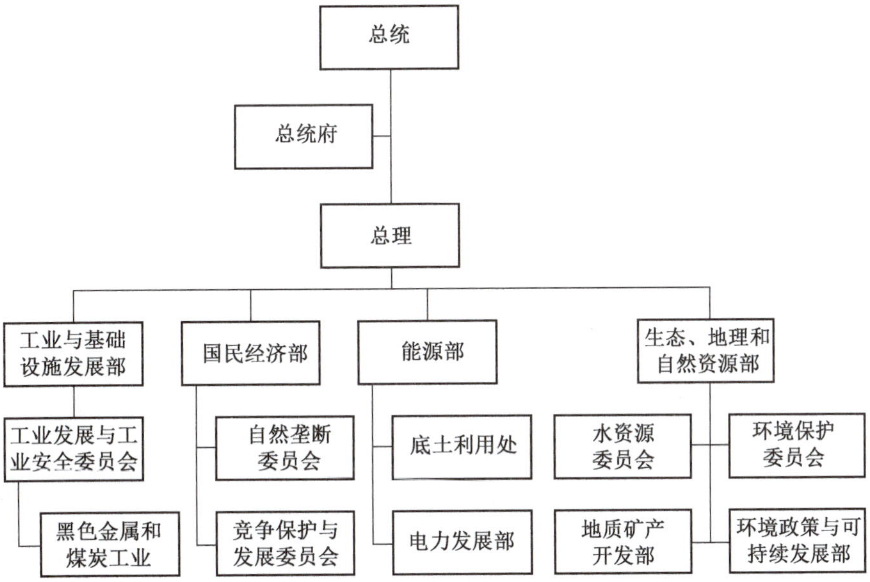

图 2－6－4　哈萨克斯坦煤炭工业管理体制结构

哈萨克斯坦中央政府包括 17 个部委，负责对国家社会经济的管理，其中和煤炭工业发展有密切联系的主要是 4 个部门，即工业与基础设施发展部，国民经济部，能源部，生态、地理和自然资源部。

国民经济部总体负责国家经济发展的规划与监管，影响煤炭工业的发展。国民经济部的主要职责是制定国家经济发展的战略规划、税收和预算政策、国家投资项目管理、市场竞争的保护与发展、市场垄断行为的监管和国家社会经济活动的统计等。

工业与基础设施发展部是直接监管煤炭工业发展的主要部门，该部委负责国家工业发展，包括科学技术与创新、采矿与冶金、煤炭、化学、制药与医疗工业、轻工业与建筑业等领域。工业与基础设施发展部下属工业发展与工业安全委员会，负责国家工业安全领域的监管，主要职责包括：参与制定、实施和监督国家安全政策，与有关机构一起在职权范围内组织和进行事故调查，对生产设施进行测试验收等。工业与基础设施发展部也负责签发从事采矿和化学行业以及出口的许可证。工业与基础设施发展部下属事故和事故调查局，具体参与煤炭行业的安全事故调查。

能源部负责签约授权碳氢化合物、煤炭和铀矿底土（subsoil）的使用权。下属的投资与发展部负责批准矿业开采相关项目的发展。能源部的前身是石油和天然气部，因此能源部的重心依然是监管石油与天然气行业，但是其国家底土使用权利和电力行业的监管都直接影响到煤炭行业的发展。

生态、地质和自然资源部是 2019 年新成立的负责国家环境保护的部门。下属的地质委员会负责审核颁发使用地下空间的许可证。下属的地质矿产开发部负责制定有关授予地下矿产资源勘探与使用权的国家政策，完善地址研究和矿产资源基础再造的公共管理体系，以及矿产资源基础分析和地质开发战略规划。环境政策与可持续发展部负责改善环境质量，保护自然资源，实施有关国际合作和协调中央与地方行政机构在环保领域的国家政策，实现社会环境可持续发展。环境监管委员会负责发布国家环境审查报告，发放排放许可证、危险废物进出口许可证等环境保护方面的公共服务。

在法规政策上，《地下资源与地下资源利用法》(law on subsurface and subsurface use) 和《底土资源与底土资源利用法》(law on subsoil and subsoil use) 规定了矿业勘探、开采与经营的基本形式与内容，是影响煤炭行业发展的最基本与最重要的法规。煤炭工业的职业安全与健康由国家《劳动法》提供基本保护。煤炭工业对环境有较大的影响，因此深受环境政策的影响。

6.2.3 发展前景

目前哈萨克斯坦的煤炭生产主要用来发电，未来的发展方向是煤炭的深加工利用。哈萨克斯坦工业和基础设施发展部工业发展与工业安全委员会指出，考虑到全球趋势，有必要发展煤炭化学和煤炭的综合深加工，煤炭工业的主要任务是通过扩大煤炭深加工综合计划，由煤炭和其他液体合成产品生产柴油燃料以及出口供应多样化的计划，加强支持煤炭生产的工作。这个方向可以确保产品的消费者特性发生质的变化，并因此提高其市场价格，最重要的是，它将使其超越动力煤市场的范围。煤层气的利用已经初步展开，未来会是一个重要发展方向。

未来 30 年哈萨克斯坦煤炭会保持比较稳定的总需求，因此，未来煤炭产量会比较稳定。这一总体稳定需求趋势具体表现在一增一减的两方面变化，即煤电需求的逐渐降低和煤炭深加工需求的上涨。首先，未来 30 年煤电规模的降低是一个渐进的过程。国家制定了绿色可持续经济发展的战略，并且在总统制定的“绿色经济”战略与“哈萨克斯坦 2050”战略规划中提出，到 2030 年达到可再生能源比例至少达到国家能源消费的 20%、2050 年达到 50% 的发展目标。《哈萨克斯坦国家能源报告 2017》指出，未来煤炭消费会缓慢降低，预计到 2040 年会低于 70 Mt，煤电占电力的比重会降到 60% 左右。另外，煤炭价格相比其他能源优势很大，发电厂自身从利润角度出发没有进行改造的动机。哈萨克斯坦天然气发电主要在西部地区，南部的阿拉木图在考虑将煤电改造成气电，但因气的价格而进展缓慢。因此，煤电仍将长期占据国内主要的能源来源。其次，煤炭深加工利用的发展也会拓展新的市场，从而保持煤炭产量的需求。2020 年，哈萨克斯坦计划生产 120 Mt 煤炭，其中 82 Mt 用于国内市场，38 Mt 用于出口。

6.3 煤炭资源

6.3.1 煤炭资源总量与煤田分布

哈萨克斯坦煤炭资源丰富，是世界上煤炭存储量最大的国家之一。煤炭存储量因统计方法与统计数据来源不同而有很大的差异。根据哈萨克斯坦政府 2008 年 6 月发布的《哈萨克斯坦共和国直到 2020 年的煤炭工业发展》规划显示，全国煤炭总地质储量估计为 150 Gt，平衡表内储量的 62% 为褐煤，其余 38% 为硬煤，平衡表内煤炭储量来自 49 个煤矿产地。

哈萨克斯坦煤炭探明存储量在近 30 年没有巨大的波动。根据 2020 年 BP 世界能源统计年鉴，

2019 年全国煤炭探明存储量为 25.605 Gt，全部为无烟煤（anthracite）和烟煤（bituminous），占世界存储量的 2.4%，居世界第 8 位。2019 年哈萨克斯坦煤炭存储生产比（R/P）为 222，即按照当前的产能，已探明煤炭存储量还可以提供 222 年的生产。从历史数据看，20 世纪 90 年代初，哈萨克斯坦煤炭探明存储量为 34 Gt。根据 2007 年 BP 统计，哈萨克斯坦煤炭总探明储量为 31.279 Gt，占世界煤炭探明储量的 3.4%。其中，无烟煤与烟煤探明存储量为 28.151 Gt，次烟煤与褐煤为 3.128 Gt。根据 2015 年 BP 统计，哈萨克斯坦煤炭总探明储量为 33.6 Gt，占世界煤炭探明储量的 3.8%。其中，无烟煤与烟煤探明存储量为 21.5 Gt，次烟煤与褐煤为 12.1 Gt。

哈萨克斯坦主要的煤盆地有卡拉干达（Karaganda）、埃基巴斯图兹（Ekibastuz）、迈库边（Maykuben）和图尔盖（Turgai）。哈萨克斯坦的煤层赋存条件很好，2/3 的煤炭储量埋藏深度在 600 m 以内，可露天开采。其中，烟煤的主要产区是卡拉干达和埃基巴斯图兹煤田，褐煤的主要产区是图尔盖和迈库边。哈萨克斯坦煤炭生产绝大部分都集中在两个州：巴甫洛达尔州（埃基巴斯图兹煤盆地）和卡拉干达州，两个州的年生产能力可达 146 Mt。

卡拉干达煤盆地坐落于哈萨克斯坦中部，东西长 100～180 km，南北宽 30～45 km，总区域面积 3000～3600 km^2。煤盆地主要含煤区域大约 2000 km^2，4000 m 深，煤盆地中心位于卡拉干达市。有石炭系和侏罗系两个产煤层位。煤炭资源量为 35 Gt、储量为 11 Gt（其中 60% 是炼焦煤），年产量为 50 Mt。是哈萨克斯坦最大的炼焦煤产地，焦煤产量比重占该地区煤产量的 55%。可采煤层总厚度为 40 m，煤层平均厚度为 2.5 m（个别为 7～8 m），煤层埋深一般小 600 m，矿井采深平均约为 300 m，煤矿瓦斯含量高。

埃基巴斯图兹煤盆地位于哈东北部，盆地内埃基巴斯图兹煤田面积为 160 km^2，为一封闭式向斜构造，地质储量约 12.7 Gt。煤层平均深度约为 160 m，最深超过 670 m。

图尔盖（Turgai）盆地位于哈西北部，盆地内图尔盖煤田面积 33000 km^2，地质储量为 5.8 Gt，煤种为褐煤，含硫量为 1%，灰分为 15%～25%。

目前，哈萨克斯坦共有 47 个煤田、产煤区、煤矿区等。5 个煤田和 14 个矿产地已经投入使用。为了保障各地区对煤炭的需求，在阿克纠宾斯克州、阿拉木图州、东哈州和南哈州也进行露天开采煤炭。总之，全国目前共在 42 个矿区勘探和开采煤矿。

6.3.2 资源管理与政策法规

煤炭资源的开采与利用主要由哈萨克斯坦能源部下属的底土资源利用部门负责。能源部是新成立的部门，在底土资源和地下矿产资源利用上整合了之前分散于各部委的行政职责，主要包括工业和新技术部、石油与天然气部、投资与发展部、环境与水资源部等。能源部下属的底土资源利用部门的主要职责包括了 44 项关于底土和地下资源利用的相关监管行政责任，比如协调中央与地方政府执行国家的底土资源政策，制定底土资源公开投标和拍卖的规则与条例以及提供相关文件与程序服务，年度评估底土的使用情况，组织独立项目评审工作，地下矿产资源合同的监管，确保地下资源勘探与生产符合哈萨克斯坦国家利益，发展和确认国家战略地下资源区域等。另外，煤炭是哈萨克斯坦电力生产的主要能源，企业煤电一体化程度高，并且电力发展部在 2014 年成立的时候叫作电力与煤炭工业部门，所以电力发展部仍对煤炭工业的发展具有重要影响。

煤炭资源的勘探、开采与利用主要受到《地下资源及地下资源利用法》和《底土资源与底土资源利用法》两部法律的约束与监管。哈萨克斯坦与俄罗斯一样实行基于底土的矿业权管理制度。底土（subsoil）指的是地下物质、能量、结构与空间。由于矿产资源主要埋藏在地下，同时孕育产出矿产资源的地质构造也主要赋存于地下，因而底土就代表了地质调查研究和矿产勘查开发的空间。这两部法律也都经多次修改，其中最重要的几次修改是在 2005 年、2007 年、2010 年、2014 年和 2017 年。因为矿产资源是哈经济发展的主要动力，这两部法律的修改受到政治、社会经济和环境等多方面的影响。

在政治上，确保国家掌握具有战略性意义的矿产资源以及矿产资源的发展能够惠及民生是两部法律修改的重要方向。哈萨克斯坦独立后的改革是市场化、私有化，并且大力引进外资。在 2000—2011 年间，在油气领域中 70% 的投资都来自美国、英国和荷兰等世界大国。哈萨克斯坦政府意识到矿产资源的重要战略性作用，通过逐步完善相关政策制度，实现国家对能源矿产资源的有效控制和优化整合。国家优先权制度，是指国家在购买转让的矿产利用权或与矿产利用权相关的对象时享有的第一权利。该制度在 2004 年对《地下资源法》进行修改时首次明确提出，明确了国家拥有优先购买权。2005 年扩充了国家优先权的内容，规定“国家拥有收购非国民在矿产资源开采项目中所占股份的优先权”。2007 年修订的《底土法》，主要是增加了政府可以修改或取消合同，只要该项目被认定为具有战略重要性的或影响到国家安全的。2008 年 2 月的总统国情咨文中再次重申了政府要加强对重要的国民经济部门和战略资源，即能源的控制，必须加大主要经济体在重大合资投资项目中的参与程度，这对于促进哈萨克斯坦高附加值产品走向国际市场相当重要。

2010 年新颁布的《地下资源法》从三个方面完善了国家优先权制度：①扩大权利对象。该法将国家享有优先权的对象规定为“矿产利用权（部分）和与矿产利用权相关的对象”，这一规定将所有与矿产利用相关的权益涵盖其中，最大限度地保护哈萨克斯坦政府所享有的优先购买权；②限定优先购买价格的上限。2010 年前的《地下资源法》规定哈萨克斯坦政府应以不低于其他购买方提出的价格行使优先购买权，为了避免卖方与其他买方串通提高购买价格，2010 年《地下资源法》规定政府行使优先购买权的价格不超出矿产开发单位进行矿产交易之日的价格，无此价格时，则不应超过国家购买矿物之日世界市场的价格；③规定国家优先权的实现程序。该法规定卖方转让矿产利用权（部分）和与矿产利用权相关对象前，必须向相关部门提交申请，只有经过审查做出不予实施国家购买的决定时，卖方才有权将相关权益转让给其他购买者，该法同时对申请材料、审查期限、购买程序及期限做出明确规定。

从社会经济考虑，两部法律的调整方向是与国际接轨、简化行政监管程序以提高经济效率。与经济效率关系重大的是《底土法》与《地下资源法》中规定的获取开发与生产的权利的方式。2010 年版的《底土法》规定了勘探底土的权利是通过投标形式获取，但例外是企业组织可以通过和国有企业合作采用商定合同形式获取底土使用权利。但是 2017 年 12 月颁布的新法案采用的是“先到先得”的许可证授权制度，包括地质研究勘探、固态商业矿物的开采与生产、底土空间的消费、金矿开采，这也是哈萨克斯坦政府为了鼓励矿业勘探而采用的与国际接轨的制度。新法案要求相关企业需要提交详细的关于矿井勘探开采、生产和关闭的计划。但是与旧版法案一样，政府对有战略意义的矿产资源有优先购买权。

两部法律的修改也是为了能够让资源开发惠及到更多的本国居民。“哈萨克斯坦含量”规则主要是指，在哈萨克斯坦注册的各类公司在经营活动中，凡涉及哈萨克斯坦商品、工程和服务采购事宜，都必须依法在矿产资源投资开采合同中明确规定采购比例，还包括外方和哈方被雇佣人员的比例。“哈萨克斯坦含量”作为法律定义正式出现是在 2004 年修改的《地下资源法》中。之后，由 2009 年的《有关哈萨克斯坦含量法律问题的修改和补充》等一系列相关法律规定进一步完善了“哈萨克斯坦含量”规则。在该规则下，“哈萨克斯坦含量”义务贯穿于合同谈判，商品、工程和服务的采购以及引进外国劳动力的过程中。对违反“哈萨克斯坦含量”义务的行为，法律规定了严格的罚金甚至终止矿产开发利用合同等处罚措施。

6.4 煤炭生产

6.4.1 煤炭生产总体情况

近 30 年，哈萨克斯坦的煤炭生产经历了一个前十年下降，第二个十年回升，再到最近十年产量保持在一个较平稳的水平。苏联解体后，哈萨克斯坦煤炭行业和其他行业一样经历了非常困难的时期。在苏联时期，哈萨克斯坦是在俄罗斯与乌克兰之后的第三大煤炭生产国，1988 年煤炭产量高达 143 Mt。在 1991 年独立当年，全国煤炭总产量仍有 130 Mt，占苏联总产量的 20.7%。但是，在哈萨克斯坦独立后的几年里同其他苏联国家一样，煤炭产量大幅下降。根据 BP 数据（图 2-6-5），煤炭产量从 1989 年的 138 Mt 逐年下降到 1999 年的 58 Mt，产量下降幅度超过了 50%，为哈萨克斯坦煤炭产量历史最低点。

独立后的初期，哈萨克斯坦煤炭产量大幅下降的原因主要有内外两方面。首先是煤炭外部需求的减少。苏联时期，哈萨克斯坦的煤炭由苏联中央计划生产，不仅要满足自身的煤炭需求，更需要为整个加盟共和国的社会经济发展提供能源动力。因此，独立前的煤炭生产有相当大的部分是供外部需求，到哈萨克斯坦独立后的早期，依然有 40% 左右的煤炭用于出口。例如 1993 年，哈萨克斯坦采煤 119 Mt，其中 50.5 Mt，即总产量的 41.2% 出口独联体和其他国家。其中向俄罗斯出口最多，为 41.3 Mt，其次是吉尔吉斯斯坦，为 1.08 Mt。苏联解体的冲击，严重破坏了苏联加盟共和国的社会、政治和经济的原有发展路径。原加盟共和国的经济因此都陷入停滞与衰退，逐年降低了对哈萨克斯坦煤炭的需求。比如俄罗斯的国内生产总值（GDP）从 1991 年的 5179.63 亿美元逐年降低到 1999 年的 1959.07 亿美元，为俄罗斯独立后的最低值。俄罗斯为哈萨克斯坦煤炭的国外最大需求地，外部需求的疲软导致了哈萨克斯坦煤炭产量在 1999 年达到其历史最低点，为 58.4 Mt。另一方面原因是苏联解体给哈萨克斯坦煤炭生产带来了巨大挑战。外部需求快速萎缩，而社会经济发展陷入停滞状态的哈萨克斯坦，是不能够自身消化原有的煤炭产能的，这就造成了哈萨克斯坦煤炭生产的亏损。根据 BP 世界能源统计数据，哈萨克斯坦煤炭消费从 1992 年的 54.483 Mtce 逐年下降到 2000 年的 25.454 Mtce，是哈萨克斯坦煤炭消费历史最低点。独立后，失去了在苏联时期来自莫斯科的财政支持，哈萨克斯坦政府又没有财政力去补贴来维持亏损煤矿的生产经营，许多煤矿因此被迫停止生产、甚至被关闭。

2000 年后，哈萨克斯坦煤炭生产逐渐恢复，达到一个相对稳定水平。1995—1998 年哈萨克斯坦政府实施了一系列改革措施，包括对大型国有煤矿通过引进外资进行私有化改造，通过提高管理水平、加大基础设施投入、优化矿井布局、关闭亏损企业等一系列措施，使改造后的煤炭企业完全走入了市场经济的轨道，降低了开采和管理成本，提高了企业在国内市场和独联体市场的竞争力。另一方面，由于外资的引入，有效建立起了“煤—金属”和“煤—电力”垂直一体化的生产经营模式，保证了煤炭市场稳定和经济效益。2000 年后哈萨克斯坦煤炭产量逐年增产到 2008 年的 111 Mt 的产量（图 2-6-5），之后虽然产量有所波动，但一直保持在每年 100 Mt 产量以上。自 2000 年后，哈萨克斯坦煤炭产量在世界煤炭产量中的占比基本稳定，保持在 1.5% 上下（图 2-6-5）。这些统计数据都表明哈萨克斯坦煤炭生产已经达到了一个相对稳定的产量。

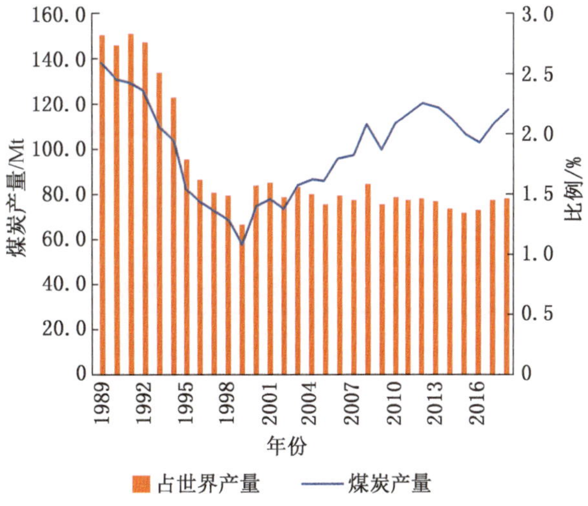

数据来源：BP 世界能源统计年鉴

图 2-6-5　哈萨克斯坦煤炭历史产量情况

近 30 年哈萨克斯坦煤炭产量基本保持在世界第 10 位。1989 年哈萨克斯坦煤炭产量达 138 Mt，排在中国、美国、德国、俄罗斯、波兰、印度、澳大利亚、乌克兰、南非之后，居世界第 10 位。即使是近30年煤炭产量最低的1999年，由于苏联国家煤炭生产能力的整体衰落，哈萨克斯坦煤产量仍居世界第11位。2019年煤炭产量为115 Mt，同比下降26%，占世界煤炭总产量的1.4%，产量排名世界第10位。

哈萨克斯坦主要产煤区在巴普洛达尔州和卡拉干达州两个地区。其中，多数煤炭都是在巴普洛达尔省埃基斯巴斯图兹的三大露天煤矿生产（Bogatyr，Severnyy，和Vostochnyy）和卡拉干达的四个露天煤矿（Borly，Shubarkol，Kushoky，和Saryadyr）。余下的煤炭主要产自卡拉干达的井工煤矿（主要用于当地金属冶炼）和在Maykuben盆地的褐煤生产。矿业和露天矿雇佣人数近些年基本保持稳定，2014年是近几年雇佣人数最多的一年，为29.46万人，2017年略微下降到28.37万人。

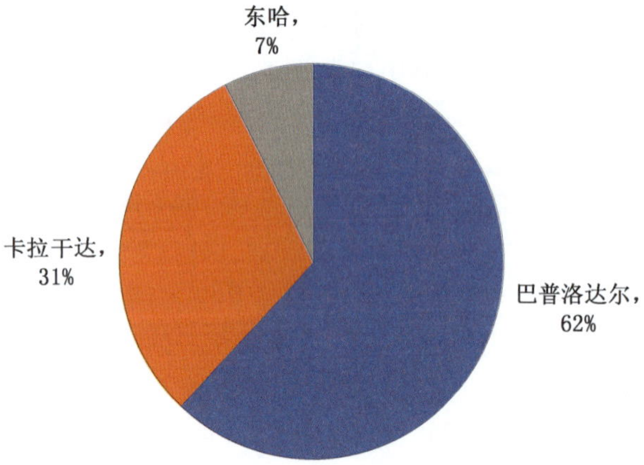

数据来源：哈萨克斯坦国民经济部

图2-6-6　2019年哈萨克斯坦主要煤炭产区煤产量情况

根据哈萨克斯坦国民经济部的统计，2019年全国煤炭（不包括洗煤）总产量约为111 Mt，其中巴普洛达尔地区产煤超过68.36 Mt，卡拉干达地区产量为34.22 Mt，两个地区产量占总产量的93%（图2-6-6），剩余的煤炭产出主要在东哈萨克斯坦地区，约为8.16 Mt。2018年哈萨克斯坦煤炭产量比2019年略高，约为114 Mt，其中，巴普洛达尔地区产煤约为70.33 Mt，卡拉干达地区产煤约为34.99 Mt，东哈萨克斯坦产煤8.29 Mt。

哈萨克斯坦煤炭品种以硬煤为主。根据国际能源署IEA的统计，哈萨克斯坦硬煤产量占全部煤炭产量的80%以上，约10%为炼焦煤，剩余的是褐煤。

据中国驻哈萨克斯坦大使馆经济商务处的资料，哈萨克斯坦煤炭行业投资总额的92%来自前十大煤炭企业（表2-6-1）。2000—2014年期间，煤炭开发企业在发展公众事业和地方基础设施建设方面投资5850万美元，在人才培训方面投资6750万美元；煤炭领域从业人员从29000人增长到32000人。

表2-6-1　哈萨克斯坦主要煤炭企业投资及产量情况

煤矿企业	投资占全国投资比例/%	煤炭开采占全国比例/%	煤矿企业	投资占全国投资比例/%	煤炭开采占全国比例/%
ArcelorMittal Temirtau	33	11	卡拉热拉公司	5	6
欧亚能源集团公司	20	20	安格列索尔能源	3	4
Bogatyr	18	38	伽马公司	3	2
Shubarkol	9	10	萨雷阿尔卡能源公司	2	1
哈矿产集团公司	5	7	库兹涅茨基矿井公司	2	0

哈萨克斯坦煤化工产业有一定发展。哈萨克斯坦主要生产电力煤，但也生产一定量的焦煤，主产地在卡拉干达煤盆地。根据哈萨克斯坦统计年鉴2017（Kazakhstan in 2017：Statistical Yearbook），焦煤、半焦煤和气煤（retort carbon）的总产量从2013年的2.38 Mt逐步提高到2017年的2.95 Mt。

哈萨克斯坦煤炭产能的利用率还有提高空间。哈萨克斯坦是一个能源密集型经济体，由于落后的技术、老旧的基础设施等因素，导致能源利用效率不高。根据哈萨克斯坦政府对工业企业产能利用率的统计（统计年鉴 2017），在 2013—2017 年间煤炭（coal）产能利用率最低为 2016 年的 78.4%，最高为 2013 年的 90.1%；褐煤（lignite）产能利用率整体低于煤炭利用率，最低为 2015 年的 54.5%，最高为 2017 年的 67.5%。

哈萨克斯坦煤炭生产的劳动生产率比较高，主要原因是将近 85% 的煤炭开采都是露天开采，大型现代化挖掘机的使用大大提高了煤炭生产效率。按照煤炭领域从业人员为 32000 人计算，2019 年（111 Mt 煤炭）哈萨克斯坦煤炭劳动生产率约为每人每年 3469 t。

6.4.2 露天煤矿

哈萨克斯坦以露天煤矿为主，约占煤炭总产量的 85%。露天煤矿开采集中在 7 座大型露天煤矿，最大的 3 座（Bogatyr、Severnyy 和 Vostochnyy）在巴普洛达尔地区的埃基巴斯图兹煤盆地，另外 4 座在卡拉干达煤盆地（Borly、Shubarkol、Kushoky 和 Saryadyr）。2018 年哈萨克斯坦煤炭产量约为 114 Mt，其中，巴普洛达尔地区产煤约为 70.33 Mt，占煤炭生产总量的 64.3%。哈萨克斯坦最大的露天煤矿公司是 Bogatyr 煤矿公司，拥有每年 42 Mt 煤炭生产能力，其中 32 Mt 煤炭生产能力来自 Bogatyr 煤矿，另外的 10 Mt 生产能力来自 Severny 煤矿。Bogatyr 公司拥有员工 6500 人，劳动生产率约为每人每年 6462 t。

哈萨克斯坦露天煤矿开采成本低，并且装备了现代化的机械设备，生产效率较高。例如哈萨克斯坦最大的露天煤矿公司 Bogatyr，在 2019 年 5 月采购了俄罗斯 Uralmashplant 公司生产的 EKG-20 型大型矿用挖掘机（电铲）。根据 Uralmashplant 公司官网资料，EKG-20 型矿用挖掘机的主要参数与中国太原重工生产的 WK-20 型矿用挖掘机相似，铲斗标准容量为 20 m^3，斗容范围为 16~24 m^3，铲斗额定载荷为 40 t，用于剥离表层土壤和采装经爆破崩落的矿区土石方。公司自 2006 年开始，装备了自动化的煤炭传输系统。这些现代化装备的使用，大大提高了 Bogatyr 公司的煤炭生产效率，平均剥采比不超过 0.73 m^3/t。目前，根据 2019 年年报，公司正在 Bogatyr 露天矿安装连续循环采矿系统（cyclical-and-continuous method of coal mining），将进一步提高煤炭产能和生产效率。Uralmashplant 公司目前生产的矿用挖掘机的最大标准斗容为 35 t，而中国太原重工生产的最大标准斗容量为 75 t。Bogatyr 公司装备了中国徐州工程机械集团生产的 LW300F 型装载机，吨位为 2 t，用于煤炭装载综合设施（RCC）的输送机下方收集沉积物，以及砾石、砂子等。Bogatyr 公司装备了美国卡特彼勒公司生产的矿业车辆，包括用于运送煤炭的重型自卸卡车 CAT 785、D9N8 推土机和 16H 平地机。另一家大型煤矿公司 Shubarkol，在其露天矿也装备了来自各国的先进采煤设备，比如公司 2019 年购置了 11 台卡特彼勒公司的 777E 自卸卡车、2 台日立 EX1900-6(LD) 液压挖掘机和日立 EX3500-6 大型矿用挖掘机(斗容范围为 21~23 m^3)。对于 30~100 m 深的大型煤层,Shubarkol 公司的煤矿剥采比为 3 m^3/t。

6.4.3 井工煤矿

哈萨克斯坦井工煤矿主要坐落于卡拉干达地区，近 30 年的产量比较稳定，并且井工煤矿主要是由 ArcelorMittal Temirtau（AMT）公司开采。

AMT 公司在卡拉干达地区有 8 座井工煤矿。Abayskaya 矿山（以前称为 Kalinin 矿山）于 1961 年投产，1998 年合并 Kalinin 矿山和 Abayskaya 矿山后统称为 Abayskaya 矿山，开采的煤炭等级为 K，OS，距离卡拉干达市 30 km。Saranskaya 矿于 1955 年投产，设计产能为每年 1.80 Mt。Kazahstanskaya 矿 1969 年 6 月投产，距离卡拉干达市 50 km。Shakhtinskaya 矿井于 1973 年投产，设计产能为每年 1.80 Mt。Tentekskaya 矿山于 1979 投产，设计产能为每年 4 Mt，距离卡拉干达市 50 km。Koestenko 于 1934 年开始建矿井，1942 年投产，后于 1998 年再次投产，坐落于卡拉干达市。列宁（Lenin）矿井于 1964 年投入使用，设计产能为每年 2.1 Mt，距离卡拉干达市 50 km。Tusup Kuzembaev 矿于 1959 年投产，设计产能为每年 1.6 Mt。

6.5　煤矿安全生产与职业健康

6.5.1　安全生产与职业健康总体情况

哈萨克斯坦对安全生产与职业健康重视度逐年提高，总体成果明显。根据国际劳工组织的统计，哈萨克斯坦露天煤矿公司采矿与采石业 2010 年工伤致死事故为每 10 万人有 19.8 人，2013 年降到每 10 万人有 16.7 人，2015 年为每 10 万人有 17.8 人，2017 年降低到每 10 万人有 14.1 人。非致死职业伤害 2013 年为每 10 万人有 137.7 人，2015 年上升到每 10 万人有 187.2 人，2017 年降到每 10 万人有 160.9 人。

哈萨克斯坦以露天煤矿开采为主，因此重大的煤矿事故不多。井工煤矿主要是在卡拉干达地区，由 ArcelorMittal Temirtau（AMT）公司进行开采，并且发生过几起重大事故。2004 年，公司在卡拉干达地区的煤矿发生爆炸，致死 23 人。2006 年 9 月 20 日，公司在卡拉干达地区的列宁（Lenin）煤矿瓦斯爆炸，致在地下 500 m 深处工作的 43 位矿工死亡。2008 年 1 月，公司在卡拉干达地区的 Abay 煤矿爆炸，致死 30 人。在事故原因上，政府部门认为引起爆炸的原因是煤矿瓦斯，建议该公司安装瓦斯监测仪器。

在最近 10 年里，没有发生过大的煤矿事故。根据 AMT 2017 年劳动保护、安全和消防安全工作报告，公司工伤事故从 1996 年到 2017 年呈现逐渐降低的大趋势，工伤总人数从 1996 年的 1475 人降低到 2017 年的 63 人；死亡人数最高为 2004 年 36 人、2016 年 53 人和 2008 年的 45 人，其他年间死亡人数多数为个位数。

6.5.2　法律法规与监管体系

哈萨克斯坦政府在不断加强煤矿安全生产与职业健康方面的法律建设。《劳动法》是哈萨克斯坦对安全生产与职业健康方面规范的基本大法，2015 年版《劳动法》的第四部分为安全与劳工保护，包括国家劳动安全与保护领域条例、雇佣者与员工的权利与义务、劳动安全与保护组织和工作相关事故的调查与记录 4 章内容。

2004 年 2 月，政府颁布了《职业安全与健康法》，在法律上规范了煤矿企业安全生产行为，同时也保障了员工的基本工作安全与健康。2007 年 7 月，政府颁布了《化学产品安全法》，对煤炭及煤炭加工都给予了法律规范与约束。2009 年，哈萨克斯坦医疗卫生部颁布了条例，列出了职业危害清单，并要求企业对员工要进行强制性的健康检查。

《地下资源及地下资源利用法》对矿产资源开发利用做出了安全方面的规定。该法规定了矿产资源统一的安全开采规则，应及时检测并发现危害职工及矿区居民人身安全的隐患，并规定了事故发生的补救措施。2010 年版又要求矿产利用作业对职工及矿区居民安全产生威胁时，应当立即中止矿产利用作业，只有将其转至安全地点或威胁因素消除后才可恢复开采。2017 年新修订的《底土资源与底土资源利用》法案明确了环境评估作为许可证发放的条件，环保执法拥有否决权。

哈萨克斯坦工业与基础设施发展部是直接监管煤炭安全生产的主要政府部门。其下属工业发展与工业安全委员会，负责国家工业安全领域的监管，主要职责包括：参与制定、实施和监督国家安全政策，与有关机构一起在职权范围内组织和进行事故调查，对生产设施进行测试验收等。工业与基础设施发展部下属事故和事故调查局，具体参与煤炭行业的安全事故调查。

在企业层面，大型煤炭公司也采用了国际安全生产与职业健康方面的管理标准。哈萨克斯坦的煤炭生产主要由几家大型的集团公司生产经营，这些大型公司都采用了国际职业健康与安全标准，比如 ArcelorMittal Temirtau 公司获得国际职业健康与安全管理认证 OHSAS 18001：2007 Occupational Health & Safety。欧亚资源集团下属煤矿公司执行 OHSAS 18001 职业健康与安全管理系统标准。对哈萨克斯坦员工进行强制性的每年身体健康检查、现场医疗检查、工作地健康风险评估，提供相关的医疗服务。

Bogatyr 公司生产的煤炭每年都要通过哈萨克斯坦安全质量标准 1383—2005 和 1246—2004 的认证。

6.6 煤炭与环境

6.6.1 煤矿区环境治理

随着经济的稳定发展，哈萨克斯坦对环境保护越来越重视。2019 年，中央政府进一步整合了环境、生态和资源的一体化管理，在 7 月成立了生态、地质与自然资源部，以加强三者之间的协调发展与保护。整合的职能包括：前环保部负责的环境保护、固体废物管理和自然资源监管与有效利用职能；农业部负责的水的供应、森林管理等职能；工业与基础设施发展部负责的地理勘探、矿产资源研究与再生产。

法律法规方面，1997 年 7 月哈萨克斯坦颁布的《环境保护法》和 2007 年更新的《环境法典》对煤矿区环境做出了宏观的规定要求：煤矿作为矿物资源，是环境保护的对象之一；要求对煤矿开采进行环境影响评估；要求对矿物生产与消费的废弃物进行有毒和无毒分类与分级，允许无水的地下煤矿设置有毒废弃物存储点。但为突出矿产资源领域的特殊性，1996 年的《地下资源及地下资源利用法》规定除了首先遵守《环境保护法》以外，还应当遵循合理的地下资源保护规则，预防勘探、挖掘装备及材料的使用对矿区的地质、水文等生态环境造成影响，在开采过程中发现具有特殊生态价值、科学文化价值和其他价值的矿段时，应及时划分自然保护区加以保护。2010 年修订的《地下资源及地下资源利用法》，在原有基础上进一步加强了环境保护的要求，主要体现在：矿产利用作业终止以及按计划开采完矿物储备量时，要对矿产利用对象进行清除和密封；在海上、内水、紧急生态区和重点自然保护区进行石油作业的决定权归哈萨克斯坦总统，并严格按照哈萨克斯坦政府确定的程序执行。

哈萨克斯坦几家大型煤炭企业制定和实施了现代化的环境管理系统。Bogatyr 煤矿公司实行了 ISO14001 环境管理标准，购买了环保保险，并且保持工业环境监管，包括大气环境、地表与地下水、土壤。该公司 2017—2018 年环境保护资金拨款 28.08 ~ 28.52 亿坚戈，2018 年末减少排放超过 30 Mt。根据国际能源署清洁煤中心（IEA Clean Coal Center）介绍，Bogatyr 公司的环保措施包括：建造了一个地下废物处理系统，废弃物存储区域从 2000 年的 7 个减少到了现在的 1 个，安装了灰尘吸附和呼吸系统以减少空气中的颗粒排放。Shubarkol 煤矿公司实施了“变废物为利润”的项目，去市场化利用焦煤粉、泡沫炭等废弃物。

ArcelorMittal Temirtau 公司生产环境的监控由两个独立的第三方认证实验室进行，包括监视工业中固定源有害物质的排放、废水排放的质量、企业卫生保护区边界处的大气表面层。在保护大气上，企业对锅炉房和企业技术园区安装和改进了除尘与抽吸设备。在列宁矿上安装了以甲烷气运行的发电机组，可以满足矿区 20% 的电力需求。与使用煤炭锅炉相比，大大减少了有害物质的排放。在水资源保护与利用方面，企业安装使用了矿井水处理过滤清洁技术，采用了物理和机械的废水处理方法，并且对矿山和生活用水等网络进行了重建和维修。主要的生产废物为主体岩石、灰烬和矿渣废物，在 Saranskaya 的矿产中，生产废料被完全用于填海，其他矿场的废料则被存储在废料场中。Tentek 的煤灰和矿渣被部分用于生产矿渣块。

6.6.2 煤炭清洁高效利用

哈萨克斯坦煤炭清洁高效利用在近 10 年得到了一定的国家鼓励与发展。这主要体现在一系列政策与机构制定与调整上：2007 年制定了环境保护法，2009 年实施了《支持使用可再生能源法》（Law on Supporting the Use of Renewable Sources of Energy），2012 年制定了《能源节约与能源效率法》（the Law on Energy Saving and Energy Efficiency in 2012），2013 年实施了“绿色经济理念”（Green Economy Concept）的经济发展战略，新生态法案（the new Ecology Code）将于 2020 年实施。

2013 年 1 月，哈萨克斯坦建立了温室气体交易系统（the Greenhouse Gas Trading System）。政府通

过了国家温室气体配额分配计划（National Plan for Distribution of GHG Quotas），免费分配有限的配额给几家大型的利用自然资源的企业，获得配额的门槛是 CO_2 排放要超过每年 20000 t。环保立法规定使用自然资源的企业有责任主动获取温室气体配额。如果温室气体排放量超过发放的配额限定的量，企业需要购买额外的配额去合法排放超出的温室气体。目前的问题是碳交易市场的流动性不足，这也是国际碳交易市场普遍存在的问题。

能源部鼓励更多地利用煤炭富集。2017 年，巴普洛达尔地区的 Vostochny 工厂建成完工，引进了韩国技术，年产 17000 t 块状压缩煤炭。Samruk 能源公司还计划在 2024 年在 Bogatyr 煤矿生产精煤。

煤炭瓦斯利用也在卡拉干达地区的井工煤矿中有所研究与应用。通过对哈萨克斯坦中部所有煤沉积区的甲烷含量进行考察后发现，只有碳酸纪（carbonme age）沉积区才有实际意义，而且只有卡拉干达和埃基斯巴斯图兹盆地以及 Kushoky 和 Borly 沉积区的煤已经得到了利用。目前只有卡拉干达和埃基斯巴斯图兹盆地确实具备生产甲烷的前景。卡拉干达煤盆地的煤层气约有（5500 ~ 7500）$\times 10^8$ m^3，埃基斯巴斯图兹有（750 ~ 1000）$\times 10^8$ m^3。

6.7　煤炭市场

6.7.1　煤炭进出口

哈萨克斯坦在独立后的早期有小部分的煤炭进口，但是 2000 年后就不再进口煤炭。

哈萨克斯坦煤炭质量一般，多数含水量高，热值低，含灰与酸高。比如埃斯基巴图兹煤田含灰量高达 42% ~44%，并且由于煤炭的特点造成难以经济地进行煤炭富集。同样由于煤炭质量问题，导致其难以进入有更严格排放法规的市场，比如欧洲。哈萨克斯坦拥有数量不多的高质量煤矿，比如 Shubarkol 地区的煤炭质量高，拥有较低的灰分与酸（分别为 5% ~15% 和 0.5%）并具有高热值（5600 kcal/kg）。

2019 年哈萨克斯坦制定了关于发展煤炭行业的 2019—2021 年路线图，计划 2020 年生产 120 Mt 煤炭，其中 82 Mt 用于保障国内需求，38 Mt 用于出口，即约 31.7% 的煤炭用于出口，高于往年的出口占比。

哈萨克斯坦煤炭主要用于国内消费，有超过 1/4 的煤炭用于出口，主要为电煤，用于俄罗斯乌拉尔地区的电厂（表 2 -6 -2）。哈煤炭主要出口 7 个国家。俄罗斯一直是哈主要的煤炭买家，2015 年自哈进口煤炭 21.5 Mt，价值 2.477 亿美元，约占哈煤炭出口总量的 77%。根据哈油气和能源企业协会“KAZENERGY”信息显示，对出口的煤炭中 90% 以上开采自埃基巴斯图兹煤田，主要供应俄罗斯乌拉尔地区的热电厂。这一局面的形成主要是由于历史原因，即在苏联时期乌拉尔地区的一些电厂就是专门为埃基巴斯图兹煤田的高灰煤设计的。出口俄罗斯的煤炭量近几年在下降，原因主要有两个。一是俄罗斯在发展自己的煤炭工业，特别是发展本国的 Kuznetsk 煤矿用以替代哈萨克斯坦埃基斯巴斯图兹生产的电煤。另一点是，俄罗斯在发展煤改气项目。除了环境上的考虑，一个客观推动煤

表 2 -6 -2　2011—2016 年哈萨克斯坦煤炭出口情况

项　目	2011 年	2012 年	2013 年	2014 年	2015 年	2016 年	2017 年	2018 年
煤炭总产量/Mt	110.1	114.3	112.8	107.6	102.2	98	112.3	117.8
煤炭出口/MT	33.6	32.8	32.9	30.4	29.2	26.2	29.2	22.9
出口占比/%	30.5	28.7	29.2	28.3	28.6	26.7	26	19.4
出口俄罗斯	29.8	29.4	27.7	24.4	22	22		
乌拉尔电厂	27.7	27.6	24.9	21.1	19			

注：2011—2016 年数据来自 Samruk Energy 公司年报，2017 年数据来自 IEA，2018 年数据根据 BP 世界能源统计年鉴计算得出。

改气项目的情况是原有火电厂的老化。使用哈萨克斯坦煤炭的俄罗斯电厂，许多已经服役超过40年，到2030年后，这些电厂将会因为使用寿命问题关闭部分产能。

哈萨克斯坦煤炭也出口欧洲和亚洲国家。2015年，芬兰从哈萨克斯坦进口大约3.3 Mt煤炭，价值6200万美元；吉尔吉斯斯坦进口煤炭1.50 Mt，价值4030万美元；乌克兰进口量仅为0.8 Mt，但出口额却高于对吉出口，达到6800万美元；日本自哈萨克斯坦进口煤炭约0.47 Mt，价值910万美元；英国自哈萨克斯坦进口煤炭0.29 Mt，价值700万美元。

6.7.2 煤炭运输

哈萨克斯坦煤炭主要是由铁路运输。根据哈萨克斯坦国民经济部的统计数据显示，哈萨克斯坦煤炭火车运输量近几年保持平稳，运输量大，占到全国火车总运量的40%多，2017年为42.5%（表2-6-3）。全国的铁路运输主要由国有企业Temir Zholy JSC运营，是Samruk-Kazyna的下属企业。

表2-6-3 哈萨克斯坦煤炭火车运输量（2013—2017） Mt

项目	2013年	2014年	2015年	2016年	2017年
全国总运输量	253.1	245.0	218.8	214.7	241.4
煤炭	105.1	101.2	95.9	90.6	102.5
焦煤	0.4	0.4	0.4	0.4	0.6

国内煤炭火车运输主要由两大公司经营，49.8%是由Kaztemirtrans JSC拥有，Kaztemirtrans JSC是Temir Zholy JSC的全资子公司，2016年全国铁路货车运输市场的占有率为42%。12.1%由TransCom LLP拥有，是欧亚资源集团的子公司。TransCom LLP公司成立于1991年，有员工1000人。

6.7.3 煤炭价格

煤炭行业具有自然垄断特性，因此哈萨克斯坦煤炭销售价格受到政府的管制，具体监管部门是国民经济部下属的自然垄断与竞争保护监管委员会。根据监管规则规定，煤炭定价机制和销售价格因销售对象而不同。由于缺少国家层面的煤炭价格数据，这里以哈萨克斯坦最大的电煤企业Bogatyr为例。Bogatyr公司销售的煤炭包含三组不同的定价，两组价格是与能源行业相关的，另一组价格是面向公共生活需求制定的，都受到政府监管。在定价机制上，Bogatyr公司通过贸易商和俄罗斯的电厂签订合同，向对方供应电煤。根据哈萨克斯坦国民经济部2015年2月26日颁布的行政命令（142号），对于国内的居民煤炭消费，Bogatyr公司通过商品交易所来出售煤炭。Bogatyr公司煤炭（电煤）销售价格2019年为2120坚戈/t、2018年为2013坚戈/t、2017年为1944坚戈/t。根据哈萨克斯坦国民经济部的价格指数统计数据，在2013—2017年间，哈萨克斯坦煤炭价格总体呈上涨趋势，仅2015年煤炭价格略有下跌。

焦煤市场主要是根据国际价格定价。焦煤价格的宏观指标是国际市场的价格指数，但因各地区价格机制的不同，各地市场的实际售价会不一样。根据哈萨克斯坦最大的焦煤生产及最大的钢铁生产企业ArcelorMittal Temirtau2019年的年报，焦煤价格2017年为MYM187.31/t，2018年上涨到MYM206.58/t，2019年又回落到MYM177.36/t。在焦煤的定价机制上，以季度和月度合约定价为主。近几年，短期的现价采购因其流动性和波动性特点，逐渐流行。

6.8 煤炭科技创新与研发应用

6.8.1 煤炭科技发展概况

哈萨克斯坦煤炭科技发展水平整体一般，主要表现在宏观层面的国家科研投入不足与微观层面的企业研发投资不足。首先，哈萨克斯坦国家宏观层面对科技创新投入水平仍不高。为了提高经济效益和产品附加值，政府在最近十年加强了科技创新和工业制造业的发展。在发展政策上，2010 年 2 月，总统令宣布了“哈萨克斯坦共和国 2020 战略发展规划”，强调了未来 10 年 5 个重点发展领域，其中两项都跟科技创新有重要关系，一个是通过发展工业提高经济多样性，另一个是提高人力资本投资。但是，哈萨克斯坦的科技创新投入水平从国际比较上看仍比较低，并且根据研发支出占 GDP 之比来衡量，哈萨克斯坦的科研投入水平整体发展趋势是略微下降的（图 2－6－7）。由于科技研发投入水平偏低，导致其国家基础科研实力有限，进而难以促进工业制造业的发展，煤炭科技发展也因此受限。其次，哈煤炭产业已深度私有化，煤炭科技的发展主要依靠煤炭企业为主体，以企业自主研发、企业与大学和科研机构合作等形式发展新技术和装备。企业以利润最大化为目标，在这种情况下，煤炭产业的科技投入主要依赖于市场。而国内旺盛的电煤需求，抑制了煤炭企业投资煤化工等煤炭科技领域，企业采煤使用的先进装备主要来自于进口。

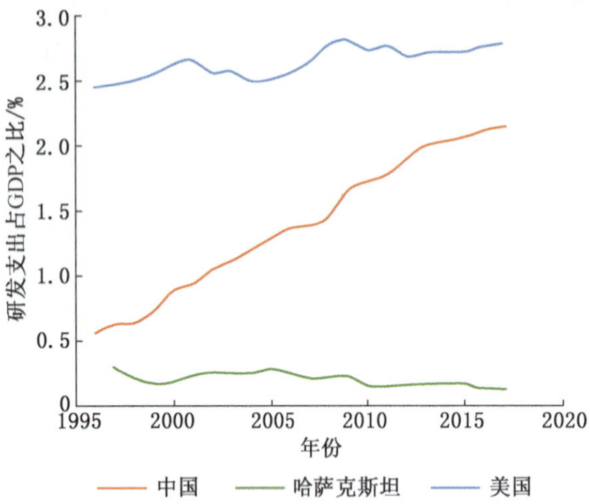

数据来源：世界银行

图 2－6－7　哈萨克斯坦研发支出占 GDP 之比（1996—2017）

6.8.2　煤炭科研体系

哈萨克斯坦煤炭已经形成了一定程度的产学研一体化科研创新体系科研体系，并通过国际合作与技术引进来支撑煤炭科研体系的有效运转。

哈萨克斯坦产学研一体化有一定程度的发展。作为哈萨克斯坦煤炭的主要产区，卡拉干达州的卡拉干达州科技大学和卡拉干达工业安全科技研究院都拥有煤炭领域的相关专业和工程等相关专业。在产学研一体化发展体系上，一个典型的例子是 ArcelorMittal Temirtau（AMT）公司和 Satbayev 大学联合成立了研发公司，研究卡拉干达地区的煤层气利用。Bogatyr 煤矿公司和 Nazarbayev 大学 AEO 合作建立了“清洁煤技术”研究实验室，研究煤化工和煤炭深度加工。

引进国际先进的技术与装备、积极参与国际合作是哈萨克斯坦提高自身煤炭科研能力所采用的务实手段。在卡拉干达地区煤层气的利用上，AMT 公司积极与美国和国际科研机构（全球甲烷倡议组织）合作，共同研究当地煤层气有效利用的可行性和方法。2013 年 2 月 21 日，哈萨克斯坦正式加入国际可再生能源机构（IRENA）。借助 IRENA 的平台，该国专家将有机会与成员国同行交流经验，提高科技水平。此外，该国有机会获得可再生能源科学研究国际赠款，参与机构组织的各类示范项目和优先鼓励项目，在条件成熟时，获得机构及其他成员方的技术和资金支持；同时，IRENA 的全球可再生能源数据库也可以成为哈萨克斯坦发展可再生能源重要的信息和资料来源。哈萨克斯坦与中国在煤炭科技研发方面也有合作。在“一带一路”战略合作框架下，中国庆华能源集团与哈萨克斯坦石油加工与销售公司以及两家当地煤矿企业，在卡拉干达州投资建设煤炭清洁项目，主要利用煤炭生产汽油或柴油及其他化工产品，预计投资 30 亿美元。

哈萨克斯坦煤炭科研方向重点是煤炭的深加工利用。哈萨克斯坦工业和基础设施发展部下属的工业发展与工业安全委员会指出，考虑到全球趋势，煤炭工业的主要任务是通过扩大煤炭深加工综合计划，由煤炭和其他液体合成产品生产柴油燃料等，来实现出口供应多样化。

6.8.3　技术与装备

哈萨克斯坦机械工业实力不强，先进的煤炭开采与加工设备主要依靠进口。哈萨克斯坦矿业开采、加工与冶炼企业有一半的设备都是老旧的，缺少环保技术。没有自己的矿业机械工业，特别依赖俄罗斯的产品与技术，同时也从欧美地区进口。比如，Bogatyr 煤矿公司装备了俄罗斯 Uralmashplant 公司生产的大型采矿挖掘机和美国卡特彼勒公司生产的自卸车等设备。

哈萨克斯坦井工煤矿装备了来自世界各国的现代化采矿设备。例如，2012 年 AMT 公司采购装备了乌克兰 Corum 公司生产的巷道设备——隧道掘进机。2017 年 AMT 公司采购了波兰 FAMUR 公司生产的长壁采矿系统设备，包括液压顶板支架、刮板输送机（armoured face conveyors）、转载机和轨道运输系统等。

哈萨克斯坦卡拉干达地区井工煤矿里降低煤层气含量的技术得到一定程度的使用与发展。常用的一种方法是在开采煤层前的 7 ~ 8 年，通过采取直接水力压裂方法在煤层中制造人工煤层裂缝来减少煤矿中的瓦斯含量。这种方法通常因为采矿设备与地质条件的不匹配，而不能够完全达到减少煤层气含量的要求。另一种降低煤层气含量的方法是在地下煤矿巷道里直接向煤层钻井。为了防止突发煤与瓦斯突出事故，采用提前每 4 m 打 17 ~ 20 个钻孔的方法来降低瓦斯含量。第三种是煤层下方抽取法，主要应用于煤层之间的距离大于 60 m 的情况，直接在煤层之间安装瓦斯抽取系统。第四种方法是通过在地表打井技术来降低煤层气含量，这种方法被许多国家使用，但长期没有能够在卡拉干达地区的井工煤矿使用。原因之一是卡拉干达煤盆地的煤层渗透性非常低，超过地下 600 m 深的煤层很难使用地表打井技术来降低煤层中的瓦斯含量。但是，卡拉干达地区最大的煤矿公司 AMT 已经开始利用此项降低煤层气含量技术。AMT 的煤矿含气量高，现场甲烷含量为 8.5 ~ 27 m^3/t。因此，AMT 一直采用先进的巷道抽出式通风技术来抽放甲烷，以此来提高抽放的效率和煤矿安全。之后，该公司装备了地表甲烷抽取站来抽放甲烷气，使用两种抽取装置：液态环状真空泵和排量式鼓风机。

哈萨克斯坦已经开始小规模研发试验应用煤层气技术。在《哈萨克斯坦 2050 年战略》中宣布向“绿色经济”过渡后，煤层气的利用得到了大煤矿公司的重视，用以减少矿山温室气体的排放量。AMT 公司利用煤层气技术，在改装过的燃煤锅炉中生产热水供冬天轴承加热使用。2011 年，AMT 在列宁煤矿安装了 1.4 MW_e 往复燃气发电机，用来试验用煤层气生产电力的可行性。由于地质条件的限制，若捕获的甲烷气浓度在 5% ~20% 之间，则不能够被安全地利用。当煤层地质条件允许，则更有效的甲烷气存储方法可以提高捕获的甲烷气浓度达到 25% 以上。2013 年，气体发生器的发电量为 5541 MW，使用甲烷 4029609 m^3，可满足矿山电力需求的 20% 。

哈萨克斯坦露天煤矿主要使用国外采购的先进设备来提高生产效率。例如 Shubarkol 煤矿公司在其下属的两座露天煤矿，使用挖掘机开采剥离岩脊和煤炭岩脊，使用矿山自卸车运送煤炭和岩石。生产加工过程中，公司会再挖掘加工自卸车运送的原材料。煤炭在煤场经过破碎筛选处理以保证煤炭等级达到用户的要求。Shubarkol 煤炭公司投资了 4 亿坚戈活性炭生产项目，预计在 2020 年上半年开始生产，产能约为每年 1000 t。

对于煤炭生产过程中产生的废物也在一定程度上得到再利用。在煤炭部门的矿山中，主要的生产废物是主石、灰烬和矿渣废物。在 Kuzembaev 和 Saranskaya 矿山，生产废料（灰烬和岩石）被完全用于填海的技术阶段，其他企业则将其存储在废料场中。在矿山中，Kazahstanskaya、Abayskaya、Tentekskaya 的灰分和矿渣被部分用于生产矿渣块。

哈萨克斯坦的煤液化综合加工技术也有一定发展。哈萨克斯坦煤液化综合加工技术通过使用一次性廉价催化剂和膏状体成分的氢供体等方法，降低了设备的工作压力，同时实现了煤液化过程中废料的综合利用，具有一定的竞争力。

6.8.4 煤炭未来科技发展与启示

未来，哈萨克斯坦煤炭工业发展的主要方向是煤炭化学和煤炭的综合深加工，以满足消费需求的变化，并能够提高煤炭产品附加值。

自 2015 年开始，哈萨克斯坦开始大力投资，致力于煤炭工业现代化发展，计划到 2020 年初投资超过 40 亿美元用于煤炭现代化发展，目前已经制定了约 20 亿美元的预算。全国大约 65% 的发电设施已经服役超过 20 年，并有近 1/3 超过 30 年。因此，计划将投资 17 亿美元用于建设火电厂和新技术的应用。

煤层气也是哈萨克斯坦煤炭行业发展的一个方向，目前主要是在卡拉干达地区有小规模的煤层气项目。哈萨克斯坦中部的其他碳酸盐煤层沉积区由于其规模、煤的质量以及甲烷含量等原因目前还不具备实际生产的意义，不过在将来随着煤气工业的积极发展，从技术发展的角度来看，它们之中一部分还将会获得机会。煤炭技术，比如煤转气（coal - to - gas）和煤炭液化（coal - to - liquids）也是哈萨克斯坦未来煤炭科技发展的主要方向之一，目前由于煤炭开采与生产成本低，导致这些技术成本过高。而煤炭企业以短期利润最大化为目标，加上哈萨克斯坦政府在科技研发上投入水平仍不高，未来煤炭科技的发展仍会比较缓慢，需要加大国际合作。

6.9　主要矿业公司简介

哈萨克斯坦的大型煤炭企业都归属于上下游产业链一体化生产的集团公司。大型产煤集团公司主要包括 Samruk 能源集团下属的 Bogatyr 煤炭有限责任合伙企业（Bogatyr Komir LLP），ArcelorMittal Temirtau JSC（AMT）股份公司，欧亚资源集团下属的 Shubakol 煤炭股份公司（Shubakol Komir JSC）、东方（Vostochny）煤矿和哈萨克斯坦最大的铜生产企业 Kazakhmys 集团下属的 Borly 煤炭开采部门。Borly 拥有 Molodezhniy 露天煤矿和 Kuu - Chekinsky 露天煤矿，但是由于 Borly 煤矿的信息非常有限，这里主要介绍前三家集团公司下属的四家煤炭企业，主要内容包括企业的发展历史、煤矿基本信息、兼并重组、产量情况等。

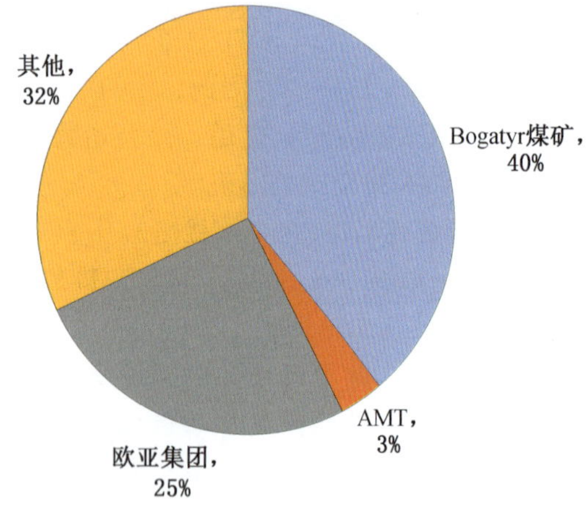

数据来源：各企业官网

图 2 - 6 - 8　2018 年哈萨克斯坦三家集团企业煤炭产量占全国煤炭产量情况

这三家集团公司的煤炭产量长期占哈萨克斯坦煤炭总产量的 70% 左右。2018 年，Bogatyr 煤矿公司产煤 44.9 Mt，欧亚集团产煤 28.72 Mt，AMT 产煤 3.82 Mt，这四家公司的煤炭产量占哈萨克斯坦全部煤炭产量的 67.9%（图 2 - 6 - 8）。2011 年，Bogatyr 煤矿公司产煤 40.6 Mt，AMT 产煤 6 Mt（其中 4.6 Mt 为焦煤）。由于缺少欧亚集团下属两个煤炭企业的具体历史数据，这里不能够计算出三家集团公司的具体历史煤炭产量，但可以肯定的是欧亚集团近 10 年的产量没有大的起伏，所以可以推断这三家集团公司的煤炭产量占全国之比在最近 10 年没有大的波动。

6.9.1　Bogatyr 煤炭公司

Bogatyr 公司是哈萨克斯坦最大的露天煤炭生产企业，也是最大的煤炭生产企业。2018 年该公司产煤 44.9 Mt，煤炭产能约占埃基斯巴斯图兹地区煤炭生产的 59%，占全国煤炭产量的 39.5%。根据 Bogatyr 公司官方网站信息，该公司拥有已探明煤炭存储量 2915 Mt，其中 Bogatyr 煤矿探明煤炭存储量为 1549 Mt，Severny 煤矿探明存储量为 1366 Mt。公司拥有每年 42 Mt 煤炭生产能力，其中 32 Mt 煤炭生产能力来自 Bogatyr 煤矿，另外的 10 Mt 生产能力来自 Severny 煤矿。公司开采 KSN 等级（coking caking slightly metamorphosed）的煤炭，平均热值为 4.000 kcal/kg，灰含量为 43%，湿度为 5%。Bogatyr 公司是巴普洛达尔地区最主要的企业，拥有员工 6500 人。

Bogatyr 公司是一家有限责任合伙企业，目前由俄铝（Russian United Company RUSAL）和 Samruk 能源两家公司出资共同拥有。Bogatyr 煤矿开采始于 1970 年，煤矿深度达地下 280 m。Severnyi 煤矿 1954 年开始开采，煤矿深度达地下 230 m。Bogatyr 煤矿在苏联时期主要是为乌拉尔地区的电厂提供电煤，1985 年的最大产量为 56.8 Mt 煤，拥有当时世界上最大的煤炭生产能力。直到 1996 年 11 月前，Bogatyr 煤矿属于 State JSC Ekibastuzkomir。20 世纪 90 年代独立后的哈萨克斯坦开始煤矿私有化改革，1996 年美国 Access Industries Inc 投资公司通过公开竞标获得了 Bogatyr 和 Stepnoy 煤矿的 70% 的产权，成立了 Bogatyr Access Komyr，LLP 公司。2008 年，俄铝和哈萨克斯坦国家主权财富基金合作，在荷兰注册成立了 Forum Muider B. V. 公司，各占 50% 的股份，并通过该公司 100% 控股 Bogatyr 煤矿公司，并于 2009 年 3 月正式改名为 Bogatyr Coal，LLP，美国 Access 投资公司退出 Bogatyr 煤矿的开采。

Samruk 能源公司是国有企业，是具有国家战略重要性的能源股份公司，承担国家电力工业政策的落实工作。Samruk 能源公司装机容量（installed capacity）占全国的 28%，拥有一个 45 MW 风力发电站和一个 2 MW 的太阳能发电站。2018 年，公司生产了 317.03×10^8 kW · h 电能，占全国全部产出的 29.7%，居全国第一。响应哈萨克斯坦政府 2015 年 12 月颁布的《私有化有关事宜 2016—2020》（On some matters of privatization for 2016—2020），Samruk 能源正在进一步将集团部分业务与资产私有化出售，但目前不包括 Bogatyr 煤矿公司。

哈萨克斯坦国家主权财富基金 Samruk Kazyna 拥有 Samruk 能源公司 100% 的股权。Samruk Kazy-ana 国家主权财富基金由 2008 年总统令颁布成立，管理形式是股份公司，并且哈萨克斯坦共和国政府是唯一股东。其前身是 Kazyna 可持续发展基金（Sustainable Development Fund Kazyna）和哈萨克斯坦国有资产管理控股公司 Samruk（Kazakhstan's Holding for Management of State Assets Samruk）。公司的董事会主席是哈萨克斯坦的总理，公司的目标/使命是提高国家的福利，促进国家经济的现代化发展和确保一个长期的可持续发展。公司 2017 年年报统计显示，当年公司的总资产约为 24 万亿坚戈。

Bogatyr 公司近几年的煤炭产量在逐渐提高，煤炭需求的增加主要来自集团内部（图 2-6-9）。2016 年煤产量为 35.1 Mt，本国国内供给 25.9 Mt，出口国外 9.2 Mt。2017 年煤炭产量为 40.4 Mt，国内需求 30.7 Mt，出口国外 10.2 Mt。2018 年提高到 44.9 Mt，增长原因是国内需求提高到了 34 Mt，而出口国外的煤炭降到 9.6 Mt。国内煤炭需求的提升主要是来自 Samruk 能源公司，2014 年供应给自己企业的煤炭为 11.5 Mt，占 Bogatyr 公司国内供应量的 44.4%，2018 年供应给自己企业的煤炭量上升到 18.1 Mt，占国内供应量的 53.2%。公司出口的煤炭主要是销往俄罗斯，用于乌拉尔地区的电厂。2018 年出口俄罗斯煤炭 9.587 Mt，比 2017 年（10.166 Mt）少 5.7%。Bogatyr 公司的销售收入随煤炭

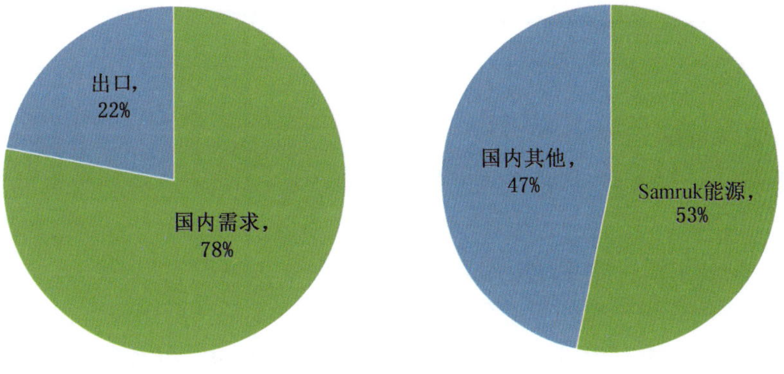

图 2-6-9　2018 年 Bogatyr 公司煤炭需求来源

产量增加而提高，2016 年净收入为 111 亿坚戈，2018 年提高到 283 亿坚戈。

Bogatyr 煤矿公司国内的主要客户包括 Samruk 能源公司下属的埃基斯巴斯图兹州电厂（1 号和 2 号）和阿拉木图电厂（Almaty Power Plants JSC），还有国内的其他的客户（表2－6－4）。其中，埃基斯巴斯图兹州电厂 1 号是哈萨克斯坦最大的热电厂，2018 年装机容量是 3500 MW，之前为 4000 MW。公司国外客户主要是俄罗斯乌拉尔地区 Reftinskaya 州电厂。

表 2－6－4　Bogatyr 煤炭销售对象

序号	地　区	销量（1000 t）	
		2017 年	2018 年
1	“APP” JSC	3256	3299
2	“Karaganda Energocenter” LLP	3301	3521
3	“Astana – Energia” JSC	3525	3640
4	“Pavlodarenergo” JSC PCHP – 2. 3	1895	3289
5	“Stepnogorsk CHP” LLP	869	984
6	“ESDPP – 1” LLP	8850	11559
7	“ESDPP – 2 Plant” JSC	3456	3285
8	“Bassel Group LLS” LLP	544	605
9	“SevKazEnergo” JSC	2806	2672
10	“Pavlodarenergo” JSC ECHP	505	513
11	SE based on the REM “Kokshetau Zhylu”	295	323
12	“GRES Topar” LLP	0	359
13	“Sogrinsk CHP” LLP	0	5
14	Household	1390	1519
	哈萨克斯坦国内市场总量	30693	35573
15	Reftinsk GRES（RF）	9936	9564
16	Serovsk GRES（RF）	41	0
17	Troitsk GRES（RF）	143	9
18	Kurgan CHP（RF）	37	0
19	Yarovoe CHP（RF）	0	14
20	Kyrgystan	9	0
	出口俄罗斯总量	10166	9587

6. 9. 2　ArcelorMittal Temirtau 公司

ArcelorMittal Temirtau（AMT）股份公司坐落于卡拉干达（Karaganda）地区的 Temirtau 市，是哈萨克斯坦采矿和冶金领域最大的企业，有 33000 名员工。公司拥有铁矿石开采、煤炭开采和钢铁生产一体化的业务体系，具有年产 4 Mt 粗钢的生产能力。

AMT 股份公司生产的煤炭主要用于本公司的钢铁生产，煤炭产量比较平稳。公司 2011 年煤炭产量为 4. 6 Mt，2012 年为 4. 5 Mt，2013 年和 2014 年均为 4. 8 Mt，2015 年略微下降到 4. 6 Mt，2018 年进一步下降到约 3. 82 Mt。煤矿品种主要为炼焦煤，用于 AMT 的钢铁生产，同时也用于 AMT 的热电厂，剩余的煤炭主要用于坐落于乌克兰的分公司 ArcelorMittal Kryviy Rih 的钢铁生产。

AMT 的煤炭部门成立于 1996 年 6 月，在卡拉干达地区有 8 座煤矿和 2 个煤炭加工厂（Vostochnaya 和 Termirtau Washery - 2），生产能力超过 7 Mt，主要生产炼焦煤。Abayskaya 矿山（以前称为 Kalinin 矿山）于 1961 年投产，1998 年合并 Kalinin 矿山和 Abayskaya 矿山后统称为 Abayskaya 矿山，开采的煤炭等级为 K、OS，距离卡拉干达市 30 km。Saranskaya 矿于 1955 年投产，设计产能为每年 1.8 Mt。Kazahstanskaya 矿 1969 年 6 月投产，距离卡拉干达市 50 km。Shakhtinskaya 矿井于 1973 年投产，设计产能为每年 1.8 Mt。Tentekskaya 矿山于 1979 投产，设计产能为每年 4 Mt，距离卡拉干达市 50 km。Koestenko 于 1934 年开始建矿井，1942 年投产，后于 1998 年再次投产，坐落于卡拉干达市。列宁（Lenin）矿井于 1964 年投入使用，设计产能为每年 2.1 Mt，距离卡拉干达市 50 km。Tusup Kuzembaev 矿于 1959 年投产，设计产能为每年 1.6 Mt。Vostochnaya 加工厂于 1980 年投产，设计能力为每年 6 Mt 原煤，是国内最大的煤炭加工厂。该工厂处理本公司开采的煤炭，生产焦炭精矿。所有的煤矿都由铁路相连通，煤炭经铁路运输到煤炭加工厂和电厂。

AMT 股份公司的前身是卡拉干达冶金厂，是当地的一家国营企业，成立于 1960 年。哈萨克斯坦开始私有化和吸引外资的改革后，该钢铁厂于 1995 年被外资收购，新公司更名为 Ispat - Karmet。2004 年公司改名为 Mittal Steel Temirtau 股份公司，是 Mittal Steel 跨国钢铁公司的子公司。2007 年 Mittal 钢铁公司收购了西欧的 Arcelor 钢铁公司，成立了 ArcelorMittal 公司，哈萨克斯坦的分公司就改为现用名 ArcelorMittal Temirtau。ArcelorMittal 是一家钢铁生产与采矿一体化的跨国公司，2019 年公司销售收入为 706.15 亿美元，拥有员工 19 万多人，总部坐落于卢森堡。公司在美国与哈萨克斯坦两国开采煤矿，2019 年公司煤炭总产量为 5.49 Mt，其中在哈萨克斯坦的产量约为 3.53 Mt。

6.9.3 欧亚资源集团下属两家煤炭企业

欧亚资源集团（Eurasian Resources Group）在哈萨克斯坦有两家煤矿公司，一家是 Shubarkol 煤矿公司，另一家是欧亚能源公司（Eurasian Energy Corporation），拥有东方（Vostochny）煤矿，位于埃基巴斯图兹。欧亚集团 2018 年煤炭产量为 28.72 Mt，2017 年为 27.47 Mt。

Shubarkol 煤炭股份有限公司（Shubarkol Komir JSC）在 2018 年的总资产约为 3347 亿坚戈，总利润为 1250 亿坚戈，拥有员工 3669 人，产煤 11.6 Mt，约占全国煤炭生产总量的 10.3%。从成立到 2018 年已经开采 170 Mt 煤炭。Shubarkol 煤矿位于卡拉干达地区的 Nura 区域，煤矿有 15 km 长、6.5 km 宽，分为中部（Central）与西部（Western）两座露天煤矿，采用露天开采技术（open - cast method）。Shubarkol 煤矿总存储量约为 968 Mt，其中西部煤矿存储量为 464 Mt，中部煤矿存储量为 504 Mt。中部煤矿产能为每年 7 Mt，西部煤矿产能为每年 6 Mt。Shubarkol 公司及其下属企业的业务包括煤炭和半焦炭开采、加工和销售，也生产特殊焦煤，主要作为催化剂用于金属冶炼，2018 特殊焦煤产量为 0.21 Mt。

Shubarkol 的煤炭含热量高、含灰量低，因此被认为是一种清洁能源。Shubarkol 的煤炭适合煤炭深加工，比如作为原料生产合成液体和多重烃、有机肥料、石油工业的碳碱试剂、通用黏合剂、用于工业和废水处理的凝结剂等。

Shubarkol 公司自 2006 年开始生产半焦炭（Semi - coke），生产工厂为 Sary - Arka Spetskoks LLP，2018 年的产量为 0.19 Mt，是哈萨克斯坦第一批生产半焦炭的企业。半焦炭主要作为还原剂用于工业金属冶炼，Shubarkol 生产的半焦炭主要提供给 ERG 下属的冶金企业，以减少进口依赖并能够促进工业创新。由于需求的增长，公司计划建立一个新的半焦炭生产厂，计划产能 0.4 Mt，并且计划升级现有工厂。

2018 年，Shubarkol 出口煤炭 6.60 Mt，约占生产总量的 57%。出口国主要是独联体国家（乌克兰、白俄罗斯、乌兹别克斯坦、吉尔吉斯斯坦）和欧洲国家（瑞士、英国）。2018 年试出口波兰和中国，并计划 2019 年正式出口这两个国家。

Shubarkol 煤炭股份有限公司是欧亚资源集团 Eurasian Resources Group（ERG）下属企业之一。Shubarkol 公司成立于 1985 年，曾经是全国最大的电力煤生产企业。2009 年开始，公司股份逐渐被 ERG 收购，2012 年完成收购。ERG 是世界领先的自然资源集团，集采矿、加工、能源、运输和市场运作于一体。ERG 集团在 15 个国家生产和经营，2018 年有员工 69253 人，是全球最大的高碳铬铁生产企业，也是欧亚地区最大的氧化铝和铁矿石产品生产企业之一。根据 ERG 官网资料，ERG 是哈萨克斯坦唯一的高档铝生产企业，占全国采矿与金属产业的 1/3 左右，提供全国 1/5 的电能，也是中亚地区最大的铁路运营商。电解铝厂由 ERG 投资、中国有色金属建设股份有限公司承建，总投资 8.5 亿美元，2005 年启动，2007 年底一期正式投产，2010 年二期项目完成，企业总产能达 0.25 Mt。中国是 ERG 的重要市场，占其销售量的 20%，最主要的销售产品是铬铁合金、铜和钴，这也是 ERG 集团的最主要产品。ERG 成立于 1994 年，前身是巴普洛达尔铝厂。目前，哈萨克斯坦财政部国有资产与私有化委员会拥有集团公司 40% 的股份，并且 ERG 董事会 5 名成员中，除三位集团创始人之外，另外两位是哈萨克斯坦国政府的代表，一位是贸易一体化部部长，另一位是工业与基础设施发展部部长。

除了 Shubarkol 煤矿公司，ERG 集团下属的欧亚能源股份有限公司（Eurasian Energy Corporation JSC）是哈萨克斯坦的另一家大型煤炭生产企业，其生产的煤炭主要用于公司的火力发电。作为欧亚自然资源集团旗下子公司之一，欧亚能源公司是哈萨克斯坦最大的能源供应企业之一，主要分为三个部门："东方"（Vostochny）露天煤炭开采部、阿克苏发电站、生产维修部。公司主要业务是煤炭开采、发电、能源和采矿设备维修。阿克苏（Aksu）电厂位于巴普洛达尔地区的 Aksu 市，其发电站装机容量为 2450 MW，占哈萨克斯坦 17% 的电力产出。

欧亚能源公司开采和经营管理位于埃基斯巴斯图兹的东方露天煤矿，每年产煤 20 Mt。根据 ERG 官网资料，东方露天煤矿于 1985 年投入生产运营，员工超过 3000 人，至今已生产 518 Mt 煤炭。东方煤矿生产的电煤约占哈萨克斯坦电煤产量的 20%。2010 年引入了循环连续覆盖技术。在超过 35 年的煤炭开采时间里，已经开采了 10×10^8 m^3 的岩体。

6.10　对我国煤炭工业高质量发展的启示

哈萨克斯坦煤炭产量远少于中国，并且以露天煤矿为主，在煤炭科技与装备制造的技术上也不如中国。但是，哈萨克斯坦煤炭行业的转型发展路径，以及中哈两国的长期合作经验，都给我国煤炭工业高质量发展带来了重要启示。

（1）哈萨克斯坦煤炭私有化和引进外资的发展历程对我国大型国有煤炭企业混合所有制改革具有借鉴意义。哈萨克斯坦煤矿企业在 20 世纪 90 年代开始引进外资和私有化发展，在煤炭行业已经形成国有资本、国内私有资本与外资的三方面合作。同时，在国家立法上规定与外资合作中本国劳工与本国技术的比例，保障本国的利益。这些做法与成果对我国煤炭行业进一步市场化改革有学习借鉴意义。但是，私有化与外资并没有显著增强哈煤炭开采工艺和技术装备的自主研发能力，这一点是值得我国煤炭行业深思和研究的。

（2）哈萨克斯坦国家主权财富基金对煤炭企业的投资，对我国以管资本为主的改革具有借鉴意义。党的十八大以来，我国国资监管开始了由管资产转向管资本的改革。哈萨克斯坦国家主权财富基金的运作早于中国的改革，其运作的经验教训对我国的管资本改革和扩大国有资本运营公司有一定的学习借鉴意义。

（3）上下游产业链整合，提高煤炭生产和利用效率。哈萨克斯坦大型煤矿都隶属于电力生产或金属冶炼纵向一体化的集团公司。我国推进煤电一体化改革相比于哈萨克斯坦要晚，2010 年国务院办公厅下发《关于加快推进煤矿企业兼并重组的若干意见》后，煤电运一体化发展才得到鼓励发展。

2017 年，中国神华集团和中国国电集团合并重组建立了国家能源集团，形成了我国规模最大的煤电运一体化运营的集团公司。进一步鼓励我国煤炭上下游深度融合发展，特别是要发展煤电一体化、煤炭与煤化工企业、煤炭与其他相关行业等兼并重组，进一步实现煤炭行业转型升级。

（4）加大两国煤炭产业合作，特别是在煤炭深加工领域。哈萨克斯坦是连接亚欧的重要桥梁，是我国丝绸之路经济带建设跨出国门的第一站，是中国的全面战略合作伙伴和上海合作组织的重要成员国。哈萨克斯坦自身工业制造能力不强，与中国在大型采矿设备上有广阔的合作空间。两国都在降低煤电比重，都重视发展煤炭深加工领域，并且两国已经有一定的合作。中国在煤炭深加工领域拥有一定技术优势，未来两国在此领域可以有更多的合作。

7　越南煤炭工业

越南是东南亚第三大矿物生产国，拥有丰富的能源资源和矿产资源，煤炭是其最重要的能源资源之一，世界最好的无烟煤资源就在越南广宁省；近 30 年，越南经济持续高速发展，经济总量和人均 GDP 增长迅速，随之而来的是煤炭用量快速增加，煤炭在一次能源消费和生产构成中的地位和作用不断提高，煤炭在能源构成中的比重均从原来的第二位和第三位提升到了第一位；越南政府对煤炭工业实行集中管理，对采矿法和外国投资法等相关法律法规进行了制修订，通过不断细化的法律法规要求，加强并推动煤炭工业的健康发展。越南煤炭生产规模增长较快，露天开采略占优势；煤矿自动化系统建设提高了生产效率，减少了人员使用；煤炭洗选技术水平的提高保证了煤炭产品的质量；煤炭生产企业经过两次重组整合，集中度进一步提高，95% 的煤炭产量由越南国有煤炭和矿物工业集团生产。越南政府发布的《2020 煤炭工业发展规划和 2030 年展望》提出了明确的煤炭工业发展规划目标要求，包括煤矿关闭计划、新建煤矿规划、煤炭洗选加工规划，目的是提高煤炭生产和洗选效率，保障煤炭供应。在越南国内煤炭需求迅速增长的情况下，2015 年越南国内煤炭消费量超过煤炭供应量，成为煤炭净进口国；2019 年国内煤炭消费大幅增长，跻身世界十大煤炭消费国之列。

7.1　煤炭在能源系统中的地位和作用

近 30 年越南经济持续高速发展，经济总量和人均 GDP 呈现数十倍的增长态势；随着越南国内经济发展的需要，煤炭用量迅速增加，在其能源消费和生产构成中的地位和作用越加重要，煤炭在一次能源构成中的比重均从原来的第二位和第三位提升到了第一位。

7.1.1　经济社会发展情况

1. 国家基本情况

越南社会主义共和国（The Socialist Republic of Viet Nam）位于中南半岛东部，北与中国接壤，西与老挝、柬埔寨交界，东面和南面临南海，海岸线长 3260 km 左右，国土面积为 32.95×10^4 km^2。越南首都是河内，全国划分为 59 个省和 5 个直辖市，2019 年人口达到 9621 万人。越南国会是国家最高权力机关，国会常务委员会是国会常设机构。国家主席为国家元首，由国会代表以无记名投票选出，任期 5 年；政府是国家最高行政机关，总理和国家副主席由国家主席提名，经国会选举产生。越南是发展中国家，经济以农业为主，近年来以采矿业为主的工业也取得了很大发展。越南矿产资源丰富、种类多样，主要有煤、铁、钛、锰、铬、铝、锡、磷等，其中煤、铁、铝储量较大。主要工业部门有煤炭、电力、冶金、纺织等。2019 年越南 GDP 总量为 6037 万亿越南盾（2619.21 亿美元），同比增长 7.02%，人均 2715 美元。2019 年越南进出口总额约 5170 亿美元，同比增长 8.1%，其中出口 2634.5 亿美元，增长 8.1%，进口 2535.1 亿美元，增长 7.0%。全年贸易顺差约为 99.4 亿美元，占出口额的 3.8%。

2. 经济发展情况

近 30 年越南经济总量增长了 40 倍。20 世纪 80 年代末，越南学习中国的“改革开放”政策，提出了“革新开发”的发展方向，依靠比东南亚其他国家拥有成本较低、受教育程度较高的劳动力，采用“出口导向型”模式，使得经济发展保持了长期高速增长。越南有大量的廉价劳动力，对追求利润的跨国企业产生了很大的吸引力；20 世纪 90 年代以来，很多跨国企业开始在越南投资建厂，以日本和韩国企业居多。越来越多的工厂带动了部分地区的经济发展，同时解决了很多年轻人的工作问题。目前，在越南的北部和中部，建立了各国投资的各种类型的加工厂，大幅拉动了越南的经济发展。1990 年越南全国经济总量仅为 64. 72 亿美元，到 2019 年已经增长到 2619. 21 亿美元，增长幅度达 3946. 9%，年平均增长速度达 13. 61%；人均 GDP 从 1990 年的 95. 19 美元增长到 2019 年的 2715. 28 美元，增长幅度达 2752. 5%，年平均增长速度达 12. 25%。具体情况如图 2 - 7 - 1 所示。

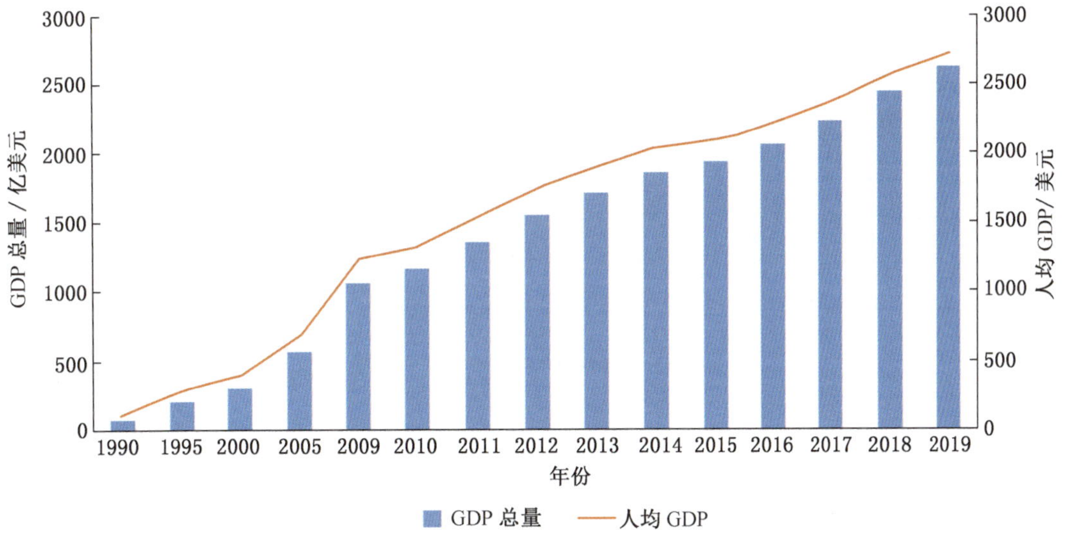

图 2 - 7 - 1　1990—2019 年越南 GDP 和人均 GDP 变化趋势

7. 1. 2　煤炭在能源构成中的地位和作用

1. 煤炭在一次能源消费构成中的地位和作用

近 30 年煤炭在一次能源消费构成中的比重迅速增加，2015 年超过原油比重，达到 1/2。如图 2 - 7 - 2 和图 2 - 7 - 3 所示，一次能源消费量增长迅速，其中煤炭消费量亦呈快速增长态势；1990—2019 年，一次能源消费量从 9. 23 Mtce 增加到 140. 81 Mtce，增长幅度达 1425. 9%，其中煤炭从 2. 96 Mtce 增长到 68. 08 Mtce，增长幅度为 2200. 0%，所占比重由 34. 1% 提高到 50. 3%、超过一半，取代石油占比第一的位置。

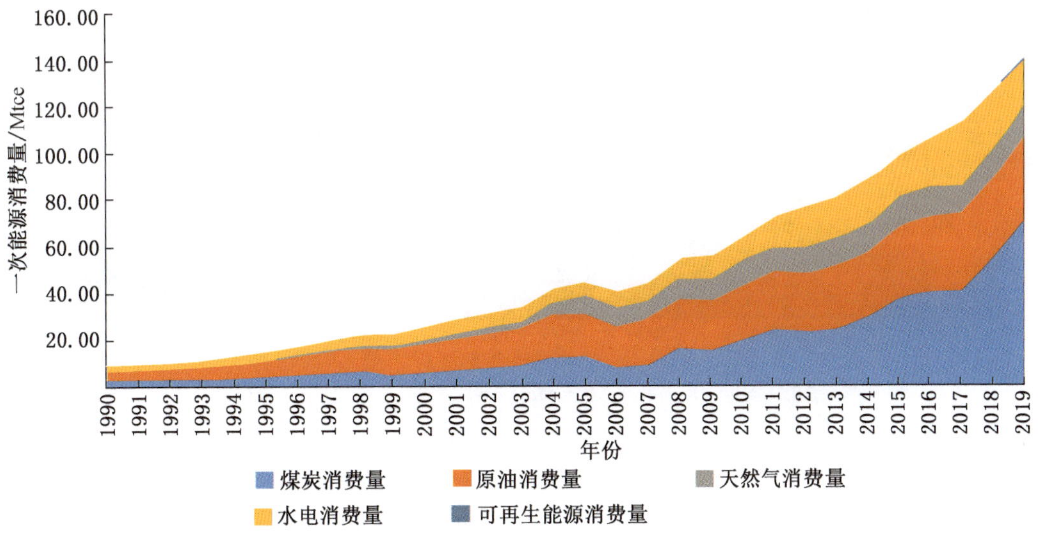

图 2 - 7 - 2　1990—2019 年煤炭在一次能源消费中的数量变化

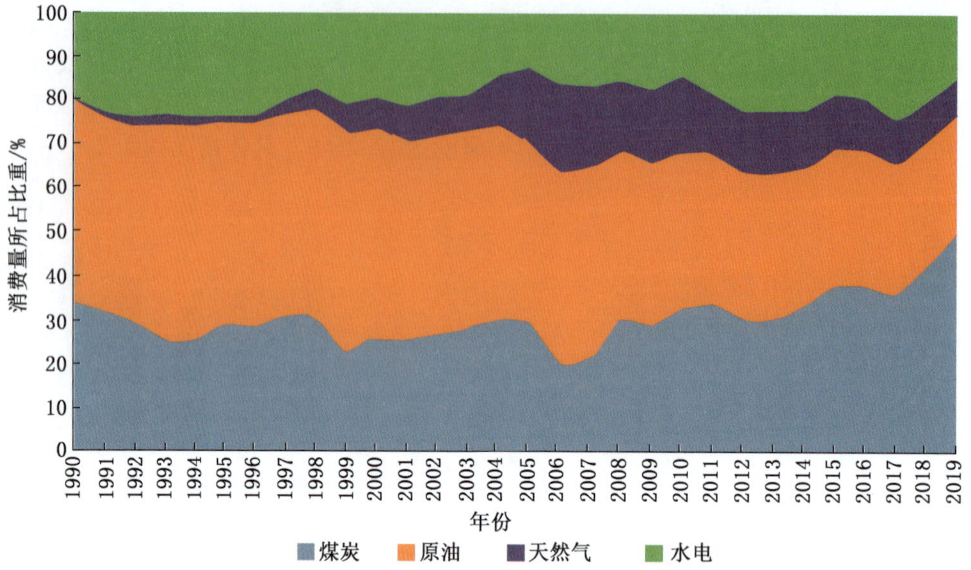

图 2-7-3　1990—2019 年一次能源消费构成的比重变化

2. 煤炭在一次能源生产构成中的地位和作用

近 30 年煤炭在一次能源生产构成中所占比重由第三位提高到第一位。如图 2-7-4 和图 2-7-5 所示，煤炭生产所占比重由 1990 年的 12.4% 提高到 2018 年的 44.1%，增加了 31.7%，成为最重要的一次能源；生物燃料和废弃物由 1990 年的 69.8% 下降到 2018 年的 10.7%，降低了 59.1%，由第一位降为第三位；石油仍保持第二的位置，所占比重由 15.2% 提高到 27.0%。

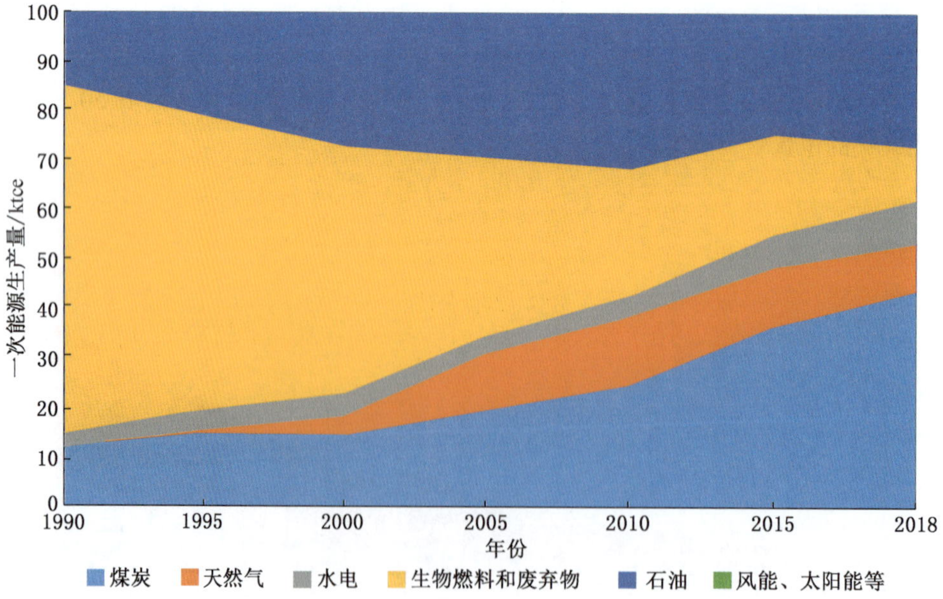

图 2-7-4　1990—2018 年一次能源生产与构成的数量变化

7.1.3　煤炭开采业对经济的贡献

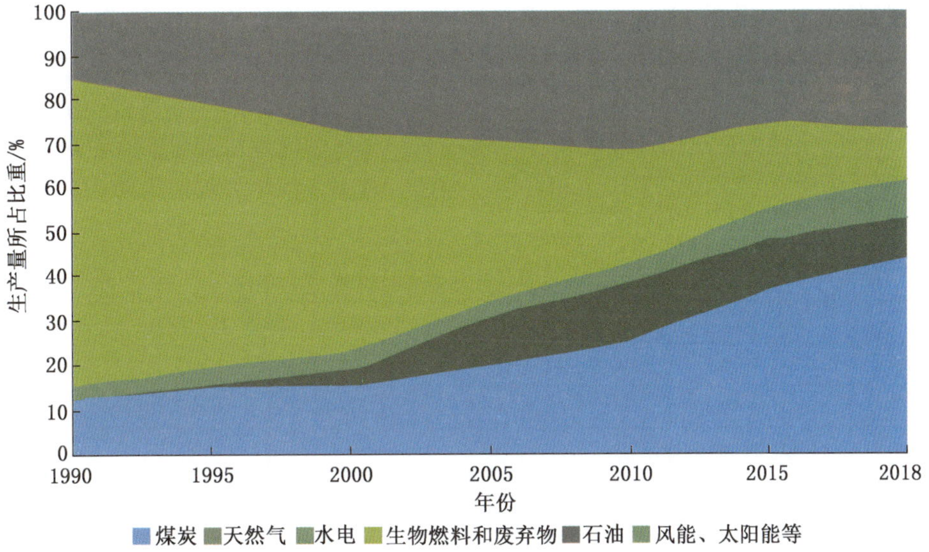

图 2-7-5 1990—2019 年一次能源生产构成的比重变化

煤炭在越南经济和能源行业中起着关键作用。根据越南统计总局发布的数据，2019 年越南 GDP 增长达 7.02%，是该国连续第二年经济增长超过 7%，超额完成了年初提出增长 6.6% ~6.8% 的目标。其中，农林水产业增长 2.01%，对国民经济贡献率为 4.6%；包括采矿业在内的工业和制造业增长 8.9%，贡献率 50.4%；服务业增长 7.3%，贡献率为 45%。在经济保持较高增长的同时，CPI 增速维持了较低水平，全年增幅为 2.79%，创 3 年来新低。

越南矿产种类繁多，目前已发现铝土矿（占世界储量的 7%）、稀土、钨、钛、磷酸盐、煤炭和铁矿、矿物建筑材料等 60 多种；是东南亚第三大矿产品生产国。越南以煤炭生产为主，拥有 200 个煤矿，总储量近 8 Gt。

越南采矿业以越南国有煤炭矿物工业集团（Vinacomin）为主，随着露天煤矿开采条件日益复杂、开采难度加大，井工煤矿重大建设项目不断增加。越南新《采矿法》自 2012 年起生效，包括第 02/CT-TTg 号指令和第 15/2012/ND-CP 号法令，详细说明采矿法的实施要求；要求采矿企业在采矿许可申请中包括下游加工和高附加值产品的生产，同时提供更透明的商业和运营环境。

越南大力推动采矿业的发展，目的是通过加强勘探工作，掌握更加详细的地质信息；促进选矿工业发展，创造更大的经济价值；经济发展对矿物产品的需求日益增加，矿物产品的出口受到限制；2015 年越南国内煤炭消费量超过供应量、从煤炭净出口国转为煤炭净进口国，更多的煤炭产品用于越南国内经济发展的需要，特别是燃煤发电的消费。

越南政府大力推动工业化进程。2019 年 10 月 22 日，越南工贸部工业局与联合国工业发展组织（UNIDO）联合举行“通过改善机制体制建设能力，协助越南政府制定工业发展战略和相关政策”项目总结会议暨 2019 年越南首部《工业白皮书》发布仪式。目的是分析及评估越南工业发展现状，通过提高附加值和革新技术以推动工业化进程，其中包括工业 4.0 和人口老龄化问题所造成的影响等问题。

7.2 煤炭资源

越南煤炭资源丰富，可采年限在 70 年以上；以无烟煤和褐煤为主，广宁煤田的无烟煤是世界最好的无烟煤之一。

7.2.1 煤炭资源储量

越南煤炭资源丰富。根据BP《世界能源统计2020》的数据，2019年越南已探明煤炭储量达3360 Mt，其中优质无烟煤约3116 Mt；按照目前的生产规模，可采年限在70年以上。越南煤炭资源品种多、质量好，主要有无烟煤和褐煤，烟煤、长烟褐煤、半烟煤、泥煤等也有一定储量，炼焦用煤在越南较缺乏。以广宁煤为代表的优质无烟煤举世闻名，褐煤和泥煤主要分布在红河三角洲地区和湄公河三角洲地区。越南主要煤田位于广宁和红河三角洲。越南5处主要煤矿煤质参数见表2-7-1。

表2-7-1　越南5处主要煤矿煤质参数

煤质指标	Coc Sau	Cao Son	Deo Nai	Ha Tu	Nui Beo
灰分/%	2.24~40.0	8.08~11.27	2.49~39.28	2.64~28.33	2.52~30.6
水分/%	1.42~4.92	0.35~3.5	0.99~3.56	1.88~13.83	1.82~14.2
挥发分/%	2.82~9.86	7.0	4.2~24.51	4.48~13.83	4.52~13.96
硫分/%	0.1~1.64	0.01~2.72	0.07~0.6	0.24~0.33	0.23~0.35
发热量/($kJ \cdot kg^{-1}$)	25.79~36.26	28.45~35.56	31.17~39.31	29.31~35.77	29.1~34.9
密度/($t \cdot m^{-3}$)	1.39~1.46	1.38~1.46	1.39~1.44	1.38~1.45	1.37~1.5

7.2.2　主要煤田

广宁煤田位于越南东北部。位于越北准地台东部的中生代沉降带内，基底受北西西向红河深断裂控制，东部受中国广西钦防东北向断裂影响。煤田为东西向展布，东部向东北偏转，东西长约146 km，南北宽3~21 km，属于大陆相含煤盆地。煤田内出露地层为中三叠统拉丁尼克组、上三叠统卡尼克组、诺利克-瑞替阶及下侏罗统里阿斯组。上三叠统诺利克-瑞替阶是主要的赋矿层，中三叠统拉丁尼克组只有薄煤层，下侏罗统里阿斯组不含煤或只有煤线。含煤岩系的总厚度为800~2200 m，煤层厚度为20~28 m，煤层数量一般为9~15层，最多61层，一般开采的只是其中几层厚的大煤层。广宁煤田上三叠统煤层煤质非常好，属于低灰分、低硫、低磷、高发热量的优质无烟煤，是世界上质量最好的无烟煤之一，该煤田的开采始于1839年。广宁煤田的无烟煤资源量约为8.7 Gt，其最重要的煤矿床有：毛河（Mao Khe）、庄巴赫（Trang Bach）、南毛（Nam Mao）、万丹（Vang Danh）、乌翁（Uong Thuong）、东丰（Dong Vong）、Nga Hai、Khe Tam、Giap Khau、Nui Bao等。

红河三角洲煤田位于越南北部。该煤田是1960年在寻找油气的过程中发现的，煤炭资源主要是次烟煤，煤层位于2500 m深处，厚度为1.0~10.0 m。

7.3　煤炭工业管理

越南政府对煤炭工业实行集中管理，主要由越南工业贸易部负责；越南政府相继制定、修订了采矿法和外国投资法等，通过不断细化的法律法规要求，加强并推动煤炭工业的健康发展。

7.3.1　煤炭管理机构

越南煤炭工业的主要管理部门是越南工业贸易部（MOIT）。越南工业贸易部是越南国家层面负责管理所有能源行业的主要部门，包括电力、新能源和可再生能源、煤炭和石油天然气行业等。该部的主要职能包括：制定政策，监管越南国有矿物集团控股有限公司（VINACOMIN）和电力公司（EVN）等国有企业，编制电力、煤炭、石油天然气的开采和供应总体规划等。

其他与能源发展相关的管理部门和机构特点有：负责国家经济发展规划等职能的规划投资部（MPI）、负责政府保障的出口信贷等职能的、负责环境监管等职能的自然资源与环境部（MONRE）、负责外汇分配和担保外汇可兑换性等职能的越南国家银行（SBV）、负责监督地方政府的省级人民委员会（PPC），各地方的计划需通过 PPC 和 MOIT 的审核。此外，还包括煤炭研究所（VINACOMIN）、隶属于教育和培训部（MET）的河内技术大学（HTU）、隶属于越南石油天然气公司（PETROVN）的石油和天然气研究所（O&G I）、隶属于国家自然科学技术中心（NCNST）的能源部（ED）、隶属于规划和投资部（MPI）的发展战略研究所（DSI）。

煤炭工业在越南经济中占有非常重要的战略地位。政府仍在制定新的燃煤发电项目计划，未来还需要更多的煤炭供应；所有的计划都将为越南北部和南部的主要电力需求中心带来更多的煤炭供应；政府现在的重点是发展和提高煤炭工业的实践和生产力。

7.3.2 政策法规

越南新《采矿法》的要求。越南新采矿法自 2012 年起生效，包括第 02/CT－TTg 号指令和第 15/2012/ND－CP 号法令，其中详细说明了采矿法的实施情况。该法要求矿业公司在采矿许可证申请中应包括下游加工和高附加值产品的生产，同时提供更透明的商业和运营环境。2015 年 12 月 10 日颁布的第 1084/2015/UBTVQH13 号法令调整了矿物使用费费率，生效日期为 2016 年 7 月 1 日，使越南成为世界上矿产使用费最高的国家之一。

越南投资奖励政策。外商到越南投资设立企业主要是依照越南《外国投资法》及其《实施细则》的规定开展投资经营活动。1986 年，越共六大正式提出革新开放政策，主张吸引外商的资金和外国先进技术到越南投资，参与越南的经济建设。1987 年 12 月越南第一部外国投资法诞生并颁布实施，此后曾于 1992 年、1996 年和 2000 年先后三次对该法进行补充、修改，逐步放宽外资的市场准入政策和优惠政策。2003 年 3 月越南政府对外国投资法实施细则进一步修改补充，对原实施细则规定的 125 条中的 30 多条进行了修改和补充，进一步放宽吸引外资政策，为外商到越南投资创造了更为宽松的投资环境和便利条件。

7.4 煤炭工业发展规划

越南工业贸易部发布的《2020 煤炭工业发展规划和 2030 年展望》提出了明确的煤炭工业发展规划目标要求，包括煤矿关闭计划、新建煤矿规划、煤炭洗选加工规划，目的是提高煤炭生产和洗选效率，保障煤炭供应。

7.4.1 煤矿关闭和建设规划

根据越南工业贸易部制定的《2020 年煤炭工业发展规划和 2030 年展望》，越南将大量进口煤炭，以满足国内燃煤电厂的需求。总体规划表明，2020 年，越南煤炭总产量将达到 60 Mt；2025 年，越南煤炭总产量将达到 65～70 Mt；2030 年，越南煤炭总产量将达到 65～75 Mt。

根据该规划，2011—2030 年，越南计划关闭 19 个产能合计为 11 Mt/a 的矿山。其中 9 个露天煤矿，总产能 8.23 Mt/a。分别是 Nui Beo 矿，产能为 3.5 Mt/a；Ha Tu 矿，产能为 1.65 Mt/a；South west Da Mai 矿，产能为 1.0 Mt/a；East Da Mai 矿，产能为 0.4 Mt/a；Bang Nau 矿，产能为 0.55 Mt/a；North west Khe Tam 矿，产能为 0.03 Mt/a；Khe Sim 矿，产能为 1.05 Mt/a；West Khe Sim 矿，产能为 0.05 Mt/a；还有 10 个较小的露天矿，产能合计 2.7 Mt/a。井工煤矿煤炭产量所占比重将有所提升。

2015—2030 年，煤炭开采业将投资新开 19 个矿井，其中 14 处煤矿属于 VINACOMIN 广宁煤田的东北矿床，5 个试点矿井位于红河三角洲煤田。

7.4.2 煤炭洗选加工规划

2016—2030 年将建成几个新建的煤厂：Khe Than 2、Bao Dai、ong Trieu－Pha Lai，2017 年正式进入采煤厂 Khe Cham IV 的开工试建阶段。

（1）投资现代洗选技术。淘汰无效的旧设备和技术装备，这些设备大多数是 20 世纪 60 年代和 70 年代设计和建造的，大部分在露天使用，效率低，容易受天气制约。

（2）增加淡水的供应以应对激增的需求。广宁省位于海边，在山区，大多数制备厂需要大量的淡水，Cua Ong 煤炭洗选公司每天消耗 3000 m^3 的淡水。今后，新燃煤加工厂对淡水的需求将增加，行业应更加注重寻找新的淡水水源。

（3）提升重介分选后磁铁矿的回收技术。川昂二号选煤厂（Cua Ong）每吨原煤使用 1 ~ 2 kg 磁铁矿，是世界上其他选煤厂的 1 ~ 2 倍。

（4）增加技术和设备投资。目前筛选过程中使用的技术和设备效率低，产生的副产品质量低，灰分含量为 35% ~ 65%，储存在料堆中，以便将来回收。

（5）降低浆料产出量。砖厂或住户对煤浆的需求基本限于国内，需求较小。

（6）开展国际合作。经济高度高速增长需要更多的煤炭，为了寻找解决方案，VINACOMIN 开始与澳大利亚、印尼、俄罗斯等外国合作，寻找良好的市场，从国际市场进口煤炭。

（7）将具有现代加工线的煤炭洗选厂集中化。降低对特定区域（广宁省位于海中和山区）的环境影响，降低运输和生产成本。

（8）提升井工煤矿机械化水平。

（9）在南方地区建设煤炭进口码头。

（10）提高燃煤制备厂所有技术产品的控制水平。

（11）建立环境管理体系。

7.5 煤炭生产

近 30 年，越南煤炭生产规模增长了 7.3 倍，露天开采略占优势；煤矿自动化系统建设提高了生产效率、减少了人员使用；煤炭洗选技术水平的提高保证了煤炭产品的质量。

7.5.1 煤炭产量

越南是东南亚第三大煤炭生产国、世界第三大无烟煤生产国。近 30 年煤炭增长如图 2 - 7 - 6 所示，1990—2007 年煤炭产量从 5.1 Mt 增长到 42.5 Mt，增幅为 733.0%；2008—2019 年煤炭产量从 39.8 Mt 增长到 46.3 Mt，增幅为 16.5%，基本稳定在 38.0 ~ 47.0 Mt 之间。

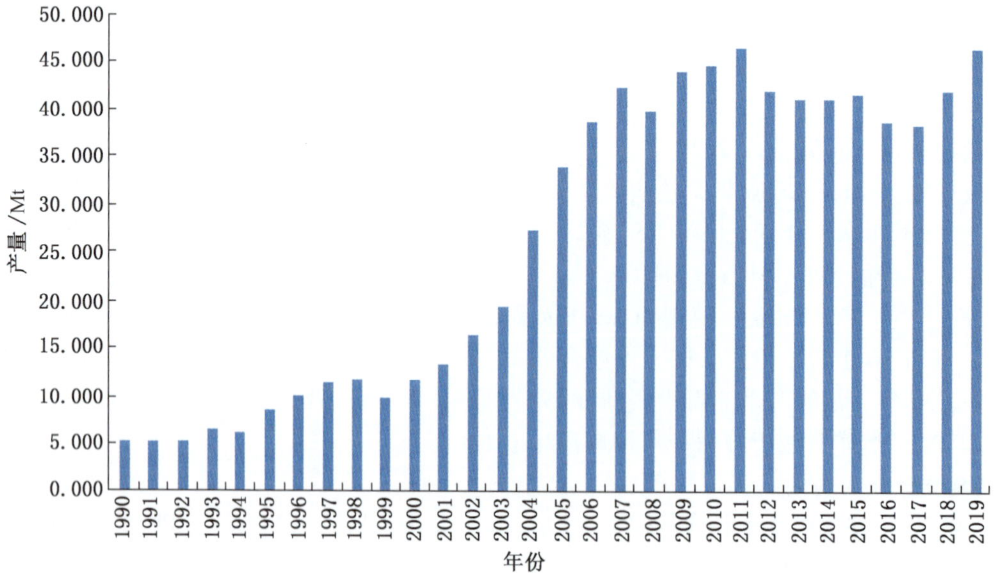

图 2 - 7 - 6 1990—2019 年越南煤炭产量情况

7.5.2 露天开采和井工开采

越南露天开采煤炭产量占比超过 50%。目前露天煤矿开采主要采用电铲和卡车，采煤用电铲主要是来自俄罗斯的 EKG 液压铲，表土和岩石运输使用来自白俄罗斯巴拉兹（BalAZ）、日本小松（Komatsu）和美国卡特彼勒（Caterpillar）等制造商的 27～50 t 自卸卡车，煤炭运输使用来自俄罗斯、日本或瑞典的 10～30 t 小型卡车。Vinacomin 集团的煤炭产量占越南煤炭总产量的 95%，其位于广宁省露天煤矿的生产能力是 5 座年产量超过 2 Mt 的大型煤矿（Cao Son、Coc Sau、Deo Nai、Ha Tu、Nui Beo），15 座产能在 0.10～0.70 Mt/a 之间的露天煤矿，还有一些小于 0.1 Mt/a 的露天矿；根据该集团露天煤矿的产能，估算其煤炭产量所占比重在 50% 以上。广宁省煤炭盆地地质构造复杂，有许多断层和褶皱，露天煤矿上覆的岩石是砂岩或泥岩的砾岩，通过爆破和钻探方法破碎；关于露天开采的环境保护，要求在确定排土场的位置、倾倒方式、排土场的稳定性以及废水流入河流和海洋之前进行污水处理。越南各煤田的露天煤矿分布见表 2－7－2。

表 2－7－2 越南各煤田的露天煤矿

煤田	露天矿
锦普煤田（Cam Pha）	Coc Sau
	Cao Son
	Dong Cao Son
	Deo Nai
	Quang Loi
	Dong Da Mai
	Tay Nam Da Mai
	Tay Bac Da Mai
	Duong Huy（地表）
	Mongduong（地表）
	Bang Nau
Hong Gai 煤田	Ha Tu
	Nui Beo
	Dong Bac 煤矿
	917 煤矿
Uong Bi 煤田	Uonghuong－Vietmindo
其他煤田	Khanh Hoa
	Nui Hong
	Na Duong

越南井工煤矿的煤炭产量所占比重低于 50%。井工煤矿的平均开采深度是 300 m，井工煤矿越来越重视自动化设备的使用和员工培训，以保证煤矿的安全生产和环境保护。Vinacomin 集团拥有 30 处井工煤矿，9 处煤矿的年产能超过 1.0 Mt，分别是 Mao Khe 矿 1.6 Mt、Nam Mau 矿 1.5 Mt、Vang Danh 矿 3.1 Mt、Ha Lam 矿 1.77 Mt、Quang Hanh 矿 1.05 Mt、Khe Cham 矿 1.01 Mt、Duong Huy 矿 2.0 Mt、Thong Nhat 矿 1.59 Mt、Mong Duong 矿 1.5 Mt；其他煤矿的年产能均少于 1.0 Mt。根据该集团井工煤矿的产能情况估算，其井工煤矿煤炭产量所占比重不到 50%。

7.5.3 煤炭科技

工业革命 4.0 推动煤矿自动化系统建设。2019 年，越南国有煤炭和矿物工业集团（Vinacomin－TKV）集中投资于煤炭生产和运输等阶段的自动化系统建设，减少员工数量，提高劳动生产率和安全生产水平。为满足工业革命 4.0 的需要，2017—2020 年，该集团在煤炭生产和加工的自动化和计算机化方面进行重点投资。煤炭开采方面，2018 年在 Uong Bi 煤炭公司、Ha Lam 煤炭股份有限公司和 Nui Beo 煤炭股份有限公司等煤矿企业投资建设自动化系统。根据该集团对 2018 年自动化系统建设的评估，自动化和计算机化在煤炭生产和加工中的应用一共减少现场员工 463 名，其中井工矿减少 392 人、露天矿减少 41 人，其他人员减少 30 人；整个集团应用自动化和计算机化的收益约为 2600 亿越南盾/a。2019 年，各煤矿正在继续投资泵站自动化系统、井下及地面主要输送线的自动化系统、控制与监控自动化系统等。

7.5.4 煤炭洗选

越南煤炭洗选分为两个阶段。第一阶段是通过人工选矸、筛分、研磨或配煤等工序，进行原煤预处理。选煤厂只能对 30% 的原煤进行洗选，洗精煤直接销往国内市场。所有煤矿公司都建有原煤预处理系统。第二阶段是进行煤炭洗选，选煤厂选煤方法包括跳汰选煤、螺旋分选溜槽、旋流器和浮选工艺等，以典型的跳汰选煤为主。越南选煤业管理系统如图 2－7－7 所示。

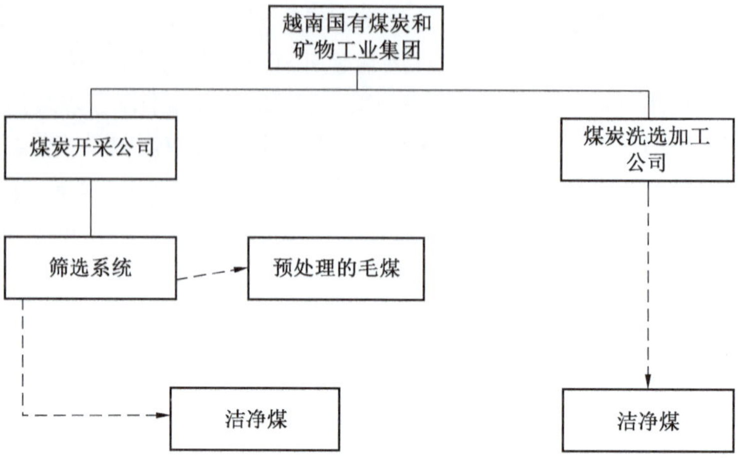

图 2-7-7　越南煤炭洗选管理系统

7.6　煤炭市场

随着越南经济发展速度加快，国内煤炭需求增长迅速，2015 年越南国内煤炭消费量超过煤炭供应量，供应缺口由进口煤炭补充，成为煤炭净进口国；2019 年国内煤炭消费大幅增长，跻身世界十大煤炭消费国之列。

7.6.1　煤炭消费

2019 年越南煤炭消费同比增长率居世界十大煤炭消费国之首。根据英国石油公司（BP）发布的《2020 年世界能源统计评论》(BP Statistical Review of World Energy 2020）的报告，2019 年全球十大消费国中，越南煤炭消费增长率最高，同比增长了 30.2%。如图 2-7-8 所示，近 30 年煤炭消费呈现波动性增长态势，2015 年煤炭消费超过煤炭产量，随后迅速增长，2019 年煤炭消费达到 91 Mt。

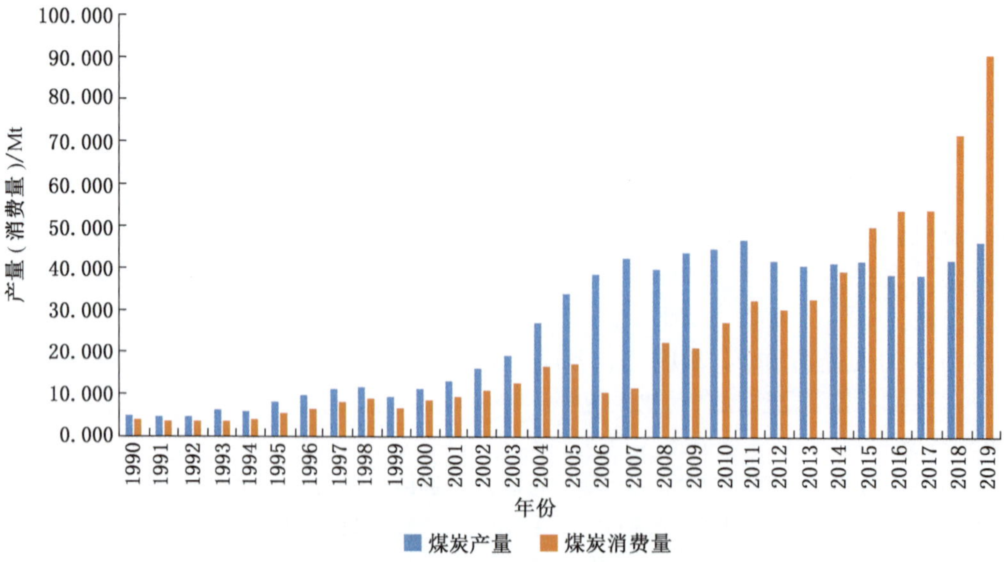

图 2-7-8　1990—2019 年煤炭产量与消费量变化

7.6.2 煤炭进出口

2019 年越南煤炭进口增幅达到创纪录水平。近 20 年来，越南由煤炭出口国变为煤炭进口国，如图 2－7－9 所示，2000—2014 年越南煤炭出口量大于进口量，2015 年煤炭净进口量达到 5.3 Mt，成为煤炭净进口国；随后，煤炭进口迅速增长，2019 年煤炭进口量达到 44.0 Mt，同比增长 94.8%，达到历史最高增幅；煤炭进口量排名世界第六位，增长幅度是所有煤炭进口国同比增长最大的国家。

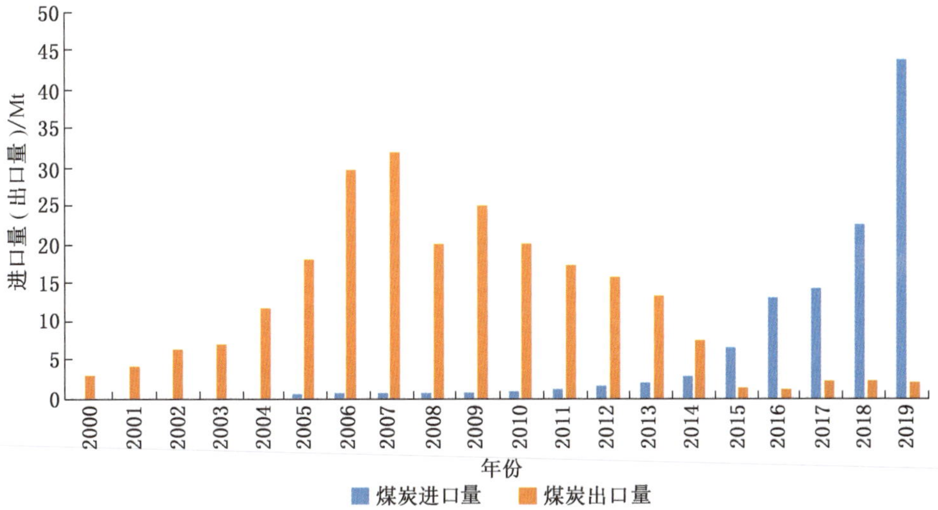

图 2－7－9　2000—2019 年越南煤炭进出口变化

2030 年煤炭进口仍将持续增加。根据工业和贸易部的预测，到 2030 年，越南国内煤炭生产能力不会有大幅度的提高，每年 42～50 Mt；而国内煤炭需求量增长迅速，特别是火电，远远超过国内煤炭行业的供应量，每年将达 60～119 Mt；预计煤炭进口将达 98 Mt，发电用煤占 60%～80%。

无烟煤出口实行配额制。Vinacomin 不能大量出口无烟煤，需要获得许多部委的许可，并且只能按照分配给它的配额出口煤炭。2019 年煤炭出口约为 2 Mt，2020 年的煤炭出口配额是 2.05 Mt。

7.7 主要企业

近 30 年，越南煤炭生产企业通过重组整合，集中度进一步提高，95% 的煤炭产量由越南国有煤炭和矿物工业集团生产。

7.7.1 越南国有煤炭和矿物工业集团控股有限公司

1995 年和 2005 年越南煤炭企业进行了 2 次整合。1995 年以前越南的煤炭生产由 5 家公司组成，分别是鸿基煤炭公司、坎帕煤炭公司、Uong Bi 煤炭公司和内部煤炭公司，还有 1 家是煤炭进出口及物资供应公司。1995 年，为了实现煤炭工业的现代化发展，越南政府将上述企业整合在一起，成立了越南国有煤炭公司（Vinacoal）。2005 年，越南国有煤炭公司和越南矿产公司（Vimico）整合成立了越南国有煤炭和矿物工业集团控股有限公司（Vinacomin），国家拥有 100% 的所有权，现有核心业务包括煤炭开采、矿物开采和加工。该企业拥有 54 处煤矿，其中 5 处大型露天矿、15 处中型露天矿、一些小型煤矿点和 30 处井工煤矿，煤炭产量占煤炭总产量的 95%；3 座最重要的选煤厂分别是川昂（Cua Ong）选煤厂、生产能力为 10 Mt/a，万丹（Vang Danh）选煤厂、生产能力为 3 Mt/a，鸿基选煤厂、生产能力为 2 Mt/a。2019 年，该集团员工人数为 96900 人，煤炭产量达到 40.5 Mt，营业收入达到 13.15 万亿越南盾（56 亿美元）。

7.7.2 Vietmindo 合资公司

越南的另一家煤炭生产商是 Vietmindo 公司，是印尼一家公司与 Uong Bi Coal Company（Vinacomin 的子公司）成立的合资企业，生产煤矿分布在广宁省的万丹乌比地区，煤炭储量为 36.70 Mt，占地总面积为 1300 公顷。1997 年开始生产煤炭，1998 年煤炭产品进入市场。2000—2004 年，年生产煤炭接近 1 Mt。该公司的特许经营权有效期为 30 年。

8 日本煤炭利用

日本国土面积狭小，自然资源匮乏，仅有煤炭、天然气、硫黄等极少量矿产资源，工业生产所需的主要原料、燃料等都要从海外进口。从20世纪60年代起，顺应石油替代煤炭的“流体革命”，大量使用廉价进口石油，2002年日本关闭了生产煤矿，煤炭消费完全依赖进口；2011年东日本大地震后，核电停机，日本煤炭需求量激增，导致煤炭进口大幅上升。本章介绍了近年日本经济社会的发展以及能源结构的变迁；日本国内煤炭工业的末期以及煤矿退出；煤炭的消费和需求，基于日本能源基本计划对需求的短期预测；煤炭的供应战略与规划，以及煤炭的进口前景。

2018年7月日本政府公布了最新制定的“第5次能源基本计划”，根据“3E+S”的指导思想，延续2014年“第4次能源基本计划”的基本框架，即：可再生能源占22%~24%，核电占20%~22%，火电占56%。根据新的能源基本计划以及《巴黎协定》国家主力减排的目标，本章介绍了日本的低碳绿色发展，煤炭清洁利用的政策环境以及清洁利用技术，最后总结了日本煤炭利用对我国的启示。

8.1 经济社会发展与能源结构

8.1.1 经济社会发展

日本是位于东亚的岛屿国家，由日本列岛、琉球群岛和伊豆－小笠原群岛等6852座岛屿构成，面积约378000 km^2。国土全境被太平洋及鄂霍次克海、日本海、东海等陆缘海环抱，西邻朝鲜半岛及俄属远东，东北接千岛群岛，西南面中国东部。2019年GDP为5.154万亿美元，其中第一产业占1.1%，第二产业占30.1%，第三产业占68.7%。人口达1.26亿，其中逾3500万人居住于首都东京及周边数县构成的首都圈。

日本是世界第三大经济体，是世界公认的高度发达国家，与高度发展的经济水平相一致的是，虽然人口仅为1.26亿，但日本是世界第五大能源消费国，排名中国、美国、俄罗斯和印度之后，2018年一次能源消费总量约为659.4 Mtce，人均一次能源消费高达5.23 tce。

从已有数据来说，自2005年以来14年，日本国内生产总值有3年，即2008年、2009年和2011年是负增长，其余11年虽然有高有低，但都是正增长，而同期日本一次能源消费总趋势是下降的，除个别年份外，基本都是负值。这就是说，2005年以来，日本经济在实现一定增长的同时，能源消费不但没有增长反而是下降的。因此，仅从能源消费与经济社会发展关系来看，从2005年以来，日本经济社会发展已经迈入了较为理想的状态。图2－8－1所示为2014—2018年日本经济增长与能源消费情况。

8.1.2 能源结构

日本的能源结构是随着国际能源格局的变化以及经济发展的需要进行调整和变化的。根据2019年版《世界能源统计评论》的数据，2018年，日本一次能源消费总量为649.4 Mtce，排名世界第五。与2017年相比，2018年日本一次能源消费下降157.3 Mtce，同比下降0.24%。

日本的能源消费峰值是2005年达到的，为759.2 Mtce，自此之后直至2018年都没有超过这一水平，2016年下降到近年来的最低水平，为644.6 Mtce，2017年和2018年有所反弹。

2018年，日本的一次能源消费中，石油第一，占比40.17%；煤炭第二，占比25.88%；天然气

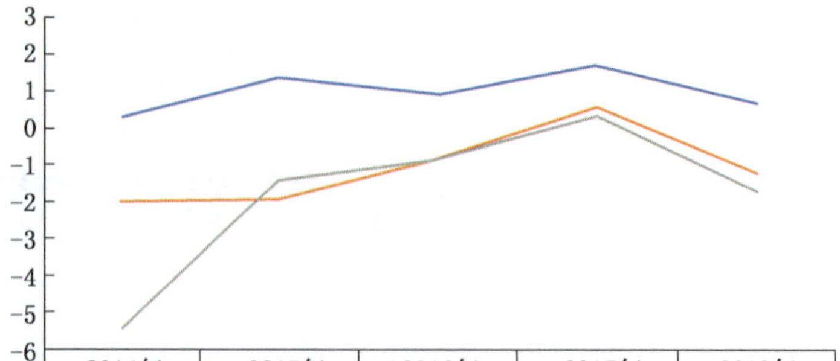

	2014年	2015年	2016年	2017年	2018年
国内生产总值增长	0.37	1.35	0.94	1.71	0.7
一次能源消费增长	-2	-1.9	-0.8	0.6	-1.2
能源消费弹性系数	-5.41	-1.41	-0.85	0.35	-1.71

图 2-8-1　2014—2018 年日本经济增长与能源消费

第三，占比 21.91%；可再生能源第四，占比 5.59%；水电第五，占比 4.03%；核能排名最后，仅占比 2.44%。这样，由石油、煤炭、天然气、水电和核能构成的传统能源，占日本一次能源消费的 94.41%。因此，今天的日本能源消费不仅基本依赖传统能源，更严重依赖石油、煤炭和天然气三大传统化石能源，三大传统化石能源占比 87.96%（图 2-8-2、图 2-8-3）。

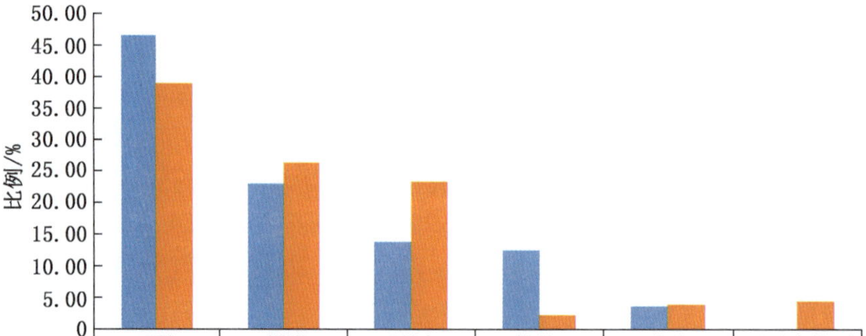

	石油	煤炭	天然气	核能	水电	可再生能源
2005年	46.55%	23.12%	13.92%	12.64%	3.77%	
2018年	39.12%	26.51%	23.51%	2.32%	4.02%	4.52%

图 2-8-2　2005 年和 2019 年日本能源消费结构

今天的日本一次能源消费之所以出现如此的结构，主要是受 2011 年 3 月 11 日大地震的影响。2011 年 3 月 11 日，日本东北太平洋地区发生里氏 9.0 级大地震，福岛第一核电站的放射性物质泄漏。为此，从 2013 年起，日本关闭了全部核反应堆，进行强制安全检查和升级，2013 年 9 月至 2015 年 8 月核电在一次能源消费中所占的比重为零。从 2015 年 8 月到目前为止，日本仅 9 座核反应堆投入运营，总发电能力为 8.7 GW。

因此，一般来说，将 2010 年视为日本能源消费最正常的一年。2010 年，日本一次能源消费总量为 715 Mtce，其中，石油第一，占比 40.25%；煤炭第二，占比 24.7%；天然气第三，占比 16.99%；核能第四，占比 13.22%；水电第五，占比 3.83%；可再生能源最后，占比仅为 1.02%。

1. 高度依赖海外能源，进口集中度高

自 2010 年以来，日本能源自给率持续下降，福岛核事故发生后，能源自给率由 2010 年的 19.6% 降至最低 6.2%，2016 年稍回升至 8.4%。较低的能源自给率，导致在获取资源时很容易受到国际形式的影响。据日本经济产业省《2017年能源统计能报》数据，2017年日本石油进口集中度为84.4%，主要来自沙特阿拉伯、阿联酋、科威特、卡塔尔和俄罗斯，沙特阿拉伯占进口量的40.1%（图2-8-4）。煤炭进口集中度为96.5%，累计进口192.839 Mt，比2016年增长1.02%，主要来自澳大利亚、印尼、俄罗斯、加拿大和美国，澳大利亚占进口量的61.8%（图2-8-5）。日本天然气进口主要是液化天然气（LNG），2017年进口集中度约为69.2%，累计进口$113.9\times10^{12}\ m^2$，主要来自于澳大利亚、马来西亚、卡塔尔、俄罗斯和印尼，澳大利亚占进口量的20.7%（图2-8-6）。对海外能源的高度依赖，导致了日本能源供给的脆弱，而过高的进口集中度，则进一步加剧了日本能源供给的脆弱性。

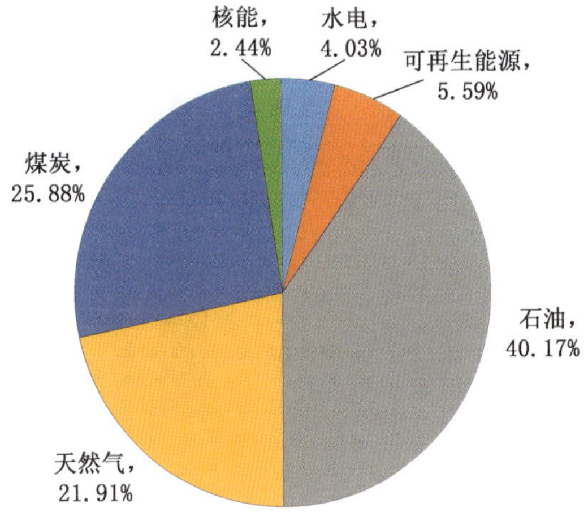

图2-8-3 2018年日本一次能源消费构成

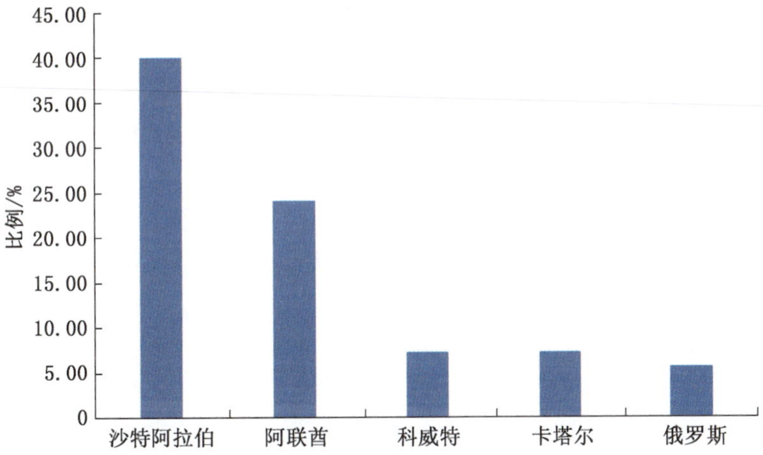

图2-8-4 2017年日本石油进口量前五国家占比情况

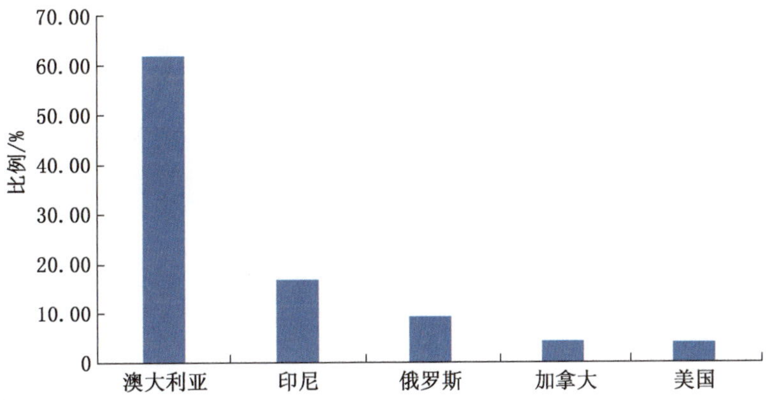

图2-8-5 2017年日本煤炭进口量前五国家占比情况

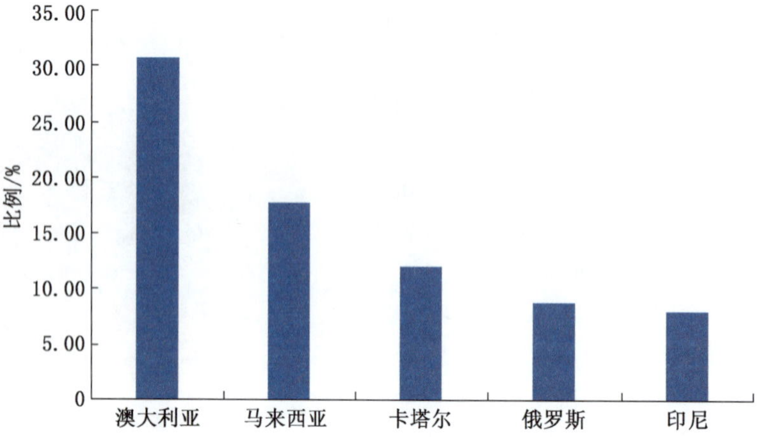

图 2-8-6　2017 年日本液化天然气进口量前五国家占比情况

2. 供需结构调整，资源价格波动

就全球趋势而言，能源需求从发达国家正在转向发展中国家，能源需求将大幅增长。2017 年，非经合组织国家能源消费增长 2.8%，占世界总量的 58.5%。能源需求不断扩大的国家，包括中国和印度，正在积极努力通过国有企业促进资源开发和采购。全球范围内，新兴国家围绕资源的激烈竞争如火如荼，必定对全球资源价格产生重大影响。此外供给侧方面，从 2015 年起，美国成为原油产量第一的国家，天然气产量也跃居第一，引起供给侧重大的结构性变化，对原油和天然气价格产生了影响，但受石油输出国组织削减产量和区域冲突等因素影响，原油价格有所回升。供给侧的结构性变化有时会增加原油价格的波动。据 BP 统计数据显示，2017 年无论是美国 WTI 原油、英国布伦特原油、亚洲迪拜原油现货价均高于 2016 年，价格分别高出 7.45 美元/桶、10.46 亿美元/桶和 53.13 美元/桶，也是 2012 年以来的首次年度增长，图 2-8-7 所示为近 10 年国际石油价格变化情况。国际能源署（IEA）预测，2040 年原油价格将在 60 美元至 140 美元之间波动。2017 年，中印两国能源消费量占世界增量的 73.6%。其中中国能源消费增长 3.1%，占世界总量的 23.2%；印度能源消费增长

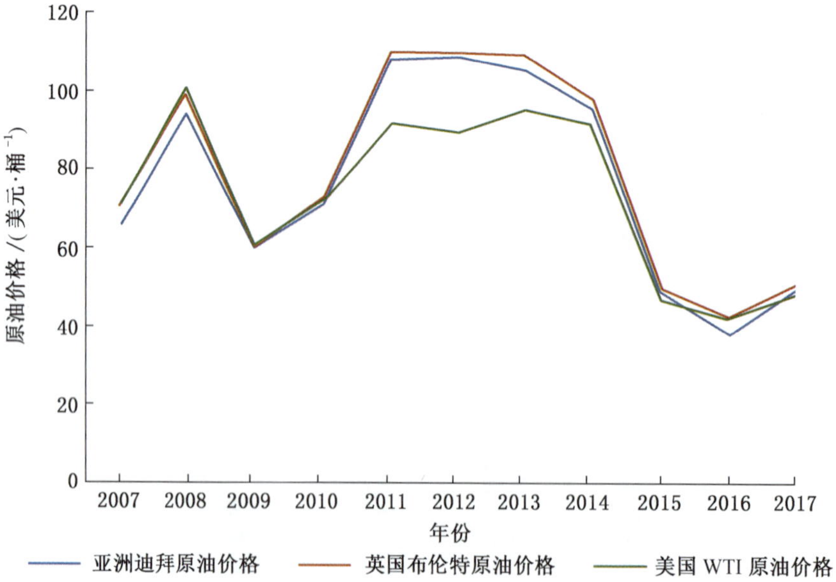

图 2-8-7　近十年国际石油价格变化情况

4.6%，占世界总量的5.6%。此外，除自然资源竞争加剧和区域冲突外，由于经济形势、需求形势和供给结构的变化，导致资源价格长期上升，资源价格的剧烈波动较以前更容易发生，进而一定程度上影响日本能源供给安全。

3. 福岛核事故影响持续，减排压力大

按照已签订的《巴黎协定》要求，日本温室气体排放到2030年要比2013年削减26%，到2050年则要削减80%。2017年，日本 CO_2 排放量为1.18 Gt，占世界总量的3.6%。核能作为减少 CO_2 排放的重要手段，曾被日本视为重要的自主能源，在福岛核事故之前的20年里，日本核能发电发展迅速，发电量占比基本保持在25%左右，事故发生后，核能发电量从25%下降到几乎为零，核能缺失导致日本电力供应严重不足，至2016年起逐步回升，图2-8-8所示为2007—2017年日本电力供应情况。灾难发生后至今，仍有约2.4万人受到疏散令的约束。日本政府仍需要花费大量的精力，处理核事故损害赔偿、放射性废物处置、污水处理等。2017年，日本电力消费较2016年增长2%。其中天然气发电量占39.4%，煤炭占33.6%，核能仅占2.9%。为弥补核能发电量的缺口，化石能源进口量和消费量大幅攀升，进而为减排带来压力。

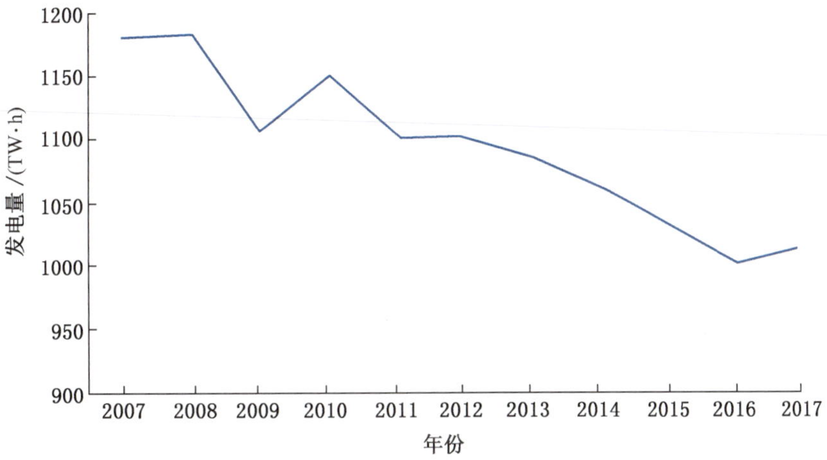

图2-8-8 2007—2017年日本电力供应情况

4. 未来地缘政治风险增加，能源风险多元化

根据国际能源署预测，即使在2040年实现了给予可持续发展目标的设想，化石燃料仍是主要的一次能源，预计其所占比例在发达国家和新兴国家分别为53%和63%，可再生能源在发达国家和新兴国家的比例分别不超过32%和29%。化石资源价格的不断波动意味着石油生产国国家财政的不确定性增加，而石油生产国经济结构的不稳定性有可能增加地缘政治的风险。全球由石油造成的地缘政治风险将继续存在，围绕能源的地缘政治风险很有可能不会得到缓解，而是会增加。由于新兴国家的崛起，其对能源供需方面的影响力正在增加，可能出现“地缘经济风险”。各国明确了脱碳的“改革意向”，不断加强技术创新，欧洲和美国的主要能源公司也在积极布局。以前“能源技术领先国家的日本、美国和欧洲”的模式不再是一个既定的模式，技术变化也会对围绕能源的地缘政治产生影响。

5. 未来能源需求增大，对能源供给安全带来挑战

日本能源经济研究所（IEEJ）预测，2030年日本能源消耗619.19 Mtce，占世界总量的2.6%；2050年为456.17 Mtce，占世界总量的2%。其中石油2030年消耗215.93 Mtce，占世界总量的3%；2050年为164.45 Mtce，占世界总量的2%。天然气2030年消耗140.14 Mtce，占世界总量的1.9%。

煤炭 2030 年消耗 160.16 Mtce，占世界总量的 2.6%；2050 年为 148.72 Mtce，占世界总量的 2.3%。发电量 2030 年为 11360 kW·h，占世界总量的 3.4%；2050 年为 11500 kW·h，占世界总量的 2.6%。未来能源需求的增长，进一步对日本能源安全提出挑战。

8.2 煤炭工业发展过程与退出

8.2.1 煤矿退出

煤矿关闭及退出的过程、退出原因等。

20 世纪 70 年代两次石油危机的发生，迫使日本实施“石油替代政策”，促进能源供给品种的多元化，重新增加煤炭在能源结构中的比重。由于日本国内煤炭生产逐年下降，到 1975 年产量仅为 18 Mt 左右，1989 年已降至 9.635 Mt，已经无法满足国内供能，因此日本不得不大量进口煤炭以供给国内的需求。煤炭在一次能源中的比重从 1973 年的 15.5% 提高到 1980 年的 17%。这一时期日本也提升了公害治理，企业大力发展了煤炭的清洁化处理技术，煤炭使用量的大幅度增加并没有引起新的污染。

二战后日本经济高速发展，煤炭产业衰退，这使得煤炭的国内供给率不断下降，从自产迅速转向进口。日本国内煤炭生产量在 1961 年达到了 55.41 Mt 的巅峰，之后受“煤炭－石油”能源转换趋势的影响，又由于煤炭的价格优势，到 2014 年国内仅生产了 1.308 Mt。而进口煤炭则于 1970 年超越国内生产量，1988 年更是超过 100 Mt。此后逐步增加，2010 年达到 184 Mt（表 2－8－1）。2011 年东京日本大地震后，由于核电站停机，日本煤炭需求量激增。2013 年日本煤炭进口量进一步增加到 192 Mt，主要进口国为澳大利亚（63.43%）、印尼（19.1%）、俄罗斯（6.43%）和加拿大（5.14%），中国仅占 1.35%。

表 2－8－1 日本煤炭国内产量与进口量的变化

年度	1970	1975	1980	1985	1990	1995	2000	2005	2010	2014	2018
国内煤炭	38239	18597	18095	16454	7980	6317	3216	1114	917	1308	1000
进口煤炭	50950	62239	72711	93691	104835	124170	145278	180808	184560	188409	190510
自给率/%	42.9	23.0	19.9	14.9	7.1	4.8	2.1	0.6	0.5	0.7	0.05

8.2.2 日本福岛核事故

日本是世界第三核电大国，仅次于美国和法国，高峰时核发电量曾占发电总量的 30%。1963 年 10 月 26 日，日本第一台核电机组投入运行。至 2010 年，日本共有 54 座核反应堆，总装机容量为 47 GW，核能占国家一次能源消费的 13.22%。

2018 年，日本一次能源消费结构中，核电所占比重之所以排名最后且仅为 2.32%，主要原因是，2011 年 3 月 11 日，日本东北太平洋地区发生里氏 9.0 级大地震，福岛第一和第二核电站受到严重的影响，其中福岛第一核电站的放射性物质泄漏到外部，被定为核事故最高分级 7 级，与切尔诺贝利核事故同级。为此，从 2013 年起，50 年来首次，日本关闭了全部核反应堆，进行强制安全检查和升级，2013 年 9 月至 2015 年 8 月核电在一次能源消费中所占的比重为零（图 2－8－9）。

2015 年 8 月、10 月，日本鹿儿岛县的仙台 1 号和 2 号反应堆，首批重启投入运营。自此之后，日本核反应堆陆续重新启动。2018 年前，日本仅 4 座核反应堆投入运营。2018 年，日本有 5 座核反应堆投入运营。这样，截止目前为止，日本投入运营的核反应堆共有 9 座，总发电能力为 8.7 GW。

根据 2014 年 4 月批准的长期能源规划，2030 年日本核电要占全国总发电量的 20% 至 22%，为此

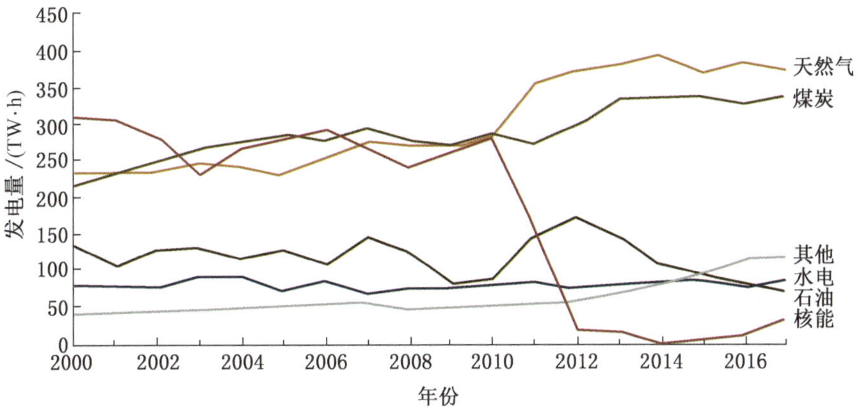

图 2-8-9 2000—2017 年日本发电燃料构成

届时需要 25~30 座核反应堆投入实际运营。福岛核事故后，日本有 20 座核反应堆永久退役。目前，日本共有 35 座核反应堆，其中 9 座在运营，6 座得到日本核监管局的初步批准，12 座仍在考察中，8 座仅仅完成重启的申请。

8.2.3 核电站关闭对日本煤炭消费的影响

2013 年 9 月—2015 年 8 月，由于关闭了全部核电站，日本只能以煤炭、石油和天然气等化石燃料发电来替代核发电。2010 年，化石燃料发电占日本总发电量的比例为 62%，2015 年上升到 82%，2017 更是上升到 85.63%。

2002 年，日本国内停止开采煤炭，所需煤炭全部依赖进口，主要来源于澳大利亚。2011 年，日本煤炭的进口量为 193 Mst，2015 年增长到 210 Mst。从 2015 年开始，随着中国和印度煤炭进口量的快速攀升，日本下降为世界第三大煤炭进口国。福岛核事故之前，煤电占日本总发电量的 23%，2015 年增长到 31%，2017 年为 33%。日本政府计划 2030 年煤电占总发电量的比例仍维持在 26% 的水平。

受核电站关闭的影响，天然气发电在所有化石化燃料中所占比重增长最快。2010 年，天然气发电占日本总发电量的比例为 30%，2015 年迅速上升到 42%，2017 年下降到 37%。日本政府计划 2030 年液化天然气发电占日本总发电量的比例为 27%。

2011 年大地震之前，由于运营成本高，设备老化和环保压力大，日本发电企业开始拆除燃油发电站。不过，随着核电站的关闭，日本部分燃油发电站又投入使用。2010 年，日本发电用的燃料油和原油消费量为 17.5 万桶/天，2012 年上升到 59 万桶/天，占发电总量的比重为 18%。随着油价的不断攀升和燃料替代，2015 年日本发电用的石油消费量下降到 27 万桶/天，占发电总量的比重也下降到 9%。

2011—2013 年三年间，由于发电用的煤炭、油气进口数量大幅度增长，加之这一期间石油价格的不断走高，日本发电企业每年增加 300 亿美元的费用，用于支付额外增加的进口化石燃料。

与此同时，由于这一期间日元对美元的贬值，石油价格不断上涨，使得日本的对外贸易形势不断恶化。30 多年来，日本一直是贸易顺差国，2010 年贸易顺差高达 650 亿美元，但 2014 年日本出现了创纪录的 1160 亿美元（12.8 万亿日元）贸易逆差。2014 年下半年石油和天然气价格的下跌，加之随着核电站重启后进口化石燃料数量的下降，使得 2015 年日本的贸易逆差下降到 220 亿美元（2.8 万亿日元）。

8.3　煤炭消费及需求预测

8.3.1　煤炭消费

日本的煤炭消费峰值是2013 年达到的，按折算成标准油后的数字，为173.3 Mtce，自此之后至今，一直都低于这个数字，且逐渐走低，2018 年创出了煤炭消费的新低，为168.0 Mtce。

依据2019 年版《世界能源统计评论》，2018 年日本的总发电量为1051.6 TW · h，其中天然气是最大的发电用能源，占比36.79%；煤炭第二，占比33.02%；可再生能源第三，占比10.66%。因此，燃煤发电约占日本总发电量的1/3（图2 –8 –10）。

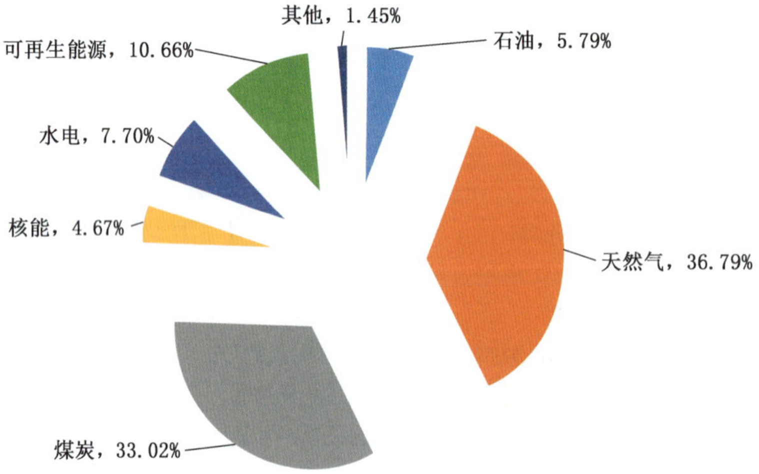

图2 –8 –10　2018 年日本发电用能源构成

2018 年，日本90 座以上的燃煤电厂共生产了317 TW · h 的电力。燃煤所生产的电力，在日本2018 年发电量中所占的比重，创出了2011 年福岛核事故以来的新高。2010 年，燃煤发电占日本总发电量的25%，核电占29%（图2 –8 –11）。

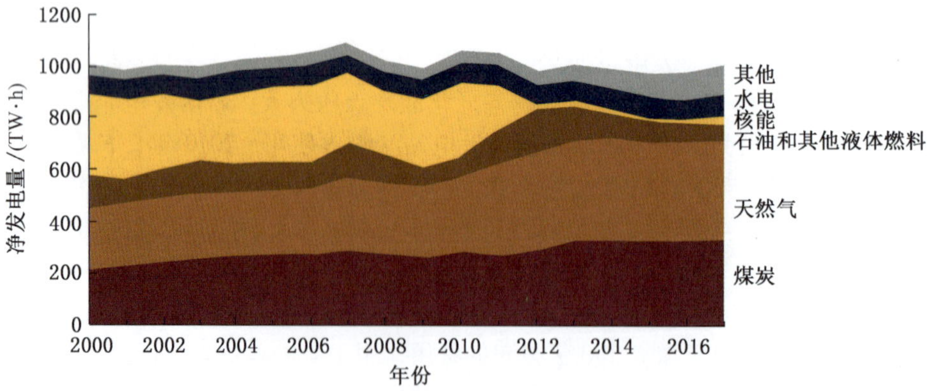

图2 –8 –11　2000—2017 年日本净发电量

8.3.2　煤炭需求预测

2011 年之前，日本经济产业省计划，2030 年减少燃煤发电的一半以上，由核电替代减少的燃煤发电，核电届时占日本总发电量的50%。然而，由于福岛核事故和随后核电站的陆续关闭，目前日本经济产业省的设想是，到2030年核电占比20%~22%，可再生能源占比22%~24%，煤电占比26%，天然气发电占比27%。

未来10年，日本发电企业计划建设20000 MW燃煤发电能力。不过，这一计划到底能实现多少，取决于有多少个关闭的核电站会重启和电力市场非煤竞争者能占有多少发电市场份额。

日本政府承诺，2030年二氧化碳排放量将减少26%。因此，发电企业新建燃煤电站，将面临日本政府环境政策的压力，取决于日本二氧化碳减排具体实施的努力程度。此外，与人口中心的距离，也决定新建的燃煤电站能否开工建设。

当前，日本政府鼓励发展更加高效的燃煤技术，如超超临界燃煤电厂，以满足环保的需要。超超临界燃煤电厂的二氧化碳排放，比传统的燃煤电厂要少得多，但仍是天然气发电排放二氧化碳量的近二倍。

日本经济产业省目前计划，到2030年燃煤发电量中的50%来源于超超临界燃煤电厂。为此，日本的投资者正大力投资高效燃煤发电，而不再投资于传统设计的燃煤电厂。

8.4 煤炭供应战略与进口

8.4.1 煤炭供应战略与规划

日本能源供应严重依赖进口。在世界性温室气体排放削减的大方向下，煤炭资源因二氧化碳排放量较多，预计一次能源中占据的比例会减少，但根据国际能源署（IEA）的统计结果，一次能源整体需求到2040年将达到255.97 tce，与2013年相比增加32%，其中煤炭依然与石油6.72 Gtce（26%）、天然气6 Gtce（23%）并肩成为重要的三大能源。因此对于煤炭资源，日本政府年年加大扶持力度，主要通过出资、债务担保、技术实证、技术转移、收集并提供信息、产煤国共同调查、民间联合调查等方式，促进煤炭资源供给源的多渠道化，确保安定的煤炭供给。从经济产业省提出预算到底层企业获得生产权益，每一个实施流程都有JOGMEC的直接或间接参与。如前期的海外地质结构调查由JOGMEC亲自实施，海外煤炭资源开发的可行性调查将给予日本企业所需经费2/3的资助，探矿出资与债务担保方面JOGMEC以50%为上限进行出资、以80%为上限进行担保等，从最初的探矿活动以及基础设施调查到专业技术人才的培养，JOGMEC都有相应的援助措施，甚至通过亲自寻找和培养有资源开发潜力的企业，来支援本国企业参与海外煤炭资源开发项目或获取海外煤炭资源开发权益。

2018年日本JCOAL信息战略部发文提出，日本已解决了煤炭利用过程中产生的SO_x、NO_x、煤尘等地区环境CCT课题，但很多国家还没有采取足够的措施。今后将向以煤炭为能源的发展中国家提供环境设备以及普及运行和维护管理技术。在此基础上，把日本可靠的高效化CCT推广到需要增加煤炭使用推动经济发展的发展中国家，是切合实际的全球变暖防治措施。因此日本计划在外国政府以及相关机构的适当干预下，根据需要开展包括港湾等基础设施的建设，以及一揽子发电厂项目。在海外拓展问题上，由于国家和地区的不同能源政策等状况也有所不同，因此日本将在充分把握各国需求的同时采取战略性措施，特别是处理同占世界煤炭消费量一半左右的中国的关系，中日联合向第三国提供支援也将会是今后发展的重要趋势。

日本将从保证资源开发人才的观点，通过煤炭、非铁、石灰石等行业横向联合，持续推进人才培养工作。另外，由于日本国内生产现场缩小，有必要与海外资源开发现场合作培养资源开发人才，目前资源系大学生海外生产现场实习工作正在有序推进。在澳大利亚昆士兰州政府及昆士兰大学的协助下，利用煤矿以及相关设施对企业年轻人进行培训。人才培养担负着煤炭商务、工作平台建设的重要课题，跨国界人才培养活动需要国家的支持。另一方面，CCT普及对抑制全球CO_2排放将发挥重要作用，所以培养理解和运用 CCT 的人才将成为今后人才培养的主要方向。

8.4.2　煤炭进口前景

由于国内煤炭生产基本全部关闭，日本消费的煤炭几乎全部依赖进口，进口动力煤满足发电需求，进口冶金煤用以生产粗钢。2018 年，日本进口了 210 Mst（约 190 Mt，1 t = 1.1023 st），排名中国和印度之后，位列世界第三大煤炭进口国。根据 2019 年版《世界能源统计评论》的数据，2018 年中国进口了 209.5 Mtce 的煤炭，印度进口了 202.6 Mtce 的煤炭。

2000—2017 年日本煤炭进口量如图 2 - 8 - 12 所示。

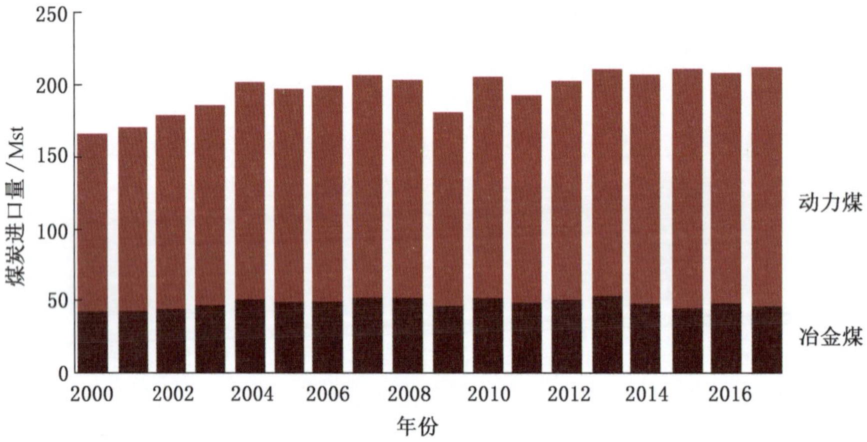

图 2 - 8 - 12　2000—2017 年日本煤炭进口量

澳大利亚是日本主要的煤炭进口来源国，2018 年向日本出口了 128 Mst 的煤炭，占日本当年煤炭需求的 61%。同年，印尼向日本出口了 32 Mst 煤炭，俄罗斯为 21 Mst，美国为 13 Mst，加拿大为 9.6 Mst，四国合计占日本煤炭进口的 35%（图 2 - 8 - 13）。

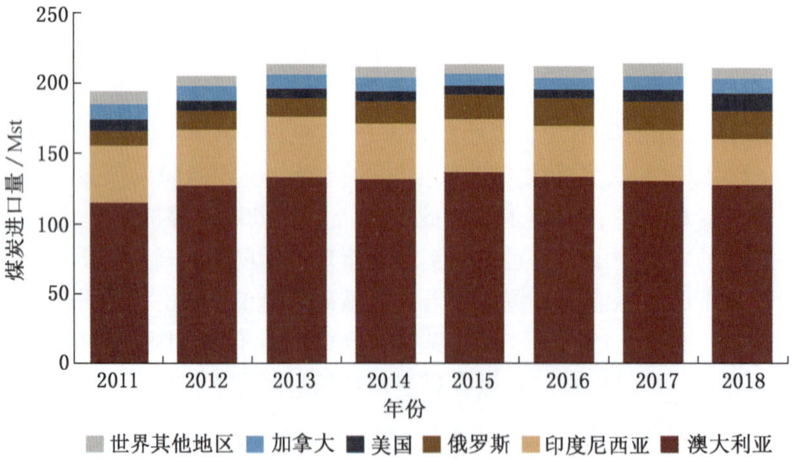

图 2 - 8 - 13　2011—2018 年日本煤炭进口来源

2018 年，美国对日本出口动力煤增长了 20%，截至 2019 年 3 月的出口量比 2018 年全年增长了 38%。

为了持续确保煤炭的稳定供给，除了最大的进口国澳大利亚和印尼之外，今后，日本将进一步与有望增加煤炭进口的莫桑比克等主要产煤国建立、维持、深化友好关系。合作包括产煤国煤炭动向调查、与产煤国政府机构等合作勘探项目，并且在考虑产煤国矿区煤炭资源的有效利用和环境负荷影响的同时，明确煤炭开采、选煤、燃煤发电、煤炭加工等煤炭产业链的蓝图，并使之成为具体工程（生态矿区项目等）。

另外，日本对于本国企业的权益也十分重视，政府将在充实、强化海外勘探等方面为本国企业提供支援。此外，煤炭开发还受到地区和商业风险的影响，在某些情况下民间企业不能完全处理这些问题。由于煤炭市场价格波动，优质产业销售有所增加，因此日本政府下一步将考虑政企共同获得采矿权，制定收购煤矿经营权的支持措施（与石油、天然气和矿产资源同样的资产收购融资）。

未来，日本政府将进一步详细把握有关地区的能源信息，特别是促进莫桑比克民用型煤的普及，充分发挥 ODA 的作用，推进港口、铁路等煤炭基础设施的整备，进一步深化与产煤国的双赢关系。另外，褐煤的有效利用有助于煤炭的长期稳定供给，因此日本计划进一步强化政府层面的合作关系，在基础设施建设、税制优惠等方面给产煤国以支持。同时，为了有效利用低阶煤，修改征税也将成为政府支持的重要手段。

8.5 低碳绿色发展与煤炭清洁利用

随着全球有 185 个国家签署协议的《联合国气候变化框架条约（UNFCCC）》的逐步实施，以石油、天然气、煤等传统能源为主导的消费大国受到极大的压力和挑战，为了应对这一挑战，各国都在调整本国的能源政策，进而会影响到全球能源与矿产资源的找矿方向。

日本受自然禀赋约束，资源匮乏，几乎所有能源都依赖进口，高度的危机感时期高度重视能源安全保障及稳定供给。2014 年 4 月，为了应对福岛核电站事故，日本政府制定了 2030 年第四次能源基本计划，目标到 2030 年实现煤炭占 26%、核能占 20% ~22%、可再生能源占 22% ~24%、天然气占 27%、石油占 3% 的能源足额计划。

根据世界经济发展、能源环境变化以及节能技术创新等趋势，2018 年 7 月，日本内阁批准了第五次能源基本计划，作为日本 2030 年新能源政策和 2050 年进一步发展的基础。该计划遵循“3E + S”原则，即首先保证能源稳定供应（Energy Security），在“安全”（Security）的前提下，通过提高效率（Economic Efficiency）实现低成本能源供应，最大限度地追求环境适宜性（Environment）。

8.5.1 低碳绿色发展

1. 全面实现节能型社会。促进资源安全

促进化石燃料独立发展，构筑强劲完善的企业体系；通过资源外交等多方面的发展，夯实资源采购环境基础；通过建立高度灵活和透明的国际贸易市场，改善资源采购条件；促进日本海洋能源和矿产资源的开发。实施以《节能法》为基础的综合措施和相关支撑政策。

日本的能源消费效率自 20 世纪 70 年代的石油危机以来提高了 40%，处于世界最高水平。2013 年对《节能法》进行了修订，从 2014 年 4 月开始，日本政府在节能评估时将考虑有助于在需求侧实现电力需求平衡的措施，将有助于提高房屋、建筑物和其他设备能耗效率的产品纳入了“领跑者计划”的范围，并增加了建筑材料，规定了隔热材料、窗户和窗扇的保温标准，新增了商用电冰箱、冷冻机等耗能设备。目标是到 2020 年实现流通产品的节能普及率达到 100%，到 2030 年实现现货存量产品的节能普及率达到 100%。此外，日本政府还鼓励新建筑和新住宅的高隔热性能，促进推广低碳的净零能耗建筑（ZEB）。非住宅建筑在 2020 年之前实现 ZEB，新建公共建筑在 2030 年之前实现 ZEB。

2. 促进可再生能源的利用

将可再生能源作为主要能源，推进技术研发，客服电网约束保证负荷跟踪能力及脱碳措施，继续积极推动可再生能源引进措施。

日本自 2012 年 7 月引进 FIT 制度以来，可再生能源得到迅速引进。日本政府正在稳步推进对 FIT 制度的最佳解决方案，以鼓励系统的适当运行和自力更生，客服电网约束、确保负荷调节能力、重新平衡法规、研究和开发以降低成本等，并在设备处置和在投资时采取合理措施。通过部长级理事会对利用可再生能源、氢及相关问题进行政策协调，并促进相关部委之间的合作。计划在 2020 年左右利用虚拟电厂（VPP）、车辆到电网（V2G）技术在供需调整市场等领域开展业务，加快研发下一代负荷跟踪能力，包括 V2G 技术（该技术转换和控制存储在 VPP 和 EV 中的电力）、电力 - 天然气（P2G）技术，克服电网约束保证负荷跟踪能力及其脱碳措施。

3. 重新确立核能政策

努力争取社会对核能的信任，建立稳定的核运行环境，进一步加快福岛核电站的恢复重建。

对于福岛第一核电站事故，政府和和运营商必须谨记与反思“安全神话”引发的灾难，努力争取社会对核能的信任，不懈追求安全，建立稳定的核运行环境，进一步加快福岛核电站的恢复重建。为此，政府制定了《加快福岛核电站灾难重建的基本政策》(2016 年 12 月)，再次明确了国家和东京电力公司之间的职责。2017 年修订了《核损害赔偿和退役便利公司法》，要求事故责任人与核损害赔偿和退役便利公司共同承担退役所需资金。2017 年，第四次修订了“福岛第一核电站 1 -4 号机组退役中长线路图”，通过实施设备退役和污染水处理等措施，确保核事故损害的赔偿，创造新的产业和就业，支持企业和生活的重建，尽最大努力实现福岛的恢复和重建。

4. 全面建设“氢社会”

建立国际氢气供应链，开发能源载体技术，引进氢气发电，实现低成本氢气利用。推进能源体制改革，加大能源系统合理竞争，推动电力、燃气和热力改革。

加快氢在机动部门的使用，日本将力争到 2025 年在 320 个地点安装氢站，实现氢站业务的自力更生。建立国际氢气供应链，开发能源载体技术，引进氢气发电，实现低成本氢气利用。计划在 2030 年左右将氢发电和国际氢供应链商业化，每年采购约 300000 t 氢气，并降低 30 日元/Nm^3 的氢气成本，单位氢发电成本降低至 17 日元/kW · h。促进从可再生能源中提取氢的技术发展，寻求在 2020 年之前将 P2G 的核心技术——水电解系统的单位成本降低到 50000 日元/kW，到 2032 年左右将 P2G 系统商业化。通过与国际能源署（IEA）和国际可再生能源署（IRENA）的合作，加强国际合作和宣传推广实现全球氢气利用。

5. 提高国内能源供应网络的弹性

建立国家储备、民间储备、第三方储备的综合石油储备模式，并由过去注重数量向注重机动性转变。

液化天然气储备分别为国家储备、民间储备两类，主要委托日本石油、天然气和金属国家公司（JOGMEC）管理国家液化天然气储备工作。截至 2018 年 12 月，日本储备石油 83. 88 GL，石油制品 1. 43 GL，满足 131 天的需求；民间储备原油 15. 03 GL，石油制品 17. 84 GL，满足 91 天的需求；第三方储备原油 2. 19 GL，满足 6 天的需求。日本液化天然气储备 3161 kt，满足 112. 3 天的需求。其中国家储备 1369 kt，满足 49. 6 天的需求；民间储备 1765 kt，满足 62. 7 天的需求。

8. 5. 2　煤炭清洁利用政策环境

主要包括：分析煤炭清洁利用发展的国际背景和国内环境条件，总结概述该国煤炭清洁利用、环境保护等相关政策法规及实施效果（1993 年“新阳光计划”）。

面对全球能源问题不断扩大、深化和复杂化，根据第五次能源基本政策：

（1）对国际，日本将扩大能源国际合作，使能源供需结构更加稳定和有效。加强与石油、天然气、煤炭、矿产等资源丰富的国家一级高效火电、核电、可再生能源和节能技术、能源管理系统等潜在市场国家的双边关系，促进能源产业的国际扩张。特别是加强与对能源供需结构有重大影响的美国、俄罗斯和中国的关系。深化日美能源合作框架，合作开发新一代核电及包括 CCUS 在内的高效燃煤发电厂等。与俄罗斯加强在化石燃料、节能和可再生能源以及核能领域的合作。加强与亚洲国家的能源合作，特别是中国、东南亚国家和印度等日本周边的新兴国家，输出日本能源相关先进技术。

（2）在国内，日本将促进化石燃料的高效稳定利用。大力发展高效、新一代燃煤热电联产，鼓励低效燃煤发电厂（发电效率低于 USC）初步淘汰的机制，限制新建低效燃煤热电厂等，为了进一步减少温室气体排放，发展和应用下一代高效燃煤火力发电技术，如煤气化联合循环（IGCC）和煤气化燃料电池联合循环（IGFC）技术。新建燃煤火力发电厂的发电效率必须与最先进的超超临界（USC）发电厂和液化天然气火力发电厂的发电效率相当，每个电力公司在 2030 财年的所有火力发电厂的平均发电效率为 44.3% 甚至更高，44% 的售电来自非化石能源。将在 2020 年左右开展 CO_2 捕集、利用和储存（CCUS）技术研究和开发，充分考虑碳捕获和储存（CCS）技术商业化的可能性，尽早开展引入 CCS 设施的研究。

（3）日本将煤炭利用的环保政策纳入总体环保政策体系进行管理，对燃煤企业提出强制性排放限值，对采用不同燃料、不同机组、不同时段污染物允许排放值都有明确和详细的规定，在制定污染物排放控制标准时，依据最佳可行技术实施动态控制。为解决二氧化硫污染问题，日本国会于 1968 年通过了全面修改后的《大气污染防治法》，以后经过多次修改，针对具体机组提出明确的排放限值和管理要求。日本的环境省是负责环保政策制定和执法的部门，国家的环境省与地方环境部门相互独立，无上下级领导关系。为保证环保法律的实施，部分权力交由都道府县、市町村及其长官行使。这种集中统一监管方式执行环保标准，有利于破除环保执法中的地方保护主义。

（4）20 世纪 90 年代开始，日本政府出台了一系列与环保相关的税收政策，目前已经形成了比较系统的环境税收体系，涉及能源、汽车、废弃物和污染物等多个领域。2012 年日本开始实施新一轮的环境税改革，旨在加强税收对温室气体减排、促进污染物防治和废弃物循环利用等的调节作用。改革的主要内容有：一是按照二氧化碳排放量，在现行的石油、煤炭税基础上附加征收“地球温暖化对策特别税”（即碳税）；二是为促进废弃物循环利用，实施下调企业污染物处理设备折旧率，并延长废弃物处理设备购置税免税适用年限等措施；三是对污染物排放实施差别化税率，从而引导企业区位选择，如对中心城区等重点控税区征收的二氧化硫排放税率要高于其他区域。环境税不仅发挥了价格激励作用促进和引导企业的节能技术改造和研发，减少化石能源的使用并提高能源利用效率，而且税收资金用于应对气候变化的设备投资、低碳城市建设等领域，不但减轻了地方政府的财政负担，而且取得了较好的节能减排效果；同时，环境税有利于政府和企业进行环境成本内部化核算，预测未来的能源使用成本并用来指导和调整中长期生产经营活动策略。

8.5.3 煤炭清洁利用技术研发与应用

主要包括：研究该国煤炭高效清洁利用技术研发应用现状，以及今后的发展前景等。

日本煤炭主要应用于发电、炼钢等领域。煤炭的利用易造成粉尘、硫氧化物与氮氧化物等区域性大气污染，也会造成温室气体大量排放的全球性环境问题。清洁煤技术则主要在这些方面为企业提供了煤炭清洁高效利用的方法，可以有效地减少对环境的负外部性。

清洁煤技术有很多种，例如有改变煤本身状态的气化与热分解技术、煤炭液化技术，也有在工程末端的排气处理技术，而从应用领域上分类则有煤炭发电技术、炼钢与焦炭制造技术等。气化与热分解技术是煤炭液化与 IGCC、IGFC 等技术的基础。日本拥有一种最新的技术项目 ECOPRO。这种技术能够在高效生成合成气、降低氧气使用量的同时，减少二氧化碳排放量，并可以使用低阶煤（次烟煤和褐煤）。在煤炭液化技术（CTL）方面，日本研发了著名的 NEDOL 法与褐煤液化方法（BCL），做到了充分地利用低阶煤，特别是已实用化的煤制二甲醚（DME）技术更是受到各国关注。在排气处理技术方面，日本的排烟脱硫装置早已于 1973 年开始应用。到现在为止，依靠燃烧粉煤的火力发电厂基本都使用了湿式石灰石—石膏法的脱硫装置。

与其他国家一样，日本的煤炭也大多用于发电与炼钢，两者合在一起超过 80%。而日本单位钢铁产量能耗世界最低，煤炭火力发电技术也处于世界领先水平。日本发电效率较其他国家高，同时二氧化碳排放强度最低，甚至与美国及北欧的三个国家——丹麦、芬兰、瑞典之和相比，日本的煤炭发电相关指标都处于先进水平。

世界上煤炭利用主要有两种技术发展方向：一种发展方向是 SUB－SC，SC，USC 直至 A－USC，主要就是利用水蒸气的高压推动汽轮机发电。当前世界各国应用的技术主要是 SC，而日本正在推行 USC。USC 技术可以较 SC 提高约 5% 的发电效率，其热效率则可以达到世界最高水平的 45.2%。日本的 USC 技术早在 1993 年 4 月就于中部电力的碧南火力发电所 3 号机开始商用。根据日本煤炭能源中心（JCOAL）统计，目前日本的煤炭火力发电厂中 USC 占比已超过总煤炭发电功率的 50%。从 20 世纪 90 年代起，日本的燃煤发电效率就一直居世界最高水平，截至 2018 年已高达 42%。另一种发展方向是 IGCC 至 IGFC。这两种技术可以促进使用低阶煤中的次烟煤和褐煤，更有助于资源的充分利用。需要提到的是，2013 年 4 月，常磐共同火力株式会社已将 IGCC 设备开始商用。

日本计划在 2030 年前后大量推广 IGCC、IGFC，发电效率达到 50% ~55%。此外，煤炭与生物燃料混烧发电也已经被日本的很多公司使用，如：北陆电力、关西电力和中国电力等。而在炼焦与制铁、制钢技术方面，日本研发的 SCOPE21 已经投入生产。据新日铁公司估计，SCOPE21 可以将低阶煤的使用率从 20% 升至 50%，氮氧化物的排放减少 30%。

8.5.4　煤炭清洁利用对我国的启示

提高效率、减少排放。我国的能源消费量处于上升趋势，污染在短期也将更加严重，这方面我们需要大力借鉴日本：一是大力提高能源转化率，尤其是加强煤炭向电能的转化，如推广日本的煤炭气化发电技术或增加洗煤环节等；二是在使用过程中提高终端利用率及加快循环利用，借鉴日本能源节约法减少耗能设备，并通过政府组织和补贴等方式对资源实行再利用。实践证明，我国单一的总量控制政策很难真正实现既定目标，需要加强综合施策。而实施煤炭减量化和清洁化利用并举战略，在满足安全排放标准的前提下高效、清洁利用煤炭，是最具环境和成本效益的煤炭利用战略。

加大技术研究支持。日本经验说明，国家加大对煤炭清洁高效利用技术的研发投入，是推动洁净煤技术发展的重要动力。结合世界清洁煤发展趋势和我国国情，应重点研发和推广高效洁净燃煤发电、高效清洁燃煤工业锅炉（炉窑）、洁净工业燃料气制备技术，适度发展新型煤化工技术。建立煤炭清洁高效利用技术研发基地和国家级产业发展基金，重点支持关键煤炭清洁高效利用技术的前期研究、开发及工业示范。

通过税收减免等一系列激励政策，引导企业研发先进适用的煤炭清洁高效利用技术。鼓励多元主体投入、多种形式联合，以产业联盟形式加大技术推广力度，提高技术推广效率。

制定严格的环保和节能标准。目前，我国已经拥有世界上最严格的燃煤发电污染物排放标准，但部分领域标准限值仍过于宽泛，修订滞后。未来可通过制定更为严格和完善的环保、节能法规及标准，促进煤炭清洁高效利用技术推广。一是完善煤炭清洁利用标准；二是参照燃煤电厂污染物排放标准限值，提高中小型燃煤装置的排放标准，允许环境控制重点区域执行更严格的排放标准；三是继续淘汰落后的中小型用煤设备与技术，并加大执行力度；四是按最佳可行技术动态调整环保标准；五是进一步推动建立独立统一的环境监管执法。

加快建立环境税收机制。我国已经引入了排污收费、排污权交易、碳排放交易等市场化减排制度，但存在涉及领域少、执行力度不足等问题。如我国从 2003 年起废气排污费征收标准为每污染当量征收 0.6 元，收费力度远不足以将对环境的负外部性内部化，无法激励企业改造污染物治理设施，直至 2014 年才将二氧化硫和氮氧化物排污费调整至每污染当量 1.2 元。2015 年，财政部、税务总局、环保部三部门联合发布《环境保护税法（征求意见稿）》，未来可结合财税体制改革总体方案，尽快推进费改税，克服排污费制度实施过程中的不足。

9　韩国煤炭利用

韩国能源极为贫乏，几乎没有任何化石能源储量，水能等可再生能源的可开发量也十分有限，煤炭、石油、天然气等主要能源几乎都依赖进口，能源进口依存度从 1981 年的 75% 上升到 2018 年的 93.7% （图 2 -9 -1）。

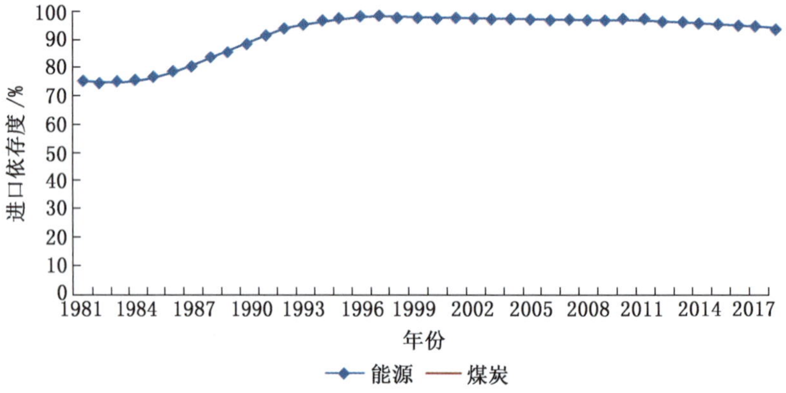

资料来源：Energy Info. Korea 2019

图 2 -9 -1　韩国能源和煤炭进口依存度变化情况

韩国煤炭资源贫乏，几乎全是无烟煤。煤炭资源大部分赋存在晚二叠纪，煤炭地质储量为 1.37 Gt，截至 2017 年底，韩国煤炭全部探明储量为 326 Mt，可采储量为 126 Mt，全部为无烟煤和生煤。韩国的煤矿全部为井工矿，有国营和私营两种。韩国煤炭工业在 20 世纪 70 年代中期达到巅峰，当时拥有 350 处煤矿，年产煤炭约 24 Mt，90 年代后开始大量退出煤矿，2013 年以后，韩国本土年产煤炭不足 0.8 Mt。但为了不使国内唯一丰富的能源资源失去市场，丧失自给自足能力，保障国家能源供应的战略可靠性，韩国仍保留了少数几个煤矿，到 2018 年仅有 5 处煤矿进行生产，其中 4 处煤矿生产规模在 0.5 Mt/a 以上。

煤炭消费方面，20 世纪 70 年代后韩国政府开始积极调整能源结构，逐渐实现能源消费多元化，煤炭进口量迅速增长。水泥和电力工业用动力煤代替石油；随着钢铁工业的发展，对炼焦煤的需求也迅速增加。韩国的煤炭消费主要是发电、炼焦、水泥业、钢铁和非金属矿等。2018 年，韩国一次能源消费量为 430.43 Mtce，其中煤炭消费量为 126.13 Mtce，占 29.3% 。

煤炭进口方面，自 20 世纪 80 年代后期开始，韩国成为仅次于日本的世界第二大煤炭进口国，直到 2008 年以后，随着中国和印度煤炭进口的大幅度增加，韩国煤炭进口才降至世界第四位，但进口量持续增加，到 2018 年，韩国进口煤炭达 142 Mt，澳大利亚、印尼、俄罗斯、加拿大和美国等为主要供货国，从中国的煤炭进口量逐年下降。同时，韩国积极采取措施推行海外能源资源开发战略，以满足其煤炭需求。

韩国在煤炭工业发展的进程中，大力推动低碳绿色发展与环境保护，注重煤炭高效洁净利用。通过控制煤炭消费总量，积极推进清洁高效燃煤发电技术、工业锅炉节能降耗以及低碳技术的研发和应用，提高煤炭利用效率，加大力度淘汰落后工业产能，大力推进民用散煤替代，煤炭利用碳排放进一步下降。为此，近 10 年来韩国先后 3 次发布能源基本计划，提出力争到 2040 年将可再生能源占比提高到 30% ~35% ，大幅降低煤炭发电比重，目前距离这项能源计划目标还相差甚远。

9.1 经济社会发展与能源

能源是社会经济运行的基础动力。韩国属于发达国家，经济社会的快速发展极大地推动了能源需求的增长。

9.1.1 社会经济发展

韩国经济实力雄厚，造船、汽车、电子、钢铁、纺织是韩国的支柱产业，其产量均进入世界前 10 名。2019 年韩国 GDP 总计 1.642 万亿美元，2018 年为 1.619 万亿美元，其中工业产值约占 GDP 的 35% ，约 5688 亿美元，居世界第 6 位，制造业总产值约为 4409 亿美元，居世界第 5 位。人均 GDP 为 31363 美元，属于发达国家；人均国民收入 31349 美元，首次突破 3 万美元大关，进入世界"5030 俱乐部"；人类发展指数（HDI）为 0.906，属于极高水平。

目前，中国是韩国第一大贸易伙伴国、进口来源国和出口对象国，韩国是中国第三大贸易伙伴国、第一大进口来源国和第三大出口对象国。2019 年韩国对外货物贸易进出口总额为 1.04 万亿美元，2018 年为 1.14 万亿美元，其中进口商品总额 5351.72 亿美元，出口总额 6051.69 亿美元；中韩双边货物进出口总额 2686.4 亿美元，韩国对中国进口 1064.8 亿美元，出口 1621.6 亿美元，对中国的进出口额分别占其进出口总额的 19.9% 和 26.8% 。

韩国能源资源匮乏，国内资源储量不足，20 世纪 90 年代以来，韩国本土能源产量占一次能源消费始终不超过 10% ，近年来维持在 6% ~7% 。1997 年世界金融危机严重影响了韩国经济发展，1998 年能源消耗量急剧下降。21 世纪以来，随着社会经济的发展，一次能源供应总量、一次能源消费总量、终端能源消费总量及人均能源供应和消费量随 GDP 稳定增长，但 GDP 能耗逐步下降，证明韩国经济对能源的依赖度在下降，是韩国经济结构优化和第三产业发展、绿色发展的必然结果和客观反映。韩国社会经济发展与能源供应消费关系如图 2 –9 –2、图 2 –9 –3 所示。

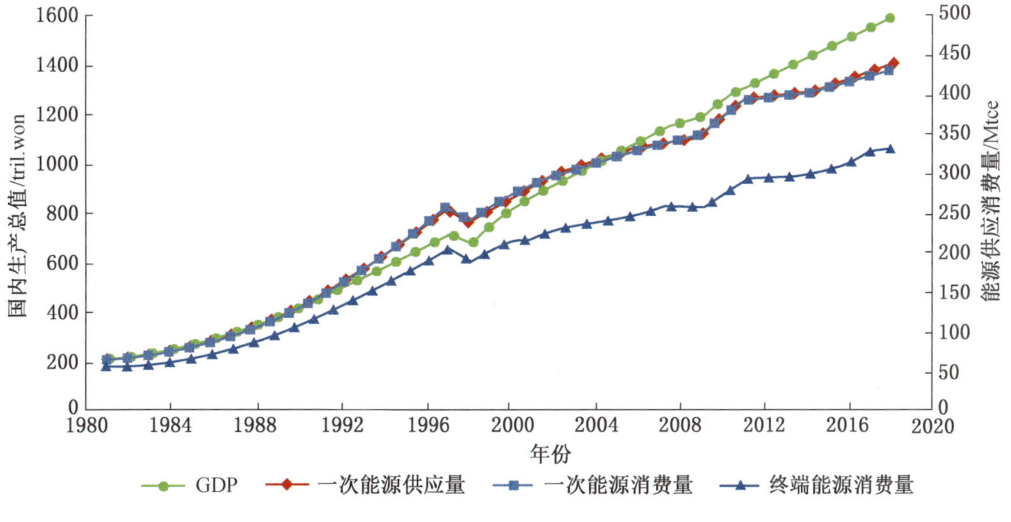

资料来源：Energy Info. Korea 2019；BP 世界能源统计年鉴 2019

图 2 –9 –2 韩国国内生产总值与一次能源供应和消费变化趋势

9.1.2 能源结构

经济高速发展促使韩国一次能源供应总量和消费总量快速增长，20 世纪 80 年代能源总体供大于

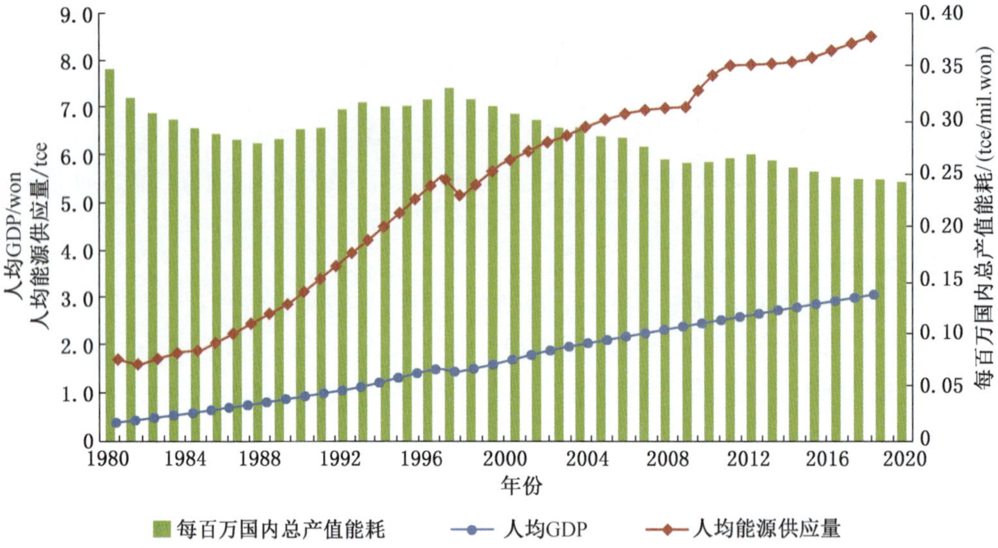

资料来源：Energy Info. Korea 2019；BP 世界能源统计年鉴 2019

图 2-9-3　韩国人均 GDP、人均能源供应与产值能耗变化趋势

求，到 90 年代初期供求基本平衡，从 1992—2000 年，呈现供不应求的情况，但需求缺口不大，供需比在 0.992 ~ 1 之间，进入 21 世纪，供需比稍有波动，但幅度不大，基本保持供需平衡，如图 2-9-4 所示。

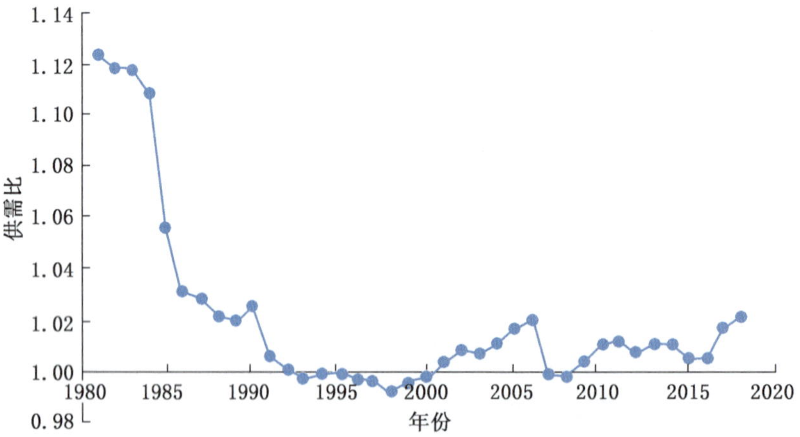

图 2-9-4　韩国能源供需比变化趋势

韩国本土资源很少，必须大量进口能源来满足经济发展的需要，因此韩国本土能源生产总量不大，主要包括煤炭、天然气、水电和可再生能源，能源供应主要依赖于进口，进口能源主要包括石油、煤炭、核能和天然气。20 世纪 90 年代以来，韩国进口能源占一次能源供应总量的比例始终保持在 90% 以上，近 10 年来，煤炭、石油、天然气几乎全部依靠进口，是世界第五大石油进口国、第四大煤炭进口国、第三大液化天然气进口国。2018 年韩国国内能源总产量为 27.89 Mtce，进口 411.8 Mtce，进口占比 93.7%，如图 2-9-5 所示。

石油、煤炭是韩国的重要供应能源。随着 20 世纪 80 年代以来核电的增加，以及 21 世纪以来可再生能源的大力推广，煤炭和石油所占一次能源供应的比重总体上有所下降，从1990年的合计80.0%下降到2018年的66.7%。其中，煤炭供应占比从20世纪90年代以来呈逐步上升态势，近年来趋于稳定，从最低时1995年的18.3%上升到2018年的28.2%。

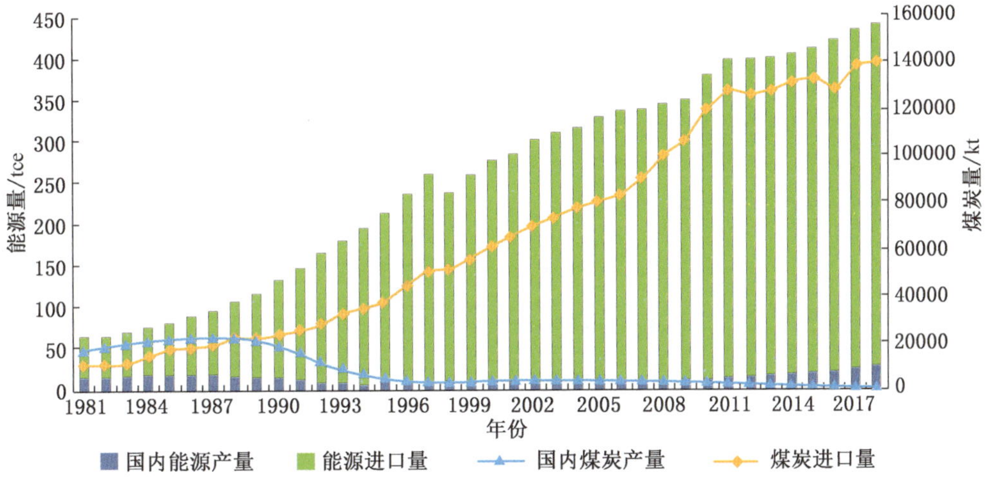

资料来源：Energy Info. Korea 2019

图2-9-5　韩国能源、煤炭生产和进口量变化趋势

从能源消费量来看，石油、煤炭、天然气、可再生能源呈明显增长趋势，核能消费近几年有所下降，水电消费较为稳定。从能源消费构成来看，石油是韩国最重要的消费能源，近年来占一次能源消费量的百分比始终维持在40%以上。煤炭是韩国第二大消费能源，近年来占一次能源消费量的百分比维持在28%～30%，2018年占一次能源消耗总量的29.3%，分别比2008年的27.3%和1998年的21.5%上涨2个百分点和7.8个百分点。随后依次是天然气、核能、水电和可再生能源。总体上看，石油、核能消费占比呈下降态势，煤炭、天然气和可再生能源消费占比呈上升态势（图2-9-6、表2-9-1）。

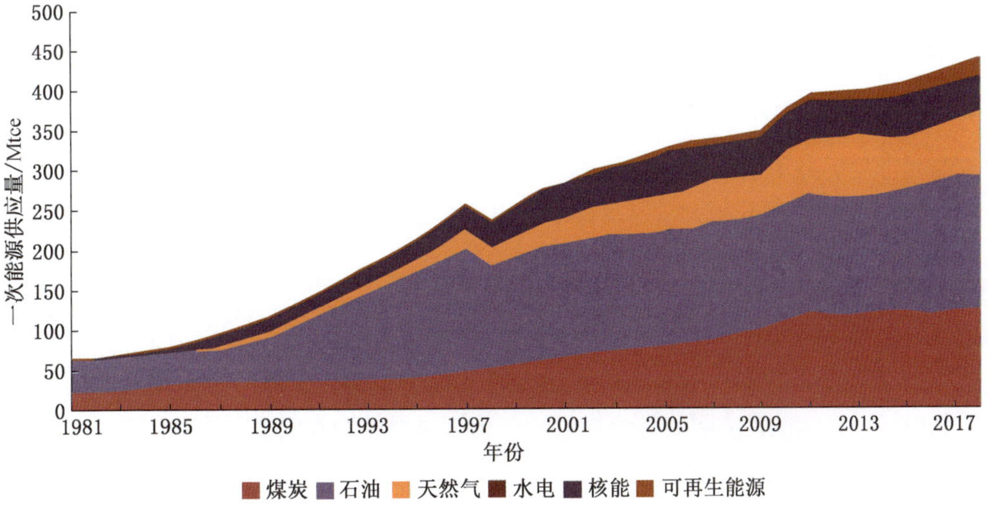

资料来源：Energy Info. Korea 2019

图2-9-6　韩国一次能源供应量变化趋势

表2-9-1 韩国一次能源消费量

Mtce

年份	一次能源消费总量	煤炭	石油	天然气	核能	水电	可再生能源
1981	58.2	21.7	34.7	—	1.0	0.9	—
1985	76.2	31.5	38.3	—	5.4	1.0	—
1990	129.6	34.5	72.5	3.9	17.2	1.6	^
1995	214.2	39.3	140.4	11.9	21.7	0.9	0.1
2000	276.7	61.3	154.4	24.3	35.3	1.3	^
2005	322.5	78.4	156.2	39.0	47.5	1.1	0.1
2010	373.7	110.3	158.0	55.3	48.0	1.1	0.7
2011	391.0	119.7	159.3	59.6	50.1	1.4	0.9
2012	395.1	115.3	164.0	64.6	48.6	1.3	1.3
2013	395.7	116.5	163.4	67.6	44.9	1.4	1.7
2014	399.7	120.7	163.2	61.5	50.6	0.9	3.0
2015	408.0	122.1	171.9	56.2	53.3	0.7	3.9
2016	417.8	116.5	184.9	58.6	52.5	0.9	4.4
2017	424.9	123.3	185.9	61.2	48.0	0.9	5.7
2018	430.4	126.1	184.3	68.8	43.2	1.0	7.2

为了实现能源的可持续供给，保障能源安全，韩国尝试了通过两个途径推动优化能源消费结构，一是提高经济体内部的能源利用效率，二是保证稳定的能源外部供给。为此制定了相关能源政策，如：能源的市场化，让市场和价格体系发挥作用，在稳定能源需求总量的情况下，调整国民经济产业结构以及能源消费结构；进一步推动关于能源、环境技术的开发，积极推广节能技术、清洁能源、新能源和再生能源的开发利用；加强政府的能源外交，进行广泛深入、形式多样的能源合作；大力推进海外能源开发，以此来稳定能源进口总量、调整能源的进口结构。韩国政府计划在未来能够极大地增加核能、风能及其他可再生能源在一次能源消耗中的比重，大幅降低煤炭发电比重。总的来看，尽管煤炭在韩国工业化进程中曾发挥重要作用，但预计未来煤炭在韩国能源中的比重会有所下降，而煤炭绝对需求量则取决于社会经济发展状况及发电、工业锅炉等用煤导向（图2-9-7）。

9.2 煤炭工业发展过程与退出

韩国煤炭工业发展经历了由繁荣到衰退的过程，20世纪80年代国内煤炭产量达到24.30 Mt，拥有煤矿350多处，90年代后开始大量退出煤矿，煤炭工业发展开始衰退，到2018年，韩国本国煤炭产量仅为1.20 Mt，煤矿数量仅为5处。

9.2.1 煤炭资源

韩国煤炭资源贫乏，几乎全是无烟煤，褐煤只有零星小规模分布。在本国内煤炭储量在化石能源中所占比重相对较高，截至2018年底，国内煤炭探明储量仅为326 Mt，仅占世界煤炭总探明储量的0.03%。为获得长期稳定的动力煤和炼焦煤供应，韩国政府鼓励本国企业收购海外煤炭资产。

韩国国内产煤地层有古生代的平安系、大同系、时代不详的沃川系地层以及新生代的第三纪地层、第四纪的冲积层，其中平安系和大同系含煤地层较多。截至2017年底，韩国煤炭地质储量约1.37 Gt，可采储量为126 Mt。韩国煤层地质构造复杂，褶曲较多，大部分煤层厚度在1.5 m以下，倾角超过30°，开采困难，无烟煤灰分高（30%~40%）、硫分低（0.3%~0.7%），煤炭发热量低，平

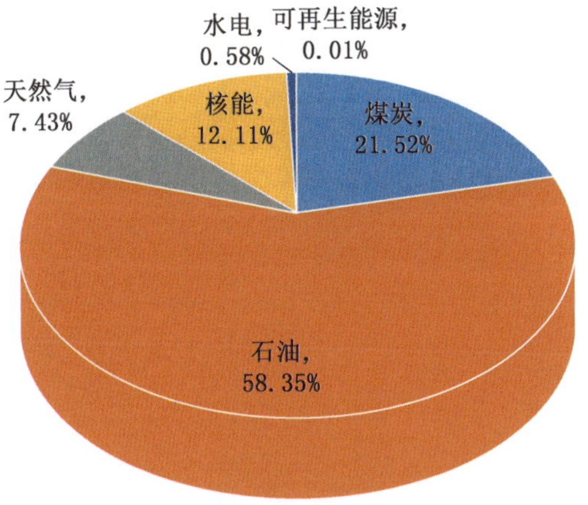

(a) 1998年

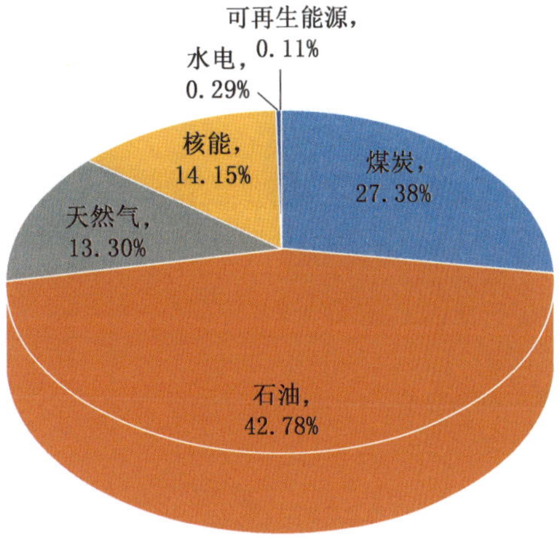

(b) 2008年

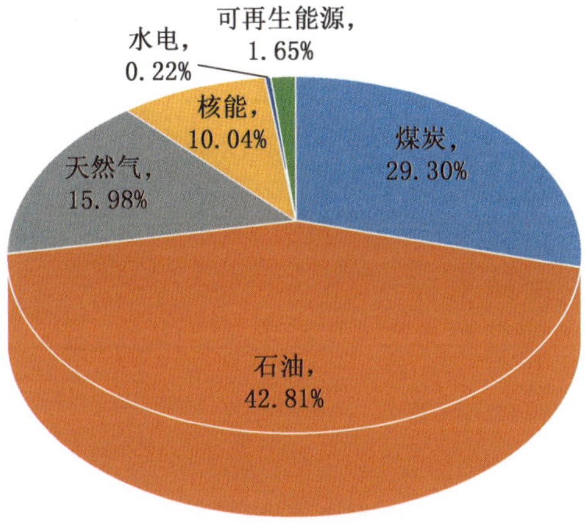

(c) 2018年

图2-9-7　韩国一次能源消费结构

均发热量约为18.81 MJ/kg。

韩国主要煤田分布在玉川地槽江陵—海南一带，无烟煤资源大部分赋存在晚二叠纪，有三陡、江蒙、钟城、迎郁、丹阳、闻庆、宝鹰和湖南等煤田，早侏罗纪的煤田有忠南、丹阳和闻庆煤田的一部分及永川和金浦等（表2-9-2）。

由于近些年煤矿的大量退出，废弃矿井资源量大幅增加，导致当前可采储量明显减少。

表2-9-2　2018年韩国煤田无烟煤储量分布表　　Mt

地　区	地质储量	所占比例	可采储量（A）	潜在储量（B）	A+B
合计	673.883 (657.096)	100% (100%)	95.699 (213.981)	78.404 (159.104)	174.103 (373.085)
三陡（Samcheok）	218.546 (233.532)	32.4% (35.5%)	45.37 (88.985)	18.465 (52.726)	63.835 (141.711)
钟城（Jeongsaon）	362.78 (88.170)	53.8% (13.4%)	25.983 (18.886)	35.119 (17.980)	61.102 (36.866)

表 2-9-2（续）

Mt

地　区	地质储量	所占比例	可采储量（A）	潜在储量（B）	A+B
忠南（Chungnam）	10.625 (105.668)	1.6% (16.1%)	2.791 (27.111)	2.389 (21.607)	5.18 (48.718)
闻庆（Mungyeong）	1.537 (68.391)	0.2% (10.4%)	0.43 (24.976)	0.645 (17.935)	1.075 (42.911)
江蒙（Gangeung）	4.583 (59.181)	0.7% (9.0%)	1.316 (19.548)	1.887 (20.670)	3.193 (40.218)
丹阳（Danyang）	20.531 (41.536)	3.0% (6.3%)	4.165 (11.674)	5.739 (9.315)	9.904 (20.989)
湖南（Honam）	54.299 (33.119)	8.1% (5.0%)	15.362 (12.152)	13.777 (10831)	29.139 (22.983)
宝鹰（Boeun）	— (24.144)	— (3.7%)	— (24.976)	— (7.094)	— (16.368)
其他	0.981 (3.355)	0.1% (0.5%)	0.283 (1.376)	0.393 (0.946)	0.676 (2.322)

注：（）内数字表示废弃矿井资源量。

9.2.2　煤炭生产

由于对国内煤炭资源的限制，20 世纪 90 年代以来，韩国本国煤炭产量持续减少，目前仅有江原道和全罗南道两个地区生产煤炭。韩国近 40 年国内煤炭产量如图 2-9-8 所示，近 30 年分区域无烟煤产量见表 2-9-3。

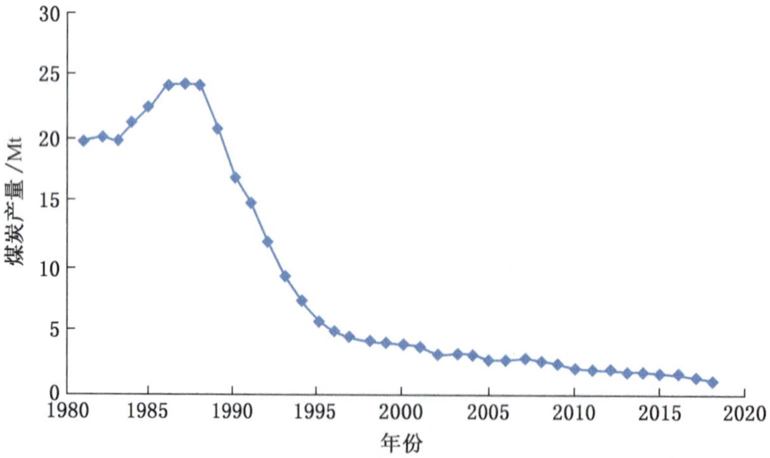

资料来源：Energy Info. Korea 2019

图 2-9-8　韩国近 40 年国内煤炭产量

表 2-9-3 韩国近 30 年分区域无烟煤产量 Mt

年 份	合 计	江原道 (Gangwon)	忠北 (Chungbuk)	忠南 (Chungnam)	全罗南道 (Jeonnam)	尚庆北道 (Gyeongbuk)
1987	24.27	17.82	0.53	1.97	1.07	2.89
1990	17.22	12.26	0.44	1.35	1.03	2.13
1995	5.72	4.91	0.08	0.03	0.48	0.22
2000	4.15	3.57	0.10	0	0.35	0.13
2005	2.83	2.42	0.08	0	0.27	0.06
2010	2.08	1.85	0	0	0.24	0
2015	1.76	1.54	0	0	0.23	0
2016	1.73	1.50	0	0	0.22	0
2017	1.49	1.29	0	0	0.20	0
2018	1.20	0.55	0	0	0.65	0

9.2.3 煤矿退出

韩国的煤矿全部为井工矿，有国营和私营两种。随着经济的高速发展和能源需求的不断扩大，韩国煤炭工业在 20 世纪 70 年代中期达到巅峰，当时拥有 350 处煤矿，年产煤炭约 24 Mt。自 1987 年起，由于石油价格稳定，韩国石油进口持续增加，国产无烟煤需求急剧减少；同时，随着居民收入水平的提高，电力和天然气用量增大，民用和工业用煤量减少，而以无烟煤为主的煤炭生产成本不断提高，煤价上升。从 20 世纪 90 年代起，韩国政府实施无烟煤工业合理化计划，关闭缺乏经济活力的小煤矿，短短几年时间里，关闭了 300 多处小煤矿。2013 年以后，韩国本土年产煤炭不足 0.8 Mt。截至 2018 年底仅有 5 处煤矿生产（表 2-9-4），其中国营煤矿 3 处、私营煤矿 2 处，生产规模大于 0.5 Mt/a 的 4 处，0.05~0.1 Mt/a 的 1 处，煤矿从业人员数量也由 20 世纪 80 年代中期的近 7 万人降至 2018 年的 2490 人。近年来，韩国国内煤炭产量持续下降，政府对煤矿采取的长期战略规划是：支持韩国煤炭公司对国外煤矿控股，大力退出本国煤矿。

表 2-9-4 韩国国内煤矿规模及数量统计

年 份	合 计	0.05 Mt/a 以下	0.05~0.1 Mt/a	0.1~0.3 Mt/a	0.3~0.5 Mt/a	0.5 Mt/a 以上
1995	27	15	3	2	1	6
2000	12	2	1	3	1	5
2005	8	—	2	2	—	4
2010	5	—	—	1	—	4
2015	5	—	1	—	—	4
2016	5	—	1	—	—	4
2017	5	—	1	—	—	4
2018	5	—	1	—	—	4

尽管煤炭产量较小，但为了不使国内唯一丰富的能源资源失去市场，丧失自给自足能力，保障国

家能源供应的战略可靠性，韩国不会彻底关闭所有本国煤矿，保留了少数几个煤矿仍会长期生产。为扶持这几个继续生产的煤矿，提高其竞争力，政府采取了以下主要措施：①政府向煤矿提供投资补助和亏损补贴，提供长期低息贷款帮助煤矿实现现代化。②组建韩国采矿促进公司，为科研人员提供良好的工作环境，根据本国煤矿特点提出实现现代化的可行措施，并帮助煤矿进行改革。③征收进口煤炭税，鼓励企业开拓新的能源领域，鼓励向国外煤矿参股，进行海外煤炭资源开发，以满足能源需求的增长。

此外，由于民用和工业用煤量的减少，煤饼需求下降，20 世纪末，韩国政府对煤炭产业还提出了一些补贴性支持计划，其中对“稳定原煤和煤饼售价”“关闭煤矿”“无烟煤储存管理”“安全和生产设施”等多项补贴政策一直持续到现在。

相关补贴政策介绍：①稳定原煤和煤饼售价。为售价和生产成本差额提供补贴，补贴形式为赠款，通过设定最高限价，根据售价和生产成本的差额向矿主、矿工和型煤加工厂提供补贴，推动煤炭行业重组。②关闭煤矿。通过赠款的形式支持矿井关闭，向矿主、矿工提供赠款；通过贷款的形式推动矿井关闭后转产项目的启动，以支持其转产。③无烟煤储存管理。购买过剩的无烟煤，为其储存提供支持。④安全和生产设施。通过赠款推动煤矿安装安全和生产设施，通过贷款煤矿发展煤炭开采设备、型煤加工厂改造制煤设备，从而控制煤矿安全生产，支持煤矿环境保护和制煤产业。

这些政策实施以来，韩国煤炭行业重组取得明显成效，其中型煤加工厂通过制煤设备的改造，制煤技术和单产不断提升，型煤加工厂数量也持续减少，由 2000 年的 81 处降至 2018 年的 42 处。

9.2.4　煤矿安全生产

韩国煤矿全部为井工开采，平均开采深度约 300 m，个别矿井开采深度达到 600 m 以上。由于煤层赋存复杂，地质条件恶劣，长期以来韩国煤矿难以实现机械化，生产效率较低。在政府的推动下，韩国积极引进国外先进采煤技术和设备，其中从日本引进的居多。同时，韩国还积极改善煤矿作业环境，生产效率得到明显提升。

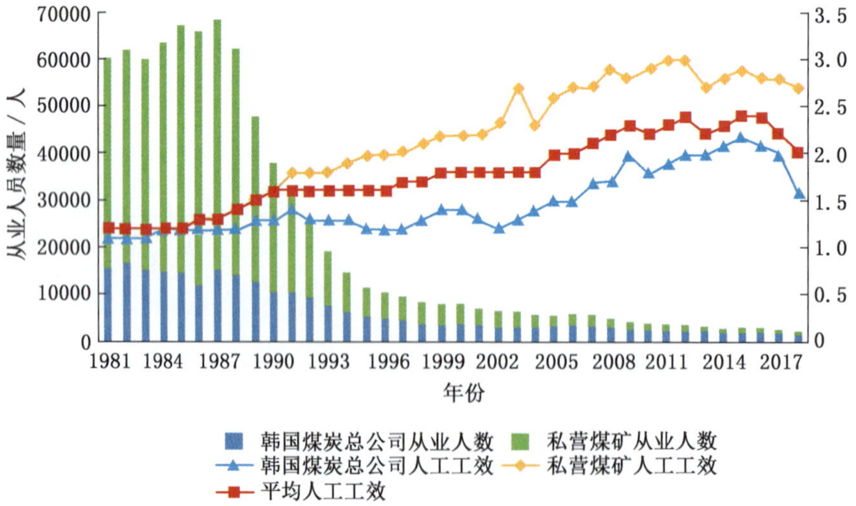

资料来源：韩国煤炭协会（Korea Coal Association）

图 2-9-9　韩国近 40 年煤矿从业人员数量和人工工效变化趋势

从 1989 年起，韩国采矿促进公司借鉴美国、加拿大、澳大利亚和南非等国高度机械化煤矿的经验，推行煤矿现代化，使用斜井开拓，大断面巷道掘进，采用双臂液压钻车、4 ~ 6 m^3 装载机、自行矿车及锚杆喷射混凝土支护，以提高生产效率、降低成本。2008 年韩国煤矿整体采掘机械化程度已达 80% 以上（图 2－9－9）。

随着煤矿生产技术条件和装备设施的改进以及煤矿的大量退出，韩国煤矿安全生产状况得到极大改善。韩国近 40 年煤矿安全生产事故情况见表 2－9－5，如图 2－9－10～图 2－9－12 所示。

表 2－9－5　韩国近 40 年煤矿安全生产事故情况

年份	事故人数				百万班事故率				百万吨事故率			
	合计	死亡	重伤	轻伤	合计	死亡	重伤	轻伤	合计	死亡	重伤	轻伤
1981	6157	194	2599	3364	332.1	10.5	140.2	181.5	309.9	9.8	130.8	169.3
1985	5925	181	2418	3326	295.2	9	120.5	165.7	262.8	8	107.3	147.5
1990	3773	108	1878	1787	338.8	9.7	168.6	160.5	219.1	6.3	109.1	103.7
1995	423	17	274	132	125.1	4.9	78.7	37.9	74	3	47.9	23.1
2000	107	6	42	59	47.1	2.6	18.5	26	25.7	1.4	10.1	14.2
2005	22	3	7	12	15.2	2.1	4.8	8.3	7.8	1.1	2.5	4.2
2010	36	1	12	23	36.2	1	12.1	23.1	17.3	0.5	5.8	11
2011	31	2	14	15	34.3	2.2	15.5	16.6	14.9	1.9	6.7	7.2
2012	42	4	15	23	47.2	4.5	16.9	25.8	20.1	1	7.2	11
2013	43	3	18	22	53.4	3.7	22.4	27.3	23.7	1.9	9.9	12.1
2014	11	2	6	3	14.8	2.7	8.1	27.3	6.3	1.2	3.4	1.7
2015	14	1	5	8	19.4	1.4	6.9	11.1	7.9	0.6	2.8	4.5
2016	19	3	5	11	26.2	4.1	6.9	15.2	11	1.7	2.9	6.4
2017	19	5	6	8	28.5	7.5	9	12	12.8	3.4	4	5.4
2018	6	1	0	5	9.7	1.6	0	8.1	5	0.8	0	4.2

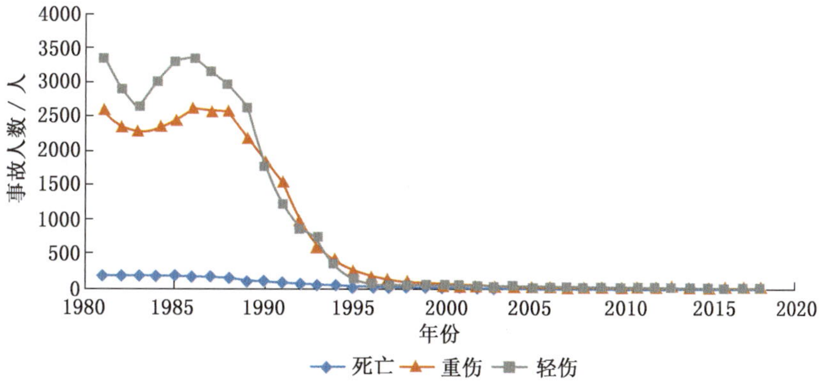

图 2－9－10　韩国近 40 年煤矿安全生产事故人数变化趋势

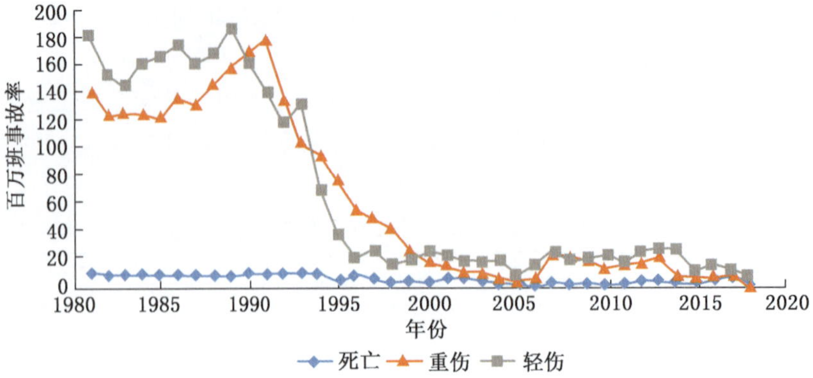

图 2-9-11　韩国近 40 年煤矿百万班事故率变化趋势

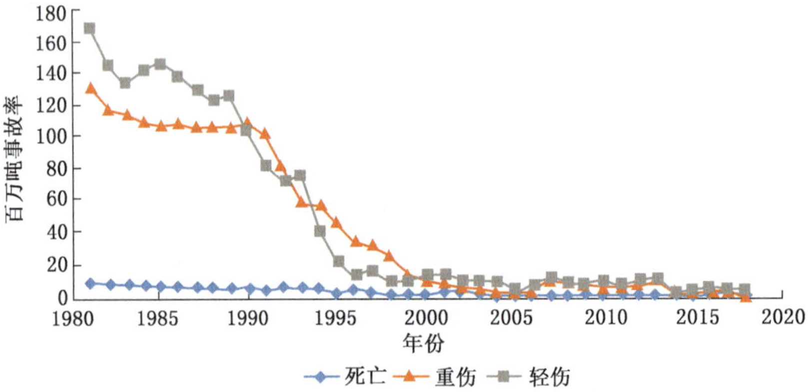

图 2-9-12　韩国近 40 年煤矿百万吨事故率变化趋势

9.3　煤炭消费及需求预测

过去几十年中，由于钢铁和发电用煤的大量增加，韩国煤炭消费大大超过政府预测，2007—2017 年煤炭消费量平均增长率为 3.7%，2018 年韩国煤炭消费量为 126.13 Mtce，超过俄罗斯成为全球第五大煤炭消费国，仅次于中国、印度、美国、日本。但随着韩国政府积极推动降低煤炭在电力结构中的份额，以及韩国低碳绿色发展战略的不断深化，未来韩国对煤炭的需求量将有所缩减。

9.3.1　煤炭消费

韩国煤炭消费一直以来都位于国内能源消费的前两位，特别是煤炭进口一直位列世界前列。

1. 煤炭消费总量

煤炭是韩国的第二大消费能源，随着经济社会的稳步增长，韩国能源消费总量持续增加，煤炭消费总量也在不断增加，但近 10 年煤炭在韩国一次能源消费结构中的比例却相对比较稳定。2018 年韩国煤炭消费总量达 140.98 Mt，占一次能源消费总量的 29.3%，其中无烟煤消费量为 9.2 Mt，烟煤消费量为 131.78 Mt。煤炭种类消费结构方面，20 世纪 80 年代以来烟煤消费量迅速增加，无烟煤消费量有所减少，无烟煤消费量占煤炭消费总量的百分比由 1981 年的 74.2% 下降到 2018 年的 6.5%（表 2-9-6、图 2-9-13）。

表2-9-6 韩国煤炭消费情况

年份	煤炭总消费		无烟煤			烟煤			煤炭占一次能源消费的比重
	消费量/Mt	同比增长率	消费量/Mt	同比增长率	占比	消费量/Mt	增同比长率	占比	
1981	28.85	—	21.41	—	74.2%	7.43	—	25.8%	37.5%
1985	40.53	9.5%	25.84	6.5%	63.7%	14.70	15.3%	36.3%	41.3%
1990	42.97	-2.6%	21.09	-10.9%	49.1%	21.88	6.9%	50.9%	26.6%
1995	43.42	2.4%	6.00	-18.5%	13.8%	37.43	6.8%	86.2%	18.4%
2000	66.55	12.5%	6.20	24.1%	9.3%	60.35	11.5%	90.7%	22.2%
2005	84.83	3.2%	9.04	9.5%	10.7%	75.80	2.4%	89.3%	24.3%
2010	121.12	11.8%	9.96	3.9%	8.2%	111.16	12.5%	91.8%	29.5%
2015	135.09	1.3%	10.54	6.2%	7.8%	124.55	0.9%	92.2%	29.9%
2016	129.31	-4.3%	10.80	2.5%	8.4%	118.51	-4.8%	91.6%	27.9%
2017	139.75	8.1%	8.26	-23.5%	5.9%	131.49	11.0%	94.1%	29.0%
2018	140.98	0.9%	9.20	11.3%	6.5%	131.78	0.2%	93.5%	29.3%

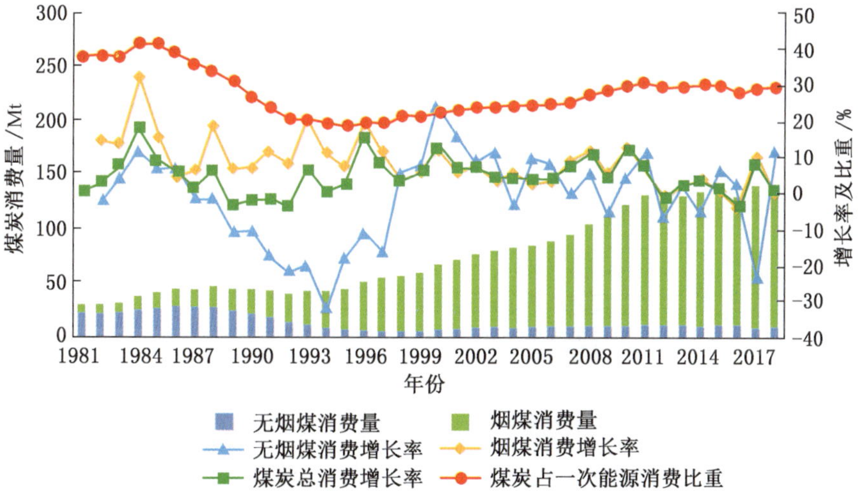

图2-9-13 韩国煤炭消费变化趋势

2. 主要用煤行业煤炭消费量

韩国煤炭消费主要为发电和钢铁。近40年来，无烟煤消费骤减，主要集中在发电、工业、住宅和商业，20世纪80年代，住宅和商业无烟煤消费占无烟煤总消费的85%以上，从90年代开始，住宅和商业无烟煤消费急剧减少，而工业无烟煤消费稳步增加，近几年工业无烟煤消费量占无烟煤总消费量的70%以上。烟煤方面，发电和钢铁一直是烟煤的主要用煤行业，2018年发电用烟煤占烟煤总消费的68.9%，工业占31.1%，其中工业中钢铁占烟煤总消费的26.3%，水泥业烟煤用量较为稳定，近年来始终保持在4~5 Mt。总体来看，烟煤消费量远大于无烟煤消费量，2018年烟煤消费量占煤炭消费总量的93.5%；发电和工业（主要为钢铁）用煤占比最高，合计占煤炭消费总量的90%左右，2018年发电耗煤占煤炭消费总量的57.0%、工业占33.9%。工业耗煤当中，烟煤消耗约85%、无烟煤消耗约15%，工业用烟煤约85%来自钢铁（表2-9-7、图2-9-14、图2-9-15）。

表 2-9-7　韩国主要用煤行业煤炭消费量

Mt

年份	无烟煤				烟煤									
	发电	工业	住宅和商业	公共及其他	发电	工业								
						合计	食品和烟草	纺织	造纸	化工	水泥	钢铁	有色金属	其他制造业
1981	1.88	0.79	18.54	0.20	—	7.43	—	—	—	—	1.49	5.94	—	—
1985	1.78	0.38	23.57	0.11	5.14	9.56	—	0.01	0.04	0.09	2.46	6.96	—	—
1990	1.98	0.28	18.78	0.05	5.72	16.15	0.02	0.09	0.09	0.17	4.03	11.74	—	0.01
1995	2.40	0.59	3.01	—	13.75	23.67	0.05	0.15	0.01	0.26	6.83	16.37	—	—
2000	2.85	2.16	1.19	—	33.30	27.04	0.05	—	0.00	0.41	5.31	19.42	0.16	1.70
2005	2.35	4.67	2.01	—	47.85	27.94	0.05	—	—	0.34	4.81	20.81	0.16	1.78
2006	2.36	5.09	2.33	—	50.20	27.80	0.05	—	—	0.34	4.74	20.73	0.17	1.78
2007	2.45	5.15	2.09	—	55.49	28.95	0.05	—	—	0.38	5.05	21.52	0.17	1.79
2008	2.54	5.42	2.29	—	62.79	31.22	0.05	—	—	0.32	5.24	23.57	0.19	1.87
2009	2.69	4.95	1.94	—	71.09	27.70	0.05	—	—	0.33	4.46	20.73	0.29	1.83
2010	2.40	5.69	1.86	—	76.67	34.49	0.05	—	—	0.36	4.56	27.21	0.37	1.93
2011	1.66	7.59	1.82	—	80.39	39.48	0.05	—	0.00	0.38	5.05	31.76	0.34	1.91
2012	1.80	6.69	1.83	—	79.14	38.74	0.05	—	—	0.38	4.63	31.49	0.35	1.84
2013	1.73	6.86	1.92	—	79.69	39.39	0.05	—	—	0.39	4.65	32.05	0.39	1.85
2014	2.04	6.25	1.63	—	78.23	45.17	0.05	—	—	0.42	4.92	37.61	0.42	1.76
2015	2.13	6.94	1.47	—	80.35	44.19	0.05	—	—	0.42	4.65	36.75	0.53	1.79
2016	2.53	7.02	1.26	—	77.76	40.75	0.05	—	—	0.38	4.59	33.46	0.55	1.71
2017	1.08	6.10	1.08	—	88.31	43.18	0.04	—	—	0.34	4.18	36.29	0.61	1.73
2018	0.99	7.30	0.91	—	90.76	41.01	—	—	—	0.37	3.71	34.62	0.59	1.72

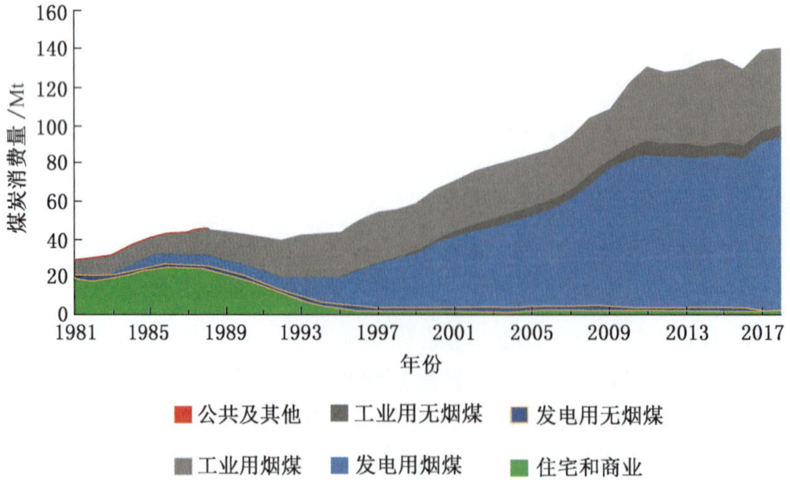

图 2-9-14　韩国主要用煤行业煤炭消费量变化趋势

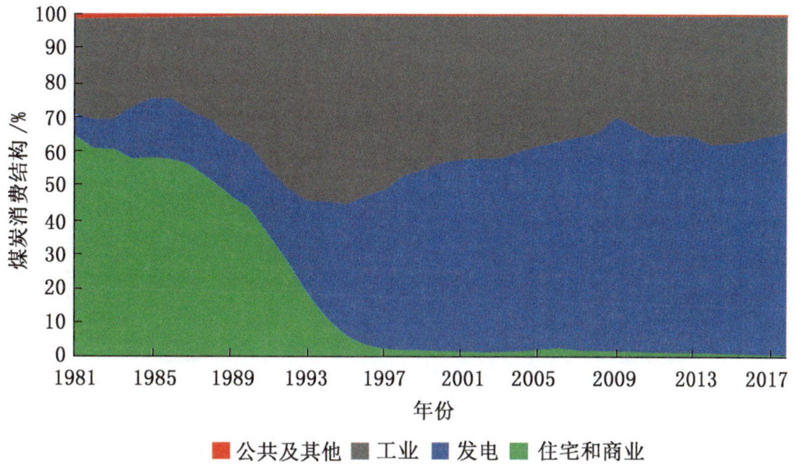

图 2-9-15 韩国主要用煤行业煤炭消费结构变化趋势

3. 各地区住宅和商业用无烟煤消费量

按照不同地区住宅和商业用无烟煤消费情况分析，过去 30 年间，平均消费量最多的是韩国首都首尔，其次是庆北、江原、仁川和釜山。目前，庆北成为韩国住宅和商业用无烟煤消费量最大的地区，2018 年庆北住宅和商业用无烟煤消费量为 0.204 Mt，占全国的 22.4%，其次是忠北和江原，分别占 19.6% 和 16.4%，首尔降至第四（图 2-9-16）。

9.3.2 煤炭需求预测

韩国是亚洲第四大经济体，但世界经济疲软和国际经贸摩擦导致出口受挫，加之内需疲软、就业形势恶化、旅游收支逆差、贸易保护主义等因素影响，韩国经济增长持续放缓，近年来韩国 GDP 年度增长率维持在 3% 左右，2019 年跌至 2%，为近 10 年来最低。此外，一些用电和耗煤行业增速放缓，2019 年韩国制造业增速放缓至 1.4%，较 2018 年下降 2 个百分点，建筑业下滑 3.2%，民间消费增速仅 1.9%，为 2013 年以来最低值。韩国经济研究院 2019 年发布研究报告称，2019—2022 年韩国经济增长率将下降为平均 2.5%，2023—2030 年将下降为平均 2.3%，2030 年以后则将降为 1%，报告还称，韩国潜在经济增长率下滑是由于供给部门的生产率低下。从 2020 年新冠肺炎疫情对全球的影响来看，实际情况可能比预测更差，韩国未来经济发展不容乐观，经济增长放缓也势必导致能源需求的放缓。

同时，为应对气候变化和环境保护要求，韩国积极开展能源结构调整。2008 年 9 月，韩国通过了“第一个国家能源基本计划”，制定了未来 20 年国家能源战略的具体目标和实施方案，其主要目标包括：到 2030 年将石油、煤炭等化石燃料所占比重由当时的 83% 降到 61%；韩国政府采取很多措施来调整能源供应结构，提高天然气、核能及其他可再生能源比例。2018 年，拥有韩国一半燃煤发电装机的忠清南道省成为亚洲第一个加入“弃用煤电发展联盟”的地区。多年来，韩国燃煤发电占发电总量的比例始终维持在 40% 以上，且目前仍有超过 5 GW 的新增煤电并网运行，此外还有 4 GW 的装机在建，尽管如此，韩国政府表示有信心降低煤炭在电力结构中的份额。2017 年 12 月，韩国贸易工业和能源部（MOTIE）宣布了 2030 年可再生能源计划，将可再生能源在韩国能源结构中的比例从 7% 提高到 20%。在该政策的推动下，2018 年韩国可再生能源发电装机容量占比已达 9.8%，光伏新增装机量为 2.03 GW，同比增长 69%，累计装机量约为 7.862 GW。2019 年 6 月 4 日，韩国国务会议确定了“第三个能源基本规划（2019—2040）”，目标将 2040 年该国的电力结构中可再生能源份额

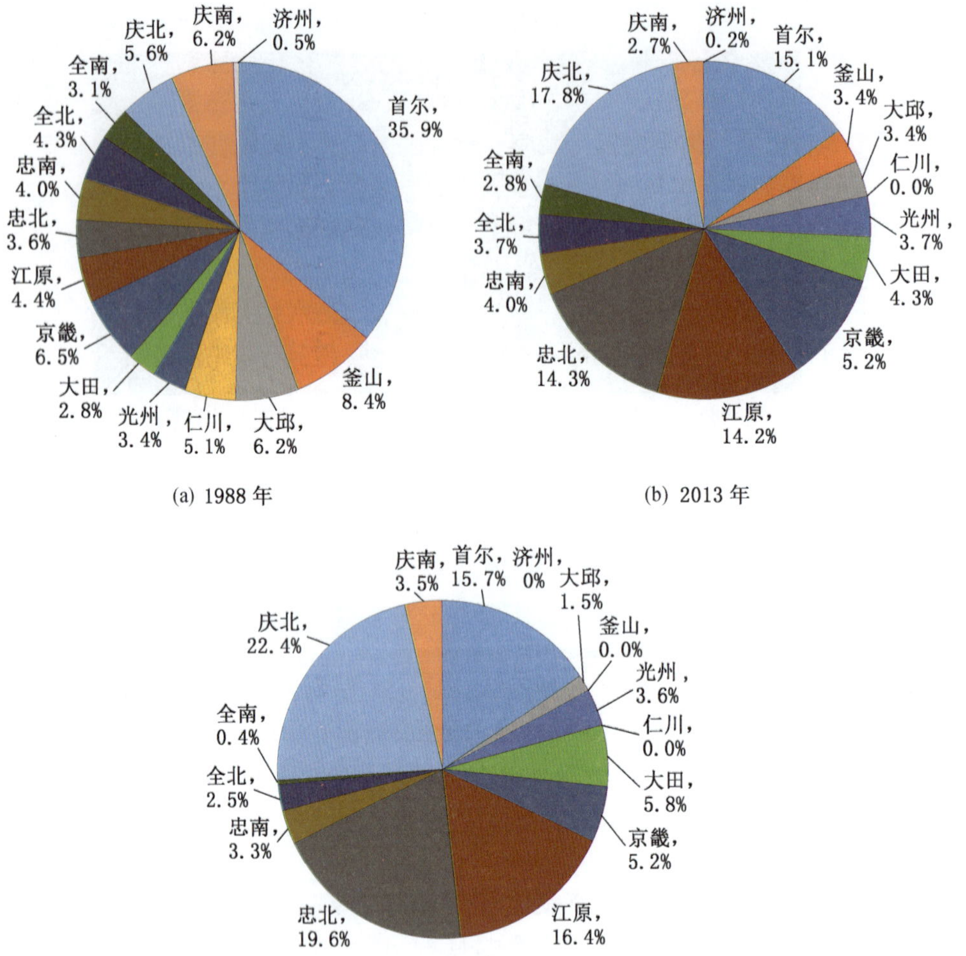

(c) 2018年

图2-9-16 韩国各地住宅和商业用无烟煤消费结构

扩大到30%～35%，大幅降低煤炭发电比重。因此从政策导向和能源结构调整来看，煤炭在一次能源消费的比重将在目前的30%左右大幅下降，预计2030年将再次降至15%～20%。

据韩国能源经济研究所2019年下半年能源需求预测报告分析，由于新建燃煤电厂的引进效应逐步减弱，电设施容量下降，政府防尘政策、限制燃煤发电，核电的复苏等原因，煤炭发电量将大幅下降。同时，受钢铁等重点行业增长乏力的影响，工业领域煤炭消费也将大幅下降。因此，在发电和工业（主要为钢铁）用煤占煤炭消费总量近90%的韩国，随着工业用煤需求的持续低迷和发电用煤需求的大幅下降，煤炭整体需求将大幅缩减（图2-9-17）。

韩国能源经济研究所分析称，2012年以来，韩国一次能源供应总量增速明显放缓，2013—2018年年均增速为1.9%。在此期间，除石油外的所有能源消费增速均放缓或下降，受钢铁行业不景气和政府限制燃煤发电的影响，炼钢和发电的煤炭消费大幅下降，煤炭消费年均增长仅为2.2%。2018—2023年，韩国一次能源需求总量将以平均每年1.5%的速度增长，到2023年一次能源需求总量将达到472.9 Mtce（表2-9-8）；煤炭方面，由于钢铁工业复苏缓慢，工业用煤量将不再增长，加上政府对燃煤电厂限制力度的不断加大，煤炭需求量将以每年0.6%的速度下降，到2023年将降至120.28 Mtce，即136.8 Mt。此外，根据IEA2019年世界能源展望报告推算，到2030年和2040年，韩国煤炭需求将

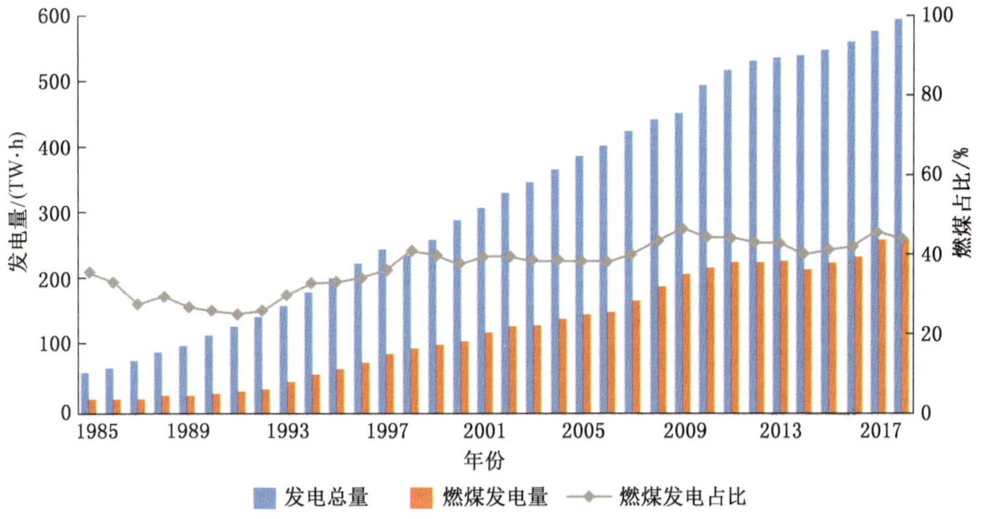

资料来源：BP Statistical Review of World Energy June 2019

图 2-9-17 韩国发电量及燃煤发电占比

分别降至 95 Mt 和 71 Mt，且全部来自进口，按照这一预测，2030 年和 2040 年韩国煤炭需求将分别比 2018 年下降 32.6% 和 49.6%，年均下降率将达到 2% 以上（图 2-9-18）。

表 2-9-8 韩国能源需求预测

年份	一次能源需求		人均能源消费		石油需求	
	需求量/Mtce	年均增长率	消费量/tce	年均增长率	需求量/Mtce	年均增长率
2018	439.7	1.5%	8.58	1.4%	169.48	1.2%
2023	472.9		9.15		179.89	

年份	煤炭需求		天然气需求		核能需求	
	需求量/Mtce	年均增长率	需求量/Mtce	年均增长率	需求量/Mtce	年均增长率
2018	123.91	-0.6%	78.96	-2.4%	40.67	10.1%
2023	120.28		69.93		65.79	

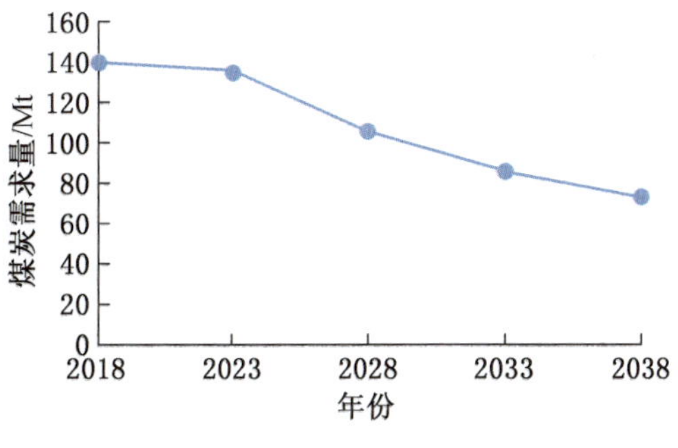

资料来源：根据 IEA 2019 年世界能源展望报告推算

图 2-9-18 韩国煤炭需求量预测

9.4　煤炭供应战略与进口

韩国是个能源资源消耗大国，同时也是能源资源极度贫乏的国家，其能源资源几乎完全依赖海外进口，受国际能源价格波动和能源资源富国政治经济环境变化的影响非常大，确保能源的稳定供给成为韩国稳定经济和社会发展的重要因素，因此，以石油、煤炭和天然气为主的海外能源资源开发是近年来韩国日益重视发展的保障能源稳定供给的有效手段之一。

9.4.1　煤炭供应战略与规划

为了保证矿产资源的稳定供应，韩国形成了以其政府支撑体系为中心，以有效的合作勘查机制为依托，并以高效的开发过程为手段的资源竞争系统，积极推动在海外的资源开发和进口国的多元化。

韩国的海外矿产资源开发工作大体分为三个阶段。第一个阶段为海外矿产资源情报收集分析、开发项目的筛选以及实地的踏查工作，都由政府主持进行。目的可行性论证工作由政府进行国库补贴，因此耗资最大、风险最大的前期工作主要由政府承担，为国内企业进入海外开发项目的安全性做出了有力的铺垫。第二个阶段为勘探阶段，政府对于进入海外项目的国内企业给予国库补贴，并对项目进行具体指导、检查和监督。第三个阶段为采矿阶段，政府仍然给予企业以贷款支持和各种优惠待遇，保障项目顺利结束后将开发的矿产引进韩国。这一整套做法体现了韩国作为资源消费型的工业化国家，其以政府为主导的海外矿产资源开发战略特色。

受煤炭需求增加、国内煤炭产量衰减和国际煤炭价格波动的影响，1996 年开始，韩国把目光投向海外市场，扩大海外煤炭资源的开发，政府每年制定年度海外开发推进战略，从金融、技术等方面鼓励和支持国内企业积极开拓国外市场，在不断激烈的国际竞争环境中，源源不断地从世界各地将煤炭资源引进国内。随着新建煤基热电厂的投产和新钢铁厂的建设，韩国对动力煤和炼焦煤的消费量不断增加，政府鼓励本国企业收购海外煤炭资产，向国外煤矿参股，同时采取各种措施，鼓励煤炭消费企业组建联盟或提供技术支持开发海外煤炭资源。截至 2007 年底，有 30 家韩国公司在 25 个国家开采或开发新的煤炭资源，包括印尼、中国、俄罗斯、加拿大和美国，2008 年韩国海外开发煤炭资源的进口量占进口总量的 24%，2010 年达到 30%，2013 年达到 35%。据英国智库 ODI 发布的研究报告，2016—2017 年间 G20 各国中，韩国对于煤电的支持达到 10.57 亿美元，排在中国（168.70 亿美元）和日本（51.52 亿美元）之后，位居第三位。

为了确保企业的海外资源投资计划能够顺利执行，颁布《海外资源开发法》，知识经济部制定了“2009 年海外资源开发推进战略”，主要包括向韩国石油公社和韩国矿物资源公社等提供资金支持，加强与资源丰裕国的外交，开发新的投资方式，大幅提高民间企业在海外资源开发上的融资规模，积极培养资源方面的专门人才。据韩国知识经济部的调查结果，2009 年度韩国大企业的海外资源开发投资计划高达 70 亿美元，其中有 18 亿美元投入到煤炭、铜等六大矿产领域。近年来韩国不断扩大海外能源开发投资，其自主开发率不断提高。

由于海外资源供应与国家经济安全休戚相关，海外资源开发需要大规模的长期投资，而且在当代国际资源市场上规模决定成败，因此，韩国选择采取由国营企业主导的战略。韩国海外资源开发由韩国石油公社、韩国煤气公社和大韩矿业振兴公社这三大国营企业主导，其中大韩矿业振兴公社主要负责煤炭及其他矿产资源的海外开发。2010 年，国营企业在韩国海外开发投资中所占比重高达 75.1%，其中矿产资源投资占 13.7%。

大韩矿业振兴公社是韩国矿产资源产业的龙头国营企业，并具有许多政府职能，提供众多公益性服务，如由政府全额出资具体负责支持和培育本国矿产资源产业，积极参与韩国海外矿产资源开发基本计划的制定和实施，还负责韩国矿产资源勘查开发领域的人才培养等。大韩矿业振兴公社在韩国海外矿产资源开发的整个过程中发挥了引路、扶植、监督检查、牵引推进的主导作用。政府设立专项基金对特殊行业的海外投资给予资金支持，其中大韩矿业振兴公社负责管理和发放“海外资源开发基金”，用于在海外开发韩国经济所需要的各种矿产资源项目。目前，煤炭等7种矿产是公社重点开发的战略型矿种。煤炭的开发集中在澳大利亚和拉美，东南亚和非洲也是重要的开发目标。

浦项钢铁公司是韩国的主要煤炭消费企业之一，2010年开始该公司加大对海外矿产资源的收购力度，原料自给率从2009年的18%提高到2012年的30%左右。2009年韩国浦项钢铁公司的煤炭收购活动主要有：收购莫桑比克煤矿项目瑞维堡（Revuboe）的7.8%股份；在澳大利亚新南威尔士州的4家煤矿和昆士兰州的4家煤矿持有股份；收购了昆士兰州鹦鹉（Cockatoo）煤炭公司的股份；参股加拿大绿山（Green Hills）煤矿和埃尔克威斯（Elkvies）煤矿；与俄罗斯Sibuglemet煤矿签订5年供货协议，从2010年起每年从其购进1 Mt焦煤和煤产品。近年来，韩国浦项公司继续加紧收购澳大利亚和加拿大炼焦煤资产，满足其粗钢产量的不断增长。2019年，韩国浦项钢铁公司与中国兖煤集团澳大利亚公司订立4项煤炭销售协议，同意向兖煤集团澳大利亚公司购买煤炭，规定截至2020年底，兖煤集团就销售煤炭将向韩国浦项钢铁公司或其联营公司收取的最高年度交易金额将不超过6亿美元。此外，浦项还在越南设有六大钢铁业务法人，其中在广宁省建设了蒙阳2号火力发电厂，总功率达1120 MW，煤炭供应基本来自越南国内。

韩国第二大钢铁公司现代钢公司也与澳大利亚必和必拓、力拓及Wesfarmers公司和加拿大EVCC炼焦煤供货商签订了长期采购合同。目前现代钢公司已有仁川（Inchen）、浦项（Pohang）、唐津（Dangjin）三个工厂，总产能达24 Mt，3个高炉每年焦煤需求超13 Mt。

国营韩国资源公司(KORES)与SK公司也在积极收购澳大利亚煤炭资产。2006年1月，KORES和SK通过国际竞标获得澳洲昆士兰Taroborah动力煤开采权，于2012年投产，满负荷产量达15.30 Mt/a。

截至2018年底，韩国在海外提供资金建设的煤电装机已达10392 MW，涉及的国家包括：越南（5400 MW）、印尼（3200 MW）、哈萨克斯坦（1320 MW）、阿根廷（462 MW）。

目前韩国海外煤炭资源开发主要集中在澳大利亚、印尼、俄罗斯、越南、蒙古、加拿大等地，并逐步向东南亚和俄罗斯倾斜，开发地越来越全球化、多元化。

9.4.2 煤炭进口

韩国是世界上较为重要的煤炭进口国，韩国煤炭供应主要依赖进口，2018年韩国煤炭进口149.17 Mt，近几年煤炭进口占供应比例达到99%以上，尤其是动力煤，进口增长幅度较大。1976年，韩国煤炭进口量位居世界第四位，1979年上升至第三位，1987年又升至第二位，近10年来始终保持在第四位，进口总量约占世界煤炭贸易总额的10%（图2-9-19）。此外，韩国从亚洲地区进口煤炭的份额在不断增加，亚洲地区逐渐成为韩国煤炭进口的主要来源地，同时随着煤炭进口价格的降低，韩国进口煤炭资源的经济成本也有所降低。进口煤炭规模较大的港口有广阳湾港和浦项港。

1. 分煤种进口量

韩国是世界上第二大动力煤进口国，燃料几乎全部依赖进口，年进口烟煤持续上涨，2018年进口烟煤量达131.52 Mt，占韩国煤炭进口总量的88.2%。韩国煤炭进口需要许可证，拥有煤炭进口权的主要是浦项钢铁公司、韩国电力公司和大韩煤炭公司3家国营企业，其中只有大韩煤炭公司有权进口无烟煤，而进口的烟煤则主要保证韩国电力公司的火力发电站和浦项钢铁公司的炼钢用煤，特别是发电用的动力煤，40年来的进口量始终保持较快速度增长（表2-9-9）。

2. 分国家进口量

韩国煤炭进口主要来自澳大利亚、印尼、俄罗斯、加拿大、美国等国。其中炼焦煤主要来自澳大利亚，2018年韩国从澳大利亚进口的炼焦煤占炼焦煤进口总量的一半以上；动力煤主要来自澳大利亚、印尼和俄罗斯，2018年韩国从这三个国家进口的动力煤占动力煤进口总量的79.1%（图2-9-20～图2-9-22）。

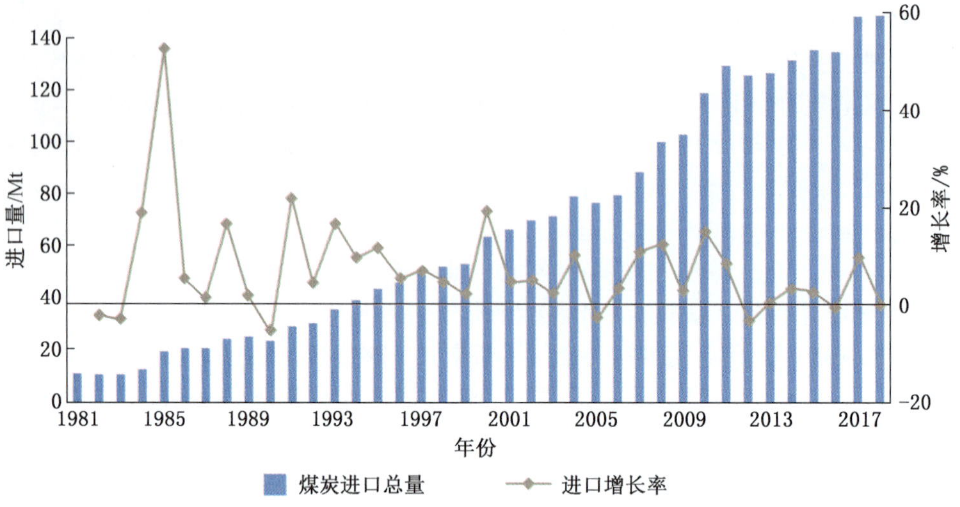

图2-9-19　韩国煤炭进口总量及增长率变化趋势

表2-9-9　韩国各煤种煤炭进口量

Mt

年　份	进口总量	增长率	无烟煤	烟　煤			褐煤	泥煤	其他
				合计	炼焦煤	动力煤			
1981	11.54	—	4.29	7.25	5.83	1.42	—	—	—
1985	19.96	52.35%	2.83	17.13	8.13	9.01	—	—	—
1990	24.12	-5.23%	1.07	22.85	11.29	11.56	0.03	0.02	0.14
1995	44.07	11.73%	0.72	42.36	17.78	24.82	0.01	0.01	0.98
2000	64.17	19.45%	2.04	59.60	19.58	40.03	0.00	0.02	2.51
2005	77.15	-3.19%	4.57	69.33	16.98	52.36	0.00	0.04	3.21
2010	119.30	15.48%	7.41	106.10	24.33	81.77	0.00	0.05	5.75
2011	129.71	8.72%	8.82	116.12	26.16	89.96	0.00	0.06	4.71
2012	126.04	-2.83%	8.06	114.65	25.86	88.79	0.00	0.06	3.28
2013	127.00	0.76%	8.48	116.22	31.36	84.86	0.00	0.06	2.23
2014	131.56	3.60%	8.29	117.87	35.20	82.68	0.00	0.07	5.33
2015	135.61	3.08%	8.94	119.32	34.15	85.24	0.00	0.07	7.27
2016	134.93	-0.50%	9.42	118.47	33.03	85.44	0.00	0.07	6.97
2017	148.68	10.19%	7.00	131.46	36.44	95.02	0.00	0.07	10.14
2018	149.17	0.33%	8.20	131.52	34.25	97.27	0.00	0.06	9.39

此外，韩国与中国的煤炭贸易额近20年来呈现明显下降趋势，2018年韩国从中国进口炼焦煤仅0.479 Mt，占其炼焦煤进口总量的1.31%，从中国进口动力煤2.046 Mt，占其动力煤进口总量的1.94%（表2-9-10）。这主要归咎于东北亚地区中日韩三国长期以来在能源贸易与能源储备、开发等领域实质性合作不足，未能形成区域型能源共同市场，能源领域的竞争大于合作，也严重损害了三

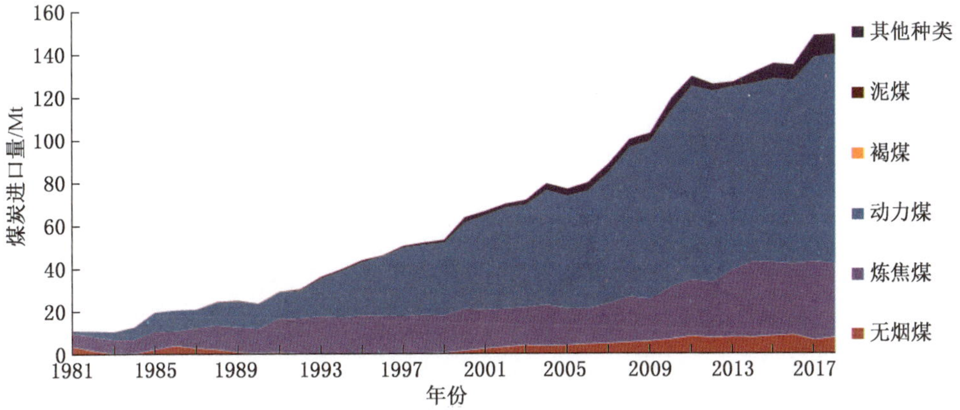

图 2-9-20　韩国各种类煤炭进口量变化趋势

国的共同利益和地区能源安全。因而从东北亚区域能源安全战略的角度出发，中韩亟待加强在煤炭市场建设、煤炭资源开发、煤炭基础设施及煤炭开发与利用技术研发应用等领域的全方位合作。

表 2-9-10　韩国向各国家的煤炭进口量　　kt

年份		1978	1990	2000	2005	2010	2015	2016	2017	2018
炼焦煤	澳大利亚	1150	5053	10641	11664	16445	21706	19889	18799	18259
	加拿大	409	2026	4097	4315	4944	4813	5168	5482	6421
	美国	450	2908	1419	901	3238	2639	2742	3264	2688
	中国	—	—	2781	3258	1936	1061	725	484	479
	印尼	—	—	209	—	44	90	80	34	28
	俄罗斯	—	—	394	489	1553	3532	6342	6885	6303
	其他	—	—	34	—	—	92	309	904	2263
	合计	2009	11287	19575	20627	28160	33933	35255	35851	36482
动力煤	澳大利亚	—	3506	12019	19207	26512	39446	32424	30763	30633
	加拿大	—	1250	1647	4	4980	4520	1376	3786	7492
	美国	—	1235	166	365	66	1328	1024	1827	1592
	中国	—	1000	21281	17580	5356	641	2967	1997	2046
	哥伦比亚	—	—	—	—	—	15	2468	2587	3800
	印尼	—	397	5277	15382	40126	33977	36371	38184	28701
	南非	—	5054	2503	—	2346	167	2343	5474	5459
	俄罗斯	—	—	2197	3018	7004	19536	19107	18112	24125
	越南	—	—	135	358	1863	341	60	124	461
	其他	160	—	95	217	2178	—	1068	124	904
	合计	160	12442	45320	53131	90431	99971	99208	103031	105518

3. 煤炭进口价格

2002 年前，韩国煤炭进口价格总体呈稳定下降态势，煤炭进口总单价由 20 世纪 80 年代初的每

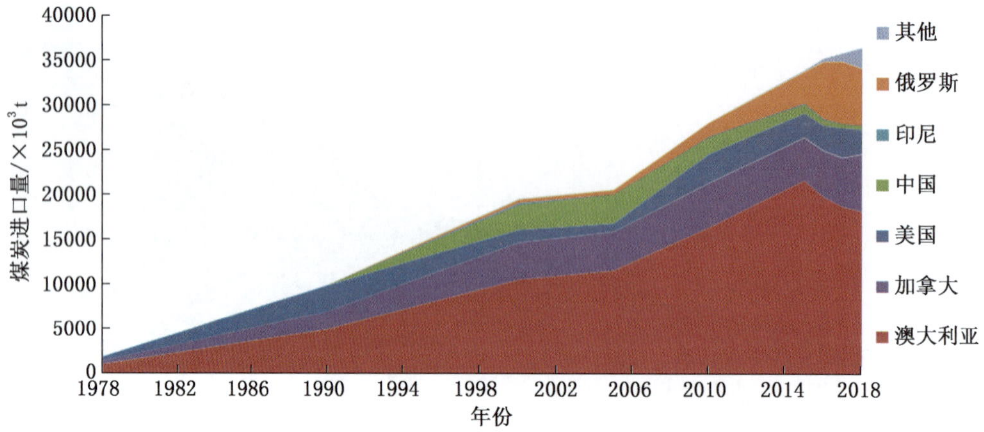

图 2-9-21　韩国炼焦煤按国家进口量变化趋势

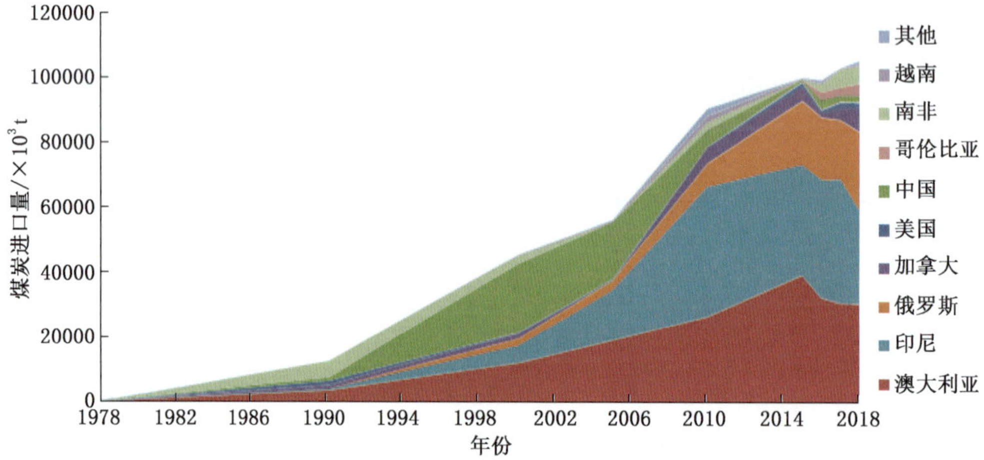

图 2-9-22　韩国动力煤按国家进口量变化趋势

吨 70 美元逐步降至 2000 年左右的 35 美元。随着国际煤价上涨，加之韩国电力和钢铁行业对动力煤和炼焦煤的硬性需求，促使韩国进口煤炭价格从 2004 年开始迅速增长，2011 年煤炭进口总单价达每吨 142.45 美元，无烟煤和烟煤分别涨至 201.17 美元和 138.24 美元。2012 年开始，随着全球金融危机对国际煤炭市场的影响持续深化，国际煤价迅速下跌，韩国煤炭进口单价一度跌至 2016 年的每吨 69 美元。近几年，全球需求增加和供应紧张推高了煤炭价格，国际煤炭市场逐步复苏，韩国煤价又恢复上涨（图 2-9-23）。

9.4.3　煤炭进口前景

未来韩国煤炭主要来源仍将以进口为主，并将长期保持在 98% 以上，甚至达到 100%，因此韩国煤炭进口将完全取决于其需求情况，关于需求前景上文已分析，在此不做赘述。总体来看，随着政府对燃煤发电的限制等原因，韩国煤炭需求（进口）总量未来将大幅下降，据国际能源署及韩国能源经济研究所等多方机构预测，2023 年、2030 年和 2040 年将分别降至 136.8 Mt、95 Mt 和 71 Mt。未来韩国对国际煤炭市场的影响将越来越小。

从进口地区来看，澳大利亚、印尼、俄罗斯仍将是韩国煤炭进口的主要来源国。尽管近年来韩国一些电企在中国山西积极寻求煤矿参股，但受韩国国内对煤炭的限制政策以及中国国内煤炭供需等影响，中韩煤炭贸易前景依旧黯淡。

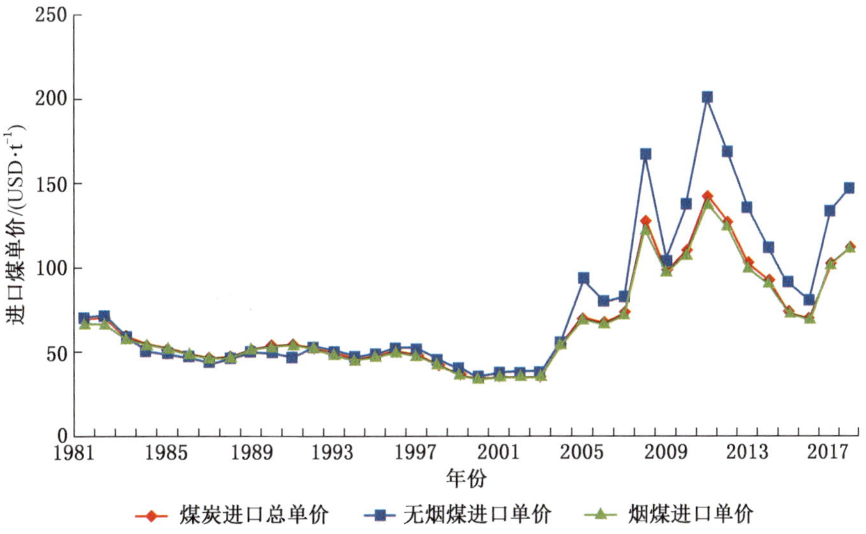

注：煤炭进口总单价是无烟煤、烟煤、褐煤、泥煤及其他种类进口煤炭的总体单价。
资料来源：韩国能源经济研究所（Korea Energy Economics Institue）

图 2-9-23 韩国煤炭进口价格变化趋势

9.5 低碳绿色发展与煤炭清洁利用

韩国非常注重环境保护，从政府到企业、从生产到生活全面贯彻低碳发展理念，政府通过制定限制碳排放的相关政策和相关法律保障低碳经济的实施效果、加强对低碳绿色发展的财政投入，以逐步深化韩国低碳经济发展计划、应对气候变化，并取得了良好效果。煤炭方面，一方面致力于推动减少煤炭在能源消费结构当中的比例，另一方面大力发展煤炭清洁利用，以减少碳、硫化物和悬浮颗粒物的排放。

9.5.1 低碳绿色发展

随着经济快速增长，化石能源消耗量急剧上升，温室气体排放量激增。21 世纪以来，韩国的温室气体排放量年均增长率为 2.87%，其增长率在 OECD 国家中增长率最高。2010 年韩国二氧化碳排放量排在世界第七位，排放比重占全球的 1.9%，并在 2010 年以后维持着二氧化碳排放量在世界第七的位置，到 2018 年达到 697.6 Mt，占全球的 2.06%。人均二氧化碳的排放量由 1981 年的 3.4 t，增加到 2018 年的 13.5 t，增长 297.4%，人均排放量增长速度仅次于中国、印度排世界第三（表 2-9-11、图 2-9-24）。

表 2-9-11 韩国二氧化碳排放量

年份	总排放量/Mt	占世界比重	人均排放量/(t·人$^{-1}$)	年份	总排放量/Mt	占世界比重	人均排放量/(t·人$^{-1}$)
1981	131.5	0.72%	3.40	2012	643.8	1.99%	12.82
1985	162.2	0.85%	3.97	2013	646.1	1.97%	12.81
1990	235.4	1.11%	5.49	2014	644.6	1.96%	12.70
1995	376.4	1.72%	8.35	2015	656.5	2.00%	12.87
2000	461.1	1.95%	9.81	2016	662.5	2.01%	12.93
2005	520.0	1.85%	10.79	2017	678.8	2.04%	13.19
2011	646.8	2.02%	12.95	2018	697.6	2.06%	13.51

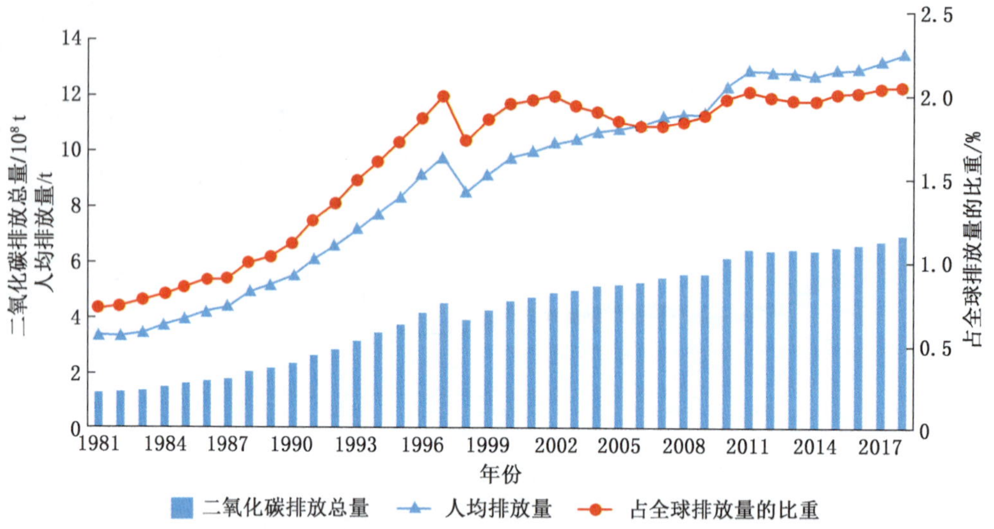

图 2-9-24　韩国二氧化碳排放量变化趋势

国际环保公约与国内环境的变化致使韩国必须大力发展低碳绿色经济。韩国低碳经济发展大体上经历了 5 个阶段。即：1977 年以前的公害防止期，制定了韩国第一个环境法律的《公害防止法》。1977—1989 年的初创启动期，政府强化环境保护的法制建设，依次制定了《环境保护法》《废弃物管理法》《替代能源开发促进法》，建立环境保护促进机构，确立环境产业发展政策基础，构建环境保护的基础设施。1989—1998 年的规模引进期，环境保护立法更加细化，设立排放标准等基本制度。1998—2008 年的提升充实期，推动自愿协议减排制度建设，促使企业成为保护环境的一员，颁布第一部关于气候变化的政策草案，制定两次新能源再生能源基本计划，能源结构进一步优化。2008 年至今，积极进取的低碳政策，提出《低碳绿色增长战略》，将低碳绿色发展上升到韩国的国家战略高度，实施“绿色新政”，目前已取得较好成效，其中一项重要成效就是电能占终端能源消费比重的提高（图 2-9-25）。

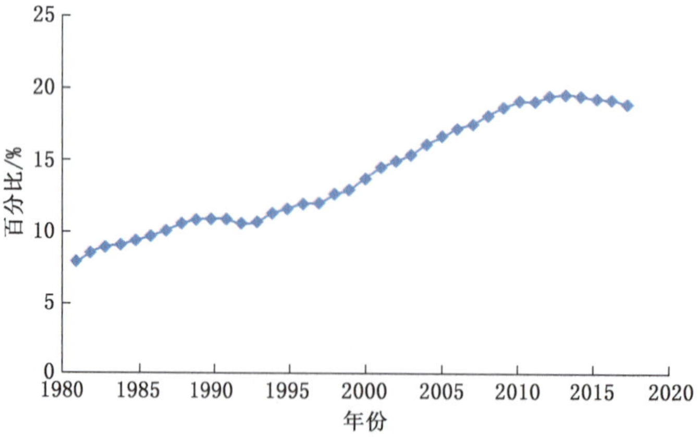

图 2-9-25　韩国电能占终端能源消费的比重变化趋势

电能占终端能源消费的比重代表电力替代煤炭、石油、天然气等其他能源的程度，是衡量一个国家终端能源消费结构和电气化程度的重要指标。电能是清洁、高效、便利的终端能源载体，在大力推进低碳发展，大规模开发可再生能源，积极应对气候变化的全球发展趋势下，提高电能占终端能源消费比例已成为世界各国的普遍选择，韩国在这方面成绩不俗，2018 年，韩国电能占终端能源消费的比重达 19.45%，分别比 1998 年的 12.59% 和 2008 年的 18.15% 提高了 6.86 个和 1.3 个百分点。

9.5.2 煤炭清洁利用政策环境

受全球气候变暖、碳减排日益紧迫的国际背景影响和全球金融危机对国内经济模式的冲击，韩国制定了一系列环保和低碳绿色发展政策措施，为煤炭清洁利用打下了坚实的政策环境。

1985 年开始，韩国禁止 22 个城市烧煤（大型工业企业热电联供除外）；1990 年后，关闭硫分高于 1% 的煤矿；到 1998 年，所有燃煤电站均安装有烟气脱硫装置。此外还制定了严格的燃煤装置排放标准，以减少燃煤产生的二氧化硫和悬浮颗粒物的排放。

1998 年起，韩国政府每 3 年修订一次《应对气候变化国家综合行动计划》，其中 1998—2007 年制定实施 3 个行动计划，共包括 211 个项目，涉及 UNFCCC（联合国气候变化框架公约）、减排措施和适应环境变化的努力，加强低碳技术研发，对韩国应对气候变化做出了突出贡献。

2008 年，韩国国家能源委员会审议通过“第一次国家能源基本计划（2008—2030）”，明确提出要努力减少传统能源在能源结构中的比重，提高新能源及可再生能源的利用，包括四大战略和十大行动课题。其中四大战略包括低能耗低碳社会、脱石化能源、绿色能源产业的增长动力化和能源自立的实现；十大行动课题包括提高能效、能源市场的效率化及构筑合理的价格体系、提高适应气候变化能力、扩大新能源再生能源的普及与扩大、提高核电的供给能力及国民对低碳社会的理解能力、构筑绿色能源产业基础、扩大能源产业的海外扩张能力、扩大海外资源开发能力、能源的稳定供给和实现能源自立。同年，颁布《绿色能源产业发展战略》，确定了低碳绿色能源方面优先发展的九大重点领域，包括光伏、风力、高效照明、电力 IT、氢燃料电池、清洁燃料、高效煤炭 IGCC（整体煤气化联合循环发电系统）、CCS 和能源储藏等。

2009 年，韩国政府提出“低碳绿色增长”的经济振兴战略，以积极应对全球变暖、世界能源危机等全球性环境变化，寻求新的经济增长动力，提供就业岗位，并推动经济发展。“低碳经济发展战略”的初步构想主要内容包括：到 2020 年，使用再生能源的用户增加到 100 万户以上；到 2030 年，将新能源及再生能源的普及率提高到 11%，2050 年，这一数值达到 20% 以上，成为世界五大绿色强国。同年，政府还发表了 2020 年韩国国家温室气体减排目标。

2012—2014 年，韩国实施了温室气体及能源目标管理制度，降低温室气体排放量和能源使用量。政府每年制定一定水平的减排目标，并把工业、发电等领域排放温室气体或能源消费量很大的企业和公共机关指定为受控对象，制定企业、机构分年度温室气体减排目标和能源节约目标，限定在企业和机构范围内进行减排活动，政府对其目标实现进行管理和处罚。2019 年，韩国两大钢铁制造商浦项钢铁（POSCO）和现代钢铁（HyundaiSteel）因被指控非法排放空气污染物，被多个地方政府勒令暂停高炉生产，正面临前所未有的危机。

2015 年，韩国开始实施碳排放交易制度，即政府设定一定时期内的温室气体减排目标，对温室气体排放的受控对象分配其配额，允许其在配额范围内进行排放，减排后的剩余排放权或不足部分通过市场交易加以协调。实施过程中，政府根据对国家温室气体减排的贡献度、排放量的测量可能性、制度的执行可能性，选定能源、产业、建筑、运输等五大部门，发电、石化、钢铁等 23 个产业，525 个企业为配额的分配对象。该制度实施以来，国家温室气体减排成本比目标管理制度下节约 44% ~ 68%。

2019 年，韩国政府发布《第三次能源基本计划》提出力争到 2040 年将可再生能源占比提高到

30% ~35%，大幅降低煤炭发电比重。该计划将未来能源政策基本方向从供应中心结构转变为消费中心结构，如推出更多电费制供消费者选择，继续整顿天然气资费体系等。该计划的另一个主要内容是摆脱以大型发电站为主的能源生产体系，通过光伏、风力等进行小规模发电。此外，计划还提出了扶持能源产业、实现传统能源产业高附加值化。

目前，韩国正面临环境与能源双重危机的挑战，在世界各国纷纷向低碳经济转型的背景下，由于自身能源消耗巨大且自身资源匮乏，韩国国内无法满足这种巨大的能源需要，只能依赖于进口，韩国对海外能源的依赖程度一度达到 90%，特别是煤炭对海外的依赖程度达到 99% 以上。韩国政府认识到当前能源问题的严峻性，构建“绿色增长”体系、推动能源转型的目的就是使韩国脱离能源海外依赖、减少传统能源占比，成为一个节能环保和能源独立的国家。

同时，韩国着手研究和开发新能源与可再生资源，制定了一系列关于研发并普及新能源及可再生能源的具体计划和措施，并对新能源再生能源的研究、开发和普及方面都给予大力的经济支持。近年来，韩国新能源再生能源消费量和占比不断增加，煤炭、石油等化石能源在终端能源消费总量当中的占比有所下降，说明韩国绿色经济发展取得一定成效（表 2 -9 -12、图 2 -9 -26）。

表 2 -9 -12　韩国终端能源消费量

Mtce

年　份	终端能源消费总量	煤炭	石油	天然气	城市燃气	电力	热能	可再生能源
1981	55.77	20.71	27.04	—	0.03	4.36	—	3.56
1985	67.21	25.65	32.29	—	0.11	6.23	—	2.90
1990	106.82	27.81	64.71	—	1.44	11.60	0.11	1.14
1995	173.46	24.78	118.23	—	7.99	20.08	0.92	1.50
2000	214.50	28.11	134.19	0.00	17.96	29.46	1.67	3.05
2005	244.82	31.67	138.82	—	25.47	40.88	2.36	5.58
2010	278.71	40.31	143.74	0.80	30.14	53.40	2.77	7.65
2011	292.86	46.99	146.27	1.14	32.70	55.97	2.83	6.94
2012	295.30	44.36	145.40	1.03	35.36	57.39	3.00	8.81
2013	297.44	45.19	145.17	0.67	35.58	58.40	2.96	9.50
2014	300.44	50.34	146.80	0.66	32.95	58.73	2.19	8.82
2015	307.45	49.84	152.80	0.63	31.00	59.47	2.82	10.87
2016	316.60	46.25	163.39	0.72	31.73	61.13	3.12	10.25
2017	328.90	47.70	168.54	1.13	33.26	62.45	3.49	12.36
2018	332.76	46.36	167.07	2.10	35.72	64.71	3.83	13.03

9.5.3　煤炭清洁利用总体成效

清洁、高效、低碳是煤炭利用的发展趋势。与 OECD 的其他国家相比，韩国的碳排放量较高。煤炭是韩国第二大能源，改善煤炭终端消费质量、发展洁净煤技术是推动韩国低碳绿色发展的现实选择。

30 年来，韩国通过转化终端能源消费结构，特别是改善煤炭的终端消费，实现消费向用电、热电联供和集中供热的转变并同时发展煤炭的深加工，取得了不俗的成绩。2018 年，韩国煤炭终端消

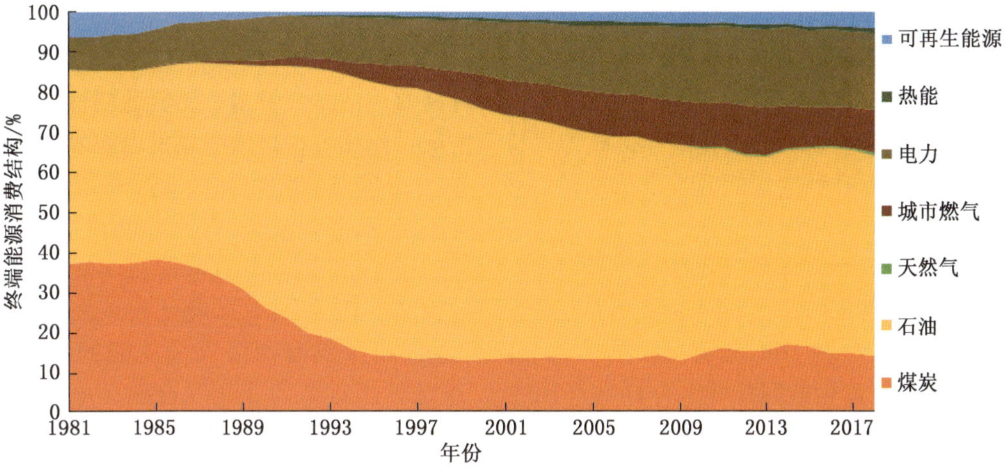

图 2-9-26 韩国终端能源消费结构

费量 46.36 Mtce、占煤炭消费总量的比重为 36.76%，比 1998 年的 25.73 Mtce 和 49.91% 增长 80.2% 和下降 13.15 个百分点，比 2008 年的 37.01 Mtce 和 39.15% 增长 25.3% 和下降 2.39 个百分点。尽管将煤炭直接作为燃料、动力的终端消费量有所上涨，但煤炭终端消费占煤炭总消费的比重却有明显下降，这主要归功于韩国煤炭发电、电厂供热、选煤和型煤加工的煤炭消费大幅增长。煤炭终端消费结构的改善标志着韩国煤炭清洁利用总体取得了明显成效（图 2-9-27）。

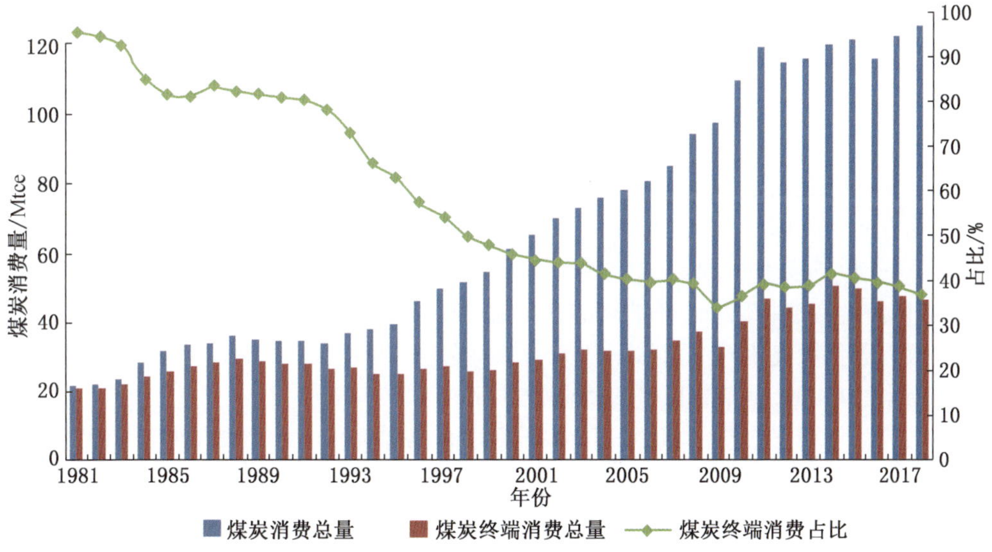

资料来源：Energy Info. Korea 2019

图 2-9-27 韩国煤炭终端消费变化趋势

9.5.4 煤炭清洁利用技术研发与应用

为大力发展低碳绿色经济、减少碳排放量，韩国政府积极鼓励洁净煤利用技术的研发与应用，贸易、工业和能源部以及科学技术部向从事洁净煤技术的研究机构和大学提供了大力资助。韩国煤炭清洁利用技术主要是纳入国家《绿色能源产业发展战略》的整体煤气化联合循环发电系统（IGCC），此外还包括加压流化床燃烧、粉煤灰利用、燃烧后处理等项目。

煤气化联合循环发电系统（IGCC）是把环境友好的煤气化技术和高效的燃气蒸汽联合循环发电技术相结合，实现了煤炭资源的高效、洁净利用，具有高效、洁净、节水、燃料适应性广、易于实现多联产等优点，并且与未来二氧化碳零排放等可持续发展目标相容，是洁净煤发电技术的重要发展方向。韩国将此技术提升到国家能源发展战略的高度，纳入国家《绿色能源产业发展战略》的九大重点领域低碳绿色能源优先发展的项目之一。2012 年，韩国西部电力公司（KOWEPO）运用通用电气技术在韩国建设了首个整体煤气化联合循环（IGCC）发电厂，含有 300 MW 清洁煤炭设施，对推动其低碳减排发挥了重要作用，同时也保证了电力供应的需求。此外，GE 公司还向该发电厂提供了一台 7F 合成气涡轮，一台 D11 汽轮机，热回收蒸汽发生器以及具有网络安全功能的集成控制系统（ICS），根据韩国可再生能源投资组合标准（RPS），这是韩国首个商业化联合循环电厂。2015 年 1 月，韩国浦项集团（POSCO Group）煤制合成气（SNG）项目正式投产，该装置每年气化大约 1.80 Mt 煤、生产 0.5 Mt（700 MNm^3）管道级质量的合成天然气；该项目采用 E－Gas 煤气化技术，每天消耗约 5500 吨次烟煤和石油焦混合制气，其中石油焦质量分数高达 20% 。作为韩国第一个煤炭转化清洁燃料项目，该项目的成功为浦项进一步拓展海外煤炭转化业务、弥补韩国本土能源供应的不足做了应有的贡献。

流化床气化方面，韩国研发了恩德炉煤气化技术，是根据韩国本土条件，对德国温克勒流化床气化技术进行改良后得出的技术类型。该技术对煤源无严格要求，气化温度高，气化过程污染少，对废热可充分利用，气化效果好，蒸汽品质高，具有极高的推广和应用价值。恩德炉煤气化技术主要用于生产氮、甲醇合成气和 4180～10000 kJ/Nm^3 燃料气，运行多年。该技术有如下特点：

（1）气化强度大，最大单炉产气量基本超过 40000 Nm^3/h。

（2）煤源丰富价廉，适用于多种煤源，可大大提高煤炭资源利用率。

（3）气化温度高，各处温度基本维持在 900～950 ℃之间，煤气中有害物质少。

（4）废热利用率高，蒸汽品质高，恩德炉废热能利用回收，自产蒸汽量大，每万立方米煤气可产 5.5 t 蒸汽（P＝0.6 MPa）。

（5）适用性和可靠性好，气化炉运行负荷可以在 60% ～110% 的范围内自主调节。

粉煤灰利用方面，韩国德山机工以 TANJIA－93 型成型机为主机的粉煤灰砌块生产线在龙口发电厂已生产多年，该生产线生产的标准砌块，粉煤灰使用率达 80% 以上，产出的砌块抗压强度达 6 MPa。该技术目前生产的粉煤灰已作为建筑材料在韩国应用，一定程度上促进了环保、节约了成本。此外，韩国还致力于从燃烧废气中消除 SO_x、NO_x 和煤灰，发展二次燃烧处理技术，已达到高效烟气脱硫、脱硝和除尘的目的，目前也已进入商业化进程。

此外，韩国近几年在煤炭清洁利用的技术研发方面也加强了与中国的合作。2017 年，重庆大学与韩国浦项钢铁（POSCO）、浦项工大钢铁大学院、重庆钢铁（集团）有限责任公司成立“联合煤炭研究中心”。该中心以我国煤炭资源的发展战略为导向，旨在建立共研、共建、共享的一流国际文化煤炭研究中心，重点研发 COREX、FINEX 两项炼铁革新技术，以推动实现普通煤在炼铁生产中的应用，优化钢铁生产过程中的能源结构，“联合煤炭研究中心”对研究我国西南地区煤炭资源的分布、特性，建立相应的煤炭经济利用数据库，指导焦煤炼焦及型煤研制，以满足高炉生产所需要的焦炭和 FINEX 生产所需要的型煤具有一定的促进意义。

9.6　韩国煤炭利用对我国煤炭工业的启示

韩国煤炭发展历程对我国煤炭工业也有很好的启示，特别是在煤矿淘汰退出、海外煤炭资源开发以及煤炭清洁利用等方面。

9.6.1 煤矿退出的启示

尽管中韩两国的煤炭工业发展模式有所不同，但在煤矿淘汰退出的力度方面却很相似，韩国煤矿从最多时20世纪70年代的350处锐减至现在的5处，而我国煤矿由20世纪90年代最多时的80000多处锐减至目前的5600处左右。主要启示有：

（1）健全煤矿关闭方面的政策法规。关闭的煤矿企业必须采取相应措施规避可能存在的地表塌陷、有害气体逸散等风险，等地方政府批准后方可关闭。

（2）建立完善的煤矿关闭技术规范。进一步完善煤矿关闭程序和技术要求，提高煤矿关闭标准，防止报废矿井周边地区出现生活用水污染和有害气体泄漏等问题发生，加大残余瓦斯开发利用。

（3）加大对关闭矿井的扶持力度。对淘汰落后产能重点地区设立专项资金，通过向矿主、矿工提供赠款支持矿井关闭，通过贷款的形式推动矿井关闭后转产项目的启动，以支持其转产。

（4）重视引导老矿区经济转型及矿工再就业。加大对煤矿关闭地区在土地、环保和招商引资方面的扶持力度，注重煤矿塌陷区综合治理，改善人居环境，为失业矿工提供再就业技能培训机会，实现煤矿关闭地区的经济转型和平稳过渡。

9.6.2 海外煤炭资源开发的启示

韩国的海外煤炭资源开发对我国煤炭甚至矿产资源实施“走出去”战略也有积极的启示。对于韩国这种煤炭资源进口型国家，对外依赖程度的增加和进口方式的单一化，使国家经济建设急需的战略性矿产资源的安全稳定供应存在明显的风险，影响其资源安全。我国作为发展中国家，正处于大量消耗能源资源支撑经济高速增长的时期，不可能完全依靠本国资源和市场实现国家的现代化，必须参与全球资源配置。特别是煤炭资源，要在立足国内的同时，实施“走出去”战略，寻求和建立境外稳定的煤炭资源供应基地，为维护我国能源资源安全、保障我国国民经济可持续发展提供保障。韩国实施海外煤炭及矿产资源战略的成功经验对我国有以下几点启示。

（1）建立专门管理机构，制定长期规划目标及相关政策。建立相关专门组织管理机构，加强对海外煤炭资源开发的支持力度，引导和监督国内企业实施国外煤炭及其他矿产资源开发，并且，根据国民经济发展需要和我国国情、矿情，制定利用国内外煤炭资源的中长期规划目标和相关产业政策，对国外煤炭资源风险勘查开发活动加以组织、指导、协调和服务。

（2）加强和完善对海外煤炭资源开发的经济援助制度。韩国从20世纪70年代初开始就积累了很多有关海外资源开发的经验，而我国在这方面起步较晚、财力薄弱，很难做出具有长远眼光的投资决策。因此，为提高我国国内企业在国外煤炭资源开发领域的国际竞争力，需要建立健全各种补贴、金融、税制、保险制度，并制定鼓励政策，支持有条件的企业到国外去进行煤炭资源勘查和开发。

（3）加强煤炭资源信息的收集及服务职能。建立包括煤炭开发项目相关信息以及拟投资国的税制等内容的投资综合信息系统，同时建立能发挥新技术开发、人才培养、信息服务等综合作用的煤炭资源开发综合技术部门，为国内企业的“走出去”提供全方位服务。

（4）积极开展资源外交战略，加强与煤炭资源所在国之间的合作。充分利用市场优势和国际投资环境，积极开展资源外交战略，与世界主要产煤国家建立良好的政府关系，争取签订政府间的煤炭资源勘查开发合作与贸易协议，并运用包括外交手段在内的政治经济措施，保障我国境外企业合法权益。通过大力推行政府贴息贷款这一国际上通行的援外方式，帮助受援国建设当地煤炭生产项目，将援外与投资贸易结合起来，推动我国企业同受援国企业长期合作。

（5）设立境外煤炭及其他矿产资源风险勘查开发专项资金或基金。主要用于扶持企业进行符合国家产业政策的境外矿产资源勘查开发活动，建立资源战略储备。

9.6.3 煤炭清洁利用的启示

韩国在低碳绿色发展的大背景下，煤炭清洁利用取得不俗的成效。其中将整体煤气化联合循环发电系统（IGCC）等煤炭清洁利用技术纳入国家绿色能源产业发展战略等一系列措施对我国煤炭清洁利用也有一定的借鉴意义。

（1）全面贯彻绿色发展理念。将节约能源、降低能耗、减少污染、增加能效的基本思想贯穿煤炭开采、加工转换和利用整个过程。

（2）限制劣质煤生产和利用，通过干燥、热解等提升低阶煤品质，扩大其应用范围。

（3）严禁高硫、高灰煤直接燃烧，加大原煤分选比例，提升先进的选煤技术比例，实现选煤技术大型化、自动化和机电一体化，降低灰分、硫分，提高煤炭资源的综合利用效率和煤炭利用的环境效益。

（4）淘汰落后小火电，发展大容量、高参数发电机组和 IGCC 机组，研发大型化、高压化、热效率高、煤种适应性宽的煤气化技术，发展燃煤发电机组的烟气净化技术，加强转化环节的污染物回收利用技术。

第3篇　欧洲地区煤炭生产开发与消费利用

1 俄罗斯煤炭工业

俄罗斯地处欧亚大陆，是世界上国土面积最大的国家，丰富的能源资源是俄罗斯国民经济社会发展的重要基础，能源行业长期以来在俄罗斯国家经济中发挥核心作用。2019 年能源行业贡献俄罗斯 GDP 的 25%，投资的 1/4，财政收入的 40%，出口的 62.1%。煤炭是俄罗斯重要的能源，其生产和消费比重均位于天然气和石油之后，位于第三位。煤炭工业是支撑国民经济社会发展的重要行业之一，进入新世纪以来煤炭产量持续增长，在提供国内就业岗位、促进国民经济和地区经济发展方面做出了重要贡献。能源强国战略的推行促使煤炭出口量也呈现明显上升趋势，在国际市场上的竞争力有所增强。未来在新能源发展和天然气开发力度加大，以及环境约束和应对气候变化的共同作用下，煤炭对于经济的贡献进一步减小，但总体产值和对财政纳税额将持续增加，总体来看未来煤炭在俄罗斯能源系统中的作用依然重要。

俄罗斯的煤炭资源非常丰富，煤种齐全，煤质较好，截至 2019 年底，俄罗斯煤炭探明储量占全球储量的 15.2%，位居第二位，仅次于美国。在已探明的煤炭储量中，褐煤储量占一半以上（53%），硬煤储量占 44%。大约 40% 的硬煤适合炼焦，其储量近 50000 Mt。但煤炭储量分布不平衡，主要集中在西伯利亚地区和远东地区，其中库兹巴斯煤田的煤炭产量约占俄罗斯煤炭总产量的 60%。近年来根据国际煤炭市场需求，有针对性地加大了露天开采的焦煤资源和北极地区的勘探开发工作力度。

俄罗斯煤炭开采以露天开采为主，2019 年露天开采比例为 79%。自 1993 年工业改革开始，大量井工煤矿关闭，井工煤矿数量持续减少。但随着俄罗斯扩大出口战略的实施，俄罗斯的煤炭产量快速上升，在全球煤炭产量中的份额也越来越大，2019 年煤炭产量为 441 Mt，是世界第六大煤炭生产国。未来会根据市场需求进一步扩大煤炭尤其是优质焦煤的产量，并重点针对亚太地区，开发新的煤炭供应中心，大力发展东西伯利亚地区及远东地区，北极地区也将有所开发。

从国内市场来看，俄罗斯的煤炭消费总体呈现下降趋势，且受国际和国内环境的影响，未来俄罗斯国内的煤炭消费量会进一步下降。从国际市场来看，俄罗斯煤炭出口量上升明显，在国际市场上的份额增长明显。2019 年出口总量达到 210 Mt，占世界总份额的 14%，居澳大利亚、印尼之后，是世界第三大煤炭出口国。预计煤炭在国际上的份额将进一步增大，煤炭市场进一步从欧洲转向亚太市场。同时能源出口多元化的政策导向促使中东、非洲地区的煤炭出口也有所增加。

长期以来，煤炭行业一直是俄罗斯事故多发的行业，近年来政府在煤矿安全生产方面采取了一系列措施，促使俄罗斯的煤矿安全生产状况有了明显好转，2019 年共死亡 15 人，煤矿百万吨死亡率为 0.034，达到历史最好水平。但由于井工煤矿煤层赋存条件复杂和近年来大型瓦斯突出矿井的持续开发，重特大瓦斯事故仍时有发生。未来随着煤矿自动化、智能化的进一步发展，俄罗斯的安全生产情况会进一步好转。

以露天开采为主的煤矿开采特点和煤炭开采量快速上升，使俄罗斯近年来的煤矿区环境发生了恶化，局部的环境污染正逐渐转变成区域性污染。俄罗斯重视煤炭工业的环境安全问题，一方面加强环境监管，另一方面注重引进和发展环境保护、资源合理开发与利用等先进技术，减少环境负面影响，并对提高商品煤质量、建立煤炭深加工高科技示范项目、获得高附加值煤炭产品等重点领域进行了中长期规划。

俄罗斯是世界上科技实力雄厚的国家之一，但目前的整体科技发展水平仍未恢复到苏联时期的水平。煤炭科技的研发投入以政府为主，重视对煤炭青年科技人才的激励和培养，煤机装备（包括煤炭开采设备、煤炭运输设备、煤炭加工设备等）主要依靠进口。未来煤炭工业的技术发展重点在于通过发展煤炭开采、加工和运输环节的自动化和智能化技术，进一步提高劳动生产率，改善商品煤质量，获得高附加值的煤炭产品，进一步提高俄罗斯煤炭在国际市场上的竞争力，并减少对煤炭进口技术装备的依赖。

俄罗斯的煤炭行业主要由十几家大型煤炭和冶金控股公司主导，其中西伯利亚能源股份公司是俄罗斯最大的煤炭生产商，世界排名第十位，2019 年的煤炭总产量为 106.2 Mt。煤炭产量排名前五位的公司分别为西伯利亚煤炭能源股份公司（SUEK）、乌拉尔采矿冶金公司、西伯利亚实业联盟煤炭股份公司、欧洲钢铁工业集团（Evraz Group S. A.）和米切尔矿业公司，贡献了国内 50% 以上的产量。

全球气候变化和环境保护造成的煤炭消耗减少，可再生能源和天然气在能源平衡中的份额增加，这是包括俄罗斯在内的世界煤炭工业都面临的系统性问题。除此之外，俄罗斯煤炭工业还存在煤炭行业高素质科技人才匮乏、煤机装备和配件高度依赖进口、煤炭行业投资减少、煤炭运输成本高、基础设施较为落后、煤矿区环境出现恶化、煤矿安全生产形势不容乐观及部分煤炭产区过度依赖出口供应等问题。

根据《俄罗斯 2035 煤炭工业发展规划》的情景分析预测，预计到 2035 年俄罗斯的煤炭产量可能会增至 485 Mt，乐观情景下将增至 680 Mt。未来为确保煤炭生产更加接近消费的地区，并加强俄罗斯在亚太地区市场中的地位，预计远东地区和东西伯利亚地区的煤炭生产份额会逐步增加，两地区的产量未来总占比从 2018 年的 35% 增加至 45%～50%。而随着俄罗斯战略东移和扩大能源出口政策的持续推行，出口量也会继续增大。预测煤炭出口在世界煤炭市场中的份额到 2030 年将达到 22.4%，到 2045 年将达到 25%，超过印尼成为第二大出口国。主要发展方向有：发展新的煤炭工业原料基地，提高煤炭质量，进一步扩大煤炭出口，通过加强煤矿智能化、数字化转型发展提高生产效率，加强煤矿安全生产和矿区环境保护，加强铁路、港口等基础设施升级改造，以及完善煤炭科技人才培养体系等。但俄罗斯煤炭出口供应到亚太市场的数量能否取得实际增长，主要取决于煤炭总体的生产能力、煤炭质量、煤炭价格，以及运输通道和基础设施建设的完善程度等。

1.1　煤炭在能源系统中的地位与作用

能源尤其是石油天然气工业长期以来在俄罗斯国民经济中发挥核心作用。煤炭是俄罗斯重要的能源，其生产和消费比重均位于天然气和石油之后，处于第三位。煤炭工业是支撑国民经济社会发展的重要行业之一，在提供就业岗位、促进国民经济和地区经济发展方面做出了重要贡献。

1.1.1　经济社会发展

俄罗斯是世界经济大国之一，矿产资源丰富是其经济社会发展的重要基础。由于受到 2008 年世界经济危机和 2013 年开始的欧美经济制裁的影响，国内经济起伏较大，近年来才逐渐摆脱经济衰退。能源出口成为俄罗斯推动国内经济增长、参与世界经济体系、维护地缘政治影响、改善政治环境的重要战略手段。

（1）地理位置与行政区划。俄罗斯位于欧亚大陆北部，地跨欧亚两大洲，北邻北冰洋，东濒太平洋，西接大西洋，西北临波罗的海、芬兰湾，国土面积 17.0982×10^6 km^2，是世界上国土面积最大的国家。俄罗斯气候复杂多样，总体属于北半球温带和亚寒带的大陆性气候，大部分地区冬季漫长寒冷，夏季短暂温暖，春秋两季很短。俄罗斯森林覆盖面积 11.26×10^6 km^2，占国土面积的 65.8%，居世界第一位。俄罗斯按照地理区域划分为 8 个联邦管区（中央区、西北区、南部区、北高加索区、伏尔加河沿岸区、乌拉尔区、西伯利亚区和远东区），是俄罗斯的最高行政区划单位，联邦管区以下为联邦主体，现有 85 个联邦主体，包括 22 个共和国、9 个边疆区、46 个州、3 个联邦直辖市、1 个自治州、4 个民族自治区。人口数量为 1.448 亿人，人口数量超过 100 万人的城市有 15 座，人口数量为 50 万～100 万人的城市有 22 座，人口数量为 10 万～50 万人的城市有 134 座。

（2）自然资源。俄罗斯的自然资源十分丰富，种类多，储量大，自给程度高。矿业是其经济社会发展的重要基础，其中铁矿石蕴藏量 65 Gt，约占世界总量的 40%，居世界第一位，有色金属矿产资源品种齐全。根据俄国家矿物资源委员会数据，镍矿储量约达 17.4 Mt，占世界探明储量的 30%，居世界第一位；锌矿的探明储量达 60.3 Mt，约占世界总储量的 9%，居世界第 2 位；铝土矿表面储量超过 400 Mt，居世界第二位。铜矿、铅矿的探明储量分别达 92.7 Mt、12.6 Mt，分别约占世界总储量的 10%、6%；黄金储量居世界第三位。铀蕴藏量居世界第七位。化石能源的储量也都居于世界前列。2019 年俄罗斯的石油、天然气和煤炭的探明储量分别为 14.7 Gt、38.0×10^{12} m^3 和 162.2 Gt，占世界石油、天然气和煤炭总探明储量的 6.2%、19.1% 和 15.2%，其中天然气的探明储量居世界首位，煤炭和石油的探明储量分别位于第二位和第六位。

（3）宏观经济。俄罗斯是经济大国之一，在苏联时期曾是世界第二经济强国。1991 年苏联解体后，经济一度严重衰退，当年 GDP 总量约 5180 亿美元，只约占世界 GDP 总量的 2.2%，之后持续下降，到 1999 年俄罗斯的 GDP 只占世界 GDP 总量的 0.6%。进入新世纪以来，俄罗斯经济快速发展，在世界经济总量中的份额也稳步上升。2008 年国际金融危机过后，俄罗斯的国民经济发展继续保持明显的增速。2014 年，由于克里米亚地区局势变化，俄罗斯的能源、军工、银行等行业都受到欧美国家的制裁，经济发展受到很大影响。国际原油价格快速下行并持续低迷，让俄罗斯的经济形势"雪上加霜"。在此背景下，俄罗斯加速部署战略东移，开发远东及西伯利亚地区，并积极发展与亚太国家的关系，取得了较为明显的成效。2019 年 GDP 达到 109.362 万亿卢布（按年均汇率 1 美元 = 64.33 卢布计算，约 17000 亿美元），由于人口总量变化不大，俄罗斯人均 GDP 水平与 GDP 变化规律保持一致，2019 年俄罗斯人均 GDP 约为 11775 美元。1990—2019 年俄罗斯的 GDP 变化趋势如图 3-1-1 所示。2014—2019 年俄罗斯宏观经济统计（按现行价格）见表 3-1-1。

（4）重点产业。目前，俄罗斯在世界上以"三大"著称，即能源大国、科技大国和核大国，其基础研究、军工和宇航技术在世界上处于领先地位，能源尤其是石油天然气工业长期以来在俄罗斯国

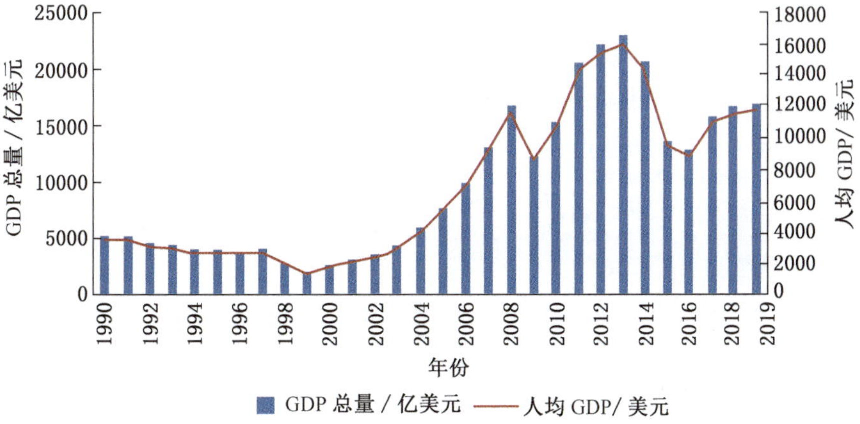

图 3-1-1 1990—2019 年俄罗斯的 GDP 变化趋势

表3-1-1 2014—2019年俄罗斯宏观经济统计（按现行价格）

年 份	GDP/万亿卢布	GDP增长率/%	人均GDP/万卢布
2014	79.0585	0.7	54.12
2015	83.0943	-2.3	56.76
2016	86.0142	0.3	58.64
2017	92.1013	1.6	62.72
2018	103.6266	2.3	70.75
2019	109.362	1.3	74.51

民经济中发挥核心作用。自2000年普京执政以来，俄罗斯一直奉行能源强国战略，即充分利用俄罗斯能源资源大国的优势，立足全球和长远谋划战略，将其转化为经济发展的动力和国际影响力，从而维护国家战略利益。依托分别位居世界第一位、第二位和第六位的天然气、煤炭和石油资源储量，能源出口成为俄罗斯推动国内经济增长、参与世界经济体系、维护地缘政治影响、改善政治环境的重要战略手段。根据俄罗斯统计局的数据，2019年能源行业贡献占俄罗斯GDP的25%、投资的1/4、财政收入的40%、出口的62.1%。

1.1.2 能源与应对气候变化

俄罗斯能源生产总量的接近一半用于出口，其中化石能源的生产总量约占95%。天然气消费量占国内能源消费总量的一半以上。可再生能源发展相对滞后，水电是最主要的可再生能源发电来源。俄罗斯目前已经签署了《巴黎协定》，制定了《到2050年的温室气体长期低排放发展战略》。温室气体排放总量在20世纪90年代初期达到最高峰，近20年来维持在较为稳定的水平。

（1）新世纪全球能源需求增长促进俄罗斯的能源生产和一次能源供应总量逐渐加大。20世纪90年代，俄罗斯的能源生产总量呈现逐渐下降的趋势。进入新世纪以来，俄罗斯的能源生产总量逐渐加大，至2018年达到2122.3 Mtce，比1990年上升了14.8%，约占世界能源生产总量的10.3%。其中化石能源的生产总量约占95%，天然气、原油和煤炭的生产总量分别占41%、38%和16%。接近一半的能源生产总量用于出口，能源进口量很少，一次能源供应总量为1085.8 Mtce。1990—2018年俄罗斯能源生产总量变化趋势如图3-1-2所示。

（2）近30年来一次能源消费总量下降了16.8%。受苏联解体的影响，从20世纪90年代初开始，俄罗斯的一次能源消费总量一直呈现下降趋势。进入新世纪以来，俄罗斯的能源消费总量稳中有升。2019年，俄罗斯的一次能源消费总量为1018.8 Mtce（图3-1-3），位于中国、美国、印度之后排名第四位。但一次能源消费总量在世界一次能源消费中的份额持续减少，从1990年的10.6%下降到2019年的5.1%。人均能源消费量为7.15 tce，是世界平均水平的2.5倍，约为中国的2倍。2018年一次能源消费增长速度为3.8%，高于世界一次能源消费平均增速的0.9%，对于世界能源消费增长的贡献率约占7%（图3-1-4）。

（3）水电是最主要的可再生能源发电来源，可再生能源发电装机容量增长缓慢。截止到2020年1月1日，俄罗斯装机容量5 MW以上的发电站总计846座，总装机容量246.3 GW。其中水电装机容量约占俄罗斯发电装机总量的20%，占可再生能源发电装机总容量的98%。从发展速度来看，近年来受资源禀赋、世界能源价格下降、经济发展缓慢等因素的影响，俄罗斯可再生能源发电装机容量增长缓慢，其增速低于世界平均增速，太阳能光伏发电和风电发展相对较快。虽然水电在俄罗斯可再生能源发电中的占比较大，但是与俄罗斯国土蕴含的巨大水电潜能相比，目前的开发程度仍然较低，仅

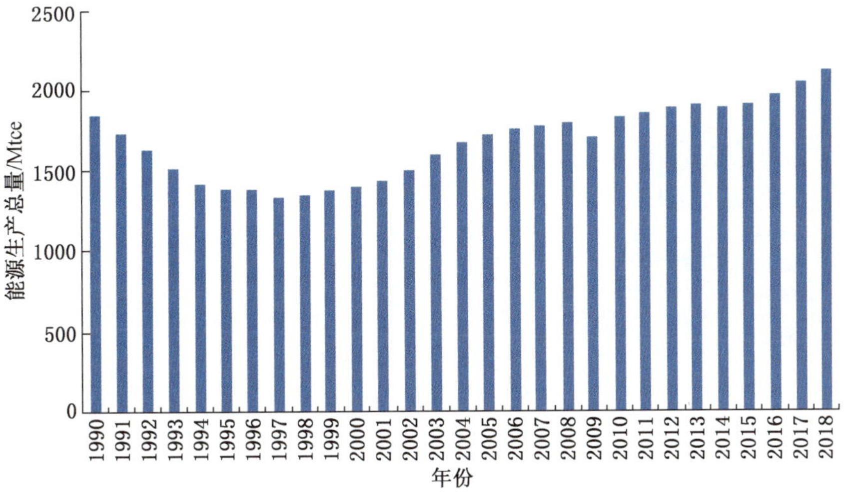

图 3-1-2 1990—2018 年俄罗斯能源生产总量变化趋势

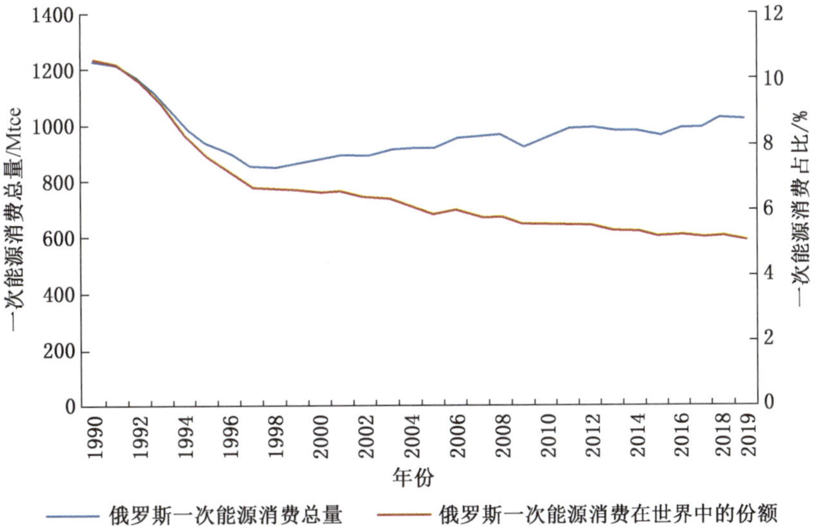

图 3-1-3 1990—2019 年俄罗斯的一次能源消费总量及份额变化趋势

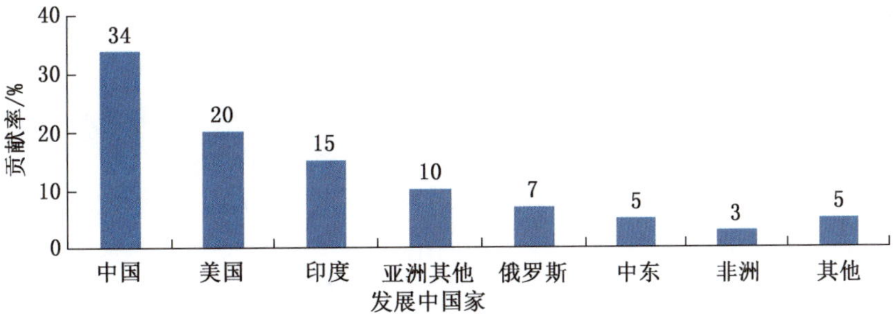

图 3-1-4 2018 年各国对一次能源消费增长的贡献率

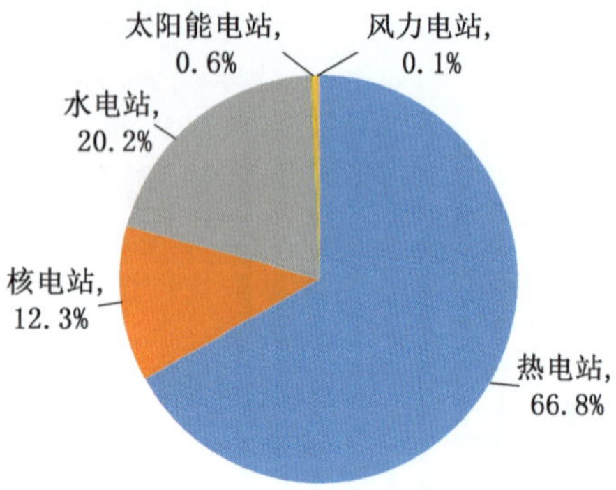

图3-1-5　2019年俄罗斯发电装机结构

开发了约1/4的水电资源，其余未开发的水电资源主要位于西伯利亚地区和远东地区，这些地区人口密度低，电力需求低，不具备水电开发的经济可行性。2019年俄罗斯发电装机结构如图3-1-5所示。

（4）温室气体排放总量在20世纪90年代初期达到最高峰。应对气候变化和加强环境保护是俄罗斯的国家战略和优先考虑事项，提高能效是俄罗斯应对气候变化的总体战略性安排，节能是俄罗斯减少温室气体排放的有效手段和保障经济增长的有效途径之一。目前俄罗斯已经签署了《巴黎协定》，制定了《到2050年的温室气体长期低排放发展战略》。根据BP的统计，1990年俄罗斯的CO_2排放总量为220 Mt，之后逐渐下降，近20年来维持在较为稳定的水平。2019年俄罗斯的CO_2排放总量约占世界排放总量的4.5%，比1990年下降了约30%。若考虑森林吸收效应，下降幅度约为50%。截止到2017年底，电力行业的温室气体排放量比2008年减少了15.6%，石油工业减少了13%，天然气工业减少了15.9%。根据《俄罗斯2035能源发展战略》，预计2024年俄罗斯的温室气体总排放量不超过1990年水平的75%（考虑森林吸收效应），到2035年排放量维持在2024年的水平。1985—2019年俄罗斯温室气体排放量变化趋势如图3-1-6所示。

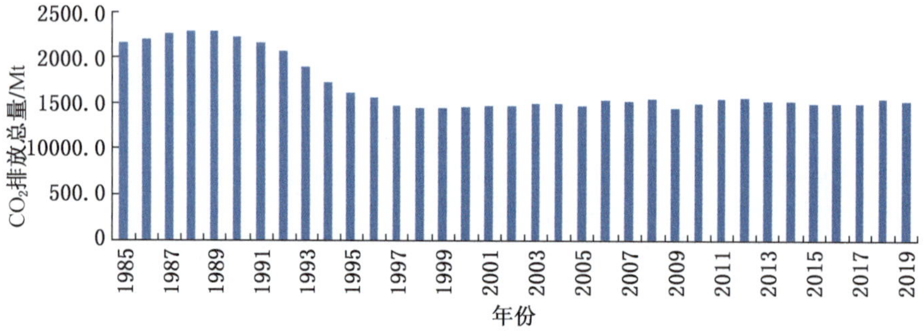

图3-1-6　1985—2019年俄罗斯温室气体排放量变化趋势

1.1.3　煤炭在能源与经济社会发展中的地位

目前俄罗斯的一次能源消费以天然气为主，占能源消费总量的一半以上。煤炭消费位于天然气、石油之后，位于第三位，且近年来煤炭生产和消费比重呈现下降趋势，但煤炭仍是俄罗斯的重要能源。煤炭产业在提供就业岗位、促进国民经济和地区经济发展方面做出了重要贡献。

（1）煤炭在一次能源生产中的占比不断减小，目前只占石油和天然气的2/5。十月革命后直到20世纪50年代初，苏联的能源政策都是优先发展煤炭，煤炭一度成为最重要的能源。1950年煤炭在能源产量构成中的占比为77.2%，稳居首位。20世纪50—70年代中期，苏联的能源政策转变为优先发展石油和天然气，1963年油气产量占比之和超过煤炭占比，为50.1%。之后石油和天然气生产一直处于领先地位，煤炭生产的比重不断下降，至20世纪80年代初，煤炭在能源生产中的比重已跌至20%。目前煤炭在能源生产中的比重降为16%，天然气和石油生产总量占比分别为41%和38%。

(2) 煤炭在一次能源消费结构中的比重持续下降，近30年来下降幅度为9%。从20世纪50年代开始，俄罗斯国内扩大了石油和天然气消费，许多耗能产业对于能源的需求迅速以油气取代煤炭，消费结构也随之发生较大变化，油气的消费比重急剧上升，而煤炭的消费比重不断下降。目前俄罗斯的一次能源消费以天然气为主，占能源消费总量的一半以上。煤炭消费位于天然气、石油之后，位于第三位。近30年来煤炭在一次能源消费结构中的比重总体呈现下降趋势，由1990年的21.2%下降到2019年的12.3%。1990—2019年煤炭在一次能源消费结构中的变化如图3-1-7所示。

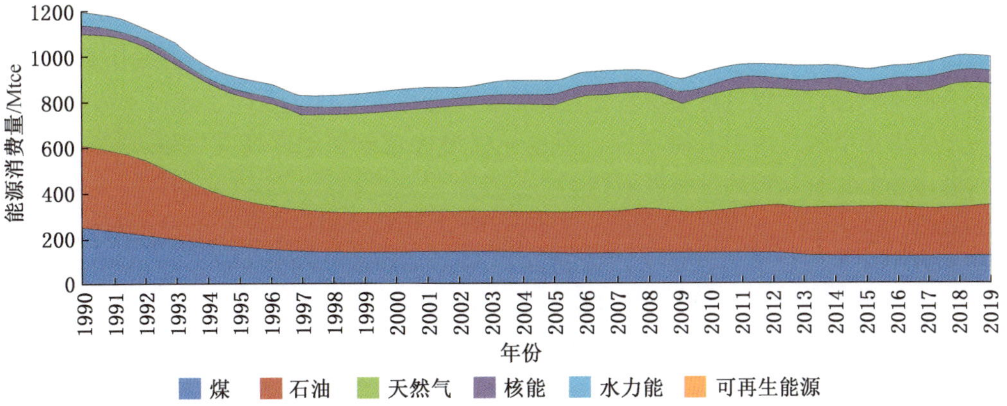

图3-1-7 1990—2019年煤炭在一次能源消费结构中的变化

(3) 煤炭工业在提供就业岗位、促进国民经济和地区经济发展方面做出了重要贡献。1990年煤炭开采业对GDP的贡献率为0.57%，由于1991年苏联解体，全国经济遭到严重破坏，俄罗斯失去了乌克兰境内顿巴斯和卡拉干达两大矿区，煤炭产量锐减，煤炭工业亏损严重，大量煤矿工人失业，煤炭开采业对经济的贡献率也开始下降，到1994年降至历史最低点，对于GDP的贡献率只有0.15%。近30年来，煤炭开采业对经济的贡献率在0.15%~1.36%之间波动，2008年达到历史最高点。2019年煤炭开采业对GDP的贡献为0.61%。煤炭工业目前约有15万名工人，提供50万个煤炭相关行业的工作岗位。1990—2019年俄罗斯煤炭开采业对GDP的贡献率变化趋势如图3-1-8所示。

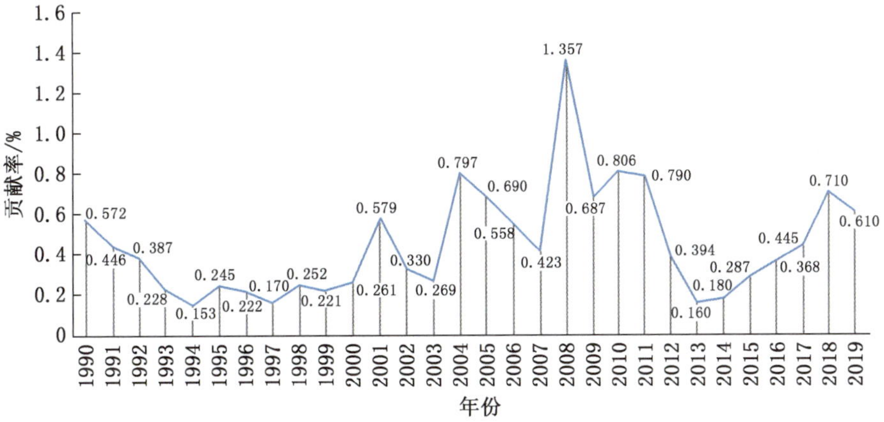

图3-1-8 1990—2019年俄罗斯煤炭开采业对GDP的贡献率变化趋势

1.2　煤炭工业发展现状与前景

俄罗斯的矿业管理实行中央与地方分级分权管理制度，共有联邦级、联邦主体级、地方级三级矿产资源管理机构，相关的政策法规体系涉及煤炭资源开发、煤矿安全生产、煤矿区环境管理等各个方面。近年来煤炭工业发展迅速，煤炭产量和出口量呈现明显上升趋势，在国际市场中的竞争力增强。未来在新能源发展和天然气开发力度加大，以及环境约束和应对气候变化的共同作用下，煤炭对于经济的贡献进一步减小，但总体来说未来煤炭在俄罗斯能源系统中的地位依然重要。

1.2.1　发展现状

俄罗斯煤炭工业从 1721 年发现顿涅茨克煤田开始，距今已有近 300 年的开采历史。1993 年俄罗斯煤炭工业全面改革，目前煤炭行业重组一揽子措施接近尾声。煤炭生产总量和出口量都呈现明显上升趋势，在国际市场中的竞争力有所增强。但也存在煤机装备和配件高度依赖进口、煤炭运输成本高、铁路和港口等配套基础设施落后等问题。

1. 发展历程

（1）煤炭开采历史。俄罗斯煤炭工业从 1721 年发现顿涅茨克煤田开始，已经有近 300 年的开采历史。19 世纪中叶前，俄罗斯煤炭工业的规模不大，煤炭产量只有几千吨。从 19 世纪 60 年代开始，煤炭产量成倍提高。卫国战争（1941—1945 年）后，苏联的煤炭工业进入了全新的发展阶段。通过新建矿井、老矿改造、更新装备、采用新工艺等多种方式，加速发展露天采煤，到 1988 年苏联的煤炭产量高达 425.4 Mt，采煤综合机械化程度 81.8%，巷道掘进机械化程度 84%。

（2）煤炭工业改革过程。1991 年苏联解体，使俄罗斯经济陷入困境，煤矿建设和现有矿井技术改造停滞，技术装备缺乏，煤炭产量锐减，煤炭工业亏损严重，促使煤炭工业于 1993 年开始全面改革。改革的目标是建立具有竞争力的煤炭企业，以保证在减少国家财政负担的情况下满足国民经济用煤的需要，从根本上改善煤矿的安全状况，提高矿工的生活水平和社会保障程度。1994—1997 年对严重亏损和开采条件恶劣、安全生产条件差的矿井进行了集中关闭，井工矿数量迅速减少，从 1994 年的 229 个锐减至 1998 年的 122 个。政府采取了财政补贴、价格和税收调控等一系列扶持措施，并对新组建的大型煤炭企业进行技术改造，试图加大生产规模，提高生产效率，降低煤炭行业结构转型带来的社会和环境影响，促使煤炭企业进入良性发展轨道。1998—2004 年基本完成了营利性生产的货币私有化过程。随着改革的逐步深入和国家宏观经济形势的好转，在国际原材料和能源需求迅速增长的驱动下，俄罗斯的煤炭产量快速上升，煤炭行业成为支撑经济社会发展的重要行业之一。煤炭行业的战略发展重点开始由完成行业改组向促进公私经营伙伴关系、提高行业竞争力方向转移。关注重点包括：煤炭行业对于国内生产总值贡献的增长，煤炭产品多样化和商品煤质量的提高，铁路和港口的基础设施建设发展，以及采矿安全和环境保护问题等。

（3）煤炭行业重组收尾。目前俄罗斯的煤炭行业重组一揽子措施已经接近尾声，煤炭行业成为俄罗斯能源系统中唯一完全由私人资本掌控的行业，有超过 180 个私有企业集团经营着俄罗斯的煤矿。但为了解决煤炭行业重组过程中产生的社会问题，根据俄罗斯最新发布的《到 2024 年的国家能源发展计划》，政府每年仍有大量财政预算支出，用于解决关闭矿区居民的房屋安置问题。2020 年投入最多，财政拨款 47.2 亿卢布，之后逐年减少，到 2024 年预计财政拨款 32.7 亿卢布，见表 3-1-2。

表 3-1-2　2016—2024 年俄罗斯用于煤炭工业重组的财政预算支出　　亿卢布

年份	2016	2017	2018	2019	2020	2021	2022	2023	2024
支出	34.2	31.4	28.5	46.0	47.2	46.5	46.4	39.2	32.7

注：2019—2024 年为计划数。

2. 发展成果

（1）煤炭国际竞争力有所增强，成为世界第三大煤炭出口国。2019 年俄罗斯煤炭出口量接近 220 Mt，约占煤炭总产量的一半，排在世界第三位，仅次于印尼和澳大利亚。俄罗斯煤炭出口创汇额每年达 170 亿美元，居于所有大宗出口商品的第五位，税收减免额超过 1000 亿卢布，在过去的 10 年中，煤炭在俄罗斯铁路货运周转中的份额由 35% 增长到 44%，港口的煤炭运输能力增长了 3.2 倍以上。在国际市场上的竞争力增强，煤炭贸易份额接近国际煤炭贸易增量的 40%。远东地区的港口、亚速黑海和北极盆地中，正在建造新的煤炭码头。

（2）新世纪新建煤矿开采中心带动了煤炭生产总量的持续增长。俄罗斯现有 57 个井工矿和 130 个露天矿，近一半在 2000 年以后投产。哈卡斯共和国、克拉斯诺亚尔斯克地区及库兹巴斯等传统煤炭开采中心持续发挥优势，同时在西伯利亚东部和远东地区又开发了萨哈林岛（库页岛）的布里亚特共和国雅库特，跨贝加尔湖地区，雅库特的哈巴罗夫斯克地区等新的煤矿开采中心。近 20 年来煤炭行业劳动生产率几乎增长了 2 倍，矿工的工资增长了 16.2 倍。煤炭企业的固定资产年度投资从 2008 年的 600 亿卢布增加到 2018 年的 1440 亿卢布，增长了 1.4 倍。2019 年俄罗斯的煤炭产量为 441 Mt，占全球煤炭产量的 5.5%，排在中国、印度、美国、印尼、澳大利亚之后，是世界第六大煤炭生产国。

（3）煤矿安全生产状况有较为明显的改善，进入新世纪以来地下开采和露天开采的产量比从 1：2 降到 1：3。1994—2018 年共关闭了 203 座安全条件差、无法盈利的煤矿，自 2011 年以来，俄罗斯的煤矿安全生产事故和百万吨死亡率呈现波动下降的趋势，百万吨死亡率降至 0.1 以下。2019 年煤矿安全生产事故共造成 15 人死亡，百万吨死亡率为 0.034。为了提高出口煤炭的质量，正积极投资建设多个配套的煤炭洗选加工厂。目前煤炭洗选加工厂有 65 个，原煤入选率为 46.7%。

3. 存在问题

在近 30 年的发展中，俄罗斯的煤炭工业仍然存在不少问题，限制了行业的发展速度。全球气候变化和环境保护造成的煤炭消耗减少，可再生能源和天然气在能源平衡中的份额增加，这是包括俄罗斯在内的世界煤炭工业都面临的系统性问题，除此之外，俄罗斯的煤炭工业存在如下几个较为突出的问题：

一是煤炭行业高素质科技人才匮乏。目前煤炭行业科技人才缺乏的问题较为严重，涵盖煤炭生产链的所有环节。

二是煤机装备和配件高度依赖进口。煤机装备技术主要依靠进口的现状短时间内较难有大的改善。

三是煤炭行业投资减少。由于近年来受到欧美等西方国家的经济制裁，煤炭企业对于行业的投入减少，加上高额的资本支出和项目投资，小型煤矿需 18～24 个月才能达产，项目投资回收期需要 10 年甚至更长时间。

四是煤炭运输成本高。俄罗斯的煤炭主产区距港口的距离非常远，2018 年煤炭国内运输和出口的平均距离分别为 2942 km 和 4530 km，与 2010 年相比分别增加了 840 km 和 130 km。运输价格过高导致运输成本提升。

五是基础设施较为落后。尤其是铁路和港口等运力有限，使俄罗斯的煤炭出口受到限制。

六是煤矿区环境恶化。受煤炭产量急剧增加的影响，2012—2018 年有害物质排放量增加了 12.5%，遭到破坏的土地面积增加了 154%，土地复垦面积减少了 42%，平均每年减少 1.7 倍，采煤产生的累积固废量增加了 30%。

七是煤矿安全生产形势不容乐观。复杂的煤层赋存条件和开采的持续进行给井工煤矿的安全生产带来了挑战。

另外部分煤炭产区过度依赖出口供应。部分煤炭产区受世界煤炭市场的价格波动和西方国家对俄罗斯的制裁影响较大，市场竞争力不高。

1.2.2　管理体制与政策法规

俄罗斯的矿业管理实行中央与地方分级分权管理制度,共有联邦级、联邦主体级、地方级三级矿产资源管理机构。相关的政策法规体系涉及煤炭资源开发、煤矿安全生产、煤矿区环境管理等各个方面,分别以《俄罗斯联邦矿产资源法》《危险生产企业工业安全法》和《俄罗斯联邦环境保护法》为主要法律。

1. 管理体制

(1) 矿业管理实行联邦级、联邦主体级、地方级分级分权管理制度。与大多数其他联邦制国家一样，俄罗斯实行中央与地方分权管理的矿业管理制度，原本实行联邦与主体的两级管理，从2000年开始，随着国家增设联邦区，形成三级矿产资源管理体制，即联邦级、联邦主体级、地方级，地方的权限十分有限。联邦级管理机构是自然资源和生态环境部；联邦主体级管理机构，即俄罗斯各地方主体的国家权力机关，负责制定和完善俄罗斯主体有关矿产资源的法律法规，以及辖区内地方级矿区的矿产资源管理，建立并管理本地区矿产资源的地质信息，参与联邦级矿区管理工作；地方级矿产资源管理机构即地方自治政府，负责按法定程序颁发普通矿床使用许可证及建设地方级地下设施的许可证，对矿业权人使用矿产资源时，是否符合当地居民社会经济利益、保护生态、符合合理使用和保护矿产资源的原则进行监督。

(2) 矿产资源开发过程中的各个阶段由不同的政府管理部门进行联合监管。其中自然资源和生态环境部是监管主体，矿产资源利用监督局（Rosnedrra）的管理权限涉及初步设计阶段、设计阶段、开发和停工/报废等矿山开发各阶段，主要负责矿山开采许可证、矿产资源使用许可证（开采权）等的发放，负责审核采矿技术设计方案，并在矿井报废阶段负责商定停工/报废设计方案、办理报废许可，检查矿山巷道和基础设施的停工/报废，被破坏土地的复垦等是否符合要求等。自然资源监督利用局（Rosprirodnadzor）主要负责国家地质监督、国家生态鉴定、废物产生标准及其处置限制审批，对环境有负面影响的项目登记、环境排污许可等。联邦能源部主要负责批准矿山设计及停工报废阶段设计文件的审核结果。环境、工业与核安全监督局（Rostekhnadzor）主要负责生产矿井的安全监督、危险性生产项目登记、采矿分配证办理，以及矿井报废时监督矿产开采企业及地下设施是否符合要求，做好报废/停工记录等（表3-1-3）。

表3-1-3　矿产资源开发管理流程

所处阶段	政府管理机构	管理职能
初步设计阶段	自然资源和生态环境部矿产资源利用管理局	矿产资源使用许可（开采权）
设计阶段	自然资源和生态环境部矿产资源利用管理局	审核采矿技术设计方案
	联邦能源部	批准设计文件的审核结果
开发阶段	自然资源和生态环境部自然资源利用监督局	1. 国家地质监督、国家生态鉴定、废物产生标准及其处置限制审批 2. 对环境有负面影响的项目登记、环境排污许可
	自然资源和生态环境部矿产资源利用管理局	矿床开发许可
	联邦生态、工业和核监督局	1. 国家矿山安全监督、商定开采计划 2. 危险性生产项目登记、采矿分配证办理
停工/报废阶段	联邦能源部	批准设计文件的审核结果
	联邦生态、工业和核监督局	监督矿产开采企业及地下设施在报废和停工时是否符合要求，做好报废/停工记录
	自然资源和生态环境部矿产资源利用管理局	1. 商定停工/报废设计方案，办理报废许可 2. 检查矿山巷道和基础设施的停工/报废，被破坏土地的复垦等是否符合要求

2. 政策法规

煤炭资源开发法律体系以《俄罗斯联邦宪法》为根本法，以《俄罗斯联邦矿产资源法》为主体法律，以《俄罗斯联邦产品分成协议法》等为专门法律，以《俄罗斯联邦民法》等为相关法律。《俄罗斯联邦宪法》确立了调整矿产资源法律体系的根本制度，是俄罗斯矿产资源法律体系的基础。《俄罗斯联邦矿产资源法》用于调整矿产资源利用领域的各种法律关系，在煤炭等矿产资源勘查开发管理过程中，发挥了积极作用。《俄罗斯联邦产品分成协议法》是俄罗斯矿产资源法律体系中最具特色的法律，规定了列入产品分成协议矿区的条件和申请使用这些矿区的条件，简化了投资者与矿产资源所有者的关系，对俄罗斯吸引外国投资起到了推动作用。

煤矿安全生产和职业健康法律体系以《危险生产企业工业安全法》为主要法律，以《煤炭（油页岩）开采（加工）和利用领域重组 & 煤炭行业工人社会保障法》为专门法律，以《工伤事故和职业病强制社会保险法》《劳动保护基本法》等为相关法律，还涉及《煤矿安全规程》等部门规章。《危险生产企业工业安全法》规定了危险行业生产企业的设计、建设、投产全过程的安全生产要求和事故防范措施，以及中央和地方负责安全生产的官员和监察人员的权力和职责。《煤炭（油页岩）开采（加工）和利用领域重组 & 煤炭行业工人社会保障法》则是为保护煤炭（油页岩）工业重组过程中失去工作岗位的行业工人的合法权益，以及解决与煤炭（油页岩）工业重组相关的环境问题而设立的专门法律。《劳动保护基本法》和《工伤事故和职业病强制社会保险法》等明确了煤矿工人在劳动保护方面的合法权益以及危险生产企业强制性工伤和职业病保险等规定。

煤炭资源开发及利用过程中的环境保护法律体系以《俄罗斯联邦环境保护法》为根本法，以《俄罗斯联邦生态评估法》为基本法律。《俄罗斯联邦环境保护法》是环境保护领域国家政策的法律基础，确保获得社会经济问题和保护环境、生物多样性和自然资源的平衡解决方案，加强环境保护领域的法治并确保环境安全。《俄罗斯联邦生态评估法》规定了对与生态评估客体有关的经营活动相关文件进行评估，确认其符合环境保护领域的技术规章和法律要求，防止该活动对环境产生负面影响。

1.2.3 发展前景

从资源可采年限来看，俄罗斯的石油和天然气的储采比分别只有 25.5 和 55.9，而煤炭资源的储采比达到 369。根据《俄罗斯 2035 能源发展战略》，天然气的开发力度持续加大，非化石能源的比重将从目前的 10% 增加到 2030 年的 14%；另一方面环境保护和环境约束进一步加强，在共同作用下，俄罗斯的煤炭发展空间必然被挤占，未来煤炭对于经济的贡献进一步减小，但总体来说未来煤炭在俄罗斯能源系统中的地位依然重要。主要的发展方向有发展煤炭工业原料基地，提高煤炭质量，进一步扩大煤炭出口，通过加强煤矿智能化、数字化转型发展提高生产效率，加强煤矿安全生产和矿区环境保护，加强铁路、港口等基础设施升级改造，以及完善煤炭行业科技人才培养体系等。

一是挖掘煤炭工业生产潜力，发展煤炭工业原料基地。针对未来俄罗斯能源出口的重点方向——亚太地区，大力发展东西伯利亚及远东地区，开发新的煤炭供应中心和现代化选煤厂等。目前东部比较有前景的煤田有：乌鲁格 - 赫姆斯克煤田（潜在产能 30 Mt）、南雅库特煤田（产能 42 Mt）、叶尔科夫齐煤炭基地（产能 35 Mt）。《俄罗斯 2035 煤炭工业发展规划》情景分析预测：到 2035 年基础情景下俄罗斯的煤炭产量将从 440 Mt 增加到 485 Mt，乐观情景下煤炭产量将增加到 668 Mt，并与 2035 年之前的电力设施总体布局相吻合。加大对煤炭资源的勘探开发力度，确保优质煤炭储量每年增加 500 Mt，其中焦煤增加 135 Mt。

二是提高煤炭质量，发展煤炭产品的国内市场并加强俄罗斯煤炭公司在全球煤炭市场中的地位。在新建的煤炭开采中心建立煤炭洗选基地，加大煤炭洗选力度，对现有设施进行现代化改造。发展煤炭深加工和综合利用，扩大高附加值煤炭产品的范围，包括以煤为原料生产液化气和氢气等项目，为继续开拓煤炭国际国内市场寻找新的出路。在西伯利亚和远东地区实施建设项目和现代化燃煤发电设施（预计将新建 7 座燃煤电厂，并升级现有的 12 座燃煤电厂）。具体目标是：2030 年选煤量提高至 345 Mt，至 2035 年将精煤和粒级煤在煤炭总产量中的比例提高一倍，动力煤的入选率提升至 85% 。

三是继续扩大煤炭出口，并且重点面向亚太地区的发展中国家。根据《俄罗斯 2035 煤炭工业发展规划》保守估计，俄罗斯煤炭出口量预计将从 220 Mt 增加到 260 Mt，根据乐观的情景分析预计将增加到 390 Mt。在出口国的竞争方面，由于世界第二大出口国印尼的煤炭政策趋向于首先满足国内供应，因此对外出口的份额将逐步减少，预计到 2035 年，俄罗斯的煤炭出口总量有可能会超过印尼，成为世界第二大煤炭出口国。

四是采用先进的煤炭开采技术，加强煤矿智能化、数字化转型发展，提高生产效率，进一步降低煤炭的开采成本。俄罗斯能源部计划，到 2035 年将井工矿和露天矿的设备生产率提高 1.8 倍，初级生产工人的劳动生产率将提高 3 ~4 倍。

五是加强煤矿安全生产和矿区环境保护。改善矿山安全生产条件，引入国家远程监控系统，并在控制和操作层面引入风险管理方法，优化从业人员数量，从事直接生产的矿工人数将达到 4.8 万 ~ 5.2 万人。规范废水排入水体质量领域，增加土地复垦建设，修订法律法规，提高燃煤电厂的污染物排放标准要求。

六是加强铁路、港口等基础设施升级改造，提高煤炭运力，降低煤炭运输成本，以提高俄罗斯煤炭在国际市场上的竞争力。从国家层面出台针对性政策来调控煤炭的运输价格，建立煤炭铁路货运长效运作机制，扩大煤炭运输长期关税机制的适用范围。加快铁路和港口基础设施的升级改造，如发展和更新西伯利亚铁路和贝加尔湖—阿穆尔河干线的基础设施，根据预计的亚太地区、中东和非洲对俄罗斯煤炭的增长需求对相应的港口设施进行升级改革，扩大吞吐量、提升运输效率、优化网路布局，以确保向国外市场供应煤炭产品，匹配新时期煤炭出口要求。

七是确保煤炭工业社会稳定，完善人才培养体系。改善煤炭工业劳动关系和薪酬制度，改革矿业类专业教育和高等教育机构，建立煤炭企业培训体系，开发针对煤炭行业工人的模块化培训和远程学习平台，特别是加强对青年人才的激励和培养，致力于系统培养青年采矿领袖，在矿区建立完善的配套基础设施，吸引不同层次的专家和专业人才到开发条件好的偏远地区从事煤炭开发工作。

1.3 煤炭资源

俄罗斯的煤炭资源非常丰富，煤种齐全，煤质较好，但煤炭储量分布不平衡，主要集中在西伯利亚地区和远东地区。近年来根据国际煤炭市场需求，有针对性地加大了露天开采的焦煤资源和北极地区的勘探开发工作力度。

1.3.1 煤炭资源总量与煤田分布

俄罗斯的煤炭探明储量占全球储量的 15.2% ，位居第二位，仅次于美国。俄罗斯的煤炭储量分布不平衡，近 70% 的煤炭储量集中在西伯利亚南部的库兹巴斯和坎斯克 - 阿钦斯克煤田，远东地区的煤炭储量也很大。俄罗斯共有 22 个煤田，焦煤产地主要有库兹巴斯煤田、伯朝拉煤田、南雅库特煤田和伊尔库茨克煤田。

1. 资源总量

（1）煤炭探明储量位居世界第二位。根据俄罗斯自然资源和生态环境部的预测，预测国内煤炭资源量超过 1500 Gt。近十几年来，俄罗斯的 ABC1 煤炭储量稳步增长，2018 年的 ABC1 级煤炭总储量为 196.9 Gt，C2 级煤炭储量为 78.5 Gt。其中 4.5 Gt 煤炭储量为已分配资源，23 Gt 煤炭储量尚未分配。可靠评估的 P1 级和 P2 级预测资源量分别为 468 Gt 和 388 Gt。截止到 2019 年底，俄罗斯煤炭探明储量占全球储量的 15.2% ，位居第二位，仅次于美国。在已探明的煤炭储量中，褐煤占一半以上

(53%)；硬煤占44%；无烟煤储量不大，仅占3%。大约40%的硬煤适合炼焦，其储量近50 Gt。炼焦煤不仅储量大，而且品种齐全，能充分保障钢铁工业需求。2009—2018年煤炭储量动态变化如图3-1-9所示。

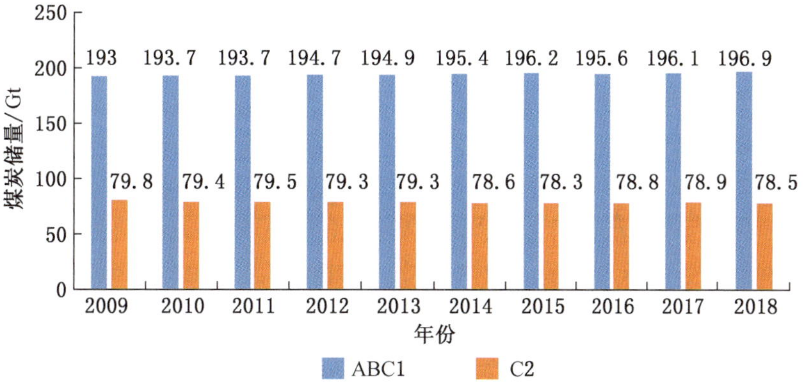

图3-1-9 2009—2018年煤炭储量动态变化

(2) 煤炭储量分布不平衡。近70%的煤炭储量集中在西伯利亚南部的库兹巴斯煤田和坎斯克-阿钦斯克煤田，远东地区的总储量也很大。近年来俄罗斯根据国际煤炭的市场需求，有针对性地加大了露天开采的焦煤资源勘探开发工作力度，克麦罗沃州、伊尔库茨克州、新西伯利亚州和克拉斯诺亚尔斯克边疆区的储量增长量最大。北极地区的P1级预测资源量为18.4 Gt，几乎比已探明储量多2倍，煤炭储量增加的潜力巨大。

2. 主要煤田

俄罗斯共有22个煤田，主要煤田包括：欧洲部分的顿涅茨克煤田、伯朝拉煤田；西伯利亚地区的库兹巴斯煤田、坎斯克-阿钦斯克煤田、伊尔库茨克煤田、米努辛斯克煤田；远东地区的南雅库特煤田等。上述煤田煤炭总储量接近俄罗斯煤炭总储量的85%。焦煤产地主要有库兹巴斯煤田、伯朝拉煤田、南雅库特煤田和伊尔库茨克煤田。

(1) 坎斯克-阿钦斯克煤田是俄罗斯褐煤地质储量最大的煤田，蕴藏着该国80%以上的褐煤储量，适合露天开采。坎斯克-阿钦斯克煤田的煤质好，煤层厚度大（可达70 m），埋藏在浅层，因此露天开采效率高。煤田最大的开采矿床（波罗底诺斯克矿床、别列佐夫斯克矿床和纳扎罗夫斯克矿床）总共蕴藏着21.9 Gt的煤炭储量。此外，还有一些规模庞大的未开发矿床，如阿班斯克矿床(30.6 Gt)、伊塔茨克矿床（19.4 Gt）、乌流普斯克矿床（16.9 Gt）和巴兰达矿床（16.3 Gt）。坎斯克-阿钦斯克煤田根据煤炭的用途与供应去向不同，可以分为西部、中部和东部3个矿区。西部矿区生产的煤炭主要用于满足克拉斯诺亚尔斯克区西部和西西伯利亚大部分地区对燃料和电力的需求。伊达特和巴兰达特是西部矿区最大且又最有发展前途的两个矿区。中部矿区生产的煤炭主要用于满足克拉斯诺亚尔斯克边疆区中部地区的需求，地质储量为40 Gt，其中有12.3 Gt煤炭适于露天开采。东部矿区主要保证伊尔库茨克州和外贝加尔地区的需求，储量为54.2 Gt，其中34.0 Gt煤炭适于露天开采。阿巴坎矿是东部矿区最主要的煤矿，东部矿区适于露天开采的煤炭几乎都集中在这里。

(2) 库兹巴斯煤田在采矿条件、煤炭储量、煤炭质量，以及基础设施方面，都是俄罗斯最有发展前景的煤田，露天开采比例约为66%。库兹巴斯煤田位于西西伯利亚东南部，克麦罗沃州境内，煤田面积26000 km^2，硬煤储量居俄罗斯原料之首，达到70 Gt；其中约一半的是炼焦煤，15.5 Gt价值极高。库兹巴斯煤田煤炭的特点是硫含量低，灰分低，热值高。库兹巴斯煤田自1860年就开始采煤，十月革命以前规模很小，1917年的煤炭产量只有不到1.30 Mt，从苏联第一个五年计划（1928—1932年）开始大规模开发。20世纪30年代初，随着乌拉尔－库兹巴斯煤炭钢铁基地的建立，采煤区向南推移，产量迅速增加，至今已经开采了约8.3 Gt煤炭。2000—2017年俄罗斯的煤炭产量增长了1.5倍，而库兹巴斯煤田的煤炭产量增长了2.2倍。2018年库兹巴斯煤田的煤炭产量为255.3 Mt，约占俄罗斯煤炭总产量的60%，是俄罗斯最大的煤炭产区，其中露天开采的比例约为66%。目前库兹巴斯煤田已探明的储量至少还可以开采250年。1860—2018年库兹巴斯煤田产量的变化情况见表3－1－4。

表3－1－4　1860—2018年库兹巴斯煤田产量的变化情况　Mt

年份	产量	年份	产量	年份	产量	年份	产量
1860	0.002	1965	96.3	1997	120	2008	184.5
1870	0.005	1975	137.6	1998	97.6	2009	181.3
1880	0.008	1980	144.9	1999	108.8	2010	185.5
1890	0.02	1985	146	2000	114.9	2011	192
1900	0.08	1990	150	2001	127.7	2012	201.5
1905	0.4	1991	124	2002	131.7	2013	203
1915	1.1303	1992	120	2003	132	2014	211
1930	3.4921	1993	106	2004	159	2015	215.8
1940	21.4022	1994	99	2005	167.2	2016	227.4
1950	36.8142	1995	99.3	2006	174	2017	241.5
1955	56.5378	1996	95	2007	181	2018	255.3

（3）伊尔库茨克煤田煤炭产量主要供应伊尔库茨克州本地，以露天开采为主。伊尔库茨克煤田位于伊尔库茨克州东部，已探明硬煤储量9.9 Gt和褐煤储量2.4 Gt；硬煤中的硫含量较高（3.4%～5.4%）。煤田60%以上的硬煤（6.1 Gt）集中在未开发的卡兰采斯克矿床，80%以上的褐煤储量（2 Gt）集中在穆贡矿床的地下，穆贡矿床提供了该区域40%的产量。煤田以露天开采为主，目前该煤田开采的煤炭主要满足本州的需要。

（4）伯朝拉煤田优质炼焦煤资源丰富，但地质采矿条件复杂且埋藏较深。伯朝拉煤田主要由硬煤组成，其中约40%（2.8 Gt）属于炼焦煤，主要是价值特别高的牌号。几乎所有的矿藏都位于相当深的地方，具有复杂的地质和采矿条件。矿床开采以井工矿为主。

（5）顿巴斯煤田无烟煤储量大且品质非常高，但开采难度较大。顿巴斯煤田的俄罗斯部分拥有近80%的国内无烟煤储量（7.2 Gt）。顿巴斯煤田无烟煤就热值和其他性质来说，属于世界上最好的无烟煤之一，但埋藏深度大（达1000 m及以上）、煤层厚度小（小于1 m）、开采难度很大。

（6）南雅库特煤田煤质好且地理位置优越，通过远东港口提供了近一半的国内出口。南雅库特煤田蕴藏着大量优质煤炭，包括炼焦煤，煤田煤炭工艺性高，国内外市场都有需求。煤田大部分煤层埋藏较浅，几乎是水平的，允许露天开采。与库兹巴斯煤田相比，南雅库特煤田处于更有利的位置，距离远东港口更近，通过远东港口提供了近一半的国内出口。重点煤矿是涅留格林煤矿、丘尔马坎煤矿、杰尼索夫斯基煤矿和埃尔金煤矿。

（7）米努辛斯克煤田动力煤丰富，且与西伯利亚大铁路有专线相连。米努辛斯克煤田位于克拉斯诺亚尔斯克边疆区南部，有丰富的动力煤，主要有Д型（长焰煤）和ДГ型（长焰天然气煤），煤质较好，具有高热值、低硫含量、低灰分的特点。重点煤矿是贝斯克煤矿和黑山煤矿。

俄罗斯主要煤田的煤炭资源情况见表3－1－5。

表 3-1-5 俄罗斯主要煤田的煤炭资源情况

煤田名称	所在地区	类型	储量占比/%	煤质		
				灰分/%	硫含量/%	热值/(MJ·kg)
坎斯克-阿钦斯克煤田	克拉斯诺亚尔斯克边疆区、克麦罗沃州	褐煤、硬煤	43	6~15	0.3~1	11.8~15.5
库兹巴斯煤田	克麦罗沃州	硬煤、无烟煤、褐煤	25	10~16	0.3~0.8	25~36
伊尔库茨克煤田	伊尔库茨克州	硬煤、褐煤	4	7~15	1.5~5.4	17.6~22.6
伯朝拉煤田	科米共和国	硬煤	3	8.5~25	0.5~1	24~29
顿巴斯煤田	罗斯托夫州	无烟煤、硬煤、褐煤	4	10.5~29	1.8~4.2	21~34
南雅库特煤田	萨哈(雅库特)共和国	硬煤	3	10~18	0.3~0.5	22~29
米努辛斯基煤田	哈卡斯共和国	硬煤	2	10~20	0.5~0.6	23~27

1.3.2 资源管理与政策法规

俄罗斯联邦级煤炭资源开发与管理机构主要是联邦能源部及自然资源和生态环境部。除了《矿产资源法》等用于调整矿产资源利用领域的各种法律关系等主要法律之外，俄罗斯联邦政府还不定期地颁布煤炭工业长期发展规划及国家能源五年计划等政策法规。煤炭工业的管理制度主要包括矿业权制度、许可证制度及矿产资源利用费制度等。

1. 资源开发与管理机构

1）联邦能源部

在20世纪90年代俄罗斯进行煤炭工业改革时，国家煤炭工业管理机构发生了根本性变化，先撤销了国家煤炭工业部，1997年又撤销了行使煤炭工业管理职能的俄罗斯煤炭公司，1998年组建了俄罗斯联邦燃料能源部煤炭工业委员会。2004年成立了联邦工业和能源部，其下设的联邦能源局是在燃料动力资源的生产和利用领域履行国家管理职能的联邦执行权力机构。2008年5月，联邦能源部从联邦工业和能源部分出并正式纳入新政府机构之列，成为在燃料能源领域履行国家监督、管理与协调职能的联邦权力机构。

联邦能源部以俄罗斯宪法、法律、总统和政府令、国际公约，以及相关规章制度为指导，主要负责电力、石油、天然气、煤炭、核能、可再生能源及相关行业的资源开采、加工、利用与资产、信息管理。联邦能源部现设1位部长、8位副部长，下设15个司局。其中煤炭和泥炭工业司主要负责煤炭、油页岩和泥炭的开采和利用，以及煤炭行业结构调整管理。与煤炭工业相关的联邦能源部下属机构主要有：

（1）俄罗斯联邦能源燃料综合体中央调度局，成立于1985年，2019年成为联邦能源部下属俄罗斯能源署的分支机构，是俄罗斯能源工业（煤、油、气、电）行业从事数据统计的官方专业机构，以全面、专业著称。主要负责信息的收集、处理、储存和系统化；更新和监测俄罗斯联邦燃料和能源综合体国家信息资源的使用；创建和维护有关燃料和能源综合体组织活动主要指标的数据库。对外发布数据，但是需要付费。

（2）SOTSUGOL机构，成立于1997年，主要职能是为煤炭工业重组期间被裁员的行业工人提供支持和政府服务，维护社会稳定。2011年改名为FGBU SOTSUGOL，用以协调地方发展规划并解决由煤炭工业企业重组引起的社会问题。

（3）GURSH，是关闭矿井（没有发展前景和无法盈利的矿井）的管理机构。

2）联邦自然资源和生态环境部

2000年俄罗斯自然资源部进行了改组，改组后的联邦自然资源部下设4个局：联邦水资源利用局、联邦林业资源利用局、联邦地质和矿产资源利用局、联邦环境保护和生态安全局。2001年俄罗斯单独设立联邦环境保护局。2004年3月，俄罗斯总统普京决定成立新的联邦自然资源部。改组后的联邦自然资源部下设联邦自然资源利用监督局、联邦水资源局、联邦林业局、联邦矿产开发局。2008年新一届的俄罗斯联邦政府又对自然资源部进行了改组，成立了新的联邦自然资源和生态环境部，下设联邦环境保护局、联邦自然资源利用监督局、联邦生态工业和原子能局、联邦水资源局、联邦矿产开发局。

目前俄罗斯联邦自然资源和生态环境部下设5个局：联邦自然资源监督局、联邦矿产资源管理局、联邦林业局、联邦水文气象和环境监测局、联邦水资源管理局。主要职能是监督和协调下属司局的工作，制定土地、水、林业、矿产等自然资源的利用、保护和环境监测管理相关领域的国家政策、规范法律和联邦宪法、法律和总统令草案。现设1位部长、8位副部长。

联邦自然资源和生态环境部原本实行联邦与主体的两级管理，从2000年开始，随着国家增设联邦区，形成三级管理模式。联邦自然资源和生态环境部在全国8个联邦区设有直属机构，每个联邦区设有自然资源利用和环境保护领域的派出机构，直接管理所在联邦区的自然资源和环境生态保护工作。

与煤炭工业相关的两个主要司局分别是自然资源利用监督局和矿产资源利用监督局。

（1）自然资源利用监督局（Rosprirodnadzor），设局长1名、副局长5名，局长由自然资源和生态环境部副部长担任。该局是联邦环境监管执行机构，主要对以下方面进行监管：联邦国家地质勘探、矿产资源合理利用和保护、国家土地、大气保护领域、水体使用和国家自然保护区野生动植物及其栖息地的保护、繁殖和使用领域、森林保护、狩猎监督、自然领土保护、废物管理、国家大陆架上的环境监督、内陆水域和领海的国家环境监督、专属经济区的环境监督、贝加尔湖环境保护、水生生物资源保护、臭氧层物质消耗处理领域。

（2）矿产资源利用监督局（Rosnedrra），设局长1名、副局长4名，局长由自然资源和生态环境部副部长担任。主要职能包括：组织对国家领土内矿产资源的地质研究，审查矿产资源地质勘探项目，发放矿产资源使用许可证，对矿产许可证的变更、更新进行审查管理等。

2. 政策法规

1）主要法律

《矿产资源法》用于调整矿产资源利用领域的各种法律关系，在煤炭等矿产资源勘查开发管理过程中发挥了积极作用。该法于1992年2月制定，由时任总统叶利钦签发，此后经过多次修改，最近一次修改是2019年。

该法的主要条款涵盖了在俄罗斯进行地质研究、勘探，矿产开发、利用，以及废料开采利用等活动的相关条件和规定，对联邦各级政府、矿产资源主管部门在矿产资源勘查开发领域的职能与职责分工做了规定，明确了联邦矿产资源管理部门的主导作用；对矿产资源归国家所有，使用权与所有权分离，国家矿产资源储备，联邦矿区、地方矿区及一般矿区的划分及管理，矿业权的取得与灭失、实施国家许可制度及管理办法，统一规划、合理开采与保护矿产资源，资源与信息的有偿使用等方面都做了明确规定。

2）政策性文件

近年来俄罗斯联邦政府出台的与煤炭工业相关的政策性文件见表3-1-6。

表3-1-6 相关的政策性文件

名　　称	批准机构（人）	批准日期	修改日期
《俄罗斯2030煤炭工业发展规划》	俄罗斯联邦政府	2012年1月	2014年6月
《俄罗斯联邦在2024年之前的能源发展国家计划》	俄罗斯联邦政府	2014年4月	2020年3月
《俄罗斯联邦在2024年之前的发展目标和战略任务》	俄罗斯联邦总统	2018年5月	—
《俄罗斯2035煤炭工业发展规划》	俄罗斯联邦政府	2019年1月	—

3. 煤炭资源管理制度

1）矿业权制度

根据《矿产资源法》，包括煤炭在内的矿产资源具有独立性的特点，不是土地的构成部分，土地所有权人并不当然成为矿产资源所有权人。矿产资源属于国家所有，即俄罗斯联邦是矿产资源所有权的唯一权利主体。而矿产资源的开发和使用权，归俄罗斯联邦和联邦主体共同所有。已经开采出的矿产资源，可以归联邦国家所有、俄罗斯主体所有、自治地方所有、私人所有或其他所有权形式。近年来为加快煤炭开发，俄罗斯联邦政府计划修订相关法令，对煤矿开采项目的审查采用“一站式”原则。

2）许可证制度

俄罗斯的矿产资源利用采用许可证制度，矿产资源利用许可程序由俄罗斯法律规定。国家颁发许可证制度的组织保障，由联邦国家矿产资源管理机关及其地方机关负责。按照《矿产资源法》中的规定，矿产资源地质研究、矿产勘探和开发，均应进行国家登记，并获取相应的使用权许可证。许可证可进行矿产资源地质研究工作、矿床开采、矿山开采废料的利用和与此有关的加工生产、以非开采矿产为目的的矿产资源利用等，许可证通常以投标或拍卖的方式取得。凡本国或外国经营活动主体（法人）均有资格参与竞争。取得矿产资源使用权后可以转让，但必须重新办理许可证。截至2019年1月1日，俄罗斯共有652份矿产资源使用权许可证，其中488份是煤炭勘探和开采许可证，93份是煤炭地质研究（探矿、勘探）和开采许可证，71份是地质研究（包括探矿和评估在内）许可证。

3）矿产资源利用费制度

俄罗斯的矿产资源利用采用收费制度，经过几次修改，目前使用矿产资源需要缴纳以下费用：在许可证约定的特定事件发生时的一次性矿产资源利用费，包括供使用的矿产资源地段边界发生变更时支付的一次性矿产资源利用费；固定的矿产资源利用费；参加招投标（拍卖）的收费。矿产资源利用人为矿产资源利用费的缴纳人。除此之外，矿产资源利用人还应支付俄罗斯联邦税费立法规定的其他税费。在与俄罗斯联邦签署《产品分成协议法》的情况下，可以免除某些税种和其他需缴纳的收费或者利用所分割的产品代替应缴纳的税费。

1.4 煤炭生产开发

俄罗斯煤炭开采以露天开采为主，自从1993年工业改革开始，大量井工煤矿关闭，井工煤矿数量持续减少。但随着俄罗斯扩大出口战略的实施，俄罗斯的煤炭产量快速上升，在全球煤炭产量中的份额也越来越大，目前是世界第六大煤炭生产国。未来会根据市场需求进一步扩大煤炭尤其是优质焦煤的产量，并重点针对亚太地区开发新的煤炭供应中心，大力发展东西伯利亚及远东地区，北极地区也将有所开发。

1.4.1 煤炭生产总体情况

俄罗斯煤炭生产开发集中在俄罗斯七大联邦管区和25个联邦主体，其中西伯利亚联邦区是最大的煤炭产区，其次是远东地区。其中位于克麦罗沃州的库兹巴斯煤田煤炭产量约占煤炭生产总量的60%。俄罗斯开采的煤炭资源中有80%为硬煤、20%为褐煤。自2012年以来，新建了9个井工矿、14个露天矿。

1. 煤炭采区

俄罗斯的煤炭开采集中在俄罗斯七大联邦管区和25个联邦主体，其中西伯利亚联邦区是最大的煤炭产区，主要分布在克麦罗沃州、克拉斯诺亚尔斯克地区和哈卡斯共和国。其次是远东地区，煤炭产区主要位于跨贝加尔湖地区、萨哈共和国（雅库特）、萨哈林州和滨海边疆区，另外西北联邦区科米共和国也是煤炭主产区之一。近年来在远东地区开发了萨哈林岛的布里亚特共和国雅库特、跨贝加尔湖地区、雅库特的哈巴罗夫斯克地区等新的煤矿开采中心。自2012年以来，在新的煤矿开采中心共新建9个井工矿、14个露天矿，煤炭生产设施更新40%以上。

2. 煤炭产量

随着俄罗斯扩大出口战略的实施，俄罗斯在全球煤炭产量中的份额也越来越大，约占世界煤炭产量的5.5%，10年来增长了1.5%，位于中国、印度、美国、澳大利亚、印尼之后，排在世界第六位。

苏联时代的煤炭产量在1988年达到峰值425 Mt。煤炭工业改革初期，由于大量煤矿关闭，俄罗斯的煤炭产量急剧下降，由1990年的395 Mt降到1998年的232 Mt。随着新建大型煤炭企业的技术改造，生产效率不断提高，进入新世纪以来，俄罗斯的煤炭产量持续增长，其中井下开采和露天开采的煤炭产量比从1∶2降到1∶3。2019年俄罗斯的煤炭产量441 Mt，比2000年增长了71%，增长的产量主要由露天开采方式获得。其中库兹巴斯煤田产量约占煤炭生产总量的60%，克拉斯诺亚尔斯克地区和哈卡斯共和国的煤炭产量分别约占10%和5%。1990—2019年俄罗斯煤炭产量变化趋势如图3-1-10所示。

图 3-1-10　1990—2019年俄罗斯煤炭产量变化趋势

按不同的煤炭种类来看，进入新世纪以来，俄罗斯开采的煤炭中硬煤比例有所上升，目前约有80%为硬煤，褐煤约占1/5，2018年的产量为78 Mt，所有开采的褐煤都用作燃料。从不同用途的煤炭产量来看，俄罗斯开采的煤炭以动力煤为主，炼焦煤的产量虽呈现增加趋势，但所占比例一直保持在23%左右。近5年来，俄罗斯的焦煤产量稳定在85~90 Mt。2000—2018年俄罗斯硬煤和褐煤产量变化趋势、1995—2019年俄罗斯动力煤和炼焦煤产量变化趋势如图3-1-11、图3-1-12所示。

3. 煤炭生产效率

俄罗斯煤炭工业改革初期，煤炭生产效率较低，1994年的原煤生产效率只有63.7 t/(人·月)。

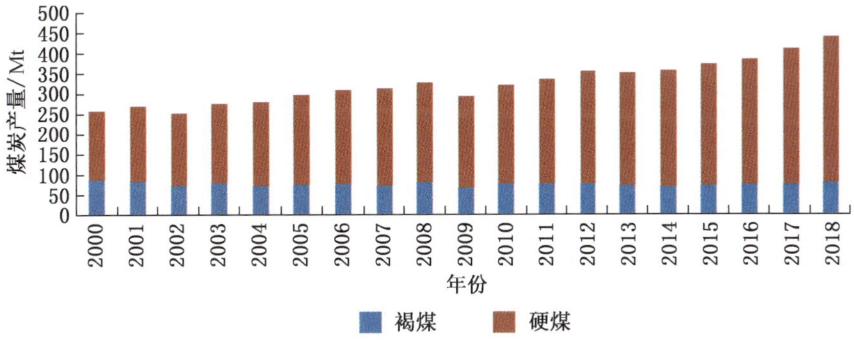

图 3-1-11　2000—2018 年俄罗斯硬煤和褐煤产量变化趋势

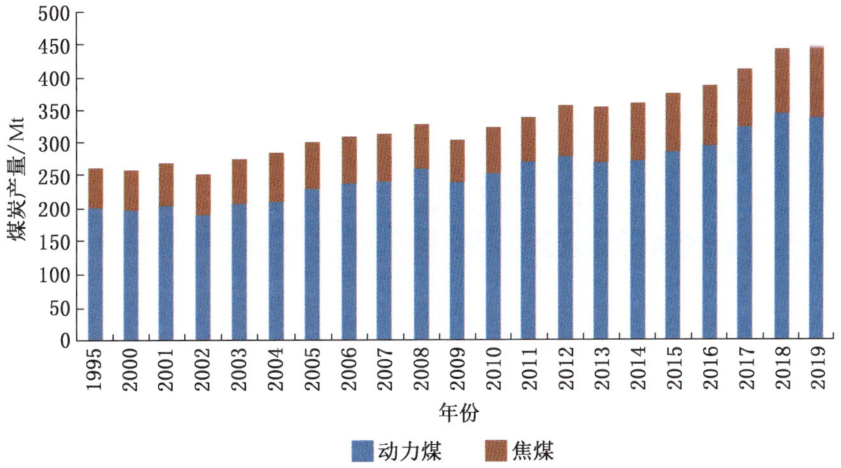

图 3-1-12　1995—2019 年俄罗斯动力煤和炼焦煤产量变化趋势

进入新世纪以来，由于私人资本大量投资用以更新生产设备，优化生产结构，并且采用了先进的煤炭开采技术，俄罗斯煤炭生产效率增长较快，2019 年原煤生产效率达到 316.6 t/(人·月)，比 21 世纪初的原煤生产效率几乎提高了 2 倍（图 3-1-13）。虽然总体劳动生产率提高较快，但是俄罗斯的劳动生产率与美国和澳大利亚等世界先进的国家仍有差距。这与俄罗斯矿工的年工作时长也有部分关系，俄罗斯井下工人每年的总工作时间比美国低 2~2.2 倍。

2019 年俄罗斯煤矿的回采工作面和综采工作面的平均日产量分别达到 4543 t、4603 t，比 2000 年分别提高了 3.2 倍和 2.5 倍。但是最先进的煤炭企业超过行业的平均水平，2019 年库兹巴斯公司的工作面平均日产量高达 10389 t，是行业平均水平的 2.3 倍。不同煤田的工作面日产量差异也较大，其中产量最高的是库兹巴斯煤田，达到 5599 t，而伯朝拉煤田和顿巴斯煤田的工作面日产量分别为 3125 t 和 2554 t，远东地区的日产量达到 3972 t。综采工作面的产量占井工开采总产量的 82.1%，同比下降 4.3%。伯朝拉煤田、顿巴斯煤田、库兹巴斯煤田和远东地区煤田的综采工作面产量分别占井工开采总产量的 72.1%、88%、86.4% 和 35.2%。其中远东地区煤田的综采工作面产量下降较大，同比下降 28.2%。综采工作面的数量不断下降，2019 年俄罗斯煤矿平均开工的综采工作面为 52 个，比 2009 年减少了 40%，只有 2000 年的 1/3。2000—2019 年俄罗斯煤炭工业生产能力如图 3-1-14 所示，不同煤炭企业回采工作面平均日产量如图 3-1-15 所示。

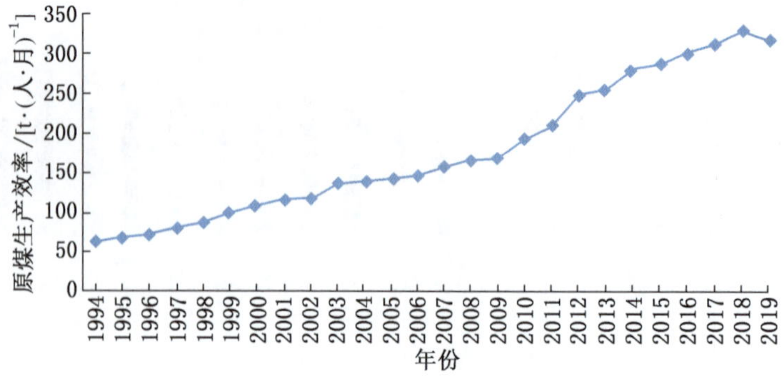

图3-1-13　1994—2019年俄罗斯煤炭原煤生产效率变化趋势

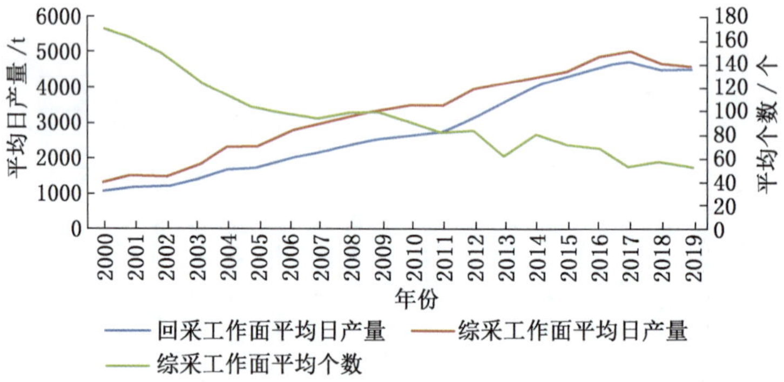

图3-1-14　2000—2019年俄罗斯煤炭工业生产能力

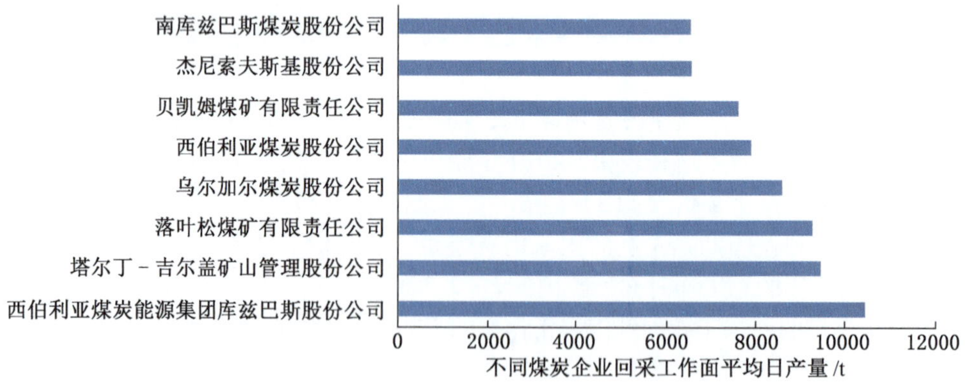

图3-1-15　不同煤炭企业回采工作面平均日产量

4. 煤炭开采成本

2000—2019年，以卢布计，俄罗斯平均吨煤开采成本整体上以年均12.7%的幅度持续增加。按名义价格计算，吨煤开采成本增长了2.6倍，通货膨胀率上涨了1.7倍。2019年1—11月俄罗斯平均吨煤开采成本达到2411.02卢布，同比增加了296.71卢布。开采成本的结构组成大致如下：①生产性成本1695.78卢布，同比增加了178.78卢布，总占比为70.4%，具体包括：生产材料支出

1014.58 卢布，占比为 42.1%；工人工资 231.42 卢布，占比为 9.6%；其他福利开支 86.02 卢布，占比为 3.6%；固定资产折旧费 183.34 卢布，占比为 7.6%；其他生产性支出 180.12 卢布，占比为 7.5%。②非生产性成本 71.24 卢布，占比为 29.6%。

从 2016—2019 年煤炭开采成本的组成变化来看（图 3-1-16），非生产性成本持续增加，由 2016 年的 23.2% 增长到 2019 年的 29.6%，工人工资和其他福利开支占比下降较大，两项之和由 2016 年的 16.1% 下降至 2019 年的 13.2%。

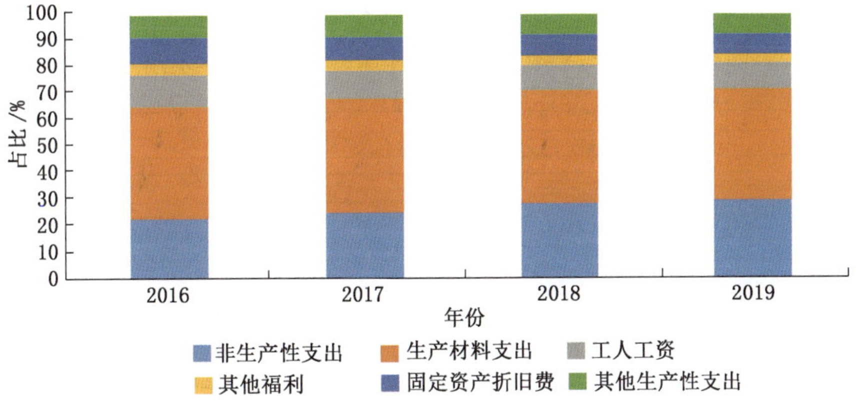

图 3-1-16 2016—2019 年俄罗斯煤炭开采成本的组成及变化情况

5. 煤炭行业投资

全球市场上对于煤炭行业的投资（采矿和运输环节基础设施）在 2012 年达到峰值，之后随着以出口为导向的矿业投资活动逐渐减少，投资额几乎减半，目前平均每年为 800 亿美元左右。按美元计，俄罗斯的煤炭行业投资与全球的趋势一致，在 2012 年达到峰值。但是按照卢布计，最近几年的投资额已经超过 2012 年的投资额度，随着俄罗斯煤炭出口导向政策的持续发力，对于铁路、港口等基础设施建设的行业投资持续旺盛。固定资产投资的主要来源仍然是折旧费用，2018 年，对露天矿的投资比对井工矿的投资大，煤炭行业投资趋势如图 3-1-17 所示。

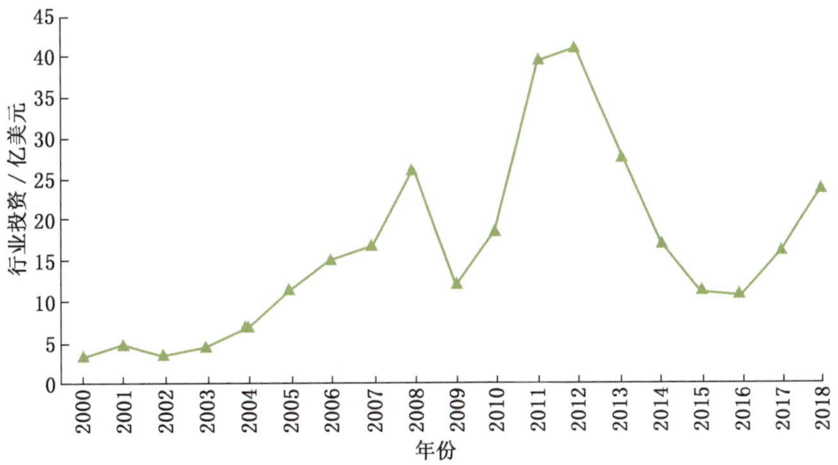

图 3-1-17 煤炭行业投资趋势

6. 从业人员与工资收入

在俄罗斯煤炭工业改革期间，由于大量煤矿关闭，煤炭工业从业人员持续锐减，到 2005 年初，累计失业人数达到 19.586 万人。煤炭开采和加工行业等煤炭工业直接从业人数也持续下降，从 1994 年的 34.17 万人降至 2016 年的 13.94 万人，最近几年又有所回升，至 2019 年底从业人数达到 15.01 万人，相比 1994 年降幅为 82.5%。在煤炭工业直接从业人员中，煤炭开采人数约为 9.16 万人，其中井工矿 3.96 万人，露天矿 5.2 万人。人均月工资收入从 2000 年开始以年均 16.7% 的速度逐年增加，2000 年的人均月收入只有 3554 卢布，到 2019 年增加至 62281 卢布，增加了 16.5 倍，约为俄罗斯劳动人口平均月工资的 1.3 倍。俄罗斯煤炭工业从业人数及收入情况如图 3－1－18 所示。

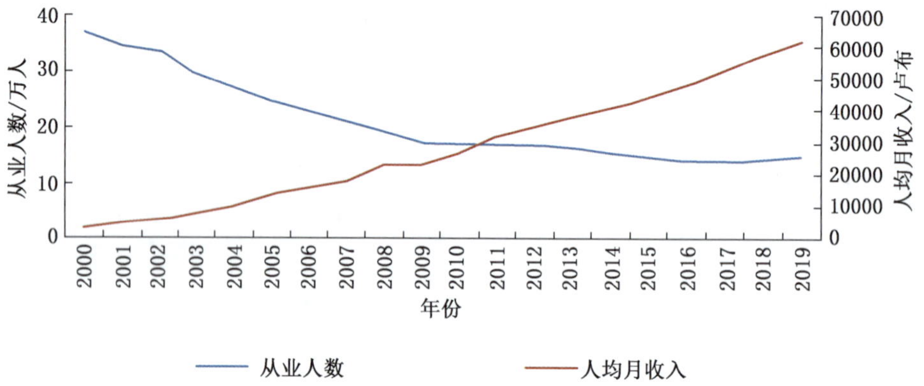

图 3－1－18　俄罗斯煤炭工业从业人数及收入情况

7. 未来发展趋势

俄罗斯煤炭的最大优势在于资源储量巨大，煤炭煤质高（含硫低），埋藏深度相对不大，开采难度不高。针对未来俄罗斯能源出口的重点方向——亚太地区，大力发展东西伯利亚及远东地区，开发新的煤炭供应中心。

1）煤炭产量预测

根据《俄罗斯 2035 煤炭工业发展规划》的情景分析预测，到 2035 年，基础情景下俄罗斯的煤炭产量将从 440 Mt 增加到 485 Mt；乐观情景下，俄罗斯的煤炭产量将增加到 668 Mt，并与 2035 年之前的电力设施总体布局以及预计的动力煤价格走势相吻合。加大对煤炭资源的勘探开发力度，确保优质煤炭储量每年增加 500 Mt，其中焦煤 135 Mt。

2）新的煤炭产区

根据《俄罗斯 2035 能源发展战略》，未来为确保煤炭生产更加接近消费地区，并加强俄罗斯在亚太地区市场中的地位，俄罗斯联邦政府工作如下：一是继续将克麦罗沃地区、萨哈共和国（雅库特）和哈卡斯共和国等传统煤炭矿产资源中心中生产效率最高的企业进行重组和集中生产；二是在北极地区、西伯利亚地区东部和远东地区建立煤炭矿产资源中心；三是发展综合的煤炭产业基地。预计未来远东地区和东西伯利亚地区的煤炭产量份额会逐步增加（表 3－1－7）。目前看来，东部比较有前景的煤田有：乌鲁格－赫姆斯克煤田（潜在产能 30 Mt）、南雅库特煤田（42 Mt）以及叶尔科夫齐煤炭基地（35 Mt）。未来，泰梅尔煤田和楚科奇自治区可能成为新的出口导向型煤炭开采中心。

1.4.2　露天煤矿

俄罗斯的煤炭开采以露天开采为主，近年来露天开采的比例逐年上升，至 2019 年达到 77%，生产效率为 399 t/(人·月)。目前共有 130 个露天煤矿，平均单井产量为 2.57 Mt。

表 3-1-7 远东地区和东西伯利亚地区煤炭产量所占份额预测

	年份	2018	2024	2035
煤炭产量所占份额（到该阶段结束）/%	远东地区	17	20	21
	东西伯利亚地区	18	23	27

1. 开采总量与占比变化

露天开采产量和占比的上升主要依靠煤矿数量的增加。俄罗斯的露天开采产量占比在 20 世纪 80 年代后期超过了井工开采，1994 年俄罗斯共有矿井 294 个，其中露天煤矿 65 个，露天煤矿的煤炭开采产量占比为 56.1%。由于露天煤矿数量显著增加，露天开采的煤炭产量占比逐渐增加。2019 年，俄罗斯共有 130 个露天煤矿，露天开采占比上升到 77%。露天煤矿煤炭产量从 1994 年的 150 Mt 持续增加到 2019 年的 334 Mt（图 3-1-19），增长了一倍以上。

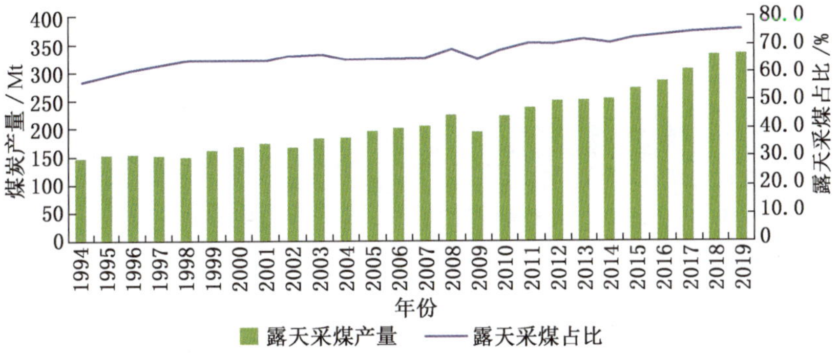

图 3-1-19 1994—2019 年俄罗斯露天煤矿煤炭产量变化情况

2. 单井产量

露天单井产量至今才恢复至煤炭工业改革初期水平。由于苏联解体，经济衰退导致对煤炭工业的投资显著减少，露天开采设备老化严重且更新不及时，单井产量从 1998 年开始出现较大幅度的下降（图 3-1-20），直到近几年才恢复至煤炭工业改革初期的水平。2019 年露天开采的平均单井产量为 2.57 Mt，仅比 1994 年的平均单井产量高 0.31 Mt。

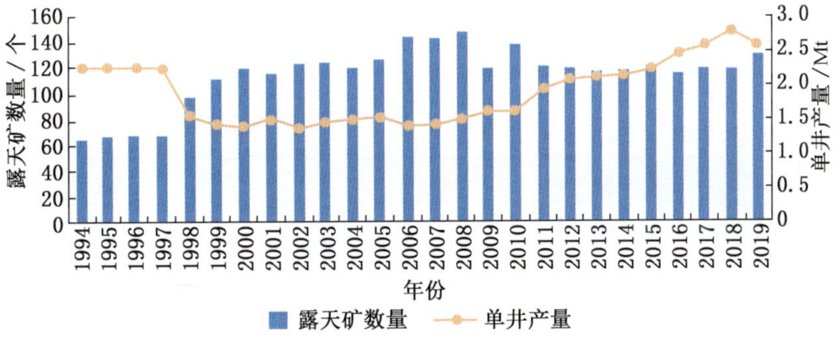

图 3-1-20 1994—2019 年俄罗斯露天煤矿数量及单井产量变化情况

3. 生产效率

2010 年以后新建矿井对生产效率的促进作用较为明显。露天煤矿的生产效率在新世纪以前较为稳定，从 1994 年的 175 t/(人·月) 上升到 2000 年的 198 t/(人·月)（图 3-1-21），增幅只有 13%。进入 21 世纪的第一个十年，由于采用新技术、新装备，新建了多个现代化矿井，2012—2018 年新建露天煤矿情况见表 3-1-8，在矿井数量没有显著增加的情况下，生产效率提高较快，从 2010 年的 286 t/(人·月) 上升到 2019 年的 399 t/(人·月)，增幅高达 40%。但俄罗斯劳动生产效率最高的露天煤矿也只有美国的 1/5，澳大利亚的 1/2。

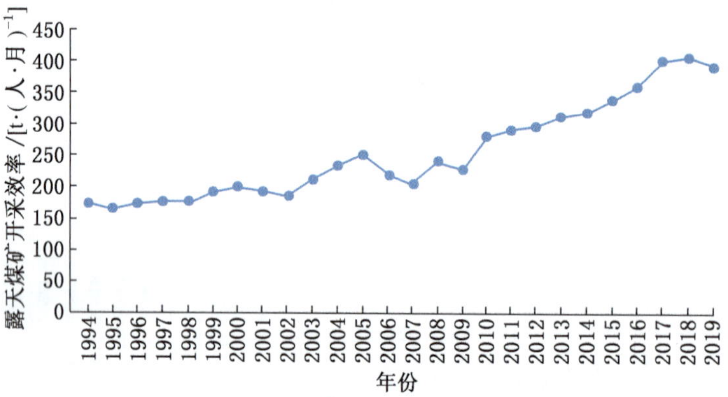

图 3-1-21　1994—2019 年俄罗斯露天煤矿生产效率变化情况

表 3-1-8　2012—2018 年新建露天煤矿情况

编　号	矿　井　名　称	所　在　地　区
1	Trudarmeysky - South	克麦罗沃地区
2	March 8	克麦罗沃地区
3	Karachiyaksky	克麦罗沃地区
4	Ubinsky	克麦罗沃地区
5	Kiyzassky	克麦罗沃地区
6	Pervomaisky	克麦罗沃地区
7	Taybinsky	克麦罗沃地区
8	Permyakovsky - 2	克麦罗沃地区
9	Arshanovsky	哈克斯共和国
10	Nekkovy	Primorsky 领土
11	Solntsevsky	萨哈林州
12	Elgaugol	雅库特共和国
13	Apsatsky	雅库特共和国
14	Fandyushkinsky	Chukotka 自治区

1.4.3　井工煤矿

俄罗斯的井工煤矿开采比例逐年下降，至 2019 年达到 23%，生产效率为 208 t/(人·月)。目前共有 57 个井工煤矿，平均单井产量为 1.88 Mt。

1. 井工煤矿产量

井工煤矿开采规模迟滞不前。近 30 年来，井工煤矿产量经历了煤炭改革初期的产量锐减之后逐渐波动上升的变化。1998 年井工煤矿煤炭产量最低时只有 83 Mt，2019 年井工煤矿煤炭产量增至 107 Mt（图 3 - 1 - 22），仍未达到 20 世纪 90 年代初期的规模。井工煤矿的开采总量占比逐渐减少，由 1994 年的 43.9% 降至 2019 年的 23% 。

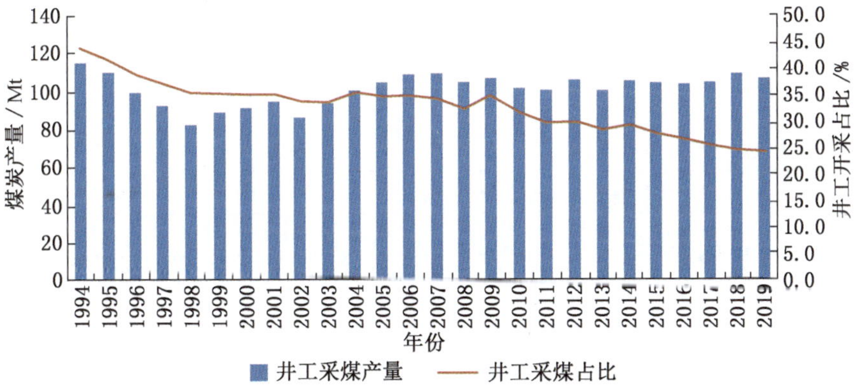

图 3 - 1 - 22　1994—2019 年俄罗斯井工煤矿煤炭产量变化情况

2. 矿井数量与单井产量

井工煤矿单井规模增加是维持井工煤矿开采总量的保障。1994 年俄罗斯共有井工煤矿 229 个（图 3 - 1 - 23），数量占比 78% 。随着大量不具备安全条件或亏损的井工煤矿关闭，井工煤矿数量持续减少，至 2019 年减至 57 个；平均单井产量从 1994 年的 0.50 Mt 增加到 2019 年的 1.88 Mt，增长了 2.76 倍。

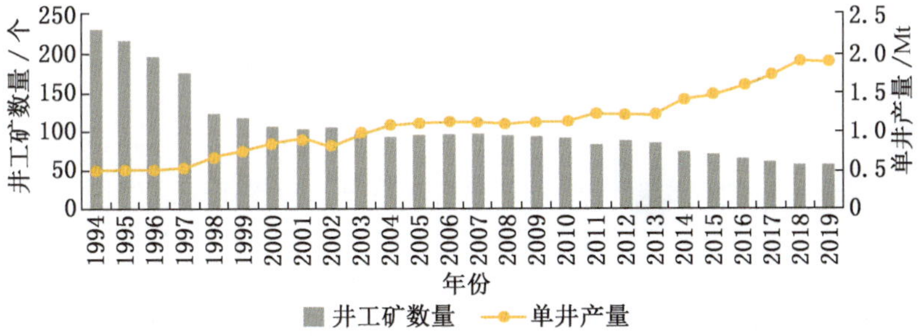

图 3 - 1 - 23　1994—2019 年俄罗斯井工煤矿数量及单井产量变化情况

3. 生产效率

井工煤矿生产效率波动上升态势较为强劲。在煤炭工业改革初期，由于采煤装备大量老化，俄罗斯的井工煤矿生产效率较低，1994 年生产效率只有 36 t/(人・月)，到 2007 年增长至 99 t/(人・月)。进入 21 世纪的第一个十年，由于在克麦罗沃地区新建了较多高效的生产矿井，2012—2018 年新建井工矿井情况见表 3 - 1 - 9，使得井工煤矿平均生产效率有了较大幅度的提高，从 2011 年的 127 t/(人・月）上升到 2019 年的 208 t/(人・月)（图 3 - 1 - 24），增幅达 64% 。但在俄罗斯最好的井工煤矿中，其劳动生产效率仍然比北美煤矿的劳动生产效率低 3.8 倍，比澳大利亚煤矿的劳动生产效率低 2.8 倍。

表 3-1-9　2012—2018 年新建井工矿井情况

编　号	矿　井　名　称	所　在　地　区
1	Uvalnaya	克麦罗沃地区
2	S. D. Pacific	克麦罗沃地区
3	Butovskaya	克麦罗沃地区
4	Butovo（第二阶段）	克麦罗沃地区
5	Raspadskaya - Koksovaya	克麦罗沃地区
6	Yerunakovskaya - 8	克麦罗沃地区
7	Karagailinskaya	克麦罗沃地区
8	Jubilee	克麦罗沃地区
9	Mezhegeyugol	图瓦共和国

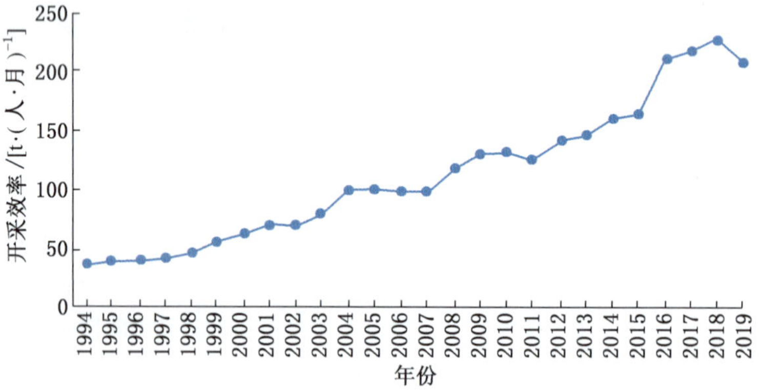

图 3-1-24　1994—2019 年俄罗斯井工煤矿生产效率变化情况

1.5　煤炭市场

从国内市场来看，俄罗斯的煤炭消费总体呈现下降趋势，且受国际和国内环境的影响，未来俄罗斯国内的煤炭消费量会进一步下降。从国际市场来看，俄罗斯煤炭出口量上升明显，在国际市场上的份额增长明显。预计煤炭在国际上的份额将进一步增大，煤炭市场进一步从欧洲转向亚太地区。同时能源出口多元化的政策导向促使中东、非洲地区的煤炭出口量也有所增加。

1.5.1　煤炭消费

由于俄罗斯的天然气消费长期占据主导地位，近 30 年来俄罗斯国内的煤炭消费总体呈现下降趋势，平均每年的煤炭消费量维持在 210 Mt 左右。煤炭消费主要用于发电和炼焦，其中用于发电的煤炭消费占比为 50% 以上。受国际应对气候变化大趋势和国内环境保护要求的逐渐趋紧，以及天然气产业大规模发展计划的影响，未来俄罗斯国内的煤炭消费量会进一步下降。

1. 消费总量

近 30 年来俄罗斯的煤炭消费总量呈现波动下降的趋势，平均每年的煤炭消费量维持在 210 Mt 左右。2019 年煤炭消费量为 202 Mt（图 3-1-25），比 1995 年下降了 16%，约占世界消费总量的 2.3%，排在中国、印尼、美国、日本、韩国之后，居世界第六位。

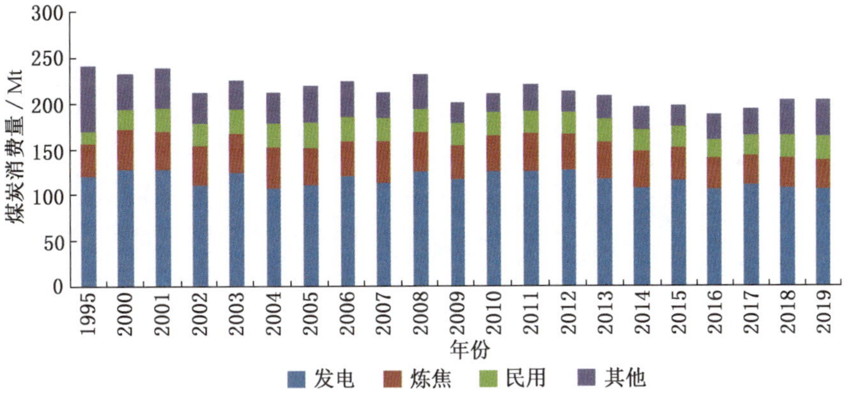

图 3-1-25　1995—2019 年俄罗斯煤炭消费总量

2. 煤炭消费结构

从煤炭消费结构来看，俄罗斯的煤炭主要用于发电和炼焦。其中用于发电的煤炭消费占比在 50% 以上，炼焦煤占比平均为 18% 。从 2017 年开始，冶金等其他行业的消费总量超过炼焦，位于第二位。从 1995 年和 2019 年的煤炭消费结构对比来看，发电和炼焦用煤的比例较为稳定，居民用煤的比例由 5% 增长到 13% 。2019 年俄罗斯电厂煤炭消费量为 105 Mt，约占煤炭消费总量的 51.6% ，同比下降 2.3% ，冶金等其他行业的煤炭消费量为 39.4 Mt，占比为 19.5% ，同比上升 3.1% ，炼焦煤消费量为 32.2 Mt，与 2018 年基本持平，占比为 15.9% ，如图 3-1-26 所示。从消费用煤的来源来看，民用、冶金等其他行业和炼焦煤几乎全部由国内市场供应，电煤消费需要少量进口，国内供应量约占 80% 。

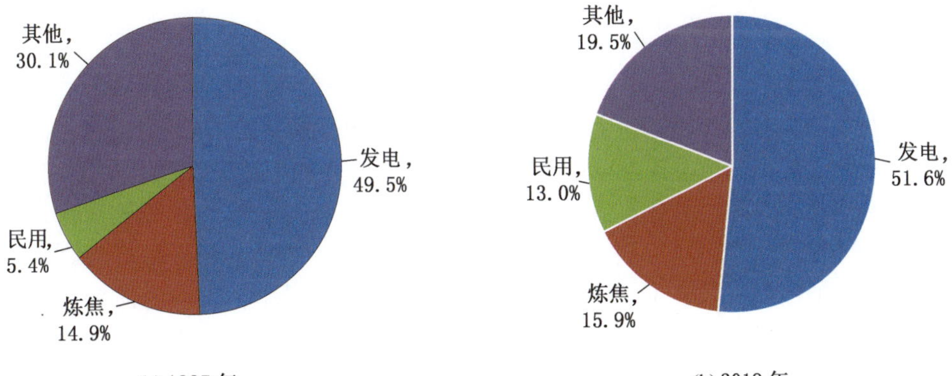

图 3-1-26　1995 年和 2019 年俄罗斯煤炭消费结构对比

3. 电力行业用煤

天然气价格的走低给煤炭用量带来了较大的冲击。进入新世纪以来燃煤发电的比例呈现下降的趋势，由 2000 年的 20% 下降到 2018 年的 16% ，如图 3-1-27 所示。热电厂中天然气发电的比例从 64% 增长到 73% ，而煤电比例从 30% 下降到 25% ，如图 3-1-28 所示。

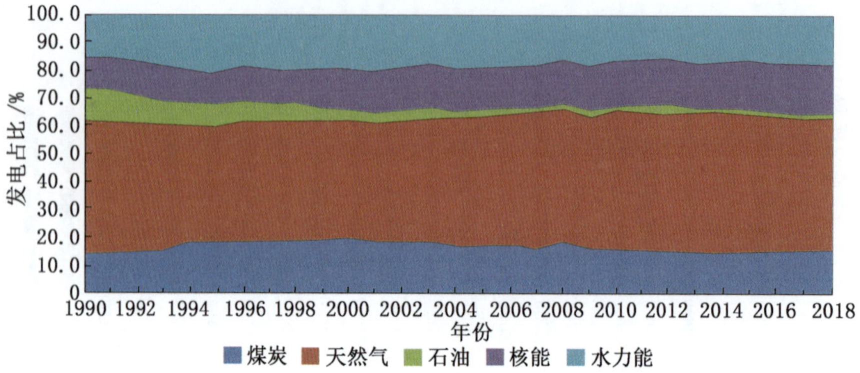

图 3-1-27　俄罗斯不同类型能源发电占比变化趋势

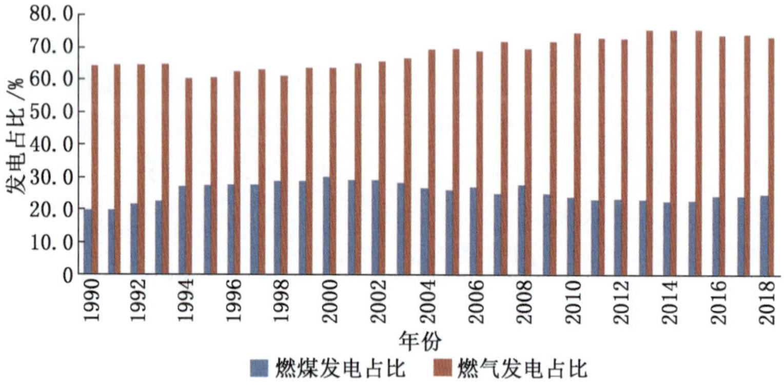

图 3-1-28　俄罗斯热电厂不同类型燃料发电占比变化趋势

4. 未来煤炭消费预测

未来煤炭消费预计会有较大降幅。由于俄罗斯天然气资源丰富，且未来仍计划大规模发展天然气产业，国内的煤炭供应量预测也呈现下降的趋势，加上国际应对气候变化大趋势的影响和国内环境保护要求的逐渐趋紧，都会对国内的煤炭消费产生较大的负面影响。根据俄罗斯科学院 2019 年发布的预测报告，以 2015 年各类能源消费总量为基准，分保守、创新、能源转型 3 种情景对 2030 年和 2040 年的能源消费量进行了预测，见表 3-1-10。其中只有在保守情景中，煤炭的消费量有小幅度增长，在创新和能源转型情景下，煤炭的消费量都会出现不同程度的下降。预计在创新情景下，2030 年和 2040 年的煤炭消费量降幅分别为 3.3% 和 3.9%，而在能源转型情景下，2030 年和 2040 年煤炭消费量降幅分别为 15% 和 20.6%。

表 3-1-10　俄罗斯国内能源消费总量预测　　TW·h

项　目	2015 年（实际）	2030 年			2040 年		
		保守	创新	能源转型	保守	创新	能源转型
总量	1067	1240	1240	1308	1352	1333	1555
石油	10	3	4	4	1	0	0

表 3-1-10（续）

TW·h

项目	2015年（实际）	2030年			2040年		
		保守	创新	能源转型	保守	创新	能源转型
天然气	509	615	619	679	652	642	711
煤	180	182	174	153	188	173	143
核能	195	224	224	237	270	270	371
水力能	170	200	200	204	210	210	240
生物质能	2	5	6	10	6	8	26
其他可再生能源	1	11	13	21	25	30	64

1.5.2 煤炭进出口

俄罗斯煤炭进口主要来自哈萨克斯坦，平均满足俄罗斯内需的 11% ~15% 。煤炭出口量近年来呈现明显上升趋势，居于国内大宗商品出口的第五位，在国际贸易中的份额占 14% ，位列第三位。预计煤炭在国际上的份额将进一步增大，煤炭市场进一步从欧洲转向亚太地区。同时能源出口多元化的政策导向促使中东、非洲地区的煤炭出口也有所增加。

1. 煤炭进口

俄罗斯进口的煤炭以来自哈萨克斯坦的动力煤为主，用于乌拉尔发电站。1995 年俄罗斯进口的煤炭总量为 18.5 Mt，只占俄罗斯消费总量的 7.8% 。自 2000 年以来，俄罗斯煤炭进口量平均满足俄罗斯内需的 11% ~15% ，从 2011 年开始，俄罗斯逐步减少了煤炭的进口量，预计未来将继续控制进口量。2019 年进口煤炭 21.8 Mt，比 2011 年峰值时减少了 11.1 Mt。1995—2019 年俄罗斯煤炭进口量变化趋势如图 3-1-29 所示。

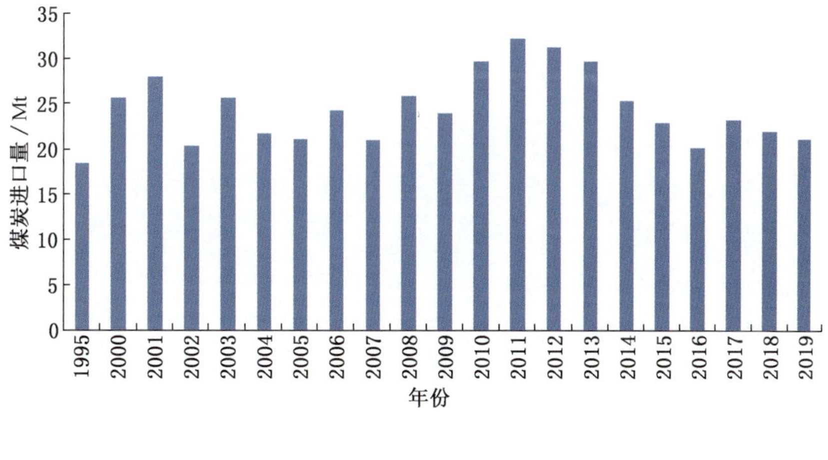

图 3-1-29 1995—2019 年俄罗斯煤炭进口量变化趋势

2. 煤炭出口

（1）出口的煤炭以动力煤为主，且出口量逐年递增。俄罗斯属于资源高度出口型国家，煤炭成为俄罗斯国内继石油、成品油、天然气和黑色金属之后第五位的大宗出口商品，每年给俄罗斯带来 170 亿美元的外汇收入。近年来俄罗斯煤炭出口量呈现明显上升趋势，10 年来出口量增加了近 100 Mt。2019 年出口煤炭共计 210 Mt，已接近煤炭总产量的 50% 。其中动力煤出口量为 173 Mt，约占出口总量的 90%，比 10 年前增长了一倍。炼焦煤出口量为 19 Mt，近年来总体呈现稳中有降的趋势。主要煤炭出口公司为西伯利亚煤炭能源公司，2019 年的煤炭出口量为 161 Mt，约占煤炭出口总量的 83%。未来国际煤炭市场上俄罗斯的政策将主要体现在扩大出口方面，尤其是加强与亚太地区的煤炭贸易。2009—2019 年俄罗斯煤炭出口量变化趋势如图 3-1-30 所示。

图 3-1-30　2009—2019 年俄罗斯煤炭出口量变化趋势

（2）煤炭出口在国际市场上的份额增长较快。经过 20 多年的发展，俄罗斯在国际煤炭市场上的出口份额由 1995 年的 6% 增长到 2017 年的 14%（图 3-1-31），国际竞争力增强。在此期间，世界煤炭贸易量增长了 2.7 倍，而俄罗斯的煤炭出口量增长了 6.3 倍，目前已位列全球第三位，仅次于澳大利亚和印尼。

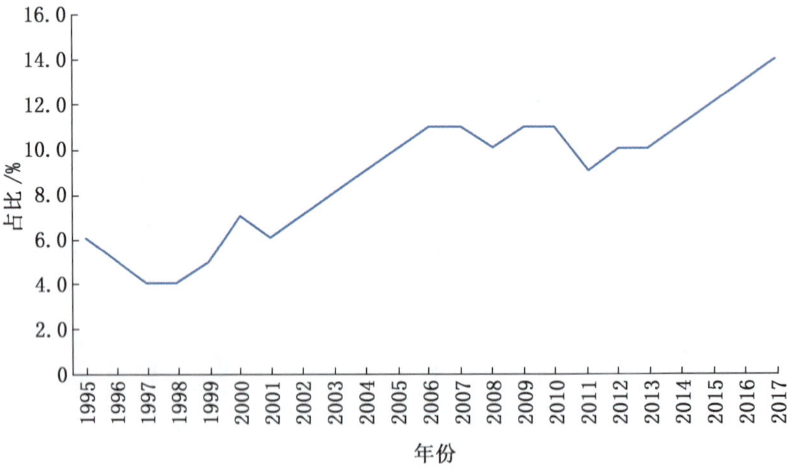

图 3-1-31　俄罗斯煤炭出口份额占比

（3）煤炭东向和西向市场的出口量都有所增加，东向增速比西向更快，如图 3-1-32 所示。进入新世纪以来，俄罗斯供应欧洲的煤炭量增长了 3.2 倍，从 2000 年的 17.4 Mt 增加到 2018 年的 73.9 Mt（图 3-1-33），但在此期间欧洲国家煤炭的消费量减少了 1.3 倍。俄罗斯煤炭在欧洲的进口份额占比达到 34%。亚太地区发展迅速，对进口煤炭的需求持续旺盛，东向市场的出口增速比西向更快。自 2000 年以来，俄罗斯向亚太地区煤炭市场（APR）的煤炭供应增长了 10 倍。不过由于亚太地区的煤炭供应以自主生产为主，2018 年俄罗斯煤炭在亚太地区国家的进口份额仅为 9.3%。2000—2018 年亚太地区进口俄罗斯煤炭的变化趋势如图 3-1-34所示。

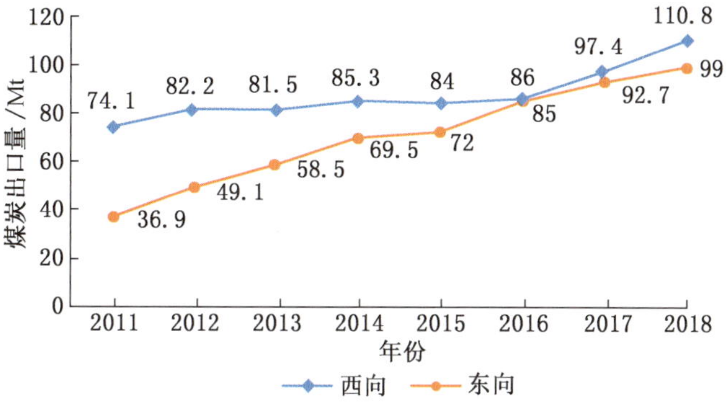

图 3-1-32 俄罗斯煤炭出口方向的变化趋势

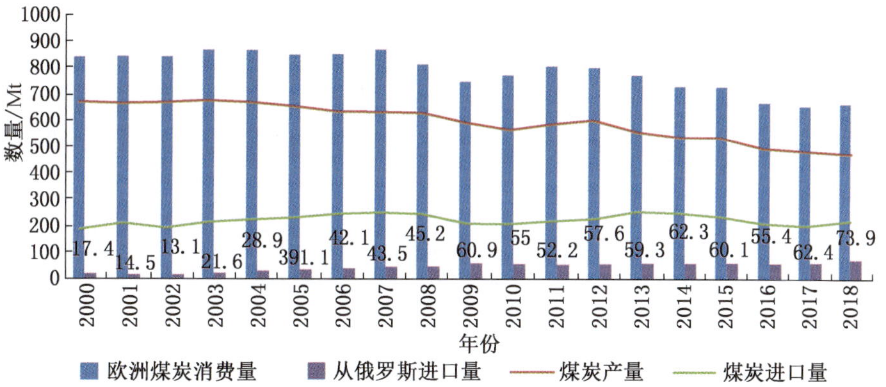

图 3-1-33 2000—2018 年欧洲进口俄罗斯煤炭的变化趋势

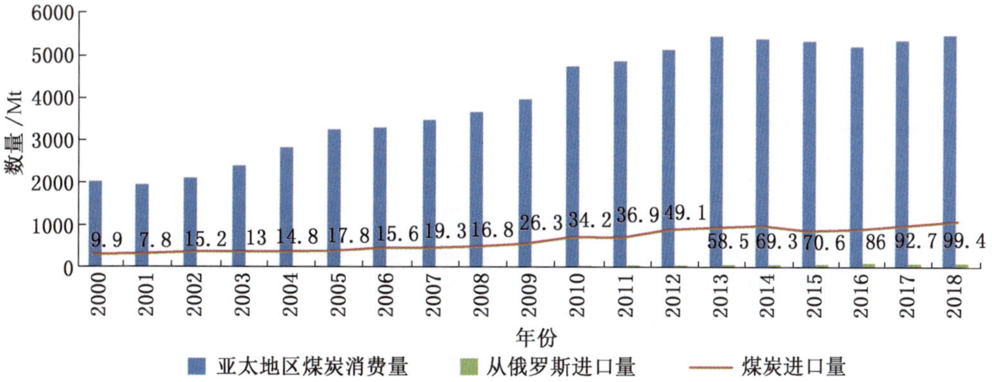

图 3-1-34 2000—2018 年亚太地区进口俄罗斯煤炭的变化趋势

中国、韩国、日本一直是俄罗斯煤炭最主要的出口国。俄罗斯煤炭出口到 82 个国家，遍布欧洲、亚太及非洲地区，约有93%出口非独联体国家。中国、日本、韩国一直是俄罗斯煤炭最主要的出口国，近年来出口印度和越南的煤炭数量也增加较快，出口亚太地区的煤炭数量约占50%，见表3-1-11。欧洲方向，德国的可再生能源计划没有达到预期指标，进口俄罗斯煤炭的数量显著持续增长，从2016年的8.52 Mt增长到2019年的21.29 Mt，增幅高达150%，超过日本成为俄罗斯第三大煤炭出口国。英国受到国内去煤化政策的持续影响，进口俄罗斯煤炭的数量持续减少，2019年的进口量只有1.75 Mt，同比下降80%。

表3-1-11　俄罗斯煤炭主要出口国及出口量　　Mt

国　家	2019年	2018年	2017年	2016年
中国	32.82	27.59	25.66	17.34
韩国	28.3	29.18	26.15	26.55
德国	21.29	13.84	9.74	8.52
日本	20.21	18.28	17.59	18.67
荷兰	13.77	12.01	10.83	9.2
波兰	10.94	13.33	7.66	5.27
土耳其	9.4	11.85	13.71	11.48
印度	7.98	4.49	3.61	4.21
越南	6.08	2.65	2.3	4.07
乌克兰	5.64	14.21	9.27	9.93
英国	1.75	8.94	12.17	11.18
其他	50.8	44.66	42.65	37.34

3. 煤炭价格

俄罗斯的煤炭出口价格与全球重点港口动力煤和焦煤的价格变化趋势一致，即俄罗斯的煤炭价格反映了国际煤炭市场的波动趋势。从国际煤炭交易价格来看，从2011年开始煤炭市场一直处于低迷状态，无论是动力煤的价格还是焦煤的价格都出现持续下降，从2017年开始随着国际市场对煤炭需求量的增加，动力煤和炼焦煤的价格呈现增长趋势，2018年达到6年来的最高水平。

由于从2016开始，俄罗斯的煤炭出口供应超过了国内煤炭供应，因而煤炭出口受国际煤炭市场的影响较大。相对来说，无论是动力煤还是焦煤，俄罗斯的煤炭出口价格都低于全球重点港口的平均价格，且焦煤的价格差距更大。2009—2018年俄罗斯的动力煤和焦煤出口价格变化趋势如图3-1-35所示。

国内市场方面，动力煤的价格较为稳定，2018年的动力煤价格为1860卢布/t，比2011年增加了378卢布/t，如图3-1-36所示。焦煤的价格波动较大，总体呈现波动上涨的趋势。2018年的焦煤价格为9420卢布/t，比2011年增长了37%。

2018年，俄罗斯煤炭供应平均价格为3522卢布/t，同比上升了20%，各种用途的煤炭价格都有不同程度的上升。其中炼焦煤价格达到7425卢布/t，增长了4.1%。民用的煤炭供应价格为1685卢布/t，增长幅度最大，达到21.3%。由于电煤供应与天然气发生竞争，所以电煤价格较低，只有1340卢布/t，同比上升了9.8%，如图3-1-37所示。

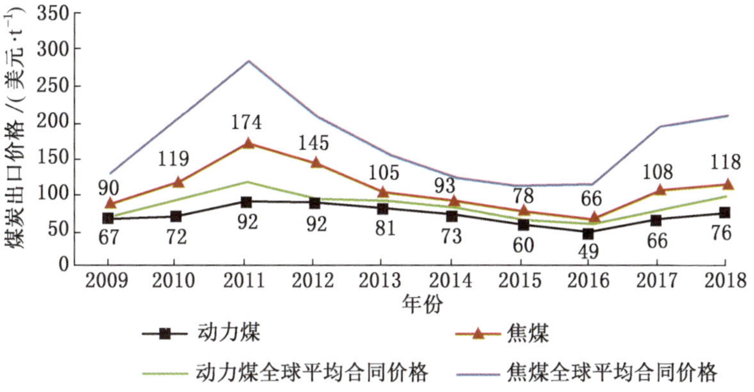

图 3-1-35 2009—2018 年俄罗斯的动力煤和焦煤出口价格变化趋势

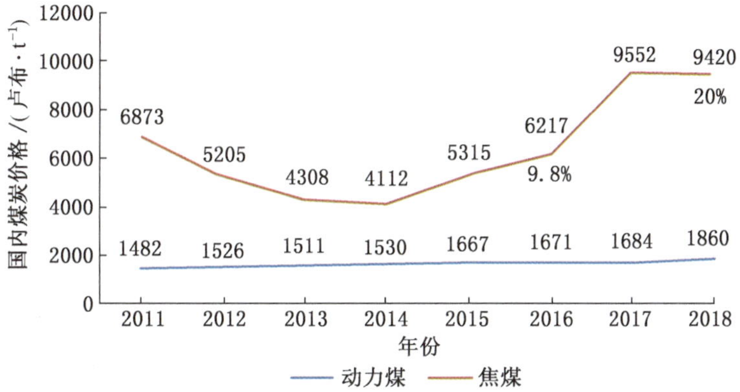

图 3-1-36 2011—2018 年俄罗斯国内动力煤和焦煤价格

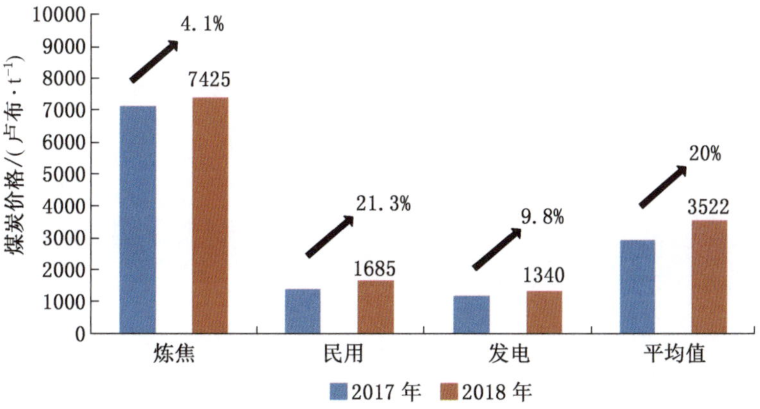

图 3-1-37 2017 年和 2018 年俄罗斯国内煤炭供应价格对比

4. 煤炭出口未来发展趋势

除了国际市场需求变化外，影响俄罗斯未来煤炭出口的主要因素包括俄罗斯煤炭的总体生产能力、煤炭种类、煤炭质量（如硫分、发热量等）、煤炭运输条件（如运输距离、基础设施等）、自然条件及气候影响（如洪水、飓风等），还包括国内的政治局势及能源政策等的影响。

1）出口量

随着俄罗斯战略东移和扩大能源出口、增加煤炭在国际市场上的竞争力政策的持续推行，俄罗斯的煤矿出口量将继续增大。根据《俄罗斯2035煤炭工业发展规划》保守情景估计，俄罗斯煤炭出口量预计将从220 Mt增加到260 Mt，根据乐观情景预计将增加到390 Mt。煤炭生产向俄罗斯东部转移有利于降低煤炭产品的运输成本，并增加向亚太地区国家的出口。而俄罗斯咨询机构Rosinformugol预测2030年和2045年俄罗斯煤炭出口量分别达到350 Mt和410 Mt。总体来看，尽管亚太地区的电力需求仍然旺盛，但随着中国煤炭需求量的逐渐减少，加上全球的气候变化政策以及去煤化的声音不断加强，俄罗斯煤炭出口未必能如规划预计的那样乐观。IEA预计2040年俄罗斯煤炭出口量将达到190 Mt。

2）在国际煤炭市场中的地位及份额

受煤炭出口竞争国印尼煤炭政策趋向于满足内需、哥伦比亚煤炭资源消耗殆尽等因素的影响，俄罗斯煤炭在国际上的地位将进一步增加，份额将进一步增大。在出口国竞争方面，目前世界排名前六位的煤炭出口国煤炭贸易量之和约占世界煤炭贸易总额的90%。俄罗斯的煤炭出口份额也随着国家贸易量的变动而发生相应变化。预计到2030年哥伦比亚的煤炭储量将消耗殆尽，而世界第二大出口国印尼的煤炭政策趋向于首先满足国内供应，因此对外出口的份额将逐步减少，未来俄罗斯煤炭出口的最大竞争者仍然是澳大利亚。预计到2035年，俄罗斯的煤炭出口总量可能会超过印尼，成为世界第二大煤炭出口国。根据俄罗斯咨询机构Rosinformugol和《俄罗斯2035能源发展战略》的预测，俄罗斯的煤炭出口在世界煤炭市场中的份额到2030年将达到22.4%，到2045年将达到25%，如图3－1－38所示。

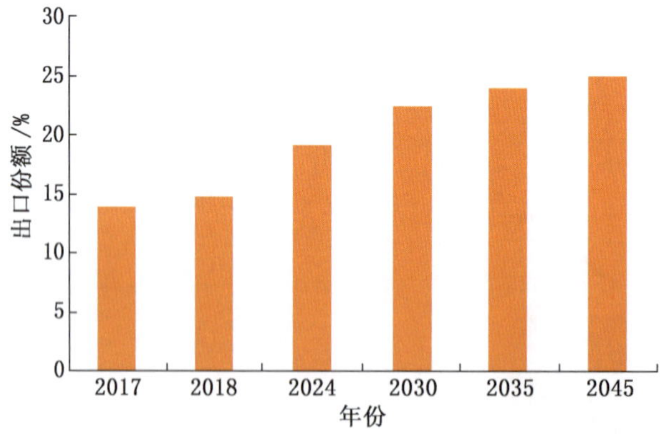

图3－1－38 2045年俄罗斯煤炭出口份额预测

3）出口方向

俄罗斯的煤炭市场进一步从欧洲转向亚太地区，能源出口多元化政策促使中东、非洲地区出口量也会增大。随着环境政策要求的日益严苛，近些年欧洲诸多煤炭消费大国已逐渐削减煤炭使用量，逐步寻求其他绿色能源以代替煤炭，如发展天然气、可再生能源、生物质等新技术，以摆脱煤炭所带来的高污染。受经济脱碳、“去煤化”和积极刺激可再生能源政策的推动，预计俄罗斯对欧洲的煤炭出口量将进一步下降，俄罗斯的煤炭市场进一步从欧洲转向亚太地区。未来出口虽然以亚太地区为主体，但也会同时鼓励煤炭出口流向多样化的发展。西向出口方面，预计俄罗斯的煤炭出口在中东和非洲地区的市场占有率将不断升高，而对于欧洲和独联体的煤炭出口将逐渐减少。东向出口方面，俄罗斯出口的煤炭在亚太地区的份额将显著增加，预计由2017年的10%左右增加到2030年的22%左右，并将取代印尼在亚太市场的主导地位。尤其是在东南亚地区，与印度煤炭公司之间的交易量显著增加，涉及的煤种主要是焦煤。煤炭供应主要通过南部和西北部港口运往东南亚市场。2045年俄罗斯煤炭出口方向及份额预测见表3-1-12。

表3-1-12 2045年俄罗斯煤炭出口方向及份额预测

项 目	2017年（实际）		2030年		2045年	
煤炭出口占比/%	14		22		25	
	26	10	24	22	36	21
出口量/Mt	190		350		410	
	97	93	92	258	145	265
出口方向	欧洲及其他	亚太地区	欧洲及其他	亚太地区	欧洲及其他	亚太地区

但是俄罗斯煤炭出口供应到亚太市场的数量能否取得预期增长，一方面取决于俄罗斯国内煤炭总体的生产能力、煤炭质量、煤炭和天然气的价格，以及运输通道和基础设施建设的完善程度等；另一方面也取决于需求侧国家对于煤炭的实际需求量。

1.5.3 煤炭运输

煤炭运输是俄罗斯整个国民经济发展的一个突出问题，也是影响煤炭工业发展的关键因素之一。铁路是俄罗斯国内煤炭运输最主要的方式，煤炭出口以港口运输为主。无论是国内运输还是煤炭出口，运输成本都非常高。未来亚洲市场的煤炭需求量持续旺盛，俄罗斯政府将积极推动东部铁路网和远东地区港口的基础设施建设。

1. 煤炭运输体系

俄罗斯铁路公司（RZD）是俄罗斯最大的铁路运输公司。西伯利亚大铁路全长9332 km，是世界上最长的铁路，西起首都莫斯科，东至日本海海岸的符拉迪沃斯托克（海森崴），途经梁赞、萨马拉、车里雅宾斯克、鄂木斯克、新西伯利亚、伊尔库茨克、赤塔、哈巴罗夫斯克（伯力）。煤炭在国内各地区间的调配主要依靠铁路运输。出口方面，分为铁路运输和港口运输两种方式，其中以港口运输为主。2019年，俄罗斯通过港口运输的总量约150 Mt，占煤炭出口总量的72.7%。

由于煤炭运输距离长，无论是国内运输还是煤炭出口，运输成本都非常高。随着煤炭出口量的增加，加上俄罗斯交通发达的欧洲区域煤炭产量下降，2018年煤炭国内运输和出口的平均距离分别为2942 km和4530 km，与2010年相比分别增加了840 km和130 km，运输成本增长了2倍以上。2017年俄罗斯动力煤出口成本中（FOB）运输费用占60%左右。

2. 主要运输方式

1）铁路运输

铁路是俄罗斯煤炭最主要的运输方式，煤炭开采量的90%需要通过铁路运输。近年来，随着煤炭出口量的快速增长，通往港口的铁路基础设施成为制约煤炭运输的一个重要瓶颈，严重影响了煤炭在燃料市场上的竞争力。从煤炭主产区库兹巴斯矿区向西方港口的铁路较为发达，主要有西伯利亚大铁路（Trans-Siberia）和十月铁路（Oktyabrskaya）及西北延伸的部分，通向黑海港口、波罗的海港口以及西北港口。通往远东港口的铁路线主要有两条:西伯利亚大铁路和贝加尔湖—阿穆尔河铁路(以下简称贝阿铁路)。远东地区铁路运输基础设施较不发达,铁路密度低于俄罗斯平均水平,铁路网主要集中在中南部地区、滨海边疆区、哈巴罗夫斯克地区、犹太自治区、阿穆尔州、萨哈林地区。在楚科奇自治区、堪察加边疆区和马加丹州基本没有铁路，运力不足是目前制约煤炭出口至亚洲的重要因素之一。

目前俄罗斯在建或者规划了多条铁路线路（表3-1-13)，并加强了配套基础设施建设。俄罗斯的铁路关税在煤炭产品价格中占有很大份额，这也成为制约煤炭出口的一个重要因素。俄罗斯能源部正在尝试应用长期和可预测的参数来解决2025年之后的铁路关税问题。

表3-1-13 俄罗斯在建或规划的铁路路线

所处位置	铁路名称	规划路线
萨哈共和国	—	埃尔加煤田—贝阿铁路
阿穆尔州	费弗拉尔斯克—奥格扎	萨哈林岛（库页岛)—陆地
萨哈林岛（库页岛）	谢利欣—内什铁路	—
图瓦共和国	艾列戈斯特—克孜勒—库拉基诺公共铁路	—
哈克斯共和国	—	海湾煤矿—西伯利亚大铁路

2）港口运输

俄罗斯西向欧洲市场的出口港口主要为黑海区域港口、波罗的海区域港口和西北区域港口；东向亚太地区市场的出口港口主要位于远东地区。俄罗斯约有40个可进行煤炭贸易出口的港口，其中西北地区港口4个，西部波罗的海港口约24个（7个为俄罗斯所有，其余为爱沙尼亚和拉脱维亚所有)，南部黑海港口15个（其中5个为俄罗斯所有，10个为乌克兰所有)，远东地区港口约9个。主要煤炭港口包括波罗的海港口的里加港（Riga，拉脱维亚)、文茨皮尔斯港（Ventspils，拉脱维亚)、塔林港（Tallinn，爱沙尼亚)、尤日内港（Yuzhny，乌克兰)，西北地区的摩尔曼斯克港（Murmansk)，远东地区的东方港（Vostochny)、瓦尼诺港（Vanino)、纳霍德卡港（Nakhodka）等。其中东方港、乌斯特—鲁戈港、瓦尼诺港和摩尔曼斯克港4个港口的煤炭运输比例分别为24%、17%、15%和13%，合计接近70%。2016年共计通过东方港出口煤炭23.5 Mt，一度成为俄罗斯煤炭港口运输的最高纪录。2015—2019年俄罗斯煤炭运输方式的比例变化如图3-1-39所示。

2019年，俄罗斯通过港口运输的煤炭出口量约150 Mt，占煤炭出口总量的72.7%。总体来看，由于俄罗斯能源出口东移策略的实施，近年来东部港口的运煤比例呈现升高的趋势。2011—2019年俄罗斯通过各港口运输煤炭的比例见表3-1-14。

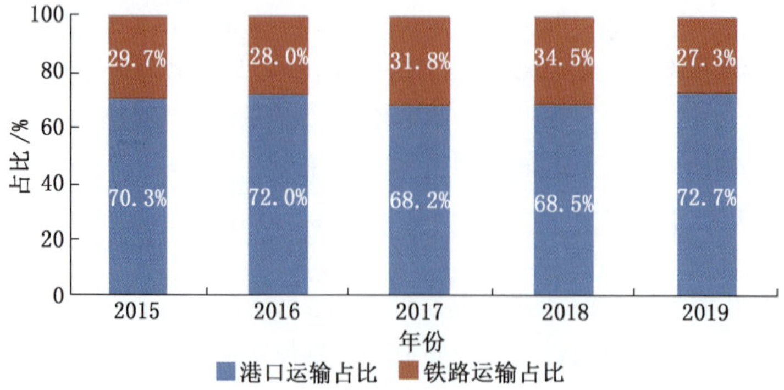

图3-1-39 2015—2019年俄罗斯煤炭运输方式的比例变化

表 3-1-14 2011—2019 年俄罗斯通过各港口运输煤炭的比例 %

年份	东部港口太平洋（远东地区）	西部港口（波罗的海）	南部港口（黑海）	西北部港口（北冰洋）
2011	54.0	21.3	8.2	16.5
2012	53.0	23.4	8.2	15.4
2013	53.5	23.2	7.4	15.9
2014	56.9	21.9	6.3	14.9
2015	57.2	22.6	6.7	13.5
2016	58.4	22.4	6.5	12.7
2017	54.4	26.2	6.9	12.5
2018	56.0	23.6	7.0	13.4
2019	55.7	23.9	8.4	12.0

3. 运输至中国的路线

俄罗斯出口至中国的煤炭主要是动力煤，其次是焦煤和少量的无烟煤，产地主要集中在克麦罗沃州。目前有“铁路+港口”和单一铁路运输两条路线，无论是哪一种运输方式，运输费用都很高，运输成本约占炼焦煤出口成本的57%，约占动力煤的62%。其中“铁路+港口”路线从新西伯利亚地区的库兹巴斯矿区出发，通过向东铁路西伯利亚大铁路或贝阿铁路运至远东港口，由远东港口下水船运至中国天津、上海等东南沿海港口。

单一铁路运输路线是从库兹巴斯矿区出发，通过向东铁路西伯利亚大铁路或贝阿铁路，经过泰舍特铁路枢纽（西伯利亚大铁路和贝阿铁路交会枢纽），再经过赤塔运至内蒙古满洲里口岸进海关，或者经过泰舍特后，继续沿西伯利亚大铁路，经过伯力后运至中国黑龙江绥芬河口岸进海关。2013 年，随着关闭 9 年之久的中俄珲春—马哈林诺铁路正式恢复运营，珲春成为继满洲里、绥芬河之后中俄之间的第三个铁路口岸。

4. 未来发展趋势

1）未来铁路布局

随着亚洲市场的煤炭需求量持续旺盛，俄罗斯政府积极推动东部铁路网的建设，加快俄罗斯铁路现代化长期发展计划的项目执行进度，促进贝阿铁路和西伯利亚大铁路及港口基础设施现代化，确保按照第一阶段计划到2020 年，每年运量达到125 Mt 煤炭，第二阶段计划到2025 年，东向的煤炭供应量达到 195 Mt，其中至少向滨海边疆区港口方向输送 100 Mt，向哈巴罗夫斯克地区瓦尼诺—索夫加万港口方向输送不少于 85 Mt。而根据俄罗斯联邦储蓄银行的数据，预计俄罗斯通过铁路的煤炭运输量将从 2012 年的 58 Mt 增加至 2024 年的 180 Mt。

2）港口建设及未来容量

未来，港口的吞吐能力将增加。根据俄罗斯咨询机构 Rosinformugol 的预测，到 2030 年，新建港口和现有港口的煤炭终端运量接近持平，俄罗斯通过各港口出口终端运量预测如图 3-1-40 所示。其中能力增加最多的是远东地区的港口，目前远东有 10 个港口在新建或扩建（表 3-1-15），建成后吞吐能力最高增加到 186 Mt。预计到 2030 年，远东地区港口的煤炭运输份额将增长至 80%。

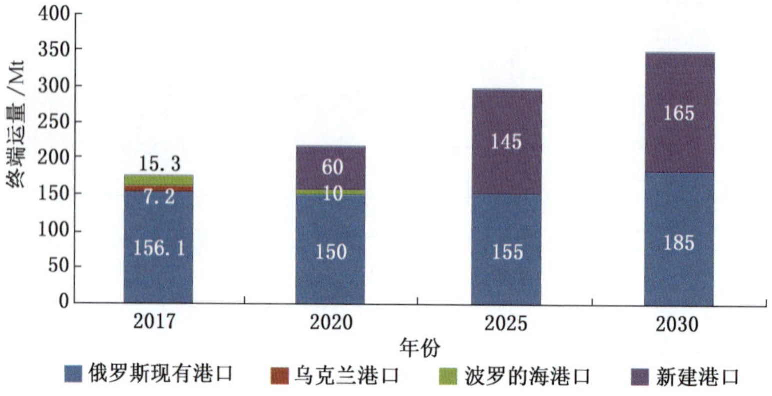

图 3-1-40　俄罗斯通过各港口出口终端运量预测

表 3-1-15　俄罗斯新建港口情况

Mt/a

地　区	地　点	名　称	类别	设计吞吐能力	状　态
远东	瓦尼诺	Sakhatrans	新建	12~24	2023 年投运
远东	瓦尼诺	TPEK - Vanino	新建	15	设计完成
远东	苏霍多尔湾	Sukhodol	新建	6~20	建设中
远东	纳霍德卡	Sever North	新建	7~20	设计
远东	纳霍德卡	Vostochny 三期	扩建	17（合计 39）	2019 开始调试
远东	瓦尼诺	Vanino - Muchke	扩建	6（合计 24）	建设中
远东	萨哈林	Shakhtersk	扩建	7（合计 10）	设计
远东	柏塞特	Posyet	扩建	2（合计 9）	建设中
远东	彼得大帝湾	Vera	新建	20	2019—2020 年调试
远东	楚科奇	Amaam	新建	5	计划
黑海	塔曼	Oteko	新建	20	建设中
黑海	塔曼	Taman - Dry Bulk	新建	28	设计
西北	库尔曼斯克	Lavna	新建	18	2020 年以后调试

1.6　煤矿安全生产与职业健康

俄罗斯的煤矿安全监管机构是生态、工业与核安全监督局，实行联邦政府、联邦区、联邦主体 3 级垂直管理。进入新世纪以来，俄罗斯的煤矿安全生产形势有较为明显的好转，但重特大瓦斯事故仍时有发生。2019 年煤矿安全生产事故共造成 15 人死亡，煤矿百万吨死亡率为 0.034。未来随着煤矿机械化、自动化的进一步发展和对采矿和地质条件差的矿产资源使用许可证颁发的减少，俄罗斯的安全生产情况会进一步好转。

1.6.1　安全生产与职业健康形势

1. 安全生产总体情况

长期以来，煤炭行业都是俄罗斯作业条件最危险的生产行业，伤亡事故和职业病发病率均位居各行业之首。苏联解体以后，俄罗斯经济下滑，煤矿企业管理混乱导致煤矿事故和死亡人数大幅度上升，1993 年煤矿事故死亡人数为 328 人，达到历史最高水平，百万吨死亡率为 1.07。1993 年俄罗斯开始实施煤炭工业改革计划，关闭了大量严重亏损和开采条件恶劣的煤矿，裁减了大量人员，同时积极引进国外先进的采煤技术和装备，积极改善煤矿作业环境，提高生产效率。政府在煤矿安全生产方面采取的一系列措施，促使俄罗斯的煤矿安全生产状况有了明显好转。但由于俄罗斯大部分井工矿煤层赋存条件比较复杂，瓦斯含量高，瓦斯爆炸事故时有发生，而且一旦发生，就会造成巨大的人员伤亡，百万吨死亡率就会出现反弹。2010 年 5 月 8 日，拉斯帕德斯卡亚煤矿发生特大瓦斯爆炸事故，造成 91 人死亡、99 人受伤，此后俄罗斯强化了煤矿安全规定，加强了瓦斯治理，采取了更严格的安全要求和行政处罚措施，加强了煤矿自动化建设，引入自动化生产管理系统、气体分析保护系统、地震监测系统等，来保护矿工安全，煤矿安全状况有所好转，百万吨死亡率一度降至 0.1 以下。2016 年 2 月 25 日，沃尔库塔煤炭公司的北方煤矿发生连续瓦斯爆炸事故，共计死亡 36 人，使俄罗斯煤矿百万吨死亡率反弹回 0.14。2019 年煤矿安全生产事故共造成 15 人死亡，煤矿百万吨死亡率为 0.034，死亡人数和百万吨死亡率都处于历史最好水平（图 3-1-41、表 3-1-16）。

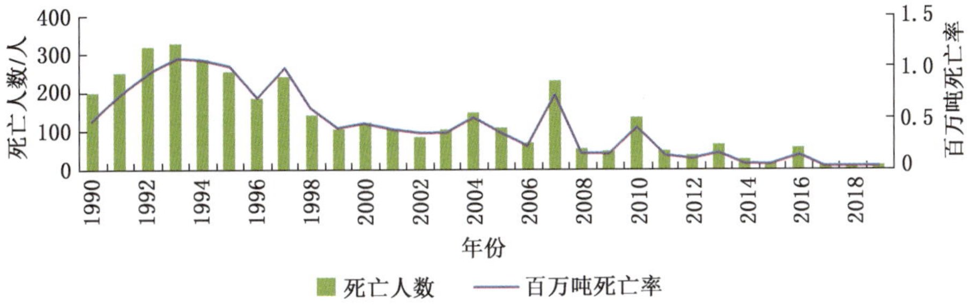

图 3-1-41　1990—2019 年煤矿安全生产事故统计

表 3-1-16　1990—2019 年俄罗斯煤矿安全生产事故统计

年份	死亡人数/人	百万吨死亡率	年份	死亡人数/人	百万吨死亡率
1990	193	0.49	2005	107	0.36
1991	252	0.71	2006	68	0.23
1992	318	0.94	2007	232	0.73
1993	328	1.07	2008	53	0.16
1994	277	1.06	2009	48	0.15
1995	251	1	2010	135	0.41
1996	183	0.7	2011	46	0.13
1997	242	0.99	2012	36	0.10
1998	139	0.60	2013	63	0.17
1999	104	0.41	2014	26	0.07
2000	115	0.45	2015	20	0.05
2001	107	0.40	2016	56	0.14
2002	83	0.35	2017	18	0.044
2003	99	0.37	2018	17	0.039
2004	148	0.52	2019	15	0.034

2. 事故统计分析

1）受伤事故情况

俄罗斯的煤矿安全生产受伤事故以井工矿为主，占比为80%以上。从国家开始实行煤炭工业改革计划开始，到2005年煤炭工业重组基本结束时，累计关闭煤矿数量达到203座（表3－1－17），事故受伤人数由1994年的16695人降至2005年的2696人（图3－1－42），降幅为83.9%，其中井工矿受伤人数由1994年的14092人降至2005年的2225人，降幅为84.2%，千人受伤率从1994年31.1下降到2005年的11.9，降幅为61.7%。

表3－1－17　俄罗斯1994—2005年煤矿事故受伤情况统计

年份	累计煤矿关闭数量/座	煤矿事故受伤人数/人	井工矿受伤人数/人	千人受伤率
1994	16	16695	14092	31.1
1995	36	15761	13160	32.5
1996	57	13883	10200	32
1997	96	11344	9818	29.9
1998	140	8825	7525	29.3
1999	153	7915	6520	28.3
2000	170	7185	6160	25.7
2001	179	6231	5121	23.1
2002	187	5192	4492	20.5
2003	192	4251	3648	17.9
2004	202	3136	2723	13.7
2005	203	2696	2225	11.9

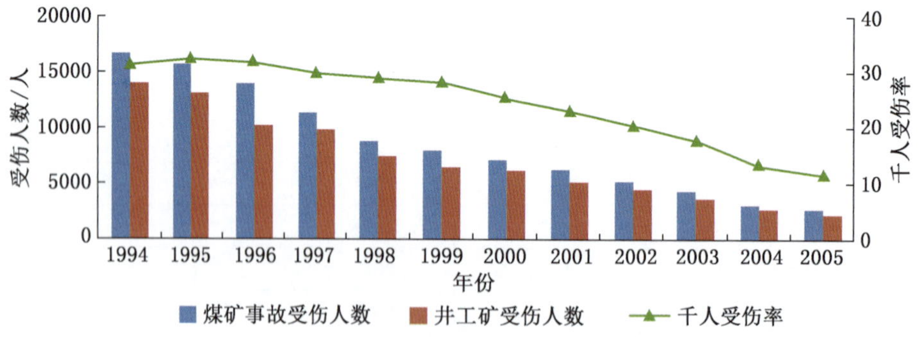

图3－1－42　俄罗斯1994—2005年煤矿事故受伤情况变化趋势

2）百万吨死亡率

2000—2019年露天矿的百万吨死亡率总体呈现下降的趋势，由2000年的0.293下降到2019年的0.012（图3－1－43），而井工矿百万吨死亡率与煤矿百万吨死亡率的变化趋势基本一致，呈现波动下降的趋势，2019年井工矿百万吨死亡率为0.103。而且由于单次瓦斯突出或爆炸事故造成的死亡人数众多，使井工开采和露天开采的百万吨死亡率之比波动较大，总体呈现波动上升的趋势，最低可达1.7，最高可达20.6。

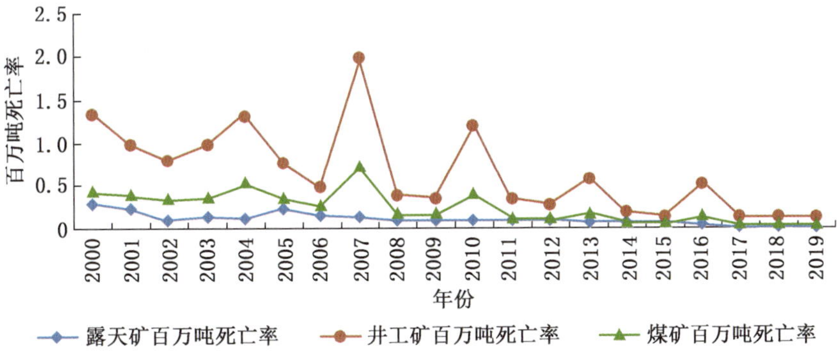

图 3-1-43　2000—2019 年俄罗斯露天矿和井工矿百万吨死亡率变化趋势

3）事故类型

俄罗斯最主要的事故类型主要是火灾和瓦斯爆炸事故。其中 2000—2019 年火灾事故平均占比为 33.5%，位居第一位；瓦斯爆炸事故平均占比为 21.1%，位居第二位。其他容易造成煤矿安全生产事故的类型还包括粉尘爆炸、车辆伤害、机械伤害、岩体坍塌、钻孔爆破、触电等。2000—2019 年俄罗斯煤矿安全生产事故类型统计如图 3-1-44 所示。进入新世纪以来，煤矿瓦斯事故死亡人数最多的是 2007 年，共造成 149 人死亡。2000—2019 年煤矿瓦斯事故死亡人数平均占比为 15.6%，自 2017 年以来未发生煤矿瓦斯亡人事故（图 3-1-45）。

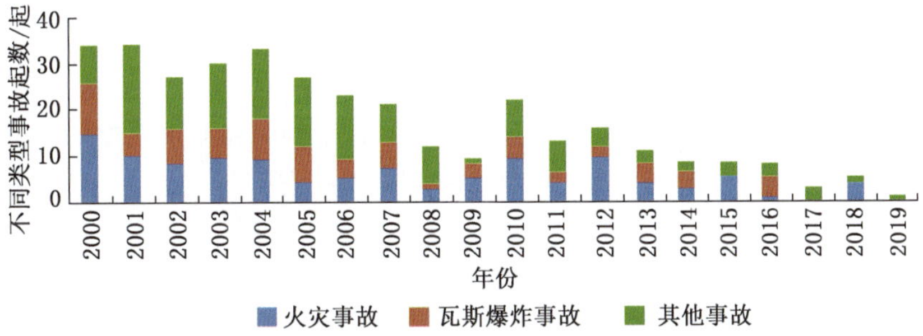

图 3-1-44　2000—2019 年俄罗斯煤矿安全生产事故类型统计

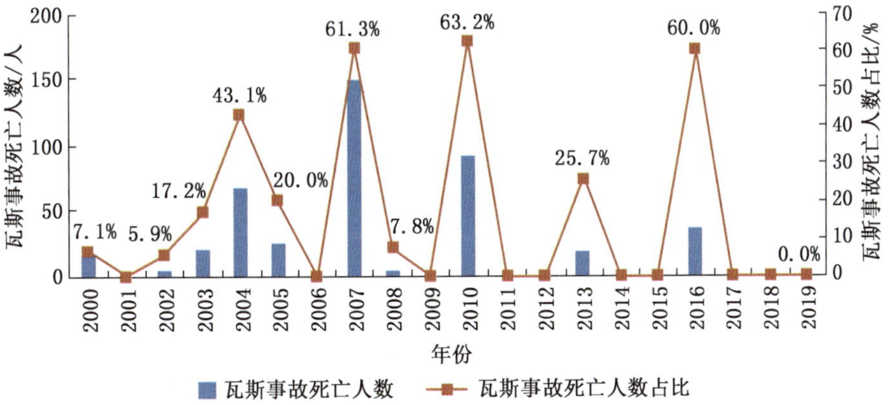

图 3-1-45　2000—2019 年煤矿瓦斯事故死亡人数及占比统计

4）事故原因

造成火灾（包括内生火灾和外生火灾）事故的原因有：内生火灾的原因主要有对早期自燃现象监控不够，煤炭生产控制水平不高，矿井通风方案不合理等；外生火灾的原因主要有：煤（岩）层瓦斯积聚达到可燃浓度，通风不足，摩擦产生电火花等。

造成钻孔爆破作业事故的原因有：操作工为新手、无证人员或者未经过培训即上岗，对于爆炸的危险区域没有进行准确计算，或者在操作时未设置警戒线或划定特殊区域等。

造成机械伤害事故的原因有：挖掘机制动系统、传送带保护装置、采矿设备等出现故障，操作人员劳动纪律差、违反安全规程如未发出警告信号即启动挖掘机等。

造成岩体坍塌事故的原因有：违章操作、安全管理混乱、对从业人员的培训不够等。

造成车辆伤害事故的原因有：违反安全规程、个人防护用品不足、传送设备设计缺陷如缺乏闭锁装置及保护装置等。

造成触电事故的原因有：在高压设备作业时缺乏安全监管、设备故障、违章指挥、电气安全管理与控制水平较差等。

3. 事故特点

（1）煤炭资源客观条件决定煤矿安全事故总量较少。俄罗斯的煤炭资源丰富，煤炭埋藏地质条件较好，适合于露天开采的煤炭储量占总储量的 60% 以上。因而俄罗斯的煤炭开采以露天开采为主，近年来俄罗斯的露天煤炭产量占比逐渐增加，以露天开采为主的煤炭开采方式使俄罗斯的煤矿安全事故总量减少。2019 年露天开采比例上升到 77%，根据《俄罗斯 2035 煤炭工业发展规划》，未来露天开采的比例将进一步增加至 80% ~83%，并且未来优先考虑在最安全的采矿和地质条件下进行煤炭开发，减少对采矿和地质条件特别危险的矿产资源使用许可证的颁发，所以煤矿安全生产情况将进一步向好，煤矿百万吨死亡率预计将从 2019 年的 0.034 降至 2035 年的 0.01 左右。

（2）煤层赋存特点造成煤矿事故类型以火灾和瓦斯爆炸事故为主。俄罗斯大部分井工煤矿煤层赋存条件比较复杂，瓦斯含量高（平均为 25 ~30 m^3/t），自燃倾向和突出危险较高，因此俄罗斯最主要的事故类型是火灾和瓦斯爆炸事故。其中 2000—2019 年火灾事故平均占比为 33.5%，位居第一位；瓦斯爆炸事故平均占比为 21.1%，位居第二位。

（3）单次瓦斯事故死亡人数众多导致煤矿百万吨死亡率出现反复性反弹。2007 年 3 月 19 日，克麦罗沃州的乌里扬诺夫斯克煤矿发生瓦斯爆炸事故，造成 110 人死亡，煤矿百万吨死亡率由 2006 年的 0.23 增长到 2007 年的 0.73。2010 年 5 月 8 日，拉斯帕德斯卡亚煤矿发生特大瓦斯爆炸事故，造成 91 人死亡、99 人受伤，煤矿百万吨死亡率由 2009 年的 0.15 增长到 2010 年的 0.41。2016 年 2 月 25 日，沃尔库塔煤炭公司的北方煤矿发生连续瓦斯爆炸事故，共计死亡 36 人，使俄罗斯煤矿百万吨死亡率由 2015 年的 0.05 反弹回 2016 年的 0.14。总体来看，俄罗斯的露天煤矿开采事故较少，而井工开采的煤矿瓦斯事故仍时有发生，且单次瓦斯突出或爆炸事故造成的死亡人数众多，造成地下开采和露天开采的百万吨死亡率之比波动较大，总体呈现波动上升的趋势，最低可达 1.7，最高可达 20.6。

（4）政府强化安全监管促使煤矿安全生产事故和伤亡人数呈现波动下降的趋势。1994—1997 年俄罗斯联邦政府对严重亏损和开采条件恶劣、安全生产条件差的矿井进行了集中关闭，促使煤矿安全生产状况大幅度好转，煤矿事故死亡人数从 1993 年的 328 人减至 1998 年的 139 人，受伤人数从 1994 年的 16695 人减至 1998 年的 8825 人，降幅分别达 57.6% 和 47.1%。2010 年拉斯帕德斯卡亚煤矿发生特大瓦斯爆炸事故后俄罗斯强化了煤矿安全规定，加强瓦斯治理，采取了更严格的安全要求和行政处罚措施，促使煤矿安全状况持续好转，2018 年的煤矿事故起数和死亡人数与 2010 年相比，降幅分别达 87.4% 和 77.3%。

4. 特大瓦斯事故案例

瓦斯爆炸事故一直是俄罗斯煤矿伤亡最严重的事故类型，历史上典型的特大瓦斯爆炸事故主要有：

（1）1997 年 12 月 2 日，库兹巴斯煤炭公司下属的兹里亚诺夫斯卡亚煤矿发生特大瓦斯煤尘爆炸事故，死亡人数达 67 人，在社会上造成了极坏的影响。

（2）2004 年 4 月 10 日，克麦罗沃州奥辛尼克市泰日纳煤矿发生瓦斯爆炸事故，造成 47 人死亡、6 人受伤。事故原因是由于岩石的坍塌导致电缆损坏，在严重的气体污染条件下，电缆出现了火花，从而引起爆炸。

（3）2007 年 3 月 19 日，克麦罗沃州的乌里扬诺夫斯克煤矿发生瓦斯爆炸事故，当时井下共有 203 人，其中 93 人获救、110 人死亡。这次矿难是克麦罗沃州近 60 年来最大的一起矿难，也是当代俄罗斯最严重的煤矿事故。

（4）2007 年 5 月 24 日，克麦罗沃州南库兹巴斯煤炭公司的纪念日煤矿发生由电缆短路引发的瓦斯爆炸事故，造成 39 人死亡，事故造成的经济损失为 1.677 亿卢布。爆炸发生在地下 520 m 深处的一个长 300 m 的巷道内，当时有 39 名矿工在事故现场作业。

（5）2010 年 5 月 8 日，库兹巴斯煤田拉斯帕德斯卡亚煤矿发生特大瓦斯爆炸事故，造成 91 人死亡、100 人受伤。造成如此重大伤亡事故的原因之一是事故救援时发生了二次爆炸，且比第一次更加严重，甚至摧毁了矿井地面设施，直至 2014 年底煤矿才重新全面恢复生产。

（6）2016 年 2 月 25 日，沃尔库塔煤炭公司的北方煤矿发生连续瓦斯爆炸事故，共计死亡 36 人。事故发生在井下 780 m 深处，发生两次瓦斯爆炸，导致岩石坍塌。在后续的营救行动中，发生了第三次瓦斯爆炸，导致 5 名救援人员和 1 名矿工死亡，另外 5 人受伤。

1.6.2 法律法规与监管体系

俄罗斯的煤矿安全生产监管机构是生态、工业与核安全监督局，实行联邦政府、联邦区、联邦主体三级垂直管理。安全生产和职业健康管理制度主要包括煤矿企业准入制度、分级监管监察制度、劳动保障制度、矿山救护制度和事故调查制度等。自 2010 年拉斯帕德斯卡亚煤矿发生特大瓦斯爆炸事故以来，俄罗斯采取了一系列措施从根本上改善安全生产形势，降低煤矿事故发生率，2011—2018 年共批准了 59 项与煤矿安全生产相关的法规标准。

1. 法律法规

1）与煤矿安全生产、职业健康相关的法律

（1）《危险生产企业工业安全法》，于 1997 年颁布，该法规定了危险行业生产企业的设计、建设、投产全过程的安全生产要求和事故防范措施，以及中央和地方负责安全生产的官员和监察人员的权力和职责。同时规定了危险生产企业要实行单独注册、实施安全监督监察、对事故原因进行调查。

（2）《煤炭（油页岩）开采（加工）和利用领域重组 & 煤炭行业工人社会保障法》，于 1996 年颁布，主要是为了保护煤炭（油页岩）工业重组过程中失去工作岗位的行业工人的合法权益，以及解决与煤炭（油页岩）工业重组相关的环境问题而设立的专门法律。

（3）《矿产资源法》，该法规定了要对与矿产资源利用相关的施工安全进行国家监督，国家监督的目的是预防、发现和制止矿产资源利用人或施工人员违反俄罗斯联邦矿产资源法律和按照俄罗斯联邦法定程序批准的标准（规程、规则）所规定的与矿产资源利用相关的安全生产工作要求。

（4）《俄罗斯劳动保护基本法》明确规定，国家对劳动保护实施管理：对遵守劳动保护法规的情况进行监督和检查；对工人在劳动保护方面合法权益的保护实行社会监督；对生产事故和职业病进行调查；国家对现代生产技术水平和劳动组织不能消除的重体力劳动和在有害或危险条件下作业的职工给予补偿，国家对劳动保护方面的各项措施给予拨款；为工人提供工商和职业病社会保险，以保护工人、事故和职业病受害者及其家属的合法权利。

（5）《工伤事故和职业病强制社会保险法》以及《危险生产企业强制性工伤和职业病保险规定》于 1998 年 7 月颁布，俄罗斯联邦政府认为，工伤保险是在市场经济条件下有效防止事故发生的措施，由于生产安全关系到保险公司的切身经济利益，它将有助于企业更负责任地采取有效措施保证安全生产。

2）近年来的煤矿安全生产法规

自从 2010 年拉斯帕德斯卡亚煤矿发生特大瓦斯爆炸事故后，俄罗斯联邦政府采取一系列措施从根本上改善安全生产形势，降低煤矿事故发生率，2011—2018 年俄罗斯联邦生态、工业与核安全监督局共批准了 59 项与煤矿安全生产相关的法规标准。

自 2016 年起实施了由俄罗斯能源部，俄罗斯联邦生态、工业与核安全监督局，俄罗斯联邦劳动部，俄罗斯联邦紧急事务部，非营利合作伙伴“全俄煤炭工业雇主联合会”批准，并经俄罗斯煤炭工业独立工人工会同意的《2017—2019 年确保劳动条件进一步改善、提高采矿安全性、降低煤炭行业的事故率和外伤事故、维持军事化矿山救护和抢险救护战备状态》的保证计划，下一步会继续更新《2020—2022 年进一步改善劳动条件、提高采矿安全性、降低煤炭行业的事故率和外伤事故、维持军事化矿山救护和抢险救护战备状态》的保证计划。

2018 年俄罗斯联邦政府修订的与煤矿安全生产相关的法律法规见表 3－1－18。

表 3－1－18　2018 年修订的与煤矿安全生产相关的法律法规

文　号	日　期	名　称
联邦法第 114－Φ3 号	2018 年 4 月 23 日	关于变更《俄罗斯联邦刑法典及俄罗斯联邦刑事诉讼法典第 31 条和第 151 条》，变更内容：违反危险性生产工程项目工业安全要求的，应加重刑罚
联邦生态、工业与核安全监督局第 120 号令	2018 年 3 月 21 日	关于变更根据俄罗斯联邦生态、工业与核安全监督局 2016 年 10 月 31 日第 449 号令批准通过的工业安全领域联邦法律法规《进行采矿作业的危险性生产工程项目事故后果的限制及清除说明》
联邦运输部第 170 号令	2018 年 5 月 3 日	关于变更根据俄罗斯联邦运输部 2007 年 8 月 20 日第 15 号令批准通过的《汽车驾驶员工作时间和休息时间特殊性有关规定》
联邦生态、工业与核安全监督局第 226 号令	2018 年 5 月 23 日	关于变更俄罗斯联邦生态、工业与核安全监督局 2012 年 4 月 6 日第 233 号令《关于批准受俄罗斯联邦生态、工业与核安全监督局监管的组织负责人和专家的认证（知识测试）领域》，变更内容：《煤炭（油页岩）开采（加工）组织的工业安全和劳动保护统一管理制度示范条例》生效
联邦生态、工业与核安全监督局第 298 号令	2018 年 7 月 12 日	关于变更根据俄罗斯联邦生态、工业与核安全监督局 2013 年 7 月 15 日第 306 号令批准通过的工业安全领域联邦法律法规《危险性生产工程项目的安全论证一般要求》
联邦统计局第 493 号令	2018 年 8 月 10 日	关于批准《针对生产和人口迁移过程中的外伤事故组织卫生保健领域联邦统计调查用统计工具》
联邦政府第 84－p 号令	2018 年 1 月 25 日	关于批准《至 2030 年的生产和消费废物加工、回收和无害化处理工业发展战略》
联邦生态、工业与核安全监督局第 459 号令	2018 年 9 月 27 日	关于变更《确定地下煤炭开采要求的工业安全领域独立联邦法规》

2. 安全监管体系

1）监管机构

俄罗斯的煤矿安全生产监管机构是联邦生态、工业与核安全监督局。该局属于俄罗斯联邦政府的直属机构，是在原联邦工业和矿山监察局、联邦核监察局和联邦动力监察局的基础上建立的。2004年5月20日，根据俄罗斯联邦总统的法令，联邦技术监督局和联邦核安全监督局改组为联邦生态、工业与核安全监督局。环境监督领域的职能移交给了联邦生态、工业与核安全监督局。

俄罗斯联邦生态、工业与核安全监督局负责工业、能源、建筑领域及核工业4个领域的安全监督管理，主要职能包括：法规、标准、政策的制定，生态环境保护监察，采矿和冶金安全，一般工业生产安全，核安全，特种设备、水利工程、建筑物安全，工业爆破材料生产与使用安全的监督、监察等，颁发矿山生产和安全许可证、爆炸火灾危险性和化学危险性生产设施运行许可证等，负责事故调查处理工作。

联邦政府管理机构设局长1人、副局长6人，下设16个司局。其中包括7个综合司局和9个职能司局。负责煤矿安全监督管理职能的司局为煤炭监督局，其主要职能是负责煤炭开采、洗选和加工过程中的工业安全管理工作，减少事故发生率。

联邦生态、工业与核安全监督局实行联邦政府、联邦区、联邦主体三级垂直管理。对于联邦区的管理分为工业和环境监管部门以及区域间核与辐射安全监督部门两大主体，都在主要联邦区设有外派机构。其中工业和环境监管部门在每个联邦区都设立了外派机构，核与辐射安全监督部门设立了6个外派机构，实行区域间管理，各外派机构直接管理所在联邦区的环境保护与安全生产工作。

2）安全生产和职业健康管理制度

（1）煤矿企业准入制度。1997年俄罗斯联邦政府颁布的《危险生产企业工业安全法》，规定了危险生产项目生产企业的范围，危险行业生产企业的设计、建设、投产全过程的安全生产要求，包括危险生产企业要参加强制性伤害责任保险等；规定了危险生产企业要实行单独注册、实施安全监督监察、对事故原因进行调查。煤矿企业在进行建设前，必须经过国家主管部门对环境、安全等方面的评估，获得有关证书后才能开工，如煤矿企业不仅要对瓦斯、水害等自然情况进行评估，还要对井下放射性元素进行评估。

（2）分级监管监察制度。俄罗斯《危险生产企业工业安全法》规定了对企业遵守安全规程、工业安全鉴定（安全评价）、强制伤害保险等实施联邦监察。明确了中央和地方负责安全生产的官员和监察人员的权力和职责。俄罗斯对于煤矿进行分级监管监察制度，共分为Ⅰ、Ⅱ、Ⅲ、Ⅳ 4个危险等级。2018年纳入国家监管监察范围的共有95个井工矿、279个露天矿（其中245个为生产矿井）以及86个煤炭加工厂，其中危险等级为Ⅰ级的有94个井工矿（其中60个为生产矿井），危险等级为Ⅱ级的有1个井工矿、211个露天矿和86个煤炭加工厂，危险等级为Ⅲ级的有61个露天矿，其余7个露天矿的危险等级为Ⅳ级。

对于煤炭开采项目的审核等则采取多个部委共同参与的模式。例如煤炭开采项目的审核是在俄罗斯能源部的参与下，由联邦生态、工业与核安全监督局，自然资源和生态环境部共同完成的。2017年8月联邦生态、工业与核安全监督局发布了293号令，在煤矿等工业安全领域设立公共检查员，公共检查员可以监控工业企业的安全生产工作开展情况，并协助联邦行政机构进行事故调查。

（3）劳动保障制度。《俄罗斯劳动保护基本法》明确规定，国家对劳动保护实施管理：对遵守劳动保护法规的情况进行监督和检查；对工人在劳动保护方面合法权益的保护实行社会监督。近年来俄罗斯联邦政府加强强制性社会保险金的投入，确保用于减少工人职业伤害和职业病的预防措施。自2016年起，强制性要求煤矿企业支付职业健康保险费，来保障矿工的人身安全和合法权益。为了减少职业伤害，鼓励煤矿企业使用已经经过俄罗斯联邦工业生产认证的采矿设备，明确由煤矿企业采购的现代个人防护装备的数量。煤矿企业引入创新的管理系统加强工业安全和职业健康保护，安装了“Granch”“Gornass”等数字化监控系统，进行事故的预警与报告、人员搜救等工作。

（4）矿山救护制度。俄罗斯的矿山救护采用军事化矿山救护模式，救援高效、专业。俄罗斯矿山救护队成立于 1920 年，包括 9 个独立大队，下设 40 个中队和 213 个机动小队。每个大队约有 500 人，行政管理由救护大队队长负责，下设干部处、司法咨询处、生产处、战斗队、医疗服务队、教学培训中心、运输辅助队及矿井通风队等部门。主要职能包括救护、预防和安全检查职能，实行信息网络化管理，并逐级上传。根据《矿产资源法》进行地下采掘作业的矿产资源利用人，必须配置专业矿山救护服务。煤炭生产企业应组建矿山救护队或与现有的矿山救护队签订救援合同。国家矿山监察机构根据事故的危险性确定煤矿企业救护队的组建标准、机构设置和配备情况。各煤矿企业均需按规定与煤矿救护队共同制定各种事故应急预案，并签署救援服务合同。

为了加强矿山救护，俄罗斯联邦政府对具有百年历史的矿山救护队进行了改革，成立了煤矿和冶金矿山两个救护服务公司。煤矿救护服务公司隶属于俄罗斯能源部，是社会服务机构，它的职业化救护队可完成大量矿山救护和其他地下工程救援任务，能处理各种复杂的事故和灾难。除了职业化救护队，还有由经过专门培训的矿山工程技术人员和工人组成的兼职救护队伍。救护队还配备了防休克医疗救护小组，直接到井下抢救伤员。煤矿救护队配备的装备非常齐全，有现代化的通信工具及汽车、飞机等运输工具，各种型号的高效强力粉末、泡沫和惰气灭火装置，还设有装备库，储存氧气呼吸器、医疗救护设备、处理冒顶和片帮的工具、潜水设备、氮气设备、惰气设备，以及井下运输车辆等。救护队还设有培训中心，向队员讲授矿山救护知识、矿山救护设备的使用方法及伤员的院前急救方法等。

（5）事故调查制度。俄罗斯煤矿发生事故后，政府和企业要立即组织救援，并安抚家属，通知保险公司，成立事故调查组和后勤保障组。事故调查组负责事故原因的调查，一般死亡 5 ~ 14 人的事故由俄罗斯联邦政府有关部门进行调查，死亡 15 人以上的事故由俄罗斯联邦政府进行调查。事故调查组组成人员为单数，事故调查时间一般规定在 15 天以内，特殊情况下可以延长 15 天，如果调查工作超过 30 天需要政府有关部门批准。后期保障组主要负责抢险救援、安抚家属和为事故调查提供保障。

1.7　煤炭与环境

以露天开采为主的煤矿开采特点和煤炭开采量的快速上升，使俄罗斯近年来的煤矿区环境指标发生了恶化，局部的环境污染正逐渐转变成区域性污染。俄罗斯联邦政府重视煤炭工业的环境安全问题，一方面加强环境监管，另一方面注重引进和发展环境保护、资源合理开发与利用等先进技术，减少环境负面影响，并对提高商品煤质量、建立煤炭深加工高科技示范项目、获得高附加值煤炭产品等重点领域进行了中长期规划。

1.7.1　煤矿区环境管理

俄罗斯联邦的煤矿区环境管理机构为自然资源和生态环境部，煤炭资源开发及利用过程中的环境保护法律体系以《俄罗斯联邦环境保护法》为根本法，以《俄罗斯联邦生态评估法》为基本法律。为进一步消除煤炭行业发展带来的负面影响、改善环境质量，俄罗斯联邦将“确保煤炭工业的环境安全”确定为《俄罗斯 2035 煤炭工业发展规划》的 7 个子计划之一，采取完善的法律法规，加大环境污染的惩罚力度，引进先进的煤炭开采、加工和运输技术，积极发展环境保护、资源合理开发与利用技术等多项措施，减少对环境的负面影响。

1. 矿区环境总体情况

俄罗斯煤炭产量主要来自开放式露天开采，与井下开采相比，露天开采通常带来更大的环境污染与破坏。一般开采 1 t 煤需要剥离 8 m^3 土方，被剥离的岩层在矿床整个运行期间都将放置在堆场内，废弃物的存储需要占用大量的农业用地，如科尔金斯基褐煤露天矿开采深度达到 500 m，开采区域直径 4000 m，就近放置覆土的存储量达 5 Gt。堆场的粉尘、堆场中煤的自燃、矿场中锅炉房的运行，以及煤炭开采过程中产生的大量甲烷排放都会给矿区环境带来严重的负面影响。

井工煤矿开采会对矿区周围的生态环境造成破坏，如含有大量固体颗粒、有毒物质、矿物盐、酸和其他杂质的矿井水被排入当地土壤和水体中，造成水体淤积、盐渍化和酸化，并且随着煤矿采深的增加，会造成地下水的自然状态遭到破坏。井下采煤还会导致地表崩落并形成坍塌，使矿区周围居民的房屋遭到破坏。矿井报废之后如果不进行监管和处理，还有可能造成周围的建筑被淹没或因瓦斯泄漏造成爆炸事故。

近年来随着煤炭开采量的快速上升，煤炭行业的环境指标发生了恶化，局部环境污染正逐渐转变成区域性污染。2018 年俄罗斯煤炭工业共产生大气污染物 1. 907 Mt，其中排放到大气中的污染物为 1. 11 Mt。V 级危险性固体废弃物达到 4. 82 Gt，有效利用 2. 5 Gt，利用率只有 51. 9%。排放废水总量为 4. 48 m^3，被污染的废水占所有排放废水总量的 69. 2%。遭到破坏的土地面积达到 10657 hm^2，而土地复垦面积只有 589. 5 hm^2，土地复垦率只有 5. 5%，这与 2009 年发布的《俄罗斯 2030 能源发展战略》的规划相差甚远。根据《俄罗斯 2030 能源发展战略》规划，2020—2022 年，土地复垦率要达到 65% ~70%。

2012—2018 年，在煤炭开采量增加 30% 的情况下，有害物质排放量增加了 12. 5%，土地受损面积增加了 154%，土地复垦面积减少了 42%，平均每年减少 1. 7 倍，采煤产生的累计固废量增加了 30%。据统计，2009—2018 年因采煤产生的累计固废量达到 21300 Mt。2012—2018 年俄罗斯大气污染物指标、废水指标、土地面积情况如图 3 -1 -46、图 3 -1 -47、图 3 -1 -48 所示。

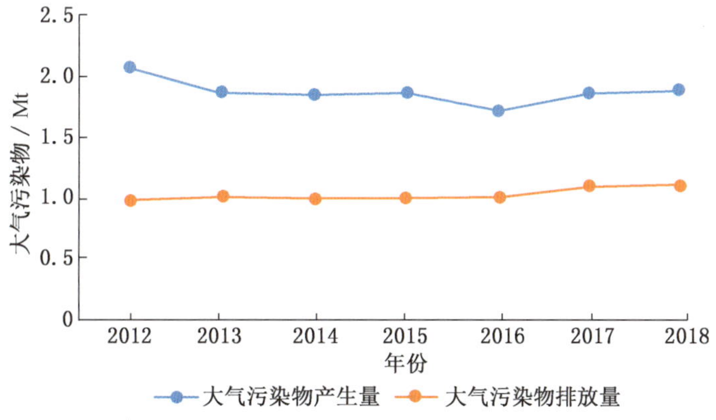

图 3 -1 -46 2012—2018 年俄罗斯大气污染物指标情况

2. 环境管理法规制度

1）法律法规

包括煤炭在内的矿产资源是俄罗斯环境保护的重点领域之一。《俄罗斯联邦环境保护法》中涉及资源管理的基本要点主要有：保护、恢复和合理利用自然资源是保护环境和维护生态安全的必要条件，对计划中的经济活动和其他活动有可能产生的生态危害需要进行预先评估，在决定开始进行经济活动和其他活动时，必须对其进行环境影响评估；必须根据环保技术标准检查项目情况，尽量利用最佳技术工艺，确保有关活动的有害影响降至最低。秉承的主要原则有：资源的有偿使用和环境污染破坏的补偿原则，环保监督的独立性原则。

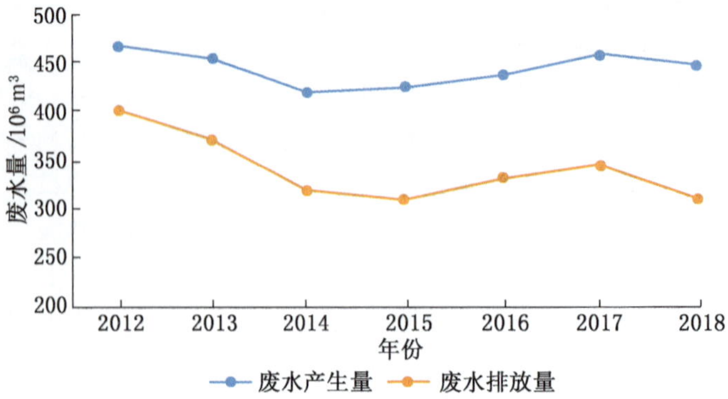

图3-1-47　2012—2018年俄罗斯废水指标情况

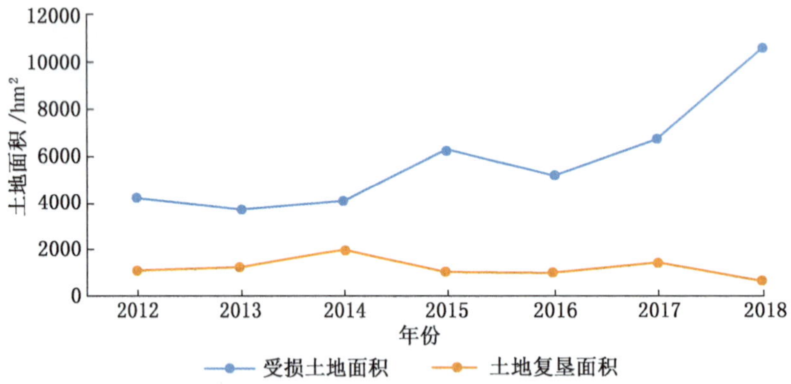

图3-1-48　2012—2018年俄罗斯土地面积情况

《俄罗斯联邦生态评估法》规定，要对与生态评估客体有关的经营活动相关文件进行评估，确认其符合环境保护领域的技术规章和法律的要求，防止该活动对环境产生负面影响。环境评估基于以下原则：对任何计划经营活动和其他活动对环境的潜在危害进行预测；在决定实施环境评估对象前环境审查的义务；综合考虑经营活动和其他活动对环境的影响；在进行生态评估时考虑生态安全的要求；保证提供的生态评估信息的真实性和完整性；环境评估专家独立行使其在环境评估领域的权力；科学的有效性，环境影响评价结论的客观性和合法性；公开性，公共机构（协会）的参与，考虑公众意见；生态评估的参与者和利益相关者对组织、行为、生态评估质量承担责任。

2018年出台和修订的用以改善煤炭行业生态状况，提高煤炭开采、加工和使用地区生态安全方面的法律法规见表3-1-19。

表3-1-19　2018年出台和修订的煤炭环保法规

文　号	日　期	名　　称
联邦法第252-Ф3号	2018年7月29日	关于变更《俄罗斯联邦环境保护法》和《俄罗斯联邦环境保护法变更法》第1条和第5条及俄罗斯联邦独立立法文件，变更内容：建立污染物排放量及污染物排放自动控制系统

表 3-1-19（续）

文　号	日　期	名　称
联邦政府第 222 号决议	2018 年 3 月 3 日	《关于批准卫生保护区建立规范和卫生保护区内用地规范》
联邦政府第 542 号决议	2018 年 5 月 4 日	《关于批准环境累积危害消除工作组织条例》
联邦政府第 635 号令	2018 年 5 月 31 日	《关于变更卫生保护区建立规范和卫生保护区内用地规范》
联邦政府第 758 号令	2018 年 6 月 29 日	《关于危险等级为Ⅳ级（低危害）的固态生活垃圾处理对环境造成负面影响的收费标准，以及关于变更俄罗斯联邦政府若干法令》
联邦政府第 986 号令	2018 年 8 月 23 日	《关于变更环境收费条例和确定环境收费支付程序》
联邦政府第 84-p 号令	2018 年 1 月 25 日	关于批准《至 2030 年的生产和消费废物加工、回收和无害化处理工业发展战略》
联邦自然资源和生态环境部第 74 号令	2018 年 2 月 28 日	《关于批准生产环境监测计划的内容要求、生产环境监测组织报告及结果报告的提交程序和期限》
联邦自然资源和生态环境部第 154 号令	2018 年 4 月 18 日	《关于批准对环境产生负面影响且污染物排放量占俄罗斯联邦污染物总排放量比例不低于 60% 的Ⅰ级工程清单》
联邦自然资源和生态环境部第 352 号令	2018 年 8 月 7 日	《关于批准清点固定源和排入大气的有害（污染）物质排放量、校正清点数据、记录和保存清点及校正所得数据的程序》

2）环境管理制度

（1）生态鉴定制度。生态鉴定，即对拟进行的经济活动或其他活动是否符合生态要求进行鉴定，目的是预防经济活动或其他活动对自然环境可能产生的不良影响，以及预防可能导致的与此相关的不良的社会、经济及其他后果。生态鉴定并非是针对矿产资源开发而专门建立的制度，而是俄罗斯进行生态环境管理的一项重要管理措施，在整个环境管理法律体系中占有非常重要的地位。由于矿产资源的开发常常伴随环境污染问题，因此也受其约束。生态鉴定制度包括国家生态鉴定和社会生态鉴定。其中国家生态鉴定是法定的强制性生态鉴定，针对生态危险概率较大的活动项目；而社会生态鉴定针对生态危险概率较小不纳入国家生态鉴定范围的活动，由有资格的社会团体来完成。

（2）生态保险制度。生态保险，也叫环境污染责任保险，又称为“绿色保险”，是指由于被保险人在生产经营活动过程中，由于非故意的原因形成污染，进而造成第三人伤亡、财产损失或环境破坏时，由保险人根据保险合同的约定就被保险人由于此类损害所承担的赔偿进行损失填补的一种责任保险。俄罗斯生态保险制度的实行能够转移环境污染带来的民事损害赔偿风险。

3. 管理措施

为进一步消除煤炭行业发展带来的负面影响、改善环境质量，俄罗斯将“确保煤炭工业的环境安全”确定为《俄罗斯 2035 煤炭工业发展规划》的 7 个子计划之一，主要采取以下应对措施：

一是从法律方面完善相关法律法规入手，加强细化环境保护的法律法规，调整和废除陈旧和不合时宜的法规标准文件，改善监管框架，严格要求加大环境污染的惩罚力度，如在 2018 年通过变更《俄罗斯联邦环境保护法》，建立了污染物排放量及污染物排放自动控制系统。

二是引进先进的煤炭开采、加工和运输技术，减少对环境的负面影响。加强煤层气（煤矿瓦斯）开发利用技术的科研攻关；引进环保、无废料或低废料的技术和设备，减少废弃物的产生；对效率低的污水处理厂进行改造升级；采用封闭式的煤炭运输装置，建设先进的封闭式煤炭港口，避免以开放的方式运输煤炭过程中造成煤尘污染等问题。

三是积极发展环境保护、资源合理开发与利用技术，并着力强化煤炭工业垃圾再生利用技术，提高被破坏土地修复比例。

4. 未来趋势

未来随着法律法规的不断完善和先进适用的环保技术应用逐渐成熟，煤矿区环境将总体向好。根据《俄罗斯 2035 煤炭工业发展规划》，到 2035 年，污水占总排放物的比例从 69.2% 降至 30% ~ 35%，大气污染物的排放率从 69.4% 降至 20% ~30%，土地复垦率从 5.5% 增加至 66% ~90%。

1.7.2　煤炭清洁高效利用

在煤炭清洁高效利用领域，俄罗斯重点关注煤炭洗选和煤炭深加工及煤化工领域。在煤炭深加工及煤化工领域起步较晚，且由于石油、天然气等能源资源丰富，近期来看俄罗斯发展煤炭深加工利用的动力不足，长远来看在煤炭深加工高科技示范项目、高附加值煤炭产品等重点方向有一定的发展潜力。

1. 煤炭洗选

俄罗斯为提高煤炭在国际市场上的竞争力，近年来新建了多个煤炭洗选加工厂，不断提高煤炭的入选率，以提高出口煤炭产量，现有煤炭洗选加工厂 65 个。2000 年煤炭洗选量只有 85 Mt，到 2019 年达到 206 Mt，比 2000 年增长了 142%，入选率达到 46.7%。其中焦煤的入选率较高，几乎所有的焦煤都经过了洗选。动力煤的入选率一直较低，2005 年只有 13%，从 2011 年起动力煤的入选率有了较大幅度的增长，到 2019 年入选率约为 30%。1990—2019 年俄罗斯煤炭洗选变化情况如图 3-1-49 所示。

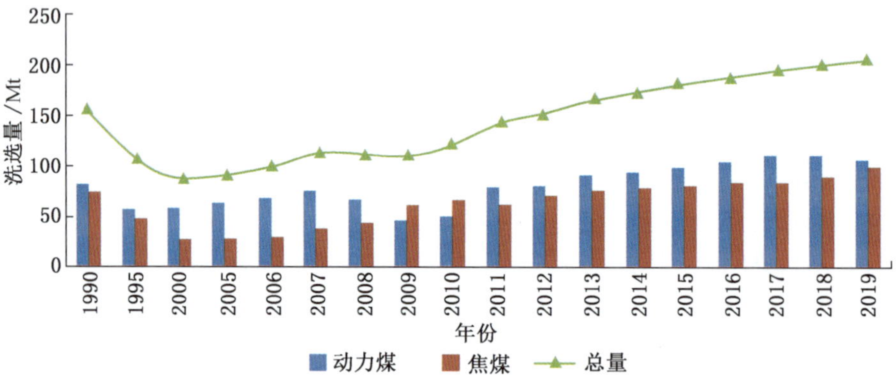

图 3-1-49　1990—2019 年俄罗斯煤炭洗选变化情况

炼焦煤选煤厂主要集中在库兹巴斯煤田、萨哈共和国、伯朝拉煤田。其中伯朝拉煤田入选率 90% 以上，萨哈共和国与哈卡斯共和国入选率可达 60%，库兹巴斯煤田入选率为 55%。

2018 年 4 月，位于俄罗斯萨哈（雅库特）共和国的杰尼索夫斯基选煤厂竣工投产，洗选量可达 6 Mt/a。之后启动了 12 Mt/年的伊娜格林斯基二期选煤厂合作项目，两个项目都由北京中航美林机械设备有限公司参与共建，为雅库特乃至整个远东地区的经济社会发展和解决就业问题带来了明显的助推作用。

2. 煤炭深加工及煤化工

俄罗斯煤炭深加工及煤化工的发展起步较晚，近年来才开始引起国家层面的关注。2014 年俄罗斯通过了煤化工发展和提高煤化工产品产量的国家计划，旨在刺激俄罗斯煤炭深加工技术的研发与应用。2015 年俄罗斯联邦煤炭与煤化工研究中心成立。2016 年 1 月，俄罗斯能源部在该中心主办了以“俄煤化工未来发展：科学、技术与生产”为主题的全国煤化工科技会议，来自中国、美国、德国、澳大利亚等煤炭科技大国的专家们共同探讨了煤化工的发展问题。2016 年 6 月，第 18 届国际选煤大会在圣彼得堡市召开。近年来，俄罗斯的能源企业开始在煤化工领域与中国开展合作项目。2017 年 12 月后贝加尔发展集团股份公司与北京中琨聚霖集团在赤塔市共同成立了合资公司“后贝加尔煤化工有限责任公司”，成为中俄首例煤化工合作项目。

但是由于俄罗斯的能源资源丰富，开发新油田相对容易，加上石油加工和炼化技术的发展潜能很大，性价比更高，近期来看，俄罗斯发展煤炭深加工利用的动力不足。俄罗斯联邦政府在 2030 年以后规划了基于煤炭深加工技术的高科技示范项目，旨在获得产品附加值更高的产品，延伸煤炭产业链，提升煤炭在国际市场上的竞争力。从长远发展来看，仍有一定的发展潜力。

1.8 煤炭科技创新与研发应用

俄罗斯是世界上科技实力雄厚的国家之一，但目前的整体科技发展水平仍未恢复到苏联时期的水平，煤机装备主要依靠进口。煤炭科技研发投入以政府为主，重视对煤炭青年科技人才的激励和培养。未来煤炭工业的技术发展重点在于通过发展煤炭开采、加工和运输环节的自动化和智能化技术，进一步提高劳动生产率，改善商品煤质量，获得高附加值的煤炭产品，进一步提高俄罗斯煤炭在国际市场上的竞争力，并减少对煤炭进口技术装备的依赖。

1.8.1 煤炭科研体系

俄罗斯的煤炭科研体系分为科学院矿产资源类研究所、矿业类高等院校以及矿业设计院等三大系统。在研发经费构成中，联邦预算拨款是最重要的资金来源。能源行业的重点研究方向包括资源的合理利用（如生态环境保护技术、环境监测技术、自然灾害评估及预测技术，以及矿产资源的勘探、开采和集成技术等）及能源效率和节能。在煤炭科技人才培养方面，重点加强对青年人才的激励和培养，致力于系统培养青年采矿领袖，在矿区建立完善的配套基础设施，吸引不同层次的专家和专业人才到开发条件好的偏远地区从事煤炭开发工作。

1. 科研体制

俄罗斯的科研体制大致可以分为三大系统：联邦政府设立的科学院研究系统、工业设计研究系统和高等院校科研系统。科学院研究系统以俄罗斯科学院为代表，以理论研究见长，拥有数以千计的科学院士、通信院士和工程院士。工业设计研究系统与工业生产部门联系密切，具有很强的技术创新能力。高等院校科研系统凭借基础科研和与教学密切结合的优势发挥着独特的科研作用。俄罗斯科学院在 2013 年进行了改革，改革后分为 3 个分院（西伯利亚、乌拉尔和远东分院）、13 个学部，下设 15 个地区性科研中心，共 500 多个科研机构，有工作人员约 5.5 万名。其原有的组织和管理职能转由一个新机构——联邦科研机构管理局（FASO）承担，FASO 受俄罗斯联邦政府领导，直接对原科学院下属的各类机构进行评估和管理。

2. 主要煤炭科研机构

科学院研究系统与矿业领域相关的科研机构有：俄罗斯科学院矿产资源综合开发研究所、俄罗斯科学院西伯利亚分院矿业研究所、俄罗斯科学院西伯利亚分院北方矿业研究所、俄罗斯科学院西伯利亚分院煤与煤炭化学联邦研究中心。高等院校科研系统与矿业相关的科研机构有：圣彼得国立矿业大学、国立科技大学矿业学院（原莫斯科国立矿业大学）等。工业设计研究系统与矿业相关的科研机构有：国家矿业研究中心——矿业学院、地下工程中央研究院、国立东方矿业职业安全研究所、采矿地质力学与矿山测量研究所、固体燃料富集研究所、联合研究与设计煤炭研究所、煤炭行业矿业设计研究院等。

主要矿业科研机构介绍如下：

（1）俄罗斯科学院矿产资源综合开发研究所（http://ipkonran.ru/）。

俄罗斯科学院矿产资源综合开发研究所（IPKON，Institute of Comprehensive Exploration of Mineral

Resources，Russian Academy of sciences）成立于 1977 年，是在苏联科学院地球物理研究所矿山物理技术研究室的基础上建立起来的，主要从事合理开采和综合利用矿产资源的基础性研究工作。该研究所是俄罗斯矿业领域的基础研究中心，在矿物资源开发、加工、综合利用和生态保护等科学技术领域起着极其重要的作用。目前研究所共有 8 个研究室和 1 个应用研究与创新中心，分别为矿产资源开发理论研究室、煤（岩）层甲烷和气体动力学现象研究中心（下设 3 个实验室，分别为岩石的物理化学和热力学过程研究实验室、煤（岩）层开发中的地质动力学和气体动力学研究实验室、含气煤（岩）层开发中的地质技术风险研究实验室）、深层矿物资源开发研究室、复杂矿物组分加工研究室（下设 2 个实验室：矿物原料分离理论实验室、非常规矿物原料综合加工实验室）、岩石地质力学研究室、矿山生态研究室、矿物质分析中心、地质资源开发和保护管理研究室。

2018 年，俄罗斯科学院、莫斯科矿业学院等研究机构以及俄罗斯煤炭公司与 UNECE 联合，在俄罗斯成立了国际卓越煤矿瓦斯治理中心，并确定了主要的研究任务和目标：①研究煤矿全生命周期内各个阶段的煤矿瓦斯、煤层气、废弃煤矿瓦斯的抽采增产技术；②研究不同浓度的煤矿瓦斯抽采方法，用于汽轮机、燃气轮机发电和满足煤矿企业供热需求等；③研究提高瓦斯利用率的方法；④减少煤矿瓦斯排放，保护环境；⑤研究瓦斯提浓技术，获得商用 LNG 或压缩天然气；⑥发展俄罗斯的煤层气产业。2018 年，俄罗斯科学院还与山西焦煤集团开展了煤层气安全高效开采领域的项目合作。

（2）俄罗斯科学院西伯利亚分院矿业研究所（http://www. misd. ru/）。

俄罗斯科学院西伯利亚分院矿业研究所位于新西伯利亚市，其前身是苏联科学院西伯利亚分院矿业研究所。该研究所下设 21 个研究室和 1 个工程中心，还设有实验基地、特殊工艺设计局和劳动保护局。主要研究领域如下：与技术开发活动相关的现代地球动力场及其变化过程；岩石及其质量的地质力学（岩石力学）；基于资源和节能环保技术的矿床开发和矿产原料综合加工理论（矿床开发和资源加工方向）；采矿与建筑工程（采矿工程）。

（3）俄罗斯科学院西伯利亚分院北方矿业研究所（http://www. igds. ysn. ru/）。

俄罗斯科学院西伯利亚分院北方矿业研究所成立于 1980 年，前身为苏联科学院西伯利亚分院雅库茨克分院北方矿业研究所，2013 年移交 FASO 管理。该研究所位于雅库茨克，现有 109 名员工，其中 45 名研究人员，包括 7 名博士、27 名博士研究生。下设 7 个研究室，分别为岩土材料力学实验室、矿物加工实验室、煤炭综合利用实验室、露天采矿实验室、采矿热物理实验室、GPR 实验室和矿产资源合理开发问题实验室。

（4）俄罗斯科学院西伯利亚分院煤炭与煤化学联邦研究中心（http://coal. sbras. ru/）。

俄罗斯科学院西伯利亚分院煤炭与煤化学联邦研究中心成立于 1983 年。2015 年 6 月在 FASO 组织下进行了改组，以俄罗斯科学院西伯利亚分院克麦罗沃科学中心（KemNTs SB RAS）为班底，将俄罗斯科学院西伯利亚分院煤化学与材料科学研究所（IUHM SB RAS）、俄罗斯科学院西伯利亚分院煤炭研究所（IU SB RAS）和俄罗斯科学院西伯利亚分院人类生态学研究所并入。克麦罗沃科学中心是俄罗斯科学院的组成部分，整合了克麦罗沃地区的科研资源，对该地区学术研究和经济发展做出了重大贡献。主要职能是研究促进克麦罗沃地区社会经济发展的重要学术问题和科研任务，开展能源和生态领域的基础性和应用性研究。煤化学与材料科学研究所下设高温碳材料实验室、褐煤实验室、煤炭催化实验室、无机纳米材料实验室、超分子聚合物实验室、高能复合材料和纳米复合材料实验室 6 个实验室。

（5）圣彼得堡国立矿业大学（https://spmi. ru/）。

圣彼得堡国立矿业大学是俄罗斯历史上第一所工科高等院校，创建于 1773 年，在俄罗斯的教育体系中拥有最高的国家地位。1899 年之前，圣彼得堡国立矿业大学是全俄罗斯唯一的矿业技术类高等学校，是建立国家矿产原料基地、选矿和冶金基地的人才发源地，1996 年被列为俄罗斯联邦民族文化遗产，也是俄罗斯首批12所国家研究型大学之一。俄罗斯总统普京即毕业于该学校。目前该大学开设了9个系40个专业的学士至博士课程，共有超过120名大博士和教授、400多名博士和副教授、俄罗斯及国际院校的30余位院士。该大学致力于地质开发、矿物开采和冶炼、石油和天然气生产、工业与民用建筑建造，以及与此相关行业的机械与自动化技术的深入研究。该大学拥有矿物博物馆，有来自世界各地超过80个国家收集的超过20万件藏物，具有重大的科学价值和历史价值。

3. 研发经费

在俄罗斯的研发经费构成中，联邦预算拨款是最重要的资金来源。2012年，国家拨款、企业和外资研发投入的比例分别为68%、27%和4%，其中国家拨款在科研总经费中的比例比2000年上升了13%。联邦政府计划逐渐扭转国家财政拨款在科研投入中占比过大的局面，争取在2020年之前，非财政拨款的经费比重不少于50%。根据2014年修订的《俄罗斯2013—2020年国家科技发展纲要》，2013—2020年俄罗斯科技发展预算拨款金额见表3-1-20。

表3-1-20　2013—2020年俄罗斯科技发展预算拨款金额　　亿卢布

年份	2013	2014	2015	2016	2017	2018	2019	2020
数值	1454	1509.5	1665.8	1865.5	1867.7	2034.9	2159.4	2285.8

4. 主要研究方向、研究重点

根据《俄罗斯2013—2020年国家科技发展纲要》，确定国家科技发展的优先方向有：①支持俄罗斯高科技产业（核能、航空航天等）的发展；②为发展技术密集型经济打好技术基础；③为国民经济各部门（医疗、农业、交通、能源、建筑等）发展过程中的科技创新需求提供支撑；④解决国家安全问题，包括防止突发事件和消除不良后果。主要任务有：加强基础科学研究、问题导向型应用研究及在前沿科技领域培养科技潜力、科研部门制度建设、科研部门跨学科建设和科学领域的国际合作等。

其中能源行业研究的重点有两个：一是资源的合理利用，包括生态环境保护技术、环境监测技术、自然灾害评估及预测技术，以及矿产资源的勘探、开采和集成技术研究等；二是能源效率和节能，涉及能源的有效利用、新能源技术、未来智慧能源系统、未来能源的新材料和催化剂等。

5. 煤炭科技人才培养

俄罗斯联邦政府将“确保煤炭工业社会稳定，完善人才培养体系”确定为《俄罗斯2035煤炭工业发展规划》的7个子计划之一，致力于改善煤炭工业劳动关系和薪酬制度，改革矿业类专业教育和高等教育机构，建立煤炭企业培训体系，开发针对煤炭行业工人的模块化培训和远程学习平台，特别是加强对青年人才的激励和培养，致力于系统培养青年采矿领袖，加强行业人才储备，在矿区建立完善的配套基础设施，吸引不同层次的专家和专业人才到开发条件好的偏远地区从事煤炭开发工作。

1.8.2　技术与装备

俄罗斯的煤炭开采技术以长壁式采煤法为主，也有部分区域煤层条件较好的煤矿适宜采用经济的综合机械化房柱式开采。煤层气开发近年来引入“煤与瓦斯共采”“先采气再采煤”的先进开采理念。煤机装备（包括煤炭开采设备、煤炭运输设备、煤炭加工设备等）主要依靠进口。近年来的煤炭开采设备进口率逐年攀升，2017年的煤炭开采设备平均进口率为77.3%，对外依存度最高的是柴油机、装载机、采煤机、电铲（25 t及以上）、电机车等。

1. 煤炭开采

俄罗斯大多数地质条件适用于长壁开采，井工矿以长壁开采为主，广泛采用无煤柱开采工艺，一次采全高开采。使用最广的是走向长壁式采煤法，前进式采煤法主要在薄煤层中使用，顶板控制采用垮落式，工作面主要采用浅截采煤机和刨煤机。但也有许多煤矿部分区域的煤层条件较好，适宜采用经济的综合机械化房柱式开采，而且年产量可以达到 0.5 ~ 1 Mt。

在苏联时期，俄罗斯的煤基装备以国产为主，但苏联解体对机械制造业产生致命影响，工业指数下滑，机械设备对外依存度明显上升。目前俄罗斯的煤机装备（包括煤炭开采设备、煤炭运输设备、煤炭加工设备等）主要依靠进口。煤矿开采设备中对外依存度最高的是柴油机、装载机、采煤机、电铲（25 t 及以上）、电机车等（表 3 - 1 - 21）。砂轮机、刮板输送机和带式输送机等设备的进口需求较小。近年来的煤炭开采设备进口率逐年攀升，2017 年煤炭开采设备平均进口率为 77.3%（图 3 - 1 - 50），比 2014 年提高了 7%。其中井工矿开采设备进口率为 56.4%，露天矿开采设备进口率高达 84.5%，分别比 2014 年升高了 4% 和 7%。

表 3 - 1 - 21　2017 年俄罗斯采矿装备对外依存度

分　类	设 备 名 称	对外依存度	等　级
露天矿	装载机	95.2%	高
露天矿	电铲（25 t 及以上）	77.7%	高
露天矿	钻机	59.8%	中等
露天矿	单斗挖掘机	47.4%	中等
井工矿	柴油机	99.7%	高
井工矿	采煤机	86.9%	高
井工矿	电机车	73%	高
井工矿	装载机	58.9%	中等
井工矿	液压支架	52.6%	中等
井工矿	掘进机	37%	中等
井工矿	砂轮机（GCO）	＜20%	较低
井工矿	带式输送机	10.5%	最低
井工矿	刮板输送机	5%	最低

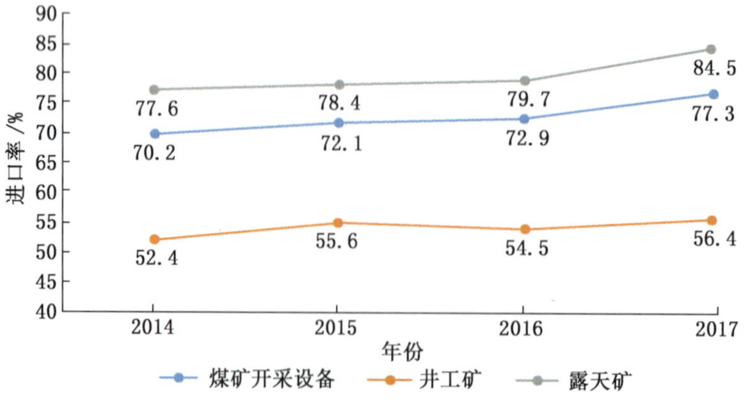

图 3 - 1 - 50　2014—2017 年煤炭开采设备进口率

1）露天开采设备

在露天开采设备中，需要进口的主要有单斗挖掘机、装载机、钻机及电铲（25 t 及以上）等。各种露天开采设备的进口率逐年攀升，其中装载机的进口率最高，2012 年为 83.7%，到 2017 年上升为 95.2%，如图 3－1－51 所示，几乎全部依赖进口。

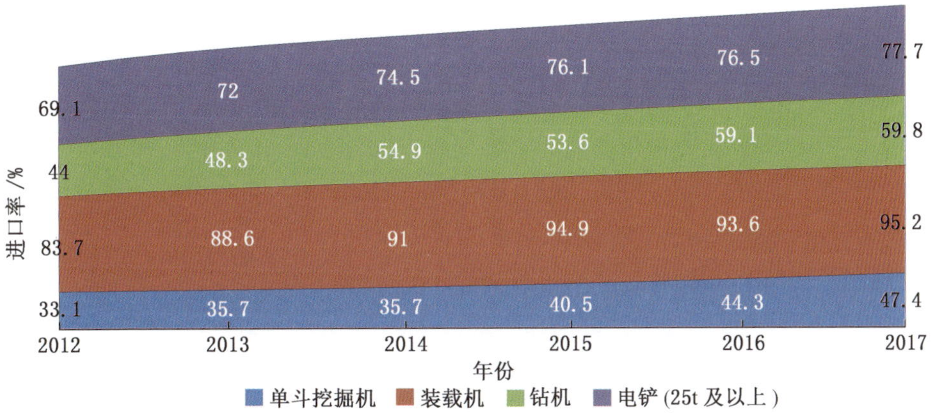

图 3－1－51 2012—2017 年露天开采设备进口率

2）井工开采设备

（1）设备进口率。在井工开采设备中，需要进口的主要有液压支架、采煤机、掘进机及带式输送机等，设备的进口率总体上呈现上升的态势。其中采煤机的进口率最高，2012 年为 75.9%，到 2017 年上升为 86.9%，如图 3－1－52 所示，大部分依赖进口。

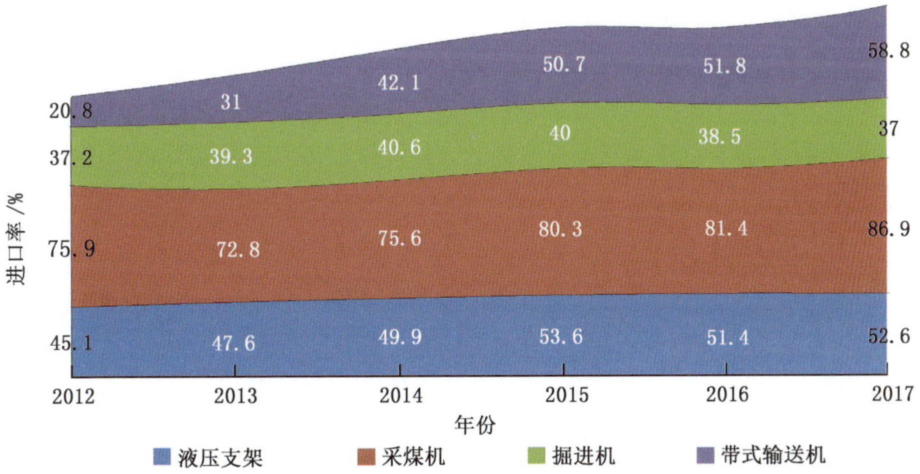

图 3－1－52 2012—2017 年井工开采设备进口率

（2）设备进口国。俄罗斯井工矿液压支架的主要进口国为波兰、美国，其次为捷克、乌克兰和中国，中国的液压支架份额占 7.7%。带式输送机的进口设备主要来自德国和美国，中国的设备进口率为 4.1%，从印度、澳大利亚等进口的带式输送机占有率比中国稍低，分别为 3.4% 和 2.7%。采煤机的主要进口国为波兰、德国和美国，其次为捷克和乌克兰，有少量设备从中国进口，进口份额约占 1.6%。大部分掘进设备从乌克兰进口，其他份额占比较大的国家有美国、瑞典、德国等。俄罗斯井工矿开采设备进口情况如图 3-1-53 所示。

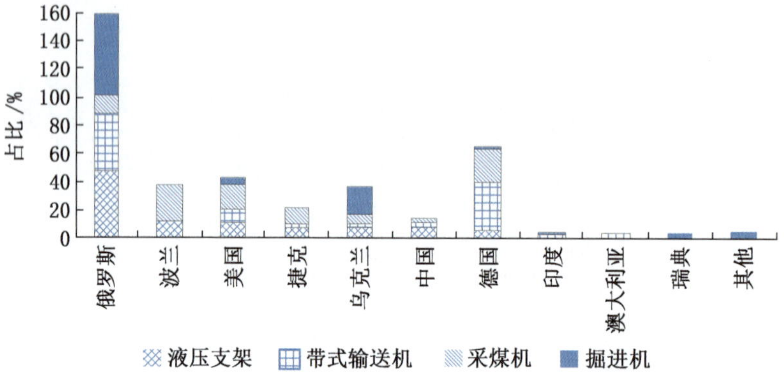

图 3-1-53　俄罗斯井工矿开采设备进口情况

根据《俄罗斯 2035 煤炭工业发展规划》，目前俄罗斯正在采取措施，分阶段淘汰煤炭开采和加工设备，加大自主研发、引进现代化采矿技术和高性能装备的力度，并将采矿设备的进口替代作为优先事项之一，最大限度地鼓励煤炭企业使用经认证的俄罗斯国产采矿设备。

2. 煤层气开发利用

俄罗斯的煤层气资源量位于世界首位，但整体开采程度较低。俄罗斯的煤层气资源非常丰富，全国的预计储量为 $83263\times10^{12}\ m^3$，约占全世界煤层气总量的 32%，居世界第一位。俄罗斯的煤层气资源分布高度集中，主要分布在西西伯利亚地区、通古斯盆地、库兹巴斯盆地等含煤盆地中，其中西西伯利亚地区的煤层气储量最为丰富，预计储量为 $33000\times10^{12}\ m^3$，约占总储量的近 40%。其次是通古斯盆地和库兹巴斯盆地，分别约占总储量的 23.9% 和 15.7%。俄罗斯煤层气资源分布情况见表 3-1-22。由于俄罗斯煤层气资源丰富的地区大部分地处偏僻、自然环境恶劣的西伯利亚地区或北极圈附近，人烟稀少，远离主要工业区，勘探开发条件差，且常规天然气资源丰富，因而对于煤层气这种非常规天然气的开发投入较少，整体开发程度较低。目前俄罗斯每年的煤层气排放量为 $(17\sim19)\times10^8\ m^3$，利用率不到 3%。

表 3-1-22　俄罗斯煤层气资源分布情况　　$10^{12}\ m^3$

煤 田 名 称	预计资源量	煤 田 名 称	预计资源量
West Siberian	33000	South Yakutian	920
Tungusskiy	20000	Bureinskiy	105
Kuznetskiy	13100	Zyryanskiy	99
Lenskiy	10000	Donetskiy	97
Taimyrskiy	4000	总　计	83263
Pechorskly	1942		

近年来煤层气的勘探开采速度加快。比较而言，库兹巴斯煤田处于自然条件较好、基础设施齐全、天然气管网完善的西西伯利亚南部地区，且煤层渗透率较强，所以具备高效开发煤层气（煤矿

瓦斯）资源的条件，具有较好的煤层气勘探开发价值。库兹巴斯 LLC Gazprom Dobycha Kuznetsk 是俄罗斯第一家煤层气公司，致力于开发先进的钻探技术用于煤层气资源开采，近年来，煤层气的勘探开采速度明显加快。通过借鉴美国、中国、澳大利亚等国家的煤炭开采技术，开始引入“煤与瓦斯共采”“先采气再采煤”的先进煤炭开采理念，减少由于瓦斯造成的煤矿安全事故，并利用西西伯利亚南部地区发达的天然气管网设施，扩大该地区的天然气供应量，提高市场竞争力。

1.8.3 煤炭科技发展趋势

根据《俄罗斯2035煤炭工业发展规划》，未来俄罗斯煤炭工业技术发展的重点在于通过发展煤炭开采、加工和运输环节的自动化和智能化技术，进一步提高劳动生产率，改善商品煤质量，获得高附加值的煤炭产品，进一步提高俄罗斯煤炭在国际市场上的竞争力，并减少对煤炭进口技术装备的依赖。重点保障措施有相关法律法规制度的完善、煤矿安全生产和应急救援条件的改善、对进口的采矿和运输设备实施关税调整措施，以及引入先进的科研成果、开展国际合作等。

1. 技术发展重点

未来俄罗斯煤炭工业技术发展的重点在于：

（1）完善相关法律法规，促进能够提高劳动生产率、煤炭开采和加工效率、提高商品煤质量、获得高附加值煤炭产品的节能技术及各类设备的研发与应用。

（2）开发煤矿开采、加工和运输过程的自动化和智能化技术，促进“工业4.0”产业战略和数字技术的创新发展。

（3）加强科研机构与煤炭企业合作，促进科研成果转化，提升煤炭科技整体水平，培养与世界接轨的高水平从业人员。

（4）针对当前高度依赖进口技术设备及存在相关风险的情况，鼓励煤炭企业和用户利用公私伙伴关系（PPP）等方式实现外国技术设备在俄罗斯境内的国产化。

2. 优先发展方向

1）煤炭勘探开发技术

煤炭勘探开发技术包括：探矿期间地质环境的3D建模；卫星测量和激光扫描系统、导航和无人机系统使用；矿井交互设计、地质勘查作业管理和地球物理分析环境创建等。

2）煤炭开采技术

（1）井工开采技术涉及：基于新型矿山掘进机械开发的井巷工程自动化和机器人化；基于新型成套装置开发的综采工作面自动化和机器人化；使用地理信息保障技术和自动控制系统；发展“智慧矿山”系统，利用物联网技术进行井下开采装备的监控，保障通信、报警和搜救被困人员；引进煤炭液化或地下煤气化技术。

（2）露天开采技术涉及：发展地理信息保障技术和自动控制系统；开发过程中岩土力学过程的数字建模；使用自动驾驶进行煤炭和剥土层运输；发展“智慧开采”或“智能采矿场”系统，进行土层剥离和露天开采装备的监控。

3）煤炭洗选及深加工技术

煤炭洗选及深加工技术包括：开发“智慧”流程、“智慧工厂”系统用于产品和设备的开发；煤热解（焦化）——生产焦炭、半焦炭、煤焦油沥青、腐殖酸、萘、蒽、菲、苯、煤焦油、氨、苯酚、甲酚、吡啶碱、焦炉煤气；煤间接加氢获得化工产品（汽油、柴油、润滑油、石蜡、苯酚）；煤直接加氢生产汽车燃料和有机合成原料；发展煤制液化气和氢能技术；煤炭利用科技创新技术，用作纳米多孔吸附剂、气体分离用碳分子筛。

4）煤炭运输技术

煤炭运输技术包括：发展“智能运输和管理中心”系统，用于煤炭运输监测和数字化控制；交通不便的地区进行远距离运输时，使用载重无人机。

5）其他

其他有发展前景的技术包括：地理信息技术和矿山安全监测技术，以及预测和预防煤矿出现煤（岩）与瓦斯突出等危险气体动力现象的管理方法和技术手段等。

3. 保障措施

基于公私伙伴关系的实施，俄罗斯联邦政府采取以下调整和发展煤炭工业的推动措施：

（1）进一步发展煤炭行业技术法规体系，为采矿企业发展新技术、开发新装备建立法规基础。

（2）根据采矿技术的发展趋势，制定和实施煤炭行业所需的国家标准编制计划，确保煤炭行业的发展遵守技术规程和其他法规的要求。

（3）组织煤炭公司和监督机构在井下人员定位、事故期间人员搜索、气体监测方面加强合作，采用自动化、信息化手段积极推动煤矿安全生产、降低煤矿伤亡人数、保持矿山军事救援和紧急救援的战备状态。

（4）根据俄罗斯能源部“数字能源”项目要求，为使用数字技术和平台服务创造条件。

（5）对进口的采矿和运输设备实施关税调整措施。

（6）促进俄罗斯主要的采矿设备试验基地的建设和现代化。

（7）为发展俄罗斯和国外的煤炭深加工技术提供国家支持。

（8）推动动力煤和焦煤区域集群的建立。

（9）鼓励发展先进的“洁净煤”技术和煤炭燃烧技术（如超临界和超超临界技术），提高煤炭发电效率和煤炭发电站的环保水平。

（10）开展国际合作，引进先进的科研成果，促进俄罗斯煤炭工业的发展。

1.9　主要矿业公司简介

俄罗斯的煤炭行业主要由十几家大型煤炭和冶金控股公司主导，大多数以煤炭开采为主要产业，部分以冶金为主要产业，绝大多数公司都依托西伯利亚南部的库兹巴斯和坎斯克 – 阿钦斯克煤田开采煤矿。俄罗斯主要的大型煤炭生产公司见表 3 – 1 – 23，其中西伯利亚能源股份公司是俄罗斯最大的煤炭生产商，世界排名第十位，2019 年的煤炭总产量为 106. 2 Mt。煤炭产量排名前五位的公司分别为西伯利亚煤炭能源股份公司（SUEK）、乌拉尔采矿冶金公司、西伯利亚实业联盟煤炭股份公司、欧洲钢铁工业集团（Evraz Group S. A.）和米切尔股份公司，贡献了国内 50% 以上的产量，五大公司 2016—2019 年的煤炭产量见表 3 – 1 – 24。

表 3 – 1 – 23　俄罗斯主要的大型煤炭生产公司

编号	企　业　名　称	主要产业	主要煤田、煤矿
1	西伯利亚能源股份公司	煤炭	坎斯克 – 阿钦斯克煤田、库兹巴斯煤田、米努辛斯克煤田、布列因斯克煤田、奥格涅 – 西比尔斯克煤矿、哈拉诺尔斯克煤矿、塔套洛夫斯克煤矿、奥普萨特斯克煤矿、巴甫洛夫斯基煤矿
2	西伯利亚实业联盟煤炭股份公司	煤炭	库兹巴斯煤田
3	西伯利亚煤炭冶金控股公司	煤炭	库兹巴斯煤田
4	库兹巴斯能源公司	煤炭	库兹巴斯煤田
5	东方煤炭有限责任公司	煤炭	库兹巴斯煤田、戈尔洛夫斯基煤田
6	俄罗斯煤炭公司	煤炭	坎斯克 – 阿钦斯克煤田、米努辛斯克煤田、叶尔科维耶茨克煤田、里彻辛斯克煤田

表 3-1-23（续）

编号	企　业　名　称	主要产业	主要煤田、煤矿
7	耶弗拉兹能源公司	煤炭	伊尔库茨克煤田、坎斯克-阿钦斯克煤田
8	乌拉尔采矿冶金公司	冶金	库兹巴斯煤田
9	欧洲钢铁工业集团	冶金	库兹巴斯煤田
10	米切尔股份公司	冶金	南雅库特煤田、库兹巴斯煤田
11	北方钢铁-资源公司	冶金	伯朝拉煤田

表 3-1-24　俄罗斯主要煤炭公司 2016—2019 年的煤炭产量　　Mt

编号	企业名称	2019	2018	2017	2016
1	西伯利亚能源股份公司	106.2	110.4	107.8	105.4
2	乌拉尔采矿冶金公司	42.6	45.0	47.2	45.3
3	西伯利亚实业联盟煤炭股份公司	24.6	25.8	27.6	28.6
4	欧洲钢铁工业集团	26.0	24.1	22.4	21.7
5	米切尔矿业公司	18.9	18.8	20.6	22.7

1. 西伯利亚能源股份公司

西伯利亚能源股份公司是俄罗斯最大的煤炭生产商，在世界煤炭生产商中排名第十位。西伯利亚能源股份公司的煤炭资产主要分布在克麦罗沃州、克拉斯诺亚尔斯克边疆区、后贝加尔边疆区、哈卡斯共和国、哈巴罗夫斯克边疆区、滨海边疆区、萨哈（雅库特）共和国和布里亚特共和国 8 个地区，旗下有 13 个主要运营公司。主要煤田有坎斯克-阿钦斯克煤田、库兹巴斯煤田、米努辛斯克煤田和布列因斯克煤田，主要煤矿有位于后贝加尔边疆区的奥格涅-西比尔斯克煤矿、哈拉诺尔斯克煤矿、塔塔洛夫斯克煤矿、奥普萨特斯克煤矿和位于滨海边疆区的巴甫洛夫斯基煤矿。2018 年 9 月，SUEK 接管了西伯利亚发电公司。

西伯利亚煤炭能源股份公司的煤炭储量约有 10 Gt，占煤炭总储量的 23%，位居第一位。2017 年，新开发的硬煤采区投产，包括库兹巴斯煤田的“主干”区、哈巴罗夫斯克边疆区的“右岸”露天采场和滨海边疆区的“涅科夫”露天采场。2018 年 SUEK 的煤炭总产量为 0.11 Gt，超过国内产量的 1/4，同比增长 3.7%。其中库兹巴斯煤田的煤炭产量约占 1/3。褐煤开采主要来自克拉斯诺亚尔斯克地区的坎斯克-阿钦斯克煤田露天采矿场，由于发电公司的需求增加，2018 年褐煤产量同比增长 7%。2019 年的煤炭总产量为 106.2 Mt。

西伯利亚煤炭能源股份公司开采的近一半原煤经过洗选加工，以获得高质量的产品，用以供应到国外，约有一半的煤炭产量用于出口。2017 年的煤炭出口总量为 56.40 Mt，占煤炭产量的 51.4%，国内煤炭市场的销售量为 53.30 Mt。2018 年煤炭出口总量为 55.40 Mt，同比减少 1 Mt，占煤炭产量的比重也有所减少，约为 48.7%，向俄罗斯国内市场供应了 58.40 Mt。

2. 乌拉尔采矿冶金公司

乌拉尔采矿冶金公司的煤炭产量仅次于西伯利亚能源股份公司，位居第二位。在生产指标上总体比西伯利亚煤炭能源股份公司落后 2 倍多，但在库兹巴斯煤田的产量领先。煤炭板块库兹巴斯露天煤矿公司目前共有 16 个煤矿正在开发，都位于库兹巴斯煤田。乌拉尔采矿冶金公司的煤炭储量约有 1.8 Gt，占煤炭总储量的 4%，位居第五位。几乎所有生产的原煤都在该公司所属的选煤厂进行煤炭洗选和加工。每年有 70% 以上的煤炭产量用于出口。2019 年煤炭产量为 42.6 Mt。

3. 西伯利亚实业联盟煤炭股份公司

西伯利亚实业联盟煤炭股份公司是俄罗斯第三大煤炭生产公司，大部分煤炭用于出口。该公司位于克麦罗沃州，有4个子公司，目前经营2个井工矿和4个露天矿，都位于库兹巴斯煤田。公司的煤炭储量约有2.7 Gt，占全国煤炭总储量的6%，位居第四位。2018年煤炭产量为26.80 Mt，同比减少3%。煤炭洗选量为17.30 Mt，占煤炭开采量的2/3以上。2018年煤炭出口量为21.20 Mt，约占全部煤炭产量的79.1%。2019年的煤炭总产量为24.6 Mt。

4. 欧洲钢铁工业集团

欧洲钢铁工业集团是俄罗斯最大的炼焦煤生产商之一，其煤炭资产集中在西西伯利亚地区和远东地区。该集团旗下有2个开放式股份有限公司，都位于库兹巴斯煤田。该集团的煤炭储量约有4.2 Gt，占煤炭总储量的9%，位居第三位。2018年，欧洲钢铁工业集团控股公司的原煤产量达到24.20 Mt，同比增加了4%。由于煤炭生产能力提高，拉斯帕德煤矿、拉斯帕德焦炭煤矿和梅热格伊煤矿的炼焦煤产量有所增加。2018年煤炭出口供应量为7.70 Mt，同比增长17%。国内煤炭产品销售量下降3%，为9.30 Mt，其中60%用于控股公司的铸钢厂。2019年的煤炭总产量为26 Mt。

5. 米切尔股份公司

米切尔股份公司是俄罗斯最大的炼焦煤生产商之一。该公司旗下有2个开放式股份公司。米切尔股份公司的大部分煤炭产于萨哈（雅库特）共和国的南雅库特煤田，归属于雅库特煤炭开放式股份公司，埃尔金和涅留恩格林是主要的矿床。另外的煤炭产于库兹巴斯煤田，归属于南库兹巴斯煤炭开放式股份公司。米切尔股份公司的煤炭储量非常丰富，约有5.1 Gt，占煤炭总储量的12%，位居第二位。由于涅留恩格林露天煤场的一个新工段刚投入使用，加上受远东地区铁路运量和基础设施的限制，2018年米切尔股份公司的煤炭产量只有18.80 Mt，比2017年减少了9%。2019年的煤炭总产量为18.9 Mt。

1.10　对我国煤炭工业高质量发展的启示

俄罗斯的地理位置与我国山水相连，具有品种齐全、储量丰富的煤炭资源，近年来采取了加强与亚太地区国家的能源合作政策，这些都是中俄煤炭合作的有利条件。而近年来俄罗斯国内经济持续低迷，对于进口先进煤机装备以提高劳动生产率的巨大需求和加强铁路港口等基础设施建设以扩大能源出口的迫切需要，与我国形成较强的互补优势。以新时代中俄全面战略协作伙伴关系为契机，在当前中俄都受到美国全面压制的形势下，利用地缘政治优势，积极对接俄罗斯“欧亚经济联盟”与我国的“一带一路”倡议和“中国制造2025”发展战略。扩大能源领域尤其是煤炭领域合作，对于促进我国煤炭工业高质量发展，有效发挥煤炭在能源安全中的“稳定器、压舱石”作用，促进地区经济稳定持续增长具有重要的战略意义。

1. 进口俄罗斯优质煤炭产品，保障能源供应

针对我国去产能政策持续实施带来的煤矿关闭数量持续增加、主要产地煤炭供应量收紧、煤炭价格大幅度上涨、进口煤需求增加等发展形势，一方面选择与我国东北地区邻近的俄罗斯远东地区，进口品种齐全、发热量高、杂质低、煤炭运输距离短、具有价格优势的煤炭产品，保障东北地区得到长期稳定的煤炭供应；另一方面选择俄罗斯储量大、硫分低的优质焦煤、动力煤资源，通过水路进口至我国东南沿海地区，填补我国沿海地区的煤炭缺口。

2. 共同勘探开发煤炭资源，实现互利共赢

在全面了解并深刻把握俄罗斯联邦政府的国家税法、财务规定、双边协议等相关法律法规，以及对于矿产勘探开发等领域投资方准入、优惠和限制政策的基础上，加快中国企业高质量走出去步伐，采取合资共建或“贷款换煤炭”等多种方式与俄罗斯煤炭企业共同投资勘探开发煤炭资源。研究推

广国家能源集团与俄罗斯 En + 集团共同投资建设开发的俄罗斯远东外贝加尔边疆区扎舒兰露天煤矿项目的成功经验，探索适合中俄两国国情的大型跨国集团经营发展战略，或者借鉴“贷款换石油”的合作模式，总结中俄签署的远东布拉戈维申斯克（海兰泡）市关于 25 年煤炭合作协议的经验教训，进一步拓展“贷款换煤炭”模式的应用场景，促进俄罗斯优质煤炭焦煤、无烟煤资源开发，同时有效化解能源出口价格波动较大给中国造成的影响，实现双方互利共赢。

3. 精准把握俄罗斯发展需求，输出先进装备

针对目前俄罗斯的煤炭开采业存在技术设备老旧，煤机装备进口率逐年攀升等突出问题，充分发挥中国在煤机装备制造等领域的优势，输出中国先进的煤机装备及工艺。继续扩大液压支架、带式输送机和采煤机等优势产品在俄罗斯进口设备中的份额，挖掘在矿用卡车、电铲等露天采煤工程机械设备领域的出口潜力。

4. 助力俄罗斯路港基础建设，输出先进技术

根据俄罗斯能源战略东移背景下的铁路港口配套基础设施无法满足能源与原材料出口需求，输出中国先进铁路、港口建设经验与技术。以俄罗斯远东地区为切入点，积极发挥我国在铁路建设尤其是大秦等铁路的重载铁路建设技术经验优势，特别是在高寒缺氧等复杂地区建设铁路的经验与技术，解决俄罗斯远东地区铁路建设中遇到的困难。采取铁路承包等多种方式帮助俄罗斯兴建运煤铁路，也可以考虑以控股或占股的方式参与俄罗斯港口改造。

2 德国煤炭工业

德国是世界第四大经济强国、欧盟最大经济体、世界第七大能源市场，也是世界第八大煤炭生产国、第九大煤炭消费国。德国的煤炭资源丰富，根据英国石油公司《世界能源统计年鉴》，2018 年德国硬煤（烟煤和无烟煤）可采储量为 3 Mt，褐煤可采储量 3.61 Gt，总可采储量 3.6103 Gt，占世界煤炭总可采储量的 3.4%。

煤炭在德国的能源消费结构中所占的比例正在逐步下降，1990 年占 37%，到 2019 年只占 17.5%，居第三位，其中褐煤（9.0%）和硬煤（8.5%）各占约一半的份额。煤炭消费量从 1990 年的 187.9 Mtce 降至 2019 年的 77 Mtce。

德国在气候变化及环保方面取得了显著的成绩，针对这方面出台了一系列措施、法律、法规来减少温室气体排放，提高能源效率。根据德国的气候变化政策，德国政府计划在 2030 年减少 55% 的温室气体，到 2050 年减少 80%，并通过大力发展可再生能源，优化能源消费结构，降低对能源进口的依赖。在这样的宏观政策下，德国煤炭的总体需求将进一步下降。

德国的煤炭工业基本走完了从初期简单开采到现代化发展，从企业转型到煤矿关闭的整个生命阶段。目前，德国计划将在 2038 年全面淘汰燃煤发电，德国的煤炭工业也将逐步退出历史舞台。从数据上来看，1990—2018 年，硬煤生产大幅度减少，2018 年德国关闭了最后 2 座硬煤矿井，国内的硬煤生产基本停止，硬煤消费全部依赖进口。褐煤开采成本较低，其产量下降幅度相对于硬煤而言幅度不大，但由于消费需求下降，2019 年德国的褐煤产量为 131.3 Mt，相比 1990 年下降了 68.6%。

德国的煤炭开采技术处于世界领先水平。2010 年德国提出工业 4.0 战略，以机械化、自动化、信息化为基础，建立智能化的新型生产模式和产业结构。虽然德国的井工开采已经基本结束，但智能化开采技术仍处于世界先进水平。德国采矿业提出“采矿 4.0”的概念，最终目标是实现自动化无人工作面采煤，最大限度地减少井下辅助运输和岗点作业人数，降低劳动强度，减少事故发生概率，提升矿井自动化、智能化生产水平。

2.1 煤炭在能源系统中的地位

2.1.1 经济社会概况

德国位于欧洲中部，东邻波兰、捷克，南接奥地利、瑞士，西界荷兰、比利时、卢森堡、法国，北与丹麦相连并临北海和波罗的海，是欧洲邻国最多的国家。德国国土面积为 357376 km^2，陆地边界全长 3757 km，海岸线长 2389 km（2019 年 12 月）。地势北低南高，可分为 4 个地形区：北德平原，平均海拔不到 100 m；中德山地，由东西走向的高地块构成；西南部莱茵断裂谷地区，两旁是山地，谷壁陡峭；南部的巴伐利亚高原和阿尔卑斯山区，其间拜恩阿尔卑斯山脉的主峰祖格峰海拔 2963 m，为全国最高峰。主要河流有莱茵河（流经境内 865 km）、易北河、威悉河、奥得河、多瑙河。较大湖泊有博登湖、基姆湖、阿莫尔湖、里次湖。西北部海洋性气候较明显，往东、南部逐渐向大陆性气候过渡。平均气温：7 月 14～19 ℃，1 月 −5～1 ℃。年降水量 500～1000 mm，山地则更多。

德国人口为 8288 万人，是欧盟人口最多的国家，每平方千米人口密度 231 人，是欧洲人口最稠密的国家之一。主要是德意志人，有少数丹麦人和索布族人，通用德语。外籍人口 1062.39 万人，占人口总数的 12.8%，其中土耳其人最多，约 148.35 万人。居民中信奉基督教新教和罗马天主教的各占约30%（2019年12月）。德国行政区划分为联邦、州、市镇三级，共有16个州，13175个市镇。

德国是高度发达的工业国家，经济总量位居欧洲首位，是世界第四大经济强国。根据德国联邦统计局的数据，2019年德国的GDP约3.85万亿美元（图3-2-1），增长率0.6%，低于2018年1.5%，居欧盟国家第一位，世界排名第四位，人均GDP生产总值约4.85万美元。出口一直都是推动德国经济增长的主要动力，2018年德国商品出口额2.29万亿欧元（约2.85万亿美元），居世界第三位。1990—2019年德国经济运行数据见表3-2-1。

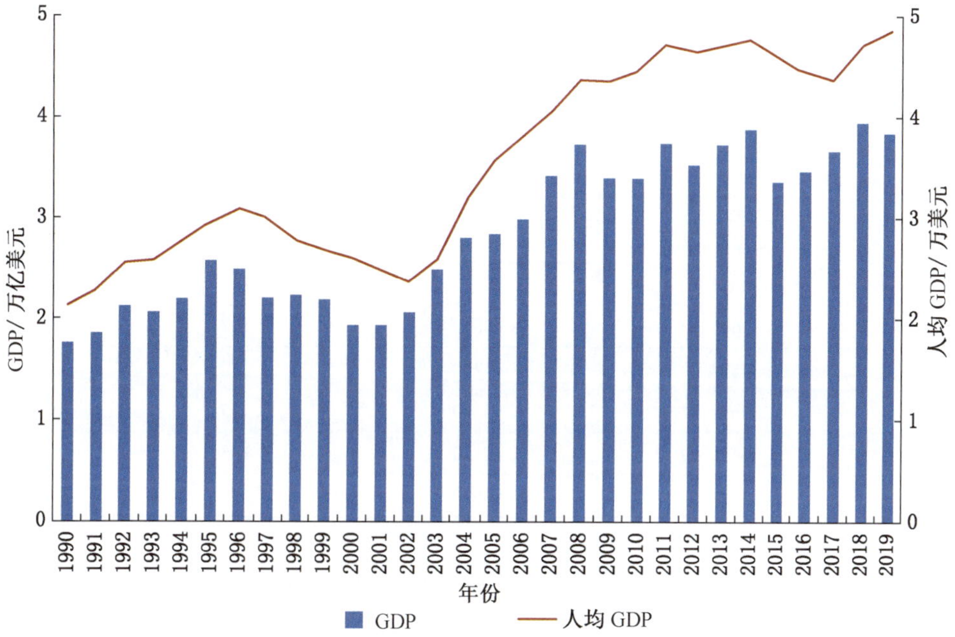

图3-2-1　1990—2019年德国经济发展情况

表3-2-1　1990—2019年德国经济运行数据

年　份	GDP/亿美元	人均GDP/美元	GDP增长率/%	失业率/%
1990	17716.71	21300	5.3	—
1991	18689.45	22890	5.1	5.3
1992	21315.72	25810	1.9	6.3
1993	20713.24	25990	-1.0	7.7
1994	22050.74	27530	2.4	8.7
1995	25857.92	29520	1.5	8.2
1996	24972.45	30870	0.8	8.8
1997	22119.90	30140	1.8	9.9
1998	22389.91	27950	2.0	9.8
1999	21942.04	26840	1.9	8.9
2000	19431.45	26150	2.9	7.9
2001	19441.07	24740	1.7	7.8
2002	20686.24	23620	-0.2	8.5

表 3－2－1（续）

年　份	GDP/亿美元	人均 GDP/美元	GDP 增长率/%	失业率/%
2003	24961. 29	26070	－0. 7	9. 8
2004	28091. 88	31570	1. 2	10. 7
2005	28458. 03	35710	0. 7	11. 2
2006	29921. 97	38230	3. 8	10. 3
2007	34212. 29	40440	3. 0	8. 7
2008	37300. 28	43570	1. 0	7. 5
2009	33977. 91	43520	－5. 7	7. 7
2010	33963. 54	44550	4. 2	7. 0
2011	37444. 09	47220	3. 9	5. 8
2012	35273. 45	46530	0. 4	5. 4
2013	37327. 43	47190	0. 4	5. 2
2014	38839. 20	47620	2. 2	5. 0
2015	33605. 50	45850	1. 7	4. 6
2016	34667. 90	44290	2. 2	4. 1
2017	36658. 04	43680	2. 5	3. 7
2018	39495. 49	47150	1. 5	3. 4
2019	38456. 30	48520	0. 6	3. 0

德国是世界贸易大国，主要工业产品的一半以上销往国外，国内近 1/3 的就业人员为出口行业工作。主要出口产品有汽车、机械产品、化工产品、通信技术、供配电设备和医学及化工设备。进口产品主要有化学品、汽车、石油、天然气、机械、通信技术和钢铁产品。主要贸易对象是西方工业国，其中进出口的一半以上来自或销往欧盟国家。德国政府奉行整顿国家财政、减少预算赤字、进行税制改革、刺激个人投资、进一步实行非国有化、减少国家干预、充分发挥市场机制作用的政策，使德国经济持续稳定增长。同时积极采取措施，推动信息技术的发展并调整经济结构。

德国的自然资源相对匮乏，除硬煤、褐煤和盐的储量丰富之外，在原料供应和能源方面很大程度上依赖进口。约 2/3 的初级能源需要进口。国土面积中约一半是农业用地，农业发达，机械化程度很高，产品可满足本国需要的 80%，但从事农业工作的人口仅占国内总就业人员的 1. 39%（2019 年）。经济主要以工业和服务业为主，旅游业、交通运输业也很发达。

德国的工业结构布局均衡，一方面侧重重工业，汽车和机械制造、化工、电气等部门是支柱产业，食品、纺织与服装、钢铁加工、采矿、精密仪器、光学以及航空航天业也很发达；另一方面数量众多的中小企业成为中流砥柱，专业化程度高、技术水平高、灵活性强。2019 年工业企业（不含建筑业）总产值 8246 亿欧元，占 GDP 的 24%。

1970 年第一次石油危机以来，德国的失业率逐年增长，当前德国经济受到高失业率的困扰，尤其是在德国东部地区。由于德国一直在建设社会福利国家，东欧邻国的工资水平相对于德国低很多，这使得生产从德国向这些国家转移，导致德国国内的工作岗位不断减少，2005 年失业率达到近年来顶峰的 11%。从 2006 年起，德国迎来了经济复苏，失业率实现了负增长。根据《世界经济展望 2019》的数据，2018 年德国的就业人口约 4200 万人，失业率为 3. 4%。德国联邦就业局的报告显示，失业率的区域差异很大，如德国所有煤炭开采区域的失业率都较高。

2.1.2 能源消费与生产

德国是世界上继美国、中国、俄罗斯、日本和加拿大之后的第六大能源市场，其能源消费量约占欧盟的1/5。德国一次能源构成有石油、天然气、煤炭、可再生能源和核能，能源消费趋势整体呈下降趋势，而可再生能源消费呈现快速增长趋势。德国是能源资源比较紧缺的国家，除拥有丰富的无烟煤和褐煤储量外，德国的石油、天然气资源相当贫乏，可利用的水力资源也很少。为满足国内的能源需求，德国需要大量进口石油及天然气。德国国内的能源生产以煤炭和可再生能源为主。

近年来，德国一直积极扮演着气候保护倡导者的角色，而能源领域是德国温室气体排放的主要来源，约占全国总排放量的85%。2010年德国提出了“能源转型”概念，把可再生能源和能效作为战略的两大支柱，推动德国到2050年实现低碳、无核的能源体系，并达到2050年温室气体排放减少80%以上的目标。

1. 能源消费

德国一次能源构成有石油、天然气、煤炭、可再生能源和核能。图3-2-2显示了1990—2019年德国一次能源消费情况。从1990年开始，德国的能源消费在波动中呈缓慢下降态势，其中2009年达到近年来的低点，随后有所反弹。2019年，德国一次能源消费总量为436.0 Mtce，根据英国石油公司《世界能源统计年鉴》占世界一次能源消费总量的2.3%。其中石油占一次能源消费总量的35.3%，天然气占一次能源消费总量的25.0%，煤炭占一次能源消费总量的17.7%，可再生能源占一次能源消费总量的14.8%，核能占一次能源消费总量的6.4%。与整体下降的能源消费趋势不同，可再生能源消费呈现快速增长的趋势。

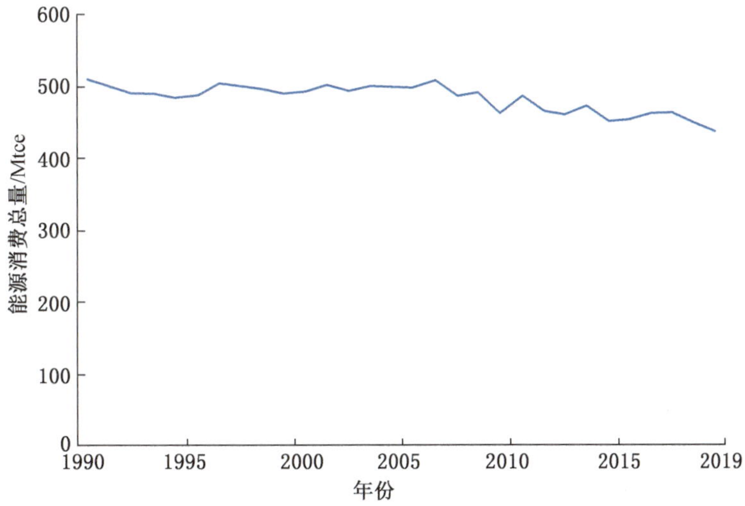

图3-2-2 1990—2019年德国能源消费总量变化趋势

石油、天然气是德国国内最重要的能源消费来源，煤炭、核能在能源结构中的比重明显下降，可再生能源的占比则逐年提高（图3-2-3）。特别是近10年来，由于经济增长疲软、冬季气温上升（供暖能源减少）、能源效率总体提高、天然气价格上涨，以及气候变化政策的影响，德国的能源消费总量、石油和煤炭消费量下降，可再生能源消费量同期增长，见表3-2-2。与2018年相比，2019年德国一次能源消费量下降了2.7%，其中煤炭消费量下降了约22.4%，而可再生能源消费量上升了5.2%。

2018年，德国约71%的能源依赖进口，高于欧盟成员国的平均水平，其中对石油的进口依存度为99%，对天然气的进口依存度为97%，对硬煤的进口依存度为88%。

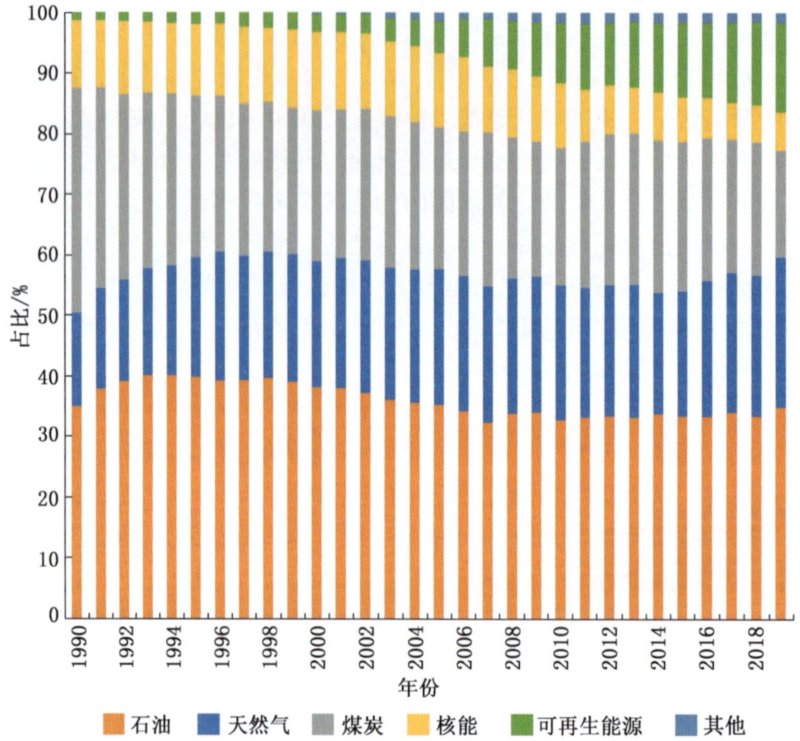

图3-2-3　1990—2019年德国能源消费结构的发展趋势

表3-2-2　2009—2019年德国能源消费情况

Mtce

年份	一次能源消费量	石油消费量	天然气消费量	煤炭消费量	核能消费量	可再生能源消费量
1990	508.6	178.4	78.6	187.9	56.9	6.7
1991	498.5	189.3	82.6	165.0	54.9	6.7
1992	488.6	192.0	81.8	149.2	59.1	7.1
1993	488.2	196.0	86.5	140.6	57.1	7.8
1994	484.0	194.2	88.0	136.5	56.3	8.6
1995	486.9	194.1	95.9	129.5	57.4	9.4
1996	503.1	198.2	107.3	128.9	60.2	9.2
1997	498.6	196.3	102.5	124.9	63.4	11.8
1998	495.4	197.1	103.4	121.9	60.2	12.9
1999	488.7	191.0	103.1	117.4	63.3	13.8
2000	491.4	187.6	102.2	121.9	63.2	14.2
2001	500.8	190.3	107.8	122.2	63.7	14.7
2002	492.3	183.6	107.7	122.5	61.4	15.5
2003	498.2	180.4	109.0	124.5	61.4	19.1
2004	497.9	177.9	109.5	121.4	62.2	22.2
2005	496.7	176.3	111.3	116.1	60.7	26.3
2006	506.2	174.7	113.5	120.8	62.3	32.0

表 3－2－2（续）

Mtce

年份	一次能源消费量	石油消费量	天然气消费量	煤炭消费量	核能消费量	可再生能源消费量
2007	484.4	157.8	109.2	123.9	52.3	38.1
2008	490.6	167.3	110.2	114.5	55.4	39.1
2009	461.7	158.2	104.0	102.5	50.2	41.0
2010	485.1	159.8	108.5	110.1	52.3	48.2
2011	464.0	154.4	99.7	111.9	40.2	49.9
2012	458.8	154.4	100.1	115.0	37.0	47.3
2013	471.6	157.9	104.9	118.3	36.2	51.1
2014	449.7	153.3	91.2	113.7	36.2	51.8
2015	452.5	153.3	94.9	112.4	34.2	56.1
2016	460.3	155.8	104.7	109.3	31.5	57.2
2017	461.4	159.4	108.0	102.7	28.4	61.3
2018	448.0	151.9	105.7	99.2	28.3	61.5
2019	436.0	153.9	109.2	77.0	27.9	64.7

德国的二次能源消费以电力为主，具有多元化的能源结构特点。近 10 年来，电力的装机容量以煤电和可再生能源为主，其次是天然气和核电。2018 年德国总装机容量为 222.3 GW，其中可再生能源占总装机容量的 58.4%，燃煤发电装机容量约占 20.1%。德国发电结构变化趋势如图 3－2－4 所示，1990—2019 年德国发电结构数据见表 3－2－3。

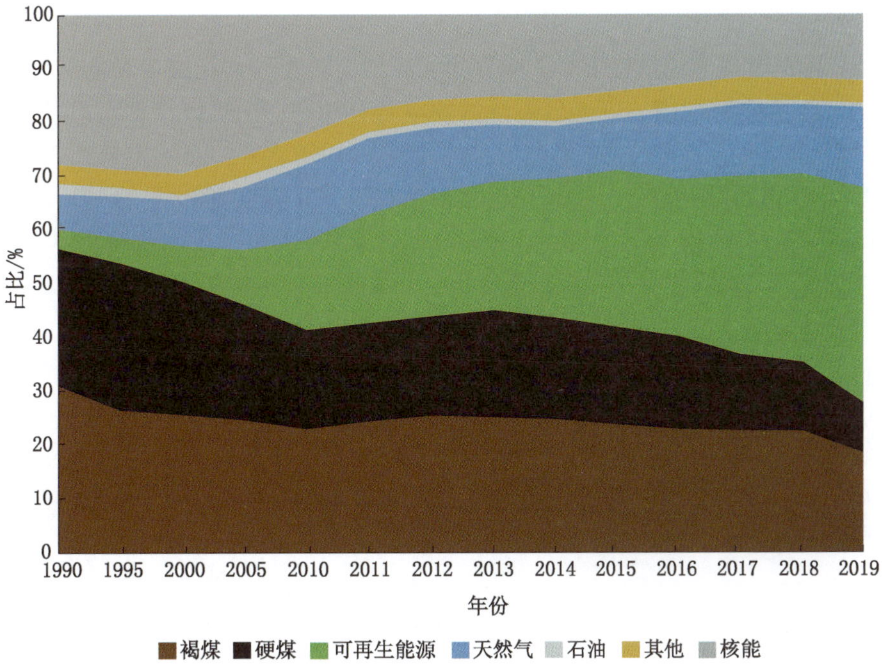

图 3－2－4　德国发电结构变化趋势

2019 年德国的总发电量为 612.4 TW·h，同比下降 4.8%，其中，244.3 TW·h（39.9%）来自风力、光伏及其他可再生能源发电，368.1 TW·h（60.1%）来自传统能源发电。

表 3-2-3　1990—2019 年德国发电结构数据　　TW·h

年份	总发电量	褐煤	硬煤	可再生能源	天然气	核能	石油	其他
1990	549.9	170.9	140.8	19.7	35.9	152.5	10.8	19.3
1995	536.8	142.6	147.1	25.1	41.1	154.1	9.1	17.7
2000	576.6	148.3	143.1	37.9	49.2	169.6	5.9	22.6
2005	623.2	154.1	134.1	63.4	72.7	163.0	12.0	23.9
2010	633.2	145.9	117.0	105.2	89.3	140.6	8.7	26.5
2011	613.2	150.1	112.4	124.0	86.1	108.0	7.2	25.4
2012	629.1	160.7	116.4	143.0	76.4	99.5	7.6	25.5
2013	638.7	160.9	127.3	152.3	67.5	97.3	7.2	26.2
2014	627.8	155.8	118.6	162.5	61.1	97.1	5.7	27.0
2015	648.3	154.5	117.7	188.8	62.0	91.8	6.2	27.3
2016	650.4	149.5	112.2	189.7	81.3	84.6	5.8	27.3
2017	653.7	148.4	92.9	216.3	86.7	76.3	5.6	27.5
2018	643.5	145.6	82.6	224.8	82.5	76.0	5.2	26.8
2019	612.4	113.9	57.3	244.3	91.0	75.1	5.1	25.7

在发电领域，可再生能源的扩张带来了明显的能源结构转变（包括减少核能利用）。由于政府通过各种措施鼓励可再生能源利用，可再生能源的发电量从 1990 年的 19.7 TW·h 增长到 2019 年的 244.3 TW·h，增长了超过 11 倍；在总发电量中的比重从 1990 年的 3.6% 增长到 2019 年的 39.9%。相反，德国的燃煤发电量持续下降，从 1990 年的 311.7 TW·h 降至 2019 年的 171.2 TW·h；在总发电量中所占的比重从 1990 年的 56.7% 降至 2019 年的 28.0%。此外，德国政府于 2018 年决定将根据气候政策逐步淘汰德国的燃煤发电项目，这意味着一直作为德国能源供应主要支柱之一的煤炭未来将逐渐退出国家能源结构。

德国目前有 1000 多家电力公司，约 5000 万户计费终端用户，输电网 35000 km 的高压电网线路，由 Am-prion TSO、TransnetBW TSO、TenneT TSO、50Hertz TSO 4 家电网公司运营，受到严格监管；发电市场大部分由 RWE、EnBW、E. ON 和 Vattenfall Europ4 家跨区电力公司所占有，装机规模约占全国的 68%；配电网由地方电力公司（产权分散、充分竞争的 800 多家公共或私营配电公司）负责；售电市场完全开放。

2. 能源生产

1990—2019 年德国能源生产情况见表 3-2-4。1990 年和 2019 年德国的一次能源产量为 212.3 Mtce 和 122.5 Mtce，国内的能源生产主要是煤炭及可再生能源。

可再生能源产量从 1990 年以来大幅度增加，从 1990 年的 6.8 Mtce 增加到 2019 年的 64.9 Mtce，增长了约 9 倍，是所有一次能源生产中增幅最大的。1990—2019 年德国能源产量变化趋势如图 3-2-5 所示。

表 3-2-4　1990—2019 年德国能源生产情况

Mtce

年份	硬煤	褐煤	石油	天然气	可再生能源	其他	合计
1990	71.3	107.2	5.3	19.6	6.8	2.1	212.4
1991	67.6	84.0	5.1	19.4	6.8	0.0	182.8
1992	66.8	72.6	4.8	19.7	7.2	0.0	171.1
1993	59.2	66.1	4.5	19.6	7.9	0.0	157.3
1994	53.1	62.5	4.2	20.6	8.7	0.0	149.1
1995	54.4	58.4	4.3	21.2	9.4	0.0	147.7
1996	48.9	56.7	4.1	22.9	9.2	0.0	141.8
1997	47.5	53.7	4.1	22.5	11.8	0.0	139.5
1998	42.1	50.7	4.2	22.0	12.9	0.0	131.9
1999	40.7	49.6	4.0	23.4	13.8	0.0	131.5
2000	34.5	52.1	4.5	22.1	14.2	1.9	129.4
2001	28.1	55.0	4.8	22.3	14.7	1.8	126.7
2002	27.0	56.4	5.2	22.4	15.5	1.5	128.0
2003	26.5	56.0	5.4	23.2	19.1	4.7	135.0
2004	26.7	56.6	5.2	21.5	22.2	5.6	137.8
2005	25.8	55.0	5.2	20.4	26.3	7.2	139.8
2006	21.9	54.3	5.1	21.3	32.0	5.4	140.0
2007	22.2	55.5	5.0	21.0	38.1	5.4	147.2
2008	17.8	53.8	4.5	18.6	39.1	6.9	140.7
2009	14.1	52.2	4.1	18.5	41.2	7.7	137.7
2010	13.2	52.4	3.6	15.8	48.5	8.3	141.8
2011	12.3	54.4	3.8	15.7	49.9	8.7	144.9
2012	11.1	57.2	3.8	13.8	47.0	7.9	140.7
2013	7.8	56.6	3.8	13.3	51.5	7.1	140.2
2014	7.8	55.2	3.5	10.6	52.7	7.7	137.6
2015	6.3	54.9	3.5	9.9	56.8	7.6	139.1
2016	3.9	52.7	3.4	9.5	58.0	8.0	135.5
2017	3.7	52.5	3.2	8.7	62.1	8.0	138.2
2018	2.7	51.4	3.0	7.1	61.3	7.3	132.7
2019	0	40.6	2.8	6.9	64.9	7.3	122.5

硬煤及褐煤发电是德国电力供应的重要来源，但在德国本土开采硬煤越来越缺乏国际竞争力，生产成本居高不下，硬煤开采行业长期亏损，需要政府补贴才能生存。德国政府从 2007 年开始出台了逐步取消硬煤补贴政策，于 2018 年底前终止对硬煤的长期补贴，因此硬煤企业大幅度减产，至 2019 年已全部停产。褐煤的产量降幅没有硬煤大，这是因为德国褐煤开采成本低，储量大。但相比 1990 年，2019 年的褐煤产量也下降了 62.1%。

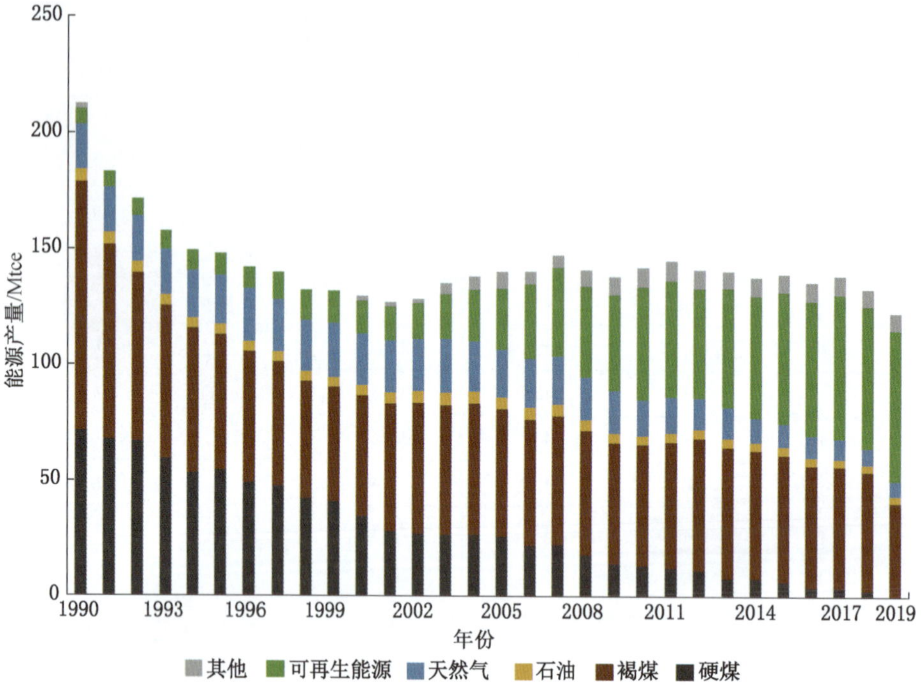

图 3-2-5　1990—2019 年德国能源产量变化趋势

3. 能源与气候变化政策

德国能源政策的核心导向称为 3E 政策，即能源安全（Energy Security）、经济效率（Economic Efficiency）和环境可持续性（Environmental Sustainability）。作为世界第七大能源消费国和欧盟最大经济体，德国国内能源资源相对贫乏，特点是"富煤缺油少气"，大部分能源依赖进口，能源对外依存度从 1968 年的 42.77% 持续上涨到 2015 年的 61.4%。因此从 20 世纪 70 年代开始，德国致力于通过多种渠道保证能源供给的安全性和经济性。长久以来，德国一直维持超过 90 天的石油储存量，以应付任何石油短缺的紧急情况；为了增加经济效率，德国政府致力于改善天然气和电力市场的竞争力，同时逐步淘汰燃煤发电。但从长远来看，化石能源储量有限，终有一天会耗尽，因此可再生能源是未来保证能源安全的必然选择。尤其对于已经决定于 2022 年全面退出核能和逐步淘汰燃煤发电的德国来说，唯有大力发展可再生能源，加速能源转型才是保证能源可持续发展的有效途径。

近年来，德国在国际舞台上一直积极扮演着气候保护倡导者的角色。1987 年德国政府成立了首个应对气候变化的机构——大气层预防性保护委员会，1990 年成立跨部级"二氧化碳减排"工作组，1992 年签署联合国《21 世纪议程》等国际保护气候公约，1995 年在柏林举办世界气候框架公约大会，1997 年签署《京都议定书》。2000 年德国议会通过《国家气候保护计划》，2005 年再行修订，增加了许多具体行动计划。

1）能源利用和气候保护一揽子方案

2007 年，出于"应对气候变化和维护能源安全"两个目的，德国政府通过了"能源利用和气候保护一揽子方案"(IKEP)。该方案是德国政府气候保护政策的指导性文件，包括 29 项具体措施，主要目的是提高能源效率和促进可再生能源更广泛利用。在气候保护方面，该方案想要达到的最主要目标之一是2020年将温室气体排放在1990年的基础上降低40%，这一目标远远超过了欧盟提出的“20－20－20”目标。

“能源利用和气候保护一揽子方案”具体措施包括鼓励热电联产，加大可再生能源发电量，推广低二氧化碳排放发电工艺、兴建示范项目，推广智能用电测量方法和清洁发电工艺，引用现代能源管理系统，广泛开展旨在保护气候、提高能源效率的资助计划，鼓励沼气输入现有天然气管网，加强节约能源条例落实，推进建筑节能减排改造，加强以提高能效和研发可再生能源为主要内容的能源研究和创新的鼓励措施等。

为贯彻落实德国政府的气候保护政策和措施，使之有法可依，德国在国内立法上制定和施行了《生态税改革法》《可再生能源优先法》《热电联产促进法》《可再生能源供热法》《碳排放权交易法》等法律法规。

2）能源转型战略

能源转型概念起始于20世纪70年代，在经历了石油危机等一系列能源市场震荡后，环保理念不断兴起，德国开始着手制定能源转型战略。最初，德国实施能源转型战略的动力更多地源于对能源供给安全的考虑，但随着减排压力不断增大及对核电安全性忧虑的上升，德国能源转型的压力不断上升。

2010年9月，德国政府正式发布“能源概念”规划，确立了面向2050年的能源发展总体规划。德国政府认为，来自能源领域的挑战包括：从长期来看，随着全球能源需求的攀升，将会带动能源价格上扬；在基线情境下，德国对进口能源的依赖将持续加深；当前的能源消费结构是导致温室气体排放的主要原因。为达到能源供给安全及气候保护目标，德国政府决定改变中长期的能源供给结构，分别制定了温室气体减排目标、可再生能源目标以及能源效率目标。自此，德国政府正式提出将能源转型作为其能源政策的主导方针。

近10年来，德国政府一直推行以可再生能源为主导的能源转型战略，把可再生能源和能效作为战略的两大支柱，推动德国到2050年实现低碳、无核的能源体系。按照德国政府的能源规划，能源转型的政策框架是气候保护、退出核能、保障供能安全和确保竞争力。在气候保护方面，设定的温室减排目标以1990年为基准，到2020年温室气体排放将减少40%，到2030年将减少55%，到2040年将减少70%，到2050年将减少80%～95%。在退出核能方面，福岛核泄漏事故后，德国决定分阶段退出核能。最老的8家核电站已被关闭，剩余的9家核电站将在2022年之前逐步关停。作为工业大国，德国通过推进可再生能源高效供应体系转型，在各个行业开展能效措施以降低对能源进口的依存度，欧洲内部市场的跨国电力合作等各项措施来保障能源供应安全和确保竞争力。

能源转型核心目标包括发展可再生能源、减少一次能源能耗及提高能效，同时明确了不同行动领域（电力、热力和交通）的具体目标。为达到能源转型的目标，德国鼓励大力发展可再生能源，重点发展海上风电及加快电网建设，计划到2050年使可再生能源占终端能源消费总量的60%，在发电量中的占比至少达到80%；提高能源效率，到2050年减少50%；提高现有建筑的能源效率，每年计划提升1%～2%。在措施方面，制定并多次修订《可再生能源法案》，通过实施固定上网电价政策、低息贷款、投资补贴和税收扶持，提升电力市场对可再生能源的消纳能力以及在非电领域推广可再生能源，不断提升可再生能源在能源消费结构中的比重。

3）实施效果和展望

尽管德国在能源转型方面做了很多工作，但实际上由于燃煤电厂及交通领域的二氧化碳排放量一直居高不下，政府发布的《能源转型进展报告》中也提到，相较于2020年减排40%的目标，实际减排或将为32%～35%。德国能源转型的定量目标和现状见表3－2－5。

表3-2-5 德国能源转型的定量目标和现状

项目	2017	2020	2030	2040	2050
温室气体排放					
温室气体排放（与1990年相比）	-27.5%	至少-40%	至少-55%	至少-70%	至少-80%～95%
可再生能源					
在终端能源消费中的占比	15.9%	18%	30%	45%	60%
在电力消费中的占比	36.0%	至少35%	至少50% 《可再生能源法2017》 2025年40%～45%	至少65% 《可再生能源法2017》 2035年55%～60%	至少80%
在热力消费中的占比	13.4%	14%			
能源消费与能效					
一次能源消费（与2008年相比）	-5.5%	-20% ——→ -50%			
终端能源的生产效率（2008—2050年）	每年1.0%（2008—2017年）	每年2.1%（2008—2050年）			
电力消费（与2008年相比）	-3.3%	-10% ——→ -25%			

为了弥补可能会出现的气候保护力度差距，2014—2017年，德国政府发布了《气候保护行动计划》和《2050年长期气候行动计划》，并通过了《气候变化法案》。其中，2014年12月通过的《气候保护行动计划》中提出，电力部门除了此前已经确定的减排措施外，还应在2020年之前另外再减少22 Mt二氧化碳排放量。因此，德国政府提出逐步关停褐煤发电厂（总装机容量达2.7 GW）的决定，这一措施预计将带来额外减排11 Mt二氧化碳；政府还计划加大对热电联产的投资力度，预计能实现最多4 Mt二氧化碳的额外减排。2016年通过的《2050年长期气候行动计划》中包含了为实现2030年和2040年中期目标所需采取的具体措施，涉及能源、建筑、运输、工业和农业领域。1990—2017年德国温室气体排放情况如图3-2-6所示。

根据UNFCC的数据，能源领域是德国温室气体排放的主要来源，约占全国总排放量的85%。可以看出，德国要实现必要的温室气体减排量，整个能源部门，特别是电力行业必须做出高于平均水平的贡献。为了在一定程度上弥补与2020年目标的差距、达成能源部门2030年的目标，长久以来，德国一直在讨论逐步淘汰燃煤发电及供热。在此背景下，德国政府于2018年6月创立了“增长、结构变化和就业委员会”(也称煤炭委员会)，提出了一系列确保实现2030年减排目标的措施，特别是在能源领域“逐步减少并停止燃煤发电的计划，包括关闭日期和必要的法律经济社会及结构性配套措施”。

在德国，能源开发主要由4个大型电力公司掌握，业务涵盖了全部发电、输电、配电和销售。德国主要的大型电力公司在能源转型期都陷入了困境，E. ON和RWE已经将传统能源业务从可再生能源业务中剥离出来，最终在2018年达成了资产互换协议。Vattenfall选择了出售褐煤业务，国有企业EnBW也积极走向绿色发展。尽管采取了积极措施，但这些大型电力公司在德国快速变化的能源市场中的未来角色还远未明朗，它们都在寻找新的商业模式。

2.1.3 煤炭在能源与经济社会发展中的地位

德国的战略资源匮乏，采矿业是德国重要的基础工业之一，倍受德国政府的重视。德国采矿业包

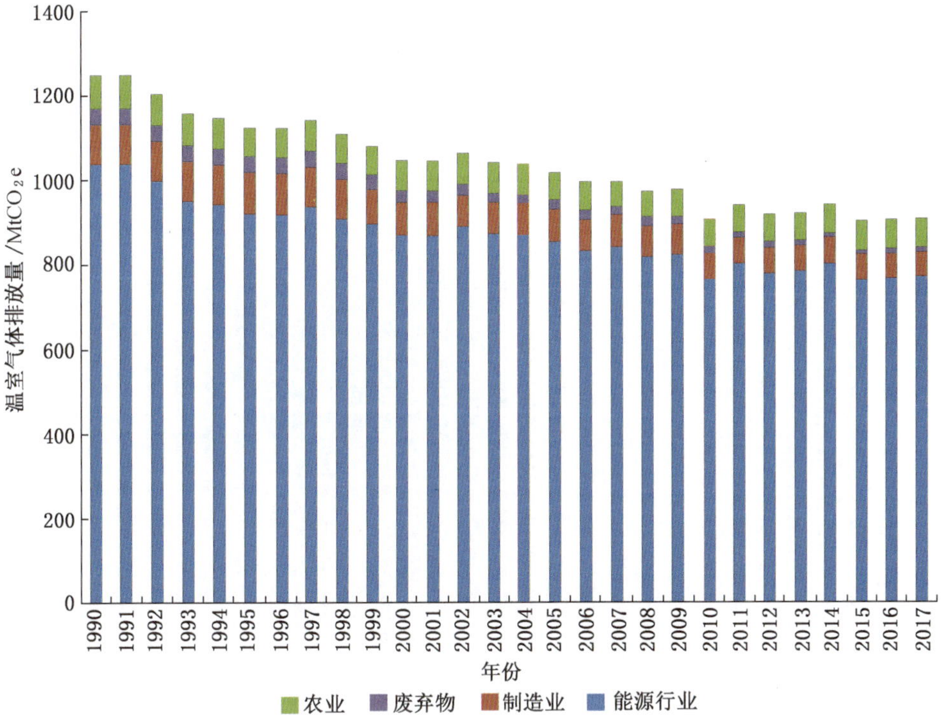

图 3-2-6　1990—2017 年德国温室气体排放情况

括硬煤煤矿、褐煤煤矿、矿石、盐矿、石油和天然气以及其他矿山。2016 年，汉斯·博克勒基金会(HansBöcklerFoundation)发表了一项关于能源、矿业资源和环境问题的研究报告，提到由于勘探、开发和开采的资本密集度高，采矿公司与采矿机械等制造行业在经济和技术上联系紧密；2008—2013 年，德国本土的采矿活动每年平均产生约 234 亿欧元的直接经济效益，其中褐煤 38 亿欧元、硬煤 36 亿欧元，带来其他间接经济效益约 147 亿欧元，创造了约 24 万个就业岗位。

第二次世界大战后，德国和以前一样以煤炭作为经济发展的基础。在 1989 年以前，对于外汇储量小的民主德国而言，褐煤作为其本土可以大量供应的能源品种，一直是维系其经济生存的命脉。数十年中，民主德国褐煤行业的职工在艰苦的条件下，确保了供电、供暖和化工领域的能源供给。在联邦德国，硬煤和褐煤为这个新生民主国家的经济复兴奠定了基础。20 世纪 50 年代，煤炭在德国的一次能源结构中的比重高达 90%，占绝对统治地位，成为联邦德国早期经济发展最重要的保障。

为了满足一次能源需求，先是石油制品（主要用于交通部门，也用于供暖）的市场份额从 20 世纪 60 年代开始扩大；接着是天然气（供暖）在 20 世纪 70 年代逐渐获得了更大的市场份额。然而在联邦德国的电力领域，煤炭仍占主导地位。煤炭在电力供应体系中的绝对优势直到 20 世纪 70 年代末才开始动摇，这是由于当时德国建造了第一批大型核电厂。到 20 世纪 80 年代后期，核电占全国供电量的 1/3 左右。

煤炭在德国能源行业中的重要性从 1990 年开始逐步降低。由图 3-2-7 可以看出，煤炭消费量多年来呈现明显的下降趋势。煤炭逐渐失去了在能源消费结构中的主导地位，从 1990 年占一次能源消费的 37%，下降到 2019 年只占 17.5%，居第三位，其中褐煤（9.0%）和硬煤（8.5%）各占约一半的份额。煤炭消费量从 1990 年的 187.9 Mtce 降至 2019 年的 77 Mtce。

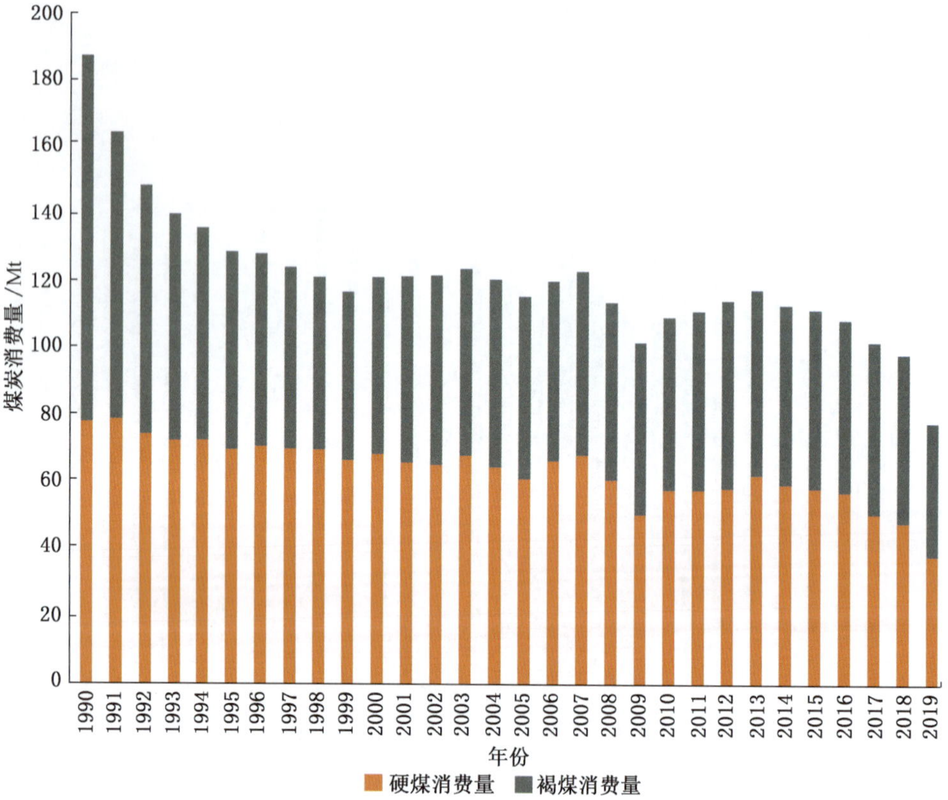

图 3-2-7　1990—2019 年德国煤炭消费情况

德国的煤炭消费结构主要是电力和钢铁行业。2019 年，德国的硬煤消费量为 37.4 Mtce，其中 46.8% 用于发电，50.6% 用于钢铁行业。褐煤消费量为 39.6 Mtce，其中 91.2% 用于发电。2019 年德国煤炭消费结构如图 3-2-8 所示。

煤炭是德国重要的电力来源之一，1990 年燃煤发电在总发电量中的占比达到 56.7%，到 2010 年降至近年来最低水平 41.5%。2011 年以后，受退出核电政策的影响，德国电力行业的煤炭消费有所回升，2013 年，燃煤发电在总发电量中的占比增至 45%，为 2007 年以来最高。但是，后续由于受到天然气及石油进口量的增加、可再生能源的增长、碳价的变化等因素的影响，燃煤发电在电力供应中所占的比例持续下降，2019 年，硬煤发电量 57.3 TW·h，占总发电量的 9.4%；褐煤发电量 113.9 TW·h，占 18.6%；燃煤发电在总发电量中的占比为 28%。

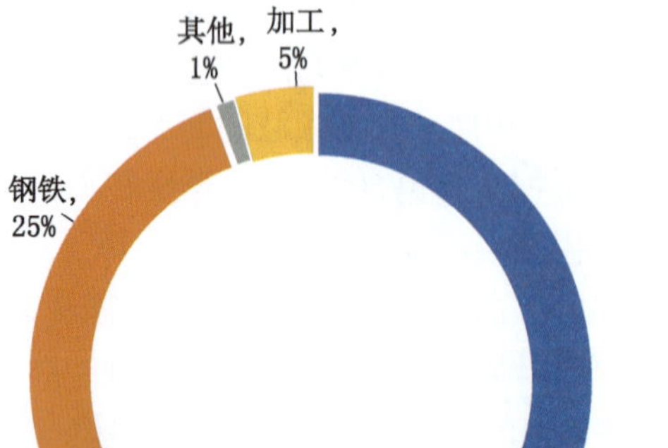

图 3-2-8　2019 年德国煤炭消费结构

由于开发成本高及政府补贴的终止，德国近年来的硬煤产量下降明显，并于 2018 年底全面关停国内的硬煤开采，因此德国国内消费的大部分硬煤是从俄罗斯、美国、澳大利亚和哥伦比亚进口的。与硬煤不同，德国褐煤露天开采在市场上具有竞争力，褐煤消费量的 98% 由国内生产。

2018 年底，德国褐煤及硬煤行业直接雇用了大约 32800 名职工，相当于德国社会保险覆盖的全社会就业人口（2018 年 3280 万人）的 0.1%。褐煤行业职工 20855 人，其中 15600 人在露天煤矿工作，约 5200 人在褐煤发电厂工作。硬煤行业职工约 13030 人，其中 4125 人在硬煤开采行业工作，剩余的 7830 人在电厂工作。不过，由于德国 2018 年底关闭了所有的硬煤开采煤矿，硬煤开采相关工作现在已经基本消失。1990—2018 年德国煤炭产量及职工人数如图 3-2-9 所示。

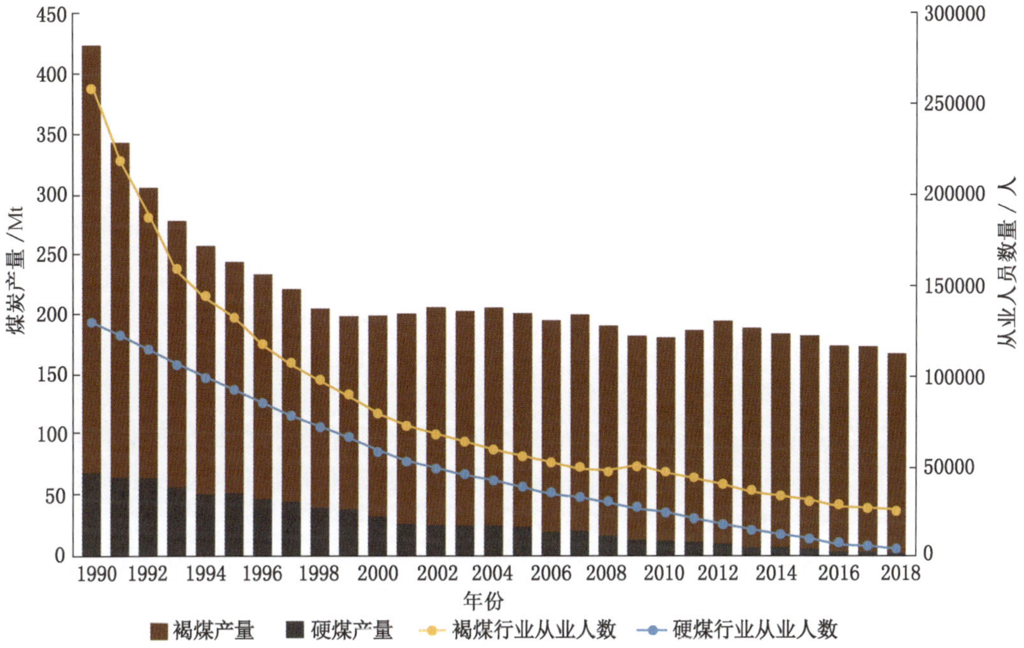

图 3-2-9　1990—2018 年德国煤炭产量及职工人数

这些涉煤行业每雇用一位员工，相关产业链上会非直接地支撑大约两个工作岗位。至 2018 年底，德国依旧有大约 86000 人直接或者间接地被煤炭行业雇用，或者其职位被煤炭行业的需求所支撑，这相当于德国社会保险覆盖的全社会就业人口的 0.26%。但是，在褐煤产区社会保险覆盖的全社会就业人口中煤炭行业就业人口的比例远高于全国平均水平，由于产业的地区集群效益，直接就业人口的比例达到 0.9%，直接、间接受雇于或支撑煤炭行业的就业人口比例达到 1.4%。另外，涉煤行业的年收入高于社会平均水平，而且这些行业的工会组织化程度相对较高。涉煤行业直接雇用员工的平均年龄为 45 岁。

尽管硬煤和褐煤在能源供应方面重要性下降，但二者合起来仍是德国发电份额较大的能源。一方面，由于德国的褐煤储量丰富，而且它是一种开采成本较低的能源品种；另一方面，煤炭燃烧所引起的外部成本，特别是在气候变化方面的外部成本往往被人们忽略，或者类似欧盟排放交易体系（EU-ETS），并未在整体经济核算中加以足量考量。因此，煤炭仍然是德国的重要能源。

2.2　煤炭工业发展概况

煤炭工业是德国历史悠久的工业部门，煤炭的大力开发和综合利用，是产业革命时期德国迅速成为世界工业强国的重要原因之一。德国的煤炭工业基本走完了从初期的简单开采到现代化发展，从企业转型到煤矿关闭的整个生命周期。德国的煤炭工业管理构架完成，法律法规完善，煤炭工业主要的法律包括《联邦矿业法》《矿业条例》《劳动保护法》等。煤炭工业主要管理部门有联邦经济和能源部、各州经济部和矿山局。

德国政府对煤炭工业的发展一直采取倾斜政策，但由于高额的财政补贴成为政府沉重的负担，同时不断受到廉价进口煤炭和其他能源的冲击，煤炭产业政策也逐步调整，主要政策包括逐步取消硬煤开采补贴及关闭硬煤煤矿、淘汰褐煤电厂及退出燃煤发电政策，以及扶持煤炭采区转型政策等。

2.2.1 概况

德国的煤炭开采矿区主要包括西部的鲁尔硬煤矿区、萨尔硬煤矿区、莱茵褐煤矿区和东部的劳齐茨褐煤矿区以及德国中部矿区。其中鲁尔硬煤矿区是典型代表，集中体现了德国煤炭工业的发展历程。

1. 早期煤矿开采阶段

鲁尔硬煤矿区煤炭开采可追溯到 1298 年。最初，在农民耕地或田鼠挖洞时使煤层露出地表，在采石或挖房屋地基时，也往往发现煤层。在 15 世纪中期以前，以原始的露天方式开采煤炭，但如果遇水淹只得停产。15 世纪至 16 世纪末，开始利用从地面几米的平硐或斜井进行开采。至 17 世纪，最长的平硐已达 400 m。为开采深部煤层，有时也开一些斜井或暗井。至 1800 年，鲁尔河两侧已有 150 个煤矿，年产煤炭约 0. 17 Mt。

2. 煤炭和钢铁工业形成阶段

19 世纪初，英国发明的焦炭炼铁和蒸汽机技术传入德国，引起了德国的工业革命。焦炭炼铁、蒸汽机的广泛应用使煤炭的需求大幅度增加，促进了德国煤炭工业的迅速兴起。在鲁尔河以北地区发现了优质炼焦煤，于是兴建了一批矿井，这一新区被命名为“圣路”。蒸汽机开始用于煤矿深井提升和排水。1828 年鲁尔区共有 26 台蒸汽机，1860 年增加至 361 台。1870 年，鲁尔硬煤矿区煤矿数量增加至 220 座。自“圣路”新区开发起，在建设煤矿的同时，钢铁工业相继兴起。在埃森、波鸿、多特蒙德建起了许多钢铁厂。钢铁又进一步促进了煤炭的需求和煤矿的深部开采。至此，鲁尔区成了德国最早的工业区。

3. 近代煤炭工业发展阶段

从 1850 年到第二次世界大战（1939 年）前，由于有了机械设备，煤矿规模不断增大，对一些小煤矿进行了合并改建，煤炭产量不断增加。1939 年，德国煤炭产量达到最高峰 130 Mt。1939—1945 年第二次世界大战期间，鲁尔区的煤矿遭到严重破坏，1945 年煤炭产量下降到 35 Mt。

第二次世界大战后，鲁尔区的煤矿进入了一个大发展时期。1945—1947 年，德国西部被英国、美国、法国占领，鲁尔区的煤矿由英国、美国、法国军政府煤炭管理局管理。从 1945 年开始该局对煤矿工人实行供给制，采取措施改善矿工生活，招收新矿工，以扩大煤炭生产。煤矿职工总数从 1945 年的 28 万人增加到 1947 年的 39 万人，煤炭产量增加到 71 Mt。1947 年 11 月成立了德国煤矿管理局，煤矿管理权回到德国。1948 年 11 月，政府制订了《德国煤炭和钢铁工业重组办法》，确定了五年建设计划，并明确了产权法律问题，尽最大努力提高煤炭产量，保证煤炭工业稳步发展。此后，德国对煤矿进行大规模投资，共新建煤矿 50 座，并将 37 座老矿合并为 14 座，实行集中生产。1957 年，鲁尔区煤炭工业发展达到顶峰时期，煤矿总数为 155 座，煤炭产量为 1. 3 Gt，职工人数约 50 万人。

由于硬煤的大量生产和下游钢铁业的发展，鲁尔区已发展成为联邦德国的骨干力量。它由北威州联邦州附近的几个大城市组成，是人口最稠密的城市。

4. 煤炭工业现代化发展阶段

从 1958 年起，德国硬煤工业开始衰退。大量的美国廉价煤炭涌入欧洲和德国市场，德国煤炭贸易公司和其他用煤大户争相同美国煤炭公司签订长期合同。欧洲许多原来使用德国煤炭的钢铁公司也纷纷进口其他国家的廉价煤炭。此外，能源市场上石油和天然气所占比例也不断增加。因此，德国煤炭工业受到严重冲击。面对这一危机，德国硬煤开采企业采取共同的行动策略，按市场需求实行限产和减产，关闭和合并矿井，降低成本，提高效率，以提高市场竞争力。1958—1966 年，鲁尔区矿井数从 146 个减少到 87 个，产量降至 112 Mt，采煤机械化程度从 16% 提高到 77%，井下工人效率从 16 t/工提高到 29 t/工。

1968 年 5 月，政府颁布了《德国煤矿调整法案》。1969 年 7 月 18 日，在联邦经济部推动下，鲁尔区煤矿联合组建了私营的鲁尔煤炭公司。该公司共有 52 个煤矿、29 个炼焦厂、5 个型煤加工厂，职工总数 18.6 万人，年煤炭产量 94.9 Mt，占鲁尔区硬煤产量的 94%，占德国硬煤产量的 74%。鲁尔煤炭公司成立后，以提高效率和降低成本为中心，调整煤矿布局，进行技术改造，提高生产集中化程度，采煤机械化程度达到 100%，煤炭开采进入现代化新时代。

5. 煤炭工业转型阶段

随着石油的开采利用，煤炭在能源系统中的地位被削弱，鲁尔区开始经历低谷期。首先，早期开挖的煤矿大部分已经枯竭，要继续开采，就必须深挖，从而导致成本高涨，面对从美国进口的便宜煤炭，鲁尔区的煤炭失去了竞争力。当地的煤矿被关闭，钢铁制造商搬到沿海城市，以便获取原料。1957—2007 年，鲁尔区的煤炭工业迅速萎缩：年产量降至 15.87 Mt，矿工人数也从 39.8 万人降至 2.5 万人。尽管有新产业的输血以及服务业的增长，但是都不足以抗衡煤炭钢铁业衰退对鲁尔区的负面冲击。1960—2015 年鲁尔区、萨尔区、北威州失业率趋势如图 3-2-10 所示。

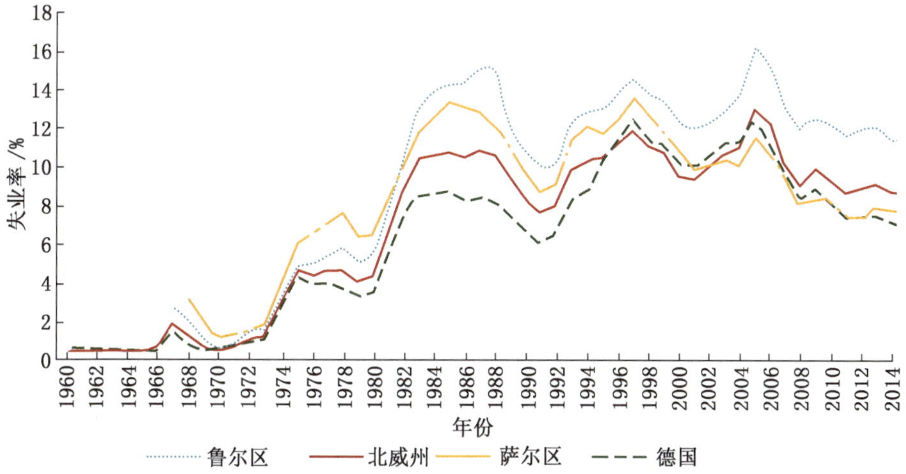

图 3-2-10 1960—2015 年鲁尔区、萨尔区、北威州失业率趋势

在这场危机开始之初，德国的经济形势允许大多数矿工转移到该地区的金属工业中。对于其余的工人，政府提供了提前退休和再培训等替代方案，因此，失业率保持在较低水平。由于 1951 年出台的《共同决定法》规定，如果职工总数超过 1000 人，煤炭和钢铁行业的雇主和职工在公司董事会中享有同等的投票权。在整个淘汰过程中，没有采矿工人失业，所有决定都与矿工达成了一致意见。但是，该法规不适用于下游或上游行业，这些行业受到煤炭和钢铁危机的影响，导致失业率超过 15%。

由图 3-2-10 可以看出 1973 年和 1979 年的第一次和第二次石油危机都严重影响了产煤区以及德国其他地区的失业率。从 1980 年开始，政府出台了一系列结构性转型计划，重新定位区域经济发展方向，包括以下几个方面：一是加强运输基础设施建设、发展物流业，促进与其他地区的商业交流；二是进行煤炭及钢铁工业调整，鲁尔公司接手国有控股企业萨尔煤业股份公司，完成了私有化，并收购了伊本比伦矿业公司，统一了德国的硬煤生产煤矿和炼焦企业；三是积极引进新兴产业和劳动力；四是激励创新，通过扩大与大学和研究中心之间的网络，形成了集群效应，从而加强了本地产业发展；五是推进可再生能源行业发展，促使煤矿行业的劳动力向可再生能源领域转移；六是进行就业引导、再就业培训，采取提前退休等措施缓解就业压力；七是提出更侧重于生态和文化方面的措施。这些措施从各个方面增加了鲁尔区的经济活力，鲁尔区第二产业的劳动力比例从1976年的58%下降到2014年的26%，第三产业的劳动力比例也从42%上升到74%。

6. 逐步淘汰退出阶段

为了保障国家的能源供应及维持矿区社会稳定，从20世纪60年代开始，德国政府开始对硬煤采取工业给予补贴政策。据统计，1958—2008年，硬煤补贴总支出为2890亿~3310亿欧元，由联邦政府、州政府及鲁尔公司共同承担，对每吨硬煤开采成本的销售补贴从1980年的13500欧元/a增加到2005年的75000欧元/a，超过了当时一名煤矿工人的平均工资。2007年，欧盟的竞争法规要求德国在2018年终止对煤炭的补贴。经过联邦政府、州政府、煤矿企业、煤炭协会等多方的反复协商，硬煤补贴的最终确定于2018年结束。随后，鲁尔公司提出了一系列煤矿关闭退出计划。萨尔州的硬煤矿井原定在2014年结束开采，但由于该地区遭受了与采矿有关的地震，出于对进一步破坏的担忧，最终在2012年结束了硬煤开采，相关煤矿的工人都转移到伊本本伦矿区。2018年，鲁尔公司关闭了最后两处硬煤矿井，鲁尔公司的工作重心转为开展矿井水处理、塌陷区修复及原煤矿区重建等工作。德国基本结束了煤炭井工开采的历史。

2007年出台的“能源利用和气候保护一揽子方案”提出了到2020年温室气体排放量比1990年减少40%的环保目标。但是，德国环境部在2017年发表的声明中指出，由于燃煤电厂与交通领域的二氧化碳排放量居高不下，德国到2020年比1990年二氧化碳排放量下降40%的“能源转型”目标难以实现，预计下降幅度仅为32%。为了在一定程度上弥补与2020年目标的差距、达成能源部门2030年的目标，德国一直在讨论逐步淘汰燃煤发电及供热。2018年6月，德国联邦政府成立了“增长、结构变化和就业委员会”(也称煤炭委员会)。该委员会的任务是找出一条逐步淘汰德国燃煤电厂的道路,提出支持受影响地区的经济转型的相关措施,研究如何应对淘汰煤炭对能源供应及电价的影响。

煤炭委员会最终在2019年1月26日提交了最终报告及相应建议，提出了到2038年（可能最早在2035年）逐步淘汰以煤炭为基础的发电项目。2019年，联邦政府通过决议并开始起草《退煤法案》草案。按照煤炭委员会提出的方案，德国将逐步关闭褐煤煤矿，淘汰燃煤电厂，德国煤炭工业也逐步进入最后的阶段。

2.2.2 管理体制及政策

1. 煤炭工业法律法规

德国煤炭工业的主要法律包括《联邦矿业法》《硬煤开采条例》《矿业条例》《矿用电气设备许可条例》和《劳动保护法》等。还有原料及化工保险机构（BG RCI）制定的一些安全卫生规章和技术标准等。

2. 煤炭工业管理机构

煤炭工业主要管理部门有联邦经济和能源部、州经济部门和矿山局。另外设有煤炭协会代表企业向联邦政府和地方管理部门提出建议和要求，推动煤炭技术交流和发展。

1）联邦经济和能源部

联邦经济和能源部是主管全国工业、能源、外贸和关税等的重要经济部门。联邦经济和能源部第三司主管全国能源经济及矿产资源，负责制订能源发展战略和煤炭政策，管理硬煤补贴基金。

2）州经济部门和矿山局

德国联邦政府对矿业的监督和管理设在州一级，各州的矿业主管部门设置不同，机构设置相对简捷、高效，一个部门负责煤矿开采所有相关许可的发放，以及企业经营计划的审批。例如，煤矿编制企业经营计划，包括从筹建、开采到洗选等各个环节的计划书，内容涵盖开采设计、劳动保护等各个方面。矿山局依据法律严格履行审批程序，并依据该计划对煤矿经营情况进行日常监督检查，督促其落实安全生产主体责任。

德国目前有4个产煤州，即北威州、萨克森州、勃兰登堡州和萨克森－安哈尔特州。北威州的矿业主管部门是经济、创新、数字化和能源部，其能源部门负责采矿相关的技术、安全、法律和计划方面的总体管理，该部下设采矿能源局，具体负责采矿项目的审批和对采矿活动的监管。褐煤开采州勃兰登堡州设有矿山、地质与原材料局，隶属于勃兰登堡州经济与欧洲事务部，主要职能包括发放褐煤的开采许可，对煤矿企业进行监督和管理，制定州法律，保证职工健康安全。原采煤州萨尔州设有高等矿山管理局，隶属于萨尔州经济与科学部，专门管理能源矿山，主要职能是保障矿山安全生产、预防矿山安全事故、制定相应的管理条例确保矿区人员安全。

3）煤炭协会

德国的煤炭协会有硬煤协会（GVSt）和褐煤协会（DEBRIV）。

硬煤协会成立于1968年，是研究和发展硬煤开采技术的学术团体，它由成员公司的专家组成。协会代表成员公司向联邦政府和地方管理部门提出建议和要求，推动煤炭技术交流和发展。协会下面设有各专业技术委员会。它的法定任务是保障和促进成员的普遍利益，特别是在经济和社会政策领域，代表其正式成员作为雇主协会和集体谈判方。

褐煤协会成立于1885年，一直致力于推动褐煤工业的技术、科学、经济和政治发展，是代表褐煤行业共同利益的平台，设有大约20个常设委员会和工作组。

3. 煤炭工业政策

德国硬煤开采历史悠久，很多矿井都已有百年开采历史，因此开采深度越来越大，开采成本也逐年上升，相比低廉的进口煤炭，德国的硬煤开采无法参与国际竞争，从20世纪50年代开始，硬煤开采工业需要依靠财政补贴才能维持生产。补贴的目的是平衡生产成本与出售生产的煤炭产生的收入之间的差额——每吨煤炭补贴不得超过生产成本与煤炭平均价格之间的差额。根据政府的数据显示，用于补贴硬煤的年度财政支出从1958年的6亿欧元增加到1989年的75亿欧元，其中大部分资金由“煤炭基金（Kohlepfennig）”提供。

除此之外，从20世纪90年代初期开始，德国政府对煤炭工业的发展采取倾斜政策，主要包括：①价格补贴，是煤炭政策的核心部分；②税收优惠，对煤炭公司所得税给予退还、豁免或扣除，还允许煤炭企业加速折旧，促进生产合理化；③投资补助，对煤矿生产合理化、提高劳动生产率和安排转业人员等提供多种补助；④政府收购，为保障煤炭供应，政府收购一定的硬煤作为储备，此外，政府还提供贷款，建立“国家煤炭储备”，支持煤炭工业的生产和销售；⑤矿工补助，主要是退休金补贴；⑥限制进口；⑦环保资助，为治理矿区环境提供资助，一般由州政府负担1/3，联邦政府负担2/3；⑧研究与发展补助，联邦政府和州政府都投入了大量资金。

由于高额的财政补贴成为政府沉重的财政负担，同时不断受到廉价进口煤炭和其他能源的冲击，政府、煤炭公司、电力公司、钢铁公司互相妥协，逐步进行有关煤炭政策的重大调整。

1）逐步取消硬煤补贴及关闭硬煤煤矿

1997年，联邦政府和煤炭公司及矿业能源协会就硬煤补贴达成协议，根据这项新的财政补贴协议，联邦政府和州政府对本国硬煤销售补贴额从1996年的67亿欧元减少到2005年的27亿欧元。但是，硬煤补贴仍是联邦政府最大的一笔单项补贴支出，德国的其他工业领域从未得到过这样特殊的待遇。据统计，1950—2008年，硬煤补贴总支出为2890亿~3310亿欧元。

2007年，欧盟的竞争法规要求德国在2018年终止对煤炭的补贴。2007年2月，联邦政府，北威州，萨尔州政府，德国硬煤公司（RAG Corporation）和采矿、化学与能源工业联盟（IG BCE）达成一致意见，并于2007年12月底出台了《煤炭工业融资法》，提出到2018年底将逐步取消对硬煤的补贴。2008年1月，德国执政党高层达成一致意见，决定在2018年前关闭德国所有的煤矿。

2）淘汰褐煤电厂及退出燃煤发电政策

根据德国温室气体排放清单，煤炭消费占德国全部能源领域二氧化碳排放量的45%（1990年为58%），其中硬煤占21.3%、褐煤占23.7%。数十年来，部分民间社会要求在德国逐步淘汰煤炭，在欧盟和德国层面也采取了降低二氧化碳排放量、大力发展可再生能源的政策，但由于自2008年以来碳价较低，这些政策在有效减少煤炭消费方面效果不佳。

2015年，德国政府提出在2016—2019年关闭装机容量达到2.7 GW的褐煤发电厂的计划，相当于当时总装机容量的13%。计划最开始希望通过向这些电厂征收气候变化税从而引导其退出市场，但迫于矿业工会及当地联盟组织的压力，德国政府不得不对政策进行修订，具体措施为：在能源转型阶段，RWE、Vattenfall和Mibrag 3家电力公司将停产并转为应急储备，以应对能源需求突然上涨的情况；3家企业每年将获得2.3亿欧元的补贴，7年总计高达16亿欧元。2016年，欧盟批准了德国政府的这项措施。为此，德国电力用户需要为每度电多支付0.05欧元。

2018年，煤炭委员会提出的退出燃煤发电实施方案建议，2019—2022年为第一阶段，逐步淘汰12.5 GW燃煤发电装机容量（7.5 GW为硬煤发电机组、5 GW为褐煤发电机组），建议将燃煤储备电厂转变为燃气储备电厂；2023—2030年为第二阶段，应“尽可能平稳地”减少燃煤发电量，到2030年燃煤发电装机容量将降至不超过17 GW（9 GW为褐煤发电机组、8 GW为硬煤发电机组）。作为一项“阶段目标”，计划到2025年减排10 Mt二氧化碳当量。

煤炭委员会提出的逐步淘汰煤炭的5个战略要素包括：一是逐步淘汰煤炭。德国将不再发展新的燃煤发电厂和露天矿，现有燃煤发电厂最迟应在2038年前陆续关闭（在2032年评估淘汰时间点是否可以提前到2035年）。二是支持传统采矿区的转型，借助于对先进能源系统的投资、运输和数字化基础设施的扩充，以及推动创新活动（如通过建立研究机构），在煤炭开采地区形成新的就业和经济机会，还应采取措施保障露天矿退出后的善后工作，降低这些地区的相应处置成本风险。三是进行电力系统优化改革，退出的燃煤发电量主要由可再生能源替代，因此应鼓励企业建立灵活的热电联产系统，并取消由此产生的欧洲排放交易体系内的二氧化碳配额，电网的必要优化和扩建也应及时进行。四是减轻受影响者的困难，为了继续确保可承受和具有竞争力的电价，应部分补偿消费者由于退煤造成电价上涨的损失。电厂运营商将因其资产提前关闭而得到补偿。直接受雇于煤炭行业的人将得到特定就业市场政策的支持。五是保障监测和调整措施，要进行定期评估，独立专家组应于2023年、2026年和2029年审查相关措施及其执行情况，以期达到气候目标，以及电价、供应安全、就业和结构性的政策目标。如果出现不足的情况，应采取额外措施。

煤炭委员会建议通过“相互协议”解决褐煤电厂运营商及员工的相关赔偿问题。如果在截止日期2020年6月30日之前仍无法达成协议，应该按照监管法律解决纠纷。补偿取决于二氧化碳排放量、所有权结构、与矿业部门的联系，以及受影响员工的数量。委员会提出补偿应从联邦预算中拨付，而不是通过电价附加费支付。

3）扶持煤炭采区转型政策

针对煤炭委员会提出的到2038年逐步淘汰燃煤发电项目的建议，德国联邦政府推出了一项关于扶持德国原煤炭产区经济转型的法案草案，至2038年将投入400亿欧元用于停用煤电后扶持传统煤炭产区经济转型。

草案内容显示，德国政府将在2038年之前逐步向勃兰登堡、萨克森、萨克森安哈特和北威州等地区投入总计400亿欧元资金，用于帮助这些地区在煤炭工业停止后实现经济转型。其中，大部分资金将用于基础设施建设，包括网络、道路和铁路等，还有一部分资金将用于在这些地区设立科研机构和政府机关等。

根据德国政府的规划，其中260亿欧元将用于4个褐煤主产区基础设施建设，如高速公路、铁路等；另外140亿欧元将用于地方启动当地的重要项目。根据德国相关法律，这4个地区要想得到联邦政府的资助，也必须同时出资，最低出资额要达到10%。

此外，这4个联邦州都提出了一系列应对经济转型的措施和建议，涵盖诸多领域和行业。

2.2.3 发展前景

煤炭曾经是德国的战略能源，是德国确保能源安全供应的一种战略措施。但目前随着德国能源供应的多样性、对可再生能源的开发利用以及面临应对气候变化、空气污染等环境问题，煤炭在德国能源中的地位大幅度下降，逐渐失去了在能源系统中的主导地位。

尽管德国政府已经制定了能源转型目标，公共舆论也在不断呼吁推动能源转型进程。但是，德国在能源转型和退煤的方面还面临很大挑战。德国石油、天然气资源匮乏，太阳能资源禀赋较南欧国家相对匮乏，因此德国使用可再生能源上并不占优势。当前，传统化石能源，特别是煤炭能源在德国能源结构中仍占很大比重。虽然停止开采硬煤，但德国褐煤开采和使用量仍然较高，在一些地区褐煤开采仍是当地的经济支柱。

另外，2022年彻底放弃核电的政策也给德国能源供应及能源转型带来了很大压力。数据显示，2017年德国总发电量中有11.6%来自核电。这一比例虽然没有煤炭高，但弃用核电的时限已相当紧迫，加上目前社会各界对德国退出煤电的呼声日渐高涨，要想完全以可再生能源弥补弃用核电带来的缺口尚有不少困难。

德国彻底弃用煤炭将会对德国东部一部分地区的整体经济形势产生决定性影响，涉及数十万个工作岗位以及地区经济发展。为了解决弃用煤炭带来的潜在影响，德国东部联邦州要求联邦政府在未来数十年内对该地区拨付高达600亿欧元财政补贴。与此同时，德国经济界也提出，联邦政府应当从财政和税收等方面给予受影响的煤炭等能源行业企业适当补偿。

2.3 煤炭资源

德国煤炭资源丰富，主要分为褐煤和硬煤两种，分布在7个主要煤田。其中硬煤煤田主要分布在西部，分别为鲁尔煤田、萨尔煤田、亚琛煤田和伊本比伦煤田；褐煤煤田有西部的莱茵煤田和东部的劳齐茨煤田、德国中部煤田。德国硬煤以烟煤为主，煤质好，低灰、低硫，适合作动力煤和炼焦煤，但是德国硬煤开采条件比较困难，煤层薄，开采深度大。与硬煤矿井不同，德国褐煤煤矿开采条件十分有利，煤层厚，埋藏浅，适合露天开采。

德国规范煤炭资源开采的法律法规既包括联邦法律，也包括各州政府发布的在其管辖范围内进行采矿活动的法规。在联邦层面，涉及煤炭资源管理的法律主要包括《矿产资源法》《联邦矿业法》《联邦矿业条例》（1995）等。主要的资源管理部门为德国联邦经济和能源部、德国联邦环境、自然保护与核安全等，各州政府是自然资源管理的具体单位。

2.3.1 煤炭资源总量与煤田分布

根据英国石油公司《世界能源统计年鉴》的数据，2018年底德国烟煤和无烟煤可采储量为3 Mt，褐煤可采储量为36.1 Gt，总可采储量为36.103 Gt，占世界煤炭总可采储量的3.4%。按照德国目前的开采规模，其煤炭储量可供开采约21年。

德国煤炭分类十分简单，分为硬煤和褐煤两大类。硬煤主要是烟煤，无烟煤所占比例很少。硬煤埋藏深，用井工开采；褐煤埋藏浅，用露天开采。

德国的煤炭资源生成于古生代、中生代和新生代。古生代煤层主要为烟煤，也有部分无烟煤，分布在西部北威州的广大地区。南方萨尔州有小的含煤区。中生代煤层从次烟煤到无烟煤，但储量很少。新生代次烟煤和褐煤在西部的莱茵河地区和东部地区分布很广。

1. 硬煤煤田

德国主要硬煤煤田分布在西部，有鲁尔煤田、萨尔煤田、亚琛煤田和伊本比伦煤田。

1）鲁尔煤田

地理位置：北纬51°，东经7°，分布在德国西部北威州鲁尔河以北广大地区。

地质年代：石炭纪。

面积：5000 km^2。

可采储量：11 Gt。

该煤田在国内和国际上均占有重要地位，含有多层煤，均具有开采价值，层厚为0.5～2.8 m。煤系地层大部分呈缓倾斜，受断层和褶曲构造破坏严重。煤层埋藏深度－40～－1500 m。

可采煤层为高挥发分、强结焦性烟煤，且一般低灰、低硫，水分也低。有部分适合于炼焦。

2）萨尔煤田

地理位置：北纬49°，东经60°，分布在德国南部萨尔州，与法国洛林煤田相连。

地质年代：石炭纪。

面积：350 km^2。

可采储量：2 Gt。

这是一个地区性重要煤田，含有多层有开采价值的煤层，层厚0.6～2.5 m。煤系地层大部分呈缓倾斜，虽然有一些断层，但未受到大的地质破坏。

可采煤层为弱结焦性烟煤，一般低灰、低硫、低水分。

3）亚琛煤田

地理位置：北纬50°，东经6°，位于德国北威州西部，与比利时、荷兰交界处。

地质年代：石炭纪。

面积：500 km^2。

可采储量：0.5 Gt。

这是一个重要的煤田，但已进入衰老期，含有多层有开采价值的煤层，层厚0.5～1.5 m。煤层绝大部分呈缓倾斜，地质破坏较为严重。

可采煤层有高挥发分煤，也有低挥发分煤，一般低灰、低硫。有一部分煤炭可用于炼焦。

4）伊本比伦煤田

地理位置：东经7°，北纬52°，位于德国北威州北部，与荷兰毗邻。

地质年代：上石炭纪。

面积：70 km^2。

可采储量：1.2 Gt。

该煤田含有可采煤层13层，煤层厚度0.5～1.2 m，深部局部地区煤层厚度达2 m。

煤层倾角0°～9°，该煤田地质破坏严重，上部煤系地层含水量大。

2. 褐煤煤田

德国主要褐煤煤田有西部的莱茵煤田和东部的劳齐茨煤田、德国中部煤田。

1）莱茵煤田

地理位置：北纬51°，东经6°，分布在德国西部北威州莱茵河一带。

地质年代：第三纪。

面积：48 km^2。

可采储量：12 Gt，全部适合于露天开采。

这是一个地区性重要煤田，含有3层可采煤层，厚度达90 m。全部适于露天开采。煤系地层赋存浅，绝大部分近水平，基本未受到地质破坏，但有断层。上覆岩层主要是软砂岩。

可采煤层为非结焦性褐煤，一般低灰、低硫，发热量7800～10500 kJ/kg，灰分2.0%～8.0%，含水率50%～60%，硫分0.15%～0.5%。

该煤田的运输条件和其他服务设施均良好。该煤田的资源已经详细查明，正在大规模开采。

2）劳齐茨煤田

地理位置：北纬51°，东经14°，位于德国东部，靠近波兰。

地质年代：第三纪。

面积：1500 km^2。

可采储量：5 Gt，80%适合于露天开采。

劳齐茨煤田含可采煤层2层，厚度3～22 m，煤种为褐煤。煤层埋藏浅，绝大部分近水平。该煤田大部分地区未受到地质破坏，只有局部地段有严重的褶皱构造。目前开采区水文地质问题比较复杂。

发热量7900～10000 kJ/kg，灰分2.5%～14.0%，含水率49%～58%，硫分0.15%～0.5%。

3）德国中部煤田

地理位置：东经12°，北纬51°，东部是以莱比锡为中心的广大地区。

地质年代：第三纪。

面积：2400 km^2。

储量：8 Gt。

该煤田含有可采煤层5层，煤层厚度6～100 m，煤层埋藏浅，近水平。大部分地区没有受到地质破坏。

可采煤层为高挥发分、弱黏结性褐煤，发热量90000～13000 kJ/kg，灰分6.5%～12.0%，含水率48%～54%，硫分1.3%～2.1%，焦油产率在12%以上，含氢7%～8%，适合作化工原料和深加工。

2.3.2 资源管理与政策法规

德国规范煤炭资源开采的法律法规，既包括联邦法律，也包括各州政府发布的在其管辖范围内进行采矿活动的法规。在联邦层面，涉及煤炭资源管理的法律主要包括《矿产资源法》《联邦矿业法》（BBergG）《联邦矿业条例》（1995）等。主要的资源管理部门为德国联邦经济和能源部、德国联邦环境、自然保护与核安全部等，各州政府是自然资源管理的具体单位。

1. 资源管理法律法规

德国法律规定矿藏归国家所有，在勘探开采时必须获得由国家矿产管理部门颁发的许可证。但同时德国法律也规定了土地所有权人的先占制度。为了通过更有效的许可和批准程序来支撑矿产资源的安全供应，德国于1982年颁布《联邦矿业法》，它不仅规定了有关矿产的勘探、开采和加工的规则，还设立了必须修复旧的露天煤矿、管理地下储存场所的建设和运营的规则。

从《联邦矿业法》开始，德国实行矿产开采许可制度，它规定矿产资源的所有权并不包含在土地所有权之中，土地所有权人欲勘探或开采矿产资源同样需要取得许可，并进行登记。根据《联邦矿业法》（2017年修订版）第3条规定，土地所有权人只对依附于土地的指定种类的矿产和在特定的矿区进行勘探和开发。德国通过添附制度和地上权制度来解决矿业权和土地权利发生冲突的问题，即一旦土地产权与矿业权分别属于不同的主体，一般的矿产资源是通过民法中的添附制度完成矿产资源归属和土地产权人所有转换的。对于国家规定的特定范围内的矿产资源，矿业权拥有者对该矿区土地享有法定的地上权。这种模式可称为“有限吸收模式”。

根据《联邦矿业法》，勘探开采许可包括3种类型，分别为允许用于商业目的（发现矿产和确定资源范围的专有权）的许可、进行大规模勘探的许可及仅出于科学目的的许可。

《联邦矿业法》具体由各州的采矿管理部门负责执行，规定了采矿公司要获得经营许可证必须满足的基本法律要求，尤其需要进行健康、安全和危害预防、保障第三方权利和环境保护，地方管理部门才允许发放采矿许可。采矿管理部门一般还进行安全方面的监督管理。

除了执行《联邦矿业法》，采煤州也出台了本地区的采矿管理法规，如北威州发布的《硬煤开采条例》(BVOSt)、《褐煤开采条例》(BVOBr) 等，规定了在北威州范围内进行矿产开采的相关程序及需要遵守的各项规范。

2. 资源管理部门

1）德国联邦经济和能源部（BMWi）

德国联邦经济和能源部的中心任务是振兴市场经济，保障长足创新发展，强化德国社会结构。采矿立法的主要责任在于联邦经济和能源部。

德国联邦经济和能源部的下属研究机构德国联邦地球科学和自然资源研究所（BGR）是德国最权威，也是世界著名的地质调查与科学研究机构。总部设在汉诺威，前身为成立于柏林的普鲁士皇家地质研究所。BRG 创建于 1958 年，其主要任务是结合具有经济意义的重点项目，在地球物理、矿床、岩石、矿物、水文地质、工程地质、古生物、土壤等领域进行基础理论研究，培养相关的研究人才。

2）德国联邦环境、自然保护与核安全部（BMUB）

德国联邦环境、自然保护与核安全部成立于 1986 年，负责管理国家环境政策，其主要职能包括环境保护、气候变化、环境与能源、核能设施安全、水资源管理、环境健康、自然保育及自然资源永续使用等领域的工作。该部从环境的角度参与水域、海洋、能源、矿产等资源的管理。

3）州政府

在德国，各州是管理自然资源的具体单位，负责执行《联邦矿业法》。各州经济部是州一级的煤炭资源院管理部门。州经济部下属的地质调查部门主要负责矿产资源的规划、勘查研究等方面；下属的采矿管理部门则负责发放采矿许可、安全监管等方面的工作。

北威州是德国重要的煤炭开采州，州一级的矿业主管部门是经济、创新、数字化和能源部，该部下设采矿能源局，具体负责采矿项目的审批和对采矿活动的监管。北威州采矿能源局大约有 200 名员工，主要执行以下职能：负责北威州约 100 家露天及井工开采企业的审批管理和监督；负责深井钻探的审批（深度 >100 m；例如地热能、水、勘探非常规天然气矿床等）；负责旧矿区的土地回收；负责旧矿区和近地表采矿区域的危险防范；为采矿管理部门提供法律服务；负责采矿许可证的发放和管理，并向第三方提供有关地下采矿条件的信息。

2.4　煤炭生产

根据 IEA 的数据统计，德国是世界上第九大煤炭生产国，也是最大的褐煤生产国，2019 年褐煤产量为 131.3 Mt。德国还有 10 个露天开采煤矿，其中西部的莱茵矿区是最大的褐煤开采区。由于开采深度等问题，德国的硬煤生产需要依靠政府补贴才能实现经济开采。随着德国政府对硬煤煤矿补贴的终止，德国最后两个硬煤井工煤矿均已于 2018 年底关闭。德国国内的硬煤生产已基本结束。

2.4.1　生产总体情况

从 1990 年开始，德国的煤炭产量总体呈下降的趋势，见表 3-2-6。2019 年，受硬煤煤矿全面关闭的影响，德国的煤炭产量约为 131.3 Mt，均为露天开采，同比下降 20.7%，约占世界总产量的 1.6%；相比 1990 年的产量 427 Mt，下降了约 68.6%。随着能源转型的推进及退出燃煤发电政策的实施，煤炭需求减少，未来德国的煤炭产量将继续下降。

表3-2-6 1990—2019年德国的煤炭产量

年份	井工产量/Mt	露天产量/Mt	露天开采比重/%
1990	69.762	356.5128	83.6
1992	65.503	241.8075	78.7
1994	51.985	207.0773	79.9
1996	47.913	187.2071	79.6
1998	40.663	166.007	80.3
1999	39.240	161.255	80.4
2000	33.309	167.6603	83.4
2001	27.054	175.3347	86.6
2002	26.088	181.7468	87.4
2003	25.684	179.085	87.5
2004	25.691	181.9261	87.6
2005	24.713	177.9072	87.8
2006	20.674	176.3213	89.5
2007	21.307	180.4091	89.4
2008	17.077	175.313	91.1
2009	13.766	169.8571	92.5
2010	12.900	169.4025	92.9
2011	12.059	176.502	93.6
2012	10.770	185.432	94.5
2013	7.566	182.9953	96.0
2014	7.640	178.1548	95.9
2015	6.223	178.0654	96.6
2016	3.849	171.5466	97.8
2017	3.669	171.2857	97.9
2018	2.584	166.2584	98.5
2019	0	131.300	100

德国的煤矿早在1990年就基本实现了机械化开采，且德国机械制造水平处于世界领先地位，煤炭生产效率水平较高。

2.4.2 露天煤矿

德国褐煤煤矿开采条件十分有利，得天独厚。煤层厚，埋藏浅，适合露天开采。褐煤矿区都靠近工业中心，交通便利，基础设施条件好，这些有利条件使德国褐煤生产成本保持在较低水平，在市场上具有竞争力。截至2019年底，德国还有10个露天开采煤矿，均为私营企业。

1. 露天矿井产量

由图3-2-11可以看出，德国近30年来的褐煤生产呈现下降趋势，其中1990—2000年出现了比较剧烈的下降，从1990年的356.51 Mt降至1999年的161.26 Mt，进入2000年以后波动较小，基本稳定在160~180 Mt之间。德国政府提出的2016—2019年间关闭装机容量达到2.7 GW的褐煤发电厂的计划后，褐煤生产受到影响，从2016年开始缓慢下降。2019年的产量降幅较大，相比2018年下降了 21%，为 131.3 Mt。

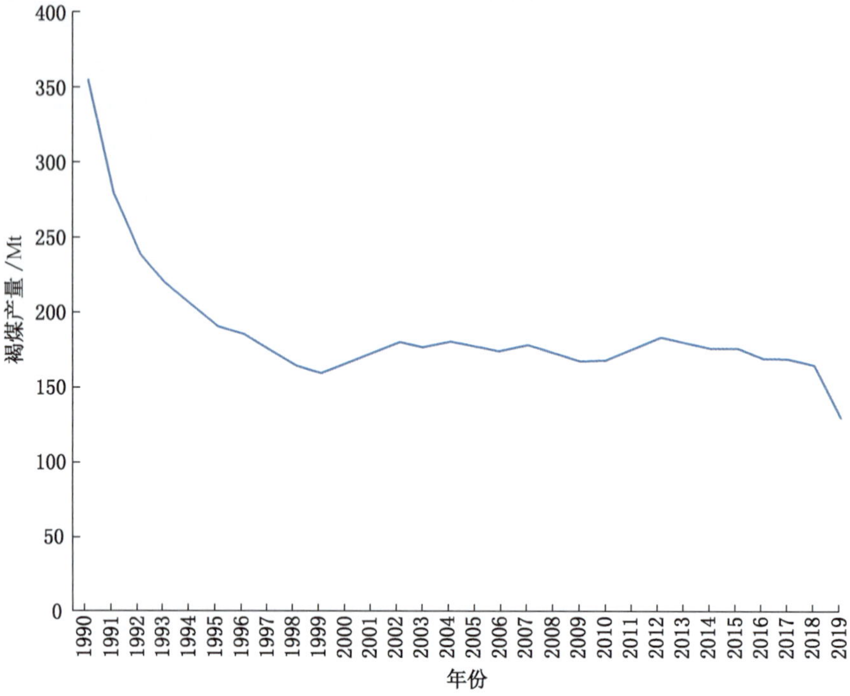

图 3-2-11　1990—2019 年德国褐煤生产情况

由表 3-2-7 可以看出，自 1990 年以来，西部地区的褐煤产量稳定在 100 Mt 左右，2015 年以后有所下降，2019 年达到近年来最低（64.81 Mt），同比下降 24.9%；东部地区的褐煤减产比较明显，从 1990 年的 248.92 Mt 下降到 2019 年的 66.51 Mt。

表 3-2-7　1990—2019 年德国各州褐煤产量

Mt

年份	莱茵地区	黑尔姆斯泰特	黑森州	巴伐利亚	西部地区总计（1）	劳齐茨	德国中部	东部地区总计（2）	全国总计（1+2）
1990	102.18	4.35	1.00	0.06	107.59	168.05	80.88	248.92	356.51
1991	106.36	4.54	0.78	0.06	111.73	116.78	50.89	167.67	279.40
1992	107.51	4.69	0.14	0.06	112.39	93.14	36.28	129.42	241.81
1993	102.10	3.94	0.13	0.06	106.22	87.36	28.22	115.58	221.80
1994	101.36	3.77	0.15	0.05	105.34	79.41	22.33	101.74	207.08
1995	100.18	4.07	0.15	0.04	104.45	70.67	17.62	88.29	192.74
1996	102.78	3.87	0.18	0.03	106.86	63.57	16.77	80.34	187.21
1997	99.18	3.94	0.19	0.03	103.33	59.43	14.37	73.80	177.13
1998	97.41	4.29	0.15	0.03	101.88	50.50	13.63	64.12	166.01
1999	91.91	4.33	0.15	0.03	96.42	51.03	13.80	64.83	161.26
2000	91.90	4.14	0.16	0.03	96.22	55.01	16.43	71.44	167.66
2001	94.35	4.07	0.17	0.03	98.62	57.50	19.22	76.72	175.34

表 3-2-7（续）　　Mt

年份	莱茵地区	黑尔姆斯泰特	黑森州	巴伐利亚	西部地区总计（1）	劳齐茨	德国中部	东部地区总计（2）	全国总计（1+2）
2002	99.39	2.90	0.16	0.03	102.49	59.29	19.97	79.26	181.75
2003	97.48	2.13	0.02	0.03	99.66	57.42	22.01	79.42	179.09
2004	100.29	2.37		0.02	102.68	59.00	20.25	79.24	181.93
2005	97.29	2.13		0.03	99.45	59.37	19.09	78.46	177.91
2006	96.18	1.80		0.03	98.01	57.96	20.35	78.31	176.32
2007	99.75	2.12			101.87	59.46	19.08	78.54	180.41
2008	95.78	2.13	—	—	97.91	57.90	19.51	77.41	175.31
2009	92.01	1.92	—	—	93.93	55.73	20.19	75.92	169.85
2010	90.742	1.984	—	—	92.725	56.673	20.00	76.68	169.40
2011	95.644	1.628	—	—	97.273	59.763	19.47	79.23	176.50
2012	101.739	2.027	—	—	103.766	62.441	19.23	81.67	185.43
2013	98.616	1.196	—	—	99.812	63.600	19.58	83.18	183.00
2014	93.598	1.812	—	—	95.410	61.814	20.93	82.75	178.16
2015	95.214	1.474	—	—	96.689	62.452	18.92	81.38	178.07
2016	90.451	1.074	—	—	91.524	62.292	17.73	80.02	171.55
2017	91.249	—	—	—	91.249	61.211	18.83	80.04	171.29
2018	86.33	—	—	—	86.33	60.696	19.23	79.93	166.26
2019	64.807				64.807	51.998	14.509	66.51	131.32

2. 矿井数量

德国褐煤露天开采主要集中在3个矿区，即位于科隆以西的莱茵矿区、德累斯顿和科特布斯之间的劳齐茨矿区、莱比锡以南的中部矿区。莱茵矿区是最大的褐煤开采区，有3个露天煤矿，莱茵矿区的露天煤矿如图3-2-12所示。劳齐茨矿区共有4个露天煤矿，中部矿区共有3个露天煤矿。此外，在黑尔姆斯泰特附近也有小规模褐煤露天矿，但在2016年以后已停产。德国2019年的露天矿井见表3-2-8。

图3-2-12　莱茵矿区的露天煤矿

表 3-2-8 德国 2019 年的露天矿井

编号	矿 井 名 称	所在地区	所属公司	2019 年产量/Mt
1	Hambach 煤矿	莱茵矿区	RWE	28.40
2	Garzweiler 煤矿	莱茵矿区	RWE	22.60
3	Inden 煤矿	莱茵矿区	RWE	13.80
4	Jänschwalde 煤矿	劳齐茨矿区	LEAG	7.40
5	Welzow - Süd 煤矿	劳齐茨矿区	LEAG	17.40
6	Nochten 煤矿	劳齐茨矿区	LEAG	14.60
7	Reichwalde 煤矿	劳齐茨矿区	LEAG	12.60
8	Profen 煤矿	中部矿区	MIBRAG	5.63
9	Vereinigte Schleenhain 煤矿	中部矿区	MIBRAG	8.37
10	Amsdorf 煤矿	中部矿区	Romonta	0.47

位于西部的莱茵矿区是最大的褐煤开采区，莱茵集团（RWE）共经营了 3 个露天煤矿，分别是 Hambach 煤矿、Garzweiler 煤矿和 Inden 煤矿，2019 年产量为 64.8 Mt，同比下降 24.9%，占德国褐煤总产量的 49.4%。约 90% 的产量直接供应 RWE 的 9 个电厂。尽管西部地区的褐煤产量保持稳定，但就业职工的人数有明显下降，从 1990 年的 17453 人下降到 2018 年的 10000 人左右，降幅接近 43%。

东部劳齐茨矿区的劳齐茨能源矿业公司（LEAG）共经营 4 个露天煤矿，分别为 Jänschwalde 煤矿、Welzow - Süd 煤矿、Nochten 煤矿和 Reichwalde 煤矿，2019 年产量约 52 Mt，同比下降 14.3%。生产的褐煤主要供应 Jänschwalde、Schwarze Pumpe 和 Boxberg 电厂。该矿区共有约 8000 名就业职工。

德国中部矿区的德国中部褐煤公司（MIBRAG）经营了 2 个露天矿，分别为 Profen 煤矿和 Vereinigte Schleenhain 煤矿，生产的褐煤主要供应 Schkopau 和 Lippendorf 2 个电厂。此外，Romonta 公司在中部矿区经营了一个露天煤矿——Amsdorf 露天矿，生产的褐煤主要用于生产褐煤蜡。中部矿区 2019 年产量约为 14.5 Mt，同比下降 24.8%，共有约 2400 名就业职工。德国褐煤企业职工人数见表 3-2-9。

表 3-2-9 德国褐煤企业职工人数

名

年 份	莱茵地区	黑尔姆斯泰特	黑森州	巴伐利亚州	西部地区总计（1）	劳齐茨	德国中部	东部地区总计（2）	全国总计（1+2）
不包括电厂职工									
1990	15316	1658	474	5	17453	65478	46796	112274	129727
1991	15419	1621	335	5	17380	52189	27588	79777	97157
1992	14966	1576	175	5	16722	39258	17439	56697	73419
1993	14454	1364	146	5	15969	27249	10477	37726	53695
1994	13846	1253	123	5	15227	22328	8147	30475	45702
1995	13072	1176	105	5	14358	19248	6675	25923	40281
1996	12620	1093	90	5	13808	13883	5013	18896	32704
1997	11906	1029	84	5	13024	11979	4449	16428	29452
1998	11690	930	80	5	12705	9517	4020	13537	26242
1999	11439	818	79	5	12341	7718	3523	11241	23582

表3-2-9（续） 名

年　份	莱茵地区	黑尔姆斯泰特	黑森州	巴伐利亚州	西部地区总计（1）	劳齐茨	德国中部	东部地区总计（2）	全国总计（1+2）
2000	10430	703	72	5	11210	7081	2996	10077	21287
2001	9619	633	70	5	10327	6755	2859	9614	19941
2002	9121	572	59	5	9757	6532	2745	9277	19034
2003	8606	553	5	5	9169	5920	3，002	8922	18091
2004	8194	462	4	5	8665	5992	2658	8650	17315
2005	8200	403	1	5	8609	5745	2642	8387	16996
2006	8221	421	1	5	8648	5538	2610	8148	16796
2007	8375	410	—	—	8785	5486	2553	8039	16824
2008	8433	314	—	—	8747	5258	2525	7783	16530
包括一般褐煤电厂员工									
2002	12693	987	59	5	13744	10338	2745	13083	26827
2003	11876	895	5	5	12781	9632	3002	12634	25415
2004	11158	755	4	5	11922	9489	2658	12147	24069
2005	11105	665	1	5	11776	8881	2642	11523	23299
2006	11161	676	1	5	11843	8456	2610	11066	22909
2007	11404	699	—	—	12103	8334	2553	10887	22990
2008	11542	553	—	—	12095	7862	2525	10387	22482
2009	11562	548	—	—	12110	7982	2513	10495	22605
2010	11606	541	—	—	12147	8049	2508	10557	22704
2011	11591	522	—	—	12113	8126	2531	10657	22770
2012	11241	495	—	—	11736	8169	2519	10688	22424
2013	10730	471	—	—	11201	8369	2512	10881	22082
2014	10146	479	—	—	10625	8245	2536	10781	21406
2015	9410	453	—	—	9863	8316	2565	10881	20744
2016	9716	199	—	—	9915	8764	2412	11176	21091
2017	9739	146	—	—	9885	8640	2366	11006	20891
2018	9986	111	—	—	10097	8378	2380	10758	20855
2019	9785	101			9886	8116	2334	10450	20336

从1990年至今，东部地区的就业职工人数降幅达到93%。从数字上看，虽然褐煤企业职工人数的降幅比硬煤职工人数的降幅显著，但是由于德国政府对硬煤褐煤采区的政策不完全一致和同步，褐煤企业职工减少的速度比硬煤企业缓慢。

3. 生产效率

2019年，德国褐煤开采行业移除的覆盖层为$7.39\times10^8\ m^3$，平均剥采比为5.6。西部莱茵煤田覆盖层厚度为10～450 m，煤层厚度为30～50 m，倾角一般为30°～70°，剥采比为5.5，最大开采深度为300 m。东部煤田煤层覆盖层厚度一般为100 m，煤层厚度为8～30 m，有的达50 m，最大开采深度为120 m。劳齐茨矿区剥采比为6.3，而中部矿区剥采比只有3.7。

用于开采褐煤的挖掘机仅达到280 m深度的煤层，即1 t煤必须搬运约5 m^3 的覆盖层。为了能够经济地处理盖土层，莱茵矿区使用了Bagger系列斗轮挖掘机，高96 m、长225 m、重13500 t，并结合了带式输送机系统和沉降器，达到最高37500 t/h的输送能力，日产量高达24 × 10^4 m^3。这套输送系统是世界上效率最高的输送系统之一。

4. 开采技术

1）露天采矿机开采工艺

露天采矿机开采是指用一定的开采工艺，按照一定的开采顺序，剥离岩石、采出矿石的方法。露天开采工艺按作业的连续性，分为间断式、连续式和半连续式。

露天采矿机是从道路机械和地下煤矿采煤机移植开发的一种露天开采设备。它适用于薄煤层开采和对有夹矸煤层进行选择性开采。德国沃特根公司（WiagenGmbH）是制造中部滚筒式露天采矿机的著名公司，产品包括SM1900 ~ SM4200型系列露天采矿机。SM4200型露天采矿机最大截割深度为0.56 m，具有较好的选采性，而且截割出的平盘表面平整。这种露天采矿机行走机构为履带式。SM3000型露天采矿机生产能力为375 ~ 525 m^3/h。年有效工作时间按4000 ~ 5000 h计算，则年生产能力为1.2 ~ 3.93 Mt。

德国中部褐煤公司最大的露天矿Profen煤矿，年生产能力为9 ~ 12 Mt，采用铲斗铲和轮斗铲。开采局部地质变化和薄煤层时遇到困难，或者丢煤或者煤和夹矸一起切割，影响了煤炭质量。该矿采用美国休伦公司的Easi – Minerl224型露天采矿机。这种露天采矿机与沃特根公司的露天采矿机十分相似。

德国克虏伯（KRVPP）公司是生产制造采掘运设备的厂家，其生产的露天设备在国际市场上一直处于领先地位，产品主要有斗轮式挖掘机、排土机、长距离带式输送机、破碎设备、转载设备等。

（1）斗轮式挖掘机。德国的斗轮式挖掘机的特点主要是配有无底式、自我清洗式斗轮，一般都采用程序控制。

世界上第一台大型斗轮式挖掘机是克虏伯公司于1978年投入生产的。挖掘机日采掘能力24 × 10^4 m^3，应用于莱茵矿区的Hambach煤矿。此外，希腊普托勒麦其露天褐煤矿中使用的斗轮式挖掘机，日采掘能力为1.1 × 10^4 m^3；印度和澳大利亚露天煤矿都有克虏伯公司的露天开采设备；比利时白垩露天煤矿有一台水下作业斗链 – 反铲挖土机，采掘能力为600 t/h，采掘深度达43.5 m。

（2）排土机。德国的排土机按照连续运输配套方式。该机的设计要点是：

① 齿轮的强度计算已有十分成熟的计算公式。对渐开线少齿差内啮合来说，强度计算只需计算弯曲强度，接触强度没必要计算。

② 行星轴承受力问题。排土机行星轴承受力，实际上等同于齿轮啮合力。各行星轴承被认为基本平均受力，但要乘载荷分布不均匀系数，一般取为1 : 1。

③ 行星轴受的是纯弯矩，该弯矩为齿轮啮合力与每个行星轮齿宽的乘积，由输入轴与各行星轴均摊，但仍要乘载荷分布不均匀系数。

④ 输入轴的负荷是扭弯联合负荷，弯曲负荷已如上所述，扭转负荷即为输入扭矩，据此联合负荷来计算设计输入轴。

莱茵矿区Hambach煤矿使用的大型履带式排土机，输送能力为21300 m^3/h。

德国还有一种紧凑式的斗轮挖掘机，用于土方工程及露天采矿，其日挖掘能力为4000 ~ 65000 m^3。

2）帷幕堵水和疏干技术

在露天开采中，为了保证采煤作业安全，必须对采场范围内煤层顶板进行排水疏干，并降低底板地下水位。德国东部露天矿采用帷幕堵水新技术，截住流入露天采场的地下水流，减少疏干水量，降低排水费用；与降水孔疏干配合，保证露天采场边帮的稳定性；缩小降水孔降落漏斗影响范围，防止采场以外地区地下水位大幅度下降和地面下沉，保护地面设施和植物生长。

莱茵矿区年排水量为 6×10^8 m^3。为了观测露天矿疏干排水对地下水位的影响，在矿区范围内布置了 11000 个地下水观测井进行观测。

3）卫星定位系统的应用

利用卫星定位系统和计算机信息处理系统可以准确地掌握露天开采设备作业情况，对设备布置进行合理调整。

莱茵矿区采用卫星定位系统（GPS），在每台轮斗铲和排土机上安装 3 个 GPS 信号接收器，可以测量设备位置和移动状态，测得的数据传输到中央监测站由计算机进行处理。排土机还安装了激光扫描仪，测量排土机卸载滚筒和排土场料堆上表面之间的距离。利用卫星定位系统还有利确定选择性开采方案和配煤方案，从而降低生产成本和保证煤炭质量。

2.4.3 井工煤矿

德国硬煤以烟煤为主，煤质好，低灰、低硫，适合作动力煤和炼焦煤，具有重要的经济价值。而且主要煤田靠近工业中心，交通方便，基础设施条件好。但是，德国硬煤开采条件比较困难，煤层薄，多数煤层厚度为 0.5 ~ 1.5 m，虽然德国用刨煤机和滚筒采煤机开采薄煤层十分成功，但由于煤层薄，使工作面产量受到很大限制，难以实现安全高效。开采深度越来越大，2018 年鲁尔矿区平均开采深度已达 1290 m，地温高，矿山压力大。许多老矿井下采区距井筒距离大，因此井巷工程量大，运输距离长，煤炭生产成本高。

1. 井工矿井产量

德国主要有 4 个硬煤煤田，主要是井工开采。德国硬煤生产总量在 1957 年达到历史最高值，年产量达到 150 Mt，其中 120 Mt 左右产自鲁尔煤田。从 1958 年开始，德国的硬煤产量稳步下降。由图 3 - 2 - 13 可以看出，德国近 30 年来的硬煤产量持续下降，从 1990 年的 69.76 Mt 降至 2018 年的 2.58 Mt。德国的硬煤生产也在 2018 年底宣告结束。

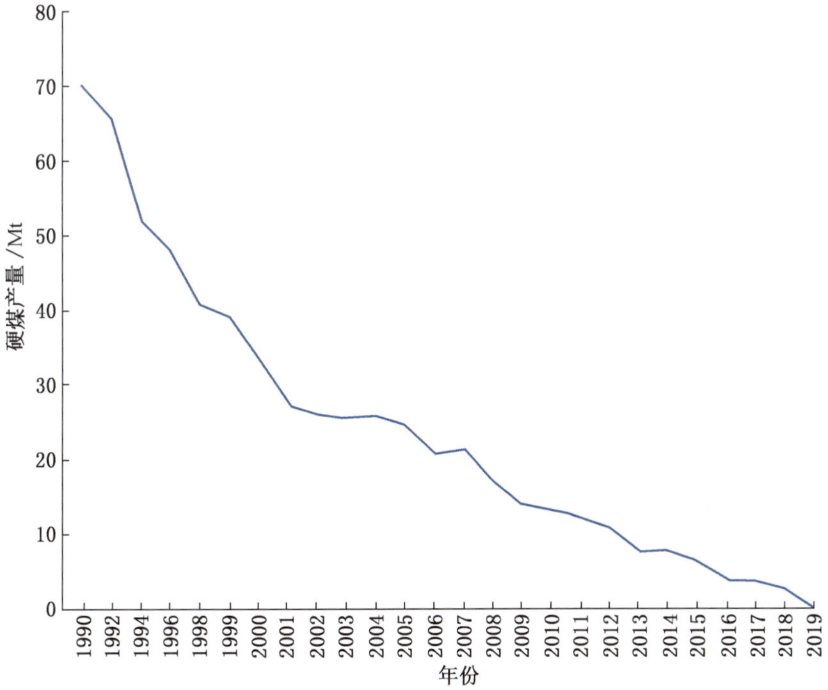

图 3 - 2 - 13 1990—2019 年德国硬煤产量

2. 煤矿数量

德国历史上硬煤煤矿数量曾经达到 173 个，如图 3－2－14 所示，从 20 世纪 70 年代开始大量关闭。2018 年仍在运营的两个煤矿，位于鲁尔矿区的 Prosper－Haniel 煤矿和伊本比伦矿区的 Ibbenbüren 煤矿，产量为 2.58 Mt，同比减少 1.10 Mt（－29.6%）。随着德国政府对硬煤煤矿补贴的终止，这两个煤矿的常规开采于 2018 年 9 月结束。

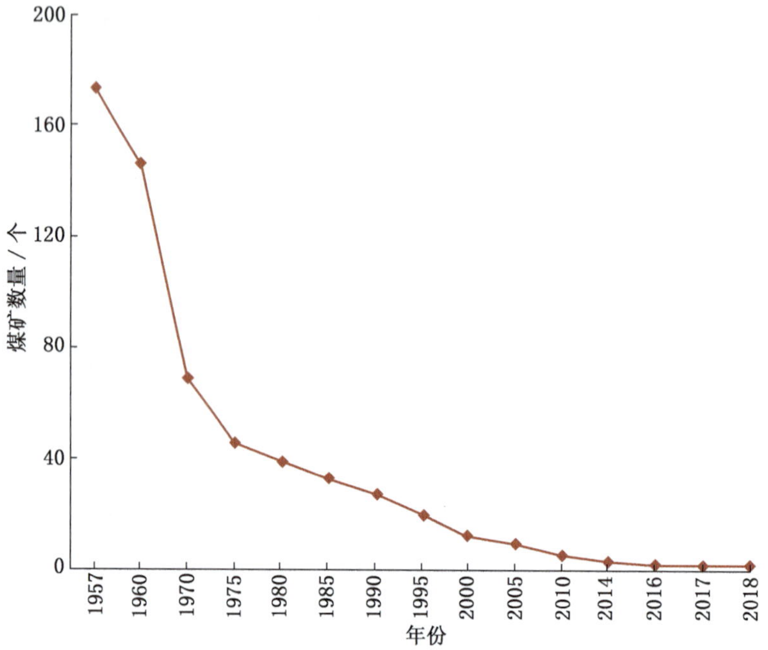

图 3－2－14　1957—2018 年德国硬煤煤矿数量

萨尔矿区受 2008 年地震事件的影响关闭了部分煤矿，对该矿区的采矿活动造成了一定的冲击。随后萨尔矿区与州政府达成协议，从 2012 年开始取消对萨尔煤田开采活动的全部补贴，萨尔煤田从 2013 年开始停止采煤。亚琛矿区从 1998 年开始已经不再开采硬煤。1990—2019 年德国各矿区硬煤产量见表 3－2－10。

表 3－2－10　1990—2019 年德国各矿区硬煤产量　　Mt

年　份	鲁尔矿区	萨尔矿区	亚琛矿区	伊本比伦矿区	全国合计
1990	54.56	9.72	3.44	2.04	69.76
1991	51.43	9.37	3.28	2.00	66.08
1992	51.26	9.14	3.12	1.98	65.50
1993	45.69	8.71	1.48	2.03	57.91
1994	40.25	8.26	1.50	1.98	51.99
1995	41.66	8.18	1.61	1.70	53.15
1996	37.99	7.32	1.00	1.60	47.91
1997	37.24	6.68	0.19	1.68	45.79
1998	32.42	6.55		1.70	40.66

表 3-2-10（续）

Mt

年　份	鲁尔矿区	萨尔矿区	亚琛矿区	伊本比伦矿区	全国合计
1999	31.14	6.40		1.70	39.24
2000	25.89	5.74		1.68	33.31
2001	20.01	5.29		1.75	27.05
2002	18.93	5.36		1.80	26.09
2003	18.19	5.62		1.87	25.68
2004	17.77	6.01		1.91	25.69
2005	18.07	4.73		1.91	24.71
2006	15.13	3.63		1.91	20.67
2007	15.87	3.53		1.91	21.31
2008	14.22	0.96		1.90	17.08
2009	10.91	0.962		1.89	13.77
2010	9.606	1.326		1.968	12.900
2011	8.647	1.406		2.006	12.059
2012	8.416	0.395		1.959	10.770
2013	5.655	—		1.911	7.566
2014	5.689	—		1.951	7.640
2015	4.589	—		1.634	6.223
2016	2.543	—		1.306	3.849
2017	2.664	—		1.005	3.669
2018	1.767	—		0.817	2.584

从总体上来看，自 1990 年以来，德国 4 个硬煤矿区连年减产。职工人数也随着硬煤煤矿的减产和关闭，继续稳步下降，2018 年矿区职工人数合计 4125 人。表 3-2-11 显示，鲁尔矿区职工由 1990 年的 98675 人减少到 2018 年的 3371 人，下降了近 29 倍；萨尔矿区职工人数降至 87 人；伊本比伦矿区职工人数降至 667 人；亚琛矿区由于从 1998 年开始就不再生产硬煤，因此不再有就业工人。随着煤矿的关闭，各矿区的职工将陆续转岗再就业。

表 3-2-11　德国各矿区硬煤企业职工人数

人

年　份	鲁尔矿区	萨尔矿区	伊本比伦矿区	亚琛矿区	全国合计
1990	98675	19609	3833	8138	130255
1991	93064	18803	3666	7338	122871
1992	87114	18281	3544	6047	114986
1993	80940	17884	3500	3964	106288
1994	75437	17136	3340	3215	99128
1995	70520	16228	2986	2844	92578
1996	65582	15055	2847	1686	85170
1997	60820	14225	2757	299	78101

表 3－2－11（续）

人

年　份	鲁尔矿区	萨尔矿区	伊本比伦矿区	亚琛矿区	全国合计
1998	56850	12183	2708	101	71842
1999	52466	11287	2654	7	66414
2000	45441	10032	2609	0	58082
2001	40675	9217	2684	0	52576
2002	37365	8632	2676	0	48673
2003	34823	8096	2662	0	45581
2004	31914	7443	2648	0	42005
2005	29377	6556	2595	0	38528
2006	27069	5799	2547	0	35415
2007	25008	5329	2466	0	32803
2008	23286	4690	2408	0	30384
2009	21007	3971	2339	0	27317
2010	18563	3208	2436	0	24207
2011	16073	2427	2425	0	20925
2012	13795	1214	2604	0	17613
2013	11448	668	2433	0	14549
2014	9500	311	2293	0	12104
2015	7546	192	1902	0	9640
2016	5831	174	1475	0	7480
2017	4517	139	1055	0	5711
2018	3371	87	667	0	4125

3. 生产效率

德国的硬煤开采历史悠久，一方面由于开采深度平均超过 1000 m，通风降温等开采装备设施投入大；另一方面环保要求高，对工人安全和健康保障及对环境恢复的投入占了成本的大部分，以至于在德国开采硬煤的平均成本高达 180 欧元/t，最高可达 300 欧元/t，而进口硬煤的价格在 86～96 欧元/t 之间。因此，德国的硬煤依赖政府的补贴才能维持正常生产。

近 30 年来，德国的硬煤矿井经过合理化调整，加上煤矿的陆续关闭，生产工作面减少，生产主要集中在条件较好的少数工作面。2018 年，德国的井下开采工作面共 3 个，工作面的开采速度为 564 cm/d，日产量达到 4049 t。井下全员效率达到 100.41 t/工，同比增长 14.0%。德国硬煤煤矿生产数据统计见表 3－2－12。

表 3－2－12　德国硬煤煤矿生产数据统计

年　份	煤层平均厚度/cm	平均井深/m	平均开采速度/($cm \cdot d^{-1}$)	井下全员效率/($kg \cdot 工^{-1}$)	人均年产量/t
1990	144	903	336	5008	739
1992	149	928	342	5221	780

表 3-2-12（续）

年 份	煤层平均厚度/cm	平均井深/m	平均开采速度/($cm \cdot d^{-1}$)	井下全员效率/($kg \cdot 工^{-1}$)	人均年产量/t
1994	148	927	357	5329	742
1996	150	953	408	5684	792
1998	153	957	420	5819	796
1999	157	967	459	6233	821
2000	156	971	494	6685	877
2001	154	1028	455	6244	809
2002	169	1050	474	6539	855
2003	172	1052	512	6540	870
2004	170	1060	533	6497	893
2005	168	1116	528	6735	899
2006	160	1130	530	6409	853
2007	163	1145	535	7071	951
2008	146	1145	590	6309	849
2009	189	1183	540	5597	779
2010	194	1142	489	6092	846
2011	191	1152	488	6623	910
2012	195	1174	532	6876	934
2013	207	1225	560	6624	859
2014	203	1249	603	7491	993
2015	217	1296	544	7251	962
2016	226	1261	518	6645	874
2017	189	1281	585	8809	1138
2018	201	1290	564	10041	1244

2.5 煤炭市场

德国是世界上第九大煤炭消费国，也是欧盟最大的煤炭市场，每年的需求约为 60 Mtce。在德国能源转型政策的影响下，德国的煤炭消费出现明显下降，1990 年德国的煤炭消费量为 1879 Mtce，占一次能源消费的 37%，2019 年的消费量为 77 Mtce，仅占一次能源消费的 17.7%，相比 2018 年下降约 22.4%。德国主要煤炭消耗产业为电力和钢铁。2019 年德国燃煤发电占总发电量的 28.2%，其中硬煤发电占 9.4%，褐煤发电占 18.8%。可再生能源发电的份额在 2019 年已经超过燃煤发电。

随着德国国内硬煤矿井的逐渐关闭，德国的煤炭进口呈逐年增长的趋势，2014 年达到近年峰值 49.79 Mt。2014 年以后，由于德国的煤炭消费量整体有所下降，煤炭进口量也出现下降的情况。德国煤炭进口国是白俄罗斯、美国、澳大利亚、哥伦比亚、南非、加拿大及波兰等欧盟国家。

根据德国能源转型的要求，未来德国将致力于减少所有终端用能部门的能耗，进一步减少能源消耗，另外尽可能使用可再生能源，并通过可再生能源发电来满足剩余的能源需求，具体的目标包括到 2050 年可再生能源占终端能源消费量的 60%，在发电量中的占比至少达到 80%。政府也由此提出了退出燃煤发电的相关计划。可以预计未来德国的煤炭消费将进一步缩减，需求也会进一步缩减。

2.5.1　煤炭销售

1. 硬煤销售

对德国而言，在过去较长时期内，煤炭是供热、钢铁企业及电厂较重要的能源，而本国煤炭的开采保障了能源安全供应。

根据德国煤炭统计协会2019年度报告，2019年德国的硬煤消费量为37.4 Mtce，同比下降了23.2%，在一次能源消费总量中占8.6%，在国内一次能源消费中排名第五位。图3-2-15显示了德国硬煤消费量的变化趋势。1990—2019年，德国的硬煤消费量在波动中呈下降趋势。1990年德国的硬煤消费量为78.7 Mtce，在一次能源消费中仅次于石油与褐煤，与天然气相当。受国际动力煤价格较高、国内煤炭产量下降等因素的影响，德国2009年的硬煤消费量降至51.1 Mtce，为近年较低水平。2011年以后，德国开始逐步减少核能消费，硬煤消费量出现反弹，2013年上升至62.8 Mtce。2013年以后，基于可再生能源发电的扩张、国内硬煤生产停止及硬煤电厂关闭等因素，加上碳价的上涨及天然气价格的下跌，硬煤消费需求疲软，消费量持续下降，2019年达到战后的最低水平。

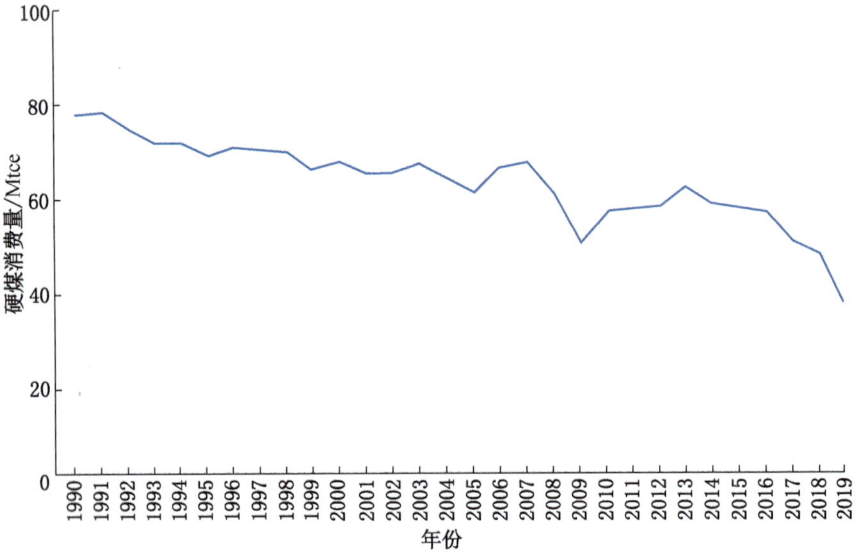

图3-2-15　1990—2019年德国硬煤消费量情况

硬煤的消费结构也有所变化，对比2007年及2019年的数据可以看出，发电所占的比例有所下降，从2007年的65%降至2019年47%，钢铁行业的消费上升明显，从2007年的23%上升至51%，民用及其他消费则下降明显，几乎不计，如图3-2-16所示。2019年，德国发电行业硬煤消费量为18.1 Mtce，钢铁行业硬煤消费量为19.6 Mtce，供热市场硬煤消费量为1 Mtce。

在电力领域，从1990年至今，德国的国内发电量呈增加趋势，总发电量在2013年达到峰值，随后有所下降。2019年德国的总发电量为606.4 TW·h，同比下降6.2%。而德国硬煤电厂的发电量从2005年开始出现下降的趋势，尤其是2013年以后，硬煤发电占比大幅度下降，2019年硬煤发电量为57.3 TW·h，对发电的贡献率从1990年的26%降至2019年的9.4%。预计政府计划关闭更多的硬煤发电机组的政策也将继续影响硬煤市场。

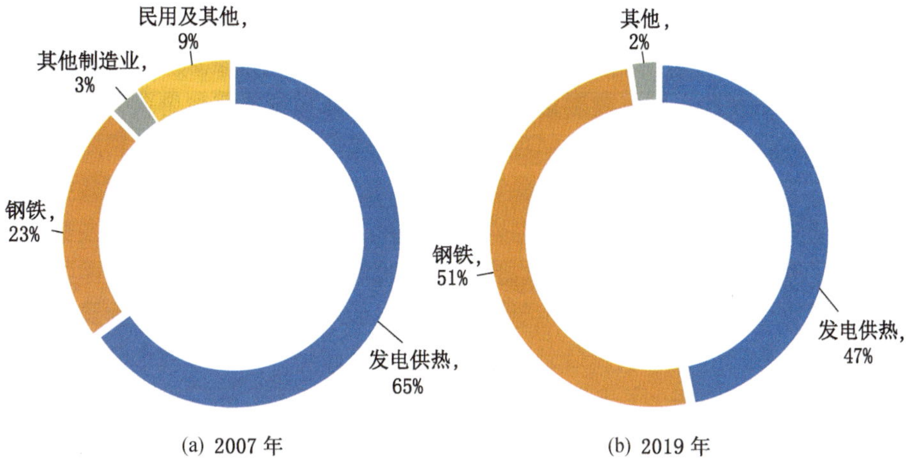

图 3－2－16　德国 2007 年与 2019 年硬煤消费结构对比

2017 年，德国的硬煤发电装机容量为 25 GW，机组平均使用年龄为 30 年，最早于 1923 年投入使用，最近的机组于 2015 年投入使用。根据《退煤法案》草案，到 2030 年，德国硬煤发电机组装机容量将低于 8 GW，相比 2017 年下降约 68%。德国进口商协会预测，德国的硬煤发电消费将呈现长期下降的趋势，特别是大力建设风能发电并享受优先上网、碳价上涨都加剧了下降的速度。德国发电行业硬煤消费量预测如图 3－2－17 所示。

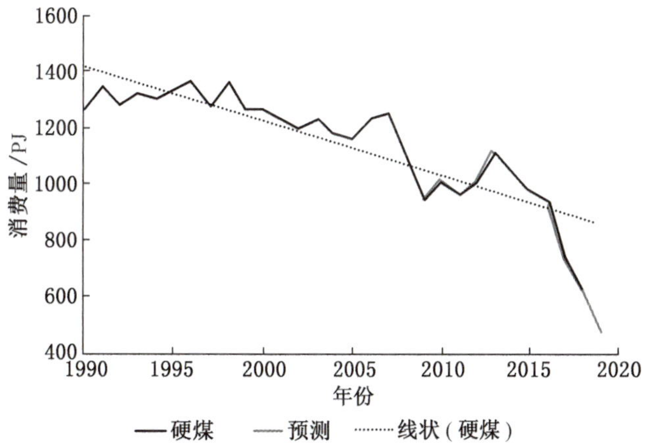

图 3－2－17　德国发电行业硬煤消费量预测

根据德国硬煤协会的数据，2018 年德国国内硬煤的总销量为 4.5 Mt，其中煤炭行业的电力采购量为 3.5 Mt，未达到 2017 年的水平；由于供应和经济状况情况相似，钢铁行业的国内硬煤供应量与 2017 年大致相同，为 0.5 Mt；国内外供暖市场的销售量为 0.5 Mt，工业供暖市场的需求增加；国外出口量增加至 0.33 Mt。表 3－2－13 是德国硬煤协会统计的近几十年来德国本土硬煤的销售情况，可以看出，在硬煤生产企业所生产的硬煤中，本国消耗占的比例最大。而在德国硬煤的消耗中，用于发电的硬煤消耗最多。

表3-2-13 德国国内供应硬煤销售情况

Mt

年份	本国			欧盟		其他国家	合计
	供热及其他	发电	钢铁	钢铁	其他行业		
1960	61.3	22.1	31.3	27.0		5.3	147.0
1970	28.5	31.8	27.9	19.81	5.7	3.2	116.9
1980	9.4	34.1	24.9	13.0	4.8	2.1	88.3
1990	4.1	44.3	19.8	5.2	2.2	0.4	76.0
1991	4.0	45.6	19.4	3.4	1.9	0.38	74.6
1992	3.2	44.9	17.2	1.7	1.3	0.25	68.5
1993	2.6	44.4	15.7	0.6	1.2	0.13	64.6
1994	2.5	45.5	16.9	0.6	1.2	0.15	66.9
1995	2.5	44.1	16.3	0.5	1.0	0.10	64.4
1996	1.7	41.5	14.1	0.1	0.8	0.08	58.3
1997	1.5	39.3	14.1	0.0	0.7	0.08	55.7
1998	1.3	35.7	11.8	0.0	0.4	0.05	49.2
1999	1.0	34.2	9.5	0.0	0.3	0.04	45.1
2000	0.7	30.5	10.0	0.0	0.3	0.02	41.5
2001	0.6	26.0	7.4	—	0.2	0.003	34.2
2002	0.4	23.3	7.2	—	0.2	0.008	31.0
2003	0.3	23.5	6.7	—	0.2	0.002	30.7
2004	0.3	23.7	6.7	—	0.2	0.003	30.7
2005	0.2	22.7	6.1	—	0.2	0.003	29.2
2006	0.3	20.4	3.7	—	0.2	0.002	24.5
2007	0.3	20.9	4.1	0.02	0.1	0.002	25.5
2008	0.3	16.6	4.1	—	0.1	0.005	21.2
2009	0.3	12.7	3.0	—	0.2	0.001	16.1
2010	0.3	11.5	3.7	—	0.2	0.003	15.6
2011	0.3	10.9	2.3	—	0.1	0.001	13.7
2012	0.3	10.6	1.1	—	0.1	0	12.1
2013	0.3	7.1	0.9	—	0.2	0	8.4
2014	0.2	7.2	0.5	—	0.1	0	8.1
2015	0.2	5.8	0.5	—	0.1	0	6.6
2016	0.2	3.9	0.5	—	0.1	0	4.7
2017	0.1	3.9	0.5	—	0.1	0	4.7
2018	0.2	3.5	0.5	—	0.3	0	4.5

2. 褐煤销售

由于德国的褐煤含水量较高，长距离运输不经济，适于坑口发电或者就地加工。与硬煤不同，德国褐煤露天开采在市场上具有竞争力。德国目前国内的褐煤消费基本上依靠国内生产。

根据德国煤炭统计协会的2019年度报告，2019年德国的褐煤消费量为39.6 Mtce，同比下降约21.6%，在一次能源消费总量中占9.0%，在国内一次能源消费中排名第四位。图3-2-18显示了德国褐煤消费量的变化趋势。1990年，德国的褐煤消费量为109.2 Mtce，约占一次能源消费量的21.5%，在一次能源消费中仅次于石油。从1990年开始，由于褐煤减产，褐煤的消费量有所下降，2000年的褐煤消费量比1990年下降了近一半。2000—2018年，德国的褐煤消费量相对稳定，一直维持在50~60 Mtce，其中约90%用于褐煤电厂的发电和供热。除了发电，约有5%用于型煤、粉煤焦炭等产品的加工提质。

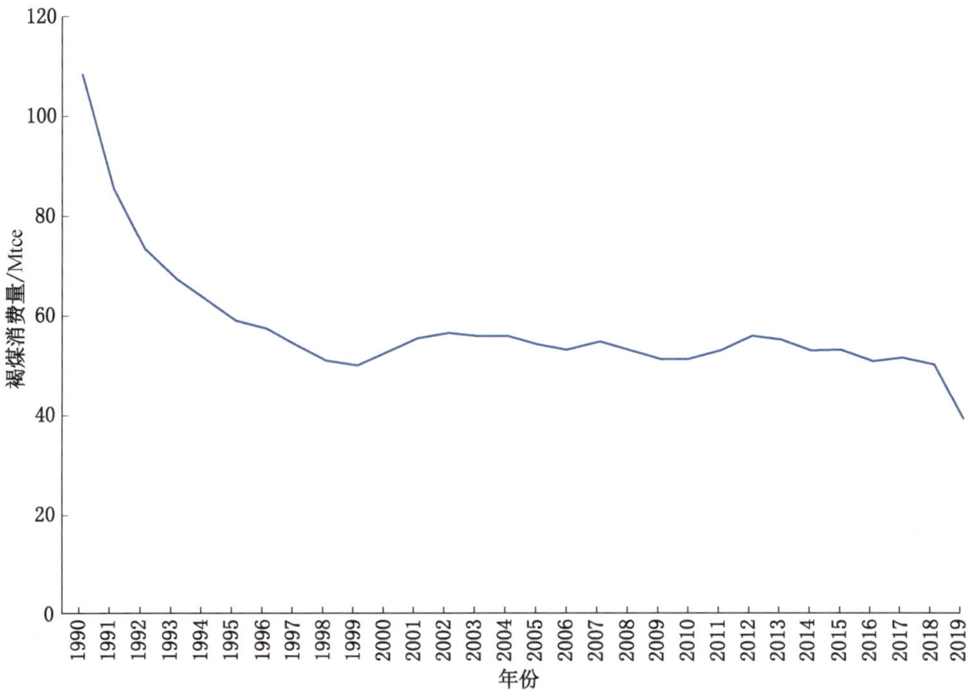

图3-2-18　1990—2018年德国褐煤消费情况

在德国，褐煤是重要的电力来源之一，褐煤发电厂调度灵活，可以补偿风能和太阳能发电的不稳定供给。2017年，褐煤电厂发电装机容量总计22.4 GW，其中莱茵地区11.5 GW、劳齐茨地区7.28 GW、中部地区3.23 GW。发电机组平均使用年限为30年，最早于1936年投入使用，最近的机组于2012年投入使用。

但是，为了实现德国能源转型及长期的温室气体减排目标，从2016年开始，德国停用了3家电厂装机容量达到2.7 GW的褐煤发电机组，转为应急储备。受关闭褐煤发电机组的影响，2019年褐煤在发电行业中的消费量减至117.5 Mt，同比下降22.4%；发电量减至113.9 TW·h，同比下降21.8%；在总发电量中所占份额降至18.8%。根据目前的政策，德国未来还将继续关闭更多的褐煤发电机组，《退煤法案》提出，到2030年德国的褐煤发电装机容量将低于9 GW，相比2017年下降约60%，可以预测德国的褐煤消费将持续下降。

不同地区的褐煤销售情况不同，在莱茵矿区（RWE公司）2019年电力和供热行业的销售量为55.34 Mt，同比下降27%，约占开采量的85.4%；用于生产加工产品及其他渠道的销售量为9.47 Mt，同比下降10.3%，约占开采量的14.6%。该地区2019年褐煤电厂发电量为52.0 TW·h，占全国褐煤发电量的 45.6%。

劳齐茨矿区（LEAG 公司）2019 年电力和供热行业的销售量为 48.67 Mt，同比下降 14.5%，约占开采量的 93.6%；用于生产加工产品及其他渠道的销售量为 3.38 Mt，同比下降 10.7%，约占开采量的 6.5%。该地区 2019 年褐煤电厂发电量为 46.7 TW · h，占全国褐煤发电量的 41.0%。

德国中部矿区（MIBRAG、Romonta 公司）2019 年用于发电和供热行业的销售量为 13.49 Mt，同比下降 25.2%，约占开采量的 93%；其他渠道的销售量为 1.05 Mt，同比下降 12.5%，约占开采量的 7%。该地区 2019 年褐煤电厂发电量为 15.0 TW · h，占全国褐煤发电量的 13.2%。

1990—2019 年德国东部、莱茵地区褐煤消费结构性变化见表 3－2－14、表 3－2－15。

表 3－2－14　1990—2019 年德国东部褐煤消费结构性变化

年　份	开采量/Mt	发电用煤		其他用煤		加工用煤	
		Mt	%	Mt	%	Mt	%
1990	248.92	127.19	51.1	27.71	11.1	95.04	38.2
1991	167.67	100.53	60	16.67	9.9	50.93	30.4
1992	129.42	89.55	69.2	10.14	7.8	29.73	23
1993	115.58	86.3	74.7	6.08	5.3	23.19	20.1
1994	101.74	80.06	78.7	5.01	4.9	16.67	16.4
1995	88.29	73.03	82.7	4.07	4.6	11.09	12.6
1996	80.34	69.66	86.7	0.98	1.2	9.77	12.2
1997	73.8	63.32	85.8	0.34	0.5	10.06	13.6
1998	64.12	58.17	90.7	0.27	0.4	5.73	8.9
1999	64.83	59.93	92.4	0.25	0.4	4.35	6.7
2000	71.44	67.78	94.9	0.23	0.3	3.59	5
2001	76.72	72.97	95.1	0.22	0.3	3.52	4.6
2002	79.26	75.72	95.5	0.22	0.3	3.38	4.3
2003	79.42	75.47	95	0.33	0.4	3.55	4.5
2004	79.24	75.5	95.3	0.24	0.3	3.52	4.4
2005	78.46	74.61	95.1	0.4	0.5	3.39	4.3
2006	78.31	74.07	94.6	0.56	0.7	3.73	4.8
2007	78.54	74.5	94.8	0.55	0.7	3.54	4.5
2008	77.4	72.67	93.9	0.54	0.7	4.07	5.3
2009	75.92	69.54	91.6	0.63	0.8	5.79	7.6
2010	76.68	69.83	91.1	0.56	0.7	6.33	8.3
2011	79.23	71.84	90.7	0.6	0.8	6.73	8.5
2012	81.67	74.55	91.3	0.81	1	6.44	7.9
2013	83.18	76.44	91.9	0.89	1.1	5.96	7.2
2014	82.74	74.89	90.5	2.4	2.9	5.54	6.7
2015	81.38	73.8	90.7	1.98	2.4	5.48	6.7
2016	80.02	73.94	92.4	0.95	1.2	5.43	6.8
2017	80.04	73.88	92.3	0.6	0.7	5.62	7
2018	79.93	73.95	92.5	0.68	0.8	5.32	6.6
2019	66.51	61.9	91.9	0.56	0.8	4.90	7.4

表 3-2-15　1990—2019 年德国莱茵地区褐煤消费结构性变化

年　份	开采量/Mt	发电用煤		其他用煤		加工用煤	
		Mt	%	Mt	%	Mt	%
1990	102.18	83.45	81.7	4.19	4.1	14.54	14.2
1991	106.36	87.64	82.4	2.73	2.6	15.99	15
1992	107.5	90.68	84.4	1.17	1.1	15.65	14.6
1993	102.1	85.12	83.4	1.15	1.1	15.83	15.5
1994	101.36	86.03	84.9	0.95	0.9	14.38	14.2
1995	100.18	85.74	85.6	0.84	0.8	13.6	13.6
1996	102.78	88.57	86.2	0.83	0.8	13.38	13
1997	99.18	85.95	86.7	0.81	0.8	12.42	12.5
1998	97.41	85.44	87.7	0.77	0.8	11.19	11.5
1999	91.91	80.61	87.7	0.72	0.8	10.58	11.5
2000	91.9	81	88.1	0.44	0.5	10.46	11.4
2001	94.35	83.77	88.8	0.22	0.2	10.36	11
2002	99.39	88.85	89.4	0.22	0.2	10.33	10.4
2003	97.48	87.33	89.6	0.25	0.3	9.9	10.2
2004	100.29	89.54	89.3	0.35	0.3	10.4	10.4
2005	97.29	86.41	88.8	0.31	0.3	10.56	10.9
2006	96.18	85.12	88.5	0.29	0.3	10.77	11.2
2007	99.75	88.6	88.8	0.33	0.3	10.82	10.8
2008	95.78	84.61	88.3	0.21	0.2	10.97	11.5
2009	92.01	81.97	89.1	0.19	0.2	9.85	10.7
2010	90.74	80.11	88.3	0.22	0.2	10.41	11.5
2011	95.64	83.96	87.8	0.29	0.3	11.4	11.9
2012	101.74	89.75	88.2	0.32	0.3	11.67	11.5
2013	98.62	86.2	87.4	0.33	0.3	12.09	12.3
2014	93.6	81.65	87.2	0.32	0.3	11.63	12.4
2015	95.21	83.51	87.7	0.3	0.3	11.41	12
2016	90.45	79.69	88.1	0.28	0.3	10.48	11.6
2017	91.25	79.33	86.9	0.19	0.2	11.63	12.7
2018	86.33	74.25	86	0.20	0.2	11.86	13.7
2019	64.81	53.88	83.1	0.19	0.3	10.74	16.6

2.5.2　煤炭进出口

1. 煤炭进口

随着国内硬煤矿井的逐渐关闭，德国的煤炭进口逐年增长，2014 年达到近年峰值 60 Mt，相比 1990 年总量增加了 45.29 Mt，增长了近 3.1 倍，如图 3-2-19 所示。2014 年以后，德国的煤炭消费量有所下降，煤炭进口量也出现下降的情况。2019 年德国的煤炭进口量为 42. 28 Mt（表 3 - 2 - 16），同比下降 10. 1% 。其中，硬煤进口量为 40. 35 Mt，比 2018 年减少了 4. 49 Mt，焦炭进口量为 1. 89 Mt，比 2018 年减少了 0. 25 Mt。

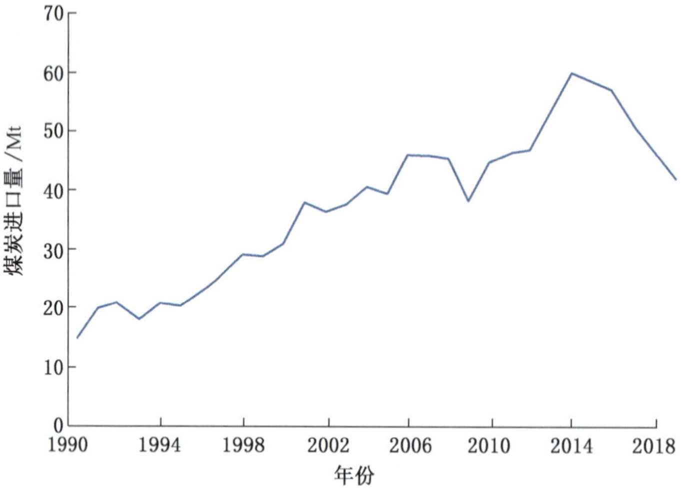

图 3 - 2 - 19　1990—2019 年德国煤炭进口趋势

由于德国于 2018 年底全面关停本国的硬煤开采，今后，德国只能依赖进口硬煤来满足国内需求。

德国煤炭进口主要来自俄罗斯、美国、澳大利亚、哥伦比亚、南非、加拿大、欧盟国家等。俄罗斯是主要的硬煤进口国，近年来德国对俄罗斯的硬煤进口量连续增长，2017 年达到历史最高 19. 71 Mt。2019 年，德国从俄罗斯进口硬煤 19. 22 Mt，与 2018 年基本持平，占硬煤进口总量的 47. 6% 。美国的硬煤进口量在 2013 年达到近年来最高水平 13. 29 Mt，目前稳定在 10 Mt 左右。2019 年，德国从美国进口硬煤 9. 35 Mt，占硬煤进口总量的 23. 2% 。对澳大利亚的进口量则稳定在 5 Mt 左右，2019 年的进口量为 4. 78 Mt，占硬煤进口总量的 11. 8% 。

焦煤进口主要来自波兰，2019 年的进口量占焦煤进口总量的 62. 8% 。值得注意的是，近年来德国对波兰硬煤及焦煤进口量下降明显，硬煤进口量从 2006 年的 9. 19 Mt 降至 2019 年的 0. 22 Mt，焦煤进口量也降至近年来最低水平 1. 19 Mt。

同样出现明显下降的还有对哥伦比亚和南非的硬煤进口量，其中，对哥伦比亚的硬煤进口量从 2010 年的 10. 56 Mt 降至 2019 年的 1. 79 Mt；对南非的硬煤进口量从 2004 年的 9. 30 Mt 降至 2019 年的 0. 76 Mt。

表 3 - 2 - 16　德国煤炭进出口一览表

Mt

年　份	出　口　总　量				进　口　总　量			
	硬煤	焦煤	褐煤	合计	硬煤	焦煤	褐煤	合计
1990	5. 4	2. 29	0. 86	8. 55	10. 86	0. 85	3. 00	14. 71
1991①	3. 84	1. 72	1. 32	6. 88	15. 41	1. 37	3. 13	19. 91
1992	1. 92	1. 29	0. 94	4. 15	15. 44	1. 84	3. 67	20. 95

① 1991 年以后，包括旧的和新的联邦州。

表3-2-16（续） Mt

年 份	出口总量				进口总量			
	硬煤	焦煤	褐煤	合计	硬煤	焦煤	褐煤	合计
1993	1. 19	0. 64	0. 82	2. 65	13. 13	2. 07	3. 07	18. 27
1994	2. 22	1. 01	0. 71	3. 94	15. 56	2. 55	2. 75	20. 86
1995	1. 99	0. 29	0. 61	2. 89	15. 12	2. 60	2. 59	20. 31
1996	1. 17	0. 17	0. 64	1. 98	17. 3	2. 99	2. 36	22. 65
1997	0. 65	0. 14	0. 59	1. 38	20. 24	3. 17	2. 27	25. 68
1998	0. 34	0. 13	0. 47	0. 94	22. 36	4. 48	2. 26	29. 10
1999	0. 21	0. 066	0. 44	0. 72	22. 72	3. 99	2. 17	28. 88
2000	0. 33	0. 075	0. 52	0. 92	23. 87	5. 47	1. 86	31. 20
2001	0. 13	0. 077	0. 57	0. 78	29. 87	5. 99	2. 05	37. 91
2002	0. 29	0. 083	0. 57	0. 94	29. 46	6. 05	0. 89	36. 40
2003	0. 25	0. 092	0. 56	0. 90	33. 03	4. 40	0. 18	37. 61
2004	0. 24	0. 101	0. 59	0. 93	37. 05	3. 37	0. 104	40. 52
2005	0. 29	0. 086	0. 66	1. 04	36. 48	2. 84	0. 11	39. 42
2006	0. 35	0. 105	0. 84	1. 29	42. 14	3. 69	0. 21	46. 04
2007	0. 34	0. 12	0. 91	1. 37	42. 31	3. 58	0. 15	46. 04
2008	0. 52	0. 17	1. 12	1. 81	42. 35	2. 99	0. 12	45. 46
2009	0. 40	0. 11	1. 12	1. 63	36. 58	1. 70	0. 13	38. 42
2010	0. 28	0. 19	1. 25	1. 72	41. 20	3. 39	0. 103	44. 69
2011	0. 22	0. 18	1. 37	1. 77	41. 92	4. 27	0. 083	46. 27
2012	0. 28	0. 22	1. 39	1. 89	43. 78	3. 15	0. 058	46. 99
2013	0. 25	0. 3	1. 46	2. 01	51. 17	2. 77	0. 092	54. 03
2014	0. 21	0. 41	1. 52	2. 13	57. 39	2. 52	0. 088	60. 00
2015	0. 18	0. 35	1. 44	1. 97	56. 34	2. 31	0. 061	58. 71
2016	0. 28	0. 72	1. 38	2. 37	54. 92	1. 96	0. 045	56. 93
2017	0. 22	0. 84	1. 49	2. 55	49. 15	2. 26	0. 032	51. 44
2018	0. 21	0. 84	1. 48	2. 52	44. 84	2. 14	0. 035	47. 02
2019	0	0	1. 32	1. 32	40. 35	1. 89	0. 038	42. 28

2004—2019 年德国硬煤进口国变化如图 3-2-20 所示。

2. 进口价格

德国煤炭的进口价格在2008 年达到112 欧元/tce 的历史最高水平，是2000 年的42 欧元/tce 的近3 倍，随后受国际市场的影响，价格有所回落，2019 年已降至79 欧元/tce，同比下降 29. 5%。由于德国的原油和天然气也极度依赖进口，因此与进口原油和天然气的价格相比，进口煤炭的价格一直具

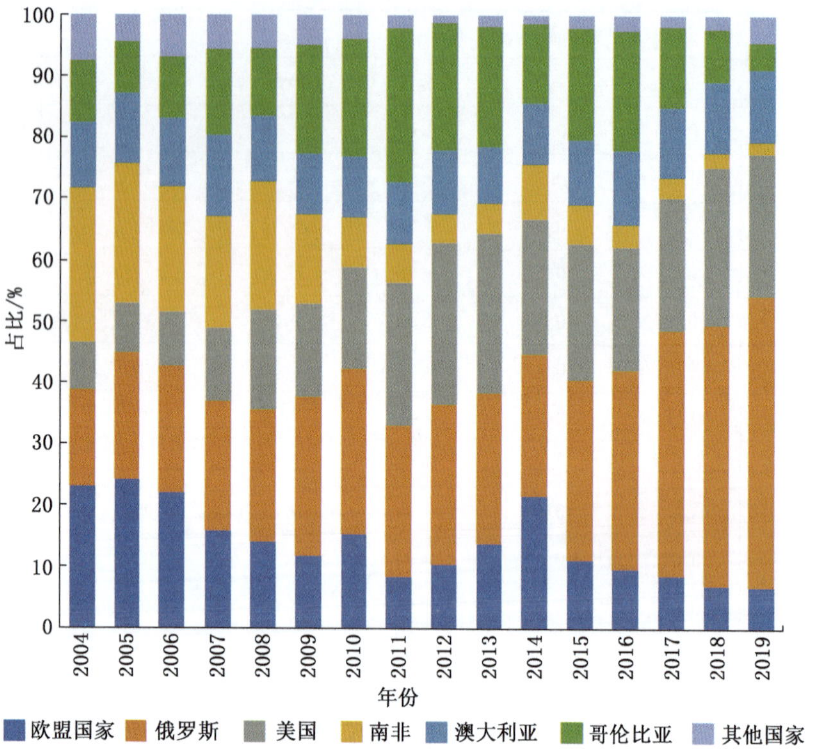

图 3-2-20　2004—2019 年德国硬煤进口国变化

有较高的竞争力。但是，对于硬煤发电厂来说，除了进口硬煤的价格，还需要考虑碳价和电价水平，目前的碳价水平相比前几年有所上涨，所以硬煤发电在德国越来越不经济，随着《退煤法案》的出台，越来越多的硬煤电厂将被关闭，未来硬煤的进口量也会有所下降。德国进口能源价格变化趋势如图 3-2-21 所示。

3. 煤炭出口

18 世纪，德国是煤炭输出大国。19 世纪末 20 世纪初，美国、俄罗斯、澳大利亚等国家后来居上，成为世界煤炭出口大国。近 30 年来，德国的硬煤和焦煤出口量明显减少，2000 年以前还有少量硬煤出口比利时、西班牙、法国、荷兰等欧盟国家，但出口量逐年减少，2007 年以后基本全部用于国内工业生产。

由于国内褐煤优越的开采条件，褐煤的出口基本上比较稳定，近十年来稳定在 1 Mt 左右，相比前 20 年有小幅度增长。2019 年，褐煤的出口量为 1.32 Mt，主要的出口国是比利时、捷克、荷兰等欧盟国家。

2.5.3　煤炭运输

在德国，国内煤炭运费由政府管制，煤炭运输以铁路为主，通常由联邦铁路和大工业区煤炭用户就运费进行谈判并签订长期合同。运费根据铁路运营成本进行调整。在没有竞争的运输铁路，运费率一般比较高，与水路竞争的铁路运费率就比较低。因此，运费相差很大。

跨越国境的煤炭运输，无论是进口还是出口煤炭，运费是放开的，不需要政府批准。在建立欧洲统一市场后，取消各国国内有关运费的规定和限制，各国承运人在欧盟范围内自由竞争，这导致运费大幅度降低。

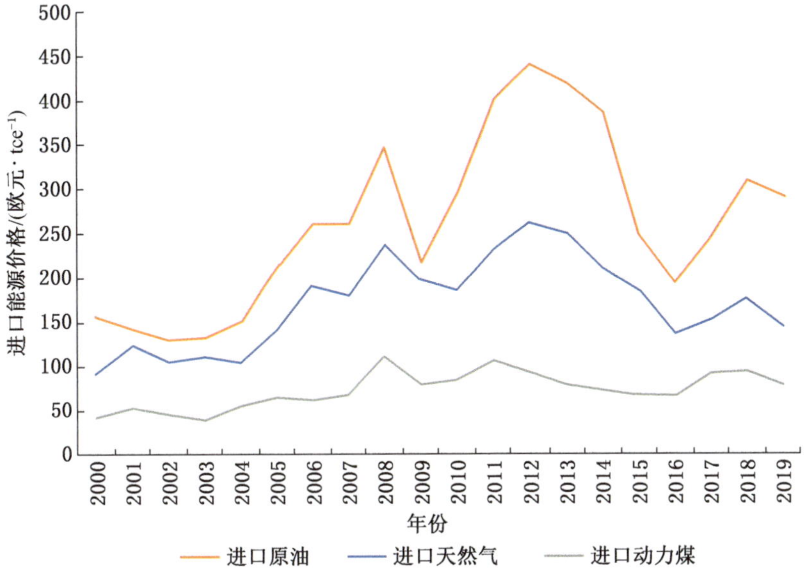

图 3-2-21 德国进口能源价格变化趋势

在廉价进口煤炭的猛烈冲击下，德国已成为煤炭净进口国。进口的煤炭大部分是从其他欧洲国家通过内陆水运和铁路运往德国的，只有 30% 左右是直接通过海运。煤炭主要经北海港口、波罗的海海罗斯多克港、荷兰阿姆斯特丹港、鹿特丹港和比利时安特卫普港转运。但经由莱茵河的煤炭运输容易受到水位的影响，为了减少运输费用，进口煤炭大部分用于德国北部沿海燃煤电厂，德国内河运输发达，煤炭经水路运到内地十分方便。东部新联邦州水路总长达 2300 km，但大部分河道较窄且浅，不适合标准吨位货船通行。

2.6 煤矿安全生产与职业健康

虽然德国的煤矿产业逐渐步入关闭退出阶段，但德国煤矿安全生产一直处于世界先进水平，事故死亡人数极少。2019 年德国采矿业上报事故起数 480 起，无死亡事故。得益于完备立法和严格执法、采用先进的开采技术和安全控制技术、以预防为主的安全意识等多方面原因，目前德国煤矿安全工作已转向职业健康保障。

德国在遵守欧盟安全生产框架性准则的同时，实行国家安全生产监管机构和同业工伤事故保险联合会监管的双元制。国家安全生产监管机关分为联邦和各州政府安全生产监管部门，联邦层面主要负责相关法律的制定，州层面主要负责发放安全生产相关许可、监督检查企业落实法律法规及安全标准情况、进行事故调查等。同业工伤事故保险联合会属于非营利性机构，主要职责是为企业提供事故预防和宣传、职工工伤事故理赔及受工伤人员的再就业培训和救助等。

2.6.1 矿山安全

1. 安全生产总体情况

虽然德国的煤矿产业逐渐步入关闭退出阶段，但德国煤矿安全生产一直处于世界先进水平，事故死亡人数极少，见表 3-2-17。褐煤行业一直保持较高的职业安全水平，自 1996 年以来，褐煤行业的百万工时事故率已低于 10，如图 3-2-22 所示。近年来，褐煤行业每百万工作小时平均有 2.0 起应报告的意外事故，远低于各行业的平均水平。

表3-2-17 2004—2018年德国煤炭行业工伤事故人数及死亡人数

年 份	工伤事故人数/人	死亡人数/人	平均百万吨死亡率
2004	1845	3	0.014
2005	1475	1	0.005
2006	1301	2	0.010
2007	1078	2	0.010
2008	869	2	0.010
2009	568	0	0
2010	531	0	0
2011	435	1	0.005
2012	274	2	0.010
2013	298	1	0.005
2014	303	0	0
2015	208	1	0.005
2016	129	2	0.011
2017	42	0	0
2018	190	1	0.006
2019	200	0	0

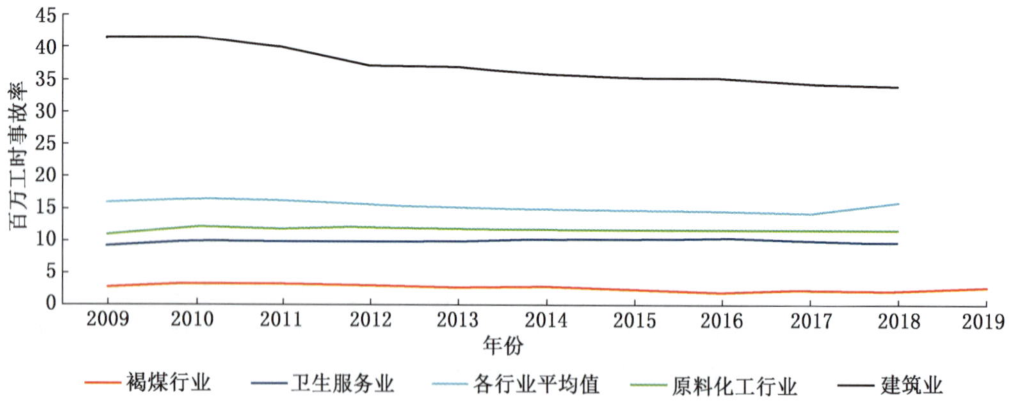

图3-2-22 德国2009—2019年褐煤行业与其他行业的百万工时事故率对比图

重视煤矿安全技术的研制与开发工作，采用先进的安全控制技术，是德国煤矿安全的重要保证。德国的矿山设备制造技术是世界一流的，矿井装备自动化程度较高。从矿井建设时开始，就已把生产中的安全问题考虑进去，将所有可能出现事故的地方都提前安装可靠的预防设备，让设备自动有效地解决问题，工人则可以放心地进行生产。刨煤机采煤技术在德国煤矿薄及中厚煤层开采中得到普遍应用，综采自动化煤岩自动识别采煤技术研发取得实质性进展。近年来，德国采矿业引入“工业4.0”

概念，通过“采矿4.0”技术的实施，实现自动化无人工作面采煤，最大限度地减少井下辅助运输和岗点作业人数，降低劳动强度，减少事故发生概率，提升矿井自动化、智能化生产水平，达到煤矿生产安全高效的目的。

高新技术的应用提高了煤矿工人的劳动安全水平。煤矿工人在真正下井工作之前，必须接受至少3年的培训。先进的技术装置和人员培训防止了生产事故的发生。德国上一次造成近百人死亡的煤矿爆炸事故发生在70多年前。

2. 煤矿安全生产法律法规与监管体系

1）法律法规

完备立法和严格执法是德国煤矿安全的首要保证。德国煤矿系统对于安全和矿工健康保护有3个层次的法律法规：欧盟的框架法规、德国国内法、煤矿同业工伤事故保险联合会制定的法规。在国家层面，现行的与矿业安全相关的法律主要有《联邦矿业法》和《劳动保护法》，还有原料及化工保险机构（BG RCI）制定的一些安全卫生规章和技术标准等。这些规章和技术标准，企业同样要认真执行。

《联邦矿业法》对保障矿山安全生产，保护矿工人身安全和健康方面做了详细规定，其中最重要的部分是规定了矿主必须确保员工的安全和健康，必须根据矿山开采的实际情况制定安全技术规则和安全卫生计划，雇用一定数量的安全专家和企业医生；企业必须成立安全卫生委员会，必须对员工进行培训等。《劳动保护法》对雇主的安全责任进行了明确规定，雇主有保证员工安全与健康的责任和义务。雇主在组织生产时，首先要考虑提供先进、安全可靠的技术措施来保护劳动者的安全与健康；要对各岗位的危险性进行安全评估，分析可能产生的事故隐患，并制定相应的措施加以防范。

由于德国是联邦制国家，地方政府有较大立法自主权，因此各州政府在国家基本法规的基础上，又依具体情况制定适合本地特点的煤矿安全生产法律及规程，内容极其详细，便于贯彻执行。这就确保了矿工能始终严格按规程操作，为安全生产奠定了基础。

由于法律健全，德国从上到下都以法律为依据，依法维护国家、雇主和员工的合法权益。

2）安全生产执法监督机构

德国对安全监督实行双轨制，一方面是行政力量，政府部门设有矿山与能源管理处，各区有安全监察部，煤矿有行业协会以及企业内部的安全部门；另一方面是社会和商业监督力量，工伤事故保险联合会。德国是世界上第一个建立工伤保险制度的国家。通过经济杠杆的作用，使雇主加强自我约束，控制工伤事故与职业危害风险，达到保护员工安全健康的目的。德国工伤保险的首要任务是事故预防，其次是医疗康复，再次是赔偿。同业工会每年从工伤保险基金中提出大约15%的资金用于事故预防工作；德国的工伤保险费率在不同行业之间相差很大，且对同一风险等级的企业，也差别对待，这在很大程度上促进了企业安全能动性的提高。同业工会为半官方的自治机构，他们的主要职责是预防工伤事故、职业病和工作带来的健康危害，调查事故和危害原因，采取有效的急救措施，以及减轻工伤事故和职业病所造成的不良后果。在同业工会对工伤保险进行管理的同时，德国联邦政府劳动和社会秩序部在工伤保险的立法和监督方面负有职责。由于坚持了预防为先、民主管理和低积累这三大原则，德国的工伤保险制度在建立之后基本没有改变。

由于各方面的共同努力、相互促进和监督，德国采矿业的安全状况良好，2019年德国采矿业上报事故起数480起，无死亡事故，见表3-2-18。

3）安全生产管理制度

（1）事故报告。德国对工伤和职业病的界定标准非常严格，《联邦矿业法》《德国危险事故条例》等法律对事故报告程序、内容及调查结果公布等做出了相关规定：导致工伤损失3个工作日以上的事

表3-2-18 2008—2019年德国采矿业安全事故统计数据

年份	职工人数/人	上报的工伤事故/起	千人事故率/%	百万工时事故率	死亡事故/起
2008	66892	1217	18.2	11.3	
2009	62748	875	13.9	8.9	0
2010	59586	829	13.9	8.7	0
2011	56994	695	12.2	7.7	3
2012	52912	567	10.7	6.8	6
2013	50199	522	10.4	6.7	4
2014	47636	569	11.7	7.7	0
2015	44736	506	11.3	7.2	1
2016	41935	472	11.3	7.2	2
2017	40677	422	10.4	6.7	1
2018	40989	531	13	8.3	2
2019	40280	480	11.9	7.7	0

故以及虽未造成人员伤亡但具有一定影响的事故发生后，企业要立即（原则上不得超过2 h）报告同业保险联合会；导致工伤损失28个工作日以上的事故，报告当地安全监管部门，并在事故发生后1周内向有关部门提交补充性书面报告，内容包括一般描述、事故类型和涉及物质、原因描述、损害类型和范围、应急措施、设备改进措施及执行计划等内容。

有关部门对涉及财物超过企业总资产5%或人员伤亡较严重的事故，还要通过审查、调查等手段，对企业在技术、组织和管理方面存在的问题进行分析，提出事故预防措施建议，形成书面分析报告，并督促企业采取必要补救措施，且将企业的补充性书面报告和分析报告上报德国联邦环境自然保护与核安全部。德国联邦环境自然保护与核安全部还要向欧盟委员会报告事故情况。事故发生情况和调查结果都要在公共网络上公布。

（2）应急救援。德国事故救援实行属地管理，以州为主的应急管理体制。当事故救援超出州政府能力范围，州政府请求联邦政府提供应急协调和救助。德国依据联邦法律形成了以消防队为核心，由联邦军队、警察、公共安全部门、联邦技术救援中心、红十字会等机构组成的事故救援队伍体系。

德国共有分布在各大城市的4万余名专业消防队员，其运转费用由地方政府供给，另有135万余名考核合格可以随时投入事故救援工作的志愿者，按照探测、电力、爆破等30余种专业进行分类管理以提供专业救援服务。

德国煤矿不常设专职的矿山救护队，但每个煤矿设置由兼职救护队员组成的矿山救护队。煤矿企业负责矿山救护队的运转费用。救援期间，只允许矿长或其代理人、通风工程师、记录员、政府部门派员等4种人进入事故救援专用指挥室，其他人员不得擅自进入指挥室干扰事故救援指挥工作。记录员负责记录指挥室内人员的全部讲话、通信内容及矿井通风等有关情况。

此外，救护措施周全到位、安全责任层次分明、安全意识深入人心及预防为主的理念等也对德国煤矿安全起着很重要的支撑作用。对于德国先进的安全管理经验，可以从4个层面发现其先进之处：

① 制定完备的法律规程。由于德国是联邦制国家，地方政府有较大立法自主权，因此各州政府在国家基本法规的基础上，依具体情况制定适合本地特点的煤矿安全生产法律及规程，内容极其详

细，便于贯彻执行。这就确保了矿工能始终严格按规程操作，为安全生产奠定了基础。

② 建立严格的执法监督机构。为保证煤矿安全生产法规切实执行，德国建立了4个层次的执法监督机构，即州政府设立经济部、州下设专职矿山与能源管理处、各区设安全监察部，另设煤矿行业协会。这些机构从不同角度对煤矿安全生产实施监督和监察，共同协调处理煤矿安全生产中的问题。如此，煤矿生产中可能存在的各种事故隐患，都能被及时发现和消除。

③ 采用先进的安全控制技术。德国的矿山设备制造技术世界一流，矿井装备自动化程度较高。它们不是单纯地靠人而是主要靠精良设备预防事故。从矿井建设时开始，就已把生产中的安全问题考虑进去，将所有可能出现事故的地方都提前安装可靠的预防设备，让设备自动有效地解决问题，工人则可以放心地进行生产。

④ 组建精干高效机动灵活的矿山救护队伍。队员要经过专业培训，考试合格方可上岗。救护队平时经常进行模拟演习训练。其通信、交通和工作设备均很先进，一旦发生事故，能快速及时地赶到现场抢救，确保将损失降到最低。

上述4个方面的措施，使煤矿生产中的事故得到了有效预防和控制。目前德国煤矿安全工作已转向职业健康保障，而救护队职责也变为以防火为主。

2.6.2 职业健康保障

在德国，职业安全和健康的保护是通过一个联邦和州法律的双系统实现的，通过实施条例和规章，在联邦和州两级确立雇主和员工工作时间的义务标准。这些法律也遵循欧盟指令。

此外，欧盟成员国的自主事故保险基金制度是强制性的，这个系统不仅负责维护保险覆盖面，而且也包括工人效力的工作场所预防和康复计划。2010年，德国煤矿行业的两个合作保险机构，地下开采方面的同业协会（Berufsgenossenschaft，BBG）和采石场同业协会（Steinbruchs - Berufsgenossenschaft，StBG），与其他几个同业协会一直合并成为原料和化学工业保险机构（BG RIC）。BG RIC的法定职责是预防工伤事故、职业病和与工作有关的健康风险，还为企业在职业安全方面提供培训。它也是国际社会保障协会的会员。

和其他欧盟成员国的国家一样，德国是欧洲职业安全与健康署（EU - OSHA）的一部分。德国参与这一研究和信息交流计划是通过联邦劳动部设在西班牙毕尔巴鄂的欧洲活动和社会事务部，并通常涉及联邦职业安全及健康研究所和国家职业安全及健康局，利用中央联邦工业意外伤害保险基金。

2.7 煤炭与环境

2.7.1 煤矿区环境治理

德国煤矿区分布较广，因此对于矿区的环境治理非常重视。德国的煤矿机械化程度高，所有褐煤露天矿井均是大型现代化煤矿，剥、采、运输、回填全部采用机械化，用工少。产出的煤炭用强力带式输送机直接运输至煤矿周边的火力发电厂，整个矿区对环境的破坏很小。煤矿边生产边回填，边回填边恢复植被，生产区周围喷水雾降尘，防止煤尘扩散，经回填后遗下的矿坑，由环保公司进行全面系统的整治，用经处理的水充填矿坑，并将矿区改造为环境优美的水上休闲运动娱乐场所。

1. 土地复垦

德国政府十分重视矿区的生态保护和土地复垦。1969年联邦政府发表环境保护政策宣言，1971年颁布《联邦政府环境纲要》，特别是1972年宪法修改后，相继出台了《联邦矿业法》(2013)、《联邦矿业条例》(1995)、《联邦德国环境影响评价法》(1990年、2001年修订)、《废弃淹水矿井的水资源管理》(2008) 等一系列有关环境的法规。同时，环境投资逐年增加，污染治理费占国民生产总值的2.0%左右。《联邦矿业法》规定，企业在矿山开采前、开采中和终止时，都要制订环境保护和治理规划，报矿山主管部门批准。其中业主对矿区复垦提出具体措施，是项目审批的先决条件。矿山终止要有清除危险、拆除矿山建筑物、消除污染的具体规划方案，方案中应明确生物物种和水体恢复到矿山开采以前状态。《废弃淹水矿井的水资源管理》也规定了废弃矿井地下水监测、排水管理、排水处理等方面遵循的原则和技术途径。这些都由企业实施，矿山主管部门负责监督和验收，从而保证了资源的有效利用和环境的保护与修复。

德国土地复垦最早的记录出现在 1766 年，当时的土地租赁合同明确写明采矿者有义务对采矿迹地进行治理并植树造林，德国系统地对土地进行复垦始于 20 世纪 20 年代。德国的土地复垦可分为 4 个阶段：第一阶段（20 世纪 20 年代到 1945 年）的土地复垦主要是试验性地植树、造林。那时人们有意识地进行多树种混种，使重建的林地像原始森林一样，各种树种混杂，能完成多种生态功能。但这项活动由于二战而中断了。第二阶段始于 1946 年。战后的德国对煤炭的需求量急剧加大，对土地的占有量也随之加大。这使得政府和企业不得不考虑对环境进行重建。1950 年 4 月北莱茵州颁布了针对褐煤矿区的《总体规划法》。同时对《矿业法》进行了修订，将"在矿山企业开采过程中和完成后，应保护和整理地表，重建生态环境"第一次写进了法律。受当时经济状况的影响，北莱茵州的露天矿场回填后主要栽种杨树。第三阶段（20 世纪 60 年代初到 1989 年）。20 世纪 60 年代前联邦德国对林业复垦的状况进行了改进。一是把早期种植的杨树砍掉，取而代之的是橡树、山毛榉、枫树等。二是随着煤炭开采力度的加大和矿场的迁移，土地复垦不再是植树造林，而是兼顾多种用途。前民主德国褐煤区的土地复垦与联邦德国的做法不同。20 世纪 60 年代主要是林业复垦，70 年代农业复垦受到重视，强调土地的经济用途，土地的生产力和林木的经济价值成为衡量土地复垦成败的主要指标。生态环境的重建并未受到重视。20 世纪 80 年代由于对煤炭的开采力度不断加大，矿区作为能源基地不断扩建，采矿所造成的土地和环境损害也随之加重，但由于资金短缺，土地复垦被推到"未来"。随着民主德国、联邦德国的合并，土地复垦进入第四阶段。在北莱茵地区，由于生态意识的增强，重构生态系统的要求受到重视。目标已从以林、农业复垦为主，转向建立休闲用地、重构生物循环体和保护物种上来，即所谓的混合型土地复垦模式：将农林用地、水域及许多微生态循环体协调、统一地设立在一起，从而为人和动、植物提供了较大的生存空间。莱茵州褐煤公司从 1984 年开始详细规划，对汉巴赫矿外排土场 Sopnienhoeher 进行复垦，如今该外排土场已被重建成为一个别具特色的风景区。

自 20 世纪 90 年代以来重建矿区生态环境，实现可持续性发展，得到世界各采煤大国的重视。土地复垦不仅是将损坏和压占的土地恢复到可利用的状态，而且要重建良好的矿区环境，使新的景观在许多方面相似甚至优于开采前的状况。

德国土地复垦的主要措施包括：首先，政府是改善矿区环境的主要责任人和投资主体。到 2004 年，德国政府共投入近 130 亿欧元，组织力量对原民主德国的老矿区进行了整治；其次，德国在土地复垦的过程中，注重区域规划和工程策划，对即将进行改善的地区进行整体规划；第三，坚持政府引导与市场化运作相结合。对尚未实现私有化的矿山企业，由于经营困难而无法完成对矿区的环境治理任务，政府通过建立国有公司，用市场化招标等方式，由中标企业按照规划和预算具体实施，并由联邦州和政府有关部门验收。以劳齐茨和德国中部矿业管理公司（LMBV）为例，有 720 名具有专业知识和实践经验的技术人员，负责 1000 km^2 范围内的矿区治理，由联邦政府提供 70% 的资金，相关州政府提供 30% 的资金，到 2018 年政府共投入了 106 亿欧元，目前已经完成 39 座褐煤煤矿的治理工作。联邦政府与勃兰登堡州、萨克森州、萨克森－安哈尔特州和图林根州等褐煤州之间正在执行关于 2018—2022 年褐煤翻新融资的第六版行政协议，确保计划中的项目继续进行，以在劳齐茨矿区和德国中部矿区创造文化景观。第四，老矿区重建依靠产业结构升级。德国鲁尔区是资源型工业化和城市化的典型区域，但现在面临着资源枯竭的严峻形势。仅靠对传统工业的合理化和技术改造等适应性措施是不够的，不足以解决地区性的结构矛盾和创造足够的工作岗位，尤其是难以解决由于关闭煤矿而带来的失业率增加的问题。政府通过支持外来企业落户、现有企业多元化和创新，以及组织面向未来的职业和再就业培训等措施，促进新型行业的形成和发展，加快就业结构转型。在促进结构转型的过程中，要充分利用地区中历史形成的知识优势（路径依赖），鲁尔区政府和企业将发展环保产品和技术作为新的增长点，充分利用地区内能源和冶炼企业处理环境问题的经验，逐渐形成了一个新兴的、有竞争力的环保产业。这方面的成功经验也应用于服务业，利用废弃的厂房建造工业博物馆发展旅游业等。鲁尔区的服务业和其他新兴产业蓬勃发展，目前已取代煤炭业成为当地支柱产业，其中仅服务业就吸引了该地区 64% 的从业人员，总人数高达 95 万人。

根据德国褐煤协会的数据，自开采开始以来，褐煤开采总计 1788.19 km^2，其中 1248.96 km^2（69.8%）已被复垦，恢复了 353.35 km^2 的农业用地、539.21 km^2 的林地、235.93 km^2 的水和 120.47 km^2 用于其他用途。2018 年，褐煤开采的土地使用面积为 11.97 km^2，其中 7.25 km^2 已复垦。在所有褐煤地区，由于长期的采矿理念，土地使用和复垦在很大程度上达到平衡。

2. 废弃煤矿瓦斯抽采

德国于 1998 年开始对废弃煤矿瓦斯进行抽采，年抽采量约 2.5×10^8 m^3，抽采浓度 15% ~70%，随着抽采时间和大气压力的变化有所变化。废弃煤矿瓦斯主要用于发电或热电联产，瓦斯发电装机容量约 185 MW，年发电量约 1×10^9 kW·h，同时年供热约 3.5×10^8 kW·h。德国的废弃煤矿瓦斯抽采利用主要集中在鲁尔煤田及萨尔煤田，北部的伊本比伦煤田也有部分关闭矿井进行瓦斯抽采利用。

经过多年的技术研究和工程实践，目前德国企业已探索形成较为清晰的废弃煤矿瓦斯抽采利用技术路径，并实现了商业化运营。一是超前用混凝土对关闭煤矿的井筒进行密封，并预先埋设连通采空区和巷道的管路，拆除采空区密闭，以便后期矿井残余瓦斯抽采。二是完善矿井残余瓦斯量预测及抽采利用可行性评价技术，合理确定项目规模和服务年限，提高投资收益。三是创新瓦斯抽采工艺，建立了以井筒抽采法为主、地面抽采法为辅的联合抽采方式。四是加强矿井关闭后灾害防范，特别是矿井水害处理，根据矿井关闭前的煤炭开采规划，预测矿井涌水量和矿井被淹没时间，制定矿井水抽排方案，妥善处理淹井问题。

德国政府十分重视废弃煤矿瓦斯开发利用工作，鼓励企业从关闭矿井中抽采瓦斯并进行发电利用。《联邦矿业法》规定，关闭煤矿企业必须采取相应措施规避可能存在的地表塌陷、有害气体逸散等风险，经政府有关部门批准后方可关闭。由于德国对废弃煤矿瓦斯排放的评估、对煤矿关闭进行提前规划及对井筒封闭采取的一些措施，废弃煤矿瓦斯排放得到严格控制，为废弃煤矿瓦斯的后续利用奠定了良好的基础。

德国于 2000 年 4 月通过的《可再生能源法》要求电网保证可再生能源发电站并网，并且调度优先级在核电站和传统化石能源发电站之前，同时保证可再生能源享受 20 年固定上网电价。废弃煤矿瓦斯被列为可再生资源之一，得益于《可再生能源法》，德国废弃煤矿瓦斯项目在 21 世纪前十年实现了快速发展。2000 年之后，德国《可再生能源法》历经了多次修订，其中最重要的变化是 2014 年将原先“可再生能源发电享受固定上网电价”改为“采用招投标模式确定对可再生发电的补贴”。

2.7.2 煤炭清洁高效利用

硬煤和褐煤是德国的主要发电燃料。按照新的能源政策及气候变化法案，德国一方面逐渐减少燃煤发电的比例，对燃煤电厂进行关闭或转为备用电厂；另一方面，重视燃煤电厂技术的提高，特别注重减少二氧化碳的排放量和提高烟气除硫效率。德国政府支持近零排放燃煤发电技术的开发，特别是新的、高效的发电厂，包括高效、现代化的燃煤电厂。

在二氧化碳减排方面，德国将发展低碳发电站技术。德国政府认为，尽管可再生能源发展迅速，但褐煤和硬煤发电在近期还将继续发挥作用，因此必须发展效率更高、采用二氧化碳捕获与封存技术

（CCS）的发电站。CCS 技术可将二氧化碳气体分离并存储起来，只有这样才有可能实现二氧化碳减排目标。为此，德国政府计划制定关于 CCS 技术的法律框架，具体措施包括：向欧盟递交建议书，促进在欧盟层面制定 CCS 技术法律框架；在德国国内以环境法规来保障发展 CCS 技术的措施，根据 2007 年 11 月公布的欧盟指令，制定德国关于二氧化碳分离、运输和埋藏的法律框架；建设示范低碳发电站等。

2009 年 9 月 9 日，世界首个无二氧化碳排放的火力发电装置在德国正式投入试运行。该示范性试验项目被业界称作“全球首个采用富氧燃烧技术的火电厂试验项目”，由法国阿尔斯通（ALSTOM）公司和瑞典 Vattenfall 公司联合建造，建于德国北部的 Schwarze Pumpe 电厂旁边，项目获得了欧盟 1.8 亿欧元的支持。每年将捕获 100000 t 二氧化碳，随后将之压缩，储藏在枯竭的 Altmark 天然气田地下 3000 m 的地方。该气田距离发电厂大约 200 km。Schwarze Pumpe 电厂 CCS 技术示范项目示意如图 3-2-23 所示。

图 3-2-23 Schwarze Pumpe 电厂 CCS 技术示范项目示意图

项目中使用富氧燃烧器，采用空气分离装置，将褐煤燃烧时释放的二氧化碳从排放的气体中分离，然后在零下 25 ℃的高压低温下进行液化。液化的二氧化碳被装入存储罐送到附近的中转站，再集中送到储藏地。该发电试验装置的发电量为 30 MW，Vattenfall 公司原计划于 2015 年建成一座比目前装置大 10 倍的近零排放燃煤电厂，使 CCS 技术正式投入商业化应用。但是，由于缺少盈利能力，Vattenfal 公司于 2011 年放弃了该项目。

目前，德国的整体能源转型计划部署的主要方向仍是大力发展可再生能源，而 CCS 技术往往是作为对可再生能源部署的补充。在德国多个联邦部委的联合报告中指出，CCS 是全球和国家清洁化石燃料战略的一个潜在的重要组成部分。《2050 年德国气候行动计划》中，德国政府提出将启动工业领域二氧化碳碳捕获和利用（CCU）的研发计划。

由于德国将逐渐关闭褐煤发电厂，造成了褐煤的利用量减少，这为今后利用褐煤进行能源或基础化工产品生产提供了机会。使用褐煤作为材料的优势既可以提高能源和原材料的供应安全，又可以实现竞争优势及气候保护等。

在位于 Niedraussem 的 RWE 煤炭创新中心，欧盟和德国政府等资助了几个新的科研试点项目，未来几年将通过整合可再生能源，对二氧化碳的利用进行研究。Niedraussem 煤炭创新中心的基础设施将作为一个平台，用于建造试验工厂，在这个平台上，将展示利用电力通过电解产生的氢气分离、合成和利用二氧化碳的整个过程链。Align - CCUS、Ocean、Loter. CO_2M 和 $MefCO_2$ 等项目有大量国际知名的工业机构和科研机构参与其中，虽然每个项目的目标产品有很大不同，但所有项目的长期目标都是通过将发电、工业和运输部门联系起来，提高整个能源系统的效率，并减少所有部门的碳排放。

“Align - CCUS”项目关注的是开发二氧化碳和氢气生产二甲醚（DME）的工艺链，该项目将用作柴油替代燃料，如图 3 - 2 - 24 所示。DME 燃烧时几乎无烟尘，产生的氮氧化物很少，可用于固定式柴油发动机以及汽车和卡车发动机。DME 还可以通过化学方法储存多余的电力。由于能耗低、稳定性高，该工艺是目前世界上领先的二氧化碳分离工艺之一。自 2009 年投运以来，该厂运行 7 万多个小时，可用率达到 97%。

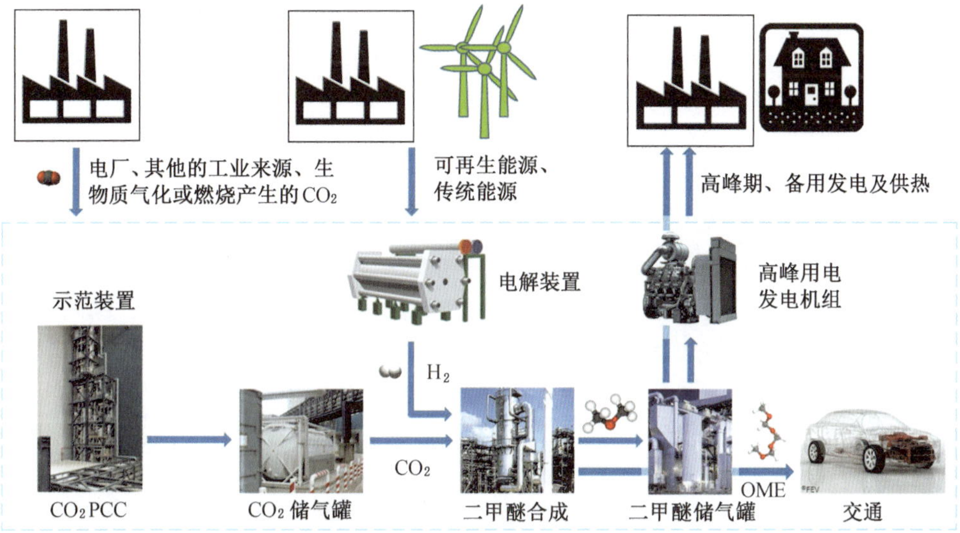

图 3 - 2 - 24　Align - CCUS 项目示意图

在 $MefCO_2$ 项目中，论证了电解法产生的二氧化碳和氢气的分离、合成和利用电解法合成基础化学品的整个工艺链。该装置于 2019 年初在煤炭创新中心投产，产能为 1 t 甲醇/d。

RWE 集团作为德国重要的褐煤生产企业，面对德国逐渐关闭褐煤电厂的情况，一直在积极寻求企业转型机会。自 2014 年初以来，RWE 开始推进的煤液化/煤制气（CtL/CtG）项目，期望从 21 世纪 20 年代中期起，在电力和供热业务之外，为褐煤制定经济上可行的利用途径。2016 年，RWE 启动了“Fabiene”项目，即褐煤和褐煤衍生的二氧化碳的物质利用——合成基础化学品和燃料的生产，旨在实现从煤气化到煤气处理和合成的产业链。另外制定减少二氧化碳排放的解决方案。该项目由联邦经济部二氧化碳减排技术研发计划（COORETEC）资助，总投资额近 1000 万欧元。项目还有一个出发点是通过可再生氢气在 CtL/CtG 工艺中整合再生能源，从而在化学工业中整合再生能源，进而提高工艺产量。

2.8　煤炭科技创新与研发应用

德国的煤炭开采技术一直处于世界领先水平。2010 年德国提出工业 4.0 战略，以机械化、自动化、信息化为基础，建立智能化的新型生产模式和产业结构。虽然目前德国的井工开采已经基本结束，但德国的智能化开采技术仍处于世界先进水平，而且德国的矿山机械企业及相关的科研机构一直积极开拓海外业务。德国采矿业提出“采矿4.0”的概念，通过数字化、互联网的协作，以及传感器技术和数据分析技术最终目标是实现自动化无人工作面采煤，最大限度地减少井下辅助运输和岗点作业人数，降低劳动强度，减少事故发生概率，提升矿井自动化、智能化生产水平。

2.8.1 煤炭科技发展概况与科研体系

以强大经济实力为后盾，秉承科教兴国的传统，德国的科技水平始终保持在世界前列。它是欧洲最大的技术拥有国和出口国。根据2018年发布的《研究与创新和技术能力年度评估报告》中对2015年世界市场上的重要专利产出地的统计，德国是每百万人371件，几乎是美国的2倍，而欧盟的平均水平是每百万人156件。汽车、机械制造、电子电气和化工是德国的四大支柱产业，其技术水平世界领先。

2011年，在德国举行的“汉诺威工业博览会”(Hannover Messe 2011）上提出了“工业4.0”概念，其内容主要是通过物联网等媒介来推动第四次工业革命，提高制造业水平。2013年，德国联邦教育及研究部、联邦经济和能源部推出的《高技术战略2020》中，工业4.0作为十大未来项目之一，预计投资达2亿欧元，目的在于奠定德国在关键技术上的国际领先地位，夯实德国作为技术经济强国的核心竞争力。德国工业4.0战略的本质是以机械化、自动化、信息化为基础，建立智能化的新型生产模式和产业结构，实质是通过顶层设计整合技术手段，实现工业生产效率最大化的工业发展战略。

德国采矿业提出了“采矿4.0”的概念，其特点是在实现数字化和自动化的同时，还能实现现代化采矿业更有效率、更负责任地利用资源。一些先进技术已经取得实质性进展或在现场进行了测试。例如：采煤机可以通过雷达传感器来辨识周边危险区域内是否有人作业，以及通过辨别不同切割声音来确认切割的是煤还是岩石；井下无人驾驶车辆通过雷达系统感知周边行人情况来判定是继续作业还是避让行人等。通过“采矿4.0”技术的实施，最终实现自动化无人工作面采煤，最大限度地减少井下辅助运输和岗点作业人数，降低劳动强度，减少事故发生概率，提升矿井自动化、智能化生产水平。

德国政府实施长期的能源研究计划作为能源技术创新的指导原则和配套政策，2018年公布了“第七期能源研究计划”，计划在2018—2022年共投入64亿欧元预算支持能源研究，较第六期计划(2013—2017年）增长45%，预算资金主要来源于联邦预算和能源与气候基金。“第七期能源研究计划”的资助重点从单项技术转向解决能源转型面临的跨部门和跨系统问题，重点关注如下研究领域：①终端用能部门的能源转型，如提升能效，降低能源消耗，增加可再生能源份额；②运输部门技术，如电池、燃料电池和生物燃料；③发电技术，包括各种可再生能源发电和火电技术；④可再生能源的系统集成，包括电网开发、储能和部门融合；⑤跨领域技术，如数字化、资源管理和碳利用技术；⑥核安全技术，重点关注到2022年核电厂的安全运行及其退役和放射性废物处置管理。此外，该计划还引入了“应用创新实验室”(Living lab）机制建立用户驱动创新生态系统，以加快成果转移转化。

在欧洲层面，德国参与“欧盟战略能源技术行动计划（SET - Plan)”中可再生能源、智能能源系统、能源效率和可持续交通等战略项目；在全球层面，德国将扩大与国际可再生能源署等国际组织的合作，参与国际能源署的技术合作计划。

1. 煤炭科研体系

德国基本法规定：“科技和经济以主观能动为主，国家干预为辅。”因此，德国政策决策与管理层由联邦与各州的议会及政府构成，负责制定、执行与教育、技术和创新相关的政策及实施细则，并负责创新外部环境建设。其中，与科技创新密切相关的部门主要是联邦教育与研究部、联邦经济和能源部。

联邦教育与研究部是德国联邦政府科技宏观管理部门，其主要任务是：制定科技政策、协调联邦各部门及各州科技活动，制定并实施长远科技规划、指导科研机构的科研工作，制定有关教育的法令与政策、负责科学与教育事业的国际合作与交流。在创新政策管理方面的主要活动是，资助研发基础机构的建设，执行技术计划。在科研方面的任务是：促进基础研究，促进环保、能源、天气、生态、卫生、海洋、交通、航天等高技术领域的研发，促进国际科技合作。

联邦经济和能源部的任务主要集中在制定竞争政策、能源、航空和多媒体方面的研发计划，并且为中小企业的研发计划提供经费支持，包括为工业研究机构协会范围内的联合工业研究院所提供财政支持，特别是在经济活动众多领域执行中小企业的合作研究计划。联邦经济和能源部还负责制定面向行业的，如能源、运输、环境和保健等各个领域的创新政策。

德国煤炭科研工作有 3 个主体：一是国立科研机构，二是高等院校，三是煤炭公司和煤炭机械制造公司。20 世纪 50—80 年代，德国煤炭在能源构成中占有重要地位，煤炭科研工作不断加强，拥有世界一流的煤炭科研机构，如埃森采矿研究院（Bergbau – Forschung – Gmbh）、威斯特伐伦矿山协会（Wertfalishe Bergwerchaftskasse）矿业研究所和试验矿井公司等。自 20 世纪 90 年代以来，由于德国煤炭工业进一步萎缩，德国联邦政府支出的煤炭科研经费逐年削减。在这种情况下，德国煤炭科研机构为了使技术力量得到加强，进行了两次大的重组，并将工作重点转向开拓煤炭以外的新领域，开发海外市场。

2. 主要科研机构

目前与采煤相关的研究机构及企业包括 DMT 集团、亚琛工业大学、弗莱贝格工业大学、波鸿工程应用技术大学（THGA）等。

1990 年，由埃森采矿研究院等 3 家煤炭科研机构合并组建了德国 DMT 采矿技术研究与实践公司（DMT – Gesellschaft für Forschung und Prüfung mbH）。由于德国煤炭工业进入 20 世纪 90 年代以后开始进一步萎缩，德国 DMT 采矿技术研究与实践公司经过多次结构调整，于 2006 年更名为 DMT 集团，在全球拥有 30 个办事处，主要业务涵盖勘探、工程、咨询和岩土工程 4 个主要领域。在科研方面，DMT 开展了多项由欧盟及德国教育与研究部（BMBF）资助的项目，如煤钢科研基金（RFCS）、地平线 2020 计划等，科研创新工作包括传感器支持的采矿作业监控、勘探自动化、采矿和开采过程、废弃矿场的再利用及修复、矿产资源储量评估等。DMT 还通过支持、促进硕士和博士学位论文项目以及其他培训计划来支持采矿领域的教育项目和能力建设。

德国亚琛工业大学成立于 1870 年，当时称为“亚琛皇家莱茵威斯特法伦理工学院”，现有 550 名教授、9500 名教职工和 260 个研究所，是欧洲领先的科研机构之一。学校设置有数学 – 信息 – 自然科学学院、建筑学学院、土木工程学院、机械工程学院、地质资源和材料工程学院、电气工程和信息技术学院、文学院、经济学院、医学院 9 个学院，几乎涵盖了一流大学的所有学科，被认为是全球工业化的未来之地。地质资源和材料工程学院下属的先进采矿技术研究所（AMT）在采矿自动化和数字化领域是欧洲的领先机构之一，“采矿 4.0”就是由 AMT 科学家提出的。AMT 成立于 2018 年，其前身是原料工业机械工程研究所（IMR）。在传感器技术、数据收集和数据处理领域研究工作的基础上，AMT 为现代高性能采矿业开发了强大、网络化和智能化的系统。

弗莱贝格工业大学成立于 1765 年，是世界上最古老的技术大学之一，其前身为“矿业科学高等教育学院”，研究与教学重点为如何高效利用有限的地球资源，开发高效和可替代能源技术，主要包括原材料开采、能源技术、材料技术、再循环工程，为解决经济和生态难题提供了重要支撑。弗莱贝格工业大学下设 6 个学院，主要学科领域包括工程学、自然科学、地质科学、材料科学和经济学，并将现代原材料研究融入基础研究和应用研究各个领域。学校拥有 90 名教授和 1700 名教职工。弗莱贝格工业大学四大核心研究领域是地理、材料、能源和环境，研究内容包括勘探境内新型矿产、开发替代能源技术及材料回收再利用等。学校通过开展与本地区、本国和国际公司的密切合作，进行基础和应用研究。

波鸿工程应用技术大学成立于 1816 年，该学校曾是为硬煤开采业培养下一代熟练工人的领头教育机构和管理培训中心，如今已发展成为一所知名的、国家认可的私立应用科技大学。DMT 教育公司（简称 DMT - LB）为该学校的支撑企业，DMT - LB 除了支持波鸿工程应用技术大学外，还为波鸿德国矿业博物馆（DBM）提供支持。学校持续聚焦矿山开采行业，重点关注矿产资源的可持续发展管理。

2.8.2　技术与装备

德国机械制造业在世界范围内处于领先水平。根据德国工程联合会（VDMA）的统计，德国在机械制造和工程领域有 3000 多家公司，是德国最领先的工业部门之一，拥有 135 万名员工，年销售额约 2260 亿欧元。在采矿设备方面，德国公司在世界市场上占有优势。著名的德国矿山设备制造商有艾柯夫有限公司（Eickhoff GmbH）、德国维尔特公司（Wirth）、DBT 公司、德玛格公司（DEMAG）等。近年来，随着欧洲、美国市场的扩大，一些德国公司选择与外国公司通过合并、收购的方式进行合作。例如 DBT 于 2007 年与美国比塞洛斯合并，随着卡特彼勒（CAT）收购比塞洛斯，DBT 成为卡特彼勒井下采煤设备的生产工厂之一；1999 年，德玛格公司被日本小松集团收购，成为小松矿业德国有限公司。

虽然德国的井工开采已经基本结束，但德国的智能化开采技术仍处于世界先进水平，而且德国的矿山机械企业及相关的科研机构一直积极开拓海外业务，工业 4.0 的实施、数字化、互联网协作以及传感器技术和实时数据分析等技术的发展也将采矿业带入新时代，其中无人开采是一个主要目标，德国的机械制造企业也积极研发相应的智能开采系统。同时，德国十分重视职业健康安全，通过研发自动化和数字化安全技术，识别危险区域并自动执行危险程序，从根本上保障矿工的安全。

1. 煤机制造及出口

由于德国国内煤炭消费下降、硬煤开采停止，德国采矿机械制造企业已经把市场开拓重点由国内市场转移至海外市场，VDMA 统计的采矿机械制造企业的 2018 年国内销售额约为 9000 万欧元，同比下降 22%，出口额则达到 36 亿欧元，同比增长约 40%，VDMA 预测 2019 年的出口额将增长 20% 左右。欧盟是德国煤机制造的主要出口市场，占 2018 年出口总量的 25%，但较 2017 年的 31% 下降，主要是由于欧盟内部对矿业原材料的需求有所下降。美国、中国、俄罗斯、澳大利亚是主要出口国。其中，美国在 2018 年的出口总量中的所占份额从 15% 增加到 17%，这主要由于特朗普政府在能源和监管政策方面的变化，使美国的硬煤消费有所增加，监管政策的转变为美国的采矿业创造了更好的投资环境，因此美国对德国采矿机械设备的进口需求有所增加。中国在 2018 年的出口总量中的所占份额从 7% 增加到近 10%，如图 3 - 2 - 25 所示。

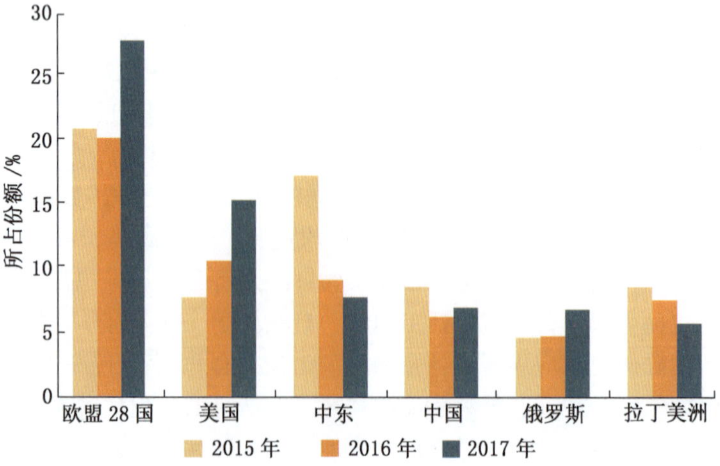

图 3 - 2 - 25　德国采矿机械主要的出口市场及所占份额

2. 煤炭开采技术与装备

1）艾柯夫智能开采系统

艾柯夫公司成立于1864年，总部位于德国波鸿，其生产的长壁采煤机和连续采矿机能够成功应对各种复杂的开采条件。自2010年以来，艾柯夫采煤机的发展更多地集中在机电一体化方面，机械工程、电气和软件都紧密地融合在一起，主要体现在软件、传感器、高级数据和通信等方面。

现代采煤机配备了一系列传感器，根据不同的操作原理设计，可以在冗余的基础上完成各种任务。用于相对和绝对位置确定和导航的传感器，提供了工作面轮廓的详细描述，结合高度复杂的控制算法，使得采煤过程被控制到几毫米的精度。视频监控系统用于远程机器控制和行走轨道监测。震动传感器和红外传感器用于煤岩识别，雷达传感器用于防止采煤机与支架碰撞。

艾柯夫智能化采煤机、采煤系统示意如图3-2-26、图3-2-27所示。

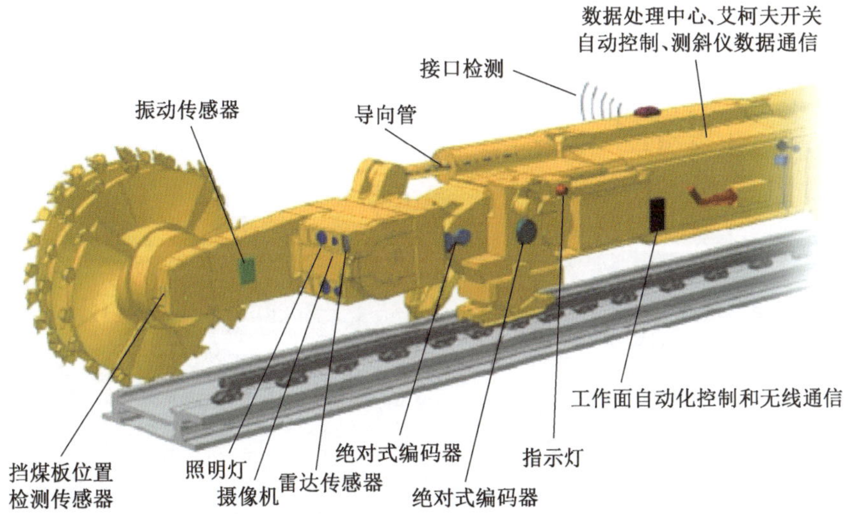

图3-2-26 艾柯夫智能化采煤机

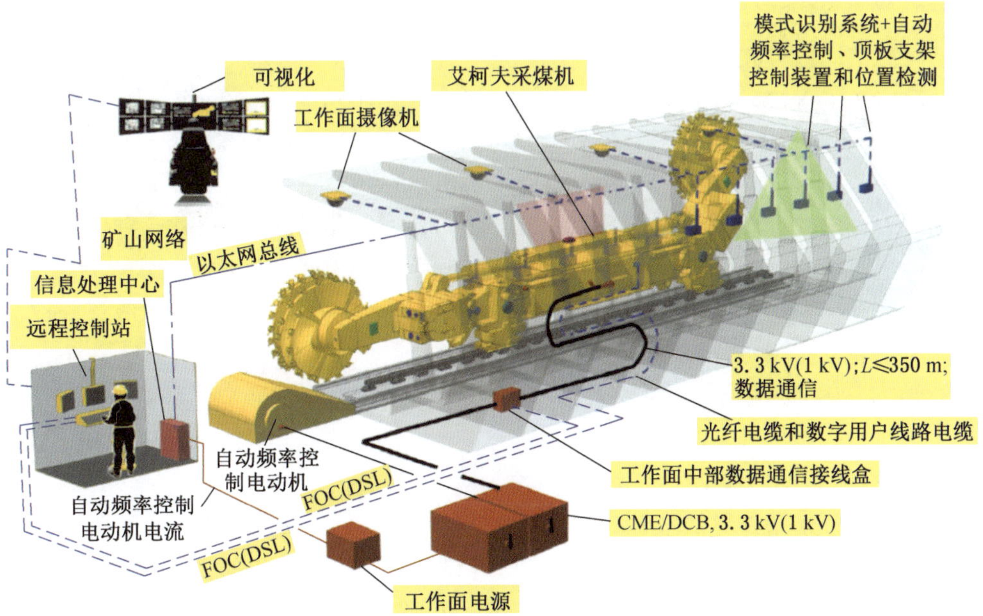

图3-2-27 艾柯夫智能化采煤系统示意图

在艾柯夫智能化采煤系统内，采煤机是数字化开采的中心单元，持续与支架和刮板输送机通信。目前在采矿业使用的通信技术符合所有已建立的工业标准。采煤机外部通信采用冗余设计，可以通过电力线连接或基于DSL、光缆或WLAN。采煤机内部与传感器通过总线系统连接，远程控制站和地面调度室通过以太网通信。

“采矿4.0”和创新的通信技术的应用，可以将远程控制转变为完全无人自主开采。采煤机、液压支架、输送机、破碎机和带式输送机都被整合到3D工作面控制系统。数字化是“采矿4.0”的基石，数字的获取、存储、管理是基础工作，如何用于分析、可视化、报告和决策是实施的关键所在。

2015年，艾柯夫公司已联合德国玛珂、德国贝克等在俄罗斯建设了一套远程控制自动化薄煤层综采系统，已经接近于“无人工作面”。艾柯夫智能化采煤系统如图3-2-28所示。

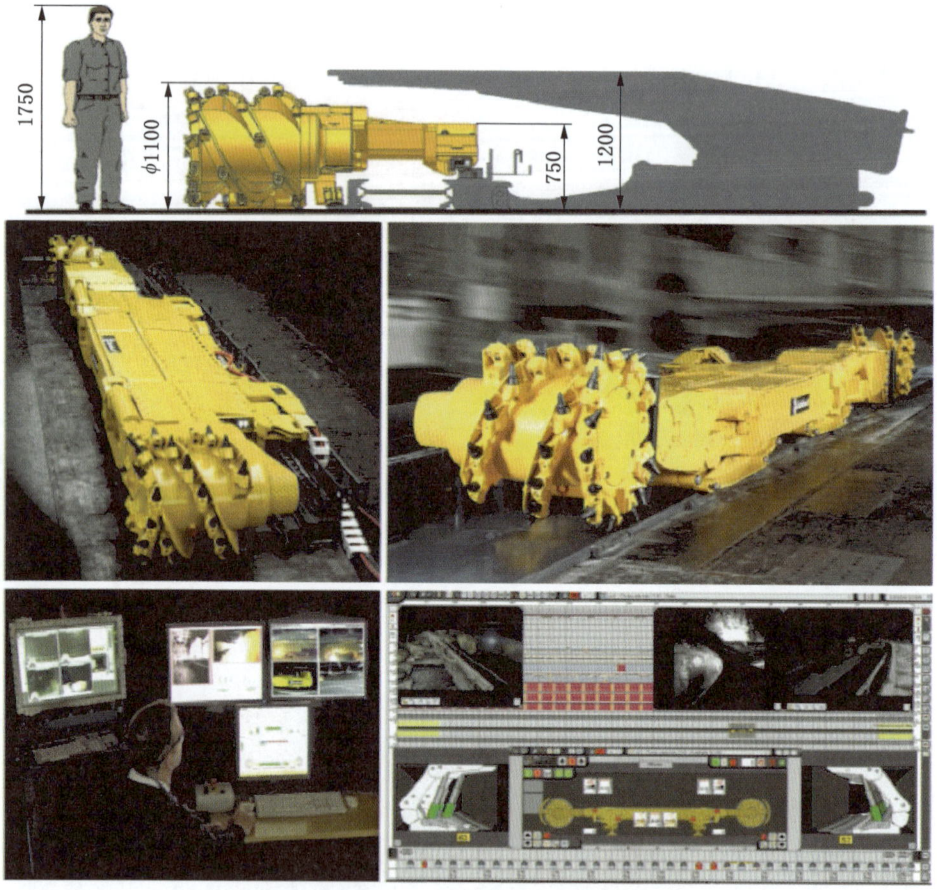

图3-2-28　艾柯夫智能化采煤系统

2）鲁尔公司智能工作面系统

德国的煤矿深部开采条件异常恶劣，地质条件复杂，还要保证安全生产。在这种复杂环境下，为保障采煤作业顺利进行，需要采集工作面的采煤机等设备信息，对读取的日常数据进行收集和处理，并传输至地面控制站，以便实施远程控制。鲁尔公司为确保公司至2018年末长壁工作面的产量达标，对此进行了有针对性的研究，开发并引进了智能工作面系统，如图3-2-29所示。

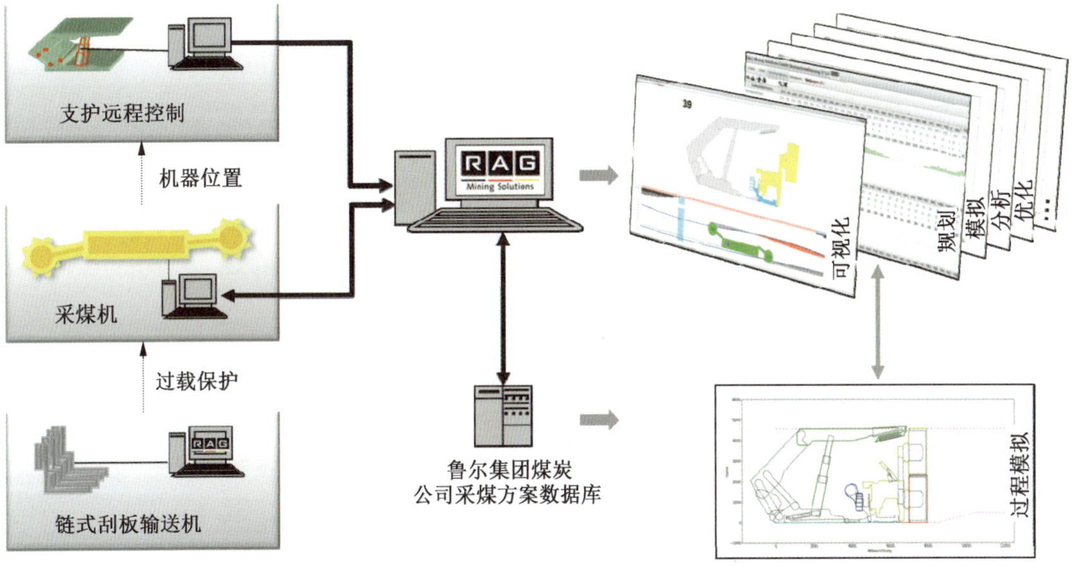

图 3-2-29 部分自动化工作面组件及其与智能工作面自动化系统集成情况

在系统设计之初，为确保安全生产和开采效率，将电液伺服系统和工作面的滚筒采煤机、刮板输送机、支架等主要设备联结起来，这些设备在此之前已经实现了部分自动化（包括自动行走、摇臂自动操作、自动支护和推溜）。以目前的自动化水平为基础，引入智能工作面自动化系统，将数据全部整合，形成独立矢量模型。将以上数据与几何轮廓结合起来，直观呈现出各工作面的状况。采用这种方式可以进行距离计算，一旦达到预警距离，发出碰撞预警，并对工作面状况进行历史评估和预测。

因此，控制室操作人员不仅能够监测各个设备，还可以参与到采煤工序，为工作面作业队伍提供支持，采用的方式包括：避免碰撞；工作面优化设计；清理浮煤的过程中，当达到临界载荷时及时响应；评估传感器反馈的数据，通过计算得出不致发生碰撞的设计尺寸，设置工作面设备下一步的位置和角度。

3）AMT 可持续智能采矿系统（SIMS）

SIMS 是由亚琛工业大学的先进采矿技术研究院（AMT）牵头、联合矿业公司、设备和系统供应商及其他科研单位一同开展的一项研究项目（图 3-2-30），旨在通过更高程度的数字化、自动化和机器人技术来可持续地提高矿山安全性，减少采矿对环境的影响并提高采矿运营的整体效率，同时促进各个机构的发展和创新。

该项目一方面实现半自动化和远程机械操控，以及更多数字化和数据支持进程。其中包括使用红外热成像技术（IR）进行数字化边界层检测（已整合到矿山计划中），以及使用机器人技术进行自动爆破准备。通过减少爆破过程中的条幅传播来更好地控制爆破过程，以及对爆破区域进行半自动检查。检查后，还可以通过部分自动化锚固件的安装来减少锚固件的安装时间和工作安全性。另一方面，该项目包括测试和使用电池供电的地下车辆以及开发智能能源管理系统，并采用超宽带技术（UWB）进行地下车辆定位。机器数据到控制中心的实时传输将使用 5G 电信网络来实现。如此，工作场所就可以转移到地面控制中心，更少的员工暴露在地下的潜在危险中。

3. 煤矿安全与灾害治理技术与装备

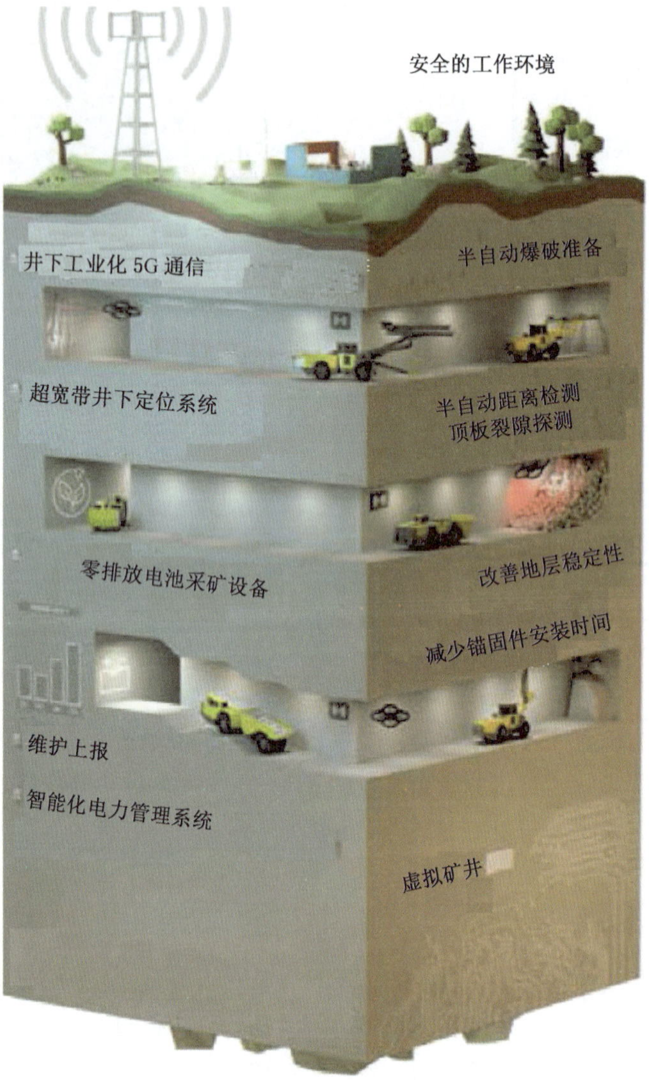

图 3-2-30　SIMS 系统示意图

1）井下安全运输技术（BUSDUCT）

井下安全运输系统是一项由欧盟“煤炭和钢铁研究基金”资助的创新运输系统，旨在通过悬架单轨机车（SML）的原型满足提高矿山效率和保护矿工健康的需求，电动悬挂式单轨机车模型如图 3-2-31 所示。

由于现有地下煤矿中运输路线长度的增加，经济上需要更快的运输车辆以减少材料和人员向各个工作区域的运输时间。该悬挂式单轨机车通过高架桥提供电能，为了确保原型可以在可能具有爆炸危险的煤矿环境中安全运行，以惰性化作为防爆措施。亚琛工业大学先进采矿技术学院通过研究惰性化过程，设计了用于 SML 安全运行的传感器系统，并基于定义的安全参数开发了 SML 的控制系统。

传感器系统的核心要素是气体浓度、压力和温度传感器。通过使用各种传感器，建立一个多层安全系统。由于 SML 是复杂的结构，因此各个传感器的最佳位置通过流动模拟确定。所开发的原型将根据 ATEX 防爆认证规范进行测试，并将在波兰的煤矿中进行为期半年的测试运行。

图 3-2-31 电动悬挂式单轨机车模型

2）提高井下运输效率和安全性系统（INESI）

提高井下运输效率和安全性系统是由欧盟“煤炭和钢铁研究基金”资助的项目，现场如图 3-2-32 所示，主要目标是减少井下作业时带式输送机运输过程中发生事故的可能性。项目主要通过红外热像仪（IR）危险区域带式输送机上的人员，预测可能发生的事故，必要时可以切断运行，防止发生事故并提高职业安全性；通过使用精确的 UWB 无线电定位系统进行人员定位，以防发生火灾等紧急情况，可以实时确定人员的确切位置，可以计算安全的人员撤离路线，并进行可视化显示；通过确定单轨铁路的位置并使用 UWB 优化运输物流，从而提高效率。

图 3-2-32 项目现场

3）Mine Safe 系统

Mine Safe 系统是德国 DMT 公司研发的专门用于采矿的机器诊断系统，该系统使用 DMT 公司独家的 X Safe 技术的现代组件来实现其核心功能。这些基于已建立的结构声测量技术，用于早期检测损坏或缺陷。如果需要可以通过集成其他措施（如温度、压力或转速）来补充这些功能。安装了 Mine

Safe 系统的采煤机如图 3-2-33 所示。

图 3-2-33　安装了 Mine Safe 系统的采煤机

该系统专为承受采矿业的严重磨损而设计，因此即使在地下大型挖掘设备上使用（防爆）也能提供可靠性。该系统在基础设施领域也很有价值，可以监视如传送带系统或水泵的状况。

2.9　主要矿业公司简介

鲁尔矿区是德国重要的硬煤产地，开采历史悠久，被称为煤的故乡。以煤炭开采业为基础发展起来的鲁尔工业区，在德国经济中占有十分重要的地位。鲁尔集团成立于 1969 年，成立之时名为鲁尔煤炭公司，有 52 个煤矿、29 个炼焦厂、5 个型煤加工厂，职工人数 18.6 万人，年产煤炭 94.90 Mt，占鲁尔区硬煤产量的 94%、联邦德国硬煤产量的 74%。鲁尔煤炭公司成立以后，以提高效益和降低成本为中心，调整煤矿布局，进行技术改造，提高市场集中化程度，采煤机械化程度达到 100%，煤炭开采进入了现代化新时代。

经过多年的发展，鲁尔煤炭公司开始涉足多个领域，并逐步发展成为世界著名的跨国经营集团。进入 21 世纪以后，鲁尔集团拥有能源、采矿及原材料、石油化工、环境服务、机械、电信和土木工程 7 个分部，是德国最大的能源供应商和国际先进的基础设施服务商。

2006 年，集团公司将化学、能源和房地产领域的非硬煤部门重组后成立 RAG Beteiligungs AG 公司，并于 2007 年更名为赢创工业集团（Evonik Industries AG），是德国化学企业的第三大康采恩以及世界专业化学领域的领头羊。与硬煤相关的领域则在重组后成为鲁尔公司（RAG Aktiengesellschaft），总部设在德国埃森。鲁尔公司下属有 3 个子公司，分别为 RAG Montan Immobilien、RAG Mining Solutions GmbH（RMS）和 RAG 销售公司。

RAG 基金会成立于 2007 年 6 月 26 日，是鲁尔公司的全资股东，并持有赢创工业集团 59% 的股份。基金会成立的主要任务是为鲁尔公司的煤炭开采区域进行矿井水抽排及净化、塌陷区恢复等永久性工作提供资金，每年相关的投入约 2.2 亿欧元，同时也在教育、科学和文化领域促进与德国硬煤开采行业相关的项目。为了保障这些活动的长期融资，鲁尔基金会通过可靠的资本投资计划来积累资产，截至 2013 年底，RAG 基金会的资产超过 120 亿欧元。到 2019 年底，增加到 168 亿欧元。基金会的成立减轻了公共部门的财务压力。

最后两个硬煤煤矿关闭后，鲁尔公司的主要任务转变为处理所谓的永恒任务和遗留问题。RAG基金会为鲁尔公司的永恒任务提供资助，包括矿井水抽采净化、塌陷区修复以及在受污染的场所进行地下水监测。遗留问题则继续由鲁尔公司承担，主要开展关闭矿井地表设施拆除、采矿区域监控管理等工作。

2.10 对我国煤炭工业高质量发展的启示

德国和中国同是经济大国，在资源禀赋方面都具有富煤缺油少气的特点，油气对外依存度较高，因此在能源转型方面面临着许多相似的问题与挑战。德国煤炭产业对中国煤炭工业高质量发展的启示可以概括为3个方面：

（1）德国煤炭产业政策的制定和实施坚持立法的原则。无论是政策目标还是资金来源和使用都用法律的形式确定下来。这样既能保证政策的稳定性、科学性，同时也使政策的执行获得资金、机构和合法性保证。

建议加强煤炭产业的相关立法工作。制定并完善煤矿关闭退出相关法律法规。制定煤矿关闭退出条例及相关司法解释，对人员安置、资产债务处置和环境保护进行框架性规定；逐步完善淘汰煤炭落后产能、化解煤炭过剩产能的政策体系，保障政策执行的连续性和有效性；适时出台配套保障措施，包括财政补贴、金融支持及税收减免等经济优惠政策，推动煤炭企业、煤炭矿区转型发展。

（2）德国政府在能源转型中特别重视区域协调发展，坚持将结构政策与区域发展政策相结合。在政策制定和执行中，坚持地方化、分散化和扶助自助的原则；重视州政府的作用，在传统工业转型的过程中，州政府发挥主持协调的作用，实行综合开发，组织社会对话，倡导合作，极大地促进了煤炭工业的转型。

从中国的能源资源禀赋、能源发展现状和社会经济发展水平等因素综合分析来看，在相当长的时间里，煤炭仍然是中国经济社会赖以发展的最经济可靠的物质基础，因此煤炭仍具有重要的战略地位。简单的去煤化，不仅使能源安全得不到保证，实体经济也会因为能源成本的快速增加而受到影响。在这种情况下，做好煤矿关闭退出顶层设计和总体规划。政府需要超前制定全国及各地煤矿关闭退出总体规划，并结合各地区现状，制定专项规划和细化方案，综合施策、标本兼治，使煤矿关闭退出工作与区域产业结构调整、转型升级结合起来，维护社会稳定和当地经济可持续发展。

（3）高度重视煤矿关闭退出后的环境保护工作。政府应加大煤矿关闭退出后的环境保护力度，明确环境保护主体责任，成立专项环境保护基金或信托基金，并委托有实力的专业化公司开展具体的环境治理工作，带动煤矿失业人员再就业。

3　波兰煤炭工业

波兰煤炭资源丰富。2019 年，波兰煤炭资源储量占全球煤炭总储量的 2.52%，截至 2019 年底，预测经济资源量为 87.592 Gt，主要的煤田包括上西里西亚煤田、卢布林煤田和下西里西亚煤田等。2019 年波兰煤炭产量 0.112 Gt，居欧洲第二位，世界第十位。2020 年上半年波兰煤炭产量 48.96 Mt，同比下降 14.17%。2019 年，波兰煤炭消费 0.113 Gt，居欧洲第三位。煤炭是波兰经济发展的重要支撑，1989—2019 年，煤炭占一次能源消费的比重超过 44%，燃煤发电量占总发电量的 74% 以上。根据波兰国家能源战略，未来可再生能源、天然气和核能占一次能源消费的比重将不断增加。

1989 年，波兰政治体制变革后，开始向市场经济转轨，由于煤炭价格下降，加上煤炭工业原有的国有经营体制障碍等原因，硬煤销售量大幅度下降，煤炭企业陷入困境，全行业处于举步维艰的状况，不得不开始进行大规模的调整重组。经过产业调整和重组后的波兰煤炭工业稳步发展，许多有助于煤炭产业发展的政策和措施一直沿用至今。

在波兰，硬煤采用井工开采，褐煤采用露天开采。2019 年，波兰生产的井工矿 20 座，露天矿 8 座，其中，井工矿事故死亡 16 人，露天矿未造成人员死亡，煤矿百万吨死亡率 0.14。

长期以来，波兰一直面对发电主要依赖煤炭的窘境，而煤炭行业的 CO_2、NO_x 和甲烷排放占比较大，波兰成为欧盟成员国中唯一无法兑现温室气体减排的国家。此外，硬煤开采给周边环境和地表带来污染，对水质也有破坏作用。自 1990 年起，波兰就致力于减少由于能源生产带来的环境影响，新建电厂装备低 NO_x 同轴燃烧系统、涡流式低 NO_x 燃烧器、烟气循环系统、石灰石（石膏）烟气脱硫系统，再加上利用低硫煤炭，环境影响明显降低。波兰在加入欧盟之前，就按照欧盟法令执行严格的排放标准，在加入欧盟之后，波兰要求电厂必须采取措施达到欧盟电厂 SO_2、NO_x 和颗粒的排放标准，且大型电厂必须严格遵守欧盟空气污染法规。

波兰在露天矿复垦方面，采用种植森林的模式，采后进行复垦并种植农作物，开发矿山博物馆以及娱乐设施等，不仅可以带来环境效益，还可以带来经济效益，有很好的示范效应。

3.1　煤炭在能源系统中的地位和作用

煤炭作为波兰重要的基础能源和工业原料，为经济社会发展做出了巨大贡献。

3.1.1　近 30 年经济发展与能源

自 1989 年以来，波兰 GDP 整体呈上升趋势，GDP 世界排名由 1990 年的第 36 位上升至 2019 年的第 24 位。波兰经济发展离不开能源的支撑，2018 年能源依赖系数为 44.8%。

1. 波兰基本情况

波兰位于欧洲大陆中部，中欧东北部。东部和东北部分别与立陶宛、白罗斯、乌克兰和俄罗斯的“飞地”加里宁格勒地区接壤，南部与捷克和斯洛伐克毗邻，西部与德国相连，北临波罗的海，与瑞典和丹麦遥遥相对，海岸线长 528 km。国土面积 3.127×10^5 km^2，人口数量 3983 万人。全国共设 16 个省、308 个县、2489 个乡。波兰首都华沙，也是波兰第一大城市，其他主要城市有罗兹、波兹南、克拉科夫、什切青、格但斯克等。

波兰矿产、森林及水力资源丰富。森林面积为 8.89×10^4 km^2，森林覆盖率 28.4%，耕地面积达 1.84×10^7 hm^2，占国土面积的 58.8%。波兰全境平均海拔 173 m，南部为苏台德山脉和喀尔巴阡山地，塔特拉山的雷西峰是境内最高点，北部、中部是波兰平原，维斯瓦河全长 1000 km，贯通波兰南北，9000 多个湖泊遍布北部。

2. 经济发展和能源消费

2019 年，按官方平均汇率计算，波兰名义 GDP 折合 5898.47 亿美元，同比增长 0.7%，人均名义 GDP 折合 15366 美元，同比增长 0.8%，为高收入国家。2001—2002 年，由于欧洲经济衰退，工业增加值有所回落，其他行业增加值也受到波及，再加上建筑、酒店住宿及餐饮业、金融行业等受冲击明显，导致 GDP 增速减缓。2003 年，工业产品销售相比 2002 年增加 8.1%，GDP 增长减缓势头有所削弱。自 2004 年以来，波兰将重点放在调整经济结构，减少季节性经济活动，GDP 整体呈增长趋势，其中，2009 年受全球经济危机影响，2015 年受国内政局影响，GDP 有所回落。

根据 BP 世界能源统计数据，波兰一次能源消费量在 1987 年达到峰值，为 191.4 Mtce，此后一次能源消费量整体呈下降趋势。1990—2019 年，一次能源消费量基本为 140 Mtce 左右，2018 年一次能源消费量达到 149.8 Mtce，2019 年回落至 146.17 Mtce，如图 3-3-1 所示。

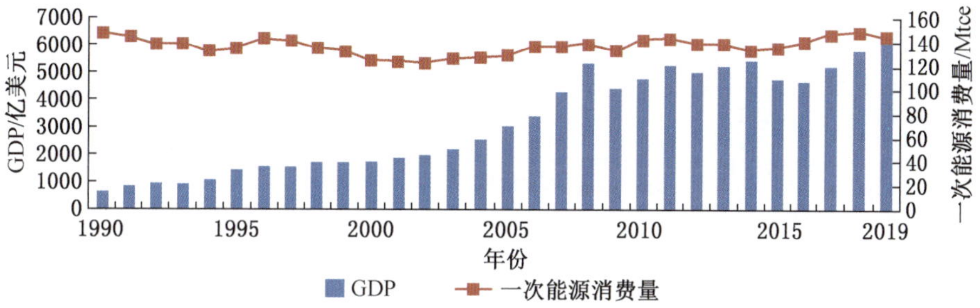

图 3-3-1 1990—2019 年波兰 GDP 和一次能源消费量

1989 年之前，波兰实行计划经济，能源价格相对较低，能源浪费严重。自 1989 年政治变革以后，波兰政府通过经济改革，推进行业重组优化，企业推行节能减排，提升生产效率，鼓励推广利用清洁能源，在一次能源消费量变化不大的情况下，人均 GDP 整体呈增长趋势，2019 年相比于 1990 年增加了 8 倍。此外，波兰持续推进能效改善项目，促进能源价格自由化，按固定购买力平价计算的 GDP 能源强度持续下降，2019 年为 0.09 koe/$ 2015p（按 2015 年美元固定购买力平价计算的 GDP 能源强度），相比于 1990 年下降了 65.7%，如图 3-3-2 所示。随着能源行业改革逐步推进，供电系统逐步完善，2012 年波兰实现了全民通电。

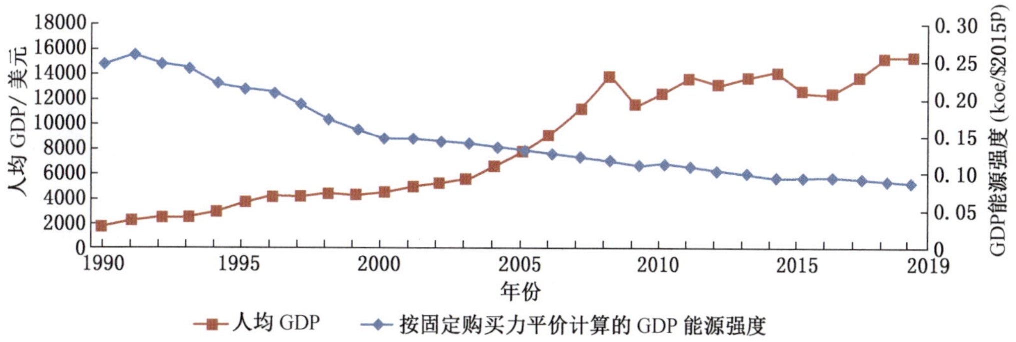

图 3-3-2 1990—2019 年波兰人均 GDP 和按固定购买力平价计算的 GDP 能源强度

1990—2019 年，除 1995 年一次能源出口量超过进口量以外，波兰为一次能源净进口国，净进口量从 1990 年的 1.23 Mtce 增加到 2019 年的 68.21 Mtce，增加了 54 倍，如图 3－3－3 所示。煤炭净进口量和一次能源净进口量趋势保持一致，1990—1995 年，煤炭生产基本可以满足本国需要，对外依存度不高。但随着波兰推进行业重组优化，能效改革政策的有效实施，经济增长势头强劲，同时，波兰煤炭产量整体呈下降趋势，煤炭生产无法满足经济发展的需要，为此波兰增加煤炭进口量，从煤炭净出口国转变为净进口国，1990 年波兰煤炭净出口量 31.386 Mt，2011 年净进口量 1.186 Mt，到 2019 年净进口量达到 6.2093 Mt。

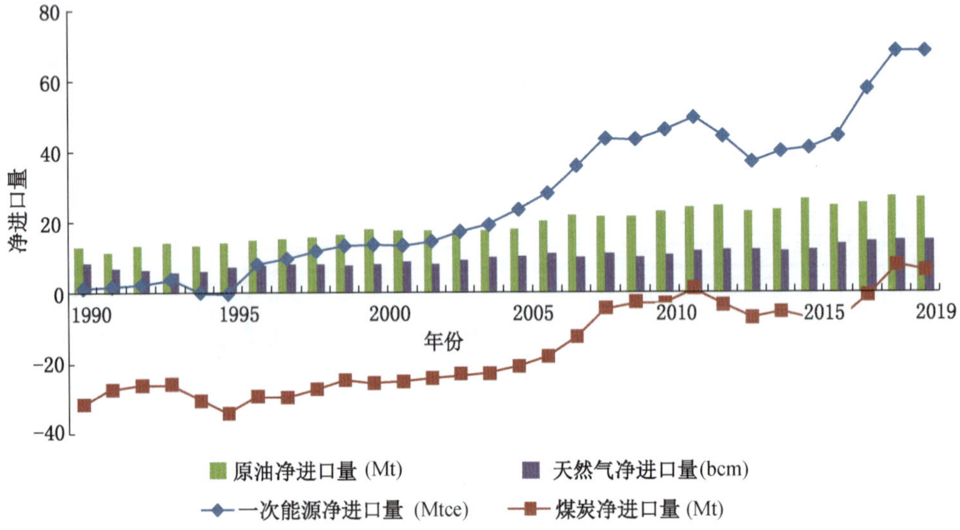

图 3－3－3　1990—2019 年波兰一次能源净进口量情况

波兰能源进口量逐步增加，能源依赖系数逐渐升高，2017 年和 2018 年分别达到 38.3% 和 44.8%，见表 3－3－1。

表 3－3－1　2012—2018 年波兰能源依赖系数

年份	2012	2013	2014	2015	2016	2017	2018
能源依赖系数/%	31	25.8	28.6	29.3	30.3	38.3	44.8

3.1.2　能源与应对气候变化

波兰化石能源消费，特别是煤炭消费和碳排放正相关。2002 年，波兰政府推出可持续发展战略，煤炭生产利用效率逐步提高，碳排放整体呈下降趋势。

1. 波兰一次能源消费和碳排放

波兰一次能源消费在 1989—1995 年经历了先减后增，1996—2019 年整体呈下降趋势，自此之后能源消费不断上升，能源结构逐步优化，非化石能源消费比重逐渐增加，从 1989 年的 0.32% 上升至 2019 年的 6.18%。1989—2015 年，煤炭占一次能源消费总量的 50% 以上，至 2016 年以后降至 50% 以下。二氧化碳排放量在 1987 年达到峰值，为 486 Mt，此后整体呈下降趋势，2019 年排放量为 304 Mt，如图 3－3－4 所示。

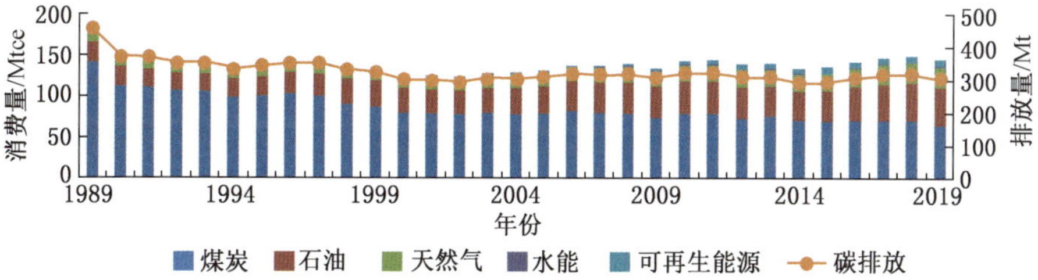

图 3-3-4 1989—2019 年波兰一次能源消费构成及碳排放情况

2. 波兰一次能源强度

为了增加能源利用效率，欧盟针对新建油气燃料锅炉效率、家用电器产品能耗标准及标志等，颁布了一系列委员会指令以及欧盟指令，包括冰箱、冷冻柜、洗衣机、滚筒烘干机在内的家用电器节能认证，欧洲议会也对这些家电产品的节能认证进行了规定。这些指令有效地调动了波兰相关企业节能的积极性，生产企业能耗及相关产业链的能源强度不断下降。在经济保持旺盛上涨势头、能源消费整体呈上升的态势下，单位 GDP 一次能源强度不断下降，2018 年单位 GDP 一次能源强度相比于 2004 年下降了 32.87%，如图 3-3-5 所示。

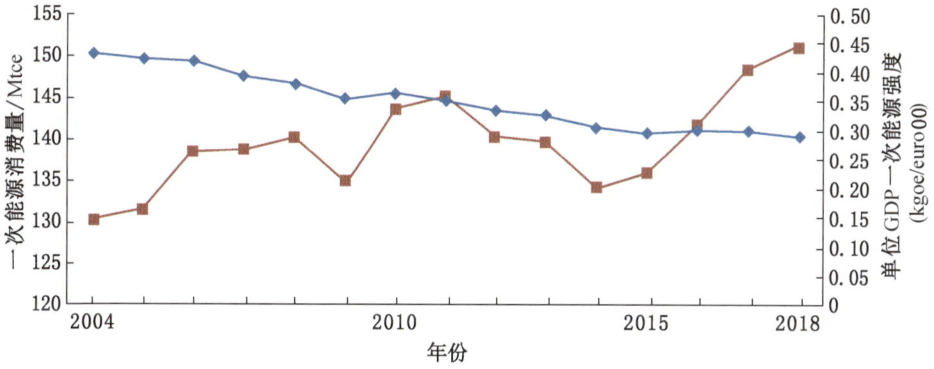

图 3-3-5 2004—2018 年波兰一次能源消费及单位 GDP 一次能源强度

3. 欧洲气候变化行动

2009 年，欧洲共同体委员会发布了欧洲共同体委员会白皮书《适应气候变化：建立欧洲行动框架》，倡议欧洲共同提高适应气候变化的能力，改善健康状况，提高土地利用率，特别是水资源和生态系统管理。欧洲适应性框架的主要目标是抵御气候变化带来的冲击，服务于欧盟可持续发展大局，遵从辅助性原则，分阶段实现框架目标。第一阶段（2009—2012 年）行动包括 4 个方面：一是建立气候变化影响和后果的知识库；二是应对气候变化关键政策一体化；三是通过市场化工具、指南和公私合营等手段扩大应对政策的影响力；四是走出国际合作的第一步，为 2013 年实施的第二阶段的欧盟全面应对战略打下基础。2013 年，在第一阶段成果的基础上，欧盟推出《应对气候变化战略》，目的是提高欧洲适应气候变化的能力，其主要目标包括 3 个，一是提倡成员国采取行动应对气候变化；二是推动应对气候变化策略科学化；三是启动欧盟气候防护共同行动，提高重点脆弱行业的应对能力。

2014 年 1 月，为完成巴黎协定关于气候变化和洁净能源的目标，欧盟委员会修订了《2030 年欧盟气候与能源政策框架》，制定了 2030 年气候和能源政策目标，即温室气体减排 40%，能效增加

32.5%，可再生能源在能源利用中占比32%。

4. 波兰气候变化及预测

2004—2009年，欧盟开展了一体化项目ENSEMBLES，主要根据成员国的实际数据进行定量分析，对未来气候变化情况进行预测，目的是消除气候变化带来的不利影响。通过流体力学模型对波兰的气候变化进行情景分析和仿真，得出4个方面的结论：一是21世纪温度呈上升趋势，特别是21世纪末叶，温度上升态势更为明显；二是气候因素直接影响气温，0℃以下的天数明显减少，25℃以上的天数明显增多；三是到21世纪末，降水趋势不明，冬季降水增加，夏季降水减少；四是气温升高成为主要特征，无雨期将更长，最大降雨量有所增加，雪季则缩短，如图3-3-6所示。

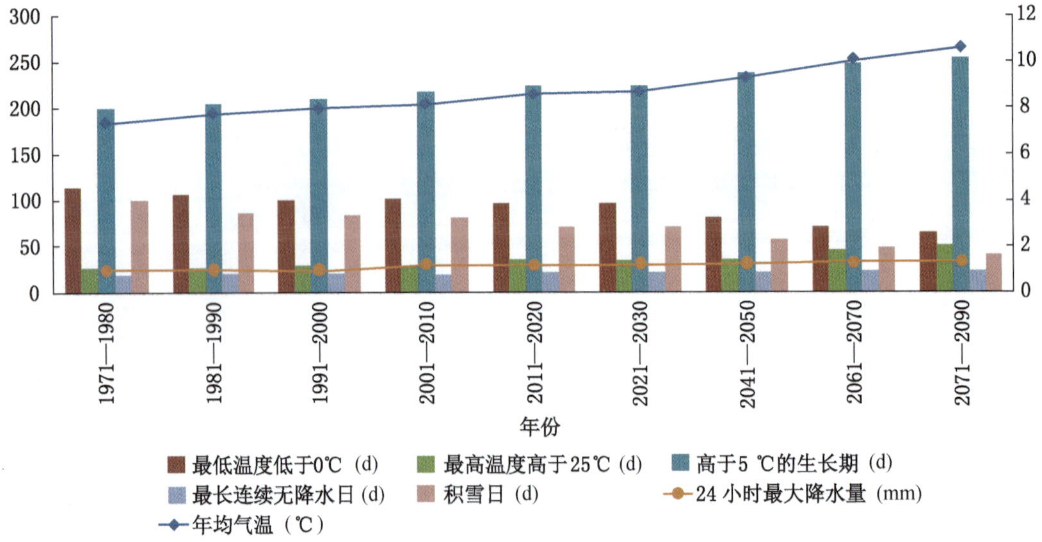

图3-3-6 根据ENSEMBLES仿真模拟波兰1971—2090年气候变化情况

5. 波兰应对气候变化战略

为有效应对气候变化，推动经济绿色发展，促进可持续发展，建设环境友好型社会，波兰政府颁布了《波兰国家发展战略2020》《能源安全和环境战略——2020展望》《国家低碳经济发展规划》，其中《波兰国家发展战略2020》是基于可持续发展情景发布的，《能源安全和环境战略——2020展望》聚焦于能源行业可持续发展基础上的生活质量和环境状况，目的是保障国家能源安全，提高波兰经济效率和竞争力；《国家低碳经济发展规划》的主要目的是促进能源绿色发展，提高资源利用效率，规范废弃物治理和管理，倡导新型消费模式。

2013年10月，波兰政府正式发布《2020应对气候变化国家战略》，这是波兰政府第一次以文件的形式下发应对气候变化的战略，全称为《2020应对气候变化国家战略——展望2030》，该战略作为环保部KLIMADA中的一部分，涵盖周期至2070年。《2020应对气候变化国家战略》的主要目的包括：一是确保能源安全，建设环境友好型社会；二是建立监测预警系统，组织农村学习应对技术，乡村应对高效便捷；三是通过严格设计标准和强化路线管理推动交通发展；四是早谋划，早行动，保障区域可持续发展；五是提高组织和管理水平，加强技术支撑，激励创新，从容应对；六是提高公众意识，全民行动。针对能源行业，倡导资源多元化，鼓励开发核能，利用可再生能源，倡导分布式发电，高效利用能源，通过实施低碳战略，保持可持续发展，确保电力和热力满足应对气候变化的需求。该战略和欧盟战略保持一致，目的都是确保有效应对气候变化，经济稳定发展，社会稳定运行，国家可持续发展。该战略大体包括 7 个部分，包括引言、分析、2030 气候变化情景及弱势部门和区域影响分析、2020 应对气候变化行动及目的、战略贯彻、融资行动、参考文献等。战略行动包括防洪，海岸基础建设，完善相关法律法规，如在城乡规划中提出建设防洪和防山体滑坡设施；建设面对环境灾难的快速响应程序系统；在对特定地区和领域建立监测系统；宣传应对气候变化知识。战略行动的主体不仅包括国有企业，还包括私营企业；不仅包括投资领域，还涵盖科学技术领域。战略遵循的原则包括，一是在制定投资计划时，充分考虑气候变化因素，并将其影响降至最低；二是必须制定详细的应对环境灾难快速反应方案，便于公共机构救助受害者；三是必须把成本效率当成重中之重，考虑到应对效率和成本，发挥救助的最大功效；四是提前谋划，最大限度地降低气候变化给人员健康和财产造成的伤害和损失。

6. 波兰应对气候变化行动

为落实欧盟第五次和第六次环境行动方案，波兰还通过了包括第二版国家环境策略在内的 2001 法律框架，内容包括气候变化、自然和生物多样化、环境与健康、自然资源和废弃物（国际能源署，2004）。波兰还签署了一系列应对气候变化的公约和草案，包括欧洲经济委员会的《长程跨界空气污染公约》以及第二份硫和氮氧化物草案，承诺兑现相应的减排义务。

2014 年，波兰通过了废弃物治理规划，并通过了国家环保和水资源管理基金启动国家废弃物管理规划，分别在 16 个地区执行。目的是提高能效，减少居民区和家庭供热排放，提高空气质量。为有效保护波兰环境，推动国内外环境技术发展，在波兰作为缔约方 COP14 轮值主席时，波兰环保部开展绿色技术加速器（GreenEvo）项目，并设立国家环保和水资源管理基金，在全球首创环境基础设施融资机制，推出国家绿色投资方案（GIS）和 GEKON 环境理念发动机，并向全世界展示波兰的经济转变和绿色行动方面的最佳实践。

2019 年 1 月，波兰能源部发布了《2021—2030 年国家能源和气候计划》，提出到 2030 年能耗保持在 2005 年的水平，可再生能源占比达到 21%，温室气体相对于 2005 年减排 7%。

3.1.3 煤炭开采业对经济的贡献

长期以来，煤炭占波兰一次能源消费的比重一直保持在 44% 以上，有力地支撑了国民经济发展。由于煤炭价格相对较低，且波动幅度较石油和天然气小，为波兰提供了安全可靠、质优价廉的煤炭原料，是保障波兰能源安全的重要基础。近年来，燃煤发电占比一直在 74% 以上，特别是 1990—2008 年，燃煤发电占比达到 90% 以上，在能源战略中占有相当重要的地位，对于整个社会经济发展至关重要，如图 3－3－7 所示。

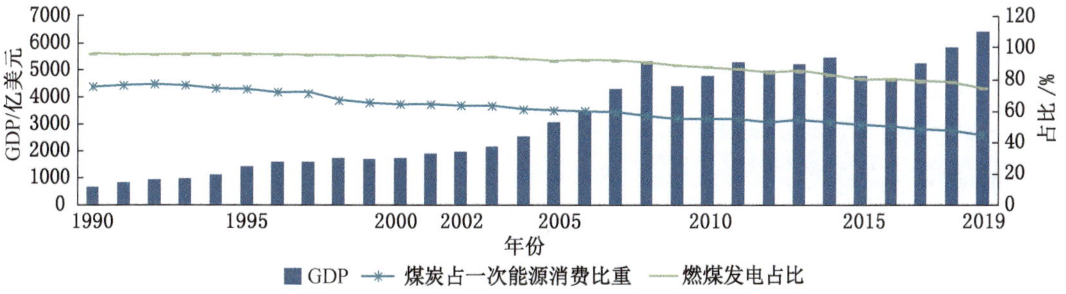

图 3－3－7　1990—2019 年波兰 GDP、煤炭在一次能源消费中的占比及燃煤发电占比

波兰的能源结构以煤炭为主，煤炭产业为上西里西亚地区提供了大量工作岗位，并为当地财政提供支撑，对当地的社会经济发展相当重要（Bijańska 等，2018）。波兰拥有庞大的煤炭产业大军，2002 年，波兰煤炭从业人数达到 15.7 万人。随着波兰推出硬煤重组计划，淘汰亏损煤矿，从业人员不断减少，到 2015 年从业人数降至 10 万人以下。2015 年 1 月，波兰下议院法令被采纳，引入所谓的煤矿假期融资或给予清算煤矿矿工一次性经费补偿，从业人员数量大幅度减少，到 2019 年，从业人数降至 8.12 万人，如图 3 -3 -8 所示。

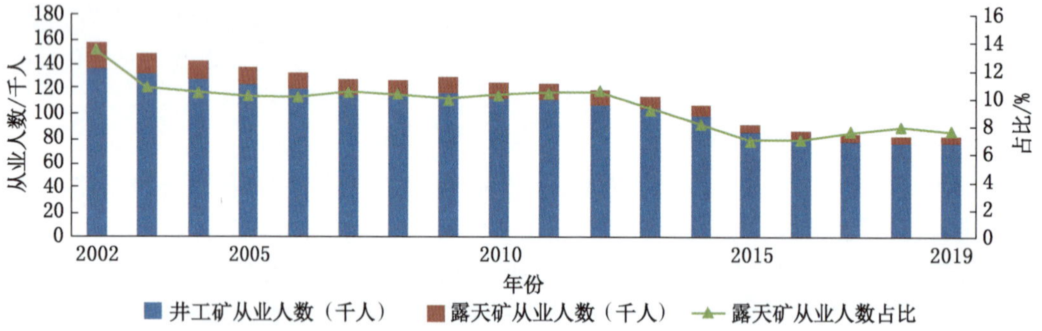

图 3 -3 -8　2002—2019 年波兰井工矿和露天矿从业人数情况

波兰煤矿的从业人员收入相对较高。根据波兰从业人员统计年鉴，通过对 2010—2016 年波兰的收入对比分析，在波兰收入前 5 位的行业中，矿业是人均收入最高的，而煤矿的收入在矿业大类中也是最高的，如图 3 -3 -9 所示。

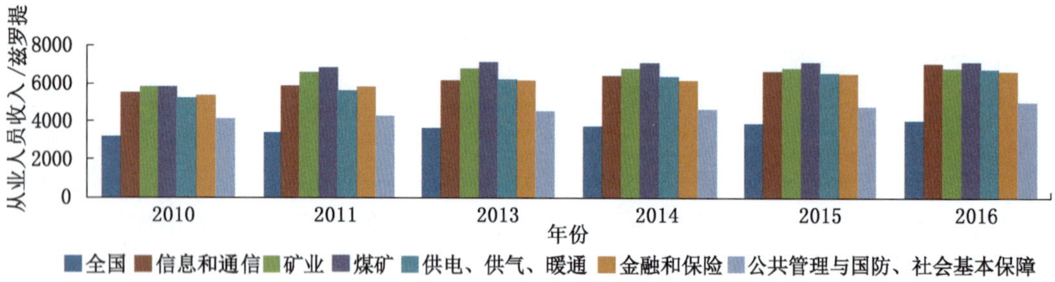

图 3 -3 -9　2010—2016 年波兰收入前 5 位的行业以及煤炭行业从业人员收入情况

3.2　煤炭工业发展现状与前景

3.2.1　发展现状

波兰煤炭开采起步于中世纪，历史悠久。二战后波兰将重工业作为经济发展的驱动力，煤炭产业为战后重塑波兰经济做出了重要贡献。

1. 1989—1998 年波兰煤炭工业

1989 年，煤炭产业步入改革年代。在改革之初，煤矿入不敷出，主要目标就是尽可能多产煤。煤矿人员过剩严重，成本居高不下，销售价格上不去，生产能力过剩。从 1992 年开始，政府削减煤炭生产补贴，煤矿一旦失去补贴，几乎都难以维持，于是合并成为 7 家煤炭公司（Blaschke and Gawlik，1999）。紧接着，结构调整的结果就是，煤矿的数量和煤炭的消费量双双减少。

1990 年，波兰煤矿从国有企业转为商业企业。1991 年，波兰启动第一个煤矿开采业重组规划，但仍未能挽救煤炭产业，1990—1997 年，国内煤炭需求骤降，煤炭价格从 1990 年的 70 美元/t 降至 1997 年的 57 美元/t。1993—1996 年，波兰修订了煤炭开采业重组规划。1998 年，波兰颁布了《煤炭开采业重组法令》。

2. 1998—2019 年波兰煤炭工业

1998—2003 年，波兰推行了两项煤炭行业重组规划，内容涵盖技术、财政、人员，以及地方改革、管理发展战略、私有化、投资和环保等方面，并制定了融资改革准则等，随着改革的逐步推进，到 2001 年，煤炭行业财务业绩由负转正。2003 年 1 月，波兰发布了《2003—2006 年重组硬煤开采业规划》，7 家煤炭公司合并为 3 家。2003 年 11 月，波兰颁布了《2003—2006 年硬煤采矿业重组法令》，随着重组过程不断推进，2007 年 4 月，波兰制定了《2004—2006 年重组硬煤采矿业和 2007—2010 年战略》，2006 年 9 月，波兰经济部提出《2007—2015 年硬煤产业战略》草案，并于 2007 年 7 月发布，为产业发展指明了方向。

2015 年，波兰集中精力推进煤炭行业重组，清算亏损企业，政府启动补贴政策，鼓励从业人员退出煤炭行业，同时，促进研究机构、科研单位和煤炭企业联手合作，采取有效措施降低了煤炭企业成本。2014—2015 年，煤炭销售带来 30 亿兹罗提的收入，2017 年商品煤销售净收益 27.2 亿兹罗提。

总的来说，1990—2019 年，波兰推行煤炭行业改革，亏损煤矿逐步关闭，煤炭产量整体呈下降趋势，从 215 Mt 降至 112 Mt。同时，煤矿推行机械化开采，人均效率大幅度提高，由 2002 年的 1021 t/(人·a) 升至 2019 年的 1379 t/(人·a)，如图 3-3-10 所示。

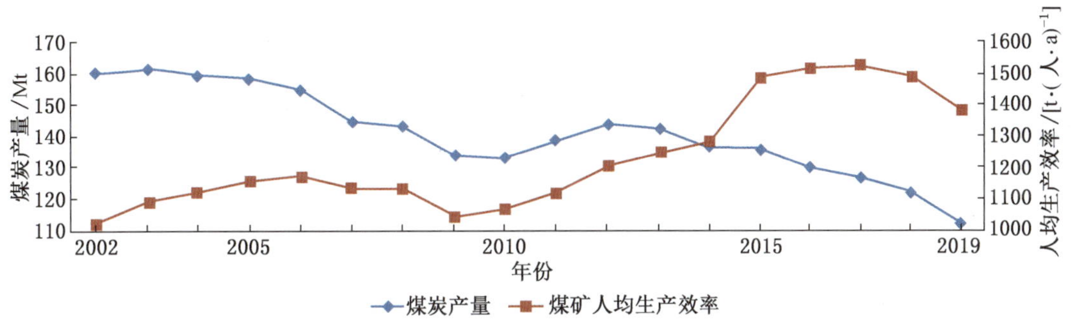

图 3-3-10 2002—2019 年波兰煤炭产量和人均生产效率

3.2.2 管理体制与政策法规

波兰的煤矿安全和职业健康监管主要由国家矿山局负责，国家矿山局设一名局长、两名副局长和一名总监察长，下设 19 个司局和 11 个地区监察局以及机电设备检验监察局，组织结构如图 3-3-11 所示。此外，国家矿山局还设立了矿山安全委员会，委员会根据不同的灾害类型为矿山局局长提供专业建议，包括考试局、专业委员会和事故调查委员会。其中，考试局的人员任命由国家矿山局局长负责，并在局官方杂志公开，考试局主要是认证开采和救援资质，以及矿山测量和矿山地质资质。专业委员会的任命和考试局相同，包括矿山安全委员会，调查、勘探和抽采安全专业委员会，地面保护委员会，矿山培训委员会，矿山开采风险委员会。当发生事故后，由国家矿山局局长任命事故调查委员会，主要任务是分析事故原因，编写最终调查报告，报告包括事故发生详细经过，以及提出如何避免同类事故的建议。

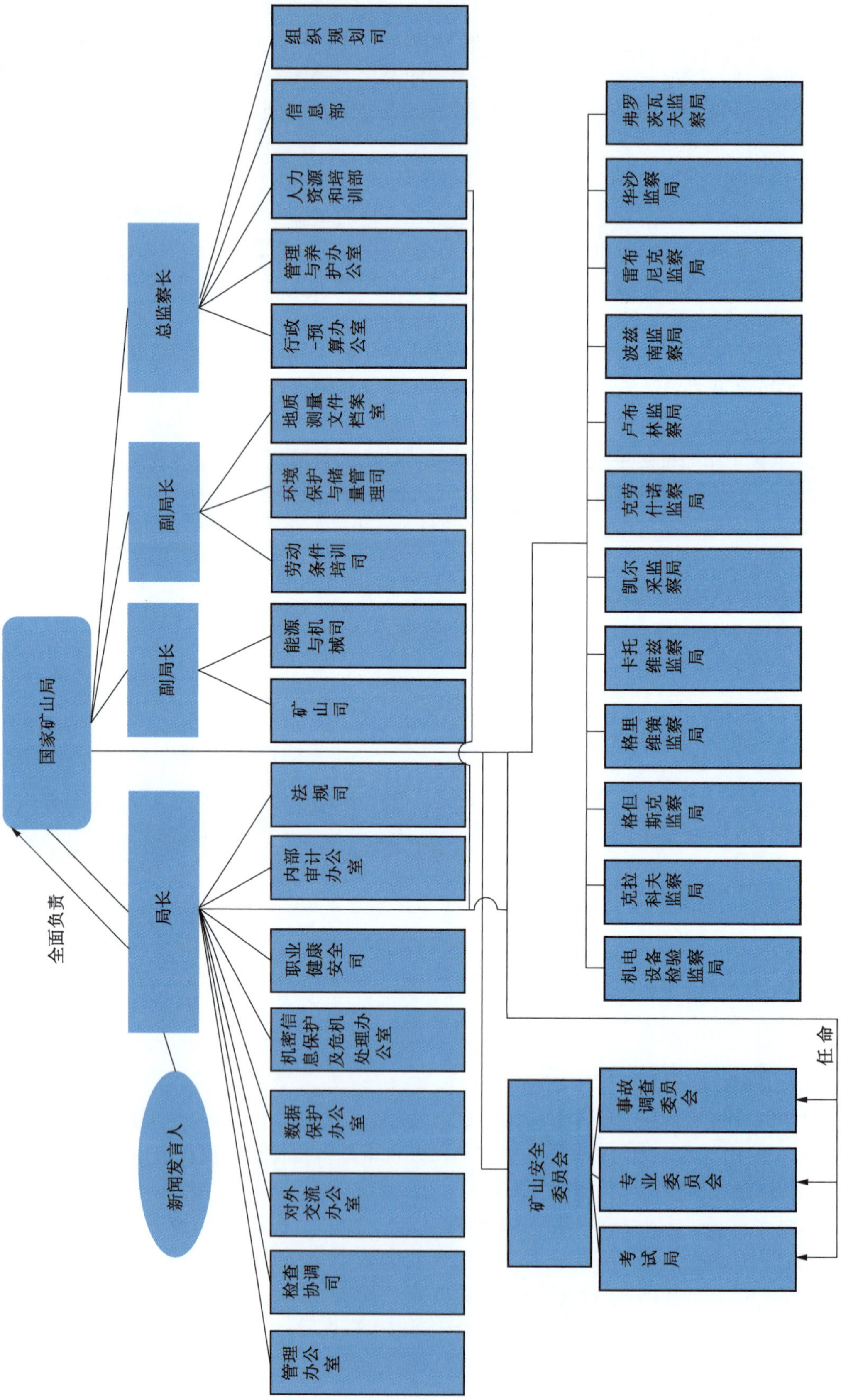

图 3-3-11　波兰国家矿山局组织结构

波兰煤炭行业的环境保护由波兰环境部负责。波兰环境部成立于1973年，机构名称几经演变，至1999年更名为现名。环境部致力于支持可持续发展项目，鼓励绿色创新项目，支持给予环保行动投资和融资支撑的项目。下设教育交流司，经济司，环境基金司，地质与特许权司，水资源管理司，林业司，地质监管司，空气保护和气候司，自然保护司，原材料政策和分析司，政法司，环境管理司，可持续发展和国际司，国防事务、危机管理和安全等级保护司，COP24次研讨会主席办公室，缔约方主席办公室，总干事办公室，财政局，检查和内部审计司，部长办公室。

目前，波兰关于煤矿安全生产的法律法规主要包括欧盟相关指令及波兰国内的相关法律法规等（表3-3-2）。波兰煤矿监管的主要法律是1995年颁布的《地质与采矿法》，主要包括从业准入和安全监管等，内容涵盖煤炭地质、开采，矿产资源保护以及环境保护等方面。

表3-3-2　欧盟及波兰煤矿相关法律法规

分类		名称
安全和职业健康	欧盟指令	欧盟成员国个人防护用品法修正案（89/686/EEC）
		欧盟理事会关于采取措施以改善工人作业中安全和健康的指令（89/391/EEC）
		欧盟理事会关于矿业勘探工人工作安全和健康保护最低要求的指令（92/91/EEC）
		欧盟理事会关于改进露天矿和井工矿勘探工人工作安全和健康保护最低要求的指令（92/104/EEC）
	波兰法律法规	地质与采矿法
		地质与采矿法实施细则
		矿业爆破器材使用细则
		矿山救援规程
勘查与开采	欧盟指令	碳氢化合物勘探开采矿业权与准入条件（94/22/EC）
	波兰法律法规	地质与采矿法
		地质与采矿法实施细则
		矿山计划条例
环境保护	欧盟指令	特定公私合营项目环境影响评估（85/337/EEC）
		关于环境损害防治的责任（2004/35/CE）
		二氧化碳地质封存与理事会指令修正案（85/337/EEC）、欧盟议会和理事会指令［2000/60/EC、2001/80/EC、2004/35/EC、2006/12/EC、2008/1/EC和（EC）No 1013/2006规章］（2009/31/EC）
	波兰法律法规	地质与采矿法
		地质与采矿法实施细则
		农业用地和森林保护法

3.3 煤炭资源

波兰煤炭资源储量占全球煤炭总储量的2.52%，截至2019年底，预测经济资源量为87592 Mt。

3.3.1 煤炭资源总量与煤田分布

根据波兰地质研究所的资料，截止到2019年底，波兰硬煤预测经济资源量为64330 Mt，其中详查量（A类、B类、C_1类）30040 Mt，占比为46.7%；C_2类为32365 Mt，占比为50.31%；D类为1925 Mt，占比为2.99%。可采储量27234 Mt，占预测经济储量的42.33%。2011年，预测经济资源量相较于2010年增加了3400 Mt，这主要是由于重新确认了废弃资源量，并且通过勘探发现了新的煤田。2013年和2015年同样通过勘探发现了新的煤田，预测资源量有所增加，如图3-3-12所示。一般情况下，波兰硬煤发热量为21000~28000 kJ/kg，灰分为8%~30%，水分为6.5%~11%，硫分为0.4%~1.2%。

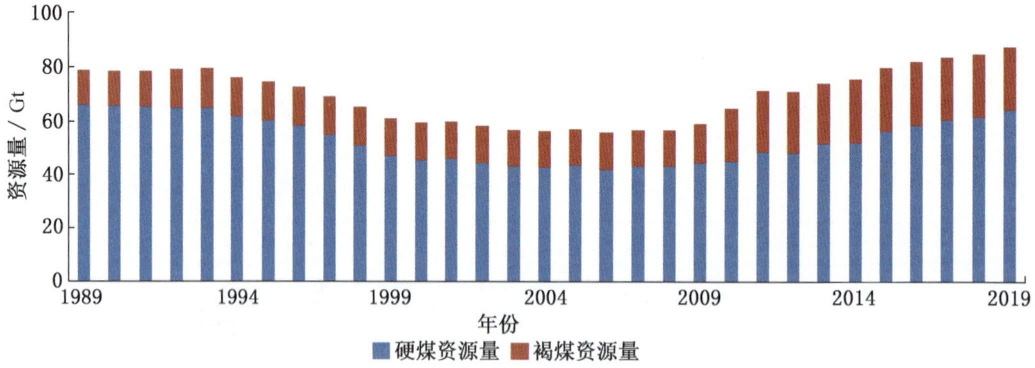

图3-3-12 1989—2018年波兰硬煤和褐煤预测资源量

截至2019年底，波兰褐煤预测经济资源量为23262 Mt，其中23261 Mt为动力煤，0.64 Mt为烟煤。可采储量1171 Mt，占预测经济储量的5.03%。根据波兰地质研究所的资料，计入储量的褐煤埋藏深度小于350 m，煤层厚度大于3 m，剥采比小于12∶1，热值不低于6.5 MJ/kg（湿度50%）。一般情况下，波兰褐煤发热量为7400~10300 kJ/kg，灰分为6%~12%，水分为50%~60%，硫分为0.2%~1.1%。过去曾被用作制作型煤、提炼煤焦油和煤炭液化，如今基本上都用作动力煤。波兰主要的褐煤资源位于波兰中部的贝乌哈图夫，几乎60%的褐煤产量都源于此，其余的褐煤产自Turów煤田和科宁煤田。主采褐煤的矿区包括贝乌哈图夫、Turów、阿达莫夫、科宁和Sieniawa。

波兰的主要煤田包括上西里西亚煤田、卢布林煤田和下西里西亚煤田等，波兰的主要煤炭都赋存在上西里西亚煤田，目前生产的煤矿中除一处波格丹卡煤矿不在这里，其余都在上西里西亚煤田。上西里西亚煤田以硬煤为主，从动力煤到焦煤都有，还有部分无烟煤，灰分为4%~23%，同样的煤炭在下西里西亚煤田的灰分为10.1%~38.77%。下西里西亚煤田面积1200 km^2，远景资源面积达9100 km^2，下西里西亚煤田主要是动力煤，也有部分气煤，这部分煤炭灰分为6.15%~20.71%，硫分为1.28%~3.12%。下西里西亚煤田开采条件较差，曾经一度被看作具有经济性的资源也变为具有亚经济性，无人问津，仅这部分资源就达到369 Mt。2011年，在环保部的支持下，这部分资源按照新储量标准重新验证，证实有7块煤田，新预测经济性资源达到424 Mt。

3.3.2 煤炭沉积和主要含煤盆地

在欧洲有两种沉积相：一种是海相沉积，即源自近海沉积，前沿形成华力西褶皱带；另一种是湖相沉积，形成的沉积和湖泊不相连，形成山间凹陷，积成盆地。在波兰，含碳沉积盆地主要有3处，上西里西亚煤田和卢布林煤田是近海沉积，下西里西亚煤田是湖相沉积。波兰硬煤沉积属于欧美含碳沉积；波兰的褐煤沉积主要源自更早的地质沉积，主要为第三纪，更早的褐煤沉积源自侏罗纪和石炭纪，只有极少数源自白垩纪和三叠纪。

从变质程度来看，褐煤变质程度介于硬煤和泥煤之间，其特性在很大程度上受植物材质和当时环境的影响。褐煤资源主要赋存在造山带的平台区和沉积盆地，厚度从几米到几十米，上覆岩层很薄，适于露天开采。变质程度高的硬煤埋藏较深，适宜井工开采。

3.3.3 资源管理与政策法规

根据波兰1995年颁布的《地质与采矿法》，煤炭矿权分配由国家财政部负责，煤炭资源管理由国家矿山局负责。《地质与采矿法》第1条规定，本法规定以下诸方面：地质工作的进行；矿床中矿产的开采；与开采有关的矿床、地下水和环境要素的保护。第7条规定，国家财政部而不是任何其他人可以使用矿床以及通过设置采矿使用权来处分此项权利。第16条第二项规定，普通矿产的普查、勘探及开采的特许权由市镇长授予，其余的均由国家授予。

《地质与采矿法》将矿业管理的对象分为3个层次，即资源产权、企业产权、交易产权三者的活动行为。在这3个层次的管理对象中，重点是企业产权的行使。因此，对3个层次对象的科学界定是实现资源管理的前提条件。波兰矿业管理的基本形式是行政特许，特许对象是矿业的活动行为。《地质与采矿法》第15条规定，以下活动要求取得特许权方能进行：矿床的普查与勘探；矿产的开采；物料在地表的非储层储放及废料在地下采坑的储存。特许的矿业权主要包括以下权利。

1. 资源产权的行使

以矿产为归属的采矿使用权按照民事平等方式取得，取得时以招标方式按照《地质与采矿法》第10条“取得使用权时应进行补偿”和第83条规定按合同约定的方式付款。依法设立的采矿使用权按照《地质与采矿法》第9条规定：“设立采矿使用权之合同所规定范围内，采矿当事人可以禁止其他人普查、勘查或开采指定的矿产。在这一限定范围内，采矿当事人可以处置其权利”。以矿产归属确认的资源产权取得、变更、行使、付费等各方面都是排他性的，是不需要行政特许和行政监督的民事财产权。而且，独立的资源产权人不受资质限制，仅以在市场平台上能充分认可矿产资源价值的最大承受力为依据决定矿产的归属。

2. 企业产权的行使

《地质与采矿法》将从事勘探和开采的组织界定为企业，企业产权人为企业主。《地质与采矿法》第6条规定：“企业主，指拥有进行本法所管理之活动的特许权的当事人；采矿企业，指一个企业主所使用的在技术上及组织上集合在一起的方式，以直接从事矿产开采”。该规定说明企业产权与资源产权比较有三大特点：一是企业产权是资源产权、投资产权以及债权等多层产权的集合。资源产权是企业产权的主要部分，但矿产使用权随着矿山企业的设立而转化为企业产权，矿产使用权人终止。二是企业产权人即企业主受严格的资质审查后成为特许权当事人。三是受《地质与采矿法》管理的是企业“财产权的行使”，不是针对企业的财产，包括已转化为企业产权的资源产权在内的企业产权行使，是行政特许的全部对象和范围，也就是整个矿业管理的重点对象。

3. 交易产权的行使

《地质与采矿法》规定资源产权和企业产权可以依法自由流转。资源产权的“采矿当事人可以处置其权利”，但在《地质与采矿法》附件关于设置采矿使用权勘查和开采矿产的合同样本（即初始取得采矿使用权当事人与财政部订立民事合同）第11条约定：采矿使用权客体全部出租或转让要经财政部同意。《地质与采矿法》第47条规定：企业主若要转让其地质资料所有权，需经相应的地质管理机构批准，这主要是考虑到资料的真实性审查。《地质与采矿法》规定采矿企业只要按批准的经营计划进行，其矿产品和矿山其他资产由企业主自由处分。

3.4 煤炭市场

3.4.1 煤炭消费

根据BP世界能源统计年鉴，波兰煤炭消费在1987年达到峰值，为151.723 Mtce，此后煤炭消费量整体呈下降趋势。根据 ENERDATA 统计数据，波兰煤炭消费量从 1990 年的 184 Mt 下降到 2019 年的 113 Mt，减少了 38.6%。世界煤炭消费量 1990 年为 4666 Mt，2013 年达到峰值，为 7991 Mt，此后整体呈下降趋势，2019 年为 7595 Mt，如图 3－3－13 所示。

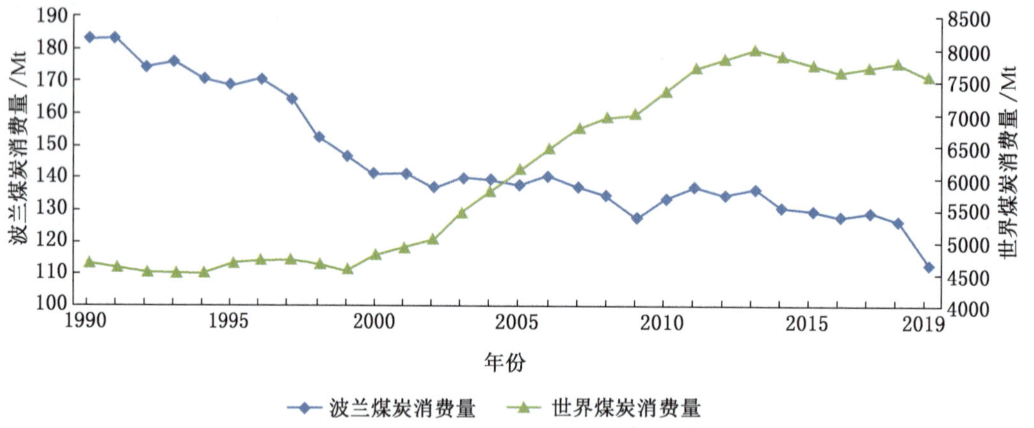

图 3－3－13　1990—2019 年波兰和世界煤炭消费情况

1989—2019 年，燃煤发电量占总发电量的 74% 以上，1990 年燃煤发电量占比最高达到 96.14%，此后整体呈下降趋势，2019 年燃煤发电量占比为 74.37%。近年来，波兰一直倡导发展新能源，大力发展核能，燃煤发电量占发电总量的比重尽管有所下降，但仍在电力供应中占主导地位。随着煤炭利用效率的不断提高，在保持燃煤发电量变化不大的情况下，煤炭消费总量整体呈下降趋势，根据 BP 世界能源统计，2019 年波兰煤炭消费量为 65.2 Mtce，相比 1989 年下降了 53.7%，如图 3－3－14 所示。

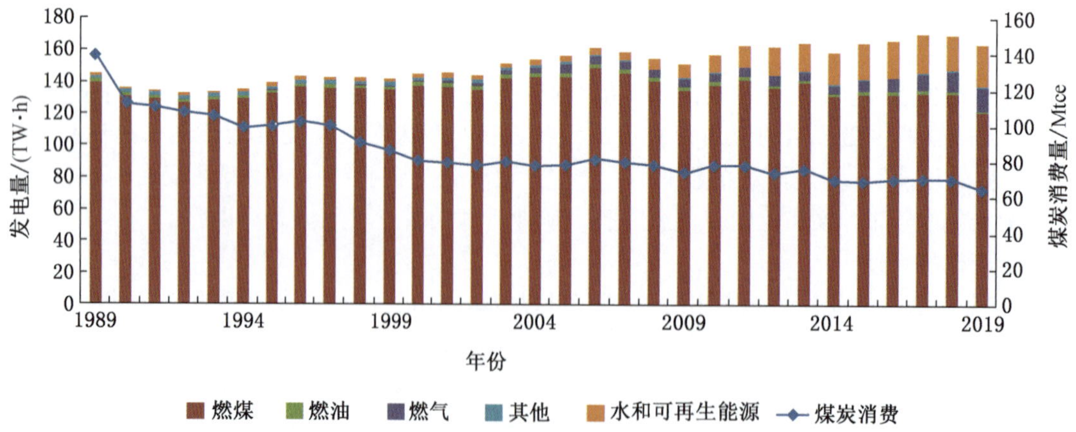

图 3－3－14　1989—2019 年波兰发电构成及煤炭消费量

根据波兰能源统计年鉴，波兰煤炭利用主要包括转化和直接利用，其中转化基本上都是供给电厂和焦化厂。电厂用煤包括发热、供电和电厂锅炉，主要供给方向为公立电厂，非公立电厂占比不大；其次是焦化、制造业和民用，这些主要耗煤产业消耗煤量占比基本在 95% 以上。2009—2018 年波兰主要煤耗情况如图 3－3－15 所示。

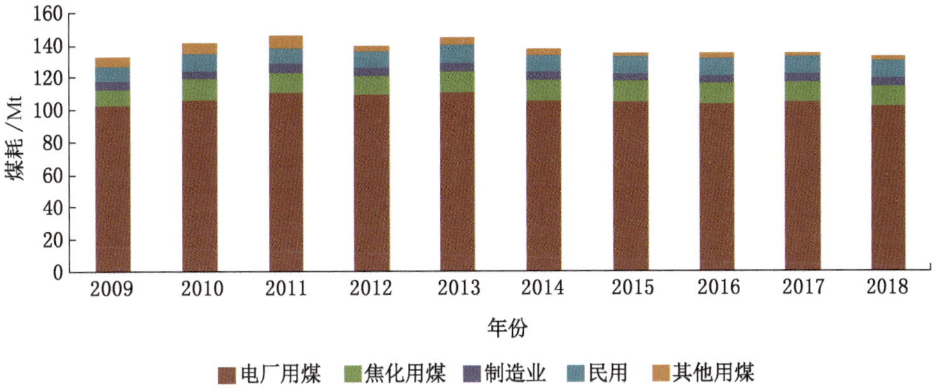

图 3－3－15　2009—2018 年波兰主要煤耗情况

2004—2018 年，波兰煤炭消费量变化不大，根据波兰能源统计年鉴，2018 年硬煤消费量为 74.834 Mt，褐煤消费量为 58.583 Mt。由于褐煤开采成本低，相比于硬煤更加安全，褐煤消费占比整体呈上升趋势，如图 3－3－16 所示。2006 年和 2009 年由于硬煤煤矿事故导致硬煤煤矿损失工作日较高，硬煤产量降低，消费量下降，而这两年褐煤煤矿无死亡事故，产量和消费量变化不大，2007 年和 2010 年硬煤煤矿安全状况好转，产量和消费量增加，因此，褐煤消费量占比有所下降。

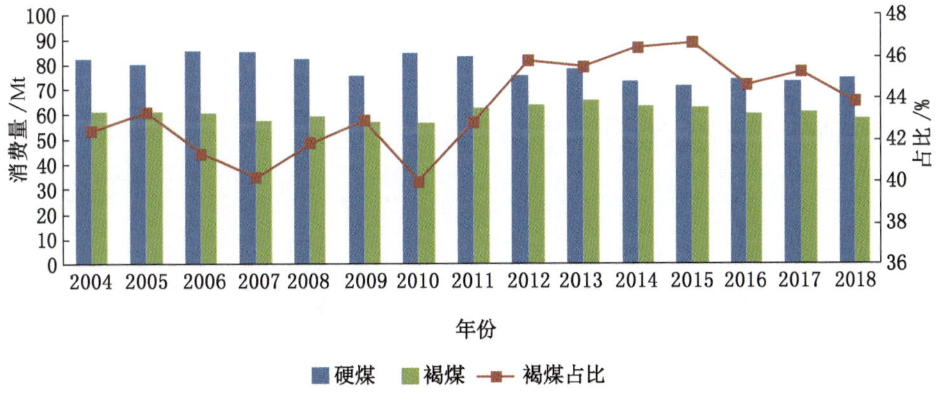

图 3－3－16　2004—2018 年波兰硬煤和褐煤消费量及褐煤消费占比

在波兰，褐煤都采用露天开采，并配套燃煤电厂，与露天矿组建为一个经济实体。褐煤主要用于发电，其中 98% 以上用于大型燃煤电厂，根据波兰能源统计年鉴，2018 年褐煤消费 58.583 Mt，用于转化的消费量为 58.081 Mt，如图 3－3－17 所示。

褐煤直接利用主要为农业和民用，根据波兰能源统计年鉴，2018 年褐煤直接利用量为 0.502 Mt，其中民用 0.25 Mt、农业用煤 0.067 Mt，如图 3－3－18 所示。

焦煤主要供给焦化厂炼焦用。2009—2018 年，焦化厂用煤占焦煤消费总量的 94% 以上。部分焦煤用于非公立电厂发电，随着高炉焦煤利用量的提升，这部分焦煤转向高炉利用。根据波兰能源统计

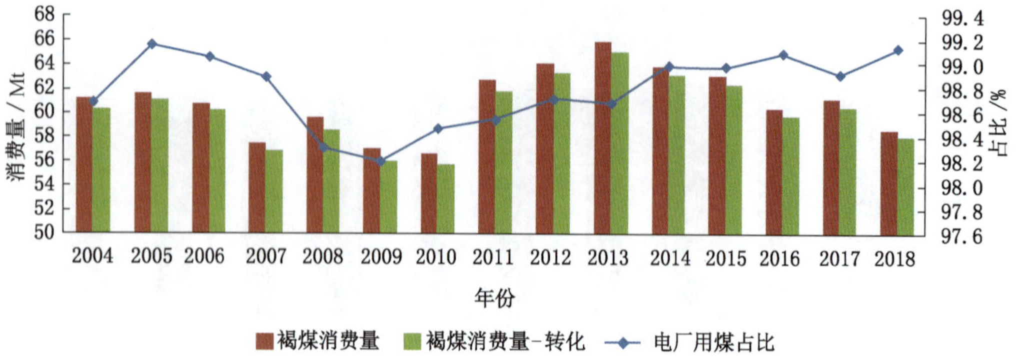

图 3-3-17　2004—2018 年波兰褐煤消费、转化量及电厂用煤占比

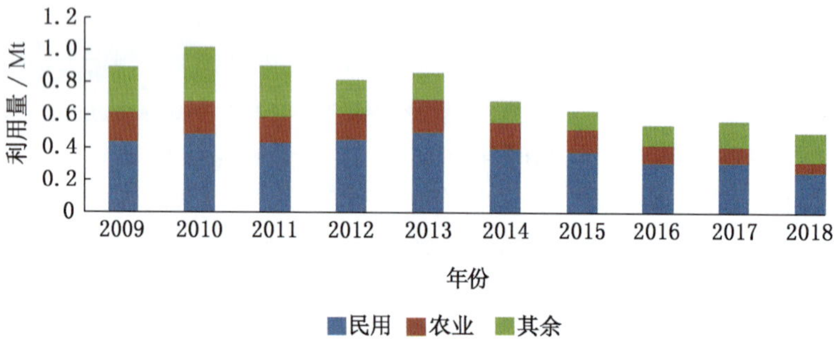

图 3-3-18　2009—2018 年波兰褐煤直接利用情况

年鉴，2018 年焦煤消费量 12.707 Mt，用于焦化厂 12.867 Mt，用于高炉 0.304 Mt，损失和统计误差 -0.575 Mt，如图 3-3-19 所示。

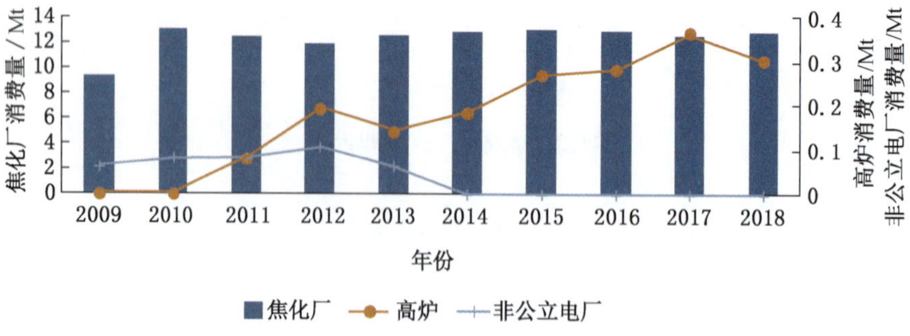

图 3-3-19　2009—2018 年波兰焦煤主要利用情况

3.4.2　煤炭（进）出口

1989—2010 年，波兰长期以煤炭出口为主，主要向德国、瑞典、瑞士、挪威等国家出口。由于波兰政府推出可持续发展战略，加上排放指标限制，煤炭产量整体呈下降趋势，同时，波兰焦煤、低

硫煤等煤种资源短缺，本国生产煤炭的发热量低于进口煤炭，燃烧后产生的废料和废气增加了热电企业的减排成本。为满足本国用煤需求，减少环境污染，保障可持续发展，煤炭进口量不断增加。再者，由于煤炭价格高企，出口整体呈下降趋势，到 2011 年煤炭进口量超过出口量。根据波兰国家能源统计年鉴，2018 年波兰硬煤进口 19.245 Mt，出口 4.908 Mt；褐煤进口 0.276 Mt，出口 0.287 Mt，如图 3-3-20 和图 3-3-21 所示。

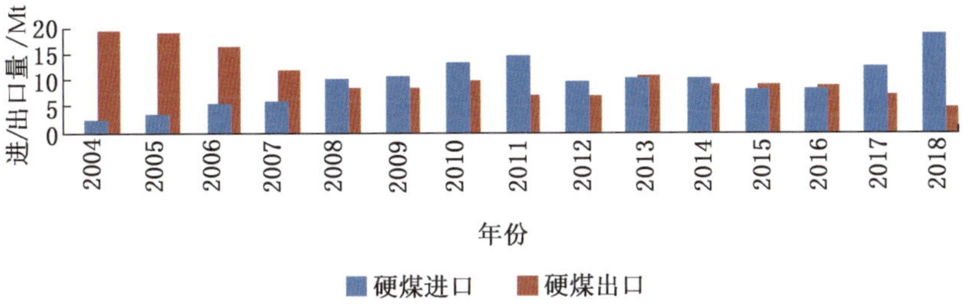

图 3-3-20　波兰 2004—2018 年硬煤进出口情况

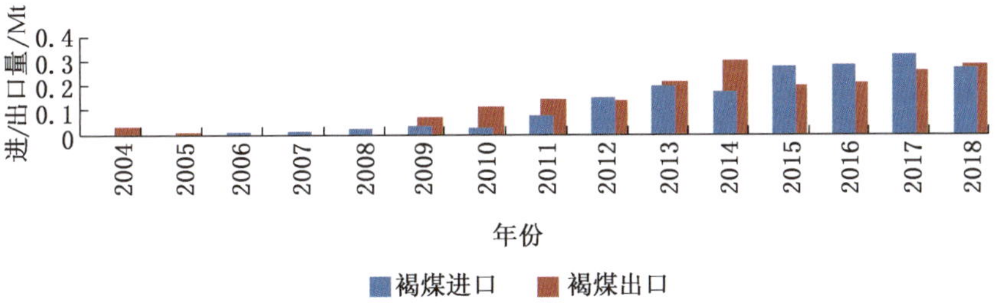

图 3-3-21　波兰 2004—2018 年褐煤进出口情况

2018 年，波兰煤炭主要进口国包括俄罗斯、乌克兰、白俄罗斯、德国、捷克共和国和中国，煤炭主要出口国包括德国、捷克共和国、奥地利、斯洛伐克、中国、意大利、印度、乌克兰。

3.4.3　煤炭运输

波兰煤炭运输以铁路为主。波兰建有一条弗罗茨瓦夫-华沙运煤路线，铁路线编号为 131 号和 201 号。2011—2018 年，矿业产品运输在波兰铁路运输中一直占比最大，其中硬煤运送量占货运总量的 38% 以上，在矿业产品运输中占比最大。硬煤运送量和消费量呈正相关，2014—2017 年，波兰硬煤消费降至 50 Mt 以下，同一时期硬煤运送量和周转量有所下降，到 2018 年波兰硬煤运送量升至 95.8244 Mt，如图 3-3-22 所示。

2011—2018 年，波兰硬煤周转量在铁路周转量中占比最大，达 25% 以上。2012 年，由于硬煤消费同比下降 9%，周转量同比下降 6%。2014 年初全球气候偏暖，波兰煤炭需求下降，硬煤消费同比下降 6.7%，周转量同比下降 11.8%，至 2018 年，硬煤周转量为 15.244 Gt·km，如图 3-3-23 所示。

波兰煤炭国际运输量和进出口量呈正相关。2011—2018 年，随着煤炭进口量的不断增加，2018 年进口量达到 19.521 Mt，相比于 2016 年增加了 1.3 倍；2018 年煤炭国际运输量达到 22.70 Mt，相比于 2016 年增加了 43.67%。2016—2018 年，硬煤运输量在波兰铁路国际运输中仍占比最大，但由于 2017 年和 2018 年化学物品和未分类货物国际运输量大幅度增加，占比分别从 2016 年的 8.17% 和

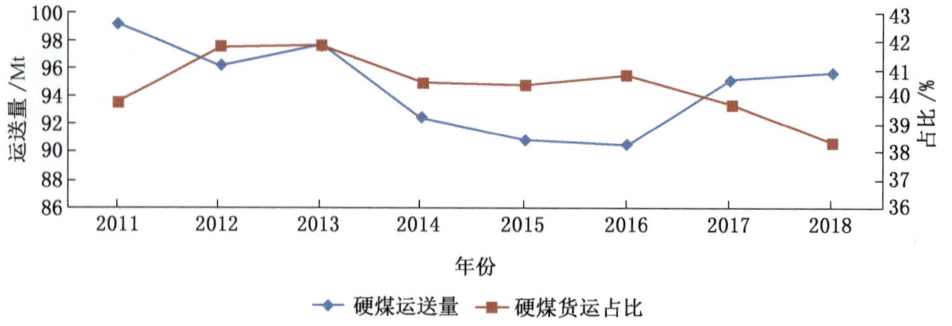

图 3-3-22　波兰 2011—2018 年硬煤运送量及货运占比

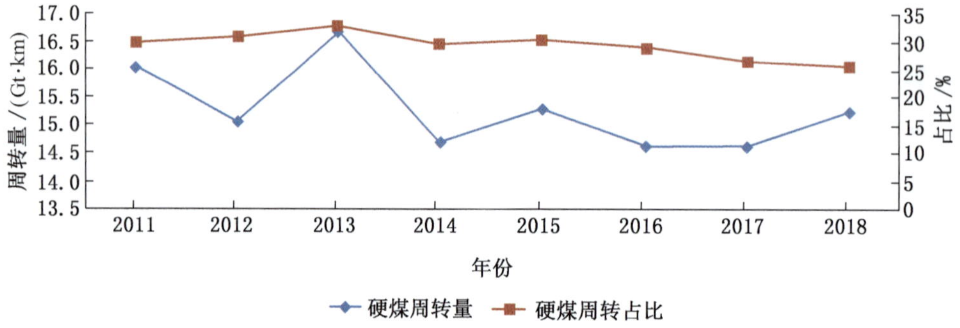

图 3-3-23　波兰 2011—2018 年硬煤周转量及占比

12.48% 增加到 10.95% 和 16.7%，煤炭国际运输量占比从 2016 年的 32.6% 降至 2018 年的 19.5%，如图 3-3-24 所示。

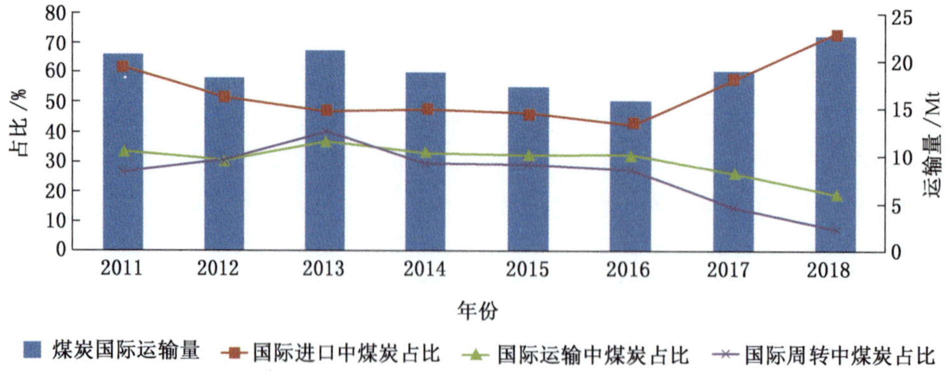

图 3-3-24　波兰 2011—2018 年煤炭国际运输量及占比、进口中占比、国际周转中占比

此外，新丝绸之路作为连接中国和欧洲的桥梁纽带，带动了波兰和中国之间的贸易交往。2013—2017 年，波兰铁路运输中波贸易货物的运输量和周转量分别增加了 1.63 倍和 1.69 倍，为增进中波

关系发展奠定了基础，从中国进口煤炭已经成为波兰发展电力、保障经济发展的重要选择。

3.5 煤炭生产

1990—2019 年，波兰煤炭产量和占世界煤炭产量的比重整体呈下降趋势，2019 年波兰煤炭产量 112 Mt，相比于 1990 年下降了 47.79%，如图 3-3-25 所示。根据波兰中央统计局公布的数据，2020 年上半年波兰煤炭产量 48.96 Mt，同比下降 14.17%。

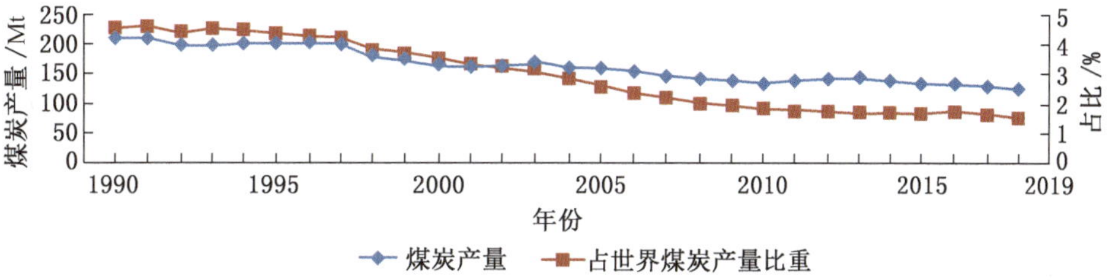

图 3-3-25 1990—2019 年波兰煤炭产量及占世界煤炭产量的比重

1990—1997 年，波兰煤炭产量基本保持在 200 Mt 左右，1991 年，波兰政府为挽救煤炭行业发展的困局，推出了针对煤炭工业重组的生产补贴政策，保障了煤炭正常生产秩序和本国能源安全。2011—2014 年，波兰政府为煤矿提供了 16 亿兹罗提的特殊补贴，有效推动了波兰煤炭工业稳定发展。2014 年 6 月，波兰经济部启动了煤炭行业发展规划 2016—2020，但由于政府和工会未能达成共识，波兰政府于 2014 年 11 月授权波兰煤炭行业重组全权代表，负责重组的整体设计和推进。随着煤炭行业重组、煤矿和坑口电厂的合并，清算亏损煤矿，波兰煤炭产量不断下降，煤矿生产效率稳步提升。波兰政府通过推动可持续发展战略，关闭低效煤矿，淘汰落后亏损产能，推广机械化采煤工艺，提高了煤矿生产效率，如图 3-3-26 所示。

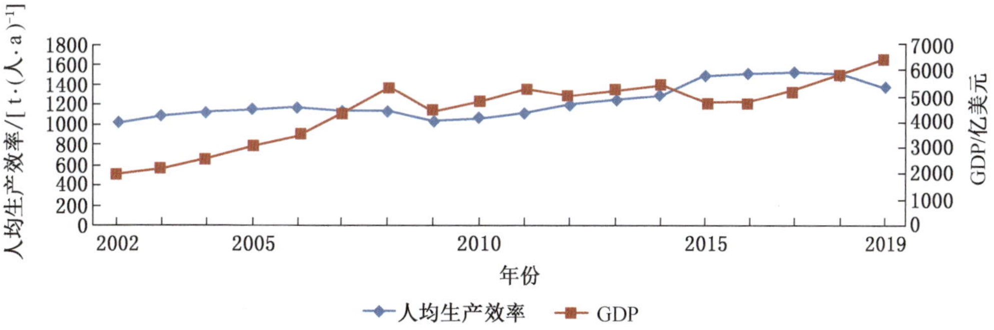

图 3-3-26 2002—2019 年波兰生产效率和 GDP 情况

波兰通过产业优化、硬煤行业重组，以及科技和装备更新，单井产量整体呈上升趋势，其中，井工矿单井产量从 2002 年的 2.43 Mt/a 增加到 2019 年的 3.08 Mt/a，露天矿单井产量从 2002 年的 5.29 Mt/a 增加到 2019 年的 6.29 Mt/a，如图 3-3-27 所示。

在波兰，硬煤采用井工开采，褐煤采用露天开采。2019 年，波兰煤炭产量 112 Mt，其中生产的井工矿 20 座，产量为 61.62 Mt，占比 55.04%；生产的露天矿 8 座，产量为 50.34 Mt，占比 44.96%，

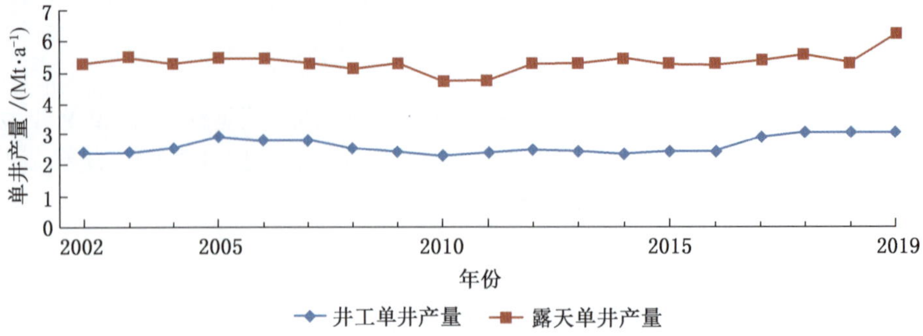

图3-3-27　2002—2019年露天矿和井工矿单井产量

如图3-3-28所示。随着波兰煤炭工业的改革，亏损煤矿逐步关闭，特别是井工矿的开采深度不断增加，灾害治理难度逐步加大，而露天开采的成本优势逐渐显现，以生产1GJ能量为单位计算，褐煤的开采成本是硬煤的1/4，是天然气的1/7，因此，褐煤产量占比呈上升趋势。

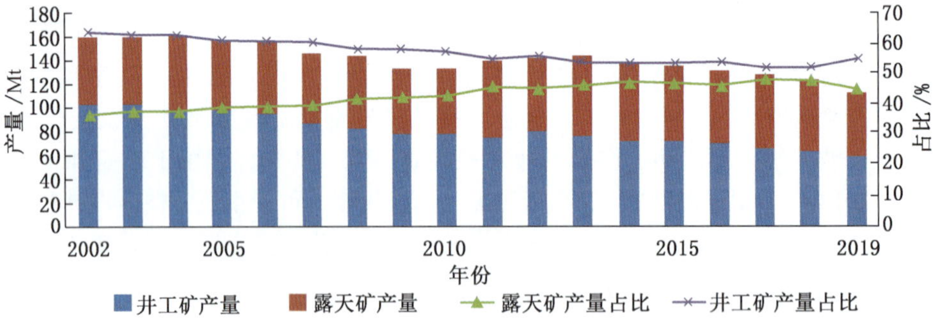

图3-3-28　2002—2019年波兰露天矿、井工矿产量及占比

3.5.1　井工开采

2002—2019年，井工矿产量从102 Mt/a降至61.62 Mt/a，下降了39.59%。经过硬煤行业重组，清算亏损的煤矿，煤矿数量不断减少，生产矿井从42座减至20座，减少了52.38%。从业人数从13.6万人降至7.5万人，减少了44.79%，如图3-3-29所示。

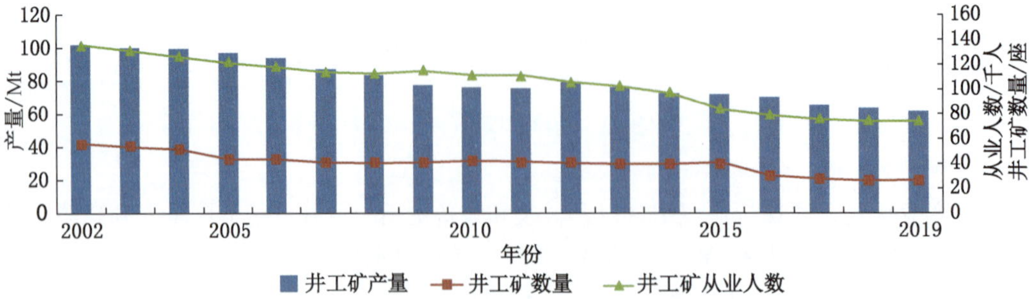

图3-3-29　2002—2019年波兰井工矿产量、生产矿井数量和从业人数

3.5.2 露天开采

2002—2018 年，露天矿产量变化不大，产量基本稳定在 60 Mt/a 左右，露天矿数量变化不大，生产矿井基本稳定在 11 座或 12 座，2018 年清算了 3 座煤矿，至 2019 年减至 8 座，露天矿产量降至 50.344 Mt。随着露天矿机械化水平不断提高，在产量变化不大的情况下，从业人数从 2.1 万人降至 6200 人，减少了 70.75%，如图 3-3-30 所示。

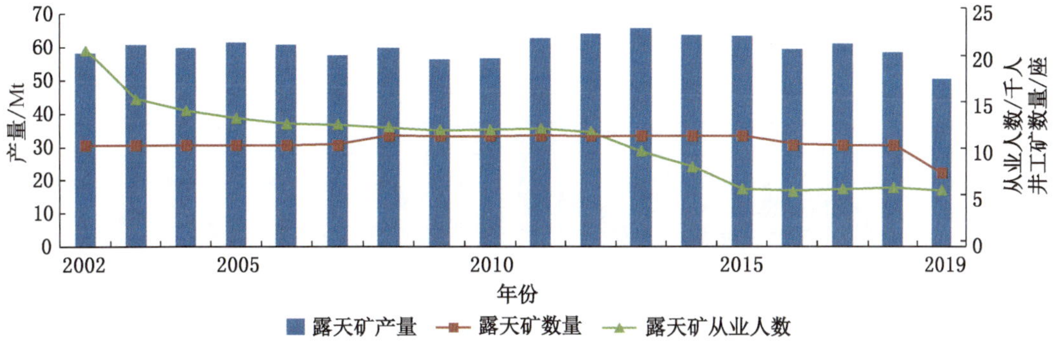

图 3-3-30 2002—2019 年波兰露天矿产量、生产矿井数量和从业人数

3.6 煤矿安全生产与职业健康

3.6.1 安全生产与职业健康总体情况

1. 安全生产总体情况

根据波兰国家矿山局统计数据，1999—2019 年，波兰煤矿安全生产状况整体稳定。2019 年波兰煤矿共死亡 16 人，均为井工矿事故导致。但 2002 年波兰发生一起煤尘爆炸事故，造成 10 人死亡，2006 年和 2009 年分别发生一起瓦斯爆炸事故，造成 23 人和 20 人死亡，暴露出井工煤矿瓦斯灾害严重，国家矿山局将灾害治理确定为近年的重点工作。

为提升煤矿安全生产水平，波兰全面提高煤炭行业的技术装备水平，大幅度提高从业人员的专业素质和工作技能，安全生产取得长足进步。死亡人数呈整体下降趋势，由 2002 年的 34 人减至 2019 年的 16 人，下降 52.94%。其中井工矿死亡人数从 2002 年的 33 人减至 2019 年的 16 人；2002—2019 年，露天矿仅 2002 年、2011 年、2012 年、2013 年、2015 年各死亡 1 人，其余年份未发生死亡事故，如图 3-3-31 所示。

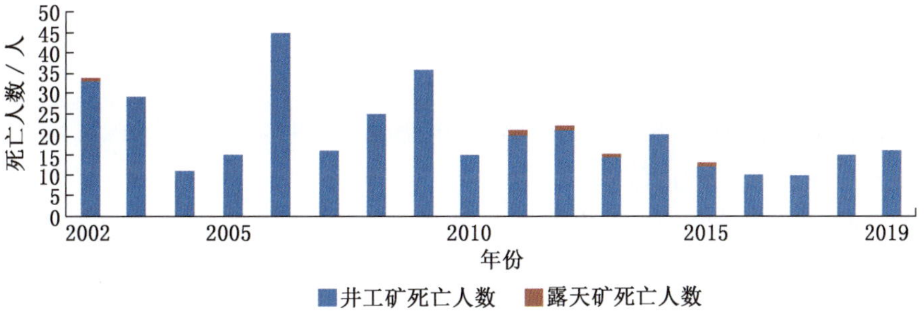

图 3-3-31 2002—2019 年波兰井工矿和露天矿死亡人数情况

总的来说，波兰煤炭工业经过改革、调整、整合重组，煤矿安全生产状况保持稳定。2002—2019年，除2002年和2009年井工矿百万吨死亡率分别为0.32和0.45以外，其余年份均控制在0.3以下，2019年井工矿百万吨死亡率为0.26。井工矿千人死亡率2002年、2003年、2006年、2009年和2014年分别为0.24、0.21、0.22、0.3和0.2，其余年份均控制在0.2以下，2019年井工矿千人死亡率为0.15。除2002年和2009年煤矿百万吨死亡率分别为0.21和0.26以外，其余年份均控制在0.2以下，2019年百万吨死亡率为0.14，如图3-3-32所示。井工矿损失工作日基本稳定在8万~18万d之间，如图3-3-33所示。

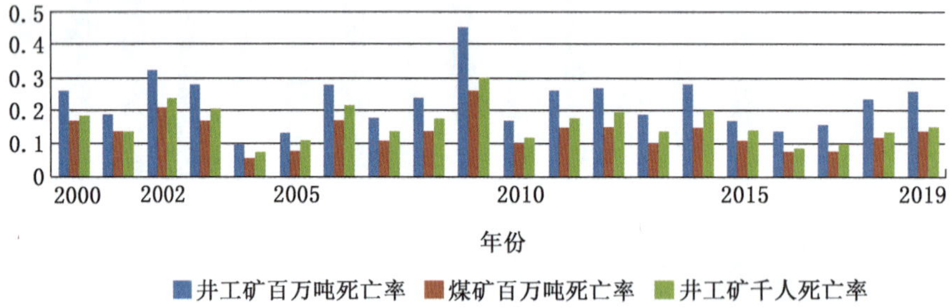

图3-3-32　2000—2019年波兰井工矿及煤矿百万吨死亡率、井工矿千人死亡率情况

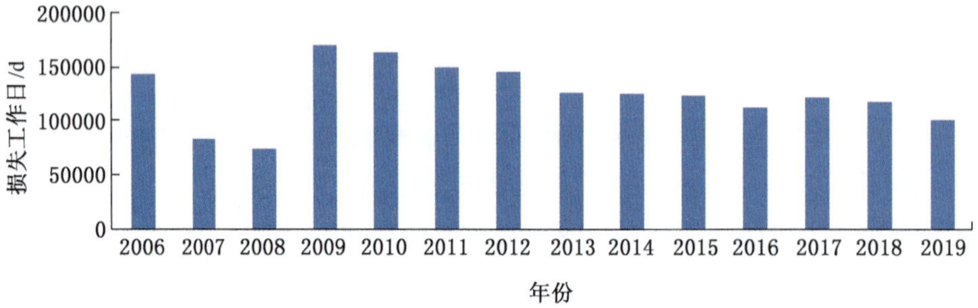

图3-3-33　2007—2019年波兰井工矿损失工作日情况

2. 煤矿主要灾害

波兰煤炭地质赋存条件较差，矿井灾害严重，随着开采深度不断增大，冲击地压及瓦斯等灾害叠加，增加了煤矿开采的难度。

一是开采深度不断增加，冲击地压灾害严重。据不完全统计，1989年波兰煤矿的平均开采深度为510 m，到2015年平均开采深度达到1050 m。根据不同的地质条件和开采情况，波兰远景煤炭资源主要在下西里西亚煤田1600 m深、上西里西亚煤田1300~1500 m深和卢布林煤田1250 m深处，加大了未来波兰煤炭开采的冲击地压风险。

二是瓦斯含量高，瓦斯涌出量大。根据波兰国家矿山局的资料，波兰井工矿瓦斯涌出量较大，2019年布德里克煤矿瓦斯绝对涌出量达到249.58 m^3/min，如图3-3-34所示。2015—2019年，波兰煤炭开采所释放的瓦斯量为12.9~14.5 m^3/t。

3. 职业病总体情况

在波兰，矿山特别是煤矿的职业病，其主要原因不是缺乏关于职业病的知识，在很大程度上是由

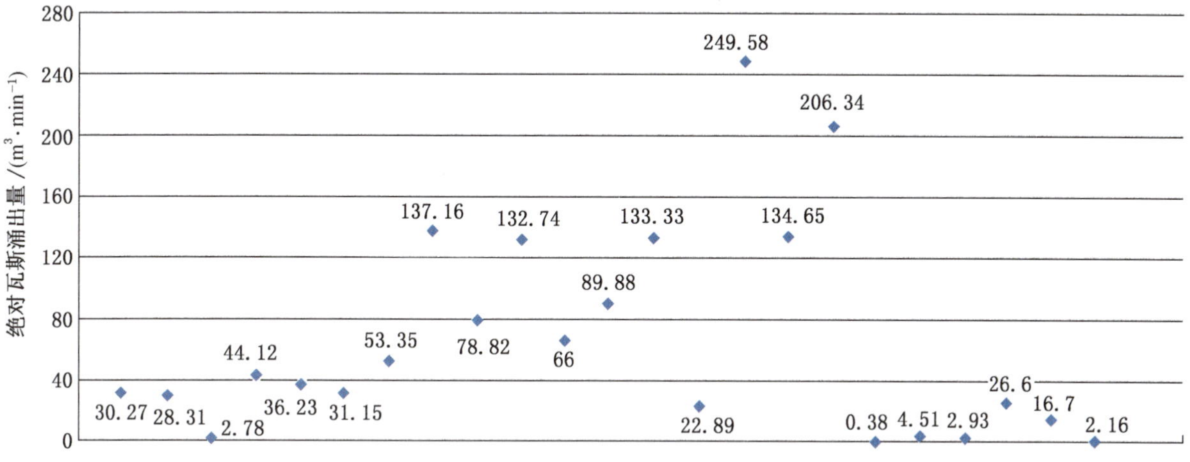

图 3-3-34　2019 年波兰井工矿绝对瓦斯涌出量

于采矿工作环境的特殊性造成的。波兰煤矿从业人员面临的危险因素包括瓦斯、火、冲击地压、水、煤尘、辐射等，随着开采深度的不断增加，耦合灾害成为制约煤矿生产的重要因素之一。波兰矿山主要的职业病包括硅肺病、职业性听力受损、振动综合征、支气管炎等，2001 年以前职业性听力受损占比最高，随着机械设备更新和除燥技术的应用，煤矿职业听力受损病例从 1998 年的 1601 例降至 2019 年的 4 例，减少了 99.75%。硅肺病一直是波兰矿山的顽疾，自 2001 年以来硅肺病在职业病病例中占比最高，随着煤矿推行降尘工艺，加强对硅肺病病例的救治，煤矿职业病病例从 1998 年的 516 例，降至 2019 年的 221 例，减少了 57.17%，如图 3-3-35 和图 3-3-36 所示。

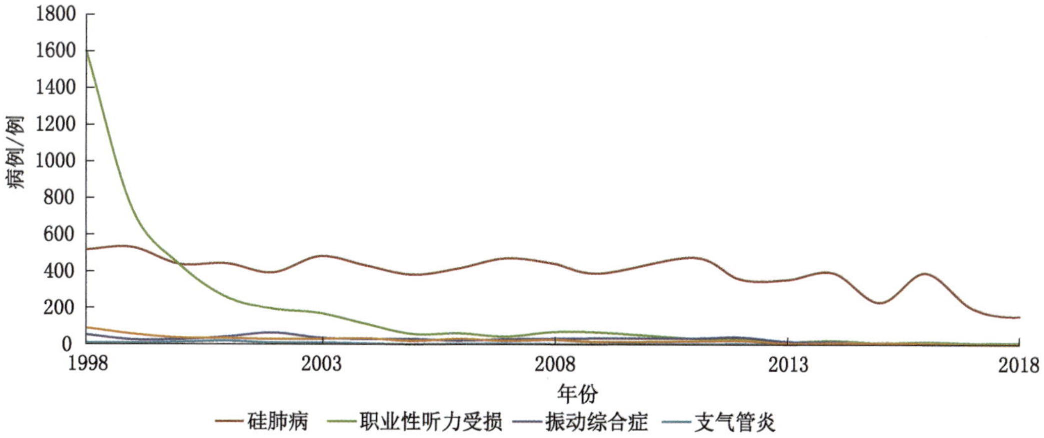

图 3-3-35　1998—2019 年波兰煤矿职业病病人数量统计

4. 职业健康情况

波兰针对工作场所面对的危险因素、繁重的劳动以及机械操作带来的风险进行了调查，针对因工导致的伤亡情况进行了评估。主要目的在于向工作场所接触职业病危害等的人员宣传相关法律规定，特别是对职业病的危害进行宣传，让操作人员了解职业病危害，企业依据摸底情况针对职业病危害采

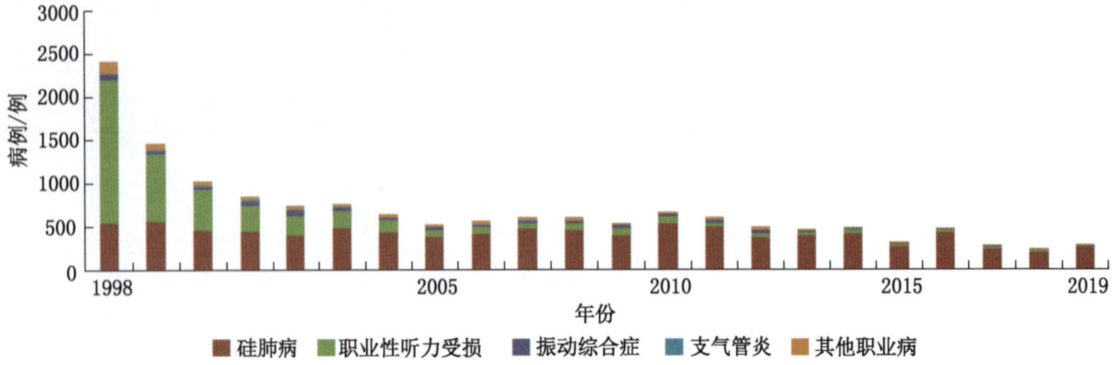

图3-3-36　1998—2019年波兰矿山职业病病人数量统计

取相关的应对措施。以2018年为例，对8240万家企业的6000万名从业人员进行了摸底调查，对于煤矿从业人员来说，事故成本从2006年的402万兹罗提增加到2018年的709.17万兹罗提，增加了76.41%，如图3-3-37所示；2006—2018年危害性工业纤维粉尘环境下工作千人比例保持在210～260人之间，变化不大，如图3-3-38所示；身体负担过重千人比例从2006年的114.7降至2018年的88.2，降低了23.1%，如图3-3-39所示。

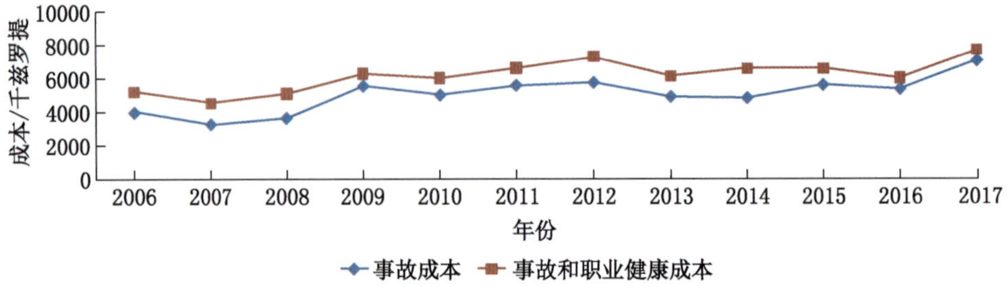

图3-3-37　2006—2017年波兰事故成本、事故和职业健康成本

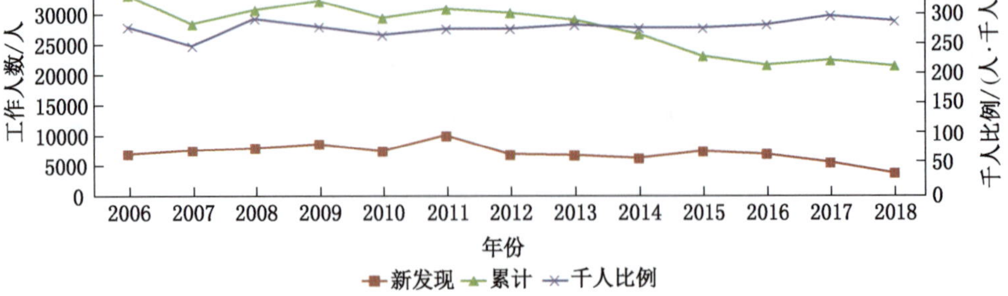

图3-3-38　2006—2018年波兰危害性工业纤维粉尘环境下工作人数及千人比例

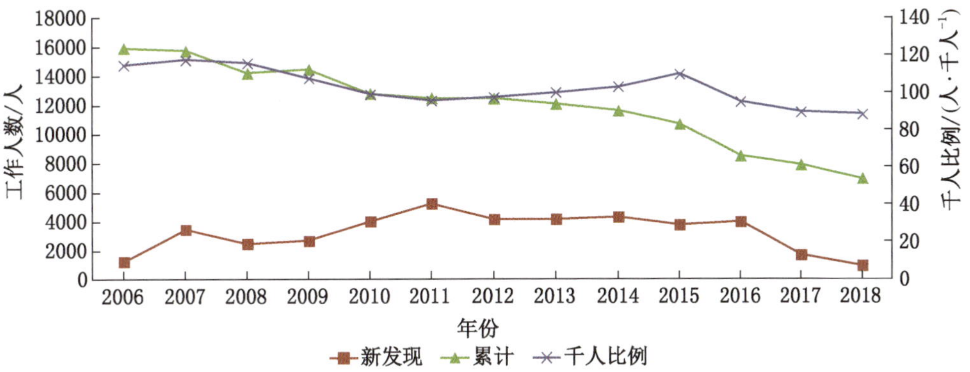

图 3-3-39　2006—2018 年波兰身体负担过重环境下工作人数及千人比例

3.6.2 法律法规与监管体系

1528 年，波兰制定第一部矿山法令“Ordunek górny”，对在上西里西亚地区进行采矿活动做出了规定。随着改革不断推进，波兰煤矿安全生产和职业健康法律法规体系不断健全和完善。

1. 主要法律法规

目前，波兰关于煤矿安全生产和职业健康的法律法规主要包括欧盟相关指令以及波兰国内的相关法律法规等。其中欧盟指令主要包括：

（1）欧盟成员国个人防护用品法修正案（89/686/EEC），涵盖了个人防护设备的设计、制造和销售，主要用于改善工作中的健康和安全，适用范围包括听力保护装置、呼吸防护、保护眼睛、头部防护、防护鞋、防护手套、防护服。健康和安全要求分为 3 个等级：一是用于所有个人防护装置的通用要求；二是用于个别类别的个人防护的附加要求；三是针对防治机械冲击、滑动引起的坠落、溺死、噪声伤害、电离和非电离辐射、危险物质等的附加要求等。

（2）欧盟理事会关于采取措施以改善工人作业中安全和健康的指令（89/391/EEC），指令中规定雇主负有保护雇员安全的义务，提供信息和培训。

（3）欧盟理事会关于矿业勘探工人工作安全和健康保护最低要求的指令（92/91/EEC），指令中规定雇主应采取确保工人安全的措施，包括逃生、救援设施、通信和报警系统等，制定包括事故报告制度在内的安全生产和职业健康制度等。

（4）欧盟理事会关于改进露天矿和井工矿勘探工人工作安全和健康保护最低要求的指令（92/104/EEC），指令中规定雇主应制定包括事故报告制度以及逃生、救援预案在内的相关文件，采取确保工人安全的措施，包括通信和报警系统等。

整体来说，欧盟指令提出雇主必须为雇员创造安全生产条件，雇员在执行委派任务时，不致处于危险环境中。为确保职工作业安全，在工作前雇主必须准备一份专门的安全书，主要包括采掘布局、采矿过程中的风险、修改安全书的方法、风险评估方法、安全工作规程、作业规程和应急措施等。安全书规定矿山管理人员必须熟知评估报告的内容，此外，安全书应当及时修订。

波兰国内法律法规包括《地质与采矿法》《地质与采矿法实施细则》《采矿业爆破器材使用细则》《矿山计划条例》等。1995 年，波兰颁布了《地质与采矿法》，并于 2001 年进行了修订，主要内容包括规范矿业勘探开采等活动，保障矿工职业安全，要求企业编制采矿作业计划和建立应急救援队伍，加强矿工安全培训和评估，强化采矿业安全监管，并进一步加大处罚力度。《地质与采矿法》中规定，各级矿山管理局设专门的冲击地压监管机构和专家组，对冲击地压煤层的开采实施技术评价和监督管理。煤矿在工作面开采 6 年之前，进行冲击地压自我评价，编制防治预案，提交矿山局和专家组进行审查，返回的意见作为开采设计的依据。煤矿根据评价结果依法配置监测仪器、人员和解危装备，方可进行开采。此外，《地质与采矿法实施细则》中制定了露天矿和井工矿安全与特殊火灾防治细则。

此外，根据波兰国家采矿相关法规，煤矿长壁工作面和巷道最低风速为 0.3 m/s，工作面最大风速为 5 m/s，巷道最大风速为 8 m/s。井下瓦斯浓度达到 2% 时，将引发断电，须采取进一步措施降低瓦斯浓度。当瓦斯浓度达到 3% 时，工人从危险区域撤离，并根据需要采取相应的救援行动。

2. 波兰煤矿监管体系

为保障波兰矿山行业安全，波兰内阁于 1922 年 7 月设立国家矿山局，办公地点位于卡托维斯，当时的管辖范围为西里西亚省。1924 年成立矿业救援中心。1951 年接管波兰全境的矿山企业。2014 年 4 月在局内部增设了井工和露天开采司以及钻井采矿和钻孔监管司，机构得以进一步完善。

波兰的国家矿山局负责煤矿安全和职业健康监管，保障矿产资源最优化开发，确保将矿业活动对居民和环境的负面影响降到最低，监管范围不仅包括煤炭生产，还包括相关地质部门等。国家矿山局致力于为矿山从业者提供公共服务，包括改善职工安全和健康状况，科学规划矿产资源开发，确保可持续发展，减少矿产资源开发给环境和附近居民带来的负面影响。通过专家诊断和建议，利用现代化工具，解决矿山问题。国家矿山局总人数 331 人，其中局领导及各司 68 人，11 个地区监察局以及机电设备检验监察局 263 人。

国家矿山局编制的 2015—2018 年战略提出，近年来主要工作目标和重点包括：遏制人为事故；全面减少事故发生，降低煤炭利用过程中的风险；有效防治重大灾害；遏制职业病多发势头；有效实施安全生产和职业健康法律法规；增进监管效能，适时修订安全生产和职业健康法律法规；坚持挖潜增效，科学救援。

3.7　煤炭与环境

煤炭的勘探开发、运输及利用产生的温室气体和排放的废弃物会持续给周围环境带来影响，影响范围包括煤矿区的土地和生活环境，以及由此导致的水盐碱化、粉尘污染和地面沉降等。目前，波兰还没有可行的治理技术消除这些负面影响，但可以利用相关技术控制和减少污染物排放。

3.7.1　煤矿区环境治理

波兰《地质与采矿法》规定，煤矿进行采矿活动后，应采取必要的环境保护和土地复垦措施。《农业用地和森林保护法》规定，造成土地效用价值损失或缩减的需自费进行复垦，在工业活动的所有阶段，都应规划、设计并实施复垦和土地利用，土地复垦应在土地完全废弃、部分废弃或工业活动规定的时间内进行，且在工业活动终止后 5 年内结束。

对于波兰硬煤开采业来说，煤炭开采的废弃物排放达标异常艰难。仅 2001 年硬煤开采污染物排放就超过 20000 t，其中超过 15000 t 废弃物用于地面建筑，4500 t 则作为垃圾处理（Twardowska 和 Szczepanska，1999）。此外，在去除煤炭中的杂质以及脱硫过程中用到的黄铁矿，经与水和氧反应产生硫酸，也会造成环境污染。

目前，波兰从 3 个方面对煤矿区环境进行治理：一是技术方面，通过煤炭脱硫，引进超临界、超超临界机组，采用 IGCC 和 CCS 等洁净煤技术，提高煤炭利用效率，降低煤炭利用污染物排放；二是政策方面，统筹协调煤炭开采、利用和进口，保障能源安全，保持可持续发展；三是其他方面，包括提高煤矿安全管理水平，开展煤矿土地复垦等。

针对露天矿采后造成的环境污染，波兰采取区域复垦和恢复植被的方式进行治理，治理工程包括种植树木和采后土地复垦及恢复农业生产等。波兰的露天矿大部分都采用种植树木的模式，这种做法和国家森林控股公司的做法一致。开采结束后，将矿区水体连接起来，建立如滑雪、室内滑冰、海滩摩托艇等娱乐休闲设施，在复垦的土地上利用原地面建筑物建造商业购物中心及矿山机械博物馆。Jerzy 矿关闭后改造为西里西亚市购物娱乐中心，如图 3－3－40 所示。

(a)

(b)

图 3－3－40 Jerzy 矿关闭后改造为西里西亚市购物娱乐中心

波兰开展的主要复垦植树项目分述如下。

1. Turów 煤矿复垦植树项目

波兰首先尝试在科宁矿和 Turów 矿进行采后复垦，该项目复垦方案由克拉科夫 AGH 科技大学校长 Walery Goetl 教授编制，按照农业复垦模式组织试验。克拉科夫 AGH 科技大学于 20 世纪 50—60 年代开展相关研究工作，并提出“谁破坏，谁修复”理念。

Turów 矿复垦项目始于 20 世纪 60 年代，在露天矿周边种植树木，至 2008 年，种植树木 2175 hm^2。复垦项目改善了周边的空气和水土，并发展成为当地的一处景观，还获得了波兰生态学会的奖励。该矿开采后，1200 hm^2 的矿坑除用作种植树木和农业作物外，其余均开发用作娱乐休闲。

2. 阿达莫夫煤矿复垦植树项目

阿达莫夫煤矿于 20 世纪 60 年代进行植树复垦，自 1978 年开始，在其底部存放垃圾。参考博格达洛夫煤矿填埋科伊明煤矿剥离岩石的经验，1994 年，经图雷克森林区域办公室同意，将博格达洛夫煤矿剥离的岩石运至阿达莫夫矿并进行填埋，填埋后上面种植农业作物。开采形成了 10.84 hm^2、6×10^5 m^3 的水体，这部分水主要用于农业灌溉、连接水网和水力科技建筑。水体周围种植了植物和花草，已经成为鸟类的天堂，是图雷克地区的重要景点。

3. 其他复垦植树项目

位于 Kazimierz Południe 的露天矿，经过 Kleczew 当地管理机构批准，对该露天矿进行了复垦，将 110 hm^2 的水域作为公用设施，并建设了人工岛屿。建成的游乐项目包括滑雪赛道、摩托车越野赛道、高尔夫球场和圆形竞技场，成为公众娱乐休闲的场所，不仅服务于当地居民，还吸引了周围游客。

当地政府和研究机构针对露天矿复垦研究了多种模式。科宁矿的模式较为成功，复垦面积达到该矿面积的 50%。阿达莫夫矿复垦项目的成功之处在于，距离附近新开的露天矿较近，可以接纳附近露天矿的剥离矿石与水，这些露天矿复垦项目成为露天矿复垦的典范。

3.7.2 煤炭清洁高效利用

煤炭利用会产生大量温室气体，但由于煤炭在波兰一次能源中占有重要作用，燃煤发电量占波兰总发电量的 74% 以上，温室气体排放成为制约波兰煤炭工业发展的重要因素。大多数燃煤电厂服役年限过长，效率不高，污染严重。开发利用洁净煤技术对燃煤电厂进行改造或者更新，有利于减少电厂污染物排放，如果选择世界最先进的电厂替代，则可以减少 20% 的碳排放，空气污染可以减少 90%。因此，采用技术手段可以最大限度地减少煤炭利用带来的温室气体排放，采用洁净煤技术有助于波兰实现减排目标。

作为欧盟成员国之一，波兰在煤炭利用污染物排放方面遵循欧盟的指令和标准。这些法令和标准主要包括欧盟 2001/81/EC 法令、空气污染国家排放标准（NEC）、欧盟 2001/80/EC 法令、大型电厂法令（LCPD）污染排放上限等，由于固体燃料在能源组合中占比较大，按照法令的要求不可避免地出现减损。但是 2016 年大型电厂法令生效，波兰 SO_2 和颗粒物的排放上限必须与欧盟一致（Blaschke，2004）。

1. 技术研发和平台建设

针对如何高效利用煤炭，实现环境可持续发展，波兰在欧盟研究、技术开发及示范活动第七框架计划（FP7）下开展煤炭高效利用研发和实践，通过欧盟计划－零排放技术平台提高煤基能源开发技术水平，并印发了煤炭高效利用绿皮书。2005 年 7 月，波兰创立了西里西亚洁净煤技术创新集群（ISCCCT），主要由波兰采矿研究总院（GIG）创立并负责协调，14 个创立单位包括研究机构、工业企业和政府机构，主要目的是开发洁净煤技术，改进传统行业，特别是煤炭开采业、硬煤燃烧和煤化工等；建立企业和研究机构合作平台，不断创新合作模式，合作开发产品等。

2. 洁净煤技术计划

波兰推进洁净煤技术计划的主要目的是减少煤炭燃烧过程中产生的污染。计划主要包括燃烧前的洗选，采用先进的燃烧和转化技术，改进燃烧工艺及废气净化，还包括硬煤气化、液化和热解。但实施过程中存在技术、经济、政策等方面的障碍，首先，电厂购买高质煤炭意愿不强，波兰大多数电厂为二战后兴建，适合燃烧灰分 20% ~35% 的原煤，后期兴建的电厂适应的原煤灰分甚至可以更高，也就是说没有燃烧需要经过洗选煤炭的需求，加上对于燃煤污染排放的关注度不高，缺少熟练操作的工人，缺少相关法令和法规支持，缺乏财政支持等，加之民众对煤炭的坏印象和无政府组织的反对，洁净煤技术在波兰开发推广面临诸多障碍。其次，研发的洁净煤技术对煤炭特性要求较高，而满足洁净煤技术对煤炭特性需求的煤炭产地才能成为研发地点的备选，这种局限性限制了洁净煤技术的发展。最后，煤炭从业人员逐渐减少，高素质工程师逐批次退休，而选读煤炭相关专业的人逐渐减少，甚至许多相关高校不得不因此关闭，而培养合格的煤炭从业者早已成为全世界公认的难题。

3. 电力减排行动

1990 年，波兰提出电力行业减排现代化计划，波兰希望通过电厂现代化和建设热电站缓解环境污染压力，但由于大多数电厂燃烧的煤炭灰分都为 18% ~25%，所以这种局面并未缓解（Blaschke 和 Nycz，2003）。2009 年，波兰投产了世界上第一座超超临界循环流化床电厂，装机容量 460 MW，热能利用效率 43%。2011 年，由欧洲投资银行投资兴建的燃煤电厂正式投产，电厂装机容量 858 MW，采用超临界技术，SO_2 排放 93 mg/m^3，NO_x 排放 195 mg/m^3，颗粒物排放 3 mg/m^3，发电效率（净热值）41%。对于新建电厂，波兰普遍采用超超临界技术。

4. CO_2 捕集与封存（CCS）

1）示范和政策

在波兰，CCS 技术仍处于研发阶段，曾经在贝乌哈图夫开展过示范项目，目前该项目已经终止，同样，在 CCS 法规层面也基本没有进展。贝乌哈图夫电厂曾经是欧洲最大的燃煤电厂，也曾经计划在欧洲开展有代表性的 CCS 项目。设计之初，计划利用当地褐煤资源发电，采用燃烧后捕集，利用氨吸收技术，年捕集量 1.80 Mt，通过管道输送 140 km，注入陆上深部盐水层。2009 年欧盟委员会为该项目拨款 1800 万欧元，此外，该项目还申请了欧盟能源复兴规划中的新建厂储备配额（NER）300 低碳能源示范项目基金，并被认为是第二大潜力的 CCS 基金项目。然而，新建厂储备配额项目需要项目开发者投资50%，而贝乌哈图夫电厂未能达到基金要求，2013年该项目终止。

2013年，波兰在欧盟CCS指令的基础上修订补充了《地质与采矿法》，并规划将来自波兰中部，特别是南部地区的CO_2封存至波罗的海。此外，波兰还出台了能源新技术规划，2010—2015年，由国家研发中心和波兰能源公司出资，建设了两个先导示范项目，一个采用膜吸收技术，另一个采用化学氨吸收技术，并分别在两个电厂进行了试验，另外，还开展了一些关于CCS封存地点地质特性的研究和利用CO_2提高石油采收率的可行性论证。

2）封存地点选择

碳封存的主要关注点是长期稳定性、安全可靠、公众接受度。封存地点必须严密不泄漏，首选封存地点是深部咸水层、不可开采煤层和废弃油气田（欧洲议会，2003）。波兰开展的碳封存研究主要集中于深部油气田和咸水层（Tarkowski，2003），也开展了碳氢化合物矿藏封存先导示范（Tarkowski，2005）。波兰通过研究发现，适合碳封存的地层包括下白垩纪1.51×10^4 km^2，下侏罗纪5.31×10^4 km^2，下三叠纪1.21×10^5 km^2（Tarkowski，2006）。

针对碳封存，波兰开展了多种尝试：一是通过试验向不可采煤层注入CO_2，成功地将CO_2注入煤层产出煤层气，积累了丰富的经验，成为波兰后期CCS行动的先导；二是开展注入CO_2提高石油采收率研究，通过对包括4处油藏和19处气藏在内的注入和驱油地点进行研究，分析封存稳定性、公众认可度以及注入CO_2提高石油采收率技术的适用性；三是对深海封存进行了初步研究，但由于地理条件所限，研究还有待进一步深入；四是对各种封存地点的地质构造以及CO_2封存地点最优化选择进行了深入研究。

3.8 煤炭科技创新与研发应用

波兰通过国家战略推动煤炭高效利用和绿色可持续发展。波兰国家战略提出，由于大量利用化石能源，煤基高强度能源长期以来成为经济发展的主要能源，这是目前国家能源体系存在的主要问题。为实现波兰可再生能源目标，推动绿色经济转型，有效利用可再生能源替代煤炭成为必要的手段。此外，波兰政府通过银行拨款，为提高能源效率提供技术支持，减少化石能源利用，从根本上缓解对煤炭的过分依赖。

波兰通过增强高等教育和研究机构的实用性，推进科技理论知识的现场应用。波兰矿业高等教育重视培养学生独立工作和实际工作的能力，高年级学生都参加专题科研小组，毕业论文大多是解决生产现场的实际问题。此外，波兰重视实验室建设，推动实验室和科研、生产三者紧密结合，煤矿机械新产品的试验和鉴定都由高校和研究机构的实验室承担。波兰煤炭科研部门明确科学研究必须服务于生产这一指导思想，明确科学研究课题的目的性，把主要的科研经费用在解决当前生产急需解决的课题上。波兰煤炭行业的科研项目大都来自生产实践，企业委托的课题占比较大，主要集中在增加煤炭产量、降低生产成本和提高采选效率等方面。

3.8.1 主要研究机构

（1）AGH科技大学位于波兰的克拉科夫市，1919年建校，是波兰最早、最大和最好的科技类院校。主要研究领域包括：一是新材料与技术方面，包括材料科学技术和地质工程等；二是环境与气候变化方面，包括环境工程、环境保护、自然资源和废物管理、平衡发展等；三是能源及其供应方面，包括能源技术和可再生能源等；四是采矿方面，包括采矿技术、能源资源管理、地质资源开发工程学和建筑工程学等；五是精密科学和自然科学方面，包括数学等；六是社会经济和人文科学方面，包括管理与营销、经济学等。

目前，各系开展的科研情况简述如下：

① 工业经济与管理系。开展的主要科研活动和实际应用围绕4个主要方面：矿业现代化与矿业

结构调整，矿业经济与组织学，矿业管理和市场营销，能源获取及转化和有效利用。

② 环境工程与矿物加工系。主要研究集中在5个方面：环境工程、矿物原料加工和选矿方法、废物管理、水的净化、材料特性的过程识别与评价。

③ 岩土力学、土木工程、地质技术学系。主要研究内容集中在4个方面：研究岩石、石料、矿料、填料、建设用地和地基，以及井壁的特性；解决矿山开采中的地质力学问题；解决地质力学和岩土工程问题；解决地下土木工程中的技术问题。

④ 露天开采系。主要科学研究集中于露天开采、钻孔开采、矿山环境保护与民用建筑中的材料应用，研究课题主要有：褐煤开采与加工、建筑和道路、露天和钻孔开采创新技术（固体原料）、矿物开采技术等。

⑤ 地下开采系。主要研究课题包括：地下矿床开采技术研究、冲击地压风险评价方法、开采活动对岩体和地表的影响、地下开采的资源管理和风险评估等。

（2）采矿研究总院（GIG）是一个改组的科学和发展组织，隶属于波兰经济部。目前，研究的基本领域包括采矿工程、环境工程以及教育和培训。其中，采矿工程主要研究方向包括：安全生产管理和灾害防治技术、瓦斯防治、粉尘防治、矿山爆破作业安全、防爆系统和设备、矿业气象学、冲击地压灾害防治、采矿技术与支持、机械设备测试、地质与地球物理学、声学技术、激光技术、热成像技术、个人防护设备、地表和建筑保护、矿物提质和利用、固体燃料质量评估，等等。采矿研究领域分为两类：①针对生产矿井，主要包括瓦斯含量（包括煤层瓦斯含量的确定）；工作面开采、巷道开掘和采区开拓布置期间瓦斯涌出预测；瓦斯爆炸危险程度评价；采用通风方法预防煤与瓦斯突出；通风系统设计；煤层瓦斯抽采和利用；高产高效长壁工作面瓦斯爆炸风险评估。②针对拟关闭矿山，主要研究领域包括水文地质和构造等方面。

（3）波兰地质研究所是波兰国家级研究机构，致力于提供地质服务，主要研究对象包括勘探地质结构、收集保管地质档案、提供地质信息、地质数据库维护、建立国家矿产资源评估系统、协调完成国家地质绘图及相关示范工作、建立矿区和关闭矿井二氧化碳贮藏区清单、甄别和监测地质风险等。

3.8.2 技术与装备

波兰采矿机械行业基础较好，在国际市场上有一定的竞争力，主要采矿机械品种包括采煤机、带式输送机、电机车、选煤设备、液压和控制设备、钻探设备和备件、矿山救护专用设备、露天矿专用大型机械、排土机、轮斗挖掘机、自行式输送机、采矿机械配件等。

波兰自20世纪60年代出现冲击地压现象以来，就开始研究冲击地压监测和治理，在冲击地压监测技术和装备方面一直处于世界前列。波兰在所有的冲击地压矿井均使用微震监测、地音监测和钻屑法监测技术，并利用软件进行综合分析，确定监测和评价范围内的冲击危险性并预警，以微震监测技术为主要代表的技术在中国和波兰广泛应用。

1. 设备制造——飞马集团（FAMUR）

飞马集团（FAMUR）是波兰最大的世界级采矿先进机械设备的制造商和供应商，是波兰最大的长壁硬煤开采采煤机生产商之一。集团创建于2003年，下辖NOWOMAG采矿设备制造厂、FAZOS支架制造厂、PIOMA采矿机械厂、PIOMA铸造厂。

2. 微震监测系统

波兰矿山研究总院从20世纪50年代开始，就在上西里西亚地区开始了矿震监测工作。20世纪80年代开发了第一代数字微震监测系统LKZ，20世纪90年代开发了新一代的ASI数字化微震监测系统，到2006年，又研发出ARAMISM/E微震监测系统和ARES－5/E地音监测系统，在波兰大多数矿井安装并用于全矿井和重点区域冲击地压的监测预报预警工作。微震监测系统主要功能有实时记录和分析微震现象，4种模式定位，频谱和积分法计算能量、采用不同的速度模式进行定位，可进行频谱等微震参数的确定、微震灾害的图像分析等。该系统可以实现对矿井包括冲击地压在内的矿震信号进行远距离（最大 10 km）、实时、动态、自动监测，给出冲击地压等矿震信号的完全波形。通过分析研究，可以准确计算能量大于 100 J、频率 0.1 ~ 600 Hz 的震动及冲击地压发生的时间、能量及空间三维坐标，确定每次震动的类型，判断冲击地压发生力源，对矿井冲击地压危险程度进行评价。该系统具有分析矿井上覆岩层的断裂信息、描述空间岩层结构运动和应力场的迁移演化规律的功能。

3. 冲击地压原位震波 CT 探测系统

波兰矿山研究总院研发的冲击地压原位震波 CT 探测系统主要用于判断冲击危险区域，也可用于检验防冲卸压效果。采用煤矿冲击地压危险区域原位主动震波 CT 探测仪，利用煤岩体内部应力集中程度与弹性振动波在其中的传播波速呈正相关的关系，采用一条巷道布置主动激发震源，对应巷道布置振动波采集传感器，通过建立振动波在覆盖煤岩体中的时距关系，测算煤岩体中的速度等值线图，进而评测探测范围内煤岩体内的集中静载荷分布。

4. PASAT – M 便携式微震探测系统

PASAT – M 便携式微震探测系统主要用于冲击地压矿井煤岩体静载荷原位探测，进而准确评价工作面冲击地压危险性。该系统基于地震波 CT 技术获取工作面煤岩层的地震波波速，通过波速、波速梯度、波速异常区最小临空距等与冲击危险性密切相关的特征参量，构建冲击危险性评价模型，最终获取工作面内煤岩层潜在的冲击危险区域。

5. 冲击地压评价技术

冲击地压评价在工作面开采 6 年之前，由煤矿组织技术人员进行冲击地压危险性自我评价，主要包括：①监测评价法，采用条件相似工作面微震监测、地音监测、应力监测等，对待采工作面冲击地压危险性进行评价；②应力分析法，采用震源分析、数值计算等方法确定应力异常区；③矿山压力与地质评价法，包括岩石物理力学性质测试、岩层运动规律研究、动力现象预测、断层和地质构造分析、钻屑法等；④地质测量法，包括地表沉陷与冲击地压关系研究、巷道变形与压力观测等；⑤综合评价。

值得一提的是，我国和波兰在冲击地压科学研究和技术装备方面有着长期的合作基础。20 世纪 80 年代原煤科总院开采所和波兰采矿自动化研究院就开展了煤岩冲击倾向性方面的合作研究，成果显著。其中包括李玉生提出冲击地压“三准则”机理，章梦涛提出变形系统失稳理论，张万斌等在德国和波兰学者研究的基础上进一步完善了冲击倾向性理论，并提出了符合我国煤矿特点的冲击倾向性指标。随着煤矿开采深度的加大，冲击地压灾害成为制约我国和波兰煤矿发展亟待研究和解决的问题，截止到 2019 年 9 月，我国生产矿井鉴定为冲击地压矿井的数量达到 121 个，其中山东 40 个、山西 13 个、黑龙江 11 个。

波兰成为早期和德国、苏联提出强度理论、刚度理论、能量理论和冲击倾向性理论的国家，并且波兰在冲击地压监测技术方面水平较高，并开发了一系列微震监测工具。1982 年，我国从波兰引进了 SAK 地音监测系统和 SYLOK 微震监测系统，并逐步国产化，成功研发了 DJ – 1 地音监测系统和 WJD – 1 微震监测系统。2004 年新汶矿业集团引入波兰的 ARAMIS 微震监测系统用于煤矿冲击地压的监测实践，加上后期引进的 ARES 地音监测系统，有效推动了我国冲击地压技术基础研究和装备研发应用，截至 2018 年 12 月，中国 90% 以上的冲击地压矿井都装备了微震监测系统和采动应力监测系统或应力在线监测系统。

6. 矿山应急救援机构与装备

波兰矿山救援系统为矿山开采提供救援服务，能提供救援服务的机构包括比托姆中央矿山救援服务站及其他专业救援组织，提供的主要服务包括救援因火、瓦斯和煤尘爆炸、岩爆、岩石掉落、突发水涌向采掘地点等被困的矿山从业人员。其他专业机构的任务包括矿山救援训练、矿山救援队医疗检测、矿山救援设备测试和评估。此外，每一个矿山救援队必须有合格的救援队伍、专业的应急队伍，随时可以奔赴救援现场，拥有满足展开救援的必要装备。

3.9　主要矿业公司简介

3.9.1　PGG SA

PGG SA是欧洲最大的煤炭生产商，于2016年4月经清算KW公司及硬煤行业重组成立，员工32000名，拥有11座煤矿及4家辅助工厂，这些企业均位于西里西亚省。2016年产能达27 Mt/a，机构重组合并的企业包括技术公司和组织等。

3.9.2　亚斯琴别煤炭公司（Jastrzębska Coal Company，JSW S. A）

亚斯琴别煤炭公司成立于1993年4月1日，是波兰最好的焦煤生产企业，也是欧洲最大的联盟焦煤生产商，产品主要用于生产高质量的高炉焦炭。

亚斯琴别煤炭公司由波兰国库部掌管，国库部占股55%，2015年公司产煤16.3 Mt，其中8.1 Mt为焦煤、3.1 Mt为半焦煤，公司是欧洲最大的焦煤生产企业，拥有23000名员工，公司下属的5座煤矿均位于上西里西亚地区。

3.9.3　KHW S. A

KHW S. A由国库部所有，拥有4座煤矿，员工14000余名。

3.9.4　TAURON集团

TAURON集团，国库部占股30%，拥有一座硬煤煤矿，2015年产量5 Mt，3/4的煤炭用于发电，其余用于销售。

3.9.5　Enea集团

Enea集团是一家能源公司，国库部占股51.5%，拥有LW Bogdanka煤矿66%的股份，该煤矿被认为是波兰生产能力最大的煤矿，产能超过10 Mt/a，该煤矿也是卢布林地区唯一生产的煤矿。

3.9.6　Weglokoks公司

Weglokoks公司是一家贸易公司、国库部的全资公司，该公司拥有Weglokoks Kraj子公司，该子公司于2015年5月从KW公司获得了一家煤矿。

3.9.7　SRK公司

SRK公司拥有3家煤矿。

3.9.8　PG Silesia

PG Silesia为捷克EPH公司所有，2010年由KW公司转给PG Silesia公司，员工1500余名，煤矿有2个长壁工作面，2015年产煤3 Mt。

3.9.9　Siltech

Siltech是波兰第一家民营煤炭企业，自2002年开始运营，年产煤炭0.3 Mt。

3.9.10　Ekoplus公司

Ekoplus公司拥有Bytom煤矿，年产煤炭0.15 Mt，雇员300人，生产的煤炭主要销往当地及工业企业。

3.10　发展前景及对我国煤炭工业高质量发展的启示

3.10.1　发展前景

据欧盟议会预测，到2030年欧盟对进口化石燃料的依赖程度将达到65%。短期来看，化石燃料，如石油、煤炭、天然气等将依然是欧洲的重要能源。但是，石油和天然气因为地缘政治①导致供

① 主要是中东地区政治局势的变化。

需不平衡加剧[①]，因此，硬煤开采和使用在欧洲仍有相当大的吸引力。

根据世界能源理事会的预测及波兰能源政策2025，未来煤炭仍将是波兰发电的主要能源。波兰能源政策2030提出，提高能效，开发有竞争力的能源燃料市场，增加能源和燃料供应的安全性。未来一段时间内，电力需求仍将保持增长，因此煤炭需求也同样保持增长，随之可能带来环保压力。全球和欧洲范围内，应对气候变化相关协议和会议，以及联合国气候变化框架协议对于波兰未来的排放进行限制，波兰本国制定的可持续发展战略进一步促使波兰制定更加严格的环保政策，制定更为严格的排放标准，采取更为严格的对策措施，特别是针对煤炭行业，从技术和政策的角度控制行业排放迫在眉睫。

2018年1月，波兰环保部部长理事会正式通过波兰硬煤开采业计划，该计划涵盖至2030年。从宏观上提出了未来硬煤行业发展的整体目标，同时，也指明了未来可能涉及的一系列问题，在最后一章明确指出，未来将形成全新的硬煤开采综合运行机制及目标模型，以及实现未来目标的财政手段和具体措施等。具体地说，到2030年，硬煤和褐煤发电占总发电量的60%左右。由于硬煤开采的负面环境效应，加上更加严格的环保要求和碳排放标准，欧盟将对煤炭生产企业提出更加严苛的排放标准，特别是碳排放已经纳入欧洲排放交易系统，需要在未来硬煤开采和利用方面加大技术研发应用力度，推广高效利用技术。未来主要的工作方向包括：一是保持产能和能源需求平衡，煤矿根据所在地、煤质、人工和成本等情况决定各矿生产定额，为消费者提供质优价廉的煤炭，满足国内市场需求；二是降低生产成本，改变原有薪资和工作时长规定，加强成本过程管理，强化效率评估。此外，规划中提出，波兰将出台国家能源政策2040（Polityka，2018），并指出煤炭资源仍将是保障国内能源安全的重要资源和保持能源平衡的重要基础，硬煤开采仍将是决定未来国家电力行业发展方向的导向标。

波兰能源政策2050中提出：聚焦创新技术研发，减少传统燃料对环境的影响；CCS技术和其他洁净煤技术都是可预见的二氧化碳减排技术，辅以煤炭气化技术可以降低二氧化碳的捕集成本。

3.10.2 对我国煤炭工业高质量发展的启示

未来，结合波兰煤炭工业的特点和我国煤炭工业发展所处的阶段，针对我国煤炭工业高质量发展提出以下建议：

一是通过优化铁路专线网络，形成适合我国特色的运煤体系。对于中短途煤炭运输，我国面临铁路网络不够完善的困境，同时造成公路抢抓煤炭运量、挤压铁路煤炭运量，而如果压减公路运输将会影响整体煤炭的有效供给。因此，为保护生态环境和降低实体经济的物流成本，应当参考波兰的以铁路运输为主的模式，建议出台煤炭运输方式“公转铁”政策，给铁路运输以政策保护和支持，大力增加铁路煤炭运输量。在现有铁路运煤网络的基础上，进一步优化完善铁路运煤专线网络，提高煤炭铁运的效率，充分发挥铁运专线的作用，形成以铁路运输为主的高效运煤体系。

二是参考波兰对于露天矿进行分步治理的绿色行动方式，形成分步骤实施、分阶段治理的绿色发展体系。建议在露天矿周边种植树木，采后用于填埋附近露天矿的剥离矿石，进而利用矿井水及废弃矿山机械，建立矿山博物馆和开发娱乐项目，通过景观吸引周边游客，改善民众对煤矿的认知。

三是未来在电厂升级方面将是中波合作的重点方向，我国在燃煤电厂升级及零排放燃煤电厂方面有着巨大优势，可以参考我国同东盟国家的合作模式，建议未来以基础设施建设和电厂升级改造为基础，向波兰输入我国燃煤电厂设备和技术。

四是参考波兰采矿研究总院和我国相关研究机构的合作模式，强化煤矿冲击地压监测，特别是注重微震技术的研究，注重引进波兰基础研究成果，推进这些技术成果在我国的应用。随着我国未来开

① 例如，2008年底俄罗斯对乌克兰的天然气“断供”危机。

采深度不断增加，冲击地压风险不断升高，有必要结合我国的煤层地质条件，深入研究微震技术原理以及加强技术的应用，探寻适合我国煤层地质特性的微震监测技术和监测系统。

五是在煤矿安全方面，加强两国在瓦斯抽采、监控系统升级、煤矿安全培训等方面的多层次、多角度合作，可以通过科技交流，依托“一带一路”平台，打造更广、更深层次领域的煤矿安全方面的科技合作，推动两国新时代煤炭工业创新发展，开创中波煤炭合作的新局面。

当前，世界能源协作正在发生深刻变化，推进能源转型与保障能源供应安全成为中国和波兰面临的共同挑战。波兰是中国在“一带一路”沿线的重要合作伙伴，而能源合作是“16+1合作”框架下的重要内容，中国和波兰在能源领域互补性强，合作潜力大。中国和波兰双方合作已经有了较为良好的基础，合作广度和深度不断扩大。未来，两国重点在化石能源转型、先进核电技术以及分布式能源等领域，开展项目投资、合作经营、能源装备制造业产能合作等形式的全方位合作。

4 土耳其煤炭工业

土耳其是一个煤炭纯进口国，含有较为丰富的煤炭资源。2019 年土耳其的煤炭产量为 84 Mt，居世界排名第 11 位，生产煤炭以褐煤为主，以露天开采为主，开采技术相对落后。

（1）2002 年，正义与发展党执政后，土耳其的社会经济发展十分迅速，国民生产总值从 2002 年的 2384 亿美元增长到 2019 年的 7544 亿美元。

（2）2018 年，煤炭在土耳其一次能源消费构成中占比约为 26%，其中约 80% 的煤炭用于燃煤发电，民用取暖和工业分别约占 10%；煤炭发电量约占总发电量的 1/3。

（3）土耳其的能源与自然资源部负责统筹、监管国内的采矿业，采煤企业主要为 TTİ、TTK、EÜAŞ 三家国有企业。

（4）土耳其的煤炭储量以褐煤为主，全国约有 400 个煤矿。其中约有 130 个露天矿井，露天矿井的煤炭产量占煤炭总产量的 2/3；井工煤矿开采技术相对落后开采量较低。

（5）尽管土耳其煤炭开采历史悠久，但土耳其煤矿安全和职业健康水平仍旧较差，低于国际平均水平；2002 年以后，发生重大煤矿事故 9 起，以瓦斯爆炸事故为主。

（6）能源产品进口是土耳其进口商品的重要组成部分，煤炭、天然气和石油都是主要的能源进口产品。

（7）土耳其积极引进国际技术和资金来开发当地的煤矿，煤炭开采技术与机械主要依赖进口。

4.1 经济社会发展

土耳其是一个横跨欧亚两洲的国家，是连接欧亚的十字路口，北临黑海，南临地中海，东南与叙利亚、伊拉克接壤，西临爱琴海，与希腊及保加利亚接壤，东部与格鲁吉亚、亚美尼亚、阿塞拜疆和伊朗接壤。全国共有 81 个省、约 600 个县、36000 多个乡村。

土耳其矿物资源丰富，富含煤、硼、铬、铜、铁、金、大理石、膨润土、长石、碱等 50 多种矿物，其中硼矿物储量占世界总储量的 72%。水力资源较丰富，在主要河流的峡谷上筑水坝建水库，发展水电和灌溉事业。土耳其境内有少量石油油田及天然气气田，但产量不足以自足，必须从国外进口。

4.1.1 经济社会发展

土耳其是继中国、俄罗斯、印度、巴西和南非等“金砖国家”之后又一蓬勃发展的新兴经济体，在国际社会享有“新钻国家”的美誉，已成为“经济安理会”20 国集团的成员。2002 年，埃尔多安领导的正义与发展党（以下简称正发党）在议会选举中获胜，埃尔多安出任总理并连续执政。2002—2019 年土耳其经济取得了蓬勃发展，国内生产总值从 2002 年的 2310 亿美元增加到 2019 年的 7544 亿美元，GDP 年均增长率 2.74%（世界银行）。根据国际货币基金组织（IMF）排名，位居全球第 19 位，预计 2020—2024 年土耳其有望成为欧洲经济合作与发展组织（OECD）成员国中发展最迅速的经济体之一。2018 年土耳其外资企业 6.5 万家，直接投资额 132 亿美元，2003—2018 年累积吸引外资（FDI）高达 2090 亿美元，外资投入有力地促进了土耳其经济发展［土耳其央行（CBRT）］。土耳其经济市场活跃，私有经济发展成熟，2018 年出口额达到 1680 亿美元［土耳其统计局（TurkStat）］。比 2002 年增加 336%。

土耳其是一个人口大国，其人口数量在欧盟的排名仅次于德国。2018 年土耳其人口达到 8200 万人［土耳其统计局（TurkStat）］，预计到 2023 年人口将达到 8690 万人，到 2040 年人口将突破 1 亿人。50% 的居民年龄小于 32 岁［2018 年，土耳其统计局（TurkStat）］，与欧盟国家相比，青年劳动力占大多数［欧盟统计局（Eurostat）］。土耳其每年有 80 多万名学生从超过 183 所大学毕业［2018 年，土耳其高等教育委员会（CoHE）］，每年有超过 98.5 万名高中毕业生，其中约有一半毕业于职业技术高中（2018 年，土耳其国家教育部），合格而且具有竞争力的劳动力超过 3230 万名。相比欧盟大部分国家面临老龄化问题和人口缩减的挑战，土耳其年轻、充满活力、接受过良好教育、富有竞争力的劳动力为经济发展提供了充足的劳动力市场，也吸引着国外投资者的广泛关注。同时土耳其经济的快速发展，也为广大的年轻人带来了广阔的就业空间。土耳其有 21 个城市人口超过 100 万人，伊斯坦布尔人口超过 150 万人，是欧洲人口最多的城市，充足的人力资源为经济发展提供了广阔的空间。

如图 3－4－1 所示，土耳其社会经济发展迅猛。自 2002 年正发党上台以来，土耳其加大基础设施建设投入，不断改善投资环境以吸引外资，大力发展对外贸易，经济建设取得较大成就。2003—2015 年，土耳其国民生产总值从 3118 亿美元增长至 8598 亿美元；人均国民收入从 4718 美元增至 10948 美元。其中 2013 年为峰值，经济总量为 9505 亿美元，人均 GDP 达 12519 美元。2016 年土耳其发生未遂军事政变，后来迅速被土耳其政府挫败。同时，土耳其遭遇货币危机，土耳其货币里拉汇率暴跌，货币危机发生后，土耳其政府发布为期 3 年的中期经济规划，采取一系列刺激措施恢复经济。而土耳其经济总量仍在缓慢下降，至 2019 年为止，土耳其国内生产总值为 7544 亿美元，人均 GDP 为 9042 美元。

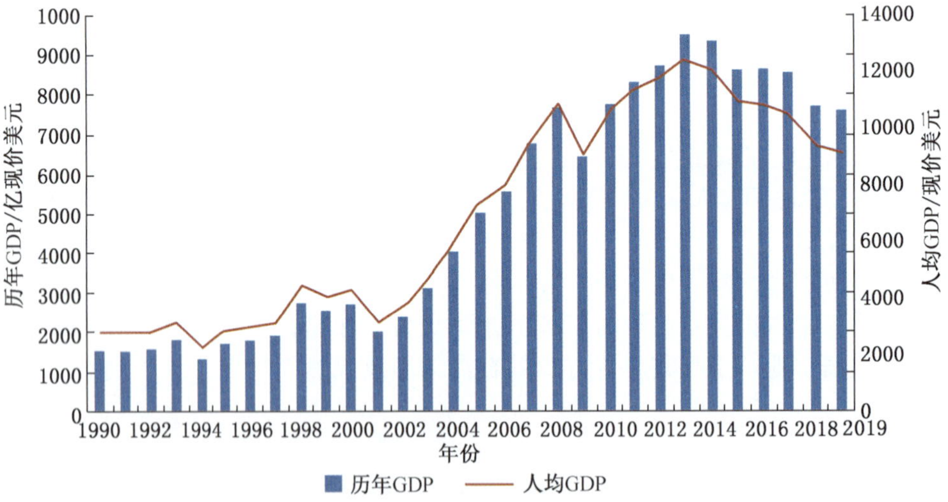

图 3－4－1　1990—2019 年土耳其 GDP 及人均 GDP

4.1.2　能源与应对气候变化

在能源与应对气候变化方面，土耳其政府出台了一系列政策。其中，“第十个五年计划（2014—2018 年）”与现行的“第十一个五年计划（2019—2023 年）”中对能源与应对气候变化方面出台了一系列措施，如加强可再生能源的利用率，减少燃煤电厂的三废排放等，但政策的执行力度较弱，成效较低。

土耳其是少数几个未批准《巴黎协定》的国家之一，土耳其的燃煤电厂排放量居世界前列，煤炭造成的污染较为严重。使用化石燃料发电除了二氧化碳排放量诱发气候变化外，还有对环境、公共卫生的负面影响。例如燃煤发电导致颗粒污染物、二氧化硫、氮氧化物、重金属和难降解有机物的排放，污染空气、水与土壤，直接威胁公众健康。另外，煤矿开采还会导致数十起工伤事故，以及每年的与煤矿开采相关的职业病例。根据卫生与环境联盟（HEAL）在 2014 年发布的报告，土耳其仅由火力发电厂产生的年度医疗费用在 29 亿 ~ 36 亿美元之间。燃煤热电厂造成 2879 起过早死亡，637643 个工作日损失，以及 3823 例新的慢性病。除以上影响外，土耳其仍投入大量的国家补贴用来开发国内的煤炭，根据国际货币基金组织统计，2013 年土耳其的化石燃料补贴总额为 310 亿美元，相当于国内生产总值的 3.8%。

4.1.3 采矿业对经济的贡献

土耳其共和国建国 90 年来，经过不懈奋斗，从一个比较落后的农业国发展为一个国民经济门类比较齐全、产业结构比较合理的现代化国家。2018 年国内生产总值为 7840 亿美元，居全球第 19 位。其农业、工业、服务业在国民经济中的比重分别为 6.93%、32.36% 和 60.72%（世界银行 World Bank）。土耳其的经济增长曾长期由工业主导，经过几十年的发展，土耳其已初步形成了比较完整的工业体系，主要产业是纺织、食品、能源、化工、钢铁、水泥、汽车等。随着产业政策从进口替代向出口导向的转变，汽车、家电、钢铁及机械等产业逐渐占据主导地位，工业结构正处在转型升级过程中。而采矿业在国民经济中占比较低，能源资源短缺制约经济发展。

土耳其的采矿业目前已基本私有化，2014 年采矿业仅占国内生产总值的 1.6%，雇佣人数只占就业总数的 0.5%，占出口收入的 2.2%，而进口总额的比重却高达 15.3%。其中石油和矿石原材料的进口还是土耳其长期赤字的主要原因，能源短缺是长期制约土耳其经济发展的瓶颈。

4.1.4 煤炭在能源系统中的地位

20 世纪 90 年代至今，煤炭约占土耳其的一次能源消耗总量、国内一次能源产量的一半，占国内电力生产的 1/3，完成了大部分的工业需求和其他居民公共事业需要。土耳其开采的大多数煤炭为褐煤，土耳其政府鼓励在燃煤电厂独立开采褐煤或在褐煤煤田附近建厂，以节约能源开发利用成本，并减少能源的进口需求。煤炭生产在 2018 年达到峰值超过 100 Mt，而在 2019 年大幅度下降。

由表 3-4-1 可知，煤炭消费占比一直较高，基本维持在 30% 左右。2008 年达到最高 30.44%，随着石油、天然气在国内一次能源构成中的占比不断提升，到 2018 年煤炭在一次能源消耗中的占比（27.56%）略有下降，但在总量上逐年增加。总体上，石油、天然气和煤炭各占土耳其一次能源消费的 30%，如图 3-4-2 所示。

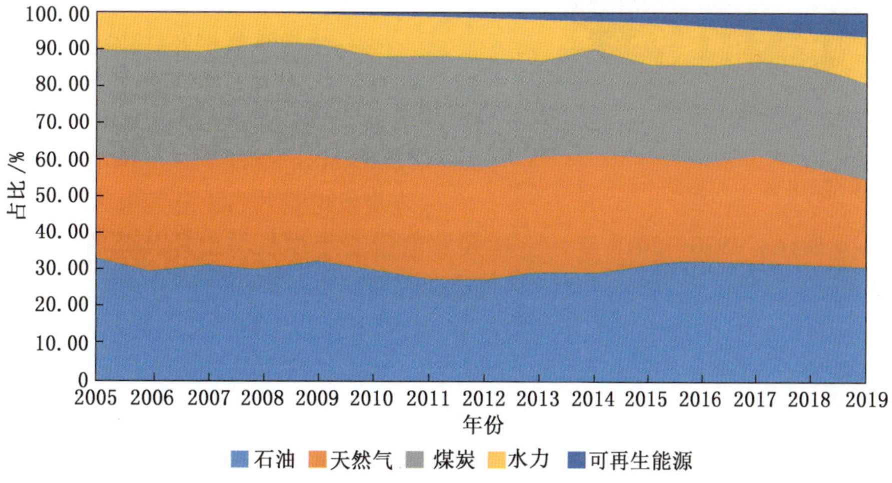

图 3-4-2 2005—2019 年土耳其一次能源消费比例构成

表 3-4-1　2005—2019 年土耳其一次能源构成

年份	石油/Mtce	占比/%	天然气/Mtce	占比/%	煤/Mtce	占比/%	水电/Mtce	占比/%	可再生能源/Mtce	占比/%	合计/Mtce
2005	42.84	18.93	34.56	15.27	37.27	16.47	12.85	5.68	0	0	127.52
2006	40.70	17.99	39.13	17.29	41.13	18.18	14.14	6.25	0	0	135.09
2007	43.84	19.37	39.13	17.29	41.13	18.18	14.28	6.31	0	0	138.37
2008	44.41	19.63	45.12	19.94	44.27	19.56	11.42	5.05	0	0	145.23
2009	48.03	21.23	41.41	18.30	44.12	19.50	11.62	5.13	0.71	0.31	145.88
2010	46.82	20.69	43.98	19.44	44.89	19.84	16.74	7.40	1.27	0.56	153.70
2011	45.83	20.26	51.37	22.70	48.38	21.38	16.91	7.47	1.86	0.82	164.36
2012	48.25	21.32	53.19	23.51	52.11	23.03	18.70	8.26	2.38	1.05	174.63
2013	52.10	23.03	53.98	23.86	45.07	19.92	19.20	8.49	3.17	1.40	173.53
2014	53.19	23.51	57.28	25.31	51.59	22.80	13.13	5.80	3.87	1.71	179.06
2015	62.84	27.77	56.43	24.94	49.61	21.92	21.70	9.59	5.34	2.36	195.91
2016	67.74	29.94	54.65	24.15	54.92	24.27	21.72	9.60	7.44	3.29	206.47
2017	70.21	31.03	63.32	27.98	56.35	24.90	18.81	8.31	9.38	4.15	218.07
2018	69.35	30.65	58.08	25.67	60.42	26.70	19.23	8.50	12.18	5.38	219.26
2019	70.86	31.32	54.24	23.97	59.15	26.14	27.70	12.24	14.32	6.33	226.27

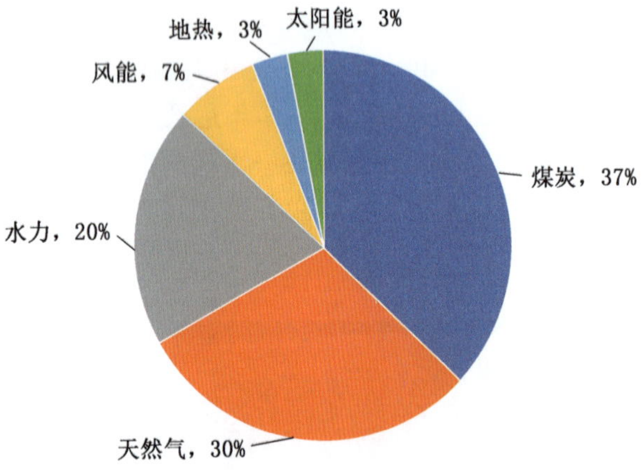

图 3-4-3　2019 年土耳其电力能源来源结构

尽管土耳其国内有褐煤生产，但土耳其一半以上的硬煤和几乎所有的其他化石燃料都是进口的。可再生能源占比虽然逐年增加，但是贡献依旧很小。土耳其政府采取多项能源政策为优先确保国家能源供应，减少进口化石能源的依赖，但到目前为止，土耳其的化石燃料进口占据土耳其总进口额的很大一部分。

土耳其煤炭消费主要是燃煤电厂，燃煤电厂所产生的电力占土耳其整个国家电厂生产电力的 1/3 以上（图 3-4-3）。2019 年，约 18.59 Mtce 硬煤与 17.16 Mtce 褐煤用于发电，煤炭发电量约占土耳其电力结构的 37%。

如图 3-4-4 所示，1970—2018 年，土耳其发电量逐年增长。土耳其政府出台的“五年计划（2019—2023 年）”目标是：到 2023 年（土耳其共和国建国 100 周年之际），土耳其的电力燃煤全部采用本国生产的煤炭。到目前为止，土耳其共有 24 家 50 MW 以上的燃煤电站在运行，正在建设的燃煤电站预计装机量为 1.3 GW。

如图 3-4-5 所示，土耳其电力历年能源来源结构变化较大，但燃煤发电所占比例均维持在 30% 左右。从 20 世纪 90 年代起，由于进口的天然气发电量迅速增加，石油发电逐渐消失。综合逐渐上升的发电量来看，燃煤发电比例稳定在 33% 左右，燃煤发电量也逐渐增加。

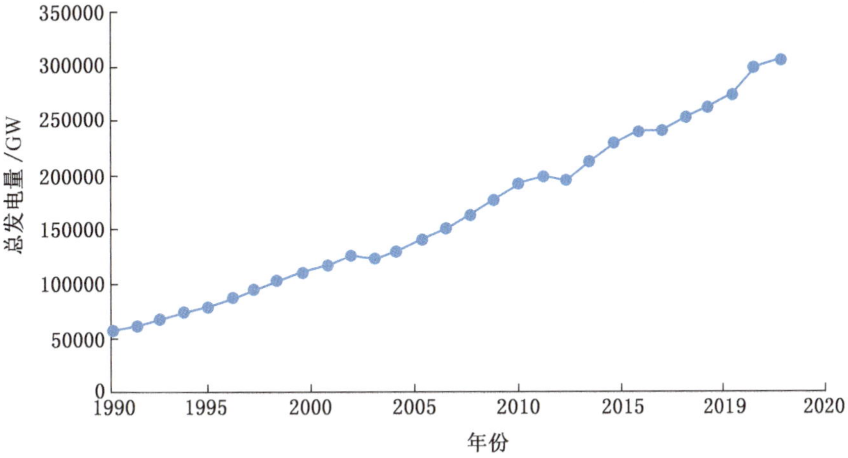

图 3-4-4　土耳其历年总发电量

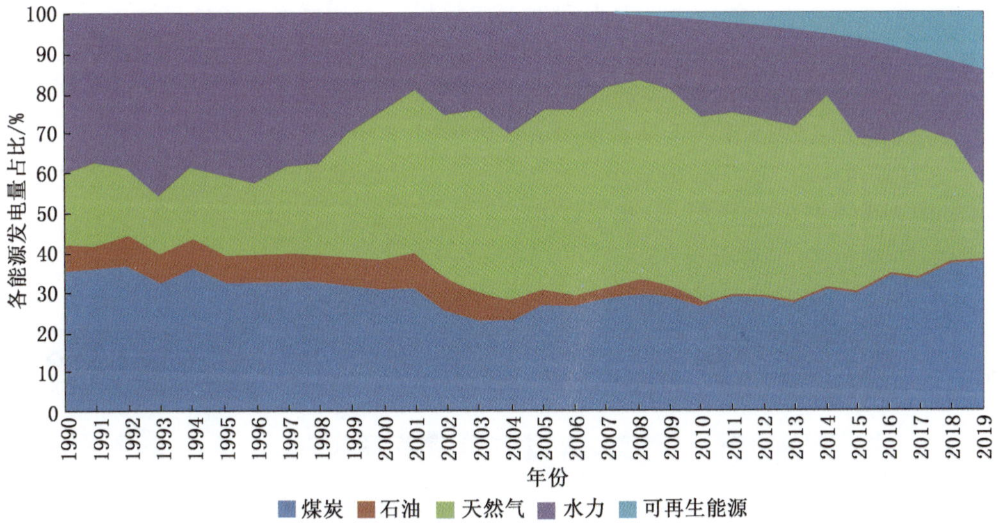

图 3-4-5　1970—2019 年土耳其电力能源来源结构

4.2　煤炭工业发展现状与前景

在土耳其国内一次能源总产量中，煤炭占比仅略高于一半，基本被用于燃煤供电，煤炭工业是土耳其工业、民用的重要支撑。

4.2.1　发展现状

1. 土耳其煤炭工业的发展历史

土耳其煤炭开发历史悠久，自奥斯曼帝国海军时代，当地人就开始了煤田的勘探开发。埃雷利煤矿公司于 1842 年开始生产，在埃雷利和阿马斯拉两地开采的煤炭供给于奥斯曼帝国的蒸汽动力舰队。到 1923 年土耳其共和国建立后，土耳其煤炭工业开始快速发展，政府投入大量资金发展国内的煤炭勘查及开发。

自 19 世纪以来，土耳其的煤炭开采基本可以分为以下 3 个发展阶段：

（1）外资－劳动密集型阶段（1848—1920）：奥斯曼帝国时期，土耳其煤田的早期开采实际上受到外国资本的控制，主要开采方式为劳动密集型。

（2）国有化－劳动密集型阶段（1920—1940）：土耳其政府成立后，共和国的政府和私营公司大力发展煤矿生产，为了制定长期、有效的开采计划，共和国政府开始对国内的煤矿施行国有化。1940 年，土耳其的煤矿基本完成了国有化。

（3）国营向私营过渡－机械化采煤阶段（1940 年至今）：为了适应国内发展的需要，土耳其政府先后建立了土耳其煤炭企业联合会、土耳其无烟煤企业联合会，大力引进国外先进的开采技术、开采机械。随着土耳其社会经济发展，国营矿山的开采能力与经济发展不匹配，最近几年，采矿权又逐渐由 TKİ 和 TTK 向私营企业转包，并且政府采取了很多煤炭激励措施和补贴措施，进一步促进国内煤炭的勘探与开发。

2. 土耳其煤炭发展现状

土耳其是一个经济快速增长的国家，能源需求迅猛增长。2002—2012 年，世界能源消费增长了约 30%，而土耳其能源消费增长了约 53%。2014 年土耳其已成为全球第 12 位煤炭生产国，但由于土耳其巨大的煤炭消费量，国内煤炭产量远不及其需求量。自 1981 年以来，土耳其开始进口煤炭以满足国内日益增长的能源需求。2014 年土耳其对外能源缺口约占其贸易赤字的 58%。为了弥补巨大的能源缺口，政府“第十个五年计划（2014—2018）”及现行的“第十一个五年计划（2019—2023）”都对国内煤炭工业发展做出了相应的激励政策。

如图 3－4－6 所示，2015 年，土耳其煤炭消费量为 91.3 Mt，其中土耳其生产煤炭 57.5 Mt，进口煤炭 34 Mt。这些煤炭中有 72.5 Mt 煤炭用于燃煤发电，9.6 Mt 煤炭用于供暖设施，9.2 Mt 煤炭用于工业。土耳其国产煤炭以褐煤为主，发热量较低。国民用电及工业需求极度依赖进口能源。

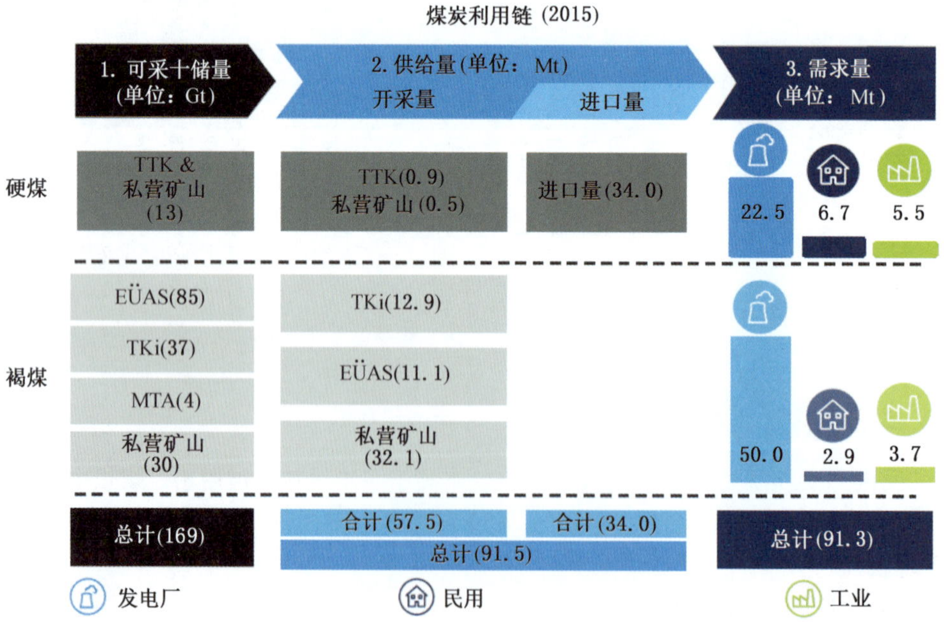

图 3－4－6　2015 年土耳其煤炭利用结构

2008年，土耳其的煤矿已经部分私有化。到2018年国营矿山的煤炭产量仍占当年煤炭开采量的一半以上。国营煤炭企业的效率偏低，土耳其政府希望引进私人企业来进行煤电联营的相关工作。到2019年为止，部分私营公司获得了硬煤煤田的采矿权，分别是：Erdemi 公司 r Madencilik、y Bereket Holding 子公司 Tumas 和能源公司 Emsa Enerji。褐煤煤田采矿权也部分转让给了私营企业：Imbat Madencilik、Fernas Holding、Demir Export 和建筑集团 Yapi Tek。

总的来说，尽管土耳其国内煤炭质量低、开采效率低，但为了减少进口能源依存度，土耳其仍然在大力推进国内煤炭的生产，煤炭工业发展前景良好。

4.2.2 管理体制与政策法规

1. 土耳其煤炭工业管理体制

土耳其煤炭行业结构如图3-4-7所示。

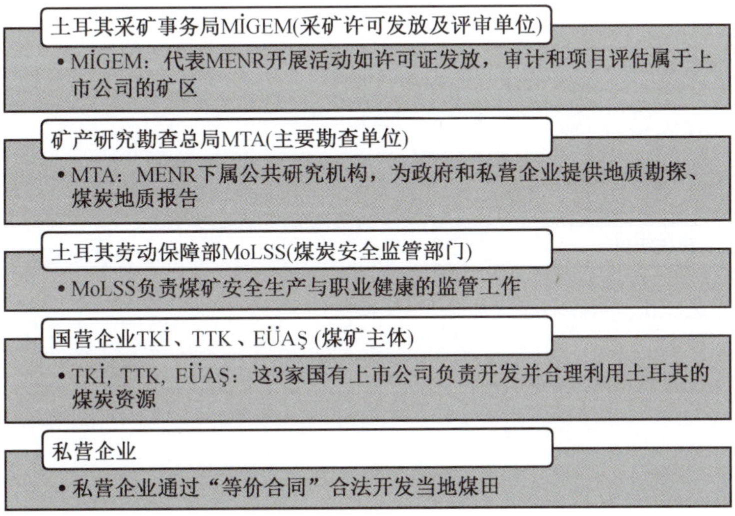

图3-4-7 土耳其煤炭行业结构

1）能源与自然资源部（MENR）

土耳其政府主管的矿业机构是能源与自然资源部（MENR），负责与相关政府机构协调制定和实施能源政策、计划和方案，以及发布有关采矿活动的二级法条。MENR下设的2个主要管理部门是矿产研究勘查总局（MTA）和采矿事务总局（MiGEM）。采矿事务总局主要职责为授权颁发采矿许可证，并对现行的煤炭法规进行修订；矿产研究勘查总局（MTA）成立于1935年。该局是政府行政机构，负责政府矿业方面的行政管理工作；主要任务是满足工矿业及社会的需要，主要负责基础地质调查工作和各种地球科学调查研究工作，利用各种手段进行矿产资源的调查、研究及勘探和评价工作，为政府提交矿产开发的可行性报告，提供相关地质资料。

2）国有煤炭企业

土耳其政府拥有该国煤炭资源的完全所有权，这些权利由两家国有企业［土耳其煤炭企业联合会（TKİ）和土耳其无烟煤企业联合会（TTK）］行使。近年来，TKİ和TTK已将煤炭储量出租给了私营公司，并且有数个私人矿井正在运营中。

（1）土耳其煤炭企业联合会（TKİ）。TKİ是根据土6974号法令于1957年成立的国营企业，其主要任务是根据国家的总体能源和燃料政策利用该国的能源资源。其业务范围是：利用井工和露天等各种方法开采褐煤、烟煤、泥炭及油页岩等能源材料；建设与煤炭生产有关的工厂；开展与煤炭生产有关的研究活动；开展进出口商业活动等。该联合会中最大的 2 个褐煤企业为爱琴海褐煤公司和阿尔维斯坦褐煤公司。

（2）土耳其无烟煤企业联合会（TTK）。TTK 是 1983 年 10 月 28 日成立的国营煤炭公司，总部设在宗古尔达克省省会宗古尔达克市。其业务范围是开采并合理利用土耳其国内硬煤资源，建设相关的工厂，开展与煤炭生产相关的研究活动等。

（3）土耳其国有发电公司（EÜAŞ）。2001 年土耳其国有输电公司解体后，其发电业务部门重新成立了国有发电公司。其职责是发展煤电联营工作，在土耳其多个褐煤煤田开采的基础上建立燃煤电厂，负责土耳其电力运营。

2. 煤炭相关法律法规

土耳其煤炭行业相关法律法规如图 3－4－8 所示。

采矿相关法规

- 1978 年《国家矿山法》
- 1985 年《采矿法》
- 2015 年《等价合同综合法案》(rödövans contracts)

煤炭安全相关法规

- 1930 年《公共卫生法》
- 2003 年《劳动法》
- 2012 年《职业安全与健康法》

图 3－4－8　土耳其煤炭行业相关法律法规

土耳其现行的与煤炭行业相关的法规有 1930 年的《公共卫生法》、1985 年颁布的《采矿法》、2003 年颁布的《劳动法》、2012 年颁布的《职业安全与健康法》，以及 2015 年颁布的《等价合同综合法案》。

3. 能源政策和产业计划

近几年，土耳其有如下几个煤炭国家项目及政策：

1)“第十个发展计划”中能源部分内容（2014—2018）

土耳其“第十个发展计划”(2014—2018）的目标之一是减少土耳其对进口能源的依赖，其中特别强调了煤炭勘探与开发。该计划旨在提高煤炭开采部门的效率。该规划关于能源和煤炭的主要目标概括如下：

（1）应制定专门的基金方案，用以投资 Afşin－Elbistan 盆地的煤炭储量开发。

（2）应将准备好运营的国有煤矿利用等价合同（rödövans contracts)，使更多的企业投入到煤炭开发工作中。

（3）应增加煤炭勘探工作程度，增加国内煤炭储量。

（4）应增加可提高国内煤炭质量的相关科研活动。

（5）利用国内煤炭的发电厂应有进一步的激励计划，用以提高国产煤炭的利用。

（6）应恢复建立国有热电厂，进一步提高燃煤发电效率，大力发展燃煤技术。

（7）热电厂的剩余能源应用于当地供热和农业活动。

“第十个发展计划”明确指出，政府的目标就是提高国内煤炭在发电中的比重。同时，私营企业在能源生产中将发挥更重要的作用，在煤炭开采行业占更大的比重。

2）燃煤电厂激励计划（2012—2020）

土耳其对国内燃煤电厂实行激励计划，目的是促进国产煤炭燃煤电厂的装机量。具体措施有：煤矿采矿许可证可以拍卖给配套建设燃煤发电的私人公司；满足该国能源需求的战略性煤炭开发项目可以免征公司税（企业所得税）和关税；潜在的优惠政策还包括可以免费租用土地，电费优惠50%，以及省政府提供的工资、保险费和投资贷款贴息补偿。此外，政府还保证电价不低于0.05欧元/(kW·h)，并承诺每年购买6×10^9 kW·h的火力发电。

通过以上激励措施吸引外资来投资开发土耳其的褐煤资源，并用这些褐煤进行发电。土耳其计划在2023年达到90000 MW的总电力装机容量，其中燃煤电厂预计占10%左右。

3）生产力激励项目——TKİ产业计划（2018年至今）

目标：通过提高有效利用率和创新方法来提高煤炭生产力。

具体措施：

（1）进一步解放对参与私营矿山的生产力的限制。

（2）加强对土耳其煤炭企业、团体进行行业标准《生产力能力》和《包括现场应用在内的工作研究技术》的培训。

（3）制定全国煤炭生产力计划。

（4）建立员工建议系统，大力改善煤炭行业人员工作条件。

（5）设计提高生产率的有效工作程序。

（6）建立各煤企生产力检测统计系统。

4.2.3 发展前景

土耳其作为经济快速发展的国家之一，其许多与能源相关的政策都与经济发展密切相关。

土耳其的“第十一个五年计划（2019—2023）”中指出，土耳其将大力发展国内的煤炭行业，并从人员招聘、安全、政策补贴等方面入手，尽可能地将进口煤炭减少到零，从而把握国内发电、工业生产的能源命脉。土耳其的国家能源和采矿政策侧重于利用当地资源实现能源多样化，并将更多的国内煤炭用于增加其总发电量的份额。预计煤炭在土耳其能源结构中，尤其是国内生产的煤炭比例将进一步增长。

4.3 煤炭资源

截至2019年，土耳其现有硬煤探明储量551 Mt、褐煤探明储量10900 Mt。土耳其的煤炭以褐煤为主，94%的储量热含量低于3000 kcal/kg。

土耳其约46%的褐煤位于阿夫欣－埃尔比斯坦煤田（土耳其能源与自然资源部，2014年）。土耳其的无烟煤矿床大部分位于该国西部的宗古尔达克煤田。据土耳其能源与自然资源部估算，该煤田中无烟煤资源量为1316 Mt，其中可采储量为514 Mt。

4.3.1 煤炭资源总量与煤田分布

土耳其无烟煤主要位于宗古尔达克煤田。该煤田在土耳其西北部黑海沿岸的埃雷利与阿马斯拉之间。该煤田的无烟煤资源估计约1300 Mt。无烟煤储量的热值范围在6200～7200 kcal/kg之间。

褐煤煤田遍布全国，褐煤是土耳其最重要的本土能源，已探明储量15.6 Gt。矿床遍布全国，其中最重要的矿床是安纳托利亚东南部的阿夫欣－埃尔比斯坦褐煤煤田，靠近马拉什市。该煤田的经济可采储量估计约7 Gt。索马煤田是土耳其第二大褐煤开采区。土耳其褐煤质量通常很差，现有储量中只有约5.1%的褐煤发热量大于3000 kcal/kg，2005年启动了新一轮的全国能源勘查项目，截止到

2015年，已探明新储量7.38 Gt。

土耳其的煤炭储量较为丰富，截止到2019年，土耳其的硬煤探明储量为551 Mt，褐煤探明储量为10975 Mt。其煤炭探明储量占世界总探明储量的1.10%。

4.3.2 资源管理与政策法规

1. 煤炭储量

土耳其历年煤炭探明储量见表3-4-2。

表3-4-2 土耳其历年煤炭探明储量

年 份	硬煤探明储量/Mt	褐煤探明储量/Mt	总计探明储量/Mt	占世界总量比例/%	储产比/%
2006	278	3908	4186	0.50	66
2007	—	1814	1814	0.20	24
2008	—	1814	1814	0.20	21
2009	—	1814	1814	0.20	22
2010	529	1814	2343	0.30	27
2011	529	1814	2343	0.30	30
2012	529	1814	2343	0.30	33
2013	529	1814	2343	0.30	33
2014	322	8380	8702	1.00	129
2015	322	8380	8702	1.00	125
2016	322	8380	8702	1.00	192
2017	378	10975	11353	1.00	163
2018	378	10975	11353	1.10	115
2019	551	10975	11526	1.10	140

2. 储量管理

截至2015年，EÜAŞ、TKİ和MTA所辖褐煤总资源量为12500 Mt，私营企业所辖褐煤总资源量约为2200 Mt，见表3-4-3。

表3-4-3 企业褐煤资源量分布（2015年） Mt

公 司	可采储量	预可采储量	潜在储量	合 计
EÜAŞ	7872.278	133.706	2.964	8008.948
TKİ	1910.759	184.005	25.030	2119.794
MTA	1974.905	408.350		2383.255
私营部门	2210.552			
总计	13968.494	726.061	27.994	14722.549

根据土耳其法律规定，土耳其的绝大部分煤炭由TKİ、TTK和EÜAŞ生产。然而，在过去的10年中，私营企业参与生产的情况有所增加。通过“róvans contracs”合同（下面统称为“等价合同”），国有企业将部分储量转包给私营企业，生产并销售煤炭。因此，私营企业参与硬煤生产的比例从2000年的6%增加到2014年的29%；参与褐煤生产的份额从2005年的6%增加到2012年的9%。根据最近的土耳其煤炭政策，私营企业开采煤炭的比例可能仍会增加。

3. 采矿法规

土耳其现行的采矿法规有1985年颁布的《采矿法》及2015年颁布的《等价合同综合法案》。

根据土耳其宪法，所有矿山权利均归国家所有。在1985年颁布的《采矿法》中规定，采矿许可证应作为一个整体不能分割，也就是说从当时的法律来说，不允许私营企业开发矿山。因此，虽然可以将煤矿矿石经营权转让给私营企业，但法律上不允许转让所有的采矿权力。

如前所述，土耳其为了促进煤炭产量增长，摆脱国有企业因资金不足导致的采矿效率低下的现状，自20世纪80年代以来，TKİ和TTK分别开始将煤炭开采业务外包给私营企业。直到2014年，索玛矿井的煤炭储量开发合同就是这种等价合同，这些合同使得矿工的煤矿职业安全和健康存在形式大于实质的现象，造成的安全事故引起了广泛的社会关注。政府在2015年规范了这种等价合同的条例，使得等价合同的开发方也有义务保证矿业工业的职业安全与健康。

《等价合同综合法案》的颁布旨在大力引进私营资本进入煤炭开采及燃煤发电市场，促进土耳其煤炭行业快速发展。

4.4 煤炭市场

土耳其是一个纯煤炭进口国，土耳其进口煤炭41.86 Mt，其中炼焦煤5.61 Mt、动力煤31.79 Mt。

4.4.1 煤炭消费

土耳其国土地跨亚欧，人口众多，位于"一带一路"战略重要节点。自20世纪90年代以来，土耳其经济呈现连续高增长态势，位列全球十大新兴市场国家之列，是欧盟第五大经济体。经济快速增长伴随着能源需求的剧烈上升，近年来，土耳其煤炭年需求近亿吨，但土耳其国内的煤炭产量不足，需要大量进口煤炭，是煤炭的纯进口国。自1965年以来，土耳其煤炭消费量一直在增长，年平均增长率约4%，土耳其历年煤炭消费情况如图3-4-9所示。

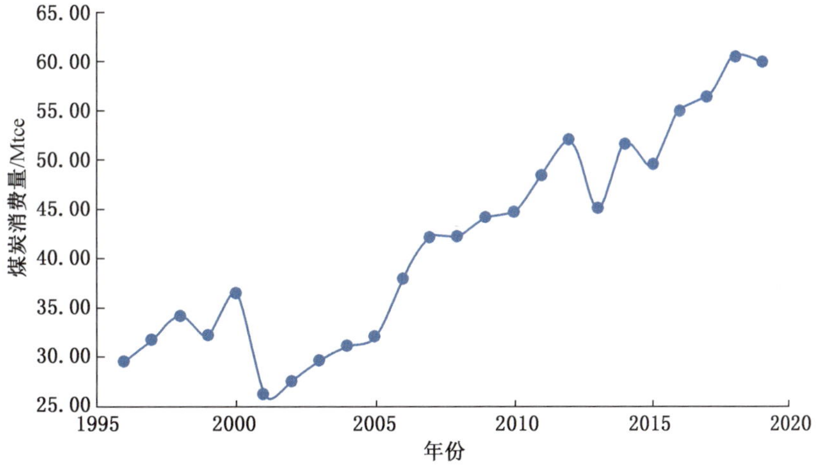

图3-4-9 土耳其历年煤炭消费情况

土耳其煤炭产量随着社会经济状况和国家能源政策的变化而变化，整体上土耳其的煤炭消费量稳步增长，煤炭产量和消费量基本一致。表3-4-4中，2013—2019年煤炭产量波动较大，尽管土耳其总统埃尔多安多次强调要采取政策措施支持本国煤炭产业发展，并对发电用煤征收15美元/t的进口关税，但国内煤炭产量却连续下滑，这也导致土耳其煤炭进口量逐年增加。

表 3-4-4 1996—2019 年土耳其煤炭产量、消费量和增长率

年份	产量/Mtce	增长率/%	消费量/Mtce	增长率/%
1996	17.57		29.57	
1997	18.71	6.50	31.86	7.73
1998	19.86	6.11	34.29	7.62
1999	19.00	-4.32	32.29	-5.83
2000	19.86	4.51	36.43	12.83
2001	18.86	-5.04	26.29	-27.84
2002	16.43	-12.88	27.57	4.89
2003	14.86	-9.57	29.57	7.25
2004	14.43	-2.88	31.14	5.31
2005	16.00	10.89	32.14	3.21
2006	18.86	17.86	38.00	18.22
2007	21.14	12.12	42.14	10.90
2008	23.86	12.84	42.29	0.34
2009	24.86	4.19	44.14	4.39
2010	25.00	0.57	44.86	1.62
2011	25.57	2.29	48.43	7.96
2012	24.29	-5.03	52.14	7.67
2013	22.14	-8.82	45.14	-13.42
2014	23.43	5.81	51.57	14.24
2015	18.29	-21.95	49.57	-3.88
2016	22.14	21.09	55.00	10.95
2017	21.57	-2.58	56.43	2.60
2018	24.29	12.58	60.43	7.09
2019	24.38	0.40	59.94	-0.80

从土耳其煤炭产量和消费量变化趋势来看，1996—2018 年煤炭产量发展平稳，2004 年降到最低点 14.43 Mtce，如图 3-4-10 所示。

土耳其能源和自然资源部一直致力于摆脱土耳其对化石能源严重依赖进口的现状。土耳其为煤炭生产和消费提供了大量支持，向低收入家庭提供煤炭补贴。同时，土耳其对国内煤炭的勘探工作也投入了大量补贴支持。除了这些补贴之外，土耳其政府还针对进口化石能源采取了惩罚性关税政策。尽管土耳其煤炭的生产和消耗逐年攀升，同时政府大力支持国内煤炭行业的发展，但煤炭的开采远不及国内工业的需求。

2018 年，土耳其的煤炭消费量为 60.43 Mtce，其中 18.27 Mtce 的硬煤、16.86 Mtce 的褐煤用于发电和供热。土耳其的燃煤电站消耗的煤炭占全国煤炭消耗的 1/3 左右。究其原因主要是国内经济发展速度不断提高，尤其是电力需求增长过快。显而易见，煤炭是土耳其能源消费的重要组成。造成土耳其国内煤炭生产与消费之间有落差的主要原因是煤炭的生产力远不足以覆盖国内工业生活消耗，尤其是电力资源需求的不平衡。

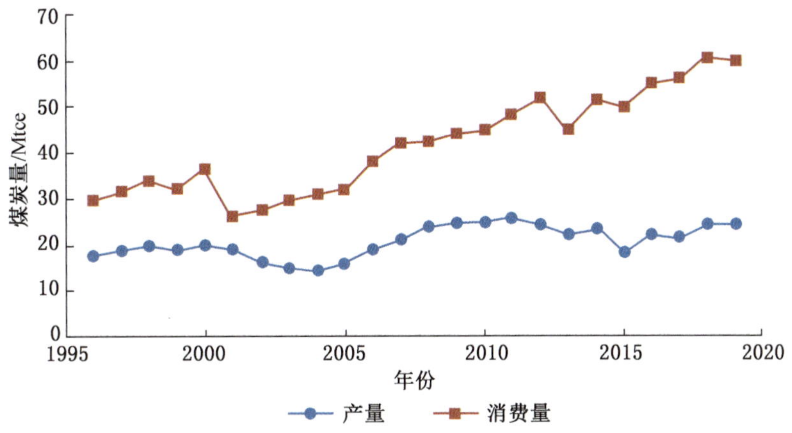

图 3-4-10　1996—2019 年土耳其煤炭产量和消费量

在国内一系列促进煤炭开采的政策下，土耳其有效提高了煤炭的能源开发效率，减少了对进口化石能源的部分依赖。

与此同时，作为《生物多样性公约》的签署国，土耳其承诺到 2020 年逐步淘汰对环境有害的工业补贴，其中包括对煤炭的补贴。但至今为止，燃煤电厂电力仍然是土耳其政府补贴消耗最多的电力来源。褐煤燃煤发电厂获得了多项运营补贴，包括免增值税、抵扣投资成本和减税等优惠措施，并且在 2019 年，土耳其政府发布了新的法案及“2019—2023 五年计划”，计划显示土耳其仍将以多种经济激励措施补贴煤矿开采活动。所以在今后几年，土耳其的煤炭消费量和开采量仍有望继续上涨。

如图 3-4-11 所示，从煤炭生产和消费相对变化情况来看，土耳其煤炭的生产和消费在 2002—2012 年稳定增长。2013 年以后，土耳其煤炭产耗增速发生了较大波动。

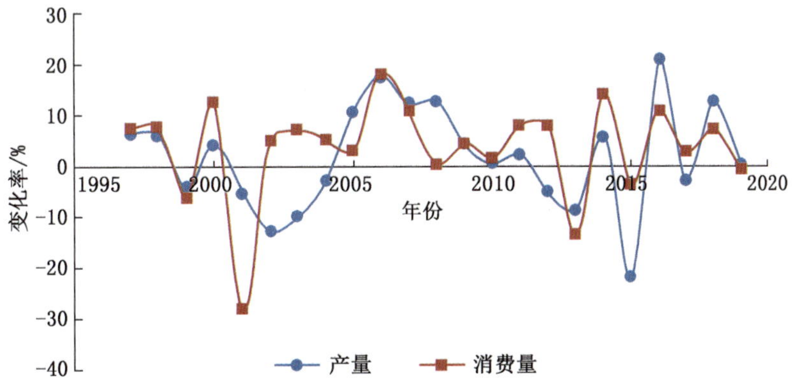

图 3-4-11　1996—2019 年土耳其煤炭产量和消耗量增长率变化趋势

4.4.2　煤炭进口

土耳其作为一个化石能源纯进口国，化石能源的进口额一直是土耳其进口消费的大头。1996—2018 年，土耳其的煤炭（包括褐煤和硬煤）进口额稳定上升，并在 2014 年之后剧烈增长。

1980 年以前，土耳其煤炭进口量很低，但在 20 世纪 90 年代超过了 10 Mt（图 3－4－12），在 21 世纪超过了 20 Mt，2018 年进口煤炭约 38.3 Mt，占世界煤炭进口总量的 3%，花费了 44 亿美元。进口煤炭产生的电力约占全国的 1/4，比本地煤炭产生的电力多。

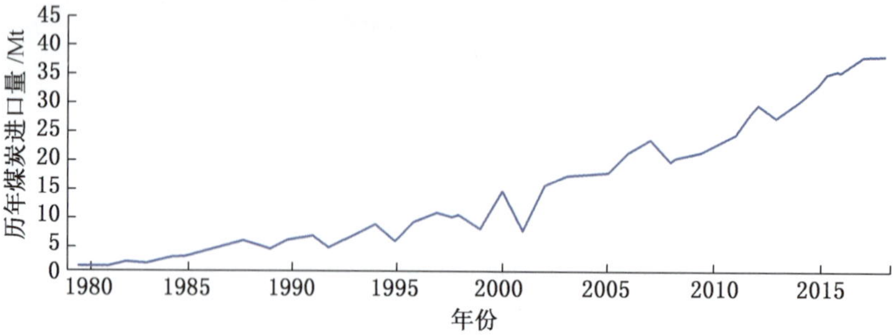

图 3－4－12 1996—2018 年土耳其煤炭进口量变化趋势

2018 年，土耳其最大的煤炭进口国为哥伦比亚，进口煤炭 19.1 Mt，从俄罗斯进口煤炭 12.6 Mt。其他的褐煤进口国为美国、澳大利亚和南非共和国，如图 3－4－13 所示。2019 年，最大的炼焦用煤进口国是澳大利亚，而焦炭则从俄罗斯和中国进口。

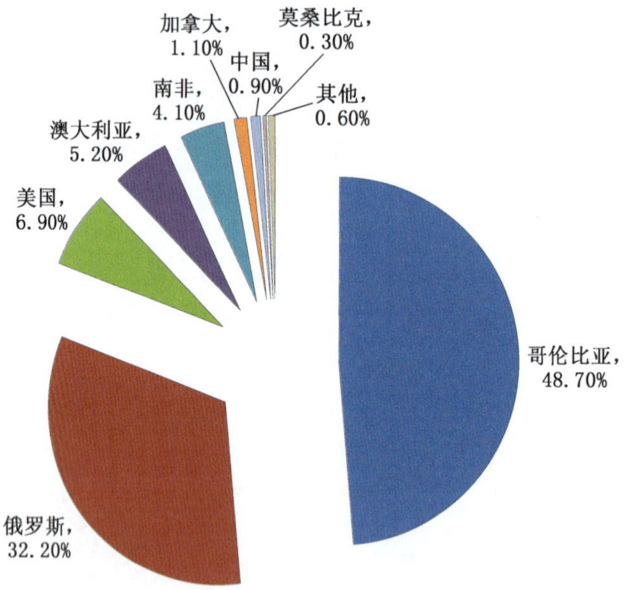

图 3－4－13 2018 年土耳其煤炭进口国家占比

受关税等因素的影响，2019 年土耳其从哥伦比亚进口煤炭 18.42 Mt，同比下降 3%；从俄罗斯进口煤炭 13.83 Mt，同比增长 9%；从美国进口煤炭 3.37 Mt，同比下降 50%。

如图 3－4－14 所示，国内经济发展速度不断提高使得国内煤炭需求量迅速上升，对进口煤炭的需求也逐渐增加，经济发展的态势与煤炭进口额基本一致。

目前土耳其在建火电装机容量规模仅次于中国和印度，由此可以预见，在国内煤炭生产疲软的情况下，土耳其煤炭消费还将继续加大，煤炭进口也可能继续增长。

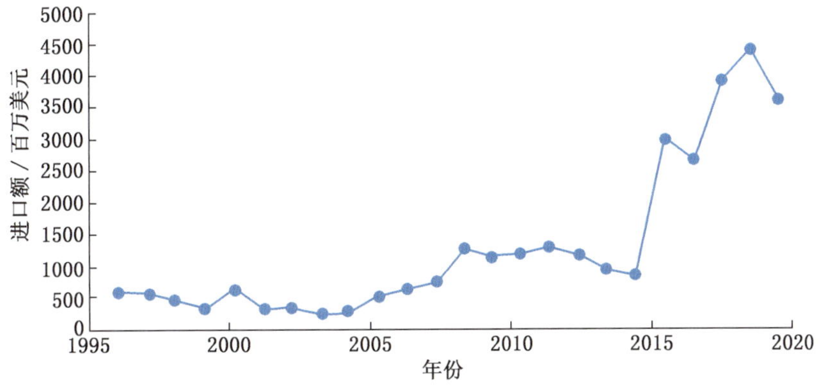

图 3-4-14 1996—2018 年土耳其煤炭进口额

4.4.3 煤炭运输

土耳其煤炭主要用于发电，土耳其的燃煤发电厂都建在煤田附近，甚至与煤矿公司统一管理。

21 世纪，土耳其煤炭消费量大幅度增长主要归因于沿海燃煤发电厂所使用的进口硬煤。其进口煤炭运输主要靠海运运输。到 2020 年塔曼港口建成后，土耳其进口动力煤的来源可能会向俄罗斯倾斜。

4.5 煤炭生产

土耳其的地质状况复杂，煤炭开采历史悠久，很多矿井是老矿井，历史遗留问题比较多。随着煤炭资源的开发，浅部煤炭开发程度较高，现有的优质煤炭储量多在较深的地层。

4.5.1 煤炭生产总体情况

1996—2019 年土耳其煤炭产量（表 3-4-5）变化趋势如图 3-4-15 所示，可以看出，1996—2019 年土耳其煤炭产量逐步上升，在 2011 年达到峰值 25.57 Mtce，近十年产量相对稳定。

表 3-4-5 1996—2019 年土耳其煤炭产量

年 份	产量/Mt	年增长率/%	年 份	产量/Mt	年增长率/%
1996	56.6	—	2008	79.4	5.4
1997	60.3	6.5	2009	79.5	0.1
1998	63.9	6.1	2010	73.4	-7.7
1999	61.2	-4.3	2011	76.0	3.5
2000	63.3	3.4	2012	71.5	-5.9
2001	62.1	-1.9	2013	60.4	-15.5
2002	54.0	-13.1	2014	65.2	8.0
2003	48.6	-10.0	2015	58.4	-10.5
2004	46.4	-4.5	2016	73.0	25.0
2005	60.8	31.0	2017	74.1	1.5
2006	64.3	5.7	2018	83.9	13.3
2007	75.4	17.3	2019	84.0	0.1

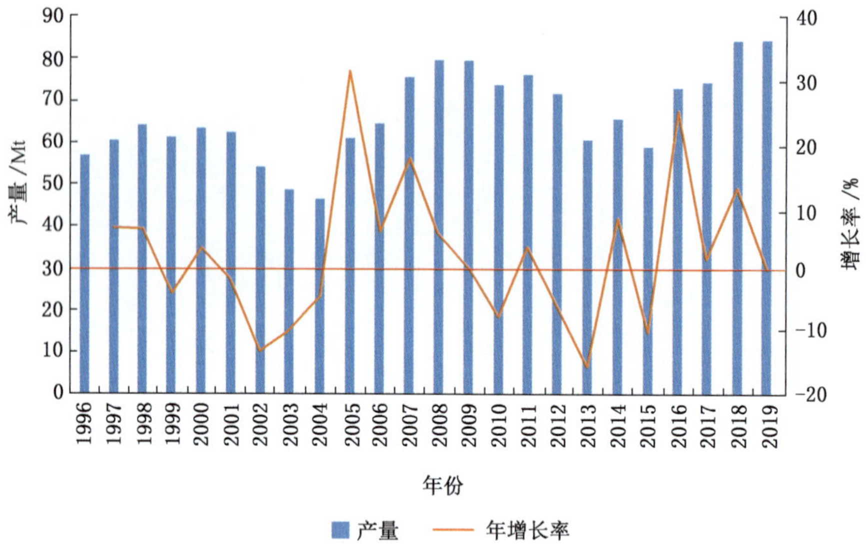

图3-4-15 1996—2019年土耳其煤炭产量与增长率

2018年土耳其可销售煤炭产量共计84 Mt，其中包括81.1 Mt褐煤、1.1 Mt硬煤和1.8 Mt沥青。土耳其硬煤产量如图3-4-16所示，土耳其褐煤产量如图3-4-17所示。自1980年以来，受土耳其硬煤开采条件的限制，随着开采深度的不断加深，其硬煤产量一直在持续下降，到2004年下降到1.9 Mt。此后，因国家工业生产需要，在政府煤炭激励政策等因素的激励下，土耳其硬煤公司大力引进国外先进井工技术与装备，硬煤产量在2009年增加到2.9 Mt。但由于硬煤资源量较低，开采深度较深，瓦斯突出事故频发的原因，2018年硬煤产量下降至1.1 Mt。另外，自1970年以来，随着褐煤企业电力生产投资的开始，土耳其国内褐煤产量一直在提升。1970年，褐煤产量为5.8 Mt，1998年为65 Mt。但此后，由于对国外天然气的进口，褐煤产量受到相应影响，产量持续下降，2004年达到最低水平为43.7 Mt。此后，随着能源消费量的提升，褐煤产量进一步增加，2008年达到76 Mt，但后来又开始缓慢下降。自2016年以来，由于国家激励政策等原因，褐煤产量再次增长，2018年又比2017年增长了13.5%，达到81.1 Mt。

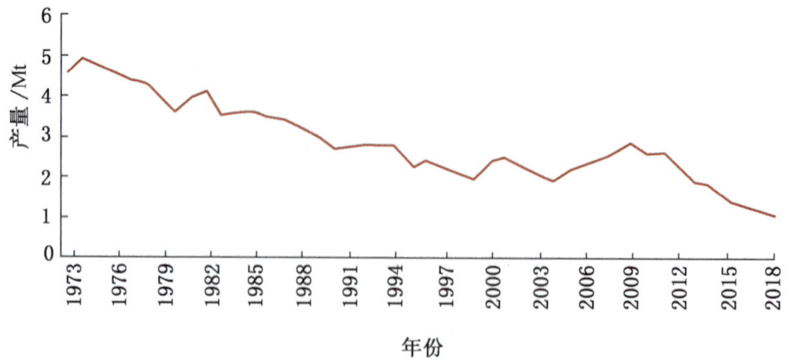

图3-4-16 土耳其硬煤产量

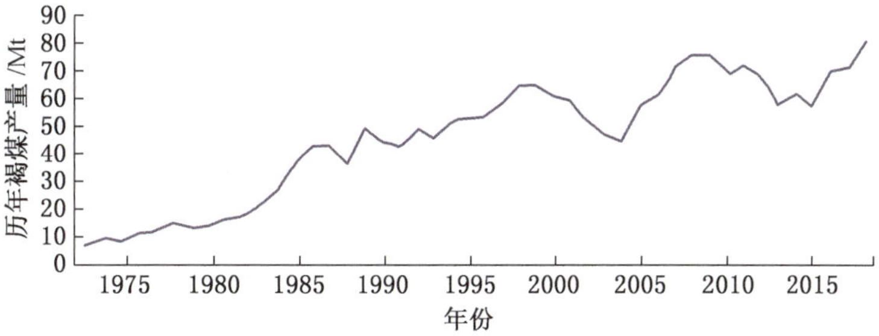

图 3-4-17 土耳其褐煤产量

4.5.2 露天煤矿

土耳其的露天煤矿以新近纪褐煤矿床为主，煤层埋深较浅。2018 年，土耳其是世界第三大褐煤开采国，褐煤产量占世界褐煤产量的 7%，该国近一半的褐煤储量都位于阿夫辛-埃尔比斯坦盆地。土耳其国内褐煤煤田包括埃尔比斯坦、屈塔希亚的 Tavsanli、伊内兹、马尼萨、İnağzı-Bağlık 和 Gediz。主要褐煤矿山包括塔维萨尼（Tavşanlı）的通塞比莱克（Tunçbilek）煤矿、爱琴海南部的亚塔甘（Yatağan）煤矿、穆拉的 Yeniköy 煤矿和屈塔西娅的 Seyitöme 煤矿。土耳其的褐煤具有高硫、高灰分、高水分和挥发性成分的特征。

土耳其有 130 个褐煤露天煤矿，煤层厚，埋藏浅，褐煤露天煤矿遍布全国各地，由国营公司和私营公司开采。2013 年，TKI 公司下辖的露天煤矿中，68% 是国营部门生产，剩下的 32% 为私营企业开采。

土耳其的褐煤露天矿主要采用单斗挖掘机-汽车开采工艺，有些矿采用索斗铲倒堆开采。露天矿的剥离一般需要钻孔爆破。主要产区埃尔比斯坦煤田岩性松软，采用轮斗挖掘机-带式输送机连续开采工艺，该矿区褐煤产量占土耳其褐煤总产量的 44%。土耳其露天采矿作业的规模降低了褐煤的生产成本，使其与进口能源相比具有竞争优势。土耳其的褐煤产量大部分集中在露天矿，但露天矿的储量动用程度较高，为了维持接下来的能源需求，土耳其政府鼓励私营企业参与井工煤矿的开发。

4.5.3 井工煤矿

土耳其的主要硬煤储量和部分褐煤储量埋深较深，需要采用井工生产，土耳其的井工生产历史悠久，但技术相对落后。

1. 硬煤井工开采

硬煤开采已有 150 年的历史，目前由土耳其无烟煤公司（TTK）经营，亏损依赖国家补贴。主要产区为宗古尔达克，宗古尔达克盆地每年产出无烟煤 2 Mt 左右，产量的 50% 为炼焦用煤，煤质较差；其余产煤为动力煤，热值偏低，为 4000～6000 kcal/kg，硫分和挥发分较高。土耳其国内的无烟煤来源有限，尽管煤炭等级偏低，为焦煤、半焦煤，但是土耳其还是投入了大量的人力和资源来开发宗古尔达克煤田的煤炭。

宗古尔达克煤田是土耳其唯一的无烟煤开采地区，其地质结构非常复杂，几乎不可能进行机械化的煤炭生产，很多矿区需要采用劳动密集型采煤法。部分矿区采用传统的壁式开采法，工作面支护采用带金属顶梁的单体液压支柱。事实上国有 TTK 公司垄断了无烟煤的生产、加工和分销，TTK 在宗古尔达克煤田运营 5 个井工煤矿（Kandilli 煤矿、Amasra 煤矿、Karadon 煤矿、Kozlu 煤矿和 Üzülmez 煤矿），2015 年生产了约 1.5 Mt 可销售商品煤，为土耳其工业市场提供了丰富的火力发电厂供应动力煤。土耳其 5 个硬煤井工矿的历年煤炭产量如图 3-4-18 所示。

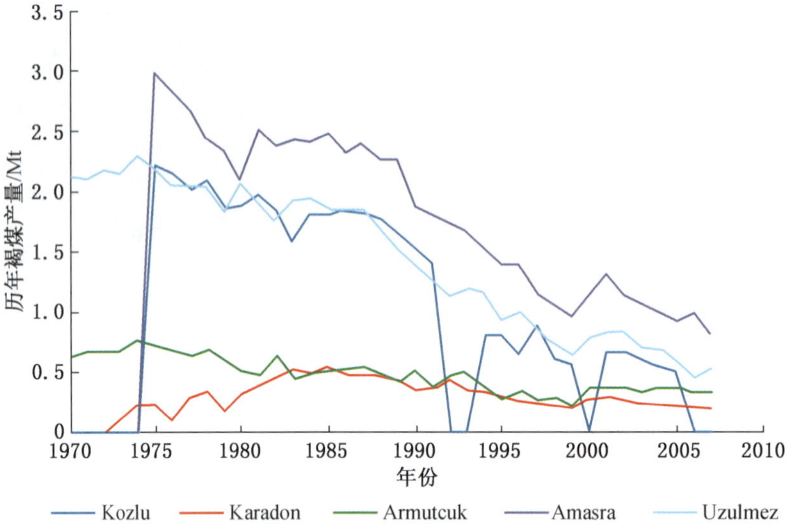

图3-4-18　土耳其5个硬煤井工矿的历年煤炭产量

土耳其的硬煤资源仅限于黑海西北海岸的一个相对较小的地区。煤系由大量高瓦斯煤层组成。由于强烈的断层作用和倾斜达90°的地层褶皱，地质构造复杂，开采条件困难，无法采用机械化采矿方法，取而代之的是劳动密集型法。对于倾角大于45°、煤层厚度大于2 m的急倾斜煤层，采用高压空气破碎法。可销售煤炭产量约占矿山总产量的80%。到2015年，Armutcuk和Kozlu最深的开采水平在-500 m左右，Karadon在-350 m左右。地质条件复杂，瓦斯含量高，是限制土耳其硬煤开采的主要因素。

2. 褐煤井工开采

随着土耳其煤炭缺口的加大，部分褐煤因煤质、井工开采条件相对较好，也采用了井工开采。

为开发安卡拉西北125 km的查耶尔汉褐煤田，土耳其帕克股份公司与德国萨尔技术公司合资，成立了帕克技术公司，帕克股份公司拥有85%的股份，萨尔技术公司拥有15%的股份。该项目总投资1.6亿马克（1.1亿美元），这是土耳其第一座由私营公司经营的煤矿。该矿为井工矿，采用综合机械化开采，计划布置3个综采工作面，设备由德方提供。

4.6　煤炭安全生产与职业健康

目前土耳其有煤矿400余个，0.1 Mt以上的煤矿约有50个，0.1 Mt以下的煤矿有350多个；大部分煤矿都没有安装安全监控系统，目前运行的煤矿设备都是在20世纪80年代从日本进口的。设备严重老化、瓦斯灾害严重，再加上对安全工作的监管不到位，导致前几年煤矿事故频发，如2010年卡拉洞煤矿瓦斯爆炸死亡30人，2010年巴勒克埃西尔省煤矿瓦斯爆炸死亡17人，2013年TTK公司所属的KOZLU煤矿瓦斯爆炸死亡8人，2014年索玛矿难死亡302人。

这些事故促使土耳其政府采取了一系列煤矿安全措施，在2014年索玛矿难发生后，除了修订了相关的法律外，还强制推广各种煤矿安全系统。但根据国际劳工组织发布的数据来看，土耳其采矿业的死亡人数在2014年以后仍然没有改善。

4.6.1　安全生产与职业健康总体情况

1. 煤矿安全生产情况

土耳其煤炭生产占国内能源生产的40%以上，几乎所有国内开采的煤炭都是褐煤，而工业生产所需的煤炭基本上依赖于进口。同时，土耳其的煤矿地质条件较复杂，优质煤炭的埋深较深，这也导致了土耳其煤矿生产活动风险较大，煤矿事故频出。根据伊斯坦布尔政策中心估计，在土耳其，煤矿每年至少会导致2800人过早死亡、63.7万个工作日的损失以及36亿欧元的额外费用。这个死亡人数包括矿山事故、采煤活动导致的工人职业健康疾病影响。

1980—2019年，土耳其的煤炭产量整体平稳增长，煤矿安全生产情况有所改善，采矿和矿石业事故死亡人数在1980—2016年整体呈下降趋势（图3－4－19）。1980—2016年，采矿和矿石业事故死亡人数从395人下降到83人，下降了79%，而且采矿和矿石业事故死亡人数占全国职业事故死亡人数的比值由1980年的30%左右下降至2016年的6%（表3－4－6）。

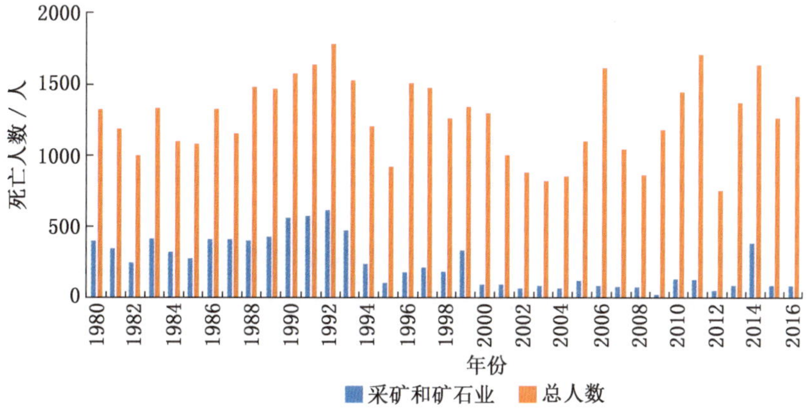

图3－4－19　土耳其历年采矿和矿石业事故死亡人数和总事故死亡人数（1980—2016年）

表3－4－6　采矿和矿石业事故死亡人数与所有行业事故死亡人数对比（1980—2016年）

年份	采矿和矿石业/人	总人数/人	比例/%	年份	采矿和矿石业/人	总人数/人	比例/%
1980	395	1320	30	1996	177	1492	12
1981	345	1173	29	1997	205	1474	14
1982	246	988	25	1998	179	1252	14
1983	412	1324	31	1999	328	1333	25
1984	317	1097	29	2000	93	1291	7
1985	274	1075	25	2001	96	1008	10
1986	406	1321	31	2002	69	878	8
1987	402	1149	35	2003	82	811	10
1988	400	1475	27	2004	68	843	8
1989	427	1459	29	2005	121	1096	11
1990	554	1565	35	2006	80	1601	5
1991	575	1631	35	2007	77	1044	7
1992	610	1776	34	2008	66	865	8
1993	471	1516	31	2009	20	1171	2
1994	239	1191	20	2010	125	1444	9
1995	99	919	11	2011	117	1700	7

表3-4-6（续）

年份	采矿和矿石业/人	总人数/人	比例/%	年份	采矿和矿石业/人	总人数/人	比例/%
2012	44	744	6	2015	79	1254	6
2013	87	1362	6	2016	83	1406	6
2014	382	1629	23				

2. 事故和死亡率

根据国际劳工组织2016年土耳其报告，土耳其煤矿安全有如下几个特征：

（1）死亡率较高，尤其是每单位能源死亡率较高。

（2）从年份上来说，死亡率波动较大。

（3）与其他主要产煤国相比，土耳其煤炭工业死亡率没有随着全球科技的进步而下降。

（4）自1995年以来，除Gediz地区Kütahya煤矿为国营企业事故以外，所有的10人及以上重大死亡事故均发生在私营煤矿。

（5）土耳其仍有很大的能源缺口，政府依旧希望通过煤炭增产来解决土耳其能源问题。

1）死亡率偏高

与世界其他主要煤炭生产国相比，土耳其每百万吨煤炭的死亡人数非常高。与我国相比，2009—2012年，我国每百万吨煤炭平均死亡人数为0.775人，土耳其每百万吨煤炭平均死亡人数为0.468人。2007—2012年每百万吨煤炭死亡人数见表3-4-7。

表3-4-7 2007—2012年每百万吨煤炭死亡人数　　人

年　份	美　国	土耳其	印　度
2007	0.02	0.46	0.13
2008	0.02	0.34	0.15
2009	0.01	0.03	0.13
2010	0.04	1.06	0.18
2011	0.02	0.66	0.11
2012	0.02	0.26	0.11

2）死亡率特征分析

2007—2012年，土耳其的煤矿死亡率波动大。2009年的土耳其每百万吨煤炭死亡人数为0.03人，与同年的美国相近。而紧接着2010年，土耳其的百万吨煤炭死亡人数为1.06人，高于我国同年煤矿死亡率。因此，土耳其煤矿死亡率比其他国家更不稳定。

同时，与其他主要煤炭生产国相反，土耳其的煤矿死亡率并没有很好的控制手段。2000年以来，中国等发展中国家的煤矿死亡率逐渐降低，但土耳其的煤矿死亡率仍旧很高。虽然土耳其官方没有公布历年的煤矿死亡人数，但土耳其私营煤矿有关事故的新闻依旧较为频繁。这种情况到2014年索玛矿难发生后，随着一系列法规的执行，土耳其的煤矿安全生产情况得到一定的改善。

3）1983年以来土耳其重大事故

在土耳其国有矿山私有化过程中，发生了很多次重特大煤矿事故，见表3-4-8。

表3-4-8 1983年以来重大煤矿事故（10人以上）统计 人

发生地区	日期	事故原因	死亡人数	经营场所
KoZlu Zonguldak	1983年3月7日	瓦斯爆炸	103	私营企业
KoZlu Zonguldak	1983年4月10日	瓦斯爆炸	10	私营企业
阿马西亚煤矿 叶尼·切尔塔西州	1990年2月7日	瓦斯爆炸	68	私营企业
KoZlu Zonguldak	1992年3月3日	瓦斯爆炸	263	私营企业
Sorgun Yozgat	1995年3月26日	瓦斯爆炸	37	私营企业
Ermenek Karaman	2003年11月22日	瓦斯爆炸	10	私营企业
Gediz Kütahya	2005年9月8日	瓦斯爆炸	18	国营企业
Balıkesir Dursunbey	2006年6月2日	瓦斯爆炸	17	私营企业
Bursa M. Kemalpaşa	2009年12月10日	瓦斯爆炸	19	私营企业
Balıkesir Dursunbey	2010年2月23日	瓦斯爆炸	13	私营企业
Zonguldak Karadon	2010年5月17日	瓦斯爆炸	30	私营企业
Kahramanmaraş Elbistan	2011年2月10日	巷道塌陷	11	私营企业
Manisa Soma	2014年5月13日	瓦斯爆炸/矿井火灾	302	私营企业
Karman Ermenek	2014年10月28日	矿井水害	18	私营企业

4.6.2 法律法规与监管体系

针对土耳其化石能源资源匮乏的现状，土耳其政府大力鼓励私人开采煤矿，以解决资源匮乏的问题。土耳其政府计划未来新增的煤炭产量主要用于发电，以满足其经济增长需求。

1. 煤矿安全生产法律法规发展史

（1）19世纪末，发布了采矿行规。

（2）1869年，奥斯曼帝国时代的第一版采矿法颁布。

（3）1921年，新生的土耳其大国民议会制定了《哈夫扎伊法米米耶（煤炭盆地）工作法》，这是土耳其最早的保护采矿工人权力的法律之一。

（4）1930年，议会颁布了《公共卫生法》，并根据该法第180条规定，雇佣50名及以上工人的工作场所的所有者有义务雇佣一位医师确保工人的人身安全。

（5）1936 年，3008 号劳工法继续改善与职业安全相关的问题，还有相关的 931 号、1475 号劳工法。

（6）2003 年 3 月 6 日，政府通过了 4857 号劳动法，对职业安全的概念有了全新的定义。

（7）2012 年 6 月 30 日在政府公报上发布了 6331 号法律，该法律首次规范了职业的“健康”和“安全”的定义范围，也就是土耳其《职业安全与健康法》。《职业安全与健康法》中规定了雇主的相关义务：任何雇主都有义务确保雇员的健康和安全权益，雇主应当采取有效的预防措施，防止工作场所发生安全事故。

（8）2015 年 1 月 1 日，索玛矿难发生后，土耳其议会通过了煤矿开采安全方面的《综合法案》，主要包括：煤矿爆破工人的退休年龄从 55 岁下降到 50 岁；强制执行工人带薪假、年假及安全教育课程；矿工每周工作时间不得超过 36 h，所有的煤矿雇主必须确保他的工人充分行使他们的权力等。

2. 现行土耳其《职业安全与健康法》及其内容

土耳其与职业安全和健康有关的基本法律是第 6331 号《职业安全与健康法》和第 4857 号《劳动法》。《职业安全与健康法》规定了雇主、工人与职业安全、健康相关的一般职责和责任，由国家职业健康安全委员会（NOHSC）进行监督管理。《劳动法》第七章规定了矿山检查和行政处罚的相关规定。《劳动法》第四章规定了矿山工作安排等条款，如工作时限等与矿工息息相关的问题。

根据欧盟第 89/391 号指令和第 155 号公约，土耳其对《职业安全与健康法》进行了重新描述，扩大了职业安全和健康规定的范围，涵盖了公共和私营部门的所有行业和工作场所、人员，包含了这些工作场所的雇主及其代表，以及包括学徒和实习生在内的所有工作人员。法律规定了基于风险评估的职业安全与健康预防政策方法，旨在确保工作场所职业安全与健康的状况可以持续改善。同时，为了确定职业安全与健康服务的需求，工作场所分为 3 类危险级别。法律进一步规范了该制度的实施办法，以确保所有企业职工都能获得职业安全与健康专业知识培训。职业安全与健康专家（OSE）和职业医师（OPH）将根据法律规定内容为员工提供专业知识。

如果矿山等危险行业不进行风险评估，政府有权利要求其暂停作业。同时，矿山雇主应定期检查工人的身体健康，并对职业事故和疾病进行记录。雇主必须为急救、消防、人员疏散，以及完成应急情况做准备（并提供相关培训）和应急计划。工人应享有建议权，雇主选举或挑选的工人代表积极参与职业安全和健康事务。

50 人或以上工人的企业需要设立职业安全和健康委员会，雇主需要积极处理委员会的要求。雇主有义务将职业安全及健康的权利和义务告知其工人，并对工人进行入职期间的职业安全培训，而且在雇用期间，定期向他们提供职业安全和健康的相关训练。工人有权（在不损失工资或有任何其他制裁的情况下）离开对其安全和健康存在严重危险的工作场所。对于有多个雇主的工作场所，雇主之间必须协调职业安全与健康活动。

《职业安全与健康法》和《劳动法》规定煤矿矿山雇主有如下义务：

（1）对矿山进行风险评估。

（2）采取一系列必要的安全和健康措施。

（3）确保工作符合法律相关规定。

（4）对雇员提供职业安全与健康的培训。

（5）对雇员进行健康检测记录。

（6）提供职业安全与健康服务。

（7）50 人及以上的矿山，雇主应主持建立职业安全健康委员会。

(8) 雇主应任命一名工人为工人代表，监督雇主是否遵守职业安全和健康相关规定。

(9) 矿山应聘用相关技术人员和监理。

(10)"等价合同" 分包雇佣的相关补充规定。

3. 土耳其煤矿安全监管体系

2009 年，土耳其设立灾难与紧急情况处理部门（AFAD），负责在土耳其采取有效的应急管理和民防措施，负责灾难风险管理、灾难应急和事后恢复工作。AFAD 是在发生突发事件时唯一负责反应的组织。

除应急管理外，职业安全和健康方面的主管部门是劳动和社会保障部（MoLSS），基于国家职业安全和健康法律对采矿企业分别进行监管和实际检查，这些政府部门成为对采矿日常监管和突发性事件应急反应较为全面的安全监管体系。

除了政府设立的部门外，土耳其的煤炭企业也在煤矿安全监管体系中占有重要的地位。土耳其的煤炭企业主要有两家国营企业土耳其无烟煤公司（TTK）、土耳其褐煤公司（TKİ），以及其他小型私人煤炭企业。TTK 和 TKİ 基本覆盖了土耳其的煤矿，这两家公司同时负责煤矿监察和煤矿开采工作，公司常设专职的矿山救护队。

除此之外，还有土耳其矿工联合会，土耳其劳工组织作为行业工会保障煤矿工人的安全权益。

4.7 煤炭与环境

土耳其的空气污染问题是国内最致命的环境问题之一，每年约有 30000 人死于与空气污染有关的疾病（Temiz HavaHakki，2019）。空气污染在土耳其大型城市地区尤为显著，特别是伊斯坦布尔、安卡拉等地区。几乎所有城市人口的微粒物排放量都高于欧盟和世界卫生组织的建议值。

空气污染物的来源主要有交通、住宅供暖与燃煤电站。截至 2018 年，土耳其首都安卡拉的低收入地区家庭仍在用煤炭取暖。同时，据地中海绿色和平组织统计，欧洲健康风险最高的电厂都在土耳其，分别是埃夫辛－埃尔比斯坦燃煤电厂、索马燃煤电厂。土耳其高排放率的主要原因之一是燃煤电站得到的政府补贴，这使得最近几十年土耳其燃煤电站废气污染物排放量迅速增长。虽然土耳其也大力投资改善能源高效利用与可再生能源等，但相比快速增长的排放量也是捉襟见肘。

21 世纪初期，土耳其人民越来越意识到粗放的煤炭工业对国民健康的损害，但经济发展的制约无法让土耳其工业摆脱其对煤炭的依赖。

4.7.1 煤矿环境治理

土耳其的主要煤矿区环境问题涉及以下两个方面：燃煤电厂的环境污染、褐煤露天开采的环境污染。

(1) 对于矿山环境的治理，土耳其采取了土地复垦等一系列有效的措施。TKİ公司对部分废弃露天矿山进行了植被恢复，在专家的帮助下，在废弃矿山地区种植了橄榄树田。截至 2018 年底，共种植 850 万颗植物，占地面积 5133 hm^2。

(2) 对于燃煤电厂的环境污染，政府在环境法律法规中规定了相关政策，并在 2019 年开始强制生效。这些政策包含发电厂的烟气排放必须达到现行法律法规的限值、所有烟气应当进行脱硫处理，否则政府有权责令电厂整改。

但事实上，这些整改监管工作并没有切实运行，土耳其使用的燃煤发电厂大部分并没有采取环境保护措施，即使有相应的保护措施，电厂为了节省发电成本，很多也选择不运行现有的过滤装置和烟气脱硫设备。

4.7.2 煤炭清洁高效利用

土耳其是《联合国气候变化框架公约》的缔约国，虽然没有加入《巴黎协定》，但在《巴黎协定》的框架内提交了预期的国家自主贡献情况（INDC），目标是到 2030 年排放量从目前的常规水平减少 21% 。

土耳其煤炭生产造成的污染已经引起了当地社会的广泛关注，但土耳其政府仍在积极推进土耳其国产煤炭占国内能源结构的比例，这必然导致政府对煤炭的清洁、高效利用技术的重视。因此土耳其能源和自然资源部以及环境保护部门专门出台了高效利用煤炭、保护环境和应对气候变化的政策，即洁净煤技术政策。

主要措施有：煤炭技术升级——提高选煤能力，提高洗选厂技术升级；通过煤炭生产商、国家科研单位和欧盟的资金支持，参与国内外洁净煤技术的技术开发示范研究，同时减少对国外高科技进口的依赖；排放控制技术——对褐煤电厂采用新的排放方式，减少有害气体排放；褐煤气化项目；CCS 项目。

洁净煤技术现有项目有两个：

（1）Tuncbilek 气化炉，由 TKİ 公司承担，目标是生产天然气，并捕获二氧化碳。

（2）索玛地区 1100 kW · h CBTL 电厂，由 TKİ 公司承担，目标是煤炭液化，捕获二氧化碳。

4.8　煤炭科技创新与研发应用

4.8.1　煤炭科技发展现状与科研体系

MTA 总局是能源和自然资源部下属的研究机构，提供采矿业发展所需的所有信息，该部门具有法人资格，须遵守 1935 年制定的相关法条以及编号为 2804 的特别法条。

根据《矿业法》第 3213 号第 18 条和第 47 条的规定，MTA 总局研究土耳其经济矿产，在没有许可证的情况下对所有矿业领域进行勘探活动。MTA 总局根据能源和自然资源部以及国家计划组织批准的“投资与产业计划”，在全国各地开设了地方分部，在全国更好地进行矿产能源勘探项目。

MTA 总局工作范围：矿物勘探项目、地质、地球物理学研究、测绘和数据库建立、水文地质研究、地热研究、地球化学、地壳研究、海洋研究、环境研究、断层地震构造研究、大都市区地质研究、钻探金刚石核心研究，建立相关实验室和技术，引进国外先进技术和合作项目。

土耳其科学技术研究理事会（TUBITAK）于 1963 年成立，是管理、资助和土耳其各研究机构的领导机构，为土耳其研究人员提供技术支持。土耳其最高科学技术委员会（SAST）是土耳其国家政策的研究中心，TUBITAK 是该最高研究中心的咨询机构。

土耳其的高校设置了相对完善的矿业类院系，为土耳其的煤矿行业提供了大量人才。其中较为突出的有 Istanbul Technical University Faculty of Mining 伊斯坦布尔科技大学矿业学院、TMMOB Chamber of Mining Engineers。

4.8.2　技术与装备

土耳其的煤炭装备工业并不完善，土耳其的采煤技术和装备往往都是从国外引进的。相对于其他主要产煤国来说，土耳其煤炭储量并不算丰厚，而且露天矿的开采程度较高，为了更好地获得煤炭资源量，势必进行深部开采，这推动了土耳其对国际先进煤炭开采技术的需求。土耳其引进的外国煤矿技术有如下几个例子：

（1）中国煤炭建设集团（CCCG）与土耳其硬煤公司 TTK 合作，在 Zongulad 煤矿进行了煤炭开发设计。针对煤矿地质情况设计了相应的采煤办法，提供了配套的采煤机械。中煤五建是国内首家走出国门的煤炭施工企业，先后在土耳其承建了土耳其卡拉硐煤矿、库兹鲁煤矿、艾尔麦德煤矿。中煤三建在 20 世纪 90 年代开始进入土耳其项目市场，主要经营矿井矿建业务。

（2）徐州矿务集团有限公司于 2018 年起进入土耳其煤矿市场，利用自身技术优势及管理经验，开展煤矿工作面生产运营业务，尝试开拓土耳其煤矿项目市场。

(3) 郑煤机已与多家土耳其煤炭企业合作，提供高质量综采工作面设备，包括液压支架、刮板输送机等，为我国煤炭装备制造企业的国际化发展树立了标杆。

(4) 德国 DMT 集团与索玛地区 Polyak Eynez 矿业公司合作，开发了土耳其最深的煤矿，开采深度为 900～1000 m，采用长壁放顶煤方法（LTCC）。

4.9 主要矿业公司简介

4.9.1 TKİ——土耳其煤炭企业联合会

TKİ建立于 1957 年，是土耳其国营褐煤生产公司。TKİ拥有广泛的国际网络，与煤炭相关的研究机构、组织、董事会、大学、公司进行合作。截至 2018 年底，TKİ所辖煤田褐煤储量为 213Bt，占土耳其总褐煤储量的 23%，供生产煤炭 30 Mt，其中露天采煤 16 Mt，井工采煤 14 Mt，为国内提供了 20 Mt 商品煤。其中 12.6 Mt 为动力用煤、7.4 Mt 为工业及供暖用煤。TKİ 及其承包方共雇佣员工 17313 人，其中 TKİ 自身员工 4386 人、承包商雇佣员工 12927 人。

TKİ的主要井工矿山情况如下：

(1) Tuncbilek 地区。Ömerler U/G 煤矿（GLİ），开采方为 TKİ，完全国有，可采储量为 1 Mt，矿工 600 人，开采方式为长臂采煤法，该煤矿瓦斯含量较低。

(2) Soma Eynez 地区。Soma Eynez 煤矿，开采方为私营企业（IMBAT），到 2019 年为止已开采煤炭 6.8 Mt，矿工 5600 人，瓦斯含量为 1 m^3/t，开采方式为切片/多层长壁采煤法。

Soma Eynez East 煤矿，开采方为私营企业（Demirexport－Fernas），可采煤共 4.2 Mt，矿工 1054 人，瓦斯含量为 0.78 m^3/t，开采方式为长臂采煤法。

4.9.2 TTK——土耳其无烟煤联合会

TTK 成立于 1983 年，负责运营土耳其所有的无烟煤煤矿。到 2018 年为止，共计开采了 1.3 Gt 的烟煤、炼焦煤和非焦煤，2018 年产量约 1.1 Mt。该企业从事国内无烟煤的勘探、生产和销售。私营企业销售煤炭仅占煤炭产量的 8%，硬煤的 35% 由签订等价合同的私营公司开采。TTK 事实上垄断了无烟煤的生产、加工和分销，TTK 在宗古尔达克含煤盆地运营有 5 个井工煤矿。

受土耳其无烟煤开采条件的制约，土耳其的硬煤产量一直在下降，为了增加土耳其的硬煤产量，从 2005 年开始，土耳其的硬煤开采开始以等价合同的方式转让给私营部门。这一政策实施后，到 2009 年，硬煤产量保持稳定增长。由于土耳其无烟煤复杂的地质条件，加上进口硬煤价格的下降，从 2009 年开始，土耳其的硬煤产量不断下降，到 2018 年为止降至 1.1 Mt，创下历史最低水平。

4.9.3 EÜAŞ 国有发电公司

2001 年，土耳其国有输电公司解体，其中发电业务部分成立为国有发电公司 EÜAŞ，EÜAŞ 成立的目的是按照国家的能源和经济政策发电，该公司生产的褐煤供发电厂自用。

4.10 对我国煤炭工业高质量发展的启示

土耳其是一个能源较为匮乏的国家，严重依赖进口能源。土耳其煤炭工业发展情况相对我国来说较为落后，其煤炭政策、煤炭工业现状对我国煤炭工业有如下启示：

(1) 土耳其拥有极为特殊的地缘条件，它连接着欧洲、亚洲，邻近世界上的主要能源消费地区和能源生产地区，是重要的能源通道国家。我国的“一带一路”“丝绸之路”等计划包含了土耳其在内的许多国家，应当进一步推进这些政策的落实，进一步打开我国能源与其他商品的进出口途径。

(2) 土耳其的煤炭资源开发以露天矿为主，同时，土耳其的煤矿事故多发生在井工矿。此外，相对于井工开采来说，露天矿资源利用充分、产量相对较大、劳动生产率高、成本低、劳动条件好、生产条件相对安全，大力发展露天矿开采，可以有效减少煤矿安全事故，提高资源开采效率。

（3）我国应与土耳其加强煤炭工业方面的合作。我国煤炭资源丰富，煤炭在我国的能源结构中长年占据主导地位。我国的煤炭开采技术、开采设备与运营管理经验都处于世界领先地位。我国的煤炭开采团队有丰富的经验和相对领先的技术，在能源结构调整的当下，过剩的从业人员和国际先进的开采技术、装备可以向外输出。我国应抓住土耳其当下的煤炭政策，在煤炭开发工艺、煤炭开采装备、高效燃煤发电等方面进行大力合作，出口采煤设备、监测监控煤炭生产设备、洁净煤技术和先进的燃煤发电技术。

5 英国煤炭工业

英国是最早实现工业化的国家，也是世界经济强国，GDP 总量位居世界前列。英国经济结构走过了以重工业、制造业为主到以服务业和金融业为主的转变，进入 21 世纪，数字经济在国民经济中的占比逐年增加。

英国煤炭勘探程度较高，全面精细的勘探为矿产规划局进行煤炭开发提供了丰富的地质资料。英国煤炭开采历史悠久，曾经是欧洲及世界的产煤大国。19 世纪中叶，英国煤炭产量占世界总产量的 2/3，1913 年开采量达到 287 Mt 的历史最高水平。20 世纪 30 年代的世界资本主义经济危机使英国煤炭工业遭受沉重打击，虽然英国出台了一系列法律法规和优惠政策，但仍然没有改变煤炭工业下滑的趋势。第二次世界大战结束后，随着经济恢复和城市重建，英国煤炭工业进入第二个春天，但随着中东等地廉价石油大量涌入国际能源市场，英国北海油田的开发和英国能源战略向新能源转移，英国煤炭工业的占比进一步萎缩，大量煤矿关闭，英国煤炭产业政策由给生产煤矿补贴向扶持煤矿区经济转型转变。进入 21 世纪，虽有部分时期因煤炭紧张导致煤矿关闭后又重新开采情况发生，但总体上英国煤炭工业进入夕阳产业。2019 年英国煤炭产量仅为 2. 17 Mt，较 2009 年下降 87. 9%，比 1990 年下降 97. 7%。受国内开采成本增加和便利运输条件的影响，英国煤炭消费主要依靠进口，进口国主要有俄罗斯、美国、哥伦比亚和澳大利亚 4 个国家。

英国一向重视煤矿安全和煤炭环境问题，英国是世界上煤矿安全生产水平较高的国家之一，无论是安全技术还是安全管理，英国都处于世界领先水平。此外，英国非常重视煤炭行业环境保护，英国先后颁布了《大气清洁法》《环境污染控制法》《环境保护法》和《气候变化法》等多项法规来加强解决因使用煤炭而引起的环境污染问题，如控制煤炭燃烧量、提高煤炭利用率和清洁化利用等。此外，英国也加入了《气候变化框架公约》和《京都议定书》等国际环保公约。自 20 世纪 90 年代初以来，英国为解决燃煤发电造成的碳排放所造成的环境污染，一直在积极推进 CCS（碳捕集与封存）产业发展，不断加强对 CCS 发展的战略部署，逐步建立相关管理体制和工作机制，完善配套的政策体系，并以电力行业为 CCS 技术的主要未来应用市场，推进培育涵盖捕集、运输、封存和利用等各环节的完整产业链。在确保能源供应安全的前提下，为解决好煤炭老工业区经济转型和环境修复问题，英国在能源供应体系建设、煤矿关闭法律法规、标准规范制定和煤矿关闭矿区环境修复方面积累了丰富的经验。

5.1 煤炭在能源系统中的地位和作用

英国是最早实现工业化的国家，也是世界经济强国，GDP 总量位居世界前列。英国作为最早实现工业化的国家，经济结构走过了以重工业、制造业为主到以服务业和金融业为主的转变，进入 21 世纪，数字经济在国民经济中的占比逐年增加。英国石油、天然气、煤、核能和水力资源丰富，英国的煤炭工业为英国第一次工业革命提供了重要的能源供应保障，特别是第二次世界大战之后，英国的煤炭工业为英国经济复苏提供了重要支撑。进入 20 世纪，随着北海油田的开发、经济转型，以及环境保护的重视，英国的煤炭工业在英国的地位逐年降低，2019 年英国的能源消费和供应主要以石油和天然气为主，煤炭占比降低，可再生能源占比增加。

5.1.1 经济社会发展

英国是最早实现工业化的国家，也是世界经济强国。英国是欧盟成员国中能源资源最丰富的国家，主要有石油、天然气、煤、核能和水力等，英国北海海域蕴藏着大量的石油和天然气，但能源消费部分主要依靠进口特别是煤炭消费主要依靠进口。21世纪英国主要以服务业为主，制定了低碳经济发展战略，大力发展风电、太阳能等可再生能源，大型井工煤矿全部关闭，燃煤电厂也逐年关闭，对煤炭产业的依存度逐年降低。

1. 国家概况

英国是欧洲西部的岛国，国土面积为 2.441×10^5 km^2（包括内陆水域），由大不列颠（包括英格兰、苏格兰和威尔士）、爱尔兰岛东北部和一些小岛组成，隔北海、多佛尔海峡、英吉利海峡与欧洲大陆相望，海岸线总长11450 km。全境分为4部分：英格兰东南部平原、中西部山区、苏格兰山区、北爱尔兰高原和山区。英国属海洋性温带阔叶林气候，终年温和湿润，通常最高气温不超过32 ℃，最低气温不低于 −10 ℃。平均气温1月为4～7 ℃，7月为13～17 ℃。英国全国划分为英格兰、威尔士、苏格兰和北爱尔兰4个行政区。英格兰划分为43个郡，苏格兰下设29个区和3个特别管辖区，北爱尔兰下设26个区，威尔士下设22个区。英国首都为伦敦，又称大伦敦，下设独立的32个市区和“伦敦城”。英国政体为君主立宪制，议会是最高司法和立法机构，由国王、上院和下院组成。英国主要政党为保守党和工党，英国政府由下议院在选举中获得的票数最多的政党组阁。

2. 经济状况

英国是最早实现工业化的国家，也是世界经济强国。2019年英国GDP总量为2.09万亿英镑，位居全球第6位；人均GDP为42301美元，位居世界第25位，见表3－5－1。1990—2019年英国GDP总体稳步增加，2019年比2009年增加了20.3%，比1990年增加了177.7%，受全球经济危机的影响，2008年和2009年英国GDP略有下降，在英国大量经济刺激政策的带动下，经济逐渐恢复，但从2014年开始，增速减缓，具体如图3－5－1所示。2020年1月29日，英国宣布正式脱离欧盟，给未来经济带来了一定的不确定性，英国也可能在短期面临相当大的冲击。英格兰银行预测，英国的经济规模将在2022年缩减230亿英镑。

表3－5－1 1990—2019年英国GDP和人均GDP

年 份	GDP/亿英镑	人均GDP/美元
1990	11755.7	20808.2
1991	11626.1	21671.9
1992	11672.7	22305.4
1993	11963.3	19925.7
1994	12423.4	21344.2
1995	12737.9	23026.7
1996	13055.3	24256.5
1997	13558.5	26648
1998	14052.7	28077.3
1999	14534.5	28435.1
2000	15034.1	28043.9
2001	15481.2	27510.3
2002	15841.1	29913
2003	16361.7	34302.4

表3-5-1（续）

年　份	GDP/亿英镑	人均 GDP/美元
2004	16750. 1	40111. 8
2005	17282. 7	41842. 7
2006	17764. 6	44403. 8
2007	18196. 4	50315. 6
2008	18145. 3	47469. 4
2009	17374. 5	38601. 3
2010	17713. 2	39122. 2
2011	17986. 0	41649. 7
2012	18252. 0	42023. 1
2013	18642. 6	42981. 3
2014	19128. 7	47003. 9
2015	19579. 2	44494. 9
2016	19954. 8	40657. 9
2017	20332. 3	39975. 4
2018	20604. 9	42558
2019	20894. 0	42310

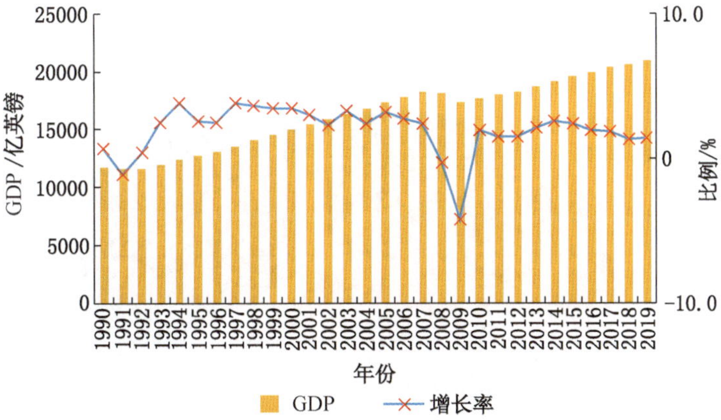

图3-5-1　2009—2019 年英国 GDP 增长曲线

服务业是英国的支柱产业，占 GDP 的 75%（包括金融保险、零售、旅游和商业服务），制造业只占 10% 左右。所有制结构上，私有企业是英国经济的主体，占 GDP 的 60% 以上。由媒体、互联网、电影、音乐、广告等创意产业所构成的数字经济已成为英国最大的经济部门，占 2018 年英国经济增加值总额的 14. 4% 。伦敦是世界著名金融中心，拥有现代化金融服务体系，从事跨国银行借贷、国际债券发行、基金投资等业务，同时也是世界最大的外汇交易市场、最大的保险市场、最大的黄金现货交易市场、最大的衍生品交易市场、全球第三大保险市场、重要的船贷市场和非贵重金属交易中心，并拥有数量最多的外国银行分支机构或办事处。

英国是欧盟中能源资源最丰富的国家，主要有石油、天然气、煤炭、核能和水力等，英国北海海域蕴藏着大量的石油和天然气，但主要能源消费依靠进口。英国主要工业为采矿、冶金、化工、机械、电子、电子仪器、汽车、航空、食品、饮料、烟草、轻纺、造纸、印刷、出版、建筑等。生物制药、航空和国防是英国工业研发的重点，也是英国最具创新力和竞争力的行业。目前，英国工业产值约占国内生产总值的23%。同许多发达国家一样，随着服务业的不断发展，英国制造业自20世纪80年代开始萎缩，20世纪80年代和90年代初两次经济衰退加剧了这一态势，进入21世纪，英国主要以服务业为主，制定了低碳经济发展战略，大力发展风电、太阳能等可再生能源，大型井工煤矿全部关闭，燃煤电厂也逐年关闭，对煤炭产业的依存度逐年降低。

5.1.2 能源消费和能源供应

20世纪90年代，英国煤炭作为主要能源供应之一，为英国的经济发展提供了重要的支撑作用，其消费量占能源总消费量的比例为30%左右。进入21世纪，随着英国经济向金融业和服务业等低碳经济转型，煤炭消费量持续走低，在经济发展中的占比也持续走低，英国煤炭产业进入了夕阳产业。2019年一次能源总消费量为267.58 Mtce。其中煤炭消费量为12.44 Mtce，仅占3.3%；供应量为276.33 Mtce，煤炭供应量为7.56 Mtce，仅占2.7%。

1. 能源消费

英国是欧洲最大的能源消费国之一，在欧盟中仅次于德国和法国。2019年一次能源总消耗量为267.58 Mtce，其中石油占39.6%、天然气占36.2%、核能占6.4%、煤炭占3.3%、水电占0.7%、可再生能源总计占13.8%，如图3-5-2所示。在1992年之前，英国的能源消费结构主要以石油和煤炭为主，1992年之后随着北海油田的石油和天然气开发，英国的能源消费结构主要以石油和天然气为主，煤炭在能源消费结构中总体下降。进入21世纪，英国大力开发风能、太阳能等可再生能源，2016年可再生能源在能源消费结构中的比重首先超过了煤炭、核能的占比，1990—2019年英国能源消费占比分布如图3-5-3所示。

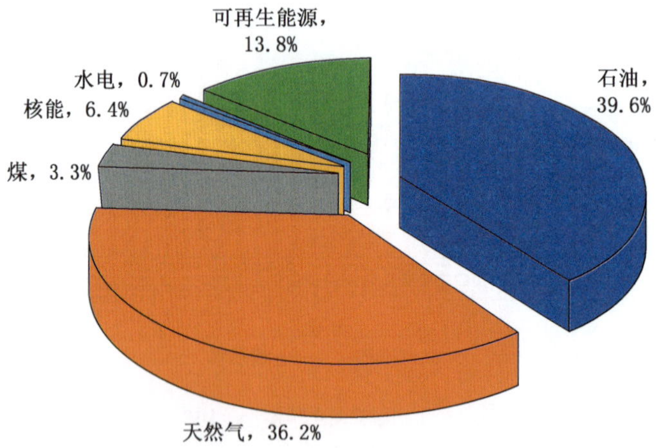

图3-5-2 2019年能源消费结构

2. 能源供应

2000—2014年，由于英国大陆架（UKCS）产量下降，英国国内能源产量每年都在下降。2015—2018年随着原油和可再生能源产量的增加，能源产量连续4年持续增长，但仅占峰值的56%。2019年英国能源产量为182.4 Mtce，同比下降0.2%，为连续4年增加后的首次下降。2019年能源产量降低的主要原因为煤炭产量持续下降（16%）及天然气和核能产量下降（5.7%）。2019年英国原油产量增长1.9%，达到2011年以来的最高水平，主要得益于Clair Ridge新油田2018年底的投产，增加了原油产量。风能、水能和太阳能光伏的总产量增长了11%，而生物能产量增长1.6%。天然气产量下降了 2.9%，主要原因为 2018 年塞德勒索普天然气码头的关闭以及一些大型码头产量减少，化石燃料总产量下降了 0.3%。煤炭产量降低的原因是燃煤发电需求量减少和煤矿关闭，核能供应量降低了 5.7%，达到历史最低水平。英国能源产量和年增长率如图 3-5-4 所示。

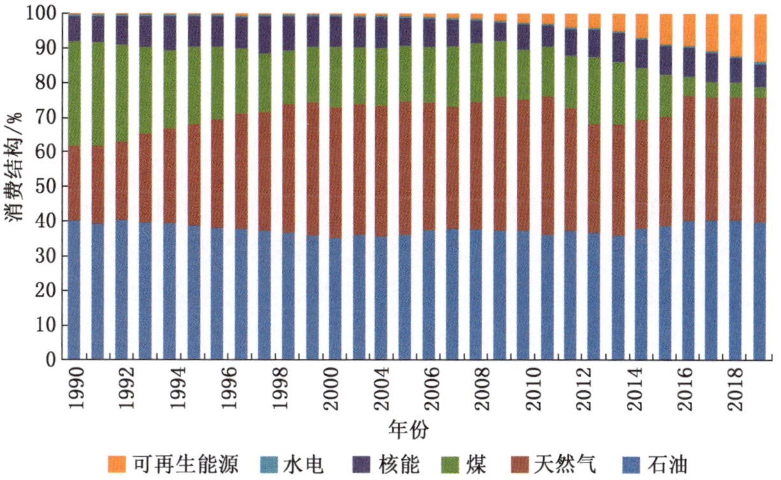

图 3-5-3　1990—2019 年英国能源消费占比分布图

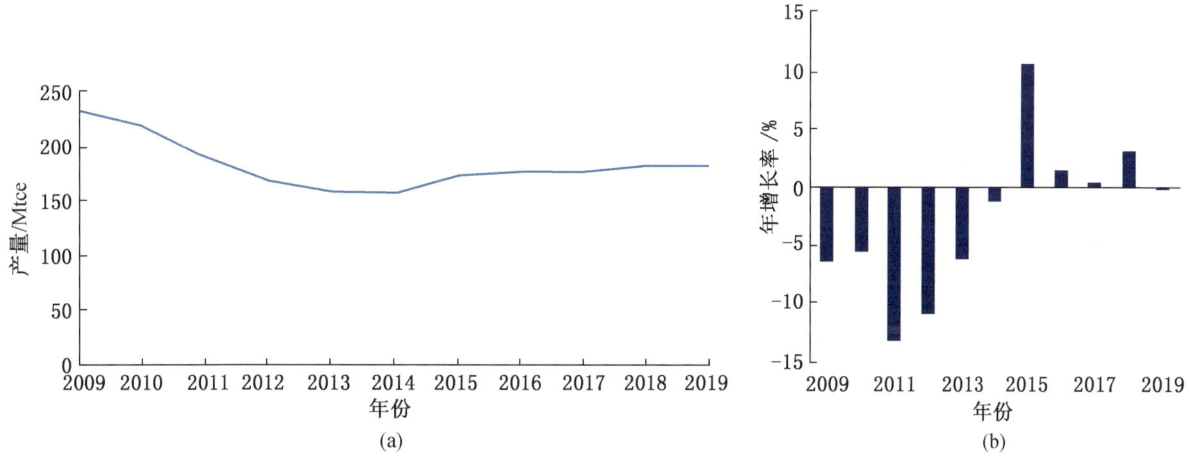

图 3-5-4　英国能源产量和年增长率

2019 年主要能源供应量为 276.33 Mtce，比 2018 年减少了 1.7%。英国能源产量不能满足供应量，自 2004 年英国成为燃油净进口国以来，这一趋势一直在延续。生产和消费之间的差异主要由贸易来解决，但库存变化和国际航运储备的使用也是影响因素。

英国既是能源进口国又是出口国，一直有石油和天然气等化石燃料国际贸易，2019 年能源进口量为 211.1 Mtce，较 2018 年下降了 2.4%，较 2013 年的峰值下降了 16%。原油、成品油和天然气进口均出现下降，其中成品油进口下降了 5.8%，汽车燃油和供暖原油进口量均出现下降，出口量为 112.8 Mtce，下降了 1.2%，由于强劲的产量和有利的价格差价导致亚洲对布伦特原油的需求增加，原油出口量在 2018 年增长 16% 之后保持稳定。2019 年英国能源出口量为 112.8 Mtce，仍是所有主要燃料净进口国，进口缺口从 2013 年 145.7 Mtce（峰值）回落到 98.32 Mtce。2019 年净进口量占英国能源产品消费量的 35.2%，低于 2013 年的 47.9%。

3. 能源发展战略

自2013年4月起，英国对燃煤发电征收额外碳税。2014年4月，每排放一吨二氧化碳征收9.55英镑碳税，2015年4月碳税增至每吨18.08英镑，这一标准一直持续到2021年，但此后的走势尚不确定。除了欧盟排放交易体系（ETS）的配额成本在2019年夏季达到每吨二氧化碳30欧元之外，燃煤发电成本还增加了每吨煤炭42英镑的税收。在宣布无条件退欧的情况下，每吨二氧化碳征收16英镑的临时税，取代欧盟排放交易体系发电成本征收税额。

英国电力容量市场主要为平衡可再生能源不稳定，旨在确保可靠的发电量来平衡间歇性可再生能源造成的不稳定。英国计划于2025年取消燃煤电厂,大力发展可再生能源，2050年实现近零碳排放。

5.1.3　煤炭开采业对经济的贡献

英国是资本主义世界煤炭工业发展最悠久的国家，它为英国工业革命提供强有力的能源基础。16世纪中期以后，随着英国人口的增长、工业的发展以及国家的需要，木材的需求急速增加，木材紧缺、价格上涨，产生了木材危机。当时英国煤炭资源丰富，煤炭发热量高，且煤层埋藏浅，很容易开发，煤炭逐渐成为木材替代品。伴随着工业革命的发展，人们的生活方式也发生了转变，生产方式和重心也由农业变成了工业，城市人口不断集中，城市化水平不断提高。特别是作为第一次工业革命的开创者，随着机械化进程向纵深推进，英国对电力和煤炭的需求日益增加，煤炭在英国工业化中的地位日益提高。

1. 煤炭工业对工业部门布局影响

采煤业与煤炭加工及利用相结合，在煤炭基地上联合布局相关工业，综合发展矿区经济，是英国工业化后煤炭工业布局的又一特点。英国大部分矿区很少是单一性采煤，都根据当地的自然和社会经济条件布局一些相关经济部门，形成不同种类和不同规模的工业联合体。最常见的布局有两种：第一种为工业联合布局体，如煤矿、选煤厂、焦化、火电、钢铁、建材企业联合布局。约克矿区的伯明翰等地就是典型的例子，先采煤再炼钢，在煤和钢的基础上，发展了多种机械制造工业，成为举世著名的“黑乡”。第二种为矿区经济综合发展体。一些大型煤炭基地经过长期的发展和建设，矿区经济往往在煤炭生产的基础上得到高度综合发展。这类矿区不仅工业部门较多，而且农副业、交通运输网和城镇居民点都有一定规模，生产及生活设施存在较密切的内部联系，互相协作、互为促进。

2. 煤炭产业促进了经济中心形成

英国的煤矿区多在开阔的平原地区，水资源丰富，交通便利。作为经济中心，往往都有大中型火电站和其他一些耗煤多的经济部门，加上居民用煤，对煤炭的需求量很大。因此，经过工业化的洗礼后，英国的经济中心都在大型煤田附近，如利物浦周边有兰开夏煤田，伦敦东南面有肯特煤田，爱丁堡在艾尔煤田和法夫煤田之间。距离煤田较近的城镇发展较快。煤田对于经济中心的意义还在于这些经济中心拥有大量的人口，大量的生产力和创新力，而煤矿的存在能提供大量的工作岗位，并且为发明家做发明实验提供便捷。总之，在工业化时代，煤炭资源及时的开发和运输对城镇的发展影响重大，所以在工业革命时期工业化大城市都建立在大型的煤田并且都有发达的煤炭工业。煤炭生产是一个劳动强度大，劳动条件较艰苦，占用劳动力多的部门，所以通过煤炭工业的发展，增加了人口密度，跟随着有了充足劳动力和科学技术力量，各行各业之间存在较广泛的生产协作关系,为该地区的经济建设提供了便利条件。特别是煤炭运输业,铁路发明后,由于其动力成本很高,所以主要用来货运而不是客运,而运煤则占所有运输量的半数以上,大型煤田所在地都会修建铁路。

3. 煤炭产业促进了第一次工业化进程

17—18世纪，特别是18世纪以后，生产用煤逐年增加，逐渐超过生活用煤。1769年英国发明蒸汽机不但解决了煤田内积水问题，而且成了煤炭工业史上的一次重大转折。在蒸汽机发明之前，人类对煤炭的利用只限于直接利用其热能。自从蒸汽机问世以后，可以把煤炭的热能转化为机械能，从而扩大了煤炭的利用领域。从此，英国对煤炭的需求量与日俱增，现代煤炭工业也应运而生。煤炭成为资本主义工业化的能源基础以后，以煤炭为动力的大机器迅速应用到工业生产中。在曼彻斯特，以煤炭为燃料的蒸汽机于1785年运用于棉纺业，于1789年运用于棉织业，这项技术的运用使得棉纺织生产摆脱了对水力的依赖，厂区由河边渐渐转移到城市中心，从而得到更多的劳动力以及更方便的交通来更便利地把货物销售出去。1810年利物浦出现了世界上第一艘以煤炭为燃料的蒸汽机运煤船，大量煤炭被运向欧洲大陆，极大地刺激了英国煤炭经济的发展。1825年，第一条蒸汽机车铁路修建，主要用于达林顿到斯托克顿（达林顿是煤矿，斯托克顿是港口）之间煤炭资源的运送。之后英国开始积极修建铁路口，据统计到1848年，英国的铁路增长到5000英里（约8046 km），到1867年铁路长度已提高了2倍多，达到12000英里（约19312 km）。铁路的修建不仅改变了传统的运送方式，节约了劳动力成本，而且人类由畜力运输时代走向了机器运动时代。通过煤炭工业，蒸汽机和其他大机器被广泛运用。1913年，英国煤炭产量达到287 Mt。

1956年发生的伦敦烟雾事件，以及20世纪80年代北海油田的开发，使英国能源结构发生了变化，从20世纪60年代开始，英国的煤炭产量趋于下降，到20世纪80年代，英国的煤炭工业成为政府的巨大负担，因此1994年英国的煤矿进行了私有化，同期煤炭产量大幅度降低。进入21世纪，随着英国经济向金融业和服务业等低碳经济转型，煤炭消费量持续走低，在经济发展中的占比也持续走低，煤炭工人逐渐减少，到2019年，煤炭消费量占能源总消费量的3.3%，从业人数仅剩余699人。

5.2 煤炭工业发展现状与前景

英国煤炭工业起步于第一次工业革命，1913年产量达到峰值。第二次世界大战结束后，随着经济恢复和城市重建，英国的煤炭工业进入第二个春天，进入20世纪，随着英国北海油田的开发、新能源的发展和能源战略的转移，尽管英国出台了一系列优惠扶持政策，但英国的煤炭工业的占比仍进一步萎缩，大量煤矿关闭，英国的煤炭产业政策由给生产煤矿大量补贴向扶持英国矿区经济转型转变。进入21世纪，虽然有部分煤矿关闭后又重启或部分地区有新开发煤矿，但总体趋势是英国的煤炭产业进入了夕阳产业。

5.2.1 发展现状

随着英国第一次工业发展，煤炭的需要量逐年增加，英国的煤炭开采量也随之增加，到19世纪初，生产规模和井型不断扩大，1913年煤炭产量达到287 Mt，为历史最高水平。第二次世界大战结束后，随着经济恢复和城市重建，煤炭需求量增加，这是英国煤炭工业的鼎盛时期，煤炭工业成为英国经济的一大支柱。1956年发生的伦敦烟雾事件，以及20世纪80年代北海油田的开发，使英国的能源消费结构发生了变化，许多电厂转向使用燃油和天然气。进入21世纪，英国实施低碳能源战略，煤炭需要量进一步缩小。截止到2019年底，英国仅有19座煤矿，煤炭产量下降到近年来最低点，国内煤炭总产量只有2.17 Mt，为2009年的12.1%、1990年的2.3%。

1. 煤炭工业发展历史

1）早期的煤矿开采

英国煤炭资源丰富，18世纪初进行煤炭开采，当时主要是浅矿坑手工挖煤，1790年煤炭产量达6.2 Mt。19世纪初，英国出现了100 m以上的斜井。随着炼铁业和出口需求的增长，生产规模和井型不断扩大，1830年最深矿井已达640 m，1839年矿井产量为31 Mt，1860年英国煤炭产量达到81.3 Mt，占世界总产量的65%。19世纪60年代，英国矿井开始采用小型提升机（14700～22050 W）。1842—1847年，电动采煤机和提升机得到应用，其中128625 W提升机有效载重4 t，提升高度超过500 m。

2）近代煤炭工业发展

1850—1913年，英国煤炭工业发展趋势变缓，年均增长1.9%。1880年以后，英国的煤炭和钢铁失去了绝对的优势地位，被美国超过，但煤炭产量仍然持续上升，1913年达到287 Mt，为历史最高水平。在这期间，通风、提升、井下运输逐步实现现代化。煤矿最大开采深度达到817 m。英国于1876年研发出旋转截煤机。但是到19世纪末，只有一小部分煤炭是用机械开采的。1900年，第一台电动截煤机问世，促进了采煤机械化进程。随着企业不断兼并，促使煤炭生产日益集中。1875年，苏格兰东部有280家煤炭公司，其中144家公司年产煤炭不足0.04 Mt。10年后，该地区的煤炭公司数减至171家，年产煤炭在0.04 Mt以下的公司有80家，最大的4家公司的产量相当于80家小公司的产量之和。

3）现代煤炭工业

第一次世界大战以后，世界经济危机的冲击使英国的煤炭工业逐渐衰退，产量逐年下降。为振兴煤炭工业，英国政府采取了一系列措施。1930年颁布了《采煤业卡特尔法案》，制定了产量限制和最低售价，并设立了煤矿重组委员会，推动采煤业合并改组，实现生产合理化。1936年颁布了《采煤业强制合并法案》，据此关闭了大量亏损煤矿，但仍然没有改变全国煤炭工业下滑的趋势。

第二次世界大战结束后，随着经济恢复和城市重建，煤炭需求量增加，这是英国煤炭工业的鼎盛时期，煤炭工业成为英国经济的一大支柱。英国于1948年成立了国家煤炭工业管理局，于1949年颁布了《煤炭工业国有化法》，煤炭产量有所回升。1952年英国煤炭产量达230.1 Mt，当时矿工人数多达71.8万人。但是1956年发生的伦敦烟雾事件，以及20世纪80年代北海油田的开发，使英国的能源消费结构发生了变化，许多电厂转向使用燃油和天然气。另外，由于英国煤炭开采深度不断加大，开采条件不断恶化，国有煤矿与社会发展不适应，英国的煤炭竞争力越来越差，从20世纪60年代开始，英国的煤炭产量开始趋于下降，同时国外廉价进口煤大量涌入，煤炭工业江河日下。到20世纪80年代中期，英国仍然有250个矿井和28万名全职矿工。到20世纪80年代以后，英国的煤炭工业越来越不景气，政府负担不起高额的亏损补贴，不得不大量关闭煤矿。

4）当代煤炭工业

由于英国环境保护的限制、电力行业减排措施的实施以及煤炭开采成本的进一步加大，1991年之后，英国煤炭产量急剧持续下降，1994年，英国对煤炭工业实施了私有化，但仍没有遏制住煤炭持续走低的势头。原因是一方面来自南非、俄罗斯、哥伦比亚价格低廉的进口煤竞争，另一方面由于核电站和天然气电站发电量增加，导致燃煤发电量降低，煤炭需求量减少。此外，由于英国工人工资差别大、矿龄严重老化、开采成本偏高、可再生能源供应量增加等原因，导致英国的煤炭开采业逐渐失去国际竞争力，成为名副其实的“夕阳产业”。2004年，曾是英国最大的煤矿，地处英国北部约克郡的塞尔比煤矿公司宣布因地质情况恶化及亏损而完全关闭。进入新世纪以来，英国的煤炭产业剧烈波动，2001年煤炭产量为31.93 Mt，随后产量逐渐下降。2015年12月，英国煤炭公司正式关闭了最后一座大型井工煤矿（凯灵利煤矿）。截止到2019年底，英国仅有19座煤矿，煤炭产量下降到近年来最低点，国内煤炭总产量只有2.166 Mt，为2009年的12.1%、1990年的2.3%。

2. 发展现状

截止到2019年底，英国仅有19个煤矿中有17座煤矿正常生产（井工煤矿8个、露天煤矿9个），2个煤矿正进行维护（表3-5-2、表3-5-3）；全年原煤产量为2.17 Mt，其中井工矿产量99000 t，露天矿产量2.07 Mt。

目前英国的露天煤矿主要分布在英格兰中部、北部，南威尔士和苏格兰南部。主要的露天煤矿生产商包括金融集团（Banks Group）、凯尔特能源（Celtic Energy）、Hargreaves Services 和 MERTHYR（南威尔士）。英国最后一个大型井工煤矿（凯灵利煤矿）于2015年关闭，2019年英格兰和威尔士剩余8个小型井工煤矿的产量仅为99000 t。

表 3-5-2 2019 年英国井工矿名单（生产）

公 司	矿井名称	所 在 地
Energybuild Mining Ltd	Aberpergwm（阿伯佩格姆）	Neath Port Talbot
Ray Ashly，Richard Daniels&Neil Jones	Monument Colliery（Haynes Bailey）	Gloucestershire
Ayle Colliery Company Ltd	Ayle Colliery	Northumberland
Mr M L Howell	Wallsend Colliery	Gloucestershire
	Morses Level Colliery	Gloucestershire
Mr R M Pegler	Hopewell and Wimberry Collier	Gloucestershire
Three D's Mining Ltd	Dan-y-Graig No. 4 Colliery	Neath Port Talbot
A J Warren	Reddings Level No 2 Mines	Gloucestershire

表 3-5-3 2018 年英国露天矿名单（生产）

公 司	矿井名称	所 在 地
Celtic Energy Ltd	East Pit	Neath Port Talbot
	Nant Helen Remainder	Powys
Fitzwise	Hartington Reclamation	Derbyshire
Hargreaves Land Limited	Field House	Durham
H J Banks & Company Ltd	Brenkley Lane	Newcastle upon Tyne
	Bradley	Durham
	Shotton SW & Triangle	Northumberland
Miller Argent（South Wales）Ltd	Ffos-y-Fran Land Reclamation Scheme	Merthyr Tydfil
OCCW（House of Water）Ltd	House of Water Site	East Ayrshire

5.2.2 管理体制与政策法规

英国煤炭工业历史悠久，英国煤炭管理机构主要有煤炭工业管理局和职业安全与健康监察局，煤炭工业管理局为煤矿私有化之后的行业管理部门，职业安全与健康监察局为煤炭安全监管部门。进入 21 世纪英国出台了煤炭经营援助计划、英国煤炭投资援助等一系列扶持政策，为英国产业发展提供了政策支撑。但随着英国能源战略转变，煤矿数量和煤炭产量随之减少，英国产业由扶持煤炭产业政策向煤矿关闭优惠政策转变。

1. 煤炭管理机构

英国煤炭工业历史悠久，随着英国煤炭工业的发展以及煤炭工业在国民经济中的作用，煤炭工业管理机构也不断发生变化。

1）商务、能源与工业战略部

商务、能源与工业战略部于 2016 年 7 月成立，由商业、创新和技能部（BIS）和能源与气候变化部（DECC）合并而成，是负责商务、产业战略、科学研究与创新、能源、清洁发展和气候变化的英国政府部门，将商业、产业战略、科学与创新的责任与能源和气候变化政策融合，继承了两个前身部门的职能，目的是制定产业战略，扩大投资机会，确保英国脱欧后，保障市场有足够的竞争力和有序的市场，确保英国拥有可靠、低成本和清洁的能源系统，建立一个灵活、创新、协作和面向业务的部门。2008 年以前，英国的能源和气候变化是两个被分开谈论的主题，二者引发的一系列问题一直由英国贸工部、英国商业企业和管理改革部以及英国环境、食品和农村事务部管理。英国政府为促进可再生新能源工业的发展以保障能源供应的安全稳定，同时应对气候变化带来的挑战，使得英国能源策略和气候变化政策之间更加协调，于 2008 年 10 月在原英国贸工部、英国商业企业和管理改革部以及原英国环境、食品和农村事务部、环境部的基础上重新组建了英国能源与气候变化部，这是世界上首个关注气候变化的政府部门。英国组建能源与气候变化部的主要目的是：①确保英国能源供应的安全、持续和高效；②将英国经济过渡到低碳经济；③到 2009 年底，在英国实现国际《哥本哈根气候变化协议》。能源与气候变化部在 2008 年 11 月颁布了旨在加强能源基础设施项目建设的《能源法 2008》和旨在应对环境大气变化的《气候变化法 2008》。

2）英国贸工部煤炭工业政策处

2001 年 2 月，英国贸工部在将煤炭处和前煤炭健康申诉机构合并后，成立了煤炭工业政策处。英国联邦政府通过该处来监督煤炭工业。煤炭工业政策处负责向煤矿提供补贴，帮助煤矿保持经济活力，但此补贴不削减进口煤价。贸工部同时负责由 1994 年《煤炭工业法》确定的法律框架，还负责管理英国煤炭公司剩下的债务，包括健康及其他雇员债务。

3）英国煤炭管理局

英国煤炭管理局是根据《煤炭工业法》于 1994 年作为煤炭工业私有化进程的一部分成立的，总部设在诺丁汉郡的曼斯菲尔德，拥有员工 140 名。该局是一个非政府的公益机构，每年能得到来自英国贸工部 2700 万英镑的资助。其目的是促进合法有效利用国家煤炭资源，同时以一种职业的、有效的、公开的态度为用户提供相关信息。

英国煤炭管理局的工作包括：颁发英国境内煤炭勘探和开采许可证，并每年审查所有矿井相关证件，监督其营业范围；治理已关闭或不属于合法经营矿井负责的地表沉陷及赔偿事务（凡新开矿井所导致的地表塌陷由煤矿经营者负责治理），治理如矿井污水污染等煤矿关闭带来的环境问题；管理煤炭工业历史财产和责任问题；向公众提供过去和现在有关煤炭采掘的信息。此外，该局还 24 h 接受地表灾害紧急呼叫服务，确保矿区地表塌陷灾害在 6 h 内得到报告，这些地质灾害包括地表崩溃、气体泄漏以及煤炭自燃等。

英国煤炭管理局设在曼斯菲尔德的煤矿登记办事处专门负责煤矿关闭计划、煤矿公司注册以及所有证件的登记工作。自 1872 年以来的包括井工、露天和深海开采在内的 10 万多个矿井在这里都有完整的历史开采记录。

2004 年 12 月，英国煤炭管理局发布了《采煤沉陷灾害索赔权利指南》。指南提出由采煤沉陷所导致的财产损失，业主依法有权要求煤矿所有者或保险公司为其免费修复或赔偿。英国煤炭管理局开展了一项处理废弃矿井污水排放计划，该计划通过建立矿井污水处理厂，矿井污水经处理达标后直接排入地表河流。

4）职业安全与健康监察局

英国职业安全与健康监察局负责英国煤矿安全工作。该局分为几个处，其中危险设施处负责危险设施的安全工作，它的职责是：检查工作；事故调查；实施强制性要求；对风险的特性、评估、管理进行日常检查，提供指导；与合作方一道，在主要风险评估/管理中，确定和制定好的办法（包括研究和制定标准）。其下设 3 个科，其中特殊工业科负责包括煤矿在内的安全与健康工作。作为安全与健康监察局的助手，该局下属的政策处通过制定政策和法规，对煤矿监察提供支持。危险设施处的特殊工业科负责采矿部门的安全监察工作。主要监察人员与煤炭管理局的相关人员保持联系，目的是确保双方有效履行各自的职能。

2. 煤炭产业政策

1）科技政策

英国政府在 1993 年公布了《煤炭白皮书》，加强了洁净煤技术的研究开发，并成立了煤炭研究咨询委员会和洁净煤发电集团。《煤炭白皮书》指出未来英国煤炭科研的重点将转向燃煤发电技术的研究。1994 年 10 月英国政府又发布了“能源政策 63 号报告”，该报告进一步将洁净煤技术作为煤炭科研的核心，提出了洁净煤技术计划、策略和最终目标，鼓励开发具有竞争力和有利于环境的洁净煤技术。

2003 年，英国政府发布的《2003 年能源白皮书》确定了英国未来低碳能源经济的方向。《2007 年能源白皮书》进一步确定了未来能源结构的变化，把洁净煤技术和碳捕集与封存技术作为煤炭及技术科研的核心，并大力提供资金资助。可见英国政府对煤炭科技发展方向实行战略性转移，由原来的煤炭开采转向煤炭的清洁利用和环境保护。

2）国家援助政策

（1）煤炭经营援助计划（UKCOAS）。2000 年 11 月 15 日，英国贸工部提出了英国煤炭经营援助计划，并于 2001 年 7 月 5 日获得了欧盟委员会的批准。该计划旨在针对国际煤炭价格的降低和天然气政策的日渐宽松，从长远角度考虑来帮助英国煤炭工业克服短期困难，防止全国煤炭工业急剧下滑。

2002 年 3 月 5 日，欧盟委员会批准了英国煤炭经营援助计划扩展计划，该计划将推迟执行到 2002 年 12 月 31 号，并最终在 2002 年结束。

（2）煤炭投资援助（CIA）。2003 年 6 月，英国推出了新的国家煤炭工业援助计划——煤炭投资援助（CIA）。该援助计划为合理的采矿项目投资援助高达 6000 万英镑的资金。所有的采矿项目援助将在 2008 年 3 月 31 日之前完成。投资援助项目的目的是通过鼓励煤炭生产企业对矿山项目的投资，在英国社会经济贫困地区建立和维持煤炭工业，确保英国煤炭工业的生存和发展。整个援助计划分为 2003 年、2004 年和 2005 年 3 个阶段进行，在前 2 个阶段为 12 个矿井提供约 5850 万英镑的资金。

（3）煤矿关闭优惠政策。煤矿关闭政策是英国煤炭工业发展过程中的一个重要政策。从 20 世纪 60 年代开始，英国煤炭工业开始衰落，逐渐关闭大量矿井，随之带来的是大量与失业矿工有关的再就业等一系列社会问题。最初，英国政府仅提供很少的支持和保护，甚至没有为失业的煤矿工人考虑新的就业出路或进行培训。在地方政策的支持下，一些矿工获得了重新就业的机会，但大多数矿区失业率仍很高。英国煤矿的大量关闭给英国社会各方面都带来了巨大的影响。为此，英国政府出台了各种政策来尽可能降低关闭煤矿所带来的负面影响。1997 年，英国成立了一个特别工作组，该工作组对英国煤田地区的社会和经济状况做了评估。根据该工作组的调查报告，英国政府制定了关闭地区长期经济振兴规划。从 1997 年起，英国规划 10 年采取的主要措施包括每年为关闭矿区提供经济拨款 1.5 亿美元；创建地区经济振兴机构，指导经济发展，并协调现行地区开支计划；前 3 年投资 5 亿美元；煤田经济振兴托管机构投资 6500 万美元，用于支持社区的创建；煤矿企业基金支持经济发展有潜力的小型企业（2200 万美元）；提供其他鼓励振兴关闭矿区，创办新的工业园区，增加交通运输基础设施和住房，以创造新的工作机会。另外，长期规划还包括对现有公共行业住宅的改造和改善原矿区的教育条件。

针对失业矿工的再就业及福利问题，根据《1920 年矿工福利法》，英国首先通过矿工的福利基金，然后通过矿工福利委员会，向英国煤矿社区在采矿工业衰落过程中失去工作的矿工提供再培训。《1952 年矿工福利法》再次认可了培训计划，并授权煤炭工业社会福利组织（CISWO）负责管理培训工作。该组织的目标是通过以下 3 项措施完善煤矿社区中的社会福利制度，从而提高矿工的生活质量：①社会工作服务中心，通过专业化的、诚信的项目开发，力求授以公众和社区权力；②经营服务中心，通过专业化支持和与他人合作的方式，促进社区重建和发展；③矿工福利计划组织，它是一个为经理和所有雇员提供专业发展服务的社区，是提供援助支持的行政与办事机构。

20 世纪 50 年代到 80 年代初期，英国主要采取自愿离职、提前退休和在英国煤炭管理局（NCB）内部调动相结合的办法，解决大多数煤矿关闭带来的失业问题。60% ~70% 的矿工选择了自愿离职，其余矿工则提出调到其他煤矿工作。

英国煤炭总公司（BCC）在实施提前退休计划中规定，矿工自愿提前退休的年龄可降到50岁。英国煤炭总公司还实施了一系列费用总支付计划，以吸引青年矿工自愿离开煤炭工业。1985—1995年，英国用于提前退休和自愿离职的费用支出总计达到109亿美元，其中欧洲煤钢联营（欧盟成立前成立的一个欧洲机构）提供了大约2.64亿美元。

1952—1994年，英国煤炭管理局和英国煤炭总公司对所有煤矿工人都实施了一项特殊分担退休金计划。自1994年以来，该项计划一直由政府担保，但1995年煤炭工业私有化以后，开始对煤矿工人实施一项新的退休金计划。规定所有失业矿工领取退休金的年龄为60岁，而1992年以后离开煤炭工业的失业矿工，可以选择从50岁开始获得较少的退休金。

5.2.3 发展前景

英国于21世纪相继出台了《2003年能源白皮书》和《2007年能源白皮书》，英国能源战略向低碳经济转变，且出台了大型燃烧厂指令，煤炭消费量进一步减少，英国煤矿数量减少，且随着英国新能源产量的增加，尽管有部分地区新开发煤矿，但从总体趋势来看英国煤炭工业进入了夕阳产业。

针对未来能源经济的挑战，英国贸工部于2003年2月24日发布了一份主题为《未来能源——创建低碳经济》的能源白皮书（以下简称《2003年能源白皮书》）。《2003年能源白皮书》中为英国未来的能源经济政策做出了具体规划，确定了英国将迎接一个与当今能源体系完全不一样的新型清洁能源体系，并确定了该新型能源政策的核心基础、明确目标和战略措施，并长期朝这个方向努力。

英国制定该新能源政策的核心原则基础是全面实现英国最经济、最清洁、最安全的能源消费体系；建立一个设计缜密、透明而且公开的能源市场作为实现高效成果的最佳途径；利用排放交易及其他措施来降低二氧化碳排放的同时在家庭、产品和交通用能领域提高能源的使用效率；对原有电网、计费系统及管理体制进行调整，以支持更多可再生能源和小规模、分散型发电机组的出现；建立一个新能源规划体系，促进新型发电，特别是可再生能源的发展；最大限度地降低中小型企业的负担；在总体能源目标的基础上设计新能源政策。

《2003年能源白皮书》中能源政策的4个目标：到2050年英国的二氧化碳排放量将比1990年减少60%，并在2020年之前取得显著进展；保持能源供应的可靠性；促进英国国内及国外市场竞争以帮助提升可持续经济增长率，改善英国生产力；确保每个家庭得到足够的供暖。

针对英国新能源政策的目标，英国政府制定了为实现该目标的相应行动原则指南：不能让气候变化对环境产生重大的破坏性影响，需要引导英国逐步实现到2050年削减60%的二氧化碳排放量；可靠的能源供应是实现总体经济增长和可持续发展的基础，必须在短期和长期范围内保证适当而足够的能源安全；自由的、竞争性的市场仍将是能源政策的基石，英国将采取措施鼓励工商界进行创新并发现新的机遇，以实现英国的新能源政策。

根据《2003年能源白皮书》，英国政府的能源战略包括建立应对气候变化的国际框架、为英国经济确定有法律约束力的碳排放目标、进一步发展完全竞争和透明的国际市场、通过信息激励和政策手段鼓励节能、支持低碳技术和为投资保障良好的条件等6个方面。英国将为企业、个人和公共部门减少碳排放和降低对能源的依赖消除障碍，同时在国际上与欧盟和G8合作促进能源利用率。同时英国将通过公共部门和私营部门合作的方式支持对低碳技术的研发、展示和使用。

2007年5月24日，英国贸工部又发布了《2007年能源白皮书》。根据《2007年能源白皮书》，英国计划在其长期能源发展战略中，大力发展可再生低碳能源，将其能源组合的比重从2005年的“煤炭占35%、石油和天然气占40%、核能占19%、可再生能源占6%”逐渐过渡到2020年的“煤炭占20%、石油和天然气占40%、核能占5%、可再生能源占35%”的目标。

未来10年，英国将关闭现有燃煤发电容量的1/3，英国政府将把能源发展重点放在低碳能源和核能两个方面。在《2007年能源白皮书》中，英国政府最新的能源发展战略目标是，到2050年，将碳释放量减少60%。

为了实现英国能源长期战略目标，《2007年能源白皮书》中提出了一些具体节能措施。这些措施包括：要求用户从2008年起安装具有“实时显示”功能的新表具，鼓励家庭和小型企业使用“智能表”这样的新型电表，10年内做到每户一表；针对提高消费电子产品的能源使用效率，提出征询进行协商；通过制定一项新的“减少碳排放量目标”，将能源供应商的现有义务翻番，向用户传递节能措施；对大型商业机构，如银行、超市和大型办公机构制定“碳减排准则”并强制执行；制定有利于风力发电、潮汐发电和其他新兴技术的法律；发布“生物质（发电）战略；建造世界首座点对点碳捕集与封存工厂；立法允许海底储存天然气和液化天然气海上卸载；针对国家重大项目，英国贸工部将专门成立一个独立的决策机构，加快决策过程；从2007年秋季开始，建立一个新的“能源市场调研”服务机构；实施一项“低碳运输创新战略”，投入2000万英镑帮助采购低碳车辆，投入3000万英镑建立研发创新平台，对能源技术研究院增加500万英镑的经费支持。

随同《2007年能源白皮书》一同颁布的，还包括一项对私营能源企业投资新兴核电站的咨询，英国政府认为给私营企业参与机会符合公共利益。征询时间是20周；对新核电站的合法性和战略选址的征询也同时进行。长达300多页的《2007年能源白皮书》在世界范围内产生了广泛的影响，不但对欧盟其他发达国家具有指导作用，对众多发展中国家来说也具有很高的借鉴价值。

2001年英国发布了大型燃烧厂指令（LCPD），计划在2025年之前逐步淘汰燃煤发电厂。截止到2020年5月，英国仅剩余4个燃煤发电厂，并且于2025年逐渐关闭。随着燃煤发电厂的关闭，煤炭需求量将继续下降，英国煤炭产业在经济中的占比将进一步缩小。

2019年3月，坎布里亚郡议会批准了投资1.8亿英镑的Woodhouse深井煤矿项目，主要为炼钢厂提供炼钢用煤。为减轻Woodhouse煤矿开发对当地环境的影响，西坎布里亚矿业公司计划就近投建一座50 MW的太阳能发电场，以满足煤矿开发所需的1/3的电力需求。

5.3 煤炭资源

英国地质调查所负责英国资源勘探，勘探程度很高，全面精细的勘探为矿产规划局进行煤炭开发提供了详细的地质条件。但随着100多年的开采，英国煤炭资源开发进入深部开发，可采煤炭资源逐渐枯竭。

5.3.1 煤炭资源总量与煤田分布

英国煤炭资源比较丰富，勘查程度很高，绝大部分已经完成勘探和评价。勘探发现的煤田主要分布在诺丁汉煤田、诺森伯兰煤田、南米德兰煤田、南威尔士煤田、埃尔煤田、北威尔士煤田和萨默赛特煤田。但随着多年长期开采，开采深度逐年增加，英国可采煤炭资源趋于枯竭，国内煤炭消费主要来自进口煤。

1. 煤炭资源概况

英国煤田的煤炭变质程度不一，从长焰煤到无烟煤都有，主要是低、中变质程度煤，其中长焰煤和气煤约占储量的80%，无烟煤占储量的3%~4%。煤层平均厚度为1~2 m。烟煤挥发分为20%~40%，硫分为0.6%~1.2%，发热量为32.60~37.20 MJ/kg。

英国有较大经济价值的煤田，都属于上石炭纪，只有苏格兰赋存下石炭纪煤田，此外还有几个侏罗纪煤田。英国的煤炭资源大多生成于古生代，仅苏格兰有小部分中生代烟煤资源。

英国的硬煤均产于中石炭纪地层，含煤系一般厚1000~2000 m，煤层数在40层以上，可采煤层有10~20层，多属于薄煤层和中厚煤层，1.2 m以下煤层占30%，1.2~2.2m煤层占58%，2.2 m以上煤层占12%，平均厚度为1.35~1.50 m。煤层属于稳定或较稳定煤层，部分地段常见分叉变薄，有的煤层受古河床冲刷。

英国煤炭资源比较丰富，勘查程度很高，绝大部分已经完成勘探和评价。英国全国煤炭资源分布比较均衡，英格兰、苏格兰和威尔士都有，但主要分布在英格兰。根据英国煤炭管理局 2020 年 6 月评估结果，包括远景资源量在内煤炭资源量为 3906 Mt，略低于 2018 年 6 月评估的 3910 Mt。在当前条件下（包括规划或规划前过程中）经济上可采和可开采的煤炭资源量为 1079 Mt，其中井工煤矿为 1033 Mt、露天煤矿为 46 Mt。现有生产和已颁发许可证资源，英格兰占英国全部的 77%，苏格兰占 14%，威尔士占 9%。远景资源量中井工煤矿为 2050 Mt、露天煤矿为 777 Mt，具体见表 3－5－4。根据 BP《2019 年世界能源统计》公布的数据，英国煤炭经济可采储量为 26 Mt，约占世界可采储量的 0.0024%，可采年限所剩无几。

英国煤田的煤炭变质程度不一，从长焰煤到无烟煤都有，主要是低、中变质程度煤，其中长焰煤和气煤约占储量的 80%，无烟煤占储量的 3%～4%。煤层平均厚度为 1～2 m。烟煤挥发分为 20%～40%，硫分为 0.6%～1.2%，发热量为 32.60～37.20 MJ/kg。

英国有较大经济价值的煤田，都属于上石炭纪，只有苏格兰赋存下石炭纪煤田。此外还有几个侏罗纪煤田。英国的煤炭资源大多生成于古生代，仅苏格兰有小部分中生代烟煤资源。

英国的硬煤均产于中石炭纪地层，含煤系一般厚 1000～2000 m，煤层数在 40 层以上，可采煤层有 10～20 层，多属于薄煤层和中厚煤层，1.2 m 以下煤层占 30%，1.2～2.2 m 煤层占 58%，2.2 m 以上煤层占 12%，平均厚度为 1.35～1.50 m。煤层属于稳定或较稳定煤层，部分地段常见分叉变薄，有的煤层受古河床冲刷。

表 3－5－4　英国煤炭资源评估情况

Mt

井　工　开　采	英格兰	苏格兰	威尔士	合计
运营中的煤矿	0	0	23	23
规划已批准	5	0	0	5
规划过程	340	0	0	340
前期规划	480	107	78	665
远景煤炭资源	2000	0	50	2050
许可证在有效期内已关闭的矿井	0	0	0	0
合计	2825	107	151	3083
露天开采	英格兰	苏格兰	威尔士	合计
运营中的煤矿	0	0	2	2
规划已批准	0	0	0	0
在规划过程中	4	0	0	4
前期规划	0	40	0	40
远景煤炭资源	516	115	147	777
合计	520	155	149	823

2. 主要煤田

英国煤田分布大致可以划分为 5 个区域。西南部煤区主要包括萨默赛特煤田、布里斯托尔煤田、南威尔士煤田和德安福斯特煤田；东南部煤区主要有沃里克煤田、牛津煤田、南米德兰煤田和肯特煤田；东部煤区主要包括诺丁汉煤田、南德比煤田、基斯特煤田、罗伊斯顿煤田和金斯莱煤田；西部煤区由北往南主要是坎伯兰煤田、卡农比煤田、兰开夏煤田、北威尔士煤田、北斯塔福德煤田、南斯塔福德煤田、坎诺克煤田和希罗普煤田；东北煤区主要是诺森伯兰煤田和达勒姆煤田；苏格兰煤区主要有法夫煤田、中央煤田、福斯湾煤田、洛锡安煤田和埃尔煤田。此外北爱尔兰也有一些小煤田。

1）诺丁汉煤田

诺丁汉煤田位于英国东部煤区，地理位置为北纬53°、西经1°，地质年代为石炭纪，面积为5000 km^2，总地质储量为56 Gt。该煤田是英国最大的煤田，在国内和国际上占有重要地位。该区内含有多层具有开采价值的煤层，层厚一般为0.6～3.0 m，约克郡的含煤地层可采煤层总计达12～20 m。煤系地层为近水平，未受到大的地质破坏，但有一些断层。可采煤层为烟煤，一般低灰、低硫，大部分为炼焦煤。该煤田范围内有公路、铁路和河流，交通便利，并可通达伊明后姆港口。英国炼焦和工业用煤大多由此煤田供应。原来英国最大的现代化矿井塞比尔矿就位于该煤田东北部，但是由于种种原因，该矿于2004年关闭。

2）诺森伯兰煤田

诺森伯兰煤田处于英国东北部，地理位置为北纬55°、西经1°，地质年代为石炭纪，面积为2000 km^2。该煤田在英国占有重要地位，具有开采价值的煤层很多，层厚为0.6～3.0 m，煤层赋存较深，绝大部分呈缓倾斜。所有优质煤全部赋存在海底下。该煤区基本上未受到地质破坏。可采煤层为强结焦性烟煤。该煤田内有公路、铁路和海港交通路线，运输方便。

3）南米德兰煤田

南米德兰煤田地理位置为北纬52°、西经1°，地质年代为石炭纪，面积为1000 km^2。该煤田在英国占有重要地位，有开采价值的煤层很多，层厚达1～9 m。煤系地层绝大部分为缓倾斜，区内未受到大的地质破坏。可采煤层主要为高挥发分、弱结焦性烟煤。该煤田内有完备的公路和铁路系统，主要供应电站燃料。

4）南威尔士煤田

南威尔士煤田位于西南部，地理位置为北纬51°、西经4°，地质年代为石炭纪，面积为2500 km^2。该煤田多层煤具有开采价值，层厚1～4 m，煤系地层绝大多数为缓倾斜，该区由于断层和褶皱构造而受到严重破坏。可采煤层为烟煤和无烟煤，一般低硫、低灰、低水分。该煤田可通达海岸港口，因此很早就开始出口。

5）埃尔煤田

埃尔煤田位于苏格兰行政区内，地理位置为北纬54°、西经4°，面积为6000 km^2，地质年代为石炭纪，有断层和火成岩侵入，地质破坏严重。该煤田资源已趋于枯竭，可采煤层为高挥发分、强结焦性烟煤，一般为低硫、低灰煤，部分可炼焦。

6）北威尔士煤田

北威尔士煤田处于西部，地理位置为北纬53°、西经3°，面积为1530 km^2，地质年代为石炭纪，煤层绝大部分为缓倾斜，未受到大的地质破坏，但个别地段有褶皱和断层。可采煤层一般为高挥发分烟煤，灰分和硫分都较低。该煤区曾在英国煤田中占有重要地位，现在已进入衰老期。

7）萨默赛特煤田

萨默赛特煤田位于南威尔士煤田东南部，面积为700 km^2，地质褶皱构造非常复杂，含煤区大部分隐蔽。个别地段有8～20层厚度为0.6～1.8 m的煤层。上部煤组为长焰煤，下部煤组为气煤，开采深度为350～540 m。

5.3.2 资源管理与政策法规

英国资源开发相关机构包括地质调查所、矿产规划局、采矿资格局和采矿委员会，其中地质调查所主要负责英国资源勘探；矿产规划局对煤炭资源进行规划和指导；采矿资格局负责制定有关的标准，修改法规，对各类资格进行年检；采矿委员会对当前和未来的矿井工作人员的安全与健康，提供信息研究和技术支持，并提供健康和安全信息、咨询和指导。

1. 地质调查所

地质调查所拥有英国矿井开采计划、钻孔记录、地质和地球物理信息在内的煤炭资源信息库。

2. 矿产规划局（MPAs）

矿产规划局的规划职责大致分为两部分：一是出台政策和计划，指导未来的开发；二是通过规划申请和实施规划批准，对具体的开发进行协调。英国地方政府制订影响矿业的两种开发计划分别是用于所有类型开发的总原则、政策的结构计划和指导矿物开采的详细政策的矿产地方计划。

3. 采矿资格局（MQB）

采矿资格局的职责是根据《1993年矿山安全与健康管理法》，在采矿资格的标准上，指导安全与健康监察局。该局负责装订与煤矿、页岩和耐火土采矿资格有关的标准，修改法规，对各类资格进行年检，现场考核矿山测量员，包括确定教学大纲、任命考核人员。

4. 采矿委员会（MIC）

采矿委员会是2000年在原矿山安全与健康研究咨询局（SHMRAB）的基础上建立的，是英国职业健康与安全局（HSE）下设的非政府独立咨询机构之一，其主席由煤矿首席监察员担任，该局中10人来自英国采矿工业的雇主和雇员，8人来自拥有研究或采矿背景的咨询人员。该委员会的主要工作是对当前和未来的矿井工作人员的安全与健康，提供信息研究和技术支持，并提供健康和安全信息、咨询和指导，还包括向采矿业提供有关提高采矿业安全与健康标准的研究方面的信息，为煤炭健康和安全开采提供支撑。

5.4　煤炭市场

20世纪至今，英国煤炭消费量一直处于下降趋势，工业消费量占消费总量的比例较高，2019年占78%。受国内开采成本增加和便利运输条件的影响，英国煤炭消费主要依靠进口，进口量占英国供应量的73%，2019年进口量为5.8 Mt，同比下降了39%，主要进口国包括俄罗斯、美国、哥伦比亚和澳大利亚4个国家。

5.4.1　煤炭消费

英国是欧盟国家中的煤炭消费大国，但受天然气、核能和可再生能源的冲击以及燃煤电厂高额的碳排放税的影响，英国煤炭消费量逐年下降。英国煤炭消费主要集中在工业消费，2019年工业消费量占总消费量的78%。

1. 英国煤炭消费概况

20世纪末至今，英国煤炭消费量呈现明显下降趋势，1980年消费量为120 Mt，到1999年下降到了近年来最低点55.7 Mt，2000—2013年英国煤炭消费量每年基本上保持在50～70 Mt之间，随着英国对环境的重视和可再生能源供应量的增加，英国的消费量逐渐下降，2019年煤炭消费量为7.69 Mt，比1999年下降了86.9%，比2009年下降了84.2%。1999—2019年英国煤炭供需数据见表3-5-5和图3-5-5。

英国煤炭消费量下降的原因主要有两个方面：一是由于天然气、核能和可再生能源在发电方面优于煤炭，发电用煤继续大幅度下降，发电用煤消耗量下降了24%至7 Mt（历史最低），特别是2018年9月Eggborough燃煤电厂关闭，英国燃煤发电能力继续下降；二是英国高度重视环境保护工作，碳减排价格下限在2015年4月从9英镑/t上升至18英镑/t，燃煤发电厂必须为其排放的每吨二氧化碳支付碳税。尽管就原材料而言，煤炭仍然是比天然气更便宜的燃料，但燃煤发电排放的二氧化碳是天然气的4倍，因此总成本变得比燃气发电更高。

表 3-5-5　1999—2019 年英国煤炭供需数据　　Mt

年份	国内生产	进口量	出口量	供应总量	需求总量	供求差
1999	370.77	202.93	0.761	55.445	55.724	-0.279
2000	311.98	234.46	0.660	59.838	59.931	-0.093
2001	319.30	355.42	0.550	63.530	63.850	-0.320
2002	299.89	286.86	0.537	58.640	58.553	0.087
2003	282.79	318.91	0.543	62.865	63.024	-0.159
2004	250.96	361.53	0.622	60.567	60.451	0.116
2005	204.98	439.68	0.536	61.780	61.852	-0.072
2006	185.17	505.28	0.443	67.340	67.594	-0.254
2007	170.07	433.64	0.544	62.903	63.029	-0.126
2008	179.12	438.75	0.599	58.219	58.385	-0.166
2009	178.74	381.67	0.646	48.785	48.718	0.067
2010	183.47	265.41	0.715	51.378	51.324	0.054
2011	185.52	325.27	0.491	51.424	51.507	-0.083
2012	169.67	448.15	0.488	64.259	64.042	0.217
2013	127.67	506.11	0.595	60.143	60.206	-0.063
2014	116.48	422.25	0.425	48.316	48.295	0.021
2015	8.598	225.18	0.385	37.600	37.451	0.149
2016	4.178	8.914	0.443	17.995	18.037	-0.042
2017	3.041	8.498	0.495	14.422	14.439	-0.017
2018	2.581	10.144	0.634	11.922	11.929	-0.007
2019	2.166	6.529	0.740	7.971	7.693	0.008

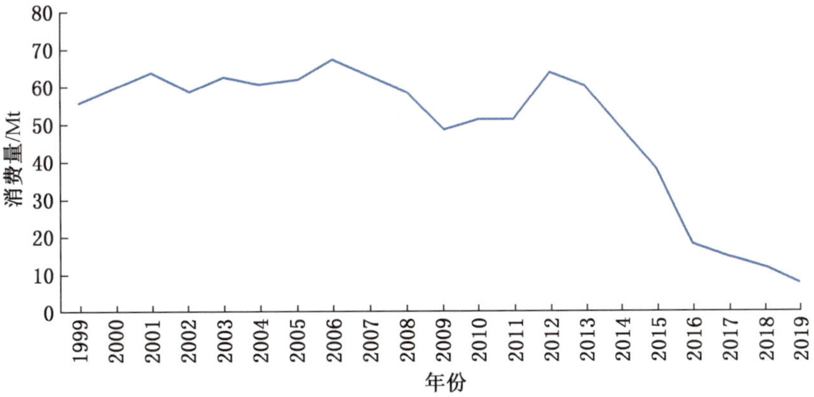

图 3-5-5　1999—2019 年英国煤炭消费量变化趋势

2. 英国煤炭消费构成

工业消费占消费总量的比例较高。20 世纪 80 年代英国工业消费就占每年煤炭消费总量的 80% 以上，1995 年这一比例达到 90% 。此后尽管英国煤炭工业消费绝对量不断下降，但是其占英国全年煤炭消费总量的比例却持续上升，2006 年均超过了 96% ，到 2012 年以前一直维持在 95% 。随着燃煤发电的减少，从 2013 年开始工业消费占比逐年降低，直接燃烧比例提高，2019 年工业消费占总消费量的 78%（图 3－5－6）。

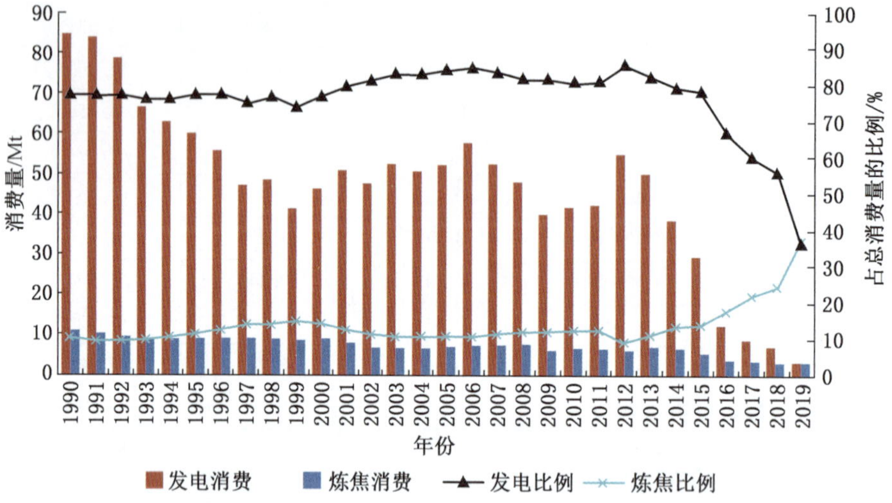

图 3－5－6　1990—2019 年英国发电、炼焦用煤消费情况

工业消费组成结构中，煤炭工业消费主要用于发电，其次是炼焦和燃料消费，1990—2000 年英国每年发电用煤量都保持在煤炭总消费的 70% 以上，从 2001 年开始这一比例上升到了 80% 以上，在 2012 年达到历史最高点的 85.7%，从此有所下降，炼焦煤的比重从 9.3% 有所上升，主要原因为钢铁行业的煤炭使用量下降幅度不及发电行业，如图 3－5－6 所示。2012 年，英国共消费煤炭资源 64.04 Mt，其中 54.9 Mt 用于发电。21 世纪初，英国炼焦用煤量没有太大变化，每年基本保持在 6～7 Mt 之间，占全年煤炭消费量的 10% 以上，2019 年英国炼焦用煤 2.9 Mt，占全年总消费量的 38.3%。由于洁净能源的不断开发使用，英国家庭消费用煤量逐年减少，由 1990 年的 4.2 Mt 减少到 2019 年的 0.49 Mt，减少了 88.3%。1990—2019 年英国国内煤炭消费数据见表 3－5－6。

表 3－5－6　1990—2019 年英国国内煤炭消费数据

Mt

年份	总消费量	煤矿自用	工业消费							燃烧消费				
			发电		炼焦		其他	总量		工业燃烧	家庭燃烧	其他	总量	
			用量	比例	用量	比例		用量	比例				用量	比例
1990	108.256	0.117	84.014	77.6%	10.852	10.0%	1.544	96.409	89.1%	6.280	4.239	1.211	11.730	10.8%
1991	107.514	0.112	83.542	77.7%	10.011	9.3%	1.501	95.054	88.4%	6.426	4.778	1.144	12.348	11.5%
1992	100.580	0.079	78.469	78.0%	9.031	9.0%	1.319	88.819	88.3%	6.581	4.156	0.945	11.682	11.6%
1993	86.756	0.048	66.136	76.2%	8.479	9.8%	1.329	75.944	87.5%	5.300	4.638	0.826	10.764	12.4%
1994	81.767	0.022	62.406	76.3%	8.581	10.5%	1.190	72.177	88.3%	4.946	3.901	0.721	9.568	11.7%
1995	76.942	0.008	59.588	77.4%	8.657	11.3%	0.982	69.227	90.0%	4.494	2.690	0.523	7.707	10.0%
1996	71.400	0.008	55.511	77.7%	8.632	12.1%	0.946	65.089	91.2%	3.075	2.705	0.524	6.303	8.8%
1997	63.080	0.008	47.333	75.0%	8.750	13.9%	0.864	56.947	90.3%	2.993	2.587	0.545	6.125	9.7%
1998	63.152	0.005	48.588	76.9%	8.728	13.8%	0.635	57.951	91.8%	2.414	2.366	0.416	5.196	8.2%
1999	55.724	0.010	41.178	73.9%	8.413	15.1%	0.646	50.237	90.2%	2.040	2.517	0.920	5.477	9.8%

表 3-5-6（续） Mt

年份	总消费量	煤矿自用	工业消费							燃烧消费				
			发电		炼焦		其他	总量		工业燃烧	家庭燃烧	其他	总量	
			用量	比例	用量	比例		用量	比例				用量	比例
2000	59. 931	0. 012	46. 197	77. 1%	8. 685	14. 5%	1. 195	56. 078	93. 6%	1. 876	1. 883	0. 082	3. 841	6. 4%
2001	63. 850	0. 010	50. 931	79. 8%	7. 895	12. 4%	1. 246	60. 072	94. 1%	1. 826	1. 874	0. 068	3. 768	5. 9%
2002	58. 554	0. 009	47. 741	81. 5%	6. 533	11. 2%	1. 153	55. 427	94. 7%	1. 810	1. 286	0. 022	3. 118	5. 3%
2003	63. 023	0. 006	52. 463	83. 2%	6. 611	10. 5%	1. 019	60. 093	95. 4%	1. 856	1. 043	0. 025	2. 923	4. 6%
2004	60. 450	0. 008	50. 444	83. 4%	6. 382	10. 6%	0. 801	57. 626	95. 3%	1. 848	0. 941	0. 027	2. 816	4. 7%
2005	61. 852	0. 006	52. 058	84. 2%	6. 609	10. 7%	0. 725	59. 392	96. 0%	1. 781	0. 614	0. 059	2. 455	4. 0%
2006	67. 594	0. 004	57. 438	85. 0%	7. 049	10. 4%	0. 733	65. 220	96. 5%	1. 756	0. 561	0. 054	2. 370	3. 5%
2007	63. 029	0. 005	52. 511	83. 3%	7. 174	11. 4%	0. 750	60. 434	95. 9%	1. 896	0. 648	0. 045	2. 590	4. 1%
2008	58. 385	0. 005	47. 808	81. 9%	7. 045	12. 1%	0. 855	55. 707	95. 4%	1. 940	0. 683	0. 049	2. 672	4. 6%
2009	48. 718	0. 005	39. 681	81. 5%	5. 787	11. 9%	0. 720	46. 188	94. 8%	1. 742	0. 689	0. 094	2. 525	5. 2%
2010	51. 324	0. 005	41. 498	80. 9%	6. 378	12. 4%	0. 708	48. 584	94. 7%	1. 959	0. 719	0. 058	2. 736	5. 3%
2011	51. 507	0. 004	41. 850	81. 3%	6. 277	12. 2%	0. 820	48. 946	95. 0%	1. 798	0. 705	0. 055	2. 557	5. 0%
2012	64. 042	0. 004	54. 901	85. 7%	5. 952	9. 3%	0. 645	61. 498	96. 0%	1. 826	0. 674	0. 040	2. 541	4. 0%
2013	60. 206	0. 003	49. 873	82. 8%	6. 698	11. 1%	0. 621	57. 192	95. 0%	2. 323	0. 640	0. 049	3. 011	5. 0%
2014	48. 295	0. 001	38. 234	79. 2%	6. 490	13. 4%	0. 531	45. 255	93. 7%	2. 442	0. 549	0. 049	3. 040	6. 3%
2015	37. 451	0. 000	29. 330	78. 3%	5. 211	13. 9%	0. 234	34. 775	92. 9%	2. 073	0. 552	0. 051	2. 676	7. 1%
2016	18. 037	0. 000	12. 055	66. 8%	3. 184	17. 7%	0. 228	15. 468	85. 8%	1. 963	0. 551	0. 055	2. 569	14. 2%
2017	14. 439	0. 000	8. 716	60. 4%	3. 189	22. 1%	0. 213	12. 118	83. 9%	1. 732	0. 536	0. 053	2. 321	16. 1%
2018	11. 929	0. 000	6. 655	55. 8%	2. 923	24. 5%	0. 200	9. 777	82. 0%	1. 581	0. 518	0. 053	2. 151	18. 0%
2019	7. 963	0. 000	2. 906	36. 5%	2. 943	37. 0%	0. 150	6. 000	75. 3%	1. 426	0. 492	0. 046	1. 963	24. 7%

3. 煤炭库存

与其他数据类似，从 2014 年开始英国煤炭库存逐年下降。2019 年降至 5. 3 Mt，同比 2018 年减少了 0. 3% ，如图 3 -5 -7 所示。动力煤库存量从 2018 年的 3. 9 Mt 降至 3. 7 Mt，同比减少了 5. 1% ，创下了最低纪录。炼焦库存量降至 0. 4 Mt，同比减少 1. 8% 。

5. 4. 2 煤炭（进）出口

英国曾经是欧洲历史上的煤炭出口大国，但随着能源结构的变化、清洁能源的开发以及对环境大气的严格要求，英国严格限制煤炭开采，逐渐由出口国转为进口国，且成为欧盟主要进口国。1999—2015 年进口量占欧盟总进口量的比例一直位列德国之后的第二位，但随着需求下降，2016—2018 年降至第七位。2018 年进口量占欧盟总进口量（164 Mt）的6% ，德国以27% 的占比位居第一位，波兰以 12% 的占比位居第二位，西班牙以 10% 的占比位居第三位。随着需求量降低，2019 年煤炭进口量为6. 5 Mt，同比降低36% ，比 2000 年降低 70% 。进口量占总需求量的占比达到 73% ，而 2000 年仅为 38% ，2000—2019 年进口占比增加的主要原因是煤矿关闭导致产量下降幅度大于进口量下降幅度。

2019 年英国进口煤炭主要来自俄罗斯、美国、哥伦比亚和澳大利亚 4 个国家（表 3 -5 -7），其中从俄罗斯进口 2. 42 Mt（37% ），从美国进口 1. 77 Mt，（27% ），从哥伦比亚进口 1. 1 Mt（17% ），从澳大利亚进口 0. 4 Mt（6% ）。

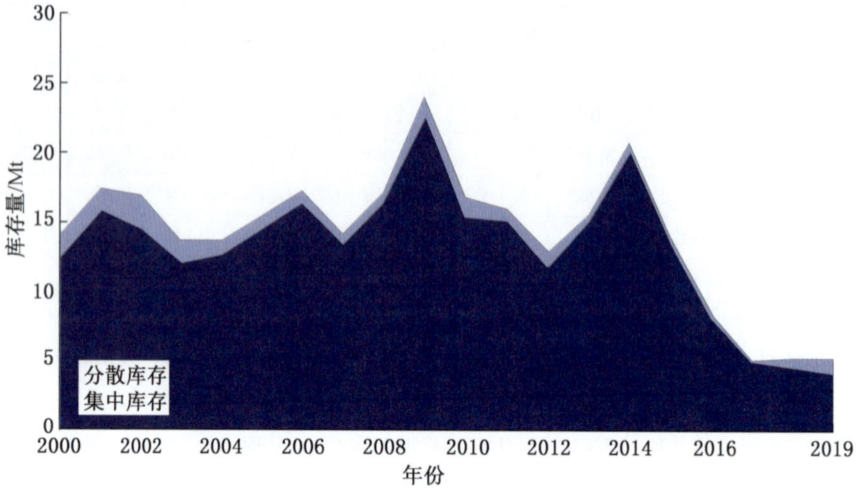

图 3-5-7 2000—2019 英国的煤炭库存量变化图

表 3-5-7 2019 年英国进口煤炭情况

Mt

国家	动力煤	炼焦煤	无烟煤	合计
俄罗斯	1.707	0.710	0.004	2.421
美国	0.799	9.706	—	1.769
澳大利亚	—	0.423	—	0.423
哥伦比亚	1.078	—	—	1.078
欧盟 *	0.307	0.033	0.08	0.420
南非共和国	0.158	—	—	0.158
其他国家	0.201	0.041	0.019	0.260
所有国家合计	4.249	2.177	0.102	6.529

注：* 表示通过荷兰运输的非欧盟煤炭。

5.5 煤炭生产

1. 总体概况

英国煤炭开采历史悠久，曾经是欧洲以及世界的产煤大国，早在 19 世纪中叶，英国煤炭产量占世界总产量的 2/3，1913 年开采量曾达到 287 Mt 的历史最高水平。20 世纪 30 年代的世界资本主义经济危机使英国煤炭工业遭受沉重打击。二战后，中东等地的廉价石油大量涌入国际能源市场，世界能源生产消费结构发生变化，再加上英国北海油田的开发，英国煤炭工业进一步衰退。特别是进入 21 世纪后，英国煤炭产量持续大幅度下降，2019 年英国煤炭产量 2.17 Mt，与 2018 年相比下降了 16%，较 2009 年下降了 87.9%，比 1990 年下降了 97.7%，降至历史最低水平，主要原因是火力发电需求量降低。英国煤炭产量变化也直接反映了英国煤炭工业的衰退历史。1990—2019 年英国煤炭产量变化情况如图 3-5-8 所示，相关情况见表 3-5-8。随着英国井工矿向深部延伸，开采成本增加，企业面临的经营压力增大，大量井工矿随之关闭，由于露天开采成本低，经济效益好，相对井工矿关闭比例小，从 2005 年开始露天煤矿产量占总产量的比例超过了井工煤矿。

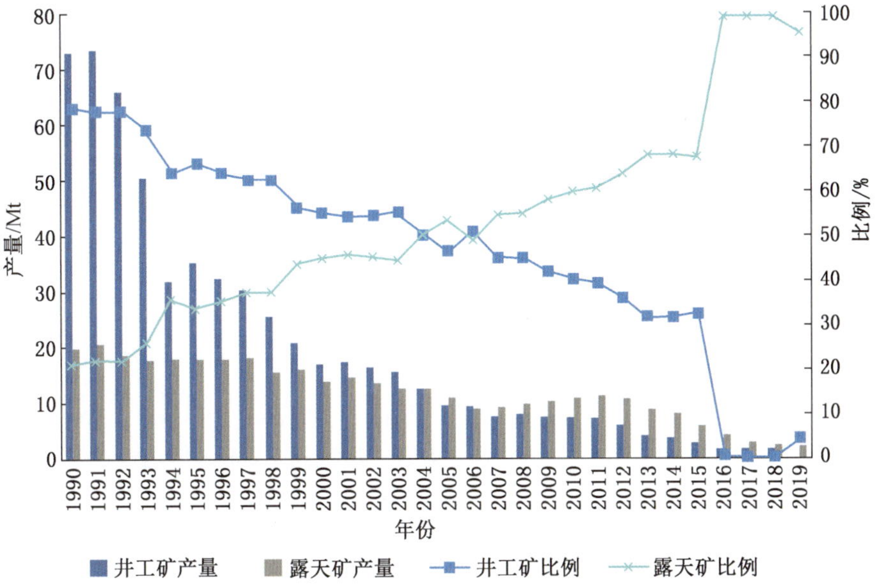

图 3-5-8 1990—2019 年英国煤炭产量变化情况

表 3-5-8 1990—2019 年英国井工矿和露天矿产量

年　份	总量/Mt	井工矿产量/Mt	井工矿占比/%	露天矿产量/Mt	露天矿占比/%
1990	92. 76	72. 90	0. 79	19. 86	0. 21
1991	94. 20	73. 36	0. 78	20. 85	0. 22
1992	84. 49	65. 80	0. 78	18. 69	0. 22
1993	68. 20	50. 46	0. 74	17. 74	0. 26
1994	49. 79	31. 85	0. 64	17. 93	0. 36
1995	53. 04	35. 15	0. 66	17. 89	0. 34
1996	50. 20	32. 22	0. 64	17. 97	0. 36
1997	48. 50	30. 28	0. 62	18. 21	0. 38
1998	41. 18	25. 73	0. 62	15. 45	0. 38
1999	37. 08	20. 89	0. 56	16. 19	0. 44
2000	31. 20	17. 19	0. 55	14. 01	0. 45
2001	31. 93	17. 35	0. 54	14. 58	0. 46
2002	29. 99	16. 39	0. 55	13. 60	0. 45
2003	28. 28	15. 63	0. 55	12. 65	0. 45
2004	25. 10	12. 54	0. 50	12. 55	0. 50
2005	20. 50	9. 56	0. 47	10. 93	0. 53
2006	18. 52	9. 44	0. 51	9. 07	0. 49
2007	17. 01	7. 67	0. 45	9. 33	0. 55
2008	18. 05	8. 10	0. 45	9. 96	0. 55
2009	17. 87	7. 52	0. 42	10. 35	0. 58
2010	18. 35	7. 39	0. 40	10. 96	0. 60
2011	18. 55	7. 31	0. 39	11. 24	0. 61
2012	16. 97	6. 15	0. 36	10. 81	0. 64
2013	12. 77	4. 09	0. 32	8. 68	0. 68

表3-5-8（续）

年　份	总量/Mt	井工矿产量/Mt	井工矿占比/%	露天矿产量/Mt	露天矿占比/%
2014	11. 65	3. 69	0. 32	7. 96	0. 68
2015	8. 60	2. 78	0. 32	5. 81	0. 68
2016	4. 18	0. 02	0. 01	4. 16	0. 99
2017	3. 04	0. 02	0. 01	3. 02	0. 99
2018	2. 58	0. 02	0. 01	2. 56	0. 99
2019	2. 17	0. 10	0. 05	2. 07	0. 95

2. 矿井类型

2019年英国煤炭总产量中露天矿占95%，井工矿占5%。由于Aberpergwm井工矿产量增加，2019年英国井工矿煤炭产量同比2018年增加了约4倍，达到0. 10 Mt，但由于主要为小型矿井，井工矿产量仅占总产量的4. 6%，而2015年同期井工矿产量约占总产量的1/3（从2015年开始大型井工矿陆续关闭）。由于燃煤电厂需求减少和部分露天矿关闭，2019年露天矿产量为2. 07 Mt，同比下降了19%，降至历史新低。因2019年井工矿产量略有回升，露天矿产量持续降低，井工矿产量所占总产量的比例也略有回升。英国煤种多样，2019年动力煤占总产量的45%、焦煤占32%、无烟煤占23%，受火力发电厂大量关闭的影响，从2015年开始动力煤产量逐年降低。

3. 区域分布

英国煤矿主要分布在英格兰、威尔士和苏格兰3个行政区域，见表3-5-9。2019年威尔士煤炭产量占54%、英格兰占26%、苏格兰占20%。2016—2019年井工煤矿产量全部来自英格兰和威尔士，苏格兰不再有任何井工煤矿。由于2015年英格兰陆续关闭了最后的大型井工煤矿，2019年威尔士成为最大的井工煤矿行政生产区。由于生产井工煤矿规模均较小，煤炭产量在总产量中的占比较小。英国露天煤矿主要分布于英格兰中部、北部，南威尔士和苏格兰南部。2019年露天煤矿产量主要来自威尔士，占总产量的52. 4%、英格兰占28. 6%、苏格兰占19%。

表3-5-9　2016—2019年英国煤炭产量区域分布　　Mt

井　型	行政区域	产　　量			
		2016年	2017年	2018年	2019年
井工开采	英格兰	0. 02	0. 02	0. 01	0. 00
	威尔士	0. 01	0. 00	0. 01	0. 10
	合计	0. 03	0. 02	0. 02	0. 10
露天开采	英格兰	0. 9	1. 0	0. 9	0. 6
	苏格兰	0. 8	0. 8	0. 6	0. 4
	威尔士	2. 4	1. 2	1. 0	1. 1
	合计	4. 1	3. 0	2. 5	2. 1
合计	英格兰	0. 9	1. 0	0. 9	0. 6
	苏格兰	0. 8	0. 8	0. 6	0. 4
	威尔士	2. 5	1. 2	1. 1	1. 2
	合计	4. 2	3. 0	2. 6	2. 2

注：1. 产量是经营者向煤炭管理局申报的吨位，包括估计吨位，不包括对从矸石山、灰渣库、河流等中回收的煤浆的估计。
2. 就业包括承包商，由许可证持有者在每年12月31日向煤炭管理局申报。

4. 矿井人数

截止到2019年12月31日，英国全国煤炭工业从业人数为699人，同比增加109人，为近4年从业人数首次增加，其中威尔士增加90人，英格兰增加5人，苏格兰增加14人。井工煤矿由127人增加为142人，同比增加11.8%，主要为威尔士阿伯佩格姆（Aberpergwm）煤矿从2018年9月由停产维修转为正式生产，导致威尔士井工生产从业人数从90人增加至134人。露天煤矿的从业人数由463人增加到557人，同比增加20.3%，主要为南特·海伦（Nant Helen）露天煤矿从2019年1月由停产维修转为正式生产，所需从业人数增加。其中威尔士露天煤矿从业人数从280人增加到326人，英格兰露天煤矿从业人数从110人增加到144人，苏格兰露天煤矿从业人数从73人增加到87人，详见表3-5-10。

表3-5-10　2016—2019年英国煤炭工业从业人数　人

矿井类型	地区	从业人数			
		2016年	2017年	2018年	2019年
井工开采	英格兰	42	48	37	8
	威尔士	6	4	90	134
	合计	48	52	127	142
露天开采	英格兰	192	115	110	144
	苏格兰	176	159	73	87
	威尔士	415	294	280	326
	合计	783	568	463	557
合计	英格兰	234	163	147	152
	苏格兰	176	159	73	87
	威尔士	421	298	370	460
	合计	831	620	590	699

5.6　煤矿安全生产与职业健康

英国是世界上煤矿安全工作做得最好的几个国家之一，无论是安全技术还是安全管理，英国煤矿都处于世界领先水平。英国煤矿的百万吨死亡率与世界其他国家相比相对较低。英国的煤矿主和矿工都非常重视煤矿安全工作。按照英国法规，所有煤矿都定性为瓦斯煤矿，这对一些开采深度较浅的小煤矿来说看似苛刻，但也说明英国对各种煤矿的安全标准要求“一视同仁”。同时，这也避免了开采设备从一个煤矿转移到另一个煤矿使用时存在的潜在危险。

5.6.1　安全生产与职业健康总体情况

英国煤矿近年来死亡事故起数每年均保持在个位数，其中1999年、2000年、2002年、2003年和2014—2019年均未发生死亡事故，2001年、2007年和2008年发生一起死亡事故，2009年发生2次，2006年发生3起，1997年和1998年均发生4起。英国煤矿事故统计如图3-5-9所示，1996—2018年煤矿死亡事故如图3-5-10所示。

5.6.2　法律法规与监管体系

英国是世界上煤矿事故率最低的国家之一，这主要得益于英国比较完善的矿山法律法规和安全监管体系，包括不断完善的法律制度，政府、社会和企业多层次的监督管理，以及不断更新的现代化安

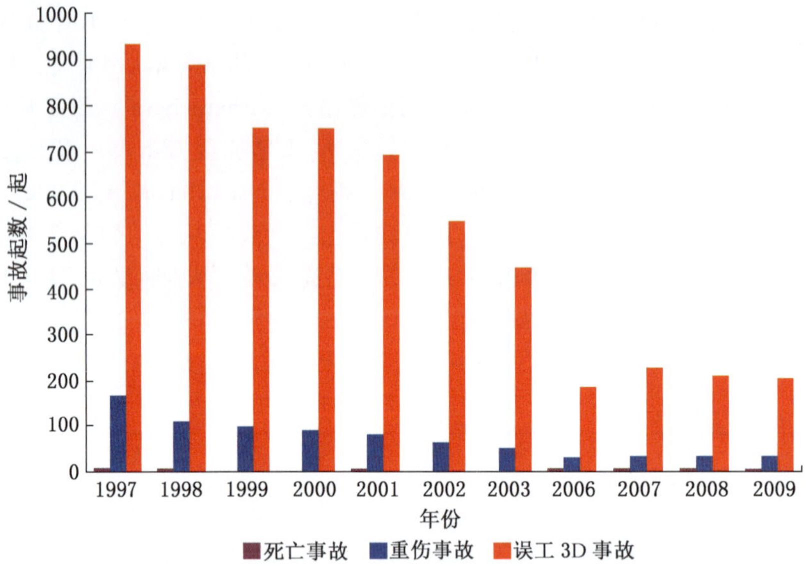

注：1. 1996 年时间为 1996 年 4 月 1 日至 1997 年 3 月 31 日，其他年份一样。
　　2. 2004 年、2005 年数据缺失。

图 3－5－9　英国煤矿事故统计

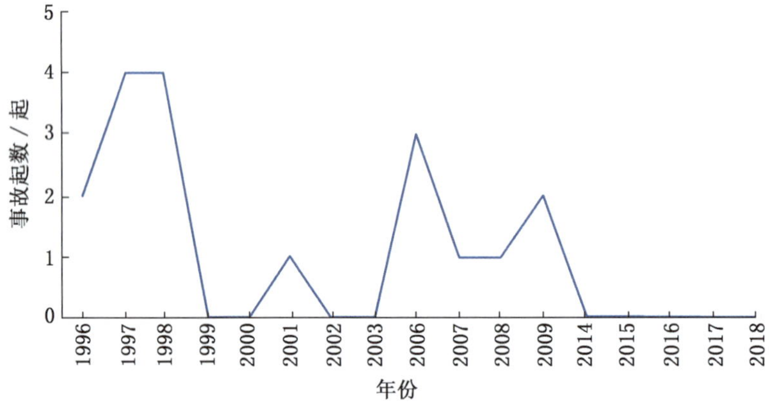

图 3－5－10　1996—2018 年煤矿死亡事故

全生产技术和设施。

1. 严格的法律法规

英国是世界上矿业活动开展比较早的国家，由于设施落后和管理不严格，伤亡事故时有发生，矿工曾一度成为当时英国最危险的职业之一，火灾、水灾、爆炸和塌方随时都在威胁着他们的安全。据统计，19 世纪中叶英国煤矿每年都有 1000 多起死亡事故发生。这种状况引起了英国政府的重视，于 1850 年颁布了英国第一部煤矿安全法规——《煤矿监察法》，内容包括设立安全管理员，制定安全用电及安全救护措施等。此后英国对煤矿方面的法规进行了十几次重大的补充和修订，使安全法规更加完善。

1954 年颁布的《矿山与采石场法》（此后进行过多次修订）中对矿山安全管理做出了严格规定。

英国还制定了专门的职业安全法。1974 年以前的工业安全法规，安全与健康防护方面如有问题，由公司老板和雇员协商解决。1974 年以后实施的法律修改为对雇主提出要达到的健康与安全标准，如何达到标准则要企业雇主自己想办法，一旦有一点不合要求，就会被认为整体都不合格。此外，英国在矿山健康和安全方面的一些具体问题上还制定了专门的法规，如针对煤矿中可吸入粉尘于 1975 年 9 月颁布实施了《煤矿可吸入粉尘规定》（后来又多次修订）。该法对包括煤矿在内的所有矿山工作场所相关粉尘的监测、防护、样品采集、记录的保存和评价等都有详细的规定。对雇佣下矿人员超过 30 人的煤矿做出了空气采样和由具有国家批准资格的实验室进行样品评价的规定。

随着技术的发展，安全生产法律、法规不断完善。近 50 年，英国先后颁布了有关矿山健康与安全的法令已达 50 多件，主要有 1974 年颁布的《职业健康与安全法》、1992 年颁布的《健康安全管理法》、1993 年颁布的适用于煤矿和非煤矿山的《矿山安全与健康法规》。其他相关立法有 1988 年的《矿山法》、1989 年的《矿山用电法》、1993 年的《煤矿法》（矿主经营规则）、《重大伤害、疾病及危险事故报告规程》等。英国除执行本国制定的安全法规外，还要执行《欧盟指南》中关于劳动安全健康方面的内容，主要有：①关于工作场所的规定，指出了各种工业健康标准；②关于贸易方面的指南，规定了产品在市场中流通时，必须标明该产品是否有毒；③关于环境保护方面的指南，如对有毒作业环境制定出健康标准。这些法律规定对煤矿企业的安全管理起到了有力的约束和引导作用，保障了矿工参与矿山企业安全管理的权利，对改善煤矿安全状况起到了积极的作用。

2. 煤矿安全综合监管

英国在煤矿安全生产监督管理方面主要建立有两个全国性的综合管理部门：英国健康与安全局和英国健康与安全委员会。主要负责包括煤矿在内的矿山、采石场和油田生产在内的各行业相关的健康与安全监管工作。

1）英国健康与安全局（Health and Safety Executive，HSE）

英国健康与安全局（HSE）是依据 1974 年《职业健康与安全法》成立的，是一个相对独立的健康与安全行政执法机构，该局对英国包括煤矿在内的危险行业的职业健康与安全工作实行国家监察、垂直管理。

（1）机构设置和主要职能。英国健康与安全局的领导层是 HSE 委员会和一个高级管理小组。HSE 委员会由 9 名委员组成，委员由分别来自雇员、雇主、地方政府及其他方面的代表选举组成。高级管理小组由 12 名成员组成，分别占据着 HSE 的重要管理位置，包括部门负责人、首席执行官和法律顾问。该局内设机构包括研究和实验室服务处、核设施和危险设施服务处、强碱和洁净空气处、危害核物质处、矿山和采石场监察处、工厂监察处、机电安全处、辐射和噪声处、设计和资料处、安全政策处。监察领域包括工厂、矿山、核设施、铁路、海洋石油、化学及高危设施等。该局有监察员 4000 多名，其中技术人员约 1200 名。英国健康与安全局的主要职能包括：负责依法行使安全生产与职业健康的监察执法，保证人们在职业活动中面临的健康与安全风险得到恰当的控制；负责加强和普及健康与安全法律方面的工作及安全事故的统计、调查等。

（2）矿山和采石监察处与监察员制度。矿山和采石场监察是健康与安全局的重要工作范畴，矿山和采石监察处下设有 7 个地区性的监察办公室。监察办公室对本地区各矿山或采石场专门安排有监察员负责安全监管工作。矿山监察员从有实践经验并受过管理训练的矿山及相关专业的工程师中选拔任命。任命后还要接受培训，使他们全面熟悉矿山安全健康法规、矿山与采石业生产、技术规程，以及安全健康方面的知识。矿山监察员的主要任务是检查 1974 年《职业健康与安全法》的实施情况，对如何执行法规的条文提出建议及给予指示，保证矿山与采石场以及其他作业区的安全生产，避免危险发生，保证有效执行已经制定的安全措施（不论法规中是否有明文规定）。矿山监察员可以随时进入矿山和采石场进行检查，或向雇主提出询问。监察员除执行日常的安全监察任务外，还能识别潜在的危险和分析事故起因，为雇主及矿工提供咨询。当矿井发生事故时，如井下火灾、瓦斯爆炸等重大事故发生时也能在现场实施指挥和参与救援，并能通过事故调查提出制定和修改法规的意见。监察员队伍保持相对稳定，他们往往要固定在一个地区或负责几个矿的监察工作 2 ~ 3 年。地区监察办公室除了有采矿和采石监察员外，还有机械、电气方面的专业安全监察员。英国的矿山安全监察员素质很高，各级监察机构对他们工作上的要求也十分严格，虽然对矿井的检查没有明确的数目、次数的规定，但他们认为平时开展检查活动是十分必要的。

（3）安全检查和管理的主要程序和方法。矿山监察员对所负责的矿山和采石场进行安全检查一般有两种安排方式：一是按照年度计划执行；二是根据矿山生产过程中的情况随机检查，随机检查不事先通知被检查矿山。

安全监察员对矿山或采石场进行检查的基本程序是：到矿后首先与矿方负责人交谈，听取汇报，了解该矿最近的有关情况；然后下井进行实地察看，检查的内容、路线均由安全监察员根据自己所掌握的情况独立决定，充分行使监察权。在检查作业区的过程中，一般由矿长陪同进行，这样监察员在检查中，一旦发现有违法行为，可以立即告知矿长，矿长可以马上采取改进措施。此外也可以由分管安全的负责人全程陪同，升井后再与矿山负责人交换意见，指出检查出的问题。

根据矿山规模、机械化装备水平、地质条件、灾害状况，确定矿山安全状况和风险程度。矿山监察处每年根据矿山的安全状况和风险程度，制定年度监察计划，并上报英国健康与安全局。

各地区的矿山安全监察员到矿山企业参加有关会议、检查工作和调查研究后，有责任向地区的主任监察员提交书面调研报告，一般使用电子传真汇报工作，若发现重大隐患，要用电话及时汇报。在向上级汇报的同时，安全监察员的书面监察报告所涉及的内容要对煤矿经理进行详细通报。监察报告的基本内容包括矿井概况、矿井安全生产状况、检查的有关情况、总体评价、安全工作建议。

矿山安全监察员对检查出的问题依据其轻重采取不同的处理方式。对一般性问题，安全监察员指出后，由矿长负责安排整改。对存在重大事故隐患危及人身安全的作业场所，安全监察员可以向矿长发布通告，令其停止作业，并限期进行整改，以保护雇员的安全与健康；或者提出诉讼终止令，并给予罚款。通常情况下矿山安全监察员不对矿长发布命令，主要是指出作业区的违法行为，让管理部门去解决。如果安全监察员不满意该场所采取的改进措施，可以向矿长提出一些建议，并指明法规的具体要求。矿山安全监察员没有直接罚款的权力，对矿主的处罚往往由工业法庭依法予以处罚。从表面上看安全监察员尽管不能直接罚款，但其对隐患有停止作业的权力，且直至他们认为危险隐患已排除，才下令恢复生产。当安全监察员和矿主因对安全生产问题的看法和处理不一致而发生矛盾时，可以反映到地区监察办公室。如果问题仍不能圆满解决，矿主则可以上诉到工业法庭。据了解，后一种情况很少发生，问题往往到地区就得到了解决。

2）英国健康与安全委员会（Health and Safety Commission，HSC）

英国健康与安全委员会是全国健康与安全方面的最重要机构之一，英国有关职业健康与安全的法律主要由该委员会提出方案，交议会讨论决定。该委员会的职权范围包括英格兰、威尔士和苏格兰的相关事务。北爱尔兰的相关事务由北爱尔兰的健康与安全局负责。健康与安全委员会是根据英国 1974 年《职业健康与安全法》成立，独立于政府部门，是一个致力于职业健康与生产安全的专业性公共机构。健康与安全委员会通过各有关政府部门直接对议会负责，在制定工业生产健康与安全法律法规方面起着主要的推动作用，其主要职能是采取各种措施确保生产作业过程中的职业健康、安全、员工福利和公众利益，包括提议制定和执行相关法律和标准，确定健康与安全研究的重点和方向，提供信息与咨询服务，以及对爆炸物和危险品实行有效控制和调查等。健康与安全委员会通过相关部门（环境、食品及农村部，商业、企业及制度改革部，就业及养老金事务部，交通部）和官员向议会提供政策咨询和法律建议，各政府部门的大臣就与本部门有关的职业健康与生产安全问题向议会直接汇报时，会针对本部门所从事的各种工作以及工人生产安全保护等方面所提出的质询进行解答。总之，健康与安全委员会根据《职业健康与安全法》行使权力和职责，但在某些情况下，也作为有关政府部门在职业健康和生产安全问题上的代言人。

英国健康与安全委员会实行政府、雇主及雇员三方共决机制。牵头部门是就业及养老金事务部。委员会设主席1人，由英国就业及养老金事务大臣任命，一般来自工业界，并非政府雇员。委员由6~9人组成，由主席经过与资方、劳方、地方政府和代表公众利益的团体等部门协商，并对推荐人选进行筛选后提交国务大臣任命。这些成员大都代表一方利益，具有一定相关知识且责任心很强的人，一般任期为5年，在任期将满时，根据其表现决定去留。如果他们胜任工作，则与他们达成新一轮合同，继续在委员会工作。需要指出的是，委员会人员组成不仅经过上述的协商和挑选过程，还要考虑政府工作重心和社会情势不断变化的需要。当政府和社会对安全工作的重心有所转变时，委员会成员的组成要适应这一变化。

健康与安全委员会下设7个专业性咨询委员会，各咨询委员会成员均为在某方面积累多年经验的专家或实践人员。咨询委员会每年定期召开会议，所研究的问题必须得到全体委员同意才能形成决议，即实行一票否决制。委员间若有意见分歧，一般通过协商解决。自1975年以来，该委员会从未用过投票方式进行表决。由于委员来自社会各个方面，代表各方意见，使有关法律草案的制定得以顺利进行，而在法律制定后也能得到顺利执行。

健康与安全委员会与外界有广泛的联系，除对议会负责外，还与地方政府、工厂老板、社会大众、全体雇员、环保部门、欧盟以及联合国组织都保持联系。该委员会不是常设机构，日常工作由健康与安全管理局的秘书机构承担。

3. 英国煤炭工业局

在英国矿业方面的安全监管工作中行业主管部门也起着十分重要的作用，英国煤炭行业的政府行业主管部门是英国煤炭工业局（Coal Authority）。英国煤炭工业局是于1994年作为煤炭工业私有化进程的一部分成立。在煤矿健康安全管理方面，英国煤炭局主要是通过执行相关法律、法规，建立和完善保障机制以实现煤矿职业健康和安全状况持续好转的。具体措施包括：①制定安全与健康目标并加以实施；②为矿工提供安全培训、安全信息和安全指导；③开展安全审核工作；④对基础设施建设施工进行严格审查，最大限度地减少对职工和公众的伤害。

4. 社会团体

英国的社会团体和民间监督也是矿山健康与安全监管工作的重要组成部分。其中最重要的是英国工会的劳动健康与安全监督。英国工会联合会（TUC），是全英国工人的最高代表组织，是政府承认的在英国代表基层工会和工人利益的唯一合法组织，其宗旨是要代表和维护工人的利益。工会开展劳工安全健康监督工作，符合工人维护自身安全与健康的愿望，同时也关系到工会的发展。在英国工会联合会的工作中，健康与安全监督占有重要位置，并成为与雇主进行集体谈判的重要内容。工会为了保障工人的职业安全与健康，主要工作有两个方面：一是迫使雇主为工人提供符合安全与健康要求的工作条件；二是一旦发生事故，要确保会员和工人获得足够的赔偿。

《职业健康与安全法》为英国工会开展劳动健康与安全监督提供了法律依据。根据法律规定，工会有权派出安全监察员到施工现场检查，并与雇主协商，为工人提供健康与安全的工作环境。工会的安全监察员通常每月对矿井的安全检查不少于两次。英国工会的监督工作与英国健康与安全局和政府行业主管部门的安全监管工作互不影响同时开展。同时，英国工会对煤矿企业的安全监督也与其他监管部门相互通报情况和反映问题。另外，英国工会也会根据实际需要，在不同层次上，在各地区的范围内，成立由雇主和工人双方参加的安全咨询委员会，经常邀请矿山安全监察员参与会议，研究工作。

5. 企业自行管理

英国相关法律规定，矿山企业安全生产主要由矿主负责，根据矿井安全状况必须设立相应的安全管理机构，配备安全检查与管理人员，切实加强安全管理和检查。矿山安全管理机构和人员配备要报英国健康与安全局批准，并由矿山安全监察员进行监督。因此，英国的每个矿山企业都有安全工程师负责本矿的安全工作。依据《职工健康与安全法》等相关法规，英国各煤矿企业还建立职工代表参与安全管理，职工代表对井下工作场所要认真检查安全状况，做好书面记录并定期归档，以作为事故分析时的参考，发现问题及时向经理反映并督促解决。职工代表应当参与事故调查和处理工作的全过程。按要求，英国每个煤矿工人都必须携带自救器，而且佩戴哪种自救器，应根据火灾、爆炸或有害气体产生的风险评估情况来定。例如携带过滤式自救器还是氧气式自救器都要由风险评估结论而定。英国 95% 的煤矿工人只携带过滤式自救器。

6. 矿山救护

英国的矿山救护事业走在世界的前列。英国煤矿爆炸事故在 1870—1880 年达到顶峰，仅因爆炸丧生的人就达 2700 人。针对此严重情况，1902 年英国成立了第一个救护站；1909 年，英国议会法案通过，成立了 5 个救护站；英国煤矿法案出台后，英国煤矿分别于 1910 年和 1913 年发生了死亡 344 人和 439 人的重大事故，英国于是在 1914 年规定救护组必须在中央救护站 10 英里（约 16.1 km）以内；到 1918 年，全英国已经拥有 46 个中央救护站。

英国矿山救护站在英国煤矿事故抢救工作中起到了关键性作用。在国有化之前和之后，救护站都参与了地方重大事故的营救工作。最大的一起救护事件发生在 1950 年 Cresswell 煤矿矿难，火灾中有 80 人由于 CO 中毒死亡，矿山救护队在 1950 年 9 月 26 日到 1951 年 8 月 11 日，历经 11 个月的时间将全部尸体找到。在 1950 年 Knockshinnoch 城堡透水事故中，25 个矿山救护队营救人员从相邻煤矿救出了被困在井下的 116 人。

在 1994 年英国煤矿私有化之后的一年中，英国政府对煤矿救护站也实行了私有化改革。英国矿山救护站在煤矿私有化中起到了很大的作用，他们向所有煤矿介绍新的国家矿山救护方案及矿山救护产品。英国政府规定所有井工煤矿都必须加入矿山救护协会。在英国，矿山营救资金主要来源于矿产征税。

英国有关矿山业救护的法律是 1995 年制定的《1995 矿山撤离和救护规定》。此法规没有要求矿山强制执行，但若任何人因为没有遵守该规定而造成伤亡事故，矿主将可能受到法庭起诉。

英国所有煤矿都必须是国家批准的矿山救护总会的会员，并且每个煤矿在地面都要拥有 2 支装备精良的能在 30 min 内到达事故现场的救护队（每队 6 人）。他们的救援设备通常存放在国内的救援中心。

所有救护队队员必须体验合格（每年 1 次极其严格的体验和体能测试），而且必须拥有 2 年以上的井下工作经历及急救证书。队员最初要接受为期 15 天的救护训练课程，然后每年进行 6 天的年度培训，并且必须保证每季度培训 1 次，其中要包括 2 次高温潮湿环境的训练，所有的培训课程都必须在合格的救护官员的指导和监督下完成。

5.7　煤炭与环境

5.7.1　煤矿区环境治理

英国一向重视煤矿安全和煤炭环境问题。早在 1306 年，伦敦禁止烧煤。1847 年城市环境立法，限制工厂烟尘排放。1952 年 11 月 5—18 日发生伦敦烟雾事件，导致 4000 人死亡。1956 年颁布了《大气清洁法》，建立烟尘控制区，禁止烟囱排放黑烟，民用炉具改用无烟燃料。1974 年颁布了《环境污染控制法》，为全国公害防治基本法。

1988年颁发了《城乡规划环境影响评价条例》，将环境影响评价纳入矿山规划系统。20世纪末19世纪初，英国煤炭工业全面实行环境影响评价，工程项目必须有环境影响评价，必须开展风险评价，用于露天开采方法和井工开采方法的评估以及煤矿环境规划，煤矿环境规划已经成为监督法规执行情况并减少潜在赔偿的一种有效手段。

1990年颁布了《环境保护法》。1992年联合国《气候变化框架公约》出台，英国签约后，承诺减少6种温室气体的排放量。2005年《京都议定书》生效后，英国政府提出2008—2012年的温室气体排放量降低到1990年的水平。《2003英国能源白皮书》提出创建一个低碳经济的英国能源结构，进一步发展了英国气候变化长期政策。

2007年3月13日，英国政府发表了一份《气候变化法》草案，并于2007年11月上交到英国上议院，该草案写有未来50年气候变化对策内容，规范了英国的低碳经济战略框架，这是世界上第一部气候变化法案，具有划时代的意义。该法的主要内容包括：设定具有法律约束力的二氧化碳减排目标；二氧化碳排放量在1990年的基础上，在2020年之前削减26%～32%，在2050年之前削减60%；创建具有法律约束力的“碳预算”体系（每5年为一周期）；至少15年达到目标，促进企业和个人投资低碳技术；成立负责实施减排目标和预算并向政府提出专项建议的法定机构——气候变化委员会；建立向议会提交年度报告制度；政府至少每5年拿出一个气候变化影响现状及预测提案和对策报告；引进适用于地方自治体和大企业等的“碳减排义务”制度，并赋予他们为引进排放量交易制度的权限。

5.7.2 煤炭关闭后环境治理

随着英国大量煤矿关闭，英国矿区环境保护的重点由生产过程中的环境保护向关闭后矿井灾害治理和生态修复转变。根据英国《1994煤炭工业法》，英国煤炭管理局是煤炭行业的政府主管部门，对煤炭产业进行宏观管理。根据《英国煤炭管理局对废弃矿井的管理方案》的规定，煤矿的关闭工作由煤矿企业承担主要责任，并对15年内关闭后的煤矿历史遗留问题（地表塌陷、封闭的井口、矿井水、可能逸散的气体及煤层自燃）进行治理，矿井关闭15年后的灾害监测与灾害治理由煤炭管理局进行。对于一些生产历史周期长、盈利差的老矿区，煤炭工业管理局会申请利用英国政府预算资金对其进行关闭，并落实好隐患治理措施。英国煤炭管理局负责统计和整理关闭煤矿的相关数据，形成废弃煤矿目录数据库，并对数据库进行日常维护，为后续的废弃煤矿资源开发提供有效支撑。

1. 废弃矿井瓦斯灾害治理

煤矿关闭后，虽然煤炭开采活动停止，但井下瓦斯还将不断涌出、聚积，如果不采取有效措施，瓦斯会通过井筒和地表裂缝逸出。一方面，瓦斯主要成分为甲烷，根据IPCC第四次科学评估报告，甲烷的百年尺度全球增温潜能（GWP）是二氧化碳的25倍，如得不到回收利用，将增加温室气体排放；另一方面，瓦斯易燃易爆，如果遇到明火或火花，易造成瓦斯燃烧、爆炸事故，威胁人民生命和财产安全。为解决英国煤矿关闭后的瓦斯泄漏问题，早在1954年就开始废弃煤矿瓦斯开发利用研究，开发利用技术处于世界领先地位，在关闭的300座井工煤矿中的30座煤矿进行了废弃煤矿瓦斯利用项目开发，2016年全国废弃煤矿瓦斯装机容量约为60 MW，依靠市场化手段，实现了商业开发，下面为英国典型的废弃煤矿瓦斯开发利用案例。

（1）曼斯菲尔德废弃煤矿瓦斯开发利用项目。2006年英国阿尔坎能源公司开发了曼斯菲尔德废弃煤矿瓦斯发电项目。曼斯菲尔德煤矿原名为皇冠农场煤矿，经过83年的开采，该煤矿于1988年关闭，1989年拆除井架并进行井筒填埋。2006年，阿尔坎能源公司通过井位优选，在地面重新打钻孔，抽采曼斯菲尔德煤矿废弃煤矿瓦斯，并输送到瓦斯发电机组进行发电，发电装机容量为4.3 MW。最初抽采浓度为70%左右，供3个1.5 MW的瓦斯发电机组和本地的淘瑞纺织厂使用。随着废弃煤矿瓦斯的不断抽采，瓦斯浓度和流量出现了下降趋势，2014年浓度为41%左右，为了保证淘瑞纺织厂使用，仅能供应2台机组进行发电。2006—2014年累计利用废弃煤矿瓦斯1.07×10^8 m³，折合每小时利用1536 m³。如果按照41%浓度计算，总共为阿尔坎能源公司创造了1.5亿元的收益，曼斯菲尔德废弃煤矿瓦斯利用工厂系统布置图、平面图如图3－5－11所示。

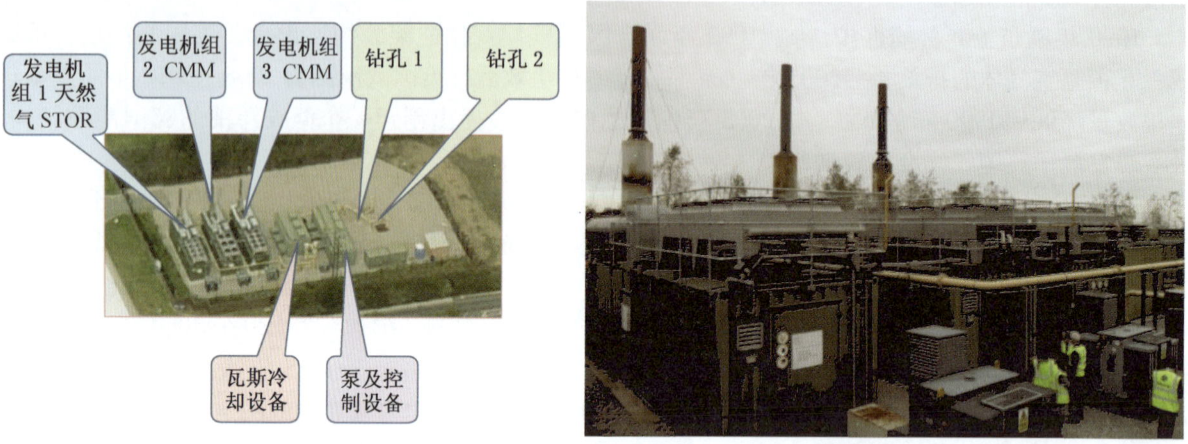

(a)　　　　(b)

图3－5－11　曼斯菲尔德废弃煤矿瓦斯利用工厂系统布置图、平面图

（2）艾登索普废弃煤矿瓦斯开发利用项目。艾登索普煤矿于1975年投产，年产量约为1 Mt，2000年关闭，2013年计划开始抽采废弃煤矿瓦斯。原始吨煤瓦斯含量为10 m³/t，剩余的废弃煤矿瓦斯资源量约为1×10^7 m³。该项目在地面距煤矿井口约2 km重新打废弃煤矿瓦斯抽采井，钻孔直径为22.5 cm。项目建有2台1.5 MW发电机组和1台2 MW发电机组，总装机容量5 MW。发电机出口电压为400 V，经升压后并入11 kV电网，艾登索普废弃煤矿瓦斯开发利用项目气流压力控制系统如图3－5－12所示。

图3－5－12　艾登索普废弃煤矿瓦斯开发利用项目气流压力控制系统

（3）凯灵利废弃煤矿瓦斯开发利用项目。凯灵利煤矿位于英格兰，由英国煤炭公司经营，是英国最后一座大型井工煤矿，约740 m深。凯灵利煤矿于1965年投入生产，年产煤1～1.5 Mt，煤炭产

量最高时曾超过 2 Mt/a，最多时曾有 3000 名矿工。该煤矿于 2015 年 12 月决定停止生产并进行关闭，2016 年 11 月全部完成关闭工作，并进行废弃煤矿瓦斯抽采，煤层原位瓦斯含量超过 10 m^3/t。

凯灵利废弃煤矿瓦斯发电项目（图 3-5-13）由哈沃斯电力公司开发，开发出的废弃煤矿瓦斯用于发电。开发初期废弃煤矿瓦斯是正压溢出，浓度高达 84%，安装有 5 台装机容量为 1.4 MW 的颜巴赫机组，总装机容量为 7 MW。为成功进行废弃煤矿瓦斯开发，技术人员在凯灵利煤矿关闭前一年就深入矿井，对图纸进行核实，并在矿区向斜的两翼区域通过埋设管对向斜两翼的气体富集区域进行连通。

(a)

(b)

图 3-5-13　凯灵利废弃煤矿瓦斯开发利用项目

2. 废弃矿井水治理

英国已经关闭了几千个废弃矿井，关闭煤矿矿井水为酸性水，对周围水系和含水层造成了严重威胁。由于缺乏长远考虑，英国政府不得不在煤矿私有化之后采取补救措施，先后投入了 10 亿英镑用于处理煤矿关闭后的采煤塌陷和矿井水等遗留问题，这项工作计划持续 50 年以上，这些经费中有一半用于矿井水抽采及污染处理，约 1/3 用于塌陷区治理。为治理矿井水污染，英国范围内共设有 800 个矿井水监测点对矿井水情况进行监测，建立数据模型，预测矿井水走向，以便及时采取有效的控制措施。英国煤炭管理局管理 75 个废弃煤矿处理厂，每年处理 1.2×10^8 m^3 废弃矿井水，保护了 350 km 的河流和几个重要的区域含水层。2017—2018 年采用芦苇床回收处理技术回收废物 3700 t，加强了生物的多样性和保护了良田。此外英国废弃矿井水处理厂还积极开展废弃矿井太阳能、废弃矿井热能回收综合利用项目，增加 712 kW 的清洁电力能源。

废弃矿井污水处理管理部门为环保局和煤炭管理局，其中煤炭管理局主要负责煤矿和金属矿关闭后的污水处理工作，环保局对非煤矿山及煤矿污水处理进行统一管理。英国为治理 1999 年 12 月 31 日之前关闭的废弃金属矿山造成的废水，建立废弃金属矿山废水处理计划，提供资金给煤炭管理局和环保局，对废弃矿山污水进行处理。

1）胜利废弃煤矿矿井水处理方案

胜利废弃煤矿矿井水处理项目位于英国英格兰中部的德比郡（Derbyshire），德比郡作为英国中部的饮用水取用地，由于含水层与废弃矿井水沟通联系，开展了该项目，目的是避免废弃矿井废水对地表水和含水层造成污染。

项目在原来的污水处理厂场地上建设了更大面积的净水池和芦苇床，并对水处理方案进行重新设计，维修了抽水泵站，安装了输送管道。废弃矿井水通过泵站从井筒中抽出，穿过一条小溪，进入两个净水池和一个人工湿地。在此过程中通过加入空气和芦苇床的净化作用对废弃矿井水中的有机物进行净化处理，不需要添加任何化学物质，如图3-5-14所示。

图3-5-14　胜利废弃煤矿矿井水处理项目

2）道顿废弃矿井水处理方案

道顿废弃矿井水处理项目的目的是避免英国达勒姆郡一个重要的饮用水取用含水层受到废弃矿井水污染，该含水层大约为当地3万人提供饮用水。该废弃矿井水中的盐分浓度比海水还高，由于受到高盐分、使用土地有限和敏感地区（靠近达勒姆遗产海岸自然保护区）以及重要交通枢纽位置（铁路和公路交会网）等因素的制约，该项目不能像通常项目一样，用建设净水池和芦苇床的方式对废弃矿井水进行处理，而是建造了一个适合当地发展的最先进的活性化学处理厂。该项目回收了89%在建造过程中产生的废料，总计大约135 t，处理约2.2×10^{6} m^3/a废弃矿井水。该项目在废弃矿井水处理设备中安装了热交换器，收集矿井水的热量，为办公室、车间和职工宿舍提供热水和供暖。此外，2016年初道顿废弃矿井水处理厂主楼屋顶安装了192块太阳能光伏板，这些太阳能光伏板每小时产生50 kW的电力，太阳能发电为抽水泵提供电力，减少了抽水成本，如图3-5-15所示，以上综合措施让实现零成本进行废弃矿井水处理方案的目标又近了一步。

(a)

(b)

图3-5-15　道顿废弃矿井水处理项目

5.8 英国 CCS（碳捕集与封存）技术

英国为解决燃煤发电碳排放造成的环境污染，自 20 世纪 90 年代初以来，英国一直积极推进 CCS 的发展，不断加强对 CCS 发展的战略部署，逐步建立相关管理体制和工作机制，完善配套的政策体系，并以电力行业为 CCS 技术的主要未来应用市场，推进培育涵盖捕集、运输、封存和利用等各环节的完整产业链；通过商业竞标等活动，推动不同企业探索跨行业合作模式。

5.8.1 CCS 发展战略

英国政府非常注重 CCS 发展的战略部署，通过《碳减排技术战略》(Carbon Abatement Technologies Strategy）及《能源白皮书》等文件明确了中长期 CCS 发展的部署及在火电行业的商业化部署。

原英国贸工部（DTI）早在 2002 年就开始推动较小规模的清洁化石燃料计划，于 2003 年开展了英国实施 CCS 的可行性评估，2005 年正式将 CCS 纳入《碳减排技术战略》中，并提出了“在技术方面逐步提高，使 CCS 成为火电厂的重要组成部分，到 2010—2012 年实现规模运行，到 2020 年实现商业化部署”的发展远景与目标；于 2007 年 5 月发布了《能源白皮书》，制定了英国在确保能源安全供应的同时削减温室气体排放以应对气候变化方面的长远行动框架，并对 CCS 发展提出了新的战略发展方向，即要在英国电厂实施全流程 CCS 示范，以进一步验证技术，并掌握其成本。2012 年 4 月初，英国能源与气候变化部发布了到 2020 年的碳捕集与封存技术路线图（CCS Roadmap），旨在通过一系列措施来降低 CCS 的成本和风险，搭建便于私营部门参与的市场框架，消除 CCS 部署的重大障碍。

在 CCS 技术路线选择上，截至目前英国政府倾向于燃烧后捕集技术路线。例如，2007 年 11 月发布的第一轮 CCS 企业竞标计划中，只支持燃烧后捕集技术；2012 年 4 月发起的商业化竞标活动中，最终入选的白玫瑰（White Rose）项目和彼得黑德（Peterhead）项目分别为燃气电厂和燃煤电厂燃烧后捕集技术路线；在 2012—2015 年提供的与碳捕集技术相关的超过 5000 万英镑资金中，超过 70% 的资金被用于支持燃烧后与捕集技术相关的研发项目；针对捕集技术的 40 多个相关研发项目中，有近 70% 的项目研究燃烧后捕集技术。

5.8.2 管理体制与工作机制

（1）不断加强政府层面的管理和协调。2007 年以前，CCS 的发展主要是由原英国贸工部推进的。原贸工部的工作内容主要包括推进工业与地区经济发展、对外贸易投资、能源可持续供应、科技与创新，以及就业与消费等多个方面，主要在制定清洁化石燃料计划时提及 CCS；而气候变化工作则主要是由英国环境、食品和农村事务部分管的。英国推进 CCS 发展的关键机构及职能见表 3-5-11。

表 3-5-11 英国推进 CCS 发展的关键机构及职能

机　构	性　质	CCS 发展过程中的作用
能源与气候变化部（DECC）	政府部门	推进低碳电力发展；推进 CCS 的产业化应用；CCS 项目许可
商业、创新和技能部（BIS）	政府部门	推动技术创新
英国地质调查局（BGS）	—	主导开展地质封存潜力评估
能源技术研究所（ETI）	公私合作伙伴关系（PPP）	支持包括 CCS 在内的低碳能源技术创新
皇家财产管理局（The Crown Estate）	独立商业机构	封存场所土地管理：有偿发放二氧化碳封存场所使用权
碳捕集与封存协会（CCSA）	非技术贸易协会	推动 CCS 的工业应用
英国碳捕集与封存技术研究中心（UKCCSRC）	学术机构联合体	领导英国碳捕集与封存各环节的相关技术研发
苏格兰碳捕集与封存中心（SCCS）	学术机构联合体	领导苏格兰碳捕集与封存各环节的相关技术研发

2007 年，英国政府重组了原英国贸工部和教育技能部，成立了商业、企业和管理改革部（BERR）以及创新、大学和技能部（DIUS），CCS 发展的相关管理工作由 BERR 负责。

2008 年 10 月，英国能源与气候变化部成立，是由原商业、企业和管理改革部（BERR）下负责能源领域工作以及英国环境、食品和农村事务部（DEFRA）下负责气候变化相关工作的部门组成的，全面协调以确保英国本土能源的安全、清洁和经济供应，并推进英国本土及全球的应对气候变化行动，强化了政府对 CCS 发展的管理和干预。

2009 年 6 月，英国政府合并了商业、企业和管理改革部以及创新、大学和技能部，成立了商业、创新和技能部（BIS），部分 CCS 相关的技术研发创新由 BIS 分管，并通过其下属执行性非部委公共机构（Executive non - departmental public body）创新司（Innovate UK，为原来的英国技术战略委员会 TSB），为英国 CCS 相关技术研发与创新提供资金支持。

2010 年 3 月，能源与气候变化部设立了碳捕集与封存办公室（OCCS），专门开展 CCS 发展的协调管理工作，负责推进制定 CCS 发展应用的战略，拟定相关政策和技术路线，推动私人投资，并与各相关利益方共同探讨与排除障碍，推动英国和全球的 CCS 投资与发展。

（2）成立高级别咨询机构—气候变化委员会，从战略高度谋划 CCS 的发展。2008 年 11 月发布的《气候变化法案》中，成立了专注气候变化问题的高级别智囊机构—气候变化委员会，就削减温室气体排放、应对气候变化问题等向政府和国会建言献策，推进 CCS 的产业化发展。

（3）成立碳捕集与封存技术研究中心，引领 CCS 的基础研究。在基础研究领域，英国能源与气候变化部资助成立碳捕集与封存技术研究中心（图 3 - 5 - 16），形成覆盖 CCS 全技术链的专家网络，整合学术研究的中坚力量和优势设施等资源，引领技术研发，推动知识共享，不断缩小学术研究和工业化间的差距。

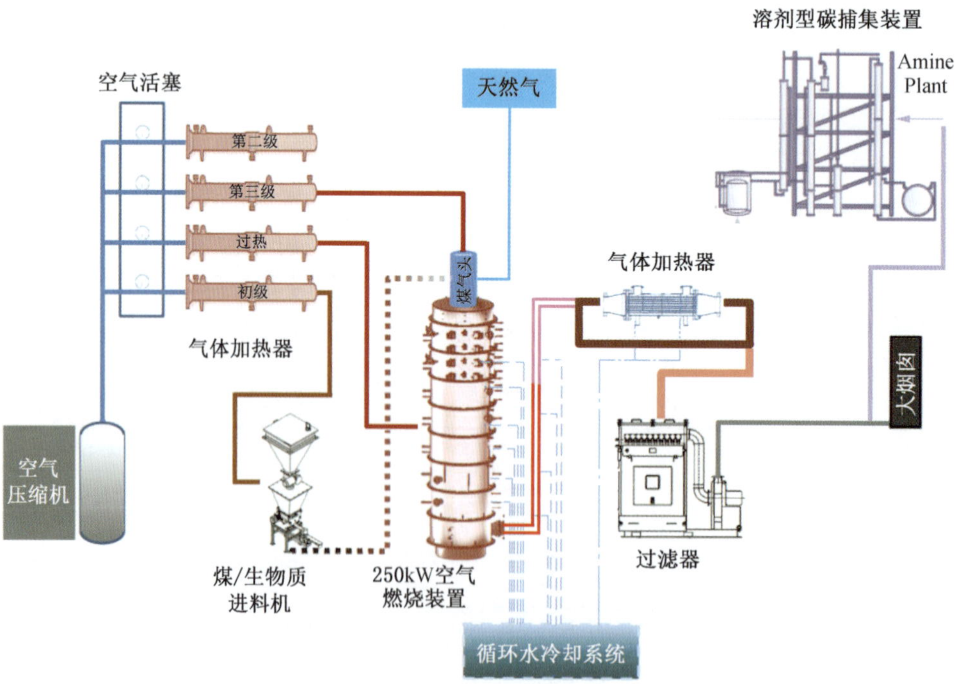

图 3 - 5 - 16　PACT 的核心部分工艺流程

英国碳捕集与封存技术研究中心成立于 2012 年，旨在引领英国 CCS 的基础研究，缩短工业化应用的差距。当年4月初，英国工程和物理科学研究委员会（EPSRC）为其提供的首笔1300万英镑支持资金到位；随后能源与气候变化部又为其提供了300万英镑的额外资金支持，用于新建试验设施。同时，该中心构建了一个覆盖全球学术界、工业界、监管部门及其他部门的专家网络，积极推动相关合作、协作与知识共享，共同分析解决CCS发展过程中的问题，使得CCS能在低碳经济发展中发挥最大效能。

该中心拥有英国的国家级先进捕集技术中试设施（PACT），由克兰菲尔德大学、爱丁堡大学、帝国理工学院、诺丁汉大学和谢菲尔德大学等联合运行管理。其核心部分在谢菲尔德，主要包括大量仪表设备的250 kW空气/富氧燃烧设施（适用于煤炭、天然气和生物质）、2套330 kW的燃气轮机以及用于模拟燃烧或工业排放源的气体混合设施等；并与一套1 t/d的（煤粉/天然气锅炉）燃烧后胺法捕集装置相连，可用于开展常规电厂、生物质燃烧电厂以及工业设施等的CO_2捕集试验研究、溶剂及材料研发等，并由利兹大学和谢菲尔德大学联合管理运行。此外，该中心在爱丁堡还有一座便携式遥控现场测试微型实验室，可在电厂或工业设施现场长期开展数据采集和试验研究，进行溶剂、固体吸附剂、膜材料、碳合金、腐蚀试片等的长期远程测试；该实验室的尾气测试能力为25～50 m^3/d。PACT便携式遥控现场测试微型实验室如图3－5－17所示。

图3－5－17　PACT便携式遥控现场测试微型实验室

苏格兰碳捕集与封存中心（SCCS）是由英国地质调查局、赫瑞瓦特大学、阿伯丁大学以及爱丁堡大学等于2005年联合成立的，并得到了苏格兰拨款委员会（SFC）以及能源技术合作委员会（ETP）的资金支持。2012年8月至2015年3月，苏格兰碳捕集与封存中心曾是能源技术合作委员会知识交流网络（KE Network）的一部分，并得到了欧洲区域发展基金（ERDF）的部分资金支持。该知识交流网络旨在促成学术机构和中小企业间的合作，加速创新并推动苏格兰地区低碳经济的发展。

（4）支持成立行业协会，推进CCS产业化发展与应用。英国碳捕集与封存协会的成立得到了英国政府部门的支持，并承担着政府与企业间对话的桥梁作用，在推进CCS产业化发展与应用的政府决策方面发挥了重大作用。

英国碳捕集与封存协会成立于2006年3月，旨在推进碳捕集与地质封存的商业化发展。其会员来自各行各业，包括制造加工、发电、工程承包、石油、天然气和矿产、煤炭、运输、法律、银行业、咨询服务和项目管理等。英国碳捕集与封存协会作为一家非技术性贸易协会，专注于推进 CCS 的商业化应用，其成立得到了英国政府的支持，并与英国政府和欧洲委员会等保持良好的合作关系，推动相关法规监管进程。

5.8.3　政策法规体系与相关制度

英国通过了《气候变化法案》和《能源法案》等法规文件逐步明确 CCS 发展的长远地位。其中，《气候变化法案》明确了控制温室气体减排以应对气候变化的法律地位，提出分阶段的碳预算，《能源法案》逐步明确了碳捕集与封存的发展战略、审批制度和具体实施细则等。

1. 《能源白皮书》

2007 年 5 月，原英国贸工部（DTI）发布了《能源白皮书》，制定了英国在确保能源安全供应的同时削减温室气体排放以应对气候变化方面的长远行动框架，并对 CCS 发展提出了新的战略发展方向，即要在英国电厂实施全流程 CCS 示范，以进一步验证技术，并掌握其成本。

2. 《气候变化法案》

2008 年 11 月，英国颁布了《气候变化法案》，设立了到 2050 年的温室气体减排目标；提出了建立以 5 年为周期的碳预算体系，实行温室气体排放控制；成立了气候变化委员会；授权成立交易体系，以限制温室气体排放或鼓励温室气体减排行动；提前开展适应行动；其他方面。该法案的颁布实施，使英国成为世界上第一个针对减少温室气体排放、适应气候变化问题拥有法律约束力的国家。

3. 《能源法案》

2008 年 11 月颁布的《能源法案》，首次确立了 CO_2 储存的许可制度及相关事项，为 CCS 正常运作特别是对 CO_2 近海封存发挥了制度保障作用，为 CCS 的下一步发展奠定了法律基础。2010 年 4 月颁布的新的《能源法案》中，进一步就部署碳捕集与封存技术示范、评估和运用等做出了明确规定，包括财政资助、差别化电力税、低碳电力及 CCS 进展报告制度等。配套的《二氧化碳储存（许可等）条例 2010》已于 2010 年 10 月 1 日开始实施。英国还参照欧盟的《碳捕集与封存指令》的要求，针对 300 MW 及以上的新建化石燃料电厂实施捕集预留制度。2013 年 11 月，英国又颁布了新的《能源法案》，旨在推动电力市场改革，发展低碳电力，明确了 CCS 发展的重点行业；该法案中为所有化石燃料电厂设定了 CO_2 排放限值，但是在 2027 年 12 月 31 日以前，安装有 CCS 系统的化石燃料电厂在其 CCS 系统投产后的 3 年内可免受该项限值约束，截止日期以先到者为准。2013 年 11 月颁布的《能源法案》中，为所有化石燃料电厂设定了 CO_2 排放限值，旨在推动低碳电力。

4. CCS 技术路线图

CCS 技术路线图由英国能源与气候变化部于 2012 年 4 月发布，目的是在 2020 年前后在电力行业建成首批一体化商业规模 CCS 项目，为实现这一目标拟采取的措施包括：为商业化规模 CCS 项目提供 10 亿英镑资本融资的 CCS 商业化计划；1.25 亿英镑、为期 4 年的 CCS 协同研发和创新计划，涵盖整个 CCS 链条的基础研究、关键技术研发和中试等方面；斥资 1300 万英镑，新成立英国碳捕集与封存技术研究中心（UKCCSRC）主导基础研发；依靠电力市场改革（EMR）推进低碳电力市场的发展，通过差价合同（CFD）机制培育 CCS 的市场需求；通过政府介入和干预来解决 CCS 部署面临的重大障碍，包括支持培育 CCS 供需链、发展运输和封存网络、准备部署 CCS 的工业应用以及确保各项监管制度到位等；通过国际合作促进知识共享，推动降低成本。英国政府推进 2020 年前后 CCS 商业化部署的主要措施如图 3－5－18 所示。

目前，英国已经形成了 CCS 项目的批准许可、电厂捕集预留以及 CO_2 封存场所有偿使用许可证等制度。

英国能源与气候变化部是英国 CO_2 近海封存的审批许可部门；而在苏格兰毗连领海内的 CO_2 封存则由苏格兰政府审批。除获得封存许可外，项目开发方还需要向英国皇家财产管理局申请获得相关

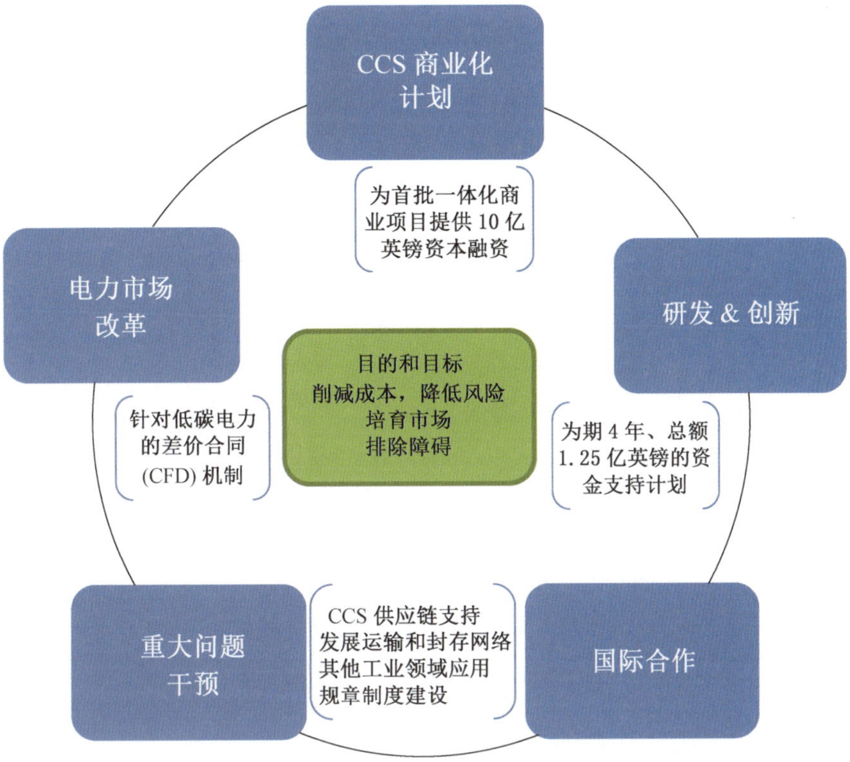

图 3-5-18　英国政府推进 2020 年前后 CCS 商业化部署的主要措施

土地使用权（AlF）。

英国皇家财产管理局是英国女王和财政部所属的一家负责英国皇家资产管理的公司，承担英国领海 12 海里以内海床的管理工作，根据 2008 年的《能源法案》，拥有天然气进口和储存区（GISZ）内二氧化碳储存的权利。皇家财产管理局主要通过租约协议（AfL）、租约和管道租约（按需）等 3 个文件向申请者发放 CO_2 储存权。

5.8.4　研发资金投入

2011—2015 年，英国政府累计提供了 1.25 亿英镑，为包括基础研究、应用研究和中试在内的 112 个 CCS 相关项目提供了资助。涵盖了捕集、运输、封存、利用、监测以及转化和发电等 CCS 全链的各个环节，涉及工艺、技术、数字模拟软件、新材料和燃气轮机等重大设备开发等。

在捕集技术方面，开展了燃烧后捕集、燃烧前捕集和富氧燃烧捕集等 3 个方面的研发，重点是开展燃烧后捕集技术研发，涉及吸收法、吸附法、分子筛和膜法等，涵盖工艺技术开发和材料制备等；在运输方面，侧重于管道运输方式；在封存方面，侧重于海洋封存及咸水层封存；在利用方面，提倡能源化、资源化利用，并结合可再生能源电力储存等（图 3-5-19 和表 3-5-12）。

5.8.5　研发与商业化

英国的战略规划、基础研发、商业化竞标及一些重大行动中，无不体现了其贯通 CCS 全链的考虑。

2010 年，AEA 技术公司受能源与气候变化部委托开展的一项研究表明：到 2030 年，CCS 及相关洁净煤技术将能为英国经济发展增加 20 亿～40 亿英镑/a 的重要价值；同时，CCS 活动预期能为英国提供 7 万～10 万个工作岗位，其中 50% 来自现有的商业活动，如锅炉和蒸汽轮机设计与制造；50% 来自 CCS 服务相关的活动，如捕集、运输和储存设施的设计与制造。

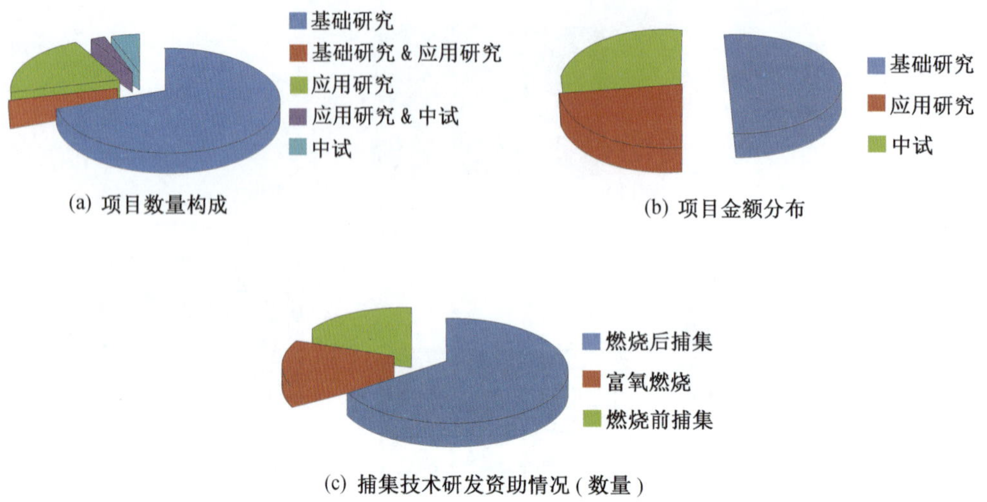

图 3-5-19 英国 2011—2015 年对 CCS 研发的资助情况

表 3-5-12 英国碳捕集与封存技术研发情况

技术类别		基础研究	关键技术研发 & 应用研究	中试
捕集	燃烧后捕集	新型吸收器设计，金属有机骨架材料及捕集工艺开发，复合膜制备，通过分子与工艺建模实现新型材料合成与筛选的新型气体分离技术，高温陶瓷膜，吸附材料与 CCGT 工艺，藻类吸收，高效循环矿物，润湿层吸收，流化床化学链燃烧，固体燃料化学链燃烧，固体法捕集，半透膜/膜法吸附，炼化厂捕集，燃气轮机改造及燃烧后捕集	新型溶剂测试，新型溶剂工艺标准化、集约化设计及再生能耗优化，通过藻类减少工业过程 CO_2 排放，英国 CCS 研究中心先进燃烧过程 CO_2 捕集中试核心装置建设，生物质燃烧过程 CCS 的技术和经济性评估	通过捕集能力 100 t/d 的大型中试项目来进行系统整合、溶剂评估以及能力建设和技能培训；新一代燃气电厂捕集技术；第二代碳水交换捕集技术中试
	燃烧前捕集	先进催化膜微型反应器，钙循环的高温高压合成气 Calix Endex 反应器燃烧前捕集技术，用于提升 IGCC 工艺效率、灵活性和操作性的新一代活性炭吸附材料及模型开发，新型低能耗燃烧前捕集技术	IGCC 过程中水煤气变化技术，Endex 反应器 CO_2 捕集中试	新一代 IGCC 技术
	富氧燃烧捕集	生物质燃料电厂碳捕集技术，富氧燃烧，循环流化床煤炭富氧燃烧模型，燃气轮机中富氧燃烧及尾气循环，煤炭富氧燃烧数值模拟及 3D 火焰成像	新型低能耗 CO_2 分离与压缩技术	—
运输		CO_2 运输过程中的水溶度限值研究，含杂质浓相 CO_2 管道输送过程的多相建模与危害评估及突发溢出预测，灵活性管网设计与运行指南开发，新一代管道材料	—	—
封存	咸水层封存 & 地质储层	钻孔及三维地震法描述咸水层地质结构，CO_2 在多孔介质中的迁移，地下岩层的地球物理、测地和地球化学研究，CO_2 地质封存生态影响的监测及定量研究，CO_2 在不同空间中的注入和储层特性，CO_2 注入对储库和盖层的影响，多组分多相流分散混合	地质封存，英国地质封存能力评估	咸水层评价

表 3－5－12（续）

技术类别		基础研究	关键技术研发 & 应用研究	中试
利用	矿化利用、化工利用	CO_2 减排与转化为化工原料用纳米仿生硫化物催化剂的设计与开发，金属有机框架的纳米集成以及 CO_2 一步法吸收与催化利用，部分甲烷法 CO_2 转化为燃料利用，垃圾焚烧过程 CO_2 的矿化，光触媒 CO_2 转化为烯烃	CO_2 与可再生能源电解水制氢合成甲烷，藻类和微生物反应器矿化，土壤肥料，电厂捕集 CO_2 制取高分子聚合物及其特性描述，矿化的技术与经济可行性评估	—
监测		质谱分析法，CO_2 中污染物的快速在线分析，CO_2 的天然示踪剂示踪，地下场场址泄漏风险的量化评估，海底监测，大规模潜流的 3D 成像，威震工具开发	CO_2 遥感技术，CO_2 监测的井下应用与场地测试，定量测定 CO_2，新型高精度加速器重力成像系统开发	海洋及浅部监测
转化与发电	特种材料、设备	利用烘焙生物质减少燃煤电厂 CO_2 排放，传统电厂延长服役期研究，生物质燃烧及 CCS，蒸汽动力装置表面涂层技术	高温材料，高温传感器，燃气轮机部件涂层技术，燃气轮机腐蚀特性研究	—

英国 CCS 技术的研发涵盖了捕集、运输、封存、利用、监测以及转化和发电等各个环节，重视通过基础研究提升整体认识，从中识别出技术难点并进行关键技术研发与整合，然后通过一些中试项目来测试和验证，为最终的商业化部署奠定基础。

在技术研发过程中，依托政府资助成立的英国碳捕集与封存技术研究中心引导技术研发，吸收英国本土及全球的专家与人才队伍，目前已经构建了一个覆盖全球学术界、工业界、监管部门及其他部门的专家网络，建成了 PACT 中试装置和移动式遥控现场测试微型实验室，其中 PACT 中试装置，可供常规电厂、生物质燃烧电厂以及工业设施等开展 CO_2 捕集试验研究、溶剂及材料研发；移动式遥控现场测试微型实验室，可用于电厂或工业设施现场长期数据采集和试验研究，以及进行溶剂、固体吸附剂、膜材料、碳合金、腐蚀试片等的长期远程测试。这些专家网络及相关试验研究设施等均能为今后的工业应用与发展提供强大的技术支撑。

依托商业化竞标计划，推进 CCS 全链各环节的衔接与耦合。2012 年 4 月，英国政府正式发起了 CCS 商业化竞标计划，拟重点依托该项计划推进产业链建设与培育。一旦成功，早期的 CCS 项目将能为英国商业机构创造项目建设期的设备供应和服务、项目运行、退役与关停服务、向其他国家提供设备和服务、向英国大陆架上其他国家提供封存能力以及向其他国家输出项目退役与关停服务等方面的商业机遇。

5.8.6 应用领域

电力行业是英国 CCS 技术的主要应用市场。英国以电力市场改革为契机，通过采取在电力行业实施捕集预留（CCR）、实施差价合同（CFD）机制以及为化石燃料电厂设置排放绩效标准等措施，培育 CCS 技术的未来应用市场。

英国主要的温室气体源头包括电厂、工业、道路交通和居民等。火电厂 CO_2 排放总量最大、排放集中、单个排放源大等特点是英国发展低碳经济过程中推进低碳电力发展的重要原因，也是其在火电厂推进 CCS 的重要原因之一。英国历年 CO_2 排放构成，不同工业行业 CO_2 排放情况如图 3－5－20、图 3－5－21 所示。差价合同（CFD）机制如图 3－5－22 所示。

（1）捕集预留（CCR）：参照欧盟的碳捕集与封存指令要求，英国政府只针对 300 MW 及以上的新建化石燃料电厂实施捕集预留制度。捕集预留有几个关键要素，即新建电厂需要为未来部署 CCS

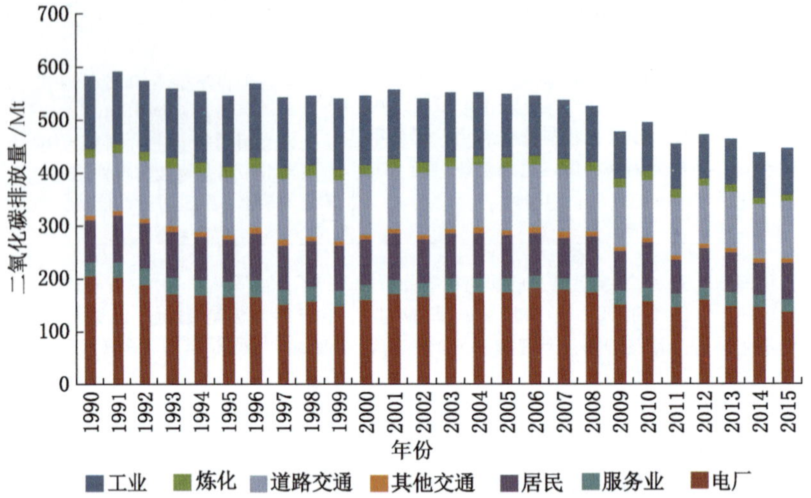

图3-5-20　英国历年 CO_2 排放构成

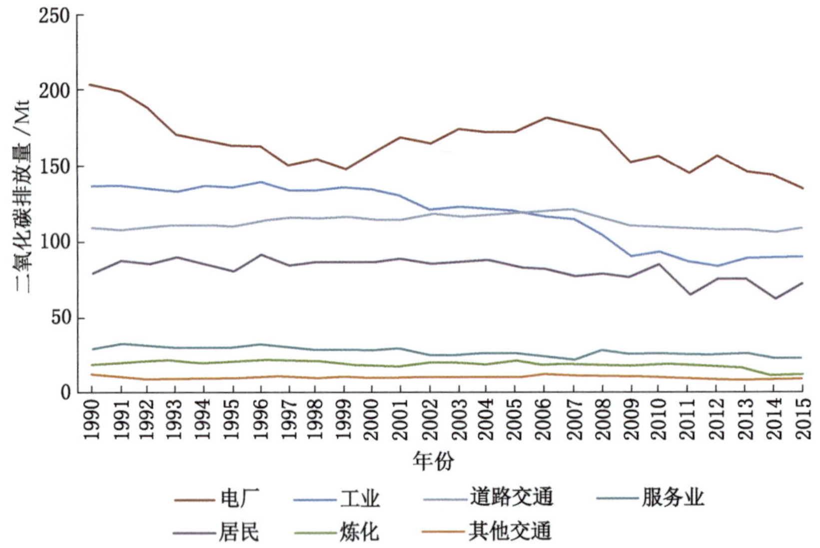

图3-5-21　英国不同工业行业 CO_2 排放情况

预留有效空间、要对未来实施 CCS 改造进行技术可行性评估、进行必要的 CO_2 封存可行性评估及管道设计。但是，在实际操作过程中，一般化石燃料电厂只要为部署 CCS 预留空间即可获得批准。

（2）差价合同：差价合同的设计是为了给予所有的低碳电力（包括核电、可再生能源以及 CCS）最有效的长期支持。在差价合同下，低碳电力发电商像往常一样通过电力市场出售电力产出，当市场价格低于执行价（strike price）时，发电商可以获得差价补助（Top－up）；当电力市场价格高于执行价时，发电商需要返还电力售价与执行价之间的差别。通过在收益方面给予投资者更大的确定性，差价合同能够降低项目的融资成本以及政策成本。差价合同政策计划从 2014 年开始实施，并在 2017 年前与可再生能源义务（Renewables Obligation）并行运行。

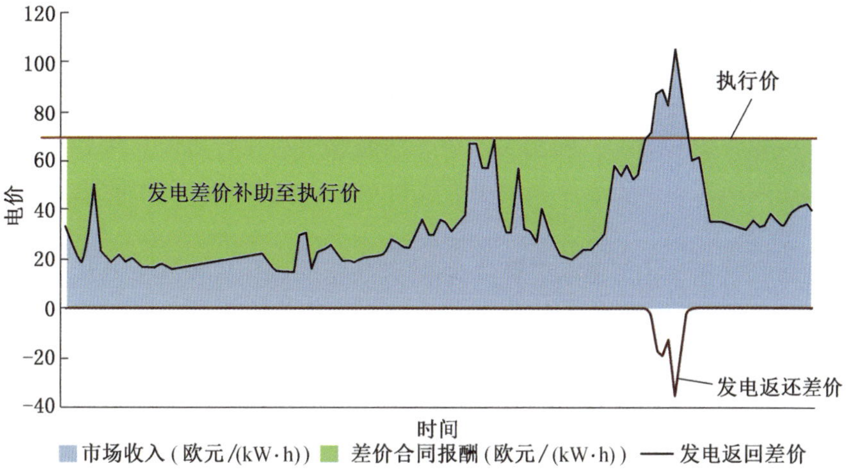

图 3-5-22 差价合同(CFD)机制

(3)排放绩效标准:英国 2013 年的《能源法案》为化石燃料电厂设定了排放绩效标准(即二氧化碳排放限值)。在 2044 年以前,英国所有化石燃料电厂的二氧化碳排放限值为 450g/(kW·h)。

5.8.7 合作模式

公私合作模式(PPP)是英国资助 CCS 技术研发和产业化发展的重要方式之一。而联合成立公司则是不同企业间联合开展 CCS 项目的合作方式之一。

1. 公私合作模式(PPP)

自 20 世纪 80—90 年代率先提出公私伙伴关系的概念以来,英国现已成为全球 PPP 项目规模最大、涉及领域最广的国家,PPP 模式的适用领域也从公共产品向公共服务等领域扩展,涉及国防、公共秩序、娱乐文化和教育等。公私伙伴关系现已出现在英国 CCS 的发展过程中。英国 2011—2015 年为期 4 年的 CCS 技术研发计划中,4 个主要出资机构之一能源技术研究所(ETI)即是英国政府与全球能源与工程公司之间的一种公私伙伴关系形成的实体。能源技术研究所的成员包括政府部门、企业和学术机构,其中:政府部门包括英国能源与气候变化部,英国商业、创新和技能部,创新司等;企业主要包括英国石油公司、壳牌、卡特彼勒、EDF 能源公司和劳斯莱斯公司等;学术机构主要是英国重大研究理事会之一的工程和物理科学研究理事会(EPSRC)。

能源技术研究所作为政府与学术机构和产业之间合作的实体,致力于加速推进低碳技术的发展,对一些经济可行、安全和可持续技术发展的工程项目给予支持,在协助英国实现长期减排目标的同时创造一些经济效益。能源技术研究所针对 9 个技术计划进行商业投资,涵盖供热、电力、运输和基础设施等工业。

2. 联合成立公司的合作模式

在英国的白玫瑰燃煤电厂一体化 CCS 商业化项目中,首次出现了联合成立公司的合作模式。该项目是最终入选英国商业化竞标计划的两个项目之一,拟捕集北约克郡 Drax 电厂附近新建燃煤电厂排放的二氧化碳,并通过国家电网公司拟建并运营的约克郡-亨伯河跨境管道输送到北海进行离岸封存。该一体化项目中建设、运行和维护捕集电厂的 Capture Power 公司是由 GE、Drax 电力公司(2015 年 9 月宣布退出)和 BOC 3 家公司联合组建的,其中:GE 负责建设电厂及捕集装置,Drax 电力公司负责其运营和维护,BOC 负责空分单元建设、运营和维护,为富氧燃烧供氧。尽管 Drax 电力公司在 2015 年 9 月因故宣布退出,但这种联合成立公司的模式也是一种可行的跨行业合作模式,能够集中各参与方的优势，形成共同体，降低任何一方的单独责任和风险。

5.8.8 通过国际合作，提升自身国际影响

英国在碳捕集与封存方面参与的多边合作主要包括碳捕集与封存领导人论坛（CSLF），碳捕集、利用和封存行动小组，联合国气候变化框架公约（UNFCCC）以及国际能源署执行协议［包括国际能源署温室气体研发计划（IEA GHG）和国际能源署洁净煤中心执行协议］等；参与的双边和区域合作主要包括：英美能源研发谅解备忘录、中英近零排放协议（NZEC）、中欧近零排放协议和南非碳捕集与封存技术中心等。

此外，英国能源和气候变化部还承诺提供6000万英镑的国际气候基金（ICF），分别通过亚洲开发银行（ADB）(3500万英镑）和世界银行（WB）(2500万英镑）的信托基金，用于支持中国、印尼、南非和墨西哥等国家的CCS能力建设项目，推进CCS相关的技术开发和相关制度建设。

5.9 对我国煤炭工业高质量发展的启示

随着英国经济向服务业和金融业转型发展、环境保护日益重视和可再生能源供应量增加，英国煤矿数量和煤炭产量逐年降低，煤炭工业成为夕阳产业。随着英国煤矿大量关闭在煤炭企业退出和老矿区工业转型方面积累了丰富经验，为我国提供了有益借鉴。

1. 建立多种能源供应体系

英国出台了一系列优惠政策，支持风能、太阳能和地热能等可再生能源开发，采用燃煤电厂与太阳能、生物质能相结合，分布式太阳能发电等多种形式保证能源供应安全，可再生能源供应占总能源的比例逐年增加。我国部分省份特别是南方部分城市，由于煤炭资源赋存条件差，开采风险高，在无法保证安全的条件下只能退出煤炭产业。为保证地区能源供应安全，建议出台地方优惠政策，因地制宜，建立多种能源供应体系，防止因煤炭运输通道或者价格上涨造成部分时段煤炭供应紧张而引起电力能源供应紧张，减少因能源供应对经济的影响。

2. 完善矿山关闭法律法规

受经济发展水平和我国所处的工业化发展阶段的限制，我国对矿山生产过程中安全和环境保护出台了完善的法律法规，但对矿山关闭后的相关灾害和资源保护认识相对不足，相关法律法规不完善，造成部分关闭矿山产生的地表下沉、地层滑移（抚顺矿区西露天矿）、矿井水污染和瓦斯逸散给居民的生命和财产安全造成了潜在隐患，不便于后期将有价值的资源再次回收利用。英国矿业管理的相关法律法规较完善，对矿业活动及后续的矿山关闭和恢复治理等活动进行规范，特别是监管和实施主体、相关程序、责任划分和资金保障等方面，确保了矿山开采完毕后恢复治理工作顺利完成。英国要求煤矿企业在进行煤矿关闭时必须做好废弃矿井关闭工作，保证达到相应的标准后才能申请煤矿关闭程序。完善的法律法规体系既减少了威胁矿区周围居民生命财产安全的危险因素，也为后续的废弃煤矿瓦斯开发利用创造了有利条件。为防止关闭矿区造成新的地质灾害和便于后期废弃矿井资源开发和灾害治理，建议我国按照“谁开发、谁保护、谁污染、谁治理、谁破坏、谁恢复”的原则，建立涵盖可研、设计、开发、关闭和关闭后全生命周期监管法律法规，明确矿山关闭后灾害和资源保护主体责任，并出台配套政策，提取关闭后治理费用，保证后期治理效果。

3. 完善煤矿关闭标准和规范

我国每年关闭煤矿约1000处，由于法律法规还不够健全，也没有煤矿关闭相关的技术标准，主要采取拆除设备、填实井筒等简易措施，并未对环境恢复治理、灾害防范、残余资源回收等做出要求，不仅留下了安全隐患，也给废弃煤矿瓦斯回收利用带来很大难度。为保证矿井关闭后不再产生新的安全隐患，充分利用废弃煤矿瓦斯资源，建议我国借鉴发达国家的成功经验，结合我国的煤矿开采实际，建立完善的煤矿关闭技术规范，明确煤矿关闭程序和技术要求，提高煤矿关闭标准，规定矿井

关闭前在井下巷道和井筒预埋管道、重视矿井关闭前矿井地质、生产资料及关闭工程信息资料保留与管理工作，建立相应的关闭矿井资料数据库，为后续废弃煤矿瓦斯开发奠定基础。

4. 建立矿山开采水资源保护法律法规

英国十分关注矿山关闭后的环境问题，投入了大量的资金处理煤矿关闭后遗留下来的地表塌陷和矿井水污染等问题，但由于采用的后治理模式，治理效果不明显，并需要大量持续的资金投入。我国矿井污水治理管理主要是在煤炭生产过程中对井下排水进行简单处理后达标排放，以不影响煤炭生产为主，对于矿山关闭后矿井污水处理的研究较少，建议我国借鉴英国成功经验，出台相关法律法规，要求矿山开发主体在煤矿关闭前对周围水体的影响做出评价，并充分利用现有设施和巷道对废弃矿井水进行超前治理。

第4篇　北美地区煤炭生产开发与消费利用

1 美国煤炭工业

1.1 煤炭在能源系统中的地位

1.1.1 社会经济概况

美国，全称美利坚合众国（The United States of America），位于北美洲的中部和南部，面积为9372000 km^2，仅次于俄罗斯、加拿大、中国，居世界第四位。2019 年人口 3.30 亿，仅次于中国、印度，居世界第三位。

美国由 50 个州和哥伦比亚特别行政区（首都华盛顿所在地）组成，其中本土有 48 个州和哥伦比亚特区，位于北纬 25°和 49°之间，北接加拿大，南与墨西哥为邻并靠墨西哥湾，东濒大西洋，西临太平洋，东西长约 4500 km，南北宽为 2700 km，陆地边界长 12000 km，海岸线全长 22680 km。美国有两个“海外州”，即位于北美大陆西北端的阿拉斯加和位于太平洋上波利尼西亚群岛北端的夏威夷。美国另有属地约 12000 km^2，主要有波多黎各、中途岛、美属维尔京群岛、巴拿马运河区等。

美国国土辽阔，西部是以落基山脉为主的高原山地，东部是山势不高的阿巴拉契亚山脉，中部为大平原，拥有庞大水系的密西西比河纵贯大平原中部。美国是世界上为数不多的资源大国，丰富的资源为美国的经济发展提供了十分有利的条件。

美国是世界第一大经济体，国内生产总值（GDP）从 1990 年至 2019 年一直保持增长趋势（图 4-1-1），由 1990 年的 5.96 万亿美元增长到 2019 年的 21.43 万亿美元，增长了 2.6 倍，居世界首位。人均国内生产总值由 1990 年的 2.39 万美元增长到 2019 年的 6.5 万美元，增长了 1.72 倍。由于新兴国家的快速发展，美国国内生产总值占世界经济总量的比重有所下降，由 1990 的 26.37% 下降到 2019 年的 24.4% 。

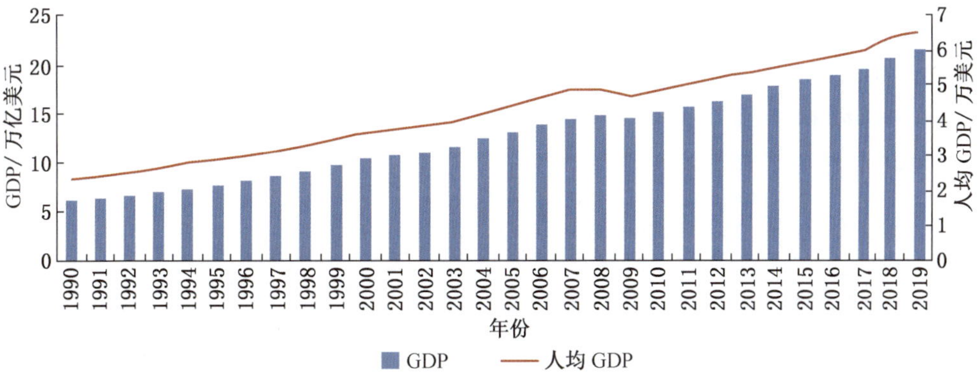

图 4-1-1 1990—2019 年美国经济发展趋势

1990 年以来，美国经济的产业结构发生了较大的变化。第一产业和第二产业产值在国内生产总值中的比重不断下降，第三产业产值增长较快，至 2019 年，第三产业产值占美国国民经济总量的

80% 以上，第三产业增加值达到了 17.35 万亿美元。发达的金融业、较高的消费水平、领先的高科技产业已经成为美国经济发展的重要支柱，采矿业尤其是煤炭工业已经不再是美国的主流产业。

煤炭工业是美国重要的采矿业之一，为国民经济的发展提供了强有力的支撑。美国矿业协会数据显示，2019 年美国煤炭行业创造了 387186 个就业岗位，劳动收入总额 28.4 亿美元，对 GDP 的贡献额 58.1 亿美元。2019 年，煤炭行业的平均工资和薪金（不包括支持活动和运输）为 91200 美元。总体而言，煤炭开采提供的就业岗位约占美国矿业就业总量的 28%，煤炭开采劳动收入占劳动收入总量的 31%，煤炭开采对经济的贡献占矿业对 GDP 贡献的 29%。

随着煤炭行业地位的减弱，美国煤炭行业就业岗位、劳动收入总额、对 GDP 的贡献总额整体处于下降趋势。

1.1.2　能源生产与消费

1. 能源生产结构

1990 年以来，美国一次能源生产总量整体处于上升趋势（图 4-1-2），至 2019 年达到 3537 Mtce，是 1990 年的 1.43 倍，其中，石油、天然气、煤炭产量占总产量的 80%。

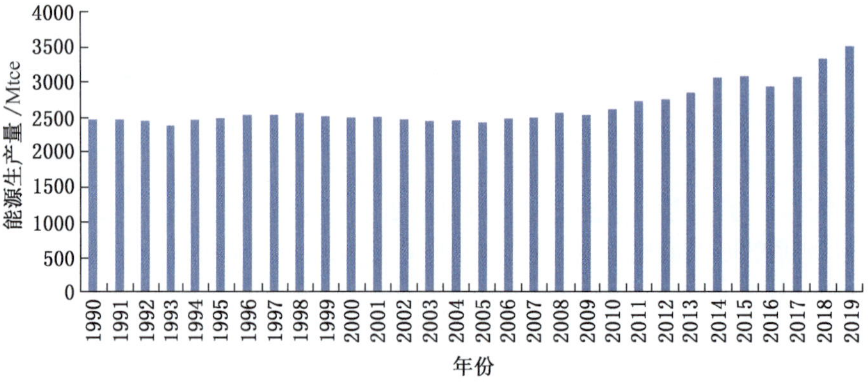

图 4-1-2　美国 1990—2019 年一次能源生产总量变化趋势

美国能源产量逐年增长（表 4-1-1），增长速度较快，这主要是由于水力压裂和水平钻井技术的进步增加了美国页岩油和页岩气产量。2019 年，美国石油和天然气产量分别占能源总产量的 31.45% 和 34.54%。美国的可再生能源产量逐年上升，2019 年占能源总产量的 11.52%，较 1990 年上升了 92.7%。相比之下，美国煤炭产量持续下降，至 2019 年，煤炭产量仅占能源总产量的 14.12%，为 1974 年以来的最低点。但美国的核电产量一直比较稳定，2019 年，产量占能源总产量的 8.37%。

表 4-1-1　1990—2019 年美国一次能源生产量及其生产构成

年份	一次能源生产量/Mtce	产量结构/%				
		煤炭	天然气	石油	核能	可再生能源
1990	2473.40	31.81	25.92	25.10	8.63	8.54
1991	2462.55	30.75	25.91	25.59	9.13	8.62
1992	2448.20	31.01	26.27	25.14	9.26	8.32
1993	2390.80	29.77	27.20	24.74	9.38	8.90
1994	2475.15	31.39	27.36	23.32	9.46	8.47

表 4-1-1（续）

年份	一次能源生产量/Mtce	产量结构/%				
		煤炭	天然气	石油	核能	可再生能源
1995	2489.50	31.09	26.81	22.94	9.94	9.21
1996	2536.75	31.44	26.69	22.42	9.78	9.67
1997	2536.40	32.16	26.76	22.29	9.10	9.68
1998	2550.40	33.00	26.91	21.48	9.70	8.91
1999	2510.85	32.47	26.96	20.88	10.61	9.08
2000	2494.40	31.87	27.56	20.99	11.02	8.55
2001	2510.50	32.83	28.11	20.67	11.19	7.20
2002	2474.80	32.15	27.41	20.82	11.52	8.10
2003	2447.50	31.59	28.07	20.46	11.38	8.50
2004	2458.00	32.54	27.16	19.96	11.71	8.63
2005	2428.25	33.39	26.73	19.17	11.75	8.96
2006	2475.50	33.63	26.89	18.55	11.61	9.31
2007	2498.95	32.90	27.71	18.42	11.85	9.12
2008	2561.95	32.58	28.28	17.80	11.51	9.82
2009	2542.35	29.77	29.10	19.13	11.50	10.50
2010	2621.80	29.40	29.09	19.18	11.25	11.09
2011	2732.75	28.44	29.96	19.12	10.58	11.90
2012	2772.99	26.08	31.04	21.50	10.17	11.21
2013	2864.34	24.43	30.37	23.62	10.07	11.50
2014	3070.14	23.12	30.45	25.80	9.50	11.13
2015	3088.69	20.32	31.78	27.45	9.44	11.01
2016	2949.39	17.39	32.69	27.58	9.99	12.36
2017	3081.69	17.70	32.03	27.92	9.54	12.80
2018	3346.63	16.02	32.95	29.96	8.82	12.25
2019	3536.68	14.12	34.54	31.45	8.37	11.52

2. 能源消费结构

美国的一次能源消费总量虽有起伏，但总量变化不大（图 4-1-3）。2019 年，美国的一次能源消费总量达 3506 Mtce，《BP 世界能源统计年鉴》显示，美国一次能源消费在世界一次能源消费中的份额占 7.2%，居世界第三位。美国能源信息署（Energy Information Administration，EIA）数据显示，2019 年美国石油、天然气、煤炭消费量占全国总消费量的 80%。

1950 年以来，石油在美国能源消费中所占比例最大，保持在 35% ~40% 之间（表 4-1-2）。煤炭消费下降幅度最大，在能源消费中的比重由 1990 年的 22.7% 下降到 2019 年的 11.3%。天然气消费量增长迅速，2019 年消费量占消费总量的 32.04%。美国的可再生能源消费也呈现大幅上升趋势，2019 年消费量占总量的 11.44%，消费份额超过煤炭。

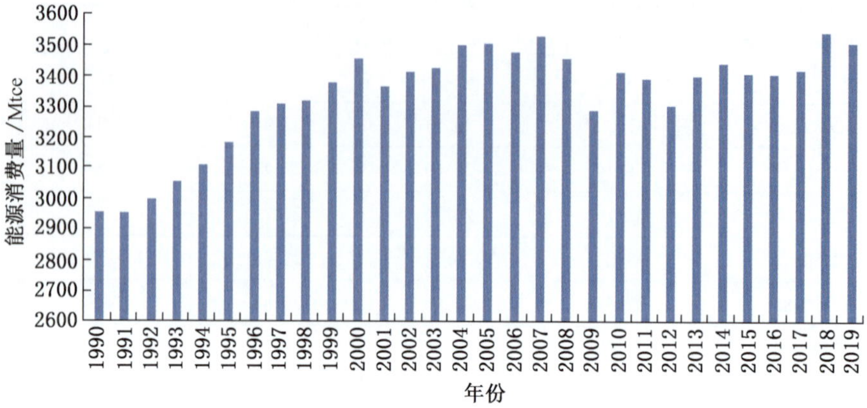

图 4-1-3　美国 1990—2019 年一次能源消费总量变化趋势

表 4-1-2　1990—2019 年美国一次能源消费量及其消费构成

年份	一次能源消费量/Mtce	消费结构/%				
		煤炭	天然气	石油	核能	可再生能源
1990	2954.99	22.70	23.21	39.72	7.23	7.15
1991	2952.54	22.51	23.75	38.94	7.61	7.19
1992	2998.04	22.32	24.18	39.14	7.56	6.79
1993	3051.94	22.75	24.34	38.58	7.35	6.97
1994	3108.99	22.41	24.46	38.85	7.54	6.74
1995	3182.49	22.13	24.97	37.89	7.79	7.22
1996	3284.33	22.38	24.60	38.00	7.55	7.47
1997	3304.28	22.72	24.60	38.27	6.99	7.43
1998	3318.98	22.84	24.08	38.79	7.45	6.85
1999	3376.03	22.42	23.75	39.19	7.89	6.75
2000	3454.43	22.90	24.16	38.77	7.97	6.19
2001	3360.63	22.82	23.72	39.73	8.36	5.37
2002	3411.38	22.47	24.12	39.18	8.36	5.87
2003	3423.98	22.82	23.34	39.63	8.14	6.08
2004	3496.43	22.49	22.95	40.25	8.23	6.08
2005	3503.43	22.79	22.56	40.27	8.16	6.23
2006	3476.83	22.60	22.39	40.07	8.27	6.68
2007	3529.33	22.56	23.47	39.12	8.39	6.47
2008	3453.38	22.69	24.16	37.34	8.54	7.27
2009	3287.48	20.96	24.93	37.11	8.90	8.10
2010	3413.13	21.36	25.20	36.31	8.65	8.48
2011	3389.68	20.31	25.78	35.87	8.54	9.51

表 4-1-2（续）

年份	一次能源消费量/Mtce	消费结构/%				
		煤炭	天然气	石油	核能	可再生能源
2012	3303.23	18.43	27.66	35.98	8.55	9.38
2013	3399.13	18.59	27.62	35.55	8.50	9.74
2014	3439.73	18.32	27.88	35.39	8.49	9.92
2015	3408.23	15.98	28.98	36.47	8.57	9.99
2016	3406.48	14.63	29.21	36.83	8.67	10.66
2017	3415.93	14.17	28.71	37.05	8.62	11.45
2018	3538.08	13.11	30.75	36.49	8.35	11.18
2019	3505.88	11.30	32.04	36.66	8.45	11.44

1.1.3 煤炭在能源系统中的地位与作用

1. 煤炭在能源生产中的地位与作用

2008 年以前，美国政府重视煤炭在电力发展中的作用，鼓励煤炭生产，美国煤炭产量保持稳定增长，煤炭在能源生产中始终处于第一位。2008 年煤炭产量达到峰值，为 1063.05 Mt。2009 年，奥巴马执政后，大力推动清洁能源，页岩气和可再生能源得到快速发展，加上金融危机的影响，煤炭产量逐年下降。奥巴马任期结束时，美国煤炭产量下降到 660.76 Mt。2011 年开始，天然气产量超过了煤炭，煤炭退居第二位。2014 年开始，石油产量超过了煤炭，导致煤炭在能源生产中的地位下降到第三位。特朗普执政后，重振煤炭工业，使得 2018 年煤炭产量小幅上升，但是随着天然气价格的下降，可再生能源发电成本的降低，煤炭衰退的局势已经无法避免。2019 年，美国煤炭产量仅 640.75 Mt，较 2008 年下降 39.73%（图 4-1-4）。

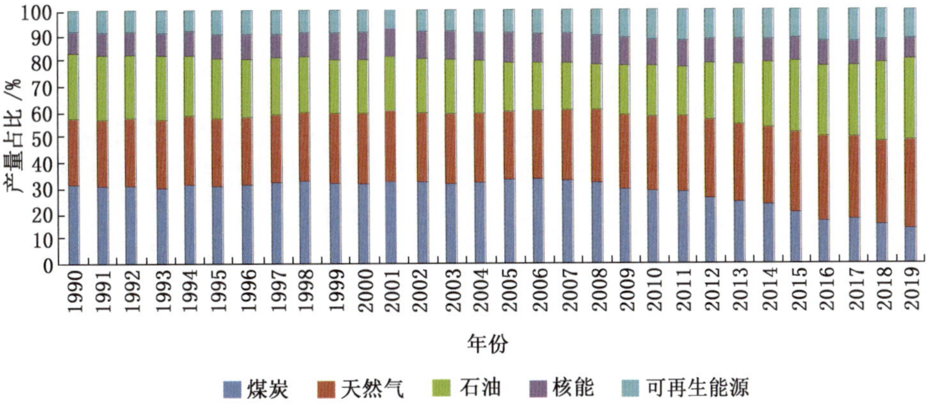

图 4-1-4 美国 1990—2019 年一次能源产量比重变化趋势

2. 煤炭在能源消费中的地位与作用

1）煤炭消费量

煤炭在美国能源消费中的比重各历史阶段变化较大。19 世纪至 21 世纪初，美国钢铁业、交通运输业及民用燃料绝大部分使用煤炭；20 世纪 20 年代起，由于内燃机的推广使用，再加上廉价进口石油的冲击，美国的能源消费逐步转向高热值、易运输、少污染的石油和天然气，煤炭在能源消费中的地位逐渐削弱，1953 年石油消费比重上升到 35.8%，超过煤炭成为第一能源，煤炭比重降至 32.2%；20 世纪 70 年代中期以后，美国为摆脱“石油危机”的影响采取了一系列促进煤炭利用的政策，从而使煤炭在能源消费构成中的比重有所提高，由 1973 年的 17.2% 提高到 1983 年的 21.8%，比重有所增加但仍排在石油、天然气之后；之后十几年，石油、天然气、煤炭三大化石能源在一次能源消费构成中的比例变化不大，煤炭消费比重基本保持在 22.5% 左右。2007 年煤炭消费量达到峰值，之后随着燃煤发电厂的逐步退出，加之天然气和可再生能源等替代能源使用量增加，煤炭市场份额和利用率逐渐下滑。2019 年以前，美国煤炭在能源消费中的地位始终保持第三位（图 4－1－5），2019 年煤炭消费量为 532.10 Mt，据 2020 年《BP 世界能源统计年鉴》，美国煤炭消费约占世界煤炭消费总量的 7.2%①，仅次于中国、印度，位居世界第三位，为 1990 年以来的最低水平。煤炭消费量较 2007 年峰值的 1023.3 Mt 下降了 48%（图 4－1－6）。

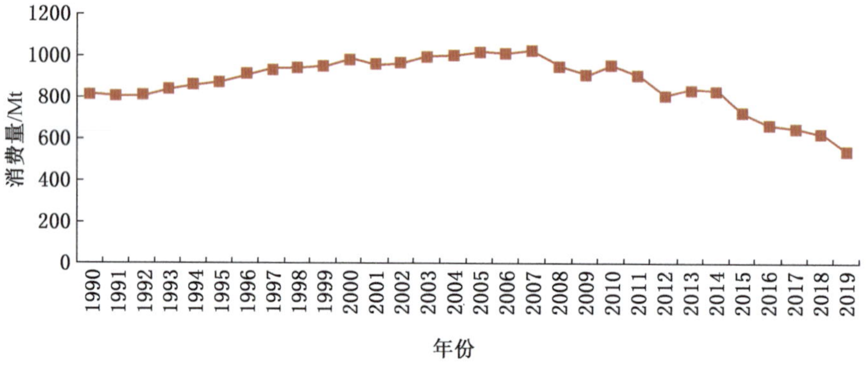

图 4－1－5　1990—2019 年美国煤炭消费量变化趋势

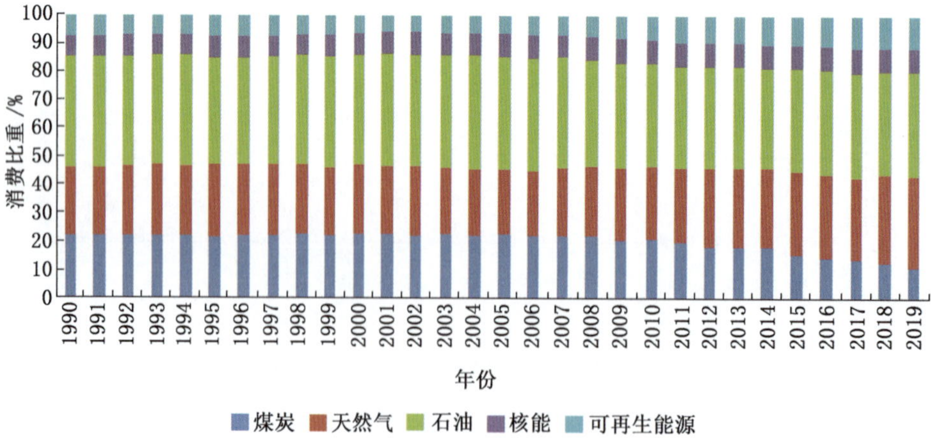

图 4－1－6　1990—2019 年美国一次能源消费比重变化趋势

① BP 世界能源统计 2020

2）煤炭消费结构

美国煤炭主要用于发电和炼焦，其中用于发电的煤炭消费约占美国煤炭总消费的90%以上，炼焦煤占比约为3%。发电用煤比例由1990的86.4%上升到2019年的91.8%；炼焦、商业和民用以及其他工业用煤比例大幅下降。

从各行业用煤总量来看，煤炭消费均呈下降趋势（图4-1-7）。2019年美国发电用煤量为488.61 Mt，约占煤炭消费总量的91.8%，较1990年下降了30.27%；炼焦煤消费量为16.30 Mt，占3.1%，较1990年下降了53.9%；其他行业的煤炭消费量为26.39 Mt，占5.0%，较1990年下降了61.84%；商业和民用煤炭消费量为0.79 Mt，占0.1%，较1990年下降了86.97%。

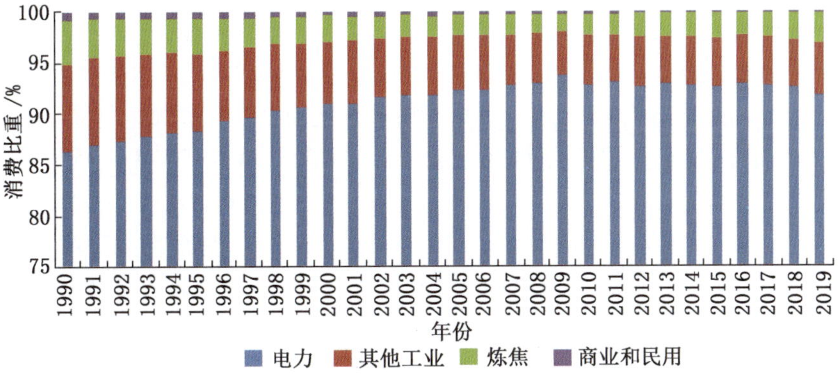

图4-1-7 1990—2019年美国煤炭消费结构

1.2 煤炭工业发展现状与前景

1.2.1 发展概况

北美大陆历史上的采煤活动可以追溯到一千多年以前，17世纪中叶欧洲移民的到来，掀开了近代煤炭开采的历史。

1776年美国独立后，特别是南北战争结束后，全国统一、政治稳定，生产力得到了解放，工农业迅速发展。煤炭成为支持国民经济发展的主要燃料和动力源；各行各业对煤炭的大量需求，促进了煤炭生产的发展和技术装备的进步。

1872年，美国联邦政府颁布了第一部矿山法，使煤矿开采走上了规范化道路，煤炭工业进入了稳定发展时期。19世纪中叶以后随着风动凿岩机、电动钻孔机、截煤机和电动矿车的应用，煤炭生产效率得到提高，煤炭产量进一步增加。到1900年，美国煤炭产量达到245 Mt，劳动效率达2.53 t/(工·时)，居世界领先地位。

1914年开始的第一次世界大战使当时经济发达的欧洲国家陷于战乱之中，而美国则利用这一契机，加速本国经济发展。煤炭以每年30～40 Mt的速度开采，到1918年战争结束，美国煤炭产量达到615 Mt，成为美国煤炭开采史上的里程碑。

20世纪30年代是美国煤炭工业最黯淡、最困难的时期。受经济危机的影响，煤炭产量从600 Mt跌到300 Mt。第二次世界大战的爆发加速了美国经济的复苏，20世纪30年代末到40年代中期，美国煤炭产量迅速回升；1944年煤炭产量达619 Mt，1947年达623 Mt，成为美国煤炭工业发展史上第二个里程碑。但在战争和恢复的刺激因素消失后，受中东大量廉价石油的冲击及煤矿工人罢工的影响，20世纪40年代末、50年代初，美国煤炭产量又开始下降。

由于露天矿的开发，特别是西部大型露天矿的建设和长壁综采的引进，美国煤炭产量进入20世纪 70 年代后开始回升。70 年代中后期以后、特别是 80 年代，煤炭产量连续稳定的快速增长，1977 年产量达 632 Mt，超过二战时期最高水平，2008 年产量达 1063 Mt，成为煤炭生产史上的第三个里程碑，也是迄今美国煤炭产量的最高纪录。

奥巴马在任期间大力倡导减少碳排放、发展清洁能源，在此背景下美国环保局针对燃煤电厂不断推出严苛规定，包括老旧电厂退役计划及现运营电厂加装环保设备等，加上《清洁电力计划》的提出，导致美国煤矿大量关闭，煤炭产量大幅下降。奥巴马执政的 8 年间，有近 48 GW 的煤电退役，697 座煤矿关闭，其中，井工矿 287 座，露天矿 393 座。煤炭产量自 2009 年的 975 Mt 下降到 2016 年的 661 Mt，降幅达 32.2%。

特朗普上台后，推翻了奥巴马执政期间实施的多项环境法规，特别是《清洁电力计划》，重振美国煤炭工业。截至 2020 年 6 月，煤矿关闭数量有所放缓。煤炭产量在 2017 年小幅上升，产量为 703 Mt，较 2016 年上升 6.35%。但是，美国退役的煤电容量依旧超过了奥巴马第二任期内退役的煤电容量（第二任期内退役约 33 GW），达 37 GW，按计划还有 3.7 GW 煤电将要关闭，由此可见美国煤炭工业基本上处于衰退状态。2019 年煤炭产量继续下降，为 640.75 Mt，较 2017 年下降 8.85%，为近 30 年来最低水平。

随着天然气和可再生能源成本的降低，公众环保意识的增强，再加上美国燃煤电厂发展较早，经历多年发展，大部分燃煤电厂设施已经接近或者超过服役年限，导致大部分燃煤电厂关闭或转型，无论政策怎么变，煤炭行业衰退的大局势已经无法扭转。

1.2.2　管理体制与政策法规

1. 煤炭工业管理部门

在美国，与煤炭资源、勘探及开采权利有关的政策法规、安全及煤炭的生产运输、销售等分属几个政府部门进行宏观调控。另外，各州对煤矿开采有各自不同的管理体制，所实行的法规也有所区别。

美国煤炭资源一部分是私人的，另一部分虽然属于国家或州政府所有，但是美国各级政府不经营煤矿，都由私人公司通过租赁资源的形式进行开采。美国煤矿或各煤炭企业是独立的法人，他们在取得政府有关部门的批准后，可以独立地进行采矿活动，企业只要遵守有关安全和环保等法律法规，政府一般不干预企业的活动。目前，美国煤炭行业管理按业务分别归能源部（Department of Energy，DOE）、内政部（Department of the Interior，DOI）、劳工部（Department of Labor，DOL）和环保局（Environmental Protection Agency，EPA）等部门管理。

1）能源部

美国能源部是依据 1977 年 10 月 1 日生效的《能源部组织法》和 1977 年 9 月 13 日发布的总统行政法令成立的。这项法令将有关能源的主要政府职能集中到一个部级机构来管理，从而使能源方面的政策更加一致。能源部的职责包括实施协调统一的国家能源政策，建立和实施统一的节能战略，开发太阳能、地热能和其他可再生能源，确保以最低的合理成本提供充足可靠的能源供应。具体包括各种能源资源的生产和利用；能源研究与开发；与能源相关的环境保护职责；能源国际项目和国际政策；与核武器管理、研究和开发相关的国家安全职责；政府间政策和交往，尤其是州政府与地方政府的关系；能源消费者的保护与竞争；核废物管理；能源节约，包括制定统一的国家能源节约战略；电力市场建设；公众与国会的关系。能源部的主要管理内容是制定国家能源发展战略和对重大的战略性的能源科研项目进行投资。至于能源的开发生产等完全由各公司根据市场规律自我调节，政府不干预。

能源部化石能源办公室（Office of Fossil Energy）是能源部管理煤炭、石油、天然气等化石能源的最主要部门，其主要职能是负责管理化石能源、研究和开发洁净煤技术，负责经营战略石油储备、家庭供暖石油储备和海军石油储备等。

此外，美国能源部部长还直接领导能源信息署（Energy Information Administration，EIA）和联邦能源监管委员会（Federal Energy Regulatory Commission，FERC）。其中，能源信息署负责及时编辑、处理和出版有关能源科研、生产、需求、消耗量、调运量的信息和数据以及能源技术的新进展。

2）内政部

内政部是煤炭资源的主管部门，主要负责煤炭资源规划、租约发放、资源勘查开发的监督、收益征收与分配等方面。煤炭资源管理的不同职能在内政部内部也有分工，主要涉及土地管理局（Bureau of Land Management，BLM）、矿产管理局（Minerals Management Service，MMS）、美国地质调查局（United States Geological Survey，USGS）、露天采矿复垦和执法办公室（Office of Surface Mining Reclamation and Enforcement，OSMRE）等。

（1）土地管理局。美国土地管理局（以下简称“土地局”）是联邦政府对公有土地及其地下矿产资源的管理机构，是煤炭资源的主要管理部门，依据1976年《联邦土地政策和管理法》，其职能主要包括土地利用规划；负责煤炭租约的发放及同租约发放有关的各类采矿计划、经营计划等的审查；负责发放许可证和采矿租约、审查矿山规划、经营规划和其他开发计划、资源保护与环境保护、保证政府的权益得到适当补偿等。土地管理局下设10个部门，管理煤炭资源的部门主要是矿产、不动产和资源保护处，该处下设5个科，固体矿产科是煤炭租约的具体管理部门。土地管理局同时还设有12个州的派出机构，每个州都设立一个土地管理局驻州主任。

（2）矿产管理局。矿产管理局主要负责管理美国外大陆架（主要在阿拉斯加、墨西哥湾和太平洋地区）石油、天然气和其他矿产资源，以及负责联邦海上和陆上土地、印第安土地上的矿权租金收取、汇总和支出。

（3）美国地质调查局。美国地质调查局主要负责自然灾害、地质、资源、地理、环境、生物信息方面的科学研究、监测、收集、分析、解释和传播。美国地质调查局是内政部唯一的自然科学机构，为决策部门和公众提供广泛、高质量、及时的科学信息，重点放在自然灾害、资源、环境、信息和数据管理4个方面。

（4）露天采矿复垦和执法办公室。1977年8月3日美国国会通过并颁布第一部全国性的土地复垦法规——《露天采矿管理与土地复垦法》（以下简称《复垦法》），使美国露天采矿管理和土地复垦走上正规的法制轨道。露天采矿复垦和执法办公室成立于1979年，是内政部设立的保护矿山环境及复垦的专门执行机构，主要任务是执行《复垦法》，主要职能是执行《复垦法》，检查监督具体实施情况；审批露天煤矿开采与复垦计划；终止、吊销或撤回违反《复垦法》规定的矿山企业许可证；向各州发放复垦补助金；组织废弃矿区的复垦工作；与复垦相关的部门协调；协助、监督各州制定适合本州特点的复垦要求，并随时检查《复垦法》的执行情况。

3）劳工部

依据1977年的《矿山安全与健康法》授权，劳工部所属的矿山安全与健康监察局负责保护全美国矿工的安全与健康，是负责包括煤矿在内的矿山安全与健康专门监管机构。为了防止监察人员与矿主、地方政府形成共同利益同盟，矿山安全与健康监察局完全独立于煤炭其他管理部门和地方政府，其在全国38个州设立了地区安全监察处，以强化矿山安全生产监督和检查。煤矿安全与健康监察司是矿山安全与健康监察局的下属机构，负责对全国所有煤矿强制执行《采矿法》和《矿山安全与健康法》，负责对井工矿井进行一年4次的安全大检查和露天矿井一年2次的大检查以及对煤矿事故及违法行为的调查处理、管理煤矿安全与健康科研计划、培训安全教员和颁发合格证。

4）环保局

环保局于1970年12月2日成立并开始运行，主要负责维护自然环境和保护人类健康不受环境危害影响。具体职责包括根据国会颁布的环境法律制定和执行环境法规；从事或赞助环境研究及环保项目；加强环境教育以培养公众的环保意识和责任感。成立于1994年中国煤层气信息中心就是在美国环保局的资助下由原煤炭工业部设立的（设在煤炭信息研究院）。

2. 煤炭工业政策

近年来，美国煤炭工业政策几经翻转。

小布什担任总统期间（2001.1—2009.1），强化煤炭开发利用的引导政策，实现煤炭来源的多样化，以便更好地适应煤炭市场的变化。2001年制定的“美国新能源政策”，强调了煤炭在电力发展中的作用。煤炭作为主要能源的地位十分突出，建议增加煤炭生产，将煤炭作为解决供需不平衡的一种方法。为了减少发电厂对国内天然气资源的依赖和考虑到经济性及能源安全，美国提出新能源政策，煤炭要继续发挥主导作用，煤电的比重继续保持在50%左右的水平。

奥巴马执政期间（2009.1—2016.1），大力推动清洁能源，制定了《清洁能源计划》，期望到2030年时美国电力行业的碳排放比2005年减少32%，主要措施有三种：一是通过提高现有燃煤电厂的热效率来减少发电的碳排放量；二是用现有碳排放较低的天然气发电厂替代高排放的燃煤电厂发电；三是用零排放的可再生能源发电替代现有的燃煤发电。

特朗普时期（2017.1—2021.1），强调“美国第一”和“能源独立”，为促进就业增加化石能源开采，放松对油气公司的管制，开放更多联邦土地能源开发，支持拱顶石管道（Keystone XL）项目，拯救煤炭产业。就职后第二天就发布了“美国第一能源计划”，作为新一届政府能源政策的总体纲领。随后，批准了拱顶石项目和达科他（Dakota Access）项目的管道建设，废除了一项要求美国上市石油和矿业公司必须披露海外经营中向当地政府支付款项的规定，重新评估并推翻了奥巴马政府的《清洁能源计划》，允许租赁联邦土地用于煤炭项目，并赋予各州更多权力来决定能源项目。2017年6月1日特朗普正式宣布退出《巴黎气候协定》。

纵观特朗普的能源举措，化石能源开发占据特朗普能源政策的中心地位。针对煤炭行业，特朗普多次赴美国煤炭产区演讲，表示要重整煤炭产业；取消了联邦土地新开煤矿禁令，放松煤炭行业的碳排放限制，鼓励发展清洁煤技术。

3. 煤炭管理法律法规

美国规范煤炭开采的法律法规涉及联邦、州及地方3个层面，法规体系包括法律、法规和政令。每一层次都包括直接规范和间接规范煤炭业活动的法律法规。

美国任何一部法律的产生首先由美国国会议员提出法案，如果法案获得国会通过，将被提交给美国总统批准，一旦被批准（有可能被否决）就成为法律（Act）。法律通过后，国会众议院就把法律的内容公布在《美国法典》（United States Code，U. S. C）上。美国联邦政府所指定的法规统一收编在《美国法典》之中，该法典于1926年出版，于1964年出版了修订版，以后每年根据修订内容出增刊。截至2020年，《美国法典》的内容共分为54卷，每卷涉及一个方面的法律规定。

直接规范煤炭资源管理的法律主要收编在《美国法典》第30卷《矿产资源与开采（Mineral Lands and Mining）》及第43卷《公共土地（Public Lands）》中。第30卷《矿产资源与开采》共分成32章，代表32个方面的内容，近2000页，其中有13章内容直接涉及煤矿勘查开采方面的活动，是政府管理煤炭资源的主要法律依据，包括矿产资源开采法规总论；含煤、油气、盐、沥青、钠、硫及建材的土地；购置土地的矿床租约；褐煤资源开发；矿产租赁法调整范围内土地上的采矿声明权；同地块的多矿产开发；煤矿防灭火；煤矿排水和水灾控制；煤炭研究和发展；矿山安全与健康；露天采矿控制和复垦；材料和矿产政策研究和开发等。第43卷《公共土地》共分成47章，同煤炭资源管理有关的内容主要包括土地管理局；美国地调所；勘查；地区土地办公室等。该卷与煤炭资源管理关系最密切的是第35章《联邦土地政策与管理》（Federal Land Policy and Management），该部分是政府进行煤炭资源管理规划的主要依据。

1）联邦法律

(1)《矿产租赁法》及《联邦煤炭租赁修正案》。1920 年，美国出台了《矿产租赁法》，把包括煤炭在内的一些高价值矿产分离出来，采用租赁方式授予矿权。《矿产租赁法》全称《矿产土地租赁法》，该法颁布后，历经 40 多次修改，是煤炭资源勘查开采的核心法律，是在联邦公共土地进行煤炭、石油、天然气、油页岩、沥青岩石和其他化石燃料，以及肥料，如磷、钠、钾等所有可租赁矿产资源勘查开采的重要依据。该成文法包括总则和单矿种部分，前者适用于所有可租让矿产，后者则是针对煤炭等各类可租让矿产的一些特别规定。

为了抑制煤炭租约的投机行为，1976 年《联邦煤炭租赁修正案》对 1920 年《矿产租赁法》中涉及煤炭的内容进行了重大修改。由于 1973 年的石油禁运，人们把关注重点转移到国内能源供应上，其中包括联邦煤炭资源的开发。当时普遍的预期是煤炭价格将会上涨，因此 20 世纪 70 年代早期，人们开始大量圈地囤积储量，导致的结果是置于联邦煤炭租约下的储量是 60 年代以前的 4 倍，而实际产量却并未显著增加。当时仅有 10% 的联邦煤炭租约在生产煤炭，这引起了政府的担忧，社会公众也怀疑政府没有从煤炭租赁中取得资源的公平收益。在此背景下，1976 年国会通过了《联邦煤炭租赁修正案》增加了包括所有煤炭合约都要通过竞争途径授予等系列要求，规定了开发指引框架及最低产量（商业产量）、持续经营时间限制等。

(2) 1976 年《联邦土地政策和管理法》。1976 年《联邦土地政策和管理法》确立了美国的公共土地政策，规定了土地管理局管理联邦土地管理指南、土地利用规划等内容。根据该法的规定，管理联邦土地主要基于 6 个要素：①联邦政府所有公共土地需要为公共利益服务；②以多用途、连续生产为基础；③保护历史文物和古迹，保护大气和水质；④联邦政府在公共土地和资源利用中获得公平的市场价值；⑤湿地、野生动物区、风景区及河流等要特别保护；⑥联邦土地管理部门重视国家对动物、食物、木材和纤维的需求。其中政府在公共资源利用中获得公平的市场价值是土地管理局在管理煤炭租约中遵循约的主要原则。

美国煤炭资源除受特别法调整外，还有一些通用法律，如《能源政策法》及《能源部组织法》等，对煤炭的勘查开采具有重要影响：

① 2005 年《能源政策法》。美国制定有多部涉及能源和矿产政策方面的法律，其中对煤炭影响最大的是《能源政策法》。政策被提升到法律高度，实际上是把能源战略规划法制化，能源政策法出台后，涉及煤炭资源方面的立法也需要进行相应调整。

1973 年中东战争时期油价高涨后，美国于 1975 年开始制定《能源政策和保护法》，1978 年出台；1987 年制定了《国家能源保护法》，1992 年演变为《能源政策法》。进入 21 世纪，美国政府根据能源形势，历经 4 年，对国家能源政策和相关法律进行了全面梳理、整合和修订补充，2005 年制定了新的《能源政策法》。《能源政策法》全文 1724 页，其中条款具体，可操作性强。

2005 年《能源政策法》放宽了煤炭勘查开发条件，涉及需要修改煤炭租约方面的法律主要包括第 432 条（煤炭租约面积限制）、433 条（煤炭租约合理采矿）、434 条（煤炭租约预付权利金）、435 条（提交煤炭租约经营和复垦计划）、436 条（煤炭租约保证金要求）、437 条（煤炭租约库存）等条款。为落实 2005 年《能源政策法》，美国内政部一直在着手对现行涉及煤炭租约方面的条款进行修改，以便遵守新的能源政策法的要求，目前已制定了一些临时性规定，比如关于煤炭租约面积修改的临时规定，把煤炭租约的限制面积从 160 英亩（约 6.5×10^5 m^2）扩大到了 960 英亩（约 3.9×10^6 m^2），同时对其他相关方面的修改也制定了具体工作安排和时间表。

②《能源部组织法》及其他法律。1977 年《能源部组织法》被收编在《美国法典》第 42 卷《公共健康与福利》(The Public Health and Welfare) 中，包括 16 章，对成立能源部的意义、能源部机构构成、过去分散在不同政府部门的职能的转交、联邦能源规制委员会的成立和职能、能源部制定法律法规执行令的程序、能源规划等内容进行了规定。

根据该法规定，能源部下设能源信息署，能源信息署行政负责人由总统任命，该人员在专业背景和经验上要有管理能源信息系统的资质。同时法律对信息署履行职能的独立性，统计调查分析及研究的内容和手段，其他机构及公众提供信息的义务等都进行了详细的规定，同时，根据法律规定在信息署设联络委员会，由内政部及能源部的成员组成。

在“国家能源政策规划”一章中，对能源规划的内容、形成机制做了非常具体的规定。根据法律规定，总统每 2 年向国会提交国家能源政策规划建议，制定 5 年或 10 年的能源目标。同时要考虑就业、价格稳定、能源安全、经济增长、环境保护、防止核扩散、特殊地区需求、公共及私人资源的有效利用等方面的要求；确定达到这些目标需要贯彻的战略及需要的资源；预测能源消费部门的能源需求等。联邦政府为实现目标需要采取政策和行动，包括法律、税收、财政投入、反垄断、外商投资方面的建议等。还规定总统在提交建议的同时，要提交包括以下几方面内容的报告：为了实现建议的目标，满足资源需求及贯彻政策需要的资源和数据；对能源供应的预测；对可预见的将来能源资源价格的预测；对政府支持的研发工作的进展总结；对实现相关标准、技术的充分性和恰当性的评价等。

2）联邦法规

规范煤炭资源的第二层次是法规（rule）。根据美国联邦行政程序法，“法规是指行政机关为执行、解释或规定法律或政策或为了规定机关的组织、程序或活动的规则而颁布的具有普遍适用性或特殊适用性而且对未来有约束力的文件。包括批准或规定未来的收费标准、法人体制或财政体制及其改革、价格、设施、服务或补贴，也包括批准或规定各种估价、成本费用、记账方式及与上述事项有关的活动”。由于煤炭资源管理日趋复杂和技术化，国会法律一般只规定要达到的标准或必须遵守的标准。具体的操作行为往往通过法规来规范（图 4－1－8）。

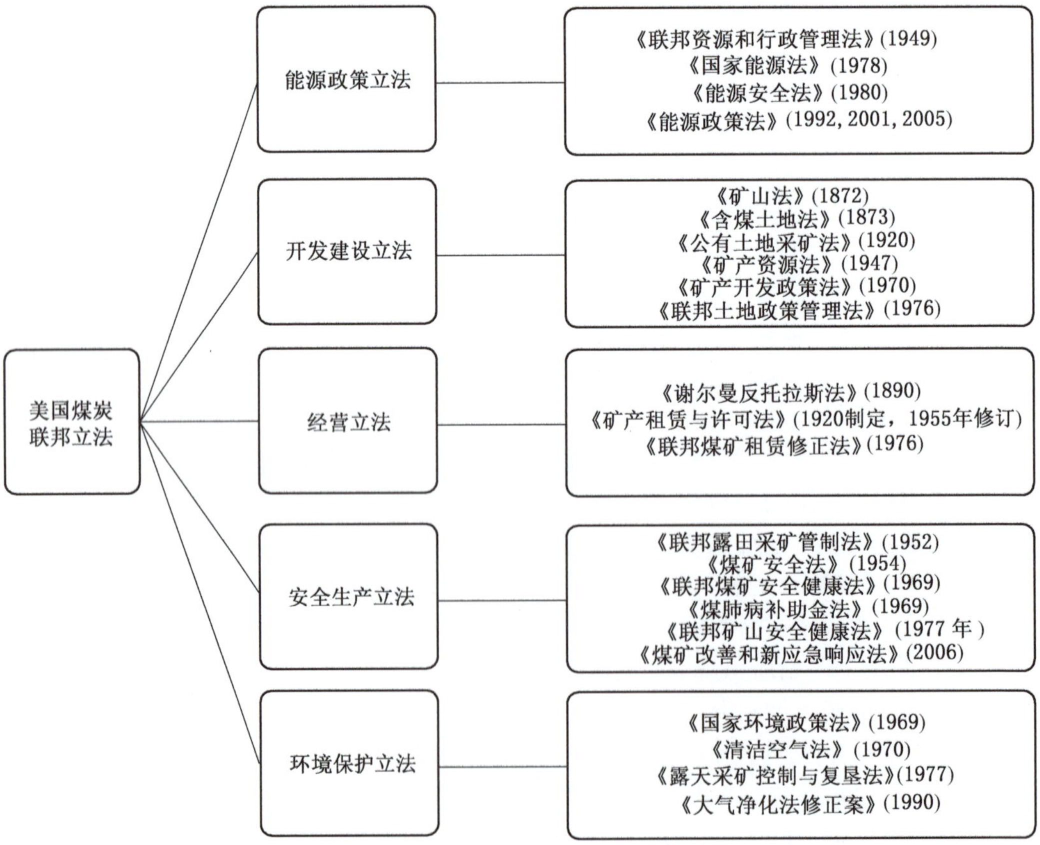

图 4－1－8　美国联邦煤炭法律体系

(1)《联邦法规》(Code of Federal Regulations，CFR）第43卷《公共土地》中涉及的煤炭管理法规包括一般规定、勘查许可、竞争租约、非竞争租约、开采许可、现有租约管理、环境要求、煤炭管理规定和限制、煤炭勘查和采矿操作条例等章节。

(2)《联邦法规》第30卷《矿产资源和开采》中权利金管理。在第30卷《矿产资源和开采》(由矿产管理局管理的业务）第F分部“煤炭”中，也集中了煤炭方面的内容。主要包括计算煤炭权利金计税价格的计算标准（长达7000多字)、煤炭价格审计租约人或经营者需要提交的表格、权利金方面各州代理行使的职能、联邦与州及印第安部落的合作、保证金等内容。

(3) 联邦政府下发的具有普遍规范作用的裁定（order)。如联邦12898号裁定令[49Fed. Reg. 7629（1994)]，要求每一个联邦机构都要考虑其计划（Program）对少数民族和低收入人群的影响。另外，美国在煤炭租约发放时，往往由联邦政府和企业签署协议，协议中就租约期限、面积、缴费标准等进行规定，也具有法律效力。

3）各类标准、指南、操作手册等

除联邦法律、行政法规及裁定令外，为履行管理职能，美国内政部还制定有一系列的标准、指南、操作手册等。指南（Manual）主要是政府书面政策和程序上的指南，为政府官员所用。如果没有特别说明，这种指南中的指导是强制性的。例如土地管理局的指南系列包括指南、指南附录、手册(handbook）及手册附录。手册更详细一些，根据相应指南编撰。指南和手册内容不能冲突，两者具有同等效力，合起来构成了完整的指示性文件。此外，政府还发布指示备忘录（Instruction Memorandums，IMS)，这是在没有足够时间发布指南的情况下制定的新政策或程序性指南，或是对现有法规、政策、指南进行解释，往往是在紧急情况下发布的文件。

指南和手册对现行法律法规进行了详细解读，同时融合了最佳实践，也是政府规范煤炭资源的重要依据。内政部土地管理局有86项指南、38个手册，与煤炭资源管理有关的《土地利用规划指南》长达161页，对规划过程、方法、数据的取得和处理、人员分工、协作等进行了详细规定。除了指南和手册以外，内政部还制定了一些标准，如《联邦土地征用统一评估标准》，长达144页，对煤炭资源出租取得公平市场价值进行了详细的规定。这些标准、指南、手册减少了执法的随意性。

1.2.3 美国煤炭工业发展前景

1. 煤炭产量

特朗普时期的煤炭政策重点是振兴阿巴拉契亚地区的煤炭产业。该地区煤炭工人最集中，但生产效率却最低。2005年之后，生产商已经把产能转移到怀俄明州的粉河盆地和伊利诺伊州的南部。长期来看，美国煤炭产业的衰落是无法避免的。

美国能源信息署发布《2020年度能源展望》(Annual Energy Outlook 2020)，预测2020—2050年，美国煤炭产量以1.0%的速度逐年递减，到2050年煤炭产量仅为456 Mt。其中，中部地区煤炭产量将会有所增长，其他两个地区整体上处于下降趋势。阿巴拉契亚地区煤炭产量以0.86%的速度下降，到2050年产量为125 Mt。中部地区煤炭产量将以0.7876%的速度增长，到2050年产量为142 Mt。西部地区煤炭产量将以1.9016%的速度下降，到2050年产量为189 Mt（图4－1－9)。

未来30年，密西西比河西部地区煤炭产量比东部地区下降速度快。东部地区煤炭产量以0.0192%的速度下降，到2050年产量为251 Mt；西部地区煤炭产量以1.84%的速度下降至2050年的205 Mt（图4－1－10)。

2. 煤炭进出口

根据美国能源信息署预测，未来30年，美国煤炭净出口量将有所增长，到2050年净出口量达95.33 Mt。其中，煤炭出口量将呈上升趋势，以0.5%的速度增长，到2050年出口量将达到96.45 Mt。进口量逐年下降，以5%的速度下降至2050年的1.12 Mt（图4－1－11)。

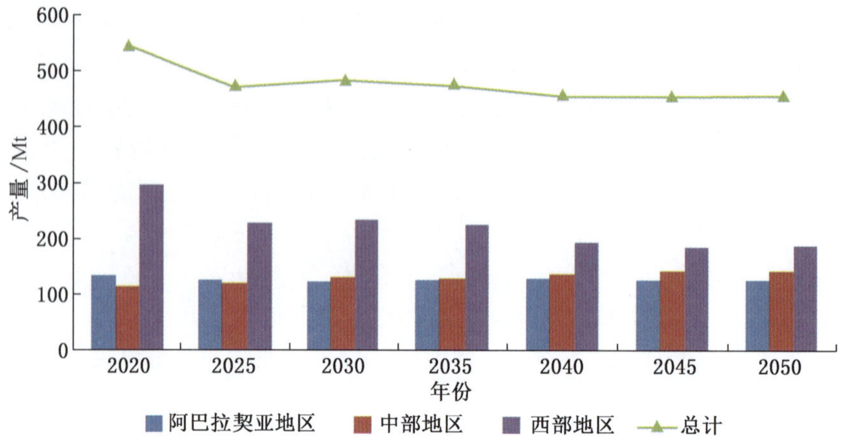

图4-1-9　煤炭产量按产区预测

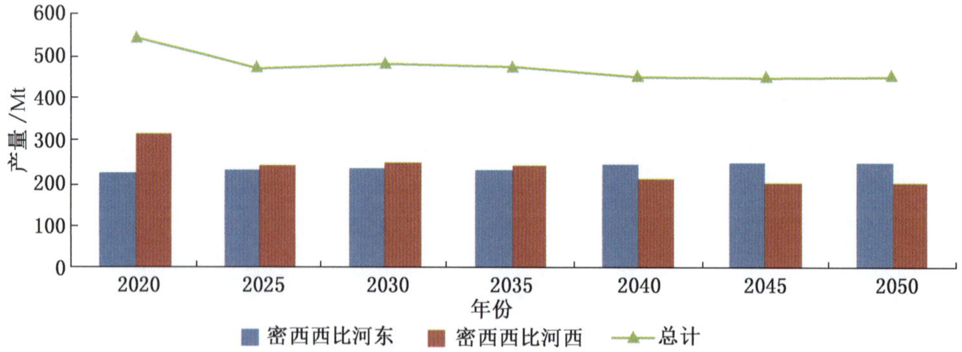

图4-1-10　煤炭产量预测

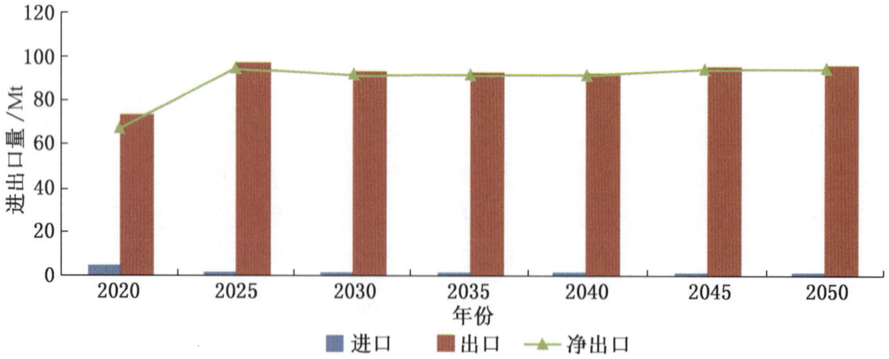

图4-1-11　煤炭进出口量预测

3. 煤炭消费量

2020—2050年,美国煤炭消费量整体将处于逐年下降态势,以1.3%的速度下降至2050年的363 Mt

（图 4－1－12）。据预测，发电用煤下降速度最快，以 1.3% 的速度下降，至 2050 年发电用煤仅为 324 Mt；炼焦用煤以 0.9% 的速度下降至 2050 年的 14.19 Mt；商业和民用煤炭消费下降速度为 1.2%，至 2050 年消费量仅为 0.53 Mt。尽管用于发电的煤炭消费占美国煤炭总消费的比重会保持在 89%～90%，炼焦用煤保持在 3.5%～4.0%。但是各行业煤炭消费量还是会大幅下降（图 4－1－13）。

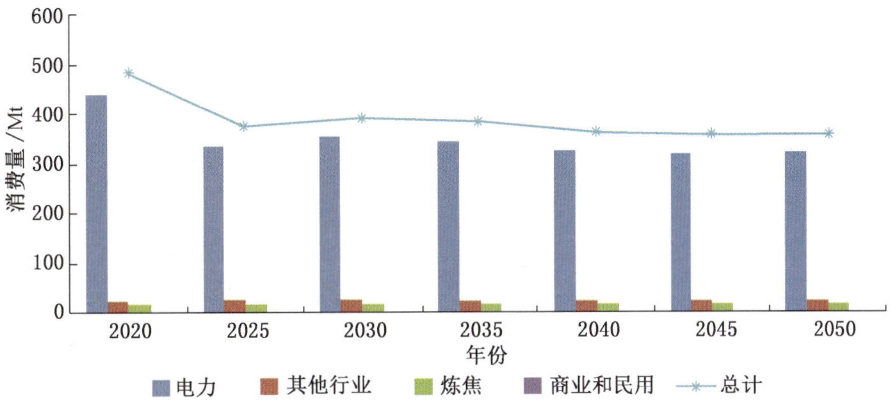

图 4－1－12　煤炭消费量预测

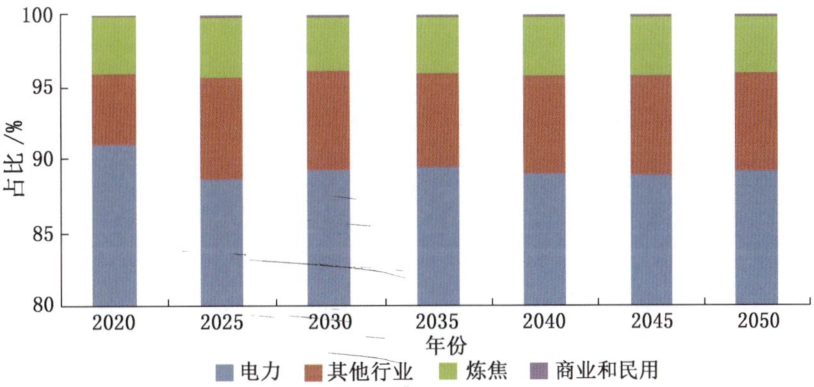

图 4－1－13　煤炭消费结构预测

1.3　煤炭资源

1.3.1　煤炭资源概况

1. 煤炭储量

美国拥有丰富的煤炭资源，1800 m 深度以浅的地质资源总量约为 3340 Gt。依据 2020 年《BP 世界能源统计年鉴》，2019 年底，美国探明煤炭储量为 249.537 Gt，占世界煤炭储量的 23.3%，居世界第一，储采比为 390。其中，无烟煤和烟煤 219.534 Gt，次烟煤和褐煤 300.03 亿 t，分别占美国煤炭储量的 87.98% 和 12.02%。

2. 煤炭资源分布

美国煤炭资源赋存广泛，地区分布比较均衡。截至 2019 年底，全美 50 个州中，有 33 个州赋存煤炭，含煤面积占国土面积的 13%，主要集中在蒙大拿、伊利诺伊、怀俄明、西弗吉尼亚、肯塔基、宾夕法尼亚 6 个州，这 6 个州的煤炭探明储量占全美的 77%。其中，蒙大拿州占 25%，伊利诺伊州占 22%，怀俄明州占 12%（表 4－1－3）。

表 4－1－3　2019 年美国分州煤炭储量表

Mt

州别	井工开采			露天开采			共计		
	生产矿可采储量	估计可采储量	探明储量	生产矿可采储量	估计可采储量	探明储量	生产矿可采储量	估计可采储量	探明储量
阿拉巴马	172	314	623	13	2006	2815	185	2320	3439
阿拉斯加		2118	4920	44	435	600	44	2552	5519
亚利桑那				175			175		
阿肯色		114	246		92	131		206	376
科罗拉多	111	5169	9850	104	3393	4313	215	8562	14163
佐治亚		1	2		1	2		2	4
爱达荷		2	4					2	4
伊利诺伊	1706	25025	78781	18	9093	14940	1724	34117	93720
印第安纳	174	3131	7560	230	204	349	405	3335	7909
爱荷华		732	1571		290	415		1022	1986
堪萨斯					616	880		616	880
肯塔基州	565	6069	14135	69	6524	11296	634	12593	25430
路易斯安那				27	247	333	27	247	333
马里兰	3	276	503	5	24	35	7	299	539
密歇根		50	112		3	5		53	116
密西西比				98			98		
密苏里		625	1342		2860	4086		3486	5429
蒙大拿	186	32528	64252	520	34937	43228	706	67466	107481
新墨西哥	5	2476	5443	71	3629	5188	74	6104	10631
北卡罗来纳		5	10					5	10
北达科他				842	5916	7755	842	5916	7755
俄亥俄	74	6848	15565	4	3350	5118	77	10199	20684
俄克拉荷马		516	1108		198	283		714	1391
俄勒冈		5	14		2	3		8	15
宾夕法尼亚	838	9071	19858	132	867	3720	971	9938	23579
南达科他					251	332		251	332
田纳西	8	246	448		154	228	8	400	676
德克萨斯				313	8184	10631	313	8184	10631
犹他州	162	2055	4192	1	188	238	163	2243	4430
弗吉尼亚	138	397	708	21	264	412	159	661	1120
华盛顿		611	1208		5	7		618	1216
西弗吉尼亚	1053	13063	24477	249	1753	2778	1303	14815	27254
怀俄明	3	20781	38483	4704	10947	13222	4707	31728	51705
合计	5198	132229	295413	7639	96434	133343	12838	228662	428756

按照地理位置，美国煤炭资源分为三大地区，分别为阿巴拉契亚地区、中部地区和西部地区。东部的阿巴拉契亚煤田，生成于2.2亿~3.2亿年前，属二叠纪；中西部煤田，成煤年代在3300万~1.4亿年前，属白垩纪和第三纪。这3个地区在探明储量中所占百分比分别为21%、32%和47%。

若以密西西比河为界划分，西部较东部资源丰富，占全国储量的58.9%，且适于露天开采的储量为东部的3倍。东部多优质炼焦煤、动力煤和无烟煤，热值较高（288.42 MJ/kg），灰分低，不过含硫量高（2%~3%）；西部煤质相对较差，多为次烟煤和褐煤，热值低（255.72 MJ/kg），但含硫量较低（1%左右）。

1.3.2 主要煤田

美国的主要煤田有阿巴拉契亚煤田、伊利诺伊煤田、中部煤田、波德河煤田、尤因塔煤田和西部煤田，开发强度和储量最大的2个煤田是东部的阿巴拉契亚煤田和西部的波德河煤田，中部主要煤田是伊利诺伊煤田。

1. 阿巴拉契亚煤田

阿巴拉契亚煤田是美国发现最早、开采时间最长、在美国煤炭工业发展史上最重要的煤田，煤田位于美国东部，沿阿巴拉契亚山脉从北向南纵贯9个州（西弗吉尼亚、宾夕法尼亚、肯塔基、俄亥俄、阿拉巴马、弗吉尼亚、田纳西、马里兰、佐治亚），成煤年代在2.2亿前的二叠纪，煤炭资源总量为316.8 Gt，计算深度1800 m，占美国全国总资源量的9%。阿巴拉契亚煤田煤类齐全，其中褐煤占0.7%，位于南部亚拉巴马州；烟煤占92.5%，以炼焦煤为主；无烟煤占6.8%，位于北部宾夕法尼亚州东部，是美国唯一的无烟煤产地。煤的灰分平均14%，硫分平均1.9%，发热量30~33 MJ/kg。

阿巴拉契亚煤田是美国炼焦煤和动力煤的主要产地，从美国建国后到20世纪中期，带动了钢铁、电力、机械、化学等工业部门发展，有力地支持了美国的工业发展。

阿巴拉契亚煤田的可采煤层多达30多个，且赋存稳定，断层构造少，顶底板为砂岩或砂页岩，整体性强，含水少，一般煤厚0.7~2.5 m，平均1.7 m。煤种多是优质焦煤和动力煤。探明储量中可露天开采储量99.7 Gt，占15%；其余85%为井工开采储量。一般埋藏在距地表300 m以内，适于露天、平硐或斜井开采。该煤田产量在1970年以前一直占美国煤炭总产量的70%以上，20世纪七八十年代仍占50%~60%以上。2019年，煤田总产量为175.27 Mt，占煤炭总产量的27.4%，其中，井工矿135.93 Mt，露天矿39.34 Mt。

2. 波德河煤田

波德河煤田是美国也是世界上已开发的探明储量最大的煤田。该煤田位于美国西北部的怀俄明州和蒙大拿州境内，成煤年代为330万年前的第三纪和白垩纪，含煤面积31000 km^2，总资源量700.0 Gt，探明储量93.4 Gt，其中13.2 Gt适于露天开采。煤种为低灰（<10%）、低硫（平均约0.4%）、中等发热量（平均约217.36 MJ/kg）优质次烟煤。

波德河煤田的可采煤层达20层以上，赋存稳定平整，总计煤层厚度达60~110 m，最上面的怀俄达克煤层厚度8~53 m，平均厚30.5 m，离地表一般在60 m以内，露天剥采比在3以下，是该矿区和全美目前产煤最多的煤层。波德河煤田1969年开始开发，20世纪80年代以来迅速发展。2019年产量为266.87 Mt，占煤炭总产量的41.6%，主要为露天矿开采。

3. 伊利诺伊煤田

伊利诺依煤田位于美国中部煤炭产区，主要位于伊利诺伊州、印第安纳州和西肯塔基境内。属不对称向斜盆地，盆地西南部有正断层。含煤地层为石炭纪，埋藏深度100~300 m，探明可采储量10.6 Gt。煤田东部有9个、南部有5个、北部有3个可采煤层，煤种为挥发分和硫分较高的烟煤，平均灰分8.2%~10.3%，挥发分31.4%~37.7%，水分9.2%~15.7%，硫分0.9%~4.4%。大部分煤层结构简单，分布广且稳定，煤层平均厚度1.5 m左右，瓦斯含量中等，涌水量小。2019年煤炭产量90.4 Mt，占煤炭总产量的14.1%，井工矿产量占该煤田产量的81.3%。

1.3.3　开采条件

东部阿巴拉契亚煤田地处经济与工业发达地区，早在19世纪至20世纪初就铺设了多条通往煤炭产区的铁路，且河流众多，通航水道达3万余公里，这些都为东部煤炭资源的开发提供了优越的条件。

阿巴拉契亚煤田开采条件优越，99%是水平或近水平煤层，埋藏浅，矿井平均开采深度仅90 m，煤层地质破坏很少，煤质坚硬，瓦斯含量小。阿巴拉契亚矿区原煤灰分低，平均约为14%，可选性好，但硫分较高；在阿巴拉契亚煤田900 m以浅的储量中，硫分在0.7%以下的低硫煤仅占11%。因此，低硫煤增产困难是限制这一地区煤炭产量增加的一个主要因素。

中部煤炭产区包括伊利诺伊煤田和中西部煤田，其煤炭生产直接受东部的影响也较早地得到发展；该地区紧靠大型工业区，所产煤炭主要供就近电厂发电，产销结合较好。20世纪70年代发生的世界石油危机使得该地区发电用煤需求增加，因而伊利诺伊煤田的中硫煤和德克萨斯褐煤得以迅速开发。

伊利诺伊煤田煤层结构简单，分布广且稳定，东部、南部、北部共17个可采煤层，煤层平均厚度1.5 mm左右，煤种为挥发分和硫分较高的烟煤，瓦斯含量中等，涌水量小。

中西部煤田探明储量的58%可供露天开采，煤种主要是烟煤。煤田西部为高挥发分烟煤，中部和东部为中挥发分烟煤。东南部有4～6个可采煤层，厚度2.4～2.6 m，灰分4%～6%，硫分1%～1.5%。南部有10个可采煤层，中部有6个以上的可采煤层，厚度1～3.3 m。密苏里州煤层较薄，有的地方只有0.6 m。

美国西部煤田的煤层厚、埋藏浅、储量大，开采成本和矿建投资低，适宜建设特大型露天和发展高产高效长壁综采矿井同时矿区里发电厂较多，煤炭需求量大，使得这一地区煤炭工业迅速发展。随着长大单元列车的发展，煤炭运输量不断提高，交通日渐便利，也促进了煤炭工业的发展。

1.4　煤炭生产

1.4.1　煤炭生产总体情况

1. 煤炭产量

1）总体情况

美国煤炭产量在世界煤炭产量中占有重要地位，2019年美国煤炭产量为640.75 Mt，约占世界煤炭产量的7.9%，仅次于中国、印度，居世界第三位。

1990年以来，美国煤炭总产量整体呈下降趋势。2008年煤炭产量达到峰值，为1063.05 Mt。受全球经济危机影响及奥巴马政府对清洁能源的大力推动，页岩气和可再生能源得到快速发展，煤炭产量开始逐年下降。特朗普政府的重振煤炭工业政策，使得2018年煤炭产量小幅上升，但是随着天然气价格的下降及可再生能源发电成本的降低，煤炭衰退的局势已经无法避免。2019年，美国煤炭产量仅为639.8 Mt（图4－1－14）。

2）以密西西比河划分

2010年以来，煤炭生产的重点地区逐渐转移至密西西比河西部地区。1998年以前，密西西比河以东盆地是美国重要产煤地区，煤炭产量始终高于西部盆地，保持在总产量的50%以上。1999年开始，西部盆地产量超过东部盆地，重要产煤区逐渐向西转移，西部盆地产量保持上升趋势，产量为总产量的50%～60%。密西西比河以西盆地煤炭产量在2008年达到峰值，为615.49 Mt，占当年总产量的57.9%，之后整体下降。2019年，密西西比河以西盆地煤炭产量为372.18 Mt，占总产量的58.09%。密西西比河以东盆地煤炭产量自1990年以来一直处于下降趋势，2018年煤炭产量为281.83 Mt，占总产量的41.1%（图4－1－15）。

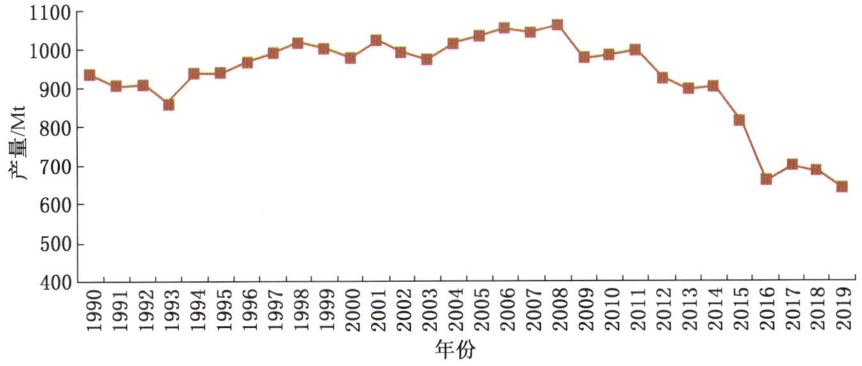

图 4-1-14 1990—2019 年美国煤炭产量变化趋势图

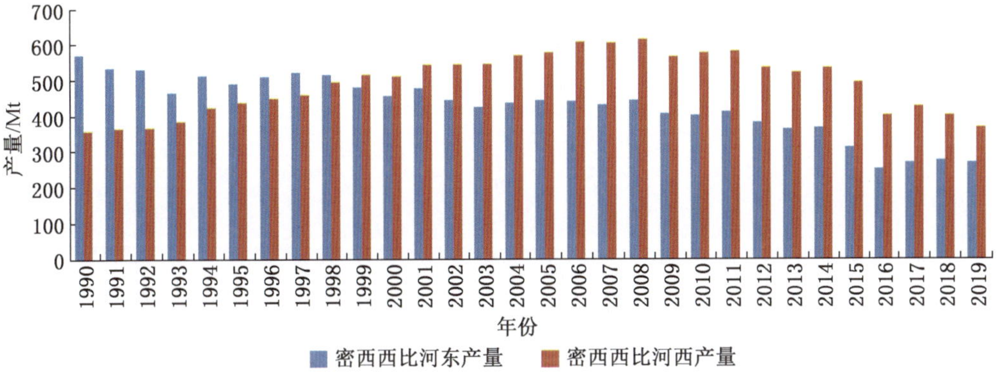

图 4-1-15 1990—2019 年美国煤炭产量以密西西比河为界划分变化趋势图

3）按照地理位置划分

1997 年以前，美国煤炭产量主要集中在阿巴拉契亚地区，保持在总产量的 40% 左右；1998 年开始，西部地区煤炭产量超越东部地区，西部地区成为美国主要煤炭产区，煤炭产量占总产量的比重保持在 40% ~60%；中部地区煤炭产量比较稳定，始终保持在 13% ~20%。

西部地区煤炭产量在 2008 年达到最高值 574.79 Mt，占当年总产量的 54%。之后处于下降趋势，2019 年西部地区煤炭产量为 349.27 Mt，占总产量的 54.51%。阿巴拉契亚地区煤炭产量整体处于下降趋势，2016 年煤炭产量达到最低值 162.95 Mt，占总产量的 25%。之后小幅上升，2019 年该地区煤炭产量为 175.27 Mt，占总产量的 26%。中部地区煤炭产量低于其他两个地区，该地区煤炭产量较平稳，2019 年产量最低，为 115.77 Mt，占总产量的 18.07%（图 4-1-16）。

4）按照煤炭种类划分

根据地质条件，美国煤炭工业主要以生产烟煤和次烟煤为主，褐煤和无烟煤比重较小。1990 年以来，各煤种产量整体处于下降态势。由于储量的限制，烟煤产量下降幅度最大，与 1990 年相比，降幅达 48.5%；而在煤炭总产量中的比重也由 1990 年的 74.3% 左右下降到 2019 年的 47.99% 左右。次烟煤产量较 1990 年大幅上升，增幅达 39.2%；在煤炭总产量中的比重由 1990 年的 26.2% 左右上升到 2019 年的 44.11%。褐煤和无烟煤在煤炭总产量中的比重变化幅度较小，褐煤一直保持在 8% ~10%，无烟煤保持在 0.13% ~0.50%（图 4-1-17）。

5）按照开采方式

长期以来，井工开采在美国煤炭生产中一直占主导地位。但到 20 世纪 70 年代初露天开采产量已经与井工开采平分秋色。20 世纪 80 年代以来，美国露天矿产量比例始终保持在 60% 左右，从此井工

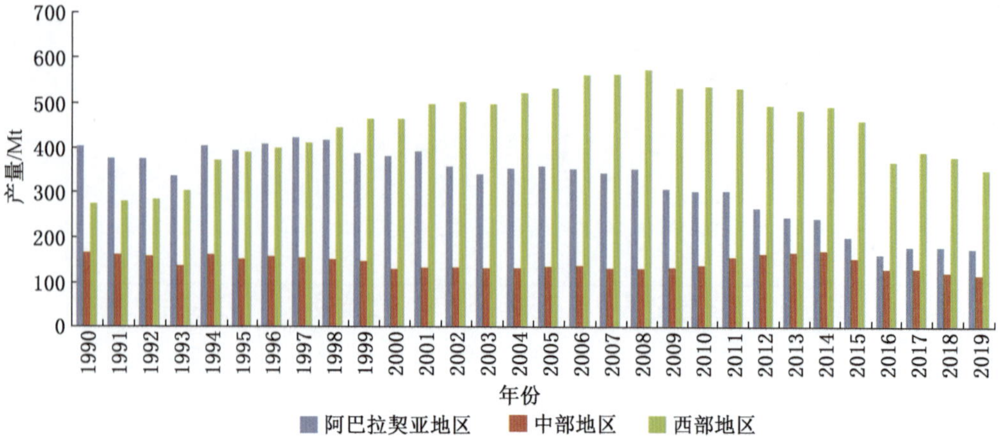

图 4-1-16 1990—2019 年美国煤炭产量按地理位置划分变化趋势

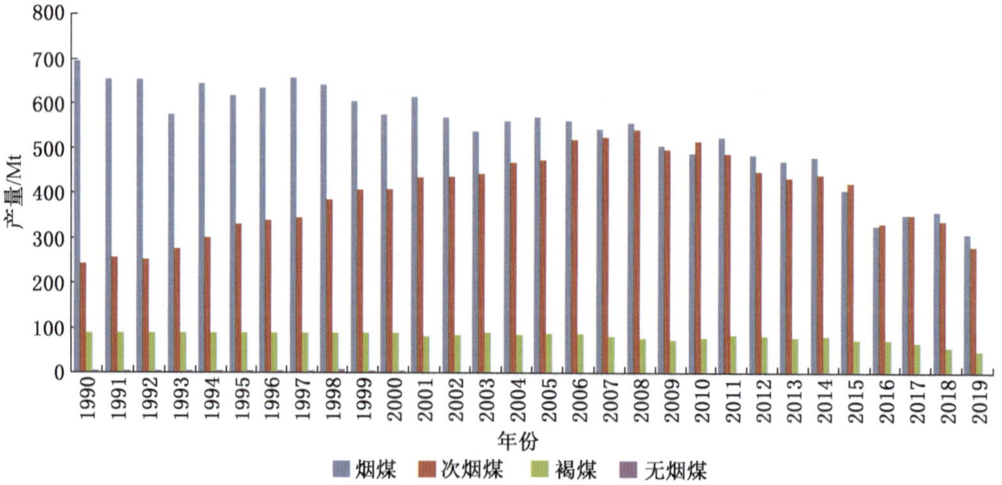

图 4-1-17 1990—2018 年美国煤炭产量按照种类划分的变化趋势

开采退居次要地位。

1990 年以来，随着煤炭地位的衰退，露天开采和井工开采产量均呈现逐年下降的趋势，而井工开采产量下降的速度要远快于露天矿。1990 年以来，美国煤炭开采以露天矿为主。露天矿产量在 2008 年达到峰值 739. 11 Mt，之后逐年下降，2019 年产量为 398. 20 Mt，占煤炭总产量的 62. 15%，较 1990 年下降了 27. 39%。自 1990 年以来，井工矿产量一直处于下降趋势，产量由 1990 年的 385. 14 Mt 下降到 2019 年的 242. 56 Mt，占当年煤炭总产量的 37. 85%，降幅达 37. 02%（图 4-1-18）。

2. 煤矿数量

随着煤炭产业结构和政策的不断调整，美国煤炭行业关闭了大量煤矿，2019 年运营煤矿数量为 669 座，较 1990 年的 3430 座减少了 2761 座，降幅达 72. 97%。根据数据显示，井工矿关闭速度远高于露天矿。其中，井工矿煤矿数量由 1993 年的 1196 座下降到 2019 年的 226 座，降幅达 81. 10%，露天矿由 1990 年的 1279 座下降到 2019 年的 432 座，降幅达 66. 22%（图 4-1-19）。

3. 煤矿单产规模

1969 年美国《煤矿安全与健康法》正式颁布实施，特别是 1977 年《矿山安全与健康法》的颁布实施，导致不少达不到安全与健康生产条件的小煤矿被关闭，促使煤矿单井产量迅速提高。1990 年

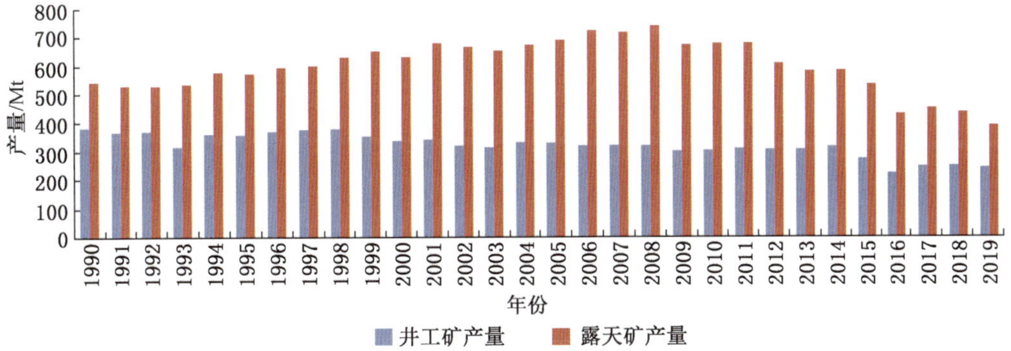

图 4-1-18　1990—2019 年美国煤炭产量按煤矿开采方式划分的变化趋势

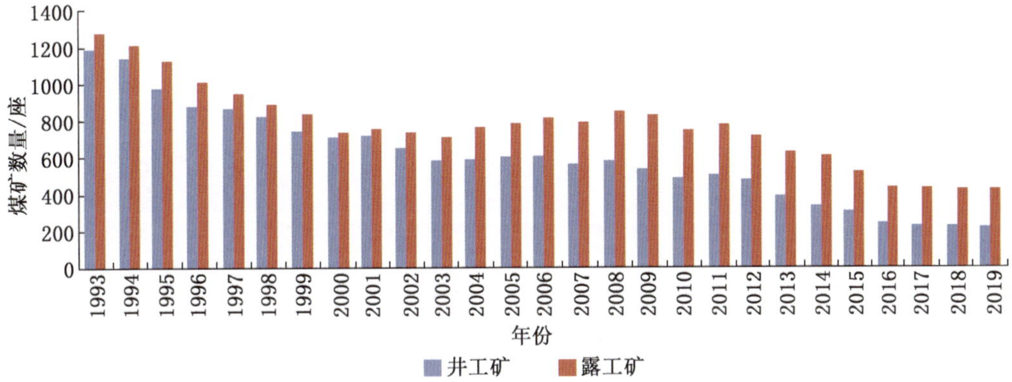

图 4-1-19　1990—2019 年美国煤矿数量变化趋势图

以来，煤矿生产向集中化大型化发展，在大型煤矿不断增加的同时，中小煤矿数量逐渐减少，煤矿单井产量由 1990 年的 27.22×10^4 t 快速增加到 2019 年的 95.78×10^4 t，上升了 251.90%（图 4-1-20）。

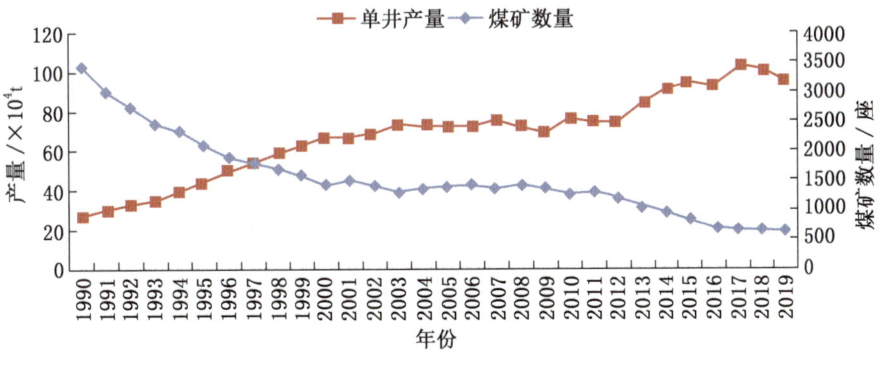

图 4-1-20　1990—2019 年美国煤矿单井产量变化趋势图

4. 煤矿工人

煤矿工人队伍历来是美国一支重要的产业大军，随着煤炭工业的发展，矿工总人数在 20 世纪 20 年代前期曾达到 80 万人以上。此后随着机械化与自动化程度的快速发展，从业人员迅速下降至 60 年代的 13 万人。70 年代由于石油危机的刺激，煤炭需求增加，许多煤矿开工，大量用人，加上政府对煤矿安全健康和环保的严格要求，必须增加许多相应的工作岗位，从业人员又出现上升趋势，1979

年达到另一个高峰期，人数为 26 万人。20 世纪 80 年代随着高新技术和先进设备的采用，加上生产高度集中化，生产规模增大，效率提高，从业人员逐年减少，以每年约 1 万人的数量递减。煤矿用工人数由 1990 年的 168625 人减少到 2019 年的 86361 人，减少了 51.75%。其中井工矿用工人数减少量远高于露天矿，井工矿用工人数由 1990 年的 84154 人减少到 2018 年的 32012 人，减少了 61.96%；露天矿用工人数由 1990 年的 47156 人减少到 2018 年的 21477 人，减少了 54.46%（图 4-1-21）。

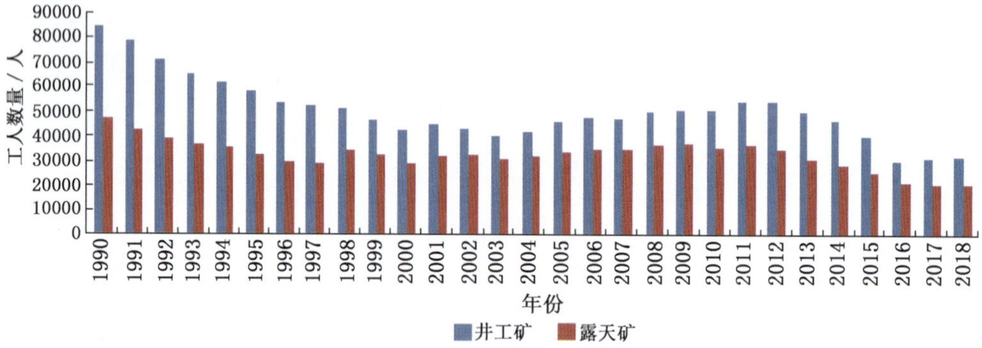

图 4-1-21　1990—2018 年美国煤矿工人数量变化趋势

5. 煤炭生产效率

1990 年以来，随着煤矿开采技术的发展，煤矿从业人员的逐年减少，美国煤矿生产效率不断提高。全国煤矿工人生产效率由 1990 年的 3.47 t/(工·时)，提高到 2019 年的 5.06 t/(工·时)。其中，井工煤矿工人生产效率由 1990 年的 2.30 t/(工·时)，提高到 2019 年的 3.27 t/(工·时)；露天煤矿工人生产效率由 1990 年的 5.39 t/(工·时)，提高到 2019 年的 8.96 t/(工·时)。1990 年以来，露天开采的效率要远高于井工矿开采，效率平均高出 2.76 倍（图 4-1-22）。

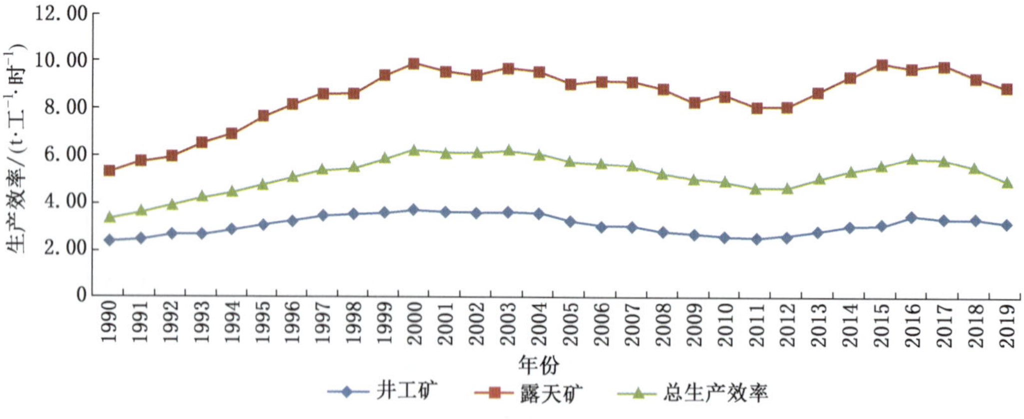

图 4-1-22　1990—2019 年美国煤炭产量及生产效率变化趋势

1.4.2　露天矿

美国适宜露天开采的煤炭资源十分丰富，1993 年适合露天开采的探明储量为 140.7 Gt，遍布 30 个州，75% 以上分布在密西西比河以西。储量最丰富的州是蒙大拿州，其证实储量为 44.4 Gt，占全美的 31.5%；怀俄明州探明储量为 24.06 Gt，占全美的 17%，居第二位。储量超过 10.0 Gt 的州还有伊利诺伊州（13.94 Gt）和得克萨斯州（11.97 Gt）。在适于露天开采的煤炭储量中，以次烟煤最多，占40%，其次是烟煤和褐煤，分别占29%，无烟煤占2%。

美国适宜露天开采的煤田地质条件较为简单，煤层埋藏较浅。其中东部地区煤层埋深一般为10~40 m，少数达60~100 m，煤层较薄，一般为1~2 m，少数为4~5 m；多为近水平单一煤层；剥采比较大，一般为7 m^3/t；地形多丘陵或山地，沟谷发育，煤层多有露头，适于发展小型露天矿。西部地区与东部地区不同，煤层较厚，可达10~15 m，埋深较大，但剥采比较小，一般在0.5~4.0 m^3/t，适于建设大型露天矿。

1. 露天煤矿产量

美国的煤炭开采以露天开采为主。1990—2008年，美国露天煤矿产量逐年上升，2008年产量为739.11 Mt，达到峰值；2009—2019年，露天煤矿产量逐年下降，2019年产量达到最低值，为398.20 Mt，较2008年减少了340.9 Mt，降幅达46.12%（图4-1-23）。

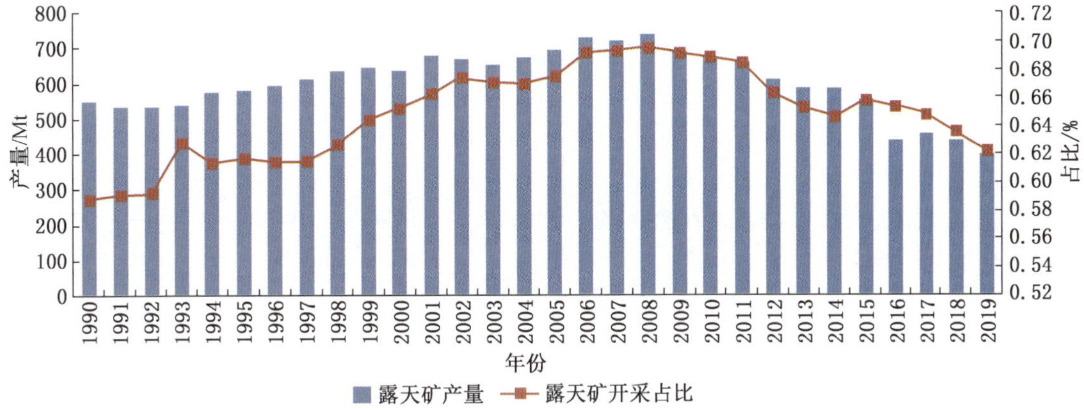

图4-1-23 1990—2019年美国露天采煤产量变化趋势

2. 露天矿井数量

近年来，美国运营的露天煤矿数量整体上呈下降趋势，由1993年的1279座下降到2019年的432座，降幅达66.22%（图4-1-24）。

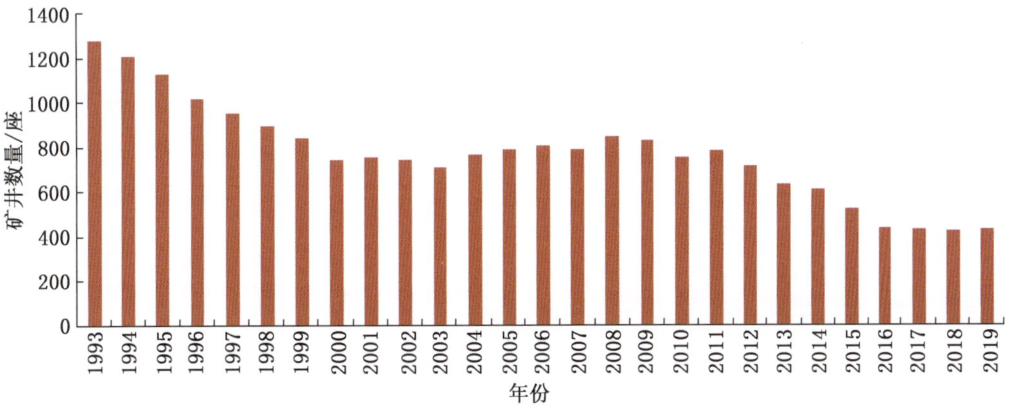

图4-1-24 1993—2019年美国露天矿井数量变化

3. 露天煤矿单产规模

露天矿单井产量受矿井数量的影响较大。1993年以来，随着煤炭产业结构调整，煤矿数量不断减少，露天矿单井产量保持增长趋势。2019 年露天煤矿单井产量达 92.18×10^4 t，是 1993 年 42.16×10^4 t 的 2.19 倍（图 4－1－25）。

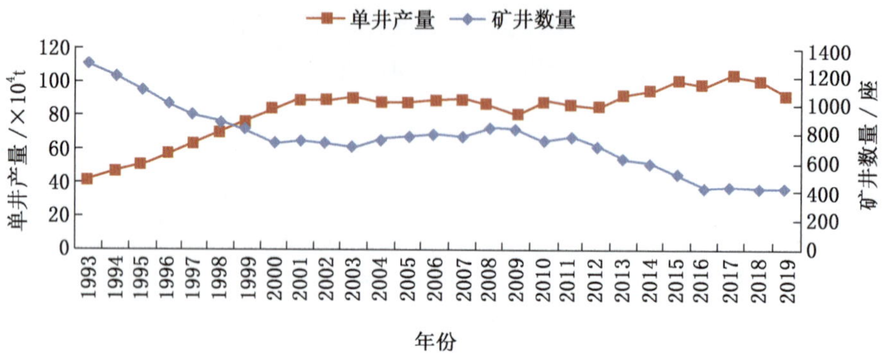

图 4－1－25　1993—2018 年露天矿单井产量与露天矿数量变化趋势图

4. 露天矿生产效率

1990 年以来，露天煤矿生产效率在 2000 年达到峰值，为 9.99 t/(工・时)；露天煤矿生产效率在 2012 年达到最低值，为 8.14 t/(工・时)。2013 年之后，受煤矿关闭的影响，生产效率呈现上升趋势，2019 年露天煤矿生产效率为 8.96 t/(工・时)，较 2012 年的最低值上升了 10.07%（图 4－1－26）。

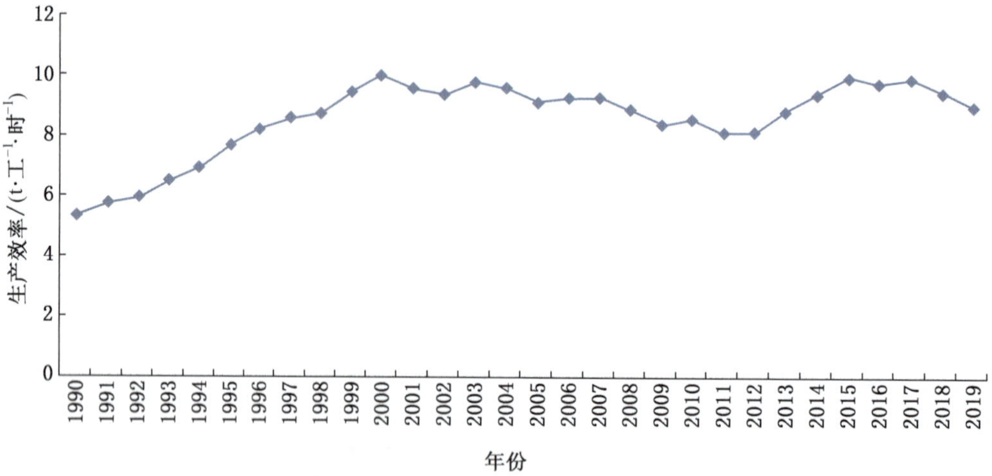

图 4－1－26　1990—2019 年美国露天煤矿煤炭生产效率变化趋势

1.4.3　井工矿

1. 井工矿煤矿产量

1990—2019 年，美国井工煤矿产量整体上呈逐年下降的趋势，井工煤矿产量由 1990 年的 385.14 Mt 下降到 2019 年的 242.56 Mt，降幅达 37.02%（图 4－1－27）。

2. 井工矿数量

美国运营的井工煤矿数量整体上呈下降趋势，由 1993 年的 1196 座下降到 2019 年的 226 座，降幅达 81.10%（图 4－1－28）。

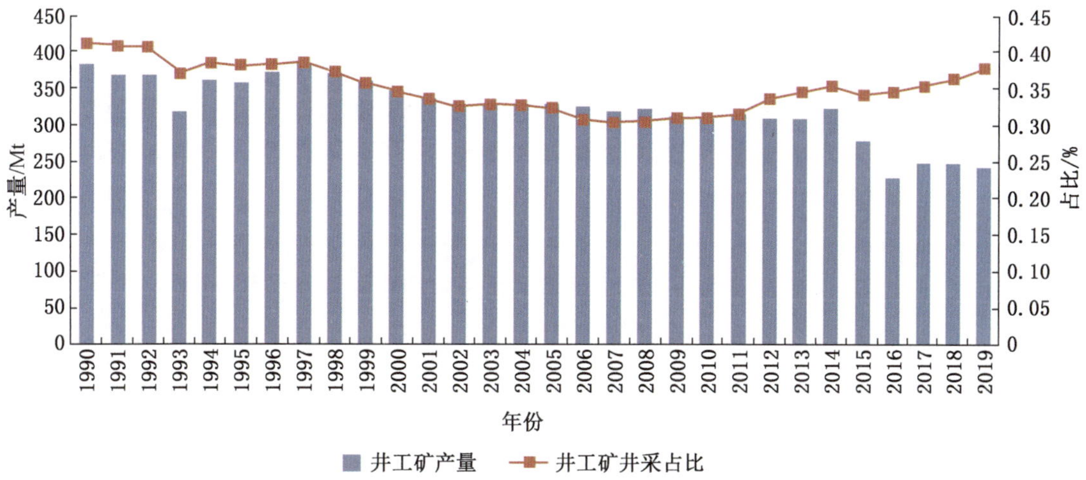

图 4-1-27 1990—2019 年美国井工矿煤炭产量变化

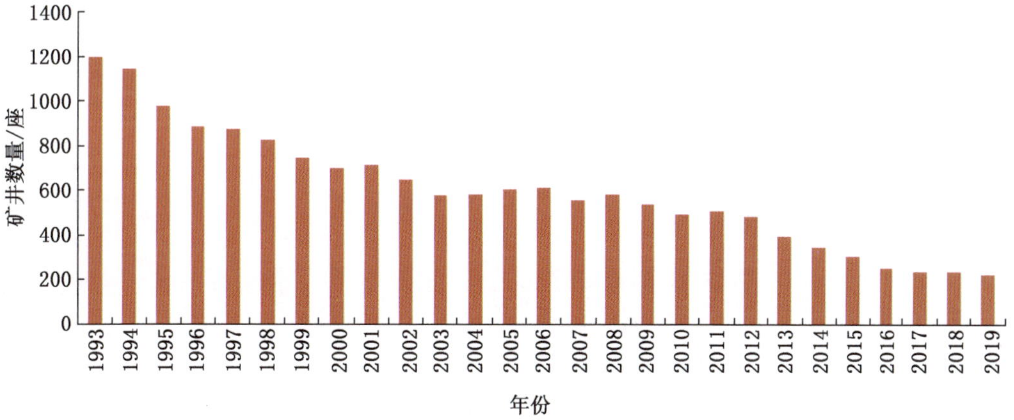

图 4-1-28 1993—2019 年美国井工矿井数量变化

3. 井工矿单产规模

井工矿单井产量受矿井数量的影响，随着矿井数量的减少，井工矿单井规模一直保持增长趋势。尤其是2013 年煤矿大量关闭，单井产量大幅上升。2019 年井工煤矿单井产量达 107.33×10^4 t，是1993 年 26.6×10^4 t 的 4.03 倍（图 4-1-29）。

4. 井工矿生产效率

1990 年以来，井工煤矿生产效率在 2000 年达到峰值，为 3.76 t/(工·时)；井工煤矿生产效率在2011 年达到最低值，为 2.47 t/(工·时)。2012 年之后生产效率呈现上升趋势，2019 年井工煤矿生产效率为 3.27 t/(工·时)，较 2011 年的最低值上升了 32.39%（图 4-1-30）。

1.4.4 典型煤矿

1. 典型露天煤矿——北安太路普·罗切利露天煤矿

1）煤矿概况

皮博迪能源集团公司北安太路普·罗切利露天煤矿（North Antelope Rochelle Mine）位于美国怀

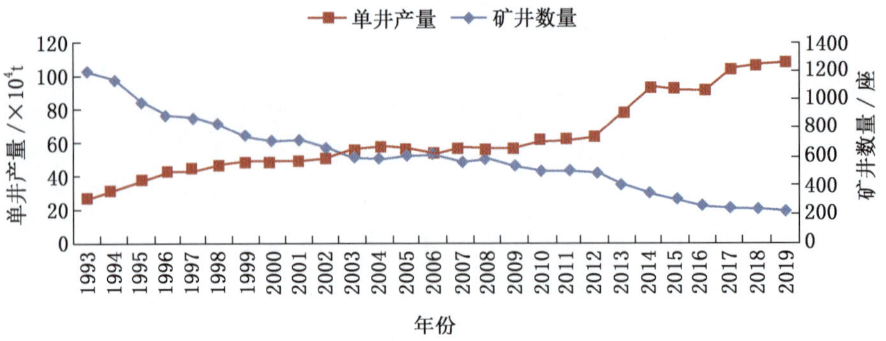

图 4-1-29　1993—2019 年井工矿单井产量与井工矿数量变化趋势图

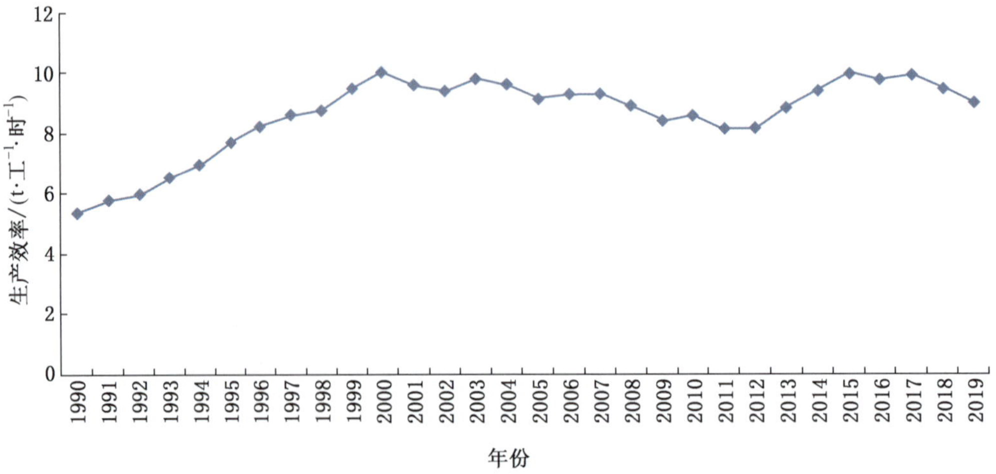

图 4-1-30　1990—2019 年美国井工煤矿生产效率变化趋势

俄明州吉列特（Gillette）东南 105 km 处，是目前世界上最大的露天煤矿。北安太路普煤矿于 1983 年底开始投产，罗切利煤矿于 1985 年底开始投产。两个煤矿于 1999 年合并为一个煤矿，成为美国最大的露天煤矿。截至 2018 年 12 月底，该矿可采煤炭储量超过 1610 Mt。2018 年煤炭产量达 98.3 Mt，占美国煤炭总产量的 14.3%。该矿生产的煤炭被交付给全国 80 多家发电厂的 40 多家发电客户。现有矿工 1135 人。2019 年，该矿的直接和间接经济效益为 23 亿美元，是目前世界最大的可采煤矿。

2）开采条件

该矿开采的煤层是波德河煤田 Wyodak - Anderson 煤层，煤层厚度为 18.3 ~ 24.4 m，覆盖层厚度为 15.2 ~ 106.7 m。剩余的煤炭可采储量约为 987 Mt。

该矿生产的煤炭被认为是美国最清洁的煤炭，煤炭中含硫量是最低的，硫分为 0.2%；热值为 8600 ~ 8800 Btu/Ib。

3）开采技术与设备

该矿采用的设备主要有索斗铲、机铲、卡车、坑内破碎机、带式输送机、圆形储煤装载仓等。在

4 个矿坑内采煤，产出的煤炭采用卡车运输到其中一个给料斗。全矿共有 3 个给料斗。大块煤经过破碎后由带式输送机输送到储煤装载仓，再由组合列车运往用户。煤炭装载设施由 5 个储煤装载仓组成，可满足 150 节车皮组合列车的装载能力。该矿共有 40 个电厂用户。

该矿每天两班作业，每班 12 h，全年 365 d 生产。

2. 典型井工煤矿——二十英里煤矿

1）煤矿概况

皮博迪能源集团公司（Peabody Energy）二十英里煤矿（Twentymile）位于美国科罗拉多州北部，距斯丁堡（Steamboat Springs）30 km，距丹佛西北 180 km。1987 年二十英里煤矿开始布设长壁采区，1989 年第一个长壁综采工作面投产。2008 年该矿有矿工 496 人，产煤 7.8 Mt，人均年产煤 15725 t。自 1989 年第一套综合机械化采煤工作面投产以来，二十英里煤矿已累计生产煤炭 100 Mt。

2）开采条件

二十英里煤矿开采的是格林河（Green River）煤田的煤。煤层厚度 2.6 ~ 2.9 m，煤层最大倾角 10°。该矿采深 300 ~ 400 m。截至 2005 年底，二十英里煤矿的煤炭可采储量为 65.0 Mt。

二十英里煤矿生产动力煤，产出的煤炭无须洗选直接供给用户。水分为 10.3%、灰分为 9.8%、挥发分为 35.5%、热值为 26.3 MJ/kg。

3）开采技术与设备

二十英里煤矿为平硐开拓，从地面广场用连续采煤机沿煤层开拓 5 条平硐，除一条安装带式输送机运煤外，其余 4 条，2 条进风，2 条回风。井上下都采用柴油机驱动的无轨车运输人员和材料设备。现有两条采区巷道掘进头。每条巷道掘进配备的设备有 1 台 Joy12CM12 型连续采煤机、2 台 Fletcher 顶板锚杆安装机、Joy 梭车和 1 台 Stamler 履带式给料破碎机。巷道宽 6 m，高 2.9 m，顶板采用 1.8 m 长的树脂锚杆锚固。

二十英里煤矿采用单一长壁工作面作为主要生产单位。1989—2001 年，二十英里煤矿已完成 9 个采区的煤炭开采。现有的煤炭储量可供布置 15 个采区。工作面长度由最初的 195 m 增加到 1999 年的 305 m，采区最长曾达到 5.5 km。综采工作面采用的设备包括 1 台 Long - Airdox Electra3000 型双滚筒采煤机、174 台液压支架、1 台 DBT 公司生产的可弯曲刮板输送机和 1 台转载机。煤炭运输系统采用 Continental 公司生产的带式输送机，带宽 1.8 m，小时输送能力为 5000 t。2006 年，二十英里煤矿新购了一套长壁综采设备，并提升了煤炭运输系统的输送能力。

滚筒采煤机按 40 m/min 速度沿工作面截煤，一次截深 900 mm。每班完成 20 ~ 22 个生产循环，年小时产煤 2700 t。最高日产煤 46340 t。为防止运输系统过载，采用计算机监控系统控制滚筒采煤机的运行。

1.5 煤炭市场

1.5.1 煤炭出口

1. 出口总量

美国是煤炭净出口国，煤炭出口量远大于进口量。受国际市场和本国煤炭相关政策影响，美国煤炭出口量波动较大。1984 年以前，美国煤炭出口量居世界首位；1984 年以后，由于澳大利亚向日本等国出口的煤炭大增，挤掉了美国部分市场，因而退居第 2 位。在小布什执政期间“一切服从美国利益”政策影响下，美国为了保护本国资源，尽可能少开采本国煤炭资源，多利用国外资源，致使美国煤炭出口量持续下降，美国煤炭出口量由 1990 年的 96.16 Mt 快速下降到 2002 年的 35.44 Mt，下降了 63.14%，平均每年下降 4.86%，为 1990 年来出口量最低值。受页岩气及奥巴马执政期间清洁能源政策影响，本国煤炭需求大幅下降，煤炭价格下跌，因此必须加大煤炭出口，美国煤炭出口量由2002年迅速增长到2012年的113.29 Mt，增长了219.67%，平均每年增长19.97%。之后，煤炭出口量小幅波动，2019年，美国煤炭出口84.23 Mt，较2018年下降19.7%。

美国出口的煤炭主要为冶金煤和动力煤两类，其中，冶金煤用于钢铁生产，动力煤用于发电，冶金煤炭是美国煤炭出口的主要种类。动力煤主要来自怀俄明州和蒙大拿州的粉河盆地，冶金煤主要来自阿巴拉契亚地区。动力煤和冶金煤出口量在2012年达到峰值，分别为49.9 Mt和63.39 Mt。2018年，动力煤出口49.1 Mt，仅次于2012年，位居历史第二位。2019年动力煤和冶金煤出口量大幅下降，其中动力煤出口34.24 Mt，同比下降29.6%；冶金煤出口50 Mt，同比下降10%（图4-1-31）。

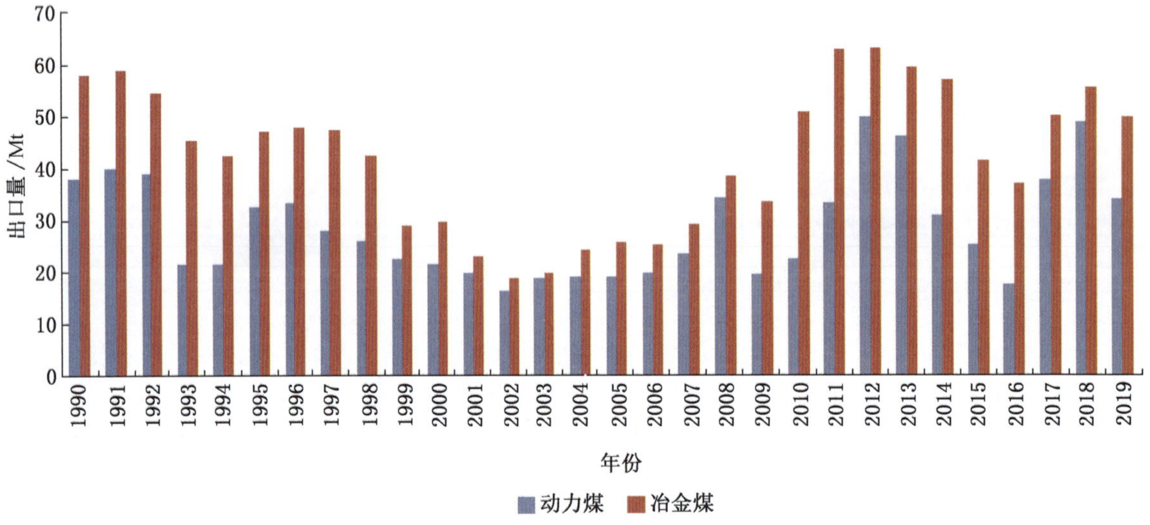

图4-1-31 1990—2019年美国煤炭出口量变化趋势

2. 出口目的地

2019年，印度、日本、荷兰、巴西和韩国是美国煤炭主要的出口目的地，出口量占出口总量的53%。其中，向印度出口煤炭11.64 Mt，动力煤为7.38 Mt，连续第三年成为美国煤炭主要出口目的地。出口日本的煤炭量与2018年出口量持平。荷兰是美国煤炭出口的第三大目的地，出口量为9.07 Mt，荷兰是欧盟其他地区的主要转运中心，因此从美国进口的煤炭有部分转运到其他欧盟国家。2019年，出口荷兰的煤炭有30%供本国消费，其余大部分都运往了德国。巴西是2019年美国最大的冶金煤出口目的地，出口量为5.99 Mt。韩国是2019年美国动力煤出口的第三大目的地，出口量为4.26 Mt，较2018年下降了26.6%（图4-1-32）。

1.5.2 煤炭进口

美国煤炭产量巨大，能够充分满足国内煤炭消费，煤炭主要以出口为主。但墨西哥湾和大西洋沿岸的一些燃煤电厂发现，从其他国家进口煤炭比从美国产煤地区购买煤炭更便宜，因此美国煤炭也从其他国家进口，但进口量远小于出口量。

1990年以来，美国煤炭进口量相对比较稳定。2007年达到峰值32.97 Mt，之后逐年下降。2019年，美国煤炭进口量6.08 Mt，其中动力煤占88%，冶金煤占12%。美国主要从哥伦比亚、印尼、加拿大、俄罗斯、南非进口煤炭。2019年，美国从哥伦比亚进口煤炭4.56 Mt，约占煤炭进口总量的75.1%；从印尼进口煤炭0.59 Mt，约占9.9%；从加拿大进口煤炭0.74 Mt，约占12.2%（图4-1-33）。

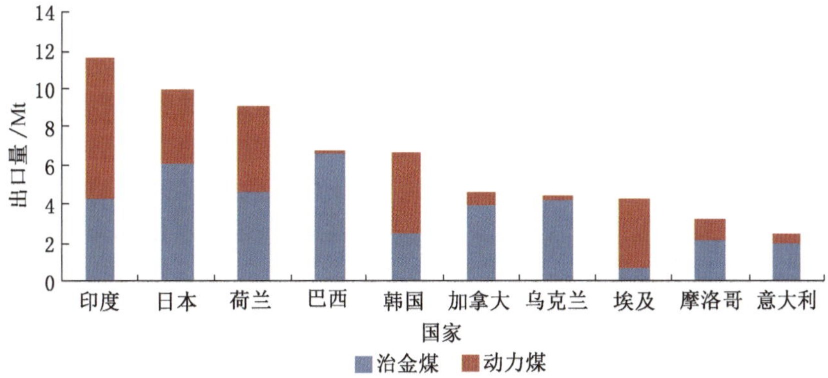

图 4-1-32 2019 年美国主要煤炭出口目的地

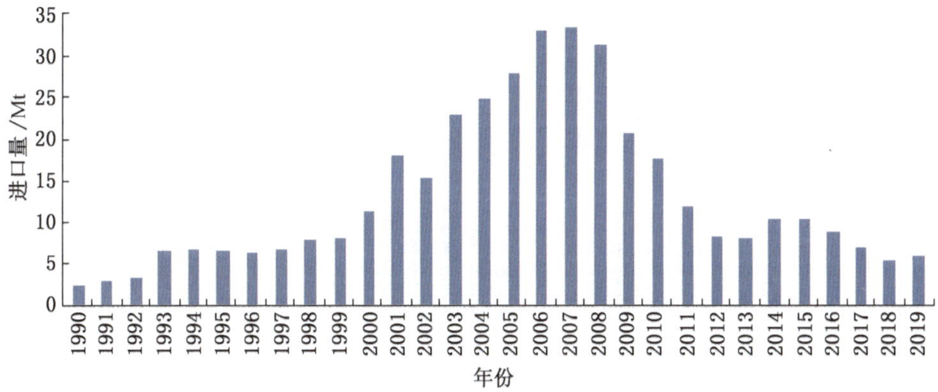

图 4-1-33 1990—2019 年美国煤炭进口变化趋势

1.5.3 煤炭价格

1. 国内市场

由于天然气、核能、太阳能等新能源产业的竞争，在美国各行业的能源消费中，煤炭所占的比例急速下降，导致煤炭价格有所下降。2019 年美国发电用煤平均价格为 35.45 美元/t，比 2011 年最高值 41.99 美元/t 降低了 22.08%。炼焦用煤平均价格在 2012 年达到最高值 172.86 美元/t，随后价格有所下降，2019 年炼焦煤平均价格为 132.31 美元/t，比 2012 年下降了 23.46%。其他工业用煤平均价格整体处于上升趋势，2011 年其他工业用煤平均价格最高 64.1 美元/t，2019 年其他工业用煤平均价格为 55.67 美元/t，比 2011 年下降了 13.15%（图 4-1-34）。

2. 国际市场

美国煤炭进出口价格受国际市场煤炭需求影响较大，2011 年煤炭进口价格达到 93.73 美元/t，出口价格达到 135.04 美元/t，其中冶金煤出口达到 168.273 美元/t，动力煤出口达到 72.96 美元/t，均达历史最高水平。2019 年，煤炭进口价格为 72.61 美元/t，出口价格为 96.03 美元/t，其中冶金煤出口价格 121.64 美元/t，动力煤出口价格 58.97 美元/t，与 2011 年峰值相比，进出口价格分别下降 22.53% 和 28.89%，冶金煤和动力煤出口价格分别下降 27.9% 和 19.65%（图 4-1-35）。

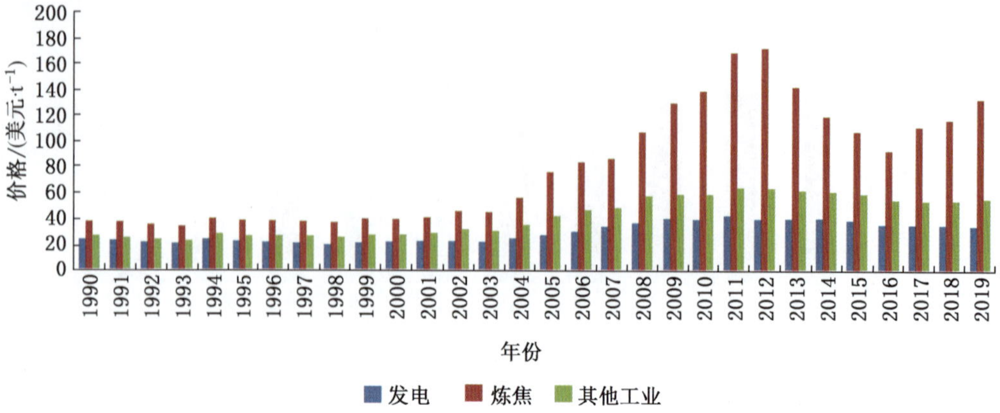

图 4-1-34　1990—2019 年美国煤炭国内价格趋势

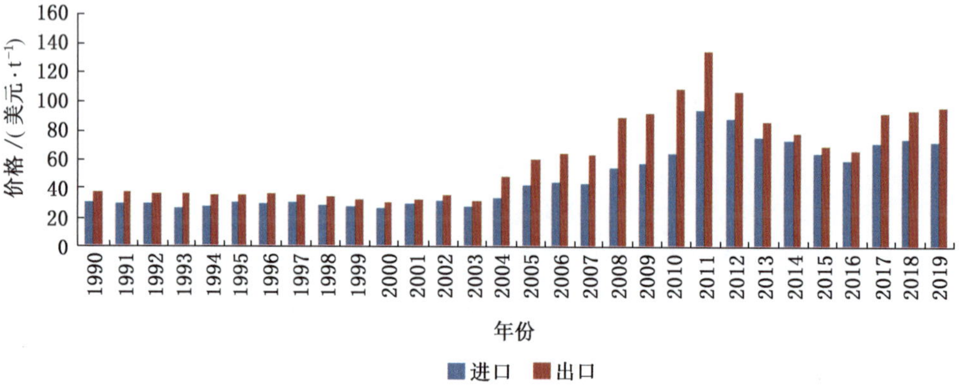

图 4-1-35　1990—2019 年美国煤炭进出口价格变化趋势

1.5.4　煤炭运输

美国煤炭资源 80% 左右的产量集中在怀俄明、肯塔基、西弗吉尼亚、宾夕法尼亚、伊利诺伊、德克萨斯等 10 个州，而煤炭用户遍布全国，绝大部分煤炭需要远距离运输，经各种运输方式抵达用户所在地。美国煤炭运输方式主要有铁路、公路、水运、架空索道及带式输送机等，其中，铁路是美国煤炭运输最主要的方式（图 4-1-36）。1990 年以来，各运输方式的运量所占比重变化不大，铁路运输量占煤炭总产量的比例一直在 60% 左右，水路运输量在 12% 左右，公路运输量 10% 左右，架空索道及带式输送机运输量在 8% 左右。

1. 铁路运输

铁路运输是美国最主要的煤炭运输方式。1990 年以来，铁路煤炭运输量占煤炭总产量的比例一直稳定在 60% 左右。随着煤炭产量的下降，美国铁路煤炭运输量整体上处于下降趋势，2006 年美国铁路煤炭运输量达到峰值 725.26 Mt，随后逐年下降，2018 年运输量达到最低，为 392.35 Mt，约占煤炭总产量的 57.20%，较 2006 年下降了 45.9%。煤炭主要生产区肯塔基州、怀俄明州和西弗吉尼亚州通过铁路运输的煤炭占煤炭总量的比例都超过了 80%，而煤炭主要消费区北卡罗来纳州、威斯康星州和佐治亚州的运输量分别达到了 40% 以上。2000 年以来，美国东部含硫量低的高热值煤炭受到

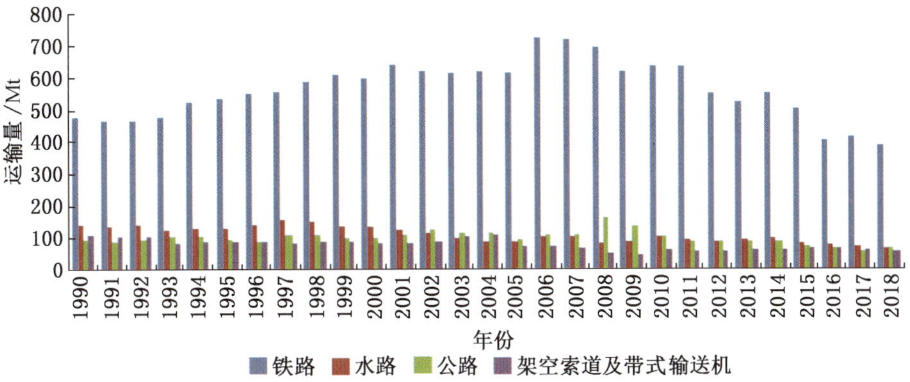

图 4-1-36 1990—2018 年美国各运输方式运输量趋势图

了其他州的青睐，铁路煤炭运输的运输距离因此大幅延长，2011 年平均运输距离达到了 1365 km，部分煤运货车的运输距离超过了 2415 km。

2. 水路运输

水路用于靠近河岸边的煤矿的煤炭运输，运输速度较慢，与火车以及卡车相比，运输成本较低，燃料效率较高，故水运在国内煤炭运输中占有重要地位。内河煤炭水运集中在俄亥俄河、密西西比河和田纳西河，广泛采用由 15～40 只载重 1360 T 的驳船组成的顶推船队。水运煤炭运输量在 1990 年达到 141.49 Mt，为 1990 年以来最高值，2018 年运输量最低，为 68.32 Mt，约占煤炭产量的 9.96%，较 1990 年下降了 51.71%。

3. 公路运输

卡车是美国煤炭公路运输的重要工具，是煤炭运输最快和最便捷的工具，比较容易装卸，通常用于短途运输，但运输数量有限。2008 年卡车煤炭运量 162.7 Mt，为到 1990 年以来最高值，随后运量逐年下降，2018 年卡车煤炭运量为 68.23 Mt，约占煤炭总产量的 9.95%，较 2008 年下降 50.11%。

4. 其他运输方式

对于短途用户特别是坑口电站和转载点的运输采用架空索道及带式输送机等运输方式。2004 年架空索道及带式运输机煤炭运输量为 113.42 Mt，随后大幅下降，2018 年煤炭运输量为 53.62 Mt，约占全年煤炭产量的 7.82%，较 2004 年下降了 52.72%（图 4-1-37）。

1.6 煤矿安全生产与职业健康

1.6.1 煤矿安全生产现状

1. 煤矿安全总体形势

美国煤矿安全生产状况一直保持世界领先水平，尽管美国煤矿开采条件优越，经营管理和工人素质较高，但在美国煤炭工业发展史上也经历过安全事故严重的年代。20 世纪前 30 年，美国煤矿每年平均事故死亡 2000 多人，在煤矿安全形势严峻的情况下，为加强煤矿安全管理，自 1891 年开始，美国联邦政府及各州政府颁布多部法律法规，成立煤矿相关管理机构，加强立法和管理，有力促进了煤矿安全的好转，最终进入目前安全稳定的时期。

随着煤矿现代化程度的快速提升，煤矿安全相关法律的不断完善，煤矿综合机械化和自动化在煤矿开采过程中的应用，煤矿用工人数不断下降，煤矿作业环境持续改善。2019 年煤矿用工人数为

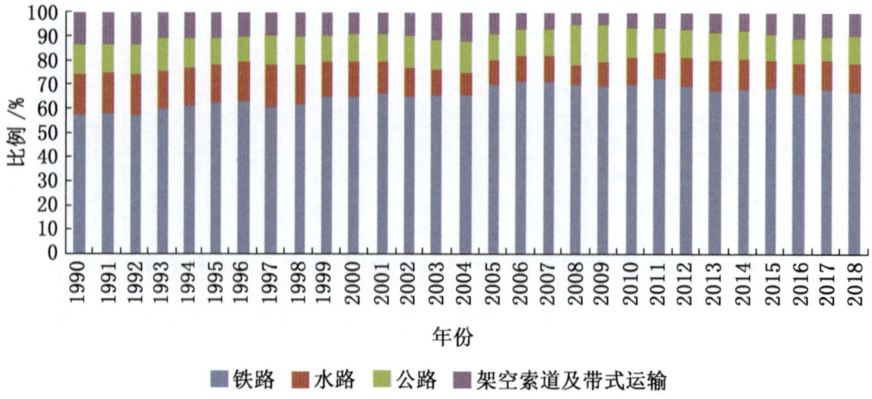

图 4-1-37　1990—2018 年美国煤炭运输量比例变化

81361 人，比 1990 年减少了 87264 人，降幅达 51.8%，煤矿工人数量自 2016 年起降至 10 万人以下。2019 年煤矿事故死亡仅 11 人，百万吨死亡率为 0.017。

2. 事故统计分析

1）事故总量

1990 年以来，美国煤矿安全生产形势有三个阶段性明显特征：

（1）1990—1998 年，煤矿事故快速下降期，煤矿事故死亡人数由 1990 年的 66 人下降到 1998 年的 29 人，降幅达 56%，20 万工时死亡率下降至 0.03，百万吨死亡率下降到 0.026（表 4-1-4）。

表 4-1-4　1990—2019 年美国煤矿安全生产基本情况表

年　份	矿工数量/人	死亡人数/人	20 万工时死亡率	百万吨死亡率
1990	168625	66	0.04	0.064
1991	158677	61	0.04	0.061
1992	153128	55	0.04	0.055
1993	141183	47	0.04	0.050
1994	143645	45	0.04	0.044
1995	132111	47	0.04	0.045
1996	126451	39	0.04	0.037
1997	126429	30	0.03	0.028
1998	122083	29	0.03	0.026
1999	114489	35	0.03	0.032
2000	108098	38	0.04	0.035
2001	114458	42	0.05	0.037
2002	110966	28	0.028	0.026
2003	104824	30	0.031	0.028
2004	108734	28	0.027	0.025
2005	116436	23	0.021	0.020
2006	122975	47	0.04	0.040

表4-1-4（续）

年 份	矿工数量/人	死亡人数/人	20万工时死亡率	百万吨死亡率
2007	122936	34	0.029	0.030
2008	133828	30	0.024	0.026
2009	134089	18	0.015	0.017
2010	135500	48	0.04	0.044
2011	143437	20	0.01	0.019
2012	137650	20	0.02	0.020
2013	123259	20	0.02	0.020
2014	116010	16	0.015	0.016
2015	102804	12	0.012	0.013
2016	81485	8	0.014	0.011
2017	82843	15	0.023	0.019
2018	82699	12	0.018	0.016
2019	81361	10	0.015	0.017

（2）1999—2010年，煤矿事故波动期，发生多起10人以上死亡事故。2006年1月，西弗吉尼亚州查尔斯顿萨戈煤矿发生瓦斯爆炸，造成12人死亡；同年5月肯塔基州达比1号煤矿也因同样事故造成5人死亡。为避免煤矿事故的发生，美国出台了《煤矿改进与新应急响应法》，要求全国井工煤矿增加氧气呼吸器设备和人员双向通信与跟踪定位装置，从而使煤矿安全状况的不断好转。2010年4月5日，美国西弗吉尼亚州罗利县的上科大煤矿发生煤矿瓦斯粉尘爆炸事故，造成29人死亡，是美国1980年以来发生的最严重的矿山安全生产事故。

（3）2011年之后，煤矿安全稳定期，死亡人数下降到20人以下，2019年美国煤矿事故死亡11人，20万工时死亡率降至0.015，百万吨死亡率下降到0.017（图4-1-38）。

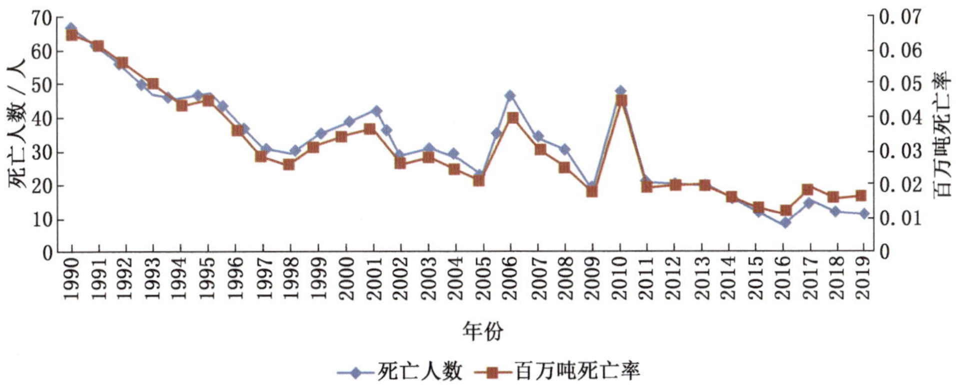

图4-1-38 1990—2019年美国煤矿事故死亡人数和百万吨死亡率情况

2）煤矿伤亡事故分析

（1）煤炭行业伤亡事故分布。从美国煤炭行业伤亡事故分布看，井工矿的伤亡事故明显高于露天矿、选煤厂和机修厂。2006—2019年，美国煤炭行业伤亡总人数为50479人，其中井工矿36994

人，占伤亡总人数的73.29%；露天矿9193人，占伤亡总人数的18.21%；选煤厂和机修厂4292人，占伤亡总人数的8.50%。

井工矿死亡人数也明显高于露天矿、选煤厂和机修厂。2006—2019年，美国煤炭行业死亡总人数为310人，其中井工矿219人，占死亡总人数的70.65%；露天矿69人，占死亡总人数的22.26%；选煤厂和机修厂22人，占死亡总人数的7.10%。

（2）伤情严重性。美国煤炭行业受伤事故中的重伤人数较多，2006—2019年，美国煤炭行业共有50159人受伤，其中，重伤人数34524人，轻伤人数15635人，分别占受伤总人数的68.83%和31.17%。由于美国事故等级制度的关系，对于那些不造成停工的轻伤事故，因工人坚持工作，可能有漏报现象。

井工矿重伤人数远高于露天矿、选煤厂和机修厂重伤人数。2006—2019年，井工矿重伤人数为25553人，占受伤总人数的50.94%；露天矿重伤人数为6262人，占受伤总人数的12.48%；选煤厂和机修厂重伤人数为2709人，占受伤总人数的5.4%。

同样，井工矿轻伤人数也远高于露天矿、选煤厂和机修厂。2006—2019年，井工矿轻伤人数为11209人，占受伤总人数的22.35%；露天矿轻伤人数为2989人，占受伤总人数的5.96%；选煤厂和机修厂轻伤人数为1437人，占受伤总人数的2.86%。

（3）工人性质。美国煤炭行业正式工死亡人数明显高于承包工人数。2006—2019年，正式工死亡人数256人，占死亡总人数的82.58%（表4-1-5）；承包工死亡人数54人，占死亡总人数的17.42%（表4-1-6）。

表4-1-5　2006—2019年美国煤炭行业正式工伤亡事故统计　人

年份	井工矿				露天矿				选煤厂/机修厂			
	伤亡数	死亡数	重伤数	轻伤数	伤亡数	死亡数	重伤数	轻伤数	伤亡数	死亡数	重伤数	轻伤数
2006	3351	36	2318	997	784	6	510	287	316	0	193	104
2007	3203	20	2261	922	733	7	508	236	284	1	173	92
2008	3240	12	2204	1024	721	4	508	224	285	2	159	109
2009	2907	6	2042	859	698	4	486	222	280	0	172	94
2010	2905	41	1908	956	608	3	429	187	253	0	151	91
2011	3023	10	1984	1029	641	4	443	210	259	0	160	83
2012	2723	13	1810	900	510	3	372	147	226	2	131	81
2013	2446	14	1668	764	457	3	319	135	216	1	142	73
2014	2284	10	1610	664	414	3	300	111	226	0	150	76
2015	1818	8	1276	534	361	1	244	116	187	0	124	63
2016	1443	8	1050	384	243	0	165	78	131	0	86	45
2017	1693	8	1218	467	284	4	184	96	140	2	96	42
2018	1518	6	1074	438	258	4	176	78	137	1	86	50
2019	1492	6	1017	469	238	1	168	69	134	2	88	44

正式工伤亡人数同样高于承包工人数。2006—2019年，正式工伤亡人数为44070人，占伤亡总人数的87.3%（表4-1-5）；承包工伤亡人数6409人，占伤亡总人数的12.7%（表4-1-6）。

表4-1-6 2006—2019年美国煤炭行业承包工伤亡事故统计 人

年份	井工矿				露天矿				选煤厂/机修厂			
	伤亡数	死亡数	重伤数	轻伤数	伤亡数	死亡数	重伤数	轻伤数	伤亡数	死亡数	重伤数	轻伤数
2006	342	3	271	68	292	0	192	104	153	2	94	53
2007	294	4	225	65	241	0	158	83	118	2	77	39
2008	273	3	218	52	268	6	178	86	122	3	85	32
2009	243	3	176	64	225	4	156	75	127	1	78	38
2010	202	3	155	44	180	1	122	60	129	0	84	42
2011	319	1	215	103	197	5	120	72	105	1	68	36
2012	271	2	200	69	163	0	92	71	79	0	53	26
2013	202	0	146	63	124	1	76	50	77	1	58	18
2014	181	0	111	70	133	2	79	52	76	0	46	30
2015	124	0	83	41	87	2	56	29	48	0	34	14
2016	78	0	49	29	78	0	51	27	36	0	23	13
2017	125	0	91	34	85	0	60	25	55	1	38	16
2018	154	0	96	58	84	1	54	29	49	0	29	20
2019	140	2	96	42	86	0	56	30	44	0	31	13

2006—2019年美国全煤炭行业伤亡事故统计见表4-1-7。

表4-1-7 2006—2019年美国全煤炭行业伤亡事故统计 人

年份	井工矿				露天矿				选煤厂/机修厂			
	伤亡数	死亡数	重伤数	轻伤数	伤亡数	死亡数	重伤数	轻伤数	伤亡数	死亡数	重伤数	轻伤数
2006	3693	39	2589	1065	1076	6	702	391	469	2	287	157
2007	3497	24	2486	987	974	7	666	319	402	3	250	131
2008	3513	15	2422	1076	989	10	686	310	407	5	244	141
2009	3150	9	2218	923	923	8	642	297	407	1	250	132
2010	3107	44	2063	1000	788	4	551	247	382	0	235	133
2011	3342	11	2199	1132	838	9	563	282	364	1	228	119
2012	2994	15	2010	969	673	3	464	218	305	2	184	107
2013	2648	14	1814	827	581	4	395	185	293	2	200	91
2014	2465	10	1721	734	547	5	379	163	302	0	196	106
2015	1942	8	1339	575	448	3	300	145	235	0	158	77
2016	1521	8	1100	413	321	0	216	105	167	0	109	58
2017	1818	8	1309	501	369	4	244	121	195	3	134	58
2018	1672	6	1170	496	342	5	230	107	186	1	115	70
2019	1632	8	1113	511	324	1	224	99	178	2	119	57

（4）死亡事故的原因分析：

① 井工矿。从煤矿死亡事故的发生地点和原因分析，2006—2019 年美国煤矿事故死亡 310 人，其中井工矿事故死亡 218 人，占事故死亡总数的 70.32%（表 4－1－8）。

表 4－1－8 2006—2019 年美国井工矿死亡事故分类统计

人

	年份	2006	2007	2008	2009	2010	2011	2012	2013	2014	2015	2016	2017	2018	2019	合计
事故分类	电气	1		1				1		1					1	5
	炸药爆破															
	物料滑落		1				1	1			1					4
	工作面片帮垮落	3	9		1	3	2	2	2	2	2	2	1	1	2	32
	顶板冒落	7	3	4	2	3	1	2	2	1	1		1			27
	火灾	2														2
	物料装卸		1		1			1								3
	运输	7	1	7	2	6	3	3	7	3	2	2	5	5	2	55
	提升				1				1							2
	瓦斯煤尘爆炸	18				29						1				48
	水灾															
	机械	1	2	3		3	3	2	2	3	2	3	1		2	27
	人员坠落		6		1		1	2								10
	其他		1		1			1								3
总计		39	24	15	9	44	11	15	14	10	8	8	8	6	7	218

在井工矿死亡事故中，运输造成事故死亡人数最多，为 55 人，占井工矿死亡事故的 25.23%。瓦斯煤尘爆炸居第二位，为 48 人，占井工矿死亡事故的 22.02%（图 4－1－39）。2010 年 4 月 5 日，美国西弗吉尼亚州罗利县的上科大煤矿发生煤矿瓦斯粉尘爆炸事故，造成 29 人死亡，是美国自 1980 年以来发生的最严重的矿山安全生产事故。随着技术及装备的提高和完善，井工矿的炸药爆破、水灾死亡事故已杜绝。

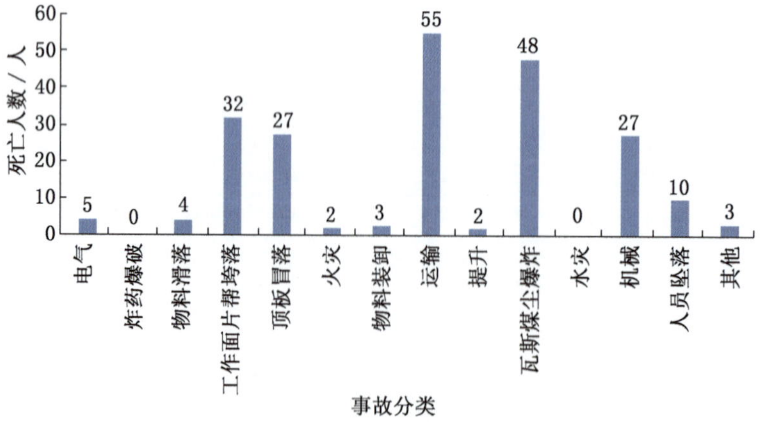

图 4－1－39 2006—2019 年井工矿事故分类统计

② 露天矿。露天矿事故死亡人数明显低于井工矿。2006—2019 年美国露天煤矿死亡人数 71 人，约占事故死亡总数的 22.9%（表 4-1-9）。

表 4-1-9 2006—2019 年美国露天矿死亡事故分类统计 人

	年份	2006	2007	2008	2009	2010	2011	2012	2013	2014	2015	2016	2017	2018	2019	合计
事故分类	电气	1												1		2
	炸药爆破		1													1
	物料滑落															
	工作面片帮垮落	1	2	1			3			1			1	1		10
	顶板冒落															
	火灾													1		1
	物料装卸															
	运输	2	2	3	6	3	2	1		2	1		1			23
	提升															
	瓦斯煤尘爆炸	1			1	1										3
	水灾															
	机械	1	2	5	1		4	1	4	2	1		2	2	1	26
	人员坠落							1			1					2
	其他			2				1								3
总计		6	7	11	8	4	9	4	4	5	3	0	4	5	1	71

机械事故造成露天矿死亡人数最多，死亡 26 人，占露天矿死亡总人数的 36.62%；其次是运输事故，死亡 23 人，占露天矿死亡总人数的 32.39%；居第三位的是工作面片帮垮落，造成 10 人死亡，占露天矿死亡总人数的 14.08%。物料滑落、顶板冒落、物料装卸、提升、水灾未发生死亡事故（图 4-1-40）。

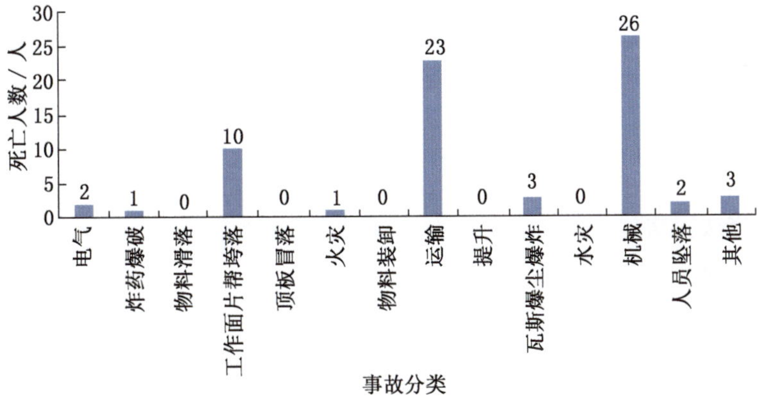

图 4-1-40 2006—2019 年露天矿事故分类统计

③ 选煤厂/机修厂。选煤厂/机修厂死亡事故较少，2006—2019 年共造成 20 人死亡，占煤矿死亡总人数的 6.45%（表 4-1-10）。

表 4-1-10　2006—2019 年美国选煤厂/机修厂死亡事故分类统计　　人

年份		2006	2007	2008	2009	2010	2011	2012	2013	2014	2015	2016	2017	2018	2019	合计
事故分类	电气			1			1								1	3
	炸药爆破	1							1							2
	物料滑落												1			1
	物料装卸															
	运输		1										1			2
	机械	1		2					1					1		5
	人员坠落		2	1	1			1					1		1	7
	其他															
总计		2	3	4	1		1	1	2				3	1	2	20

人员坠落造成死亡人数最多，共 7 人，占选煤厂/机修厂事故死亡人数的 35%；其次是机械事故，死亡 5 人，占 25%。选煤厂/机修厂事故分类统计如图 4-1-41 所示。

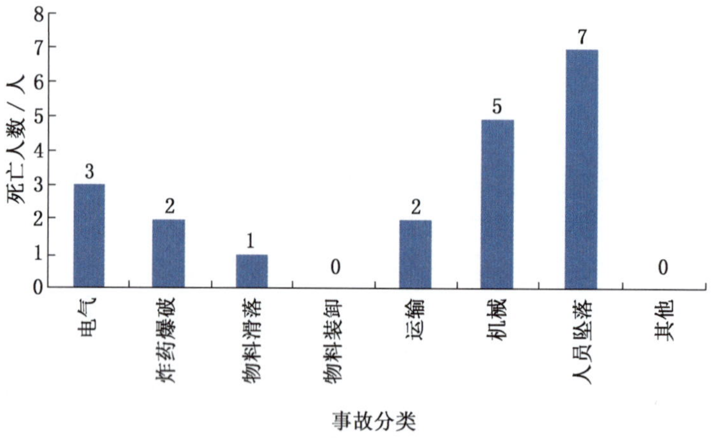

图 4-1-41　2006—2019 年选煤厂/机修厂事故分类统计

1.6.2　煤矿安全生产法律法规

1.《矿山安全管理条例》

1891 年美国国会通过了《矿山安全管理条例》，是美国历史上第一部专门针对矿山安全的联邦法令，标志着联邦立法全面规范矿山活动的开端。该法令是相对温和的立法，仅适用于美国国内的煤矿并不包括非煤矿山，对地下煤矿建立了最小通风需求并禁止运营商雇用 12 岁以下的儿童；在此后的十年里煤矿事故年死亡人数超过了 2000 人。

2.《煤矿安全法》

1941年《煤矿安全法》出台，1946年、1952年、1966年进行了多次修订，规定对地下煤矿进行年度检查，并给予矿业局有限执法权，主要是发布违规通知和紧急危险撤出命令的权力，该法虽然没有对不遵守安全条款的行为做出规定，但授予矿业局对矿山运营商不遵守撤出命令和拒绝监察员进入矿山的行为进行民事处罚的权力。

3.《煤矿健康与安全法》

1969年通过了《煤矿健康与安全法》，该法比监管采矿行业的任何联邦立法更加全面、严格，其覆盖范围包括露天煤矿以及地下煤矿，并要求对每个露天煤矿每年检查2次，地下煤矿每年检查4次，大幅增加了对煤矿行业的联邦执法权；要求对所有违规行为进行民事处罚，对明知和故意违规行为规定了刑事处罚责任，提高了煤炭行业的安全标准，并采用健康标准；规定了改善强制性健康和安全标准的具体程序，并向由吸入细煤粉尘肺病或“黑肺病”导致的呼吸道疾病所引起的完全和永久性残疾的矿工提供赔偿。

4.《职业安全与健康法》

1970年《职业安全与健康法》出台，对危险行业实行强制工伤保险，鼓励和规范公司开展相关工伤保险业务，并将业务拓展至矿山企业。1973年美国内政部成立了矿业执法和安全管理局（Mining Enforcement and Safety Administration，简称MESA）作为独立于矿业局的新部门机构，矿业执法和安全管理局承担之前由矿业局负责的安全与健康执法功能，以避免在执行矿山安全与健康标准时和矿业局在矿产资源开发职责之间产生任何利益冲突。

5.《联邦矿山安全与健康法》

1977年《联邦矿山安全与健康法》是美国联邦政府对全国矿山安全与健康实行监督管理的最高法律，是美国矿山安全生产的法律基础。本法确立了四大基本制度：第一是要经常进行安全监察，露天矿井每年必须接受2次监察，而地下煤矿则必须接受4次监察；第二是要贯彻实行事故责任追究制，尤其是出现矿工伤亡事故时，故意违法的相关责任人都要被处以罚款和监禁；第三是实行煤矿安全监察“突袭制”，任何人提前泄露了关于安全监察相关信息的，都有可能被判处以罚款甚至监禁；第四是确定监察员与煤矿企业设备提供商负连带责任原则，监察人员做出的报告结果若出现错误或煤矿企业设备提供商提供的设备不合格，都有可能被处以罚款和监禁。

1977年《联邦矿山安全与健康法》分为五部分。第一部分主要内容包括法定安全与健康标准；检查、调查和记录的保存；通知书和命令、执行程序、司法复议、指令、命令和决定的公布、惩罚、矿工权利、管理规定、联邦矿山安全与健康复审委员会、拨款核准、法定健康和安全培训、应急救援责任限制。第二部主要内容包括粉尘防治标准和呼吸系统保护装备、体检、凿岩粉尘、石英粉尘防治标准和噪音防治标准。第三部分主要内容包括顶板支护、通风、可燃物质与撒布岩粉、电气设备总则、拖曳电缆、接地、井下高压电分配、井下低压、中压交流电线路、防火、放炮和炸药、提升和运人、紧急避难所、通信和其他。第四部分主要内容包括必须向因尘肺病完全致残的矿工、因尘肺病死亡的家属提供抚恤金，抚恤金的计算方法等。第五部分主要内容包括培训和教育、对各州支援、对州法律的影响和司法限制。最后部分为补遗，主要为过渡事项。

《1977年联邦矿山安全与健康法》实施后，煤矿死亡率从1977年的272人急剧下降到2000年的86人，把实施矿山监察的职责从内政部转移到劳工部，并成立了新机构矿山安全与健康监察局（Mine Safety and Health Administration，简称MSHA），由总统任命一名劳工部副部长兼任局长。同时，设立联邦矿山安全与健康复审委员会（Federal Mine Safety and Health Review Commission，简称FMSHRC），其主席由总统任命，受理对矿山监察局执法处罚决定有异议时提出的法律诉讼。此外，成立矿山安全研究会和矿山健康研究会，其理事长分别由内政部部长及卫生、教育、福利部部长任命，主要职责是提出矿山安全与健康研究方面的建议，并向矿山安全与健康局局长提出修改矿山安全与健康标准的建议。

6.《煤矿安全监察程序》

1995年，矿山安全与健康监察局制定了《煤矿安全监察程序》，该程序是进行煤矿安全与健康监察时必须遵循的工作指南。内容包括矿山安全监察程序、矿山事故调查程序、特别调查程序、自救器监察程序、矿井通风计划批准程序、一氧化碳监察程序、教育培训程序、煤矿积水区（含水层）探测监察程序、防止歧视矿工的监察程序等内容。

7.《煤矿改进与新应急响应法》

2006年1月，西弗吉尼亚州查尔斯顿萨戈煤矿发生瓦斯爆炸，造成12人死亡；同年5月肯塔基州达比1号煤矿也因同样事故造成5人死亡。同年6月美国制定颁布了《煤矿改进与新应急响应法》，对建立井下避险系统、完善矿山应急响应体系提出了要求。该法要求井工煤矿企业改进应对事故的准备工作，制定针对本矿实际的应急响应预案，并要求每座煤矿至少有两支矿山救护队，其驻地应在距该矿1小时的车程之内；减少矿山救护队员及其所属煤矿企业的法律责任，同时对违反联邦采矿安全标准的行为加大民事和刑事处罚力度；授予矿山安全健康监察局权利，对未缴纳罚款的矿井进行暂时关闭。此外，新法规还要求进行一系列加强煤矿安全的科研项目，在国家职业安全健康研究院内设立专门的矿山安全研究部门，并新设立专项奖学金和拨款用于培训矿山安全人才。

8. 2013年《煤矿安全保护法案》

2013年《煤矿安全保护法案》出台，要求煤矿经营者保留采购岩粉的相关资料，允许矿难受害者直系亲属参与矿难的调查工作，进一步保障了受害者的权利。

9.《联邦法典》第30卷《矿产资源与开采》

美国《联邦法典》在1998年增加了《矿产资源与开采》，它是对《联邦矿山安全与健康法》的解释和说明，由美国矿山安全与健康监察局负责制定和修改的矿山安全与健康强制性标准。《联邦法典》第30卷《矿产资源与开采》是十分严格、详尽、可操作性强的煤矿和非煤矿安全技术标准，其中有关煤矿安全的部分共分9章38节1500多条，多达700余页，50多万字。该标准每年由矿山安全与健康管理局修订出版一次，其内容详细具体：从设计到施工、从开工到报废、从地面到地下、地质测量、采煤、掘进、通风、瓦斯、煤尘、防火、治水、环保、复田、提升、运输、机电设备、仪表器具、检验程序、取样方法、授权单位、收费标准、人员资格、培训考试、事故登记、调查处理、起诉、奖惩赔偿等无所不包，规定翔实具体。此外，各州政府还有自己的法规，作为增补要求在州内执行。由于有了全面严格的法规，煤矿安全工作走上了正规化、法制化的轨道，煤矿安全状况明显改善。20世纪90年代后，美国煤矿杜绝了重大事故的发生，百万吨死亡率降到2019年的0.017以下，是世界上煤矿事故最低的国家之一。

美国煤矿安全立法情况见表4-1-11。

表4-1-11　美国煤矿安全立法情况

时间	法律名称	相关内容
1891	《矿山安全管理条例》	是美国历史上第一部专门针对矿山安全的法规，规定了矿井最低通风标准，并禁止雇佣12周岁以下的童工
1941	《煤矿安全法》	规定对某些矿井实施年度检查，授予矿业局独立检察权；对煤矿死亡事故和严重非死亡事故进行调查，并对井工煤矿执行强制性安全标准
1966	《金属与非金属矿山安全法》	将煤矿安全法的实施范围扩展至全国所有矿井，矿业局有强制性标准发布权、检查和调查权、通知命令权；尾矿库建设的勘察和安全评价须由资质单位承担

表 4－1－11（续）

时间	法律名称	相关内容
1969	《煤矿健康与安全法》	大幅增加联邦执法人员在煤矿的监察执法权，规定每年须对露天矿进行 2 次安全健康监察，对每座矿井进行 4 次监察；规定矿主有义务保证矿工安全与健康，并赋予矿工劳动作业场所安全权
1970	《职业安全与健康法》	对危险行业实行强制工伤保险，鼓励和规范公司开展相关工伤保险业务，并将业务拓展至矿山企业
1977	《联邦矿山安全与健康法》	扩充并强化了矿工的权利，规定采矿企业必须实行全员培训，所有地下煤矿设立矿山救护队；矿山安全监察员必须有 5 年以上的相关工作经历
1995	《煤矿安全监察程序》	详细规定了煤矿安全监察人员在履行职务时必须遵循的程序
1998	《联邦法典》中《矿山资源卷》	规定了监察人员在履行职务时须遵守的程序，包括不同作业类型的监察与调查、监察传票和救灾程序等
2006	《煤矿改进与新应急响应法》	要求煤矿主加强对矿工的避难培训，要求应急反应预案必须就事故后的无线通信系统、井下人员跟踪定位系统以及为被困矿工增加供氧做出安排
2013	《2013 年煤矿安全保护法案》	要求煤矿经营者保留采购岩粉的相关资料，允许矿难受害者直系亲属参与矿难的调查工作

1.6.3 煤矿安全管理体制

联邦矿山安全与健康监察局是美国煤矿安全监管专门机构，完全独立于煤炭其他管理部门和地方政府，负责对全国煤矿进行检查以及对煤矿事故及违法行为的调查处理、管理煤矿安全与健康科研计划、培训安全教员和颁发合格证。美国各州根据管辖区域矿山情况制定相应的矿山安全与健康法规，州政府设有矿山安全与健康监察机构，并配备一定数量的矿山安全监察员，执行本州矿山安全与健康法规。

1. 煤矿安全监管体系

美国矿山安全监察工作分为联邦、州两个层面。在联邦层面，美国劳工部负责职业安全与健康总体工作，具体负责该项工作的是劳工部下设的职业安全与健康监察局（Occupational Safety and Health Administration，OSHA）和矿山安全与健康监察局（MSHA），后者主要负责矿山职业安全健康监察，其局长由劳工部副部长兼任（图 4－1－42）。

1）联邦矿山安全监管

矿山安全与健康监察局依据《矿山安全与健康法》于 1978 年组建，总部设在弗吉尼亚州的阿灵顿郡，是美国的煤矿安全监管专门机构，负责对全国煤矿、金属和非金属矿山进行职业安全与健康监察。完全独立于煤炭其他管理部门和地方政府，在全国 38 个州设立了地区安全监察处，以强化矿山安全生产监督和检查。煤矿安全与健康监察司是联邦矿山安全与健康监察局的下属机构，负责对井工矿井进行一年 4 次的安全大检查和对露天矿井进行一年 2 次的安全大检查，以及对煤矿事故及违法行为的调查处理、管理煤矿安全与健康科研计划、培训安全教员和颁发合格证。

矿山安全与健康监察局包括 2 个核心业务部门，即煤矿安全与健康司（CMSH）和金属与非金属矿山安全与健康司（MNMSH）；6 个综合职能司室，包括监察处、法规标准处、教育政策与发展处、技术保障处、行政管理处、项目评估与信息资源处（图 4－1－43）。

煤矿安全监察和金属与非金属矿山安全监察，依据《1977 年联邦矿山安全与健康法》要求行使履职，矿山安全监察分别依据《煤矿安全监察程序》和《金属与非金属矿山安全监察程序》执行。

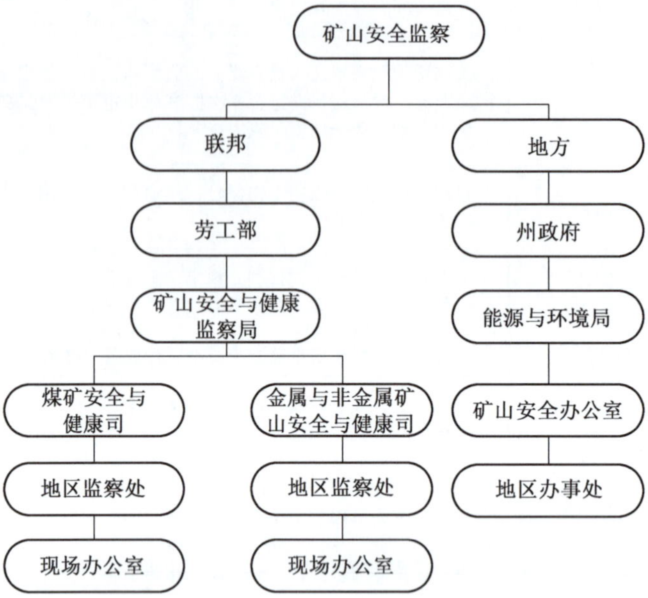

图 4－1－42　美国矿山安全监察工作体系

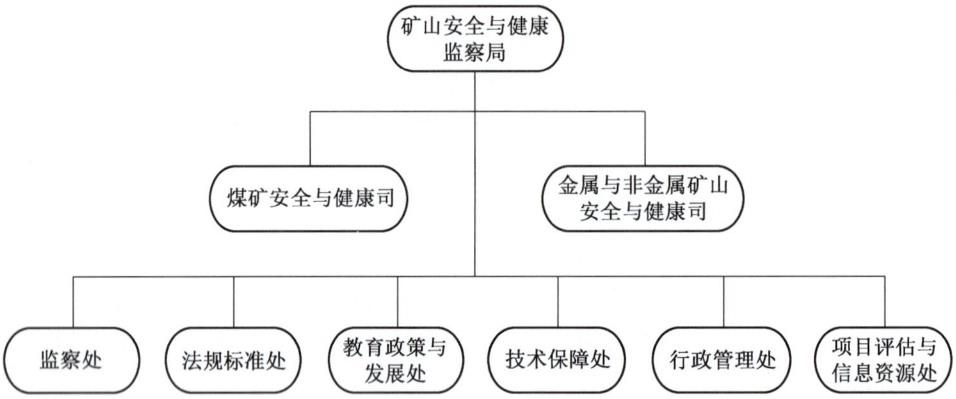

图 4－1－43　美国矿山安全与健康监察局机构设置

2）州政府矿山安全监管

美国各州根据管辖区域矿山情况制定相应矿山安全与健康法规，州政府设有矿山安全与健康监察机构，并配备一定数量的矿山安全监察员，执行本州矿山安全与健康法规。一些州的矿山安全与健康监察机构还向矿工提供安全与健康培训。以煤矿为例，各州一般按照本州制定的煤矿安全法规进行检查，为避免检查时责任不清，一般情况下不与联邦监察员联合执法。

例如，西弗吉尼亚州设立了矿工健康安全与培训办公室，负责该州《采矿法》的强制执行，该机构还负责管理其矿产资源，其职责包括州范围内所有矿山的常规监察及矿工的任职资格认证和培训，调查所有严重矿山事故及统计所有健康安全相关数据。此外，还负责保护和维护矿山资产设施及在矿山活动中合理应用。目前，该部门有约 140 名工作人员，包括监察员、安全讲师、行政工作人员。设有 4 个地区办公室和查尔斯顿指挥部。监察员主要负责监察超过 642 座矿山、采石场、输煤装置以及大约 2500 个独立承包商企业。监察人员实施常规监察并调查所有严重的矿山事故；安全讲师提供行业培训，并负责所有装置的安全审核和相关资格考试。办公室同时配备了多支受过高级培训、装备精良的矿山救援队。此外，办公室还签发许可和批准、维护行业统计数据，开发及出版行业培训材料。

2. 监管制度

1）科学的监察执法监督体制

矿山安全与健康监察局根据 1977 年《联邦矿山安全与健康法》法律规定，其法定职能主要包括：不断完善与改进矿山安全与健康标准、调查和处理矿山事故、解决矿工对安全和危险环境申诉、处罚违反矿山安全的各种行为、监察矿山开采计划和教育培训计划、对矿山安全监察人员进行培训、监察采矿产品的安全性能、协助矿山经营者制定安全教育培训计划、协助各州制定矿山安全与健康规划、监督检查矿山救援和矿山恢复工作。其执法权力包括：对违规行为进行强制性民事处罚，重大违规处罚，撤出命令，无充分理由的失误，违规行为处罚，对受歧视工人进行维权，刑事处罚和上诉等。

2）规范的矿山安全监察程序

1995 年 9 月美国联邦矿山安全与健康监察局制定了《煤矿安全监察程序》，成为煤矿安全监察工作规范性的、必须遵循的工作指南。共分六大部分，第一部分概述（名词解释，包括监察员的职责、培训、装备等）、第二部分常规监察程序（包括监察员抵达煤矿、会议程序、提前通知、监察报告等）、定期监察程序（煤矿文件检查、井工矿的通风、瓦斯、粉尘积聚、电气、提升设备、爆破等）、其他监察相关活动（特别调查、技术调查、电气监察/调查、危险条件投诉监察、炸药、应急预案等）、采样程序（井下大气、粉尘测量与取样）和附件（监察表格、一线监察员证书、监察追踪系统等）。主要包括监察员的权利和义务、监察员工作能力和培训、监察步骤、监察任务、监察日志、监察人员监察时佩戴的个人防护和检测装备及监察跟踪系统填报等内容。

3）明确的矿山事故调查及处理程序

美国矿山事故调查处理按照属地管理、分级负责的原则。凡是涉及死亡人数在 3 人以上的矿山事故，事故调查必须由矿山安全与健康监察局煤矿安全与健康司或金属与非金属矿山安全与健康司负责组织进行。凡是涉及死亡人数在 3 人以下的矿山事故，事故调查由地区监察处负责组织进行。

联邦矿山安全与健康监察局在矿山事故调查中，主要针对以下三方面进行调查工作：

（1）一般事故原因调查。为确定造成事故的直接原因，首先按正常程序对事故矿山进行调查。

（2）违法行为原因调查。对引起事故的直接原因调查后，如果发现事故由矿方违反 1977 年《联邦矿山安全与健康法》《联邦法典》及其他安全法律法规的规定，则要由矿山安全与健康监察局授权接受过特别培训的人员组成特别调查组，对所发生的事故进行调查，确认矿山经营者是否应负刑事责任。

（3）内部调查。针对联邦安全与健康人员的执法行为和监察工作情况进行调查，即监察员、地区监察处和其他机构的人员在执行政策、监察、调查程序上是否存在处理不当的地方，同时确定矿山安全与健康局的安全法规与政策、监察、调查程序是否存在改进之处。

在美国《联邦法典》矿产资源与开发卷第 50 部分，对矿山事故后矿山企业经营者或其委托的管理人员将依据所发生事故的危害程度和其应负的责任，受到有关法律规定的处罚。具体的事故处理程序通常包括事故原因分析、事故责任者认定、民事处罚或刑事处罚几个过程。

4）专业的矿山安全监察员

美国煤矿安全监察员分为初、中、高三个等级。政府任命的安全监察员要经过严格的资格审查。

这些监察员必须具有高中以上文化程度，有5年以上现场工作经验，有丰富的矿山安全知识，并具有公正廉洁的品性和信誉。初选合格后，要在国家矿山健康与安全学院培训9~12周，系统学习矿山安全法规和处理事故的技术业务知识。经考试合格后，还要再跟随有经验的中、高级国家安全监察员工作实习1年。从事安全监察工作后，仍要经过1年实际工作能力考核（即实习期），实习期满考核合格后方能正式获得代表政府的初级安全监察员的任命。例如设在丹佛的第9区监察局，很多监察员曾在煤矿当过矿长、技术总监（相当于总工程师）、安全部门负责人。各州政府可以指定适合本州的政策，录用州政府矿山安全监察员。

为了使煤矿安全监察执法行为更加公正、客观、科学和有权威性，监察员受到严格的监督和管理，监察员的权利受到严格约束。国家级安全监察员在任职后每年要到国家矿山健康与安全学院接受2周再教育，不断提高安全监察水平和技术业务能力。监察员一旦被发现有违规行为，会受到联邦总检察长办公室的调查。总体来说，由于制度严、查处严，美国的煤矿安全监察员的行为非常谨慎，连在煤矿企业吃饭都是不允许的，行贿受贿现象也极少，但也有为数不多的监察员因不当行为而受到刑事处罚。

5）UBB矿难后最新监察举措

2010年4月5日，美国梅西能源公司UBB煤矿发生重大瓦斯煤尘爆炸事故，导致29人死亡，这是美国1980年以来最大的一次矿难。矿难发生后，美国联邦矿山安全与健康局对矿难进行了认真调查，在吸取教训的同时提出了具体的整改建议和防范措施：

①完善通风系统，对矿区通风计划进行审核，重新确定甲烷和煤尘控制标准；②注重培训效果，联邦矿山安全与健康监察局的教育政策与发展司重新对安全培训与考核系统进行更新，增加了培训效果跟踪系统；③对各地区监察人员的培训情况进行跟踪，每年定期向联邦矿山安全与健康监察局提交年度报告；④修改应急救援预案，联邦矿山安全与健康监察局煤矿安全与健康司与应急救援部门共同修改完善应急救援预案，进一步明确相关人员在事故应急救援中的责任；完善应急救援协议内容；加强矿山救援队的通信、气体检测和搜救装备、增设后备应急救援小组、提高救援队员救援技能；⑤修改采矿审批计划，联邦矿山安全与健康监察局的项目评估与信息资源司与煤矿安全与健康司共同修改采矿审批计划的数据库系统，以便有效监控、跟踪通风系统情况；⑥修改煤矿安全监察程序，在煤矿安全监察程序中的定期监察部分，增加了抽查矿工培训记录事项；在机电系统部分，增加了机电系统监察人员必须持有MSHA电气资格证；在气体检测中，对一氧化碳检测增加了定期巡检要求，包括手持气体检测仪的检测、传感器的校验、检测结果的预警分析等事项；在监察危险隐患部分，明确了隐患查处与跟踪落实的要求；在工作环境部分，对岩尘采样、测试和评估操作进行了进一步规定。

1.6.4 煤矿安全保障机制

美国1970年《职业安全与健康法》赋予联邦职业安全与健康监察局（OSHA）的主要职责之一就是组织与实施职业安全与健康技术培训、教育、宣传、推广活动。

1. 煤矿安全培训机构

美国矿山安全与健康监察局下设教育政策与发展司，其主要职能是贯彻为促进全国采矿工业的安全和健康而制订的矿山安全与健康教育培训方案，以及实施州拨款方案。2006年1月23日，美国西弗吉尼亚州查尔斯顿萨戈矿难后，美国采矿工业宣布组建矿山安全技术与培训委员会，开展如何进一步加强全国井工煤矿安全的新技术、新程序和新培训方法的研究。

2. 安全生产教育培训资金

1）美国矿山安全与健康监察局培训经费

1977年《联邦矿山安全与健康法》授权矿山安全与健康局向各州提供拨款，以支持其健康与安全培训工作和其他针对矿工和矿山经营者的服务项目。在矿山安全与健康监察局编制的系列手册中培训规程中的“州拨款计划”里规定，将款项分配给43个州和内瓦约部落领地，用于实施这些地区矿工健康和安全工作的计划。其中绝大部分资金用于支持健康与安全培训课程和预防厂矿事故、工伤和实施职业病计划。在享受拨款的地区设有拨款计划办公室，需要得到培训计划方面帮助的采矿企业可与其联系。

2）美国苏珊·哈伍德培训基金

美国职业安全与健康培训项目的管理工作由苏珊·哈伍德职业安全与健康培训基金会完成。对于某些特殊项目，各地区的职业安全与健康培训学院、民间组织与中介机构的培训教育部门可通过研究开发出与联邦职业安全与健康监察局培训与教育司制订的职业安全与健康计划相适应的课程与项目，向苏珊·哈伍德职业安全与健康培训基金提出申请，获得政府的财政资助。

美国职业安全与健康监察局提供基金，支持非营利机构开展对雇主和雇员的职业安全与健康培训，以增强其识别、避免和预防发生在工作场所的、可能对职业安全与健康造成伤害的因素。

3. 安全生产教育培训项目

1）美国安全生产教育培训项目

美国在《联邦法典》第30卷第48部分“矿工的培训与重新培训”中对采矿业人员的培训做出详细规定。在该法典中培训部分所指的矿工是在矿山工作的人员，包括经营者。所有这些人员在上岗之前都要接受培训，而且在上岗以后，每年也要接受再培训。在1977年《联邦矿山安全与健康法》第104条（g）款中规定，如果发现在煤矿或其他矿山工作的矿工未按要求得到安全培训，则劳工部部长或授权代表必须签发命令，宣布该矿工对其本人和对其他人员是一种危险，并要求该矿工立即从该煤矿或其他矿山撤出和禁止其进入该矿直到劳工部部长的一名授权代表认为该矿工已受到法律规定的培训为止。

（1）培训方式。矿山经营者可以自己举办培训，也可以参加矿山安全与健康监察局主办的培训，还可以参加由经矿山安全与健康监察局批准，由州或其他联邦机构、矿山经营者协会、矿工代表协会等举办的培训。在美国的许多州都有适合矿工培训的专科院校。

（2）培训内容。一是新矿工的培训。美国在《联邦法典》第30卷和《1977年联邦矿山安全与健康法》中规定，井工矿新矿工在工作之前，必须接受不少于40 h的培训。培训内容应尽量与地下的实际情况接近并在现场进行约8 h的培训。露天矿或在井工矿的地面部分工作的新矿工必须接受不少于24 h的培训，可以在其工作岗位安排之后再接受本培训，但在被安排到工作岗位之前，至少应为其提供8 h的培训。此后，新矿工必须在60天内接受所要求的24 h培训的余下部分的培训。二是从事新工种矿工的培训。被安排到新工种的矿工，如从事移动设备操作、凿岩设备操作、运输与转载系统操作、顶板控制与地压控制设备操作及爆破作业，必须先进行培训。三是重新雇佣有经验矿工的培训。即使有经验的矿工，在重新被雇佣后，也必须重新接受培训。四是矿工的定期再培训。法律规定，矿工每年必须接受至少8 h的再培训。五是应对危险培训。矿工在担负工作之前，经营者应对其进行危险培训。矿工每12个月必须接受一次应对危险的培训。

2）美国国家矿山安全监察员的培训

1977年《联邦矿山安全与健康法》中规定，矿山安全监察员应聘人必须至少具有5年以上实际采矿经验，并要在矿山安全与健康监察局的机构——国家矿山安全与健康学院进行培训。根据该学院2001年度的“矿山安全与健康局人员和采矿工业人员的培训课程”，对煤矿安全监察员的培训分为3类，即短期培训、定期培训和起步培训。

（1）短期培训。所有煤矿安全监察员每年要在国家矿山安全与健康学院参加为期一周的培训，或每两年参加为期两周的培训。以研究班形式、按照各种专业领域的科目进行短期培训。通过这种形式的培训，可以使矿山监察员始终具备较高的业务水平。

（2）定期培训。矿山安全与健康局地下煤矿监察员必须每两年至少接受为期两周的培训。

（3）初级培训。初级培训主要是针对新招聘的煤矿监察员设计的初级培训课程，也可用来培训联邦、州、采矿工业和劳工组织人员。

3）美国矿山安全与健康监察局现场培训服务

现场教育服务方案旨在最佳地利用矿山安全与健康局的各种资源，帮助各地区的矿山实施安全与健康培训计划，达到预防矿山事故的目的。现场培训服务专家在全国煤矿、金属矿和非金属矿工作，密切同矿山管理人员、矿工和培训教员合作研究改进安全和健康的培训方式，利用教育和培训委员会的培训资源最大限度地满足每个矿山的特殊需求。现场培训服务的培训专家与采矿协会、安全组织、工会和教育学会合作，共享网络资源。具体的现场培训服务的内容包括为采矿企业提供安全和健康培训资料、帮助实施事故预防方案、制订和宣传新方案和材料、设置采矿讲师课程、制订培训计划、制订资格/鉴定方案、认定安全和健康领域的突出表现、协助进行矿山企业紧急情况准备。

1.7 煤炭与环境

美国与煤炭开采有关的环保问题主要集中在以下两个方面：一是露天开采对土地的破坏；二是燃烧煤炭带来的大气污染。这两方面自1977年《露天采矿与复垦法》（以下简称《复垦法》）和1990年《大气净化法修正案》实施以来已经取得了很大成效。自1977年颁布露天开采控制与复垦法以来，复田已成为煤炭开采作业的一部分，全国复田的采空区土地已超过10000 km^2。

1.7.1 煤矿区环境治理

1977年《复垦法》的出台，使美国露天采矿管理和土地复垦走上了正规的法制轨道。该法对土地复垦基金、采矿许可证和土地复垦保证金制度进行了明确规定。

1. 矿区环境治理法律法规

美国土地复垦起源于民众对露天采矿所引起的生态和人居环境破坏的关注。在美国露天采矿业的发展初期，由于其规模和范围比较小以及公共环境保护意识相对薄弱，尽管对其周围环境带来比较大的负面影响，但公众舆论对采矿区的土地复垦没有形成大的压力，当时即使个别矿区的矿主出于自身利益考虑（主要是土地增值），对采矿后土地进行复垦，这尚属矿业主的自发复垦行为，如1918年印第安纳州的矿业主开始在采空区复垦植树，恢复和改善采矿区的生态环境。

随着露天采矿业规模扩大，采矿业对土地和生态环境的破坏也日益加剧，同时对一些私人利益及社会公共环境的危害越来越大，美国一些州的民众和民间团体开始关注露天采矿的土地和生态环境问题，强烈呼吁制止露天开采，并要求恢复破坏了的土地和生态环境。

1939年西弗吉尼亚州首先颁布了第一部采矿管理的法律——《复垦法》，该州矿业主管部门被指定为实施这部法律的唯一机构。此后，美国的印第安纳州、伊利诺伊州、宾夕法尼亚州、俄亥俄州和肯塔基州都相继颁布了有关采矿土地复垦的法律。到1975年美国已有38个州制定了有关土地复垦的法规，其余几个州也根据本州特点制定了土地复垦管理条例。美国各州有关露天采矿区土地复垦法律或管理条例的颁布和实施，对所在州的土地复垦起了很大的促进作用，采矿破坏的土地受到控制，采矿区的土地生态环境得到了较大的改善，同时也为美国联邦政府制定相关法律法规提供了实践基础。

1970年第一届世界环境保护大会在美国召开，引起了美国公众和民间团体对环境保护问题的广泛关注，露天采矿业土地管理与复垦问题成为环境保护的焦点之一，迫使美国联邦政府和国会开始考虑制定全国统一的采矿土地管理和复垦法规，在众多群众团体呼吁和国会的努力下，于1977年8月3日美国国会通过并颁布了第一部全国性的土地复垦法规——《露天采矿与复垦法》，有效期为15年，已于1990年进行了修订，使美国露天采矿管理和土地复垦走上正规的法制轨道。

1）土地复垦基金制度

土地复垦基金属于美国国库中的一项单一账户。设置土地复垦基金的主要目的是为老矿复垦筹集资金，从1978年开始至1986年已筹集18亿美元。

土地复垦基金的缴纳标准：所有从事煤炭开采活动的企业都必须根据规定交纳复垦基金，露天煤矿按每吨煤35美分缴纳，井工煤矿按每吨煤15美分缴纳，褐煤按每吨煤10美分缴纳，按季度缴纳。复垦基金50%交国库后拨内政部掌握使用，50%留在州政府专款专用。对弄虚作假、不如数交纳复垦基金的，据情节轻重，罚1万美元以下的罚金或处1年以下有期徒刑或处罚并行。

土地复垦基金的使用范围：保护公众的健康、安全、福利和财产，使之免受煤炭开采的危害和影响；恢复受到煤炭开采影响的土地、水资源和环境，包括采用各种措施，以保存和开发土壤、水域林地、野生动物、娱乐资源和农业的生产能力；露天采矿复垦技术开发及水质控制技术的研究和示范工程；保护、修复或重建各种受到煤炭开采作业影响的公用设施，如煤气、电、供水设施，道路、休养地等。

2）采矿许可证制度

没有州政府管理机构或者内政部颁发的许可证，任何单位或个人不得进行新的露天采煤作业或重新开发已废弃的矿井或矿区。进行露天采煤作业需申请的主要内容如下：许可证申请人的姓名、住址，将开采的经登记的财产注册所有人的姓名、住址；与许可证所申请的地区相邻的地表和近地表层地区的情况；提供从事采煤作业地区的地图及各种有法律效力的文契；开采计划（包括环境评价、工艺等）；采矿和复垦对矿区和流经矿区的水产生的后果的评价；采矿后的复垦计划。

许可证的审批制度如下：联邦政府公有土地由联邦政府批准后发证，州政府土地由地方、市、镇政府发证。

3）土地复垦保证金制度

美国设立土地复垦保证金制度的目的是约束矿主主动按照规定的标准进行土地复垦。一般是许可证申请得到批准但尚未正式颁发以前，申请人先交纳复垦保证金，保证金的数额根据许可证所批准的复垦要求确定,可因各采矿区的地理、地质、水文、植被的不同而有差异,其数额由管理机关决定。该保证金在采矿者不履行复垦计划时用来支付复垦作业的费用,完成复垦而且经验收合格后予以返还。

2. 矿区环境治理措施

美国土地复垦之所以取得卓越成效，与其完善的土地复垦法律体系、健全的土地复垦组织机构、严格的制度和标准以及商业化运营机制是密不可分的。

《复垦法》中明确了土地、矿业、环境、农业、执法办公室等有关部门在土地复垦中的职责和义务，各部门都能依靠法律，根据各自的业务管理范围、管理方针和职能，各尽其责，互相协商，密切合作，又相互制约，互为主从地处理好与其他部门的协作关系，从而提高了土地复垦的工作效率。

《复垦法》颁布后，美国成立了露天采矿复垦和执法办公室，主要任务是执行《复垦法》，专管全国露天煤矿的土地复垦工作。该办公室直属联邦政府，由内政部长领导，在23个州设立了派出机构，各地、市、县也设有管理机构，实行垂直领导。

在严格的制度和标准要求下，矿业公司很重视破坏土地的复垦工作，通常会安排定员常年负责矿区复垦工作，包括环境保护、土壤、植被等方面。在采矿前就制订好复垦计划。为便于复垦工作的开展，采矿前通常要先采集植被标本，调查地表植被种类，在采矿过程中注意分层剥离、分层存放。复垦后的土地有的为农用地，有的种草或种植灌木。联邦政府和州政府对煤矿土地复垦的验收标准很高，规定种上植被5年后验收；规定种植牧草，要每公顷产干物质1800～1900 kg，规定农用地产粮食，每公顷3000～5400 kg。验收如不达标，需要再过5年后进行第二次验收，否则不返还保证金。

受发达市场经济机制的影响，美国土地填埋和复垦逐步发展成为一个集废弃物处理、土地再造为一体的商业化新兴产业，并出现了许多专业的土地复垦和填埋公司。这些公司的收益主要来自收取废弃固体物的处理费以及复垦后的土地典买收益。该类产业将固废处理和土地复垦有机结合，受到美国政府的鼓励，并能够获取较为丰厚的商业利润，因此已成为美国土地复垦一个新的发展方向。

1.7.2　环保政策

20 世纪 60 年代以来，美国环境保护法规数量日益增加，要求日趋严格。1970 年颁布的《清洁空气法》(Clean Air Act，CAA) 是最早的一部关于煤炭燃烧引起大气污染有关的法规，该法规中引入了新污染源排放标准的概念，对新建电厂以发电设备消耗燃料产生的热量为基础提出了最高排放限值。1979 年对新污染源排放标准进行了修正，排污标准更为严格。1990 年对《清洁空气法》进行了修正，1990 年 11 月 15 日由布什总统正式签署，在环境立法方面有了重大变化，其主要特点是几乎对每一种气载污染物都规定了的排放限值，对酸雨限制更为严格，并提出联邦"酸雨计划"。该计划明确规定，分两个阶段在电力行业实施二氧化硫排放总量控制和交易政策，使全国二氧化硫排放量在 1980 年的基础上减少一半。

美国环保局为每个排放源都规定了排放许可限值，确定交易方，明确超额达标的污染源可获得排放信用，"储存"在银行供将来使用或与其他厂交易。同时明确，只要能保证达标排放，企业可选择任何技术和设备，包括节能措施、利用可再生能源、采用污染控制技术、改用低硫燃料等。

美国政府十分重视重点污染行业排放标准的制定，分别制定了有害空气污染物、水污染物、固体废物等污染物排放标准。美国有害空气污染物排放标准针对固定污染源制定两种排放标准：新污染源排放标准和危险气体污染物国家排放标准。新污染源排放标准保证新建和改建电厂的排放量达到严格的限制标准，比已在运营的电厂更为严格。危险气体污染物国家排放标准涵盖了工业锅炉、商业－工业锅炉及加热器等主要排放源。还制定了最大可能控制技术所控制的最低污染物排放标准，促进排放源采用相关控制技术或更换燃料。

为了控制工业活动对环境的影响，美国大多数环保法律都包括刑事处罚条款，不仅对违规的企业进行处罚，还对合作伙伴和企业法人进行起诉，对多次违法的企业和个人施加倍处罚。1990 年每吨二氧化硫超标排放部分罚款 2000 美元，之后每年根据价格指数进行调整。刑事处罚对大公司高达 100 万美元，个人高达 25 万美元或囚禁 15 年。这些措施促进了企业自愿实施洁净煤技术等环境保护改进项目，以达到环境保护要求。

1.7.3　环境治理成效

1977 年的露天开采控制与复田法和 1990 年大气净化法修正案实施以来已经取得了很大成效。美国自 1971 年颁布大气净化法以来，美国在控制大气污染方面的投资已超过 4000 亿美元，目前每年投入 300 多亿美元，其中电力工业约占 1/3，主要用于燃煤电厂。近 20 年来，美国大气质量明显改善，1970～1993 年，发电用煤由 290.2 Mt 增加到 738.3 Mt，增加了 154.4%，而燃煤电厂的 SO_2 排放量从 14.3 Mt 减少到 13.8 Mt。根据 1990 年的大气净化法修正案，1995 年是美国"防治酸雨计划"第一阶段的最后一年，由于措施得力，电厂的 SO_2 排放量降低到 4.08 Mt，比计划规定的 6.4 Mt 排放量少 2.36 Mt（少 37%）。尽管 1996 年有所回升（4.45 Mt），但仍比规定水平低 32%。在煤矿采空区土地的复田方面，自 1977 年颁布《露天采矿与复垦法》以来，土地复垦已成为煤炭开采作业的一部分，全国复田的采空区土地已超过 10000 km^2。

1.8　煤炭科技创新与研发应用

1.8.1　煤炭科研体系

美国煤炭科研工作主要由政府科研机构、企业研究与开发机构、大学及民间研究与咨询机构四部分组成。政府科研机构和大学一方面按政府合同开展基础研究和前沿研究，另一方面，受企业委托开展技术研究。目前美国涉及矿井生产安全方面的研究课题大部分来源于企业，由企业出资，而政府仅出资用于与煤炭工业长远发展相关的战略性研究，如煤炭洁净燃烧与利用方面的课题研究，出资额仅占全部项目经费的三分之一，另外三分之二的经费来自于企业。因此，在美国，企业已真正成为技术创新的主体，技术的飞跃发展也有力地促进了煤炭工业的发展。

美国设有煤矿专业的高校大部分在东部，主要是西弗吉尼亚大学、哥伦比亚、宾州等 3 所大学，其中西弗吉尼亚大学实力最强。另外，西部还有五所设有采矿专业的大学，除南加州大学以煤矿专业为主，其他均以金属矿为主。

美国政府和企业高度重视煤矿安全科研工作。建有国家职业安全健康研究院、事故伤害预防与控制中心，矿山安全与健康监察局下设技术中心，专门进行安全科技研发和技术推广工作，大学也通过与政府签订协议进行安全生产科技工作。研究领域包括安全技术学、工业健康学、人机工程学等多学科，研究成果对有效改善煤矿劳动条件和安全状况发挥了积极作用。

美国国家矿山健康与安全学院是美国 7 所国家培训学院之一，其使命是通过教育和培训来减少矿山事故，改善矿工健康条件，其培训对象是矿山安全监察员和采矿公司选派的工作人员。设有安全管理、安全与健康技术、矿山抢险和通风等专业，并配备有矿山模拟实验室等教学设施。该研究院除获得联邦政府科研拨款外，还吸收了 500 家公司、机构和个人提供的资助和委托项目资金。

1.8.2 重点研究方向

特朗普执政后提出“振兴煤炭工业”的能源政策，美国煤炭业以煤炭的清洁开发和利用为重点，以能源部为主导，每年投入大量资金，研究煤炭的非燃料综合利用，通过先进能源系统提高以煤为基础的电力系统的效率，实现可负担得起的二氧化碳捕获，增加工厂可用性，并保持最高的环境标准。利用“Coal FIRST”计划，开发适用于未来能源系统的先进燃煤电厂。利用小企业创新研究和小企业技术转让项目，扶持本国高技术小企业创新，推动实验室、大学等创新技术与小企业产品创新能力合作实现创新成果产业化。针对用于产生动力、制造钢铁和高价值产品的煤炭原料的改良升级，最终为煤炭行业创造新的市场机遇。

1. 先进能源系统

美国能源部化石能源办公室的先进能源系统项目专注于提高以煤为基础的电力系统的效率，实现可负担得起的二氧化碳捕获，增加工厂可用性，并保持最高的环境标准。该项目支持小型煤气化研发，将煤炭转化为合成气，可转化为电力、化学品、氢和液体燃料。该项目还推进了氢涡轮的设计，以改善燃烧前二氧化碳捕获系统的性能，并通过研发新的高温材料和继续发展氧燃烧技术，支持先进的燃烧系统。

2. 燃煤发电

美国能源部于 2018 年 11 月公布了“Coal FIRST”计划，目的是开发灵活（Flexible）、创新（Innovative）、弹性（Resilient）、小型（Small）、变革（Transformative）的适用于未来能源系统的先进燃煤电厂。重点关注的领域包括煤和天然气联合循环；间接超临界二氧化碳（SCO_2）循环；先进超超临界蒸汽发电；具有或不具有多联产（加压、氧吹和/或空气吹）的整体气化联合循环；富氧燃烧系统（加压、空气、流化床或悬浮床）；多联产概念；直接合成气/热解气 SCO_2 循环。

此外，能源部还宣布已经在“Coal FIRST”计划下选定了 13 个项目，总计资助 195 万美元进行未来燃煤电厂的概念设计，由国家能源技术实验室管理，获得资助的机构为 8 Rivers Capital 公司、阿勒格尼科技公司、Barr 工程公司、CONSOL 宾夕法尼亚煤炭公司、Constantem 科技公司、Echogen 电力系统公司、美国电力研究院、Hydrogen Energy California 公司、Nexant 公司、华盛顿大学、Wormser Energy Solutions 公司。

3. 小型企业研究

“小企业创新研究”（Small Business Innovation Research，SBIR）和“小企业技术转让”（Small Business Technology Transfer，SBTT）项目是美国扶持本国高技术小企业创新，以及推动实验室、大学等创新技术与小企业产品创新能力合作实现创新成果产业化的两项国家计划。

“小企业创新研究”是根据美国1982年《小企业创新发展法案》建立的一项政府计划，旨在将小企业纳入美国国家科研体系，通过鼓励小企业参与具有商业化潜力的联邦研发项目，刺激高科技创新，满足特定的研发需求。目前，已有农业部、商务部、能源部、国防部等11个联邦机构参加了该计划，2019财年为该计划提供的预算资金达到了32.8亿美元。

在“小企业创新研究”创立10年后，1992年，美政府推出了“小企业技术转让”。该计划旨在刺激技术创新，通过推动公私合作促进技术转让，推动联邦研发创新的商业化。要求拥有超过10亿美元非本单位使用的研发预算资金的联邦机构，为小企业和非营利机构保留一定比例（目前为0.4%）的研发资金。目前，国防部、能源部、卫生与人类服务部、国家航空航天局（NASA）、国家科学基金会5个机构参与，2019财年为“小企业技术转让”提供的预算资金达到4.5亿美元。

4. 其他方向

2019年，美国能源部的化石能源办公室选择执行新确立的3个项目，总共申请约300万美元的联邦资助。主要开发美国国内煤炭的非燃料的创新，针对用于产生动力、制造钢铁和高价值产品的煤炭原料的改良升级，最终为煤炭行业创造新的市场机遇。这些项目将支持化石能源办公室的先进能源系统计划。

美国能源部下属国家能源技术实验室将负责直接管理这些项目，具体项目情况如下：

（1）利用新型及传统的提取、分离和回收工艺，从国内煤炭资源中回收稀土元素和关键材料。稀土元素和关键材料从煤基资源回收的工艺放大和优化/效率改进，将支持化石能源办公室的稀土元素项目。主要包括两个领域：一是稀土和关键材料的生产－过渡和扩大新的提取/分离的概念发展到台式设备稀土元素和关键材料的生产，专注于进一步开发或扩大新的稀土元素和关键材料提取和分离概念，从而在实验设备中生产稀土元素和关键材料；二是稀土和关键材料的生产，主要是将传统的提取/分离工艺从台式设备向中试设备过渡和放大稀土/关键材料生产，集中于进一步发展或扩大常规稀土元素回收工艺，从而在中试设备中生产稀土元素和关键材料。

（2）煤炭成为锂电池阳极的增值产品。美国Semplastics EHC公司将完成一种新型复合材料的开发。这种复合材料将专门用于锂离子（Li－ion）电池阳极，使用美国国产煤炭作为原料。基于Semplastics公司的X－MAT®聚合物衍生陶瓷技术的新材料，表现出了可能应用于锂离子电池阳极的出众前景。这项工作的目的是找到满足技术指标和经济可行性的最适配方，为相关行业提供这种新型材料。

（3）实验室规模的煤衍生石墨烯工艺。美国北达科他大学将展示一种实验室规模的基于煤炭材料衍生石墨烯工艺，利用美国国内煤炭开始生产氧化石墨烯、精炼氧化石墨烯和石墨烯量子点等。具体实现目标的基本步骤包括：①用大学能源与环境研究中心开发的方法进行煤炭预处理；②将处理过的煤炭产品石墨化；③将石墨分层剥离成石墨烯；④进行经济可行性分析；⑤分析产品目标市场和技术差距。上述过程将针对无烟煤、烟煤、次烟煤和褐煤进行应用，提高当前的技术水平并使煤炭价值链最大化。

（4）煤炭高价值产品的中试规模生产。犹他大学将重点完成以下几项工作：①扩大生产规模，并验证基于各向同性和中间相煤焦油沥青在实验室规模生产的碳纤维产品，重点使用位于美国犹他州、怀俄明州、西弗吉尼亚州、阿肯色州和伊利诺伊州5个生产区的煤炭；②研究利用焦油沥青生产过程中残留的煤焦，将其转化生产成高价值的碳化硅副产品；③开发一个庞大的数据库和工具套件，用于数据分析和经济学建模，主要目的是将工艺（流程）条件与产品质量相关联，并评估来自不同地区的煤炭在生产特定高价值产品方面的经济可行性。这项工作旨在提供一种由煤炭制成的低成本碳纤维产品，可广泛应用于汽车工业和其他重要市场领域。该项目还可以为煤炭行业带来新的经济发展机遇。

1.8.3 技术与装备

美国煤炭工业技术始终处于世界前列，20 世纪 40 年代后，美国煤炭生产技术、技术水平迅速提高，70 年代，采煤机械化程度就达到 98% 以上，综合机械化水平达到 85%，90 年代后已达到或接近 100%。

1. 煤炭采掘技术

1）井工采煤技术

（1）采煤工艺。美国井工开采的矿井主要采用连续采煤机房柱式和长壁综采两种方法，多为一井一面。20 世纪 50 年代以来，传统的房柱式开采产量占井工开采的比例不断下降，由 1950 年的 96% 下降到 2019 年的 0.85%。长壁式开采的产量在 20 世纪 70 年代稳步上升，到 80 年代以后得到快速提高，其占井工产量的比例由 1983 年的 19.7% 上升至 2019 年的 55.21%。连续采煤机房柱式开采产量相对稳定，其占井工产量的比例基本在 40% 以上，2019 年占比 43.93%。

美国自 20 世纪 70 年代逐步推广综采技术，80 年代得到迅速发展，长壁综采工作面的数量及其产量在井工矿中所占比重不断上升。1983 年长壁综采工作面数量达到历史最高点，为 118 个。80 年代中期以后，综采技术的发展重点从增加工作面数量转变为提高工作面单产和效率，尽管工作面数量不断减少，但是总产量比重不断增加，单臂平均产量也逐步提高。

① 连续采煤机房柱式采煤。目前美国已研制出一套适应房柱式采煤的生产设备，其特点是机械生产能力大，配套程度和机械化程度高。即使是炮采工作面，每道工序都使用机械设备。美国井工矿井之所以普遍采用这种采煤法，首先是美国煤层埋藏较浅，现有矿井平均开采深度约 300 m，多数矿井为平硐和斜井开拓。煤层赋存平缓，倾角一般不大于 8°，硬度中等，夹矸少。顶板坚硬稳定，煤层直接顶一般为厚 1.2 m 以上的页岩，基本顶为坚硬的厚层砂岩，工作面和巷道支护大量采用锚杆支护。因此，从地质条件看很适合采用房柱式采煤工艺。其次是房柱式采煤法还具有建矿投资少，建井工期短，出煤快，机械化程度高，用人少，效率高，安全好等优点。从本质上讲，房柱式采煤是掘采合一，只要在煤层中掘出巷道，开井就出煤，减少了大量的基本建设岩石工程量。

房柱式开采一般是沿煤层同时开掘 5 条宽 5 ~ 7 m 的巷道，其中 4 条巷道工作，1 条巷道保持畅通无阻，作为安全出口，这也是美国矿山安全法规明确规定的。连续采煤机房柱式开采工艺由于使用了连续采煤机，增大了开采能力，扩大了同时工作的工作面数量，可增加到 7 ~ 9 个，井下采用锚杆进行永久支护，在煤房间用联络巷贯通，一般是形成正方形的煤柱，煤柱宽度由几米到几十米不等，采煤在煤房中进行。若不回收煤柱，房柱式开采的采出率一般为 40% ~ 50%。若回收煤柱，房柱式开采的采出率可达 70% ~ 80%。

此种开采方法一般在盘区内配备 1 台连续采煤机、1 台锚杆机、2 ~ 3 台梭车以及给煤破碎机和带式输送机等。美国房柱式开采采用的连续采煤机功能更完善，适用条件更宽，正在向多电机、大功率、大采高、多功能、遥控和自控方向发展。

② 综合机械化长壁式开采。美国 20 世纪 70 年代开始逐步推广应用综采技术，80 年代得到迅速发展。长壁综采工作面的数量及其产量在井工矿中所占比重不断上升。1983 年综采工作面数量达到历史最高点，为 118 个，产煤 63.70 Mt，占井工总产量的 23%。

80 年代中期以后，综采技术的发展重点从增加工作面数量转变为提高工作面单产和效率。1984 年开始逐步减少综采工作面数量，推行一井一面的集中生产模式，采取了加大采区走向长度，改进运输系统增加运输能力，改进巷道布置及衔接准备，加快工作面搬家，提高综采的性能和利用率，使综采工作面平均日产和工效迅速上升，一井一面模式比重逐年增加。1994 年有 72 个生产矿井装备综采工作面，其中 63 个矿为一井一面，占 88%，工作面平均工效为 266 t/工，长壁工作面总产量达到 164.4 Mt，首次超过连续采煤机房柱式的产量（163.9 Mt）。

从 21 世纪初期开始，美国长壁工作面生产效率极高，创造了多项世界纪录。随着科技的不断进步，这些技术被不断刷新，截至 2014 年底，在美国 345 个井工煤矿中，有 42 个矿井装备长壁综采工作面，其中有 5 个煤矿有两个长壁工作面，共计 47 个长壁工作面。2014 年长壁工作面产量为 2.07 亿 t，平均采高 2.3 m，工作面平均长度 374 m，最大长度为 500 m，平均推进距离 3693 m，工作面最大推进距离 7900 m，平均开采深度约 35 m，绝大多数工作面采用 3 条回采巷道，部分工作面采用 4 条回采巷道，绝大多数工作面使用双滚筒电牵引采煤机落煤，采煤机最大牵引速度接近 40 m/min，平均截深约 1 m，工作面均使用 4180 V 的高电压，年产原煤高达千万吨。工作面均使用两柱支撑掩护式液压支架，液压支架宽度为 1.75 m，额定载荷在 10000 kW 以上，液压支架均使用电液控制系统，7 s 即可完成降架移架支撑循环，工作面均使用双中心链刮板输送机，平均宽度 1 m，输送能力达 7000 t/h。

（2）采煤机。久益（JOY）公司是全球著名采矿设备公司，公司从 1975 年推出第一台 1LS 型采煤机开始，发展到今天的 7LS 型系列采煤机，适用煤层厚度范围从 1.5 m 的薄煤层到 7 m 的厚煤层，装机功率从 1000 kW 到 2925 kW，最大牵引速度可达 34 m/min，JOY 公司根据客户要求，推出的 7LS8 型采煤机是目前世界上最为强劲的采煤机，整机装机功率高达 2925 kW，可满足 7 m 大采高一次采全高工作面年产千万吨的要求，7LS 系列采煤机全部装备 FACEBOSS 自动化管理系统，在智能检测、自动存储、无线遥控方面建立了自己的工业标准，具有高可靠性、易维护性、高安全性、环保性的优点。

美国卡特彼勒（CATERPILLAR）公司生产的 EL 系列（即原产 DBT 公司，2007 年被 CATERPILLAR 公司收购）采煤机也在采煤机市场占有一席之地，EL4000 型采煤机总装机功率达到 2295 kW，生产能力可达 5000 t/h。

美国绝大多数长壁工作面使用双滚筒采煤机落煤，为了满足工作面高产、高效、快速推进的要求，使用 4160 V（50 Hz）的高电压，采煤机全部采用电牵引，装机功率一般在 2000 kW 以上，个别采煤机甚至接近 3000 kW，如久益环球矿业公司生产的 7LS8 型采煤机，总装机功率为 2925 kW，采煤机牵引速度均在 30 m/min 以上，最大可达 50 m/min，如艾柯夫公司生产的 SL750 型采煤机。

（3）液压支架。美国现代快速推进长壁工作面均使用两柱掩护式液压支架，目前，两柱式掩护支架已经是美国长壁开采的标准架型，支架在结构设计、构件特性和支架特征方面已经标准化，由于两柱掩护式液压支架具有操作简单、支护能力大、支护性能好的特点，已经广泛应用于全球高产、高效长壁工作面，四柱掩护式液压支架已经不推荐使用。

久益公司生产的液压支架循环寿命高达 90000 次，质量达 64 t，屈服压力 1750 kN，适用煤层厚度 2.4 ~ 5.0 m，支架宽度 2.05 m，液压支架立柱直径达 480 mm，是目前表现性能最好的液压支架。卡特彼勒公司生产的系列液压支架采高范围从 0.8 m 的薄煤层到 7.5 m 的厚煤层，支架主要有两种宽度标准，1.5 m 和 2.05 m；设计支撑能力可达 1750 t，液压支架经过严格的实验室测试，循环寿命可达 90000 次，卡特彼勒公司也生产专门用于厚煤层放顶煤开采的液压支架，液压支架均装配有自动化控制系统，可以实现降架、移架、升架的自动化。

（4）刮板输送机。随着采煤机功率的增大和生产率的提高，美国综采工作面采用的刮板输送机也向重型化方向发展，目前主要采用 3300 V 高电压，个别煤矿甚至采用 11000 V 超高电压，刮板输送机输送能力达 4000 ~ 7000 t/h，中部槽宽度达 1000 ~ 1432 mm，链速可达 1.51 ~ 2.29 m/s。

（5）采区供电。美国综采工作面供电的一大特点是采用一个供电站，即采用能输出多种电压的移动变电站向工作面各种机械设备供电。这种供电站一次电压来自 7.2 kV 或 12.5 kV 的入井电缆系统，输出电压有 4160 V、2300 V、1000 V、600 V、440 V、220 V 等，一般还装有硅整流器，为梭车及电焊机供 440 V 直流电。供电站内装有进出线控制断路器、隔离开关及各种保护监控装置。电缆的进出线常用带闭锁的插销装置，以便在采区巷道移动拆装。供电站容量一般为 1000 ~ 3500 kV · A，最大为 5000 kV · A，由 3 个单相变压器组成，外壳为矿用安全型，其外形为低宽箱体，可用铲斗车搬移。

2）露天开采技术

（1）剥采工艺。美国露天矿采用的剥采工艺多种多样，按生产环节的合并程度可划分为两大类：

① 生产环节独立工艺。如单斗挖掘机采装——汽车运输的间断生产工艺，挖掘机采装——带式输送机运输——推土机推土的连续生产工艺等。

② 生产环节合并式工艺。如大型挖掘机倒堆剥离工艺、拖拉铲运机剥离工艺等。采用大型挖掘机（机械铲或吊斗铲）进行倒堆剥离在美国沿用已久，应用最广。用这种方式移运剥离物，效率高、成本低。美国早期使用机械铲较多，60、70 年代以后，虽然仍在中西部煤田继续应用，但有被吊斗铲逐渐取代的趋势。吊斗铲斗容不断扩大，1969 年 B – E 公司制造的 4250W 型吊斗铲的斗容为 168 m^3，臂长 94.5 m，为世界之最；目前美国使用的吊斗铲大部分斗容在 42 ~ 88 m^3，少数大型吊斗铲斗容大于 88 m^3。

（2）开采设备。在采装设备中，各种类型的单斗挖掘机使用广泛。单斗铲规格不断增大，最大为 49.5 m^3。引入重型液压单斗铲是一项革新，其斗容达 23 m^3，斗容 7.6 ~ 17 m^3 应用得最多。

履带式吊斗铲在小露天矿中使用也较多，其斗容可达 16.8 m^3，臂长 78 m。轮斗挖掘机作为连续开采设备，原只适用于采掘松软的覆盖层，新一代的轮斗铲已能适应较硬物料，如页岩、硬煤、某些石灰岩等。前装机可作为装载机械，也可作为采运设备。由于灵活性好，在中小露天矿中广泛使用。

集采装、运输、卸土为一体的拖拉铲运机，在露天矿中广泛用于多种物料的移运。铲运机的装载容量可达 33.6 m^3，装运煤时可达 42.8 m^3 或 37 t。

矿内运输主要以汽车为主，其载重量在 20 世纪 80 年代以 154 t 的汽车为主，后来 218 t 和 272 t 汽车应用得较多。

带式输运机运输方式由于运量大、可靠性好、运输成本低而获得广泛应用。

2. 监控通信技术

1）安全监控系统

美国的矿井综合自动化监测监控系统集语言、数据、图像于一体，将监测、控制、通信功能合成一网，并发展灵活、方便的无线接入技术。监控系统包括现场监测控制层、生产与安全集中控制监视层、信息管理层三个层次，覆盖全矿井各生产环节，通过各种矿用控制器、传感器、通信终端、摄像器材等实现了对综采工作面和矿井运输、通风、排水等设备和矿井瓦斯、煤尘等安全参数的自动化监测和控制。如利用计算机微震监测系统预测煤与瓦斯突出；对爆破和采煤机截割工序的有害气体涌出峰值实行智能化监控等。

（1）煤矿安全监控系统。美国煤矿安全监控系统可将全国各类煤矿安全设备和通风技术参数、地质条件以及所有安全系统的评估核算集成在一个全国性的数据库系统；并且能与厂矿企业现有设备图纸、仪器等直接连接；与主要设备生产厂商的网页连接，以随时获取有关设备的安全技术参数；具备已被科研认证机构认证的煤矿技术参数数据库和数学模型；具备化学物质，特别是易燃、易爆、有毒气体（如瓦斯、甲烷、一氧化碳、硫化物、乙炔等）的热力学、爆炸和传质、传热及动量传递物性数据库；国家和具体工矿管理人员可在任何时间、地点，通过计算机网络检查分析全国所有矿区的结构、通风情况、开采装置和设备的安全现状；将重大隐患按照严重级别分类，在各级安全监管部门的系统网络上用不同颜色显示进行预警，并向安全监管部门提供系统的安全评估报告。

（2）全矿井综合监测控制系统。美国 MSA 公司生产的 DAN6400 系统采用 WEBGIS 技术对被监测环境地点的参数进行有效的危险性判别、分析并提出专家解决方案，在发生事故的情况下，指示最佳救灾和避灾路线，为抢救和疏散人员、设备提供决策。该系统传感器的可靠性高、品种齐全，矿用通信协议合理规范，能通过网络按统一的格式发送监测数据，可实现全面化的网络监控管理。

2）信息调度系统

井下人员管理系统。美国霍尼韦尔（Honeywell）公司井下人员管理系统：该系统应用无线射频技术，采用数据通信、处理技术和地理信息系统，能从地面实时监测井下人员、设备所在位置，统计井下人员数量和分布情况，记录人员活动轨迹，对人员闯入采空区等禁区、工作面超员、工作超时等情况进行报警。一旦矿井发生透水、坍塌或火灾等突发事故，该系统可快速检索井下人员的最后位置，从而为救援争取宝贵时间，同时可根据设置即时向政府主管部门发送信息，报告事故情况。

3）无线通信系统

美国 TeleMag－Transtek 无线双工语音数据通信系统：它是一种站对站的双向 TTE 通信系统，工作频率 4000 Hz，具有有限的便携性，井下和地面天线由 60 英尺直径环路组成，目前已有部分国家采用了该项技术。

3. 煤矿安全技术

1）通风技术与装备

（1）风机技术。美国风机设计和制造技术非常先进，具有效率高、耗能少、噪声小，运行稳定可靠等特点。美国发展大型、高效的通风机设备，轴流式风机得到了快速发展。而矿井局部通风机的主要发展方向则是减小风机体积、降低噪声、减少粉尘。

（2）通风检测装备。美国 JFY－8 通风多参数检测仪：使用带有多重传感器的探测器，可同时测定并记录多个通风参数数据，可测风速范围达 0～50 m/s，实际风速和标准风速读数可自动切换，可直接计算露点温度和湿球温度，无须干湿计，在测定流量波动的气流时读数也能保持稳定。具有量程大、精度高、性能稳定等优势，在通风系统设计和监测监控方面更系统、全面、准确。

2）瓦斯防治技术

美国 BPT 公司数字化瓦斯远程监控与评估系统：该系统能科学分析煤矿瓦斯含量数据，预测瓦斯突出与爆炸事故并对各类隐患等进行评估。目前该系统采用的冒顶事故预防评估模型已成功用于全美所有煤矿，其瓦斯监控技术也已成功用于美国 Bette Isle 和 BNI 等煤矿。

3）防尘技术

美国的粉尘监测系统由粉尘浓度自动分析系统、自动喷雾系统、浓度超限报警系统和地面远程监控系统组成，可实现远距离粉尘在线实时监测监控。现场安装的粉尘自动分析传感器能够自动连续监测并分析粉尘浓度，当粉尘浓度超过设定值时（10 mg/m^3）可实现自动喷雾，喷雾的时间为 10～60 s，间歇 10 s，直到粉尘浓度降到设定值以下，喷雾自动停止，报警解除。地面远程监控系统除正常显示粉尘浓度外，同时显示自动喷雾系统的工作状态，如果粉尘浓度超标报警，或因水阀门被关闭而没有实现喷雾，可利用远程控制系统向现场发出信号，打开防尘水管阀门，当粉尘监测传感器或自动喷雾系统出现故障时，可实现故障报警。该系统真正实现了煤矿井下粉尘在线连续监测与监控，除具有井下粉尘浓度超标报警、自动净化水喷雾、远程监控功能外，同时可以实现自动保存历史记录、实时显示测试结果等功能。

4）防火技术

美国火灾检测设备先进，将光纤激光雷达连续测温技术和热敏电缆火情预报技术用于带式运输机火灾的早期检测、报警和火源定位，报警准确率100%。美国ST80IS本安型红外测温仪可用于各级危险场所，测温范围 -32～7600 ℃，测温精度 ±1% 或 ±1 ℃，响应时间≤500 ms，工作环境温度 0～50 ℃。

矿井火灾束管监测系统是监测煤炭自燃发火指标气体的专用技术，但在灾害发生、监测设备损坏后便无法正常工作。美国开发的车载矿山救灾束管监测系统，可以解决灾害发生后由于人工取样造成的时间滞后、危险性大的问题。该技术集连续监测、爆炸危险性判别及灾害预测于一体，平时可用于日常监测，当灾害发生后，该系统能迅速赶到灾害现场进行连续监测，并对灾区的有毒、有害气体进行分析及爆炸危险性判别，以满足煤矿抢险救灾过程中的急切需要。

5）矿山救援技术

（1）井下救生技术装备。美国煤矿井下使用的应急避难所和救生舱总量占全世界的70%以上，其技术占主导地位。2008年12月31日，美国矿山安全与健康监察局公布了新的技术标准，是至今为止最完整的井下救生舱和避难所技术标准。美国的井下救生舱通过在发生事故后提供避难空间并供给氧气和食物，可以维持避难人员至少96 h的生命。

美国Strata公司生产的钢制步入式救生舱舱体结构坚固，可抵抗15 Psi（0.1033 MPa）超压，可以容纳6～40人，并为困在井下的矿工提供96 h的呼吸空气及食物和饮用水，能自动报告CO、CO_2、O_2浓度和温度，舱内设灭火器、外部照明和报警装置。充气式救生舱最大可容纳50名矿工，可提供96 h的呼吸空气。只需取下安全销并按下一个按钮，救生舱就会在3 min内自动展开。

（2）救援技术与装备：

① 美国红外热成像生命探测仪：利用红外热成像原理，通过探测人体与周围温度及热量的差异，形成人体图像，帮助救援队员在事故现场或废墟灾区定位受伤或遇难人员的位置。同时，由于该设备可远距离精确测温，还可用于探测煤自燃早期发火。

② V2机器人：美国矿山安全与健康管理局V2机器人是世界上最早并且也是唯一在美国投入使用的煤矿救灾机器人，该机器人由美国矿山安全与健康管理局（MSHA）委托矿业技术与机器人技术公司（Remotec）开发和制造。MSHA以26.5万美元的价格购买了这台专门设计的机器人。V2高50英寸，质量超过1200磅，由防爆电动机驱动，驱动方式类似于军用坦克的橡胶履带，配备导航和监控摄像机、照明设备、大气探测器，具备夜视能力、双向语音通信和操纵臂。V2从安全的位置远程操控，探索范围达5000英尺，通过光缆传输有关矿井状况的重要信息。操作员可以查看包括视频在内的实时信息以及可燃和有毒气体的浓度。

在2006年发生的西贡山矿难中，V2机器人进入矿井，但从矿井入口前进2600英尺（约790 m）后受到阻碍，被迫将其拉出，其后未见继续使用的报道。

4. 洁净煤技术

1）"洁净煤技术项目"

美国煤炭工业研究的重点是寻找以更有效、更经济、更环保的方式使用煤炭的方法。采矿业与美国能源部共同开展了"洁净煤技术项目"（CCTP），成功地在市场上开发和部署了更高效、更清洁的技术，以满足美国在未来数年对电力和更清洁环境的需求。

先进的洁净煤技术可以更有效地利用煤炭，减少硫、氮氧化物和二氧化碳的排放，同时也比传统的煤炭系统具有明显的优势。现有的燃煤电厂通常可以用这些新技术进行改造，这些新技术可以用于新建燃煤电厂，将排放减少到新法规要求的限度。

CCTP已经开发出了先进的污染控制技术，例如低氮氧化物（NO_x）燃烧器，目前在美国75%以上的燃煤电厂使用以帮助公用事业公司遵守更严格的《清洁空气法》的要求。其他氮氧化物控制技术，例如选择性催化还原，显示出更令强的空气质量改善能力。根据美国环保署的数据，由于该项目取得的进展，2015 年氮氧化物排放量比 2000 年水平又减少了 70%，尽管煤炭消耗量有所增加。

同样，该计划重新定义了烟气脱硫（FGD）能力，为市场带来了更高效、更经济的涤气技术。

流化床燃烧和集成气化联合循环已经进入市场，并提供更大的运行效率和空气质量的改善。根据美国能源部的说法，运营效率每提高一个百分点，二氧化碳排放量就会减少几乎相同的一个百分点，这是应对气候变化的一个重要因素。此外，在提高碳捕获、分离和储存潜力技术方面也取得了巨大进展。碳捕集和封存技术与效率更高的发电厂相结合，提供了一种实现二氧化碳减排的方法，同时又能充分利用国内丰富的煤炭资源。

此外，新的煤炭燃烧系统使用超临界和超超临界技术在更高的温度和压力下运行，除了显著减少二氧化碳外，还能比传统系统实现更高的效率。超临界蒸汽循环技术目前已在一些国家商业化使用。超超临界机组的运行效率甚至更高，目前正在研究和开发新的钢合金，以承受增加的压力和抵抗腐蚀。

2）煤炭洗选与加工

美国重视煤炭洗选加工，随着洁净煤技术的兴起，洗选加工技术和装备都得到了迅速发展，煤炭入选比例越来越高，洗煤厂日益趋向大型化、自动化和集约化发展。美国重介选煤技术发展较快，有 43.2% 的选煤厂装备了重介质分选机，51.5% 装备了重介旋流器。

3）煤炭地下汽化技术 UCG

美国劳伦斯·利弗莫尔、桑迪亚国家实验等研究机构投入了大量资金进行 UCG 研究试验，到 20 世纪 80 年代中期，共进行 29 次现场试验，累计气化煤炭 40000 t，煤气最高热值达 14 MJ/m^3。劳伦斯·利弗莫尔国家实验室开发成功的受控注入点后退（CRIP）气化新工艺，是 UCG 技术的一项重大突破，使美国 UCG 技术居世界领先地位，证实了 UCG 技术的可行性，但产气成本远高于天然气。

4）二氧化碳捕集与封存技术

（1）现状。煤炭燃烧时，产生的副产品之一是二氧化碳。技术进步使二氧化碳能够被捕捉，防止其释放到大气中。如果泵入地下油田，增加的压力有助于提高石油采收率（EOR），其还将取代甲烷气体，泵入深煤层，也可以长期储存在深层盐水含水层中。在一项商业操作中，北达科他州生产的二氧化碳将被输送到萨斯喀彻温省的韦伯恩，并被注入老油田，以提高石油产量。

目前美国 CCUS 的研究项目包括：

① 麻省理工学院已经开展了一项碳捕捉和储存技术研究项目，旨在研究各种 CCUS 技术，并绘制出全球正在研究和实施 CCUS 的地点。

② 美国洁净煤电力联盟（ACCCE）网站拥有美国 CCS 研究和项目的数据库。该数据库提供了关于项目名称、项目执行的状态、负责的组织、公共基金和私人基金的信息以及一个简单的描述。

③ 美国洁净煤电力联盟也有一个 CCUS 信息页面，上面用图形和视频描述了捕捉、运输和储存二氧化碳到地下的过程。

④ 美国能源部国家能源技术实验室（U. S. Department of Energy National Energy Technologies Laboratory）建立了一份清单，列出了全球范围内正在实施和计划中的碳捕获和封存（CCS）项目。数据库与谷歌 Earth 连接，随着新项目的启动或提出而定期更新。

（2）示范项目。NRG 能源的佩特拉诺瓦（Petra Nova）项目：佩特拉诺瓦项目将捕集得克萨斯州 WA Parish 火电站所产生的二氧化碳。WA Parish 发电站位于德克萨斯州休斯敦西南部，以燃煤发电为主，是州内一家大型燃煤发电站。佩特拉诺瓦项目使用胺类化学物质从电站尾气中捕集二氧化碳。

被收集的二氧化碳随后通过 132 km 长的管道被送至西农场油田（West Ranch oilfield）。

该项目自 2014 年开工，由美国 NRG 能源公司和日本 JX 能源公司联合投资，总金额超过 10 亿美元。其中 NRG 能源与 JX 能源各出资 3 亿美元，日本银行与瑞穗银行提供 2.5 亿美元贷款，另有 1.67 亿美元来自美国能源部补贴。日本三菱重工与关西电力将为其提供技术支持。

2017 年 1 月 10 日，全球最大的燃烧后碳捕集系统佩特拉诺瓦项目成功投入商业运营。佩特拉诺瓦项目在二氧化碳储存和提高采收率方面不断取得进展。截至 2019 年 8 月，佩特拉诺瓦已捕获超过 327 万短吨的二氧化碳并储藏。佩特拉诺瓦项目使枯竭的 West Ranch 油田已经通过 EOR 生产了超过 330 万桶的石油。

5. 煤层气技术

1）煤层气开发技术

美国针对不同地质条件下煤层渗透性、力学性质和井壁稳定性形成了一套煤层气开发技术，主要包括：

（1）压裂开采技术。压裂技术是煤层气开发过程中的关键技术，其重要性在于对生产层进行改造，以提升煤层气的产量。目前国外针对不同储层采用的压裂技术主要有交联凝胶压裂、加砂水力压裂、不加砂水力压裂和氮气泡沫压裂，各项技术均已过关。

在美国煤层气开发早期，大井组直井压裂技术曾广泛应用于圣胡安、黑勇士含煤盆地的煤层气开发。该技术主要适合于中煤阶区，其技术关键在于通过钻大井组压裂后长期、连续抽排，大面积降压后煤层吸附的甲烷气大量解吸而产出。在美国尤因他盆地，最初 3 口井压裂后抽采一年多时间，单井日产气在 1000 m^3 左右，随后井组逐渐扩大到 23 口，连续抽采 4 年以上，单井日产气量逐渐增加到 5000 m^3 以上，在大规模生产阶段，单井日产气超过 20000 m^3；在圣胡安盆地早期的开发试验也证实了相同的产气规律。这说明煤层气开采中实现煤层大面积降压对单井产气量具有决定性作用。

（2）裸眼/洞穴完井开采技术。美国针对低煤阶、高渗、厚煤层钻井易坍塌和煤层污染问题，采用煤层段裸眼下筛管完井或洞穴完井方式，以增加煤层裸露面积，提高单井产量。该项技术主要应用在圣胡安、粉河盆地。

粉河盆地含煤地层为第三系，低煤阶褐煤—长焰煤，埋深 50 ~ 3300 m，煤层气远景资源量 1.1×10^{12} m^3。开发区煤层埋深 76 ~ 300 m，煤层厚 24 ~ 460 m，含气量 2 ~ 5 m^3/t，煤层渗透率 35 ~ 450 mD，已钻井 2.3 万口，单井日产 3700 ~ 28000 m^3，平均 4500 m^3，单井日产水 32 ~ 79 m^3，2004 年产气 95×10^8 m^3。

（3）羽状分支水平井开采技术。在煤层内钻羽状分支水平井，每个羽状分支井由 1 个分支水平井、1 个洞穴排采直井组成，水平井主水平井眼长 1500 m 以上，主水平井眼两侧钻 8 ~ 14 个分支，分支井眼长 200 ~ 800 m。每个羽状井组由 4 个多分支水平井组成，总进尺 3.2×10^4 m，一个井组控制 4.8 km^2（相当于 16 口直井的开采面积）。该项技术主要适用于中、高煤阶低渗透含煤区，通过增加煤层裸露面积，沟通天然割理、裂隙，提高单井产量和采收率，解决低渗区单井产量低、经济效益差的问题，高含气薄煤层也可采用这一技术。

美国西弗吉尼亚阿巴拉契亚盆地，含煤层为石炭系，中、高煤阶，焦煤，镜质组反射率为 1.5%，煤厚 1.22 ~ 2 m，含气量 8.5 ~ 15.6 m^3/t，渗透率 3 ~ 4 mD，应用多分支水平井，单井日产气 $(3.4 \sim 5.6) \times 10^4$ m^3，产量比水力压裂提高 20 倍以上（直井压裂开采日产气只有 1700 m^3），6 年采出可采储量的 85%。

（4）注 N_2、CO_2 增产技术。煤基质表面对气体分子的吸附能力是一定的，向煤层中注入 N_2、CO_2，其气体分子会在一定程度上置换 CH_4 分子，使 CH_4 分子脱离煤基质束缚而进入游离状态，混入流动的气流中，从而达到提高煤层气产量的目的。美国、加拿大等国根据这一原理，将电厂等排出的烟道气回收处理后注入煤层。试验证明这种做法可以提高煤层气产量和采收率，同时还可以减少温室气体排放。目前美、加两国已有 16 家公司采用这一技术提高煤层气抽采产量。

2）煤层气利用技术

美国 BCCK 公司开发的 Nitech™提纯技术。用于脱除煤层气中的 N_2、O_2 和其他杂质。该技术用低温分离原理分离 N_2，通过接触式转化器将 O_2 转化为 CO_2 和 H_2O，再通过氨接触塔和除湿装置除去 CO_2 和 H_2O。BCCK 公司的第一个煤层气项目是 20 世纪 90 年代建设的位于宾夕法尼亚州西南部的煤矿煤层气提纯项目。该项目可以处理抽采自邻近煤矿的 $3.45\times10^5\ m^3/d$ 低浓度瓦斯，目前在亚拉巴马州和伊利诺伊州还有两个废弃矿井煤层气提纯项目正在运行。

1.9　煤层气资源开发

1.9.1　煤层气资源

1953 年，美国圣胡安盆地第一口煤层气生产试验井投产。20 世纪 70 年代以前，美国煤矿抽放煤层气主要是为了煤矿井下安全，从 20 世纪 70 年代末到 80 年代初，美国能源部投入较大力量进行煤层气开发利用研究和示范工程的建设。1980 年，全世界第一个商业煤层气田——黑勇士盆地橡树林煤层气开发区建设投产，标志着美国煤层气产业进入起步阶段，美国天然气研究所和许多天然气公司开始了大规模煤层气商业性开发。美国煤层气的探明储量从 1989 年的 $1040.93\times10^8\ m^3$ 提高到 2007 年的 $6194.02\times10^8\ m^3$，达到历史最高水平，在圣胡安、黑勇士、北阿巴拉契亚、粉河、拉顿等多个盆地形成商业产能，煤层气产量由 1989 年的 $25.77\times10^8\ m^3$ 提高到 2008 年的 $556.71\times10^8\ m^3$，为历史最高水平。至 2012 年，黑勇士、圣胡安、粉河、中阿巴拉契亚、尤因塔、拉顿等 10 个主要盆地均已进行商业化生产。

受经济危机、经济衰退的影响以及页岩气水力压裂技术的发展，页岩气生产成本降低，导致煤层气的开发自 2009 年开始陷入低潮，产量逐年降低，2017 年，美国煤层气产量降至 $27.75\times10^9\ m^3$，较 2008 年峰值下降 50.15%。2017 年煤层气探明储量下降到 $336.347\times10^9\ m^3$（图 4-1-44）。

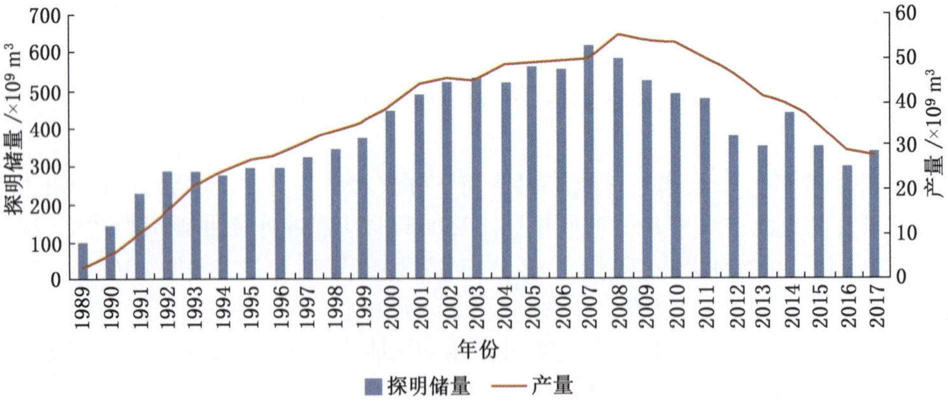

图 4-1-44　1989—2017 年煤层气储量及产量变化趋势图

1.9.2　废弃矿井瓦斯排放

美国是实现关闭矿井残存煤层气抽采利用商业化的国家，也是世界上首个将关闭矿井残存煤层气排放量计算在温室气体排放总量内的国家。据美国环保局 2017 年公布的数据，美国约有 7500 座废弃煤矿，其中 524 座是高瓦斯煤矿。依据联合国气候变化公约公布的有关数据，2000—2015 年美国废弃煤矿瓦斯年排放量处于6.2～8.8 Mt CO_2e之间；同期生产煤矿的煤矿瓦斯年排放量为42～62 Mt CO_2e。美国目前有26个正在运行的废弃煤矿瓦斯利用项目，主要利用方式为输入天然气管道，每年可减排甲烷约2.6 Mt CO_2e。

1.9.3 煤层气开发利用鼓励政策与法规

美国煤层气能够迅速发展，主要得益于政府在煤层气产业发展初期的财政支持、宏观调控政策和法规，才使得美国煤层气基础理论研究、勘探实践、开发试验、产业化推进、管线建设、市场开发能够顺利同步进行。美国政府积极的财政支持为美国煤层气发展初期的理论研究、勘探开发试验提供了丰裕的资金。宏观调控政策和按市场需要的立法为美国煤层气产业化进程保驾护航，增强了煤层气上、下游投资者的信心，同时也引导了市场投资的方向，刺激了煤层气产量、市场需求的大幅度增长以及管线建设的速度和规模。

在美国，煤层气从一开始就被作为一种非常规天然气，首先纳入天然气工业的管理框架，然后再给予一些特殊的政策，使煤层气尽管区别于常规天然气却具有相似的竞争条件和能力。从美国天然气工业的政策和法规的发展过程可以看出美国煤层气产业快速发展的深层次原因。

1938年，美国国会通过了《天然气法》(Natural Gas Act)，将联邦电力委员会（Federal Power Commission）的立法职能扩大到洲际管线的天然气批发销售和输送。1954年，美国最高法院裁决天然气生产者通过洲际管线的销售量由联邦电力委员会控制，由此导致美国20世纪60到70年代天然气供应的缺乏。1978年，美国的能源危机达到顶峰，美国国会出台了《国家能源法》(National Energy Act)，其中包括《天然气政策法》(Natural Gas Policy Act)，首次从立法角度制定了有关天然气的市场价格机制。1980年，美国政府出台了《能源意外获利法》，其中第29条是专门针对非常规能源（煤层气、致密砂岩气等）生产的税收优惠政策，规定每生产一桶油当量的非常规能源给予3美元的税收补贴。1985—1987年，美国联邦能源委员会（FERC）相继出台了第436和第500号法令，旨在鼓励管道公司向市场提供公开的和无区别的天然气输送服务，从此，天然气终端用户能够直接与天然气生产者签署天然气供应合同，美国天然气的市场机制逐步建立。1989年，美国政府出台了《天然气井口解除控制法》(Natural Gas Wellhead Decontrol Act)，该法规定自1993年开始，全部废除有关生产者销售天然气的法规。1992年，联邦能源委员会又发布了第636号令，要求管道公司对他们的天然气输送服务分类计价，同时对不管是否从管道公司购买天然气，都应提供公开的、同质的输送服务。1985—1995年，由于第436、500和636号法令的发布，美国天然气供应量显著增加，气价稳步下降。

从结果上来看，联邦电力委员会出台的有关天然气生产者卖气给洲际管道以及洲际管道卖气给用户气价的法规是导致美国天然气供应缺乏的主要原因。那些法规试图去限制天然气的价格来维护消费者的利益，其结果是导致了美国天然气供应和市场的严重不平衡。1978年的《天然气政策法》取消了天然气的封顶价格，结果是刺激了天然气的生产，大大增加了供应量。1985年的第436号和1992年的第636号法令不仅为天然气的销售了提供了灵活的市场通道，而且把天然气的销售与管道输送分开，为美国天然气的完全市场机制建立奠定了法律基础。1988—1994年，美国天然气的井口价平均下降了11%。总之，在美国天然气工业的政策法规体系下，美国煤层气产业不仅享有与常规天然气相同的市场价格、灵活的管道输送通道，而且还享有特殊的税收补贴政策，从而为煤层气和常规天然气创造了基本相同的市场条件和竞争能力。市场价格、完善的管道输送网络、税收补贴是美国煤层气产业快速发展的三大要素，特别是1980年颁布的《能源意外获利法》中第29条非常规能源开发税收补贴政策，对美国煤层气产业的发展起到了至关重要的推动作用。

《能源意外获利法》第29条最初规定，煤层气的税收优惠政策适用期为10年，即1980年1月1日到1989年底。为保障煤层气产业的迅速发展，1988年美国政府把该项优惠政策截止日期延迟到

1990年底。后来美国政府又第二次把截止期推迟到1992年底，即在1980年1月1日至1992年12月31日之间钻探的井中生产出的煤层气，在2003年1月1日以前都可以享受到第29条税收政策规定的补贴，使该政策优惠期达23年。煤层气是当时获得最高补贴的一种非常规能源，如1982年每生产1 m^3 煤层气，政府补贴2.82美分，当时煤层气售价约5.8美分，1990年的补贴达到4.4美分/m^3。自1980年该法规出台以后的10年内，美国黑勇士盆地煤层气开采得到的税收补贴约2.7亿美元，圣胡安盆地的税收补贴为8.6亿美元。

1.10 主要矿业公司简介

1993—2019年，美国前4家煤炭企业煤炭产量占煤炭总产量比重由1993年的23.7%上升到2019年的45.2%，1999—2019年，比重基本保持在40%～50%（图4-1-45）。

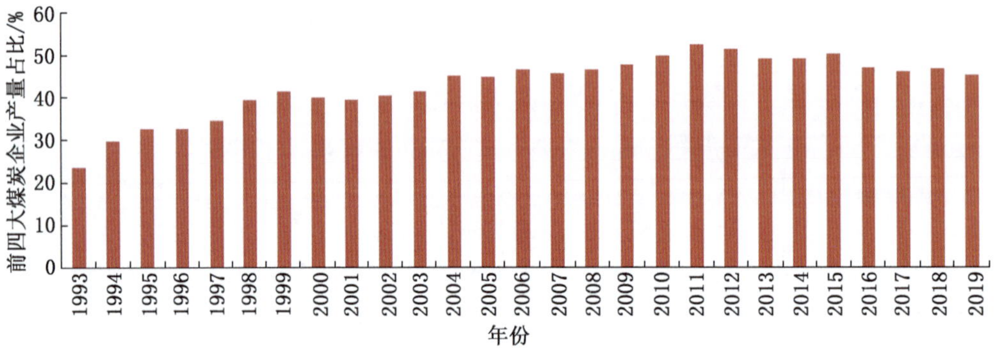

图4-1-45 1993—2019年前四大煤炭企业煤炭产量占比情况

2019年，以皮博迪能源集团（Peabody Energy Corporation）、阿奇煤炭公司（Arch Coal Inc）、纳瓦霍印第安保留地（Navajo Nation）和默里能源公司（Murray Energy Corp）为代表的前四家生产的商品煤总量占美国煤炭总产量的45.2%，前十家企业的占69.2%（表4-1-12）。

表4-1-12 2019年美国主要煤炭企业

序号	公司名称	煤炭产量/Mt	产量占比/%
1	皮博迪能源集团	125.85	19.6
2	阿奇煤炭公司	79.73	12.4
3	纳瓦霍印第安保留地	42.71	6.7
4	默里能源公司	41.33	6.5
5	联盟资源合作伙伴有限公司	36.79	5.7
6	纳科工业公司	32.43	5.1
7	康索尔能源公司	24.75	3.9
8	迈克尔T科斯特洛公司	20.72	3.2
9	康图拉能源公司	20.25	3.2
10	基维特彼得父子公司	18.72	2.9

随着美国能源结构的调整，受燃煤电厂退役、天然气和可再生能源发电比例提高的影响，2015—2019年间，占美国煤炭产量40%左右的美国前三大煤炭生产企业，皮博迪能源集团、阿奇煤炭公司、

云峰能源公司相继申请破产保护。

1.10.1 皮博迪能源集团（Peabody Energy Corporation）①

1. 公司概况

皮博迪能源集团公司(简称“皮博迪集团”)是世界上最大的私营煤炭公司,其前身是弗朗西斯·皮博迪于1883年在芝加哥创立的皮博迪煤炭公司。经过多次大规模收购和重组，1998年皮博迪煤炭公司成为美国最大的煤炭公司。皮博迪集团致力于以安全、高效、低成本的煤炭开采向用户提供优质可靠的产品供应和服务。

2. 煤炭储量及产量

皮博迪集团拥有遍布美国和澳大利亚21个地表和地下煤矿的大部分权益，并通过所有权和租赁协议拥有约49亿t已探明和可能的煤炭储量，以及约500000英亩的地面资产。在美国，皮博迪拥有的煤矿主要位于怀俄明州、科罗拉多州、亚利桑那州、新墨西哥州、伊利诺伊州和印第安纳州，最大的煤矿是位于怀俄明州肯贝尔县的北安太路普·罗切利露天煤矿。2019年，皮博迪集团煤炭产量125.85 Mt，占全国煤炭产量的19.6%，居全球煤炭生产公司的第三位。全球在册职工6600人。2019年营业收入46.2亿美元。

3. 企业收购重组

2003年皮博迪集团收购了黑·博伊特煤炭公司18%的资产。2006年皮博迪集团收购了澳大利亚Excel Coal公司。2008年皮博迪集团被美国《财富》杂志评选为全球最受赞赏的公司之一，在采矿和石油公司中排在首位。2016年4月12日，皮博迪集团申请破产保护，股价暴跌71%。2016年11月，唐纳德特朗普赢得美国总统大选后第二天，股价飙升超过50%。2017年4月3日，脱离破产保护，重新以NYSE：BTU上市，同时将“Peabody Energy”改为“Peabody”。

4. 产品主要流向

煤炭主要销售给五大洲25个以上国家的发电和工业用户，拥有2 GW的全球燃煤发电能力。

5. 主要成就

皮博迪集团认真履行社会责任，积极参与社会公益事业，努力实现企业与社会和谐发展，2019年皮博迪集团为世界经济直接和间接贡献107亿美元。连续8年全球安全事故率低于2.00。在全球范围内恢复煤炭开采区土地2984英亩。2010年以后，皮博迪集团获得了100个以上安全、环境等领域的奖励。

1.10.2 阿奇煤炭公司（Arch Coal Inc）②

1. 公司概况

阿奇煤炭公司始建于1969年，是美国第二大煤炭生产商。煤炭主要用于发电和冶金。动力煤生产主要在怀俄明州、科罗拉多州和伊利诺伊州，冶金煤生产主要在西弗吉尼亚州。由于冶金煤炭价格的提高，2019年冶金用煤占全部煤炭销售收入的43%。阿奇煤炭公司是美国最大的冶金煤生产商之一，2019年生产的冶金用煤占美国煤炭总产量的9%左右。

2. 煤炭储量及产量

阿奇煤炭公司在美国主要运营8个活跃的煤矿，可采储量1800 Mt。全球在册职工3600人。2018年，煤炭产量达90.95 Mt，约占美国煤炭总产量的13.3%。

3. 企业并购重组

阿奇煤炭公司经历过多次并购和重组，1997年7月，阿奇煤炭公司与Ashland Coal，Inc. 合并，

---

① 2019 Peabody 10－K.

② Arch 2019 Annual Report.

成为美国东部最大的低硫煤生产商之一。1998 年 6 月，公司收购了 Atlantic Richfield 公司的煤炭资源，将业务扩展到美国西部地区，这次收购包括怀俄明州粉河盆地的黑雷煤矿和煤溪煤矿，科罗拉多的西艾克煤矿以及峡谷燃料公司65% 的股份。2004 年 7 月公司收购了峡谷燃料公司剩余 35% 的股份，8 月收购了巴罗谢尔煤矿。2009 年 10 月，公司收购了位于怀俄明州粉河盆地的 Rio Tinto 公司的 Jacobs 牧场煤矿综合体，包括 3.45 亿 t 低成本、低硫煤炭储量，并将其与黑雷煤矿合并。2011 年 6 月收购了主要经营阿巴拉契亚地区煤矿的国际煤炭集团。2013 年 8 月，公司出售了峡谷燃料公司的股份。在 2016 年 1 月公司申请破产保护，10 月后摆脱破产保护，免除了 50 亿美元的债务。2019 年 6 月，阿奇煤炭公司与皮博迪集团签署协议，成立一家合资企业，将阿奇煤炭公司与皮博迪集团在粉河流域和科罗拉多区域的采矿业务联合起来。根据协议条款，阿奇煤炭公司将持有合资企业 33.5% 的股份，皮博迪集团拥有 66.5% 股份。

4. 煤炭产品流向

2019 年，阿奇煤炭公司向本国 31 个州和 16 个国家销售煤炭，为 84 个国内客户和 33 个国外客户提供了煤炭，其中 92% 的煤炭用于发电，8% 用于冶金。煤炭主要出口到欧洲、亚洲、南美洲和非洲。

5. 主要成就

2019 年，阿奇煤炭公司工时损失事故率为 0.84，2015 年以来安全生产 20 万工时损失事故率平均为 0.87%，比美国前十大煤炭公司同一指标低 2.95 倍，其安全生产的最终目标是“零事故率”。环境保护方面，阿齐煤炭公司是美国环境保护最优秀的前 10 家企业之一，接连荣获美国内政部颁发的“土地复垦优秀”奖和“好邻居”奖，该奖项是美国政府关于环境保护的最高级别奖。

1.10.3 默里能源公司（Murray Energy Corporation）

1. 公司概况

默里能源公司（Murray Energy Corporation）是美国最大的私营煤炭公司，每年生产约 76 Mt 优质烟煤，在六个州以及南美的哥伦比亚拥有近 7000 名员工。在美国拥有 15 个活跃的矿井，哥伦比亚有 2 个。运营 12 个长壁综采工作面和 42 个连续采煤机房柱式工作面。

2. 煤炭储量及产量

2019 年，公司煤炭产量为 41.33 Mt，约占美国煤炭总产量的 6.5%。

3. 企业并购重组

1996 年，开发肯塔基州西部的天堂矿。1998 年，开发伊利诺伊州的矿业。1999 年，在俄亥俄州东南部建造美国能源的世纪矿。2000 年，购买新矿 LilaCanyon。2006 年，购买了犹他州的 WestRidge 矿以及其他煤炭资产。2013 年，公司转型为综合型的煤矿开采企业，收购了马歇尔县煤矿、哈里森县煤矿等矿产企业作为子公司。2015 年 4 月，入股上市煤矿企业 ForesightEnergy LP，并在 2017 年获得该公司的控股权。截至 2018 年，默里能源持有该公司 7476.37 万股，占 ForesightEnergy LP 所有股本的 51.7%。2015 年 6—8 月，公司拓展国际煤炭市场。参与成立全球大宗商品公司并且和该公司签订了长期出口营销和国内咨询协议。此外收购高盛投资公司旗下的哥伦比亚自然公司，获得该公司的港口设施、17% 的铁路线、11 辆铁路机车以及 530 辆有轨电车。同时还和德国电力公司签署长期对冲、信贷额度协议。2018—2019 年，默里能源又分别收购了两家煤矿企业。

1.11　对我国煤炭工业高质量发展的启示

（1）加强资源综合评估，优化煤矿布局。美国煤炭资源开采条件较好，井工矿埋深平均 150 m，露天矿埋深平均 40 m，而我国井工矿埋深平均在 500 m 左右，露天矿埋深平均在 100 m 以上。另外，美国部分优质无烟煤资源并未进行商业化开发，而是作为战略储备资源得以保护。因此，我国应加强对煤炭资源埋深、倾角、构造、煤质、运距等多因素条件的综合评估，选择优势绿色资源量布局煤矿。采深、倾角过大，构造较复杂以及优质稀缺的无烟煤等资源，可以作为未来战略储备资源。

（2）采用先进技术，提高生产效率。美国煤矿机械化水平基本全部达到了100%。因此，对于新建和规划煤矿，在选择优势资源的基础上，进一步推广先进适用技术装备，优化开拓部署、简化生产系统、减少工作面个数、提高生产效率；对于生产煤矿，积极推进技术改造，提升机械化和集约化水平。

（3）优先发展露天矿。2018年美国露天矿产量比例约为63.58%，而我国仅为15%。由于露天矿具有成本低、安全性高、回收率高等优点，新疆、内蒙古等地区，资源、环境等条件适宜时，应优先建设露天矿，提高高效回收水平。

（4）美国煤矿安全生产与职业健康水平位居世界前列，煤炭开采与职业健康法律法规修订及时，还制定了一系列相配套的安全规程或实施细则，建立了较为完善的法律、法规体系。此外，各州政府还根据情况、制定本州的矿山安全与健康法规作为补充。美国矿山安全与健康法规修改及时。特别是对发生的事故进行认真调查，及时增补和完善原法律法规中的内容。

（5）加强从业人员教育培训工作。加强从业人员教育培训工作。要坚持从业人员学历的高要求，倒逼煤矿企业以较高工资待遇招录合格人员；改善作业条件和环境，提升职业认同感，保证职工队伍的基本稳定。进一步加大煤矿从业人员培训和教育培养投入。加强从业人员的安全意识、安全理念、守法诚信教育，注重实操实训，强化岗位技能和应急能力培训。严格对矿长等安全管理人员的考核发证，借鉴美国做法，研究对班组长的培训考核及取证管理工作，研究主要作业岗位培训考核标准，扩大工人持证上岗要求范围，鼓励和逐步创造条件实现工人一专多能、一人多证，让多面手的技术工人成为煤矿职工的大多数。

2　加拿大煤炭工业

加拿大是国土资源大国，国土面积仅次于俄罗斯，位居世界第 2 位。加拿大国土资源与产业管理制度完善，管理方式和手段先进，是发达国家中的典型代表。政府对国土资源管理以法律和行政手段为主，以经济手段为辅。主要通过立法、规划、权属登记、许可证发放、征收税费等行政手段进行管理。

加拿大一次能源消费主要来源于石油、天然气和水电。国内煤炭用途主要为发电，并且煤炭在电力生产结构中的比例持续下降。2018 年，加拿大生产的电力中，8.6% 来自煤炭。加拿大计划在 2030 年退出传统燃煤电力。2018 年，加拿大煤炭开采业产值约 64 亿美元，占当年矿业产值的 13.6%。

截至 2019 年底，加拿大煤炭探明储量为 6582 Mt，约占全球储量的 1%，全球排第 16 位。加拿大煤炭资源主要分布在西部的不列颠哥伦比亚、阿尔伯塔和萨斯喀彻温三省；东部的新斯科舍省和新不伦瑞克省储有少量煤炭资源；北方育空领地也有煤炭资源，但勘探程度较低。

加拿大历史上不是产煤大国，主要产无烟煤和褐煤。2018 年煤炭产量为 62.3 Mt，约占全球煤炭产量的 1%，位居世界产煤国第 13 位；主要产自 24 座煤矿，包括 22 座露天矿和 2 座井工矿；来自于不列颠哥伦比亚、阿尔伯塔、萨斯喀彻温以及新斯科舍等 4 个产煤省。

煤炭是加拿大铁路运输的主要大宗商品之一，每年有 30 ~ 40 Mt 的煤炭经铁路运输，2018 年铁路运输原煤 34.21 Mt。约 90% 的出口煤炭通过温哥华港口运输。西部的不列颠哥伦比亚省是世界优质焦煤供应地。

加拿大于 20 世纪 90 年代增加煤炭出口，目前为煤炭净出口型国家。2018 年，加拿大煤炭出口量约为 34 Mt，占全球煤炭出口量的 2%，在全球煤炭出口国中排第 7 位；主要目标地是韩国（25%）、日本（22%）、印度（13%）和中国（9%），少量出口到美国（不到 1%，但是占美国煤炭进口量的 13%）。

加拿大进口煤炭主要是东部省份，包括安大略省、新斯科舍省和新不伦瑞克省。2018 年进口量约 6.7 Mt，69% 来自美国。进口煤炭的一半用于钢铁冶炼，其余用于发电。

加拿大国家、地方政府及一些组织共同致力于矿山环境保护工作。除了常态化的矿区土地治理与复垦之外，自 2001 年以来加拿大逐渐重视废弃矿山管理，并通过全国废弃/遗弃矿山倡议机制，推动政府、产业和学术界共同协作，解决废弃矿山遗留问题。

煤矿安全生产早已形成良性循环，多年来没有出现死亡事故，煤矿事故仅以受伤率统计。煤炭行业已成为重工业中最为安全的行业。加拿大煤炭行业的雇佣工人平均受教育年限为 14 年，高于所有加拿大工人平均 13.5 年的教育年限水平，也高于加拿大金属和非金属采矿行业雇佣工人平均 12.8 年的教育水平。2018 年煤矿从业人员达 6895 人，煤炭生产效率达 8992 t/(人 · a)。

加拿大现有大型煤炭企业 3 家，即泰克资源（TECK）、科努玛煤炭资源公司（Conuma Coal Resource）和韦斯特摩兰矿业股份公司（Westmoreland Mining Holdings LLC）。

2.1　经济社会发展与能源

2.1.1　社会经济发展

加拿大位于北美洲北部，东临大西洋，西濒太平洋，西北部邻近美国阿拉斯加州，南接美国本土，北靠北冰洋。面积 $998\times10^4\ km^2$，居世界第二位。人口 3731 万（2019 年 1 月）；英语和法语同为官方语言。全国分不列颠哥伦比亚、阿尔伯塔、萨斯喀彻温、曼尼托巴、安大略、魁北克、新不伦瑞克、新斯科舍、爱德华王子岛、纽芬兰和拉布拉多等 10 省以及育空、西北、努纳武特等 3 个地区。

加拿大是西方七大工业国家之一。制造业、高科技产业、服务业发达，资源工业、初级制造业和农业是国民经济的主要支柱。加拿大以贸易立国，对外贸依赖较大，经济上受美国影响较深。据加拿大统计局信息显示：2018 年加拿大国内生产总值（GDP）20634 亿加元，人均国内生产总值 5.51 万加元，GDP 增长率 1.8%，失业率为 5.6%。根据国际货币基金组织对世界各国 GDP 的排名，2018 年年加拿大全球排名第 10 位。

2.1.2 能源与应对气候变化

1. 能源结构

1990—2019 年，加拿大一次能源消费总量整体上呈缓慢上升趋势（图 4－2－1）。加拿大一次能源消费以石油、水电和天然气等为主（图 4－2－2 和图 4－2－3）。其中：

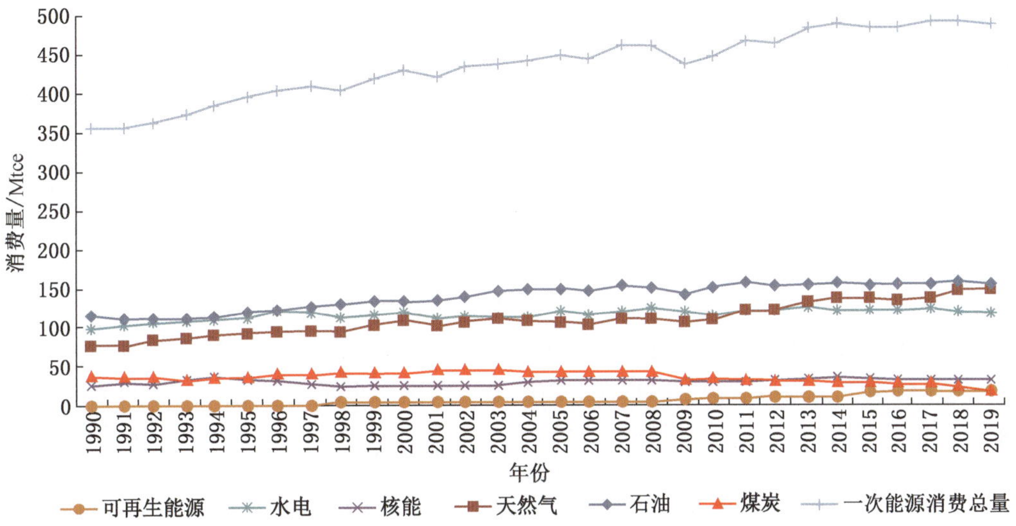

图 4－2－1 加拿大一次能源消费情况（1990—2019 年）（BP 世界能源统计数据）

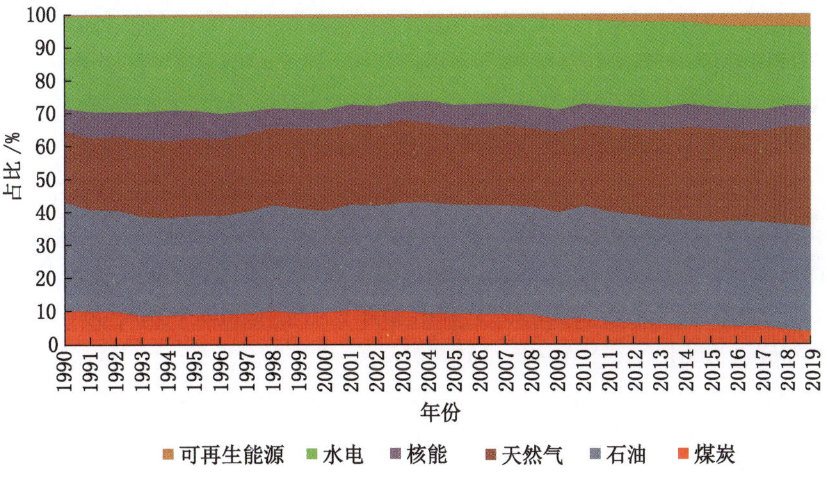

图 4－2－2 加拿大一次能源消费结构变化情况（1990—2019）（BP 世界能源统计数据）

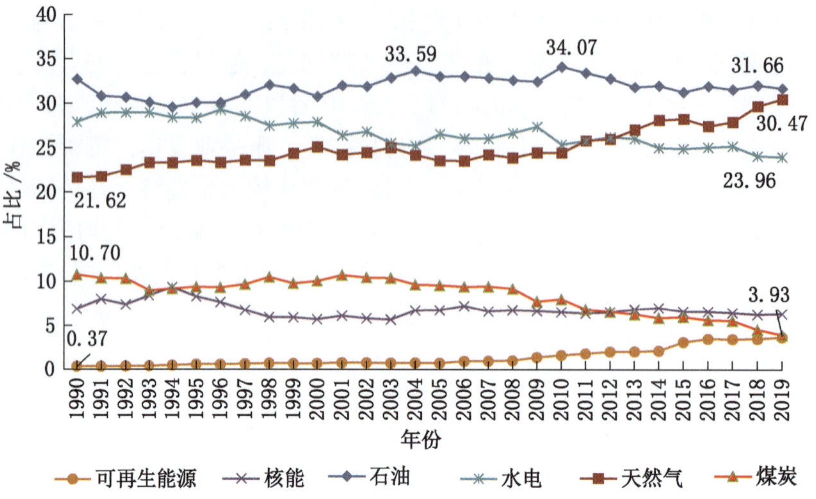

图4－2－3　加拿大不同种类一次能源消费比例变化情况（1990—2019）(BP)

（1）石油是加拿大最主要的化石能源。1990—2019年，石油消费量稳中有增，在一次能源消费结构中的比例在30%～34%之间小幅波动。

（2）水电长期以来一直是加拿大清洁能源的支柱。1990—2019年，水电消费量较为稳定，在一次能源消费结构中的比例介于24%～29%之间。

（3）天然气是加拿大的主要清洁能源之一。1990—2019年，天然气消费量持续增长；天然气在一次能源结构中的比例也逐年上升，由1990年的22.02%上升到2019年的30.47%。

从图4－2－2和图4－2－3还可以看出：1990—2019年，加拿大能源结构不断清洁化，特别是天然气和可再生能源，无论是消费量还是在能源结构中的比例均逐年上升；天然气在能源结构中的比例在2011年首次超过水电，二者差距随后不断扩大；可再生能源在一次能源结构中的比例从1990年的0.37%增长到2019年的3.68%。多年来，加拿大政府高度重视清洁能源和可再生能源的开发利用；同时，加拿大政府还确立了到2020年清洁能源占该国总发电能力90%的目标。这些举措都极大地推动着加拿大天然气和可再生能源等清洁能源的快速发展。

煤炭不是加拿大的主要一次能源。1990—2001年，煤炭在一次能源消费结构中的比例在10%左右小幅度起伏波动；自2001年以来，受传统煤电退出政策影响，这一比例持续下降，从2001年的10.82%下降到2019年的3.93%。

2. 温室气体排放与应对气候变化

自1990年以来，加拿大全国温室气体排放总量总体上不断增加，主要来自油气、交通、电力、建筑、重工业、农业和垃圾等行业领域。1990—2000年，温室气体排放量持续增加；2001年和2008年的排放量处于阶段性谷底（图4－2－4）。

加拿大国内消费的煤炭主要用来发电。煤炭对温室气体排放的贡献主要来自电力行业。1990—2018年期间，电力行业温室气体排放量在总体排放量中的比例最高时为18.06%（2001年），随后持续下降，到2018年降为8.81%（图4－2－5）。

电力行业排放的温室气体绝大部分来自于燃煤发电。1990—2018年，燃煤发电二氧化碳排放量在2001年达到峰值，随后持续下降（个别年份出现小幅反弹），特别是自2008年以后较为明显（图4－2－6）；同时，燃煤发电二氧化碳排放量在电力行业二氧化碳排放总量中的比例也保持总体下降的趋势，2017—2018年下降幅度明显（图4－2－7）。2000—2017年，加拿大电力行业温室气体排放

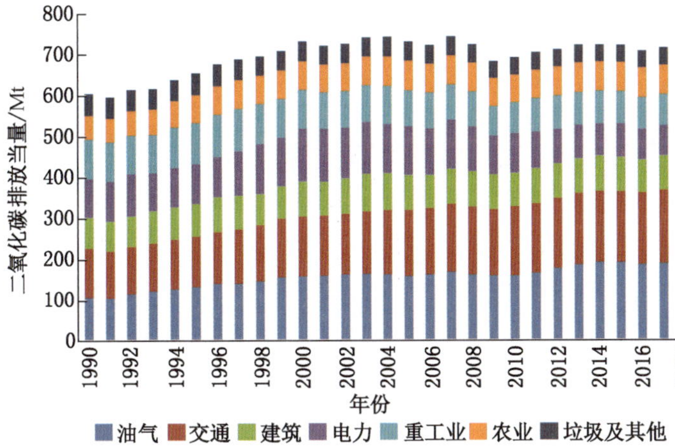

图 4-2-4　加拿大历年温室气体排放情况（1990—2018）

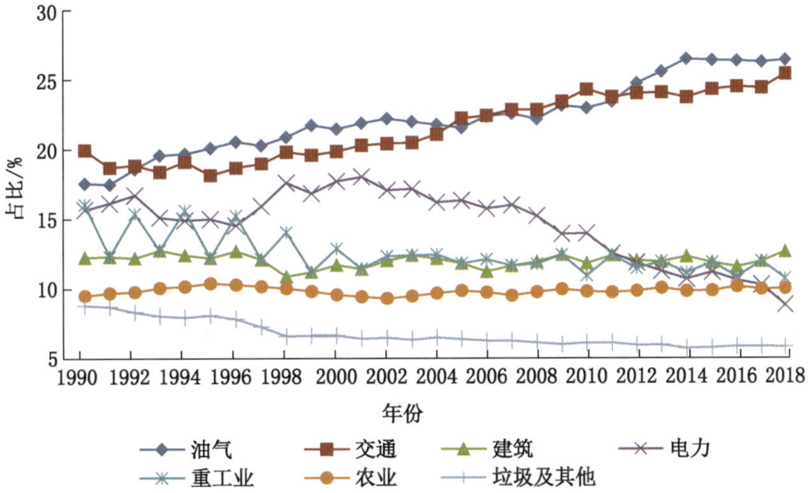

图 4-2-5　加拿大不同行业领域温室气体比例（1990—2018）

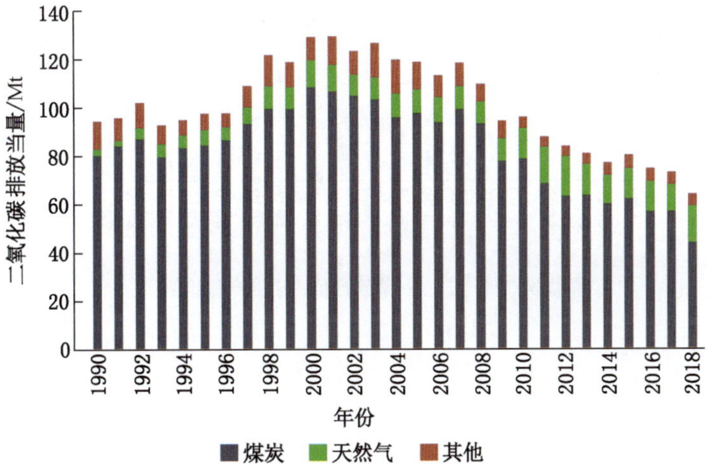

图 4-2-6　加拿大电力行业温室气体排放情况（1990—2018）

量削减了 43% 。这些削减量中绝大部分贡献来自安大略省：安大略省自 2001 年开始退出煤电，到 2014 年底全部退出。加拿大自 2001 年开始推进燃煤电力退出，这是电力行业温室气体排放量大幅削减的主要原因。

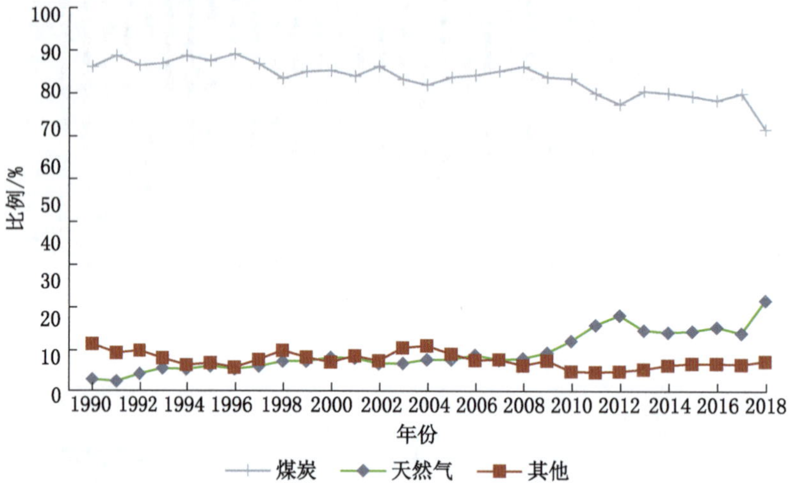

图 4-2-7　加拿大电力行业温室气体排放构成（1990—2018）

2.1.3　煤炭开采业对经济的贡献

1. 煤炭开采业产值

煤炭在加拿大能源资源中所占份额不大，但在矿业经济中占有重要地位。1999—2018 年，每年煤炭的产值占矿业产值的 3% ~8% ，矿业产值占工业总产值的 4% 左右。1999—2018 年，煤炭工业产值及其占矿业总产值的比例变化情况如图 4-2-8 所示。

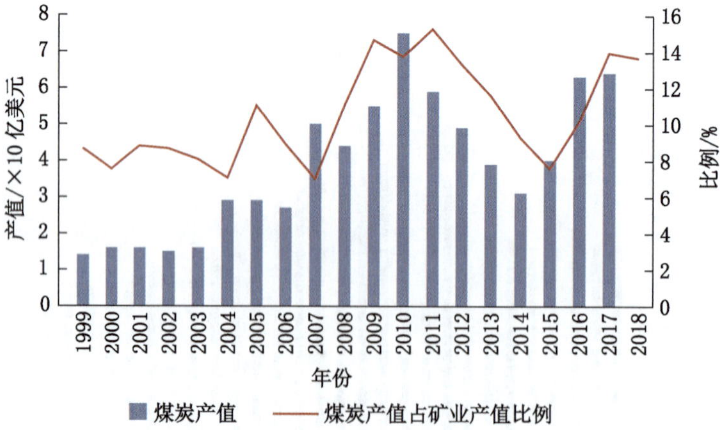

图 4-2-8　加拿大历年煤炭产值情况（1999—2018）

1999—2003 年，煤炭产值变化不大；在 2004 年出现显著增长，2004—2006 年趋稳；2007—2010 年，除个别年份（2008 年）外，产值逐年增加；随后逐年下降，下降幅度也比较大，一直持续到 2014 年，之后保持持续上升态势。

2. 对 GDP 的贡献

2005—2018 年，加拿大矿业对 GDP 的贡献如图 4－2－9 所示。2016 年，动力煤和炼焦煤的开采、加工及相关服务项目为加拿大 GDP 贡献了 40 亿美元，约占加拿大 GDP 的 0.2%。这其中一半的贡献来自炼焦煤。

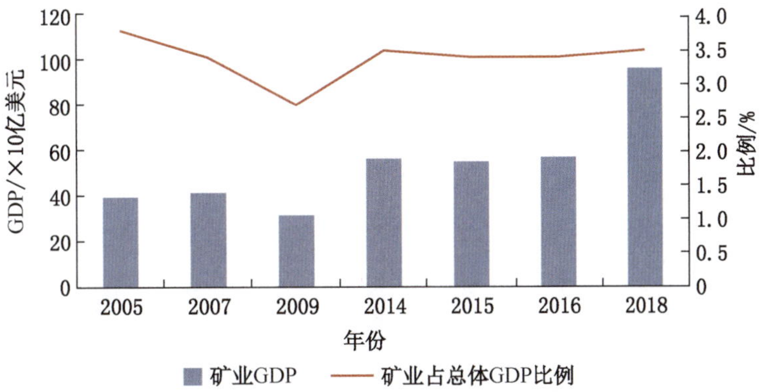

图 4－2－9　加拿大历年矿业 GDP 及其占总体 GDP 比例（2005—2018 年）

2007—2018 年，煤炭占矿业总体实际 GDP 的比例在 9%～15%。这一数据在 2007—2009 年期间逐年上升，随后呈现阶段起伏、整体逐渐下降的趋势（图 4－2－10）。

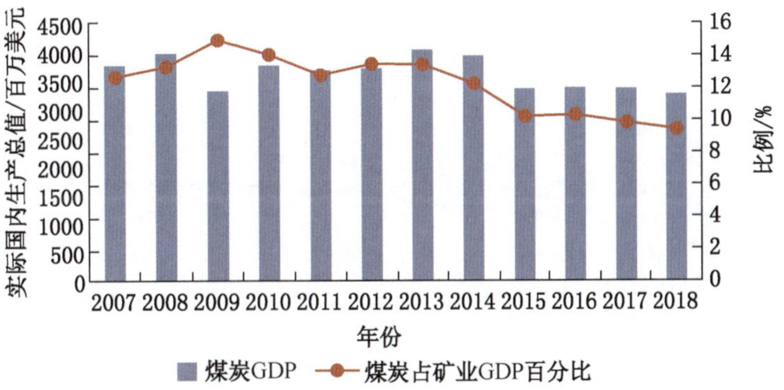

图 4－2－10　加拿大历年煤炭产业实际 GDP 及占矿业 GDP 百分比情况（2007—2018）
（以 2012 年的基本价格计算）

3. 煤炭开采业人员就业情况

（1）人员数量。2007—2013 年，煤矿、金属矿和非金属矿从业人员数量均在递增；2014 年开始，金属矿和煤矿从业人员数量开始下降，到 2015 年金属矿从业人员数量出现回升，而煤矿从业人员数量趋于稳定；非金属矿从业人员数量持续上升（图 4－2－11）。2007—2018 年，煤炭行业从业人员数量在整体矿业中的比例先升后降，2013 年出现转折（图 4－2－12）。

（2）薪酬情况。2010 年之前，加拿大煤炭行业平均年薪高于金属矿和非金属矿行业；但是在 2010 年之后，金属矿行业的平均年薪开始超过煤炭行业（图 4－2－13）。

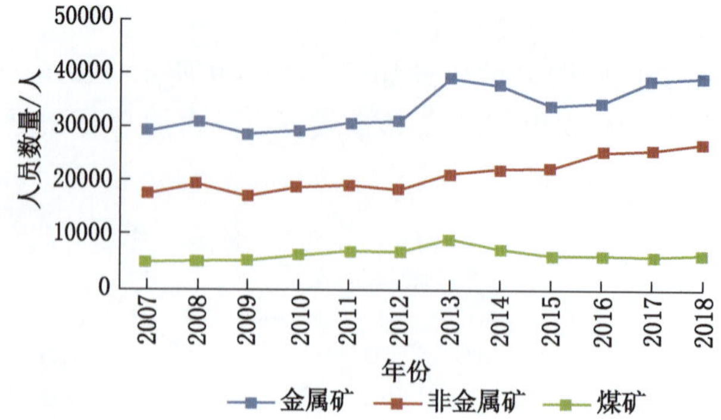

图 4-2-11　加拿大矿产开采业从业人员数量变化情况（2007—2018）

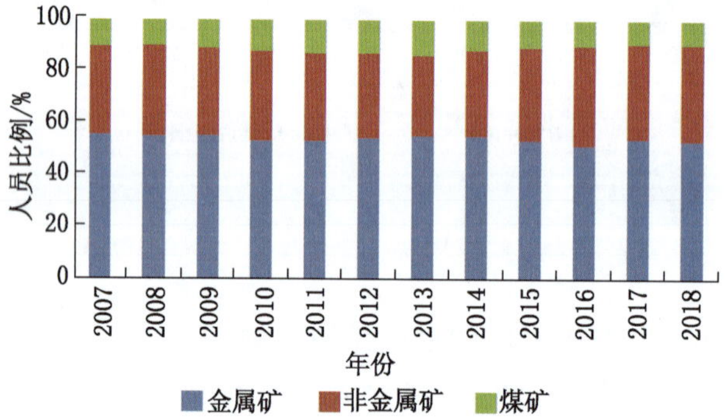

图 4-2-12　加拿大矿业从业人员数量构成（2007—2018）

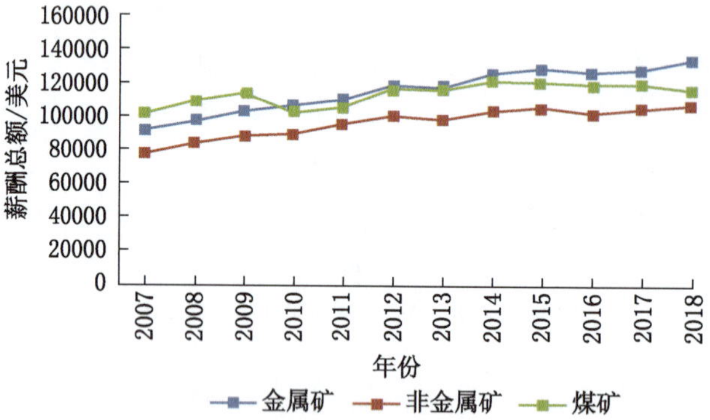

图 4-2-13　加拿大矿业从业人员薪酬变化情况（2007—2018）

2.2　煤炭工业发展现状及前景

煤炭工业在加拿大的经济发展中发挥着重要作用。加拿大主产无烟煤和褐煤，按用途分为动力煤和炼焦煤；煤炭生产以露天开采为主；煤炭运输主要依赖铁路和港口。加拿大是世界上主要的炼焦煤出口国之一。近些年来，加拿大动力煤的生产与消费受能源与气候政策影响冲击较大，预计到 2030 年基本退出；而炼焦煤市场则基本不会受到影响，主要取决于国际市场需求。

2.2.1　发展现状

加拿大煤炭生产以露天开采为主。进入 21 世纪以来，加拿大的生产煤矿维持在 20 座左右，绝大部分为露天矿。2018 年，加拿大有生产煤矿 24 座，其中 22 座为露天矿，2 座为井工矿。

在煤炭生产方面，1992 年加拿大煤炭生产进入低谷；随后产量逐渐复苏，到 1997 年达到近 30 年内的峰值 78.65 Mt；之后进入小幅度波动阶段，2003 年跌入近 30 年的低谷（62.13 Mt）。2018 年，加拿大煤炭产量约为 62.3 Mt，全球排第 12 位，85% 来自阿尔伯塔省和不列颠哥伦比亚省。

加拿大生产的煤炭中，动力煤和炼焦煤各约占一半。动力煤主要供国内发电使用，炼焦煤则绝大部分用于出口。加拿大是煤炭出口型国家，是全球重要的炼焦煤出口国之一，传统煤炭出口地包括亚洲（特别是韩国、日本）、欧洲、中东和美国等。2018 年，加拿大消费本土生产的煤炭约 30.64 Mt，其中电煤消费量为 25.97 Mt，占比 84.76%；煤炭出口量约为 35 Mt，全球煤炭出口量排第 7 位，97% 为炼焦煤，是全球第三大炼焦煤出口国，其中 61% 出口到亚洲地区，13.3% 出口到欧洲和中东地区，3% 出口至美国。

加拿大动力煤的生产与消费受国内能源与气候政策影响较大。2012 年，加拿大政府出台了《削减燃煤电厂二氧化碳排放条例》(Reduction of Carbon Dioxide Emissions from Coal – fired Generation of Electricity Regulations)，要求所有燃煤电厂把二氧化碳排放量控制在 420 t/GW 以内。根据该条例，加拿大的大部分燃煤机组将会在寿命达到之前被关闭，除非采用技术手段实现排放达标，或者未与联邦政府签署相关等效协议。2016 年底，加拿大宣布到 2030 年从其能源结构中淘汰煤电。同时，加拿大的能源政策中还提出到 2030 年，可持续能源电力的占比从 2016 年的 80% 提升到 2030 年的 90%，这一政策与淘汰燃煤电厂计划不谋而合。2017 年下半年，加拿大与英国联合发起弃用煤炭发电联盟 (Powering Past Coal Alliance)，旨在通过快速退出传统燃煤电力，加快清洁增长，加强气候变化防护。到 2019 年 12 月 10 日，该联盟成员数量已经达到 97 个。2018 年 10 月，加拿大正式宣布到 2030 年退出传统燃煤电力以及天然气发电的温室气体排放相关条例，支持清洁能源转型及至 2030 年清洁电力占 90% 的目标。

2018 年 11 月，加拿大发布加拿大煤炭转型倡议（Canada Coal Transition Initiative），为煤炭退出地区工人和社区提供支持。该计划首批资助产煤大省阿尔伯塔省战河地区建设 7 个社区转型中心，帮助解决就业问题。此外，该计划还拟资助萨斯喀彻温省在埃斯特万附近受煤炭退出影响的社区建设首座地热能电力设施，该项目在建设期间将能提供 100 个就业岗位，建成后能为该省电网提供清洁可再生电力，并为当地提供新的商业机遇。

2.2.2 管理体制与政策法规

加拿大是联邦国家，矿业管理部门分为联邦和省两级，两级间是分工协作关系，除环境和矿山修复等涉及社会公众利益或省间协调的问题外，分别按各自的立法管理权限履行职责。

1. 管理体制

加拿大联邦政府主要对铀矿的勘探开发以及西北地区和领海的矿产资源进行管理，并对环境和矿山复垦等涉及社会公众利益问题进行省间协调。煤炭行业的具体管理主要归各省。

1）联邦政府相关机构

在联邦层级，加拿大自然资源部从自然资源角度对煤炭进行管理，负责制定可持续发展的方针政策，确保煤炭作为能源资源为加拿大的经济、环境和社会的稳定发展提供可靠保障。加拿大环境与气候变化部（Environment and Climate Change Canada）则主要负责煤炭开发相关的环评审批。

2）省级政府相关机构

加拿大各主要产煤省分别对煤炭行业进行属地管理，以产煤大省阿尔伯塔省为例。阿尔伯塔省涉及煤炭行业管理的主要政府部门包括阿尔伯塔省能源部（Alberta Energy）、阿尔伯塔省能源监管局 (Alberta Energy Regulator，AER)、阿尔伯塔省劳动和移民部（Ministry of Labour and Immigration）以及阿尔伯塔省环境与公园管理部（Alberta Environment and Parks）。

阿尔伯塔省能源部主要负责省内煤炭资源的管理开发，编制相关规划，发放煤炭资源勘探开发许可，制定资源开发税费政策，与省政府、产业企业和社团一起，共同确保煤炭行业竞争力；同时，确保相关矿业管理和环境保护措施到位。能源部发放和管理皇家土地上的煤炭租赁（Coal Leases），并收取煤炭生产相关税费。具体工作由其下设的煤炭和矿产开发处（Alberta Energy Coal and Mineral Development Unit）实施。

阿尔伯塔省能源监管局是阿尔伯塔省能源部下属部门之一，负责具体管理阿尔伯塔省的煤炭开采活动，主要包括矿山开采许可审批、定期发布煤炭开采行业信息以及对煤炭开采活动进行定期检查及审计等。在煤矿开始建设前介入，一直持续到煤炭开采完毕。企业在进行煤炭开采活动前必须向能源监管局提交申请，获批后方可开采。煤矿扩产或是生产调整也需要向能源监管局申报。在煤矿的整个生命周期内，企业必须遵守《煤炭保护法》（Coal Conservation Act）、《煤炭保护条例》（Coal Conservation Rules）等法规条例及相关要求；在煤炭开采结束后，煤矿所有者必须迁走所有基础设施，并将土地还原成开采前原貌及原始用途功能（或类似）。能源监管局会在矿山复垦要求中列出具体要求，并与省政府一起拟定矿山财务安全计划，确保阿尔伯塔省人民不用承担矿山关闭的成本与代价。能源监管局会：①定期发布煤矿数量、资源储量、生产加工、煤炭种类和产地等行业生产相关情况信息（ST45 报告）。②进行定期检查及审计，以确保企业遵从相关要求。每年会检查数次，对某一具体煤矿的检查次数会综合考虑煤矿规模、位置、绩效、守法记录以及煤矿在生命周期（勘探、建设、运营或关闭）中所处阶段等因素，研判其风险等级后确定。如果发现有煤矿未遵守相关要求，能源监管局将采取相应的执法行动，并在执法公开栏（Compliance Dashboard）公开结果。能源监管局对全省的能源相关场所进行全覆盖式定期监测和检查，确保相关许可、审批以及相关法规、条例和要求中设定的相关标准和条件得到贯彻实施。每年有 70 多名能源监管局巡检人员开展现场巡检，覆盖成千上万处生产矿、生产和加工设施及管线等，确保企业遵规守法，安全生产与作业。能源监管局的场地中心会接收汇总技术专家提出的拟检查清单。在拟定这些清单时，会综合考虑场地设施的最后一次检查日期、公司资历和表现、已生产资源量、规模和位置等因素，具体包括公司业绩表现及过往遵规记录（包括先前的检查记录）、生产经营场所所在地区的敏感性（例如地形及周边水源水体等）、区域内环境事件的频次、事件发生后的固有风险以及生产活动的复杂性等。在发现企业存在违反相关法规、条例和要求的情况时，能源监管局会根据实际情况采取诸如公告（notice of noncompliance）、警告（warning）、命令（order）、行政制裁（administrative sanction）、罚款缴费（fee）、行政处罚（administrative penalty）、起诉（prosecution）、具名通报（declaration of a named individual）等诸多措施，还可以在企业完成整改前暂停其生产经营活动。除了定期检查之外，能源监管局还会对企业的生产活动进行定期合规性审查；通常是在首次批准企业申请时对其提交的纸质材料或报告等材料进行查验，在现场检查发现违规、接到公众投诉或者设施运营存在潜在风险时也会进行复查。能源监管局有诸多审计计划，其中之一的改进生产审计计划（Enhanced Production Audit Program）鼓励企业改进测量和报告流程，开展自查，以减少能源监管局的现场巡检次数。

煤矿安全和职业健康归阿尔伯塔劳动和移民部管理，相关工作主要包括职业健康与安全相关的教育培训、许可与认证、推进相关预防计划、事故统计以及依据省级立法开展工作场所重大事故（包括死亡事故）调查等。

煤炭开采的环境保护及复垦工作由阿尔伯塔省环境与公园管理部管理，主要是对煤炭生产相关的环境保护及复垦计划等进行审批。

2. 政策法规

加拿大煤炭行业立法权主要由各省行使，联邦政府在调整煤炭出口、煤炭开发利用中的环境保护以及各省间煤炭的销售、运输平衡等方面享有立法权和管理权。

以产煤大省阿尔伯塔省为例。阿尔伯塔省煤炭行业主要的法律法规包括《煤炭保护法》(Coal Conservation Act)、《煤炭销售法》(Coal Sales Act)、《矿山和矿产法》(Mines and Minerals Act)、《煤炭权利金条例》(Coal Royalty Regulation)、《矿山与矿产管理条例》(Mines and Minerals Administration Regulation)以及其他一些诸如环境保护与实施、环境评价、森林与草原保护、历史资源、物权、市政、职业健康与安全、公共土地、特殊地区以及水资源等相关法律法规(表4-2-1)。

表4-2-1 阿尔伯塔省煤炭行业相关政策法规一览

法律法规	要点	修订情况
《煤炭保护法》(Coal Conservation Act)	该法案确立了阿尔伯塔省能源监管机构(AER)对煤炭资源开发及相关设施建设等相关的管理体制,适用于省内的煤矿、煤炭洗选加工厂、煤炭规划以及生产和运输中的煤炭。具体包括法案的适用范围及目的,监管机构的权力和责任,煤矿开发、经营和废弃,煤炭洗选加工厂的运营和废弃,现场方案(包括煤炭气化/液化)的开发、运营和废弃,巡视,登记、记录和报告以及其他通用条款等部分	现行的为2013年6月17日修订版
《机构免责条例》(Agent Exemption Rules)	该条例是依据《煤炭保护法》制定的,针对该法案中第33(1)节做出补充	
《煤炭保护条例》(Coal Conservation Rules)	该条例是依据《煤炭保护法》制定的,就如何向阿尔伯塔省能源监管机构申请开展煤炭勘探或开采,煤炭洗选加工以及现场方案(包括煤炭气化和液化)等活动做出具体规定。它还就煤矿暂停和废弃、向能源监管机构提交相关信息和数据以及保证金要求等做出具体规定	
《煤炭销售法》(Coal Sales Act)	该法案使得阿尔伯塔省可以制定煤炭销售相关条例。本法中的“煤炭”包括焦炭、型煤(煤砖)、配煤和其他适合燃用的煤炭产品	2002年1月1日修订
《矿山和矿产法》(Mines and Minerals Act)	该法案赋予阿尔伯塔省政府对皇家矿山和矿产的管理和处置权,包括征收税费、租金和使用费等,适用于所有皇家的矿山和矿产以及相关自然资源,包括矿井、矿山、采石场和各种矿产。该法案中界定了矿山和矿产的范围,就如何确立、更新和取消矿产相关协议做出了具体陈述;该法案中除第八部分及相关勘探以及金属和工业矿产勘探条例归环境和公园管理部归口管理外,其余部分归能源部管理。所有油气及金属或工业矿产的勘探需要得到环境和公园管理部的批准	2019年7月18日更新
《煤炭权利金条例》(Coal Royalty Regulation)	该条例依据《矿山与矿产法》制定,确立了依照煤炭开采权协议获取、开采、回收或获得的亚烟煤和烟煤资源相关权利及计算方法,明确了针对销售或加工可销售煤炭的皇家权利金分成比例,规定了承租人的权利金报告要求	
《环境保护与促进法》(Environmental Protection and Enhancement Act)	该法案是阿尔伯塔省的主要法律之一,通过指定需要批准或注册的拟议活动来支持和促进环境的保护、改善和合理使用	
《矿山与矿产管理条例》(Mines and Minerals Administration Regulation)	该条例依据《矿山与矿产法》制定,规定了相关协议、告示、费用、处罚、租金和收益以及功能等同规则等行政管理标准	
《职业健康与安全法》(Occupational Health and Safety Act)	确立了阿尔伯塔省工作场所职业健康与安全的管理框架	2018年6月修订

2.2.3　发展前景

2016 年底，加拿大宣布到 2030 年从其能源结构中淘汰煤电。2018 年 10 月，加拿大正式宣布到 2030 年退出传统燃煤电力的相关条例。这些政策已经对加拿大的动力煤生产与消费产生重大影响，并将持续存在，直到基本退出。加拿大能源监管机构（NEB）2019 年的预测显示，到 2030 年，加拿大的燃煤电力基本退出，仅存少数采用 CCS 技术的燃煤电厂，总体上维持在极低的水平（图 4－2－14）。另外，加拿大的炼焦煤主要面向国际市场，因此炼焦煤的开发基本不受国内能源与气候政策影响，主要取决于国际市场需求。

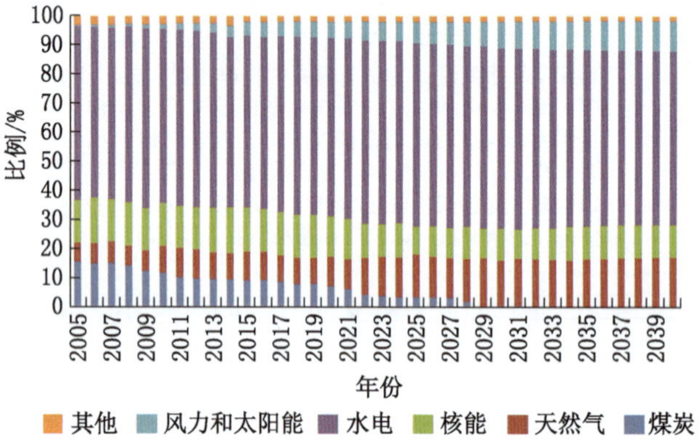

图 4－2－14　加拿大未来电力结构（NEB 2019 年预测）

就分省情况来看，工业大省安大略省在 2014 年底全部退出煤电。目前，仍有燃煤发电厂的阿尔伯塔、萨斯喀彻温、新斯科舍和新不伦瑞克等 4 省已跟联邦政府签订协议，就淘汰燃煤发电设立了时间表，将通过新技术应用或关闭燃煤发电厂等措施来实现温室气体减排，其煤炭工业将会向不同的方向转型发展。其中：

（1）阿尔伯塔省煤炭生产将转向国际出口市场。阿尔伯塔省在 2016 年宣布到 2030 年淘汰燃煤发电，并已启动相关煤炭转型计划。作为该项转型行动的一部分，省政府选择对那些最初被选定在 2030 年之后仍运营燃煤机组的公司提供转移支付。煤炭开采活动仍将持续，开采出的煤炭主要用于出口，面向国际市场。

（2）不列颠哥伦比亚省生产的 80%～90% 为炼焦煤，仅生产少量动力煤；省内生产的煤炭绝大部分用于出口，面向国际市场。因此，受淘汰燃煤电厂相关政策的影响不大。

（3）萨斯喀彻温省是加拿大第三大产煤省，由于主产褐煤，作为动力煤使用，受相关政策影响较大。作为对联邦政府 2030 年淘汰煤电的回应，萨斯喀彻温省提出了等同方案，拟通过在燃煤电厂开展二氧化碳捕集与利用，来抵消燃煤电厂二氧化碳的排放。省内萨斯喀电力公司已经在边界坝电厂建成全球首座商业化二氧化碳捕集装置，将捕集到的二氧化碳用于油气增产，实现与油气行业的耦合发展。预计未来省内褐煤生产会有一定的萎缩，但随着技术的进步，会维持在一定的水平。

2.3　煤炭资源

加拿大的煤炭资源极为丰富，主要分布在西部地区，90% 以上赋存于加拿大西部沉积盆地；煤种包括无烟煤、烟煤、亚烟煤和褐煤。

2.3.1　煤炭资源总量与煤田分布

1. 煤炭资源总量

加拿大煤炭资源总量约为 10 Gt，在全球有煤炭资源国家中排第 5 位。截至 2019 年底，加拿大煤炭可采储量 6582 Mt，占全球可采储量的 0.6%，储采比为 130，全球排 16 位。在可采储量中，无烟煤与烟煤为 4346 Mt，亚烟煤与褐煤为 2236 Mt（图 4－2－15）。

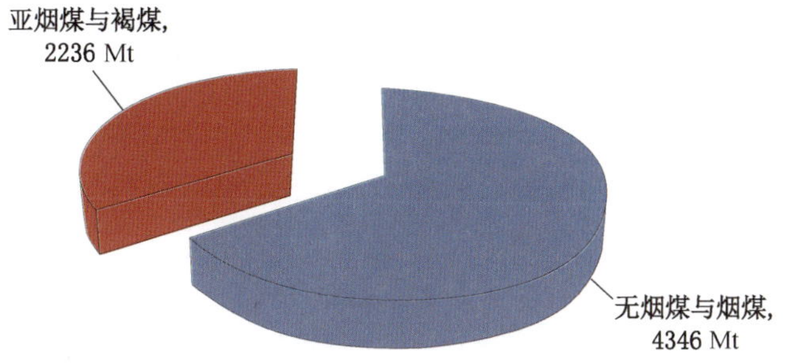

图 4－2－15　加拿大探明煤炭资源储量

2. 煤炭资源分布

在加拿大，已在 16 个沉积盆地中发现煤炭资源，煤层年代从泥盆纪至第三纪均有分布。加拿大 97% 的煤炭资源发现于西部省份，东部的安大略、新斯科舍和新不伦瑞克也有少量煤炭。此外，加拿大北部地区也有煤炭资源，但是勘探程度低。

加拿大 90% 以上的煤炭资源赋存于加拿大西部沉积盆地。该盆地是加拿大的七大沉积盆地之一，形成于 5 亿年前，延伸从加拿大地盾至落基山脉，横跨曼尼托巴、萨斯喀彻温、阿尔伯塔和不列颠哥伦比亚东北部。该沉积盆地内 45% 为亚烟煤，主要分布于阿尔伯塔省；14% 为褐煤，分布在萨斯喀彻温省；其余 41% 为烟煤和半无烟煤。西部沉积盆地的煤藏年代范围从早石炭纪（密西西比煤系）至第三纪古新世，煤田可采煤层地质年代为晚侏罗纪至早白垩纪，煤种为褐煤至次无烟煤；东部地区煤层形成于白垩纪至第三纪，煤化程度稍低，总体来说西部地区煤层煤质要普遍好于东部地区煤层。

加拿大煤炭分为褐煤、亚烟煤、烟煤和无烟煤。褐煤发现于萨斯喀彻温省南部、阿尔伯塔省东南部以及曼尼托巴省西南部；亚烟煤分布于阿尔伯塔省；阿尔伯塔、不列颠哥伦比亚、新斯科舍、新不伦瑞克和纽芬兰等省分布有烟煤；唯一已知的无烟煤资源主要分布于不列颠哥伦比亚省西北部。新斯科舍省的大部分煤炭资源位于海底。加拿大煤层地质结构主要集中在阿尔伯塔省的中南部。

3. 主要煤田

加拿大的主要煤田包括滨海的皮克图（Picto）煤田、锡德尼煤田（Sydney Coal Field）和坎伯兰（Cumberland）煤田，西部的阿尔伯塔煤田以及中部和大平原区的萨斯喀彻温煤田等，北极列岛的含煤区较小。

1）皮克图煤田

皮克图煤田主要含煤系是斯捷尔拉尔顿，由湖相沉积物组成，厚度约 3000 m。主要煤层分布在威斯特维尔段、阿尔比昂段、库尔一布努克段和托尔布尔恩段。厚度约 150 m 的威斯特维尔段正在开采 4 个复杂的煤层：阿卡迪亚（第一层），第二、第三和第四层。其中最重要的阿卡迪亚煤层厚度为 3.5～5 m，其他各个煤层的厚度为 1.8～3.6 m，有些地方厚达 5.4 m。

煤种为烟煤，平均水分为 2%～5%，灰分为 16%～20%，挥发分为 24%～28%，硫分为 3.1%，发热量为 25.9～28.9 MJ/kg（6200～6900 kcal/kg）。

2）锡德尼煤田

锡德尼煤田是新斯科舍省主要的开采煤田之一，煤田被浅海沉积物分为 4 个含煤区：莫里印、格拉斯贝伊、林根－维克托里亚和锡德尼。含煤地层厚约 2000 m，约有 40 个煤层，其中 10～12 层具有 1～2 m 的可采厚度。

煤种为烟煤，平均水分为 4%～5%，挥发分为 33%～37%，灰分为 4%～11%。该煤田煤炭资源量估计为 2700 Mt。

3）坎伯兰煤田

该煤田分布在阿巴拉契亚山脉东北端的山间盆地内，由斯普林希尔和乔金斯－希格内克托 2 个煤产地组成。前者约有 35 个煤层，总厚度为 60 m，后者有 26 个可采煤层，总厚度为 33 m。

煤种为烟煤，煤炭灰分中到低，挥发分为 30%～35%，硫分为 1%～7%，发热量为 31.4 MJ/kg。该煤田煤炭资源量估计为 222 Mt。

4）阿尔伯塔煤田

该煤田是中生代与新生代煤田，位于加拿大西部落基山东坡，分布在阿尔伯塔省南半部及不列颠哥伦比亚省东北部和东南部，呈西北—东南方向，往南延伸与美国落基山含煤区相衔接。

该煤田分为内、外山麓带及平原区 3 部分，山麓带与落基山脉走向平行，平原区在山麓带东侧。

该煤田为多纪煤田。含煤岩系主要有上侏罗统、下白垩统、上白垩统和第三系。其中最主要的含煤岩系是上白垩统，形成于河流、湖泊及浅海沉积环境，主要由砂岩组成，夹有煤层、粉砂岩和页岩。上白垩统总厚约 1000 m，其下段贝利河组的上部和下部都含有多个可采煤层，横向稳定，个别煤层厚度达 3 m，下段累计煤层厚达 6 m。上段霍斯舒坎宁组含煤 13 层，在煤田中部厚度达 5 m，上段累计煤层厚度达 12 m，在煤田西北部煤层厚度达 24 m。

该煤田的煤种：内山麓带主要分布低和中挥发分烟煤，外山麓带为高挥发分烟煤，而平原区则为次烟煤。平原区煤质；水分为 14%～20%，灰分为 11%～16%，挥发分为 40%～44%，发热量为 28.0～30.0 MJ/kg，硫分为 0.32%～0.66%。山麓带煤质：水分为 4.7%～11%，灰分为 22%～28%，挥发分为 25%～52%，发热量为 30.0～35.0 MJ/kg，硫分为 0.4%～0.7%。该煤田的煤属极低硫煤，硫分为 0.3%～0.7%，适于炼制优质焦炭。

阿尔伯塔煤田煤炭的资源量估计为 134 Gt，为全国煤炭资源量的 50% 以上，约占全国硬煤资源量的 90%。

阿尔伯塔煤田于 1793 年被发现，地处偏僻，远离东部工业区。目前年产量在 50 Mt 以上，主要是炼焦煤，大部分供应出口。

5）萨斯喀彻温煤田

该煤田分布在大平原南部，沿着南部国境线延伸，面积约 6000 km^2。煤田内的第三纪沉积赋存在穹地或呈水平状分布在被侵蚀的晚白垩纪地层之上，由 3 个组组成。古新世的拉文斯克里克组分布最广，由细粒砂岩、黏土质页岩、粉砂岩和煤层组成，有 8 个可采煤层，厚度 2.4～4.8 m。

煤种为褐煤，平均水分 29%～37%，灰分 5%～10%，发热量 13.4～18.3 MJ/kg。煤炭资源量估计为 11～12 Gt。

2.3.2　资源管理与政策法规

1. 资源管理

加拿大主要通过设置矿业权对煤炭资源的勘探开发进行管理。在加拿大开发煤矿，必须取得矿业权和土地所有权（其他还包括环境评估、废弃物管理、用水、水坝安全、道路使用等方面许可）。矿业权包括勘探许可（Prospector's License）、采矿请求权（Mining Claim）和采矿租约（Mining Lease）等。各省对矿业权的要求不同：勘探许可一般有效期为 5 年；采矿请求权一般有效期为 1 年，但有最低投入要求，需每年向政府相关部门提交勘探工作报告。申请主体需要先申请勘探许可，然后针对确定的范围申请采矿请求权，此时须提交煤矿关闭及复垦计划方案，包含矿山关闭、复垦相关规划及经费保障等内容。采矿租约包括开采权和处置权，一般有效期为 21 年，可以延期。矿业权相关管理工作主要由各省或地区的矿产资源或能源部门负责，如不列颠哥伦比亚省目前由能源、矿业和石油资源部负责（Ministry of Energy，Mines and Petroleum Resources），阿尔伯塔省由省能源部负责。

加拿大联邦政府和省政府均对矿业收税。联邦政府收取所得税、大公司资本税、能源消费税和商品与服务税，省区税收包括所得税、开采税（或权利金）、能源消费税和零售税等。

2. 政策法规

加拿大的煤炭资源管理相关政策法规一般由各省具体制定。例如阿尔伯塔省的《煤炭保护法》确立了阿尔伯塔省能源监管机构对煤炭资源开发及相关设施建设等相关的管理体制；《矿山和矿产法》赋予阿尔伯塔省政府对皇家矿山和矿产的管理和处置权，包括征收税费、租金和使用费等，适用于所有皇家的矿山和矿产以及相关自然资源，包括井、矿山、采石场和各种矿产。

2.4 煤炭市场

加拿大生产的煤炭按用途分为动力煤和炼焦煤。动力煤主要在其国内使用，90% 以上用于发电；炼焦煤则绝大部分出口到国际市场。受国内清洁能源及气候变化政策影响，加拿大煤炭消费大幅下滑，国内动力煤市场不断萎缩。

2.4.1 煤炭消费

加拿大国内消费的主要是动力煤，以褐煤为主，主要用于发电。

1. 煤炭消费概况

近些年来，受国内清洁能源及气候变化政策影响，加拿大煤炭消费量持续下降。图 4－2－16 为加拿大 1990—2018 年煤炭消费情况。从图中可以看出：过去 30 年中，加拿大煤炭消费量总体上先增后降；1990—2000 年，除个别年份之外，煤炭消费量逐年上升，到 2000 年出现近 30 年的峰值（62.68 Mt）；随后，煤炭消费量缓慢下降，到 2004 年年消费量下降到 60 Mt 以下；到 2009 年之后出现大幅度下滑。这一趋势与加拿大自 2001 年开始推进传统燃煤电力退出密切相关。

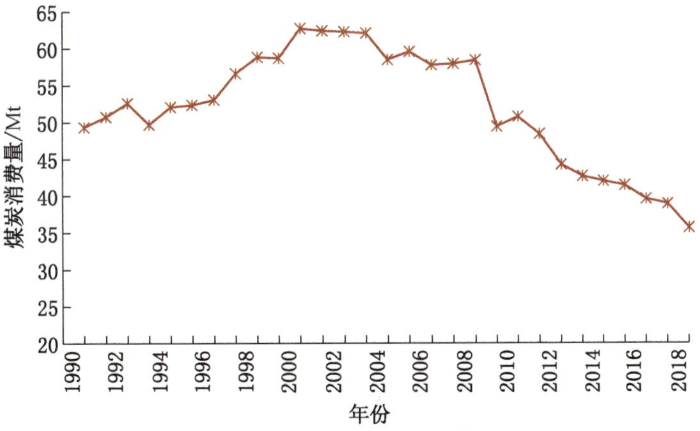

图 4－2－16　1990—2018 年加拿大煤炭消费量变化趋势

2. 煤炭消费结构

加拿大国内消费的煤炭主要用于发电，其他还包括炼焦/制气以及少量的终端能源使用（图 4－2－17）。加拿大持续调整能源与气候政策，致力于发展清洁能源，并明确提出到 2030 年全部退出传统煤电。受此影响，煤炭在电力行业的消费比例逐步下降（图 4－2－18），电力行业煤炭消费量在 2007 年达到一个短期峰值后逐年下降（图 4－2－19）。

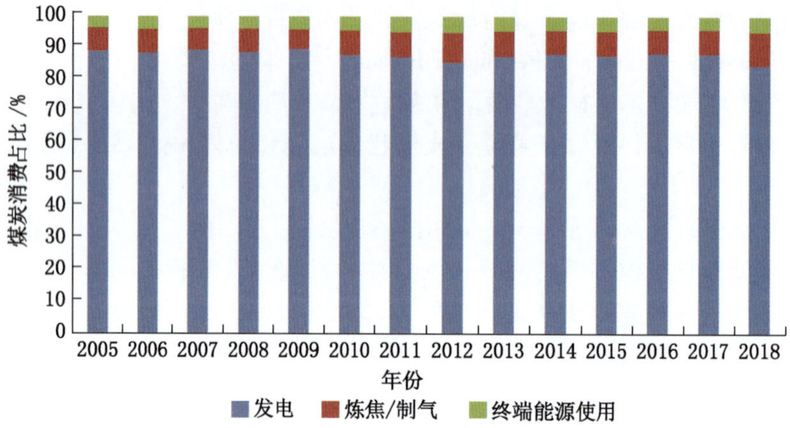

图 4-2-17　加拿大历年煤炭消费结构（2005—2018）

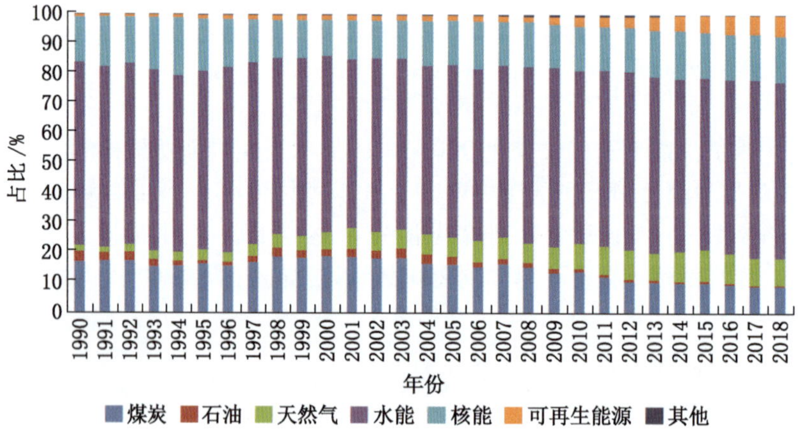

图 4-2-18　加拿大历年电力生产结构（2005—2018）

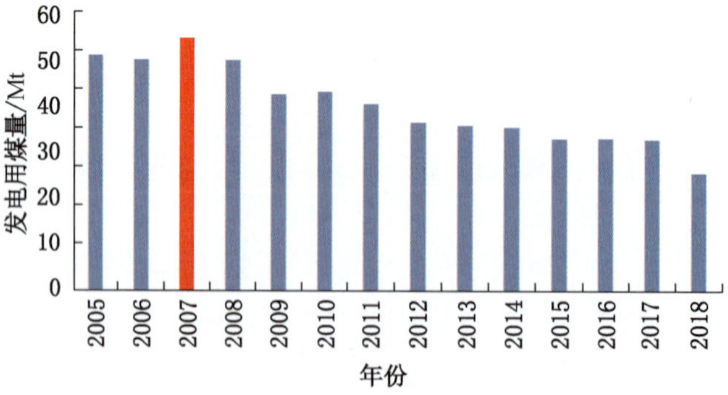

图 4-2-19　加拿大历年电力行业煤炭消费情况（2005—2018）

3. 主要省区煤炭消费情况

加拿大国内消费的煤炭近90%是用于发电。历史上有燃煤发电的省份包括阿尔伯塔省、安大略省、萨斯喀彻温省、新斯科舍省、新不伦瑞克省和曼尼托巴省等，各省电力行业消耗煤炭情况如图4-2-20所示。

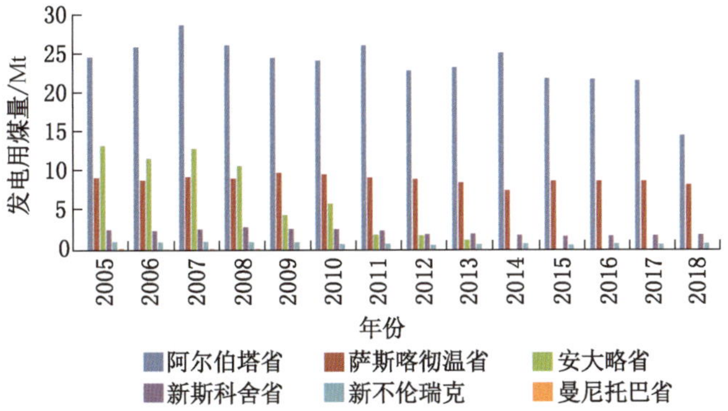

图4-2-20　加拿大分省发电用煤量情况（2005—2018）

自2001年加拿大开始实施退出燃煤发电计划以来，包括安大略、阿尔伯塔以及萨斯喀彻温等主要煤炭消费省纷纷采取措施，其中：安大略省在2014年全部退出燃煤发电；阿尔伯塔省逐步退出燃煤发电；萨斯喀彻温省则采取了另一条技术路线，即对传统燃煤发电厂进行技术改造，研发应用燃煤电厂的二氧化碳捕集技术。2017年，加拿大全国燃煤发电装机容量中，66%来自于阿尔伯塔省，其次为萨斯喀彻温省（16%），随后依次为新斯科舍省（13%）、新不伦瑞克省（5%）和曼尼托巴省（不到1%）（图4-2-21）。

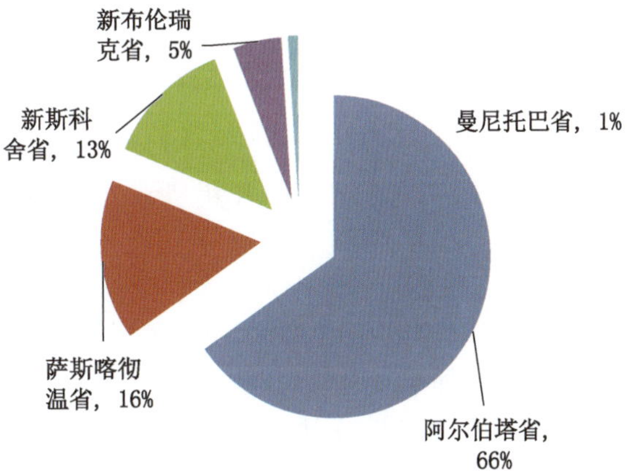

图4-2-21　加拿大2017年燃煤发电装机容量构成（分省）

4. 煤炭需求

（1）动力煤需求。在加拿大联邦层面推进传统燃煤发电退出的政策下，阿尔伯塔、萨斯喀彻温、新斯科舍和新不伦瑞克4省已跟联邦政府签订协议，就淘汰煤电设立了时间表，将采用包括新技术或关闭燃煤电站等措施实现温室气体减排。其中，较为典型的为萨斯喀彻温省，在本省主产动力煤短期内难以全部退出传统燃煤电力的情况下，选择利用二氧化碳捕集技术对传统燃煤发电进行技术改造。2014年10月，世界上首座配备二氧化碳捕集设施的燃煤电厂在萨斯喀彻温省边界坝电厂投入运营，该二氧化碳捕集装置能捕集燃煤发电过程中排放出的90%的二氧化碳，并通过管道将其输送到附近的油气田用于增产。未来动力煤需求将主要集中在萨斯喀彻温省。

（2）炼焦煤需求。加拿大是世界上主要的炼焦煤出口国之一，2018年是世界第三大炼焦煤出口国，其炼焦煤的生产和出口将受益于全球炼焦用煤短期至中期的需求。从长期需求看，炼焦煤产量取决于全球经济和钢铁业的发展。同时，加拿大的能源政策对国内的炼焦煤需求不会产生影响，煤炭将被继续用于金属冶炼。

2.4.2 煤炭（进）出口

加拿大是煤炭净出口型国家，其煤炭产量的近一半出口，主要为炼焦用煤，主要目标地区包括韩国、日本、印度和中国，少量出口到美国。加拿大主要从美国进口煤炭。

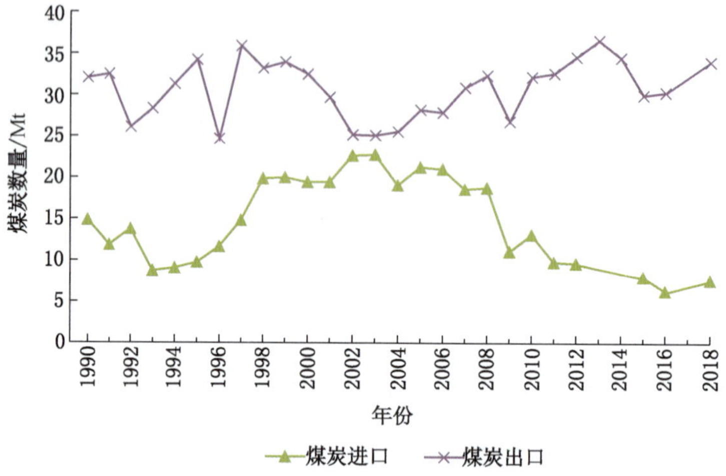

图 4-2-22 加拿大历年煤炭进出口情况（1990—2018）

1. 煤炭出口

2018 年,加拿大煤炭出口量约 34 Mt(图 4-2-22),占全球煤炭出口量的 2%,在全球煤炭出口国中排第 7 位;97% 为炼焦煤;其中出口到美国的煤炭约占出口总量的 3%,占美国进口煤炭的 13%。

2018 年，加拿大炼焦煤出口量仅次于澳大利亚和美国，位居世界第三。加拿大炼焦煤主要流向日本和韩国，主要竞争对手是澳大利亚。尽管加拿大和澳大利亚在煤炭市场上是直接的竞争对手，但他们在稳定煤炭销售价格方面也进行合作。

2018 年，加拿大出口煤炭价值约为 75 亿美元。主要出口地包括韩国（占 25%）、日本（占 22%）、印度（占 13%）和中国（占 9%）。出口到美国的不到 1%，占美国进口煤炭的 13%。

1990—2018 年，加拿大煤炭出口经历了多次波动起伏：1992 年、1996 年为两个短期内的出口低谷；2002—2004 年经历了煤炭出口低迷期；随后有所回升并持续到 2008 年；2009 年，煤炭出口相较上一年出现下滑；2010—2013 年持续回升；自 2014 年开始出现下滑，到 2018 年出口量回升。2005—2013 年，加拿大煤炭出口量从 28 Mt 增加到约 40 Mt，到 2015 年下跌到 30 Mt 左右，这一出口水平一直持续到 2017 年。

2. 煤炭进口

加拿大主要从美国进口煤炭。因为加拿大的主要产煤区在西部的阿尔伯塔和不列颠哥伦比亚省，其工业中心却在东部，而美国的主要产煤区在东部的阿巴拉契亚地区。如果加拿大不进口美国煤炭，就必须把煤运到东部，而美国西部太平洋沿岸各州缺煤，也必须长距离东煤西运。长距离运输煤炭费用高昂，增加用煤成本。这一格局促成了加、美两国煤炭彼此互补的“易位贸易”，即加拿大东部地区从美国进口煤炭，而加拿大西部地区生产的煤炭部分就近出口到美国，节省运费。

1990—1993 年，加拿大煤炭进口量总体上逐年下降；自 1994 年开始，煤炭进口量逐年回升，到 1997 年恢复到 1990 年的 15 Mt 左右的水平；随后，攀升到一个新台阶，1998—2001 年维持在 20 Mt 左右水平；2020—2003 年煤炭进口持续增加，2003 年达到 22.7 Mt；自 2004 年之后，煤炭进口开始回落，中间虽然有少数年份出现反弹，但总体上呈不断下降趋势。到 2018 年，加拿大煤炭进口量仅为 7.6 Mt。

2.4.3 煤炭运输

加拿大煤炭运输主要依赖铁路和港口。煤炭是加拿大铁路运输的主要大宗商品之一；每年通过加拿大国家铁路公司（CN）和加拿大太平洋铁路运输公司（CP）运输至西部沿海港口的煤炭量在 30 ~ 40 Mt 之间。加拿大 80% 的出口煤炭从不列颠哥伦比亚省装船运输。

1. 铁路运输

加拿大煤炭铁路运输主要通过加拿大国家铁路公司和加拿大太平洋运输公司的铁路线；国家铁路公司主要将不列颠哥伦比亚省北部以及埃德蒙顿西部的煤炭运送到省内 3 个港口；太平洋铁路公司则服务于不列颠哥伦比亚省南部埃尔克溪谷公司煤矿以及萨斯喀彻温省南部煤矿。其中，加拿大国家铁路公司年均运煤量为 45 Mt，可以直达 13 座煤矿，有 7 座高容量出口终端站，主要运输动力用烟煤和冶金用煤。

2. 水路运输

加拿大 90% 以上煤炭资源位于西部省份，80% 的出口煤炭是从不列颠哥伦比亚省装船。2018 年，加拿大港口运输煤炭量约为 34 Mt。

加拿大的主要煤炭港口码头见表 4－2－2。不列颠哥伦比亚省有 3 个煤炭港口，其中 2 个在温哥华，1 个在鲁珀特王子港。温哥华的韦斯特肖尔码头（Westshore）是北美最为繁忙的煤炭出口码头。其余 2 处出口港为内普丘恩码头（Neptune Terminals）和里德利码头（Ridley）。这 3 个码头总的煤炭出口量占全国煤炭出口总量的 90% 以上，其余的煤炭出口量由新斯科舍省悉尼市的开普布雷顿开发公司承担。

加拿大有 3 个主要的煤炭进口港，即安大略省的桑德贝港（Thunder Bay）、楠蒂科克港（Nanticoke）和新斯科舍省的悉尼港（Sydney）。拉基斯泰克公司（Logistec Corporation）经营着悉尼港口，主服务于 Lingan 电厂。楠蒂科克港主要供伊利湖畔北美最大的燃煤电厂——楠蒂科克电厂用煤。

表 4－2－2　加拿大煤炭港口

港　口	所　在　地	用　途
韦斯特肖尔港口	不列颠哥伦比亚省	煤炭出口港
内普丘恩港	里德利港	煤炭出口港
里德利港	里德利港	煤炭出口港
桑德贝港	安大略省	煤炭进口港
楠蒂科克港	安大略省	煤炭进口港
悉尼港	新斯科舍省	目前只用于进口煤炭

（1）韦斯特肖尔煤码头。韦斯特肖尔码头位于温哥华市，是北美西海岸最大的煤炭出口码头，地处温哥华以南 22 km 处的罗伯茨班克港。该码头有 2 个泊位：1 号泊位长 244 m，水深 22.9 m，可停泊 260000 t 级煤轮，装船机小时能力 70.00 Mt；2 号泊位长 185 m，水深 20.8 m，配有 2 台装船机，可装载好望角级船，最大小时装船能力 70.00 Mt。目前该码头装运煤炭占加拿大海运煤炭出口量的 60% 以上。

（2）内普丘恩煤码头。内普丘恩煤码头占地面积 28 公顷，有 3 个泊位和贮煤场，1 号泊位可装载好望角级船，配有 2 台小时能力为 3000 t 的装船机，贮煤场容量为 600000 t，有 1 台小时能力为 4000 t 的堆取料机。

（3）里德利煤码头。里德利煤码头属里德利码头有限公司，位于里德利岛，由鲁珀特王子港港务局管辖(该港是世界上最好的天然港口之一)。该码头建于1984年,是加拿大东北部煤炭出口的重要港口。里德利码头年装运能力16.00 Mt,可停泊250000 t级运煤船。码头配备有双斗自动卸煤机,可在2小时内卸完9200 t的100节组合列车。还配有2台IHI型堆取料机,每台小时能力6500 t。贮煤场容量1.20 Mt。2台最大小时能力为4500 t的装船机将煤装到船上，装船速度最大可达每小时9000 t。

2.5　煤炭生产

加拿大历史上并不是产煤大国，煤炭生产以露天开采为主，主产无烟煤和褐煤。

2.5.1　总体情况

1. 煤炭产量

加拿大自然资源部公开信息显示：2018年，加拿大煤炭产量为62.3 Mt，与上一年相比下降了10.6%。按分省情况来看,不列颠哥伦比亚省产量占比44%,阿尔伯塔省占比约41%,萨斯喀彻温省占比约为15%;新斯科舍省占1%(图4-2-23)。

加拿大历年煤炭生产情况如图4-2-24所示。1990—1997年，除个别年份之外，煤炭产量总体上逐年上升，并在1997年达到近30年的峰值78.65 Mt；1998—2003年，除个别年份外，产量逐年下降，在2003年达到阶段性低谷值（62.13 Mt），这一阶段主要是受煤炭退出政策影响，国内动力煤需求下滑导致产量削减；2004年之后，煤炭产量开始回升，到2007年达到一个小高峰（69.54 Mt），这一阶段主要是煤炭生产调整、增加炼焦煤产量、扩大出口所致；自此之后，煤炭产量进入一个相对稳定期，个别年份产量下降主要是因个别煤矿达到服务年限关闭所致；随后到2015年，煤炭产量继续持续下滑，到2019年产量降为50.5 Mt（BP数据），这一时期煤炭产量下降依然主要是受传统燃煤电力退出政策的影响。

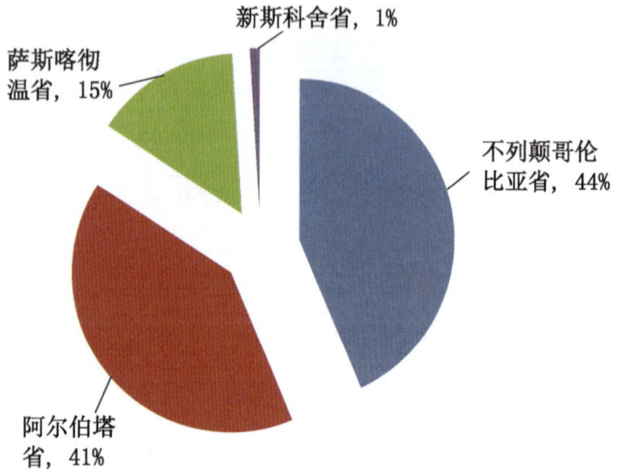

图4-2-23　加拿大分省煤炭生产情况（2018年）（加拿大自然资源部数据）

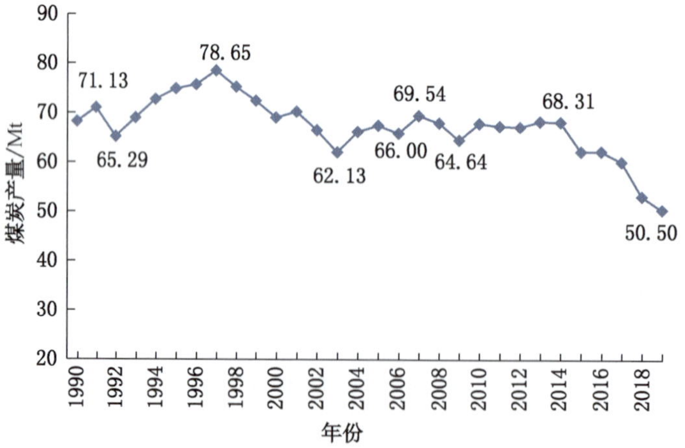

注：2008—2017年产量数据为加拿大自然资源部及统计局数据；加拿大统计局尚未公开2019年煤炭产量数据；同时，加拿大自然资源部公开的2018年煤炭产量数据比加拿大统计局相关数据高出约1 Mt，而加拿大统计局数据和BP统计数据整体上较为接近；因此，2018年和2019年产量采用了BP世界能源统计年鉴数据。

图4-2-24　加拿大1990—2019年期间煤炭产量

2. 主要省份生产情况

加拿大现有24处许可煤矿，主要分布在阿尔伯塔、不列颠哥伦比亚、萨斯喀彻温和新斯科舍等四省（表4-2-3）。其中，不列颠哥伦比亚省生产的绝大部分为冶金用煤（即炼焦煤），出口到亚洲市场；阿尔伯塔省和萨斯喀彻温省生产的多为动力煤，特别是萨斯喀彻温省，主要供国内发电使用。

表4-2-3　加拿大主要产煤省煤矿数量

序号	省　份	煤矿数量	序号	省　份	煤矿数量
1	不列颠哥伦比亚	10	3	萨斯喀彻温省	3
2	阿尔伯塔省	9	4	新斯科舍	2

1）阿尔伯塔省

阿尔伯塔省煤炭资源储量约为6 Gt，近一半的面积中分布有煤炭资源，曾长期是加拿大最大的产煤省。煤炭开采活动可以追溯到19世纪晚期。目前，该省有9座生产煤矿，生产炼焦煤和动力煤；年均产量介于25～30 Mt之间。阿尔伯塔省2014—2018年的煤炭生产情况见表4-2-4。

表4-2-4　阿尔伯塔省2014—2018年煤炭生产情况

年　份	产量/Mt		
	烟　煤	亚烟煤	合　计
2014	6.92	24.23	31.15
2015	4.07	23.61	27.68
2016	4.07	21.42	25.49
2017	3.47	22.30	25.77
2018	3.18	16.45	19.63

2）不列颠哥伦比亚省

不列颠哥伦比亚省是加拿大第二大产煤省。该省的煤炭生产始于19世纪40年代，当时主要供蒸汽机使用。目前，共有10座生产煤矿，分布于3个地方。该省生产的煤炭80%～90%为冶金用煤（炼焦煤），用于钢铁生产，也生产少量动力煤。该省生产的绝大部分煤炭通过西海岸温哥华附近以及鲁珀特王子港等地出口到亚洲，包括韩国、日本、印度和中国。煤炭开采业是该省的支柱产业之一，目前全省矿产生产总收入的一半以上来自煤炭生产。不列颠哥伦比亚省历年煤炭产量见表4-2-5。

表4-2-5　不列颠哥伦比亚省1995—2016年煤炭生产情况

年　份	产量/Mt	产值（C$）	年　份	产量/Mt	产值（C$）
1995	24.35	968.3	2001	27.01	959.3
1996	25.42	1026.60	2002	24.40	1034.90
1997	27.83	1106.90	2003	23.07	971.5
1998	24.80	956	2004	27.31	1190.90
1999	24.85	796.9	2005	26.72	2299.60
2000	25.68	812.1	2006	23.06	2105.30

表4-2-5（续）

年　份	产量/Mt	产值（C$）	年　份	产量/Mt	产值（C$）
2007	25.73	1949.00	2013	31.13	3695.90
2008	26.16	3738.50	2014	29.39	×
2009	21.19	3203.60	2015	25.55	×
2010	26.04	4253.40	2016	26.03	×
2011	27.43	6072.70	2017	×	×
2012	28.78	4635.40			

注：×为根据加拿大相关保密法未公开。

3）萨斯喀彻温省

萨斯喀彻温省是加拿大的第三大产煤省，主要生产褐煤；现有3座生产煤矿，即比恩菲特煤矿（Bienfait Mine）、边界坝煤矿（Boundary Dam Mine）和杨树河煤矿（Poplar River Mine），均在埃斯特万镇。加拿大的绝大部分褐煤产自萨省。萨省生产的煤炭约90%用于本地发电，其余部分通过铁路运送到曼尼巴托省和安大略省（2014年以前），同样用于发电。

4）新斯科舍省

新斯科舍省煤炭资源储量估计在3 Gt，煤炭开采活动始于19世纪20年代，在1827—1945年是加拿大主要的产煤省。该省现为加拿大第四大产煤省，现有生产煤矿2座，分别为先锋煤矿和唐金煤矿，前者位于斯泰乐顿镇，后者位于唐金镇。煤炭是新斯科舍省的主要发电燃料，该省六成电力来自煤炭。

2.5.2　开采方式

加拿大煤炭开采以露天开采为主。2018年，加拿大有生产煤矿24座，其中：22座为露天矿，2座为井工矿。

1. 露天煤矿

加拿大煤炭主要来自于露天开采，通过露天剥采或露天矿坑开采。露天剥采仅临时占用土地，在开采的同时进行地表修复；露天坑采时，煤炭开采完毕后会对矿坑进行回填，并在地表种植本地树木、灌木和草本植物。加拿大现有的主要露天煤矿情况详见表4-2-6。

表4-2-6　加拿大主要生产露天矿概况

所在省	煤矿名称	开采方式	产能/产量/（$Mt \cdot a^{-1}$）	商品煤种类
新斯科舍省	斯泰勒顿煤矿（Stellarton）	露天开采		动力煤
萨斯喀彻温省	埃斯特万煤矿（Estevan）	露天开采	6	动力煤
	杨树河煤矿（Poplar River）	露天开采	3.3	动力煤
阿尔伯塔省	希尔内斯煤矿（Sheerness）	露天开采	3.3	动力煤
	Paintearth	露天开采	2.7	动力煤
	杰纳西煤矿（Genesee）	露天开采	5	动力煤
	Highvale	露天开采	13	动力煤
	煤炭谷（Coal Valley）	露天开采	3	动力煤
	Cardinal River（Cheviot）	露天开采	2	炼焦煤

表 4-2-6（续）

所 在 省	煤 矿 名 称	开采方式	产能/产量/（$Mt \cdot a^{-1}$）	商品煤种类
不列颠哥伦比亚省	煤山煤矿（Coal Mountain）	露天开采		炼焦煤/动力煤（2019 年第二季度关闭）
	Line Creek	露天开采	4	炼焦煤/动力煤
	Elkview	露天开采	7	炼焦煤
	Fording River	露天开采	9	炼焦煤
	格林希尔斯煤矿（Greenhills）	露天开采	5.9	炼焦煤
	Brule	露天开采	2.5	炼焦煤
	Willowcreek	露天开采	1.2	炼焦煤
	Wolverine	露天开采	1.5	炼焦煤

2. 井工煤矿

加拿大井工煤矿极少，长期仅有 1~2 座井工煤矿。2019 年，加拿大仅有的 1 座井工煤矿昆萨姆煤矿停产，当年生产煤炭约 0.5 Mt。

此外，中国国内有企业赴加拿大开展煤炭生产业务。典型项目之一为墨玉河煤矿（Murray River Coal Mine）项目。该项目由汇永德华国际矿业公司（HD Mining International Ltd.）所有，主要开采深度 400~800 m 深部的炼焦煤资源，资源量预计在 3.18 Gt。初始阶段的开发主要集中在 1 号试验区，面积 37 km^2，探明储量为 0.688 Gt。矿井设计产能 6 Mt/a，服务年限为 25 a。该煤矿由中科集团沈阳煤炭设计院设计，由北京汇永集团和加拿大德华国际矿业集团合作开发。2013 年，国家发改委核准了北京汇永集团投资该煤矿 5.5 亿美元的计划。2013 年 5 月 31 日，加拿大环境评估局（Canadian Environmental Assessment Agency）对该项目进行了环境评价。2016 年，该煤矿项目完成了南北工业广场的建设和主井的施工，抵达主采煤层。2017 年 12 月，加拿大联邦政府环境部批准该项目的环境评价。

2.6 煤矿安全生产与职业健康

加拿大煤矿安全生产早已形成良性循环，多年来没有出现煤矿死亡事故。加拿大的矿业安全生产与职业健康主要归各省和领地政府管理，联邦政府主要负责监管特定矿产，例如铀矿。

2.6.1 安全生产与职业健康总体情况

1. 总体情况

加拿大的煤炭工业可追溯到 19 世纪殖民主义者在东部开采露天煤矿。加拿大煤炭产量的历史峰值为 1997 年的 78.76 Mt，随后回落，近些年维持在 60~70 Mt。加拿大绝大部分煤矿为露天开采。目前，加拿大获得开发许可的煤矿 24 处，其中露天煤矿 22 处，井工煤矿 2 处，其中 1 处井工煤矿（昆萨姆煤矿）在 2019 年 5 月因宣布破产而处于停产维护状态。近 30 年来，加拿大煤炭就业人数总体呈下降趋势，尽管煤炭产量在 1997 年达峰后下降，但煤炭行业能维持较高的劳动生产率（表 4-2-7）。

加拿大煤矿安全生产早已形成良性循环，多年来没有出现煤炭开采死亡事故，煤矿事故仅以受伤率统计，煤矿已实现“煤矿开采零死亡”。煤炭行业已成为重工业中最为安全的行业。煤矿安全生产口号为“安全第一”（SAFETY IS JOB#1），倡导“安全重于生产”（Safety before production）的安全管理理念。

表4-2-7 加拿大近30年煤矿从业人员数量和生产

年份	从业人数	生产率（productivity）/（t·工$^{-1}$）	年份	从业人数	生产率（productivity）/（t·工$^{-1}$）
1990	11017	6204.96	2005	5037	13411.75
1991	10817	6575.76	2006	5336	12369.19
1992	9726	6712.93	2007	5844	11868.75
1993	8860	7794.58	2008	6443	10569.61
1994	8888	8193.07	2009	5090	12698.96
1995	9063	8273.20	2010	6235	10901.96
1996	9177	8260.87	2011	6920	9747.70
1997	8938	8799.51	2012	7145	9419.24
1998	8304	9075.14	2013	9205	7432.71
1999	7812	9280.59	2014	7435	9186.97
2000	7199	9606.89	2015	6130	10172.14
2001	6030	11668.33	2016	7285	8558.89
2002	5700	11685.96	2017	7280	8279.89
2003	4841	12834.13	2018	6895	8992.02
2004	4543	14595.64			

2. 历史煤矿事故

1）新斯科舍省

1838—1992年，新斯科舍省共约发生2426起人员死亡煤矿事故，这些事故主要发生在皮克图县（Picto）、斯普林希尔镇（Springhill）和布雷顿角县（Cape Breton）等地。其中：1866—1987年，布雷顿角县煤矿事故共造成1321人死亡；1881—1969年，斯普林希尔镇共有424人死于煤矿事故，绝大部分死于3起爆炸事故。以下为新斯科舍省1838年以来一些主要煤矿事故：

1873年5月13日，皮克图县韦斯特维尔镇（Westville）德拉蒙德煤矿（Drummond）发生一起重大事故，最终造成60人死亡。该煤矿约有350名矿工，同时采用火药爆破和鹤嘴锄两种方式采煤。事发前，一名矿工在最上面煤层安置火药时引燃积聚的瓦斯，他试图扑灭大火但未成功，20多分钟后井下充满浓烟，瓦斯继续积聚；煤矿经理意识到火灾已失控，便下令撤离，但为时已晚，发生第一次爆炸，井下工作的矿工大多数被炸死或炸伤。附近煤矿赶来的矿工便开始施救，混乱中发生二次爆炸，随后矿井中涌入大量的水并被淹没。该矿在事故发生两年后被封闭。这是新斯科舍省的首起重大煤矿事故。

1880年11月12日，斯泰乐顿镇（Stellarton）的福特（Foord）矿发生一起爆炸事故，造成50人死亡。

1891年2月21日，斯普林希尔镇1号和2号矿井（两个矿井在地下400 m处通过一个巷道相连发生煤尘爆炸，造成125名工人死亡，数十人受伤）。

1917年7月27日，布雷顿角县新沃特福德（New Waterford）12号矿井发生爆炸，当时井下大约有270名工人，事故最终造成65人死亡。这起事故是新斯科舍省的另一起重大事故。

1918年1月23日，斯泰乐顿镇（Stellarton）的艾伦（Allan）煤矿发生爆炸，死亡88人，镇上仅有一个家庭未受到事故波及。这是皮克图县最严重的一起煤矿事故。

1938年12月6日，布雷顿角的锡德尼矿（Sydney）发生一起电缆断裂事故，造成20人死亡。

1956 年 11 月 1 日，斯普林希尔镇一处煤矿有六节运煤车厢在吊起过程中坠落，撞击电缆产生的火花引起煤尘强烈爆炸，造成 39 人死亡；这起事故也因有 88 名被困矿工获救而闻名。

1958 年 10 月 23 日，斯普林希尔镇一处煤矿井下地震（Springhill Bump）造成 2 号井下 74 人死亡，6 天后奇迹般地发现 12 名被埋矿工生还并被救出，又过 3 天后又发现并救出 7 人；这次事故中救援的最大深度达到 3960 m，是加拿大历史上最大救援深度。

1979 年 2 月 24 日，布雷顿角县格拉斯湾（Glace Bay）矿发生一起爆炸事故，造成 12 人死亡，这起事故是该地区最后一起爆炸事故。

1992 年 5 月 9 日，皮克图县韦斯特雷（Westray）煤矿发生瓦斯爆炸事故，造成 26 人死亡。该矿于 1991 年 9 月 11 日投产。投产不久后就有矿工抱怨条件差，特别是长期在极重煤尘环境下工作。一名本地工会官员曾在一份安全报告中指出未来会发生伤亡事故。在这份报告中预言两个月后，该矿发生上述瓦斯爆炸事故。新斯科舍省政府专门成立了一个调查委员会，调查报告最终在 1998 年发布，建议对该省当前的矿业和劳动相关法规进行全面审视。

2）加拿大西部地区

1887 年 5 月 3 日，不列颠哥伦比亚省纳奈莫市（Nanaimo）艾斯普奈（Esplanade）矿 1 号井发生爆炸，造成 150 人死亡。本次事故是加拿大历史上第二大煤矿事故，是不列颠哥伦比亚省最严重的煤矿事故。事故原因为不恰当充电引爆积聚的瓦斯，并在煤尘作用下发生二次爆炸。事故中仅 7 人生还。

1902 年 5 月 22 日，不列颠哥伦比亚省麋鹿谷（Elk Valley）芬妮镇（Fernie）的煤炭溪（Coal Creek）发生瓦斯爆炸，128 人死亡。这是加拿大历史上第三大煤矿事故。

1914 年 6 月 19 日上午 9 时许，阿尔伯塔省希尔克雷斯特（Hillcrest）煤矿发生爆炸，当时早班下井 235 人，事故造成 189 人死亡。事故原因为一块岩石坠落产生火花，引发煤尘爆炸，使得通风风扇瘫痪，造成井下氧气供应不足。这是加拿大历史上最为严重的一次煤矿事故。

2.6.2　法律法规与监管体系

经过百余年的发展，加拿大已形成了比较健全的职业健康与安全法规和监管体系。在这一体系中，联邦政府的卫生部及加拿大劳动部（Ministry of Labour）负责制定职业安全与健康方面的法律法规。各省及地区劳工部负责本省职业健康与安全相关事宜以及工伤赔偿、救护和医疗服务。各级政府在各自管辖范围内，对不同行业的安全生产也都有相关立法。

1. 法律法规

加拿大煤矿安全生产与职业健康法规体系由法律、条例、守则、指南等不同内容组成，法律体系如图 4－2－25 所示。

加拿大联邦层级的职业健康与安全相关法律为《加拿大劳动法典》第二部分，即《职业健康与安全条例》(PART Ⅱ－Occupational Health and Safety)，旨在预防本法适用场所内发生或与之相关、危及健康和安全的事故和伤害，相关预防措施应首先包括消除危害，然后减少危害，最后提供个人防护设备、衣服、装置或材料等，以确保员工的健康和安全。《煤矿职业健康与安全条例》[Coal Mining Occupational Health and Safety Regulations (SOR/90－97)] 为依据该法典制定的联邦层级煤炭行业职业健康与安全法规。产煤大省阿尔伯塔省指导煤矿安全生产与职业健康相关的法律、法规、规程和标准等主要包括《职业健康与安全法》(Occupational Health and Safety Act) 以及依据该法制定的《职业健康与安全条例》(Occupational Health and Safety Regulation)、《职业健康与安全行政处罚条例》[Administrative Penalty (Occupational Health and Safety Act) Regulation] 和《职业健康与安全规程》(Occupational Health and Safety Code) 等。加拿大煤矿安全生产与职业健康相关法律法规见表 4－2－8。

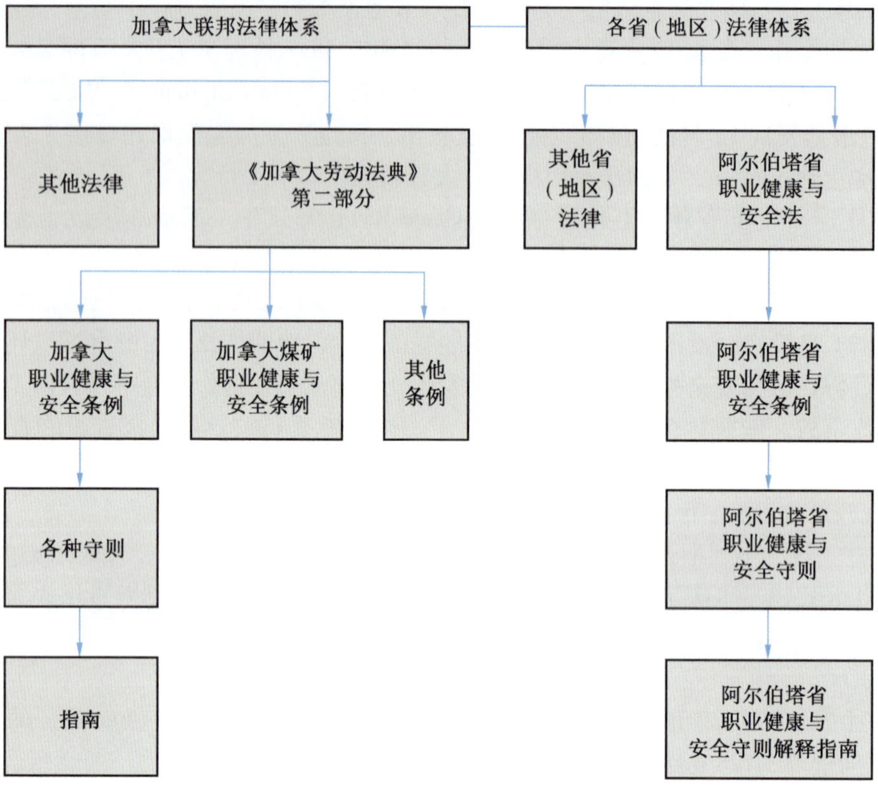

图4-2-25 加拿大煤矿安全生产与职业健康法规体系示意图(以阿尔伯塔省为例)

表4-2-8 加拿大煤矿安全生产与职业健康相关法律法规

法律法规	要点	修订情况
	联邦法律法规	
《加拿大联邦劳动法典》(Canada Labour Code)第二部分	加拿大职业健康与安全条例	最近一次于2019年9月1日修订
《加拿大煤矿职业健康与安全条例》[Coal Mining Occupational Health and Safety Regulations (SOR/90-97)]	该条例适用于《加拿大劳动法典》第二部分适用的煤矿。主要对下述方面做出相关规定:记录、报告、计划和程序;矿长、井下经理或工头任职资格;任命和监管;炸药和雷管;工作场所的安全占用;井下运输和提升;通风;爆炸和火灾防护;计划;危险发生(员工报告,雇主调查和报告);进入关闭矿井等	2006-06-15
	典型产煤省法律法规-以阿尔伯塔省为例	
《职业健康与安全法》(Occupational Health and Safety Act)	确立了阿尔伯塔省工作场所职业健康与安全的管理框架。规定了工作场所各方(包括雇主、监管方、工人、供应商、服务提供商、业主、承包商、主要承包商、个体经营者、临时雇员机构等)义务、信息有效性、工作场所健康与安全联合委员会以及代表、危险作业及歧视行为、相关计划及实践、部长及幕僚、医学评估、服从与执行、审查和上诉、违反与罚则、信息收集与交换、规定和管理以及相关和过渡性条款、修订、废除和生效等	2018年6月修订
《职业健康与安全条例》(Occupational Health and Safety Regulation)	该条例中提出了阿尔伯塔省作业场所的总体健康与安全要求规定	

表4-2-8（续）

法律法规	要点	修订情况
《职业健康与安全行政处罚条例》[Administrative Penalty (Occupational Health and Safety Act) Regulation]	该条例依据《矿山与矿产法》制定，就行政处罚的具体条款做出规定包括行政处罚通知书、金额、缴纳罚款时间、期满、生效等条款	—
《职业健康与安全规程》(Occupational Health and Safety Code)	规程中规定了阿尔伯塔省工作场所职业健康与安全的最低技术要求。核心部分适合于所有行业	—

所有的职业健康与安全条例都突出了工人的3项基本权利，即工人对工作场所的安全与健康状况的危害性有被告知的权利；工人可以安全与健康委员会成员或代表身份，参与和预防职业伤害的权利；工人有权拒绝在危险环境下工作，并不被解雇或处分的权利。

2. 监管体系

1）相关机构及职能

（1）联邦政府煤矿安全委员会。根据《加拿大劳动法典》第二部分，联邦政府劳动部下面特设煤矿安全委员会（Coal Mining Safety Commission），委员会成员不超过5名，由劳动部部长任命。委员会的一名成员由部长指定为委员会主席，其他成员由煤矿工人代表和煤矿雇主代表组成。委员会在部长的批准下开展相关工作。委员会在每年年底前60天内向部长提交年度工作报告。委员会的部分工作内容包括煤矿的相关计划或规程批复，例如炸药和雷管的地面贮存场所、电气系统和设备、地下运输和提升系统、柴油设备、充电站、通风系统计划、增压鼓风机、消防和供水系统等的批复。

（2）省级政府安全生产与职业健康监管机构。加拿大的矿山职业健康与安全管理责任主要在省政府。以产煤大省阿尔伯塔省为例，阿尔伯塔省劳动和移民部下设职业健康与安全管理局［Occupational health and safety（OHS）］，旨在与雇主和工人一起致力于预防作业相关的伤害、疾病和死亡。其主要工作包括职业健康与安全相关的教育培训、许可与资格证书、推进相关预防计划、事故统计以及依据省级立法开展工作场所重大事故（包括死亡事故）调查等，具体由职业健康与安全管理局矿业处（Occupational Health and Safety，Mining Unit）承担。

根据阿尔伯塔省《职业健康与安全法》，对本法负责的相关部门还应依照本法设置一个职业健康与安全顾问委员会（Occupational Health and Safety Advisory Council），由部门负责人（如当前的劳动和移民部部长）组建，不超过12人。顾问委员会的职责主要包括两个方面：①就一般的职业健康和安全问题、特定工况下工人保护、咨询委员或顾问的任命、部长向委员会征求职业健康与安全相关意见等中的一项或多项向部长提出建议；②应部长要求，审查与本法机器管理相关的事项，并向部长报告审查发现和建议（如有）。

（3）企业设立的职业健康与安全委员会及代表。《加拿大劳动法典》第二部分要求，20人以上的工作场所必须成立职业健康与安全委员会（Work Place Health and Safety Committee）。委员会职责主要包括：处理职工健康与安全有关投诉；参与风险预防计划的制定并监督其实施；对工人进行职业健康与安全教育；开展健康与安全相关的调查研究；督促并为工人提供个人防护设备和服装、装置或材料；定期监测与记录工伤、事故伤害；协助雇主调查和评估员工有害物质的暴露；开展月度检查，确保工作场所年度检查全覆盖等。少于20人的工作场所必须选派职业健康与安全代表。

2）煤矿安全管理

加拿大安全生产重视责任制。作业场所的每个人，包括雇主和雇员都要为自己和同事的安全负责。责任制包括建立责任分工体系、倡导安全生产文化、培训自救和互救、保证所有人遵守安全标准等。其中规定，雇主在任何情况下都要采取一切可能的措施预防伤亡或事故，并将所有做法写成书面报告以备核查。一旦发生事故，将凭这份报告来确定雇主是否尽到了应尽的责任，而雇员则必须遵守安全生产要求和程序，并有权拒绝在不安全条件下工作，同时有权知道工作场所的实际和潜在的危险等。

加拿大重视从业资格管理。在阿尔伯塔省，通过向企业发放认可证书（Certificate of Recognition）推动相关管理体系建设。企业必须首先建立职业健康与安全管理体系，经认证机构审核通过后，由阿尔伯塔省政府与认证机构共同签发。认可证书分为小型企业认可证书［Small Employer Certificate of Recognition（SECOR）］和标准认可证书。小型企业认可证书是面向人数在 10 人以内的小型企业：此类企业需首先对健康和安全管理体系进行自我评估，然后由认证合作伙伴对评估结果进行审查；10 人以上的企业可申请标准认可证书须进行外部审核；一般认可证书自签发之日起，有效期三年；阿尔伯塔省针对个人的资格证书主要包括露天矿爆破工、井工矿爆破工、井工煤矿矿长、井工煤矿领班和井工煤矿机电主管等相关资格。

通过安全奖项激励煤炭企业推进安全生产。加拿大作业场所安全奖分为国家奖、省级或行业部门奖。其中，“John T Ryan Award”奖为全国煤炭行业安全奖，由加拿大煤炭协会颁布，以最低伤害率为评选标准，每年评选一次。阿尔伯塔省的 Paintearth 矿和杰纳西矿曾多次获得该项安全奖。加拿大不列颠哥伦比亚省能每年对矿山企业进行一次“安全生产”评比，该评比到 2009 年已连续进行了 46 年。它要求煤矿企业在当年累计工作超过 15000 h 的条件下，伤害率最低者获胜。

2.7　煤炭与环境

在矿业发展过程中，加拿大特别注重矿业的可持续与绿色发展。在矿山环境治理方面，加拿大启动绿色矿山倡议（Green Mining Initiative），支持矿业公司创新绿色技术，改善矿山环境；通过“国家遗弃/废弃矿山倡议”（NOAMI）机制，推动产业界、各级政府部门、非政府组织和原住民等多方合作，共同解决矿业开采历史遗留问题，减少对环境的影响，推进可持续发展。同时，还通过立法手段，加快推进煤炭特别是煤电的退出，拟在 2030 年全部退出传统燃煤发电，以削减电力行业温室气体排放，降低煤炭利用对环境的影响。

2.7.1　矿山环境治理

近些年来，加拿大启动绿色矿山倡议，支持矿业公司围绕污染物减排、提高能效、创新废弃物管理与资源化利用、矿山关闭和生态修复等方面创新绿色技术，改善矿山环境；通过矿山土地复垦制度设计，推进企业主体开展常态化的修复工作；通过国家遗弃/废弃矿山倡议机制来协调推进全国的废弃矿山管理工作。

1. 绿色矿业倡议

2009 年 5 月，加拿大自然资源部启动了绿色矿业倡议（GMI），拟从采矿业全生命周期角度出发，支持加拿大矿业公司创新绿色技术，改善矿山环境，鼓励其通过创新方法，尽量减少废弃物排放，尽量将其转化为环保资源；保护水资源干净，恢复地貌景观，保护生态系统健康。绿色矿业倡议是加拿大唯一一个考虑矿业全生命周期的联邦倡议。该倡议包含四个主题，即减少足迹（污染物排放）、提升矿业过程能源利用效率，创新废弃物管理、加强资源化利用，关闭和修复矿山以及生态系统风险管理等。其要义是减少采矿作业中产生的废弃物，并使其在矿山生命周期内各个阶段对环境的影响最小化。

2016 年，加拿大自然资源部发布了《绿色矿业发展计划》，从尾矿管理、原住民关系、能源利用、温室气体排放、有害物管理、员工培训等方面对绿色矿业提出了要求，具体包括：①在尾矿管理方面，包括履行尾矿管理政策和承诺、建立尾矿管理系统、报告尾矿管理年检结果、尾矿库运行维护等；②在与原住民的关系方面,要求评测《原住民和社区延展协议框架》完成情况并公布结果；③在能源利用和温室气体排放管理方面,包括建立能源利用管理系统、能源利用报告系统和能源强度绩效目标；④在温室气体排放管理系统方面,包括建立温室气体排放管理报告系统、温室气体排放强度绩效目标；⑤在生物多样性保育方面,加拿大矿业协会要按照2009年批准的《生物多样性保育协议框架》公布上一年度该框架的测评结果；⑥在外在化利益相关社区的认同度方面,要求建立利益相关社区的参与和对话机制及响应系统；⑦在报告系统方面,需评测矿山安全与健康情况，并在次年公布上一年度的测评结果；⑧在风险管理规划方面,包括公布风险管理准备情况、检查结果，开展员工培训；⑨在矿山关闭方面,按照相关法律法规及2008年批准的《矿山关闭协议》进行矿山关闭工作。

2. 矿山土地复垦制度

矿山土地复垦是加拿大政府推行矿业可持续发展战略的侧重点。各省均制定有相关的法律，例如不列颠哥伦比亚省相关的法律有《矿山法》《环境评价法》《废料管理法》和《水管理法》等。安大略省《矿业法》中有专门与矿山恢复有关的章节，其中第七章是1991年进行矿业法修订时特别新增的章节。此章节规定，所有生产和新建矿山必须提交矿山闭坑阶段将要采取的环境恢复、治理措施和步骤的详细计划。

通常情况下，矿业公司在申请采矿权时，必须同时提交矿区环境评估报告和矿山关闭与复垦方案，包括闭坑、复垦及后续的处理或监督费用预算及实施计划。由政府环境、资源等有关主管部门共同组织专家论证，举行各种类型的听证会，凡是与此有关系或对此感兴趣的公民都可以参加。环境评价报告和复垦方案通过后，公司必须严格执行。环境评价阶段往往要占用公司几个月甚至三五年时间。矿山闭坑复垦耗资巨大。为保证复垦方案得以落实，各省矿业法中通常都规定矿山经营者从取得第一笔矿产品销售款开始，就要提取复垦基金或保证金。保证金可以交给政府或交给保险公司，也可以存进银行。较早的时候公司一般将钱交给政府主管部门，但常用的办法是交给第三者（银行或复垦公司)，闭坑后由政府监督，复垦公司用这笔钱完成矿区环境治理。加拿大现在正在尝试由保险公司将复垦作为一种产业来经营。在加拿大，闭坑复垦并不一定要求恢复原貌，而是因地制宜，有的把山夷平后改造成公园，原居民可回迁，有的露天大矿坑可以建成水库或鱼池。总的要求是不能低于原有的生态水平。

由于复垦是一项长期且费用较高的投入，对部分矿山来讲，很难按计划实施，因此，加拿大矿山企业往往采取多种方式进行资金的储备：

（1）现金支付：按单位产量收费，积累资金，经营结束后返回。

（2）资产抵押：矿山用未在别处抵押的资产进行复垦资金的抵押。

（3）信用证：银行代表采矿公司把信用证签发给国家机构的买方并保证它们之间合同的履行。

（4）债券：采矿公司以购买保险的形式，由债券公司提供债券给复垦管理部门。

（5）法人担保：由财政排名高过一定程度的法人担保或信用好的公司自我担保。

3. 废弃矿山管理机制

加拿大联邦与各省/领地间通过国家遗弃/废弃矿山倡议（NOAMI）机制来协调推进全国的废弃矿山管理工作。

1）相关发展历程

1999—2000年，加拿大众多利益相关方向矿业部长提议，建立一个政府－产业间工作组，来解决废弃矿山引发的一系列问题。部长支持这一提议，并要求组织多方研讨会，理清问题。2001年，废弃矿山研讨会在温尼伯召开，围绕建立国家清单、社会看法、设立标准和目标、所有权和责任主体以及资金渠道等主题进行了探讨。国家遗弃/废弃矿山倡议由此确立，旨在推进对历史形成的废弃矿地的修复和长期管理以及防止出现新的废弃矿地。

2002 年 3 月，应加拿大矿业部长的要求，成立了由联邦/省/领地政府，加拿大矿山工业和环境保护非政府组织、原住民及社团等多方共同参与组成的咨询委员会——国家遗弃/废弃矿山倡议委员会。该委员会在矿业部长的指导下开展相关工作，并通过政府间矿业工作组将相关研究报告提交给矿业部长；委员会下面设立了社会参与、资金保障、信息搜集、司法与法律、矿山关闭以及矿地修复等几个工作组。

2）工作机制

加拿大遗弃/废弃矿山的管理归各省或领地政府，联邦政府主要是负责北方领地废弃矿山的管理。联邦与各省/领地间通过国家遗弃/废弃矿山倡议机制来协调推进全国的废弃矿山管理工作。在联邦政府层面，自然资源部是相关工作的协调推进机构；国家遗弃/废弃矿山倡议委员会秘书处设在自然资源部；各省有自己的相关部门去推进。加拿大废弃矿山的管理与协作体系如图 4－2－26 所示。

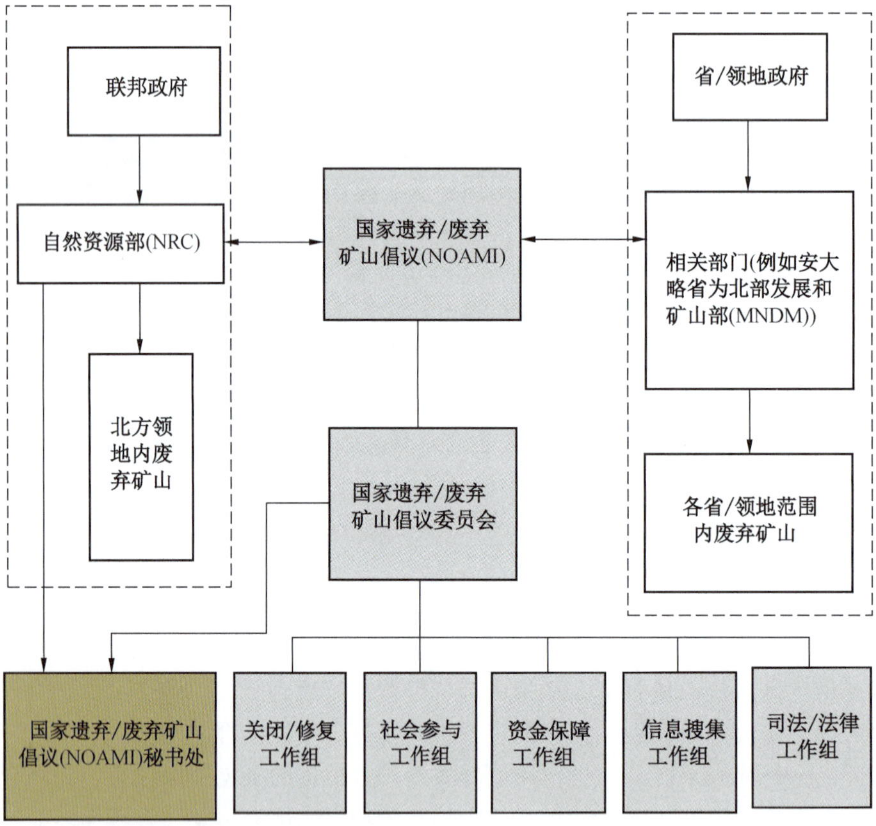

图 4－2－26　加拿大废弃矿山的管理与协作体系

“国家遗弃/废弃矿山倡议”很好地采用了产业界、各级政府部门、非政府组织和原住民等多方合作的模式与机制来解决矿业开采历史遗留问题，并推进可持续发展。

“国家遗弃/废弃矿山倡议”计划不直接资助或开展遗弃/废弃矿业场地清理和修复工作，主要通过研究分析加拿大遗弃/废弃矿山相关问题的法律、政策和计划框架等，提出相关的改进建议；同时，还通过举办论坛为各方提供了有效的交流平台，共同探讨面临的障碍及补救措施。

“国家遗弃/废弃矿山倡议”的活动经费主要来自联邦、各省及领地政府、加拿大矿业协会和加拿大勘探与开发者联合会的共同出资，并在秘书处的管理和指导下开展工作。秘书处设在加拿大自然资源部。国家遗弃/废弃矿山委员会接受联邦/省/领地矿业部长的工作指示，并在能源和矿业部长会议上汇报年度工作。

国家遗弃/废弃矿山倡议计划早些年（2002—2008 年）主要围绕推进修复现有废弃矿山场地开展相关政策研究工作；自 2009 年以来，开始研究在现有的政策框架下，如何加强矿山关闭管理，避免新增遗弃/废弃矿井问题。

3）重要管理手段

加拿大有矿业开发活动的省份和领地基本都建立有各自的废弃矿山信息系统。这些系统汇集了区域内废弃矿山的有关情况，包括废弃矿山的遗址地理信息、废弃矿山主要组成部分的情况描述、推荐治理恢复方案的可能成本、需要治理程度的排序等。系统中的数据资料不仅包括存储在信息系统中的数字信息，而且还有多种纸质资料（如调查报告和备忘录等）以及已经发生治理活动的文件或随机的治理计划等。

但是，各省的信息系统在具体细节上存在较大差别。为便于决策，推进废弃矿山修复工作的统筹规划及可持续发展，“国家遗弃/废弃矿山倡议”系统地审查了加拿大国内及国际上的相关做法，并于 2009 年决定建立加拿大全国性的统一废弃矿山信息系统。这一基于网页的信息系统借鉴了安大略省废弃矿山信息系统（AMIS）的做法，按照对公众和环境的危害程度将场地划分为四个等级，即 A 级、B 级、C 级、D 级，A 级代表最高风险等级，D 级为最低。具体分类和场地特征见表 4－2－9 和表 4－2－10。该信息系统的信息包括场地名称、别名、地理位置、场地状态、所在辖区、矿山特征、危害状态及等级和类型，交通以及地理空间信息等，由各地提供。

表 4－2－9　加拿大废弃矿地的分类

等级	是否存在环境风险	是否存在公共卫生风险	是否存在重大伤亡风险
A	是	是	是
B	是，但是较为有限	是	是
C	无	无	是
D	无	无	无

表 4－2－10　加拿大不同等级废弃矿地的场地特征

等级	场地矿业活动特征	尾　矿
A	场地内有较深且没有保护措施的从地表到地下的开口，例如井筒、提升和空场工作面；地表危险开口，例如阶段矿柱，放射性废石堆，坍塌建筑如井架、厂房和商店等；化学品包括聚氯联苯、石棉、燃料、爆炸物和浓缩物等；废弃金属和其他碎片残骸等	有大型尾矿池或沉降池
B		可能，小型尾矿池或沉降池
C	场地内有危险的地表至地下的开口，废石堆和开口相关的坍塌建筑	没有
D	场地内有较小的地表特征如沟壕、探坑和剥离等	没有

该信息系统的建立有利于政府掌握废弃矿山及其对环境破坏的情况并安排资金和组织力量进行统一治理。

4）加拿大遗弃/废弃矿山修复资金来源

加拿大遗弃/废弃矿山修复资金多数来自地方政府的一般性收入；联邦政府对北方领地有部分资金投入；也有些地区是地方政府和相关企业联合出资。目前，加拿大已有部分省份法律规定矿山企业从取得第一笔矿产品销售款开始，就要提取复垦基金（或保证金）。对于保证金缴纳方式不同的省份还有不同的规定，有的可直接交给政府，有的交给保险公司或存进银行。

2.7.2　煤炭清洁高效利用

加拿大的煤炭主要用于发电，其煤炭清洁利用技术主要围绕如何实现提高燃烧效率以及污染物排放控制两个方面开展，并依据国家能源和应对气候变化相关政策适时调整。

1. 相关政策

2012 年，加拿大政府出台了《削减燃煤电厂二氧化碳排放条例》，要求加拿大所有燃煤电厂把二氧化碳排放量控制在 420 t/GW 以内。2016 年底，加拿大宣布到 2030 年将从其能源结构中淘汰煤电。加拿大的能源政策中还提出，到 2030 年可持续能源电力的占比从 2016 年的 80% 提升到 2030 年的 90% 。2018 年 10 月，加拿大正式宣布了到 2030 年退出传统燃煤电力以及天然气发电行业相关的温室气体排放相关条例，支持加拿大的清洁能源转型，为电力行业提供良好待遇就业，支持到 2030 年清洁电力占 90% 的目标。

2. 技术研发应用

加拿大煤炭洁净煤技术研发路线主要聚焦在气化技术和燃烧(富氧或二次燃烧,oxy - fuel or post - combustion）技术上。近些年来，在全球应对气候变化削减温室气体排放的大环境下以及受加拿大清洁能源转型、燃煤电力退出等相关政策影响，加拿大的洁净煤技术研发重心逐渐转移到二氧化碳捕集与利用技术（CCS）上，围绕二氧化碳捕集和压缩工艺、技术的研发开展了大量工作。

1）气化技术

20 世纪 80 年代至 90 年代，由电力公司、联邦政府和多个省级机构组成的加拿大煤炭气化研发联合体（Canadian Coal Gasification R&D Consortium）开展了一系列的气化技术研发工作。该项目具体由阿尔伯塔研究委员会（Alberta Research Council）承担，在德文岛、阿尔伯塔省以及渥太华的加拿大自然资源部矿业能源技术中心开展。

TransAlta 公司和萨斯喀电力公司开展过多项可行性研究，来分别评估海威力亚烟煤（阿尔伯塔省）和尚德褐煤（萨斯喀彻温省）的气化适宜性。但是，受天然气价格的巨大竞争力以及电力需求低迷影响，相关决定不断推迟。新斯科舍电力公司和新布伦瑞克电力委员会同样对 IGC 技术感兴趣。在加拿大电力协会的赞助下，开展了相关可行性研究，结果表明，通过更多的系统和单元集成，可以实现更高的整体效率。建设一座商业化电厂的决定也被推迟。

2）碳捕集与封存技术

加拿大政府 2012 年出台的《削减燃煤电厂二氧化碳排放条例》是加拿大首个推进燃煤电厂退出的条例，也是 CCS 技术在加拿大得到发展的重大推手。

相关技术研发工作主要由 CANMET 渥太华研究中心开展。目前，加拿大已经在萨斯喀彻温省萨斯喀电力公司的边界坝电厂 3 号机组建成了全球首套商业化燃烧后二氧化碳捕集装置（图 4 - 2 - 27）。

边界坝电厂 CCS 项目于 2011 年 4 月 26 日获得加拿大萨斯喀彻温省批准建设，5 月 2 日动工，2014 年 10 月建成投产。主要是对边界坝电厂的 3 号机组（建于 1967 年）进行技术改造，加装二氧化碳捕集装置以符合联邦政府的相关法规要求。该装置的捕集能力达到 1 Mt/a，相当于 3 号机组年排放量的 90% 。项目中捕集的二氧化碳大部分销售给油田，剩余的部分用于咸水层封存试验，形成了从捕集 - 输送 - EOR 和咸水层封存的完整产业链（图 4 - 2 - 28）。

2.8　主要矿业公司简介

目前，加拿大主要有 3 家较大的煤炭企业，包括北美最大炼焦煤生产商泰克资源有限公司、2016 年新成立的独立煤炭生产商科努玛公司以及曾经的北美第六大煤炭生产商韦斯特摩兰矿业公司。

图4-2-27 加拿大边界坝电厂3号机组碳捕集装置

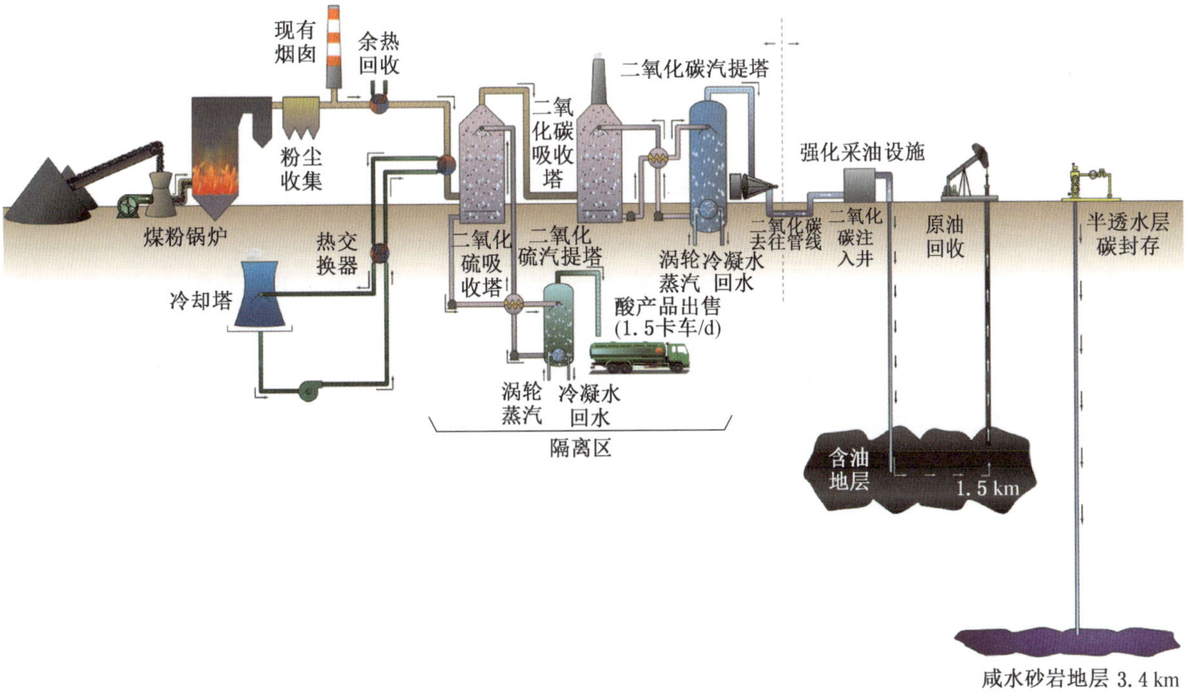

图4-2-28 边界坝电厂CCS项目流程

2.8.1 泰克资源有限公司（TECK）

泰克资源有限公司是加拿大最大的一家集采矿、选矿和冶金为一体的多元化经营企业，是一家世界领先的铜、炼焦煤、锌、钼和特种金属生产商。此外，公司还经营油砂开发业务。泰克资源有限公司总部位于加拿大不列颠哥伦比亚省温哥华，在加拿大、美国、智利以及秘鲁拥有矿山13处，该公司在与采矿活动相关的勘探、开发、冶炼、精炼、安全、环保、产品管理、回收和调研等领域具有专门技术，正在积极勘探美洲、亚太地区、欧洲和非洲的能源资源。

泰克资源公司是北美最大的炼焦煤生产商，全球第二大海上炼焦煤出口商，在加拿大有6座炼焦煤煤矿，其中5座在不列颠哥伦比亚省，1座位于阿尔伯塔省。

2.8.2 科努玛煤炭资源公司（Conuma Coal Resource）

科努玛煤炭资源公司是一家独立的炼焦煤生产商，成立于2016年，位于加拿大不列颠哥伦比亚省东北部。公司下属布鲁尔（Brule）、狼獾（Wolverine）和柳树溪（Willow Creek）等矿，煤炭产量超过5 Mt，为和平河地区提供900多个直接就业岗位以及3000个间接就业岗位。科努玛公司在和平河煤田生产的高质量炼焦煤享誉全球钢铁冶炼市场。公司的喷吹粉煤（pulverized coal injection）和硬炼焦煤（hard coking coals）广受亚洲、北美、南美和欧洲等地钢铁厂商欢迎。科努玛煤炭公司是里德利码头的最大用户，该码头是距离亚洲最近的北美煤炭出口码头，由加拿大国家铁路公司运营。

2.8.3 威斯特摩兰矿业股份有限责任公司（Westmoreland Mining Holdings LLC）

威斯特摩兰煤炭公司于1854年创立于宾夕法尼亚州，在宾夕法尼亚州的威斯特摩兰县开采煤炭。1995年，公司将总部从宾夕法尼亚州搬迁到科罗拉多州恩格尔伍德市，在美国和加拿大拥有17个煤矿，拥有一个活性炭厂和焦炭生产设施以及两座燃煤发电机组。公司曾是北美第六大煤炭生产商，主要生产和销售动力煤。公司的美国煤矿业务位于蒙大拿州、怀俄明州、北达科他州和德克萨斯州。威斯特摩兰在加拿大的煤炭业务位于阿尔伯塔省和萨斯喀彻温省。截至2015年12月31日，威斯特摩兰探明及可靠煤炭储量约1.222 Gt；在北卡罗来纳州的Weldon经营两座燃煤发电机组，总装机容量约230 MW。2018年10月9日，威斯特摩兰煤炭公司申请破产保护，作为与一个未具名的贷方集团的重组协议的一部分，成为过去三年中美国第四家申请破产的煤炭公司（其余三家分别是Peabody Energy、Arch Coal和Alpha Natural Resources）。在重组期间，所有矿业生产实体以及客户协议将按照正常贸易运作。日常生产正常开展。

2.9 对我国煤炭工业高质量发展的启示

加拿大煤炭生产方式以露天开采为主，与我国井工开采为主的生产方式截然不同。尽管如此，其在保障煤炭资源供应、推进行业绿色发展、寻求煤炭清洁利用以及谋划煤炭转型等方面的一些做法，对我国煤炭工业高质量发展有着很好的启发。

（1）根据国内煤炭资源供应和需求关系，与美国形成贸易互补，以较为经济的方式保障区域煤炭稳定供应。加拿大东部地区煤炭消费需求旺盛，但是煤炭资源主要集中在西部地区；而美国与加拿大交界地区则正好相反，加拿大与美国的这种煤炭供应与需求的关系，促进了两国间的煤炭贸易互补，即两国就近进口煤炭，形成贸易互补，即避免了本国煤炭长途运输，又弥补了区域间煤炭资源供应的不足，促进互补。

（2）注重矿业的绿色发展，加强战略谋划与制度设计。在联邦层面启动绿色矿业倡议战略，从采矿业全生命周期的角度出发，提出矿山环境保护、废弃物管理与资源化利用、水体保护和生态系统修复等重点战略方向；以矿山关闭和废弃矿山管理为抓手，通过联邦与各省之间的国家遗弃/废弃矿山倡议机制，协调推进全国范围内的废弃矿山管理工作，探索建立全国性废弃矿山管理系统和相关清单，实行分级管理和治理；通过矿山土地复垦制度设计，推进企业主体开展常态化的修复工作。

（3）在全球能源清洁转型以及气候变化治理新格局下，积极探索谋划煤炭转型发展思路。一是在全球燃煤电力退出呼声日渐强烈的情况下，积极开发二氧化碳捕集与封存技术，并结合地区资源及产业发展等实际情况，寻求煤炭与油气行业耦合发展、持续发展的新路径。二是尽早筹备重点产煤地区的煤炭转型工作，包括提出煤炭转型倡议，资助重点产煤省阿尔伯塔省建立社区转型中心，帮助解决就业问题以及拟资助萨斯喀彻温省受煤炭退出影响的社区建设清洁替代能源设施，创造就业等。

第5篇　其他地区煤炭生产开发与消费利用

1 南非煤炭工业

1.1 煤炭在能源系统中的地位和作用

1.1.1 近40年经济发展与能源

1. 国家基本情况

1）地理位置

南非位于非洲南端、南大西洋与南印度洋交会处。国土面积超过 122×10^4 km^2，其面积及人口均位居世界第24名。南非西部毗邻纳米比亚，北部接壤博茨瓦纳及津巴布韦，东北部邻接莫桑比克（496 km长边界）及斯威士兰。“国中之国”莱索托则在南非境内形成一个内飞地。

2）行政区划

南非是世界上唯一拥有三个首都的国家：行政首都（中央政府所在地）为比勒陀利亚，立法首都（国会所在地）为开普敦，而司法首都（最高法院所在地）则为布隆方丹。由于每个国家的大使馆均设在行政首都比勒陀利亚，因此国际社会公认其为南非的首都。南非最大的城市与经济、文化中心则为约翰内斯堡，其也是撒哈拉沙漠以南非洲第二大城市以及非洲第三大城市。南非行政区划以省、区及地方自治市三级架构为主，全国一共有9个省、由8个大都会自治市与44个区自治市所组成的52个区以及226个地方自治市。每个省都由一个一院制立法机构负责管理，该立法机构每五年通过名单比例代表制选举产生。立法机关所选出的省长为政府首脑，而省长任命的执行委员会则为省级内阁。省级政府的权力仅限于《南非宪法》中列出的内容，包括健康、教育、公共住房及交通等领域。地方自治市当局负责管理最大城市群的大都市，并履行地区及地方市政的职能。

3）人口

南非拥有约5880万（2019年）来自不同来源、文化、语言以及宗教信仰的人口，是非洲乃至世界上种族及文化最多元化的国家之一，欧洲移民、印度人及有色人种的数量与比例都是非洲国家中最多的。

2. 近40年经济发展概况

南非属于中等收入发展中国家，也是非洲经济最为发达的国家之一，自然资源十分丰富，金融、法律体系比较完善，通信、交通、能源等基础设施良好。矿业、制造业、农业和服务业均较发达，为经济四大支柱。深井采矿等技术居世界领先地位。

1）经济发展现状

制造业、建筑业、能源业和矿业是南非工业四大部门。制造业门类齐全、技术先进，产值约占国内生产总值的17.2%，主要产品有钢铁、金属制品、化工、运输设备、机器制造、食品加工、纺织、服装等。钢铁工业是南非制造业的支柱，拥有六大钢铁联合公司、130多家钢铁企业。南非建筑业发展较快，但设备陈旧、技术工人缺乏等问题比较突出。南非能源工业基础雄厚，技术较先进。电力工业较发达，发电量占全非洲的2/3。由于电力生产和管理滞后等原因，全国性电力短缺现象严重。开普敦库贝赫核电站是非洲大陆唯一的核电站。此外，南非萨索尔公司的煤合成燃油及天然气合成燃油技术商业化水平居世界领先地位。

南非矿业历史悠久，具有完备的现代矿业体系和先进的开采冶炼技术，是南非经济的支柱。据南非国税局统计，矿产品是南非的首要出口商品，2019 年出口 224.3 亿美元，增长 1.2%，占南非出口总额的 25%。贵金属及制品、运输设备和贱金属及制品也是南非主要出口商品，2019 年分别出口 153.1 亿美元、121.9 亿美元和 98.6 亿美元，其中贵金属及制品和贱金属及制品出口下降 7.5% 和 13.6%，运输设备出口增长 6%。此外，机电产品出口 72.2 亿美元，下降 5.4%。上述四类产品合计占南非出口总额的 49.6%。进口方面，2019 年南非主要进口产品的进口额普遍下降，其中第一大类进口产品是机电产品，进口额为 197.6 亿美元，下降 2%，占南非进口总额的 22.4%。其他主要进口商品包括矿产品、化工产品和运输设备，进口额为 151.7 亿美元、94.1 亿美元和 80.6 亿美元，分别下降 13.8%、7.3% 和 0.01%，占南非进口总额的 17.2%、10.7% 和 9.1%。南非是世界上重要的黄金、铂族金属和铬生产国和出口国。钻石产量约占世界的 9%。南非德比尔斯公司是世界上最大的钻石生产和销售公司，总资产 200 亿美元，其营业额一度占世界钻石供应市场 90% 的份额，目前仍控制着世界粗钻石贸易 60% 的份额。

2）经济发展演变历程

20 世纪 80 年代初至 90 年代初受国际制裁影响，南非经济出现衰退，南非政府制定了“重建与发展计划”，强调提高黑人的社会、经济地位。1996 年推出“增长、就业和再分配计划”。2006 年实施“南非加速和共享增长倡议”。1994—2004 年经济年均增长 3%，2005—2007 年则超过 5%。

2008 年受国际金融危机影响，南非经济增速放缓，同比增长下滑至 3.1%，2009 年为 -1.8%，一度陷入衰退。南非政府为应对金融危机冲击，自 2008 年 12 月起 6 次下调利率，并出台增支减税、刺激投资和消费、加强社会保障等综合性政策措施，以遏止经济下滑势头。在政府经济刺激措施、国际经济环境逐渐好转和筹办世界杯足球赛的共同作用下，南非经济逐渐企稳。

2010 年后，祖马政府相继推出“新增长路线”和《2030 年国家发展规划》，围绕解决贫困、失业和贫富悬殊等社会问题，以强化政府宏观调控为主要手段，加快推进经济社会转型。受全球经济走低，国内罢工频发、电力短缺、消费不振等多重因素影响，南非经济总体低迷，增长乏力。

2018 年，南非经济陷入“技术性衰退”。拉马福萨政府先后推出“新投资倡议”“经济刺激与复苏计划”，但囿于外部环境趋紧及国内体制制约，南非经济复苏乏力，贫困、事业、不公等痼疾始终无解。2018 年国内生产总值约 3794 亿美元。人均国内生产总值约 6575 美元。国内生产总值年增长率 0.9%。2018 年南非名义 GDP 折合 3679.31 亿美元，继续位于尼日利亚之后，保持非洲第二大经济体地位。

2019 年，按当年市场价格计算，南非名义 GDP 为 50776.25 亿兰特（约合 3110.045 亿美元），同比增长 4.2%，增速较上年下滑 0.5 个百分点。2019 年，南非年中人口规模为 5877.50 万人，同比增加 18.18‰，增加 104.94 万人。全年南非人均名义 GDP 为 86391 兰特（约合 5291.44 美元），同比增长 2.3%；扣除价格因素后，实际下降 1.6%，降幅较上年扩大 0.3 个百分点。2019 年，按年平均汇率计算，南非名义 GDP 折合 3513.64 亿美元，同比下降 4.5%，继续位于尼日利亚之后，保持非洲第二大经济体地位；人均名义 GDP 折合 5978 美元，同比下降 6.2%。2019 年，南非实际 GDP 是 1952 年的 7.85 倍，人均实际 GDP 是 1952 年的 1.86 倍，年中人口数量是 1952 年的 4.22 倍。

按当年美元计算，1981 年南非人均名义 GDP 达到 2775 美元，是中国的 9.92 倍；2011 年达到 8017 美元，是中国的 1.43 倍；2013 年降至 6925 美元，被中国超越；2019 年进一步降至 5978 美元，仅为中国的 58.17%。

1.1.2　煤炭在能源消费与生产构成中的地位和作用

1. 近 40 年煤炭在一次能源消费构成中的地位和作用

南非煤炭资源储量丰富，开采价格低廉，是世界上能源开采成本最低的国家之一。南非的能源以煤炭为主，煤炭占一次能源供应总量的 72%。电力工业较发达，发电量占全非洲的 2/3，其中约

92% 为火力发电。国营企业南非电力公司（Eskom）是世界上排名前十的电力生产和第十一大电力销售企业，拥有世界上最大的干冷发电站，供应南非 95% 的用电量。

一直以来，煤炭都在南非能源结构中占主导地位（图 5－1－1）。但近年来，南非作为国际社会中的一员，越来越重视应对气候变化等义务，南非正改善能源结构，逐渐从传统能源转向可再生能源，计划到 2025 年清洁能源占比达到 30% 。

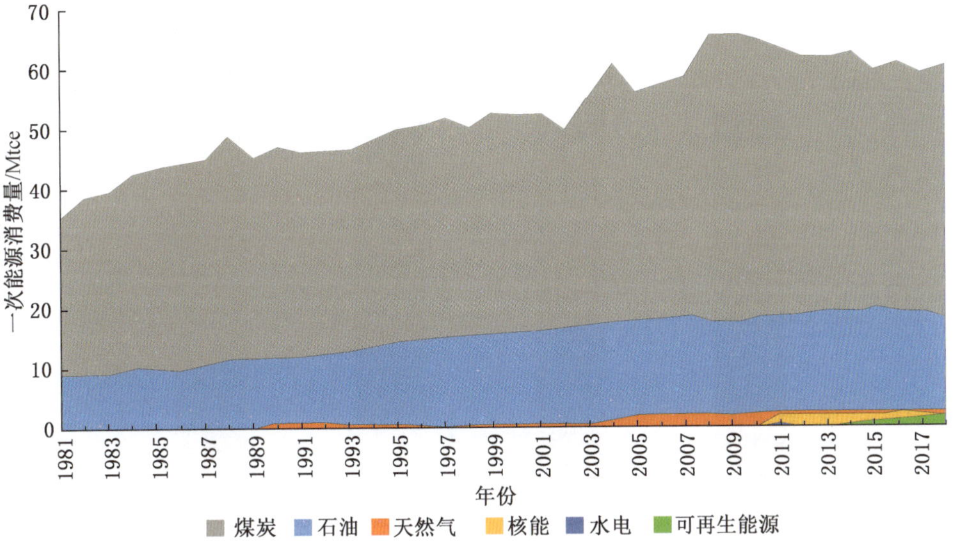

图 5－1－1　1981—2019 年南非一次能源消费构成

南非能源部 2010 年版的《综合电力资源规划》要求，到 2030 年南非火力发电装机容量比例将下降到 48% ，可再生能源发电（不包括水力发电）比例上升到 14. 5% ，而排名第三的核电比例达到 13. 4% 。到 2030 年南非将新建可再生能源发电能力提高至 17800 MW，占全部新增发电能力 42% 的目标。其中，风力发电能力将达到 8400 MW，太阳能光伏发电（PV）为 8400 MW，集光型太阳能发电（CSP）为 1000 MW。大力推进新能源，发展低碳经济。南非在着力发展新能源的同时，将在发电等领域引进私有新能源企业，创造有利的竞争环境。据《整合资源计划（2010—2030 年）》，南非 96% 的生产电力由国有企业 Eskom 完成，能源产业的国有化程度高，推进这一产业的私有化将是南非未来的发展方向。

2. 未来 20 年南非一次能源需求和 GDP 预测

国际能源署（IEA）发布的《非洲能源展望 2019》报告指出，南非将关停 35 GW（目前运行的 42 GW）发电能力燃煤发电厂，并在 2030 年之前降低煤炭在南非工业和发电中的地位，提高可再生能源和天然气在能源结构中的比重，计划在 2030 年之前由可再生能源和天然气提供至少 20 GW 的额外电力。

根据南非《国际核应急规划 2010—2030》（IRP）预计，到 2030 年，新增核电装机容量将达到 9600 MW。IRP 是对电力供应和需求的 20 年预测。该计划旨在减少南非对煤炭和柴油等化石燃料的主要依赖，并在 20 年内实现国家能源结构的多元化，使可再生能源产量达到 41. 8% ，水力发电产量达到 6. 1% 。

南非一次能源需求和 GDP 预测如图 5－1－2 所示，到 2040 年南非将逐步降低煤炭的能源需求量，逐步提高石油、天然气、水力、生物质能及其他低碳能源的需求量。

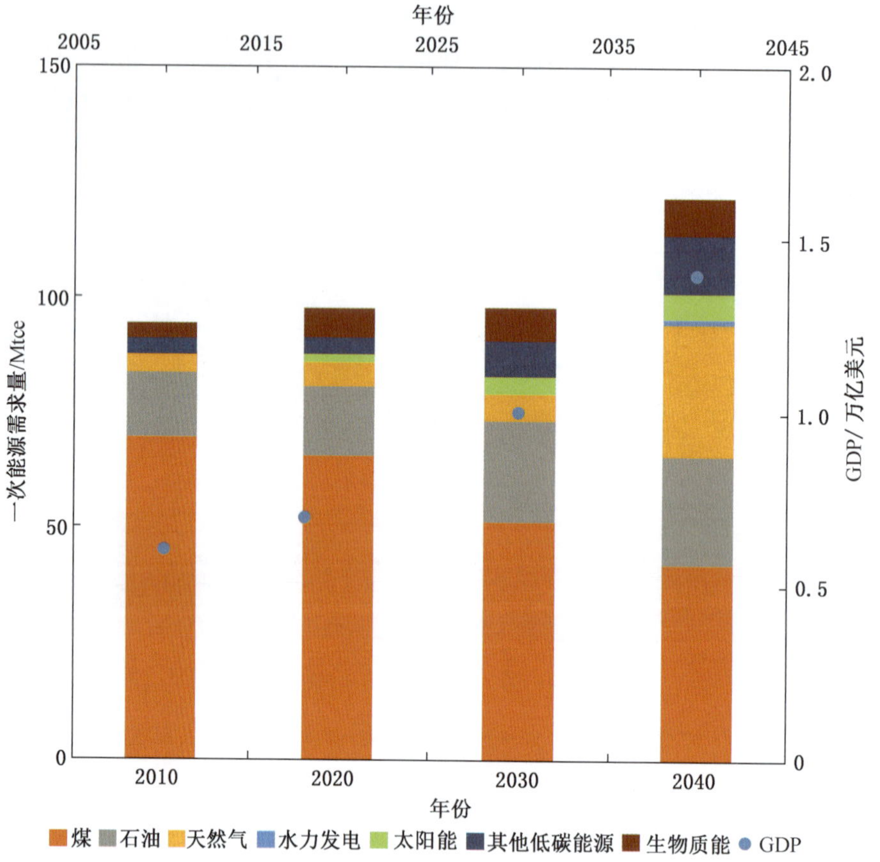

图5-1-2　南非一次能源需求和GDP预测

1.1.3　应对气候变化措施

1. 控制温室气体排放

虽然南非对全球温室气体排放的贡献相对较小，但是由于南非依赖煤炭作为发电的主要燃料来源，按地区和人均计算，其温室气体排放量却超过了全球和其他中等收入发展中国家的平均水平。南非于1990年批准了《蒙特利尔议定书》，并因此承诺到2030年逐步停止生产消耗臭氧层物质。

2. 发布应对气候变化白皮书

2011年10月18日，南非公布了《南非应对气候变化政策》白皮书（以下简称白皮书）。这是南非政府就气候变化问题第一次出台一个全面的国家行动方案。该白皮书为南非如何应对气候变化带来的全球挑战描绘了清晰的路线图。

白皮书表明了南非政府对于如何有效应对气候变化冲击和向气候适应型的低碳经济社会过渡的看法。南非应对气候变化政策有两个目标：一是通过建立并长期保持南非社会、经济和环境对气候变化的适应能力及紧急应对能力，来有效管理不可避免的气候变化冲击；二是为全世界在一定时期内稳定大气中的温室气体浓度，避免人类活动对气候系统造成危险干扰的努力做出公平的贡献，从而使得社会、经济和环境以可持续的方式发展。

在气候适应方面，白皮书确定了各部门短期和长期的优先行动领域，并且每隔5年要重新评估。从近期来说，水资源、农业、林业、卫生、生物多样性和人居环境是需要特别关注的领域。从长远来看，构建对气候变化及与之关联的极端天气的适应能力是南非自然灾害管理的基本内容。

在减缓气候变化方面，白皮书强调，一方面，南非要做一个负责任的世界公民，为全球控制温室气体排放的努力做出贡献；另一方面，南非需要一定的排放空间，才能成功地解决面临的发展挑战。这两者之间需要取得平衡。根据南非政府确定的“先高峰、再平顶、后下降”的排放控制战略，2020—2025 年，南非的温室气体排放将达到峰值，其下限为 0. 398 Gt（二氧化碳当量，下同），其上限为 2020 年 0. 583 Gt，2025 年 0. 614 Gt；然后经过 10 年的平顶期，从 2036 年起，温室气体排放开始绝对下降，到 2050 年，其排放量下限为 0. 212 Gt，上限为 0. 428 Gt。

自白皮书公布之日起两年之内，所有政府部门和国有企业必须对其管辖范围内的法律、政策、战略、规章和计划进行检查评估，以使它们完全符合白皮书的要求。白皮书本身也将每隔五年评估一次。

为了促使企业积极减排，白皮书引入了“碳预算”措施，并要求那些排放大户在两年内完成各自的碳预算，制定出各自的减排和低碳发展战略，详细列出减排项目，政府将对这些项目进行测评。南非政府认为，碳预算模式为企业以最小的成本来实现需要的减排效果提供了充分的灵活性。

应对气候变化不可避免地会影响到那些高排放领域的就业，特别是那些不可持续的高耗能产业。白皮书力图减少这方面的就业损失，同时大力促进和扩大发展绿色经济，以增加就业机会。白皮书提出要强化一系列“旗舰”项目，来降低南非目前相对较高的碳排放强度，包括提高能源利用效率计划、减少外来植物入侵的水工程、可再生能源推广项目、低碳交通倡议、废品管理工程以及碳捕获与储存示范项目等。

3. 实施碳税法

南非的碳税法于 2019 年 6 月 1 日开始实施，适用范围包括化石燃料排放、工业排放等领域。征收碳排放税的主要目标是以可持续、低成本和负担得起的方式减少温室气体排放。

碳税法案第一阶段从 2019 年 6 月 1 日实施至 2022 年 12 月，每吨二氧化碳税费折合为 8. 32 美元，补贴额度计划定为每吨二氧化碳 0. 42 美元至 3. 33 美元。此后将根据法案实施效果制定第二阶段碳税措施，可能将包括减少补贴以及采取措施控制其他温室气体的排放。

1.1.4 煤炭开采业对经济的贡献

1. 煤炭在各工业的消费占比

南非煤炭生产养活了当地的各种工业（图 5－1－3），2019 年南非的煤炭消费中发电（占 62%），其次是石化行业（占 23%），再次是一般工业（占 8%）。

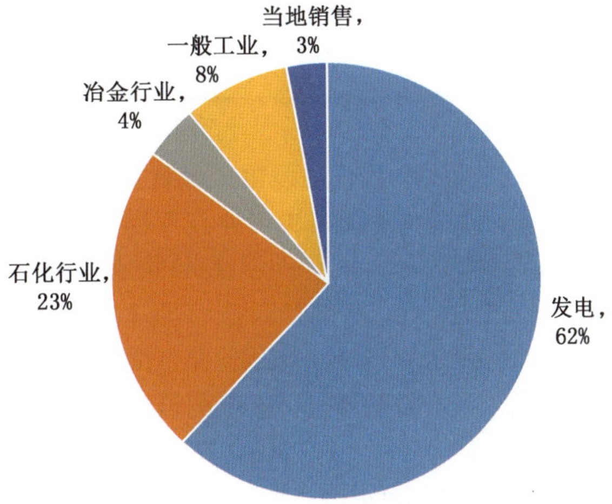

图 5－1－3 2019 年南非煤炭在各个工业消费占比

煤炭行业投入成本结构方面（图 5－1－4），煤炭行业在运输和仓储上的投入最多（占 53.6%），其次是机械设备（占 7.3%），在批发和零售（包括一般性采购）上的投入成本占 6.8%。

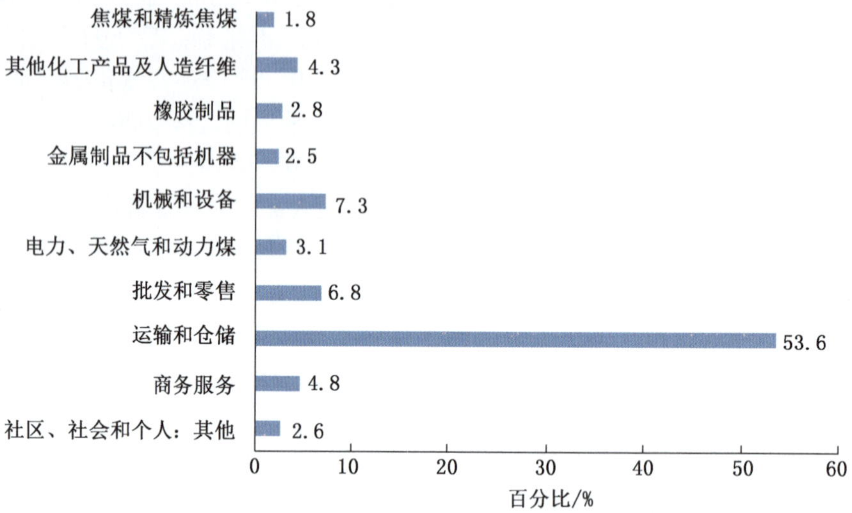

图 5－1－4　煤炭行业的投入成本结构（包括增加值在内的全部投入的百分比）

2. 对就业率的贡献

2015 年，南非煤炭行业从业人员 77747 人，占该国矿业就业总人数的 16%，间接创造了近 24 万个工作岗位，主要是在运输和仓储部门。考虑到整个地区的依存度，大约有 240 万人依靠煤炭行业谋生（表 5－1－1）。

表 5－1－1　煤炭行业在其他经济领域创造的就业机会（2015 年）　　人

领　　域	就业人数	领　　域	就业人数
第一产业	1953	电力	5073
农业、林业和渔业	181	第三产业	154064
采矿和采石	1772	运输和仓储	119558
第二产业	48779	其他	34506
制造业	42701	总计	239302
石油，化工，橡胶，塑料	16881		

2016 年，南非煤炭行业从业人员 77259 人，占该国矿业就业总人数的 16.8%。这些员工的薪资达到了 210 亿兰特（约 12.49 亿美元）。同年，煤炭行业在商品和服务的采购上花费了 600 亿兰特（约 35.70 亿美元），其中大部分是本地采购。这有助于在其他行业创造和保持就业机会。煤炭工业间接创造了 173093 个就业岗位，其中运输和储存部门创造了近 12 万个就业岗位，占煤炭工业创造的所有间接就业机会的 69%。这突出了煤炭部门在支持运输业方面的重要性。

2017 年，南非煤炭行业生产了 2.523 亿吨煤炭，占该国国内生产总值的 2%。煤炭行业从业人员 82372 人，占该国矿业总人数的 17.7%。

2018 年，煤炭开采业对国内生产总值（GDP）的贡献为 3560 亿兰特（约 233 亿美元，约 7.3 个百分点），高于 2017 年的 3350 亿兰特（约 199.35 亿美元）（6.8 个百分点）。煤炭行业就业人数为

89647 人，占矿业就业总人数的 19.6%。这些员工的薪资 247 亿兰特（约 14.70 亿美元）。根据世界银行的估计，煤炭行业增长了 1.2 个百分点，略高于整体 GDP 增长的 0.9 个百分点。2018 年，煤炭行业为固定资产投资贡献了 930 亿兰特（约 55.34 亿美元），煤炭销售和出口总值达到 1394 亿兰特（约 82.95 亿美元）。

1.2 煤炭工业发展现状与前景

1.2.1 发展现状

煤炭是南非主要的初级能源。该国 90% 以上的电力和大约 30% 的液体燃料是由煤生产的，同时煤炭也是南非炼钢工业的一个重要组成部分。虽然南非努力实现能源多样化，但在可预见的未来，煤炭仍将发挥重要作用，而且是南非主要的矿业商品收入来源，也是外汇收入的最主要来源。尽管南非拥有丰富的煤炭资源，但该行业面临多方面的挑战，如供应量减少和基础设施相对落后以及环境保护等方面。

截至 2019 年底，南非煤炭资源可探明储量为 9893 Mt，占世界总储量的 0.9%。2019 年煤炭产量为 258.9 Mt，占世界煤炭总产量的 3.3%，是世界第七大煤炭生产国；消费量为 3.81×10^{18} J，占世界总消费量的 2.4%，是世界第五大煤炭消费国；出口量为 2.20×10^{18} J，占世界总出口量的 6.2%，是世界第五大煤炭出口国。2019 年出口动力煤（烟煤）7579.09 Mt，较 2018 年的 7877.04 Mt 下降 3.78%，出口量创 2016 年以来新低。

南非的煤产自世界上最大的煤矿和一些小型煤矿。2004 年运营的煤矿为 64 个，其中为数不多的大型生产商主要向电力和合成燃料生产商供应煤炭。大约 51% 的煤矿是在地下矿，其他大约 49% 是露天矿。生产集中在大型矿山，11 个大型矿山的产量约占总产量的 70%。每年产生超过 65 t 的废煤，大约 21% 的毛煤用于出口，21% 用于本地（不包括发电站的煤）。剩下的因卖不出去被直接丢弃。

南非是煤炭的主要消费国，煤炭是该国采矿业最大的收入来源，提供了国内大约 77% 的主要能源需求，同时也是重要的外汇收入来源，1993—2015 年的煤炭出口额占南非商品出口总额的 12% 左右。如果南非放弃煤炭，煤炭出口收入的损失将使南非面临严重的经济风险。按其价值计算，2019 年煤炭部门仍然是南非矿业中最大的部门，占矿业国内生产总值即 3350 亿兰特（约为 223.98 亿美元）的 25% 左右。由于煤的合适能源替代品相对缺乏，煤炭的重要地位在未来 20 年内不太可能发生重大变化。

南非的煤炭出口量约占其煤炭产量的 29.2%，主要通过理查兹湾煤炭码头出口。由于全球替代能源的发展已经影响了南非的煤炭出口市场，使其煤炭出口量逐渐萎缩，但南非国内煤炭开采仍然是该国经济的重要组成部分。

在就业方面，在 20 世纪 80 年代早期，煤炭行业的就业人数达到顶峰，随着 20 世纪 70 年代末和 80 年代初矿山机械化程度的提高（尽管产量大幅增长），就业人数开始下降。近 20 年里，煤炭开采行业的技术密集型程度有所提高，熟练工人和半熟练工人的数量越来越多。未来，随着采矿技术的发展和自动采矿成为常态，从业人员数量减少的情况可能会加剧。

1.2.2 管理体制与政策法规

1. 管理体制

南非政府中负责管理矿产和能源的机构是矿产资源和能源部（DMRE），该部从 2020 年 4 月 1 日起，由矿产资源部和能源部合并为单一财政预算的矿产资源和能源部。调整的目的是为南非社会提供安全、可持续和负担得起的能源，确保为社会经济发展提供安全和可持续的能源和矿物资源，并确保所有南非人从该国的矿产财富中获得可持续的利益。战略目标源于南非的新发展政策，该政策设想到 2030 年，南非将拥有一个促进经济增长和发展、社会公平和环境可持续性的矿产资源和能源部门，以引领南非的能源结构转型。

1）组织机构

合并后的矿产资源和能源部拟定了 6 个部门管理方案（表 5－1－2）。

表 5－1－2　矿产资源和能源部部门职责

部　门	部　门　职　责
行政部门	为该部门和矿产资源和能源部提供战略支持和管理服务
矿产和石油管理部	管理采矿、矿产和石油工业
矿业、矿产和能源政策发展部	制定和维持一个综合的矿产和能源政策，以促进和鼓励对采矿和能源行业的投资
矿山健康和安全监察局	确保矿山员工的健康和安全
规划和项目部	管理、协调和监测以取得矿物和能源资源为重点的方案和项目
核能源部	核工业管理

矿产资源和能源部负责能源部门的一般管理，制定长期能源政策，与利益相关者沟通，负责区域和国际合作的管理与调查。

矿产资源和能源部部长负责能源政策的制定和执行。部长对内阁和议会负责。内阁必须协助能源政策的协调和执行，并确保其与其他部门政策相结合。

2）演变历史

在 1980 年以前，南非政府负责采矿管理的部门为采矿、环境规划和能源部，后来该部门的名称改为矿物和能源事务部。

1997 年更名为矿产能源部。

为了对能源行业进行有效管理以及有效地执行能源法案提出的能源政策，2009 年 5 月 10 日南非总统祖玛宣布将原南非矿产能源部拆分为南非能源部和南非矿产资源部两个独立的部门。

2019 年 5 月 29 日，西里尔·拉马福萨总统宣布矿产资源部和能源部于 2020 年 4 月 1 日起合并，成立矿产资源和能源部。

2. 政策法规

煤炭相关的法律法规包括 2002 年《矿产和石油资源开发法案》第 28 条、1996 年国家道路交通法案第 93 号、1977 年第 74 号公路运输法案、2008 年《国家能源法》第 34 条环境立法列出了基础设施。

管理采矿部门的立法集中于 2002 年的《矿物和石油资源与发展法》（MPRDA），其中经过修订的《采矿宪章》（2010 年）和《矿物和石油使用费法》（2008 年）具有重大影响。这项立法涉及矿物的所有方面，因此涉及煤炭勘探、储量和资源、采矿、选矿和弃矿。

2017 年 6 月，南非矿业部长茨瓦尼发布了新的《矿业宪章》，新版《矿业宪章》不仅要求所有矿业公司在 12 个月内实现黑人占股 30%（《矿业领域黑人经济振兴法》BEE 股份要求是 26%）、新的探矿权则需要公司有超过 50% 的黑人股份，还要求企业缴纳营业额的 1% 作为社区发展税。

此外，对于矿业公司的董事会，也有 50% 的黑人、25% 的女性的要求。高管层要求 60% 的黑人；底层管理要求 88% 的黑人。同时，矿业公司的采购，必须要求 77% 来自《黑人经济振兴法》（BEE）公司，显然，这些要求会损害投资者的利益，因此新版《矿业宪章》引起业界强烈不满。2017 年 9 月，南非决定暂停实施有争议的新版《矿业宪章》，等待法院就商会针对新宪章的紧急叫停申诉做出裁决。

《2008 年国家能源法案》（2008 年第 34 号法案）确保南非以可持续的数量和可承受的价格提供多

样化的能源。此外，该法案还规定增加使用可再生能源、应急能源供应、持有战略能源原料和运输工具以及对能源基础设施进行充分投资。

《2006 年电力监管法案》(2006 年第 4 号法案) 为电力供应行业建立了一个国家监管框架，由南非国家能源监管机构（NERSA）执行。能源部长有权决定是否建立独立发电公司（IPPs），以增加电力供应。

经修订的 1977 年《石油产品法》规定了在分配成本、维持和控制价格、提供有关石油产品的某些资料和提供服务方面节约石油产品和节约经济的措施。它还规定对从事制造、批发和零售规定的石油产品的人颁发许可证。

经修订的《1977 年中央能源基金法》(1977 年第 38 号法）规定了确定国家征税的办法。

《1999 年核能法》(1999 年第 46 号法）规定设立南非国家能源公司（Necsa)，并规定其职能、权力、财务和业务责任、治理和管理。它还规定了核燃料、核及有关材料和设备的取得和拥有，以及这些材料和设备的进出口。

国家发展计划（NDP）设想，到 2030 年，南非将有足够的电力和液体燃料供应，以维持经济活动和防止经济中断。为了在中期实现这一远景，该部打算把重点放在扩大电力供应和提高能源效率、根据国际承诺管理核能以及使能源生产组合多样化。

1.2.3 发展前景

南非是一个煤炭和能源高度密集的国家，其经济的特点是极度不平等和贫困（超过一半的人口生活在贫困中)。从长远来看，南非经济的可持续增长和发展将在很大程度上取决于摆脱煤炭密集型能源体系和经济的转型。

南非煤炭行业面临着成本上升、能源安全风险、出口需求风险和本地需求增长缓慢等挑战和危机。例如，Eskom 公司的一次能源成本在过去 20 年里实际增长了 300%。Eskom 一次能源成本的大幅上涨以及正在建设的新燃煤电厂的成本超支，导致电价迅速上涨，令 Eskom 和经济面临越来越大的压力。因此，尽管 Eskom 继续提供新的燃煤发电能力，但电力需求在过去 10 年一直停滞不前。与此同时，新的可再生能源发电能力在成本和系统上都比 Eskom 新的燃煤电厂（在建）或拟建的私营燃煤电厂要便宜得多。

煤炭开采仍有巨大的潜力。未来煤炭出口预计增加 35 万 t 到 110 万 t（南非目前出口 75 万 t)，这可以增加 11600 人的就业，并使投资每年增加 10% 以上，达到 200 亿兰特。

在国内需求方面，Eskom 目前每年购买 120 Mt 煤炭，根据最新的综合资源计划，到 2023 年将增加到 139 Mt，然后在 2033 年回落到目前的水平，到 2050 年将减少到 90 Mt。新增就业岗位约 6500 人，额外投资 13 亿兰特。

1.3 煤炭资源

1.3.1 煤炭资源总量与煤田分布

1. 煤炭资源总量

南非煤炭资源量占世界煤炭资源总量的 3.5%。根据 2020 年 BP 世界能源统计报告，截至 2019 年底，南非已探明无烟煤和烟煤储量约 9.9 Gt，占世界储量的 0.9%。在 2019 年列出的 25 个活跃生产国中，这个储量排在第 12 位，按照目前的开采速度，它足以支撑该国未来 39 年的煤炭产量。

2. 煤炭资源分布

煤炭资源分布极不均衡，尽管共有 19 个煤田发育煤层，但煤炭开发活动主要集中在 4 个煤田，分别为威特班克煤田、弗里尼欣－萨索尔堡煤田、海维尔德煤田和埃利斯拉斯煤田，其煤炭产量分别占到全国的 55.12%、19.11%、15.41%、8.46%。其余 15 个煤田产量之和占全国总产量的 1.91%，各煤田的产量均不足全国总产量的 1% 。

与其他国家相比，南非的煤炭矿床相对较浅，煤层较厚，适合较浅的地下和露天开采作业。

另外，林波波省的沃特伯格煤田蕴藏着丰富的煤炭资源，是南非未来能源供应的下一个地区。虽然与威特班克和海维尔德等煤田相比，沃特伯格煤田的面积非常小，但它的总煤层厚度约为 110 m，这使得 Waterberg 的储量非常大。

南非煤的发热量为 3872 ~ 7481 kcal/kg，平均值为 6053 kcal/kg；灰分为 11% ~ 40% ，平均值为 18. 5% ；水分为 0. 9% ~ 11. 4% ，平均值为 4. 08% ；硫分为 0. 5% ~ 1. 99% ，平均值为 1. 09% 。这些在产煤矿中，露天矿 81 个，井工矿 66 个，露天矿加井工矿 38 个，分别占总量的 43. 8% 、35. 5% 和 20. 7% 。需要特别指出的是，由于这些在产煤矿的开发时间早，矿业公司占有的煤炭资源较为优良。未来开发的煤炭资源的煤质会有所下降且受限于基础设施，开发难度会相应增加。

1. 3. 2 资源管理与政策法规

南非政府为合理开发及利用矿产与能源资源，制定了一系列法律法规，如《矿山与工厂法》(1956)、《采矿资格注册法》(1967)、《开采权法》(1967)、《矿产技术法》(1989)、《矿产法》(1991)、《矿山安全与健康法》(1996)、《矿产和石油资源开发法》(2002) 等。

矿物权的所有权属于公有和私有。国家对矿物资源实施登记，并对矿物勘探权和开采权实施管理。按法律规定，土地所有权包括对土地内埋藏的矿物拥有权。国家允许矿物权买卖交易，但禁止转让矿物资源勘探许可证和开采许可证。

为有效实施资源管理，南非政府建立了国家级资源数据库。要求持有资源勘探许可证的企业或公司在资源勘探或终止资源勘探活动后必须将资源勘探数据提交给国家。国家在收到资源勘探数据后随时向公众公布。

对不可再生资源进行开发时，由开发的公司或企业通过支付矿区租用费的方式补偿矿物权拥有者。矿区租用费的支付数额原则上是按生产或收入计算的。

根据《环境保护法》(1989)，南非要求企业未经国家正式批准不得从事矿产资源开采活动。煤炭资源开采时，煤炭生产企业必须保证不对矿区周围的环境造成破坏。如果煤炭生产企业在煤炭开采活动期间造成了周围环境的破坏，国家将对其实施赔偿处罚。

《矿产和石油资源开发法》(MPRDA) 2002 年第 28 号法令，MPRDA 是南非矿物资源开发的主要立法，是国家对矿物资源管理制度的基础，矿产资源部长向矿产开发公司发放勘探、开发、开采和加工以及关闭矿山的许可证。这些许可是有条件的，所有申请者必须证明他们有能力遵守法律中规定的技术、财政、环境、健康和安全、社会经济发展的要求。根据 MPRDA，负责实施该法案的矿产资源部部长必须“确保南非矿产和石油资源在国家环境政策、规范和标准框架内的可持续发展，同时促进经济和社会发展”。为了确保这一点，MPRDA 规定，国家环境管理法 (1998 年第 107 号)(NEMA) 的原则适用于所有采矿业，并作为 MPRDA 环境要求的解释、管理和执行的指导方针。

1.4 煤炭生产

1. 4. 1 煤炭生产总体情况

南非煤炭资源赋存条件极好，地质条件简单，断层、褶曲、陷落柱等构造少，煤层埋藏浅且大多呈近水平、赋存稳定，煤炭储量中有 96% 埋藏深度不到 200 m，煤层厚度超过 2 m 的储量约占 80% ，因此南非煤炭矿床相对较浅，煤层较厚，适合较浅的井工和露天开采作业。但是近几年南非优质资源枯竭的问题日益突出，煤炭储量递减、煤炭品质下降以及开采成本增加。矿业公司需要寻找其他更经济有效的方法来开采盆地中更深、质量较差的煤层。南非的煤灰分相对中等，在出售前需要通过洗涤来降低灰分。较高等级的煤炭被运往出口市场，而较低等级的煤炭则由 Eskom 特别设计的电站锅炉燃烧。

南非煤矿的安全生产条件好，自然灾害少，绝大多数煤矿瓦斯含量低，煤层不易自燃，水文地质条件简单，围岩稳定。南非的煤矿工业技术先进，劳动密集程度低于矿业的其他部门。井工煤矿主要采用房柱式采煤方法和长壁采煤法，生产系统简单，主运输采用带式运输机，辅助运输采用无轨胶轮车。煤矿安全和使用安全监控设备，对瓦斯、设备状况等进行监控，但由于灾害威胁较小，安全监控系统比较简单。南非煤矿用人少，采煤机械化程度高，接近 100% 。

图 5 - 1 - 5 显示了南非 1991—2019 年的煤炭产量走势和煤矿全员工效走势曲线图，1991 年煤炭产量为 178 Mt，南非煤炭产量除 2005 年出现降低仅为 224 Mt 外，总体走势为稳步上升到趋于平稳，保持在 250 Mt 左右。

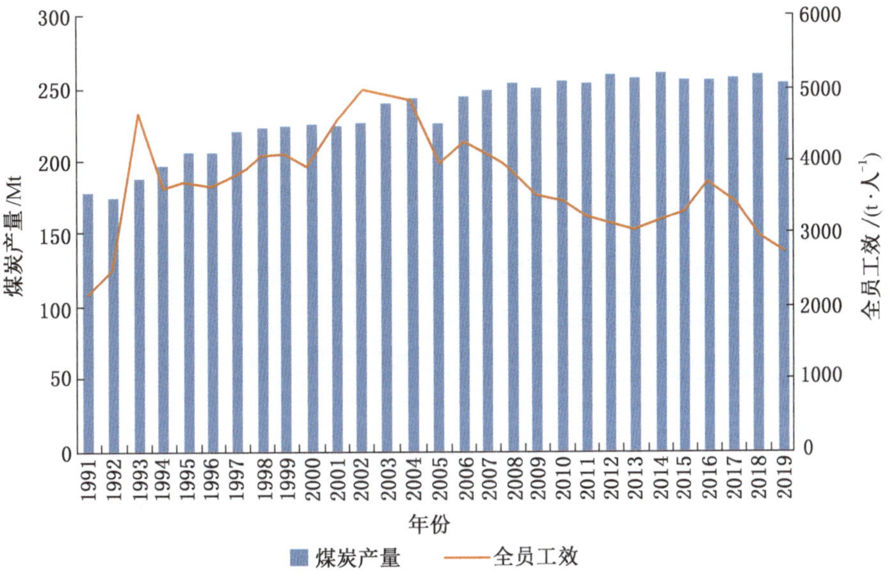

图 5 - 1 - 5　1991—2019 年南非煤矿产量与全员工效对比图

2019 年南非生产了 253 Mt 煤炭，销售额为 1410 亿兰特（约 94.05 亿美元），雇用了 94297 人，为全球第七大煤炭生产国，占全球煤炭产量的 3.3% 。

20 世纪 90 年代初，南非煤矿的全员工效大幅增加，尤其是 1991—1993 年增加了近 128% 。劳动生产率的大幅提高主要是由当时煤矿大量裁员（图 5 - 1 - 6）和采煤机械化率提高造成的。之后随着南非煤矿采煤机械化率的提高和煤矿雇佣人数的缓慢上升，煤矿人员工效逐年下降。到 2019 年为 2743 t/人。

根据南非矿产资源部 2014 年的数据（表 5 - 1 - 3），南非井工煤矿的煤炭产量从 2006 年的大约 145 Mt 稳步下降到 2014 年的 125 Mt。与此同时，露天开采的产量从 2006 年的约 167 Mt 增加到 2014 年的近 214 Mt。在地下开采中，长壁产量从 2006 年的 10 Mt 左右稳步下降到 2014 年的仅 1.7 Mt。

数据显示，地下矿井的产量比例已从 2006 年的 47% 稳步下降至 2014 年的 37% 。长壁开采占总产量的比例从 2006 年的 3% 降至 2014 年的 0.5% 。

1.4.2　露天煤矿

2014 年南非露天煤矿开采占 63.1% 。南非露天煤矿开采从 20 世纪 70 年代开始，当时第一座运用露天开采的煤矿是 Amot 煤矿。目前有 8 个大型露天矿应用 20 多台机铲。随着大量煤炭资源的开采，更多地采用露天矿开采技术。

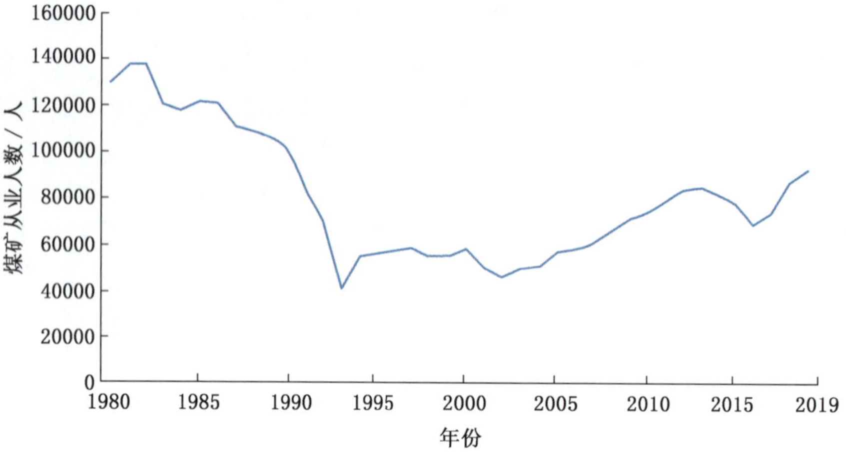

图 5-1-6　1980—2019 年南非煤矿从业人数走势图

表 5-1-3　2006—2019 年南非煤炭产量（按开采方式划分）

开采方式	年份														
	2006		2008		2010		2012		2014		2016		2019	
	产量/Mt	百分比/%	产量/Mt	百分比/%	产量/Mt	百分比/%	产量/Mt	百分比/%	产量/Mt	百分比/%	产量/Mt	百分比/%	产量/Mt	百分比/%
井工	145.4	46.5	140.9	44.6	134.2	42.3	118.7	35.9	124.9	36.9				
房柱式	118.4	37.9	116.7	37.0	118.4	37.3	110.9	33.5	123.2	36.4				
回采	16.6	5.3	14.4	4.6	7.2	2.3	6.1	1.9	5.1	1.5				
长壁	10.4	3.3	9.8	3.1	8.7	2.7	1.6	0.5	1.7	0.5				
露天	167.2	53.5	175.0	55.4	183.3	57.7	212.2	64.1	213.4	63.1				
总计	321.6	100	315.9	100	317.5	100	330.8	100	338.2	100	255.3		253	

露天开采具有较高的采收率，有的采收率接近 90%。这种方法在煤埋在地表 -70 m 以下的地方使用。煤层上方的覆岩和土壤通过步行拖缆进行爆破和刮除，大型刮刀桶挂在长长的吊车式臂下。下面裸露的煤层被重型卡车拖出矿井。煤被运到选煤厂或直接运到用户那里。

1.4.3　井工煤矿

2014 年南非井工煤矿的开采比重为 36.9%，最常见的开采方式是房柱式开采（板式房柱式）和长壁开采。在房柱式开采方法中，主要的开挖方法是钻孔和爆破，采用连续掘进的方式。该方法占到总煤炭产量的近一半。在开采煤层时，留在原地的煤柱大到足以无限期地支撑顶板。目前，这种方法可以开采大约 65% 的可用煤炭。

南非煤层埋藏较浅，厚煤层所占比例较大，顶底板条件好，很少受到地质变化的影响，只有伴随火成岩侵入形成的局部断层和变位。南非房柱式开采采用的设备主要是杰弗里、玛丽埃塔和威尔科克斯公司提供的采煤机，较大的机型为久益公司 HM31 型连续采煤机。掘进机由阿尔卑尼公司和鲍拉特公司提供，较大的机型为阿尔卑尼公司 AM85 型掘进机。在这些采掘设备中，85% 的机械设备用于 2.5 ~4.5 m 和 3.5 ~5.5 m 煤层的开采。房柱式开采的优点有：设备投资少，为综采的 1/4 ~1/5；采出率接近长壁工作面回采；采掘合一，建井期短；设备少，灵活，易搬运；巷道压力小，支护简单；

利于环境（无矸石时），地面下沉量少；全员效率高。缺点是采出率低，仅为70% ~75%；通风条件差；初期投资高，需对矿井生产系统进行较大的改动，且在可进行长壁工作面开采的地方进行房柱式开采，将增大煤炭资源的损失量。

1.5 煤炭市场

1.5.1 煤炭消费

煤炭是南非主要的初级能源，该国90%以上的电力，约30%的液体燃料，约70%的能源需求都来自煤炭。南非本地煤炭主要为烟煤，约4%的煤炭需求来自进口炼焦煤，价值约40亿兰特。南非国内煤炭需求如图5-1-8所示，按价值计算，最大的需求份额来自电力（52.7%），其次是钢铁行业（19.8%），之后是焦炭和精炼石油（10.3%）。

南非全国的煤炭消费主要集中在国有垄断电力公司Eskom（2014年占当地销售额的65%）和煤制油能源公司萨索尔（22%），他们使用的煤炭热值（CV）远低于出口产品（20~24 MJ/kg）。

1989—2019年南非煤炭消费量如图5-1-7所示，21世纪前十年煤炭产量快速增长，消费量也出现快速增长的势头，该时间段与当时南非国内与卡姆登、格鲁特福来和科马提三座发电站的重新启用时间一致，这是当时Eskom旨在解决电力供应不足问题回归服务计划的一部分。

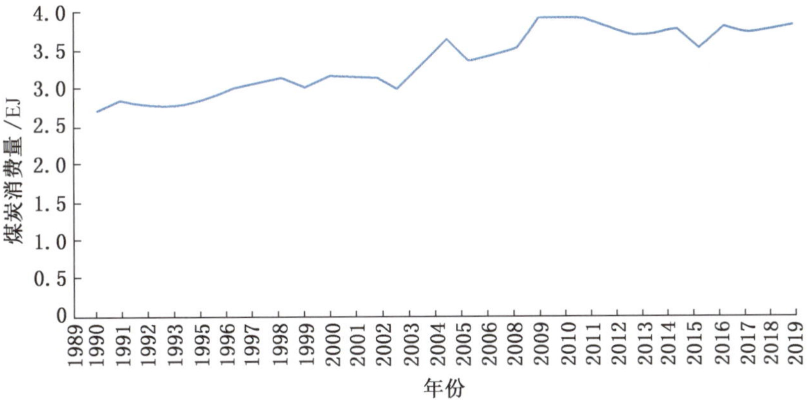

图5-1-7 1989—2019年南非煤炭消费量

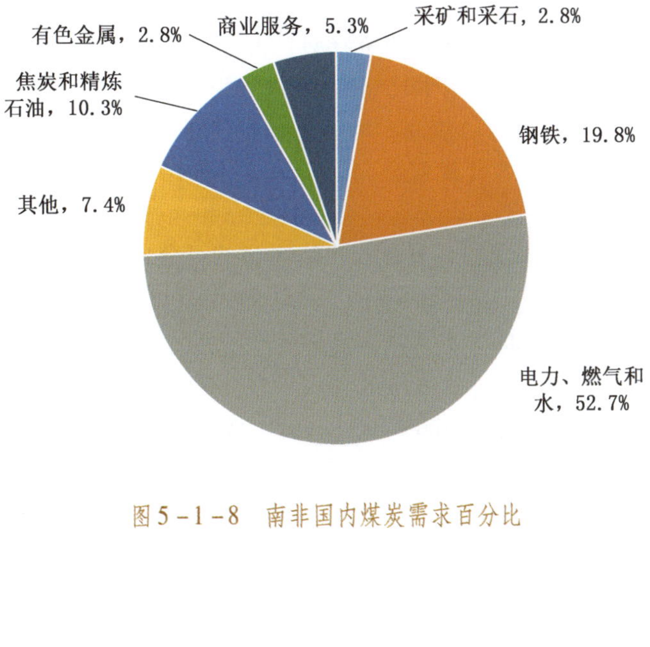

图5-1-8 南非国内煤炭需求百分比

1. 发电

南非的电力行业由 Eskom 公司主导，这是一家单一的、垂直整合的国有公用事业公司，拥有、运营和维护大部分的发电基础设施以及国家输电网。南非 90% 的电力由 Eskom 公司生产，非洲 45% 的电力由 Eskom 公司生产。在全球范围内，该公司的发电能力排在前七名，销售额排在前九名，拥有世界上最大的干冷电站之一。

2. 冶金

南非是高炉使用煤炭的全球第二大市场，仅次于热能使用。这既包括炼钢用的铁的生产，也包括铁合金的生产。然而，南非的炼焦煤储量有限，这些煤产自林波波煤田。南非钢铁工业所需的焦煤主要是进口的。

在南非，80% 的铁在鼓风炉中生产，6% 在电炉中生产，14% 在“其他”工艺中生产。南部非洲的焦炭工业生产两种焦炭，一种是市场焦炭，用于铁合金工业，另一种是冶金焦炭，用于钢铁厂。

南非有 4 个主要的煤炭用户用于钢铁生产。其中两家企业使用煤炭生产焦炭，分别是阿塞洛 - 米塔尔在纽卡斯尔和范德比尔公园的业务。Saldanha 的阿塞洛 - 米塔尔工厂采用的是 Corex 生产流程，直接使用煤炭，而不是将其转化为焦炭。最后，维特班克的 Evraz Highveld 钢铁和钒操作使用煤从磁铁矿生产钢铁。

3. 其他用途

煤的其他用途包括工业和商业用途，作为一种重要的燃料来源，产生蒸汽，提供热量和动力。工业部门包括纸浆和浆糊制造商、食品和烟草（特别是制糖和酿酒厂）、水泥制造商、砖和耐火材料制造商、纺织制造业和采矿业。南非的许多家庭将煤炭作为首选能源。煤炭是一种相对便宜的燃料，对依赖不稳定收入水平的非正式家庭很有吸引力，尤其是那些位于内陆靠近煤矿的家庭。

1.5.2　煤炭进出口

1. 出口

南非是世界第七大煤炭出口国，2019 年占世界煤炭出口总量的近 9%。与印度尼西亚和澳大利亚一样，南非也在从欧洲转向亚洲，2015 年印度占南非对亚洲出口的 70%。南非将在为亚洲主要需求中心提供煤炭方面发挥关键作用，预计到 2020 年向亚洲出口 56 Mt 动力煤，到 2040 年将稳步增加。

煤炭是南非第三大外汇来源，排在铂、金之后。煤炭是南非采矿业的重要组成部分，每年平均占采矿业销售总额的 28%，位居首位，但年增长较缓慢。每年生产的原煤出口比例可达 21%，采矿业产生的煤渣超过 65 Mt。南非的煤炭每年占该国商品出口总额的 6% 以上。

1）南非煤炭出口行业正面临长期的、永久性的衰退

南非煤炭出口年均增长 2.6%，从 2006 年的 68.7 Mt 增长到 2015 年的 76.9 Mt。2006—2009 年，由于全球金融危机后对欧洲市场的出口下降，出口出现下滑。2010 年，在亚洲市场需求增长和欧洲经济复苏的推动下，出口恢复了 45%。然而，由于基础设施瓶颈，自 2012 年以来，出口量平均停滞在 75 Mt 左右。南非 2017 年和 2018 年煤炭出口量分别为 83.16 Mt 和 94 Mt，2019 年南非煤炭出口 78.44 Mt（图 5 - 1 - 9）。

2000—2019 年，南非煤炭出口量占世界煤炭出口总量的百分比如图 5 - 1 - 10 所示，2000 年该比率为 11%，为近 20 年的最高点，之后逐年降低，到 2019 年该比率为 6.2% 是近 20 年来最低点。可见，南非煤炭出口行业正面临长期的、永久性的衰退。

南非开采的煤炭超过 1/4 出口，其中大部分通过理查兹湾离开该国，每年理查德港煤炭码头处理约 69 Mt 煤炭，是世界第二、非洲第一的能源港口。由于这里是非洲最大的煤炭集散地，所以这里的煤炭价格是整个非洲煤炭价格的风向标，所有非洲出口煤炭价格均以此为标准。

本土生产面临困境的同时，南非煤炭出口业务也正经受考验。理查德湾煤炭码头进一步扩大产

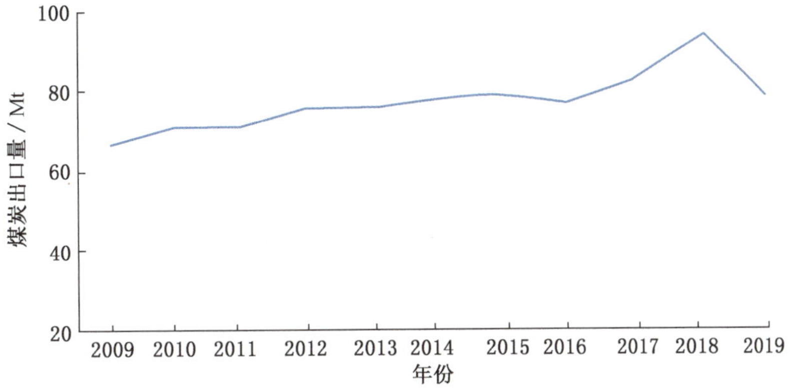

图 5-1-9　2009—2019 年南非煤炭出口量

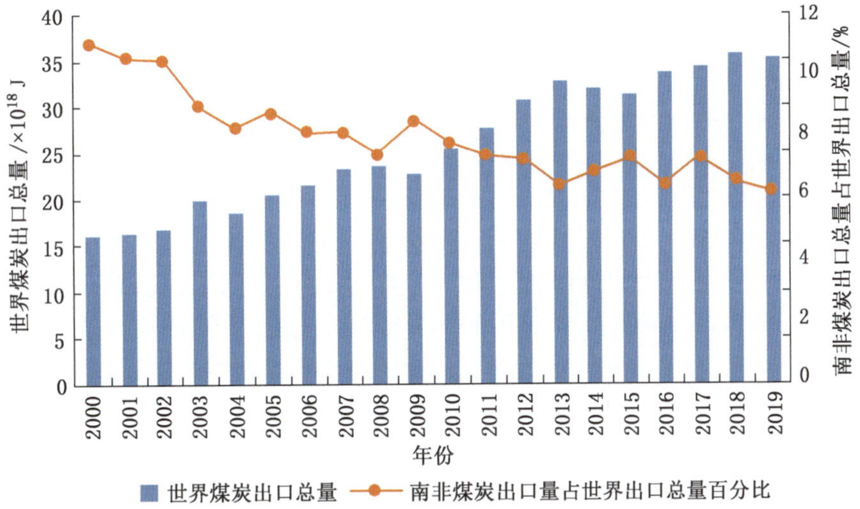

图 5-1-10　2000—2019 年南非煤炭出口量与世界煤炭出口总量对比曲线图

能，支持了煤炭出口量的增长，2008 年达到 76 Mt，2010 年达到 91 Mt。然而，在此期间，国内 Transnet 货运铁路的铁路运力和性能始终低于理查德湾煤炭码头的出口能力，这限制了出口量的增长。

2018 年南非用于电力生产的动力煤中出口份额仅占全部的 30%，但 2018 年南非动力煤行业出口总额达到了 730 亿兰特（约合 47.9 亿美元），占该行业总销售额的一半。受天气相关因素影响，加之主要用户进行能源转型，2019 年，南非主要煤码头煤炭出口量连续第二年下滑，已降至 5 年来新低。2019 年，理查兹湾煤码头面临的最大困难则是恶劣天气频发，当年，该码头共有 39 天出口中断，而 2018 年为 36 天。此外，2018 年出口量也超过了 2017 年。未来受天气影响造成的出口中断将成为“新趋势”。随着欧洲煤炭进口量继续下降，2019 年，南非理查兹湾煤码头煤炭出口对亚洲的依赖程度进一步提高，且这一趋势不会逆转。其中，该码头将越来越依赖于最大的出口目的地印度。

2）煤炭主要出口国

南非主要向印度、巴基斯坦、韩国、斯里兰卡、荷兰出口动力煤。2018 年，南非煤炭出口仍以印度为主，印度占全部出口量的 48%，使南非的出口行业高度依赖于一个国家。在 2019 年上半年，这个数字上升到了 60% 。继印度之后，巴基斯坦和韩国是 2018 年南非煤炭出口的第二和第三大出口目的地国（图 5 - 1 - 11）。

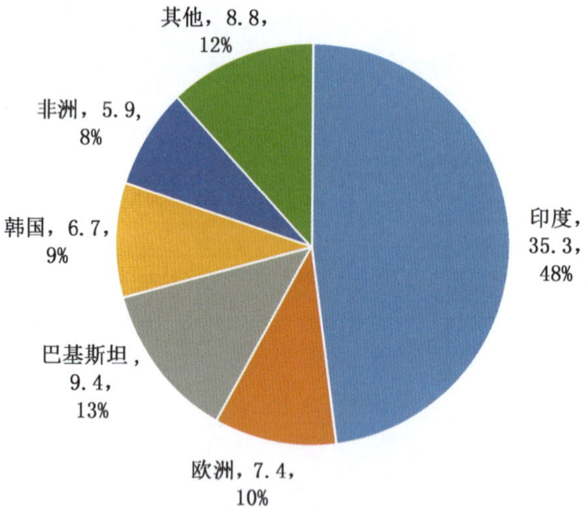

图 5 - 1 - 11　2018 年南非理查兹湾煤炭码头主要出口目的地国煤炭出口量（百万吨）

印度目前是南非最大的煤炭出口市场，其在 2005—2020 年自愿将国内生产总值（GDP）的温室气体排放强度降低 20% ~25% 。该国正在通过大规模推出可再生能源改造其国家电力系统。2017 年，印度太阳能光伏和风力发电的成本大幅降低，以至于印度的可再生能源比现有的国内煤炭发电更便宜。到目前为止，这还没有影响到南非对该国的煤炭出口。未来，印度的煤炭需求将继续增长，原因如下：印度的电力供应仍然跟不上需求的增长；印度的电力市场由煤炭主导，占总发电量的 75% 以上。印度是全球第三大煤炭能源消费国，仅次于中国和美国。

巴基斯坦已经是南非第二大煤炭出口目的地。在中巴经济走廊（CPEC）计划下以及中国资金的支持下，巴基斯坦一批新的燃煤电厂正在规划中。随着更多成熟市场的萎缩，煤炭出口商希望巴基斯坦成为一个主要的煤炭出口增长目的地。但随着巴基斯坦经济的恶化，对化石燃料进口给巴基斯坦带来负担的担忧大幅增加。2019 年，南非向巴基斯坦的煤炭出口量同样增长，但该国需求继续回升的空间似乎有限。很显然，巴基斯坦政府担心过度依赖煤炭进口，加之巴基斯坦货币大幅贬值，导致煤炭进口价格更加昂贵。尽管未来巴基斯坦的动力煤进口将有所增长，但这一增长可能会令包括南非在内的许多煤炭出口国感到失望。

韩国是南非第三大出口目的国，该国对煤炭进口的依赖开始下降。在 2019 年 4 月 19 日举行的韩国新能源总体规划公开听证会上，韩国贸易、工业和能源部宣布，将寻求大幅减少对燃煤发电的依赖，同时更多地转向可再生能源。出于对空气污染和碳排放的担忧，政府将通过禁止新建和关闭旧的燃煤电厂来“大幅”减少燃煤发电。根据新计划，政府计划到 2040 年将可再生能源占总发电量的比例从目前的 8% 左右提高到 35% 。

2. 进口

依赖于该国的钢铁行业，南非进口的主要是炼焦煤。由于钢铁生产取决于国家的经济表现，煤炭进口的趋势与该国钢铁生产的趋势相似，2009 年因经济危机煤炭进口量下降 17.8% ，一直保持在较低水平，直到 2013 年有所回升。2015 年由于钢铁产量下降，煤炭进口量下降了 16% 。2019 年烟煤和无烟煤进口量下降而其他煤炭进口量上升，从而使煤炭进口总量逐年提高（图 5 - 1 - 12）。

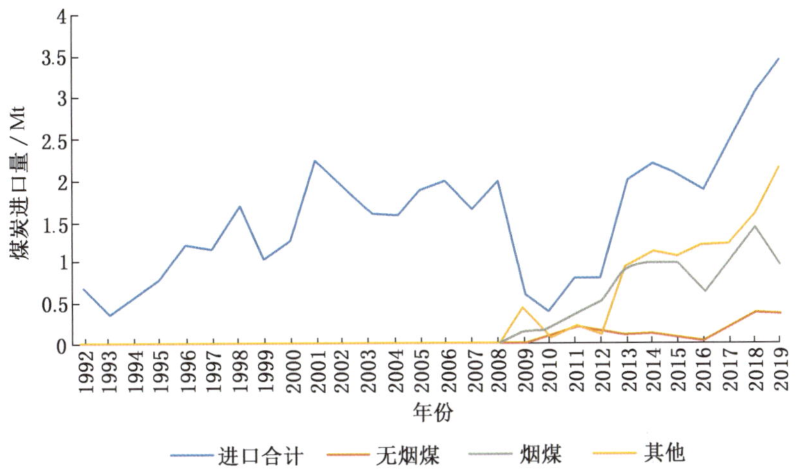

图 5-1-12　1992—2019 年南非煤炭进口量曲线图

1.5.3　煤炭运输

南非拥有完善的交通系统，煤炭运输以铁路、港口、公路为主，国内消费煤炭的 90% 以上用于发电，输送电力的电网遍布南非还可连接到周边国家。煤炭运输方式由用户类型和位置（即运输距离）决定。煤一般用传送带或卡车短距离运输。铁路运输主要用于将出口的煤炭运到码头，然后再通过海运运往出口市场。

1. 传送带

在南非的煤矿行业中，传送带被用来将煤炭运输到普马兰加地区的一些发电站，因为这些发电站都建在煤矿旁边。燃煤发电厂在设计时旁边有一座煤矿，以便在一个名为“捆绑煤矿”合同的系统中方便地供应煤炭。但是，由于各煤矿储量已枯竭，无法满足发电站的需求，因此，公路运输被用来补充发电站的煤炭供应。

2. 公路运输

Eskom 公司在普马兰加使用 2000 多辆卡车在 3200 km 的公路网上运输煤炭。这些煤炭运输卡车的平均运输距离是 600000 km/d，每天通过 30 ~ 40 条运输路线的网络在南非的公路上运输大约 0. 124 Mt 的煤炭。由于部分地区的煤炭资源已经枯竭，无法满足当地指定发电厂的发电能力。越来越多地使用公路运输煤炭到普马兰加的发电站，对环境有害。只有在林波波省的沃特伯格煤田建立新的煤矿后，这种情况才会得到改善，而这需要时间，因为该地区的基础设施必须首先得到开发。

3. 铁路运输

铁路是煤炭运输设施的重要组成部分，所有主要城市均由铁路连接。南非铁路总里程 34100 km，其中 18200 km 为电气化铁路，有电气机车 2000 多辆，年度货运量约 175 Mt。南非铁路可通达周边国家，如莫桑比克、博茨瓦纳、莱索托、纳米比亚、津巴布韦和斯威士兰。在非洲，南非的铁路系统最发达，但其铁路设施维护较差，运力不足。

南非的煤炭运输系统主要依赖铁路和港口设施。首先，约翰内斯堡 - 埃尔默洛一带的运煤铁路分布最密集，该地区为南非的主要煤矿分布区，燃煤电厂的主要分布区，铁路的主要任务是将煤炭运至周边的电厂；其次，约翰内斯堡 - 理查德湾的铁路运输系统为南非的主要煤炭外运通道，每年有超过 70 Mt 的煤炭通过理查德湾港出口；最后，南非北部城市墨西拿—东北部城市纽因顿—莫桑比克首都马普托为南非东北部最重要的煤炭外运通道，南非北部煤田的煤炭资源可通过马普托港出海，极大缓

解了约翰内斯堡 - 理查德湾铁路运输系统的运力紧张问题。

南非铁路网由其国有公司 TRANSNET 通过业务单位之一 TRANSNET 货运铁路（TFR）运营。TFR 使用全国铁路网络，货运里程为 22000 km，其中 1500 km 由出口煤炭和铁矿石的重型运输线路组成。这条线路从普马兰加的 44 个煤矿出发，从草原向下延伸，途经夸祖鲁 - 纳塔尔省的农村地区，终点是理查德湾，全长 580 km。

南非最重要的煤炭出口港口为理查德湾港，其次为德班港。煤炭也可借助莫桑比克的马普托港出海。理查德湾煤炭码头（RBCT）位于德班以北 170 km 的印度洋海岸线上。它于 1976 年启用，最初的容量为 12 Mt/h。这一容量多年来不断增长，在 2008 年达到了 76 Mt/a 的容量。到 2010 年，产能已发展为先进的 24 h 运转，设计容量为 91 Mt/a。理查德湾煤炭码头是世界上最大的单一煤炭出口码头，出口量超过 6.9 Mt。RBCT 通过 TRANSNET 货运铁路（TFR）与煤矿相连，该铁路从普马兰加煤田到沿印度洋的理查德湾码头。该码头与 TRANSNET 国家港口管理局（TNPA）协调，每年有 900 多艘船到达和离开。

1.6　煤矿安全生产与职业健康

1.6.1　安全生产和职业健康总体情况

1. 安全生产

南非的煤矿是世界上最安全的煤矿之一。1989—2019 年，南非煤炭行业的死亡人数下降了 87%，受伤人数下降了 53.7%。2019 年每百万工时死亡率为 0.04%，比 1989 年的 0.52% 降低了 92.3%，2019 年每百万工时受伤率为 1.42%，比 1989 年的 3.50% 降低了 64%（表 5 - 1 - 4）。1994 年以后，南非每年煤矿事故死亡人数基本控制在 30 ~ 50 人。2001 年以后，南非每年煤矿事故死亡人数更是减少到 20 人左右。2013 年至今，南非煤矿每年事故死亡人数降至 10 人以下。煤矿安全生产达到了世界先进水平，正加倍努力实现煤炭生产零伤亡的目标（图 5 - 1 - 13）。

表 5 - 1 - 4　1989—2019 年南非煤炭工业伤亡数据

年　份	死　亡		受　伤	
	死亡人数/人	每百万工时死亡率/%	受伤人数/人	每百万工时受伤率/%
1989	54	0.52	361	3.50
1990	51	0.30		1.90
1991	43	0.24		2.0
1992	46	0.30		2.60
1993	90	1.01	279	3.12
1994	54	0.45	240	2.01
1995	31	0.25	235	1.92
1996	45	0.36	285	2.28
1997	40	0.31	270	2.11
1998	42	0.35	257	2.12
1999	28	0.23	207	1.72
2000	31	0.24	213	1.68
2001	19	0.17	170	1.56
2002	20	0.20	161	1.59

表 5-1-4（续）

年份	死亡		受伤	
	死亡人数/人	每百万工时死亡率/%	受伤人数/人	每百万工时受伤率/%
2003	23	0.21	188	1.75
2004	20	0.18	187	1.69
2005	16	0.13	181	1.44
2006	20	0.16	266	2.09
2007	15	0.11	205	1.54
2008	20	0.14	333	2.31
2009	18	0.12	259	1.66
2010	12	0.07	273	1.68
2011	12	0.07	241	1.39
2012	11	0.06	269	1.47
2013	7	0.04	263	1.41
2014	9	0.05	267	1.48
2015	5	0.03	206	1.20
2016	4	0.03	189	1.24
2017	10	0.06	200	1.22
2018	9	0.05	167	0.88
2019	7	0.04	224	1.10

注：每百万工时死亡率/受伤率 $= \frac{\text{死亡/受伤人数}}{\text{工人人数} \times 2200} \times 10^6$。

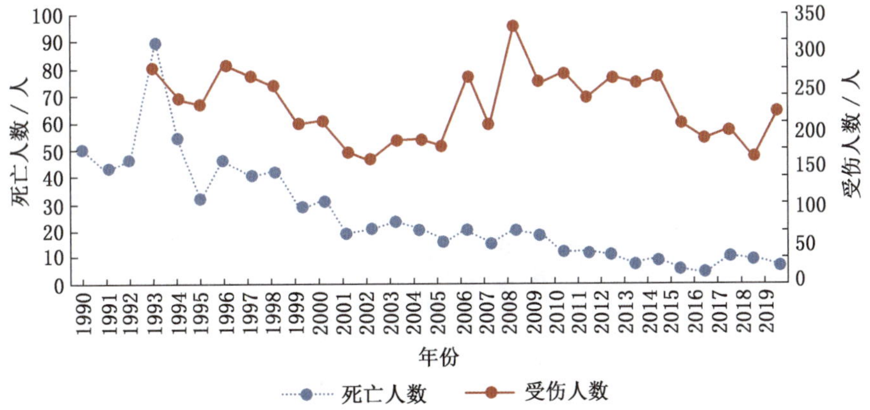

图 5-1-13　1989—2019 年南非煤矿死亡人数和受伤人数对比曲线图

南非煤矿行业提升其安全生产水平的核心方法是将矿工从危险的、具有潜在健康危害的工作面中解脱出来。政府负责监察和执行矿山的健康和安全措施，并进行审查，确保这些措施得到有效的遵守。严格的安全程序、健康和安全标准以及员工教育和培训方案使得南非井工和露天煤矿的安全生产情况得到显著改善。

南非在 20 世纪八九十年代发生过一次死亡 30 人以上的特大事故，直到 20 世纪末才基本遏制重特大事故的发生。1961年后，南非成立了煤矿工会，加强了安全管理，不断提高煤矿机械化程度，使煤矿安全生产状况逐步好转。1993年，南非颁布实施了《职业健康与安全法》。1996年，南非制定了《矿山健康与安全法》，形成了较为完善的矿山安全法规体系，2002年通过了《矿山与石油资源开发法》。

2003—2019年，南非煤矿频繁发生的事故类型为岩石崩落/冒落事故、机械事故、运输和开采事故、一般事故事故、电力事故（未引发火灾）、爆炸事故、杂项事故（指定）、运输事故（立井/暗井）、职业病、火灾、塌陷/塌落事故。其中在一般事故中发生受伤的人数最多，其次是运输和开采事故，岩石崩落/冒落事故、机械事故、未引发火灾的电力事故等；发生死亡的事故主要为运输和开采事故、岩石崩落/冒落事故、一般事故和机械事故（图5-1-14、图5-1-15）。

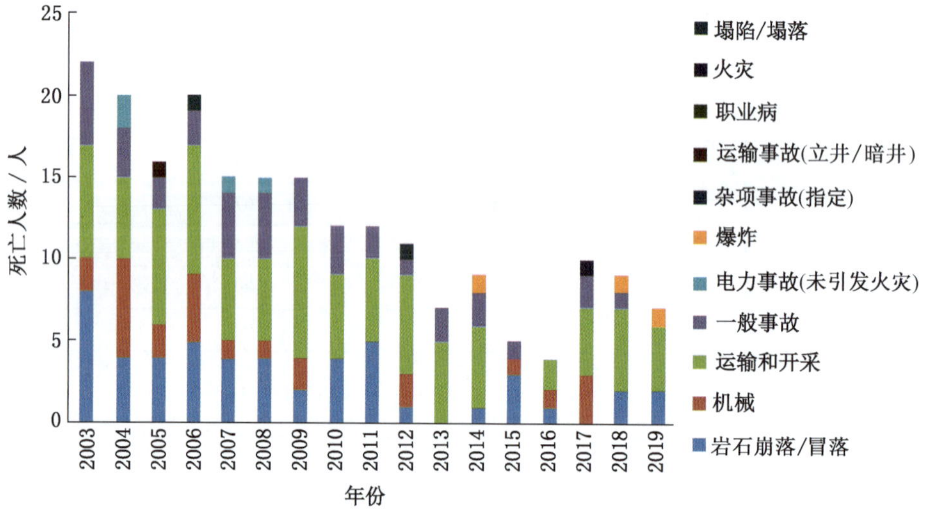

图5-1-14　2003—2019年南非煤矿死亡人数图（按事故类型划分）

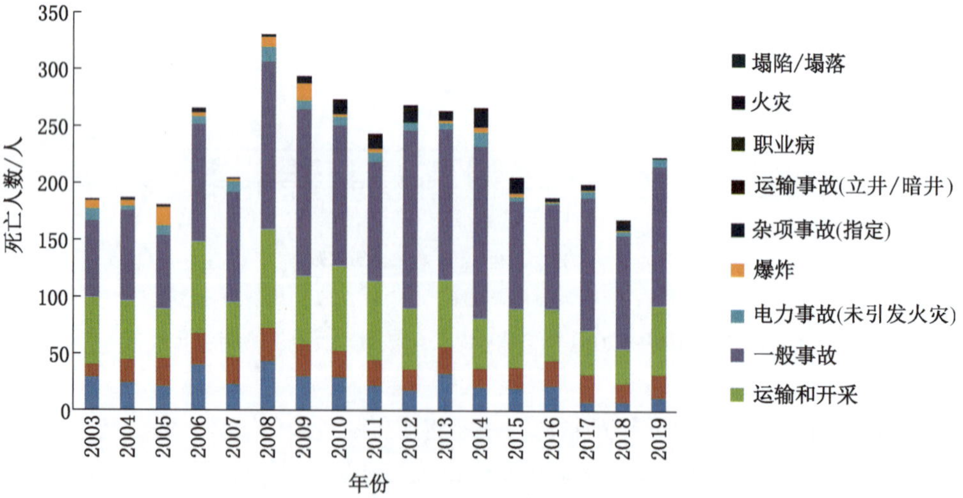

图5-1-15　2003—2019年南非煤矿受伤人数图（按事故类型划分）

2. 矿山救援

1960 年的科尔布鲁克煤矿事故是南非发生的最严重的矿难之一。一大块墙体塌方，共造成 435 人死亡。当地和国际专家的调查显示，一根支撑柱的失效引发了其他 900 根用于支撑矿井工作区的支撑柱的灾难性的、连续的、不可阻挡的倒塌。这一事件的直接结果是，在 1963 年，当时的矿山商会成立了矿山研究组织（COMRO），该组织与煤矿研究控制委员会一起，在矿山安全和矿柱支撑研究方面取得了很大进展。他们的研究彻底提高了采矿的安全性，不仅仅是煤矿，南非的深层金矿在开采安全方面也取得了很大进步。

由于 1960 年南非科尔布鲁克煤矿发生事故时，救援人员无法到达事故区域，南非矿业委员会的煤矿成员（当时是矿山协会）购买了 Wirth L10 钻机和价值 60 万兰特的辅助设备，以协助南非地下煤矿的救援行动。

2014 年，南非煤矿公司出资购买了价值 6600 万兰特的新型救援钻井设备。Schramm T130XD 钻机和 Schramm T685WS 钻机及其辅助设备的选择是基于它们严格的安全标准和便于运输。甄选任务小组由南非矿物委员会、矿山救援服务机构和煤矿培训学院组成。虽然这种钻机没有被用于煤矿事故，但在煤矿行业的支持下，它已经被用于许多场合。

1986 年金罗斯矿难后，采矿业引进了强制性的生命维持避难所和能自给自足的救援仓。通过这些技术进步，煤矿安全标准更加严格。多年来，南非煤矿已经采用了领先的支撑技术，通过加强支柱支撑基础设施来减少地面伤亡事故。煤矿规划人员能够有效地绘制矿井地图，监测煤层，并在潜在问题对煤矿工人构成危险之前确定它们的位置。通信设备已经有了巨大的改进，可以在断电、通风机停机或气体积聚时保持活跃。工作人员必须能够随时相互沟通，特别是在生命受到威胁的情况下。

3. 职业健康

南非煤矿行业关注的是工作场所内外员工的整体健康和福祉。职业健康规划有助于预防和减轻职业健康风险。对健康风险的暴露进行分析、监测和管理并采取预防措施。员工之间关于风险和预防的沟通至关重要，同时还提供了康复和重返工作的方案。该行业通过健康和保健计划促进劳动力的健康。健康计划旨在减少健康风险，提供卫生保健和教育，告知并让员工为自己的幸福负责，重点是减少生活方式疾病（如高血压、糖尿病和胆固醇水平），管理人类免疫缺陷病毒（HIV）感染的风险。

在南非，与煤矿开采相关的主要职业健康问题是粉尘导致的职业性肺病和噪音导致的听力损失。

1）粉尘导致的职业性肺病

南非法律明确要求煤矿企业进行粉尘采样和使用抑尘技术。煤矿粉尘暴露是职业性肺病的危险因素，如煤矿工人尘肺（又称黑肺）、慢性阻塞性呼吸道疾病、肺功能缺乏。员工的暴露差异很大，一些员工持续暴露，而另一些员工暴露时间很短，测量是理解暴露和设计有效的粉尘控制的关键。几十年来，南非煤炭行业的粉尘采样一直是一项法律要求。日常的防尘检查在运行中进行，并向矿山健康监察局报告粉尘水平。抑尘系统对防止员工接触到无法接受的粉尘水平至关重要。自 20 世纪 60 年代以来，煤矿公司一直在使用抑尘技术，南非在开发新的抑尘设备和技术方面一直走在前列。连续式采煤机等设备是远程控制的，包含高压水喷雾系统和洗涤器等除尘技术。

煤矿职工配备个人防护装备（PPE）。作业采用连续通风，大量清洁空气进入井下，稀释了粉尘浓度，改善了工作环境。在 2016 年 11 月召开的职业健康与安全峰会上，矿业利益相关者一致同意，到 2024 年 12 月，95% 的可吸入粉尘颗粒物暴露测量结果必须低于 1.5 mg/m^3（$<5\%$ 二氧化硅）。

2）噪声

噪声性听力损失被认为是南非煤矿矿业的主要职业健康风险。长时间暴露于超过 85 dB 的噪声里会导致听力丧失，而这种情况是逐渐发生的。在整个行业中，重点放在噪声抑制（即在源头处消声）和心音保护上。听力保护的一个重要部分是噪声监测，以防止暴露，此外提供个人防护装备和常规听力测试也很重要。2014 年，矿山健康与安全委员会制定了职业健康与安全目标，旨在消除听力损失。

1.6.2　法律法规与监管体系

1. 法律法规

南非早期的立法如 1911 年的《矿山和工作法》，主要是为了让白人工人垄断高工资的技术工作。没有规定由占多数的黑人矿工代表讨论健康和安全问题，黑人工人没有权利离开危险的工作场所，除非得到白人监工的许可。

直到 1991 年南非颁布的《矿物法》中有一章关于健康和安全，并声称它规定了“矿山和工作中有关人员的安全和健康”，但它对促进工人的职业健康几乎没有起到作用。

1995 年《矿山安全和健康公约》(第 176 号) 规定了采矿业的职业健康和安全标准。该公约规定了在矿山工作的安全和健康问题，包括检查、特殊工作设备和个人防护设备（PPE)，并对矿山救援的有关要求做了规定。该公约在南部非洲发展共同体（SADC）地区的签署国包括博茨瓦纳、莫桑比克（该公约于 2019 年 6 月 14 日在该国生效)、南非、赞比亚和津巴布韦。

1996 年《南非共和国宪法权利法案》第 24 条规定：“人人有权享有对其健康和福祉无害的环境”，这一规定也必须适用于工作环境。

20 世纪 90 年代中期，南非第一位民选总统纳尔逊・曼德拉委托里昂委员会对南非采矿业的职业健康安全问题进行调查。里昂委员会是在 1995 年瓦尔礁灾难之后成立的。委员会制定了《矿山健康和安全法》(MHSA)，该法案目前管理着南非采矿业的职业健康和安全。该法包括《矿山健康和安全法》和《矿山健康和安全条例》，其核心是政府、行业和工会都有促进工作场所的健康和安全的责任。MHSA 制定了三条原则，并赋予所有对矿山健康和安全负责的利益相关者以责任：雇主有义务和责任保护遭受职业健康、安全危害和风险的雇员的健康和安全；政府有义务和责任有效管理矿山工作场所的健康和安全条件；雇员有权拒绝在可能危及其健康和安全的环境中工作。

MHSA 的目标是促进工作场所的健康和安全文化；促进采矿业的健康和安全培训；执行健康和安全措施；要求雇主和雇员识别危险，消除、控制或尽量减少健康和安全方面的风险。

2. 矿业安全监管机构和体系

1）矿山健康和安全监察局

根据 1996 年《矿山健康和安全法》(1996 年第 29 号法令）设立了经修正的矿山健康和安全监察局。目的是执行矿产和资源部的宪法任务，保护和保障受采矿作业影响的矿工和社区的健康和安全。监察处由总监察员领导，其也是矿山健康和安全理事会和采矿资格管理局理事会的主席。监察处下设总办事处，在南非九省设有 10 个区域办事处。每个区域办事处由一名首席视察员领导。各区域办事处和首席视察员向一名副首席视察员报告。

矿山健康和安全监察局致力于建立安全、健康的南非矿业，要实现这一目标，可通过国家政策和立法减少采矿部门的死亡、伤害和健康影响；还可以提供建议，运用制度监察执法情况。

矿山健康和安全监察员负责：执行《1996 年矿山健康和安全法》(1996 年第 29 号法令）及其经修正的规定；制订政策和法例，以指导执法工作；南非矿业的调查、调查、检查和审计；促进南非矿业的艾滋病毒/艾滋病防治工作，主持三方结构。

2）矿山健康和安全委员会

为了避免矿业事故率的不断上升，1996 年南非里昂委员会通过立法，建立由政府部门（南非能源矿业部)、矿主、矿山雇员三方组成的“矿山健康和安全委员会”(MHSC)，第一次把雇员代表纳入安全机构，这在世界矿业史上是个创举。MHSC 由国家、雇主和劳工代表的三方委员会组成，由首席矿务督察担任主席。MHSC 由公共收入提供资金并对议会负责。MHSC 的主要任务是向矿物资源部长提供关于职业健康和安全的咨询和研究成果，重点是改善和促进南非矿山的职业健康和安全。确保了南非《矿山健康和安全法》的执行，由于以法律的形式保证了各方面的参与，在保证采矿安全、降低死亡事故方面发挥了积极的作用。

3）矿业资格管理局

采矿资格权威 MHSC 与矿业资格管理局（MQA）密切合作，后者通过能力发展和过程改进，在解决矿业技能短缺问题上起到了关键作用。MQA 的任务是确保采矿和矿产部门拥有足够数量的经过培训的合格人员，以改善健康和安全标准和程序。

4）矿业安全管理体系

南非矿山安全监察实行垂直管理、分工负责的体制。政府在能源矿业部设矿山安全监察局，由一名副总司长担任总检察长。监察局下设 4 个职能司，分别是矿山安全监察司、矿山设备安全监察司、矿山职业卫生监察司和综合司。在全国 9 个省设有矿山安全监察办事处，共有 257 名安全监察员，受总监察长的直接领导。安全监察员的职责主要是监督监察矿山安全与职业健康的管理系统、控制系统、培训系统是否健全有效的运转，同时负责调查事故，提出处理意见。按照监察业务，安全监察员分为矿井监察员、设备监察员、医学监察员和职业卫生监察员四类。

矿山安全监察主要采取两种方式：一种是不定期的抽查，安全监察员有权随时进入矿井任何地点检查，发现影响安全与职工健康的事故隐患，可以采取罚款、停产、关闭等手段，罚款直接上缴国家矿山安全监察局；二是矿山发生事故后，负责进行调查，现场取样，查明事故原因，提出事故处理意见等。

此外，全国还设有矿山安全与健康协会，总监察长担任协会主席。协会下设 3 个常设机构：一是安全立法委员会，主要向议会提交有关矿山安全与健康方面的法律、法规草案；二是专门负责矿山安全与健康方面的研究；三是专门负责职业卫生防治方面的研究。另外，还设有独立的采矿资格管理局，总监察长担任局长，主要负责制定矿山安全方面的技术标准以及安全技术培训和资格认证。

1.7 煤炭与环境

1.7.1 煤矿区环境治理

南非拥有相当规模的煤炭工业，从采矿、选矿到利用，对整个产业链的环境产生了相当大的影响。煤炭对环境的影响从土地利用和改造、空气和水质延伸到对生物多样性、土壤和人类健康的影响。

1. 监管部门

矿山管理部门负责执行环境管理计划和战略。这些计划通常使用法律遵从性（例如许可证和许可证）作为最低要求。与所有利益攸关方透明和包容地参与是该行业进行环境管理的关键，包括各级政府、环境保护机构和非政府组织。一些矿山已与国际采矿和金属理事会（ICMM）等全球组织结成战略伙伴关系，寻求解决环境管理挑战的长期办法。

2. 政策法规

南非在矿山环境治理中很善于借鉴发达国家的成功经验，在矿业法中详尽地融合了矿山环境保护的标准，南非在《矿产资源政策白皮书》《矿产和石油资源开发法》《提高弱势群体在南非矿业领域社会经济地位基本章程》中专设篇章对环境保护做出严格的规定。这些规定涉及矿区复垦、矿区关闭、水管理和尾矿管理等方面内容。《矿产和石油资源开发法》（MPRDA）确保《国家环境管理法》（NEMA）和《国家水法》的原则适用于煤矿开采活动。MPRDA 要求制定一项环境管理计划，概述控制污染和土壤侵蚀以及管理用水和废物处理的措施。此外，《南非共和国宪法》规定了享有不损害健康或福祉的环境的权利。煤矿的恢复要求是边开采边恢复或开采后统一恢复治理。

3. 水资源管理

南非是一个水资源稀缺的国家，煤炭行业的水管理原则围绕着负责任地获取水源、减轻对所有利益相关者的负面影响以及满足所在社区的社会经济需求展开。煤矿行业采取了可持续的水资源管理措施，确保水资源在利益相关者和采矿企业之间公平合理地分配。矿业公司往往只在非采矿活动中使用饮用水，如员工住宿和办公室。非饮用水，也被称为工业用水，在采矿和加工作业中尽量使用。管理水资源平衡并不是企业面临的唯一环境问题，煤矿确保废水不被排放也是至关重要的。在可能的情况下，水还要能循环利用。干净的水可以排放到周围的水道中，而其他的水经过处理后可以在诸如降尘、灌溉恢复、选煤过程中重复使用。

4. 矿山恢复

根据关闭计划中商定的土地使用结束目标以及矿山运营时根据其环境管理和恢复计划，制订生态恢复计划。煤矿正在探索开发和恢复土地的创造性新方法，包括利用地下储存设施。

5. 创新与规划

煤炭开采行业一直在寻找更清洁的煤炭解决方案。这些解决方案包括碳捕获和储存设施以及减少甲烷排放。企业还将环境管理作为关键绩效指标（KPI）的一部分，以此激励管理者实现整体目标。煤矿也使用风险管理，制订了风险管理方案，以减少其作业对环境的影响。公司利用未来情景规划来优先考虑他们的环境保护干预措施。

有争议的资源消耗、前瞻性规划和环境管理与该行业未来的运营能力、满足需求以及对所有利益相关者的承诺密切相关。因此，煤炭开采行业强调其致力于寻求可持续和互利的长期解决方案，以应对环境挑战。

1.7.2 碳税法

高度依赖煤炭的南非碳排放水平始终高于非洲其他国家，同时，出于经济发展的考虑，南非政府并未采取相应措施控制碳排放。

2012 年 2 月，南非宣布要征收碳税，意在通过此举减少该国大量温室气体排放，共同遏制气候变化。南非承诺，在国际援助协助下，减排量到 2020 年达二氧化碳总排放量的 34%，到 2025 年则达 42%。受碳排放税收政策影响较大的行业有常规化石能源发电、石油生产、钢铁生产和水泥制造等。

2019 年 6 月 1 日南非碳税法案正式开始实施，适用范围包括化石燃料排放、工业排放等领域。作为非洲最大的排放国，南非历时近十年，最终将碳税纳入法律。

根据声明，碳税法案第一阶段从 2019 年 6 月 1 日实施，直至 2022 年 12 月，每吨二氧化碳税费折合 8.32 美元，补贴额度计划定为每吨二氧化碳 0.42 ~ 3.33 美元。此后再根据法案实施效果制定第二阶段碳税措施，可能包括减少补贴以及采取措施控制其他温室气体排放。同时，根据南非政府此前计划，希望到 2030 年实现 42% 电力供给来自可再生能源。

1.7.3 煤炭清洁高效利用

1. 粉煤燃烧

提高发电站的效率也会减少温室气体的排放。燃煤电厂的效率可以通过煤粉燃烧技术来提高，如提高现有蒸汽循环的操作温度和压力来提高煤燃烧效率，减少碳排放。

2. 碳捕获与储存（CCS）

南非正在开发和使用洁净煤技术，如燃烧后污染物捕获、碳捕获和储存技术，以减轻煤炭燃烧过程中排放的温室气体和其他空气污染物对环境的影响。这些技术包括静电除尘技术、用于去除 NO_x 以及用于消除 SO_x 的烟气脱硫技术。此外，CCS 还包括防止燃烧产生的一氧化碳进入大气，然后将其储存在地下深层的多孔岩层或海床下类似的岩层中。南非国家能源研究所已经建立了碳捕获和存储中心，其中的一项工作是编制碳储存地图集，说明南非可能的地质二氧化碳储存库的分布和等级以及可能影响储存可行性的其他因素。此后，还将开展二氧化碳地质注入试验的研究，这将使科学家有机会研究储存的二氧化碳如何与南非的地质构造发生反应。洁净煤技术可在选矿方面发挥作用，达到节约能源的目的。

3. 综合气化联合循环技术

综合气化联合循环（IGCC）利用煤中的部分能量来驱动气化反应，将煤转化为气态燃料（称为合成气）。在燃气轮机与蒸汽轮机结合燃烧之前，气体会被清洁以去除杂质。这种技术的二氧化硫、微粒和汞的排放量较低，而且与燃烧过程相比，更容易去除二氧化碳。

通过 Sasol 公司的巨大努力，南非在固定床气化和合成气清洗方面处于世界领先地位，而 Eskom 公司在蒸汽涡轮机和燃气轮机方面拥有数十年的经验。

1.8 煤炭科技创新与研发应用

1.8.1 煤炭科技发展概况

南非科技体系较健全，政府 29 个部中 14 个与科技有关。最高科技领导机构分立法和执法两部分，议会科技与文艺委员会下设的科技分委会负责科技立法。国家科技委员会（亦称部长科技委员会）是政府最高科技领导机构，负责执法。副总统任委员会主席，与科技有关的 14 名部长任委员。南非科技部（原文艺科技部，2002 年 8 月 1 日起分为艺文部和科技部两个部）是政府科技政策制定和协调机构，负责发展、协调和管理国家创新体系，为科学研究和技术开发提供战略指导和支持，并依据相关技术发展、基础设施条件和人力资源情况确定大科学、基础研究和定向服务研究的合理结合方式，通过创造性地使用科技成果，支持和推动国家战略目标的实现。

南非的煤层厚，埋藏相对较浅，更容易开采并且开采成本低。但是近年来高质量煤炭储量下降，工业方面加大了升级力度，延长了主要煤矿的开采年限。现代煤矿开采技术为从业人员的安全提供了保障，使他们能够准确地绘制矿井图、监测气体等。例如拖缆装置操作员可通过显示器得到监测的全部信息。

南非南部煤矿的机械化程度高，生产效率也高。矿山机械化有助于解决安全、成本和生产率等问题。南非某公司采用无黏合剂型煤技术将废弃的热煤粉改造成具有较高价值的压实型煤，给南非的煤炭行业带来可观的经济效益，改善了环境。

1.8.2 煤炭科研体系

1. 科技体系

南非的科技体系主要由高等教育机构（23 家）、科学理事会（8 家）、其他科技工程研究机构与政府有关部门（35 家）、商业研究机构（45 家）和研究性质的非政府组织（约 80 余家）等构成。其中前三类主要由政府资助。

2. 矿业科研机构

南非有 8 家国家级科研机构，涉及矿业领域的科研机构主要有：科学与工业研究理事会（CSIR），它是一个世界级的研究和发展组织，通过 1945 年的议会法案建立，隶属贸工部，2005 年归科技部管理，CSIR 的股东是南非议会，由南非科技部长代理持有；地学理事会（CGS），隶属矿产能源部，由科技部和矿产能源部共同资助；矿冶技术理事会（Mintek），隶属矿产能源部，由科技部和矿产能源部共同资助；南非标准局（SABS），隶属贸工部，与科技部共同资助。

3. 矿业科学技术优势

南非矿业发达，拥有从地质普查勘探到采、选、冶、炼和加工的完善矿业体系，采矿机械、选矿设备、矿井通信技术、矿产品冶炼和加工技术都位居世界先进行列。金矿开采深度超过 4000 m，拥有超深开采和矿井微波通信技术。矿冶技术研究理事会开发的生物氧化提取黄金技术以及利用细菌选矿已实现工业化生产。萨索尔化工公司开发的煤合成柴、汽油技术实现了商业化生产，能满足南非近一半燃油的需求。

1.8.3　技术与装备

20世纪50年代至80年代，南非矿山安全形势非常严峻，每年矿井事故死亡人数都在千人以上。通过长期矿山隐患排查治理以及大力推广应用新技术、新产品，南非矿山安全水平不断提高，南非在矿山安全管理、安全设备技术开发、矿井救援、瓦斯抑爆等方面均处于世界领先地位，如南非HS矿山自动抑爆技术。

南非HS自动抑爆技术源于20世纪80年代的军事领域，主要运用在军用运输作战装备上。1990年，为了设计开发应用于军事与采矿业的自动抑爆装置，HS工程设计公司成立。南非HS自动抑爆技术的主要发展历程如下：

1990年EXPLOSPOT自动抑爆装置在南非进行了首次测试实验，期间H Spath先生提出将自动抑爆技术应用到南非采矿业并签署了合作协议。经过大量的测试，研究人员建立了一个矿用爆炸抑制装置的鉴定程序。在此期间，Centrocen公司参与了EXPLOSPOT自动抑爆装置的开发。随着研发测试的深入，H Spath先生作为董事加入了Centrocen公司。

1992年，南非一些安全专家协同具有影响的矿业代表、南非矿产能源部官员及SIMRAC（矿业安全研究和顾问委员会）开展了一项关于考察不同国家爆炸屏障研究和测试情况的项目，目的在于收集自动抑爆装置鉴定规范的具体要求，项目组访问了波兰的BARBARA测试基地，德国的TREMONIA测试基地和美国的LAKE LYNN测试基地。访问期间，该项目组发现当时世界上最先进的且能够与EXPLOSPOT自动抑爆装置相比较的是德国DMT公司研发的BVS自动抑爆装置。BVS自动抑爆装置是在Micharel Faber先生带领下由德国DMT和DEUGRA合作开发的。因此，项目组决定采购一套BVS自动抑爆装置运往南非进行比对测试。根据鉴定标准的要求该装置在后续进行了测试。在得知BVS自动抑爆装置的研发情况后，Centrocen公司的主要股东与DMT公司签订了合作协议。

1993年南非发生的米德博特（Middelbult）煤矿事故，1994年H Spath先生应SIMRAC（矿业安全研究和顾问委员会）的要求在Kloppersbos测试基地200 m巷道内对自动抑爆装置进行了初步测试，在成功完成了测试后，官方提供资金以支持该技术的进一步研发。为了测试机载自动抑爆装置，CSIR与HS工程设计公司签约，根据鉴定标准的要求在Kloppersbos测试基地建立一个20 m测试场。

1995年20 m测试场地建设完成，于1995年7月14日进行了首次机载自动抑爆装置测试。在这次测试中，使用了NAF SⅢ型气体抑爆剂，由于未知的瓦斯气体泄露到巷道内，导致整个巷道接近损毁。修复后最终成为南非为数不多的20 m测试场。此后，HS工程设计公司的EXPLOSPOT自动抑爆装置在Kloppersbos测试基地进行了测试实验并通过了200 m巷道测试。测试过程采用了单巷掘进连续采煤机Voest ABM 30以及Joy HM31连续采煤机（这两类连采煤机已应用于厚煤层开采）。测试结果显示在使用双巷掘进连采机（Joy HM31）采矿条件下，测试结果不理想；除此之外，HS工程设计公司制造的自动抑爆装置在其他所有测试条件下均可抑制瓦斯混合气体爆炸的扩散。

测试结果表明，在厚煤层双巷开采条件下，由于爆炸瓦斯/空气混合物蔓延的物理特性，自动抑爆装置无法满足测试标准制定的参数要求（尽管抑爆装置仍然可以成功地抑制燃烧火焰在惰性物质屏障之外蔓延）。安装于单巷掘进连采机上的标准抑爆设备可以用于控制及抑制发生在掏槽内的瓦斯/空气爆炸；增设一套独立的巷道自动抑爆装置可以对采垛位置以及全工作面进行附加防护。HS机载自动抑爆装置在南非有5次成功的抑爆案例。

1.8.4　煤炭未来科技发展与启示

在未来的几十年时间里，以煤为基础的电力仍将是南非电力结构的主要部分，如果能够找到更清洁的开采、运输和燃烧煤炭的解决方案，煤炭的作用将持续下去。

如果煤炭行业采用先进技术，可能在减少煤矿的碳足迹方面发挥巨大作用。此外，电力采矿设备的广泛部署将有助于该行业为脱碳打下基础。

未来南非煤炭科技发展将向高效、低排及更清洁的煤炭技术方向发展。

1.9 主要矿业公司简介

南非所有的煤矿开采都是由私营公司进行的。由于跨国矿企在南非的煤炭业务收益欠佳，英美资源、South32 和嘉能可相继退出南非煤炭市场。至此，南非煤炭市场将仅存两家本土煤矿企业。

1.9.1 Seriti 资源公司

Seriti 资源公司是一家由黑人持有 91% 股权的南非本土矿业公司。

2018 年 3 月份，Seriti 资源公司从跨国矿商英美资源公司（Anglo American）收购了新瓦尔煤矿（New Vaal）、新登马克煤矿（New Denmark）、克里尔煤矿（Kriel）等多座煤矿，从此开启了它在南非的煤炭业务。这些煤矿生产的煤炭全部供应南非国家电力公司（Eskom）。

2019 年 11 月 6 日，Seriti 资源公司决定收购南非 South 32 公司的子公司——南非能源煤炭公司（SAEC）91.84% 的股权。Seriti 资源公司将收购 South 32 公司在南非的多个煤炭资产。

南非能源煤炭公司不仅运营着库塔拉（Khutala）煤矿，克里普斯普鲁特煤矿（Klipspruit），米德尔堡（Middleburg）和沃尔福克兰煤矿（Wolvekrans）4 个动力煤矿，同时还经营着 3 个煤炭加工厂。

Seriti 资源公司收购南非能源煤炭公司后，其产销量预计将增加 25 Mt，成为南非主要的矿业公司，负责向 Eskom 的 Lethabo、Tutuka 和 Kriel 发电站供应约 24 Mt/a 的热煤，这些发电站提供了南非约 23% 的电力。Seriti 资源公司已成为南非主要的煤炭供应商，与英美资源集团和嘉能可（Glencore）并驾齐驱。

Seriti Eskom 成为南非最大的由黑人控制的煤炭供应商，其重点是为 Eskom 提供安全、长期的煤炭供应解决方案，为其发电站提供燃料。

该公司一直以来都专注于向国内客户销售动力煤，其生产的动力煤主要销往南非国家电力公司。而在收购 South 32 公司的煤炭资产后，Seriti 资源公司也打算出口动力煤。

1.9.2 埃索资源公司（Exxaro）

2006 年 11 月，Kumba Resources Limited 将其煤炭和其他资产与 Evesizwe coal 合并，成立了埃索资源公司（Exxaro Resources Limited）。该公司已经成长为南非最大和最重要的黑人控股煤炭和采矿公司，也是南非五大煤炭生产商之一，Exxaro 在普马兰加和林波波地区都有业务，这两个地区是美国煤炭资源最集中的地区，80% 的煤炭销往国内市场，其余销往国际市场。

在 2019 年 Exxaro 生产了 45.60 Mt（2018 年 47.80 Mt）。截至 2019 年 12 月 31 日，集团资产 688 亿兰特，市值 470 亿兰特（33 亿美元）。

1.10 对我国煤炭工业高质量发展的启示

（1）加大安全科研方面的投入。南非政府非常重视安全生产科学研究，舍得安全投入。南非的经验告诉我们，搞好安全生产，必须依靠科学进步。建议进一步加强安全科研工作，实现煤矿安全生产管理和安全监察的科学化。对煤炭行业科技创新及转化给予大力支持，煤炭的洁净技术及煤的转化技术给予极大的关注和支持。

（2）对煤炭资源进行有效控制和管理。资源有偿使用和资产化管理，依法开采和实施环境保护。

（3）健全的法制体系。政策、法制与体制建设相配套，规范煤炭的生产和建设，促进煤炭产业健康发展，效果明显。

2　哥伦比亚煤炭工业

2.1　哥伦比亚社会发展与能源

2.1.1　经济社会发展

哥伦比亚共和国通称哥伦比亚，是南美洲西北部的一个国家，为南美洲国家联盟的前成员国（于 2018 年 8 月退出）。哥伦比亚为总统制国家，共由 32 个省及波哥大首都特区组成。

哥伦比亚位于南美洲西北部，东邻委内瑞拉、巴西，南接厄瓜多尔、秘鲁，西北角与巴拿马相连，北临加勒比海，西濒太平洋。海岸线长 2900 km，国土面积约 11420000 km^2，居南美洲第 4 位。哥伦比亚是南美洲唯一拥有北太平洋海岸线和加勒比海海岸线的国家。

哥伦比亚当地土著印第安人、西班牙殖民者和非洲奴隶长期混居、通婚，几百年后产生了混血的印欧混血人群（58%）、白人（20%）、黑白混血儿（14%）、黑人（4%）和印第安—黑人混血儿（3%）。现在，只有大约 1% 的人被认定是纯种而且保有自己语言和风俗的印第安人。哥伦比亚的主要宗教是天主教。

哥伦比亚政治是在一个由总统代议民主制共和国的框架内进行的，在这个框架内，哥伦比亚总统既是国家元首也是政府首脑，实行多党制。行政权由政府行使。哥伦比亚政府和国会两院、参议院和众议院均享有立法权。司法机构独立于行政机构和立法机构。

历史上哥伦比亚是以生产咖啡为主的农业国。20 世纪 80 年代后，国内生产总值一直保持 3% ~ 6% 的增长速度。2010 年后政府将施政重心锁定在经济和社会发展领域，把矿业、建筑业、农业、基础设施和产业创新作为拉动经济增长和就业的五大动力。进行煤炭权益金的分配改革，实行税制改革，加强汇市调控，抑制本币过度升值，增强出口竞争力。

哥伦比亚在拉美属中等发展水平，2010 年后经济保持连年增长。哥伦比亚市场化程度较高，国际社会普遍看好哥伦比亚经济长期发展前景。2019 年哥伦比亚国内生产总值同比增长 3.3%，为 23460.738 亿元（约 3288.2124 亿美元），居世界各国排名 39 位。人均国内生产总值 440528.445 元（约 6766.95 美元），居世界各国排名 86 位。从生产角度看，矿业增速为 2.1%。从支出角度看，最终消费支出、资本形成总额、总出口、总进口同比分别增长 4.6%、4.3%、3.1%、9.2%，消费和投资对经济拉动作用强。2019 年哥伦比亚通货膨胀率为 3.8%。2018 年，哥伦比亚经济增长率 2.7%，通胀率 3.2%，失业率 9.7%。

2.1.2　能源与应对气候变化

煤炭行业对于哥伦比亚具有重大的社会意义，矿业发展在哥伦比亚创造经济产值和为当地人民提供就业机会的同时，也造成一定程度的环境污染。本节主要讨论哥伦比亚能源生产结构构成和应对气候变化的相关战略与目标。

1. 能源生产与消费

1）煤炭

根据联邦地球科学和自然资源研究所 2019 年能源研究数据，哥伦比亚煤炭已探明储量约为 4881 Mt，是南美煤炭资源最为丰富的国家。2018 年煤炭产量为 84.3 Mt，占南美煤炭产量的 94.9%。1981—2018 年哥伦比亚煤炭产量如图 5-2-1 所示。

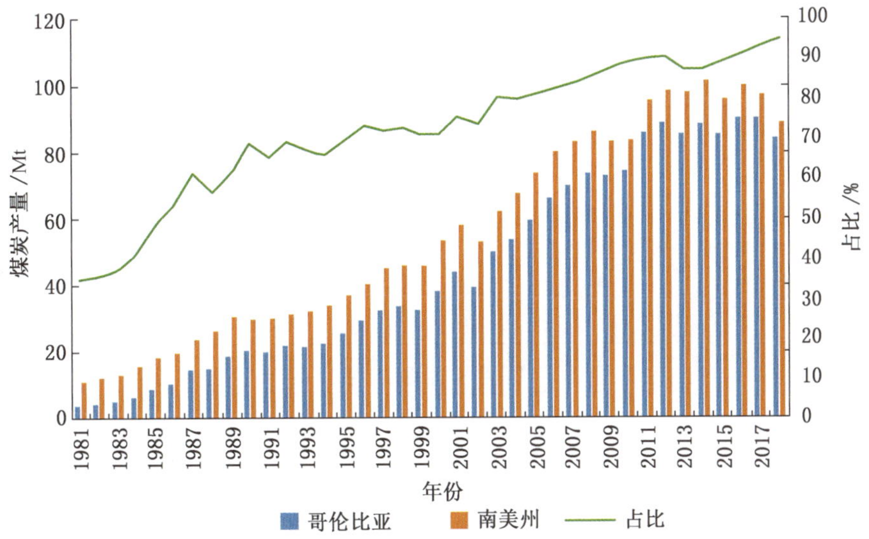

图 5-2-1 1981—2018 年哥伦比亚煤炭产量

除北部边境地区以外，大部分煤田都分布在海拔 2000 ~ 3000 m 且交通不便的山区，其中东科迪勒拉山脉煤田数量最多。

据哥伦比亚矿业与能源规划署（UPME）统计，1981—2018 年煤炭产量如下图所示。哥国煤炭杂质少、品质优，绝大部分运往欧洲，供德国、法国、意大利等国发电。

2）水电

哥伦比亚电力总装机容量约在 14 GW 左右，其中 9 GW 是水电。水电提供了该国 66% 的电能，其余的电能来自天然气、柴油和太阳能。数据显示，哥伦比亚大型水电站的发电潜力估计约 93 GW，小水电（装机小于 20 MW）的发电潜力约 25 GW。哥伦比亚在建的伊图安哥水电站预计将在 2018 年正式投产，投产发电后将成为哥伦比亚最大的水电站。

尽管水电的份额越来越被化石燃料挤占，但水电仍是该国第一大电源。哥伦比亚 2006—2050 年的国家能源规划和 2003—2020 年的综合能源战略中提到，在 2021 年增加的 4 GW 电力中，有 3 GW 为水电。

由于哥伦比亚的发电能力在拉美位居前列，其电力基础设施建设在拉美更是名列第一，因此哥电力资源相对充裕。不仅可以满足本国经济和社会发展需要，有时还可向周边国家（如厄瓜多尔）出口。哥伦比亚 1965—2018 水电生产和消费如图 5-2-2 所示。

3）风能

哥伦比亚拥有充足的风能资源。哥伦比亚的风况为南美洲最强，仅北部的瓜希拉省（La Guajira Department）就拥有 21 GW 的风电潜力，几乎可以满足哥伦比亚全国充足电力需求的两倍以上。

遗憾的是，哥伦比亚的风能资源很大程度上并未开发。不包括大水电在内，哥伦比亚可再生能源总装机仅为 28.1 MW。其中风电装机总量仅 19.5 MW，理论上仅占到潜在风能发电能力的 0.4%。这些发电量只来自 Jepirachi 项目，它是拉美第一个 MW 级的风电厂，也是哥伦比亚首个连接到电网的风电厂。目前，哥伦比亚政府正考虑再投建几个风电项目，其中包括在瓜希拉省建一座装机 200 MW 风电厂。

同时，哥伦比亚政府也在考虑在一些流域开展风电和水电的联合运行，并建立能够存储水电的智

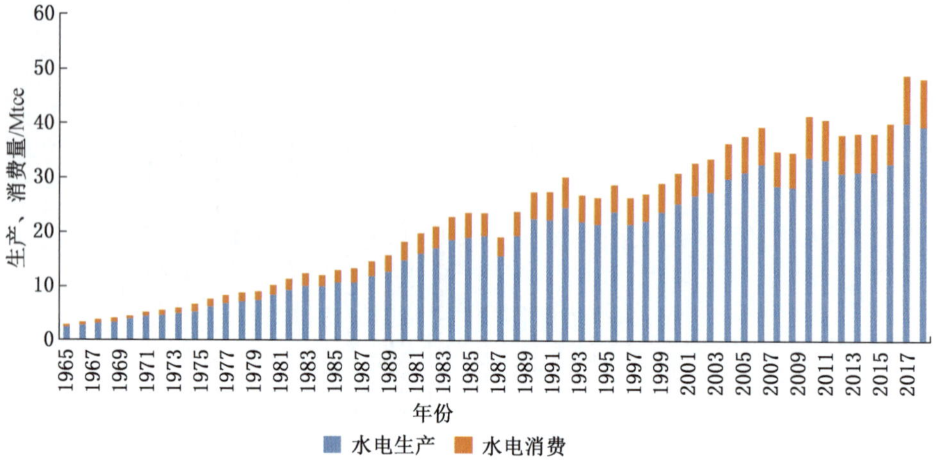

图 5-2-2　哥伦比亚 1965—2018 年水电生产和消费

能电网，作为风电和其他可再生能源的补充。

4）一次能源消费结构

哥伦比亚一次能源消费主要集中在石油、天然气和煤炭消费。1990—2018 年石油、天然气和煤炭消费结构如图 5-2-3 所示。

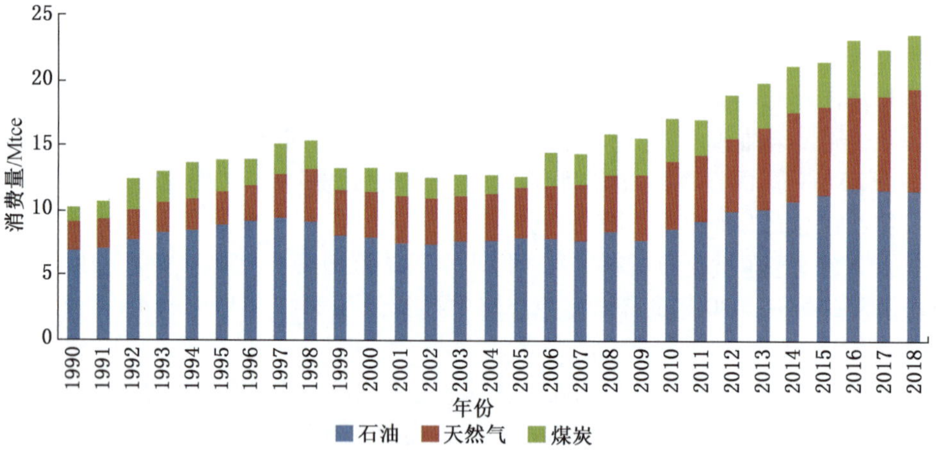

图 5-2-3　哥伦比亚 1990—2018 年石油、天然气和煤炭消费结构

2. 应对气候变化的战略与目标

现在大气中二氧化碳、甲烷和一氧化二氮的浓度已经上升到前所未有的水平。自工业化时代以来，二氧化碳浓度增加了 40%，原因首先是矿物燃料的排放，其次是土地使用变化产生的净排放。海洋吸收了大约 30% 的人为二氧化碳排放，导致其酸化。

联合国计算，每年有 150 亿至 180 亿 m^3 的淡水资源因矿物燃料的生产而受到污染，对生态系统和依靠水来饮水和生存的社区造成严重影响。二氧化碳排放量统计如图 5-2-4 所示。

哥伦比亚矿业和能源部制定《2017—2022 年指示性能源效率行动计划》，其主要目标是重新确定

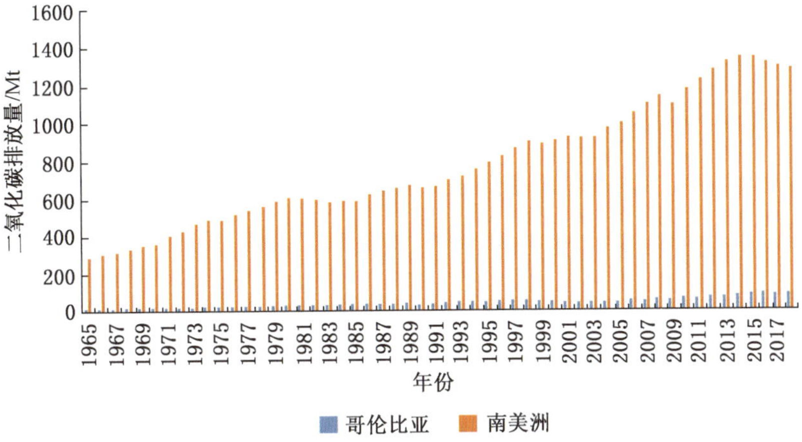

图 5-2-4 哥伦比亚 1965—2018 年二氧化碳排放量统计

战略行动和部门分工，以实现能源效率目标，从而促进能源安全和遵守关于环境问题的国际承诺。在本计划中，提出了火力发电厂的短期和中期能源效率设想。

近年来，由于碳排放对环境和全球气候变化的影响，煤矿开采风险有所增加。人们推广可再生能源，将其作为矿物燃料之外的一种能源，反过来又给矿业未来开发带来了更大的不确定性。因此，急需寻找减轻环境影响的新技术来开发煤炭资源。《2015—2029 年发电 - 传输参考扩展计划（PERFT）》目前将煤炭置于热力发电之内。

2.1.3 煤炭开采业对经济的贡献

煤炭是哥伦比亚经济的重要支柱，煤炭开采业不仅对经济发展做出巨大贡献还为当地人民提供就业机会。本节主要概述哥伦比亚煤开采业对经济的贡献。截止 2018 年底，哥伦比亚煤炭已探明储量约为 4881 Mt，占拉美储量的 40% 以上，居首位。

哥伦比亚煤炭品质优良，含硫量很低，挥发性和热值很高，是用户最为青睐的产品之一。煤炭是哥伦比亚经济的重要支柱，占矿业 GDP 的 55% 左右。

煤炭对于哥伦比亚具有重大的社会意义，因为矿业发展为哥伦比亚人民提供了许多就业机会。特别是在开采煤炭的地区，矿业发展为当地人民提供大量煤炭和其他矿产品开采的就业岗位。

2.2 煤炭工业现状与前景

煤炭工业现状与前景部分主要概述哥伦比亚煤炭发展的现状和管理体制与政策法规。在 2000—2020 这二十年来，哥伦比亚煤炭工业得到快速发展，现在哥伦比亚是世界第五大煤炭出口国，同时也是大西洋区域煤炭市场最大的动力煤出口供应国。

2.2.1 发展现状

近 20 年来，哥伦比亚的煤炭工业得到了快速的发展。目前，哥伦比亚是南美洲最大的煤炭生产国和出口国。

2015 年，哥伦比亚的煤炭产量为 85.5 Mt，位居世界第 11；煤炭出口量为 80 Mt，位居世界第 4。哥伦比亚的煤炭主要出口到欧洲（50%）、美国（10%）、拉丁美洲和加勒比地区（16%），出口的煤种属于低灰、低硫的优质动力煤。2015 年，采矿和采石业（包括碳氢化合物）在国民生产总值中占比 6.8%，矿产生产（包括碳氢化合物）对国内生产总值（GDP）的贡献为 199 亿美元。

哥伦比亚是大西洋区域煤炭市场最大的动力煤供应国，所产煤炭几乎全部用于出口。2017 年，哥伦比亚煤炭产量曾达到创纪录的 90.5 Mt。

另从哥伦比亚能源与矿产部网站公布的统计数据来看，2018 年哥伦比亚煤炭产量为 84.3 Mt，2019 年前三季度煤炭产量为 61.0 Mt，比上年同期下降 5.1%，其中一季度产量 21.81 Mt，同比增长 0.14%；二季度 11.99 Mt，同比下降 5.66%，三季度 19.35 Mt，同比下降 9.86%，降幅逐季加大。

哥伦比亚政府数据显示，2019 年哥伦比亚煤炭产量 82.20 Mt，比 2018 年的 84.3 万吨下降 2%，呈现连续两年产量下降。此前，哥伦比亚矿业协会（Colombian Mining Association）曾表示，由于煤炭价格低位运行，加之干旱天气，影响部分煤矿产量，2019 年哥伦比亚煤炭产量比 2018 年下降 5%。

由于近两年来西欧和美国等国煤炭消费大幅下降，导致欧美地区煤炭市场价格跳水式滑落。哥伦比亚国家矿业局数据显示：2019 年哥伦比亚动力煤平均价格由 2018 年的 82.5 美元/t 骤降至 51.4 美元/t，下降幅度接近 40%。

2020 年第一季度，哥伦比亚煤炭产量为 19.46 Mt。其煤炭出口量总计达到 27.10 Mt，较去年同期上涨 55.4%，煤炭总体出口额总计为 16.1 亿美元，同比上涨幅度为 5.2%。今年第一季度哥伦比亚煤炭出口量大幅增加，主要是因为煤炭出口商为减少煤矿罢工而做出的临时调整，短期内大幅提高了出口销售量。然而，受到新冠肺炎疫情以及欧美国家煤炭需求下降等多因素影响，今年前三个月，全球煤炭价格持续走低，因此，该国煤炭出口额增长不及预期。其中，2020 年 3 月，哥伦比亚煤炭出口量虽同比上涨 6.5%，但出口贸易额仅为 3.2259 亿美元，同比下滑幅度达到 30.6%。

2020 年第二季度，哥伦比亚煤炭产量仅为 9.74 Mt，比 2019 年 2 季度的 18.9 Mt 下降 48.8%，比第一季度的 19.46 Mt 下降 49.95%。由于疫情影响导致矿山停产、减产以及海运煤价格下跌等因素的影响，第二季度哥伦比亚煤炭产量几乎减半。

塞雷洪矿（Cerrejon）产量的减少是哥伦比亚煤炭产量减半的主要原因。2020 年 4—6 月，塞雷洪矿（Cerrejon）生产了 1.9 Mt 煤炭，而 2019 年同期为 6.2 Mt。在 3 月底，该矿山停产两周。4 月恢复部分生产，但在 9 月 1 日，由于劳工薪资纠纷，该矿山再度停产；塞萨尔省的动力煤产量占哥伦比亚产量的一半以上，第二季度同比下降 5.4 Mt 至 6.9 Mt。这一急剧下降主要归咎于瑞士嘉能可集团（Glencore）旗下普罗蒂考公司（Prodeco），该矿山自 3 月 23 日暂停运营以后就没再生产，产量也由去年同期的 3.4 Mt 降至 0。除此之外，德拉蒙德公司产量减少 1.4 Mt。

2020 年上半年哥伦比亚煤炭产量为 29.2 Mt，比上年同期的 40.69 Mt，减少 11.49 Mt，同比下降 28.2%。

援引 2020 年 11 月 30 日哥伦比亚政府公布最新数据显示，由于受新冠肺炎疫情蔓延及部分煤矿停产、工人罢工的影响，2020 年第三季度煤炭产量为 11 Mt，比第二季度的 9.7 Mt 上升 12.8%，但比 2019 年 3 季度的 20.80 Mt 下降 47.2%。

据悉，因不满公司制定的福利条件，哥伦比亚最大的动力煤矿塞雷洪矿（Cerrejon）工人于 8 月末举行罢工行动，导致该矿产量大幅下降。塞雷洪公司已向当地劳工部申请仲裁。

2020 年，1—9 月份，哥伦比亚煤炭产量为 40.2 Mt，比上年同期的 60.4 Mt，减少 20.20 Mt，同比下降 33.4%。受新冠肺炎疫情影响，2020 年 3—8 月该国一直处于隔离检疫状态，为防止疫情传播，许多煤矿都降低了开工率甚至暂停运营。

该国的矿业机构（ANM）预计，2020 年哥伦比亚煤炭产量在最糟糕的情景下，全年总量可能只有 50 Mt，将比 2019 年下降 39%。若已持续了三个月的最大动力煤矿塞雷洪煤矿（Cerrejon）工人罢工很快停止，产量可能达到 56 Mt，但也远远低于上年的产量。

哥伦比亚政府表示，未来 10 年哥伦比亚的煤炭产量将下降 28.4%，到 2030 年，煤炭产量预计将下降至 53 Mt，但预计煤炭价格将从 2020 年的 29 美元/吨的低迷水平上涨至 46 美元/吨。

除欧美需求下降压制煤炭价格低位运行，气候原因和司法裁决也都对煤炭产量造成了一定影响。哥伦比亚政府要求露天煤矿在高温天气下减产，以减少粉尘造成的污染。

下一阶段，欧盟国家还将继续加速推进能源转型，去煤化步伐进一步加快，美国燃煤电力机组在廉价的天然气和绿色可再生能源的挤压下正加快退役，欧美动力煤市场可能进一步萎缩。因此，有消息传出，哥伦比亚的煤炭生产商正考虑，借助全球远洋运费低迷时机，寻求开拓包括中国在内的亚洲煤炭市场。

大型煤炭生产商主要有德拉蒙德公司（Drummond），嘉能可（Glencore）旗下子公司普罗蒂考公司（Prodeco），以及由必和必拓（BHP）、英美资源（Anglo American）和嘉能可（Glencore）各持股三分之一的塞雷洪公司（Cerrejon）。目前，上述三家企业宣布，由于未来煤炭需求前景黯淡，将考虑出售部分哥伦比亚煤矿资产。

2.2.2 管理体制与政策法规

哥伦比亚煤炭工业主管部门或特许主管部门为矿业和能源部。在内部委托方面，可通过其能够支配的中央、地区和地方级下属机构履行办理和颁发特许合同的一切职能，并可将职能的内部委托进行到行政体制规范允许的那一级；而在外部委托方面，在事先制定条例的情况下，可以长期、临时或偶尔将其办理和签订特许合同的职能，以及检查和监督合同执行的职能，委托给省长和省会城市的市长。

矿业和能源部下设矿业注册局、国家矿业信息系统、矿业政策顾问委员会及石油天然气管理局（ANH）等，并具体委托（内部及外部）或授权于地方的省长或市长、系统内的中央、专业人士或知名公司等具体进行操作管理（图5－2－5）。

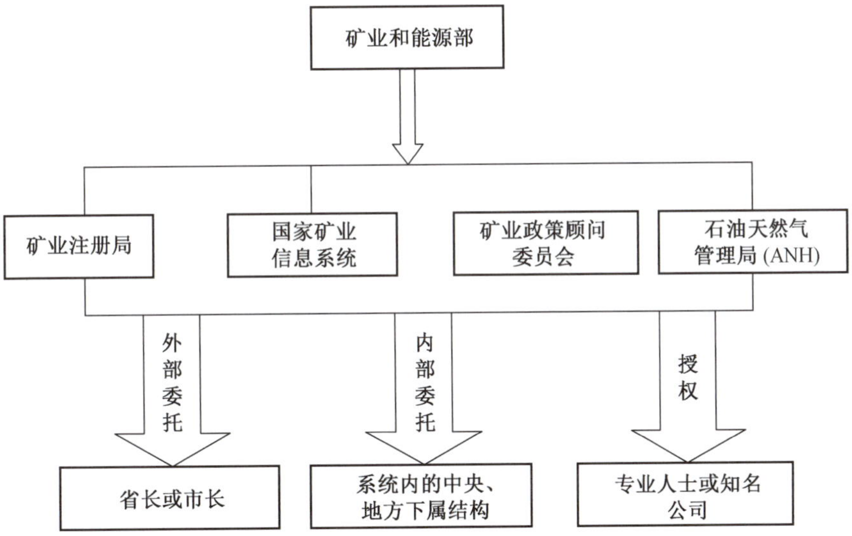

图5－2－5 哥伦比亚矿业管理机构示意图

由矿业和能源部部长、环境部部长、国家矿业公司总裁、两名矿业领域代表、一名矿业社会领域代表和一名学术界代表组成政策顾问委员会，内设秘书处，委员会设在能矿部。该矿业政策顾问处为国家矿业管理提供政策顾问服务。

国家矿业信息系统是为了管理地下资源、领海海域开采及采矿工业的基础之上而设立的。其目标是收集、处理及推广矿业领域的信息；协调矿业领域的机关及机构的研究活动；作为制定计划和矿产工业的发展规划的信息来源；为新投资者和矿业计划设计提供可靠的信息；统一矿业领域现有的信息；管理国家矿业注册局。

石油天然气管理局（ANH），负责制定政策和勘探开发项目的招标。成立哥伦比亚能源促进机构，负责管理国家石油公司在电力等非战略性领域投资的管理。

哥伦比亚涉及影响勘查开发投资的法规主要有 2001 年版第 685 号法律《矿业法》、2002 年版《新劳工法》、2003 年版《新税法》、2000 年版《外资投资法》、1993 年版《环境法总则》及 2005 年版的《第 963 号法》等。

2.3　煤炭资源

2.3.1　煤炭资源总量与煤田分布

哥伦比亚煤炭资源总量为 4554 Mt，根据英国石油公司（BP）2020 能源统计数据按照目前生产能力，可以开采 55 年。且哥伦比亚煤炭资源全部为高品质的无烟煤和烟煤，其动力煤的发热量为 0.45 tce/t，超过美国、中国、俄罗斯等主要煤炭生产国。

哥伦比亚最大的煤炭出口产地位于北部的瓜希拉省和塞萨尔省，而多数小型和中等规模的煤田位于东北部的桑坦德省和昆迪纳马卡省。

1. 煤炭资源总量及概况

根据英国石油公司（BP）2020 能源统计数据，截止 2019 年底世界煤炭已探明储量约为 1069636 Mt，哥伦比亚煤炭已探明储量约为 4881 Mt，占比 0.4%，是南美煤炭资源最为丰富的国家。2019 年，该国煤炭储量占拉丁美洲煤炭总产量的 94.9%。

哥伦比亚已探明的煤炭资源全部为高品质的无烟煤和烟煤，其中包括部分冶金煤。哥伦比亚出口的煤是低灰、低硫的动力煤。在国际能源署（IEA）发布的《Key World Energy Statistics for 2015》报告中，按照折算成吨石油当量的发热量标准，哥伦比亚动力煤的发热量为 0.455 tce/t，在 2014 年世界前 10 名动力煤生产国中名列第一，超过了俄罗斯（0.421 tce/t）、澳大利亚（0.417 tce/t）、印度尼西亚（0.402 tce/t）、美国（0.371 tce/t）、中国（0.335 tce/t）等主要煤炭生产国。

哥伦比亚主要煤系地层的形成时代为晚白垩世至中新世。在瓜希拉省、塞萨尔省、北桑坦德省、桑坦德省、昆迪纳马卡省等含煤区，古新世至始新世煤系地层集中赋存了最丰富的煤炭资源。哥伦比亚北到瓜希拉半岛、南至莱蒂西亚、东到库库塔、西至卡利都有煤炭资源分布。但煤炭资源集中分布在其北部瓜希拉半岛和西部安第斯山前地区。

根据哥伦比亚矿业和能源局的统计数据，在所有的含煤省中，以北部塞萨尔省和瓜希拉省的资源量最丰富，分别占总资源量的 31.69% 和 25.72%，其次是博亚卡省（17.61%）和昆迪纳马卡省（9.61%）。昆迪纳马卡、博亚卡、桑坦德和北桑坦德不仅有丰富的动力煤资源，而且有大量冶金煤，这 4 个含煤省的冶金煤储量为 1874.46 Mt，占全国煤炭总储量的 10.69%，具体储量情况见表 5－2－1。

2. 煤田分布

哥伦比亚主要煤系地层的形成时代为晚白垩世至中新世。在瓜希拉省、塞萨尔省、北桑坦德省、桑坦德省、昆迪纳马卡省等含煤区，古新世至始新世煤系地层集中赋存了最丰富的煤炭资源。

哥伦比亚的瓜希拉半岛、南至莱蒂西亚、东到库库塔、西至卡利都有煤炭资源分布，但煤炭资源集中分布在其北部瓜希拉半岛和西部安第斯山前地区。除北部边境地区以外，大部分煤田都分布在海拔 2000 m 到 3000 m、交通不便的山区，其中东科迪勒拉山脉煤田数量最多。

哥伦比亚最大的煤炭出口产地位于北部的瓜希拉省和塞萨尔省，而多数小型和中等规模的煤田位于东北部的桑坦德省和昆迪纳马卡省。尽管哥伦比亚的成煤时代较新，但由于受复杂构造运动的影响，

表 5-2-1 哥伦比亚主要含煤省份资源量、煤种和证实储量

含煤省	资源量					煤种	冶金煤在该省比例/%	证实储量	
	探明储量/Mt	控制储量/Mt	推断储量/Mt	总储量/Mt	比例/%			规模/Mt	比例/%
瓜希拉	3933.30	448.87	127.51	4509.68	25.72	动力煤	—	3728	56.54
塞萨尔	2029.11	1563.98	1963.18	5556.27	31.69	动力煤	—	1814.6	27.52
科尔多瓦	381.00	341.00	—	722.00	4.12	动力煤	—	378.5	5.74
安蒂奥基亚	90.09	225.86	132.43	448.27	2.56	动力煤	—	87.4	1.33
考卡谷—考卡	41.52	92.15	97.91	231.58	1.32	动力煤	—	40.7	0.62
昆迪纳马卡	157.15	461.70	582.80	1201.64	—	动力煤	—	—	—
	90.91	241.57	150.16	482.65	—	动力煤	28.66	—	—
	248.06	703.27	732.96	1684.29	9.61	动力煤+冶金煤	—	224.9	3.41
博亚卡	153.23	690.20	1387.37	2230.80	—	动力煤	—	—	—
	93.57	379.38	383.26	856.22	—	冶金煤	27.74	—	—
	246.80	1069.58	1770.63	3087.01	17.61	动力煤+冶金煤	—	156.7	2.38
桑坦德	46.70	230.97	124.78	402.45	—	动力煤	—	—	—
	11.59	25.19	51.75	88.53	—	冶金煤	18.03	—	—
	58.29	256.15	176.54	490.98	2.80	动力煤+冶金煤	—	55.4	0.84
北桑坦德	48.70	123.61	184.52	356.83	—	动力煤	—	—	—
	71.02	193.74	182.29	447.06	—	冶金煤	55.61	—	—
	119.72	317.53	366.81	803.88	4.58	动力煤+冶金煤	—	107.2	1.63
总计	7147.89	5018.39	5367.97	17533.96	100.00	动力煤+冶金煤	—	6593.40	100.00
动力煤合计	6880.80	4178.51	4600.5	15659.50	89.31	动力煤	—	—	—
冶金煤合计	267.09	839.88	767.46	10.69	冶金煤	10.69	—	—	
冶金煤占比/%	3.74	16.74	14.30	10.69	—	冶金煤	—	—	—

煤系的变质程度普遍较高，煤质往往优于构造简单地区内发育的煤种。大部分的冶金煤产于博亚卡省、昆迪纳马卡省、桑坦德省和北桑坦德省。煤炭的发热量普遍大于 6400 kcal/kg，部分产焦煤和无烟煤的省甚至大于 7000 kcal/kg。

煤矿资源主要分布在以下三个成煤带中：

（1）北安第斯成煤带。该成煤带是最主要的成煤带，可分为两个地段：一个是瓜希拉省的埃尔塞雷洪煤田，总储量达 3800 Mt，另一个是塞萨尔省的拉约格煤田，储量近 470 Mt。

（2）中－东安第斯成煤带。该成煤带可分为两个亚带：一个是昆迪纳马卡－博亚卡成煤带，煤层有 12 层，储量达 330 Mt；另一个是北桑坦德省的煤田，成煤期为古新统－中新统，探明储量 378 Mt，远景储量上百亿吨。

北桑坦德省位于委内瑞拉的边缘，主要采矿区在卡塔图姆博和塔萨杰罗。其他潜力较低的碳酸盐矿区是祖利亚－钦纳科塔、潘普洛纳－拉唐胡安娜、萨拉扎尔和托莱多。由于其地理位置，大部分生

产将出口到马拉凯博港，在委内瑞拉。

（3）安蒂奥基亚成煤带。成煤期为渐新统 – 中新统，探明储量 139 Mt。

该煤带的煤田位于阿马加、安吉洛波利斯、威尼斯、弗雷多尼亚和蒂蒂蒂里比等市；该地区的煤为热型。

3. 煤质与煤种

哥伦比亚的煤炭资源规模和煤种在南美洲有绝对的优势，其煤炭资源量全部为优质的无烟煤和烟煤，占南美洲烟煤和无烟煤资源量的 92.6%。南美国家中有类似资源量规模的国家是巴西，但煤种为次烟煤和褐煤。而南美的其他国家如阿根廷、智利、秘鲁等，拥有的煤炭资源更少。

哥伦比亚煤的品质优良，以低灰分、低硫、高挥发分和高热值著称；煤种齐全，既有高发热量的动力煤，也有适合炼焦的冶金煤，在国际市场上普遍受到欢迎。

根据现有资料，昆迪纳马卡省含煤区的煤种均属于烟煤，发热量一般超过 29.3 MJ/kg，主要用作动力煤，并有相当比例的冶金煤。灰分一般为 10% ~15%，挥发分多为 20% ~30%，全硫分约为 1%。

该国圣佛朗西斯科、苏巴科奇、拉普拉德、塔比奥、里奥夫里奥、卡门德卡鲁帕、苏尔斯卡、阿巴拉钦、兹帕奇拉、内乌莎和特昆达玛瀑布、格拉纳达、乌斯梅等含煤分区的煤可以单独或混合后生产焦炭。

2.3.2　煤炭资源管理与政策法规

哥伦比亚煤炭开发与管理由矿业和能源部负责，是哥伦比亚的主要采矿当局，负责管理采矿资源和制定采矿政策。

哥伦比亚法律规定煤炭资源属于国家所有，无论何种、位于何处以及处于何种自然物理状态的矿产，均为国家所有。不论有关土地为其他公共单位、私人、社区或团体所占有或拥有，其采矿权归哥伦比亚政府所有，由矿业和能源部负责矿业管理。

随着 1970 年创建采矿业，制定了煤炭勘探和开采政策，引起了人们的极大关注。矿业和能源部（Ministry of Mines and Energy，MME）是根据 1974 年 4 月 10 日第 636 号法令设立的，是哥伦比亚的主要采矿当局，负责管理采矿资源和制定采矿政策。

早在 1988 年哥伦比亚颁布过一部矿业法，而新版的矿业法在 2001 年 8 月 15 日由第 685 号法律颁布施行。“新矿法”对该国矿产业活动做了详细规定，与之相抵触的所有规定，特别是 1988 年第 2655 号法令矿业法、1988 年第 2656 和 2657 号法令中的规定一律废止，但对以前存在的法律或法令中关于“促进矿业基金”所做的规定除外。另外，该国石油和天然气另有专门的法律和政府限制性规定。

2001 年，政府颁布了第 685 号法律《矿业法》。《矿业法》正式规定了小规模、间歇作业、每年生产不超过 250 t/a 的材料以及依靠手工操作工具和人力的采矿作业。该法允许在国有土地上工作的无证矿工在国家采矿登记处登记 3 年，以使其业务合法化。该法引入了采矿特别保护区的概念。在这些地区，给予合作社和小规模采矿集团采矿特许权的优先地位。根据《矿业法》，给予采矿合作社其他特权，包括融资；技术援助和培训；税收减免和豁免；以及商业、法律和金融培训。要点如下：

1.《矿业法》适用范围和特别规定

该法不适用于石油和天然气的勘探和开发，并再次明确：无论土地为政府部门还是私人主体、集体或组织所有，任何矿产资源，无论在地表和地下，无论任何自然状态，均为国有。

为吸引外资和社会资本投资开发，该法指出：对于取得矿业许可证而享有的矿产勘查和开采权不得进行征收。

2.《矿业法》投资方式和基本要求

在哥伦比亚进行矿业开发需要经哥伦比亚国家矿产登记处登记，通过矿产特许合同方式对哥伦比亚国有矿产进行勘查和开采。

特许合同赋予的勘探、开采权利范围以合同规定区域内的矿种数量和品种为限，但投资方有权同时开发特许矿种的伴生矿，如在开发中发现特许外矿产，可申请扩大到新发现矿产，并只需到矿产登记处递交补充登记文件。如因此需延长开发期限，则应提出相关扩大或修改申请，如新发现矿种与原特许矿种的矿产环境影响不同，应补充环境许可。

外国投资者享有矿业投资国民待遇，可平等申请矿业权。外国企业在哥伦比亚投资矿业必须在当地设立分公司或分支机构，并向矿业主管当局提供投资担保。在国外有居住地的外国公司在哥伦比亚从事期限少于一年的工程或提供外围活动，不要求在哥伦比亚建立分公司或分支机构。

矿产特许合同的形式要求：合同须以西班牙语签署，并在国家矿业登记处登记，登记的合同是唯一的排他性证据，任何机构不得接受与此不同的其他证据。特许合同的修改程序纳入法律调整范围，《矿业法》要求公共许可部门不得单方面修改、中止或解释特许合同，如需修改、中止或解释，须由法官或仲裁机构进行，此举出发点在于建立招商引资的良好环境，稳定市场投资秩序。

国际矿业投资中常涉及项目分包情况，有的国家矿业法规定分包应优先考虑资源国的本土企业，而获得哥伦比亚矿产特许合同的投资商有权采取任何形式的分包，且分包无须经矿业主管当局批准。

对开采出的矿产品，在销售等环节的流通过程中，必须提前具备通过矿主或所在地方政府签发的原产地证证明，以示来源合法。投资者有权自主决定所采矿产品的销售去向及贸易条件。

3. 对风险勘探补偿确立了国际惯例通行的原则

国际矿业投资普遍对风险勘探奉行“无成果、无补偿原则”，加拿大、澳大利亚、印度尼西亚等国的矿业法均有相关规定。风险勘探的实质就是风险投资，具有强烈的资本对赌属性。

2008 年土库曼斯坦修订后《碳氢化合物资源法》第 25 条第 3 款规定；如（投资者在）勘探许可证的有效期或者其延长后的有效期过期后仍然没有发现工业油气田，则承包人（投资者）无权获得损耗补偿。同时，勘探许可证有效期和合同随之终止。

对经过投资勘探仍未发现具商业开发价值的矿床，这是矿业投资高风险性的体现。矿产资源的商品属性，不仅体现在人为的法制层面。其价值更多地体现在地质勘探主体的物化劳动和耗费构成。其市场定价不同于普通商品的定价方法。矿产资源开发的成功与否，与前期勘探的成功与否存在密切的关系，如若勘探的劳动成本和资金投入过大，而矿产资源的质量（储量与工业品质）不能得以足够保证，加之交通、地理位置的限制，矿产资源的开发必将得不偿失。

哥伦比亚《矿业法》还阐明：对矿产特许合同哥伦比亚国家没有补偿义务。若投资者在规定区域未找到可开采矿产，不能提出支付、补偿要求。

4. 同一区块采矿权可重复申请开发

《矿业法》规定特许合同期限最长为 30 年，从合同在国家矿业登记处登记之时起算。在开采期限届满前，投资者可提出申请延长合同，最长 30 年。延长期到期前，投资者有权优先重新申请同一地块继续进行开采的权力，但申请延期须缴足此前产生的罚款（若有）。这一规定可谓开创了国际矿业投资的先例，极大地吸引了西方矿业资本的投资目光。2005 年哥伦比亚的外商直接投资额达 103 亿美元。创历史最高纪录，而吸引的投资主要集中在采矿业和制造业。

5. 矿业权利金的金额、支付方式协商确定

1994 年 141 号权利金法未确定权利金的具体标准。《矿业法》则指出：根据宪法规定，对国有不可再生资源的开发，要按坑口矿产品及副产品数量缴纳一定比例特许开发费。特许开发费的数量和交

付方式按特许合同规定执行，并特别声明：除特许合同明确规定可以谈判的以外，其他内容不得进行谈判。地方政府不得就坑口所得、从事矿业活动所需的机械设备和其他设施以及储藏、冶炼等征收其他直接或间接税赋。而对向从事煤炭生产的社会机构采购燃料用煤的费用，免征所得税。《矿业法》极大地优化哥伦比亚矿业投资环境，这还体现在资源保护方面：为保护自然环境，生态采矿，《矿业法》要求：矿产品出口企业应将出口离岸价格最低 5% 的收入用于造林项目，对此投资免征一切税赋。

6. 创设矿业担保制度

为规范矿业投融资行为，《矿业法》在矿业权的二级市场流转和矿业权期权交易方面独创了矿业担保制度：

（1）矿产勘查和开发权只能用于贷款或其他用于矿山建设义务的抵押物。

（2）封存作为抵押物的矿山或其他设备、机械和设施，必须通知矿产登记处。抵押物所有人要继续进行开发必须申请法官同意。

（3）矿产特许开发合同可作为有效价证券进行远期交易。

（4）不论矿产作为抵押物还是作为远期交易证券，政府均不承担任何责任。

根据 2001 年第 70 号法令，矿业和能源部合并了几个与采矿有关的权力；其特别行政单位包括矿业及能源规划小组（Mining and Energy Planning Unit）和能源与天然气管理委员会（Energy and Gas Regulatory Commission）。相关的公共机构包括调查地球科学研究所（Instituto de Investigación e Información Geocientífica）、环境矿物核研究所（Minero Ambiental y Nuclear）、能源促进计划研究所（Instituto de Planificación y Promoción de Soluciones Energéticas）和相关公司，包括哥伦比亚国家石油公司（Empresa Colombiana de Petróleos）、哥伦比亚国家天然气公司（Empresa Colombiana de Gas）和哥伦比亚国家石油公司（Empresa Nacional Minera Ltda）。

国家油气局是根据 2003 年 6 月 26 日第 1760 号法令设立的，目的是全面管理油气储量。2004 年，由于 1 月 28 日第 252 号法令，地球科学研究所和环境矿物核研究所（INGEOMINAS）进行了重组，成为“哥伦比亚地质与矿业研究所”（Instituto Colombiano de Geologia y Mineria），其简写名称保留了相同的首字母缩写。该机构负责执行和促进该国的矿产勘探和管理采矿活动。

2011 年，政府启动了国家矿业和能源部门的重组，并通过了 2011 年 11 月 3 日第 4131 号法令。根据该法令，地球科学研究所和环境矿物核研究所的名称改为哥伦比亚地质调查局（Colombian Geological Survey，CGS）。CGS 继续由矿业和能源部管理，隶属于国家科学、技术和创新体系进行相关工作。

此外，在 2011 年还成立了哥伦比亚矿业管理局（National Hydrocarbon Agency，NHA），以帮助加强该国的采矿部门机构管理。2011 年 11 月 3 日第 4134 号法令规定哥伦比亚矿业管理局的主要责任包括管理哥伦比亚的矿产资源、授予勘探和采矿权、管理合同和特许权、收集和监督特许权使用费的转让、协调矿井安全及制定和实施促进勘探和开采国家矿产资源的战略等。

目前，哥伦比亚以 2001 版《矿业法》为核心，组成了矿产法律体系管理该国矿产资源勘查、开发、加工、运输和销售活动。《矿业法》将国家定位为“在开发采矿项目方面的促进者和监督者，同时为私人投资提供有效和强有力的激励”。《矿业法》规定，国家有义务确保从事采矿业务的人按照可持续发展的标准行事，以便为采矿企业家创造财富也能促进有关社区的福祉和国民经济的进步。从这一具体义务中衍生出监测和监督采矿特许公司在技术、环境和经济事项上履行合同条件的职能。

2.3.3 煤炭工业税费

煤炭工业税费对煤炭工业发展具有一定程度的影响。依据哥伦比亚宪法及相关法律法规规定，与矿业有关的税费主要有矿产特许开发费、权利金、矿区土地使用费、所得税、超额利润税、环境保证金等，本节做简要概括。

矿产特许开发费：哥伦比亚对国有不可再生资源的开发，要按坑口矿产品及副产品数量缴纳一定比例矿产特许开发费。特许开发费的数量和交付方式按特许合同规定。

权利金：在哥伦比亚进行矿产开发的企业必须向政府缴纳一定的权利金。具体规定为：煤炭产量 3 Mt 以上为 10%，以下为 5%，镍和盐为 12%，放射性矿产 10%，普通金属矿产 5%，金和银 4%（在特许合约中沙金为 6%），非金属矿产 3%，建筑材料矿产 1%，石油企业权利金 8% 到 25%，根据其生产水平而定。

矿区土地使用费：该国现行的土地制度是土地私有制，若在该国进行矿业活动需要使用公司、集团、个人等私人所有的土地时，需通过购买的方式取得。哥伦比亚对外资给予国民待遇，对外资购买土地没有限制，可通过签署买卖合同在哥伦比亚获得土地，并在相关管理部门进行登记。主要的土地管理机构有环境部、住房及国土发展部、各市政府、城市规划局、公共文书档案处等。

超额利润税：该税种属临时税种，征收时间为 2011—2014 年，征收对象为 2011 年 1 月 1 日财产金额超过 30 亿比索的自然人和法人。计税基础为 2011 年 1 月 1 日核准财产金额。财产金额在 30 亿 ~ 50 亿比索之间的，税率为 2.4%，财产金额超过 50 亿比索的税率为 4.8%。

所得税：对境内外资企业实行统一的所得税税率，税率为 33%。

哥伦比亚还向企业征环境保证金、收印花税、契税及工商税等。此外，哥伦比亚规定采矿巷道另行向国家交费。

2.4 煤炭市场

煤炭市场主要包括煤炭消费、煤炭出口和煤炭运输三个部分。本节描述哥伦比亚煤炭消费规律，梳理煤炭出口量和该国对国际煤炭市场的影响，描述煤炭运输体系的构成、主要运输方式及运量。

2.4.1 煤炭消费

哥伦比亚作为世界主要煤炭出口国，其煤炭储量丰富。本国煤炭消费量并不大，多数出口欧洲，供德国、法国、意大利等国发电，煤炭在国内总产值、人均国内总产值、特许权使用费、出口、外汇中所占的份额较大。

对哥伦比亚经济来说，煤炭是继咖啡和石油之后的第三大出口部门。主要出口目的地是欧洲和美国。过去 20 年，国内产量显著增长，主要受到大型煤矿较多出口项目的推动。

哥伦比亚是世界第四大煤炭出口国。根据拉丁美洲能源组织（Latin American Energy Organization）的数据，哥伦比亚煤炭已探明储量是南美煤炭资源最为丰富的国家。哥伦比亚煤炭杂质少、品质优，绝大部分运往欧洲，供德国、法国、意大利等国发电。

煤炭业对哥伦比亚国家发展和经济表现的贡献是众所周知的。煤炭年复一年地维持和提高了其生产和出口量，这反映在煤炭在国内总产值、人均国内总产值、特许权使用费、出口、外汇和就业等变数中所占的份额较大。

2.4.2 煤炭出口

与世界上其他一些产煤大国不同，哥伦比亚尽管储量丰富、产量可观，但其国内很少使用煤炭。煤炭主要用于出口欧洲、北美洲、南美洲等。近几年随着海运费用的走低，中国、印度等亚洲国家也陆续开始从哥伦比亚进口煤炭。

根据美国能源信息署（Energy Information Administration，EIA）的数据，2011 年，哥伦比亚煤炭总产量约为 85.82 Mt，其中 94% 都用于出口。哥伦比亚已经同印尼、澳大利亚、俄罗斯、美国等并列全球主要煤炭出国之列。

哥伦比亚海关数据显示，该国煤炭主要销往欧洲、其他南美国家以及美国。2012 年，煤炭成为继石油及其产品之后的第二大出口项目，煤炭出口带来的收入更是占到了哥伦比亚出口总收入的 19% 左右。

哥伦比亚出产的动力煤，热值高、硫含量低，燃烧起来相对清洁，在全球市场上很受欢迎，欧洲、北美、南美都能见到哥伦比亚煤炭的身影。2012 年，仅美国就从哥伦比亚进口了 2.99 Mt 煤炭，占到其煤炭进口总量的 76% 。

根据 Global Trade Information Services 的数据，亚洲在哥伦比亚煤炭出口中所占的比重已经从 2008 年的不到 1% ，上升到 2012 年的 8% 。随着国际海运费用的持续走低，印度、中国等亚洲国家开始借助海运，从哥伦比亚买煤。2012 年，中国还与哥伦比亚就投资煤炭产业、建设太平洋沿岸出口到亚洲的铁路项目进行了洽谈。预计随着一批出口基础设施的完成，哥伦比亚对亚洲的煤炭出口量还将节节攀升。

2015 年初，哥伦比亚政府出于环保考虑，曾颁布新法律约束煤炭装船方法，受此影响，哥伦比亚的煤炭出口量将有所下降。消息一出，欧洲煤炭价格竟立时出现上涨，哥伦比亚在全球煤炭市场的地位和影响力，由此可见一斑。

近年来，受金融危机的影响，欧洲地区国家煤炭需求明显下降，美国及拉美地区国家煤炭需求增长缓慢，以亚洲为首的新兴市场逐渐成为哥伦比亚煤炭的“新目标”。1992—2019 年哥伦比亚煤炭出口离岸价格及数量统计见表 5 -2 -2。

表 5 -2 -2　1992—2019 年哥伦比亚煤炭出口离岸价格及数量统计

年　份	以千美元离岸价格	量度吨数
1992	555430. 317	14793270
1993	564414. 21	17716683
1994	549833. 317	18534081
1995	592538. 808	18392510
1996	848553. 528	24919753
1997	887899. 249	25886506
1998	935696. 792	30166219
1999	856553. 342	30421721
2000	892881. 72	33807449
2001	1197013. 282	38785168
2002	990515. 228	32140410
2003	1422026. 16	50992592
2004	1859074. 165	51190103
2005	2554323. 827	54400636
2006	2926419. 589	61070030
2007	3603883. 556	69913777
2008	4512608. 572	59665939
2009	5416385. 322	68684309

表5-2-2（续）

年　份	以千美元离岸价格	量度吨数
2010	6015184.483	72226880
2011	8396865.703	81225010
2012	7805189.987	77403030
2013	6687897.451	76652894
2014	6810062.509	89095315
2015	4560025.732	74711449
2016	4638881.166	85127800
2017	7389996.46	105235591
2018	7447913.063	86892110
2019	5668328.997	74696234

2.4.3 煤炭运输

哥伦比亚铁路运输总里程超过1000 km，煤炭运输铁路线分布比较有限，但集中度较高。哥伦比亚海岸线长度超过6000 km，煤炭港口均分布在北部的加勒比海岸，煤炭出口的地点比较集中。

基础设施的含义较广，现代基础设施涵盖航空线路与货客运能力、通讯与网络条件、交通网络（高铁与客运）、电力供应、工业布局与工业产能等概念。在哥伦比亚，与煤炭开发密切相关的基础设施主要为铁路和港口。世界银行发布其物流指数为272，在参与评估的全部160个国家和地区中名列第97位。基础设施落后是哥伦比亚物流指数偏低的主要原因。

哥伦比亚铁路的总里程仅为3468 km，全部可以用于货运。煤炭等矿产品主要经由私人管理的铁路运输。哥伦比亚国家铁路公司在20世纪90年代已经破产，与委内瑞拉的国际连线被切断，尚存的货运业务分别划归大西洋和太平洋的两家公司运作，2012年1—5月的货运量仅为17.8 Mt。哥伦比亚铁路网包括1.435 m轨距的标准轨铁路和0.914 m轨距的窄轨铁路。窄轨铁路总里程1991 km，其中1086 km可用于煤炭运输。

瓜希拉省塞雷洪煤矿至玻利瓦尔港长150 km的标准轨铁路，承担着哥伦比亚52%煤炭产量的出口运输。哥伦比亚的煤炭运输铁路线分布比较有限，但集中度较高。

哥伦比亚海岸线长度超过6000 km，约80%的国际贸易货物通过海港进出口。货物出口主要经加勒比卡塔赫纳港和圣马尔塔港，货物进口主要经过布埃纳文图拉港，货运量占到进口货物总量的65%。哥伦比亚有8个煤炭专用港口，分别为巴兰吉亚港、玻利瓦尔港、德玛莫纳港、杜蒙港、普罗迪克港、里奥科多巴港、圣马尔塔港和布埃纳文图拉港。哥伦比亚出口的煤炭占其出口货物的66.2%，主要通过圣马尔塔港和玻利瓦尔港运输。哥伦比亚的煤炭港口均分布在北部的加勒比海岸，煤炭出口的地点比较集中。

其他与煤炭开发相关的基础设施包括公路和内河。公路运输是哥伦比亚最主要的运输方式，几乎70%的货物都是通过公路运输。哥伦比亚公路总里程为204855 km，但路况较差，硬化路面少，多数公路年久失修，破损严重。哥伦比亚河流资源丰富，但总体利用率较低。国内水路总长24725 km，其中约18300 km可以通航。每年国内航道运送超过550万人次和超过3.8 Mt的货物。

2.5　煤炭生产

哥伦比亚自 20 世纪 90 年代后期，煤炭价格整体呈上涨趋势。随着出口需求的增加，采用大规模采矿技术进行煤炭生产活动。煤炭生产活动活跃于拉瓜希拉省和塞萨尔省。

20 世纪 90 年代后期，由于世界煤炭可出口供应下降，其价格呈上升趋势，哥伦比亚煤炭价格在 1999 年达到每吨 91.6 美元的峰值。从 1999 年起，价格一直稳定在 77 美元/吨左右，直到 2003 年年底，2004 年开始大幅度上涨，离岸价格接近 105 美元/吨。

根据 2004 年的煤炭生产记录，哥伦比亚煤炭产量分布主要集中在拉瓜希拉省（45.72%）和塞萨尔省（46.61%），其余 7.67% 分布在北桑坦德省、博亚卡省、昆迪纳马卡省、科尔多瓦省、安蒂奥基亚省和考卡山谷省。2004 年煤炭产量 53.90 Mt，其中 50.20 Mt 为热煤，其余为金属焦和无烟煤。

由于出口需求增加，哥伦比亚采用了大规模采矿技术。这一动态带动采矿活动的技术化，以地下开采和露天开采的方式进行煤炭开采活动。开采迅速、机械化和大量进行，导致矿产储量所在地区过度开采。

哥伦比亚目前共有 19 个煤矿，包括 15 个露采矿和 4 个井工矿。较为著名的煤矿为塞雷洪矿和杜蒙矿。露采矿占比 78.95%，井工矿占比 21.05%。

塞雷洪矿为哥伦比亚最大的煤矿，位于瓜希拉省，经营着森特罗矿、苏尔矿、北左诺娜矿和奥勒加诺矿。该矿建于 1979 年，露天开采，产低灰、低硫、高热能值的优质动力煤，2014 年煤产量为 33.87 Mt。

杜蒙矿位于塞萨尔省，经营拉洛马煤矿和埃尔迪斯卡索煤矿，露天开采，产出动力煤，2011 年煤产量为 23.00 Mt。

其他主要煤炭公司为嘉能可所属的普罗迪克公司，经营塞萨尔省的卡伦图拉斯煤矿和博亚卡省的帕兹德里奥煤矿及高盛公司，经营埃尔哈迪罗煤矿和塞罗拉格矿床。这些大型煤矿多由西方大型矿业公司控制，这些公司控制了哥伦比亚北部巨量、优质、易采的动力煤资源，同时控制了周边附属的铁路、港口等基础设施。

2.6　煤矿安全生产与职业健康及环保

哥伦比亚煤矿资源丰富。由于非法开采或安全措施不到位、煤矿瓦斯含量较高，给煤炭开采带来极大安全挑战，煤矿事故多发。哥伦比亚在煤矿环保方面也采取相应举措。

2.6.1　死亡及受伤人数

在哥伦比亚等发展中国家，采矿过程领域的技术和研究很少。这对工人安全、环境影响和采矿生产等方面产生严重影响。因此，在哥伦比亚关于地下煤矿开采死亡、事故和环境损害的统计数据很高。

哥伦比亚储量丰富的煤矿往往瓦斯含量较高，这给地下开采带来了重大的安全挑战。自 2005 年以来，共有 1395 人死于矿难事故，另有 764 人受伤，使得采矿业成为哥伦比亚经济中最危险的行业。2005 年至 2016 年采矿事故死亡人数如图 5-2-6 所示。

2.6.2　事故主要原因

哥伦比亚的煤矿开采约 72% 的矿山被视为小型采矿，26% 被视为中型采矿，只有 2% 被视为大型采矿。根据 2012 年全国采矿普查，47% 的采矿生产单位开采非金属矿物，其次是 31% 的采矿生产单位开采金属矿物，22% 从事煤炭开采，只有 2% 从事宝石开采。2011 年，哥伦比亚有 14357 个采矿生产单位。

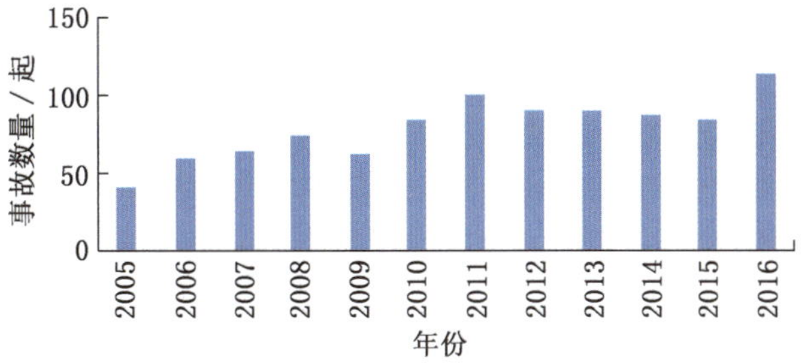

图 5-2-6 2005—2016 年采矿事故死亡人数

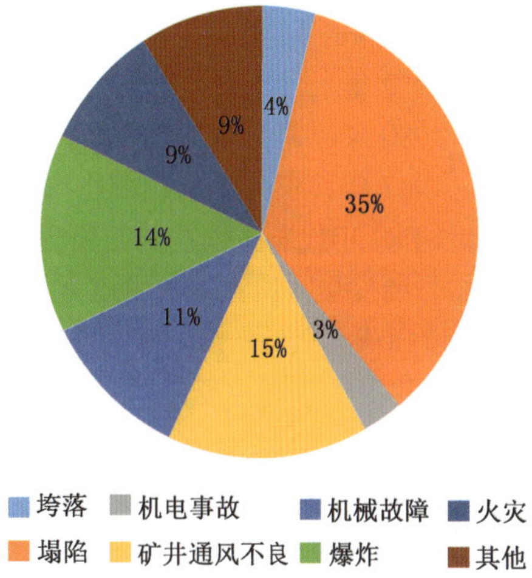

图 5-2-7 煤炭事故类型

哥伦比亚的地下煤矿开采存在严重的安全问题。据哥伦比亚矿业和能源部和国家矿业局（2016 年）称，仅 2016 年博亚卡省有 15 人死亡。与哥伦比亚地下采煤有关的安全问题的根源在于现代采煤技术的缺乏以及矿工文化水平低两个方面。该国 67% 以上的现有采矿生产单位没有使用任何类型的规范管理流程来管理其业务。只有 28% 的公司在安全、卫生和职业健康方面采取相关措施。哥伦比亚矿业和能源部与国家矿业局研究表明，全国 60% 的矿工受教育程度仅达到基础初等教育，大约 10% 是文盲。

援引哥伦比亚矿业和能源部与国家矿业局（2016 年）报告数据，该国煤矿事故原因主要有塌陷、矿井通风不良和爆炸（图 5-2-7）。

该国煤炭事故首要原因是塌陷。塌陷易导致岩石脱落或山体滑坡。根据国家矿业局关于采矿事故的报告，这些事件是由于采矿地面支撑和加固技术不足造成的。加固技术应确保顶板的支撑，维持矿工安全的工作环境。用于地下煤矿开采的设备利用率低，也是引发事故的直接原因。

第二个原因是矿井通风不良，矿工吸入瓦斯或有毒物质导致生产事故。这是由于缺乏通风系统，矿井通风系统应确保输送足够的气流来稀释瓦斯并向矿井内操作的矿工供应氧气。通风问题是地下煤矿开采中最严重的问题。发生这些事故的因素包括当地采矿界对瓦斯相关风险认识不足、通风领域的技术专长不足、规章制度不完善和现有的采矿安全规则执行不到位等。

第三个原因是爆炸。这些致命的事故大多由瓦斯爆炸引起。发生这些事故的原因与矿井通风不良诱因大致相同。煤层气是一种强大的温室气体，其造成全球变暖的可能性是二氧化碳的 25 倍，可持续 100 年。为了安全起见，将煤层气从地下巷道中移除是必要的，但将其排放到大气中会对环境造成严重危害。

2.6.3 环境改善举措

哥伦比亚充分认识到煤层气所造成的威胁，同时也认识到正确处理煤层气具有巨大的经济和减排潜力，近年来一直在做出相当大的努力，以建立相关项目的技术和法律能力。然而，该国仍然面临多重挑战。严重的制度重叠，阻碍了必要的监管改革。为了促进知识和技术的转移，矿业和能源规划的单位与联合国欧洲经济委员会专家组对煤矿瓦斯安全建设组织研讨会。

欧洲经委会的专家小组与和全球煤层气倡议协会最近在哥伦比亚举行了一次研讨会，重点讨论哥伦比亚的情况，这次研讨会是在波兰克拉科夫召开，题为“煤矿瓦斯是一种宝贵的能源”。

研讨会采取了哥伦比亚利益相关者与国际专家和设备生产公司之间的合作活动的形式，分析该国面临的与瓦斯相关的技术和监管挑战。会议发表了一系列技术报告，讨论了诸如毫米汞柱资源估算、排水和压裂、碳捕获技术和安全法规、矿前排水、通风等在减缓气候变化方面的作用等问题，旨在推动哥伦比亚煤矿环境向好发展。

2.7　主要矿业公司简介

哥伦比亚的煤炭生产集中度高，主要的大型煤炭生产商有美国德拉蒙德公司（Drummond）、穆雷能源（Murray Energy）旗下哥伦比亚自然资源公司（Colombia Natural Resources）、瑞士嘉能可集团（Glencore）旗下普罗蒂考公司（Prodeco）以及由必和必拓（BHP）、英美资源（Anglo American）和嘉能可（Glencore）各持股三分之一的合资企业塞雷洪煤矿（Cerrejon）。

2.7.1　德拉蒙德

早在 1980 年，德拉蒙德就开始评估包括太平洋和大西洋沿岸市场的几个国家的可投资煤炭项目。最后，在 1987 年，根据劳动力、技术和环境可持续性等因素，哥伦比亚被确定为最佳选择。

20 世纪 80 年代末，德拉蒙德获得了哥伦比亚北部塞萨尔市拉洛马附近大量煤炭储量的开采权。90 年代初开始发展。所产煤的特点优于其他国际销售的蒸汽煤。德拉蒙德的煤是目前从哥伦比亚出口的含硫量和灰分最低的煤之一。其动力煤符合世界范围内的硫规定，氮氧化物排放量也非常低。

在哥伦比亚的采矿业务包括位于塞萨尔煤盆地的两个露天煤矿和其他 5 个拥有 2000 Mt 储量的煤矿。

公司对生产基础设施进行积极投资，使煤炭发货量从 1995 年的 10.0 Mt 增加到 2016 年的 32.6 Mt。

2.7.2　哥伦比亚自然资源公司

穆雷能源（Murray Energy）旗下哥伦比亚自然资源公司（Colombia Natural Resources，CNR）是一家位于哥伦比亚的煤矿公司，于 2015 年 8 月被美国煤矿巨头穆雷能源公司从投资银行高盛手中收购。该公司主要经营采矿和金属行业。该公司哥伦比亚的业务包括投资、矿产和金属、煤炭、贸易、港口和航运、生产和露天开采。

资产包括两个已开发的地面采矿作业，La Francia 和 El Hatillo 煤矿，三个煤炭项目。还拥有一个煤炭港口设施、一条铁路的部分所有权。哥伦比亚自然资源公司位于哥伦比亚巴兰基利亚。

2.7.3　合资企业塞雷洪煤矿

塞雷洪煤矿（Cerrejon）是哥伦比亚最大的动力煤矿，产量占哥伦比亚总产量的 37%。2019 年一项司法裁决驳回了塞雷洪在瓜希拉省的煤炭开采扩建项目。2019 年塞雷洪煤矿产量明显下降，全年大约为 25.80 Mt，比 2018 年的 30.70 Mt 下降 15.96%。塞雷洪公司还表示，随着全球动力煤需求减少，加之动力煤价格长期低位运行，未来 5 年内，塞雷洪煤矿产能都将降至 260.00 Mt 的水平。

2.8　对我国煤炭工业高质量发展的启示

1. 基础设施是发展资源经济之本

哥伦比亚政府在矿业经济方面的实践证明了基础设施对资源经济的发展有着重要的作用，当基础设施落后于资源经济发展的需求时，它便成为经济桎梏，而先进的港口、交通设施无疑是促进资源开发利用的催化剂。我国物流园区建设、仓储、配送设施现代化水平不断提高，一批区域性物流中心正在形成。物流技术设备加快更新换代。物流信息化建设有了突破性进展。但我国物流基础设施能力不足，尚未建立布局合理、衔接顺畅、能力充分、高效便捷的综合交通运输体系，物流园区、物流技术装备等能力有待加强。同时，基础设施落后一直是制约西部地区发展的薄弱环节，由于基础设施落后，西部地区的物流发展也相对滞后，我国绝大多数矿产资源却恰恰分布在中西部地区。

因此，进一步加快铁路、港口、煤炭等能源矿产专有运输道路建设是我国当前的物流建设之重。

2. 加快矿业权二级市场的培育和完善，促进矿业资本的市场流通

哥伦比亚矿产法的矿业担保制度和特许开发合同的融资特色无不给予我国矿业权二级市场有力的启示：竞价是市场经济基本价格形成的法则之一，矿业权交易无疑是当前最能直接优化和合理体现矿产资源不可再生价值的市场途径。对此，还一些发展中国家也已在立法上确立了矿业权的流转渠道。印尼 2009 年生效的《矿产与煤炭法》规定：矿业权转让必须通过股市完成，即只能通过股市转让股权达到变更矿业权主体的目的。这就为那些前期进行风险勘探投资、后期上市牟取溢价的投资者创造了条件，而股市则具有极强的流通性，矿业权和资源的价格得到了充分的发掘。

矿业权二级市场的发展实践已经走在了立法之前，现行《矿产资源法》已滞后于资源经济的要求，改革和修订有关法律成为迫在眉睫的任务，只有进行革新才能契合我国政府倡导的资源开发“走出去”之战略。

3. 露天煤炭工业发展建议

哥伦比亚用于煤矿开采的设备利用率低，是造成其露天煤矿事故的直接原因。我国应通过广泛的交流，借鉴世界主要采煤国家的经验、采煤新工艺、新技术以及露天装备制造技术，缩短差距，扬长避短。推进“校、企、研”联合，协同对露天开采设计理论、开采方法及相应的关键技术进行创新性研究和科技攻关，为我国露天煤炭事业更好更快的发展提供新的设计理论、开采方法与关键性技术。

我国多数露天煤矿适合采用半连续开采工艺开采，符合国际发展趋势，但对不同的开采对象、煤岩赋存状态、构造类型，在适合条件下应尽可能采用联合开采工艺，从而实现最佳的经济效益。

因地制宜，大胆采用行之有效的各种先进开采工艺或综合开采工艺，以便取得较好的经济效益。开采设备大型化是优势资源集中化开采的必然要求，也是简化剥采工程并提高经济效益的重要途径。

参 考 文 献

[1] 黄盛初. 2004 中国煤炭发展报告 [M]. 北京：煤炭工业出版社，2004.

[2] 黄盛初. 2005 中国煤炭发展报告 [M]. 北京：煤炭工业出版社，2005.

[3] 黄盛初. 2006 中国煤炭发展报告 [M]. 北京：煤炭工业出版社，2006.

[4] 黄盛初. 2007 中国煤炭发展报告 [M]. 北京：煤炭工业出版社，2007.

[5] 黄盛初. 2008 中国煤炭发展报告 [M]. 北京：煤炭工业出版社，2008.

[6] 黄盛初. 2009 中国煤炭发展报告 [M]. 北京：煤炭工业出版社，2009.

[7] 黄盛初. 2010 中国煤炭发展报告 [M]. 北京：煤炭工业出版社，2010.

[8] 黄盛初. 2011 中国煤炭发展报告 [M]. 北京：煤炭工业出版社，2011.

[9] 黄盛初. 2012 中国煤炭发展报告 [M]. 北京：煤炭工业出版社，2012.

[10] 黄盛初. 2013 中国煤炭发展报告 [M]. 北京：煤炭工业出版社，2013.

[11] 黄盛初. 2014 中国煤炭发展报告 [M]. 北京：煤炭工业出版社，2014.

[12] 贺佑国. 2015 中国煤炭发展报告 [M]. 北京：煤炭工业出版社，2015.

[13] 贺佑国. 2016 中国煤炭发展报告 [M]. 北京：煤炭工业出版社，2016.

[14] 贺佑国. 2017 中国煤炭发展报告 [M]. 北京：煤炭工业出版社，2017.

[15] 贺佑国. 2018 中国煤炭发展报告 [M]. 北京：煤炭工业出版社，2018.

[16] 贺佑国. 2019 中国煤炭发展报告 [M]. 北京：煤炭工业出版社，2019.

[17] 中国煤炭工业协会. 2017 煤炭行业发展年度报告 [R]. 北京：中国煤炭工业协会，2017.

[18] 中国煤炭工业协会. 2018 煤炭行业发展年度报告 [R]. 北京：中国煤炭工业协会，2018.

[19] 中国煤炭工业协会. 2019 煤炭行业发展年度报告 [R]. 北京：中国煤炭工业协会，2019.

[20] 国家发展改革委能源研究所. 改革开放 40 年能源发展成就报告 [EB/OL]. https：//www. sohu. com/a/252232382_648206.

[21] 王显政. 庆祝煤炭工业改革开放 40 周年座谈会上的讲话 [EB/OL]. http：//www. imcec. cn/readnews43976.

[22] 中华人民共和国自然资源部. 2019 中国矿产资源报告 [M]. 北京：地质出版社，2019.

[23] 国家能源局. 生产能力公告 [EB/OL]. http：//www. nea. gov. cn/ztzl/mtscnlgg/scnlgg. htm.

[24] 国家煤矿安监局. 改革开放 40 年我国煤矿安全生产领域改革发展综述 [N]. 中国煤炭报，2018 – 12 – 13.

[25] 国家统计局能源司. 2017 中国能源统计年鉴 [M]. 北京：中国统计出版社，2017.

[26] 濮洪九，姜智敏. 煤炭：70 年发展的强劲动力 [N]. 中国能源报，2019 – 09 – 23 (6).

[27] 王伟东，李少杰，韩九曦. 世界主要煤炭资源国煤炭供需形势分析及行业发展展望 [J]. 中国矿业，2015 (2)：5 – 9.

[28] Office of the Chief Economist. Australian Government Department of Industry, Innovation and Science. Coal in India 2019 [R/OL]. https：//www. industry. gov. au/sites/default/files/2019 – 08/coal – in – india – 2019 – report. pdf.

[29] 张玉银，张抗. 印度能源构成特点和发展趋势 [J]. 中外能源，2014，19 (11)：1 – 10.

[30] 林圣华. 世界主要产煤国煤炭行业管理模式及启示 [J]. 煤炭经济研究，2016，36 (10)：85 – 88.

[31] Innovation and Science Australia, Australia 2030 Prosperity through Innovation [R/OL]. https：//www. industry. gov. au/sites/default/files/May% 202018/document/pdf/australia – 2030 – prosperity – through – innovation – full – report. pdf? acsf_files_redirect.

[32] Australian Government, Australian Government response to Innovation and Science Australia's Australia 2030：Prosperity through Innovation [R/OL]. https：//www. industry. gov. au/sites/default/files/government – response – isa – 2030 – plan. pdf? acsf_files_redirect.

[33] 孙云杰，玄兆辉. 澳大利亚创新能力、创新战略及对中国的启示 [J]. 全球科技经济瞭望，2019，34 (3)：9 – 14.

[34] 张丽娟. 澳大利亚发布 2030 年计划 [J]. 科技中国，2018，(8)：93 – 95.

[35] 中华人民共和国商务部驻澳大利亚经商参处. 澳大利亚议会批准成立北部基础设施促进基金 [EB/OL]. ht-

tp：//au. mofcom. gov. cn/article/jmxw/201605/20160501313082. shtml.
[36] 中国储能网新闻中心．澳大利亚拟押注“清洁煤电”[N]．中国能源报，2017－02－20.
[37] 澳大利亚联邦科学与工业研究组织 CSIRO. 澳大利亚对全球矿业贡献的 38 项创新性技术．国土资源情报，2015（1）：28－34.
[38] BP. BP 世界能源统计年鉴 2016 [R/OL]. https：//www. bp. com/zh_cn/china/home/news/reports/statistical－review－2016. html.
[39] BP. BP 世界能源统计年鉴 2017 [R/OL]. https：//max. book118. com/html/2018/0424/162840199. shtm.
[40] BP. BP 世界能源统计年鉴 2018 [R/OL]. https：//www. sohu. com/a/330835214_99895902.
[41] BP. BP 世界能源统计年鉴 2019 [R/OL]. http：//www. ce. cn/xwzx/gnsz/gdxw/201907/30/t20190730_32765663. shtml.
[42] BP. BP 世界能源统计年鉴 2020 [R/OL]. http：//www. ccin. com. cn/detail/59826a8f42423b9726f6736bcc563a61.
[43] 王显政．当代世界煤炭工业 [M]．北京：煤炭工业出版社，2011.
[44] Yudo Anggoro, Dean Andreas Simorangkir. Analysis of Indonesia Mineral and Coal Mining Safety Management System Policy Using Soft System Methodology [J]. Jurnal Manajemen Teknologi, 2019, 18 (1): 17－37.
[45] Permana H, Drebenstedt C. Development Strategy to Prevent Accidents in Indonesian Surface Coal Mines [J]. Mine Planning and Equipment Selection, 2014: 645－657.
[46] Permana H, Drebenstedt C. Accidents Prevention Strategy in the Surface Coal Mining in Indonesia; Vision Zero [J]. Proceedings of the 12th International Symposium, 2015 (1): 373－390.
[47] 林建坤，于晓璐．当前印尼的能源困境及对策分析 [J]．东南亚南亚研究，2011（2）：43－93.
[48] 刘闯，蓝晓梅．世界煤炭供需形势分析 [J]．中国煤炭，2020，46（4）：99－104.
[49] 王海波．印尼能源消费影响因素分析及需求预测研究 [D]．北京：中国地质大学（北京），2019.
[50] 张智明，苏新旭，等．海外煤炭资源开发前景研究 [M]．北京：煤炭工业出版社，2017.
[51] OECD. Reforming Kazakhstan: Progress, Challenges and Opportunities [R/OL]. http：//www. oecd. org/eurasia/countries/OECD－Eurasia－Reforming－Kazakhstan－EN. pdf.
[52] 白穆哈麦托夫 C K. 哈萨克斯坦煤炭工业的发展战略 [J]．中国煤炭，1995（4）：71－72.
[53] 李裕伟．基于底土资源管理的俄罗斯矿业权制度 [J]．国土资源情报，2018（1）：3－8.
[54] 驻哈萨克经商参处．哈萨克斯坦能源综述：储备、开采和投资 [EB/OL]. http：//kz. mofcom. gov. cn/article/ztdy/201511/20151101191242. shtml.
[55] 哈萨克国际通讯社．哈萨克斯坦今年将生产 1.2 亿吨煤炭 [EB/OL]. https：//www. inform. kz/cn/1－2_a3629468.
[56] United States Environmental Protection Agency. ArcelorMittal Coal Mines Karaganda coal basin, Kazakhstan: Pre－feasibility study for coal mine methane drainage and utilization [R/OL]. https://www. epa. gov/sites/production/files/2016－03/documents/epa_cmop_am_kazakhstan_prefeas. pdf.
[57] 刘志忠，等．哈萨克斯坦的煤液化综合加工技术 [J]．黑龙江科学，2013（11）：26－28.
[58] 李锡林．世界煤炭工业发展报告 [M]．北京：煤炭工业出版社，1999.
[59] Yanovsky A B. Main Trends and Prospects of the Coal Industry Development in Russia [J]. Ugol', 2017, (8): 10－16.
[60] Grachev S. An Advantageous Coal Crisis [J]. World Coal, 2018, (10): 39－41.
[61] 范延新．俄罗斯煤炭的主要产地研究 [J]．黑龙江科学，2018，9（11）：157－158.
[62] Kopytov A I, Kupriyanov A N. A New Strategy for the Development of the Coal Industry of Kuzbass and Solving Environmental Problems [J]. Ugol, 2019, (11): 89－93.
[63] Yanovsky A B. On Logistic Support of Increasing the Russian Coal Market Share in Export Markets [R]. Moscow, 2018.
[64] Rozhkov A A, Tushev A. Yu. Transformation of system of workplaces during structural transformations of coal branch of Russia [J]. Ugol, 2007, (3): 11－16.
[65] 潘莹，高华．俄罗斯煤炭出口至中国的前景分析 [J]．煤炭经济研究，2017，37（11）：38－43.

[66] 国家安全监管总局国际交流合作中心. 俄罗斯矿井优化技术和管理 [J]. 中国安全生产, 2012 (12): 62-63.

[67] 俄罗斯联邦自然资源与生态环境部. 俄罗斯 2015 年国家环境保护报告 [R], 2016.

[68] Kopytov A I, Manakov Yu. A, Kupriyanov A N. Coal mining and issued of ecosystem preservation in Kuzbass [J]. Ugol, 2017 (3): 72-77.

[69] 尹玉婷. 俄罗斯矿产资源法律制度研究 [D]. 乌鲁木齐: 新疆大学, 2012.

[70] Mamedova I A, Pavlova E I, Savchenko-Belsky V Y, et al. Ecological and Economic Aspects of Development of the Infrastructure of Carbon Delivery Infrastructure to Consumers [J]. Ugol, 2019 (12): 50-54.

[71] Tarazanov I G, Gubanov D A. Russia's Coal Industry Performance for January-December: 2019 [J]. Ugol, 2020 (3): 54-69.

[72] 梁萌, 徐鑫, 陈欢, 等. 21 世纪俄罗斯煤炭工业现状及未来发展趋势 [J]. 中国煤炭, 2017, 43 (7): 159-164, 169.

[73] Rozhkov A A, Karpenko N V. Analysis of the use of domestic and foreign technological equipment for coal mining enterprises of Russia [J]. Ugol, 2019 (7): 58-64.

[74] Glinina O I. Russian energy week international forum 2018 outcomes [J]. Ugol, 2019 (2): 4-10.

[75] Plakitkin Y A, Plakitkina L S. The Industry-4.0 global innovation project's potential for the coal industry of Russia. 3. "Industry-4.0" key components alignment in accordance with basic mining processes [J]. Ugol, 2018 (1): 51-57.

[76] 王宁. 德国能源转型的经济分析及启示 [D]. 长春: 吉林大学, 2019.

[77] Agora Energiewende. 煤炭共识: 十一大原则 [R/OL]. https: //static. agora-energiewende. de/fileadmin2/Projekte/2015/Kohlekonsens/Agora_Kohlekonsens_KF_ZH_WEB. pdf.

[78] BGR. Deutschland Rohstoffsituation 2018 [R/OL]. https: //www. bgr. bund. de/DE/Themen/Min_rohstoffe/Downloads/rohsit-2018. pdf? __blob=publicationFile&v=3.

[79] Oei P, Brauers H, Herpich P. Lessons from Germany s hard coal mining phase out policies and transition from 1950 to 2018 [J]. Climate Policy, 2020, 20 (8): 963-979.

[80] EURACOAL. Coal industry across Europe [R/OL]. file: ///C: /Users/%E6%9D%A8/AppData/Local/Temp/EURACOAL-Coal-industry-across-Europe-7th. pdf.

[81] Frondel M, Kambeck R, Schmidt C M. Hard Coal Subsidies: A Never-Ending Story [J]. Energy Policy, 2007, 35 (7): 3807-3814.

[82] GVSt. Jahresbericht 2019 [R/OL]. https: //gvst. de/2019/12/13/jahresbericht-2019/.

[83] VDMA Mining. Best of Germany 2018-2019 [R/OL]. https: //mining. vdma. org/documents/105698/30836548/BoG%20VDMA%202019%20full%20issue_1554296211901. pdf/a943fd43-efb5-3272-3583-31add9895d9e.

[84] Kretschmann J, Efremenkov A B, Khoreshok A A. From Mining to Post-Mining: The Sustainable Development Strategy of the German Hard Coal Mining Industry [J]. Earth and Environmental Science, 2017, 50 (1): 12-24.

[85] Ministry of the Environment, Republic of Poland. Polish National Strategy for Adaptation to Climate Change (NAS 2020) [R/OL]. http: //www. lse. ac. uk/GranthamInstitute/wp-content/uploads/laws/1560%20English. pdf.

[86] Commission of the European Communities. Adapting to climate change: towards a European framework for action [R/OL]. https: //eur-lex. europa. eu/LexUriServ/LexUriServ. do? uri=COM: 2009: 0147: FIN: EN: PDF.

[87] Office of Rail Transport. Report on rail transport market operations in 2012-2018 [R/OL]. https: //www. utk. gov. pl/en/markettatistics-and-ann/market-analysis/6497, Annual-reports. html.

[88] 齐庆新, 李一哲, 赵善坤, 等. 我国煤矿冲击地压发展 70 年: 理论与技术体系的建立与思考 [J]. 煤炭科学技术, 2019, 47 (9): 1-40.

[89] 谢和平, 刘虹, 吴刚. 煤炭对国民经济发展贡献的定量分析 [J]. 中国能源, 2012, 34 (4): 5-9.

[90] U. S. Energy Information Administration [EB/OL]. Annual Coal Report (1993-2018). https: //www. eia. gov/coal/annual/.

[91] U. S. Energy Information Administration [EB/OL]. https: //www. eia. gov/totalenergy/data/monthly/.

[92] Canada Energy Regulator. Provincial and Territorial Energy Profiles - Canada [EB/OL]. https: //www. cer -

rec. gc. ca/nrg/ntgrtd/mrkt/nrgsstmprfls/cda – eng. html.

[93] Government of Canada. Final Report by the Task Force on Just Transition for Canadian Coal Power Workers and Communities: section 6[EB/OL]. https://www. canada. ca/en/environment – climate – change/services/climate – change/task – force – just – transition/final – report/section – 6. html#fig2.

[94] Natural Resource Canada. Coal Fact[R/OL]. https://www. nrcan. gc. ca/science – data/data – analysis/energy – data – analysis/coal – facts/20071.

[95] Coal Association of Canada. Coal Production Stats [R/OL]. https: //coal. ca/coal – resources/about – the – coal – industry/coal – production – stats/.

[96] Government of Canada. Coal phase – out: the Powering Past Coal Alliance [R/OL]. https: //www. canada. ca/en/services/environment/weather/climatechange/canada – international – action/coal – phase – out. html#toc5.

[97] Alberta Government. About coal [R/OL]. https: //www. alberta. ca/about – coal. aspx.

[98] BC Government. Production data: coal[R/OL]. https://www2. gov. bc. ca/gov/content/industry/mineral – exploration – mining/further – information/statistics/production/production – data – archive#coal.

[99] 律保森，包莹莹，杜斌．非洲大陆煤炭资源分布 [J]. 中国煤炭地质，2015，27 (1).

[100] 彭北桦，苏新旭，张博．南非煤炭资源开发前景研究 [J]. 中国煤炭，2017，43 (7)：22 – 27，39.

[101] Energy Department of South Africa. South African coal sector report: directorate: energy data collection, management and analysis [R/OL]. http: //www. energy. gov. za/files/media/explained/South – African – Coal – Sector – Report. pdf.

[102] 李虹．南非矿山地质环境治理规程及对我国的启示 [J]. 西部资源，2009 (1)：45 – 46.

[103] 梁富康，苏新旭．哥伦比亚博亚卡省的优质煤炭资源及其开发前景 [J]. 资源与产业，2017 (3)：13 – 20.

[104] 唐尧，王英林．哥伦比亚矿产资源及矿业管理概况 [J]. 中国国土资源经济，2013 (11)：55 – 58.

[105] 梁富康，苏新旭，王树会．哥伦比亚昆迪纳马卡省优质煤炭资源及其开发前景 [J]. 中国煤炭，2017(9)：130 – 137.

[106] 国家能源局．不用煤的煤炭大国 [EB/OL]. http: //www. nea. gov. cn/2014 – 05/07/c_133316357. htm.

[107] CIA. The world factbook 2015: Colombia [R/OL]. https: //www. cia. gov: 1 – 232.

[108] 梁富康．哥伦比亚的煤炭资源及开发前景分析 [J]. 中国矿业，2017，26 (8)：63 – 68.

致　谢

《世界煤炭工业发展研究（2020）》一书是在课题研究的基础上，深化加工完成的。本次研究与信息研究院《世界煤炭工业发展报告》（2000年）、《当代世界煤炭工业》（2010年）一脉相承，是以往研究成果的传承与提升，在此对信息院前辈们的辛勤付出和奠定的坚实基础深表感谢。本课题又一次对世界煤炭工业进行了系统梳理。相比以往，在世界煤炭工业全生命周期变化特征、煤炭科技发展水平中外对比、井工和露天煤矿安全发展规律等方面的研究更加深入，就此对沈阳设计研究院院长马培中、中国矿业大学（北京）教授王家臣、煤炭工业规划设计研究院总经理助理郭俊生团队等在研究过程中提供的鼎力支持表示感谢。

感谢国家矿山安全监察局相关司局的指导与帮助，感谢中国煤炭工业协会名誉会长王显政和中国工程院院士康红普给予课题成果的充分肯定，感谢中国煤炭工业协会纪委书记张宏、中国矿业大学（北京）教授丁日佳、国家能源集团技术经济研究院副院长李瑞峰、应急管理部研究中心处长叶旭东和颜爱华等人的无私帮助。感谢信息研究院战略规划研究所、能源安全研究所、信息资源部三部门研究人员付出的辛勤劳动。

在《世界煤炭工业发展研究（2020）》一书的编写过程中，信息研究院张勇、卞生智、刘柯新、任俊杰等院领导给予了亲切关怀，李芳玮、姚有赳、赵冬花、夏田、孙欣、霍风等综合部门领导提供了大力支持，赵一归、史杰等应急管理出版社领导为本书的出版提出了宝贵建议。在此，向对本书的顺利出版提供帮助的领导和同事们表示诚挚谢忱！

《世界煤炭工业发展研究（2020）》课题组

组织单位 国家矿山安全监察局

研究单位 应急管理部信息研究院
煤炭信息研究院

领导小组

组　　长　黄玉治
副 组 长　赵玉辉　贺佑国　刘文革

课题研究组

组　　长　贺佑国
副 组 长　刘文革
研究人员（按姓氏笔画排序）

于　雷　马婧佳　王　子　王　晨　王茜颖
王家臣　史鸣剑　冯宇峰　毕　莹　朱　超
刘　闯　刘志文　李　杨　李文清　李艳强
李慧智　杨骅骝　吴金焱　张　宏　张潇卓
周少统　赵迎春　贺思宇　倪　坤　徐　鑫
殷文韬　郭俊生　桑逢云　黄　岚　黄文杰
韩甲业　强　辉　蓝晓梅　翟禹镓

咨询专家（按姓氏笔画排序）

丁日佳　王显政　申宝宏　田　会　刘　勇
刘　峰　李全生　李志强　李瑞峰　杨大明
何国家　宋秋爽　张飞凤　张安林　张瑞新
郑友毅　胡　群　洪　宇　康红普　葛世荣
魏青山